TABLES

TACHYMÉTRIQUES

PAR

W. JORDAN,

PROFESSEUR DE GÉODÉSIÉ À KARLSRUHE.

STUTTGART.

LIBRAIRIE J. B. METZLER.

1880.

TABLES

TACHYMÉTRIQUES

PAR

W. JORDAN,

PROFESSEUR DE GÉODÉSIE À KARLSRUHE.

STUTTGART.

LIBRAIRIE J. B. METZLER.

1880.

Explication des tables tachymétriques.

Lorsqu'on a lu entre les fils parallèles d'une stadia la section l d'une mire placée verticalement, et que l'on a un angle d'inclinaison α et qu'il s'agisse de déterminer la distance horizontale a ainsi que la différence d'altitude h (figure 1), nous avons les deux formules suivantes :

$$a = c \cos \alpha + k\,l \cos^2 \alpha \qquad (1)$$
$$h = c \sin \alpha + \tfrac{1}{2}\,k\,l \sin 2\alpha \qquad (2)$$

où c et k sont des valeurs constantes dépendantes de la construction de la lunette; or il peut se trouver que pour une construction favorable $c = 0$ et $k = 100$. Si dans ce cas l'on pose l en centimètres et a et h en mètres, nous aurons au lieu de (1) et (2) ces formules plus simples :

$$a^{(m)} = l^{(cm)} \cos^2 \alpha \qquad (3)$$
$$h^{(m)} = \tfrac{1}{2}\, l^{(cm)} \sin 2\alpha \qquad (4)$$

Si l'instrument, que nous employons, est construit de manière à ce que les formules (3) et (4) soient valables ou que nous négligions la valeur mimine de c dans les formules (1) et (2) — enfin dans tous les cas où nous devons faire emploi des formules (3) und (4) nous pourrons employer sans autres nos tables tachymétriques. Par exemple l'on trouve pour $l = 147^{cm}$ et $\alpha = 16^0\ 20'$ les résultats suivants sur la page 139 :

$$a = 135.4^m \qquad h = 39.67^m$$

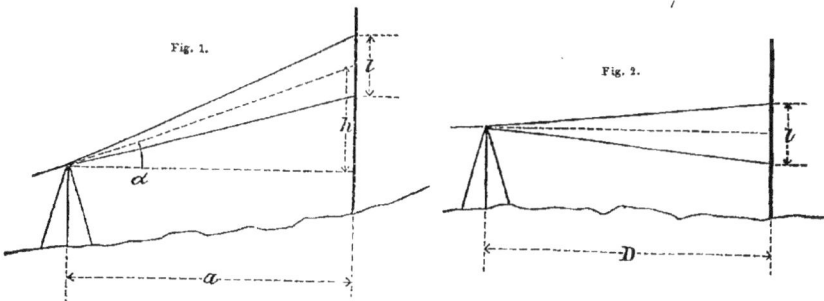

Fig. 1.   Fig. 2.

Les tables sont disposées d'une manière si ample qu'en comparaison avec le degré d'exactitude auquel on peut parvenir généralement dans les mesurages, il n'y aura pas à employer d'interpolation, car il suffit pour nos levées tachymétriques dans la plupart des cas, d'obtenir les distances à $0,5^m - 1,0^m$ près et les différences de hauteur à environ $0,1^m$ près.

Outre l'emploi direct, pour le cas où $c = 0$ et $k = 100$, nos tables offrent encore l'emploi indirect presqu'aussi commode pour les cas où ces valeurs c et k quelqu'elles soient doivent être prises en considération, — pourvu que l'on ait eu soin de remplacer les rubriques (par exemple **147** sur la page 139) par d'autres nombres qui seront calculés de la manière suivante.

La constante c étant toujours très minime, c'est-à-dire tout au plus $= 0,7^m$, il suffira d'écrire au lieu des formules (1) und (2) ces deux autres formules approximatives:

$$a = (c + kl) \cos^2 \alpha \qquad (5)$$
$$h = \tfrac{1}{2} (c + kl) \sin 2\alpha \qquad (6)$$

Ici $c + kl$ désigne la distance horizontale correspondant à la lecture l (d'après la figure 2) c'est-à-dire

$$c + kl = D \qquad (7)$$

d'où il s'en suit

$$l = -\frac{c}{k} + \frac{D}{k} \qquad (8)$$

A l'aide de cette formule on peut calculer les valeurs de l qui donneront, substituées dans (3) et (4), les mêmes résultats que l'on aurait obtenu par l'emploi immédiat des formules (5) et (6).

Pour quelques valeurs de c et de k, c'est-à-dire pour les cas assez fréquents où l'on a manqué d'atteindre *exactement* le but de faire $k = 100$ et $c = 0$, nous avons donné sur la page 244 les valeurs correspondantes à la formule (8).

Si par exemple on a pour mètres

$$c = 0,5^m \qquad k = 99,0 \qquad (9)$$

ou pour a en mètres et l en centimètres

$$c = 0,5 \qquad k = 0,990 \qquad (10)$$

on a pour $D = 150$ d'après (8) le nombre $l = 151,0$, c'est-à-dire celui qui se trouve sur la 244. Si l'on emploie donc une stadia à laquelle les constantes (10) appartiennent, on aura à supprimer sur la page 142, la rubrique 150 et à la remplacer par le nombre 151,0, et d'après la même méthode l'on aura à remplacer:

les nombres 10   20   30   40   50   60   150
par celles-ci: 9.6   19.7   29.8   39.9   50.0   60.1   151.0

et de la même manière sur les autres pages.

Pour plus de clarté nous donnons encore un exemple:

Si l'on substitue dans les formules (5) et (6) les valeurs suivantes:

$$c = 0,5^m \qquad k = 0,990 \qquad l = 151^{cm} \qquad \alpha = 14^0\,40'$$

on aura

$$a = 140.4^m \qquad h = 36.74^m$$

c'est-à-dire que l'on obtient exactement le même résultat que donne la page 142 après que l'on a remplacé la rubrique 150 par 151,0.

Dès le moment que l'on a ajouté par écrit dans toutes les tables tachymétriques les nombres rubriques correspondants à une stadia quelconque, il n'y a plus, en comparaison avec l'emploi direct, que la petite différence, que les nombres-rubriques ne se terminent plus par 0,0, mais bien par une décimale quelconque de 1,0; or en se contentant dans la plupart des cas de tirer sans aucune interpolation les distances horizontales et les hauteurs qui se présentent être les plus rapprochées aux valeurs mesurées l et α, on trouvera que l'emploi indirect des tables est à peu près aussi commode que l'emploi direct.

α	0°	1°	2°	3°	4°	5°	6°	7°	8°	9°
0′	0.00	0.17	0.35	0.52	0.70	0.87	1.04	1.21	1.38	1.55
3′	0.01	0.18	0.36	0.53	0.70	0.88	1.05	1.22	1.39	1.55
6′	0.02	0.19	0.37	0.54	0.71	0.89	1.06	1.23	1.39	1.56
9′	0.03	0.20	0.37	0.55	0.72	0.89	1.07	1.24	1.40	1.57
12′	0.03	0.21	0.38	0.56	0.73	0.90	1.07	1.24	1.41	1.58
15′	0.04	0.22	0.39	0.57	0.74	0.91	1.08	1.25	1.42	1.59
18′	0.05	0.23	0.40	0.57	0.75	0.92	1.09	1.26	1.43	1.59
21′	0.06	0.24	0.41	0.58	0.76	0.93	1.10	1.27	1.44	1.60
24′	0.07	0.24	0.42	0.59	0.76	0.94	1.11	1.28	1.45	1.61
27′	0.08	0.25	0.43	0.60	0.77	0.95	1.12	1.29	1.45	1.62
30′	0.09	0.26	0.44	0.61	0.78	0.95	1.12	1.29	1.46	1.63
33′	0.10	0.27	0.44	0.62	0.79	0.96	1.13	1.30	1.47	1 64
36′	0.10	0.28	0.45	0.63	0.80	0.97	1.14	1.31	1.48	1.64
39′	0.11	0.29	0.46	0.64	0.81	0.98	1.15	1.32	1.49	1.65
42′	0.12	0.30	0.47	0.64	0.82	0.99	1.16	1.33	1.50	1.66
45′	0.13	0.31	0.48	0.65	0.83	1.00	1.17	1.34	1.50	1.67
48′	0.14	0.31	0.49	0.66	0.83	1.01	1.18	1.34	1.51	1.68
51′	0.15	0.32	0.50	0.67	0.84	1.01	1.18	1.35	1.52	1.69
54′	0.16	0.33	0.51	0.68	0.85	1.02	1.19	1.36	1.53	1.69
57′	0.17	0.34	0.51	0.69	0.86	1.03	1.20	1.37	1.54	1.70

α	10°	11°	12°	13°	14°	15°	16°	17°	18°	19°
0′	1.71	1.87	2.03	2.19	2.35	2.50	2.65	2.80	2.94	3.08
3′	1.72	1.88	2.04	2.20	2.36	2.51	2.66	2.80	2.95	3.09
6′	1.73	1.89	2.05	2.21	2.36	2.52	2.66	2.81	2.95	3.09
9′	1.73	1.90	2.06	2.22	2.37	2.52	2.67	2.82	2.96	3.10
12′	1.74	1.91	2.07	2.22	2.38	2.53	2.68	2.82	2.97	3.11
15′	1.75	1.91	2.07	2.23	2.39	2.54	2.69	2.83	2.97	3.11
18′	1.76	1.92	2.08	2.24	2.39	2.55	2.69	2.84	2.98	3.12
21′	1.77	1.93	2.09	2.25	2.40	2.55	2.70	2.85	2.99	3.13
24′	1.78	1.94	2.10	2.25	2.41	2.56	2.71	2.85	3.00	3.13
27′	1.78	1.95	2.11	2.26	2.42	2.57	2.72	2.86	3.00	3.14
30′	1.79	1.95	2.11	2.27	2.42	2.58	2.72	2.87	3.01	3.15
33′	1.80	1.96	2.12	2 28	2.43	2.58	2.73	2.88	3.02	3.15
36′	1.81	1.97	2.13	2.29	2.44	2.59	2.74	2.88	3.02	3.16
39′	1.82	1.98	2.14	2.29	2.45	2.60	2.75	2.89	3.03	3.17
42′	1.82	1.99	2.14	2.30	2.45	2.61	2.75	2.90	3.04	3.17
45′	1.83	1.99	2.15	2.21	2.46	2.61	2.76	2.90	3.04	3.18
48′	1.84	2.00	2.16	2.32	2.47	2.62	2.77	2.91	3.05	3.19
51′	1.85	2.01	2.17	2.32	2.48	2.63	2.77	2.92	3.06	3 19
54′	1.86	2.02	2.18	2.33	2.49	2.63	2.78	2.92	3 06	3.20
57′	1.86	2.03	2.18	2.34	2.49	2.64	2.79	2.93	3.07	3.21

α	20°	21°	22°	23°	24°	25°	26°	27°	28°	29°
0′	3.21	3.35	3.47	3.60	3.72	3.83	3.94	4.05	4.15	4.24
3′	3.22	3.35	3.48	3.60	3.72	3.84	3.95	4.05	4.15	4.24
6′	3.23	3.36	3.49	3.61	3.73	3.84	3.95	4.06	4.15	4.25
9′	3.23	3.37	3.49	3.61	3.73	3.85	3.96	4.06	4.16	4.25
12′	3.24	3.37	3.50	3.62	3.74	3.85	3.96	4.07	4.16	4.26
15′	3.25	3.38	3.50	3.63	3.74	3.86	3.97	4.07	4.17	4.26
18′	3.25	3.38	3.51	3.63	3.75	3.86	3.97	4.08	4.17	4.27
21′	3.26	3.39	3.52	3.64	3.76	3.87	3.98	4.08	4.18	4.27
24′	3.27	3.40	3.52	3.64	3.76	3.87	3.98	4.09	4.18	4.28
27′	3.27	3.40	3.53	3.65	3.77	3 88	3.99	4.09	4.19	4.28
30′	3.28	3.41	3.54	3.66	3.77	3.89	3.99	4.10	4.19	4.29
33′	3.29	3.42	3.54	3.66	3.78	3.89	4.00	4.10	4.20	4.29
36′	3.29	3.42	3.55	3.67	3.78	3.90	4.00	4.11	4.20	4.29
39′	3.30	3.43	3.55	3.67	3.79	3.90	4.01	4.11	4.21	4.30
42′	3.31	3.44	3.56	3.68	3.80	3.91	4.01	4.12	4.21	4.30
45′	3.31	3.44	3.57	3.69	3.80	3.91	4.02	4.12	4.22	4.31
48′	3.32	3.45	3.57	3.69	3.81	3.92	4.02	4.13	4.22	4.31
51′	3.33	3.45	3.58	3.70	3.81	3.92	4.03	4.13	4.23	4.32
54′	3.33	3.46	3.58	3.70	3.82	3.93	4.03	4.14	4.23	4.32
57′	3.34	3.47	3.59	3.71	3.82	3.93	4.04	4.14	4 24	4.33

10 $\cos^2\alpha$

0°	10.0
1°	10.0
2°	10.0
3°	10.0
4°	10.0
5°	9.9
6°	9.9
7°	9.9
8°	9.8
9°	9.8
10°	9.7
10° 30′	9.7
11°	9.6
11° 30′	9.6
12°	9.6
12° 30′	9.5
13°	9.5
13° 30′	9.5
14°	9.4
14° 30′	9.4
15°	9.3
15° 30′	9.3
16°	9.2
16° 30′	9.2
17°	9.1
17° 30′	9.1
18°	9.0
18° 30′	9.0
19°	8.9
19° 30′	8.9
20°	8.8
20° 20′	8.8
20° 40′	8.8
21°	8.7
21° 20′	8.7
21° 40′	8.6
22°	8.6
22° 20′	8.6
22° 40′	8.5
23°	8.5
23° 20′	8.4
23° 40′	8.4
24°	8.3
24° 20′	8.3
24° 40′	8.3
25° 0′	8.2
25° 20′	8.2
25° 40′	8.1
26°	8.1
26° 20′	8.0
26° 40′	8.0
27°	7.9
27° 20′	7.9
27° 40′	7.8
28°	7.8
28° 20′	7.7
28° 40′	7.7
29°	7.6
29° 20′	7.6
29° 40′	7.6
30°	7.5

11 ($\frac{1}{2} \sin 2\alpha$)

α	0°	1°	2°	3°	4°	5°	6°	7°	8°	9°
0'	0.00	0.19	0.38	0.57	0.77	0.96	1.14	1.33	1.52	1.70
3'	0.01	0.20	0.39	0.58	0.77	0.96	1.15	1.34	1.53	1.71
6'	0.02	0.21	0.40	0.59	0.78	0.97	1.16	1.35	1.53	1.72
9'	0.03	0.22	0.41	0.60	0.79	0.98	1.17	1.36	1.54	1.73
12'	0.04	0.23	0.42	0.61	0.80	0.99	1.18	1.37	1.55	1.74
15'	0.05	0.24	0.43	0.62	0.81	1.00	1.19	1.38	1.56	1.75
18'	0.06	0.25	0.44	0.63	0.82	1.01	1.20	1.39	1.57	1.75
21'	0.07	0.26	0.45	0.64	0.83	1.02	1.21	1.40	1.58	1.76
24'	0.08	0.27	0.46	0.65	0.84	1.03	1.22	1.40	1.59	1.77
27'	0.09	0.28	0.47	0.66	0.85	1.04	1.23	1.41	1.60	1.78
30'	0.10	0.29	0.48	0.67	0.86	1.05	1.24	1.42	1.61	1.79
33'	0.11	0.30	0.49	0.68	0.87	1.06	1.25	1.43	1.62	1.80
36'	0.12	0.31	0.50	0.69	0.88	1.07	1.26	1.44	1.63	1.81
39'	0.12	0.32	0.51	0.70	0.89	1.08	1.27	1.45	1.64	1.82
42'	0.13	0.33	0.52	0.71	0.90	1.09	1.27	1.46	1.64	1.83
45'	0.14	0.34	0.53	0.72	0.91	1.10	1.28	1.47	1.65	1.84
48'	0.15	0.35	0.54	0.73	0.92	1.11	1.29	1.48	1.66	1.84
51'	0.16	0.35	0.55	0.74	0.93	1.12	1.30	1.49	1.67	1.85
54'	0.17	0.36	0.56	0.75	0.94	1.12	1.31	1.50	1.68	1.86
57'	0.18	0.37	0.57	0.76	0.95	1.13	1.32	1.51	1.69	1.87

α	10°	11°	12°	13°	14°	15°	16°	17°	18°	19°
0'	1.88	2.06	2.24	2.41	2.58	2.75	2.91	3.08	3.23	3.39
3'	1.89	2.07	2.25	2.42	2.59	2.76	2.92	3.08	3.24	3.39
6'	1.90	2.08	2.25	2.43	2.60	2.77	2.93	3.09	3.25	3.40
9'	1.91	2.09	2.26	2.44	2.61	2.77	2.94	3.10	3.26	3.41
12'	1.92	2.10	2.27	2.45	2.62	2.78	2.95	3.11	3.26	3.42
15'	1.93	2.10	2.28	2.45	2.62	2.79	2.96	3.12	3.27	3.42
18'	1.94	2.11	2.29	2.46	2.63	2.80	2.96	3.12	3.28	3.43
21'	1.94	2.12	2.30	2.47	2.64	2.81	2.97	3.13	3.29	3.44
24'	1.95	2.13	2.31	2.48	2.65	2.82	2.98	3.14	3.29	3.45
27'	1.96	2.14	2.32	2.49	2.66	2.82	2.99	3.15	3.30	3.45
30'	1.97	2.15	2.32	2.50	2.67	2.83	3.00	3.15	3.31	3.46
33'	1.98	2.16	2.33	2.51	2.67	2.84	3.00	3.16	3.32	3.47
36'	1.99	2.17	2.34	2.51	2.68	2.85	3.01	3.17	3.33	3.48
39'	2.00	2.18	2.35	2.52	2.69	2.86	3.02	3.18	3.33	3.48
42'	2.01	2.18	2.36	2.53	2.70	2.87	3.03	3.19	3.34	3.49
45'	2.02	2.19	2.37	2.54	2.71	2.87	3.04	3.19	3.35	3.50
48'	2.02	2.20	2.38	2.55	2.72	2.88	3.04	3.20	3.36	3.51
51'	2.03	2.21	2.39	2.56	2.73	2.89	3.05	3.21	3.36	3.51
54'	2.04	2.22	2.39	2.57	2.73	2.90	3.06	3.22	3.37	3.52
57'	2.05	2.23	2.40	2.57	2.74	2.91	3.07	3.23	3.38	3.53

α	20°	21°	22°	23°	24°	25°	26°	27°	28°	29°
1'	3.54	3.68	3.82	3.96	4.09	4.21	4.33	4.45	4.56	4.66
3'	3.54	3.69	3.83	3.96	4.09	4.22	4.34	4.46	4.57	4.67
6'	3.55	3.69	3.83	3.97	4.10	4.23	4.35	4.46	4.57	4.67
9'	3.56	3.70	3.84	3.98	4.11	4.23	4.35	4.47	4.58	4.68
12'	3.56	3.71	3.85	3.98	4.11	4.24	4.36	4.47	4.58	4.68
15'	3.57	3.72	3.85	3.99	4.12	4.24	4.36	4.48	4.59	4.69
18'	3.58	3.72	3.86	4.00	4.13	4.25	4.37	4.48	4.59	4.69
21'	3.59	3.73	3.87	4.00	4.13	4.26	4.38	4.49	4.60	4.70
24'	3.59	3.74	3.88	4.01	4.14	4.26	4.38	4.49	4.60	4.70
27'	3.60	3.74	3.88	4.02	4.14	4.27	4.39	4.50	4.61	4.71
30'	3.61	3.75	3.89	4.02	4.15	4.27	4.39	4.51	4.61	4.71
33'	3.62	3.76	3.90	4.03	4.16	4.28	4.40	4.51	4.62	4.72
36'	3.62	3.77	3.90	4.04	4.16	4.29	4.40	4.52	4.62	4.72
39'	3.63	3.77	3.91	4.04	4.17	4.29	4.41	4.52	4.63	4.73
42'	3.64	3.78	3.92	4.05	4.18	4.30	4.42	4.53	4.63	4.73
45'	3.64	3.79	3.92	4.06	4.18	4.30	4.42	4.53	4.64	4.74
48'	3.65	3.79	3.93	4.06	4.19	4.31	4.43	4.54	4.64	4.74
51'	3.66	3.80	3.94	4.07	4.19	4.32	4.43	4.54	4.65	4.75
54'	3.67	3.81	3.94	4.07	4.20	4.32	4.44	4.55	4.65	4.75
57'	3.67	3.81	3.95	4.08	4.21	4.33	4.45	4.55	4.66	4.76

11 $\cos^2\alpha$

α	11 $\cos^2\alpha$
0°	11.0
1°	11.0
2°	11.0
3°	11.0
4°	10.9
5°	10.9
6°	10.9
7°	10.8
8°	10.8
9°	10,7
10°	10.7
10° 30'	10.6
11°	10.6
11° 30'	10.6
12°	10.5
12° 30'	10.5
13°	10.4
13° 30'	10.4
14°	10.4
14° 30'	10.3
15°	10.3
15° 30'	10.2
16°	10.2
16° 30'	10.1
17°	10.1
17° 30'	10.0
18°	9.9
18° 30'	9.9
19°	9.8
19° 30'	9.8
20°	9.7
20° 20'	9.7
20° 40'	9.6
21°	9.6
21° 20'	9.5
21° 40'	9.5
22°	9.5
22° 20'	9.4
22° 40'	9.4
23°	9.3
23° 20'	9.3
23° 40'	9.2
24°	9.2
24° 20'	9.1
24° 40'	9.1
25° 0'	9.0
25° 20'	9.0
25° 40'	8.9
26°	8.9
26° 20'	8.8
26° 40'	8.8
27°	8.7
27° 20'	8.7
27° 40'	8.6
28°	8.6
28° 20'	8.5
28° 40'	8.5
29°	8.4
29° 20'	8.4
29° 40'	8.3
30°	8.3

12 ($\frac{1}{2} \sin 2\alpha$)

α	0°	1°	2°	3°	4°	5°	6°	7°	8°	9°
0'	0.00	0.21	0.42	0.63	0.84	1.04	1.25	1.45	1.65	1.85
3'	0.01	0.22	0.43	0.64	0.85	1.05	1.26	1.46	1.66	1.86
6'	0.02	0.23	0.44	0.65	0.86	1.06	1.27	1.47	1.67	1.87
9'	0.03	0.24	0.45	0.66	0.87	1.07	1.28	1.48	1.68	1.88
12'	0.04	0.25	0.46	0.67	0.88	1.08	1.29	1.49	1.69	1.89
15'	0.05	0.26	0.47	0.68	0.89	1.09	1.30	1.50	1.70	1.90
18'	0.06	0.27	0.48	0.69	0.90	1.10	1.31	1.51	1.71	1.91
21'	0.07	0.28	0.49	0.70	0.91	1.11	1.32	1.52	1.72	1.92
24'	0.08	0.29	0.50	0.71	0.92	1.12	1.33	1.53	1.73	1.93
27'	0.09	0.30	0.51	0.72	0.93	1.13	1.34	1.54	1.74	1.94
30'	0.10	0.31	0.52	0.73	0.94	1.14	1.35	1.55	1.75	1.95
33'	0.12	0.32	0.53	0.74	0.95	1.16	1.36	1.56	1.76	1.96
36'	0.13	0.33	0.54	0.75	0.96	1.17	1.37	1.57	1.77	1.97
39'	0.14	0.35	0.55	0.76	0.97	1.18	1.38	1.58	1.78	1.98
42'	0.15	0.36	0.56	0.77	0.98	1.19	1.39	1.59	1.79	1.99
45'	0.16	0.37	0.58	0.78	0.99	1.20	1.40	1.60	1.80	2.00
48'	0.17	0.38	0.59	0.79	1.00	1.21	1.41	1.61	1.81	2.01
51'	0.18	0.39	0.60	0.80	1.01	1.22	1.42	1.62	1.82	2.02
54'	0.19	0.40	0.61	0.81	1.02	1.23	1.43	1.63	1.83	2.03
57'	0.20	0.41	0.62	0.82	1.03	1.24	1.44	1.64	1.84	2.04

α	10°	11°	12°	13°	14°	15°	16°	17°	18°	19°
0'	2.05	2.25	2.44	2.63	2.82	3.00	3.18	3.36	3.53	3.69
3'	2.06	2.26	2.45	2.64	2.83	3.01	3.19	3.36	3.54	3.70
6'	2.07	2.27	2.46	2.65	2.84	3.02	3.20	3.37	3.54	3.71
9'	2.08	2.28	2.47	2.66	2.84	3.03	3.21	3.38	3.55	3.72
12'	2.09	2.29	2.48	2.67	2.85	3.04	3.21	3.39	3.56	3.73
15'	2.10	2.30	2.49	2.68	2.86	3.05	3.22	3.40	3.57	3.74
18'	2.11	2.31	2.50	2.69	2.87	3.05	3.23	3.41	3.58	3.74
21'	2.12	2.32	2.51	2.70	2.88	3.06	3.24	3.42	3.59	3.75
24'	2.13	2.33	2.52	2.71	2.89	3.07	3.25	3.42	3.59	3.76
27'	2.14	2.33	2.53	2.71	2.90	3.08	3.26	3.43	3.60	3.77
30'	2.15	2.34	2.54	2.72	2.91	3.09	3.27	3.44	3.61	3.78
33'	2.16	2.35	2.55	2.73	2.92	3.10	3.28	3.45	3.62	3.78
36'	2.17	2.36	2.55	2.74	2.93	3.11	3.29	3.46	3.63	3.79
39'	2.18	2.37	2.56	2.75	2.94	3.12	3.29	3.47	3.64	3.80
42'	2.19	2.38	2.57	2.76	2.95	3.13	3.30	3.48	3.64	3.81
45'	2.20	2.39	2.58	2.77	2.95	3.13	3.31	3.48	3.65	3.82
48'	2.21	2.40	2.59	2.78	2.96	3.14	3.32	3.49	3.66	3.82
51'	2.22	2.41	2.60	2.79	2.97	3.15	3.33	3.50	3.67	3.83
54'	2.23	2.42	2.61	2.80	2.98	3.16	3.34	3.51	3.68	3.84
57'	2.24	2.43	2.62	2.81	2.99	3.17	3.35	3.52	3.69	3.85

α	20°	21°	22°	23°	24°	25°	26°	27°	28°	29°
0'	3.86	4.01	4.17	4.32	4.46	4.60	4.73	4.85	4.97	5.09
3'	3.86	4.02	4.18	4.32	4.47	4.60	4.73	4.86	4.98	5.09
6'	3.87	4.03	4.18	4.33	4.47	4.61	4.74	4.87	4.99	5.10
9'	3.88	4.04	4.19	4.34	4.48	4.62	4.75	4.87	4.99	5.10
12'	3.89	4.05	4.20	4.35	4.49	4.62	4.75	4.88	5.00	5.11
15'	3.90	4.05	4.21	4.35	4.49	4.63	4.76	4.88	5.00	5.12
18'	3.90	4.06	4.21	4.36	4.50	4.64	4.77	4.89	5.01	5.12
21'	3.91	4.07	4.22	4.37	4.51	4.64	4.77	4.90	5.01	5.13
24'	3.92	4.08	4.23	4.37	4.51	4.65	4.78	4.90	5.02	5.13
27'	3.93	4.08	4.24	4.38	4.52	4.66	4.79	4.91	5.03	5.14
30'	3.94	4.09	4.24	4.39	4.53	4.66	4.79	4.91	5.03	5.14
33'	3.94	4.10	4.25	4.40	4.54	4.67	4.80	4.92	5.04	5.15
36'	3.95	4.11	4.26	4.40	4.54	4.68	4.80	4.93	5.04	5.15
39'	3.96	4.11	4.26	4.41	4.55	4.68	4.81	4.93	5.05	5.16
42'	3.97	4.12	4.27	4.42	4.56	4.69	4.82	4.94	5.05	5.16
45'	3.98	4.13	4.28	4.42	4.56	4.70	4.82	4.94	5.06	5.17
48'	3.98	4.14	4.29	4.43	4.57	4.70	4.83	4.95	5.07	5.18
51'	3.99	4.15	4.29	4.44	4.58	4.71	4.84	4.96	5.07	5.18
54'	4.00	4.15	4.30	4.44	4.58	4.72	4.84	4.96	5.08	5.19
57'	4.01	4.16	4.31	4.45	4.59	4.72	4.85	4.97	5.08	5.19

12 $\cos^2 \alpha$

α	12 $\cos^2\alpha$
0°	12.0
1°	12.0
2°	12.0
3°	12.0
4°	11.9
5°	11.9
6°	11.9
7°	11.8
8°	11.8
9°	11.7
10°	11.6
10° 30'	11.6
11°	11.6
11° 30'	11.5
12°	11.5
12° 30'	11.4
13°	11.4
13° 30'	11.3
14°	11.3
14° 30'	11.2
15°	11.2
15° 30'	11.1
16°	11.1
16° 30'	11.0
17°	11.0
17° 30'	10.9
18°	10.9
18° 30'	10.8
19°	10.7
19° 30'	10.7
20°	10.6
20° 20'	10.6
20° 40'	10.5
21°	10.5
21° 20'	10.4
21° 40'	10.4
22°	10.3
22° 20'	10.3
22° 40'	10.2
23°	10.2
23° 20'	10.1
23° 40'	10.1
24°	10.0
24° 20'	10.0
24° 40'	9.9
25°	9.9
25° 20'	9.8
25° 40'	9.7
26°	9.7
26° 20'	9.6
26° 40'	9.6
27°	9.5
27° 20'	9.5
27° 40'	9.4
28°	9.4
28° 20'	9.3
28° 40'	9.3
29°	9.2
29° 20'	9.1
29° 40'	9.1
30°	9.0

13 ($\frac{1}{2} \sin 2\alpha$)

α	0°	1°	2°	3°	4°	5°	6°	7°	8°	9°
0'	0.00	0.23	0.45	0.68	0.90	1.13	1.35	1.57	1.79	2.01
3'	0.01	0.24	0.46	0.69	0.92	1.14	1.36	1.58	1.80	2.02
6'	0.02	0.25	0.48	0.70	0.93	1.15	1.37	1.59	1.81	2.03
9'	0.03	0.26	0.49	0.71	0.94	1.16	1.38	1.61	1.82	2.04
12'	0.05	0.27	0.50	0.72	0.95	1.17	1.40	1.62	1.84	2.05
15'	0.06	0.28	0.51	0.74	0.96	1.18	1.41	1.63	1.85	2.06
18'	0.07	0.29	0.52	0.75	0.97	1.20	1.42	1.64	1.86	2.07
21'	0.08	0.31	0.53	0.76	0.98	1.21	1.43	1.65	1.87	2.08
24'	0.09	0.32	0.54	0.77	0.99	1.22	1.44	1.66	1.88	2.09
27'	0.10	0.33	0.56	0.78	1.01	1.23	1.45	1.67	1.89	2.11
30'	0.11	0.34	0.57	0.79	1.02	1.24	1.46	1.68	1.90	2.12
33'	0.12	0.35	0.58	0.80	1.03	1.25	1.47	1.69	1.91	2.13
36'	0.14	0.36	0.59	0.81	1.04	1.26	1.48	1.70	1.92	2.14
39'	0.15	0.37	0.60	0.83	1.05	1.27	1.50	1.72	1.93	2.15
42'	0.16	0.39	0.61	0.84	1.06	1.28	1.51	1.73	1.94	2.16
45'	0.17	0.40	0.62	0.85	1.07	1.30	1.52	1.74	1.95	2.17
48'	0.18	0.41	0.63	0.86	1.08	1.31	1.53	1.75	1.97	2.19
51'	0.19	0.42	0.65	0.87	1.10	1.32	1.54	1.76	1.98	2.19
54'	0.20	0.43	0.66	0.88	1.11	1.33	1.55	1.77	1.99	2.20
57'	0.22	0.44	0.67	0.89	1.12	1.34	1.56	1.78	2.00	2.21

α	10°	11°	12°	13°	14°	15°	16°	17°	18°	19°
0'	2.22	2.43	2.64	2.85	3.05	3.25	3.44	3.63	3.82	4.00
3'	2.23	2.45	2.65	2.86	3.06	3.26	3.45	3.64	3.83	4.01
6'	2.24	2.46	2.66	2.87	3.07	3.27	3.46	3.65	3.84	4.02
9'	2.26	2.47	2.67	2.88	3.08	3.28	3.47	3.66	3.85	4.03
12'	2.27	2.48	2.69	2.89	3.09	3.29	3.48	3.67	3.86	4.04
15'	2.28	2.49	2.70	2.90	3.10	3.30	3.49	3.68	3.87	4.05
18'	2.29	2.50	2.71	2.91	3.11	3.31	3.50	3.69	3.88	4.06
21'	2.30	2.51	2.72	2.92	3.12	3.32	3.51	3.70	3.88	4.06
24'	2.31	2.52	2.73	2.93	3.13	3.33	3.52	3.71	3.89	4.07
27'	2.32	2.53	2.74	2.94	3.14	3.34	3.53	3.72	3.90	4.08
30'	2.33	2.54	2.75	2.95	3.15	3.35	3.54	3.73	3.91	4.09
33'	2.34	2.55	2.76	2.96	3.16	3.36	3.55	3.74	3.92	4.10
36'	2.35	2.56	2.77	2.97	3.17	3.37	3.56	3.75	3.93	4.11
39'	2.36	2.57	2.78	2.98	3.18	3.38	3.57	3.76	3.94	4.12
42'	2.37	2.58	2.79	2.99	3.19	3.39	3.58	3.77	3.95	4.13
45'	2.38	2.59	2.80	3.00	3.20	3.40	3.59	3.77	3.96	4.13
48'	2.39	2.60	2.81	3.01	3.21	3.41	3.60	3.78	3.97	4.14
51'	2.40	2.61	2.82	3.02	3.22	3.42	3.61	3.79	3.97	4.15
54'	2.41	2.62	2.83	3.03	3.23	3.43	3.62	3.80	3.98	4.16
57'	2.42	2.63	2.84	3.04	3.24	3.43	3.63	3.81	3.99	4.17

α	20°	21°	22°	23°	24°	25°	26°	27°	28°	29°
0'	4.18	4.35	4.52	4.68	4.83	4.98	5.12	5.26	5.39	5.51
3'	4.19	4.36	4.52	4.68	4.84	4.99	5.13	5.27	5.40	5.52
6'	4.20	4.37	4.53	4.69	4.85	4.99	5.14	5.27	5.40	5.52
9'	4.20	4.37	4.54	4.70	4.85	5.00	5.14	5.28	5.41	5.53
12'	4.21	4.38	4.55	4.71	4.86	5.01	5.15	5.29	5.41	5.54
15'	4.22	4.39	4.56	4.71	4.87	5.02	5.16	5.29	5.42	5.54
18'	4.23	4.40	4.56	4.72	4.88	5.02	5.16	5.30	5.43	5.55
21'	4.24	4.41	4.57	4.73	4.88	5.03	5.17	5.30	5.43	5.55
24'	4.25	4.42	4.58	4.74	4.89	5.04	5.18	5.31	5.44	5.56
27'	4.26	4.42	4.59	4.75	4.90	5.04	5.18	5.32	5.45	5.57
30'	4.26	4.43	4.60	4.75	4.91	5.05	5.19	5.32	5.45	5.57
33'	4.27	4.44	4.60	4.76	4.91	5.06	5.20	5.33	5.46	5.58
36'	4.28	4.45	4.61	4.77	4.92	5.07	5.20	5.34	5.46	5.58
39'	4.29	4.46	4.62	4.78	4.93	5.07	5.21	5.34	5.47	5.59
42'	4.30	4.47	4.63	4.78	4.94	5.08	5.22	5.35	5.48	5.59
45'	4.31	4.47	4.64	4.79	4.94	5.09	5.23	5.36	5.48	5.60
48'	4.32	4.48	4.64	4.80	4.95	5.09	5.23	5.36	5.49	5.61
51'	4.32	4.49	4.65	4.81	4.96	5.10	5.24	5.37	5.49	5.61
54'	4.33	4.50	4.66	4.82	4.96	5.11	5.25	5.38	5.50	5.62
57'	4.34	4.51	4.67	4.82	4.97	5.12	5.26	5.38	5.51	5.62

13 $\cos^2\alpha$

α	13 $\cos^2\alpha$
0°	13.0
1°	13.0
2°	13.0
3°	13.0
4°	12.9
5°	12.9
6°	12.9
7°	12.8
8°	12.7
9°	12.7
10°	12.6
10° 30'	12.6
11°	12.5
11° 30'	12.5
12°	12.4
12° 30'	12.4
18°	12.3
13° 30'	12.3
14°	12.2
14° 30'	12.2
15°	12.1
15° 20'	12.1
16°	12.0
16° 30'	12.0
17°	11.9
17° 30'	11.8
18°	11.8
18° 30'	11.7
19°	11.6
19° 30'	11.6
20°	11.5
20° 20'	11.4
20° 40'	11.4
21°	11.3
21° 20'	11.3
21° 40'	11.2
22°	11.2
22° 20'	11.2
22° 40'	11.1
23°	11.0
23° 20'	11.0
23° 40'	10.9
24°	10.8
24° 20'	10.8
24° 40'	10.7
25° 0'	10.7
25° 20'	10.6
25° 40'	10.6
26°	10.5
26° 20'	10.4
26° 40'	10.4
27°	10.3
27° 20'	10.3
27° 40'	10.2
28°	10.1
28° 20'	10.1
28° 40'	10.0
29°	9.9
29° 20'	9.9
29° 40'	9.8
30°	9.8

α	0°	1°	2°	3°	4°	5°	6°	7°	8°	9°
0'	0.00	0.24	0.49	0.73	0.97	1.22	1.46	1.69	1.93	2.16
3'	0.01	0.26	0.50	0.74	0.99	1.23	1.47	1.71	1.94	2.17
6'	0.02	0.27	0.51	0.76	1.00	1.24	1.48	1.72	1.95	2.19
9'	0.04	0.28	0.52	0.77	1.01	1.25	1.49	1.73	1.96	2.20
12'	0.05	0.29	0.54	0.78	1.02	1.26	1.50	1.74	1.98	2.21
15'	0.06	0.31	0.55	0.79	1.03	1.28	1.52	1.75	1.99	2.22
18'	0.08	0.32	0.56	0.80	1.05	1.29	1.53	1.76	2.00	2.23
21'	0.09	0.33	0.57	0.82	1.06	1.30	1.54	1.78	2.01	2.24
24'	0.10	0.34	0.59	0.83	1.07	1.31	1.55	1.79	2.02	2.26
27'	0.11	0.35	0.60	0.84	1.08	1.32	1.56	1.80	2.03	2.27
30'	0.12	0.37	0.61	0.85	1.10	1.34	1.57	1.81	2.05	2.28
33'	0.13	0.38	0.62	0.87	1.11	1.35	1.59	1.82	2.06	2.29
36'	0.15	0.39	0.63	0.88	1.12	1.36	1.60	1.84	2.07	2.30
39'	0.16	0.40	0.65	0.89	1.13	1.37	1.61	1.85	2.08	2.31
42'	0.17	0.42	0.66	0.90	1.14	1.38	1.62	1.86	2.09	2.33
45'	0.18	0.43	0.67	0.91	1.16	1.40	1.63	1.87	2.10	2.34
48'	0.20	0.44	0.68	0.93	1.17	1.41	1.65	1.88	2.12	2.35
51'	0.21	0.45	0.70	0.94	1.18	1.42	1.66	1.89	2.13	2.36
54'	0.22	0.46	0.71	0.95	1.19	1.43	1.67	1.91	2.14	2.37
57'	0.23	0.48	0.72	0.96	1.20	1.44	1.68	1.92	2.15	2.38

α	10°	11°	12°	13°	14°	15°	16°	17°	18°	19°
0'	2.39	2.62	2.85	3.07	3.29	3.50	3.71	3.91	4.11	4.31
3'	2.41	2.63	2.86	3.08	3.30	3.51	3.72	3.92	4.12	4.32
6'	2.42	2.64	2.87	3.09	3.31	3.52	3.73	3.93	4.13	4.33
9'	2.43	2.66	2.88	3.10	3.32	3.53	3.74	3.94	4.14	4.34
12'	2.44	2.67	2.89	3.11	3.33	3.54	3.75	3.95	4.15	4.35
15'	2.45	2.68	2.90	3.12	3.34	3.55	3.76	3.96	4.16	4.36
18'	2.46	2.69	2.91	3.13	3.35	3.56	3.77	3.97	4.17	4.37
21'	2.47	2.70	2.93	3.15	3.36	3.57	3.78	3.98	4.18	4.38
24'	2.49	2.71	2.94	3.16	3.37	3.58	3.79	3.99	4.19	4.39
27'	2.50	2.72	2.95	3.17	3.38	3.59	3.80	4.01	4.20	4.40
30'	2.51	2.74	2.96	3.18	3.39	3.61	3.81	4.02	4.21	4.41
33'	2.52	2.75	2.97	3.19	3.40	3.62	3.82	4.03	4.22	4.41
36'	2.53	2.76	2.98	3.20	3.42	3.63	3.83	4.04	4.23	4.42
39'	2.54	2.77	2.99	3.21	3.43	3.64	3.84	4.05	4.24	4.43
42'	2.55	2.78	3.00	3.22	3.44	3.65	3.85	4.05	4.25	4.44
45'	2.57	2.79	3.01	3.23	3.45	3.66	3.86	4.06	4.26	4.45
48'	2.58	2.80	3.02	3.24	3.46	3.67	3.87	4.07	4.27	4.46
51'	2.59	2.81	3.04	3.25	3.47	3.68	3.88	4.08	4.28	4.47
54'	2.60	2.82	3.05	3.26	3.48	3.69	3.89	4.09	4.29	4.48
57'	2.61	2.84	3.06	3.28	3.49	3.70	3.90	4.10	4.30	4.49

α	20°	21°	22°	23°	24°	25°	26°	27°	28°	29°
0'	4.50	4.68	4.86	5.04	5.20	5.36	5.52	5.66	5.80	5.94
3'	4.51	4.69	4.87	5.04	5.21	5.37	5.52	5.67	5.81	5.94
6'	4.52	4.70	4.88	5.05	5.22	5.38	5.53	5.68	5.82	5.95
9'	4.53	4.71	4.89	5.06	5.23	5.39	5.54	5.68	5.82	5.96
12'	4.54	4.72	4.90	5.07	5.23	5.39	5.55	5.69	5.83	5.96
15'	4.55	4.73	4.91	5.08	5.24	5.40	5.55	5.70	5.84	5.97
18'	4.56	4.74	4.92	5.09	5.25	5.41	5.56	5.71	5.84	5.97
21'	4.56	4.75	4.92	5.09	5.26	5.42	5.57	5.71	5.85	5.98
24'	4.57	4.76	4.93	5.10	5.27	5.42	5.58	5.72	5.86	5.99
27'	4.58	4.77	4.94	5.11	5.27	5.43	5.58	5.73	5.86	5.99
30'	4.59	4.77	4.95	5.12	5.28	5.44	5.59	5.73	5.87	6.00
33'	4.60	4.78	4.96	5.13	5.29	5.45	5.60	5.74	5.88	6.01
36'	4.61	4.79	4.97	5.14	5.30	5.46	5.61	5.75	5.88	6.01
39'	4.62	4.80	4.98	5.14	5.31	5.46	5.61	5.76	5.89	6.02
42'	4.63	4.81	4.98	5.15	5.31	5.47	5.62	5.76	5.90	6.03
45'	4.64	4.82	4.99	5.16	5.32	5.48	5.63	5.77	5.90	6.03
48'	4.65	4.83	5.00	5.17	5.33	5.49	5.63	5.78	5.91	6.04
51'	4.66	4.84	5.01	5.18	5.34	5.49	5.64	5.78	5.92	6.04
54'	4.67	4.85	5.02	5.19	5.35	5.50	5.65	5.79	5.92	6.05
57'	4.67	4.85	5.03	5.19	5.35	5.51	5.66	5.80	5.93	6.06

14 $cos^2\alpha$

	14 cos²α
0°	14.0
1°	14.0
2°	14.0
3°	14.0
4°	13.9
5°	13.9
6°	13.8
7°	13.8
8°	13.7
9°	13.7
10°	13.6
10° 30'	13.5
11°	13.5
11° 30'	13.4
12°	13.4
12° 30'	13.3
13°	13.3
13° 30'	13.2
14°	13.2
14° 30'	13.1
15°	13.1
15° 30'	13.0
16°	12.9
16° 30'	12.9
17°	12.8
17° 30'	12.7
18°	12.7
18° 30'	12.6
19°	12.5
19° 30'	12.4
20°	12.4
20° 20'	12.3
20° 40'	12.3
21°	12.2
21° 20'	12.1
21° 40'	12.1
22°	12.0
22° 20'	12.0
22° 40'	11.9
23°	11.9
23° 20'	11.8
23° 40'	11.7
24°	11.7
24° 20'	11.6
24° 40'	11.6
25°	11.5
25° 20'	11.4
25° 40'	11.4
26°	11.3
26° 20'	11.2
26° 40'	11.2
27°	11.1
27° 20'	11.0
27° 40'	11.0
28°	10.9
28° 20'	10.8
28° 40'	10.8
29°	10.7
29° 20'	10.6
29° 40'	10.6
30°	10.5

15 ($^{1}/_{2}$ sin 2 α)

α	0°	1°	2°	3°	4°	5°	6°	7°	8°	9°
0'	0.00	0.26	0.52	0.78	1.04	1.30	1.56	1.81	2.07	2.32
3'	0.01	0.27	0.54	0.80	1.06	1.32	1.57	1.83	2.08	2.33
6'	0.03	0.29	0.55	0.81	1.07	1.33	1.58	1.84	2.09	2.34
9'	0.04	0.30	0.56	0.82	1.08	1.34	1.60	1.85	2.10	2.35
12'	0.05	0.31	0.58	0.84	1.10	1.35	1.61	1.87	2.12	2.37
15'	0.07	0.33	0.59	0.85	1.11	1.37	1.62	1.88	2.13	2.38
18'	0.08	0.34	0.60	0.86	1.12	1.38	1.64	1.89	2.14	2.39
21'	0.09	0.35	0.61	0.88	1.13	1.39	1.65	1.90	2.16	2.40
24'	0.10	0.37	0.63	0.89	1.15	1.41	1.66	1.92	2.17	2.42
27'	0.12	0.38	0.64	0.90	1.16	1.42	1.67	1.93	2.18	2.43
30'	0.13	0.39	0.65	0.91	1.17	1.43	1.69	1.94	2.19	2.44
33'	0.14	0.41	0.67	0.93	1.19	1.44	1.70	1.95	2.21	2.45
36'	0.16	0.42	0.68	0.94	1.20	1.46	1.71	1.97	2.22	2.47
39'	0.17	0.43	0.69	0.95	1.21	1.47	1.73	1.98	2.23	2.48
42'	0.18	0.44	0.71	0.97	1.22	1.48	1.74	1.99	2.24	2.49
45'	0.20	0.46	0.72	0.98	1.24	1.50	1.75	2.00	2.26	2.50
48'	0.21	0.47	0.73	0.99	1.25	1.51	1.76	2.02	2.27	2.52
51'	0.22	0.48	0.74	1.00	1.26	1.52	1.78	2.03	2.28	2.53
54'	0.24	0.50	0.76	1.02	1.28	1.53	1.79	2.04	2.29	2.54
57'	0.25	0.51	0.77	1.03	1.29	1.55	1.80	2.05	2.31	2.55

α	10°	11°	12°	13°	14°	15°	16°	17°	18°	19°
0'	2.57	2.81	3.05	3.29	3.52	3.75	3.97	4.19	4.41	4.62
3'	2.58	2.82	3.06	3.30	3.53	3.76	3.99	4.20	4.42	4.63
6'	2.59	2.83	3.07	3.31	3.54	3.77	4.00	4.22	4.43	4.64
9'	2.60	2.85	3.09	3.32	3.56	3.78	4.01	4.23	4.44	4.65
12'	2.61	2.86	3.10	3.33	3.57	3.80	4.02	4.24	4.45	4.66
15'	2.63	2.87	3.11	3.35	3.58	3.81	4.03	4.25	4.46	4.67
18'	2.64	2.88	3.12	3.36	3.59	3.82	4.04	4.26	4.47	4.68
21'	2.65	2.89	3.13	3.37	3.60	3.83	4.05	4.27	4.48	4.69
24'	2.66	2.91	3.15	3.38	3.61	3.84	4.06	4.28	4.49	4.70
27'	2.68	2.92	3.16	3.39	3.62	3.85	4.07	4.29	4.50	4.71
30'	2.69	2.93	3.17	3.40	3.64	3.86	4.08	4.30	4.51	4.72
33'	2.70	2.94	3.18	3.42	3.65	3.87	4.10	4.31	4.52	4.73
36'	2.71	2.95	3.19	3.43	3.66	3.89	4.11	4.32	4.53	4.74
39'	2.72	2.97	3.21	3.44	3.67	3.90	4.12	4.33	4.54	4.75
42'	2.74	2.98	3.22	3.45	3.68	3.91	4.13	4.34	4.56	4.76
45'	2.75	2.99	3.23	3.46	3.69	3.92	4.14	4.36	4.57	4.77
48'	2.76	3.00	3.24	3.47	3.70	3.93	4.15	4.37	4.58	4.78
51'	2.77	3.01	3.25	3.49	3.72	3.94	4.16	4.38	4.59	4.79
54'	2.79	3.03	3.26	3.50	3.73	3.95	4.17	4.39	4.60	4.80
57'	2.80	3.04	3.28	3.51	3.74	3.96	4.18	4.40	4.61	4.81

α	20°	21°	22°	23°	24°	25°	26°	27°	28°	29°
0'	4.82	5.02	5.21	5.40	5.57	5.75	5.91	6.07	6.22	6.36
3'	4.83	5.03	5.22	5.40	5.58	5.75	5.92	6.08	6.23	6.37
6'	4.84	5.04	5.23	5.41	5.59	5.76	5.93	6.08	6.23	6.37
9'	4.85	5.05	5.24	5.42	5.60	5.77	5.93	6.09	6.24	6.38
12'	4.86	5.06	5.25	5.43	5.61	5.78	5.94	6.10	6.25	6.39
15'	4.87	5.07	5.26	5.44	5.62	5.79	5.95	6.11	6.25	6.39
18'	4.88	5.08	5.27	5.45	5.63	5.80	5.96	6.11	6.26	6.40
21'	4.89	5.09	5.28	5.46	5.63	5.80	5.97	6.12	6.27	6.41
24'	4.90	5.10	5.28	5.47	5.64	5.81	5.97	6.13	6.28	6.42
27'	4.91	5.11	5.29	5.48	5.65	5.82	5.98	6.14	6.28	6.42
30'	4.92	5.12	5.30	5.49	5.66	5.83	5.99	6.14	6.29	6.43
33'	4.93	5.12	5.31	5.49	5.67	5.84	6.00	6.15	6.30	6.44
36'	4.94	5.13	5.32	5.50	5.78	5.85	6.01	6.16	6.30	6.44
39'	4.95	5.14	5.33	5.51	5.69	5.85	6.01	6.17	6.31	6.45
42'	4.96	5.15	5.34	5.52	5.69	5.86	6.02	6.17	6.32	6.46
45'	4.97	5.16	5.35	5.53	5.70	5.87	6.03	6.18	6.33	6.46
48'	4.98	5.17	5.36	5.54	5.71	5.88	6.04	6.19	6.33	6.47
51'	4.99	5.18	5.37	5.55	5.72	5.89	6.04	6.20	6.34	6.48
54'	5.00	5.19	5.38	5.56	5.73	5.89	6.05	6.20	6.35	6.48
57'	5.01	5.20	5.39	5.56	5.74	5.90	6.07	6.21	6.35	6.49

15 $\cos^2 α$

α	15 cos²α
0°	1.50
1°	15.0
2°	15.0
3°	15.0
4°	14.9
5°	14.9
6°	14.8
7°	14.8
8°	14.7
9°	14.6
10°	14.6
10° 30'	14.5
11°	14.5
11° 30'	14.4
12°	14.4
12° 30'	14.3
13°	14.2
13° 30'	14.2
14°	14.1
14° 30'	14.1
15°	14.0
15° 30'	13.9
16°	13.9
16° 30'	13.8
17°	13.7
17° 30'	13.6
18°	13.6
18° 30'	13.5
19°	13.4
19° 30'	13.3
20°	13.2
20° 20'	13.2
20° 40'	13.1
21°	13.1
21° 20'	13.0
21° 40'	13.0
22°	12.9
22° 20'	12.9
22° 40'	12.8
23°	12.7
23° 20'	12.6
23° 40'	12.6
24°	12.5
24° 20'	12.5
24° 40'	12.4
25°	12.3
25° 20'	12.3
25° 40'	12.2
26°	12.1
26° 20'	12.0
26° 40'	12.0
27°	11.9
27° 20'	11.8
27° 40'	11.8
28°	11.7
28° 20'	11.6
28° 40'	11.5
29°	11.5
29° 20'	11.4
29° 40'	11.3
30°	11.3

α	0°	1°	2°	3°	4°	5°	6°	7°	8°	9°
0'	0.00	0.28	0.56	0.84	1.11	1.39	1.66	1.94	2.21	2.47
3'	0.01	0.29	0.57	0.85	1.13	1.40	1.68	1.95	2.22	2.49
6'	0.03	0.31	0.59	0.86	1.14	1.42	1.69	1.96	2.23	2.50
9'	0.04	0.32	0.60	0.88	1.15	1.43	1.70	1.98	2.25	2.51
12'	0.06	0.34	0.61	0.89	1.17	1.44	1.72	1.99	2.26	2.53
15'	0.07	0.35	0.63	0.91	1.18	1.46	1.78	2.00	2.27	2.54
18'	0.08	0.36	0.64	0.92	1.20	1.47	1.75	2.02	2.29	2.55
21'	0.10	0.38	0.66	0.95	1.21	1.49	1.76	2.03	2.30	2.56
24'	0.11	0.39	0.67	0.95	1.22	1.50	1.77	2.04	2.31	2.58
27'	0.13	0.40	0.68	0.96	1.24	1.51	1.79	2.06	2.33	2.59
30'	0.14	0.42	0.70	0.97	1.25	1.53	1.80	2.07	2.34	2.60
33'	0.15	0.43	0.71	0.99	1.27	1.54	1.81	2.08	2.35	2.62
36'	0.17	0.45	0.73	1.00	1.28	1.55	1.83	2.10	2.37	2.63
39'	0.18	0.46	0.74	1.02	1.29	1.57	1.84	2.11	2.38	2.64
42'	0.20	0.47	0.75	1.03	1.31	1.58	1.85	2.12	2.39	2.66
45'	0.21	0.49	0.77	1.04	1.32	1.59	1.87	2.14	2.41	2.67
48'	0.22	0.50	0.78	1.06	1.33	1.61	1.88	2.15	2.42	2.68
51'	0.24	0.52	0.79	1.07	1.35	1.62	1.89	2.16	2.43	2.70
54'	0.25	0.53	0.81	1.09	1.36	1.64	1.91	2.18	2.45	2.71
57'	0.27	0.54	0.82	1.10	1.38	1.65	1.92	2.19	2.46	2.72

α	10°	11°	12°	13°	14°	15°	16°	17°	18°	19°
0'	2.74	3.00	3.25	3.51	3.76	4.00	4.24	4.47	4.70	4.93
3'	2.75	3.01	3.27	3.52	3.77	4.01	4.25	4.49	4.71	4.94
6'	2.76	3.02	3.28	3.53	3.78	4.02	4.26	4.50	4.72	4.95
9'	2.78	3.04	3.29	3.54	3.79	4.04	4.27	4.51	4.74	4.96
12'	2.79	3.05	3.30	3.56	3.80	4.05	4.29	4.52	4.75	4.97
15'	2.80	3.06	3.32	3.57	3.82	4.06	4.30	4.53	4.76	4.98
18'	2.81	3.07	3.33	3.58	3.83	4.07	4.31	4.54	4.77	4.99
21'	2.83	3.09	3.34	3.59	3.84	4.08	4.32	4.55	4.78	5.00
24'	2.84	3.10	3.36	3.61	3.85	4.10	4.33	4.57	4.79	5.01
27'	2.85	3.11	3.37	3.62	3.87	4.11	4.35	4.58	4.80	5.02
30'	2.87	3.13	3.38	3.63	3.88	4.12	4.36	4.59	4.81	5.03
33'	2.88	3.14	3.39	3.64	3.89	4.13	4.37	4.60	4.83	5.05
36'	2.89	3.15	3.41	3.66	3.90	4.14	4.38	4.61	4.84	5.06
39'	2.91	3.16	3.42	3.67	3.92	4.16	4.39	4.62	4.85	5.07
42'	2.92	3.18	3.43	3.68	3.93	4.17	4.40	4.63	4.86	5.08
45'	2.93	3.19	3.44	3.69	3.94	4.18	4.42	4.65	4.87	5.09
48'	2.94	3.20	3.46	3.71	3.95	4.19	4.43	4.66	4.88	5.10
51'	2.96	3.22	3.47	3.72	3.96	4.20	4.44	4.67	4.89	5.11
54'	2.97	3.23	3.48	3.73	3.98	4.22	4.45	4.68	4.90	5.12
57'	2.98	3.24	3.49	3.74	3.99	4.23	4.46	4.69	4.91	5.13

α	20°	21°	22°	23°	24°	25°	26°	27°	28°	29°
0'	5.14	5.35	5.56	5.75	5.95	6.13	6.30	6.47	6.63	6.78
3'	5.15	5.36	5.57	5.76	5.95	6.14	6.31	6.48	6.64	6.79
6'	5.16	5.37	5.58	5.77	5.96	6.15	6.32	6.49	6.65	6.80
9'	5.17	5.38	5.59	5.78	5.97	6.16	6.33	6.50	6.66	6.81
12'	5.18	5.39	5.60	5.79	5.98	6.16	6.34	6.50	6.66	6.81
15'	5.20	5.40	5.61	5.80	5.99	6.17	6.35	6.51	6.67	6.82
18'	5.21	5.42	5.62	5.81	6.00	6.18	6.36	6.52	6.68	6.83
21'	5.22	5.43	5.63	5.82	6.01	6.19	6.36	6.53	6.69	6.84
24'	5.23	5.44	5.64	5.83	6.02	6.20	6.37	6.54	6.69	6.84
27'	5.24	5.45	5.65	5.84	6.03	6.21	6.38	6.55	6.70	6.85
30'	5.25	5.46	5.66	5.85	6.04	6.22	6.39	6.55	6.71	6.86
33'	5.26	5.47	5.67	5.86	6.05	6.23	6.40	6.56	6.72	6.86
36'	5.27	5.48	5.68	5.87	6.06	6.23	6.41	6.57	6.72	6.87
39'	5.28	5.49	5.69	5.88	6.07	6.24	6.41	6.58	6.73	6.88
42'	5.29	5.50	5.70	5.89	6.07	6.25	6.42	6.59	6.74	6.89
45'	5.30	5.51	5.71	5.90	6.08	6.26	6.43	6.59	6.75	6.89
48'	5.31	5.52	5.72	5.91	6.09	6.27	6.44	6.60	6.75	6.90
51'	5.32	5.53	5.73	5.92	6.10	6.28	6.45	6.61	6.76	6.91
54'	5.33	5.54	5.74	5.93	6.11	6.29	6.46	6.62	6.77	6.91
57'	5.34	5.55	5.75	5.94	6.12	6.30	6.47	6.62	6.78	6.92

16 $\cos^2\alpha$

α	16 cos²α
0°	16.0
1°	16.0
2°	16.0
3°	16.0
4°	15.9
5°	15.9
6°	15.8
7°	15.8
8°	15.7
9°	15.6
10°	15.5
10° 30'	15.5
11°	15.4
11° 30'	15.4
12°	15.3
12° 30'	15.2
13°	15.2
13° 30'	15.1
14°	15.1
14° 30'	15.0
15°	14.9
15° 30'	14.9
16°	14.8
16° 30'	14.7
17°	14.6
17° 30'	14.6
18°	14.5
18° 30'	14.4
19°	14.3
19° 30'	14.2
20°	14.1
20° 20'	14.1
20° 40'	14.0
21°	13.9
21° 20'	13.9
21° 40'	13.8
22°	13.8
22° 20'	13.7
22° 40'	13.6
23°	13.6
23° 20'	13.5
23° 40'	13.4
24°	13.4
24° 20'	13.3
24° 40'	13.2
25°	13.1
25° 20'	13.1
25° 40'	13.0
26°	12.9
26° 20'	12.9
26° 40'	12.8
27°	12.7
27° 20'	12.6
27° 40'	12.6
28°	12.5
28° 20'	12.4
28° 40'	12.3
29°	12.2
29° 20'	12.2
29° 40'	12.1
30°	12.0

17 ($^1\!/_2 \sin 2\alpha$)

α	0°	1°	2°	3°	4°	5°	6°	7°	8°	9°
0′	0.00	0.30	0.59	0.89	1.18	1.48	1.77	2.06	2.34	2.63
3′	0.01	0.31	0.61	0.90	1.20	1.49	1.78	2.07	2.36	2.64
6′	0.03	0.33	0.62	0.92	1.21	1.51	1.80	2.09	2.37	2.65
9′	0.04	0.34	0.64	0.93	1.23	1.52	1.81	2.10	2.39	2.67
12′	0.06	0.36	0.65	0.95	1.24	1.53	1.83	2.11	2.40	2.68
15′	0.07	0.37	0.67	0.96	1.26	1.55	1.84	2.13	2.41	2.70
18′	0.09	0.39	0.68	0.98	1.27	1.56	1.85	2.14	2.43	2.71
21′	0.10	0.40	0.70	0.99	1.29	1.58	1.87	2.16	2.44	2.73
24′	0.12	0.42	0.71	1.01	1.30	1.59	1.88	2.17	2.46	2.74
27′	0.13	0.43	0.73	1.02	1.32	1.61	1.90	2.19	2.47	2.75
30′	0.15	0.44	0.74	1.04	1.33	1.62	1.91	2.20	2.49	2.77
33′	0.16	0.46	0.76	1.05	1.34	1.64	1.93	2.21	2.50	2.78
36′	0.18	0.47	0.77	1.07	1.36	1.65	1.94	2.23	2.51	2.80
39′	0.19	0.49	0.79	1.08	1.37	1.67	1.96	2.24	2.53	2.81
42′	0.21	0.50	0.80	1.09	1.39	1.68	1.97	2.26	2.54	2.82
45′	0.22	0.52	0.81	1.11	1.40	1.69	1.98	2.27	2.56	2.84
48′	0.24	0.53	0.83	1.12	1.42	1.71	2.00	2.29	2.57	2.85
51′	0.25	0.55	0.84	1.14	1.43	1.72	2.01	2.30	2.58	2.87
54′	0.27	0.56	0.86	1.15	1.45	1.74	2.03	2.31	2.60	2.88
57′	0.28	0.58	0.87	1.17	1.46	1.75	2.04	2.33	2.61	2.89

α	10°	11°	12°	13°	14°	15°	16°	17°	18°	19°
0′	2.91	3.18	3.46	3.73	3.99	4.25	4.50	4.75	5.00	5.23
3′	2.92	3.20	3.47	3.74	4.00	4.26	4.52	4.77	5.01	5.24
6′	2.94	3.21	3.48	3.75	4.02	4.28	4.53	4.78	5.02	5.26
9′	2.95	3.23	3.50	3.77	4.03	4.29	4.54	4.79	5.03	5.27
12′	2.96	3.24	3.51	3.78	4.04	4.30	4.55	4.80	5.04	5.28
15′	2.98	3.25	3.52	3.79	4.06	4.31	4.57	4.81	5.06	5.29
18′	2.99	3.27	3.54	3.81	4.07	4.33	4.58	4.83	5.07	5.30
21′	3.00	3.28	3.55	3.82	4.08	4.34	4.59	4.84	5.08	5.31
24′	3.02	3.29	3.57	3.83	4.09	4.35	4.60	4.85	5.09	5.33
27′	3.03	3.31	3.58	3.85	4.11	4.37	4.62	4.86	5.10	5.34
30′	3.05	3.32	3.59	3.86	4.12	4.38	4.63	4.88	5.12	5.35
33′	3.06	3.33	3.61	3.87	4.13	4.39	4.64	4.89	5.13	5.36
36′	3.07	3.35	3.62	3.89	4.15	4.40	4.65	4.90	5.14	5.37
39′	3.09	3.36	3.63	3.90	4.16	4.42	4.67	4.91	5.15	5.38
42′	3.10	3.38	3.65	3.91	4.17	4.43	4.68	4.92	5.16	5.40
45′	3.12	3.39	3.66	3.92	4.19	4.44	4.69	4.94	5.17	5.41
48′	3.13	3.40	3.67	3.94	4.20	4.45	4.70	4.95	5.19	5.42
51′	3.14	3.42	3.69	3.95	4.21	4.47	4.72	4.96	5.20	5.43
54′	3.16	3.43	3.70	3.96	4.22	4.48	4.73	4.97	5.21	5.44
57′	3.17	3.44	3.71	3.98	4.24	4.49	4.74	4.98	5.22	5.45

α	20°	21°	22°	23°	24°	25°	26°	27°	28°	29°
1′	5.46	5.69	5.90	6.11	6.32	6.51	6.70	6.88	7.05	7.21
3′	5.48	5.70	5.92	6.12	6.33	6.52	6.71	6.89	7.06	7.22
6′	5.49	5.71	5.93	6.13	6.34	6.53	6.72	6.89	7.06	7.22
9′	5.50	5.72	5.94	6.15	6.35	6.54	6.73	6.90	7.07	7.23
12′	5.51	5.73	5.95	6.16	6.36	6.55	6.73	6.91	7.08	7.24
15′	5.52	5.74	5.96	6.17	6.37	6.56	6.74	6.92	7.09	7.25
18′	5.53	5.75	5.97	6.18	6.38	6.57	6.75	6.93	7.10	7.26
21′	5.54	5.76	5.98	6.19	6.39	6.58	6.76	6.94	7.10	7.26
24′	5.55	5.78	5.99	6.20	6.40	6.59	6.77	6.95	7.11	7.27
27′	5.57	5.79	6.00	6.21	6.41	6.60	6.78	6.95	7.12	7.28
30′	5.58	5.80	6.01	6.22	6.42	6.61	6.79	6.96	7.13	7.29
33′	5.59	5.81	6.02	6.23	6.42	6.62	6.80	6.97	7.14	7.29
36′	5.60	5.82	6.03	6.24	6.43	6.62	6.81	6.98	7.14	7.30
39′	5.61	5.83	6.04	6.25	6.44	6.63	6.82	6.99	7.15	7.31
42′	5.62	5.84	6.05	6.26	6.45	6.64	6.82	7.00	7.16	7.32
45′	5.63	5.85	6.06	6.27	6.46	6.65	6.83	7.01	7.17	7.32
48′	5.64	5.86	6.07	6.28	6.47	6.66	6.84	7.01	7.18	7.33
51′	5.65	5.87	6.08	6.29	6.48	6.67	6.85	7.02	7.18	7.34
54′	5.67	5.88	6.09	6.30	6.49	6.68	6.86	7.03	7.19	7.35
57′	5.68	5.89	6.10	6.31	6.50	6.69	6.88	7.04	7.20	7.35

17 $\cos^2\alpha$

α	$17\cos^2\alpha$
0°	17.0
1°	17.0
2°	17.0
3°	17.0
4°	16.9
5°	16.9
6°	16.8
7°	16.7
8°	16.7
9°	16.6
10°	16.5
10° 30′	16.4
11°	16.4
11° 30′	16.3
12°	16.3
12° 30′	16.2
13°	16.1
13° 30′	16.1
14°	16.0
14° 30′	15.9
15°	15.9
15° 30′	15.8
16°	15.7
16° 30′	15.6
17°	15.5
17° 30′	15.5
18°	15.4
18° 30′	15.3
19°	15.2
19° 30′	15.1
20°	15.0
20° 20′	14.9
20° 40′	14.9
21°	14.8
21° 20′	14.8
21° 40′	14.7
22°	14.6
22° 20′	14.6
22° 40′	14.5
23°	14.4
23° 20′	14.3
23° 40′	14.3
24°	14.2
24° 20′	14.1
24° 40′	14.0
25° 0′	14.0
25° 20′	13.9
25° 40′	13.8
26°	13.7
26° 20′	13.7
26° 40′	13.6
27°	13.5
27° 20′	13.4
27° 40′	13.3
28°	13.3
28° 20′	13.2
28° 40′	13.1
29°	13.0
29° 20′	12.9
29° 40′	12.8
30°	12.8

18 ($^{1}/_{2}\,sin\,2\,\alpha$)

α	0°	1°	2°	3°	4°	5°	6°	7°	8°	9°
0'	0.00	0.31	0.58	0.94	1.25	1.56	1.87	2.18	2.48	2.78
3'	0.02	0.33	0.64	0.96	1.27	1.58	1.89	2.19	2.50	2.80
6'	0.03	0.35	0.66	0.97	1.28	1.59	1.90	2.21	2.51	2.81
9'	0.05	0.36	0.67	0.99	1.30	1.61	1.92	2.22	2.53	2.83
12'	0.06	0.38	0.69	1.00	1.31	1.62	1.93	2.24	2.54	2.84
15'	0.08	0.39	0.71	1.02	1.33	1.64	1.95	2.25	2.56	2.86
18'	0.09	0.41	0.72	1.03	1.35	1.66	1.96	2.27	2.57	2.87
21'	0.11	0.42	0.74	1.05	1.36	1.67	1.98	2.28	2.59	2.89
24'	0.13	0.44	0.75	1.07	1.38	1.69	1.99	2.30	2.60	2.90
27'	0.14	0.46	0.77	1.08	1.39	1.70	2.01	2.31	2.62	2.92
30'	0.16	0.47	0.78	1.10	1.41	1.72	2.02	2.33	2.63	2.93
33'	0.17	0.49	0.80	1.11	1.42	1.73	2.04	2.34	2.65	2.94
36'	0.19	0.50	0.82	1.13	1.44	1.75	2.06	2.36	2.66	2.96
39'	0.20	0.52	0.83	1.14	1.45	1.76	2.07	2.37	2.68	2.97
42'	0.22	0.53	0.85	1.16	1.47	1.78	2.09	2.39	2.69	2.99
45'	0.24	0.55	0.86	1.17	1.49	1.79	1.10	2.41	2.71	3.00
48'	0.25	0.57	0.88	1.19	1.50	1.81	2.12	2.42	2.72	3.02
51'	0.27	0.58	0.89	1.21	1.52	1.83	2.13	2.44	2.74	3.03
54'	0.28	0.60	0.91	1.22	1.53	1.84	2.15	2.45	2.75	3.05
57'	0.30	0.61	0.93	1.24	1.55	1.86	2.16	2.47	2.77	3.06

α	10°	11°	12°	13°	14°	15°	16°	17°	18°	19°
0'	3.08	3.37	3.66	3.95	4.23	4.50	4.77	5.03	5.29	5.54
3'	3.09	3.39	3.67	3.96	4.24	4.51	4.78	5.05	5.30	5.55
6'	3.11	3.40	3.69	3.97	4.25	4.53	4.80	5.06	5.32	5.57
9'	3.12	3.42	3.70	3.99	4.27	4.54	4.81	5.07	5.33	5.58
12'	3.14	3.43	3.72	4.00	4.28	4.55	4.82	5.08	5.34	5.59
15'	3.15	3.44	3.73	4.02	4.29	4.57	4.84	5.10	5.35	5.60
18'	3.17	3.46	3.75	4.03	4.31	4.58	4.85	5.11	5.37	5.61
21'	3.18	3.47	3.76	4.04	4.32	4.59	4.86	5.12	5.38	5.63
24'	3.20	3.49	3.78	4.06	4.34	4.61	4.88	5.14	5.39	5.64
27'	3.21	3.50	3.79	4.07	4.35	4.62	4.89	5.15	5.40	5.65
30'	3.23	3.52	3.80	4.09	4.36	4.64	4.90	5.16	5.42	5.66
33'	3.24	3.53	3.82	4.10	4.38	4.65	4.91	5.18	5.43	5.68
36'	3.25	3.55	3.83	4.11	4.39	4.66	4.93	5.19	5.44	5.69
39'	3.27	3.56	3.85	4.13	4.40	4.68	4.94	5.20	5.45	5.70
42'	3.28	3.57	3.86	4.14	4.42	4.69	4.95	5.21	5.47	5.71
45'	3.30	3.59	3.87	4.16	4.43	4.70	4.97	5.23	5.48	5.72
48'	3.31	3.60	3.89	4.17	4.45	4.72	4.98	5.24	5.49	5.74
51'	3.33	3.62	3.90	4.18	4.46	4.73	4.99	5.25	5.50	5.75
54'	3.34	3.63	3.92	4.20	4.47	4.74	5.01	5.26	5.52	5.76
57'	3.36	3.65	3.93	4.21	4.49	4.76	5.02	5.28	5.53	5.77

α	20°	21°	22°	23°	24°	25°	26°	27°	28°	29°
0'	5.79	6.02	6.25	6.47	6.69	6.89	7.09	7.28	7.46	7.63
3'	5.80	6.03	6.26	6.48	6.70	6.90	7.10	7.29	7.47	7.64
6'	5.81	6.05	6.27	6.50	6.71	6.91	7.11	7.30	7.48	7.65
9'	5.82	6.06	6.29	6.51	6.72	6.92	7.12	7.31	7.49	7.66
12'	5.83	6.07	6.30	6.52	6.73	6.93	7.13	7.32	7.50	7.67
15'	5.85	6.08	6.31	6.53	6.74	6.94	7.14	7.33	7.50	7.67
18'	5.86	6.09	6.32	6.54	6.75	6.95	7.15	7.34	7.51	7.68
21'	5.87	6.10	6.33	6.55	6.76	6.96	7.16	7.35	7.52	7.69
24'	5.88	6.11	6.34	6.56	6.77	6.97	7.17	7.35	7.53	7.70
27'	5.89	6.13	6.35	6.57	6.78	6.98	7.18	7.36	7.54	7.71
30'	5.90	6.14	6.36	6.58	6.79	6.99	7.19	7.37	7.55	7.71
33'	5.92	6.15	6.38	6.59	6.80	7.00	7.20	7.38	7.56	7.72
36'	5.93	6.16	6.39	6.60	6.81	7.01	7.21	7.39	7.57	7.73
39'	5.94	6.17	6.40	6.61	6.82	7.02	7.22	7.40	7.57	7.74
42'	5.95	6.18	6.41	6.62	6.83	7.03	7.23	7.41	7.58	7.75
45'	5.96	6.20	6.42	6.64	6.84	7.04	7.23	7.42	7.59	7.75
48'	5.98	6.21	6.43	6.65	6.85	7.05	7.24	7.43	7.60	7.76
51'	5.99	6.22	6.44	6.66	6.86	7.06	7.25	7.43	7.61	7.77
54'	6.00	6.23	6.45	6.67	6.87	7.07	7.26	7.44	7.62	7.78
57'	6.01	6.24	6.46	6.68	6.88	7.08	7.27	7.45	7.62	7.79

18 $cos^2\alpha$

α	18 cos²α
0°	18.0
1°	18.0
2°	18.0
3°	18.0
4°	17.9
5°	17.9
6°	17.8
7°	17.7
8°	17.7
9°	17.6
10°	17.5
10° 30'	17.4
11°	17.3
11° 30'	17.3
12°	17.2
12° 30'	17.2
13°	17.1
13° 30'	17.0
14°	16.9
14° 30'	16.9
15°	16.8
15° 30'	16.7
16°	16.6
16° 30'	16.5
17°	16.5
17° 30'	16.4
18°	16.3
18° 30'	16.2
19°	16.1
19° 30'	16.0
20°	15.9
20° 20'	15.8
20° 40'	15.8
21°	15.7
21° 20'	15.6
21° 40'	15.5
22°	15.5
22° 20'	15.4
22° 40'	15.3
23°	15.3
23° 20'	15.2
23° 40'	15.1
24°	15.0
24° 20'	14.9
24° 40'	14.9
25°	14.8
25° 20'	14.7
25° 40'	14.6
26°	14.5
26° 20'	14.5
26° 40'	14.4
27°	14.3
27° 20'	14.2
27° 40'	14.1
28°	14.0
28° 20'	13.9
28° 40'	13.9
29°	13.8
29° 20'	13.7
29° 40'	13.6
30°	13.5

19 ($\frac{1}{2} \sin 2\alpha$)

α	0°	1°	2°	3°	4°	5°	6°	7°	8°	9°
0'	0.00	0.33	0.66	0.99	1.32	1.65	1.98	2.30	2.62	2.94
3'	0.02	0.35	0.68	1.01	1.34	1.67	1.99	2.31	2.63	2.95
6'	0.03	0.36	0.70	1.03	1.35	1.68	2.01	2.33	2.65	2.97
9'	0.05	0.38	0.71	1.04	1.37	1.70	2.02	2.35	2.67	2.98
12'	0.07	0.40	0.73	1.06	1.39	1.71	2.04	2.36	2.68	3.00
15'	0.08	0.41	0.75	1.08	1.40	1.73	2.06	2.38	2.70	3.01
18'	0.10	0.43	0.76	1.09	1.42	1.75	2.07	2.39	2.71	3.03
21'	0.12	0.45	0.78	1.11	1.44	1.76	2.09	2.41	2.73	3.05
24'	0.13	0.46	0.79	1.12	1.45	1.78	2.10	2.43	2.75	3.06
27'	0.15	0.48	0.81	1.14	1.47	1.80	2.12	2.44	2.76	3.08
30'	0.17	0.50	0.83	1.16	1.49	1.81	2.14	2.46	2.78	3.09
33'	0.18	0.51	0.84	1.17	1.50	1.83	2.15	2.47	2.79	3.11
36'	0.20	0.53	0.86	1.19	1.52	1.85	2.17	2.49	2.81	3.12
39'	0.22	0.55	0.88	1.21	1.54	1.86	2.19	2.51	2.83	3.14
42'	0.23	0.56	0.89	1.22	1.55	1.88	2.20	2.52	2.84	3.16
45'	0.25	0.58	0.91	1.24	1.57	1.89	2.22	2.54	2.86	3.17
48'	0.27	0.60	0.93	1.26	1.58	1.91	2.23	2.55	2.87	3.19
51'	0.28	0.61	0.94	1.27	1.60	1.93	2.25	2.57	2.89	3.20
54'	0.30	0.63	0.96	1.29	1.62	1.94	2.27	2.59	2.90	3.22
57'	0.31	0.65	0.98	1.31	1.63	1.96	2.28	2.60	2.92	3.23

α	10°	11°	12°	13°	14°	15°	16°	17°	18°	19°
0'	3.25	3.56	3.86	4.16	4.46	4.75	5.03	5.31	5.58	5.85
3'	3.26	3.57	3.88	4.18	4.47	4.76	5.05	5.33	5.60	5.86
6'	3.28	3.59	3.89	4.19	4.49	4.78	5.06	5.34	5.61	5.87
9'	3.30	3.60	3.91	4.21	4.50	4.79	5.08	5.35	5.62	5.89
12'	3.31	3.62	3.92	4.22	4.52	4.81	5.09	5.37	5.64	5.90
15'	3.33	3.64	3.94	4.24	4.53	4.82	5.10	5.38	5.65	5.91
18'	3.34	3.65	3.95	4.25	4.55	4.84	5.12	5.39	5.66	5.93
21'	3.36	3.67	3.97	4.27	4.56	4.85	5.13	5.41	5.68	5.94
24'	3.37	3.68	3.98	4.28	4.58	4.86	5.15	5.42	5.69	5.95
27'	3.39	3.70	4.00	4.30	4.59	4.88	5.16	5.44	5.70	5.97
30'	3.40	3.71	4.01	4.31	4.61	4.89	5.17	5.45	5.72	5.98
33'	3.42	3.73	4.03	4.33	4.62	4.91	5.19	5.46	5.73	5.99
36'	3.44	3.74	4.04	4.34	4.63	4.92	5.20	5.48	5.74	6.00
39'	3.45	3.76	4.06	4.36	4.65	4.94	5.22	5.49	5.76	6.02
42'	3.47	3.77	4.07	4.37	4.66	4.95	5.23	5.50	5.77	6.03
45'	3.48	3.79	4.09	4.39	4.68	4.96	5.24	5.52	5.78	6.04
48'	3.50	3.80	4.10	4.40	4.69	4.98	5.26	5.53	5.80	6.06
51'	3.51	3.82	4.12	4.42	4.71	4.99	5.27	5.54	5.81	6.07
54'	3.53	3.83	4.13	4.43	4.72	5.01	5.28	5.55	5.82	6.08
57'	3.54	3.85	4.15	4.45	4.74	5.02	5.30	5.57	5.84	6.09

α	20°	21°	22°	23°	24°	25°	26°	27°	28°	29°
0'	6.11	6.36	6.60	6.83	7.06	7.28	7.49	7.69	7.88	8.06
3'	6.12	6.37	6.61	6.85	7.07	7.29	7.50	7.70	7.89	8.07
6'	6.13	6.38	6.62	6.86	7.08	7.30	7.51	7.71	7.89	8.07
9'	6.14	6.39	6.63	6.87	7.09	7.31	7.52	7.71	7.90	8.08
12'	6.16	6.41	6.65	6.88	7.10	7.32	7.53	7.72	7.91	8.09
15'	6.17	6.42	6.66	6.89	7.12	7.33	7.54	7.73	7.92	8.10
18'	6.18	6.43	6.67	6.90	7.13	7.34	7.55	7.74	7.93	8.11
21'	6.19	6.44	6.68	6.91	7.14	7.35	7.56	7.75	7.94	8.12
24'	6.21	6.45	6.69	6.93	7.15	7.36	7.57	7.76	7.95	8.13
27'	6.22	6.47	6.71	6.94	7.16	7.37	7.58	7.77	7.96	8.13
30'	6.23	6.48	6.72	6.95	7.17	7.38	7.59	7.78	7.97	8.14
33'	6.25	6.49	6.73	6.96	7.18	7.39	7.60	7.79	7.98	8.15
36'	6.26	6.50	6.74	6.97	7.19	7.40	7.61	7.80	7.99	8.16
39'	6.27	6.52	6.75	6.98	7.20	7.41	7.62	7.81	7.99	8.17
42'	6.28	6.53	6.76	6.99	7.21	7.42	7.63	7.82	8.00	8.18
45'	6.29	6.54	6.78	7.00	7.22	7.43	7.64	7.83	8.01	8.19
48'	6.31	6.55	6.79	7.02	7.23	7.45	7.65	7.84	8.02	8.19
51'	6.32	6.56	6.80	7.03	7.25	7.46	7.66	7.85	8.03	8.20
54'	6.33	6.58	6.81	7.04	7.26	7.47	7.67	7.86	8.04	8.21
57'	6.34	6.59	6.82	7.05	7.27	7.48	7.69	7.87	8.05	8.22

19 $\cos^2\alpha$

α	19 $\cos^2\alpha$
0°	19.0
1°	19.0
2°	19.0
3°	18.9
4°	18.9
5°	18.9
6°	18.8
7°	18.7
8°	18.6
9°	18.5
10°	18.4
10° 30'	18.4
11°	18.3
11° 30'	18.2
12°	18.2
12° 30'	18.1
13°	18.0
13° 30'	18.0
14°	17.9
14° 30'	17.8
15°	17.7
15° 30'	17.6
16°	17.6
16° 30'	17.5
17°	17.4
17° 30'	17.3
18°	17.2
18° 30'	17.1
19°	17.0
19° 30'	16.9
20°	16.8
20° 20'	16.7
20° 40'	16.6
21°	16.6
21° 20'	16.5
21° 40'	16.4
22°	16.3
22° 20'	16.3
22° 40'	16.2
23°	16.1
23° 20'	16.0
23° 40'	15.9
24°	15.9
24° 20'	15.8
24° 40'	15.7
25°	15.7
25° 20'	15.5
25° 40'	15.4
26°	15.3
26° 20'	15.3
26° 40'	15.2
27°	15.1
27° 20'	15.0
27° 40'	14.9
28°	14.8
28° 20'	14.7
28° 40'	14.6
29°	14.5
29° 20'	14.4
29° 40'	14.3
30°	14.3

α	0°	1°	2°	3°	4°	5°	6°	7°	8°	9°
0'	0.00	0.85	0.70	1.05	1.39	1.74	2.08	2.42	2.76	3.09
3'	0.02	0.37	0.71	1.06	1.41	1.75	2.10	2.44	2.77	3.11
6'	0.03	0.38	0.73	1.08	1.43	1.77	2.11	2.45	2.79	3.12
9'	0.05	0.40	0.75	1.10	1.44	1.79	2.13	2.47	2.81	3.14
12'	0.07	0.42	0.77	1.11	1.46	1.81	2.15	2.49	2.82	3.16
15'	0.09	0.44	0.78	1.13	1.48	1.82	2.16	2.50	2.84	3.17
18'	0.10	0.45	0.80	1.15	1.50	1.84	2.18	2.52	2.86	3.19
21'	0.12	0.47	0.82	1.17	1.51	1.86	2.20	2.54	2.87	3.21
24'	0.14	0.49	0.84	1.18	1.53	1.87	2.22	2.55	2.89	3.22
27'	0.16	0.51	0.85	1.20	1.55	1.89	2.23	2.57	2.91	3.24
30'	0.17	0.52	0.87	1.22	1.56	1.91	2.25	2.59	2.92	3.26
33'	0.19	0.54	0.89	1.24	1.58	1.93	2.27	2.61	2.94	3.27
36'	0.21	0.56	0.91	1.25	1.60	1.94	2.28	2.62	2.96	3.29
39'	0.23	0.58	0.92	1.27	1.62	1.96	2.30	2.64	2.97	3.31
42'	0.24	0.59	0.94	1.29	1.63	1.98	2.32	2.66	2.99	3.32
45'	0.26	0.61	0.96	1.31	1.65	1.99	2.33	2.67	3.01	3.34
48'	0.28	0.63	0.98	1.32	1.67	2.01	2.35	2.69	3.02	3.35
51'	0.30	0.65	0.99	1.34	1.68	2.03	2.37	2.71	3.04	3.37
54'	0.31	0.66	1.01	1.36	1.70	2.04	2.39	2.72	3.06	3.39
57'	0.33	0.68	1.03	1.37	1.72	2.06	2.40	2.74	3.07	3.40

α	10°	11°	12°	13°	14°	15°	16°	17°	18°	19°
0'	3.42	3.75	4.07	4.38	4.69	5.00	5.30	5.59	5.88	6.16
3'	3.44	3.76	4.08	4.40	4.71	5.02	5.31	5.61	5.89	6.17
6'	3.45	3.78	4.10	4.42	4.73	5.03	5.33	5.62	5.91	6.18
9'	3.47	3.79	4.12	4.43	4.74	5.05	5.34	5.64	5.92	6.20
12'	3.49	3.81	4.13	4.45	4.76	5.06	5.36	5.65	5.93	6.21
15'	3.50	3.83	4.15	4.46	4.77	5.08	5.37	5.66	5.95	6.23
18'	3.52	3.84	4.16	4.48	4.79	5.09	5.39	5.68	5.96	6.24
21'	3.53	3.86	4.18	4.49	4.80	5.11	5.40	5.69	5.98	6.25
24'	3.55	3.88	4.19	4.51	4.82	5.12	5.42	5.71	5.99	6.27
27'	3.57	3.89	4.21	4.52	4.83	5.14	5.43	5.72	6.00	6.28
30'	3.58	3.91	4.23	4.54	4.85	5.15	5.45	5.74	6.02	6.29
33'	3.60	3.92	4.24	4.56	4.86	5.17	5.46	5.75	6.03	6.31
36'	3.62	3.94	4.26	4.57	4.88	5.18	5.48	5.76	6.05	6.32
39'	3.63	3.96	4.27	4.59	4.89	5.20	5.49	5.78	6.06	6.33
42'	3.65	3.97	4.29	4.60	4.91	5.21	5.50	5.79	6.07	6.35
45'	3.67	3.99	4.31	4.62	4.92	5.22	5.52	5.81	6.09	6.36
48'	3.68	4.00	4.32	4.63	4.94	5.24	5.53	5.82	6.10	6.37
51'	3.70	4.02	4.34	4.65	4.95	5.25	5.55	5.84	6.12	6.39
54'	3.71	4.04	4.35	4.66	4.97	5.27	5.56	5.85	6.13	6.40
57'	3.73	4.05	4.37	4.68	4.98	5.28	5.58	5.86	6.14	6.41

α	20°	21°	22°	23°	24°	25°	26°	27°	28°	29°
0'	6.43	6.69	6.95	7.19	7.43	7.66	7.88	8.09	8.29	8.48
3'	6.44	6.70	6.96	7.21	7.44	7.67	7.89	8.10	8.30	8.49
6'	6.45	6.72	6.97	7.22	7.45	7.68	7.90	8.11	8.31	8.50
9'	6.47	6.73	6.98	7.23	7.47	7.69	7.91	8.12	8.32	8.51
12'	6.48	6.74	7.00	7.24	7.48	7.71	7.92	8.13	8.33	8.52
15'	6.49	6.76	7.01	7.25	7.49	7.72	7.93	8.14	8.34	8.53
18'	6.51	6.77	7.02	7.27	7.50	7.73	7.94	8.15	8.35	8.54
21'	6.52	6.78	7.03	7.28	7.51	7.74	7.95	8.16	8.36	8.54
24'	6.53	6.79	7.05	7.29	7.52	7.75	7.97	8.17	8.37	8.55
27'	6.55	6.81	7.06	7.30	7.54	7.76	7.98	8.18	8.38	8.56
30'	6.56	6.82	7.07	7.31	7.55	7.77	7.99	8.19	8.39	8.57
33'	6.57	6.83	7.08	7.33	7.56	7.78	8.00	8.20	8.40	8.58
36'	6.59	6.85	7.10	7.34	7.57	7.79	8.01	8.21	8.41	8.59
39'	6.60	6.86	7.11	7.35	7.58	7.80	8.02	8.22	8.42	8.60
42'	6.61	6.87	7.12	7.36	7.59	7.82	8.03	8.23	8.42	8.61
45'	6.63	6.88	7.13	7.37	7.60	7.83	8.04	8.24	8.43	8.62
48'	6.64	6.90	7.14	7.38	7.61	7.84	8.05	8.25	8.44	8.63
51'	6.65	6.91	7.16	7.40	7.63	7.85	8.06	8.26	8.45	8.63
54'	6.67	6.92	7.17	7.41	7.64	7.86	8.07	8.27	8.46	8.64
57'	6.68	6.93	7.18	7.42	7.65	7.87	8.08	8.28	8.47	8.65

20 $cos^2\alpha$

α	20 $cos^2\alpha$
0°	20.0
1°	20.0
2°	20.0
3°	19.9
4°	19.9
5°	19.8
6°	19.8
7°	19.7
8°	19.6
9°	19.5
10°	19.4
10° 30'	19.3
11°	19.3
11° 30'	19.2
12°	19.1
12° 30'	19.1
13°	19.0
13° 30'	18.9
14°	18.8
14° 30'	18.7
15°	18.7
15° 30'	18.6
16°	18.5
16° 30'	18.4
17°	18.3
17° 30'	18.2
18°	18.1
18° 30'	18.0
19°	17.9
19° 30'	17.8
20°	17.7
20° 20'	17.6
20° 40'	17.5
21°	17.4
21° 20'	17.4
21° 40'	17.3
22°	17.2
22° 20'	17.1
22° 40'	17.0
23°	16.9
23° 20'	16.9
23° 40'	16.8
24°	16.7
24° 20'	16.6
24° 40'	16.5
25°	16.4
25° 20'	16.3
25° 40'	16.2
26°	16.2
26° 20'	16.1
26° 40'	16.0
27°	15.9
27° 20'	15.8
27° 40'	15.7
28°	15.6
28° 20'	15.5
28° 40'	15.4
29°	15.3
29° 20'	15.2
29° 40'	15.1
30°	15.0

21 ($^1/_2$ sin 2 α)

α	0°	1°	2°	3°	4°	5°	6°	7°	8°	9°
0'	0.00	0.37	0.78	1.10	1.46	1.82	2.18	2.54	2.89	3.24
3'	0.02	0.88	0.75	1.12	1.48	1.84	2.20	2.56	2.91	3.26
6'	0.04	0.40	0.77	1.13	1.50	1.86	2.22	2.58	2.93	3.28
9'	0.05	0.42	0.79	1.15	1.52	1.88	2.24	2.59	2.95	3.30
12'	0.07	0.44	0.81	1.17	1.53	1.90	2.25	2.61	2.96	3.31
15'	0.09	0.46	0.82	1.19	1.55	1.91	2.27	2.63	2.98	3.33
18'	0.11	0.48	0.84	1.21	1.57	1.93	2.29	2.65	3.00	3.35
21'	0.13	0.49	0.86	1.23	1.59	1.95	2.31	2.66	3.02	3.37
24'	0.15	0.51	0.88	1.24	1.61	1.97	2.33	2.68	3.03	3.38
27'	0.16	0.53	0.90	1.26	1.62	1.99	2.34	2.70	3.05	3.40
30'	0.18	0.55	0.92	1.28	1.64	2.00	2.36	2.72	3.07	3.42
33'	0.20	0.57	0.93	1.30	1.66	2.02	2.38	2.74	3.09	3.44
36'	0.22	0.59	0.95	1.32	1.68	2.04	2.40	2.75	3.10	3.45
39'	0.24	0.60	0.97	1.33	1.70	2.06	2.42	2.77	3.12	3.47
42'	0.26	0.62	0.99	1.35	1.71	2.08	2.43	2.79	3.14	3.49
45'	0.27	0.64	1.01	1.37	1.73	2.09	2.45	2.81	3.16	3.50
48'	0.29	0.66	1.02	1.39	1.75	2.11	2.47	2.82	3.17	3.52
51'	0.31	0.68	1.04	1.41	1.77	2.13	2.49	2.84	3.19	3.54
54'	0.33	0.70	1.06	1.43	1.79	2.15	2.50	2.86	3.21	3.56
57'	0.35	0.71	1.08	1.44	1.81	2.17	2.52	2.88	3.23	3.57

α	10°	11°	12°	13°	14°	15°	16°	17°	18°	19°
0'	3.59	3.93	4.27	4.60	4.93	5.25	5.56	5.87	6.17	6.46
3'	3.61	3.95	4.29	4.62	4.95	5.27	5.58	5.89	6.19	6.48
6'	3.63	3.97	4.30	4.64	4.96	5.28	5.60	5.90	6.20	6.49
9'	3.64	3.98	4.32	4.65	4.98	5.30	5.61	5.92	6.22	6.51
12'	3.66	4.00	4.34	4.67	4.99	5.31	5.63	5.93	6.23	6.52
15'	3.68	4.02	4.35	4.69	5.01	5.33	5.64	5.95	6.25	6.54
18'	3.69	4.04	4.37	4.70	5.03	5.34	5.66	5.96	6.26	6.55
21'	3.71	4.05	4.39	4.72	5.04	5.36	5.67	5.98	6.28	6.57
24'	3.73	4.07	4.40	4.73	5.06	5.38	5.69	5.99	6.29	6.58
27'	3.75	4.09	4.42	4.75	5.07	5.39	5.70	6.01	6.30	6.59
30'	3.76	4.10	4.44	4.77	5.09	5.41	5.72	6.02	6.31	6.61
33'	3.78	4.12	4.45	4.78	5.11	5.42	5.73	6.04	6.33	6.62
36'	3.80	4.14	4.47	4.80	5.12	5.44	5.75	6.05	6.35	6.64
39'	3.81	4.15	4.49	4.82	5.14	5.45	5.76	6.07	6.36	6.65
42'	3.83	4.17	4.50	4.83	5.15	5.47	5.78	6.08	6.38	6.66
45'	3.85	4.19	4.52	4.85	5.17	5.49	5.80	6.10	6.39	6.68
48'	3.87	4.20	4.54	4.86	5.19	5.50	5.81	6.11	6.41	6.69
51'	3.88	4.22	4.55	4.88	5.20	5.52	5.83	6.13	6.42	6.71
54'	3.90	4.24	4.57	4.90	5.22	5.53	5.84	6.14	6.44	6.72
57'	3.92	4.25	4.59	4.91	5.23	5.55	5.86	6.16	6.45	6.74

α	20°	21°	22°	23°	24°	25°	26°	27°	28°	29°
0'	6.75	7.03	7.29	7.55	7.80	8.04	8.27	8.49	8.71	8.90
3'	6.76	7.04	7.31	7.57	7.82	8.06	8.29	8.51	8.72	8.91
6'	6.78	7.05	7.32	7.58	7.83	8.07	8.30	8.52	8.73	8.92
9'	6.79	7.07	7.33	7.59	7.84	8.08	8.31	8.53	8.74	8.93
12'	6.81	7.08	7.35	7.60	7.85	8.09	8.32	8.54	8.75	8.94
15'	6.82	7.09	7.36	7.62	7.86	8.10	8.33	8.55	8.76	8.95
18'	6.83	7.11	7.37	7.63	7.88	8.11	8.34	8.56	8.77	8.96
21'	6.85	7.12	7.39	7.64	7.89	8.13	8.35	8.57	8.78	8.97
24'	6.86	7.13	7.40	7.65	7.90	8.14	8.36	8.58	8.79	8.98
27'	6.87	7.15	7.41	7.67	7.91	8.15	8.37	8.59	8.80	8.99
30'	6.89	7.16	7.42	7.68	7.92	8.16	8.39	8.60	8.81	9.00
33'	6.90	7.17	7.44	7.69	7.94	8.17	8.40	8.61	8.82	9.01
36'	6.92	7.19	7.45	7.70	7.95	8.18	8.41	8.62	8.83	9.02
39'	6.93	7.20	7.46	7.72	7.96	8.19	8.42	8.63	8.84	9.03
42'	6.94	7.21	7.48	7.73	7.97	8.21	8.43	8.64	8.85	9.04
45'	6.96	7.23	7.49	7.74	7.98	8.22	8.44	8.65	8.86	9.05
48'	6.97	7.24	7.50	7.75	8.00	8.23	8.45	8.66	8.87	9.06
51'	6.98	7.25	7.51	7.77	8.01	8.24	8.46	8.67	8.88	9.07
54'	7.00	7.27	7.53	7.78	8.02	8.25	8.47	8.68	8.89	9.07
57'	7.01	7.28	7.54	7.79	8.03	8.26	8.48	8.69	8.89	9.08

21 $cos^2\alpha$

α	value
0°	21.0
1°	21.0
2°	21.0
3°	20.9
4°	20.9
5°	20.8
6°	20.8
7°	20.7
8°	20.6
9°	20.5
10°	20.4
10° 30'	20.3
11°	20.2
11° 30'	20.2
12°	20.1
12° 30'	20.0
13°	19.9
13° 30'	19.9
14°	19.8
14° 30'	19.7
15°	19.6
15° 30'	19.5
16°	19.4
16° 30'	19.3
17°	19.2
17° 30'	19.1
18°	19.0
18° 30'	18.9
19°	18.8
19° 30'	18.7
20°	18.5
20° 20'	18.5
20° 40'	18.4
21°	18.3
21° 20'	18.2
21° 40'	18.1
22°	18.1
22° 20'	18.0
22° 40'	17.9
23°	17.8
23° 20'	17.7
23° 40'	17.6
24°	17.5
24° 20'	17.4
24° 40'	17.3
25°	17.2
25° 20'	17.2
25° 40'	17.1
26°	17.0
26° 20'	16.9
26° 40'	16.8
27°	16.7
27° 20'	16.6
27° 40'	16.5
28°	16.4
28° 20'	16.3
28° 40'	16.2
29°	16.1
29° 20'	16.0
29° 40'	15.9
30°	15.7

α	0°	1°	2°	3°	4°	5°	6°	7°	8°	9°	α	**22** $\cos^2\alpha$
0'	0.00	0.38	0.77	1.15	1.53	1.91	2.29	2.66	3.03	3.40	0°	22.0
3'	0.02	0.40	0.79	1.17	1.55	1.93	2.31	2.68	3.05	3.42	1°	22.0
6'	0.04	0.42	0.81	1.19	1.57	1.95	2.32	2.70	3.07	3.44	2°	22.0
9'	0.06	0.44	0.82	1.21	1.59	1.97	2.34	2.72	3.09	3.45	3°	21.9
12'	0.08	0.46	0.84	1.23	1.61	1.99	2.36	2.74	3.11	3.47	4°	21.9
15'	0.10	0.48	0.86	1.25	1.63	2.00	2.38	2.75	3.12	3.49	5°	21.8
18'	0.12	0.50	0.88	1.26	1.64	2.02	2.40	2.77	3.14	3.51	6°	21.8
21'	0.13	0.52	0.90	1.28	1.66	2.04	2.42	2.79	3.16	3.53	7°	21.7
24'	0.15	0.54	0.92	1.30	1.68	2.06	2.44	2.81	3.18	3.54	8°	21.6
27'	0.17	0.56	0.94	1.32	1.70	2.08	2.46	2.83	3.20	3.56	9°	21.5
30'	0.19	0.58	0.96	1.34	1.72	2.10	2.47	2.85	3.22	3.58	10°	21.3
33'	0.21	0.59	0.98	1.36	1.74	2.12	2.49	2.87	3.23	3.60	10°30'	21.3
36'	0.23	0.61	1.00	1.38	1.76	2.14	2.51	2.88	3.25	3.62	11°	21.2
39'	0.25	0.63	10.2	1.40	1.78	2.16	2.53	2.90	3.27	3.64	11°30'	21.1
42'	0.27	0.65	10.4	1.42	1.80	2.17	2.55	2.92	3.29	3.65	12°	21.0
45'	0.29	0.67	1.05	1.44	1.82	2.19	2.57	2.94	3.31	3.67	12°30'	21.0
48'	0.31	0.69	1.07	1.45	1.83	2.21	2.59	2.96	3.33	3.69	13°	20.9
51'	0.33	0.71	1.09	1.47	1.85	2.23	2.61	2.98	3.34	3.71	13°30'	20.8
54'	0.35	0.73	1.11	1.49	1.87	2.25	2.62	3.00	3.36	3.73	14°	20.7
57'	0.36	0.75	1.13	1.51	1.89	2.27	2.64	3.01	3.38	3.74	14°30'	20.6

α	10°	11°	12°	13°	14°	15°	16°	17°	18°	19°	α	**22** $\cos^2\alpha$
0'	3.76	4.12	4.47	4.82	5.16	5.50	5.83	6.15	6.47	6.77	15°	20.5
3'	3.78	4.14	4.49	4.84	5.18	5.52	5.85	6.17	6.48	6.79	15°30'	20.4
6'	3.80	4.16	4.51	4.86	5.20	5.53	5.86	6.18	6.50	6.80	16°	20.3
9'	3.82	4.17	4.53	4.87	5.21	5.55	5.88	6.20	6.51	6.82	16°30'	20.2
12'	3.83	4.19	4.54	4.89	5.23	5.57	5.89	6.21	6.53	6.83	17°	20.1
15'	3.85	4.21	4.56	4.91	5.25	5.58	5.91	6.23	6.54	6.85	17°30'	20.0
18'	3.87	4.23	4.58	4.93	5.27	5.60	5.93	6.25	6.56	6.86	18°	19.9
21'	3.89	4.24	4.60	4.94	5.28	5.62	5.94	6.26	6.57	6.88	18°30'	19.8
24'	3.91	4.26	4.61	4.96	5.30	5.63	5.96	6.28	6.59	6.89	19°	19.7
27'	3.92	4.28	4.63	4.98	5.32	5.65	5.97	6.29	6.60	6.91	19°30'	19.5
30'	3.94	4.30	4.65	4.99	5.33	5.67	5.99	6.31	6.61	6.92	20°	19.4
33'	3.96	4.32	4.67	5.01	5.35	5.68	6.01	6.33	6.64	6.94	20°20'	19.3
36'	3.98	4.33	4.68	5.03	5.37	5.70	6.02	6.34	6.65	6.95	20°40'	19.3
39'	4.00	4.35	4.70	5.05	5.38	5.71	6.04	6.36	6.67	6.97	21°	19.2
42'	4.01	4.37	4.72	5.06	5.40	5.73	6.06	6.37	6.68	6.98	21°20'	19.1
45'	4.03	4.39	4.74	5.08	5.42	5.75	6.07	6.39	6.70	7.00	21°40'	19.0
48'	4.05	4.40	4.75	5.10	5.43	5.76	6.09	6.40	6.71	7.01	22°	18.9
51'	4.07	4.42	4.77	5.11	5.45	5.78	6.10	6.42	6.73	7.03	22°20'	18.8
54'	4.09	4.44	4.79	5.13	5.47	5.80	6.12	6.43	6.74	7.04	22°40'	18.7
57'	4.10	4.46	4.80	5.15	5.48	5.81	6.14	6.45	6.76	7.06	23°	18.6

α	20°	21°	22°	23°	24°	25°	26°	27°	28°	29°	α	**22** $\cos^2\alpha$
0'	7.07	7.36	7.64	7.91	8.17	8.43	8.67	8.90	9.12	9.33	23°20'	18.5
3'	7.09	7.87	7.66	7.93	8.19	8.44	8.68	8.91	9.13	9.34	23°40'	18.5
6'	7.10	7.39	7.67	7.94	8.20	8.45	8.69	8.92	9.14	9.35	24°	18.4
9'	7.11	7.40	7.68	7.95	8.21	8.46	8.70	8.93	9.15	9.36	24°20'	18.3
12'	7.13	7.42	7.70	7.97	8.23	8.48	8.72	8.94	9.16	9.37	24°40'	18.2
15'	7.14	7.43	7.71	7.98	8.24	8.49	8.73	8.96	9.17	9.38	25°	18.1
18'	7.16	7.45	7.72	7.99	8.25	8.50	8.74	8.97	9.18	9.39	25°20'	18.0
21'	7.17	7.46	7.74	8.01	8.26	8.51	8.75	8.98	9.19	9.40	25°40'	17.9
24'	7.19	7.47	7.75	8.02	8.28	8.52	8.76	8.99	9.20	9.41	26°	17.8
27'	7.20	7.49	7.76	8.03	8.29	8.54	8.77	9.00	9.21	9.42	26°20'	17.7
30'	7.22	7.50	7.78	8.04	8.30	8.55	8.78	9.01	9.23	9.43	26°40'	17.6
33'	7.23	7.52	7.79	8.06	8.31	8.56	8.80	9.02	9.24	9.44	27°	17.5
36'	7.25	7.53	7.81	8.07	8.33	8.57	8.81	9.03	9.25	9.45	27°20'	17.4
39'	7.26	7.54	7.82	8.08	8.34	8.58	8.82	9.04	9.26	9.46	27°40'	17.3
42'	7.27	7.56	7.83	8.10	8.35	8.60	8.83	9.05	9.27	9.47	28°	17.2
45'	7.29	7.57	7.85	8.11	8.36	8.61	8.84	9.07	9.28	9.48	28°20'	17.0
48'	7.30	7.59	7.86	8.12	8.38	8.62	8.85	9.08	9.29	9.49	28°40'	16.9
51'	7.32	7.60	7.87	8.14	8.39	8.63	8.87	9.09	9.30	9.50	29°	16.8
54'	7.33	7.61	7.89	8.15	8.40	8.64	8.88	9.10	9.31	9.51	29°20'	16.7
57'	7.35	7.63	7.90	8.16	8.41	8.66	8.89	9.11	9.32	9.52	29°40'	16.6
											30°	16.5

23 ($\frac{1}{2}\sin 2\alpha$)

α	0°	1°	2°	3°	4°	5°	6°	7°	8°	9°
0'	0.00	0.40	0.80	1.20	1.60	2.00	2.39	2.78	3.17	3.55
3'	0.02	0.42	0.82	1.22	1.62	2.02	2.41	2.80	3.19	3.57
6'	0.04	0.44	0.84	1.24	1.64	2.04	2.43	2.82	3.21	3.59
9'	0.06	0.46	0.86	1.26	1.66	2.06	2.45	2.84	3.23	3.61
12'	0.08	0.48	0.88	1.28	1.68	2.08	2.47	2.86	3.25	3.63
15'	0.10	0.50	0.90	1.30	1.70	2.10	2.49	2.88	3.27	3.65
18'	0.12	0.52	0.92	1.32	1.72	2.12	2.51	2.90	3.29	3.67
21'	0.14	0.54	0.94	1.34	1.74	2.14	2.53	2.92	3.30	3.69
24'	0.16	0.56	0.96	1.36	1.76	2.15	2.55	2.94	3.32	3.71
27'	0.18	0.58	0.98	1.88	1.78	2.17	2.57	2.96	3.34	3.73
30'	0.20	0.61	1.00	1.40	1.80	2.19	2.59	2.98	3.36	3.74
33'	0.22	0.62	10.2	1.42	1.82	2.21	2.61	3.00	3.88	3.76
36'	0.24	0.64	10.4	1.44	1.84	2.23	2.63	3.02	3.40	3.78
39'	0.26	0.66	1.07	1.46	1.86	2.25	2.65	3.03	3.42	3.80
42'	0.28	0.68	1.08	1.48	1.88	2.27	2.67	3.05	3.44	3.82
45'	0.30	0.70	1:10	1.50	1.90	2.29	2.68	3.07	3.46	3.84
48'	0.32	0.72	1.12	1.52	1.92	2.31	2.70	3.09	3.48	3.86
51'	0.34	0.74	1.14	1.54	1.94	2.33	2.72	3.11	3.50	3.88
54'	0.36	0.76	1.16	1.56	1.96	2.35	2.74	3.13	3.52	3.90
57'	0.38	0.78	1.18	1.58	1.98	2.37	2.76	3.15	3.53	3.91

α	10°	11°	12°	13°	14°	15°	16°	17°	18°	19°
0'	3.93	4.31	4.68	5.04	5.40	5.75	6.09	6.43	6.76	7.08
3'	3.95	4.33	4.70	5.06	5.42	5.77	6.11	6.45	6.78	7.10
6'	3.97	4.35	4.71	5.08	5.43	5.78	6.13	6.46	6.79	7.11
9'	3.99	4.36	4.73	5.10	5.45	5.80	6.15	6.48	6.81	7.13
12'	4.01	4.38	4.75	5.11	5.47	5.82	6.16	6.50	6.82	7.14
15'	4.03	4.40	4.77	5.13	5.49	5.84	6.18	6.51	6.84	7.16
18'	4.05	4.42	4.79	5.15	5.50	5.85	6.20	6.53	6.86	7.17
21'	4.06	4.44	4.81	5.17	5.52	5.87	6.21	6.55	6.87	7.19
24'	4.08	4.46	4.82	5.19	5.54	5.89	6.23	6.56	6.89	7.21
27'	4.10	4.47	4.84	5.20	5.56	5.91	6.25	6.58	6.90	7.22
30'	4.12	4.49	4.86	5.22	5.58	5.92	6.26	6.60	6.92	7.24
33'	4.14	4.51	4.88	5.24	5.59	5.94	6.28	6.61	6.94	7.25
36'	4.16	4.53	4.90	5.26	5.61	5.96	6.30	6.63	6.95	7.27
39'	4.18	4.55	4.91	5.27	5.63	5.97	6.31	6.65	6.97	7.28
42'	4.20	4.57	4.93	5.29	5.65	5.99	6.33	6.66	6.98	7.30
45'	4.21	4.59	4.95	5.31	5.66	6.01	6.35	6.68	7.00	7.31
48'	4.23	4.60	4.97	5.33	5.68	6.03	6.36	6.69	7.02	7.33
51'	4.25	4.62	4.99	5.35	5.70	6.04	6.38	6.71	7.03	7.35
54'	4.27	4.64	5.01	5.36	5.72	6.06	6.40	6.73	7.05	7.36
57'	4.29	4.66	5.02	5.38	5.73	6.08	6.41	6.74	7.06	7.38

α	20°	21°	22°	23°	24°	25°	26°	27°	28°	29°
0'	7.89	7.69	7.99	8.27	8.55	8.61	9.06	9.30	9.53	9.75
3'	7.41	7.71	8.00	8.29	8.56	8.82	9.07	9.32	9.55	9.76
6'	7.42	7.72	8.02	8.30	8.57	8.84	9.09	9.33	9.56	9.77
9'	7.44	7.74	8.03	8.31	8.59	8.85	9.10	9.34	9.57	9.78
12'	7.45	7.75	8.05	8.33	8.60	8.86	9.11	9.35	9.58	9.79
15'	7.47	7.77	8.06	8.34	8.61	8.87	9.12	9.36	9.59	9.81
18'	7.48	7.78	8.07	8.36	8.63	8.89	9.14	9.37	9.60	9.82
21'	7.50	7.80	8.09	8.37	8.64	8.90	9.15	9.39	9.61	9.83
24'	7.51	7.81	8.10	8.38	8.65	8.91	9.16	9.40	9.62	9.84
27'	7.53	7.83	8.12	8.40	8.67	8.92	9.17	9.41	9.63	9.85
30'	7.54	7.84	8.13	8.41	8.68	8.94	9.18	9.42	9.64	9.86
33'	7.56	7.86	8.15	8.42	8.69	8.95	9.20	9.43	9.66	9.87
36'	7.57	7.87	8.16	8.44	8.71	8.96	9.21	9.44	9.67	9.88
39'	7.59	7.89	8.17	8.45	8.72	8.97	9.22	9.45	9.68	9.89
42'	7.61	7.90	8.19	8.47	8.73	8.99	9.23	9.47	9.69	9.90
45'	7.62	7.92	8.20	8.48	8.74	9.00	9.24	9.48	9.70	9.91
48'	7.64	7.93	8.22	8.49	8.76	9.01	9.26	9.49	9.71	9.92
51'	7.65	7.95	8.23	8.51	8.77	9.02	9.27	9.50	9.72	9.93
54'	7.67	7.96	8.24	8.52	8.78	9.04	9.28	9.51	9.73	9.94
57'	7.68	7.97	8.26	8.53	8.80	9.05	9.29	9.53	9.74	9.95

23 $\cos^2\alpha$

α	23 $\cos^2\alpha$
0°	23.0
1°	23.0
2°	23.0
3°	22.9
4°	22.9
5°	22.8
6°	22.7
7°	22.7
8°	22.6
9°	22.4
10°	22.3
10° 30'	22.2
11°	22.2
11° 30'	22.1
12°	22.0
12° 30'	21.9
13°	21.8
13° 30'	21.7
14°	21.7
14° 30'	21.6
15°	21.5
15° 30'	21.4
16°	21.3
16° 30'	21.1
17°	21.0
17° 30'	20.9
18°	20.8
18° 30'	20.7
19°	20.6
19° 30'	20.4
20°	20.3
20° 20'	20.2
20° 40'	20.1
21°	20.0
21° 20'	20.0
21° 40'	19.9
22°	19.8
22° 20'	19.7
22° 40'	19.6
23°	19.5
23° 20'	19.4
23° 40'	19.3
24°	19.2
24° 20'	19.1
24° 40'	19.0
25°	18.9
25° 20'	18.8
25° 40'	18.7
26°	18.6
26° 20'	18.5
26° 40'	18.4
27°	18.3
27° 20'	18.2
27° 40'	18.0
28°	17.9
28° 20'	17.8
28° 40'	17.7
29°	17.6
29° 20'	17.5
29° 40'	17.4
30°	17.3

24 ($\frac{1}{2}\sin 2\alpha$)

α	0°	1°	2°	3°	4°	5°	6°	7°	8°	9°	24 $cos^2\alpha$	
0'	0.00	0.42	0.84	1.25	1.67	2.08	2.49	2.90	3.31	3.71	0°	24.0
3'	0.02	0.44	0.86	1.28	1.69	2.10	2.52	2.92	3.33	3.73	1°	24.0
6'	0.04	0.46	0.88	1.30	1.71	2.13	2.54	2.94	3.35	3.75	2°	24.0
9'	0.06	0.48	0.90	1.32	1.73	2.15	2.56	2.96	3.37	3.77	3°	23.9
12'	0.08	0.50	0.92	1.34	1.75	2.17	2.58	2.98	3.39	3.79	4°	23.9
15'	0.10	0.52	0.94	1.36	1.77	2.19	2.60	3.00	3.41	3.81	5°	23.8
18'	0.13	0.54	0.96	1.38	1.79	2.21	2.62	3.02	3.43	3.83	6°	23.7
21'	0.15	0.57	0.98	1.40	1.82	2.23	2.64	3.04	3.45	3.85	7°	23.6
24'	0.17	0.59	1.00	1.42	1.84	2.25	2.66	3.07	3.47	3.87	8°	23.5
27'	0.19	0.61	1.03	1.44	1.86	2.27	2.68	3.09	3.49	3.89	9°	23.4
30'	0.21	0.63	1.05	1.46	1.88	2.29	2.70	3.11	3.51	3.91	10°	23.3
33'	0.23	0.65	1.07	1.48	1.90	2.31	2.72	3.13	3.53	3.93	10° 30'	23.2
36'	0.25	0.67	1.09	1.50	1.92	2.33	2.74	3.15	3.55	3.95	11°	23.1
39'	0.27	0.69	1.11	1.52	1.94	2.35	2.76	3.17	3.57	3.97	11° 30'	23.0
42'	0.29	0.71	1.13	1.55	1.96	2.37	2.78	3.19	3.59	3.99	12°	23.0
45'	0.31	0.73	1.15	1.57	1.98	2.39	2.80	3.21	3.61	4.01	12° 30'	22.9
48'	0.34	0.75	1.17	1.59	2.00	2.41	2.82	3.23	3.63	4.03	13°	22.8
51'	0.36	0.77	1.19	1.61	2.02	2.43	2.84	3.25	3.65	4.05	13° 30'	22.7
54'	0.38	0.80	1.21	1.63	2.04	2.45	2.86	3.27	3.67	4.06	14°	22.6
57'	0.40	0.82	1.23	1.65	2.06	2.47	2.88	3.29	3.68	4.08	14° 30'	22.5

α	10°	11°	12°	13°	14°	15°	16°	17°	18°	19°	24 $cos^2\alpha$	
0'	4.10	4.50	4.88	5.26	5.65	6.00	6.36	6.71	7.05	7.39	15°	22.4
3'	4.13	4.51	4.90	5.28	5.65	6.02	6.38	6.73	7.07	7.40	15° 30'	22.3
6'	4.14	4.53	4.92	5.30	5.67	6.04	6.39	6.75	7.09	7.42	16°	22.2
9'	4.16	4.55	4.94	5.32	5.69	6.05	6.41	6.76	7.10	7.44	16° 30'	22.1
12'	4.18	4.57	4.96	5.34	5.71	6.07	6.43	6.78	7.12	7.45	17°	21.9
15'	4.20	4.59	4.98	5.35	5.73	6.09	6.45	6.80	7.14	7.47	17° 30'	21.8
18'	4.22	4.61	5.00	5.37	5.74	6.11	6.47	6.81	7.15	7.49	18°	21.7
21'	4.24	4.63	5.01	5.39	5.76	6.13	6.48	6.83	7.17	7.50	18° 30'	21.6
24'	4.26	4.65	5.03	5.41	5.78	6.14	6.50	6.85	7.19	7.52	19°	21.5
27'	4.28	4.67	5.05	5.43	5.80	6.16	6.52	6.87	7.21	7.54	19° 30'	21.3
30'	4.30	4.69	5.07	5.45	5.82	6.18	6.54	6.89	7.22	7.55	20°	21.2
33'	4.32	4.71	5.09	5.47	5.84	6.20	6.55	6.90	7.24	7.57	20° 20'	21.1
36'	4.34	4.73	5.11	5.49	5.85	6.22	6.57	6.92	7.26	7.58	20° 40'	21.0
39'	4.36	4.75	5.13	5.50	5.87	6.23	6.59	6.93	7.27	7.60	21°	20.9
42'	4.38	4.77	5.15	5.52	5.89	6.25	6.61	6.95	7.29	7.62	21° 20'	20.8
45'	4.40	4.79	5.17	5.54	5.91	6.27	6.62	6.97	7.31	7.63	21° 40'	20.7
48'	4.42	4.80	5.19	5.56	5.93	6.29	6.64	6.99	7.32	7.65	22°	20.6
51'	4.44	4.82	5.20	5.58	5.95	6.31	6.66	7.00	7.34	7.67	22° 20'	20.5
54'	4.46	4.84	5.22	5.60	5.96	6.32	6.68	7.02	7.35	7.68	22° 40'	20.4
57'	4.48	4.86	5.24	5.62	5.98	6.34	6.69	7.04	7.37	7.70	23°	20.3

α	20°	21°	22°	23°	24°	25°	26°	27°	28°	29°	24 $cos^2\alpha$	
0'	7.71	8.03	8.34	8.63	8.92	9.19	9.46	9.71	9.95	10.18	23° 20'	20.2
3'	7.73	8.05	8.35	8.65	8.93	9.21	9.47	9.72	9.96	10.19	23° 40'	20.1
6'	7.75	8.06	8.37	8.66	8.95	9.22	9.48	9.73	9.97	10.20	24°	20.0
9'	7.76	8.08	8.38	8.68	8.96	9.23	9.49	9.75	9.98	10.21	24° 20'	19.9
12'	7.78	8.09	8.40	8.69	8.97	9.25	9.51	9.76	10.00	10.22	24° 40'	19.8
15'	7.79	8.11	8.41	8.70	8.99	9.26	9.52	9.77	10.01	10.23	25°	19.7
18'	7.81	8.12	8.43	8.72	9.00	9.27	9.53	9.78	10.02	10.24	25° 20'	19.6
21'	7.83	8.14	8.44	8.73	9.02	9.29	9.55	9.79	10.03	10.25	25° 40'	19.5
24'	7.84	8.15	8.46	8.75	9.03	9.30	9.56	9.81	10.04	10.26	26°	19.4
27'	7.86	8.17	8.47	8.76	9.04	9.31	9.57	9.82	10.05	10.28	26° 20'	19.3
30'	7.87	8.18	8.49	8.78	9.06	9.33	9.58	9.83	10.06	10.29	26° 40'	19.2
33'	7.89	8.20	8.50	8.79	9.07	9.34	9.60	9.84	10.08	10.30	27°	19.1
36'	7.90	8.21	8.51	8.80	9.08	9.35	9.61	9.85	10.09	10.31	27° 20'	18.9
39'	7.92	8.23	8.53	8.82	9.10	9.37	9.62	9.87	10.10	10.32	27° 40'	18.8
42'	7.94	8.25	8.54	8.83	9.11	9.38	9.63	9.88	10.11	10.33	28°	18.7
45'	7.95	8.26	8.56	8.85	9.12	9.39	9.65	9.89	10.12	10.34	28° 20'	18.6
48'	7.97	8.28	8.57	8.86	9.14	9.40	9.66	9.90	10.13	10.35	28° 40'	18.5
51'	7.98	8.29	8.59	8.88	9.15	9.42	9.67	9.91	10.14	10.36	29°	18.4
54'	8.00	8.31	8.60	8.89	9.17	9.43	9.68	9.92	10.15	10.37	29° 20'	18.2
57'	8.01	8.32	8.62	8.90	9.18	9.44	9.70	9.94	10.17	10.38	29° 40'	18.1
											30°	18.0

25 ($^1/_2$ sin 2 α)

α	0°	1°	2°	3°	4°	5°	6°	7°	8°	9°		25 $\cos^2\alpha$
0′	0.00	0.44	0.87	1.81	1.74	2.17	2.60	3.02	3.45	3.86	0°	25.0
3′	0.02	0.46	0.89	1.83	1.76	2.19	2.62	3.05	3.47	3.88	1°	25.0
6′	0.04	0.48	0.92	1.85	1.78	2.21	2.64	3.07	3.49	3.90	2°	25.0
9′	0.07	0.50	0.94	1.87	1.80	2.24	2.66	3.09	3.51	3.92	3°	24.9
12′	0.09	0.52	0.96	1.39	1.88	2.26	2.68	3.11	3.53	3.95	4°	24.9
15′	0.11	0.55	0.98	1.42	1.85	2.28	2.71	3.13	3.55	3.97	5°	24.8
18′	0.13	0.57	1.00	1.44	1.87	2.30	2.73	3.15	3.57	3.99	6°	24.7
21′	0.15	0.59	1.02	1.46	1.89	2.32	2.75	3.17	3.59	4.01	7°	24.6
24′	0.17	0.61	1.05	1.48	1.91	2.34	2.77	3.19	3.61	4.03	8°	24.5
27′	0.20	0.63	1.07	1.50	1.93	2.36	2.79	3.21	3.63	4.05	9°	24.4
30′	0.22	0.65	1.09	1.52	1.96	2.39	2.81	3.24	3.65	4.07	10°	24.2
33′	0.24	0.68	1.11	1.55	1.98	2.41	2.83	3.26	3.68	4.09	10° 30′	24.2
36′	0.26	0.70	1.13	1.57	2.00	2.43	2.85	3.28	3.70	4.11	11°	24.1
39′	0.28	0.72	1.15	1.59	2.02	2.45	2.88	3.30	3.72	4.13	11° 30′	24.0
42′	0.31	0.74	1.18	1.61	2.04	2.47	2.90	3.32	3.74	4.15	12°	23.9
45′	0.33	0.76	1.20	1.63	2.06	2.49	2.92	3.34	3.76	4.17	12° 30′	23.8
48′	0.35	0.78	1.22	1.65	2.08	2.51	2.94	3.36	3.78	4.19	13°	23.7
51′	0.37	0.81	1.24	1.67	2.11	2.53	2.96	3.38	3.80	4.21	13° 30′	23.6
54′	0.39	0.83	1.26	1.70	2.13	2.56	2.98	3.40	3.82	4.23	14°	23.5
57′	0.41	0.85	1.28	1.72	2.15	2.58	3.00	3.42	3.84	4.25	14° 30′	23.4

α	10°	11°	12°	13°	14°	15°	16°	17°	18°	19°		25 $\cos^2\alpha$
0′	4.28	4.68	5.08	5.48	5.87	6.25	6.62	6.99	7.35	7.70	15°	23.3
3′	4.30	4.70	5.10	5.50	5.89	6.27	6.64	7.01	7.36	7.71	15° 30′	23.2
6′	4.32	4.72	5.12	5.52	5.91	6.29	6.66	7.03	7.38	7.73	16°	23.1
9′	4.34	4.74	5.14	5.54	5.93	6.31	6.68	7.04	7.40	7.75	16° 30′	23.0
12′	4.36	4.76	5.16	5.56	5.95	6.33	6.70	7.06	7.42	7.76	17°	22.9
15′	4.38	4.78	5.18	5.58	5.96	6.34	6.72	7.08	7.44	7.78	17° 30′	22.7
18′	4.40	4.81	5.20	5.60	5.98	6.36	6.73	7.10	7.45	7.80	18°	22.6
21′	4.42	4.82	5.22	5.62	6.00	6.38	6.75	7.12	7.47	7.82	18° 30′	22.5
24′	4.44	4.84	5.24	5.64	6.02	6.40	6.77	7.13	7.49	7.83	19°	22.4
27′	4.46	4.86	5.26	5.66	6.04	6.42	6.79	7.15	7.51	7.85	19° 30′	22.2
30′	4.48	4.88	5.28	5.67	6.06	6.44	6.81	7.17	7.52	7.87	20°	22.1
33′	4.50	4.90	5.30	5.69	6.08	6.46	6.83	7.19	7.54	7.88	20° 20′	22.0
36′	4.52	4.92	5.32	5.71	6.10	6.48	6.84	7.21	7.56	7.90	20° 40′	21.9
39′	4.54	4.94	5.34	5.73	6.12	6.49	6.86	7.22	7.57	7.92	21°	21.8
42′	4.56	4.96	5.36	5.75	6.14	6.51	6.88	7.24	7.59	7.93	21° 20′	21.7
45′	4.58	4.98	5.38	5.77	6.16	6.53	6.90	7.26	7.61	7.95	21° 40′	21.6
48′	4.60	5.00	5.40	5.79	6.17	6.55	6.92	7.28	7.63	7.97	22°	21.5
51′	4.62	5.02	5.42	5.81	6.19	6.57	6.94	7.29	7.64	7.98	22° 20′	21.4
54′	4.64	5.04	5.44	5.83	6.21	6.59	6.95	7.31	7.66	8.00	22° 40′	21.3
57′	4.66	5.06	5.46	5.85	6.23	6.61	6.98	7.33	7.68	8.02	23°	21.2

α	20°	21°	22°	23°	24°	25°	26°	27°	28°	29°		25 $\cos^2\alpha$
0′	8.03	8.36	8.68	8.99	9.29	9.58	9.85	10.11	10.36	10.60	23° 20′	21.1
3′	8.05	8.38	8.70	9.01	9.30	9.59	9.86	10.13	10.38	10.61	23° 40′	21.0
6′	8.07	8.40	8.71	9.02	9.32	9.60	9.88	10.14	10.39	10.62	24°	20.9
9′	8.08	8.41	8.73	9.04	9.33	9.62	9.89	10.15	10.40	10.64	24° 20′	20.8
12′	8.10	8.43	8.75	9.05	9.35	9.63	9.90	10.16	10.41	10.65	24° 40′	20.6
15′	8.12	8.44	8.76	9.07	9.36	9.65	9.92	10.18	10.42	10.66	25°	20.5
18′	8.13	8.46	8.78	9.08	9.38	9.66	9.93	10.19	10.44	10.67	25° 20′	20.4
21′	8.15	8.48	8.79	9.10	9.39	9.67	9.94	10.20	10.45	10.68	25° 40′	20.3
24′	8.17	8.49	8.81	9.11	9.41	9.69	9.96	10.21	10.46	10.69	26°	20.2
27′	8.18	8.51	8.82	9.13	9.42	9.70	9.97	10.23	10.47	10.70	26° 20′	20.1
30′	8.20	8.53	8.84	9.14	9.43	9.71	9.98	10.24	10.48	10.71	26° 40′	20.0
33′	8.22	8.54	8.85	9.16	9.45	9.73	10.00	10.25	10.50	10.73	27°	19.8
36′	8.23	8.56	8.87	9.17	9.46	9.74	10.01	10.26	10.51	10.74	27° 20′	19.7
39′	8.25	8.57	8.89	9.19	9.48	9.76	10.02	10.28	10.52	10.75	27° 40′	19.6
42′	8.27	8.59	8.90	9.20	9.49	9.77	10.04	10.29	10.53	10.76	28°	19.5
45′	8.28	8.60	8.92	9.22	9.51	9.78	10.05	10.30	10.54	10.77	28° 20′	19.4
48′	8.30	8.62	8.93	9.23	9.52	9.80	10.06	10.31	10.55	10.78	28° 40′	19.2
51′	8.32	8.64	8.95	9.25	9.53	9.81	10.07	10.33	10.57	10.79	29°	19.1
54′	8.33	8.65	8.96	9.26	9.55	9.82	10.09	10.34	10.58	10.80	29° 20′	19.0
57′	8.35	8.67	8.98	9.27	9.56	9.84	10.10	10.35	10.59	10.81	29° 40′	18.9
											30°	18.7

α	0°	1°	2°	3°	4°	5°	6°	7°	8°	9°
0'	0.00	0.45	0.91	1.36	1.81	2.26	2.70	3.14	3.58	4.02
3'	0.02	0.48	0.93	1.38	1.83	2.28	2.73	3.17	3.61	4.04
6'	0.05	0.50	0.95	1.40	1.85	2.30	2.75	3.19	3.63	4.06
9'	0.07	0.52	0.97	1.43	1.88	2.32	2.77	3.21	3.65	4.08
12'	0.09	0.54	1.00	1.45	1.90	2.35	2.79	3.23	3.67	4.10
15'	0.11	0.57	1.02	1.47	1.92	2.37	2.81	3.25	3.69	4.12
18'	0.14	0.59	1.04	1.49	1.94	2.39	2.84	3.28	3.71	4.15
21'	0.16	0.61	1.07	1.52	1.97	2.41	2.86	3.30	3.74	4.17
24'	0.18	0.64	1.09	1.54	1.99	2.44	2.88	3.32	3.76	4.19
27'	0.20	0.66	1.11	1.56	2.01	2.46	2.90	3.34	3.78	4.21
30'	0.23	0.68	1.13	1.58	2.03	2.48	2.92	3.36	3.80	4.23
33'	0.25	0.70	1.16	1.61	2.06	2.50	2.95	3.39	3.82	4.25
36'	0.27	0.73	1.18	1.63	2.08	2.53	2.97	3.41	3.84	4.28
39'	0.29	0.75	1.20	1.65	2.10	2.55	2.99	3.43	3.87	4.30
42'	0.32	0.77	1.22	1.67	2.12	2.57	3.01	3.45	3.89	4.32
45'	0.34	0.79	1.25	1.70	2.15	2.59	3.03	3.47	3.91	4.34
48'	0.36	0.82	1.27	1.72	2.17	2.61	3.06	3.50	3.93	4.36
51'	0.39	0.84	1.29	1.74	2.19	2.64	3.08	3.52	3.95	4.38
54'	0.41	0.86	1.31	1.76	2.21	2.66	3.10	3.54	3.97	4.40
57'	0.43	0.88	1.34	1.79	2.24	2.68	3.12	3.56	4.00	4.42

α	10°	11°	12°	13°	14°	15°	16°	17°	18°	19°
0'	4.45	4.87	5.29	5.70	6.10	6.50	6.89	7.27	7.64	8.00
3'	4.47	4.89	5.31	5.72	6.12	6.52	6.91	7.29	7.66	8.02
6'	4.49	4.91	5.33	5.74	6.14	6.54	6.93	7.31	7.68	8.04
9'	4.51	4.93	5.35	5.76	6.16	6.56	6.95	7.33	7.70	8.06
12'	4.53	4.95	5.37	5.78	6.18	6.58	6.97	7.34	7.71	8.07
15'	4.55	4.97	5.39	5.80	6.20	6.60	6.98	7.36	7.73	8.09
18'	4.57	5.00	5.41	5.82	6.22	6.62	7.00	7.38	7.75	8.11
21'	4.60	5.02	5.43	5.84	6.24	6.64	7.02	7.40	7.77	8.13
24'	4.62	5.04	5.45	5.86	6.26	6.66	7.04	7.42	7.79	8.15
27'	4.64	5.06	5.47	5.88	6.28	6.68	7.06	7.44	7.81	8.16
30'	4.66	5.08	5.49	5.90	6.30	6.70	7.08	7.46	7.82	8.18
33'	4.68	5.10	5.51	5.92	6.32	6.71	7.10	7.48	7.84	8.20
36'	4.70	5.12	5.54	5.94	6.34	6.73	7.12	7.49	7.86	8.22
39'	4.72	5.14	5.56	5.96	6.36	6.75	7.14	7.51	7.88	8.23
42'	4.74	5.16	5.58	5.98	6.38	6.77	7.16	7.53	7.90	8.25
45'	4.76	5.18	5.60	6.00	6.40	6.79	7.18	7.55	7.91	8.27
48'	4.79	5.20	5.62	6.02	6.42	6.81	7.19	7.57	7.93	8.29
51'	4.81	5.23	5.64	6.04	6.44	6.83	7.21	7.59	7.95	8.30
54'	4.83	5.25	5.66	6.06	6.46	6.85	7.23	7.60	7.97	8.32
57'	4.85	5.27	5.68	6.08	6.48	6.87	7.25	7.62	7.99	8.34

α	20°	21°	22°	23°	24°	25°	26°	27°	28°	29°
0'	8.36	8.70	9.03	9.35	9.66	9.96	10.24	10.52	10.78	11.02
3'	8.37	8.72	9.05	9.37	9.68	9.97	10.26	10.53	10.79	11.04
6'	8.39	8.73	9.06	9.38	9.69	9.99	10.27	10.54	10.80	11.05
9'	8.41	8.75	9.08	9.40	9.71	10.00	10.29	10.56	10.82	11.06
12'	8.43	8.77	9.10	9.41	9.72	10.02	10.30	10.57	10.83	11.07
15'	8.44	8.78	9.11	9.43	9.74	10.03	10.31	10.58	10.84	11.08
18'	8.46	8.80	9.13	9.45	9.75	10.05	10.33	10.60	10.85	11.10
21'	8.48	8.82	9.14	9.46	9.77	10.06	10.34	10.61	10.87	11.11
24'	8.49	8.83	9.16	9.48	9.78	10.07	10.35	10.62	10.88	11.12
27'	8.51	8.85	9.18	9.49	9.80	10.09	10.37	10.64	10.89	11.13
30'	8.53	8.87	9.19	9.51	9.81	10.10	10.38	10.65	10.90	11.14
33'	8.55	8.88	9.21	9.52	9.83	10.12	10.40	10.66	10.92	11.15
36'	8.56	8.90	9.22	9.54	9.84	10.13	10.41	10.67	10.93	11.17
39'	8.58	8.92	9.24	9.55	9.86	10.15	10.42	10.69	10.94	11.18
42'	8.60	8.93	9.26	9.57	9.87	10.16	10.44	10.70	10.95	11.19
45'	8.61	8.95	9.27	9.58	9.89	10.17	10.45	10.71	10.96	11.20
48'	8.63	8.97	9.29	9.60	9.90	10.19	10.46	10.73	10.98	11.21
51'	8.65	8.98	9.30	9.62	9.91	10.20	10.48	10.74	10.99	11.22
54'	8.66	9.00	9.32	9.63	9.93	10.22	10.49	10.75	11.00	11.24
57'	8.68	9.01	9.34	9.65	9.94	10.23	10.50	10.76	11.01	11.25

26 $\cos^2\alpha$

α	26 cos²α
0°	26.0
1°	26.0
2°	26.0
3°	25.9
4°	25.9
5°	25.8
6°	25.7
7°	25.6
8°	25.5
9°	25.4
10°	25.2
10° 30'	25.1
11°	25.1
11° 30'	25.0
12°	24.9
12° 30'	24.8
13°	24.7
13° 30'	24.6
14°	24.5
14° 30'	24.4
15°	24.3
15° 30'	24.1
16°	24.0
16° 30'	23.9
17°	23.8
17° 30'	23.6
18°	23.5
18° 30'	23.4
19°	23.2
19° 30'	23.1
20°	23.0
20° 20'	22.9
20° 40'	22.8
21°	22.7
21° 20'	22.6
21° 40'	22.5
22°	22.4
22° 20'	22.2
22° 40'	22.1
23°	22.0
23° 20'	21.9
23° 40'	21.8
24°	21.7
24° 20'	21.6
24° 40'	21.5
25°	21.4
25° 20'	21.2
25° 40'	21.1
26°	21.0
26° 20'	20.9
26° 40'	20.8
27°	20.6
27° 20'	20.5
27° 40'	20.4
28°	20.3
28° 20'	20.1
28° 40'	20.0
29°	19.9
29° 20'	19.8
29° 40'	19.6
30°	19.5

18   27 (½ sin 2 α)

α	0°	1°	2°	3°	4°	5°	6°	7°	8°	9°	27 cos²α	
0'	0.00	0.47	0.94	1.41	1.88	2.34	2.81	3.27	3.72	4.17	0°	27.0
3'	0.02	0.49	0.97	1.43	1.90	2.37	2.83	3.29	3.74	4.19	1°	27.0
6'	0.05	0.52	0.99	1.46	1.93	2.39	2.85	3.31	3.77	4.22	2°	27.0
9'	0.07	0.54	1.01	1.48	1.95	2.41	2.88	3.33	3.79	4.24	3°	26.9
12'	0.09	0.57	1.04	1.50	1.97	2.44	2.90	3.36	3.81	4.26	4°	26.9
15'	0.12	0.59	1.06	1.53	2.00	2.46	2.92	3.38	3.83	4.28	5°	26.8
18'	0.14	0.61	1.08	1.55	2.02	2.48	2.94	3.40	3.86	4.31	6°	26.7
21'	0.16	0.64	1.11	1.58	2.04	2.51	2.97	3.43	3.88	4.33	7°	26.6
24'	0.19	0.66	1.13	1.60	2.07	2.53	2.99	3.45	3.90	4.35	8°	26.5
27'	0.21	0.68	1.15	1.62	2.09	2.55	3.01	3.47	3.92	4.37	9°	26.3
30'	0.24	0.71	1.18	1.65	2.11	2.58	3.04	3.49	3.95	4.40	10°	26.2
33'	0.26	0.73	1.20	1.67	2.14	2.60	3.06	3.52	3.97	4.42	10°30'	26.1
36'	0.28	0.75	1.22	1.69	2.16	2.62	3.08	3.54	3.99	4.44	11°	26.0
39'	0.31	0.78	1.25	1.72	2.18	2.65	3.11	3.56	4.01	4.46	11°30'	25.9
42'	0.33	0.80	1.27	1.74	2.20	2.67	3.13	3.59	4.04	4.48	12°	25.8
45'	0.35	0.82	1.29	1.76	2.23	2.69	3.15	3.61	4.06	4.51	12°30'	25.7
48'	0.38	0.85	1.32	1.79	2.25	2.71	3.17	3.63	4.08	4.53	13°	25.6
51'	0.40	0.87	1.34	1.81	2.27	2.74	3.20	3.65	4.10	4.55	13°30'	25.5
54'	0.42	0.89	1.36	1.83	2.30	2.76	3.22	3.68	4.13	4.57	14°	25.4
57'	0.45	0.92	1.39	1.86	2.32	2.78	3.24	3.70	4.15	4.60	14°30'	25.3

α	10°	11°	12°	13°	14°	15°	16°	17°	18°	19°	27 cos²α	
0'	4.62	5.06	5.49	5.92	6.34	6.75	7.15	7.55	7.94	8.31	15°	25.2
3'	4.64	5.08	5.51	5.94	6.36	6.77	7.17	7.57	7.95	8.33	15°30'	25.1
6'	4.66	5.10	5.53	5.96	6.38	6.79	7.19	7.59	7.97	8.35	16°	24.9
9'	4.68	5.12	5.56	5.98	6.40	6.81	7.21	7.61	7.99	8.37	16°30'	24.8
12'	4.71	5.14	5.58	6.00	6.42	6.83	7.23	7.63	8.01	8.39	17°	24.7
15'	4.73	5.17	5.60	6.02	6.44	6.85	7.25	7.65	8.03	8.40	17°30'	24.6
18'	4.75	5.19	5.62	6.04	6.46	6.87	7.27	7.67	8.05	8.42	18°	24.4
21'	4.77	5.21	5.64	6.07	6.48	6.89	7.29	7.69	8.07	8.44	18°30'	24.3
24'	4.79	5.23	5.66	6.09	6.50	6.91	7.31	7.70	8.09	8.46	19°	24.1
27'	4.82	5.25	5.68	6.11	6.52	6.93	7.33	7.72	8.11	8.48	19°30'	24.0
30'	4.84	5.27	5.71	6.13	6.54	6.95	7.35	7.74	8.12	8.50	20°	23.8
33'	4.86	5.30	5.73	6.15	6.57	6.97	7.37	7.76	8.14	8.51	20°20'	23.7
36'	4.88	5.32	5.75	6.17	6.59	6.99	7.39	7.78	8.16	8.53	20°40'	23.6
39'	4.90	5.34	5.77	6.19	6.61	7.01	7.41	7.80	8.18	8.55	21°	23.5
42'	4.93	5.36	5.79	6.21	6.63	7.03	7.43	7.82	8.20	8.57	21°20'	23.4
45'	4.95	5.38	5.81	6.23	6.65	7.05	7.45	7.84	8.22	8.59	21°40'	23.3
48'	4.97	5.40	5.83	6.25	6.67	7.07	7.47	7.86	8.24	8.61	22°	23.2
51'	4.99	5.43	5.85	6.28	6.69	7.09	7.49	7.88	8.26	8.62	22°20'	23.1
54'	5.01	5.45	5.88	6.30	6.71	7.11	7.51	7.90	8.27	8.64	22°40'	23.0
57'	5.04	5.47	5.90	6.32	6.73	7.13	7.53	7.92	8.29	8.66	23°	22.9

α	20°	21°	22°	23°	24°	25°	26°	27°	28°	29°	27 cos²α	
0'	8.68	9.03	9.38	9.71	10.03	10.34	10.64	10.92	11.19	11.45	23°20'	22.8
											23°40'	22.6
3'	8.70	9.05	9.39	9.73	10.05	10.36	10.65	10.94	11.21	11.46	24°	22.5
6'	8.71	9.07	9.41	9.74	10.06	10.37	10.67	10.95	11.22	11.47	24°20'	22.4
9'	8.73	9.09	9.43	9.76	10.08	10.39	10.69	10.96	11.23	11.49	24°40'	22.3
12'	8.75	9.10	9.45	9.78	10.10	10.40	10.70	10.98	11.24	11.50	25°	22.2
15'	8.77	9.12	9.46	9.79	10.11	10.42	10.71	10.99	11.26	11.51	25°20'	22.1
18'	8.79	9.14	9.48	9.81	10.13	10.43	10.72	11.00	11.27	11.52	25°40'	21.9
21'	8.80	9.16	9.50	9.82	10.14	10.45	10.74	11.02	11.28	11.54	26°	21.8
24'	8.82	9.17	9.51	9.84	10.16	10.46	10.75	11.03	11.30	11.55	26°20'	21.7
27'	8.84	9.19	9.53	9.86	10.17	10.48	10.77	11.05	11.31	11.56	26°40'	21.6
30'	8.86	9.21	9.55	9.87	10.19	10.49	10.78	11.06	11.32	11.57	27°	21.4
33'	8.87	9.22	9.56	9.89	10.20	10.51	10.80	11.07	11.33	11.58	27°20'	21.3
36'	8.89	9.24	9.58	9.91	10.22	10.52	10.81	11.09	11.35	11.60	27°40'	21.2
39'	8.91	9.26	9.60	9.92	10.23	10.54	10.82	11.10	11.36	11.61	28°	21.0
42'	8.93	9.28	9.61	9.94	10.25	10.55	10.84	11.11	11.37	11.62		
45'	8.95	9.29	9.63	9.95	10.27	10.57	10.85	11.13	11.39	11.63	28°20'	20.9
48'	8.96	9.31	9.65	9.97	10.28	10.58	10.87	11.14	11.40	11.64	28°40'	20.8
51'	8.98	9.33	9.66	9.99	10.30	10.59	10.88	11.15	11.41	11.66	29°	20.6
54'	9.00	9.34	9.68	10.00	10.31	10.61	10.89	11.17	11.42	11.67	29°20'	20.5
											29°40'	20.4
57'	9.02	9.36	9.69	10.02	10.33	10.62	10.91	11.18	11.44	11.68	30°	20.3

28 $cos^2\alpha$

α	0°	1°	2°	3°	4°	5°	6°	7°	8°	9°
0'	0.00	0.49	0.98	1.46	1.95	2.43	2.91	3.39	3.86	4.33
3'	0.02	0.51	1.00	1.49	1.97	2.46	2.93	3.41	3.88	4.35
6'	0.05	0.54	1.03	1.51	2.00	2.48	2.96	3.43	3.91	4.37
9'	0.07	0.56	1.05	1.54	2.02	2.50	2.98	3.46	3.93	4.40
12'	0.10	0.59	1.07	1.56	2.05	2.53	3.01	3.48	3.95	4.42
15'	0.12	0.61	1.10	1.58	2.07	2.55	3.03	3.51	3.98	4.44
18'	0.15	0.64	1.12	1.61	2.09	2.58	3.05	3.53	4.00	4.47
21'	0.17	0.66	1.15	1.63	2.12	2.60	3.08	3.55	4.02	4.49
24'	0.20	0.68	1.17	1.66	2.14	2.62	3.10	3.58	4.05	4.51
27'	0.22	0.71	1.20	1.68	2.17	2.65	3.13	3.60	4.07	4.53
30'	0.24	0.73	1.22	1.71	2.19	2.67	3.15	3.62	4.09	4.56
33'	0.27	0.76	1.24	1.73	2.21	2.70	3.17	3.65	4.12	4.58
36'	0.29	0.78	1.27	1.75	2.24	2.72	3.20	3.67	4.14	4.60
39'	0.32	0.81	1.29	1.78	2.26	2.74	3.22	3.69	4.16	4.63
42'	0.34	0.83	1.32	1.80	2.29	2.77	3.24	3.72	4.19	4.65
45'	0.37	0.85	1.34	1.83	2.31	2.79	3.27	3.74	4.21	4.67
48'	0.39	0.88	1.37	1.85	2.33	2.82	3.29	3.76	4.23	4.70
51'	0.42	0.90	1.39	1.88	2.36	2.84	3.32	3.79	4.26	4.72
54'	0.44	0.93	1.41	1.90	2.38	2.86	3.34	3.81	4.28	4.74
57'	0.46	0.95	1.44	1.92	2.41	2.89	3.36	3.84	4.30	4.77

α	10°	11°	12°	13°	14°	15°	16°	17°	18°	19°
0'	4.79	5.24	5.69	6.14	6.57	7.00	7.42	7.88	8.23	8.62
3'	4.81	5.27	5.72	6.16	6.59	7.02	7.44	7.85	8.25	8.64
6'	4.83	5.29	5.74	6.18	6.62	7.04	7.46	7.87	8.27	8.66
9'	4.86	5.31	5.76	6.20	6.64	7.06	7.48	7.89	8.29	8.68
12'	4.88	5.33	5.78	6.22	6.66	7.08	7.50	7.91	8.31	8.70
15'	4.90	5.36	5.81	6.25	6.68	7.11	7.52	7.93	8.33	8.72
18'	4.93	5.38	5.83	6.27	6.70	7.13	7.54	7.95	8.35	8.73
21'	4.95	5.40	5.85	6.29	6.72	7.15	7.56	7.97	8.37	8.75
24'	4.97	5.43	5.87	6.31	6.74	7.17	7.58	7.99	8.39	8.77
27'	4.99	5.45	5.89	6.33	6.78	7.19	7.60	8.01	8.41	8.79
30'	5.02	5.47	5.92	6.36	6.79	7.21	7.62	8.03	8.43	8.81
33'	5.04	5.49	5.94	6.38	6.81	7.23	7.65	8.05	8.44	8.83
36'	5.06	5.52	5.96	6.40	6.83	7.25	7.67	8.07	8.46	8.85
39'	5.09	5.54	5.98	6.42	6.85	7.27	7.69	8.09	8.48	8.87
42'	5.11	5.56	6.01	6.44	6.87	7.29	7.71	8.11	8.50	8.89
45'	5.13	5.58	6.03	6.46	6.89	7.31	7.73	8.13	8.52	8.91
48'	5.15	5.60	6.05	6.49	6.92	7.34	7.75	8.15	8.54	8.92
51'	5.18	5.63	6.07	6.51	6.94	7.36	7.77	8.17	8.56	8.94
54'	5.20	5.65	6.09	6.53	6.96	7.38	7.79	8.19	8.58	8.96
57'	5.22	5.67	6.12	6.55	6.98	7.40	7.81	8.21	8.60	8.98

α	20°	21°	22°	23°	24°	25°	26°	27°	28°	29°
0'	9.00	9.37	9.73	10.07	10.40	10.72	11.03	11.33	11.61	11.87
3'	9.02	9.39	9.74	10.09	10.42	10.74	11.05	11.34	11.62	11.89
6'	9.04	9.40	9.76	10.10	10.44	10.76	11.06	11.35	11.63	11.90
9'	9.06	9.42	9.78	10.12	10.45	10.77	11.08	11.37	11.65	11.91
12'	9.07	9.44	9.80	10.14	10.47	10.79	11.09	11.38	11.66	11.92
15'	9.09	9.46	9.81	10.16	10.49	10.80	11.11	11.40	11.67	11.94
18'	9.11	9.48	9.83	10.17	10.50	10.82	11.12	11.41	11.69	11.95
21'	9.13	9.49	9.85	10.19	10.52	10.83	11.14	11.43	11.70	11.96
24'	9.15	9.51	9.86	10.21	10.53	10.85	11.15	11.44	11.71	11.98
27'	9.17	9.53	9.88	10.22	10.55	10.86	11.17	11.45	11.73	11.99
30'	9.18	9.55	9.90	10.24	10.57	10.88	11.18	11.47	11.74	12.00
33'	9.20	9.57	9.92	10.26	10.58	10.90	11.20	11.48	11.75	12.01
36'	9.22	9.58	9.93	10.27	10.60	10.91	11.21	11.50	11.77	12.03
39'	9.24	9.60	9.95	10.29	10.61	10.93	11.22	11.51	11.78	12.04
42'	9.26	9.62	9.97	10.31	10.63	10.94	11.24	11.52	11.79	12.05
45'	9.28	9.64	9.99	10.32	10.65	10.96	11.25	11.54	11.81	12.06
48'	9.29	9.65	10.00	10.34	10.66	10.97	11.27	11.55	11.82	12.08
51'	9.31	9.67	10.02	10.35	10.68	10.99	11.28	11.57	11.83	12.09
54'	9.33	9.69	10.04	10.37	10.69	11.00	11.30	11.58	11.85	12.10
57'	9.35	9.71	10.05	10.39	10.71	11.02	11.31	11.59	11.86	12.11

28 $cos^2\alpha$

α	$28\ cos^2\alpha$	α	$28\ cos^2\alpha$	α	$28\ cos^2\alpha$
0°	28.0	15°	26.1	23° 20'	23.6
1°	28.0	15° 30'	26.0	23° 40'	23.5
2°	28.0	16°	25.9	24°	23.4
3°	27.9	16° 30'	25.7	24° 20'	23.2
4°	27.9	17°	25.6	24° 40'	23.1
5°	27.8	17° 30'	25.5	25°	23.0
6°	27.7	18°	25.3	25° 20'	22.9
7°	27.6	18° 30'	25.2	25° 40'	22.7
8°	27.5	19°	25.0	26°	22.6
9°	27.3	19° 30'	24.9	26° 20'	22.5
10°	27.2	20°	24.7	26° 40'	22.4
10° 30'	27.1	20° 20'	24.6	27°	22.2
11°	27.0	20° 40'	24.5	27° 20'	22.1
11° 30'	26.9	21°	24.4	27° 40'	22.0
12°	26.8	21° 20'	24.3	28°	21.8
12° 30'	26.7	21° 40'	24.2	28° 20'	21.7
13°	26.6	22°	24.1	28° 40'	21.6
13° 30'	26.5	22° 20'	24.0	29°	21.4
14°	26.4	22° 40'	23.8	29° 20'	21.3
14° 30'	26.2	23°	23.7	29° 40'	21.1
				30°	21.0

29 ($\frac{1}{2}\sin 2\alpha$)

α	0°	1°	2°	3°	4°	5°	6°	7°	8°	9°
0'	0.00	0.51	1.01	1.52	2.02	2.52	3.01	3.51	4.00	4.48
3'	0.03	0.53	1.04	1.54	2.04	2.54	3.04	3.53	4.02	4.50
6'	0.05	0.56	1.06	1.57	2.07	2.57	3.06	3.56	4.05	4.53
9'	0.08	0.58	1.09	1.59	2.09	2.59	3.09	3.58	4.07	4.55
12'	0.10	0.61	1.11	1.62	2.12	2.62	3.11	3.61	4.09	4.58
15'	0.13	0.63	1.14	1.64	2.14	2.64	3.14	3.63	4.12	4.60
18'	0.15	0.66	1.16	1.67	2.17	2.67	3.16	3.66	4.14	4.62
21'	0.18	0.68	1.19	1.69	2.19	2.69	3.19	3.68	4.17	4.65
24'	0.20	0.71	1.21	1.72	2.22	2.72	3.21	3.70	4.19	4.67
27'	0.23	0.73	1.24	1.74	2.24	2.74	3.24	3.73	4.22	4.70
30'	0.25	0.76	1.26	1.77	2.27	2.77	3.26	3.75	4.24	4.72
33'	0.28	0.78	1.29	1.79	2.29	2.79	3.29	3.78	4.26	4.74
36'	0.30	0.81	1.31	1.82	2.32	2.82	3.31	3.80	4.29	4.77
39'	0.33	0.83	1.34	1.84	2.34	2.84	3.34	3.83	4.31	4.79
42'	0.35	0.86	1.36	1.87	2.37	2.87	3.36	3.85	4.34	4.82
45'	0.38	0.89	1.39	1.89	2.39	2.89	3.39	3.87	4.36	4.84
48'	0.40	0.91	1.41	1.92	2.42	2.92	3.41	3.90	4.38	4.86
51'	0.43	0.94	1.44	1.94	2.44	2.94	3.43	3.92	4.41	4.89
54'	0.46	0.96	1.47	1.97	2.47	2.97	3.46	3.95	4.43	4.91
57'	0.48	0.99	1.49	1.99	2.49	2.99	3.48	3.97	4.46	4.94

α	10°	11°	12°	13°	14°	15°	16°	17°	18°	19°
0'	4.96	5.43	5.90	6.36	6.81	7.25	7.68	8.11	8.52	8.93
3'	4.98	5.46	5.92	6.38	6.83	7.27	7.71	8.13	8.54	8.95
6'	5.01	5.48	5.94	6.40	6.85	7.29	7.73	8.15	8.56	8.97
9'	5.03	5.50	5.97	6.42	6.87	7.32	7.75	8.17	8.58	8.99
12'	5.05	5.53	5.99	6.45	6.90	7.34	7.77	8.19	8.60	9.01
15'	5.08	5.55	6.01	6.47	6.92	7.36	7.79	8.21	8.62	9.03
18'	5.10	5.57	6.04	6.49	6.94	7.38	7.81	8.23	8.65	9.05
21'	5.13	5.60	6.06	6.52	6.96	7.40	7.83	8.25	8.67	9.07
24'	5.15	5.62	6.08	6.54	6.99	7.42	7.85	8.28	8.69	9.09
27'	5.17	5.64	6.11	6.56	7.01	7.45	7.88	8.30	8.71	9.11
30'	5.20	5.67	6.13	6.58	7.03	7.47	7.90	8.32	8.73	9.13
33'	5.22	5.69	6.15	6.61	7.05	7.49	7.92	8.34	8.75	9.14
36'	5.24	5.71	6.17	6.63	7.07	7.51	7.94	8.36	8.77	9.16
39'	5.27	5.74	6.20	6.65	7.10	7.53	7.96	8.38	8.79	9.18
42'	5.29	5.76	6.22	6.67	7.12	7.55	7.98	8.40	8.81	9.20
45'	5.31	5.78	6.24	6.70	7.14	7.58	8.00	8.42	8.83	9.22
48'	5.34	5.81	6.27	6.72	7.16	7.60	8.02	8.44	8.85	9.24
51'	5.36	5.83	6.29	6.74	7.18	7.62	8.05	8.46	8.87	9.26
54'	5.38	5.85	6.31	6.76	7.21	7.64	8.07	8.48	8.89	9.28
57'	5.41	5.87	6.33	6.78	7.23	7.66	8.09	8.50	8.91	9.30

α	20°	21°	22°	23°	24°	25°	26°	27°	28°	29°
0'	9.32	9.70	10.07	10.43	10.78	11.11	11.43	11.73	12.02	12.30
3'	9.34	9.72	10.10	10.45	10.79	11.12	11.44	11.75	12.04	12.31
6'	9.36	9.74	10.11	10.47	10.81	11.14	11.46	11.76	12.05	12.32
9'	9.38	9.76	10.13	10.48	10.83	11.16	11.47	11.78	12.06	12.34
12'	9.40	9.78	10.15	10.50	10.84	11.17	11.49	11.79	12.08	12.35
15'	9.42	9.80	10.16	10.52	10.86	11.19	11.50	11.80	12.09	12.36
18'	9.44	9.81	10.18	10.54	10.88	11.20	11.52	11.82	12.11	12.38
21'	9.46	9.83	10.20	10.55	10.89	11.22	11.53	11.83	12.12	12.39
24'	9.47	9.85	10.22	10.57	10.91	11.24	11.55	11.85	12.13	12.40
27'	9.49	9.87	10.24	10.59	10.93	11.25	11.56	11.86	12.15	12.42
30'	9.51	9.89	10.25	10.60	10.94	11.27	11.58	11.88	12.16	12.43
33'	9.53	9.91	10.27	10.62	10.96	11.28	11.60	11.89	12.17	12.44
36'	9.55	9.93	10.29	10.64	10.98	11.30	11.61	11.91	12.19	12.45
39'	9.57	9.94	10.31	10.66	10.99	11.32	11.63	11.92	12.20	12.47
42'	9.59	9.96	10.32	10.67	11.01	11.33	11.64	11.94	12.22	12.48
45'	9.61	9.98	10.34	10.69	11.03	11.35	11.66	11.95	12.23	12.49
48'	9.63	10.00	10.36	10.71	11.04	11.36	11.67	11.96	12.24	12.51
51'	9.65	10.02	10.38	10.72	11.06	11.38	11.69	11.93	12.26	12.52
54'	9.66	10.04	10.40	10.74	11.08	11.39	11.70	11.99	12.27	12.53
57'	9.68	10.05	10.41	10.76	11.09	11.41	11.72	12.01	12.28	12.54

29 $\cos^2\alpha$

α	29 cos²α	α	29 cos²α	α	29 cos²α
0°	29.0	12°30'	27.6	23°20'	24.5
1°	29.0	13°	27.5	23°40'	24.3
2°	29.0	13°30'	27.4	24°	24.2
3°	28.9	14°	27.3	24°20'	24.1
4°	28.9	14°30'	27.2	24°40'	23.9
5°	28.8	15°	27.1	25°	23.8
6°	28.7	15°30'	26.9	25°20'	23.7
7°	28.6	16°	26.8	25°40'	23.6
8°	28.4	16°30'	26.7	26°	23.4
9°	28.3	17°	26.5	26°20'	23.3
10°	28.1	17°30'	26.4	26°40'	23.2
10°30'	28.0	18°	26.2	27°	23.0
11°	27.9	18°30'	26.1	27°20'	22.9
11°30'	27.8	19°	25.9	27°40'	22.7
12°	27.7	19°30'	25.8	28°	22.6
		20°	25.6	28°20'	22.5
		20°20'	25.5	28°40'	22.3
		20°40'	25.4	29°	22.2
		21°	25.3	29°20'	22.0
		21°20'	25.2	29°40'	21.9
		21°40'	25.0	30°	21.8
		22°	24.9		
		22°20'	24.8		
		22°40'	24.7		
		23°	24.6		

α	0°	1°	2°	3°	4°	5°	6°	7°	8°	9°
0′	0.00	0.52	1.05	1.57	2.09	2.60	3.12	3.63	4.13	4.64
3′	0.03	0.55	1.07	1.59	2.11	2.63	3.14	3.65	4.16	4.66
6′	0.05	0.58	1.10	1.62	2.14	2.66	3.17	3.68	4.18	4.69
9′	0.08	0.60	1.12	1.65	2.17	2.68	3.20	3.71	4.21	4.71
12′	0.10	0.63	1.15	1.67	2.19	2.71	3.22	3.73	4.24	4.73
15′	0.13	0.65	1.18	1.70	2.22	2.73	3.25	3.76	4.26	4.76
18′	0.16	0.68	1.20	1.72	2.24	2.76	3.27	3.78	4.29	4.78
21′	0.18	0.71	1.23	1.75	2.27	2.78	3.30	3.81	4.31	4.81
24′	0.21	0.73	1.26	1.78	2.29	2.81	3.32	3.83	4.34	4.83
27′	0.24	0.76	1.28	1.80	2.32	2.84	3.35	3.86	4.36	4.86
30′	0.26	0.79	1.31	1.83	2.35	2.86	3.37	3.88	4.39	4.88
33′	0.29	0.81	1.33	1.85	2.37	2.89	3.40	3.91	4.41	4.91
36′	0.31	0.84	1.36	1.88	2.40	2.91	3.43	3.93	4.44	4.93
39′	0.34	0.86	1.39	1.91	2.42	2.94	3.45	3.96	4.46	4.96
42′	0.37	0.89	1.41	1.93	2.45	2.96	3.48	3.98	4.49	4.98
45′	0.39	0.92	1.44	1.96	2.48	2.99	3.50	4.01	4.51	5.01
48′	0.42	0.94	1.46	1.98	2.50	3.02	3.53	4.03	4.54	5.03
51′	0.44	0.97	1.49	2.01	2.53	3.04	3.55	4.06	4.56	5.06
54′	0.47	0.99	1.52	2.04	2.55	3.07	3.58	4.08	4.59	5.08
57′	0.50	1.02	1.54	2.06	2.58	3.09	3.60	4.11	4.61	5.11

α	10°	11°	12°	13°	14°	15°	16°	17°	18°	19°
0′	5.13	5.62	6.10	6.58	7.04	7.50	7.95	8.39	8.82	9.23
3′	5.15	5.64	6.12	6.60	7.07	7.52	7.97	8.41	8.84	9.26
6′	5.18	5.67	6.15	6.62	7.09	7.55	7.99	8.43	8.86	9.28
9′	5.20	5.69	6.17	6.65	7.11	7.57	8.02	8.45	8.88	9.30
12′	5.23	5.72	6.20	6.67	7.13	7.59	8.04	8.47	8.90	9.32
15′	5.25	5.74	6.22	6.69	7.16	7.61	8.06	8.50	8.92	9.34
18′	5.28	5.76	6.24	6.72	7.18	7.64	8.08	8.52	8.94	9.36
21′	5.30	5.79	6.27	6.74	7.20	7.66	8.10	8.54	8.96	9.38
24′	5.33	5.81	6.29	6.76	7.23	7.68	8.13	8.56	8.99	9.40
27′	5.35	5.84	6.32	6.79	7.25	7.70	8.15	8.58	9.01	9.42
30′	5.38	5.86	6.34	6.81	7.27	7.73	8.17	8.60	9.03	9.44
33′	5.40	5.89	6.36	6.83	7.30	7.75	8.19	8.63	9.05	9.46
36′	5.42	5.91	6.39	6.86	7.32	7.77	8.21	8.65	9.07	9.48
39′	5.45	5.93	6.41	6.88	7.34	7.79	8.24	8.67	9.09	9.50
42′	5.47	5.96	6.43	6.90	7.36	7.82	8.26	8.69	9.11	9.52
45′	5.50	5.98	6.46	6.93	7.39	7.84	8.28	8.71	9.13	9.54
48′	5.52	6.01	6.48	6.95	7.41	7.86	8.30	8.73	9.15	9.56
51′	5.55	6.03	6.50	6.97	7.43	7.88	8.32	8.75	9.17	9.58
54′	5.57	6.05	6.53	7.00	7.45	7.90	8.34	8.77	9.19	9.60
57′	5.59	6.08	6.55	7.02	7.48	7.93	8.37	8.80	9.21	9.62

α	20°	21°	22°	23°	24°	25°	26°	27°	28°	29°
0′	9.64	10.04	10.42	10.79	11.15	11.49	11.82	12.14	12.44	12.72
3′	9.66	10.06	10.44	10.81	11.16	11.51	11.84	12.15	12.45	12.73
6′	9.68	10.08	10.46	10.83	11.18	11.52	11.85	12.17	12.46	12.75
9′	9.70	10.10	10.48	10.84	11.20	11.54	11.87	12.18	12.48	12.76
12′	9.72	10.11	10.49	10.86	11.22	11.56	11.88	12.20	12.49	12.78
15′	9.74	10.13	10.51	10.88	11.23	11.57	11.90	12.21	12.51	12.79
18′	9.76	10.15	10.53	10.90	11.25	11.59	11.92	12.23	12.52	12.80
21′	9.78	10.17	10.55	10.92	11.27	11.61	11.93	12.24	12.54	12.82
24′	9.80	10.19	10.57	10.93	11.29	11.62	11.95	12.26	12.55	12.83
27′	9.82	10.21	10.59	10.95	11.30	11.64	11.96	12.27	12.57	12.84
30′	9.84	10.23	10.61	10.97	11.32	11.66	11.98	12.29	12.58	12.86
33′	9.86	10.25	10.63	10.99	11.34	11.67	12.00	12.30	12.59	12.87
36′	9.88	10.27	10.64	11.01	11.35	11.69	12.01	12.32	12.61	12.88
39′	9.90	10.29	10.66	11.02	11.37	11.71	12.03	12.33	12.62	12.90
42′	9.92	10.31	10.68	11.04	11.39	11.72	12.04	12.35	12.64	12.91
45′	9.94	10.33	10.70	11.06	11.41	11.74	12.06	12.36	12.65	12.92
48′	9.96	10.34	10.72	11.08	11.42	11.76	12.07	12.38	12.66	12.94
51′	9.98	10.36	10.74	11.09	11.44	11.77	12.09	12.39	12.68	12.95
54′	10.00	10.38	10.75	11.11	11.46	11.79	12.10	12.41	12.69	12.97
57′	10.02	10.40	10.77	11.13	11.47	11.80	12.12	12.42	12.71	12.98

30 $\cos^{2}\alpha$

α	30 cos²α		α	30 cos²α
0°	30.0		19°30′	26.7
1°	30.0		20°	26.5
2°	30.0		20°20′	26.4
3°	29.9		20°40′	26.3
4°	29.9		21°	26.1
5°	29.8		21°20′	26.0
6°	29.7		21°40′	25.9
7°	29.6		22°	25.8
8°	29.4		22°20′	25.7
9°	29.3		22°40′	25.5
10°	29.1		23°	25.4
10°30′	29.0		23°20′	25.3
11°	28.9		23°40′	25.2
11°30′	28.8		24°	25.0
12°	28.7		24°20′	24.9
12°30′	28.6		24°40′	24.8
13°	28.5		25°	24.6
13°30′	28.4		25°20′	24.5
14°	28.2		25°40′	24.4
14°30′	28.1		26°	24.2
15°	28.0		26°20′	24.1
15°30′	27.9		26°40′	24.0
16°	27.7		27°	23.8
16°30′	27.6		27°20′	23.7
17°	27.4		27°40′	23.5
17°30′	27.3		28°	22.4
18°	27.1		28°20′	23.2
18°30′	27.0		28°40′	23.1
19°	26.8		29°	22.9
			29°20′	22.8
			29°40′	22.7
			30°	22.5

31 ($\frac{1}{2} \sin 2\alpha$)

α	0°	1°	2°	3°	4°	5°	6°	7°	8°	9°	31 $\cos^2\alpha$	
0'	0.00	0.54	1.08	1.62	2.16	2.69	3.22	3.75	4.27	4.79	0°	31.0
3'	0.03	0.57	1.11	1.65	2.18	2.72	3.25	3.78	4.30	4.82	1°	31.0
6'	0.05	0.60	1.14	1.67	2.21	2.74	3.28	3.80	4.32	4.84	2°	31.0
9'	0.08	0.62	1.16	1.70	2.24	2.77	3.30	3.83	4.35	4.87	3°	30.9
12'	0.11	0.65	1.19	1.73	2.26	2.80	3.33	3.85	4.38	4.89	4°	30.8
15'	0.14	0.68	1.22	1.75	2.29	2.82	3.35	3.88	4.40	4.92	5°	30.8
18'	0.16	0.70	1.24	1.78	2.32	2.85	3.38	3.91	4.43	4.94	6°	30.7
21'	0.19	0.73	1.27	1.81	2.34	2.88	3.41	3.93	4.45	4.97	7°	30.5
24'	0.22	0.76	1.30	1.84	2.37	2.90	3.43	3.96	4.48	5.00	8°	30.4
27'	0.24	0.78	1.32	1.86	2.40	2.93	3.46	3.99	4.51	5.02	9°	30.2
30'	0.27	0.81	1.35	1.89	2.42	2.96	3.49	4.01	4.53	5.05		
33'	0.30	0.84	1.38	1.92	2.45	2.98	3.51	4.04	4.56	5.07	10°	30.1
36'	0.32	0.87	1.40	1.94	2.48	3.01	3.54	4.06	4.58	5.10	10° 30'	30.0
39'	0.35	0.89	1.43	1.97	2.50	3.04	3.57	4.09	4.61	5.12	11°	29.9
42'	0.38	0.92	1.46	2.00	2.53	3.06	3.59	4.12	4.64	5.15	11° 30'	29.8
											12°	29.7
45'	0.41	0.95	1.49	2.02	2.56	3.09	3.62	4.14	4.66	5.17		
48'	0.43	0.97	1.51	2.05	2.58	3.12	3.64	4.17	4.69	5.20	12° 30'	29.5
51'	0.46	1.00	1.54	2.08	2.61	3.14	3.67	4.19	4.71	5.22	13°	29.4
54'	0.49	1.03	1.57	2.10	2.64	3.17	3.70	4.22	4.74	5.25	13° 30'	29.3
57'	0.51	1.05	1.59	2.13	2.66	3.20	3.72	4.25	4.76	5.28	14°	29.2
											14° 30'	29.1

α	10°	11°	12°	13°	14°	15°	16°	17°	18°	19°		
											15°	28.9
0'	5.80	5.81	6.30	6.79	7.28	7.75	8.21	8.67	9.11	9.54	15° 30'	28.8
3'	5.33	5.83	6.33	6.82	7.30	7.77	8.24	8.69	9.13	9.56	16°	28.6
6'	5.35	5.86	6.35	6.84	7.32	7.80	8.26	8.71	9.15	9.59	16° 30'	28.5
9'	5.38	5.88	6.38	6.87	7.35	7.82	8.28	8.73	9.18	9.61	17°	28.4
12'	5.40	5.91	6.40	6.89	7.37	7.84	8.31	8.76	9.20	9.63		
15'	5.43	5.93	6.43	6.92	7.40	7.87	8.33	8.78	9.22	9.65	17° 30'	28.2
18'	5.45	5.96	6.45	6.94	7.42	7.89	8.35	8.80	9.24	9.67	18°	28.0
21'	5.48	5.98	6.48	6.96	7.44	7.91	8.37	8.82	9.26	9.69	18° 30'	27.9
24'	5.50	6.01	6.50	6.99	7.47	7.94	8.40	8.85	9.28	9.71	19°	27.7
27'	5.53	6.03	6.53	7.01	7.49	7.96	8.42	8.87	9.31	9.73	19° 30'	27.5
30'	5.55	6.06	6.55	7.04	7.51	7.98	8.44	8.89	9.33	9.75	20°	27.4
33'	5.58	6.08	6.58	7.06	7.54	8.01	8.46	8.91	9.35	9.76	20° 20'	27.3
36'	5.61	6.11	6.60	7.09	7.56	8.03	8.49	8.93	9.37	9.80	20° 40'	27.1
39'	5.63	6.13	6.62	7.11	7.59	8.05	8.51	8.96	9.39	9.82	21°	27.0
42'	5.66	6.16	6.65	7.13	7.61	8.08	8.53	8.98	9.41	9 84	21° 20'	26.9
45'	5.68	6.18	6.67	7.16	7.63	8.10	8.56	9.00	9.44	9.86	21° 40'	26.8
48'	5.71	6.21	6.70	7.18	7.66	8.13	8.58	9.02	9.46	9.88	22°	26.6
51'	5.73	6.23	6.72	7.21	7.68	8.14	8.60	9.04	9.48	9.90	22° 20'	26.5
54'	5.76	6.25	6.75	7.23	7.70	8.17	8.62	9.07	9.50	9.92	22° 40'	26.4
57'	5.78	6.28	6.77	7.25	7.73	8.19	8.65	9.09	9.52	9.94	23°	26.3

α	20°	21°	22°	23°	24°	25°	26°	27°	28°	29°		
											23° 20'	26.1
											23° 40'	26.0
0'	9.96	10.37	10.77	11.15	11.52	11.87	12.21	12.54	12.85	13.14	24°	25.9
3'	9.98	10.39	10.79	11.17	11.54	11.89	12.23	12.56	12.87	13.16	24° 20'	25.7
6'	10.00	10.41	10.81	11.19	11.55	11.91	12.25	12.57	12.88	13.17	24° 40'	25.6
9'	10.03	10.43	10.83	11.21	11.57	11.93	12.26	12.59	12.90	13.19		
12'	10.05	10.45	10.84	11.22	11.59	11.94	12.28	12.60	12.91	13.20	25°	25.5
15'	10.07	10.47	10.86	11.24	11.61	11.96	12.30	12.62	12.93	13.22	25° 20'	25.3
18'	10.09	10.49	10.88	11.26	11.63	11.98	12.31	12.63	12.94	13.23	25° 40'	25.2
21'	10.11	10.51	10.90	11.28	11.64	11.99	12.33	12.65	12.96	13.24	26°	25.0
24'	10.13	10.53	10.92	11.30	11.66	12.01	12.35	12.67	12.97	13.26	26° 20'	24.9
27'	10.15	10.55	10.94	11.32	11.68	12.03	12.36	12.68	12.98	13.27	26° 40'	24.8
30'	10.17	10.57	10.96	11.34	11.70	12.05	12.38	12.70	13.00	13.29	27°	24.6
33'	10.19	10.59	10.98	11.35	11.72	12.06	12.40	12.71	13.01	13.30	27° 20'	24.5
36'	10.21	10.61	11.00	11.37	11.73	12.08	12.41	12.73	13.03	13.31	27° 40'	24.3
39'	10.23	10.63	11.02	11.39	11.75	12.10	12.43	12.74	13.04	13.33	28°	24.2
42'	10.25	10.65	11.04	11.41	11.77	12.11	12.44	12.76	13.06	13.34		
											28° 20'	24.0
45'	10.27	10.67	11.06	11.43	11.79	12.13	12.46	12.77	13.07	13.36	28° 40'	23.9
48'	10.29	10.69	11.07	11.45	11.80	12.15	12.48	12.79	13.09	13.37	29°	23.7
51'	10.31	10.71	11.09	11.46	11.82	12.16	12.49	12.80	13.10	13.38	29° 20'	23.6
54'	10.33	10.73	11.11	11.48	11.84	12.18	12.51	12.82	13.12	13.40	29° 40'	23.4
57'	10.35	10.75	11.13	11.50	11.86	12.20	12.52	12.83	13.13	13.41	30°	23.3

α	0°	1°	2°	3°	4°	5°	6°	7°	8°	9°	32 cos²α	
0'	0.00	0.56	1.12	1.67	2.23	2.78	3.33	3.87	4.41	4.94	0°	32.0
3'	0.03	0.59	1.14	1.70	2.25	2.81	3.35	3.90	4.44	4.97	1°	32.0
6'	0.06	0.61	1.17	1.73	2.28	2.83	3.38	3.92	4.46	5.00	2°	32.0
9'	0.08	0.64	1.20	1.76	2.31	2.86	3.41	3.95	4.49	5.02	3°	31.9
12'	0.11	0.67	1.23	1.78	2.34	2.89	3.44	3.98	4.52	5.05	4°	31.8
15'	0.14	0.70	1.26	1.81	2.36	2.92	3.46	4.01	4.54	5.08	5°	31.8
18'	0.17	0.73	1.28	1.84	2.39	2.94	3.49	4.03	4.57	5.10	6°	31.7
21'	0.20	0.75	1.31	1.87	2.42	2.97	3.52	4.06	4.60	5.13	7°	31.5
24'	0.22	0.78	1.33	1.89	2.45	3.00	3.54	4.09	4.62	5.16	8°	31.4
27'	0.25	0.81	1.37	1.92	2.48	3.03	3.57	4.11	4.65	5.18	9°	31.2
30'	0.28	0.84	1.39	1.95	2.50	3.05	3.60	4.14	4.68	5.21	10°	31.0
33'	0.31	0.87	1.42	1.98	2.53	3.08	3.63	4.17	4.70	5.24	10° 30'	30.9
36'	0.34	0.89	1.45	2.01	2.56	3.11	3.65	4.20	4.73	5.26	11°	30.8
39'	0.36	0.92	1.48	2.03	2.59	3.14	3.68	4.22	4.76	5.29	11° 30'	30.7
42'	0.39	0.95	1.51	2.06	2.61	3.16	3.71	4.25	4.78	5.31	12°	30.6
45'	0.42	0.98	1.53	2.09	2.64	3.19	3.74	4.28	4.81	5.34	12° 30'	30.5
48'	0.45	1.00	1.56	2.12	2.67	3.22	3.76	4.30	4.84	5.37	13°	30.4
51'	0.47	1.03	1.59	2.14	2.70	3.24	3.79	4.33	4.86	5.39	13° 30'	30.3
54'	0.50	1.06	1.62	2.17	2.72	3.27	3.82	4.36	4.89	5.42	14°	30.1
57'	0.53	1.09	1.64	2.20	2.75	3.30	3.84	4.38	4.92	5.45	14° 30'	30.0

α	10°	11°	12°	13°	14°	15°	16°	17°	18°	19°	32 cos²α	
0'	5.47	5.99	6.51	7.01	7.51	8.00	8.48	8.95	9.40	9.85	15°	29.9
3'	5.50	6.02	6.53	7.04	7.54	8.02	8.50	8.97	9.43	9.87	15° 30'	29.7
6'	5.52	6.05	6.56	7.06	7.56	8.05	8.53	8.99	9.45	9.89	16°	29.6
9'	5.55	6.07	6.58	7.09	7.59	8.07	8.55	9.02	9.47	9.92	16° 30'	29.4
12'	5.58	6.10	6.61	7.11	7.61	8.10	8.57	9.04	9.49	9.94	17°	29.3
15'	5.60	6.12	6.64	7.14	7.63	8.12	8.60	9.06	9.52	9.96	17° 30'	29.1
18'	5.63	6.15	6.66	7.16	7.66	8.14	8.62	9.09	9.54	9.98	18°	28.9
21'	5.66	6.17	6.69	7.19	7.68	8.17	8.64	9.11	9.56	10.00	18° 30'	28.8
24'	5.68	6.20	6.71	7.21	7.71	8.19	8.67	9.13	9.58	10.03	19°	28.6
27'	5.71	6.23	6.74	7.24	7.73	8.22	8.69	9.15	9.61	10.05	19° 30'	28.4
30'	5.73	6.25	6.76	7.26	7.76	8.24	8.71	9.18	9.63	10.07	20°	28.3
33'	5.76	6.28	6.79	7.29	7.78	8.26	8.74	9.20	9.65	10.09	20° 20'	28.1
36'	5.79	6.30	6.81	7.31	7.81	8.29	8.76	9.22	9.67	10.11	20° 40'	28.0
39'	5.81	6.33	6.84	7.34	7.83	8.31	8.78	9.25	9.70	10.13	21°	27.9
42'	5.84	6.35	6.86	7.36	7.85	8.34	8.81	9.27	9.72	10.16	21° 20'	27.8
45'	5.86	6.38	6.89	7.39	7.88	8.36	8.83	9.29	9.74	10.18	21° 40'	27.6
48'	5.89	6.41	6.91	7.41	7.90	8.38	8.85	9.31	9.76	10.20	22°	27.5
51'	5.92	6.43	6.94	7.44	7.93	8.41	8.88	9.34	9.78	10.22	22° 20'	27.4
54'	5.94	6.46	6.96	7.46	7.95	8.43	8.90	9.36	9.81	10.24	22° 40'	27.2
57'	5.97	6.48	6.99	7.49	7.98	8.46	8.92	9.38	9.83	10.26	23°	27.1

α	20°	21°	22°	23°	24°	25°	26°	27°	28°	29°	32 cos²α	
0'	10.28	10.71	11.11	11.51	11.89	12.26	12.61	12.94	13.26	13.57	23° 20'	27.0
3'	10.31	10.73	11.13	11.53	11.91	12.27	12.63	12.96	13.28	13.58	23° 40'	26.8
6'	10.33	10.75	11.15	11.55	11.93	12.29	12.64	12.98	13.30	13.60	24°	26.7
9'	10.35	10.77	11.17	11.57	11.95	12.31	12.66	12.99	13.31	13.61	24° 20'	26.6
12'	10.37	10.79	11.19	11.59	11.96	12.33	12.68	13.01	13.33	13.63	24° 40'	26.4
15'	10.39	10.81	11.21	11.61	11.98	12.35	12.69	13.03	13.34	13.64	25°	26.3
18'	10.41	10.83	11.23	11.63	12.00	12.36	12.71	13.04	13.36	13.66	25° 20'	26.1
21'	10.43	10.85	11.25	11.64	12.02	12.38	12.73	13.06	13.37	13.67	25° 40'	26.0
24'	10.45	10.87	11.27	11.66	12.04	12.40	12.74	13.07	13.39	13.69	26°	25.9
27'	10.48	10.89	11.29	11.68	12.06	12.42	12.76	13.09	13.40	13.70	26° 20'	25.7
30'	10.50	10.91	11.31	11.70	12.08	12.43	12.78	13.11	13.42	13.71	26° 40'	25.6
33'	10.52	10.93	11.33	11.72	12.09	12.45	12.79	13.12	13.43	13.73	27°	25.4
36'	10.54	10.95	11.35	11.74	12.11	12.47	12.81	13.14	13.45	13.74	27° 20'	25.3
39'	10.56	10.97	11.37	11.76	12.13	12.49	12.83	13.15	13.46	13.76	27° 40'	25.1
42'	10.58	10.99	11.39	11.78	12.15	12.50	12.85	13.17	13.48	13.77	28°	24.9
45'	10.60	11.01	11.41	11.80	12.17	12.52	12.86	13.19	13.49	13.79	28° 20'	24.8
48'	10.62	11.03	11.43	11.82	12.18	12.54	12.88	13.20	13.51	13.80	28° 40'	24.6
51'	10.64	11.05	11.45	11.83	12.20	12.56	12.89	13.22	13.52	13.81	29°	24.5
54'	10.66	11.07	11.47	11.85	12.22	12.57	12.91	13.23	13.54	13.83	29° 20'	24.3
57'	10.69	11.09	11.49	11.87	12.24	12.59	12.93	13.25	13.55	13.84	29° 40'	24.2
											30°	24.0

33 ($\frac{1}{2} \sin 2\alpha$)

α	0°	1°	2°	3°	4°	5°	6°	7°	8°	9°
0'	0.00	0.58	1.15	1.72	2.30	2.87	3.43	3.99	4.55	5.10
3'	0.03	0.60	1.18	1.75	2.32	2.89	3.46	4.02	4.58	5.13
6'	0.06	0.63	1.21	1.78	2.35	2.92	3.49	4.05	4.60	5.15
9'	0.09	0.66	1.24	1.81	2.38	2.95	3.51	4.08	4.63	5.18
12'	0.12	0.69	1.27	1.84	2.41	2.98	3.54	4.10	4.66	5.21
15'	0.14	0.72	1.29	1.87	2.44	3.01	3.57	4.13	4.69	5.24
18'	0.17	0.75	1.32	1.90	2.47	3.04	3.60	4.16	4.71	5.26
21'	0.20	0.78	1.35	1.93	2.50	3.06	3.63	4.19	4.74	5.29
24'	0.23	0.81	1.38	1.95	2.52	3.09	3.66	4.21	4.77	5.32
27'	0.26	0.83	1.41	1.98	2.55	3.12	3.68	4.24	4.80	5.34
30'	0.29	0.86	1.44	2.01	2.58	3.15	3.71	4.27	4.82	5.37
33'	0.32	0.89	1.47	2.04	2.61	3.18	3.74	4.30	4.85	5.40
36'	0.35	0.92	1.50	2.07	2.64	3.20	3.77	4.33	4.88	5.43
39'	0.37	0.95	1.52	2.10	2.67	3.23	3.80	4.35	4.91	5.45
42'	0.40	0.98	1.55	2.13	2.69	3.26	3.82	4.38	4.93	5.48
45'	0.43	1.01	1.58	2.15	2.72	3.29	3.85	4.41	4.96	5.51
48'	0.46	1.04	1.61	2.18	2.75	3.32	3.88	4.44	4.99	5.53
51'	0.49	1 06	1.64	2.21	2.78	3.35	3.91	4.46	5.02	5.56
54'	0.52	1.09	1.67	2.24	2.81	3.37	3.94	4.49	5.04	5.59
57'	0.55	1.12	1.70	2.27	2.84	3.40	3.96	4.52	5.07	5.62

α	10°	11°	12°	13°	14°	15°	16°	17°	18°	19°
0'	5.64	6.18	6.71	7.23	7.75	8.25	8.74	9.23	9.70	10.16
3'	5.67	6.21	6.74	7.26	7.77	8.27	8.77	9.25	9.72	10.18
6'	5.70	6.23	6.76	7.28	7.80	8.30	8.79	9.27	9.74	10.20
9'	5.72	6.26	6.79	7.31	7.82	8.32	8.82	9.30	9.77	10.23
12'	5.75	6.29	6.82	7.34	7.85	8.35	8.84	9.32	9.79	10.25
15'	5.78	6.31	6.84	7.36	7.87	8.37	8.87	9.35	9.81	10.27
18'	5.81	6.34	6.87	7.39	7.90	8.40	8.89	9.37	9.84	10.29
21'	5.83	6.37	6.89	7.41	7.92	8.42	8.91	9.39	9.86	10.32
24'	5.86	6.39	6.92	7.44	7.95	8.45	8.94	9.42	9.88	10.34
27'	5.89	6.42	6.95	7.47	7.97	8.47	8.96	9.44	9.91	10.36
30'	5.91	6.45	6.97	7.49	8.00	8.50	8.99	9.46	9.93	10.38
33'	5.94	6.47	7.00	7.52	8.02	8.52	9.01	9.49	9.95	10.41
36'	5.97	6.50	7.03	7.54	8.05	8.55	9.03	9.51	9.98	10.43
39'	5.99	6.53	7.05	7.57	8.07	8.57	9.06	9.53	10.00	10.45
42'	6.02	6.55	7.08	7.59	8.10	8.60	9.08	9.56	10.02	10.47
45'	6.05	6.58	7.10	7.62	8.12	8.62	9.11	9.58	10.03	10.50
48'	6.07	6.61	7.13	7.64	8.15	8.65	9.13	9.61	10.07	10.52
51'	6.10	6.63	7.16	7.67	8.18	8.67	9.15	9.63	10.09	10.54
54'	6.13	6.66	7.18	7.70	8.20	8.69	9.18	9.65	10.11	10.56
57'	6.15	6.68	7.21	7.72	8.23	8.72	9.20	9.68	10.14	10.58

α	20°	21°	22°	23°	24°	25°	26°	27°	28°	29°
0'	10.61	11.04	11.46	11.87	12.26	12.64	13.00	13.35	13.68	13.99
3'	10.63	11.06	11.48	11.89	12.28	12.66	13.02	13.37	13.70	14.01
6'	10.65	11.08	11.50	11.91	12.30	12.68	13.04	13.38	13.71	14.02
9'	10.67	11.10	11.52	11.93	12.32	12.70	13.06	13.40	13.73	14.04
12'	10.69	11.13	11.54	11.95	12.34	12.71	13.07	13.42	13.74	14.05
15'	10.72	11.15	11.57	11.97	12.36	12.73	13.09	13.43	13.76	14.07
18'	10.74	11.17	11.59	11.99	12.38	12.75	13.11	13.45	13.77	14.08
21'	10.76	11.19	11.61	12.01	12.40	12.77	13.13	13.47	13.79	14.10
24'	10.78	11.21	11.63	12.03	12.41	12.79	13.14	13.48	13.81	14.11
27'	10.80	11.23	11.65	12.05	12.43	12.80	13.16	13.50	13.82	14.13
30'	10.82	11.25	11.67	12.07	12.45	12.82	13.18	13.52	13.84	14.14
33'	10.85	11.27	11.69	12.09	12.47	12.84	13.19	13.53	13.85	14.16
36'	10.87	11.30	11.71	12.11	12.49	12.86	13.21	13.55	13.87	14.17
39'	10.89	11.32	11.73	12.13	12.51	12.88	13.23	13.57	13.88	14.19
42'	10.91	11.34	11.75	12.15	12.53	12.90	13.25	13.58	13.90	14.20
45'	10.93	11.36	11.77	12.17	12.55	12.91	13.26	13.60	13.92	14.22
48'	10.95	11.38	11.79	12.18	12.57	12.93	13.28	13.61	13.93	14.23
51'	10.98	11.40	11.81	12.20	12.58	12.95	13.30	13.65	13.95	14.25
54'	11.00	11.42	11.83	12.22	12.60	12.97	13.31	13.65	13.96	14.26
57'	11.02	11.44	11.85	12.24	12.62	12.98	13.33	13.66	13.98	14.28

33 $\cos^2\alpha$

α	33 $\cos^2\alpha$
0°	33.0
1°	33.0
2°	33.0
3°	32.9
4°	32.8
5°	32.7
6°	32.6
7°	32.5
8°	32.4
9°	32.2
10°	32.0
10° 30'	31.9
11°	31.8
11° 30'	31.7
12°	31.6
12° 30'	31.5
13°	31.3
13° 30'	31.2
14°	31.1
14° 30'	30.9
15°	30.8
15° 30'	30.6
16°	30.5
16° 30'	30.3
17°	30.2
17° 30'	30.0
18°	29.8
18° 30'	29.7
19°	29.5
19° 30'	29.3
20°	29.1
20° 20'	29.0
20° 40'	28.9
21°	28.8
21° 20'	28.6
21° 40'	28.5
22°	28.4
22° 20'	28.2
22° 40'	28.1
23°	28.0
23° 20'	27.8
23° 40'	27.7
24°	27.5
24° 20'	27.4
24° 40'	27.3
25°	27.1
25° 20'	27.0
25° 40'	26.8
26°	26.7
26° 20'	26.5
26° 40'	26.4
27°	26.2
27° 20'	26.0
27° 40'	25.9
28°	25.7
28° 20'	25.6
28° 40'	25.4
29°	25.2
29° 20'	25.1
29° 40'	24.9
30°	24.8

α	0°	1°	2°	3°	4°	5°	6°	7°	8°	9°	**34 cos²α**	
0'	0.00	0.59	1.19	1.78	2.37	2.95	3.53	4.11	4.69	5.25	0°	34.0
3'	0.03	0.62	1.22	1.81	2.40	2.98	3.56	4.14	4.71	5.28	1°	34.0
6'	0.06	0.65	1.25	1.84	2.42	3.01	3.59	4.17	4.74	5.31	2°	34.0
9'	0.09	0.68	1.27	1.87	2.45	3.04	3.62	4.20	4.77	5.34	3°	33.9
12'	0.12	0.71	1.30	1.89	2.48	3.07	3.65	4.23	4.80	5.37	4°	33.8
15'	0.15	0.74	1.33	1.92	2.51	3.10	3.68	4.26	4.83	5.39	5°	33.7
18'	0.18	0.77	1.36	1.95	2.54	3.13	3.71	4.29	4.86	5.42	6°	33.6
21'	0.21	0.80	1.39	1.98	2.57	3.16	3.74	4.31	4.89	5.45	7°	33.5
24'	0.24	0.83	1.42	2.01	2.60	3.19	3.77	4.34	4.91	5.48	8°	33.3
27'	0.27	0.86	1.45	2.04	2.63	3.21	3.80	4.37	4.94	5.51	9°	33.2
30'	0.30	0.89	1.48	2.07	2.66	3.24	3.82	4.40	4.97	5.53	10°	33.0
33'	0.33	0.92	1.51	2.10	2.69	3.27	3.85	4.43	5.00	5.56	10° 30'	32.9
36'	0.36	0.95	1.54	2.13	2.72	3.30	3.88	4.46	5.03	5.59	11°	32.8
39'	0.39	0.98	1.57	2.16	2.75	3.33	3.91	4.49	5.06	5.62	11° 30'	32.6
42'	0.42	1.01	1.60	2.19	2.78	3.36	3.94	4.51	5.08	5.65	12°	32.5
45'	0.44	1.04	1.63	2.22	2.81	3.39	3.97	4.54	5.11	5.67		
48'	0.47	1.07	1.66	2.25	2.84	3.42	4.00	4.57	5.14	5.70	12° 30'	32.4
51'	0.50	1.10	1.69	2.28	2.86	3.45	4.03	4.60	5.17	5.73	13°	32.3
54'	0.53	1.13	1.72	2.31	2.89	3.48	4.06	4.63	5.20	5.76	13° 30'	32.1
57'	0.56	1.16	1.75	2.34	2.92	3.51	4.08	4.66	5.23	5.79	14°	32.0
											14° 30'	31.9

α	10°	11°	12°	13°	14°	15°	16°	17°	18°	19°		
											15°	31.7
0'	5.81	6.37	6.91	7.45	7.98	8.50	9.01	9.51	9.99	10.47	15° 30'	31.6
3'	5.84	6.40	6.94	7.48	8.01	8.53	9.03	9.53	10.02	10.49	16°	31.4
6'	5.87	6.42	6.97	7.51	8.03	8.55	9.06	9.56	10.04	10.51	16° 30'	31.3
9'	5.90	6.45	7.00	7.53	8.06	8.58	9.08	9.58	10.06	10.54	17°	31.1
12'	5.93	6.48	7.02	7.56	8.09	8.60	9.11	9.60	10.09	10.56		
15'	5.95	6.51	7.05	7.59	8.11	8.63	9.13	9.63	10.11	10.58	17° 30'	30.9
18'	5.98	6.53	7.08	7.61	8.14	8.65	9.16	9.65	10.14	10.61	18°	30.8
21'	6.01	6.56	7.10	7.64	8.16	8.68	9.18	9.68	10.16	10.63	18° 30'	30.6
24'	6.04	6.59	7.13	7.66	8.19	8.70	9.21	9.70	10.18	10.65	19°	30.4
27'	6.06	6.62	7.16	7.69	8.22	8.73	9.23	9.73	10.21	10.68	19° 30'	30.2
30'	6.09	6.64	7.18	7.72	8.24	8.76	9.26	9.75	10.23	10.70	20°	30.0
33'	6.12	6.67	7.21	7.74	8.27	8.78	9.28	9.78	10.25	10.72	20° 20'	29.9
36'	6.15	6.70	7.24	7.77	8.29	8.81	9.31	9.80	10.28	10.74	20° 40'	29.8
39'	6.18	6.72	7.27	7.80	8.32	8.83	9.33	9.82	10.30	10.77	21°	29.6
42'	6.20	6.75	7.29	7.82	8.35	8.86	9.36	9.85	10.33	10.79	21° 20'	29.5
45'	6.23	6.78	7.32	7.85	8.37	8.88	9.38	9.87	10.35	10.81	21° 40'	29.4
48'	6.26	6.81	7.35	7.88	8.40	8.91	9.41	9.90	10.37	10.84	22°	29.2
51'	6.29	6.83	7.37	7.90	8.42	8.93	9.43	9.92	10.40	10.86	22° 20'	29.1
54'	6.31	6.86	7.40	7.93	8.45	8.96	9.46	9.94	10.42	10.88	22° 40'	29.0
57'	6.34	6.89	7.43	7.95	8.47	8.98	9.48	9.97	10.44	10.90	23°	28.8

α	20°	21°	22°	23°	24°	25°	26°	27°	28°	29°		
											23° 20'	28.7
											23° 40'	28.5
0'	10.93	11.38	11.81	12.23	12.63	13.02	13.40	13.75	14.09	14.42	24°	28.4
3'	10.95	11.40	11.83	12.25	12.65	13.04	13.41	13.77	14.11	14.43	24° 20'	28.2
6'	10.97	11.42	11.85	12.27	12.67	13.06	13.43	13.79	14.13	14.45	24° 40'	28.1
9'	11.00	11.44	11.87	12.29	12.69	13.08	13.45	13.81	14.14	14.46		
12'	11.02	11.46	11.89	12.31	12.71	13.10	13.47	13.82	14.16	14.48	25°	27.9
15'	11.04	11.49	11.92	12.33	12.73	13.12	13.49	13.84	14.18	14.49	25° 20'	27.8
18'	11.06	11.51	11.94	12.35	12.75	13.14	13.51	13.86	14.19	14.51	25° 40'	27.6
21'	11.09	11.53	11.96	12.37	12.77	13.16	13.52	13.87	14.21	14.53	26°	27.5
24'	11.11	11.55	11.98	12.39	12.79	13.17	13.54	13.89	14.22	14.54	26° 20'	27.3
27'	11.13	11.57	12.00	12.41	12.81	13.19	13.56	13.91	14.24	14.56		
30'	11.15	11.59	12.02	12.43	12.83	13.21	13.58	13.93	14.26	14.57	26° 40'	27.2
33'	11.18	11.62	12.04	12.45	12.85	13.23	13.59	13.94	14.27	14.59	27°	27.0
36'	11.20	11.64	12.06	12.47	12.87	13.25	13.61	13.96	14.29	14.60	27° 20'	26.8
39'	11.22	11.66	12.08	12.49	12.89	13.27	13.63	13.98	14.31	14.62	27° 40'	26.7
42'	11.24	11.68	12.10	12.51	12.91	13.29	13.65	13.99	14.32	14.63	28°	26.5
45'	11.26	11.70	12.13	12.53	12.93	13.30	13.67	14.01	14.34	14.65	28° 20'	26.3
48'	11.29	11.72	12.15	12.55	12.95	13.32	13.68	14.03	14.35	14.66	28° 40'	26.2
51'	11.31	11.74	12.17	12.57	12.97	13.34	13.70	14.04	14.37	14.68	29°	26.0
54'	11.33	11.77	12.19	12.59	12.98	13.36	13.72	14.06	14.39	14.69	29° 20'	25.8
57'	11.35	11.79	12.21	12.61	13.00	13.38	13.74	14.08	14.40	14.71	29° 40'	25.7
											30°	25.5

35 ($\frac{1}{2}\sin 2\alpha$)

α	0°	1°	2°	3°	4°	5°	6°	7°	8°	9°
0′	0.00	0.61	1.22	1.83	2.44	3.04	3.64	4.23	4.82	5.41
3′	0.03	0.64	1.25	1.86	2.47	3.07	3.67	4.26	4.85	5.44
6′	0.06	0.67	1.28	1.89	2.50	3.10	3.70	4.29	4.88	5.47
9′	0.09	0.70	1.31	1.92	2.53	3.13	3.73	4.32	4.91	5.49
12′	0.12	0.73	1.34	1.95	2.56	3.16	3.76	4.35	4.94	5.52
15′	0.15	0.76	1.37	1.98	2.59	3.19	3.79	4.38	4.97	5.55
18′	0.18	0.79	1.40	2.01	2.62	3.22	3.82	4.41	5.00	5.58
21′	0.21	0.82	1.43	2.04	2.65	3.25	3.85	4.44	5.03	5.61
24′	0.24	0.85	1.46	2.07	2.68	3.28	3.88	4.47	5.06	5.64
27′	0.27	0.89	1.49	2.10	2.71	3.31	3.91	4.50	5.09	5.67
30′	0.31	0.92	1.53	2.13	2.74	3.34	3.94	4.53	5.12	5.70
33′	0.34	0.95	1.56	2.16	2.77	3.37	3.97	4.56	5.15	5.73
36′	0.37	0.98	1.59	2.19	2.80	3.40	4.00	4.59	5.17	5.76
39′	0.40	1.01	1.62	2.22	2.83	3.43	4.03	4.62	5.20	5.78
42′	0.43	1.04	1.65	2.25	2.86	3.46	4.06	4.65	5.23	5.81
45′	0.46	1.07	1.68	2.28	2.89	3.49	4.09	4.68	5.26	5.84
48′	0.49	1.10	1.71	2.31	2.92	3.52	4.11	4.71	5.29	5.87
51′	0.52	1.13	1.74	2.34	2.95	3.55	4.14	4.74	5.32	5.90
54′	0.55	1.16	1.77	2.38	2.98	3.58	4.17	4.76	5.35	5.93
57′	0.58	1.19	1.80	2.41	3.01	3.61	4.20	4.79	5.38	5.96

α	10°	11°	12°	13°	14°	15°	16°	17°	18°	19°
0′	5.99	6.56	7.12	7.67	8.22	8.75	9.27	9.79	10.29	10.77
3′	6.01	6.58	7.15	7.70	8.24	8.78	9.30	9.81	10.31	10.80
6′	6.04	6.61	7.17	7.73	8.27	8.80	9.33	9.84	10.34	10.82
9′	6.07	6.64	7.20	7.75	8.30	8.83	9.35	9.86	10.36	10.85
12′	6.10	6.67	7.23	7.78	8.32	8.86	9.38	9.89	10.38	10.87
15′	6.13	6.70	7.26	7.81	8.35	8.88	9.40	9.91	10.41	10.89
18′	6.16	6.73	7.28	7.84	8.38	8.91	9.43	9.94	10.43	10.92
21′	6.19	6.75	7.31	7.86	8.40	8.93	9.45	9.96	10.46	10.94
24′	6.21	6.78	7.34	7.89	8.43	8.96	9.48	9.99	10.48	10.97
27′	6.24	6.81	7.37	7.92	8.46	8.99	9.51	10.01	10.51	10.99
30′	6.27	6.84	7.40	7.94	8.48	9.01	9.53	10.04	10.53	11.01
33′	6.30	6.87	7.42	7.97	8.51	9.04	9.56	10.06	10.56	11.04
36′	6.33	6.89	7.45	8.00	8.54	9.07	9.58	10.09	10.58	11.06
39′	6.36	6.92	7.48	8.03	8.56	9.09	9.61	10.11	10.60	11.08
42′	6.39	6.95	7.51	8.05	8.59	9.12	9.63	10.14	10.63	11.11
45′	6.41	6.98	7.53	8.08	8.62	9.14	9.66	10.16	10.65	11.13
48′	6.44	7.01	7.56	8.11	8.64	9.17	9.68	10.19	10.68	11.15
51′	6.47	7.03	7.59	8.13	8.67	9.20	9.71	10.21	10.70	11.18
54′	6.50	7.06	7.62	8.16	8.70	9.22	9.74	10.24	10.73	11.20
57′	6.53	7.09	7.64	8.19	8.72	9.25	9.76	10.26	10.75	11.23

α	20°	21°	22°	23°	24°	25°	26°	27°	28°	29°
0′	11.25	11.71	12.16	12.59	13.01	13.41	13.79	14.16	14.51	14.84
3′	11.27	11.73	12.18	12.61	13.03	13.43	13.81	14.18	14.53	14.86
6′	11.30	11.76	12.20	12.63	13.05	13.44	13.83	14.19	14.54	14.87
9′	11.32	11.78	12.22	12.65	13.07	13.46	13.85	14.21	14.56	14.89
12′	11.34	11.80	12.24	12.67	13.09	13.48	13.87	14.23	14.58	14.91
15′	11.37	11.82	12.27	12.69	13.11	13.50	13.88	14.25	14.59	14.92
18′	11.39	11.85	12.29	12.72	13.13	13.52	13.90	14.26	14.61	14.94
21′	11.41	11.87	12.31	12.74	13.15	13.54	13.92	14.28	14.63	14.95
24′	11.43	11.89	12.33	12.76	13.17	13.56	13.94	14.30	14.64	14.97
27′	11.46	11.91	12.35	12.78	13.19	13.58	13.96	14.32	14.66	14.98
30′	11.48	11.94	12.37	12.80	13.21	13.60	13.98	14.34	14.68	15.00
33′	11.50	11.96	12.40	12.82	13.23	13.62	13.99	14.35	14.69	15.02
36′	11.53	11.98	12.42	12.84	13.25	13.64	14.01	14.37	14.71	15.03
39′	11.55	12.00	12.44	12.86	13.27	13.66	14.03	14.39	14.73	15.05
42′	11.57	12.02	12.46	12.88	13.29	13.68	14.05	14.40	14.74	15.06
45′	11.60	12.05	12.48	12.90	13.31	13.70	14.07	14.42	14.76	15.08
48′	11.62	12.07	12.50	12.92	13.33	13.71	14.09	14.44	14.78	15.09
51′	11.64	12.09	12.52	12.94	13.35	13.73	14.10	14.46	14.79	15.11
54′	11.66	12.11	12.55	12.96	13.37	13.75	14.12	14.47	14.81	15.12
57′	11.69	12.13	12.57	12.98	13.39	13.77	14.14	14.49	14.82	15.14

35 $\cos^2\alpha$

α	value	α	value	α	value
0°	35.0	15°	32.7	23° 20′	29.5
1°	35.0	15° 30′	32.5	23° 40′	29.4
2°	35.0	16°	32.3	24°	29.2
3°	34.9	16° 30′	32.2	24° 20′	29.1
4°	34.8	17°	32.0	24° 40′	28.9
5°	34.7	17° 30′	31.8	25°	28.7
6°	34.6	18°	31.7	25° 20′	28.6
7°	34.5	18° 30′	31.5	25° 40′	28.4
8°	34.3	19°	31.3	26°	28.3
9°	34.1	19° 30′	31.1	26° 20′	28.1
10°	33.9	20°	30.9	26° 40′	28.0
10° 30′	33.8	20° 20′	30.8	27°	27.8
11°	33.7	20° 40′	30.6	27° 20′	27.6
11° 30′	33.6	21°	30.5	27° 40′	27.5
12°	33.5	21° 20′	30.4	28°	27.3
12° 30′	33.4	21° 40′	30.2	28° 20′	27.1
13°	33.2	22°	30.1	28° 40′	26.9
13° 30′	33.1	22° 20′	29.9	29°	26.8
14°	33.0	22° 40′	29.8	29° 20′	26.6
14° 30′	32.8	23°	29.7	29° 40′	26.4
				30°	26.3

α	0°	1°	2°	3°	4°	5°	6°	7°	8°	9°
0'	0.00	0.63	1.26	1.88	2.51	3.18	3.74	4.35	4.96	5.56
3'	0.03	0.66	1.29	1.91	2.54	3.16	3.77	4.89	4.99	5.59
6'	0.06	0.69	1.32	1.94	2.57	3.19	3.80	4.42	5.02	5.62
9'	0.09	0.72	1.35	1.98	2.60	3.22	3.83	4.45	5.05	5.65
12'	0.13	0.75	1.38	2.00	2.63	3.25	3.87	4.48	5.08	5.68
15'	0.16	0.79	1.41	2.04	2.66	3.28	3.90	4.51	5.11	5.71
18'	0.19	0.82	1.44	2.07	2.69	3.31	3.93	4.54	5.14	5.74
21'	0.22	0.85	1.47	2.10	2.72	3.34	3.96	4.57	5.17	5.77
24'	0.25	0.88	1.51	2.13	2.75	3.37	3.99	4.60	5.20	5.80
27'	0.28	0.91	1.54	2.16	2.78	3.40	4.02	4.63	5.23	5.83
30'	0.31	0.94	1.57	2.19	2.82	3.43	4.05	4.66	5.26	5.86
33'	0.35	0.97	1.60	2.22	2.85	3.47	4.08	4.69	5.29	5.89
36'	0.38	1.00	1.63	2.26	2.88	3.50	4.11	4.72	5.32	5.92
39'	0.41	1.04	1.66	2.29	2.91	3.53	4.14	4.75	5.35	5.95
42'	0.44	1.07	1.69	2.32	2.94	3.56	4.17	4.78	5.38	5.98
45'	0.47	1.10	1.73	2.35	2.97	3.59	4.20	4.81	5.41	6.01
48'	0.50	1.13	1.76	2.38	3.00	3.62	4.23	4.84	5.44	6.04
51'	0.53	1.16	1.79	2.41	3.03	3.65	4.26	4.87	5.47	6.07
54'	0.57	1.19	1.82	2.44	3.06	3.68	4.29	4.90	5.50	6.10
57'	0.60	1.22	1.85	2.47	3.09	3.71	4.32	4.93	5.53	6.13

α	10°	11°	12°	13°	14°	15°	16°	17°	18°	19°
0'	6.16	6.74	7.32	7.89	8.45	9.00	9.54	10.07	10.58	11.08
3'	6.19	6.77	7.35	7.92	8.48	9.03	9.57	10.09	10.61	11.11
6'	6.22	6.80	7.38	7.95	8.51	9.05	9.59	10.12	10.63	11.13
9'	6.24	6.83	7.41	7.98	8.53	9.08	9.62	10.14	10.66	11.16
12'	6.27	6.86	7.44	8.00	8.56	9.11	9.64	10.17	10.68	11.18
15'	6.30	6.89	7.46	8.03	8.59	9.14	9.67	10.20	10.71	11.21
18'	6.33	6.92	7.49	8.06	8.62	9.16	9.70	10.22	10.73	11.23
21'	6.36	6.95	7.52	8.09	8.64	9.19	9.72	10.25	10.76	11.25
24'	6.39	6.98	7.55	8.12	8.67	9.22	9.75	10.27	10.78	11.28
27'	6.42	7.00	7.58	8.14	8.70	9.24	9.78	10.30	10.81	11.30
30'	6.45	7.03	7.61	8.17	8.73	9.27	9.80	10.32	10.83	11.33
33'	6.48	7.06	7.64	8.20	8.75	9.30	9.83	10.35	10.86	11.35
36'	6.51	7.09	7.66	8.23	8.78	9.32	9.86	10.38	10.88	11.38
39'	6.54	7.12	7.69	8.26	8.81	9.35	9.88	10.40	10.91	11.40
42'	6.57	7.15	7.72	8.28	8.84	9.38	9.91	10.43	10.93	11.43
45'	6.60	7.18	7.75	8.31	8.86	9.40	9.93	10.45	10.96	11.45
48'	6.63	7.21	7.78	8.34	8.89	9.43	9.96	10.48	10.98	11.47
51'	6.66	7.24	7.81	8.37	8.92	9.46	9.99	10.50	11.01	11.50
54'	6.68	7.26	7.83	8.39	8.95	9.49	10.01	10.53	11.03	11.52
57'	6.71	7.29	7.86	8.42	8.97	9.51	10.04	10.55	11.06	11.55

α	20°	21°	22°	23°	24°	25°	26°	27°	28°	29°
0'	11.57	12.04	12.50	12.95	13.38	13.79	14.18	14.56	14.92	15.26
3'	11.59	12.07	12.53	12.97	13.40	13.81	14.20	14.58	14.94	15.28
6'	11.62	12.09	12.55	12.99	13.42	13.83	14.22	14.60	14.96	15.30
9'	11.64	12.11	12.57	13.01	13.44	13.85	14.24	14.62	14.98	15.31
12'	11.67	12.14	12.59	13.04	13.46	13.87	14.26	14.64	14.99	15.33
15'	11.69	12.16	12.62	13.06	13.48	13.89	14.28	14.65	15.01	15.35
18'	11.71	12.18	12.64	13.08	13.50	13.91	14.30	14.67	15.03	15.36
21'	11.74	12.21	12.66	13.09	13.52	13.93	14.32	14.69	15.04	15.38
24'	11.76	12.23	12.68	13.12	13.54	13.95	14.34	14.71	15.06	15.40
27'	11.79	12.25	12.71	13.14	13.56	13.97	14.36	14.73	15.08	15.41
30'	11.81	12.28	12.73	13.16	13.58	13.99	14.38	14.74	15.10	15.43
33'	11.83	12.30	12.75	13.19	13.61	14.01	14.39	14.76	15.11	15.45
36'	11.86	12.32	12.77	13.21	13.63	14.03	14.41	14.78	15.13	15.46
39'	11.88	12.34	12.79	13.23	13.65	14.05	14.43	14.80	15.15	15.48
42'	11.90	12.37	12.82	13.25	13.67	14.07	14.45	14.82	15.16	15.49
45'	11.93	12.39	12.84	13.27	13.69	14.09	14.47	14.83	15.18	15.51
48'	11.95	12.41	12.86	13.29	13.71	14.11	14.49	14.85	15.20	15.53
51'	11.97	12.44	12.88	13.31	13.73	14.13	14.51	14.87	15.21	15.54
54'	12.00	12.46	12.90	13.33	13.75	14.15	14.53	14.89	15.23	15.56
57'	12.02	12.48	12.93	13.36	13.77	14.16	14.54	14.91	15.25	15.57

36 $\cos^2\alpha$

α	36 $\cos^2\alpha$
0°	36.0
1°	36.0
2°	36.0
3°	35.9
4°	35.8
5°	35.7
6°	35.6
7°	35.5
8°	35.3
9°	35.1
10°	34.9
10° 30'	34.8
11°	34.7
11° 30'	34.6
12°	34.4
12° 30'	34.3
13°	34.2
13° 30'	34.0
14°	33.9
14° 30'	33.7
15°	33.6
15° 30'	33.4
16°	33.3
16° 30'	33.1
17°	32.9
17° 30'	32.7
18°	32.6
18° 30'	32.4
19°	32.2
19° 30'	32.0
20°	31.8
20° 20'	31.7
20° 40'	31.5
21°	31.4
21° 20'	31.2
21° 40'	31.1
22°	31.0
22° 20'	30.8
22° 40'	30.7
23°	30.5
23° 20'	30.4
23° 40'	30.2
24°	30.0
24° 20'	29.9
24° 40'	29.7
25°	29.6
25° 20'	29.4
25° 40'	29.2
26°	29.1
26° 20'	28.9
26° 40'	28.7
27°	28.6
27° 20'	28.4
27° 40'	28.2
28°	28.1
28° 20'	27.9
28° 40'	27.7
29°	27.5
29° 20'	27.4
29° 40'	27.2
30°	27.0

37 ($\frac{1}{2} \sin 2\alpha$)

α	0°	1°	2°	3°	4°	5°	6°	7°	8°	9°
0'	0.00	0.65	1.20	1.93	2.57	3.21	3.85	4.48	5.10	5.72
3'	0.03	0.68	1.32	1.97	2.61	3.24	3.88	4.51	5.13	5.75
6'	0.06	0.71	1.35	2.00	2.64	3.28	3.91	4.54	5.16	5.78
9'	0.10	0.74	1.39	2.03	2.67	3.31	3.94	4.57	5.19	5.81
12'	0.13	0.77	1.42	2.06	2.70	3.34	3.97	4.60	5.22	5.84
15'	0.16	0.81	1.45	2.09	2.73	3.37	4.00	4.63	5.25	5.87
18'	0.19	0.84	1.48	2.13	2.77	3.40	4.04	4.66	5.29	5.90
21'	0.23	0.87	1.52	2.16	2.80	3.43	4.07	4.69	5.32	5.93
24'	0.26	0.90	1.50	2.19	2.83	3.47	4.10	4.73	5.35	5.96
27'	0.29	0.94	1.58	2.22	2.86	3.50	4.13	4.76	5.38	5.99
30'	0.32	0.97	1.61	2.25	2.89	3.53	4.16	4.79	5.41	6.02
33'	0.36	1.00	1.64	2.29	2.93	3.56	4.19	4.82	5.44	6.05
36'	0.39	1.03	1.68	2.32	2.96	3.59	4.22	4.85	5.47	6.08
39'	0.42	1.06	1.71	2.35	2.99	3.63	4.26	4.88	5.50	6.11
42'	0.45	1.10	1.74	2.38	3.02	3.66	4.29	4.91	5.53	6.14
45'	0.48	1.13	1.77	2.41	3.05	3.69	4.32	4.94	5.56	6.18
48'	0.52	1.16	1.81	2.45	3.09	3.72	4.35	4.98	5.59	6.21
51'	0.55	1.19	1.84	2.48	3.12	3.75	4.38	5.01	5.62	6.24
54'	0.58	1.23	1.87	2.51	3.15	3.78	4.41	5.04	5.65	6.27
57'	0.61	1.26	1.90	2.54	3.18	3.81	4.44	5.07	5.69	6.30

α	10°	11°	12°	13°	14°	15°	16°	17°	18°	19°
0'	6.33	6.98	7.52	8.11	8.69	9.25	9.80	10.35	10.87	11.39
3'	6.36	6.96	7.55	8.14	8.71	9.28	9.83	10.37	10.90	11.42
6'	6.39	6.99	7.58	8.17	8.74	9.31	9.86	10.40	10.93	11.44
9'	6.42	7.01	7.61	8.20	8.77	9.33	9.89	10.43	10.95	11.47
12'	6.45	7.05	7.64	8.23	8.80	9.36	9.91	10.45	10.98	11.49
15'	6.48	7.08	7.67	8.25	8.83	9.39	9.74	10.48	11.00	11.52
18'	6.51	7.11	7.70	8.28	8.86	9.42	9.97	10.51	11.03	11.54
21'	6.54	7.14	7.73	8.31	8.88	9.45	9.99	10.53	11.06	11.57
24'	6.57	7.17	7.76	8.34	8.91	9.47	10.02	10.56	11.08	11.59
27'	6.60	7.20	7.79	8.37	8.94	9.50	10.05	10.58	11.11	11.62
30'	6.63	7.23	7.82	8.40	8.97	9.53	10.08	10.61	11.13	11.64
33'	6.66	7.26	7.85	8.43	9.00	9.56	10.10	10.64	11.16	11.67
36'	6.69	7.29	7.88	8.46	9.03	9.58	10.13	10.66	11.19	11.69
39'	6.72	7.32	7.91	8.49	9.05	9.61	10.16	10.69	11.21	11.72
42'	6.75	7.35	7.94	8.51	9.08	9.64	10.18	10.72	11.24	11.74
45'	6.78	7.38	7.96	8.54	9.11	9.67	10.21	10.74	11.26	11.77
48'	6.81	7.41	7.99	8.57	9.14	9.69	10.24	10.77	11.29	11.79
51'	6.84	7.44	8.02	8.60	9.17	9.72	10.26	10.80	11.31	11.82
54'	6.87	7.47	8.05	8.63	9.19	9.75	10.29	10.82	11.34	11.84
57'	6.90	7.50	8.08	8.66	9.22	9.78	10.32	10.85	11.36	11.87

α	20°	21°	22°	23°	24°	25°	26°	27°	28°	29°
0'	11.89	12.38	12.85	13.31	13.75	14.17	14.58	14.97	15.34	15.69
3'	11.92	12.40	12.87	13.33	13.77	14.19	14.60	14.99	15.36	15.71
6'	11.94	12.43	12.90	13.35	13.79	14.21	14.62	15.00	15.37	15.72
9'	11.97	12.45	12.92	13.37	13.81	14.23	14.64	15.02	15.39	15.74
12'	11.99	12.47	12.94	13.40	13.83	14.25	14.66	15.04	15.41	15.76
15'	12.01	12.50	12.97	13.42	13.86	14.28	14.68	15.06	15.43	15.77
18'	12.04	12.52	12.99	13.44	13.88	14.30	14.70	15.08	15.44	15.79
21'	12.06	12.55	13.01	13.46	13.90	14.32	14.72	15.10	15.46	15.81
24'	12.09	12.57	13.04	13.49	13.92	14.34	14.74	15.12	15.48	15.82
27'	12.11	12.59	13.06	13.51	13.94	14.36	14.76	15.14	15.50	15.84
30'	12.14	12.62	13.08	13.53	13.96	14.38	14.77	15.15	15.52	15.86
33'	12.16	12.64	13.10	13.55	13.98	14.40	14.79	15.17	15.53	15.87
36'	12.19	12.66	13.13	13.57	14.00	14.42	14.81	15.19	15.55	15.89
39'	12.21	12.69	13.15	13.60	14.03	14.44	14.83	15.21	15.57	15.91
42'	12.23	12.71	13.17	13.62	14.05	14.46	14.85	15.23	15.59	15.92
45'	12.26	12.73	13.20	13.64	14.07	14.48	14.87	15.25	15.60	15.94
48'	12.28	12.76	13.22	13.66	14.09	14.50	14.89	15.26	15.62	15.96
51'	12.31	12.78	13.24	13.68	14.11	14.52	14.91	15.28	15.64	15.97
54'	12.33	12.80	13.26	13.70	14.13	14.54	14.93	15.30	15.65	15.99
57'	12.35	12.83	13.29	13.73	14.15	14.56	14.95	15.32	15.67	16.01

37 $\cos^2\alpha$

α	37 $\cos^2\alpha$
0°	37.0
1°	37.0
2°	37.0
3°	36.9
4°	36.8
5°	36.7
6°	36.6
7°	36.5
8°	36.3
9°	36.1
10°	35.9
10° 30'	35.8
11°	35.7
11° 30'	35.5
12°	35.4
12° 30'	35.3
13°	35.1
13° 30'	35.0
14°	34.8
14° 30'	34.7
15°	34.5
15° 30'	34.4
16°	34.2
16° 30'	34.0
17°	33.8
17° 30'	33.7
18°	33.5
18° 30'	33.3
19°	33.1
19° 30'	32.9
20°	32.7
20° 30'	32.5
20° 40'	32.4
21°	32.2
21° 20'	32.1
21° 40'	32.0
22°	31.8
22° 20'	31.7
22° 40'	31.5
23°	31.4
23° 20'	31.2
23° 40'	31.0
24°	30.9
24° 20'	30.7
24° 40'	30.6
25°	30.4
25° 20'	30.2
25° 40'	30.1
26°	29.9
26° 20'	29.7
26° 40'	29.5
27°	29.4
27° 20'	29.2
27° 40'	29.0
28°	28.8
28° 20'	28.7
28° 40'	28.5
29°	28.3
29° 20'	28.1
29° 30'	27.9
30°	27.8

α	0°	1°	2°	3°	4°	5°	6°	7°	8°	9°
0'	0.00	0.66	1.33	1.99	2.64	3.30	3.95	4.60	5.24	5.87
3'	0.03	0.70	1.36	2.02	2.68	3.33	3.98	4.63	5.27	5.90
6'	0.07	0.73	1.39	2.05	2.71	3.36	4.02	4.66	5.30	5.93
9'	0.10	0.76	1.42	2.08	2.74	3.40	4.05	4.69	5.33	5.97
12'	0.13	0.80	1.46	2.12	2.78	3.43	4.08	4.73	5.36	6.00
15'	0.17	0.83	1.49	2.15	2.81	3.46	4.11	4.76	5.40	6.03
18'	0.20	0.86	1.52	2.18	2.84	3.50	4.14	4.79	5.43	6.06
21'	0.23	0.90	1.56	2.22	2.87	3.53	4.18	4.82	5.46	6.09
24'	0.27	0.93	1.59	2.25	2.91	3.56	4.21	4.85	5.49	6.12
27'	0.30	0.96	1.62	2.28	2.94	3.59	4.24	4.89	5.52	6.15
30'	0.33	0.99	1.66	2.32	2.97	3.63	4.27	4.92	5.56	6.19
33'	0.36	1.03	1.69	2.35	3.01	3.66	4.31	4.95	5.59	6.22
36'	0.40	1.06	1.72	2.38	3.04	3.69	4.34	4.98	5.62	6.25
39'	0.43	1.09	1.76	2.41	3.07	3.72	4.37	5.01	5.65	6.28
42'	0.46	1.13	1.79	2.45	3.10	3.76	4.40	5.05	5.68	6.31
45'	0.50	1.16	1.82	2.48	3.14	3.79	4.44	5.08	5.71	6.34
48'	0.53	1.19	1.85	2.51	3.17	3.82	4.47	5.11	5.75	6.37
51'	0.56	1.23	1.89	2.55	3.20	3.85	4.50	5.14	5.78	6.40
54'	0.60	1.26	1.92	2.58	3.23	3.89	4.53	5.17	5.81	6.44
57'	0.63	1.29	1.95	2.61	3.27	3.92	4.56	5.21	5.84	6.47

α	10°	11°	12°	13°	14°	15°	16°	17°	18°	19°
0'	6.50	7.12	7.73	8.33	8.92	9.50	10.07	10.62	11.17	11.70
3'	6.53	7.15	7.76	8.36	8.95	9.53	10.10	10.65	11.19	11.72
6'	6.56	7.18	7.79	8.39	8.98	9.56	10.12	10.68	11.22	11.75
9'	6.59	7.21	7.82	8.42	9.01	9.58	10.15	10.71	11.25	11.78
12'	6.62	7.24	7.85	8.45	9.04	9.61	10.18	10.73	11.27	11.80
15'	6.65	7.27	7.88	8.48	9.07	9.64	10.21	10.76	11.30	11.83
18'	6.68	7.30	7.91	8.51	9.10	9.67	10.24	10.79	11.33	11.85
21'	6.72	7.33	7.94	8.54	9.12	9.70	10.26	10.82	11.35	11.88
24'	6.75	7.36	7.97	8.57	9.15	9.73	10.29	10.84	11.38	11.91
27'	6.78	7.39	8.00	8.60	9.18	9.76	10.32	10.87	11.41	11.93
30'	6.81	7.42	8.03	8.63	9.21	9.79	10.35	10.90	11.43	11.96
33'	6.84	7.45	8.06	8.66	9.24	9.81	10.38	10.93	11.46	11.98
36'	6.87	7.48	8.09	8.68	9.27	9.84	10.40	10.95	11.49	12.01
39'	6.90	7.52	8.12	8.71	9.30	9.87	10.43	10.98	11.51	12.03
42'	6.93	7.55	8.15	8.74	9.33	9.90	10.46	11.01	11.54	12.06
45'	6.96	7.58	8.18	8.77	9.36	9.93	10.49	11.03	11.57	12.09
48'	6.99	7.61	8.21	8.80	9.38	9.96	10.51	11.06	11.59	12.11
51'	7.03	7.64	8.24	8.83	9.41	9.98	10.54	11.09	11.62	12.14
54'	7.06	7.67	8.27	8.86	9.44	10.01	10.57	11.11	11.65	12.16
57'	7.09	7.70	8.30	8.89	9.47	10.04	10.60	11.14	11.67	12.19

α	20°	21°	22°	23°	24°	25°	26°	27°	28°	29°
0'	12.21	12.71	13.20	13.67	14.12	14.55	14.97	15.37	15.75	16.11
3'	12.24	12.74	13.22	13.69	14.14	14.58	14.99	15.39	15.77	16.13
6'	12.26	12.76	13.25	13.71	14.16	14.60	15.01	15.41	15.79	16.15
9'	12.29	12.79	13.27	13.74	14.19	14.62	15.03	15.43	15.81	16.17
12'	12.31	12.81	13.29	13.76	14.21	14.64	15.05	15.45	15.83	16.18
15'	12.34	12.84	13.32	13.78	14.23	14.66	15.07	15.47	15.84	16.20
18'	12.36	12.86	13.34	13.80	14.25	14.68	15.09	15.49	15.86	16.22
21'	12.39	12.89	13.36	13.83	14.27	14.70	15.11	15.51	15.88	16.23
24'	12.41	12.91	13.39	13.85	14.30	14.72	15.13	15.53	15.90	16.25
27'	12.44	12.93	13.41	13.87	14.32	14.74	15.15	15.54	15.92	16.27
30'	12.47	12.96	13.44	13.90	14.34	14.77	15.17	15.56	15.93	16.29
33'	12.49	12.98	13.46	13.92	14.36	14.79	15.19	15.58	15.95	16.30
36'	12.52	13.01	13.48	13.94	14.38	14.81	15.21	15.60	15.97	16.32
39'	12.54	13.03	13.51	13.96	14.40	14.83	15.23	15.62	15.99	16.34
42'	12.56	13.05	13.53	13.99	14.43	14.85	15.25	15.64	16.01	16.35
45'	12.59	13.08	13.55	14.01	14.45	14.87	15.27	15.66	16.02	16.37
48'	12.61	13.10	13.57	14.03	14.47	14.89	15.29	15.68	16.04	16.39
51'	12.64	13.13	13.60	14.05	14.49	14.91	15.31	15.70	16.06	16.40
54'	12.66	13.15	13.62	14.08	14.51	14.93	15.33	15.71	16.08	16.42
57'	12.69	13.17	13.64	14.10	14.53	14.95	15.35	15.73	16.10	16.44

38 cos²α

α	38 cos²α
0°	38.0
1°	38.0
2°	38.0
3°	37.9
4°	37.8
5°	37.7
6°	37.6
7°	37.4
8°	37.3
9°	37.1
10°	36.9
10° 30'	36.7
11°	36.6
11° 30'	36.5
12°	36.4
12° 30'	36.2
13°	36.1
13° 30'	35.9
14°	35.8
14° 30'	35.7
15°	35.5
15° 30'	35.3
16°	35.1
16° 30'	34.9
17°	34.8
17° 30'	34.6
18°	34.4
18° 30'	34.2
19°	34.0
19° 30'	33.8
20°	33.6
20° 20'	33.4
20° 40'	33.3
21°	33.1
21° 20'	33.0
21° 40'	32.8
22°	32.7
22° 20'	32.5
22° 40'	32.4
23°	32.2
23° 20'	32.0
23° 40'	31.9
24°	31.7
24° 20'	31.5
24° 40'	31.4
25°	31.2
25° 20'	31.0
25° 40'	30.9
26°	30.7
26° 20'	30.6
26° 40'	30.3
27°	30.2
27° 20'	30.0
27° 40'	29.8
28°	29.6
28° 20'	29.4
28° 40'	29.3
29°	29.1
29° 20'	28.9
29° 40'	28.7
30°	28.5

39 ($\tfrac{1}{2} \sin 2\alpha$)

α	0°	1°	2°	3°	4°	5°	6°	7°	8°	9°
0'	0.00	0.68	1.36	2.04	2.71	3.39	4.05	4.72	5.87	6.03
3'	0.03	0.71	1.39	2.07	2.75	3.42	4.09	4.75	5.41	6.06
6'	0.07	0.75	1.42	2.11	2.78	3.45	4.12	4.78	5.44	6.09
9'	0.10	0.78	1.46	2.14	2.81	3.49	4.15	4.82	5.47	6.12
12'	0.14	0.82	1.50	2.17	2.85	3.52	4.19	4.85	5.51	6.16
15'	0.17	0.85	1.53	2.21	2.88	3.55	4.22	4.88	5.54	6.19
18'	0.20	0.88	1.56	2.24	2.92	3.59	4.25	4.92	5.57	6.22
21'	0.24	0.92	1.60	2.28	2.95	3.62	4.29	4.95	5.60	6.25
24'	0.27	0.95	1.63	2.31	2.98	3.65	4.32	4.98	5.64	6.28
27'	0.31	0.99	1.67	2.34	3.02	3.69	4.35	5.01	5.67	6.32
30'	0.34	1.02	1.70	2.38	3.05	3.78	4.39	5.05	5.70	6.35
33'	0.37	1.05	1.73	2.41	3.08	3.75	4.42	5.08	5.73	6.38
36'	0.41	1.09	1.77	2.44	3.12	3.79	4.45	5.11	5.77	6.41
39'	0.44	1.12	1.80	2.48	3.15	3.82	4.49	5.15	5.80	6.45
42'	0.48	1.16	1.84	2.51	3.18	3.85	4.52	5.18	5.83	6.48
45'	0.51	1.19	1.87	2.55	3.22	3.89	4.55	5.21	5.86	6.51
48'	0.54	1.22	1.90	2.58	3.25	3.92	4.59	5.24	5.90	6.54
51'	0.58	1.26	1.94	2.61	3.29	3.95	4.62	5.28	5.93	6.57
54'	0.61	1.29	1.97	2.65	3.32	3.99	4.65	5.31	5.96	6.61
57'	0.65	1.33	2.00	2.68	3.35	4.02	4.68	5.34	5.99	6.64

α	10°	11°	12°	13°	14°	15°	16°	17°	18°	19°
0'	6.67	7.30	7.93	8.55	9.15	9.75	10.33	10.90	11.46	12.01
3'	6.70	7.34	7.96	8.58	9.18	9.78	10.36	10.93	11.49	12.03
6'	6.73	7.37	7.99	8.61	9.21	9.81	10.39	10.96	11.52	12.06
9'	6.77	7.40	8.02	8.64	9.24	9.84	10.42	10.99	11.54	12.09
12'	6.80	7.43	8.06	8.67	9.27	9.87	10.45	11.02	11.57	12.11
15'	6.83	7.46	8.09	8.70	9.30	9.90	10.48	11.04	11.60	12.14
18'	6.86	7.49	8.12	8.78	9.33	9.93	10.51	11.07	11.63	12.17
21'	6.89	7.53	8.15	8.76	9.36	9.76	10.53	11.10	11.65	12.19
24'	6.92	7.56	8.18	8.79	9.39	9.98	10.56	11.13	11.68	12.22
27'	6.96	7.59	8.21	8.82	9.42	10.01	10.59	11.16	11.71	12.25
30'	6.99	7.62	8.24	8.85	9.45	10.04	10.62	11.18	11.74	12.27
33'	7.02	7.65	8.27	8.88	9.48	10.07	10.65	11.21	11.76	12.30
36'	7.05	7.68	8.30	8.91	9.51	10.10	10.68	11.24	11.79	12.32
39'	7.08	7.71	8.33	8.94	9.54	10.13	10.71	11.27	11.82	12.35
42'	7.12	7.74	8.36	8.97	9.57	10.16	10.73	11.30	11.84	12.38
45'	7.15	7.78	8.39	9.00	9.60	10.19	10.76	11.32	11.87	12.40
48'	7.18	7.81	8.43	9.03	9.63	10.22	10.79	11.35	11.90	12.43
51'	7.21	7.84	8.46	9.06	9.66	10.25	10.82	11.38	11.92	12.46
54'	7.24	7.87	8.49	9.09	9.69	10.28	10.85	11.41	11.95	12.48
57'	7.27	7.90	8.52	9.12	9.72	10.30	10.88	11.43	11.98	12.51

α	20°	21°	22°	23°	24°	25°	26°	27°	28°	29°
0'	12.53	13.05	13.55	14.03	14.49	14.94	15.37	15.78	16.17	16.54
3'	12.56	13.07	13.57	14.05	14.51	14.96	15.39	15.80	16.19	16.55
6'	12.59	13.10	13.59	14.07	14.54	14.98	15.41	15.82	16.20	16.57
9'	12.61	13.12	13.62	14.10	14.56	15.00	15.43	15.84	16.22	16.59
12'	12.64	13.15	13.64	14.12	14.58	15.03	15.45	15.86	16.24	16.61
15'	12.66	13.17	13.67	14.14	14.60	15.05	15.47	15.88	16.26	16.63
18'	12.69	13.20	13.69	14.17	14.63	15.07	15.49	15.89	16.28	16.64
21'	12.72	13.22	13.72	14.19	14.65	15.09	15.51	15.91	16.30	16.66
24'	12.74	13.25	13.74	14.21	14.67	15.11	15.53	15.93	16.32	16.68
27'	12.77	13.27	13.76	14.24	14.69	15.13	15.55	15.95	16.34	16.70
30'	12.79	13.30	13.79	14.26	14.72	15.15	15.57	15.97	16.35	16.71
33'	12.82	13.32	13.81	14.28	14.74	15.18	15.59	15.99	16.37	16.73
36'	12.84	13.35	13.84	14.31	14.76	15.20	15.61	16.01	16.39	16.75
39'	12.87	13.37	13.86	14.33	14.78	15.22	15.63	16.03	16.41	16.77
42'	12.90	13.40	13.88	14.35	14.81	15.24	15.65	16.05	16.43	16.78
45'	12.92	13.42	13.91	14.38	14.83	15.26	15.68	16.07	16.45	16.80
48'	12.95	13.45	13.93	14.40	14.85	15.28	15.70	16.09	16.46	16.82
51'	12.97	13.47	13.96	14.42	14.87	15.30	15.72	16.11	16.48	16.84
54'	13.00	13.50	13.98	14.45	14.89	15.32	15.74	16.13	16.50	16.85
57'	13.02	13.52	14.00	14.47	14.92	15.35	15.76	16.15	16.52	16.87

39 $\cos^2\alpha$

α	value
0°	39.0
1°	39.0
2°	39.0
3°	38.9
4°	38.8
5°	38.7
6°	38.6
7°	38.4
8°	38.2
9°	38.0
10°	37.8
10° 30'	37.7
11°	37.6
11° 30'	37.4
12°	37.3
12° 30'	37.2
13°	37.0
13° 30'	36.9
14°	36.7
14° 30'	36.6
15°	36.4
15° 30'	36.2
16°	36.0
16° 30'	35.9
17°	35.7
17° 30'	35.5
18°	35.3
18° 30'	35.1
19°	34.9
19° 30'	34.7
20°	34.4
20° 20'	34.3
20° 40'	34.1
21°	34.0
21° 20'	33.8
21° 40'	33.7
22°	33.5
22° 20'	33.4
22° 40'	33.2
23°	33.0
23° 20'	32.9
23° 40'	32.7
24°	32.5
24° 20'	32.4
24° 40'	32.2
25°	32.0
25° 20'	31.9
25° 40'	31.7
26°	31.5
26° 20'	31.3
26° 40'	31.1
27°	31.0
27° 20'	30.8
27° 40'	30.6
28°	30.4
28° 20'	30.2
28° 40'	30.0
29°	29.8
29° 20'	29.6
29° 40'	29.4
30°	29.3

40 ($\frac{1}{2}\sin 2\alpha$)

α	0°	1°	2°	3°	4°	5°	6°	7°	8°	9°
0'	0.00	0.70	1.40	2.09	2.78	3.47	4.16	4.84	5.51	6.18
3'	0.03	0.73	1.43	2.13	2.82	3.51	4.19	4.87	5.55	6.21
6'	0.07	0.77	1.46	2.16	2.85	3.54	4.23	4.91	5.58	6.25
9'	0.10	0.80	1.50	2.19	2.89	3.58	4.26	4.94	5.61	6.28
12'	0.14	0.84	1.53	2.23	2.92	3.61	4.29	4.97	5.65	6.31
15'	0.17	0.87	1.57	2.26	2.96	3.64	4.33	5.01	5.68	6.35
18'	0.21	0.91	1.60	2.30	2.99	3.68	4.36	5.04	5.71	6.38
21'	0.24	0.94	1.64	2.33	3.03	3.71	4.40	5.07	5.75	6.41
24'	0.28	0.98	1.67	2.37	3.06	3.75	4.43	5.11	5.78	6.45
27'	0.31	1.01	1.71	2.40	3.09	3.78	4.47	5.14	5.81	6.48
30'	0.35	1.05	1.74	2.44	3.13	3.82	4.50	5.18	5.85	6.51
33'	0.38	1.08	1.78	2.47	3.16	3.85	4.53	5.21	5.88	6.54
36'	0.42	1.12	1.81	2.51	3.20	3.88	4.57	5.24	5.91	6.58
39'	0.45	1.15	1.85	2.54	3.23	3.92	4.60	5.28	5.95	6.61
42'	0.49	1.19	1.88	2.58	3.27	3.95	4.63	5.31	5.98	6.64
45'	0.52	1.22	1.92	2.61	3.30	3.99	4.67	5.34	6.01	6.68
48'	0.56	1.26	1.95	2.65	3.34	4.02	4.70	5.38	6.05	6.71
51'	0.59	1.29	1.99	2.68	3.37	4.06	4.74	5.41	6.08	6.74
54'	0.63	1.33	2.02	2.71	3.40	4.09	4.77	5.45	6.11	6.77
57'	0.66	1.36	2.06	2.75	3.44	4.12	4.80	5.48	6.15	6.81

α	10°	11°	12°	13°	14°	15°	16°	17°	18°	19°
0'	6.84	7.49	8.13	8.77	9.39	10.00	10.60	11.18	11.76	12.31
3'	6.87	7.52	8.17	8.80	9.42	10.03	10.63	11.21	11.78	12.34
6'	6.91	7.56	8.20	8.83	9.45	10.06	10.66	11.24	11.81	12.37
9'	6.94	7.59	8.23	8.86	9.48	10.09	10.69	11.27	11.84	12.40
12'	6.97	7.62	8.26	8.89	9.51	10.12	10.72	11.30	11.87	12.42
15'	7.00	7.65	8.29	8.92	9.54	10.15	10.75	11.33	11.90	12.45
18'	7.04	7.69	8.33	8.96	9.57	10.18	10.78	11.36	11.92	12.48
21'	7.07	7.72	8.36	8.99	9.60	10.21	10.80	11.39	11.95	12.50
24'	7.10	7.75	8.39	9.02	9.63	10.24	10.83	11.41	11.98	12.53
27'	7.13	7.78	8.42	9.05	9.67	10.27	10.86	11.44	12.01	12.56
30'	7.17	7.81	8.45	9.08	9.70	10.30	10.89	11.47	12.04	12.59
33'	7.20	7.85	8.48	9.11	9.73	10.33	10.92	11.50	12.06	12.61
36'	7.23	7.88	8.52	9.14	9.76	10.36	10.95	11.53	12.09	12.64
39'	7.27	7.91	8.55	9.17	9.79	10.39	10.98	11.56	12.12	12.67
42'	7.30	7.94	8.58	9.20	9.82	10.42	11.01	11.59	12.15	12.69
45'	7.33	7.98	8.61	9.23	9.85	10.45	11.04	11.61	12.18	12.72
48'	7.36	8.01	8.64	9.27	9.88	10.48	11.07	11.64	12.20	12.75
51'	7.39	8.04	8.67	9.30	9.91	10.51	11.10	11.67	12.23	12.78
54'	7.43	8.07	8.70	9.33	9.94	10.54	11.13	11.70	12.26	12.80
57'	7.46	8.10	8.74	9.36	9.97	10.57	11.15	11.73	12.29	12.83

α	20°	21°	22°	23°	24°	25°	26°	27°	28°	29°
0'	12.86	13.38	13.89	14.39	14.86	15.32	15.76	16.18	16.58	16.96
3'	12.88	13.41	13.92	14.41	14.89	15.34	15.78	16.20	16.60	16.98
6'	12.91	13.43	13.94	14.44	14.91	15.37	15.80	16.22	16.62	17.00
9'	12.94	13.46	13.97	14.46	14.93	15.39	15.82	16.24	16.64	17.02
12'	12.96	13.49	13.99	14.48	14.96	15.41	15.85	16.26	16.66	17.03
15'	12.99	13.51	14.02	14.51	14.98	15.43	15.87	16.28	16.68	17.05
18'	13.02	13.54	14.04	14.53	15.00	15.45	15.89	16.30	16.70	17.07
21'	13.04	13.56	14.07	14.56	15.03	15.48	15.91	16.32	16.72	17.09
24'	13.07	13.59	14.09	14.58	15.05	15.50	15.93	16.34	16.74	17.11
27'	13.09	13.61	14.12	14.60	15.07	15.52	15.95	16.36	16.75	17.13
30'	13.12	13.64	14.14	14.63	15.09	15.54	15.97	16.38	16.77	17.14
33'	13.15	13.67	14.17	14.65	15.12	15.56	15.99	16.40	16.79	17.16
36'	13.17	13.69	14.19	14.67	15.14	15.59	16.01	16.42	16.81	17.18
39'	13.20	13.72	14.22	14.70	15.16	15.61	16.04	16.44	16.83	17.20
42'	13.23	13.74	14.24	14.72	15.19	15.63	16.06	16.46	16.85	17.21
45'	13.25	13.77	14.27	14.75	15.21	15.65	16.08	16.48	16.87	17.23
48'	13.28	13.79	14.29	14.77	15.23	15.67	16.10	16.50	16.89	17.25
51'	13.30	13.82	14.31	14.79	15.25	15.70	16.12	16.52	16.91	17.27
54'	13.33	13.84	14.34	14.82	15.28	15.72	16.14	16.54	16.92	17.29
57'	13.36	13.87	14.36	14.84	15.30	15.74	16.16	16.56	16.94	17.30

40 $\cos^2\alpha$

α	40 cos²α
0°	40.0
1°	40.0
2°	40.0
3°	39.9
4°	39.8
5°	39.7
6°	39.6
7°	39.4
8°	39.2
9°	39.0
10°	38.8
10° 30'	38.7
11°	38.5
11° 30'	38.4
12°	38.3
12° 30'	38.1
13°	38.0
13° 30'	37.8
14°	37.7
14° 30'	37.5
15°	37.3
15° 30'	37.1
16°	37.0
16° 30'	36.8
17°	36.6
17° 30'	36.4
18°	36.2
18° 30'	36.0
19°	35.8
19° 30'	35.5
20°	35.3
20° 20'	35.2
20° 40'	35.0
21°	34.9
21° 20'	34.7
21° 30'	34.5
22°	34.4
22° 20'	34.2
22° 40'	34.1
23°	33.9
23° 20'	33.7
23° 40'	33.6
24°	33.4
24° 20'	33.2
24° 40'	33.0
25°	32.9
25° 20'	32.7
25° 40'	32.5
26°	32.3
26° 20'	32.1
26° 40'	31.9
27°	31.8
27° 20'	31.6
27° 40'	31.4
28°	31.2
28° 20'	31.0
28° 40'	30.8
29°	30.6
29° 20'	30.4
29° 40'	30.2
30°	30.0

41 ($\frac{1}{2} \sin 2\alpha$)

α	0°	1°	2°	3°	4°	5°	6°	7°	8°	9°
0'	0.00	0.72	1.43	2.14	2.85	3.56	4.26	4.96	5.65	6.33
3'	0.04	0.75	1.47	2.18	2.89	3.60	4.30	4.99	5.68	6.37
6'	0.07	0.79	1.50	2.21	2.92	3.63	4.33	5.03	5.72	6.40
9'	0.11	0.82	1.54	2.25	2.96	3.67	4.37	5.06	5.75	6.44
12'	0.14	0.86	1.57	2.29	2.99	3.70	4.40	5.10	5.79	6.47
15'	0.18	0.89	1.61	2.32	3.03	3.74	4.44	5.13	5.82	6.50
18'	0.21	0.93	1.64	2.36	3.07	3.77	4.47	5.17	5.86	6.54
21'	0.25	0.97	1.68	2.39	3.10	3.81	4.51	5.20	5.89	6.57
24'	0.29	1.00	1.72	2.43	3.14	3.84	4.54	5.24	5.93	6.61
27'	0.32	1.04	1.75	2.46	3.17	3.88	4.58	5.27	5.96	6.64
30'	0.36	1.07	1.79	2.50	3.21	3.91	4.61	5.31	5.99	6.67
33'	0.39	1.11	1.82	2.53	3.24	3.95	4.65	5.34	6.03	6.71
36'	0.43	1.14	1.86	2.57	3.28	3.98	4.68	5.37	6.06	6.74
39'	0.47	1.18	1.89	2.60	3.31	4.02	4.72	5.41	6.10	6.78
42'	0.50	1.22	1.93	2.64	3.35	4.05	4.75	5.44	6.13	6.81
45'	0.54	1.25	1.96	2.68	3.38	4.09	4.79	5.48	6.16	6.84
48'	0.57	1.29	2.00	2.71	3.42	4.12	4.82	5.51	6.20	6.88
51'	0.61	1.32	2.04	2.75	3.45	4.16	4.86	5.55	6.23	6.91
54'	0.64	1.36	2.07	2.78	3.49	4.19	4.69	5.58	6.27	6.94
57'	0.68	1.39	2.11	2.82	3.52	4.23	4.92	5.62	6.30	6.98

α	10°	11°	12°	13°	14°	15°	16°	17°	18°	19°
0'	7.01	7.68	8.34	8.99	9.62	10.25	10.86	11.46	12.05	12.62
3'	7.05	7.71	8.37	9.02	9.66	10.28	10.89	11.49	12.08	12.65
6'	7.08	7.75	8.40	9.05	9.69	10.31	10.92	11.52	12.11	12.68
9'	7.12	7.78	8.44	9.08	9.72	10.34	10.95	11.55	12.14	12.71
12'	7.15	7.81	8.47	9.12	9.75	10.37	10.98	11.58	12.17	12.73
15'	7.18	7.85	8.50	9.15	9.78	10.40	11.01	11.61	12.19	12.76
18'	7.21	7.88	8.53	9.18	9.81	10.44	11.04	11.64	12.22	12.79
21'	7.25	7.91	8.57	9.21	9.84	10.47	11.07	11.67	12.25	12.82
24'	7.28	7.94	8.60	9.24	9.88	10.50	11.10	11.70	12.28	12.85
27'	7.31	7.98	8.63	9.27	9.91	10.53	11.14	11.73	12.31	12.87
30'	7.35	8.01	8.66	9.31	9.94	10.56	11.17	11.76	12.34	12.90
33'	7.38	8.04	8.70	9.34	9.97	10.59	11.20	11.79	12.37	12.93
36'	7.41	8.08	8.73	9.37	10.00	10.62	11.23	11.82	12.39	12.96
39'	7.45	8.11	8.76	9.40	10.03	10.65	11.25	11.85	12.42	12.98
42'	7.48	8.14	8.79	9.43	10.06	10.68	11.28	11.88	12.45	13.01
45'	7.51	8.17	8.83	9.47	10.09	10.71	11.31	11.90	12.48	13.04
48'	7.55	8.21	8.86	9.50	10.13	10.74	11.34	11.93	12.51	13.07
51'	7.58	8.24	8.89	9.53	10.16	10.77	11.37	11.96	12.54	13.09
54'	7.61	8.27	8.92	9.56	10.19	10.80	11.40	11.99	12.56	13.12
57'	7.65	8.31	8.95	9.59	10.22	10.83	11.43	12.02	12.59	13.15

α	20°	21°	22°	23°	24°	25°	26°	27°	28°	29°
0'	13.18	13.72	14.24	14.75	15.23	15.70	16.15	16.58	17.00	17.88
3'	13.20	13.74	14.27	14.77	15.26	15.73	16.18	16.61	17.02	17.40
6'	13.23	13.77	14.29	14.80	15.28	15.75	16.20	16.63	17.04	17.42
9'	13.26	13.80	14.32	14.82	15.31	15.77	16.22	16.65	17.06	17.44
12'	13.29	13.82	14.34	14.85	15.33	15.80	16.24	16.67	17.07	17.46
15'	13.31	13.85	14.37	14.87	14.35	15.82	16.26	16.69	17.09	17.48
18'	13.34	13.88	14.39	14.89	15.38	15.84	16.29	16.71	17.11	17.50
21'	13.37	13.90	14.42	14.92	15.40	15.86	16.31	16.73	17.13	17.52
24'	13.40	13.93	14.44	14.94	15.42	15.89	16.33	16.75	17.15	17.53
27'	13.42	13.95	14.47	14.97	15.45	15.91	16.35	16.77	17.17	17.55
30'	13.45	13.98	14.50	14.99	15.47	15.93	16.37	16.79	17.19	17.57
33'	13.48	14.01	14.52	15.02	15.50	15.95	16.39	16.81	17.21	17.59
36'	13.50	14.03	14.55	15.04	15.52	15.98	16.42	16.83	17.23	17.61
39'	13.53	14.06	14.57	15.07	15.54	16.00	16.44	16.85	17.25	17.63
42'	13.56	14.09	14.60	15.09	15.57	16.02	16.46	16.87	17.27	17.65
45'	13.58	14.11	14.62	15.11	15.59	16.04	16.48	16.89	17.29	17.66
48'	13.61	14.14	14.65	15.14	15.61	16.07	16.50	16.91	17.31	17.68
51'	13.64	14.16	14.67	15.16	15.63	16.09	16.52	16.94	17.33	17.70
54'	13.66	14.19	14.70	15.19	15.66	16.11	16.54	16.96	17.35	17.72
57'	13.69	14.21	14.72	15.21	15.68	16.13	16.56	16.98	17.37	17.74

41 $\cos^2\alpha$

α	$41 \cos^2\alpha$
0°	41.0
1°	41.0
2°	40.9
3°	40.9
4°	40.8
5°	40.7
6°	40.6
7°	40.4
8°	40.2
9°	40.0
10°	39.8
10° 30'	39.6
11°	39.5
11° 30'	39.4
12°	39.2
12° 30'	39.1
13°	38.9
13° 30'	38.8
14°	38.6
14° 30'	38.4
15°	38.3
15° 30'	38.1
16°	37.9
16° 30'	37.7
17°	37.5
17° 30'	37.3
18°	37.1
18° 30'	36.9
19°	36.7
19° 30'	36.4
20°	36.2
20° 20'	36.0
20° 40'	35.9
21°	35.7
21° 20'	35.6
21° 40'	35.4
22°	35.2
22° 20'	35.1
22° 40'	34.9
23°	34.7
23° 20'	34.6
23° 40'	34.4
24°	34.2
24° 20'	34.0
24° 40'	33.9
25°	33.7
25° 20'	33.5
25° 40'	33.3
26°	33.1
26° 20'	32.9
26° 40'	32.7
27°	32.5
27° 20'	32.4
27° 40'	32.2
28°	32.0
28° 20'	31.8
28° 40'	31.6
29°	31.4
29° 20'	31.2
29° 40'	31.0
30°	30.8

42 (½ sin 2 α)

α	0°	1°	2°	3°	4°	5°	6°	7°	8°	9°
0'	0.00	0.73	1.46	2.19	2.92	3.65	4.37	5.08	5.79	6.49
3'	0.04	0.77	1.50	2.23	2.96	3.68	4.40	5.12	5.82	6.52
6'	0.07	0.81	1.54	2.27	3.00	3.72	4.44	5.15	5.86	6.56
9'	0.11	0.84	1.57	2.30	3.03	3.75	4.47	5.19	5.89	6.59
12'	0.15	0.88	1.61	2.34	3.07	3.79	4.51	5.22	5.93	6.63
15'	0.18	0.92	1.65	2.38	3.10	3.83	4.55	5.26	5.96	6.66
18'	0.22	0.95	1.68	2.41	3.14	3.86	4.58	5.29	6.00	6.70
21'	0.26	0.99	1.72	2.45	3.18	3.90	4.62	5.33	6.03	6.73
24'	0.29	1.03	1.76	2.49	3.21	3.94	4.65	5.36	6.07	6.77
27'	0.33	1.06	1.79	2.52	3.25	3.97	4.69	5.40	6.10	6.80
30'	0.37	1.10	1.83	2.56	3.29	4.01	4.72	5.44	6.14	6.84
33'	0.40	1.14	1.87	2.60	3.32	4.04	4.76	5.47	6.17	6.87
36'	0.44	1.17	1.90	2.63	3.36	4.08	4.80	5.51	6.21	6.91
39'	0.48	1.21	1.94	2.67	3.39	4.11	4.83	5.54	6.24	6.94
42'	0.51	1.25	1.98	2.70	3.43	4.15	4.87	5.58	6.28	6.98
45'	0.55	1.28	2.01	2.74	3.47	4.19	4.90	5.61	6.31	7.01
48'	0.59	1.32	2.05	2.78	3.50	4.22	4.94	5.65	6.35	7.04
51'	0.62	1.36	2.09	2.81	3.54	4.26	4.97	5.68	6.38	7.08
54'	0.66	1.39	2.12	2.85	3.57	4.29	5.01	5.72	6.42	7.11
57'	0.70	1.43	2.16	2.89	3.61	4.33	5.05	5.75	6.45	7.15

α	10°	11°	12°	13°	14°	15°	16°	17°	18°	19°
0'	7.18	7.87	8.54	9.21	9.86	10.50	11.13	11.74	12.34	12.93
3'	7.22	7.90	8.57	9.24	9.89	10.53	11.16	11.77	12.37	12.96
6'	7.25	7.93	8.61	9.27	9.92	10.56	11.19	11.80	12.40	12.99
9'	7.29	7.97	8.64	9.30	9.96	10.60	11.22	11.83	12.43	13.02
12'	7.32	8.00	8.68	9.34	9.99	10.63	11.25	11.86	12.46	13.04
15'	7.35	8.04	8.71	9.37	10.02	10.66	11.28	11.89	12.49	13.07
18'	7.39	8.07	8.74	9.40	10.05	10.69	11.31	11.92	12.52	13.10
21'	7.42	8.10	8.78	9.44	10.08	10.72	11.35	11.95	12.55	13.13
24'	7.46	8.14	8.81	9.47	10.12	10.75	11.38	11.98	12.58	13.16
27'	7.49	8.17	8.84	9.50	10.15	10.78	11.41	12.02	12.61	13.19
30'	7.53	8.21	8.87	9.53	10.18	10.82	11.44	12.05	12.64	13.22
33'	7.56	8.24	8.91	9.57	10.21	10.85	11.47	12.08	12.67	13.24
36'	7.59	8.27	8.94	9.60	10.25	10.88	11.50	12.11	12.70	13.27
39'	7.63	8.31	8.97	9.63	10.28	10.91	11.53	12.14	12.73	13.30
42'	7.66	8.34	9.01	9.66	10.31	10.94	11.56	12.16	12.75	13.33
45'	7.70	8.37	9.04	9.70	10.34	10.97	11.59	12.19	12.78	13.36
48'	7.73	8.41	9.07	9.73	10.37	11.00	11.62	12.22	12.81	13.39
51'	7.76	8.44	9.11	9.76	10.40	11.03	11.65	12.25	12.84	13.41
54'	7.80	8.47	9.14	9.79	10.44	11.07	11.68	12.28	12.87	13.44
57'	7.83	8.51	9.17	9.83	10.47	11.10	11.71	12.31	12.90	13.47

α	20°	21°	22°	23°	24°	25°	26°	27°	28°	29°
0'	13.50	14.05	14.59	15.11	15.61	16.09	16.55	16.99	17.41	17.81
3'	13.53	14.08	14.61	15.13	15.63	16.11	16.57	17.01	17.43	17.83
6'	13.55	14.11	14.64	15.16	15.65	16.13	16.59	17.03	17.45	17.85
9'	13.58	14.13	14.67	15.18	15.68	16.16	16.62	17.05	17.47	17.87
12'	13.61	14.16	14.69	15.21	15.70	16.18	16.64	17.08	17.49	17.89
15'	13.64	14.19	14.72	15.23	15.73	16.20	16.66	17.10	17.51	17.91
18'	13.67	14.21	14.75	15.26	15.75	16.23	16.68	17.12	17.53	17.92
21'	13.69	14.24	14.77	15.28	15.78	16.25	16.70	17.14	17.55	17.94
24'	13.72	14.27	14.80	15.31	15.80	16.27	16.73	17.16	17.57	17.96
27'	13.75	14.30	14.82	15.33	15.82	16.30	16.75	17.18	17.59	17.98
30'	13.78	14.32	14.85	15.36	15.85	16.32	16.77	17.20	17.61	18.00
33'	13.80	14.35	14.88	15.38	15.87	16.34	16.79	17.22	17.63	18.02
36'	13.83	14.38	14.90	15.41	15.90	16.37	16.82	17.24	17.65	18.04
39'	13.86	14.40	14.93	15.43	15.92	16.39	16.84	17.27	17.67	18.06
42'	13.89	14.43	14.95	15.46	15.95	16.41	16.86	17.29	17.69	18.08
45'	13.92	14.46	14.98	15.48	15.97	16.43	16.88	17.31	17.71	18.09
48'	13.94	14.48	15.00	15.51	15.99	16.46	16.90	17.33	17.73	18.11
51'	13.97	14.51	15.03	15.53	16.02	16.48	16.92	17.35	17.75	18.13
54'	14.00	14.54	15.06	15.56	16.04	16.50	16.95	17.37	17.77	18.15
57'	14.02	14.56	15.08	15.58	16.06	16.53	16.97	17.39	17.79	18.17

42 cos²α

α	42 cos²α
0°	42.0
1°	42.0
2°	41.9
3°	41.9
4°	41.8
5°	41.7
6°	41.5
7°	41.4
8°	41.2
9°	41.0
10°	40.7
10° 30'	40.6
11°	40.5
11° 30'	40.3
12°	40.2
12° 30'	40.0
13°	39.9
13° 30'	39.7
14°	39.5
14° 30'	39.4
15°	39.2
15° 30'	39.0
16°	38.8
16° 30'	38.6
17°	38.4
17° 30'	38.2
18°	38.0
18° 30'	37.8
19°	37.5
19° 30'	37.3
20°	37.1
20° 20'	36.9
20° 40'	36.8
21°	36.6
21° 20'	36.4
21° 40'	36.3
22°	36.1
22° 20'	35.9
22° 40'	35.8
23°	35.6
23° 20'	35.4
23° 40'	35.2
24°	35.1
24° 20'	34.9
24° 40'	34.7
25°	34.5
25° 20'	34.3
25° 40'	34.1
26°	33.9
26° 20'	33.7
26° 40'	33.5
27°	33.3
27° 20'	33.1
27° 40'	32.9
28°	32.7
28° 20'	32.5
28° 40'	32.3
29°	32.1
29° 20'	31.9
29° 40'	31.7
30°	31.5

43 (½ sin 2 α)

α	0°	1°	2°	3°	4°	5°	6°	7°	8°	9°
0'	0.00	0.75	1.50	2.25	2.99	3.73	4.47	5.20	5.93	6.64
3'	0.04	0.79	1.54	2.28	3.03	3.77	4.51	5.24	5.96	6.68
6'	0.08	0.83	1.57	2.32	3.07	3.81	4.54	5.27	6.00	6.72
9'	0.11	0.86	1.61	2.36	3.10	3.84	4.58	5.31	6.03	6.75
12'	0.15	0.90	1.65	2.40	3.14	3.88	4.62	5.35	6.07	6.79
15'	0.19	0.94	1.69	2.43	3.18	3.92	4.65	5.38	6.11	6.82
18'	0.23	0.98	1.72	2.47	3.22	3.95	4.69	5.42	6.14	6.86
21'	0.26	1.01	1.76	2.51	3.25	3.99	4.73	5.46	6.18	6.89
24'	0.30	1.05	1.80	2.55	3.29	4.03	4.76	5.49	6.21	6.93
27'	0.34	1.09	1.84	2.58	3.33	4.07	4.80	5.53	6.25	6.96
30'	0.38	1.13	1.87	2.62	3.36	4.10	4.84	5.56	6.29	7.00
33'	0.41	1.16	1.91	2.66	3.40	4.14	4.87	5.60	6.32	7.04
36'	0.45	1.20	1.95	2.69	3.44	4.18	4.90	5.64	6.36	7.07
39'	0.49	1.24	1.99	2.73	3.47	4.21	4.95	5.67	6.39	7.11
42'	0.53	1.28	2.02	2.77	3.51	4.25	4.98	5.71	6.43	7.14
45'	0.56	1.31	2.06	2.81	3.55	4.29	5.02	5.75	6.47	7.18
48'	0.60	1.35	2.10	2.84	3.59	4.32	5.06	5.78	6.50	7.21
51'	0.64	1.39	2.14	2.88	3.62	4.36	5.09	5.82	6.54	7.25
54'	0.68	1.42	2.17	2.92	3.66	4.40	5.13	5.85	6.57	7.28
57'	0.71	1.46	2.21	2.96	3.70	4.43	5.16	5.89	6.61	7.32

α	10°	11°	12°	13°	14°	15°	16°	17°	18°	19°
0'	7.35	8.05	8.74	9.42	10.09	10.75	11.39	12.02	12.64	13.24
3'	7.39	8.09	8.78	9.46	10.13	10.78	11.43	12.05	12.67	13.27
6'	7.42	8.12	8.81	9.49	10.16	10.81	11.46	12.08	12.70	13.30
9'	7.46	8.16	8.85	9.53	10.19	10.85	11.49	12.12	12.73	13.33
12'	7.49	8.19	8.88	9.56	10.23	10.88	11.52	12.15	12.76	13.35
15'	7.53	8.23	8.92	9.59	10.26	10.91	11.55	12.18	12.79	13.38
18'	7.56	8.26	8.95	9.63	10.29	10.94	11.58	12.21	12.82	13.41
21'	7.60	8.30	8.98	9.66	10.32	10.98	11.62	12.24	12.85	13.44
24'	7.63	8.33	9.02	9.69	10.36	11.01	11.65	12.27	12.88	13.47
27'	7.67	8.37	9.05	9.73	10.39	11.04	11.68	12.30	12.91	13.50
30'	7.70	8.40	9.09	9.76	10.42	11.07	11.71	12.33	12.94	13.53
33'	7.74	8.44	9.12	9.79	10.46	11.11	11.74	12.36	12.97	13.56
36'	7.77	8.47	9.15	9.83	10.49	11.14	11.77	12.39	13.00	13.59
39'	7.81	8.50	9.19	9.86	10.52	11.17	11.80	12.42	13.03	13.62
42'	7.84	8.54	9.22	9.89	10.55	11.20	11.84	12.45	13.06	13.65
45'	7.88	8.57	9.26	9.93	10.59	11.23	11.87	12.49	13.09	13.68
48'	7.91	8.61	9.29	9.96	10.62	11.27	11.90	12.52	13.12	13.70
51'	7.95	8.64	9.32	9.99	10.65	11.30	11.93	12.55	13.15	13.73
54'	7.98	8.68	9.36	10.03	10.68	11.33	11.96	12.58	13.18	13.76
57'	8.02	8.71	9.39	10.06	10.72	11.36	11.99	12.61	13.21	13.79

α	20°	21°	22°	23°	24°	25°	26°	27°	28°	29°
0'	13.82	14.39	14.94	15.47	15.98	16.47	16.94	17.39	17.82	18.23
3'	13.85	14.41	14.96	15.49	16.00	16.49	16.97	17.42	17.85	18.25
6'	13.88	14.44	14.99	15.52	16.03	16.52	16.99	17.44	17.87	18.27
9'	13.91	14.47	15.02	15.54	16.05	16.54	17.01	17.46	17.89	18.29
12'	13.93	14.50	15.04	15.57	16.08	16.57	17.03	17.48	17.91	18.31
15'	13.96	14.53	15.07	15.60	16.10	16.59	17.06	17.50	17.93	18.33
18'	13.99	14.55	15.10	15.62	16.13	16.61	17.08	17.53	17.95	18.35
21'	14.02	14.58	15.12	15.65	16.15	16.64	17.10	17.55	17.97	18.37
24'	14.05	14.61	15.15	15.67	16.18	16.66	17.13	17.57	17.99	18.39
27'	14.08	14.64	15.18	15.70	16.20	16.68	17.15	17.59	18.01	18.41
30'	14.11	14.66	15.20	15.72	16.23	16.71	17.17	17.61	18.03	18.43
33'	14.13	14.69	15.23	15.75	16.25	16.73	17.19	17.63	18.05	18.45
36'	14.16	14.72	15.26	15.78	16.28	16.76	17.22	17.65	18.07	18.47
39'	14.19	14.75	15.28	15.80	16.30	16.78	17.24	17.68	18.09	18.49
42'	14.22	14.77	15.31	15.82	16.32	16.80	17.26	17.70	18.11	18.51
45'	14.25	14.80	15.33	15.85	16.35	16.83	17.28	17.72	18.13	18.53
48'	14.27	14.83	15.36	15.88	16.37	16.85	17.31	17.74	18.15	18.54
51'	14.30	14.85	15.39	15.90	16.40	16.87	17.33	17.76	18.17	18.56
54'	14.33	14.88	15.41	15.93	16.42	16.90	17.35	17.78	18.19	18.58
57'	14.36	14.91	15.44	15.95	16.45	16.92	17.37	17.80	18.21	18.60

43 cos²α

α	43 cos²α	α	43 cos²α	α	43 cos²α
0°	43.0	15°	40.1	23°20'	36.3
1°	43.0	15°30'	39.9	23°40'	36.1
2°	42.9	16°	39.7	24°	35.9
3°	42.9	16°30'	39.5	24°20'	35.7
4°	42.8	17°	39.3	24°40'	35.5
5°	42.7	17°30'	39.1	25°	35.3
6°	42.5	18°	38.9	25°20'	35.1
7°	42.4	18°30'	38.7	25°40'	34.9
8°	42.2	19°	38.4	26°	34.7
9°	41.9	19°30'	38.2	26°20'	34.5
10°	41.7	20°	38.0	26°40'	34.3
10°30'	41.6	20°20'	37.8	27°	34.1
11°	41.4	20°40'	37.6	27°20'	33.9
11°30'	41.3	21°	37.5	27°40'	33.7
12°	41.1	21°20'	37.3	28°	33.5
12°30'	41.0	21°40'	37.1	28°20'	33.5
13°	40.8	22°	37.0	28°40'	33.3
13°30'	40.7	22°20'	36.8	29°	33.1
14°	40.5	22°40'	36.6	29°20'	32.9
14°30'	40.3	23°	36.4	29°40'	32.7
				30°	32.5

α	0°	1°	2°	3°	4°	5°	6°	7°	8°	9°
0'	0.00	0.77	1.53	2.30	3.06	3.82	4.57	5.32	6.06	6.80
3'	0.04	0.81	1.57	2.34	3.10	3.86	4.61	5.36	6.10	6.88
6'	0.08	0.84	1.61	2.38	3.14	3.90	4.65	5.40	6.14	6.87
9'	0.12	0.88	1.65	2.41	3.18	3.93	4.69	5.43	6.17	6.91
12'	0.15	0.92	1.69	2.45	3.21	3.97	4.72	5.47	6.21	6.94
15'	0.19	0.96	1.73	2.49	3.25	4.01	4.76	5.51	6.25	6.98
18'	0.23	1.00	1.76	2.53	3.29	4.05	4.80	5.55	6.29	7.02
21'	0.27	1.04	1.80	2.57	3.33	4.08	4.84	5.58	6.32	7.05
24'	0.31	1.07	1.84	2.60	3.37	4.12	4.87	5.62	6.36	7.09
27'	0.35	1.11	1.88	2.64	3.40	4.16	4.91	5.66	6.40	7.13
30'	0.38	1.15	1.92	2.68	3.44	4.20	4.95	5.69	6.43	7.16
33'	0.42	1.19	1.96	2.72	3.48	4.24	4.99	5.73	6.47	7.20
36'	0.46	1.23	1.99	2.76	3.52	4.27	5.02	5.77	6.51	7.24
39'	0.50	1.27	2.03	2.80	3.56	4.31	5.06	5.81	6.54	7.27
42'	0.54	1.30	2.07	2.83	3.59	4.35	5.10	5.84	6.58	7.31
45'	0.58	1.34	2.11	2.87	3.63	4.39	5.14	5.88	6.62	7.34
48'	0.61	1.38	2.15	2.91	3.67	4.42	5.17	5.92	6.65	7.38
51'	0.65	1.42	2.19	2.95	3.71	4.46	5.21	5.95	6.69	7.42
54'	0.69	1.46	2.22	2.99	3.74	4.50	5.25	5.99	6.73	7.46
57'	0.73	1.50	2.26	3.02	3.78	4.54	5.29	6.03	6.76	7.49

α	10°	11°	12°	13°	14°	15°	16°	17°	18°	19°
0'	7.52	8.24	8.95	9.64	10.33	11.00	11.66	12.30	12.93	13.54
3'	7.56	8.28	8.98	9.68	10.36	11.03	11.69	12.33	12.96	13.57
6'	7.60	8.31	9.02	9.71	10.40	11.07	11.72	12.37	12.99	13.60
9'	7.63	8.35	9.05	9.75	10.43	11.10	11.76	12.40	13.02	13.64
12'	7.67	8.38	9.09	9.78	10.46	11.13	11.79	12.43	13.06	13.67
15'	7.70	8.42	9.12	9.82	10.50	11.17	11.82	12.46	13.09	13.70
18'	7.74	8.45	9.16	9.85	10.53	11.20	11.85	12.49	13.12	13.73
21'	7.78	8.49	9.19	9.89	10.56	11.23	11.89	12.52	13.15	13.76
24'	7.81	8.53	9.23	9.92	10.60	11.26	11.92	12.56	13.18	13.79
27'	7.85	8.56	9.26	9.95	10.63	11.30	11.95	12.59	13.21	13.82
30'	7.88	8.60	9.30	9.99	10.67	11.33	11.98	12.62	13.24	13.85
33'	7.92	8.63	9.33	10.02	10.70	11.36	12.01	12.65	13.27	13.87
36'	7.96	8.67	9.37	10.06	10.73	11.40	12.05	12.68	13.30	13.90
39'	7.99	8.70	9.40	10.09	10.77	11.43	12.08	12.71	13.33	13.93
42'	8.03	8.74	9.44	10.12	10.80	11.46	12.11	12.74	13.36	13.96
45'	8.06	8.77	9.47	10.16	10.83	11.49	12.14	12.78	13.39	13.99
48'	8.10	8.81	9.51	10.19	10.87	11.53	12.17	12.81	13.42	14.02
51'	8.13	8.84	9.54	10.23	10.90	11.56	12.21	12.84	13.45	14.05
54'	8.17	8.88	9.58	10.26	10.93	11.59	12.24	12.87	13.48	14.08
57'	8.21	8.91	9.61	10.29	10.97	11.63	12.27	12.90	13.51	14.11

α	20°	21°	22°	23°	24°	25°	26°	27°	28°	29°
0'	14.14	14.72	15.28	15.83	16.35	16.85	17.34	17.80	18.24	18.66
3'	14.17	14.75	15.31	15.85	16.37	16.88	17.36	17.82	18.26	18.68
6'	14.20	14.78	15.34	15.88	16.40	16.90	17.38	17.84	18.28	18.70
9'	14.23	14.81	15.37	15.91	16.43	16.93	17.41	17.87	18.30	18.72
12'	14.26	14.83	15.39	15.93	16.45	16.95	17.43	17.89	18.32	18.74
15'	14.29	14.86	15.42	15.96	16.48	16.98	17.45	17.91	18.35	18.76
18'	14.32	14.89	15.45	15.98	16.50	17.00	17.48	17.93	18.37	18.78
21'	14.35	14.92	15.47	16.01	16.53	17.02	17.50	17.96	18.39	18.80
24'	14.38	14.95	15.50	16.04	16.55	17.05	17.52	17.98	18.41	18.82
27'	14.40	14.98	15.53	16.06	16.58	17.07	17.55	18.00	18.43	18.84
30'	14.43	15.00	15.56	16.09	16.60	17.10	17.57	18.02	18.45	18.86
33'	14.46	15.03	15.58	16.12	16.63	17.12	17.59	18.04	18.47	18.88
36'	14.49	15.06	15.61	16.14	16.65	17.15	17.62	18.07	18.49	18.90
39'	14.52	15.09	15.64	16.17	16.68	17.17	17.64	18.09	18.51	18.92
42'	14.55	15.12	15.66	16.19	16.70	17.19	17.66	18.11	18.53	18.94
45'	14.58	15.14	15.69	16.22	16.73	17.22	17.68	18.13	18.55	18.96
48'	14.61	15.17	15.72	16.25	16.75	17.24	17.71	18.15	18.58	18.98
51'	14.64	15.20	15.75	16.27	16.78	17.27	17.73	18.17	18.60	18.99
54'	14.66	15.23	15.77	16.30	16.80	17.29	17.75	18.20	18.62	19.01
57'	14.69	15.25	15.80	16.32	16.83	17.31	17.78	18.22	18.64	19.03

44 cos²α

α	44 cos²α
0°	44.0
1°	44.0
2°	43.9
3°	43.9
4°	43.8
5°	43.7
6°	43.5
7°	43.3
8°	43.1
9°	42.9
10°	42.6
10° 30'	42.5
11°	42.4
11° 30'	42.3
12°	42.1
12° 30'	41.9
13°	41.8
13° 30'	41.6
14°	41.4
14° 30'	41.2
15°	41.1
15° 30'	40.9
16°	40.7
16° 30'	40.5
17°	40.2
17° 30'	40.0
18°	39.8
18° 30'	39.6
19°	39.3
19° 30'	39.1
20°	38.9
20° 20'	38.7
20° 40'	38.5
21°	38.3
21° 20'	38.2
21° 40'	38.0
22°	37.8
22° 20'	37.6
22° 40'	37.5
23°	37.3
23° 20'	37.1
23° 40'	36.9
24°	36.7
24° 20'	36.5
24° 40'	36.3
25°	36.1
25° 20'	35.9
25° 40'	35.7
26°	35.5
26° 20'	35.3
26° 40'	35.1
27°	34.9
27° 20'	34.7
27° 40'	34.5
28°	34.3
28° 20'	34.1
28° 40'	33.9
29°	33.7
29° 20'	33.4
29° 40'	33.2
30°	33.0

45 ($\frac{1}{2}\sin 2\alpha$)

α	0°	1°	2°	3°	4°	5°	6°	7°	8°	9°
0'	0.00	0.79	1.57	2.35	3.13	3.91	4.68	5.44	6.20	6.95
3'	0.04	0.82	1.61	2.39	3.17	3.95	4.72	5.48	6.24	6.99
6'	0.08	0.86	1.65	2.43	3.21	3.98	4.75	5.52	6.28	7.03
9'	0.12	0.90	1.69	2.47	3.25	4.02	4.79	5.56	6.31	7.06
12'	0.16	0.94	1.73	2.51	3.29	4.06	4.83	5.60	6.35	7.10
15'	0.20	0.98	1.77	2.55	3.33	4.10	4.87	5.63	6.39	7.14
18'	0.24	1.02	1.80	2.59	3.36	4.14	4.91	5.67	6.43	7.18
21'	0.27	1.06	1.84	2.63	3.40	4.18	4.95	5.71	6.47	7.21
24'	0.31	1.10	1.88	2.66	3.44	4.22	4.98	5.75	6.50	7.25
27'	0.35	1.14	1.92	2.70	3.48	4.25	5.02	5.79	6.54	7.29
30'	0.39	1.18	1.96	2.74	3.52	4.29	5.06	5.82	6.58	7.33
33'	0.43	1.22	2.00	2.78	3.56	4.33	5.10	5.86	6.62	7.36
36'	0.47	1.26	2.04	2.82	3.60	4.37	5.14	5.90	6.65	7.40
39'	0.51	1.30	2.08	2.86	3.64	4.41	5.18	5.94	6.69	7.44
42'	0.55	1.33	2.12	2.90	3.67	4.45	5.21	5.98	6.73	7.47
45'	0.59	1.37	2.16	2.94	3.71	4.49	5.25	6.01	6.77	7.51
48'	0.63	1.41	2.20	2.98	3.75	4.52	5.29	6.05	6.80	7.55
51'	0.67	1.45	2.23	3.01	3.79	4.56	5.33	6.09	6.84	7.58
54'	0.71	1.49	2.27	3.05	3.83	4.60	5.37	6.13	6.88	7.62
57'	0.75	1.53	2.31	3.09	3.87	4.64	5.41	6.16	6.92	7.66

α	10°	11°	12°	13°	14°	15°	16°	17°	18°	19°
0'	7.70	8.43	9.15	9.87	10.56	11.25	11.92	12.58	13.23	13.85
3'	7.73	8.47	9.19	9.90	10.60	11.28	11.96	12.61	13.26	13.88
6'	7.77	8.50	9.22	9.93	10.63	11.32	11.99	12.65	13.29	13.91
9'	7.81	8.54	9.26	9.97	10.67	11.35	12.02	12.68	13.32	13.95
12'	7.84	8.57	9.29	10.00	10.70	11.39	12.06	12.71	13.35	13.98
15'	7.88	8.61	9.33	10.04	10.74	11.42	12.09	12.74	13.38	14.01
18'	7.92	8.65	9.37	10.07	10.77	11.45	12.12	12.78	13.42	14.04
21'	7.95	8.68	9.40	10.11	10.81	11.49	12.16	12.81	13.45	14.07
24'	7.99	8.72	9.44	10.14	10.84	11.52	12.19	12.84	13.48	14.10
27'	8.03	8.76	9.47	10.18	10.87	11.55	12.22	12.87	13.51	14.13
30'	8.06	8.79	9.51	10.21	10.91	11.59	12.25	12.91	13.54	14.16
33'	8.10	8.83	9.54	10.25	10.94	11.62	12.29	12.94	13.57	14.19
36'	8.14	8.86	9.58	10.28	10.98	11.66	12.32	12.97	13.60	14.22
39'	8.17	8.90	9.62	10.32	11.01	11.69	12.35	13.00	13.63	14.25
42'	8.21	8.94	9.65	10.35	11.05	11.72	12.39	13.03	13.67	14.28
45'	8.25	8.97	9.69	10.39	11.08	11.76	12.42	13.07	13.70	14.31
48'	8.28	9.01	9.72	10.42	11.11	11.79	12.45	13.10	13.73	14.34
51'	8.32	9.04	9.76	10.46	11.15	11.82	12.48	13.13	13.76	14.37
54'	8.36	9.08	9.79	10.49	11.18	11.86	12.52	13.16	13.79	14.40
57'	8.39	9.12	9.83	10.53	11.22	11.89	12.55	13.19	13.82	14.43

α	20°	21°	22°	23°	24°	25°	26°	27°	28°	29°
0'	14.46	15.06	15.63	16.19	16.72	17.24	17.73	18.20	18.65	19.08
3'	14.49	15.08	15.66	16.21	16.75	17.27	17.75	18.23	18.68	19.10
6'	14.52	15.11	15.69	16.24	16.77	17.29	17.78	18.25	18.70	19.12
9'	14.55	15.14	15.71	16.27	16.80	17.31	17.80	18.27	18.72	19.14
12'	14.58	15.17	15.74	16.29	16.83	17.34	17.83	18.29	18.74	19.16
15'	14.61	15.20	15.77	16.32	16.85	17.36	17.85	18.32	18.76	19.18
18'	14.64	15.23	15.80	16.35	16.88	17.39	17.87	18.34	18.78	19.20
21'	14.67	15.26	15.83	16.37	16.90	17.41	17.90	18.36	18.81	19.23
24'	14.70	15.29	15.85	16.40	16.93	17.44	17.92	18.39	18.83	19.25
27'	14.73	15.32	15.88	16.43	16.96	17.46	17.95	18.41	18.85	19.27
30'	14.76	15.35	15.91	16.46	16.98	17.49	17.97	18.43	18.87	19.29
33'	14.79	15.37	15.94	16.48	17.01	17.51	17.99	18.45	18.89	19.31
36'	14.82	15.40	15.97	16.51	17.03	17.54	18.02	18.48	18.91	19.33
39'	14.85	15.43	15.99	16.54	17.06	17.56	18.04	18.50	18.93	19.35
42'	14.88	15.46	16.02	16.56	17.08	17.58	18.06	18.52	18.96	19.37
45'	14.91	15.49	16.05	16.59	17.11	17.61	18.09	18.54	18.98	19.39
48'	14.94	15.52	16.08	16.62	17.13	17.63	18.11	18.57	19.00	19.41
51'	14.97	15.54	16.10	16.64	17.16	17.66	18.13	18.59	19.02	19.43
54'	15.00	15.57	16.13	16.67	17.19	17.68	18.16	18.61	19.04	19.45
57'	15.03	15.60	16.16	16.69	17.21	17 71	18.18	18.63	19.06	19.47

45 $\cos^2\alpha$

α	45 $\cos^2\alpha$
0°	45.0
1°	45.0
2°	44.9
3°	44.9
4°	44.9
5°	44.7
6°	44.5
7°	44.3
8°	44.1
9°	43.9
10°	43.6
10° 30'	43.5
11°	43.4
11° 30'	43.2
12°	43.1
12° 30'	42.9
13°	42.7
13° 30'	42.5
14°	42.4
14° 30'	42.2
15°	42.0
15° 30'	41.8
16°	41.6
16° 30'	41.4
17°	41.2
17° 30'	40.9
18°	40.7
18° 30'	40.5
19°	40.2
19° 30'	40.0
20°	39.7
20° 20'	39.6
20° 40'	39.4
21°	39.2
21° 20'	39.0
21° 40'	38.9
22°	38.7
22° 20'	38.5
22° 40'	38.3
23°	38.1
23° 30'	37.9
23° 40'	37.7
24°	37.6
24° 20'	37.4
24° 40'	37.2
25°	37.0
25° 20'	36.8
25° 40'	36.6
26°	36.4
26° 20'	36.1
26° 40'	35.9
27°	35.7
27° 20'	35.5
27° 40'	35.3
28°	35.1
28° 20'	34.9
28° 40'	34.6
29°	34.4
29° 20'	34.2
29° 40'	34.0
30°	33.8

α	0°	1°	2°	3°	4°	5°	6°	7°	8°	9°
0'	0.00	0.80	1.60	2.40	3.20	3.99	4.78	5.56	6.34	7.11
3'	0.04	0.84	1.64	2.44	3.24	4.03	4.82	5.60	6.38	7.15
6'	0.08	0.88	1.68	2.48	3.28	4.07	4.86	5.64	6.42	7.18
9'	0.12	0.92	1.72	2.52	3.32	4.11	4.90	5.68	6.46	7.22
12'	0.16	0.96	1.76	2.56	3.36	4.15	4.94	5.72	6.49	7.26
15'	0.20	1.00	1.80	2.60	3.40	4.19	4.98	5.76	6.53	7.30
18'	0.24	1.04	1.84	2.64	3.44	4.23	5.02	5.80	6.57	7.34
21'	0.28	1.08	1.88	2.68	3.48	4.27	5.06	5.84	6.61	7.37
24'	0.32	1.12	1.92	2.72	3.52	4.31	5.10	5.88	6.65	7.41
27'	0.36	1.16	1.96	2.76	3.56	4.35	5.13	5.91	6.69	7.45
30'	0.40	1.20	2.00	2.80	3.60	4.39	5.17	5.95	6.72	7.49
33'	0.44	1.24	2.04	2.84	3.64	4.43	5.21	5.99	6.76	7.53
36'	0.48	1.28	2.08	2.88	3.68	4.47	5.25	6.03	6.80	7.56
39'	0.52	1.32	2.12	2.92	3.72	4.51	5.29	6.07	6.84	7.60
42'	0.56	1.36	2.16	2.96	3.76	4.55	5.33	6.11	6.88	7.64
45'	0.60	1.40	2.20	3.00	3.80	4.59	5.37	6.15	6.92	7.68
48'	0.64	1.44	2.24	3.04	3.84	4.62	5.41	6.19	6.95	7.72
51'	0.68	1.48	2.28	3.08	3.88	4.66	5.45	6.22	6.99	7.75
54'	0.72	1.52	2.32	3.12	3.91	4.70	5.49	6.26	7.03	7.79
57'	0.76	1.56	2.36	3.16	3.95	4.74	5.53	6.30	7.07	7.83

α	10°	11°	12°	13°	14°	15°	16°	17°	18°	19°
0'	7.87	8.62	9.35	10.08	10.80	11.50	12.19	12.86	13.52	14.16
3'	7.90	8.65	9.39	10.12	10.83	11.53	12.22	12.89	13.55	14.19
6'	7.94	8.69	9.43	10.15	10.87	11.57	12.26	12.93	13.58	14.22
9'	7.98	8.73	9.46	10.19	10.90	11.60	12.29	12.96	13.62	14.25
12'	8.02	8.76	9.50	10.23	10.94	11.64	12.32	12.99	13.65	14.29
15'	8.05	8.80	9.54	10.26	10.97	11.67	12.36	13.03	13.68	14.32
18'	8.09	8.84	9.57	10.30	11.01	11.71	12.39	13.06	13.71	14.35
21'	8.13	8.88	9.61	10.33	11.05	11.74	12.43	13.09	13.75	14.38
24'	8.17	8.91	9.65	10.37	11.08	11.78	12.46	13.13	13.78	14.41
27'	8.20	8.95	9.68	10.41	11.12	11.81	12.49	13.16	13.81	14.44
30'	8.24	8.99	9.72	10.44	11.15	11.85	12.53	13.19	13.84	14.47
33'	8.28	9.02	9.76	10.48	11.19	11.88	12.56	13.23	13.87	14.51
36'	8.32	9.06	9.79	10.51	11.22	11.91	12.59	13.26	13.91	14.54
39'	8.35	9.10	9.83	10.55	11.26	11.95	12.63	13.29	13.94	14.57
42'	8.39	9.13	9.87	10.58	11.29	11.98	12.66	13.32	13.97	14.60
45'	8.43	9.17	9.90	10.62	11.33	12.02	12.69	13.36	14.00	14.63
48'	8.47	9.21	9.94	10.66	11.36	12.05	12.73	13.39	14.03	14.66
51'	8.50	9.24	9.97	10.69	11.40	12.09	12.76	13.42	14.07	14.69
54'	8.54	9.28	10.01	10.73	11.43	12.12	12.79	13.45	14.10	14.72
57'	8.58	9.32	10.05	10.76	11.47	12.15	12.83	13.49	14.13	14.75

α	20°	21°	22°	23°	24°	25°	26°	27°	28°	29°
0'	14.78	15.39	15.98	16.54	17.09	17.62	18.12	18.61	19.07	19.51
3'	14.81	15.42	16.01	16.57	17.12	17.64	18.15	18.63	19.09	19.53
6'	14.85	15.45	16.03	16.60	17.15	17.67	18.17	18.65	19.11	19.55
9'	14.88	15.48	16.06	16.63	17.17	17.70	18.20	18.68	19.13	19.57
12'	14.91	15.51	16.09	16.66	17.20	17.72	18.22	18.70	19.16	19.59
15'	14.94	15.54	16.12	16.68	17.23	17.75	18.25	18.72	19.18	19.61
18'	14.97	15.57	16.15	16.71	17.25	17.77	18.27	18.75	19.20	19.63
21'	15.00	15.60	16.18	16.74	17.28	17.80	18.30	18.77	19.22	19.65
24'	15.03	15.63	16.21	16.77	17.31	17.82	18.32	18.79	19.25	19.67
27'	15.06	15.66	16.24	16.79	17.33	17.85	18.34	18.82	19.27	19.69
30'	15.09	15.69	16.26	16.82	17.36	17.87	18.37	18.84	19.29	19.71
33'	15.12	15.72	16.29	16.85	17.38	17.90	18.39	18.86	19.31	19.74
36'	15.15	15.74	16.32	16.88	17.41	17.92	18.42	18.89	19.33	19.76
39'	15.18	15.77	16.35	16.90	17.44	17.95	18.44	18.91	19.35	19.78
42'	15.21	15.80	16.38	16.93	17.46	17.97	18.46	18.93	19.38	19.80
45'	15.24	15.83	16.40	16.96	17.49	18.00	18.49	18.95	19.40	19.82
48'	15.27	15.86	16.43	16.98	17.52	18.02	18.51	18.98	19.42	19.84
51'	15.30	15.89	16.46	17.01	17.54	18.05	18.54	19.00	19.44	19.86
54'	15.33	15.92	16.49	17.04	17.57	18.07	18.56	19.02	19.46	19.88
57'	15.36	15.95	16.52	17.07	17.59	18.10	18.58	19.05	19.48	19.90

46 $\cos^2\alpha$

0°	46.0
1°	46.0
2°	45.9
3°	45.9
4°	45.8
5°	45.7
6°	45.5
7°	45.3
8°	45.1
9°	44.9
10°	44.6
10° 30'	44.5
11°	44.3
11° 30'	44.2
12°	44.0
12° 30'	43.8
13°	43.7
13° 30'	43.5
14°	43.3
14° 30'	43.1
15°	42.9
15° 30'	42.7
16°	42.5
16° 30'	42.3
17°	42.1
17° 30'	41.8
18°	41.6
18° 30'	41.4
19°	41.1
19° 30'	40.9
20°	40.6
20° 20'	40.4
20° 40'	40.3
21°	40.1
21° 20'	39.9
21° 40'	39.7
22°	39.5
22° 20'	39.4
22° 40'	39.2
23°	39.0
23° 20'	38.8
23° 40'	38.6
24°	38.4
24° 20'	38.2
24° 40'	38.0
25°	37.8
25° 20'	37.6
25° 40'	37.4
26°	37.2
26° 20'	36.9
26° 40'	36.7
27°	36.5
27° 20'	36.3
27° 40'	36.1
28°	35.9
28° 20'	35.6
28° 40'	35.4
29°	35.2
29° 20'	35.0
29° 40'	34.7
30°	34.5

47 ($^1/_2 \sin 2\alpha$)

α	0°	1°	2°	3°	4°	5°	6°	7°	8°	9°
0'	0.00	0.82	1.64	2.46	3.27	4.08	4.89	5.69	6.48	7.26
3'	0.04	0.86	1.68	2.50	3.31	4.12	4.93	5.72	6.52	7.30
6'	0.08	0.90	1.72	2.54	3.35	4.16	4.97	5.76	6.56	7.34
9'	0.12	0.94	1.76	2.58	3.39	4.20	5.01	5.80	6.60	7.38
12'	0.16	0.98	1.80	2.62	3.43	4.24	5.05	5.84	6.64	7.42
15'	0.21	1.03	1.84	2.66	3.47	4.28	5.09	5.88	6.67	7.46
18'	0.25	1.07	1.88	2.70	3.51	4.32	5.13	5.92	6.71	7.50
21'	0.29	1.11	1.93	2.74	3.55	4.36	5.17	5.96	6.75	7.53
24'	0.33	1.15	1.97	2.78	3.60	4.40	5.21	6.00	6.79	7.57
27'	0.37	1.19	2.01	2.82	3.64	4.44	5.25	6.04	6.83	7.61
30'	0.41	1.23	2.05	2.86	3.68	4.48	5.29	6.08	6.87	7.65
33'	0.45	1.27	2.09	2.90	3.72	4.52	5.33	6.12	6.91	7.69
36'	0.49	1.31	2.13	2.95	3.76	4.56	5.37	6.16	6.95	7.73
39'	0.53	1.35	2.17	2.99	3.80	4.60	5.41	6.20	6.99	7.77
42'	0.57	1.39	2.21	3.03	3.84	4.64	5.45	6.24	7.03	7.81
45'	0.62	1.43	2.25	3.07	3.88	4.69	5.49	6.28	7.07	7.84
48'	0.66	1.48	2.29	3.11	3.92	4.73	5.53	6.32	7.11	7.88
51'	0.70	1.52	2.33	3.15	3.96	4.77	5.57	6.36	7.14	7.92
54'	0.74	1.56	2.37	3.19	4.00	4.81	5.61	6.40	7.18	7.96
57'	0.78	1.60	2.42	3.23	4.04	4.85	5.65	6.44	7.22	8.00

α	10°	11°	12°	13°	14°	15°	16°	17°	18°	19°
0'	8.04	8.80	9.56	10.30	11.03	11.75	12.45	13.14	13.81	14.47
3'	8.08	8.84	9.60	10.34	11.07	11.79	12.49	13.18	13.85	14.50
6'	8.11	8.88	9.63	10.38	11.10	11.82	12.52	13.21	13.88	14.53
9'	8.15	8.92	9.67	10.41	11.14	11.86	12.56	13.24	13.91	14.56
12'	8.19	8.96	9.71	10.45	11.18	11.89	12.59	13.28	13.95	14.60
15'	8.23	8.99	9.75	10.49	11.21	11.93	12.63	13.31	13.98	14.63
18'	8.27	9.03	9.78	10.52	11.25	11.96	12.66	13.34	14.01	14.66
21'	8.31	9.07	9.82	10.56	11.29	12.00	12.70	13.38	14.04	14.69
24'	8.34	9.11	9.86	10.60	11.32	12.03	12.73	13.41	14.08	14.73
27'	8.38	9.14	9.89	10.63	11.36	12.07	12.76	13.45	14.11	14.76
30'	8.42	9.18	9.93	10.67	11.39	12.10	12.80	13.48	14.14	14.79
33'	8.46	9.22	9.97	10.71	11.43	12.14	12.83	13.51	14.18	14.82
36'	8.50	9.26	10.01	10.74	11.46	12.17	12.87	13.55	14.21	14.85
39'	8.54	9.30	10.04	10.78	11.50	12.21	12.90	13.58	14.24	14.88
42'	8.57	9.33	10.08	10.81	11.54	12.24	12.94	13.61	14.27	14.92
45'	8.61	9.37	10.12	10.85	11.57	12.28	12.97	13.65	14.31	14.95
48'	8.65	9.41	10.15	10.89	11.61	12.31	13.00	13.68	14.34	14.98
51'	8.69	9.45	10.19	10.92	11.64	12.35	13.04	13.71	14.37	15.01
54'	8.73	9.48	10.23	10.96	11.68	12.38	13.07	13.75	14.40	15.04
57'	8.77	9.52	10.26	11.00	11.71	12.42	13.11	13.78	14.44	15.07

α	20°	21°	22°	23°	24°	25°	26°	27°	28°	29°
0'	15.11	15.72	16.32	16.90	17.46	18.00	18.52	19.01	19.48	19.93
3'	15.14	15.76	16.35	16.93	17.49	18.03	18.54	19.04	19.51	19.95
6'	15.17	15.79	16.38	16.96	17.52	18.05	18.57	19.06	19.53	19.97
9'	15.20	15.82	16.41	16.99	17.55	18.08	18.59	19.08	19.55	19.99
12'	15.23	15.85	16.44	17.02	17.57	18.11	18.62	19.11	19.57	20.02
15'	15.26	15.88	16.47	17.05	17.60	18.13	18.64	19.13	19.60	20.04
18'	15.29	15.91	16.50	17.07	17.63	18.16	18.67	19.16	19.62	20.06
21'	15.32	15.94	16.53	17.10	17.65	18.19	18.69	19.18	19.64	20.08
24'	15.36	15.97	16.56	17.13	17.68	18.21	18.72	19.20	19.66	20.10
27'	15.39	16.00	16.59	17.16	17 71	18.24	18.74	19.23	19.68	20.12
30'	15.42	16.03	16.62	17.19	17.74	18.26	18.77	19.25	19.71	20.14
33'	15.45	16.06	16.65	17.21	17.76	18.29	18.79	19.27	19.73	20.16
36'	15.48	16.09	16.67	17.24	17.79	18.31	18.82	19.30	19.75	20.19
39'	15.51	16.12	16.70	17.27	17.82	18.34	18.84	19.32	19.78	20.21
42'	15.54	16.15	16.73	17.30	17.84	18.37	18.87	19.34	19.80	20.23
45'	15.57	16.18	16.76	17.33	17.87	18.39	18.89	19.37	19.82	20.25
48'	15.60	16.21	16.79	17.35	17.90	18.42	18.92	19.39	19.84	20.27
51'	15.63	16.24	16.82	17.38	17.92	18.44	18.94	19.41	19.86	20.29
54'	15.66	16.27	16.85	17.41	17.95	18.47	18.96	19.44	19.89	20.31
57'	15.69	16.29	16.88	17.44	17.98	18.49	18.99	19.46	19.91	20.33

47 $\cos^2\alpha$

α	47 cos²α	α	47 cos²α	α	47 cos²α
0°	47.0	12°30'	44.8	24°	39.2
1°	47.0	13°	44.6	24°20'	39.0
2°	46.9	13°30'	44.4	24°40'	38.8
3°	46.9	14°	44.2	25°	38.6
4°	46.8	14°30'	44.1	25°20'	38.4
5°	46.6	15°	43.9	25°40'	38.2
6°	46.5	15°30'	43.6	26°	38.0
7°	46.3	16°	43.4	26°20'	37.8
8°	46.1	16°30'	43.2	26°40'	37.5
9°	45.8	17°	43.0	27°	37.3
10°	45.6	17°30'	42.8	27°20'	37.1
10°30'	45.4	18°	42.5	27°40'	36.9
11°	45.3	18°30'	42.3	28°	36.6
11°30'	45.1	19°	42.0	28°20'	36.4
12°	45.0	19°30'	41.8	28°40'	36.2
		20°	41.5	29°	36.0
		20°20'	41.3	29°20'	35.7
		20°40'	41.1	29°40'	35.5
		21°	41.0	30°	35.3
		21°20'	40.8		
		21°40'	40.6		
		22°	40.4		
		22°20'	40.2		
		22°40'	40.0		
		23°	39.8		
		23°20'	39.6		
		23°40'	39.4		

α	0°	1°	2°	3°	4°	5°	6°	7°	8°	9°
0'	0.00	0.84	1.67	2.51	3.34	4.17	4.99	5.81	6.62	7.42
3'	0.04	0.88	1.72	2.55	3.38	4.21	5.03	5.85	6.66	7.46
6'	0.08	0.92	1.76	2.59	3.42	4.25	5.07	5.89	6.70	7.50
9'	0.13	0.96	1.80	2.63	3.46	4.29	5.11	5.93	6.74	7.54
12'	0.17	1.01	1.84	2.68	3.51	4.33	5.15	5.97	6.78	7.58
15'	0.21	1.05	1.88	2.72	3.55	4.37	5.19	6.01	6.82	7.62
18'	0.25	1.09	1.92	2.76	3.59	4.41	5.24	6.05	6.86	7.66
21'	0.29	1.13	1.97	2.80	3.63	4.46	5.28	6.09	6.90	7.69
24'	0.34	1.17	2.01	2.84	3.67	4.50	5.32	6.13	6.94	7.73
27'	0.38	1.21	2.05	2.88	3.71	4.54	5.36	6.17	6.98	7.77
30'	0.42	1.26	2.09	2.92	3.75	4.58	5.40	6.21	7.02	7.81
33'	0.46	1.30	2.13	2.97	3.80	4.62	5.44	6.25	7.06	7.85
36'	0.50	1.34	2.18	3.01	3.84	4.66	5.48	6.29	7.10	7.89
39'	0.54	1.38	2.22	3.05	3.88	4.70	5.52	6.33	7.14	7.93
42'	0.59	1.42	2.26	3.09	3.92	4.74	5.56	6.37	7.18	7.97
45'	0.63	1.47	2.30	3.13	3.96	4.78	5.60	6.41	7.22	8.01
48'	0.67	1.51	2.34	3.17	4.00	4.83	5.64	6.45	7.26	8.05
51'	0.71	1.55	2.38	3.22	4.04	4.87	5.68	6.49	7.30	8.09
54'	0.75	1.59	2.43	3.26	4.09	4.91	5.72	6.53	7.34	8.13
57'	0.80	1.63	2.47	3.30	4.13	4.95	5.77	6.58	7.38	8.17

α	10°	11°	12°	13°	14°	15°	16°	17°	18°	19°
0'	8.21	8.99	9.76	10.52	11.27	12.00	12.72	13.42	14.11	14.78
3'	8.25	9.03	9.80	10.56	11.30	12.04	12.75	13.46	14.14	14.81
6'	8.29	9.07	9.84	10.60	11.34	12.07	12.79	13.49	14.17	14.84
9'	8.33	9.11	9.88	10.63	11.38	12.11	12.82	13.52	14.21	14.87
12'	8.37	9.15	9.91	10.67	11.41	12.14	12.86	13.56	14.24	14.91
15'	8.40	9.18	9.95	10.71	11.45	12.18	12.90	13.59	14.28	14.94
18'	8.44	9.22	9.99	10.75	11.49	12.22	12.93	13.63	14.31	14.97
21'	8.48	9.26	10.03	10.78	11.53	12.25	12.97	13.66	14.34	15.01
24'	8.52	9.30	10.07	10.82	11.56	12.29	13.00	13.70	14.38	15.04
27'	8.56	9.34	10.10	10.86	11.60	12.32	13.04	13.73	14.41	15.07
30'	8.60	9.38	10.14	10.90	11.64	12.36	13.07	13.77	14.44	15.10
33'	8.64	9.42	10.18	10.93	11.67	12.40	13.11	13.80	14.48	15.14
36'	8.68	9.45	10.22	10.97	11.71	12.43	13.14	13.83	14.51	15.17
39'	8.72	9.49	10.26	11.01	11.75	12.47	13.18	13.87	14.54	15.20
42'	8.76	9.53	10.29	11.04	11.78	12.50	13.21	13.90	14.58	15.23
45'	8.80	9.57	10.33	11.08	11.82	12.54	13.25	13.94	14.61	15.27
48'	8.83	9.61	10.37	11.12	11.85	12.58	13.28	13.97	14.64	15.30
51'	8.87	9.65	10.41	11.16	11.89	12.61	13.32	14.01	14.68	15.33
54'	8.91	9.69	10.45	11.19	11.93	12.65	13.35	14.04	14.71	15.36
57'	8.95	9.72	10.48	11.23	11.96	12.68	13.39	14.07	14.74	15.39

α	20°	21°	22°	23°	24°	25°	26°	27°	28°	29°
0'	15.43	16.06	16.67	17.26	17.84	18.39	18.91	19.42	19.90	20.35
3'	15.46	16.09	16.70	17.29	17.86	18.41	18.94	19.44	19.92	20.38
6'	15.49	16.12	16.73	17.32	17.89	18.44	18.96	19.47	19.94	20.40
9'	15.52	16.15	16.76	17.35	17.92	18.47	18.99	19.49	19.97	20.42
12'	15.55	16.18	16.79	17.38	17.95	18.49	19.01	19.51	19.99	20.44
15'	15.57	16.21	16.82	17.41	17.97	18.52	19.04	19.54	20.01	20.46
18'	15.62	16.25	16.85	17.44	18.00	18.55	19.07	19.56	20.04	20.49
21'	15.65	16.28	16.88	17.47	18.03	18.57	19.09	19.59	20.06	20.51
24'	15.68	16.31	16.91	17.50	18.06	18.60	19.12	19.61	20.08	20.53
27'	15.71	16.34	16.94	17.52	18.09	18.63	19.14	19.64	20.11	20.55
30'	15.75	16.37	16.97	17.55	18.11	18.65	19.17	19.66	20.13	20.57
33'	15.78	16.40	17.00	17.58	18.14	18.68	19.19	19.68	20.15	20.59
36'	15.81	16.43	17.03	17.61	18.17	18.70	19.22	19.71	20.17	20.62
39'	15.84	16.46	17.06	17.64	18.20	18.73	19.24	19.73	20.20	20.64
42'	15.87	16.49	17.09	17.67	18.22	18.76	19.27	19.76	20.22	20.66
45'	15.90	16.52	17.12	17.69	18.25	18.78	19.29	19.78	20.24	20.68
48'	15.93	16.55	17.15	17.72	18.28	18.81	19.32	19.80	20.26	20.70
51'	15.97	16.58	17.18	17.75	18.30	18.83	19.34	19.83	20.29	20.72
54'	16.00	16.61	17.21	17.78	18.33	18.86	19.37	19.85	20.31	20.74
57'	16.03	16.64	17.24	17.81	18.36	18.89	19.39	19.87	20.33	20.76

48 $\cos^2 α$

α	48 cos²α
0°	48.0
1°	48.0
2°	47.9
3°	47.9
4°	47.8
5°	47.6
6°	47.5
7°	47.3
8°	47.1
9°	46.8
10°	46.6
10° 30'	46.4
11°	46.3
11° 30'	46.1
12°	45.9
12° 30'	45.8
13°	45.6
13° 30'	45.4
14°	45.2
14° 30'	45.0
15°	44.8
15° 30'	44.6
16°	44.4
16° 30'	44.1
17°	43.9
17° 30'	43.7
18°	43.4
18° 30'	43.2
19°	42.9
19° 30'	42.7
20°	42.4
20° 20'	42.2
20° 40'	42.0
21°	41.8
21° 20'	41.6
21° 40'	41.5
22°	41.3
22° 20'	41.1
22° 40'	40.9
23°	40.7
23° 20'	40.5
23° 40'	40.3
24°	40.1
24° 20'	39.9
24° 40'	39.6
25°	39.4
25° 20'	39.2
25° 40'	39.0
26°	38.8
26° 20'	38.6
26° 40'	38.3
27°	38.1
27° 20'	37.9
27° 40'	37.7
28°	37.4
28° 20'	37.2
28° 40'	37.0
29°	36.7
29° 20'	36.5
29° 40'	36.2
30°	36.0

49 ($\frac{1}{2} \sin 2\alpha$)

α	0°	1°	2°	3°	4°	5°	6°	7°	8°	9°
0'	0.00	0.86	1.71	2.56	3.41	4.25	5.09	5.93	6.75	7.57
3'	0.04	0.90	1.75	2.60	3.45	4.30	5.14	5.97	6.79	7.61
6'	0.09	0.94	1.79	2.65	3.49	4.34	5.18	6.01	6.84	7.65
9'	0.13	0.98	1.84	2.69	3.54	4.38	5.22	6.05	6.88	7.69
12'	0.17	1.03	1.88	2.73	3.58	4.42	5.26	6.09	6.92	7.73
15'	0.21	1.07	1.92	2.77	3.62	4.46	5.30	6.13	6.96	7.77
18'	0.26	1.11	1.96	2.82	3.66	4.51	5.34	6.18	7.00	7.81
21'	0.30	1.15	2.01	2.86	3.71	4.55	5.39	6.22	7.04	7.85
24'	0.34	1.20	2.05	2.90	3.75	4.59	5.43	6.26	7.08	7.90
27'	0.38	1.24	2.09	2.94	3.79	4.63	5.47	6.30	7.12	7.94
30'	0.43	1.28	2.14	2.99	3.83	4.67	5.51	6.34	7.16	7.98
33'	0.47	1.32	2.18	3.03	3.87	4.72	5.55	6.38	7.20	8.02
36'	0.51	1.37	2.22	3.07	3.92	4.76	5.59	6.42	7.24	8.06
39'	0.56	1.41	2.26	3.11	3.96	4.80	5.64	6.46	7.29	8.10
42'	0.60	1.45	2.31	3.16	4.00	4.84	5.68	6.51	7.33	8.14
45'	0.64	1.50	2.35	3.20	4.04	4.88	5.72	6.55	7.37	8.18
48'	0.68	1.54	2.39	3.24	4.09	4.93	5.76	6.59	7.41	8.22
51'	0.73	1.58	2.43	3.28	4.13	4.97	5.80	6.63	7.45	8.26
54'	0.77	1.62	2.48	3.33	4.17	5.01	5.84	6.67	7.49	8.30
57'	0.81	1.67	2.52	3.37	4.21	5.05	5.89	6.71	7.53	8.34

49 $\cos^2\alpha$

0°	49.0
1°	49.0
2°	48.9
3°	48.9
4°	48.5
5°	48.6
6°	48.5
7°	48.3
8°	48.1
9°	47.8
10°	47.5
10° 30'	47.4
11°	47.2
11° 30'	47.1
12°	46.9
12° 30'	46.7
13°	46.5
13° 30'	46.3
14°	46.1
14° 30'	45.9

α	10°	11°	12°	13°	14°	15°	16°	17°	18°	19°
0'	8.38	9.18	9.97	10.74	11.50	12.25	12.98	13.70	14.40	15.08
3'	8.42	9.22	10.00	10.78	11.54	12.29	13.02	13.74	14.44	15.12
6'	8.46	9.26	10.04	10.82	11.58	12.32	13.06	13.77	14.47	15.15
9'	8.50	9.30	10.08	10.86	11.62	12.36	13.09	13.81	14.50	15.18
12'	8.54	9.34	10.12	10.89	11.65	12.40	13.13	13.84	14.54	15.22
15'	8.58	9.38	10.16	10.93	11.69	12.43	13.16	13.88	14.57	15.25
18'	8.62	9.42	10.20	10.97	11.73	12.47	13.20	13.91	14.61	15.29
21'	8.66	9.45	10.24	11.01	11.77	12.51	13.24	13.95	14.64	15.32
24'	8.70	9.49	10.28	11.05	11.80	12.55	13.27	13.98	14.68	15.35
27'	8.74	9.53	10.32	11.08	11.84	12.58	13.31	14.02	14.71	15.39
30'	8.78	9.57	10.35	11.12	11.88	12.62	13.34	14.05	14.74	15.42
33'	8.82	9.61	10.39	11.16	11.92	12.66	13.38	14.09	14.78	15.45
36'	8.86	9.65	10.43	11.20	11.95	12.69	13.42	14.12	14.81	15.48
39'	8.90	9.69	10.47	11.24	11.99	12.73	13.45	14.16	14.85	15.52
42'	8.94	9.73	10.51	11.27	12.03	12.76	13.49	14.19	14.88	15.55
45'	8.98	9.77	10.55	11.31	12.06	12.80	13.52	14.23	14.91	15.58
48'	9.02	9.81	10.59	11.35	12.10	12.84	13.56	14.26	14.95	15.62
51'	9.06	9.85	10.62	11.39	12.14	12.87	13.59	14.30	14.98	15.65
54'	9.10	9.89	10.66	11.43	12.18	12.91	13.63	14.33	15.02	15.68
57'	9.14	9.93	10.70	11.46	12.21	12.95	13.66	14.37	15.05	15.72

15°	45.7
15° 30'	45.5
16°	45.3
16° 30'	45.0
17°	44.8
17° 30'	44.6
18°	44.3
18° 30'	44.1
19°	43.8
19° 30'	43.5
20°	43.3
20° 20'	43.1
20° 40'	42.9
21°	42.7
21° 20'	42.5
21° 40'	42.3
22°	42.1
22° 20'	41.9
22° 40'	41.7
23°	41.5

α	20°	21°	22°	23°	24°	25°	26°	27°	28°	29°
0'	15.75	16.39	17.02	17.62	18.21	18.77	19.31	19.82	20.31	20.78
3'	15.78	16.43	17.05	17.65	18.24	18.80	19.33	19.85	20.34	20.80
6'	15.81	16.46	17.08	17.68	18.26	18.82	19.36	19.87	20.36	20.82
9'	15.85	16.49	17.11	17.71	18.29	18.85	19.38	19.90	20.38	20.84
12'	15.88	16.52	17.14	17.74	18.32	18.88	19.41	19.92	20.41	20.87
15'	15.91	16.55	17.17	17.77	18.35	18.90	19.44	19.95	20.43	20.89
18'	15.94	16.58	17.20	17.80	18.38	18.93	19.46	19.97	20.45	20.91
21'	15.98	16.61	17.23	17.83	18.41	18.96	19.49	20.00	20.48	20.93
24'	16.01	16.65	17.26	17.86	18.43	18.99	19.51	20.02	20.50	20.96
27'	16.04	16.68	17.29	17.89	18.46	19.01	19.54	20.04	20.52	20.98
30'	16.07	16.71	17.32	17.92	18.49	19.04	19.57	20.07	20.55	21.00
33'	16.11	16.74	17.35	17.95	18.52	19.07	19.59	20.09	20.57	21.02
36'	16.14	16.77	17.38	17.98	18.55	19.09	19.62	20.12	20.59	21.04
39'	16.17	16.80	17.41	18.01	18.57	19.12	19.64	20.14	20.62	21.07
42'	16.20	16.83	17.44	18.03	18.60	19.15	19.67	20.17	20.64	21.09
45'	16.23	16.86	17.47	18.06	18.63	19.17	19.69	20.19	20.66	21.11
48'	16.27	16.90	17.50	18.09	18.66	19.20	19.72	20.22	20.69	21.13
51'	16.30	16.93	17.53	18.12	18.69	19.23	19.75	20.24	20.71	21.15
54'	16.33	16.96	17.56	18.15	18.71	19.25	19.77	20.26	20.73	21.17
57'	16.36	16.99	17.59	18.18	18.74	19.28	19.80	20.29	20.75	21.20

23° 20'	41.3
23° 40'	41.1
24°	40.9
24° 20'	40.7
24° 40'	40.5
25°	40.3
25° 20'	40.0
25° 40'	39.8
26°	39.6
26° 20'	39.4
26° 40'	39.1
27°	38.9
27° 20'	38.7
27° 40'	38.4
28°	38.2
28° 20'	38.0
28° 40'	37.7
29°	37.5
29° 20'	37.2
29° 40'	37.0
30°	36.8

50 (½ sin 2α)

α	0°	1°	2°	3°	4°	5°	6°	7°	8°	9°
0'	0.00	0.87	1.74	2.61	3.48	4.34	5.20	6.05	6.89	7.73
3'	0.04	0.92	1.79	2.66	3.52	4.38	5.24	6.09	6.93	7.77
6'	0.09	0.96	1.83	2.70	3.57	4.43	5.28	6.13	6.97	7.81
9'	0.13	1.00	1.87	2.74	3.61	4.47	5.33	6.18	7.02	7.85
12'	0.17	1.05	1.92	2.79	3.65	4.51	5.37	6.22	7.06	7.89
15'	0.22	1.09	1.96	2.83	3.70	4.56	5.41	6.26	7.10	7.93
18'	0.26	1.13	2.00	2.87	3.74	4.60	5.45	6.30	7.14	7.97
21'	0.31	1.18	2.05	2.92	3.78	4.64	5.50	6.34	7.18	8.02
24'	0.35	1.22	2.09	2.96	3.82	4.68	5.54	6.39	7.23	8.06
27'	0.39	1.26	2.14	3.00	3.87	4.73	5.58	6.43	7.27	8.10
30'	0.44	1.31	2.18	3.05	3.91	4.77	5.62	6.47	7.31	8.14
33'	0.48	1.35	2.22	3.09	3.95	4.81	5.67	6.51	7.35	8.18
36'	0.52	1.40	2.27	3.13	4.00	4.86	5.71	6.55	7.39	8.22
39'	0.57	1.44	2.31	3.18	4.04	4.90	5.75	6.60	7.43	8.26
42'	0.61	1.48	2.35	3.22	4.08	4.94	5.79	6.64	7.48	8.30
45'	0.65	1.53	2.40	3.26	4.13	4.98	5.84	6.68	7.52	8.35
48'	0.70	1.57	2.44	3.31	4.17	5.03	5.88	6.72	7.56	8.39
51'	0.74	1.61	2.48	3.35	4.21	5.07	5.92	6.77	7.60	8.43
54'	0.79	1.66	2.53	3.39	4.26	5.11	5.96	6.81	7.64	8.47
57'	0.83	1.70	2.57	3.44	4.30	5.16	6.01	6.85	7.68	8.51

α	10°	11°	12°	13°	14°	15°	16°	17°	18°	19°
0'	8.55	9.37	10.17	10.96	11.74	12.50	13.25	13.98	14.69	15.39
3'	8.59	9.41	10.21	11.00	11.78	12.54	13.28	14.02	14.73	15.43
6'	8.63	9.45	10.25	11.04	11.81	12.58	13.32	14.05	14.77	15.46
9'	8.67	9.49	10.29	11.08	11.85	12.61	13.36	14.09	14.80	15.49
12'	8.71	9.53	10.33	11.12	11.89	12.65	13.40	14.12	14.84	15.53
15'	8.76	9.57	10.37	11.15	11.93	12.69	13.43	14.16	14.87	15.56
18'	8.80	9.61	10.41	11.19	11.97	12.73	13.47	14.20	14.91	15.60
21'	8.84	9.65	10.45	11.23	12.01	12.76	13.51	14.23	14.94	15.63
24'	8.88	9.69	10.49	11.27	12.04	12.80	13.54	14.27	14.98	15.67
27'	8.92	9.73	10.53	11.31	12.08	12.84	13.58	14.30	15.01	15.70
30'	8.96	9.77	10.57	11.35	12.12	12.88	13.62	14.34	15.05	15.73
33'	9.00	9.81	10.61	11.39	12.16	12.91	13.65	14.38	15.08	15.77
36'	9.04	9.85	10.64	11.43	12.20	12.95	13.69	14.41	15.12	15.80
39'	9.08	9.89	10.68	11.47	12.23	12.99	13.73	14.45	15.15	15.83
42'	9.12	9.93	10.72	11.51	12.27	13.03	13.76	14.48	15.18	15.87
45'	9.16	9.97	10.76	11.54	12.31	13.06	13.80	14.52	15.22	15.90
48'	9.20	10.01	10.80	11.58	12.35	13.10	13.83	14.55	15.25	15.94
51'	9.24	10.05	10.84	11.62	12.39	13.14	13.87	14.59	15.29	15.97
54'	9.28	10.09	10.88	11.66	12.42	13.17	13.91	14.62	15.32	16.00
57'	9.32	10.13	10.92	11.70	12.46	13.21	13.94	14.66	15.36	16.04

α	20°	21°	22°	23°	24°	25°	26°	27°	28°	29°
0'	16.07	16.73	17.37	17.98	18.58	19.15	19.70	20.23	20.73	21.20
3'	16.10	16.76	17.40	18.01	18.61	19.18	19.73	20.25	20.75	21.22
6'	16.14	16.79	17.43	18.04	18.64	19.21	19.75	20.28	20.77	21.25
9'	16.17	16.83	17.46	18.07	18.67	19.24	19.78	20.30	20.80	21.27
12'	16.20	16.86	17.49	18.10	18.69	19.26	19.81	20.33	20.82	21.29
15'	16.24	16.89	17.52	18.13	18.72	19.29	19.83	20.35	20.85	21.32
18'	16.27	16.92	17.55	18.16	18.75	19.32	19.86	20.38	20.87	21.34
21'	16.30	16.95	17.58	18.19	18.78	19.35	19.89	20.40	20.90	21.36
24'	16.34	16.99	17.62	18.22	18.81	19.37	19.91	20.43	20.92	21.38
27'	16.37	17.02	17.65	18.25	18.84	19.40	19.94	20.45	20.94	21.41
30'	16.40	17.05	17.68	18.28	18.87	19.43	19.97	20.48	20.97	21.43
33'	16.43	17.08	17.71	18.31	18.90	19.46	19.99	20.50	20.99	21.45
36'	16.47	17.11	17.74	18.34	18.92	19.48	20.02	20.53	21.01	21.47
39'	16.50	17.15	17.77	18.37	18.95	19.51	20.04	20.55	21.04	21.50
42'	16.53	17.18	17.80	18.40	18.98	19.54	20.07	20.58	21.06	21.52
45'	16.57	17.21	17.83	18.43	19.01	19.57	20.10	20.60	21.08	21.54
48'	16.60	17.24	17.86	18.46	19.04	19.59	20.12	20.63	21.11	21.56
51'	16.63	17.27	17.89	18.49	19.07	19.62	20.15	20.65	21.13	21.58
54'	16.66	17.30	17.92	18.52	19.09	19.65	20.17	20.68	21.15	21.61
57'	16.70	17.34	17.95	18.55	19.12	19.67	20.20	20.70	21.18	21.63

50 cos²α

α	50 cos²α
0°	50.0
1°	50.0
2°	49.9
3°	49.9
4°	49.8
5°	49.6
6°	49.5
7°	49.3
8°	49.0
9°	48.8
10°	48.5
10° 30'	48.4
11°	48.2
11° 30'	48.0
12°	47.8
12° 30'	47.7
13°	47.5
13° 30'	47.3
14°	47.1
14° 30'	46.9
15°	46.7
15° 30'	46.4
16°	46.2
16° 30'	46.0
17°	45.7
17° 30'	45.5
18°	45.2
18° 30'	45.0
19°	44.7
19° 30'	44.4
20°	44.2
20° 20'	44.0
20° 40'	43.8
21°	43.6
21° 20'	43.4
21° 40'	43.2
22°	43.0
22° 20'	42.8
22° 40'	42.6
23°	42.4
23° 20'	42.2
23° 40'	41.9
24°	41.7
24° 20'	41.5
24° 40'	41.3
25° 0'	41.1
25° 20'	40.8
25° 40'	40.6
26°	40.4
26° 20'	40.2
26° 40'	39.9
27°	39.7
27° 20'	39.5
27° 40'	39.2
28°	39.0
28° 20'	38.7
28° 40'	38.5
29°	38.3
29° 20'	38.0
29° 40'	37.8
30°	37.5

51 ($\frac{1}{2} \sin 2\alpha$)

α	0°	1°	2°	3°	4°	5°	6°	7°	8°	9°	\(51 \cos^2\alpha\)	
0'	0.00	0.89	1.78	2.67	3.55	4.43	5.30	6.17	7.03	7.88	0°	51.0
3'	0.04	0.93	1.82	2.71	3.59	4.47	5.35	6.21	7.07	7.92	1°	51.0
6'	0.09	0.98	1.87	2.75	3.64	4.52	5.39	6.26	7.11	7.96	2°	50.9
9'	0.13	1.02	1.91	2.80	3.68	4.56	5.43	6.30	7.16	8.01	3°	50.9
12'	0.18	1.07	1.96	2.84	3.73	4.60	5.48	6.34	7.20	8.05	4°	50.8
15'	0.22	1.11	2.00	2.89	3.77	4.65	5.52	6.38	7.24	8.09	5°	50.6
18'	0.27	1.16	2.05	2.93	3.81	4.69	5.56	6.43	7.29	8.13	6°	50.4
21'	0.31	1.20	2.09	2.98	3.86	4.73	5.61	6.47	7.33	8.18	7°	50.2
24'	0.36	1.25	2.13	3.02	3.90	4.78	5.65	6.51	7.37	8.22	8°	50.0
27'	0.40	1.29	2.18	3.06	3.95	4.82	5.69	6.56	7.41	8.26	9°	49.8
30'	0.44	1.33	2.22	3.11	3.99	4.87	5.74	6.60	7.46	8.30	10°	49.5
33'	0.49	1.38	2.27	3.15	4.03	4.91	5.78	6.64	7.50	8.34	10°30'	49.3
36'	0.53	1.42	2.31	3.20	4.08	4.95	5.82	6.69	7.54	8.39	11°	49.1
39'	0.58	1.47	2.36	3.24	4.12	5.00	5.87	6.73	7.58	8.43	11°30'	49.0
42'	0.62	1.51	2.40	3.28	4.16	5.04	5.91	6.77	7.63	8.47	12°	48.8
45'	0.67	1.56	2.44	3.33	4.21	5.08	5.95	6.81	7.67	8.51	12°30'	48.6
48'	0.71	1.60	2.49	3.37	4.25	5.13	6.00	6.86	7.71	8.55	13°	48.4
51'	0.76	1.65	2.53	3.42	4.30	5.17	6.04	6.90	7.75	8.60	13°30'	48.2
54'	0.80	1.69	2.58	3.46	4.34	5.21	6.08	6.94	7.80	8.64	14°	48.0
57'	0.85	1.73	2.62	3.50	4.38	5.26	6.13	6.99	7.84	8.68	14°30'	47.8

α	10°	11°	12°	13°	14°	15°	16°	17°	18°	19°		
0'	8.72	9.55	10.37	11.18	11.97	12.75	13.51	14.26	14.99	15.70	15°	47.6
3'	8.76	9.59	10.41	11.22	12.01	12.79	13.55	14.30	15.02	15.73	15°30'	47.4
6'	8.81	9.63	10.45	11.26	12.05	12.83	13.59	14.33	15.06	15.77	16°	47.1
9'	8.85	9.68	10.49	11.30	12.09	12.87	13.63	14.37	15.10	15.80	16°30'	46.9
12'	8.89	9.72	10.53	11.34	12.13	12.90	13.66	14.41	15.13	15.84	17°	46.6
15'	8.93	9.76	10.57	11 38	12.17	12.94	13.70	14.44	15.17	15.87	17°30'	46.4
18'	8.97	9.80	10.62	11.42	12.21	12.98	13.74	14.48	15.20	15.91	18°	46.1
21'	9.01	9.84	10.66	11.46	12.25	13.02	13.78	14.52	15.24	15.94	18°30'	45.9
24'	9.06	9.88	10.70	11.50	12.28	13.06	13.81	14.55	15.28	15.98	19°	45.6
27'	9.10	9.92	10.74	11.54	12.32	13.10	13.85	14.59	15.31	16.01	19°30'	45.3
30'	9.14	9.96	10.78	11.58	12.36	13.13	13.89	14.63	15.35	16.05	20°	45.0
33'	9.18	10.00	10.82	11.62	12.40	13.17	13.93	14.66	15.38	16.08	20°20'	44.8
36'	9.22	10.05	10.86	11.66	12.44	13.21	13.96	14.70	15.42	16.12	20°40'	44.6
39'	9.26	10.09	10.90	11.70	12.48	13.25	14.00	14.74	15.45	16.15	21°	44.5
42'	9.30	10.13	10.94	11.74	12.52	13.29	14.04	14.77	15.49	16.19	21°20'	44.3
45'	9.35	10.17	10.98	11.77	12 56	13.32	14.07	14.81	15.52	16.22	21°40'	44.0
48'	9.39	10.21	11.02	11.81	12.60	13.36	14.11	14.84	15.56	16.25	22°	43.8
51'	9.43	10.25	11.06	11.85	12.63	13.40	14.15	14.88	15.59	16.29	22°20'	43.6
54'	9.47	10.29	11.10	11.89	12.67	13.44	14.19	14.92	15.63	16.32	22°40'	43.4
57'	9.51	10.33	11.14	11.93	12.71	13.48	14.22	14.95	15.66	16.36	23°	43.2

α	20°	21°	22°	23°	24°	25°	26°	27°	28°	29°		
											23°20'	43.0
											23°40'	42.8
0'	16.39	17.06	17.71	18.34	18.95	19.53	20.09	20.63	21.14	21.63	24°	42.6
3'	16.43	17.10	17.75	18.37	18.98	19.56	20.12	20.66	21.17	21.65	24°20'	42.3
6'	16.46	17.13	17.78	18.40	19.01	19.59	20.15	20.68	21.19	21.67	24°40'	42.1
9'	16.49	17.16	17.81	18.44	19.04	19.62	20.18	20.71	21.21	21.70		
12'	16.53	17.19	17.84	18.47	19.07	19.65	20.20	20.73	21.24	21.72	25°	41.9
											25°20'	41.7
15'	16.56	17.23	17.87	18.50	19.10	19.68	20.23	20.76	21.26	21.74	25°40'	41.4
18'	16.59	17.26	17.90	18.53	19.13	19.70	20.26	20.79	21.29	21.77	26°	41.2
21'	16.63	17.29	17.94	18.56	19.16	19.73	20.28	20.81	21.31	21.79	26°20'	41.0
24'	16.66	17.33	17.97	18.59	19.19	19.76	20.31	20.84	21.34	21.81		
27'	16.70	17.36	18.00	18.62	19.22	19.79	20.34	20.86	21.36	21.83	26°40'	40.7
30'	16.73	17.39	18.03	18.65	19.25	19.82	20.37	20.89	21.39	21.86	27°	40.5
33'	16.76	17.42	18.06	18.68	19.27	19.85	20.39	20.91	21.41	21.88	27°20'	40.2
36'	16.80	17.46	18.09	18.71	19.30	19.87	20.42	20.94	21.43	21.90	27°40'	40.0
39'	16.83	17.49	18.13	18.74	19.33	19.90	20.45	20.96	21.46	21.93	28°	39.8
42'	16.86	17.52	18.16	18.77	19.36	19.93	20.47	20.99	21.48	21.95		
45'	16.90	17.55	18.18	18.80	19.39	19.96	20.50	21.02	21.51	21.97	28°20'	39.5
48'	16.93	17.59	18.22	18.83	19.42	19.98	20.52	21.04	21.53	21.99	28°40'	39.3
51'	16.96	17.62	18.25	18.86	19.45	20.01	20.55	21.07	21.55	22.02	29°	39.0
54'	17.00	17.65	18.28	18.89	19.48	20.04	20.58	21.09	21.58	22.04	29°20'	38.8
57'	17.03	17.68	18.31	18.92	19.51	20.07	20.60	21.12	21.60	22.06	29°40'	38.5
											30°	38.3

52 (½ sin 2α)   43

α	0°	1°	2°	3°	4°	5°	6°	7°	8°	9°
0'	0.00	0.91	1.81	2.72	3.62	4.51	5.41	6.29	7.17	8.03
3'	0.05	0.95	1.86	2.76	3.66	4.56	5.45	6.33	7.21	8.08
6'	0.09	1.00	1.90	2.81	3.71	4.60	5.49	6.38	7.25	8.12
9'	0.14	1.04	1.95	2.85	3.75	4.65	5.54	6.42	7.30	8 16
12'	0.18	1.09	1.99	2.90	3.80	4.69	5.58	6.47	7.34	8.21
15'	0.23	1.13	2.04	2.94	3.84	4.74	5.63	6.51	7.38	8.25
18'	0.27	1.18	2.09	2.99	3.89	4.78	5.67	6.55	7.43	8.29
21'	0.32	1.22	2.13	3.03	3.93	4.83	5.72	6.60	7.47	8.34
24'	0.36	1.27	2.18	3.08	3.98	4.87	5.76	6.64	7.51	8.38
27'	0.41	1.32	2.22	3.12	4.02	4.92	5.80	6.69	7.56	8.42
30'	0.45	1.36	2.27	3.17	4.07	4.96	5.85	6.73	7.60	8.46
33'	0.50	1.41	2.31	3.21	4.11	5.01	5.89	6.77	7.65	8.51
36'	0.54	1.45	2.36	3.26	4.16	5.05	5.94	6.82	7.69	8.55
39'	0.59	1.50	2.40	3.30	4.20	5.09	5.98	6.86	7.73	8.59
42'	0.64	1.54	2.45	3.35	4.25	5.14	6.03	6.90	7.78	8.64
45'	0.68	1.59	2.49	3.39	4.29	5.18	6.07	6.95	7.82	8.68
48'	0.73	1.63	2.54	3.44	4.34	5.23	6.11	6.99	7.86	8.72
51'	0.77	1.68	2.58	3.48	4.38	5.27	6.16	7.04	7.90	8.76
54'	0.82	1.72	2.63	3.53	4.43	5.32	6.20	7.08	7.95	8.81
57'	0.86	1.77	2.67	3.57	4.47	5.36	6.25	7.12	7.99	8 85

α	10°	11°	12°	13°	14°	15°	16°	17°	18°	19°
0'	8.89	9.74	10.58	11.40	12.21	13.00	13.78	14.54	15.28	16.01
3'	8.94	9.78	10.62	11.44	12.25	13.04	13.82	14.58	15.32	16.04
6'	8.98	9.82	10.66	11.48	12.29	13.08	13.85	14.61	15.36	16.08
9'	9.02	9.87	10.70	11.52	12.33	13.12	13.89	14.65	15.39	16.11
12'	9.06	9.91	10.74	11.56	12.37	13.16	13.93	14.69	15.43	16.15
15'	9.11	9.95	10.78	11.60	12.41	13.20	13.97	14.73	15.47	16.19
18'	9.15	9.99	10.82	11.64	12.45	13.24	14.01	14.76	15.50	16.22
21'	9.19	10.03	10.86	11.68	12.49	13.27	14.05	14.80	15.54	16.26
24'	9.23	10.08	10.91	11.72	12.53	13.31	14.08	14.84	15.57	16.29
27'	9.28	10.12	10.95	11.76	12.57	13.35	14.12	14.88	15.61	16.33
30'	9.32	10.16	10.99	11.80	12.61	13.39	14.16	14.91	15.65	16.36
33'	9.36	10.20	11.03	11.84	12.64	13.43	14.20	14.95	15.68	16.40
36'	9.40	10.24	11.07	11.88	12.68	13.47	14.24	14.99	15.72	16.43
39'	9.44	10.28	11.11	11.92	12.72	13.51	14.27	15.02	15.76	16.47
42'	9.49	10.33	11.15	11.97	12.76	13.55	14.31	15.06	15.79	16.50
45'	9.53	10.37	11.19	12.01	12.80	13.58	14.35	15.10	15.83	16.54
48'	9.57	10.41	11.23	12.05	12.84	13.62	14.39	15.14	15.86	16.57
51'	9.61	10.45	11.28	12.09	12.88	13.66	14.43	15.17	15.90	16.61
54'	9.66	10.49	11.32	12.13	12.92	13.70	14.46	15.21	15.94	16.64
57'	9.70	10.53	11.36	12.17	12.96	13.74	14.50	15.25	15.97	16.68

α	20°	21°	22°	23°	24°	25°	26°	27°	28°	29°
0'	16.71	17.40	18.06	18.70	19.32	19.92	20.49	21.03	21.55	22.05
3'	16.75	17.43	18.09	18.73	19.35	19.95	20.52	21.06	21.58	22.07
6'	16.78	17.46	18.13	18.77	19.38	19.98	20.54	21.09	21.61	22.10
9'	16.82	17.50	18.16	18.80	19.41	20.00	20.57	21.11	21.63	22.12
12'	16.85	17.53	18.19	18.83	19.44	20.03	20.60	21.14	21.66	22.14
15'	16.89	17.57	18.22	18.86	19.47	20.06	20.63	21.17	21.68	22.17
18'	16.92	17.60	18.26	18.89	19.50	20.09	20.65	21.19	21.71	22.19
21'	16.95	17.63	18.29	18.92	19.53	20.12	20.68	21.22	21.73	22.22
24'	16.99	17.67	18.32	18.95	19.56	20.15	20.71	21.25	21.76	22.24
27'	17.02	17.70	18.35	18.98	19.59	20.18	20.74	21.27	21.78	22.26
30'	17.06	17.73	18.38	19.02	19.62	20.21	20.76	21.30	21.81	22.29
33'	17.09	17.77	18.42	19.05	19.65	20.23	20.79	21.32	21.83	22.31
36'	17.13	17.80	18.45	19.08	19.68	20.26	20.82	21.35	21.85	22.33
39'	17.16	17.83	18.48	19.11	19.71	20.29	20.85	21.38	21.88	22.36
42'	17.19	17.86	18.51	19.14	19.74	20.32	20.87	21.40	21.90	22.38
45'	17.23	17.90	18.54	19.17	19.77	20.35	20.91	21.43	21.93	22.40
48'	17.26	17.93	18.58	19.20	19.80	20.38	20.93	21.45	21.95	22.43
51'	17.30	17.96	18.61	19.23	19.83	20.40	20.95	21.48	21.98	22.45
54'	17.33	18.00	18.64	19.26	19.86	20.43	20.98	21.50	22.00	22.47
57'	17.36	18.03	18.67	19.29	19.89	20.46	21.01	21.53	22.03	22.49

52 cos²α

α	52 cos²α
0°	52.0
1°	52.0
2°	51.9
3°	51.9
4°	51.7
5°	51.6
6°	51.4
7°	51.2
8°	51.0
9°	50.7
10°	50.4
10° 30'	50.3
11°	50.1
11° 30'	49.9
12°	49.8
12° 30'	49.6
13°	49.4
13° 30'	49.2
14°	49.0
14° 30'	48.7
15°	48.5
15° 30'	48.3
16°	48.0
16° 30'	47.8
17°	47.6
17° 30'	47.3
18°	47.0
18° 30'	46.8
19°	46.5
19° 30'	46.2
20°	45.9
20° 20'	45.7
20° 40'	45.5
21°	45.3
21° 20'	45.1
21° 40'	44.9
22°	44.7
22° 20'	44.5
22° 40'	44.3
23°	44.1
23° 20'	43.8
23° 40'	43.6
24°	43.4
24° 20'	43.2
24° 40'	42.9
25°	42.7
25° 20'	42.5
25° 40'	42.2
26°	42.0
26° 20'	41.8
26° 40'	41.5
27°	41.3
27° 20'	41.0
27° 40'	40.8
28°	40.5
28° 20'	40.3
28° 40'	40.0
29°	39.8
29° 20'	39.5
29° 40'	39.3
30°	39.0

53 $(\tfrac{1}{8}\sin 2\alpha)$

α	0°	1°	2°	3°	4°	5°	6°	7°	8°	9°
0'	0.00	0.92	1.85	2.77	3.69	4.60	5.51	6.41	7.30	8.19
3'	0.05	0.97	1.89	2.82	3.73	4.65	5.55	6.46	7.35	8.23
6'	0.09	1.02	1.94	2.86	3.78	4.69	5.60	6.50	7.39	8.28
9'	0.14	1.06	1.99	2.91	3.83	4.74	5.65	6.55	7.44	8.32
12'	0.18	1.11	2.03	2.95	3.87	4.78	5.69	6.59	7.48	8.36
15'	0.23	1.16	2.08	3.00	3.92	4.83	5.74	6.64	7.53	8.41
18'	0.28	1.20	2.13	3.05	3.96	4.87	5.78	6.68	7.57	8.45
21'	0.32	1.25	2.17	3.09	4.01	4.92	5.83	6.72	7.62	8.50
24'	0.37	1.29	2.22	3.14	4.05	4.97	5.87	6.77	7.66	8.54
27'	0.42	1.34	2.26	3.18	4.10	5.01	5.92	6.81	7.70	8.58
30'	0.46	1.39	2.31	3.23	4.15	5.06	5.96	6.86	7.75	8.63
33'	0.51	1.43	2.36	3.28	4.19	5.10	6.01	6.90	7.79	8.67
36'	0.55	1.48	2.40	3.32	4.24	5.15	6.05	6.95	7.84	8.71
39'	0.60	1.53	2.45	3.37	4.28	5.19	6.10	6.99	7.88	8.76
42'	0.65	1.57	2.49	3.41	4.33	5.24	6.14	7.04	7.92	8.80
45'	0.69	1.62	2.54	3.46	4.37	5.28	6.19	7.08	7.97	8.85
48'	0.74	1.66	2.59	3.50	4.42	5.33	6.23	7.13	8.01	8.89
51'	0.79	1.71	2.63	3.55	4.46	5.37	6.28	7.17	8.06	8.93
54'	0.83	1.76	2.68	3.60	4.51	5.42	6.32	7.22	8.10	8.98
57'	0.88	1.80	2.72	3.64	4.56	5.46	6.37	7.26	8.14	9.02

α	10°	11°	12°	13°	14°	15°	16°	17°	18°	19°
0'	9.06	9.93	10.78	11.62	12.44	13.25	14.04	14.82	15.58	16.32
3'	9.11	9.97	10.82	11.66	12.48	13.29	14.08	14.86	15.61	16.35
6'	9.15	10.01	10.86	11.70	12.52	13.33	14.12	14.90	15.65	16.39
9'	9.19	10.06	10.91	11.74	12.56	13.37	14.16	14.93	15.69	16.42
12'	9.24	10.10	10.95	11.78	12.60	13.41	14.20	14.97	15.73	16.46
15'	9.28	10.14	10.99	11.82	12.64	13.45	14.24	15.01	15.76	16.50
18'	9.32	10.18	11.03	11.87	12.69	13.49	14.28	15.05	15.80	16.53
21'	9.37	10.23	11.07	11.91	12.73	13.53	14.32	15.09	15.84	16.57
24'	9.41	10.27	11.12	11.95	12.77	13.57	14.36	15.13	15.87	16.61
27'	9.45	10.31	11.16	11.99	12.81	13.61	14.39	15.16	15.91	16.64
30'	9.50	10.35	11.20	12.03	12.84	13.65	14.43	15.20	15.95	16.68
33'	9.54	10.40	11.24	12.07	12.89	13.69	14.47	15.24	15.99	16.71
36'	9.58	10.44	11.28	12.11	12.93	13.73	14.51	15.28	16.02	16.75
39'	9.63	10.48	11.32	12.15	12.97	13.77	14.55	15.31	16.06	16.78
42'	9.67	10.52	11.37	12.20	13.01	13.81	14.59	15.35	16.10	16.82
45'	9.71	10.57	11.41	12.24	13.05	13.85	14.63	15.39	16.13	16.86
48'	9.76	10.61	11.45	12.28	13.09	13.89	14.66	15.43	16.17	16.89
51'	9.80	10.65	11.49	12.32	13.13	13.93	14.70	15.46	16.21	16.93
54'	9.84	10.69	11.53	12.36	13.17	13.96	14.74	15.50	16.24	16.96
57'	9.88	10.74	11.58	12.40	13.21	14.00	14.78	15.54	16.28	17.00

α	20°	21°	22°	23°	24°	25°	26°	27°	28°	29°
0'	17.03	17.73	18.41	19.06	19.69	20.30	20.88	21.44	21.97	22.47
3'	17.07	17.77	18.44	19.09	19.72	20.33	20.91	21.47	22.00	22.50
6'	17.10	17.80	18.47	19.13	19.76	20.36	20.94	21.49	22.02	22.52
9'	17.14	17.83	18.51	19.16	19.79	20.39	20.97	21.52	22.05	22.55
12'	17.18	17.87	18.54	19.19	19.82	20.42	21.00	21.55	22.07	22.57
15'	17.21	17.90	18.57	19.22	19.85	20.45	21.02	21.57	22.10	22.59
18'	17.25	17.94	18.61	19.27	19.88	20.48	21.05	21.60	22.12	22.62
21'	17.28	17.97	18.64	19.29	19.91	20.51	21.08	21.63	22.15	22.64
24'	17.32	18.01	18.67	19.32	19.94	20.54	21.11	21.65	22.17	22.67
27'	17.35	18.04	18.71	19.35	19.97	20.57	21.14	21.68	22.20	22.69
30'	17.39	18.07	18.74	19.38	20.00	20.59	21.16	21.71	22.22	22.71
33'	17.42	18.11	18.77	19.41	20.03	20.62	21.19	21.73	22.25	22.74
36'	17.46	18.14	18.80	19.44	20.06	20.65	21.22	21.76	22.27	22.76
39'	17.49	18.17	18.84	19.48	20.09	20.68	21.25	21.79	22.30	22.79
42'	17.52	18.21	18.87	19.51	20.12	20.71	21.27	21.81	22.32	22.81
45'	17.56	18.24	18.90	19.54	20.15	20.74	21.30	21.84	22.35	22.83
48'	17.59	18.27	18.93	19.57	20.18	20.77	21.33	21.87	22.37	22.86
51'	17.63	18.31	18.97	19.60	20.21	20.80	21.36	21.89	22.40	22.88
54'	17.66	18.34	19.00	19.63	20.24	20.83	21.38	21.92	22.42	22.90
57'	17.70	18.38	19.03	19.66	20.27	20.85	21.41	21.94	22.45	22.93

53 $\cos^2\alpha$

α	53 $\cos^2\alpha$
0°	53.0
1°	53.0
2°	52.9
3°	52.9
4°	52.7
5°	52.6
6°	52.4
7°	52.2
8°	52.0
9°	51.7
10°	51.4
10°30'	51.2
11°	51.1
11°30'	50.9
12°	50.7
12°30'	50.5
13°	50.3
13°30'	50.1
14°	49.9
14°30'	49.7
15°	49.4
15°30'	49.2
16°	49.0
16°30'	48.7
17°	48.5
17°30'	48.2
18°	47.9
18°30'	47.7
19°	47.4
19°30'	47.1
20°	46.8
20°20'	46.6
20°40'	46.4
21°	46.2
21°20'	46.0
21°40'	45.8
22°	45.6
22°20'	45.3
22°40'	45.1
23°	44.9
23°20'	44.7
23°40'	44.5
24°	44.2
24°20'	44.0
24°40'	43.8
25°	43.5
25°20'	43.3
25°40'	43.1
26°	42.8
26°20'	42.6
26°40'	42.3
27°	42.1
27°20'	41.8
27°40'	41.6
28°	41.3
28°20'	41.1
28°40'	40.8
29°	40.5
29°20'	40.3
29°40'	40.0
30°	39.8

54 cos²α

α	0°	1°	2°	3°	4°	5°	6°	7°	8°	9°
0'	0.00	0.94	1.88	2.82	3.76	4.69	5.61	6.53	7.44	8.34
3'	0.05	0.99	1.93	2.87	3.80	4.73	5.66	6.58	7.49	8.39
6'	0.09	1.04	1.98	2.92	3.85	4.78	5.71	6.62	7.53	8.43
9'	0.14	1.08	2.02	2.96	3.90	4.83	5.75	6.67	7.58	8.48
12'	0.19	1.13	2.07	3.01	3.94	4.87	5.80	6.71	7.62	8.52
15'	0.24	1.18	2.12	3.06	3.99	4.92	5.84	6.76	7.67	8.57
18'	0.28	1.22	2.17	3.10	4.04	4.97	5.89	6.81	7.71	8.61
21'	0.33	1.27	2.21	3.15	4.08	5.01	5.94	6.85	7.76	8.66
24'	0.38	1.32	2.26	3.20	4.13	5.06	5.98	6.90	7.80	8.70
27'	0.42	1.37	2.31	3.24	4.18	5.11	6.03	6.94	7.85	8.75
30'	0.47	1.41	2.35	3.29	4.22	5.15	6.07	6.99	7.89	8.79
33'	0.52	1.46	2.40	3.34	4.27	5.20	6.12	7.03	7.94	8.83
36'	0.57	1.51	2.45	3.38	4.32	5.24	6.17	7.08	7.98	8.88
39'	0.61	1.55	2.49	3.43	4.36	5.29	6.21	7.12	8.03	8.92
42'	0.66	1.60	2.54	3.48	4.41	5.34	6.26	7.17	8.07	8.97
45'	0.71	1.65	2.59	3.52	4.46	5.38	6.30	7.22	8.12	9.01
48'	0.75	1.70	2.63	3.57	4.50	5.43	6.35	7.26	8.16	9.06
51'	0.80	1.74	2.68	3.62	4.55	5.48	6.39	7.31	8.21	9.10
54'	0.85	1.79	2.73	3.66	4.60	5.52	6.44	7.35	8.25	9.15
57'	0.90	1.84	2.78	3.71	4.64	5.57	6.49	7.40	8.30	9.19

α	10°	11°	12°	13°	14°	15°	16°	17°	18°	19°
0'	9.23	10.11	10.98	11.84	12.68	13.50	14.31	15.10	15.87	16.62
3'	9.28	10.16	11.02	11.88	12.72	13.54	14.35	15.14	15.91	16.66
6'	9.32	10.20	11.07	11.92	12.76	13.58	14.39	15.18	15.95	16.70
9'	9.37	10.25	11.11	11.96	12.80	13.62	14.43	15.22	15.98	16.73
12'	9.41	10.29	11.16	12.01	12.84	13.66	14.47	15.25	16.02	16.77
15'	9.46	10.33	11.20	12.05	12.88	13.70	14.51	15.29	16.06	16.81
18'	9.50	10.38	11.24	12.09	12.92	13.74	14.55	15.33	16.10	16.84
21'	9.54	10.42	11.28	12.13	12.97	13.78	14.59	15.37	16.14	16.88
24'	9.59	10.46	11.33	12.17	13.01	13.83	14.63	15.41	16.17	16.92
27'	9.63	10.51	11.37	12.22	13.05	13.87	14.67	15.45	16.21	16.96
30'	9.68	10.55	11.41	12.26	13.09	13.91	14.71	15.49	16.25	16.99
33'	9.72	10.59	11.45	12.30	13.13	13.95	14.74	15.53	16.29	17.03
36'	9.76	10.64	11.50	12.34	13.17	13.99	14.78	15.56	16.32	17.06
39'	9.81	10.68	11.54	12.38	13.21	14.03	14.82	15.60	16.36	17.10
42'	9.85	10.72	11.58	12.43	13.25	14.07	14.86	15.64	16.40	17.14
45'	9.90	10.77	11.62	12.47	13.30	14.11	14.90	15.68	16.44	17.17
48'	9.94	10.81	11.67	12.51	13.34	14.15	14.94	15.72	16.47	17.21
51'	9.98	10.85	11.71	12.55	13.38	14.19	14.98	15.76	16.51	17.25
54'	10.03	10.90	11.75	12.59	13.42	14.23	15.02	15.79	16.55	17.28
57'	10.07	10.94	11.79	12.63	13.46	14.27	15.06	15.83	16.59	17.32

α	20°	21°	22°	23°	24°	25°	26°	27°	28°	29°
0'	17.36	18.07	18.76	19.42	20.06	20.68	21.28	21.84	22.38	22.90
3'	17.39	18.10	18.79	19.45	20.10	20.71	21.31	21.87	22.41	22.92
6'	17.43	18.14	18.82	19.49	20.13	20.74	21.33	21.90	22.44	22.95
9'	17.46	18.17	18.86	19.52	20.16	20.77	21.36	21.93	22.46	22.97
12'	17.50	18.21	18.89	19.55	20.19	20.80	21.39	21.95	22.49	23.00
15'	17.54	18.24	18.92	19.59	20.22	20.83	21.42	21.98	22.51	23.02
18'	17.57	18.28	18.96	19.62	20.25	20.86	21.45	22.01	22.54	23.05
21'	17.61	18.31	18.99	19.65	20.28	20.89	21.48	22.04	22.57	23.07
24'	17.64	18.34	19.03	19.68	20.32	20.92	21.51	22.06	22.59	23.09
27'	17.68	18.38	19.06	19.71	20.35	20.95	21.53	22.09	22.62	23.12
30'	17.71	18.41	19.09	19.75	20.38	20.98	21.56	22.12	22.64	23.14
33'	17.75	18.45	19.13	19.78	20.41	21.01	21.59	22.14	22.67	23.17
36'	17.78	18.48	19.16	19.81	20.44	21.04	21.62	22.17	22.70	23.19
39'	17.82	18.52	19.19	19.84	20.47	21.07	21.65	22.20	22.72	23.22
42'	17.86	18.55	19.22	19.87	20.50	21.10	21.68	22.22	22.75	23.24
45'	17.89	18.59	19.26	19.91	20.53	21.13	21.70	22.25	22.77	23.26
48'	17.93	18.62	19.29	19.94	20.56	21.16	21.73	22.28	22.80	23.29
51'	17.96	18.65	19.32	19.97	20.59	21.19	21.76	22.30	22.82	23.31
54'	18.00	18.69	19.35	20.00	20.62	21.22	21.79	22.33	22.85	23.34
57'	18.03	18.72	19.39	20.03	20.65	21.25	21.82	22.36	22.87	23.36

54 cos²α

α	value	α	value	α	value
0°	54.0	14° 30'	50.6	23° 20'	45.5
1°	54.0	15°	50.4	23° 40'	45.3
2°	53.9	15° 30'	50.1	24°	45.1
3°	53.9	16°	49.9	24° 20'	44.8
4°	53.7	16° 30'	49.6	24° 40'	44.6
5°	53.6	17°	49.4	25°	44.4
6°	53.4	17° 30'	49.1	25° 20'	44.1
7°	53.2	18°	48.8	25° 40'	43.9
8°	53.0	18° 30'	48.6	26°	43.6
9°	52.7	19°	48.3	26° 20'	43.4
10°	52.4	19° 30'	48.0	26° 40'	43.1
10° 30'	52.2	20°	47.7	27°	42.9
11°	52.0	20° 20'	47.5	27° 20'	42.6
11° 30'	51.9	20° 40'	47.3	27° 40'	42.4
12°	51.7	21°	47.1	28°	42.1
12° 30'	51.5	21° 20'	46.9	28° 20'	41.8
13°	51.3	21° 40'	46.6	28° 40'	41.6
13° 30'	51.1	22°	46.4	29°	41.3
14°	50.8	22° 20'	46.2	29° 20'	41.0
		22° 40'	46.0	29° 40'	40.8
		23°	45.8	30°	40.5

55 ($\frac{1}{2}\sin 2\alpha$)

α	0°	1°	2°	3°	4°	5°	6°	7°	8°	9°
0'	0.00	0.96	1.92	2.87	3.83	4.78	5.72	6.65	7.58	8.50
3'	0.05	1.01	1.97	2.92	3.87	4.82	5.76	6.70	7.63	8.54
6'	0.10	1.06	2.01	2.97	3.92	4.87	5.81	6.75	7.67	8.59
9'	0.14	1.10	2.06	3.02	3.97	4.92	5.86	6.79	7.72	8.63
12'	0.19	1.15	2.11	3.07	4.02	4.96	5.91	6.84	7.76	8.68
15'	0.24	1.20	2.16	3.11	4.06	5.01	5.95	6.89	7.81	8.73
18'	0.29	1.25	2.21	3.16	4.11	5.06	6.00	6.93	7.86	8.77
21'	0.34	1.30	2.25	3.21	4.16	5.11	6.05	6.98	7.90	8.82
24'	0.38	1.34	2.30	3.26	4.21	5.15	6.09	7.02	7.95	8.86
27'	0.43	1.39	2.35	3.30	4.25	5.20	6.14	7.07	7.99	8.91
30'	0.48	1.44	2.40	3.35	4.30	5.25	6.19	7.12	8.04	8.95
33'	0.53	1.49	2.44	3.40	4.35	5.29	6.23	7.16	8.09	9.00
36'	0.58	1.54	2.49	3.45	4.40	5.34	6.28	7.21	8.13	9.04
39'	0.62	1.58	2.54	3.49	4.44	5.39	6.33	7.26	8.18	9.09
42'	0.67	1.63	2.59	3.54	4.49	5.44	6.37	7.30	8.22	9.13
45'	0.72	1.68	2.64	3.59	4.54	5.48	6.42	7.35	8.27	9.18
48'	0.77	1.73	2.68	3.64	4.59	5.53	6.47	7.40	8.32	9.22
51'	0.82	1.77	2.73	3.68	4.63	5.58	6.51	7.44	8.36	9.27
54'	0.86	1.82	2.78	3.73	4.68	5.62	6.56	7.49	8.41	9.32
57'	0.91	1.87	2.83	3.78	4.73	5.67	6.61	7.53	8.45	9.36

α	10°	11°	12°	13°	14°	15°	16°	17°	18°	19°
0'	9.41	10.30	11.19	12.05	12.91	13.75	14.57	15.38	16.16	16.98
3'	9.45	10.35	11.23	12.10	12.95	13.79	14.61	15.42	16.20	16.97
6'	9.50	10.39	11.27	12.14	13.00	13.83	14.65	15.46	16.24	17.01
9'	9.54	10.45	11.32	12.18	13.04	13.87	14.69	15.50	16.28	17.04
12'	9.59	10.48	11.36	12.23	13.08	13.92	14.74	15.54	16.32	17.08
15'	9.63	10.52	11.40	12.27	13.12	13.96	14.78	15.58	16.36	17.12
18'	9.68	10.57	11.45	12.31	13.16	14.00	14.82	15.62	16.40	17.16
21'	9.72	10.61	11.49	12.36	13.21	14.04	14.86	15.66	16.43	17.19
24'	9.77	10.66	11.53	12.40	13.25	14.08	14.90	15.69	16.47	17.23
27'	9.81	10.70	11.58	12.44	13.29	14.12	14.94	15.73	16.51	17.27
30'	9.86	10.75	11.62	12.48	13.33	14.16	14.98	15.77	16.55	17.31
33'	9.90	10.79	11.67	12.53	13.37	14.20	15.02	15.81	16.59	17.34
36'	9.94	10.83	11.71	12.57	13.42	14.25	15.06	15.85	16.63	17.38
39'	9.99	10.88	11.75	12.61	13.46	14.29	15.10	15.89	16.66	17.42
42'	10.04	10.92	11.80	12.66	13.50	14.33	15.14	15.93	16.70	17.46
45'	10.08	10.97	11.84	12.70	13.54	14.37	15.18	15.97	16.74	17.49
48'	10.12	11.01	11.88	12.74	13.58	14.41	15.22	16.01	16.78	17.53
51'	10.17	11.05	11.93	12.78	13.63	14.45	15.26	16.05	16.82	17.57
54'	10.21	11.10	11.97	12.83	13.67	14.49	15.30	16.09	16.85	17.60
57'	10.26	11.14	12.01	12.87	13.71	14.53	15.34	16.13	16.89	17.64

α	20°	21°	22°	23°	24°	25°	26°	27°	28°	29°
0'	17.68	18.40	19.10	19.78	20.44	21.07	21.67	22.25	22.80	23.32
3'	17.71	18.44	19.14	19.82	20.47	21.10	21.70	22.28	22.83	23.35
6'	17.75	18.47	19.17	19.85	20.50	21.13	21.73	22.30	22.85	23.37
9'	17.79	18.51	19.21	19.88	20.53	21.16	21.76	22.33	22.88	23.40
12'	17.82	18.54	19.24	19.91	20.56	21.19	21.79	22.36	22.91	23.42
15'	17.86	18.58	19.28	19.95	20.60	21.22	21.82	22.39	22.93	23.45
18'	17.90	18.61	19.31	19.98	20.63	21.25	21.85	22.42	22.96	23.47
21'	17.93	18.65	19.34	20.01	20.66	21.28	21.88	22.44	22.98	23.50
24'	17.97	18.68	19.38	20.05	20.69	21.31	21.90	22.47	23.01	23.52
27'	18.01	18.72	19.41	20.08	20.72	21.34	21.93	22.50	23.04	23.55
30'	18.04	18.76	19.45	20.11	20.75	21.37	21.96	22.53	23.06	23.57
33'	18.08	18.79	19.48	20.14	20.79	21.40	21.99	22.55	23.09	23.60
36'	18.11	18.83	19.51	20.18	20.82	21.43	22.02	22.58	23.12	23.62
39'	18.15	18.86	19.55	20.21	20.85	21.46	22.05	22.61	23.14	23.65
42'	18.19	18.89	19.58	20.24	20.88	21.49	22.08	22.64	23.17	23.67
45'	18.22	18.93	19.61	20.28	20.91	21.52	22.11	22.66	23.19	23.69
48'	18.26	18.96	19.65	20.31	20.94	21.55	22.13	22.69	23.22	23.72
51'	18.29	19.00	19.68	20.34	20.97	21.58	22.16	22.72	23.24	23.74
54'	18.33	19.03	19.72	20.37	21.00	21.61	22.19	22.74	23.27	23.77
57'	18.37	19.07	19.75	20.40	21.04	21.64	22.22	22.77	23.30	23.79

55 $\cos^2\alpha$

α	55 cos²α
0°	55.0
1°	55.0
2°	54.9
3°	54.8
4°	54.7
5°	54.6
6°	54.4
7°	54.2
8°	53.9
9°	53.7
10°	53.5
10° 30'	53.2
11°	53.0
11° 30'	52.8
12°	52.6
12° 30'	52.4
13°	52.2
13° 30'	52.0
14°	51.8
14° 30'	51.6
15°	51.3
15° 30'	51.1
16°	50.8
16° 30'	50.6
17°	50.3
17° 30'	50.0
18°	49.7
18° 30'	49.5
19°	49.2
19° 30'	48.9
20°	48.6
20° 20'	48.4
20° 40'	48.1
21°	47.9
21° 20'	47.7
21° 40'	47.5
22°	47.3
22° 20'	47.1
22° 40'	46.8
23°	46.6
23° 20'	46.4
23° 40'	46.1
24°	45.9
24° 20'	45.7
24° 40'	45.4
25°	45.2
25° 20'	44.9
25° 40'	44.7
26°	44.4
26° 20'	44.2
26° 40'	43.9
27°	43.7
27° 20'	43.4
27° 40'	43.1
28°	42.9
28° 20'	42.6
28° 40'	42.3
29°	42.1
29° 20'	41.8
29° 40'	41.5
30°	41.3

α	0°	1°	2°	3°	4°	5°	6°	7°	8°	9°
0'	0.00	0.98	1.95	2.93	3.90	4.86	5.82	6.77	7.72	8.65
3'	0.05	1.03	2.00	2.98	3.95	4.91	5.87	6.82	7.76	8.70
6'	0.10	1.07	2.05	3.02	3.99	4.96	5.92	6.87	7.81	8.75
9'	0.15	1.12	2.10	3.07	4.04	5.01	5.96	6.92	7.86	8.79
12'	0.20	1.17	2.15	3.12	4.09	5.05	6.01	6.96	7.91	8.84
15'	0.24	1.22	2.20	3.17	4.14	5.10	6.06	7.01	7.95	8.88
18'	0.29	1.27	2.25	3.22	4.19	5.15	6.11	7.06	8.00	8.93
21'	0.34	1.32	2.29	3.27	4.24	5.20	6.16	7.10	8.05	8.98
24'	0.39	1.37	2.34	3.32	4.28	5.25	6.20	7.15	8.09	9.02
27'	0.44	1.42	2.39	3.36	4.33	5.29	6.25	7.20	8.14	9.07
30'	0.49	1.47	2.44	3.41	4.38	5.34	6.30	7.25	8.19	9.12
33'	0.54	1.51	2.49	3.46	4.43	5.39	6.35	7.29	8.23	9.16
36'	0.59	1.56	2.54	3.51	4.48	5.44	6.39	7.34	8.28	9.21
39'	0.64	1.61	2.59	3.56	4.52	5.49	6.44	7.39	8.33	9.25
42'	0.68	1.66	2.64	3.61	4.57	5.53	6.49	7.44	8.37	9.30
45'	0.73	1.71	2.68	3.65	4.62	5.58	6.54	7.48	8.42	9.35
48'	0.78	1.76	2.73	3.70	4.67	5.63	6.59	7.53	8.47	9.39
51'	0.83	1.81	2.78	3.75	4.72	5.68	6.63	7.58	8.51	9.44
54'	0.88	1.86	2.83	3.80	4.77	5.73	6.68	7.62	8.56	9.48
57'	0.93	1.90	2.88	3.85	4.81	5.77	6.73	7.67	8.61	9.53

α	10°	11°	12°	13°	14°	15°	16°	17°	18°	19°
0'	9.58	10.49	11.39	12.27	13.15	14.00	14.84	15.66	16.46	17.24
3'	9.62	10.53	11.43	12.32	13.19	14.04	14.88	15.70	16.50	17.28
6'	9.67	10.58	11.48	12.36	13.23	14.08	14.92	15.74	16.54	17.32
9'	9.71	10.62	11.52	12.41	13.27	14.13	14.96	15.78	16.58	17.35
12'	9.76	10.67	11.57	12.45	13.32	14.17	15.00	15.82	16.62	17.39
15'	9.81	10.72	11.61	12.49	13.36	14.21	15.04	15.86	16.66	17.43
18'	9.85	10.76	11.66	12.54	13.40	14.25	15.09	15.90	16.69	17.47
21'	9.90	10.81	11.70	12.58	13.45	14.30	15.13	15.94	16.73	17.51
24'	9.94	10.85	11.74	12.62	13.49	14.34	15.17	15.98	16.77	17.54
27'	9.99	10.90	11.79	12.67	13.53	14.38	15.21	16.02	16.81	17.58
30'	10.03	10.94	11.83	12.71	13.57	14.42	15.25	16.06	16.85	17.62
33'	10.08	10.99	11.88	12.76	13.62	14.46	15.29	16.10	16.89	17.66
36'	10.13	11.03	11.92	12.80	13.66	14.50	15.33	16.14	16.93	17.70
39'	10.17	11.08	11.97	12.84	13.70	14.55	15.37	16.18	16.97	17.73
42'	10.22	11.12	12.01	12.89	13.75	14.59	15.41	16.22	17.01	17.77
45'	10.26	11.17	12.05	12.93	13.79	14.63	15.45	16.26	17.05	17.81
48'	10.31	11.21	12.10	12.97	13.83	14.67	15.49	16.30	17.08	17.85
51'	10.35	11.25	12.14	13.02	13.87	14.71	15.54	16.34	17.12	17.89
54'	10.40	11.30	12.18	13.06	13.92	14.75	15.58	16.38	17.16	17.92
57'	10.44	11.34	12.23	13.10	13.96	14.80	15.62	16.42	17.20	17.96

α	20°	21°	22°	23°	24°	25°	26°	27°	28°	29°
0'	18.00	18.74	19.45	20.14	20.81	21.45	22.06	22.65	23.21	23.75
3'	18.04	18.77	19.49	20.18	20.84	21.48	22.09	22.68	23.24	23.77
6'	18.07	18.81	19.52	20.21	20.87	21.51	22.12	22.71	23.27	23.80
9'	18.11	18.84	19.56	20.24	20.91	21.54	22.15	22.74	23.29	23.82
12'	18.15	18.88	19.59	20.28	20.94	21.57	22.18	22.77	23.32	23.85
15'	18.18	18.92	19.63	20.31	20.97	21.61	22.21	22.80	23.35	23.87
18'	18.22	18.95	19.66	20.34	21.00	21.64	22.24	22.82	23.38	23.90
21'	18.26	18.99	19.70	20.38	21.04	21.67	22.27	22.85	23.40	23.92
24'	18.30	19.02	19.73	20.41	21.07	21.70	22.30	22.88	23.43	23.95
27'	18.33	19.06	19.76	20.44	21.10	21.73	22.33	22.91	23.46	23.98
30'	18.37	19.10	19.80	20.48	21.13	21.76	22.36	22.94	23.48	24.00
33'	18.41	19.13	19.83	20.51	21.16	21.79	22.39	22.96	23.51	24.03
36'	18.44	19.17	19.87	20.54	21.20	21.82	22.42	22.99	23.54	24.05
39'	18.48	19.20	19.90	20.58	21.23	21.85	22.45	23.02	23.56	24.08
42'	18.52	19.24	19.94	20.61	21.26	21.88	22.48	23.05	23.59	24.10
45'	18.55	19.27	19.97	20.64	21.29	21.91	22.51	23.08	23.61	24.13
48'	18.59	19.31	20.01	20.68	21.32	21.94	22.54	23.10	23.64	24.15
51'	18.63	19.34	20.04	20.71	21.35	21.97	22.57	23.13	23.67	24.18
54'	18.66	19.38	20.07	20.74	21.39	22.00	22.59	23.16	23.69	24.20
57'	18.70	19.42	20.11	20.78	21.42	22.03	22.62	23.19	23.72	24.22

56 $\cos^2\alpha$

α	$56\cos^2\alpha$
0°	56.0
1°	56.0
2°	55.9
3°	55.8
4°	55.7
5°	55.6
6°	55.4
7°	55.2
8°	54.9
9°	54.6
10°	54.3
10° 30'	54.1
11°	54.0
11° 30'	53.8
12°	53.6
12° 30'	53.4
13°	53.2
13° 30'	52.9
14°	52.7
14° 30'	52.5
15°	52.2
15° 30'	52.0
16°	51.7
16° 30'	51.5
17°	51.2
17° 30'	50.9
18°	50.7
18° 30'	50.4
19°	50.1
19° 30'	49.8
20°	49.4
20° 20'	49.2
20° 40'	49.0
21°	48.8
21° 20'	48.6
21° 40'	48.4
22°	48.1
22° 20'	47.9
22° 40'	47.7
23°	47.5
23° 20'	47.2
23° 40'	47.0
24°	46.7
24° 20'	46.5
24° 40'	46.2
25°	46.0
25° 20'	45.7
25° 40'	45.5
26°	45.2
26° 20'	45.0
26° 40'	44.7
27°	44.5
27° 20'	44.2
27° 40'	43.9
28°	43.7
28° 20'	43.4
28° 40'	43.1
29°	42.8
29° 20'	42.6
29° 40'	42.3
30°	42.0

α	0°	1°	2°	3°	4°	5°	6°	7°	8°	9°	**57 cos²α**	
0′	0.00	0.99	1.99	2.98	3.97	4.95	5.93	6.89	7.86	8.81	0°	57.0
3′	0.05	1.04	2.04	3.03	4.02	5.00	5.97	6.94	7.90	8.85	1°	57.0
6′	0.10	1.09	2.09	3.08	4.06	5.05	6.02	6.99	7.95	8.90	2°	56.9
9′	0.15	1.14	2.14	3.13	4.11	5.10	6.07	7.04	8.00	8.95	3°	56.8
12′	0.20	1.19	2.19	3.18	4.16	5.14	6.12	7.09	8.05	9.00	4°	56.7
15′	0.25	1.24	2.24	3.23	4.21	5.19	6.17	7.14	8.09	9.04	5°	56.6
18′	0.30	1.29	2.29	3.28	4.26	5.24	6.22	7.18	8.14	9.09	6°	56.4
21′	0.35	1.34	2.34	3.33	4.31	5.29	6.27	7.23	8.19	9.14	7°	56.2
24′	0.40	1.39	2.38	3.37	4.36	5.34	6.31	7.28	8.24	9.18	8°	55.9
27′	0.45	1.44	2.43	3.42	4.41	5.39	6.36	7.33	8.29	9.23	9°	55.6
30′	0.50	1.49	2.48	3.47	4.46	5.44	6.41	7.38	8.33	9.28	10°	55.3
33′	0.55	1.54	2.53	3.52	4.51	5.49	6.46	7.42	8.38	9.33	10° 30′	55.1
36′	0.60	1.59	2.58	3.57	4.56	5.54	6.51	7.47	8.43	9.37	11°	54.9
39′	0.65	1.64	2.63	3.62	4.61	5.58	6.56	7.52	8.48	9.42	11° 30′	54.7
42′	0.70	1.69	2.68	3.67	4.65	5.63	6.60	7.57	8.52	9.47	12°	54.5
45′	0.75	1.74	2.73	3.72	4.70	5.68	6.65	7.62	8.57	9.51	12° 30′	54.3
48′	0.80	1.79	2.78	3.77	4.75	5.73	6.70	7.66	8.62	9.56	13°	54.1
51′	0.85	1.84	2.83	3.82	4.80	5.78	6.75	7.71	8.66	9.61	13° 30′	53.9
54′	0.90	1.89	2.88	3.87	4.85	5.83	6.80	7.76	8.71	9.65	14°	53.7
57′	0.94	1.94	2.93	3.92	4.90	5.88	6.85	7.81	8.76	9.70	14° 30′	53.4

α	10°	11°	12°	13°	14°	15°	16°	17°	18°	19°	**57 cos²α**	
0′	9.75	10.68	11.59	12.49	13.38	14.25	15.10	15.94	16.75	17.55	15°	53.2
3′	9.79	10.72	11.64	12.54	13.42	14.29	15.14	15.98	16.79	17.59	15° 30′	52.9
6′	9.84	10.77	11.68	12.58	13.47	14.34	15.19	16.02	16.83	17.62	16°	52.7
9′	9.89	10.81	11.73	12.63	13.51	14.38	15.23	16.06	16.87	17.66	16° 30′	52.4
12′	9.93	10.86	11.77	12.67	13.56	14.42	15.27	16.10	16.91	17.70	17°	52.1
15′	9.98	10.91	11.82	12.72	13.60	14.46	15.31	16.14	16.95	17.74	17° 30′	51.8
18′	10.03	10.95	11.86	12.76	13.64	14.51	15.35	16.18	16.99	17.78	18°	51.6
21′	10.07	11.00	11.91	12.81	13.69	14.55	15.40	16.22	17.03	17.82	18° 30′	51.3
24′	10.12	11.04	11.95	12.85	13.73	14.59	15.44	16.27	17.07	17.86	19°	51.0
27′	10.17	11.09	12.00	12.89	13.77	14.64	15.48	16.31	17.11	17.90	19° 30′	50.6
30′	10.21	11.14	12.04	12.94	13.82	14.68	15.52	16.35	17.15	17.94	20°	50.3
33′	10.26	11.18	12.09	12.98	13.86	14.72	15.56	16.39	17.19	17.97	20° 20′	50.1
36′	10.31	11.23	12.13	13.03	13.90	14.76	15.61	16.43	17.23	18.01	20° 40′	49.9
39′	10.35	11.27	12.18	13.07	13.95	14.81	15.65	16.47	17.27	18.05	21°	49.7
42′	10.40	11.32	12.22	13.12	13.99	14.85	15.69	16.51	17.31	18.09	21° 20′	49.5
45′	10.45	11.36	12.27	13.16	14.03	14.89	15.73	16.55	17.35	18.13	21° 40′	49.2
48′	10.49	11.41	12.31	13.20	14.08	14.93	15.77	16.59	17.39	18.17	22°	49.0
51′	10.54	11.46	12.36	13.25	14.12	14.98	15.81	16.63	17.43	18.20	22° 20′	48.8
54′	10.58	11.50	12.40	13.29	14.16	15.02	15.85	16.67	17.47	18.24	22° 40′	48.5
57′	10.63	11.55	12.45	13.34	14.21	15.06	15.90	16.71	17.51	18.28	23°	48.3

α	20°	21°	22°	23°	24°	25°	26°	27°	28°	29°	**57 cos²α**	
0′	18.32	19.07	19.80	20.50	21.18	21.83	22.46	23.06	23.63	24.17	23° 20′	48.1
											23° 40′	47.8
3′	18.36	19.11	19.83	20.54	21.21	21.86	22.49	23.09	23.66	24.20	24°	47.6
6′	18.40	19.14	19.87	20.57	21.25	21.90	22.52	23.12	23.68	24.22	24° 20′	47.3
											24° 40′	47.1
9′	18.43	19.18	19.90	20.60	21.28	21.93	22.55	23.14	23.71	24.25		
12′	18.47	19.22	19.94	20.64	21.31	21.96	22.58	23.17	23.74	24.27	25°	46.8
											25° 20′	46.6
15′	18.51	19.25	19.98	20.67	21.35	21.99	22.61	23.20	23.77	24.30	25° 40′	46.3
18′	18.55	19.29	20.01	20.71	21.38	22.02	22.64	23.23	23.79	24.33	26°	46.0
21′	18.58	19.33	20.05	20.74	21.41	22.05	22.67	23.26	23.82	24.35	26° 20′	45.8
24′	18.62	19.36	20.08	20.78	21.44	22.09	22.70	23.29	23.85	24.38		
27′	18.66	19.40	20.12	20.81	21.48	22.12	22.73	23.32	23.87	24.40	26° 40′	45.5
											27°	45.3
30′	18.70	19.44	20.15	20.84	21.51	22.15	22.76	23.35	23.90	24.43	27° 20′	45.0
33′	18.74	19.47	20.19	20.88	21.54	22.18	22.79	23.37	23.93	24.45	27° 40′	44.7
36′	18.77	19.51	20.22	20.91	21.57	22.21	22.82	23.40	23.96	24.48	28°	44.4
39′	18.81	19.55	20.26	20.95	21.61	22.24	22.85	23.43	23.98	24.51		
42′	18.85	19.58	20.29	20.98	21.64	22.27	22.88	23.46	24.01	24.53	28° 20′	44.2
45′	18.88	19.62	20.33	21.01	21.67	22.31	22.91	23.49	24.04	24.56	28° 40′	43.9
48′	18.92	19.65	20.36	21.05	21.70	22.34	22.94	23.52	24.06	24.58	29°	43.6
51′	18.96	19.69	20.40	21.08	21.74	22.37	22.97	23.54	24.09	24.61	29° 20′	43.3
54′	19.00	19.73	20.43	21.11	21.77	22.40	23.00	23.57	24.12	24.63	29° 40′	43.0
57′	19.03	19.76	20.47	21.15	21.80	22.43	23.03	23.60	24.14	24.66	30°	42.8

58 cos²α

α	0°	1°	2°	3°	4°	5°	6°	7°	8°	9°
0'	0.00	1.01	2.02	3.03	4.04	5.04	6.03	7.02	7.99	8.96
3'	0.05	1.06	2.07	3.08	4.09	5.09	6.08	7.06	8.04	9.01
6'	0.10	1.11	2.12	3.13	4.14	5.14	6.13	7.11	8.09	9.06
9'	0.15	1.16	2.17	3.18	4.19	5.19	6.18	7.16	8.14	9.11
12'	0.20	1.21	2.22	3.23	4.24	5.24	6.23	7.21	8.19	9.15
15'	0.25	1.29	2.28	3.28	4.29	5.28	6.28	7.26	8.24	9.20
18'	0.30	1.32	2.33	3.33	4.34	5.33	6.33	7.31	8.28	9.25
21'	0.35	1.37	2.38	3.38	4.39	5.38	6.38	7.36	8.33	9.30
24'	0.40	1.42	2.43	3.43	4.44	5.43	6.42	7.41	8.38	9.35
27'	0.46	1.47	2.48	3.48	4.49	5.48	6.47	7.46	8.43	9.39
30'	0.51	1.52	2.53	3.53	4.54	5.53	6.52	7.51	8.48	9.44
33'	0.56	1.57	2.58	3.58	4.59	5.58	6.57	7.55	8.53	9.49
36'	0.61	1.62	2.63	3.63	4.64	5.63	6.62	7.60	8.58	9.54
39'	0.66	1.67	2.68	3.68	4.69	5.68	6.67	7.65	8.62	9.58
42'	0.71	1.72	2.73	3.74	4.74	5.73	6.72	7.70	8.67	9.63
45'	0.76	1.77	2.78	3.79	4.79	5.78	6.77	7.75	8.72	9.68
48'	0.81	1.82	2.83	3.84	4.84	5.83	6.82	7.80	8.77	9.73
51'	0.86	1.87	2.88	3.89	4.89	5.88	6.87	7.85	8.82	9.78
54'	0.91	1.92	2.93	3.94	4.94	5.93	6.92	7.90	8.87	9.82
57'	0.96	1.97	2.98	3.99	4.99	5.98	6.97	7.94	8.91	9.87

α	10°	11°	12°	13°	14°	15°	16°	17°	18°	19°
0'	9.92	10.86	11.80	12.71	13.61	14.50	15.37	16.22	17.05	17.85
3'	9.97	10.91	11.84	12.76	13.66	14.54	15.41	16.26	17.09	17.89
6'	10.01	10.96	11.89	12.80	13.70	14.59	15.45	16.30	17.13	17.93
9'	10.06	11.00	11.93	12.85	13.75	14.63	15.50	16.34	17.17	17.97
12'	10.11	11.05	11.98	12.89	13.79	14.67	15.54	16.38	17.21	18.01
15'	10.16	11.10	12.03	12.94	13.84	14.72	15.58	16.43	17.25	18.05
18'	10.20	11.14	12.07	12.99	13.88	14.76	15.62	16.47	17.29	18.09
21'	10.25	11.19	12.12	13.03	13.93	14.81	15.67	16.51	17.33	18.13
24'	10.30	11.24	12.16	13.08	13.97	14.85	15.71	16.55	17.37	18.17
27'	10.35	11.28	12.21	13.12	14.02	14.89	15.75	16.59	17.41	18.21
30'	10.39	11.33	12.26	13.17	14.06	14.94	15.79	16.63	17.45	18.25
33'	10.44	11.38	12.30	13.21	14.10	14.98	15.84	16.68	17.49	18.29
36'	10.49	11.42	12.35	13.26	14.15	15.02	15.88	16.72	17.53	18.33
39'	10.53	11.47	12.39	13.30	14.19	15.07	15.92	16.76	17.57	18.37
42'	10.58	11.52	12.44	13.35	14.24	15.11	15.96	16.80	17.61	18.41
45'	10.63	11.56	12.48	13.39	14.28	15.15	16.01	16.84	17.65	18.45
48'	10.68	11.61	12.53	13.44	14.32	15.20	16.05	16.88	17.69	18.49
51'	10.72	11.66	12.58	13.48	14.37	15.24	16.09	16.92	17.73	18.52
54'	10.77	11.70	12.62	13.53	14.41	15.28	16.13	16.96	17.77	18.56
57'	10.82	11.75	12.67	13.57	14.46	15.32	16.17	17.00	17.81	18.60

α	20°	21°	22°	23°	24°	25°	26°	27°	28°	29°
0'	18.64	19.40	20.15	20.86	21.55	22.22	22.85	23.46	24.04	24.59
3'	18.68	19.44	20.18	20.90	21.59	22.25	22.88	23.49	24.07	24.62
6'	18.72	19.48	20.22	20.93	21.62	22.28	22.91	23.52	24.10	24.65
9'	18.76	19.52	20.25	20.97	21.65	22.31	22.95	23.55	24.13	24.67
12'	18.80	19.55	20.29	21.00	21.69	22.34	22.98	23.58	24.15	24.70
15'	18.83	19.59	20.33	21.04	21.72	22.38	23.01	23.61	24.18	24.73
18'	18.87	19.63	20.36	21.07	21.75	22.41	23.04	23.64	24.21	24.75
21'	18.91	19.67	20.40	21.11	21.79	22.44	23.07	23.67	24.24	24.78
24'	18.95	19.70	20.43	21.14	21.82	22.47	23.10	23.70	24.27	24.81
27'	18.99	19.74	20.47	21.17	21.85	22.51	23.13	23.73	24.29	24.83
30'	19.03	19.78	20.51	21.21	21.89	22.54	23.16	23.76	24.32	24.86
33'	19.06	19.81	20.54	21.24	21.92	22.57	23.19	23.78	24.35	24.88
36'	19.10	19.85	20.58	21.28	21.95	22.60	23.22	23.81	24.38	24.91
39'	19.14	19.89	20.61	21.31	21.99	22.63	23.25	23.84	24.40	24.94
42'	19.18	19.93	20.65	21.35	22.02	22.66	23.28	23.87	24.43	24.96
45'	19.22	19.96	20.68	21.38	22.05	22.70	23.31	23.90	24.46	24.99
48'	19.25	20.00	20.72	21.42	22.08	22.73	23.34	23.93	24.49	25.01
51'	19.29	20.04	20.76	21.45	22.12	22.76	23.37	23.96	24.51	25.04
54'	19.33	20.07	20.79	21.48	22.15	22.79	23.40	23.99	24.54	25.06
57'	19.37	20.11	20.83	21.52	22.18	22.82	23.43	24.01	24.57	25.09

58 cos²α

α	cos²α	α	cos²α	α	cos²α
0°	58.0	12°30'	55.3	23°20'	48.9
1°	58.0	13°	55.1	23°40'	48.7
2°	57.9	13°30'	54.8	24°	48.4
3°	57.8	14°	54.6	24°20'	48.2
4°	57.7	14°30'	54.4	24°40'	47.9
5°	57.6	15°	54.1	25°	47.6
6°	57.4	15°30'	53.9	25°20'	47.4
7°	57.1	16°	53.6	25°40'	47.1
8°	56.9	16°30'	53.3	26°	46.9
9°	56.6	17°	53.0	26°20'	46.6
10°	56.3	17°30'	52.8	26°40'	46.3
10°30'	56.1	18°	52.5	27°	46.0
11°	55.9	18°30'	52.2	27°20'	45.8
11°30'	55.7	19°	51.9	27°40'	45.5
12°	55.5	19°30'	51.5	28°	45.2
		20°	51.2	28°20'	44.9
		20°30'	51.0	28°40'	44.7
		20°40'	50.8	29°	44.4
		21°	50.6	29°20'	44.1
		21°20'	50.3	29°40'	43.8
		21°40'	50.1	30°	43.5
		22°	49.9		
		22°20'	49.6		
		22°40'	49.4		
		23°	49.1		

50 59 ($\frac{1}{2}\sin 2\alpha$)

α	0°	1°	2°	3°	4°	5°	6°	7°	8°	9°
0'	0.00	1.03	2.06	3.08	4.11	5.12	6.13	7.14	8.13	9.12
3'	0.05	1.08	2.11	3.13	4.16	5.17	6.18	7.19	8.18	9.16
6'	0.10	1.13	2.16	3.19	4.21	5.22	6.23	7.24	8.23	9.21
9'	0.15	1.18	2.21	3.24	4.26	5.27	6.28	7.29	8.28	9.26
12'	0.21	1.24	2.26	3.29	4.31	5.33	6.33	7.34	8.33	9.31
15'	0.26	1.29	2.31	3.34	4.36	5.38	6.38	7.39	8.38	9.36
18'	0.31	1.34	2.37	3.39	4.41	5.43	6.44	7.44	8.43	9.41
21'	0.36	1.39	2.42	3.44	4.46	5.48	6.49	7.49	8.48	9.46
24'	0.41	1.44	2.47	3.49	4.51	5.53	6.54	7.54	8.53	9.51
27'	0.46	1.49	2.52	3.54	4.56	5.58	6.59	7.59	8.58	9.50
30'	0.51	1.54	2.57	3.60	4.61	5.63	6.64	7.64	8.62	9.60
33'	0.57	1.60	2.62	3.65	4.67	5.68	6.69	7.68	8.67	9.65
36'	0.62	1.65	2.67	3.70	4.72	5.73	6.74	7.73	8.72	9.70
39'	0.67	1.70	2.72	3.75	4.77	5.78	6.79	7.78	8.77	9.75
42'	0.72	1.75	2.78	3.80	4.82	5.83	6.84	7.83	8.82	9.80
45'	0.77	1.80	2.83	3.85	4.87	5.88	6.89	7.88	8.87	9.85
48'	0.82	1.85	2.88	3.90	4.92	5.93	6.94	7.93	8.92	9.90
51'	0.88	1.90	2.93	3.95	4.97	5.98	6.99	7.98	8.97	9.94
54'	0.93	1.96	2.98	4.00	5.02	6.03	7.04	8.03	9.02	9.99
57'	0.98	2.01	3.03	4.05	5.07	6.08	7.09	8.08	9.07	10.04

α	10°	11°	12°	13°	14°	15°	16°	17°	18°	19°
0'	10.09	11.05	12.00	12.93	13.85	14.75	15.63	16.50	17.34	18.16
3'	10.14	11.10	12.05	12.98	13.89	14.79	15.68	16.54	17.38	18.20
6'	10.19	11.15	12.09	13.02	13.94	14.84	15.72	16.58	17.42	18.24
9'	10.23	11.19	12.14	13.07	13.99	14.88	15.76	16.62	17.46	18.28
12'	10.28	11.24	12.19	13.12	14.03	14.93	15.81	16.67	17.51	18.32
15'	10.33	11.29	12.23	13.16	14.08	14.97	15.85	16.71	17.55	18.36
18'	10.38	11.34	12.28	13.21	14.12	15.02	15.89	16.75	17.59	18.40
21'	10.43	11.38	12.33	13.25	14.17	15.06	15.94	16.79	17.63	18.44
24'	10.48	11.43	12.37	13.30	14.21	15.11	15.98	16.84	17.67	18.48
27'	10.52	11.48	12.42	13.35	14.26	15.15	16.02	16.88	17.71	18.52
30'	10.57	11.53	12.47	13.39	14.30	15.19	16.07	16.92	17.75	18.56
33'	10.62	11.57	12.51	13.44	14.35	15.24	16.11	16.96	17.79	18.60
36'	10.67	11.62	12.56	13.48	14.39	15.28	16.15	17.00	17.84	18.64
39'	10.72	11.67	12.61	13.53	14.44	15.33	16.20	17.05	17.88	18.68
42'	10.76	11.72	12.65	13.58	14.48	15.37	16.24	17.09	17.92	18.72
45'	10.81	11.76	12.70	13.62	14.53	15.41	16.28	17.13	17.96	18.76
48'	10.86	11.81	12.75	13.67	14.57	15.46	16.33	17.17	18.00	18.80
51'	10.91	11.86	12.79	13.71	14.62	15.50	16.37	17.21	18.04	18.84
54'	10.96	11.90	12.84	13.76	14.66	15.55	16.41	17.26	18.08	18.88
57'	11.00	11.95	12.89	13.80	14.71	15.59	16.45	17.30	18.12	18.92

α	20°	21°	22°	23°	24°	25°	26°	27°	28°	29°
0'	18.96	19.74	20.49	21.22	21.92	22.60	23.25	23.87	24.46	25.02
3'	19.00	19.78	20.53	21.26	21.96	22.63	23.28	23.90	24.49	25.04
6'	19.04	19.82	20.57	21.29	21.99	22.66	23.31	23.93	24.51	25.07
9'	19.08	19.85	20.60	21.33	22.03	22.70	23.34	23.96	24.54	25.10
12'	19.12	19.89	20.64	21.36	22.06	22.73	23.37	23.99	24.57	25.13
15'	19.16	19.93	20.68	21.40	22.09	22.76	23.40	24.02	24.60	25.15
18'	19.20	19.97	20.71	21.43	22.13	22.80	23.44	24.05	24.63	25.18
21'	19.24	20.01	20.75	21.47	22.16	22.83	23.47	24.08	24.66	25.21
24'	19.28	20.04	20.79	21.50	22.20	22.86	23.50	24.11	24.68	25.23
27'	19.31	20.08	20.82	21.54	22.23	22.89	23.53	24.14	24.71	25.26
30'	19.35	20.12	20.86	21.57	22.26	22.93	23.56	24.16	24.74	25.29
33'	19.39	20.16	20.90	21.61	22.30	22.96	23.59	24.19	24.77	25.31
36'	19.43	20.19	20.93	21.65	22.33	22.99	23.62	24.22	24.80	25.34
39'	19.47	20.23	20.97	21.68	22.37	23.02	23.65	24.25	24.82	25.37
42'	19.51	20.27	21.00	21.71	22.40	23.05	23.68	24.28	24.85	25.39
45'	19.55	20.31	21.04	21.75	22.43	23.09	23.71	24.31	24.88	25.42
48'	19.59	20.34	21.08	21.78	22.47	23.12	23.74	24.34	24.91	25.44
51'	19.62	20.38	21.11	21.82	22.50	23.15	23.77	24.37	24.94	25.47
54'	19.66	20.42	21.15	21.85	22.53	23.18	23.81	24.40	24.96	25.50
57'	19.70	20.46	21.18	21.89	22.57	23.21	23.84	24.43	24.99	25.52

59 $\cos^2\alpha$

α	value
0°	59.0
1°	59.0
2°	58.9
3°	58.8
4°	58.7
5°	58.6
6°	58.4
7°	58.1
8°	57.9
9°	57.6
10°	57.2
10° 30'	57.0
11°	56.9
11° 30'	56.7
12°	56.4
12° 30'	56.2
13°	56.0
13° 30'	55.8
14°	55.5
14° 30'	55.3
15°	55.0
15° 30'	54.8
16°	54.5
16° 30'	54.2
17°	54.0
17° 30'	53.7
18°	53.4
18° 30'	53.1
19°	52.7
19° 30'	52.4
20°	52.1
20° 20'	51.9
20° 40'	51.7
21°	51.4
21° 20'	51.2
21° 40'	51.0
22°	50.7
22° 20'	50.5
22° 40'	50.2
23°	50.0
23° 20'	49.7
23° 40'	49.5
24°	49.2
24° 20'	49.0
24° 40'	48.7
25°	48.5
25° 20'	48.2
25° 40'	47.9
26°	47.7
26° 20'	47.4
26° 40'	47.1
27°	46.8
27° 20'	46.6
27° 40'	46.3
28°	46.0
28° 20'	45.7
28° 40'	45.4
29°	45.1
29° 20'	44.8
29° 40'	44.5
30°	44.3

α	0°	1°	2°	3°	4°	5°	6°	7°	8°	9°
0'	0.00	1.05	2.09	3.14	4.18	5.21	6.24	7.26	8.27	9.27
3'	0.05	1.10	2.14	3.19	4.23	5.26	6.29	7.31	8.32	9.32
6'	0.10	1.15	2.20	3.24	4.28	5.31	6.34	7.36	8.37	9.37
9'	0.16	1.20	2.25	3.29	4.33	5.36	6.39	7.41	8.42	9.42
12'	0.21	1.26	2.30	3.34	4.38	5.42	6.44	7.46	8.47	9.47
15'	0.26	1.31	2.35	3.40	4.48	5.47	6.49	7.51	8.52	9.52
18'	0.31	1.36	2.41	3.45	4.49	5.52	6.54	7.56	8.57	9.57
21'	0.37	1.41	2.46	3.50	4.54	5.57	6.60	7.61	8.62	9.62
24'	0.42	1.47	2.51	3.55	4.59	5.62	6.65	7.66	8.67	9.67
27'	0.47	1.52	2.56	3.60	4.64	5.67	6.70	7.71	8.72	9.72
30'	0.52	1.57	2.61	3.66	4.69	5.72	6.75	7.76	8.77	9.77
33'	0.58	1.62	2.67	3.71	4.74	5.78	6.80	7.82	8.82	9.82
36'	0.63	1.67	2.72	3.76	4.80	5.83	6.85	7.87	8.87	9.87
39'	0.68	1.73	2.77	3.81	4.85	5.88	6.90	7.92	8.92	9.92
42'	0.73	1.78	2.82	3.86	4.90	5.93	6.95	7.97	8.97	9.96
45'	0.79	1.83	2.88	3.92	4.95	5.98	7.00	8.02	9.02	10.01
48'	0.84	1.88	2.93	3.97	5.00	6.03	7.05	8.07	9.07	10.06
51'	0.89	1.94	2.98	4.02	5.05	6.08	7.11	8.12	9.12	10.11
54'	0.94	1.99	3.03	4.07	5.11	6.13	7.16	8.17	9.17	10.16
57'	0.99	2.04	3.08	4.12	5.16	6.19	7.21	8.22	9.22	10.21

α	10°	11°	12°	13°	14°	15°	16°	17°	18°	19°
0'	10.26	11.24	12.20	13.15	14.08	15.00	15.90	16.78	17.63	18.47
3'	10.31	11.29	12.25	13.20	14.13	15.05	15.94	16.82	17.68	18.51
6'	10.36	11.34	12.30	13.25	14.18	15.09	15.99	16.86	17.72	18.55
9'	10.41	11.38	12.35	13.29	14.22	15.14	16.03	16.91	17.76	18.59
12'	10.46	11.43	12.39	13.34	14.27	15.18	16.07	16.95	17.80	18.63
15'	10.51	11.48	12.44	13.39	14.31	15.23	16.12	16.99	17.84	18.68
18'	10.56	11.53	12.49	13.43	14.36	15.27	16.16	17.04	17.89	18.72
21'	10.60	11.58	12.54	13.48	14.41	15.32	16.21	17.08	17.93	18.76
24'	10.65	11.63	12.58	13.53	14.45	15.36	16.25	17.12	17.97	18.80
27'	10.70	11.67	12.63	13.57	14.50	15.41	16.30	17.16	18.01	18.84
30'	10.75	11.72	12.68	13.62	14.54	15.45	16.34	17.21	18.05	18.88
33'	10.80	11.77	12.73	13.67	14.59	15.50	16.38	17.25	18.10	18.92
36'	10.85	11.82	12.77	13.71	14.64	15.54	16.43	17.29	18.14	18.96
39'	10.90	11.87	12.82	13.76	14.68	15.59	16.47	17.34	18.18	19.00
42'	10.95	11.91	12.87	13.81	14.73	15.63	16.51	17.38	18.22	19.04
45'	11.00	11.96	12.92	13.85	14.77	15.67	16.56	17.42	18.26	19.08
48'	11.04	12.01	12.96	13.90	14.82	15.72	16.60	17.46	18.30	19.12
51'	11.09	12.06	13.01	13.95	14.86	15.76	16.65	17.51	18.35	19.16
54'	11.14	12.11	13.06	13.99	14.91	15.81	16.69	17.55	18.39	19.20
57'	11.19	12.15	13.10	14.04	14.95	15.85	16.73	17.59	18.43	19.24

α	20°	21°	22°	23°	24°	25°	26°	27°	28°	29°
0'	19.28	20.07	20.84	21.58	22.29	22.98	23.64	24.27	24.87	25.44
3'	19.32	20.11	20.88	21.62	22.33	23.01	23.67	24.30	24.90	25.47
6'	19.36	20.15	20.91	21.65	22.36	23.05	23.70	24.33	24.93	25.50
9'	19.40	20.19	20.95	21.69	22.40	23.08	23.74	24.36	24.96	25.52
12'	19.44	20.23	20.99	21.73	22.43	23.12	23.77	24.39	24.99	25.55
15'	19.48	20.27	21.03	21.76	22.47	23.15	23.80	24.42	25.02	25.58
18'	19.52	20.31	21.06	21.80	22.50	23.18	23.83	24.45	25.05	25.61
21'	19.56	20.34	21.10	21.83	22.54	23.22	23.86	24.48	25.07	25.63
24'	19.60	20.38	21.14	21.87	22.57	23.25	23.90	24.51	25.10	25.66
27'	19.64	20.42	21.18	21.90	22.61	23.28	23.93	24.54	25.13	25.69
30'	19.68	20.46	21.21	21.94	22.64	23.31	23.96	24.57	25.16	25.72
33'	19.72	20.50	21.25	21.98	22.68	23.35	23.99	24.60	25.19	25.74
36'	19.76	20.54	21.29	22.01	22.71	23.38	24.02	24.63	25.22	25.77
39'	19.80	20.57	21.32	22.05	22.74	23.41	24.05	24.66	25.25	25.80
42'	19.84	20.61	21.36	22.08	22.78	23.45	24.09	24.69	25.27	25.82
45'	19.88	20.65	21.40	22.12	22.81	23.48	24.12	24.72	25.30	25.85
48'	19.92	20.69	21.43	22.15	22.85	23.51	24.15	24.75	25.33	25.86
51'	19.96	20.73	21.47	22.19	22.88	23.54	24.18	24.78	25.36	25.90
54'	20.00	20.76	21.51	22.22	22.91	23.58	24.21	24.81	25.39	25.93
57'	20.03	20.80	21.54	22.26	22.95	23.61	24.24	24.84	25.41	25.95

60 $cos^2\alpha$

α	$60\,cos^2\alpha$
0°	60.0
1°	60.0
2°	59.9
3°	59.8
4°	59.7
5°	59.5
6°	59.3
7°	59.1
8°	58.8
9°	58.5
10°	58.2
10° 30'	58.0
11°	57.8
11° 30'	57.6
12°	57.4
12° 30'	57.2
13°	57.0
13° 30'	56.7
14°	56.5
14° 30'	56.2
15°	56.0
15° 30'	55.7
16°	55.4
16° 30'	55.2
17°	54.9
17° 30'	54.6
18°	54.3
18° 30'	54.0
19°	53.6
19° 30'	53.3
20°	53.0
20° 20'	52.8
20° 40'	52.5
21°	52.3
21° 20'	52.1
21° 40'	51.8
22°	51.6
22° 20'	51.3
22° 40'	51.1
23°	50.8
23° 20'	50.6
23° 40'	50.3
24°	50.1
24° 20'	49.8
24° 40'	49.5
25°	49.3
25° 20'	49.0
25° 40'	48.7
26°	48.5
26° 20'	48.2
26° 40'	47.9
27°	47.6
27° 20'	47.4
27° 40'	47.1
28°	46.8
28° 20'	46.5
28° 40'	46.2
29°	45.9
29° 20'	45.6
29° 40'	45.3
30°	45.0

61 ($\frac{1}{2}\sin 2\alpha$)

α	0°	1°	2°	3°	4°	5°	6°	7°	8°	9°	**61 $\cos^2\alpha$**	
0′	0.00	1.06	2.13	3.19	4.24	5.30	6.34	7.38	8.41	9.43	0°	61.0
3′	0.05	1.12	2.18	3.24	4.30	5.35	6.39	7.43	8.46	9.48	1°	61.0
6′	0.11	1.17	2.23	3.29	4.35	5.40	6.45	7.48	8.51	9.53	2°	60.9
9′	0.16	1.22	2.29	3.35	4.40	5.45	6.50	7.53	8.56	9.58	3°	60.8
12′	0.21	1.28	2.34	3.40	4.46	5.51	6.55	7.59	8.61	9.63	4°	60.7
15′	0.27	1.33	2.39	3.45	4.51	5.56	6.60	7.64	8.66	9.68	5°	60.5
18′	0.32	1.38	2.45	3.51	4.56	5.61	6.65	7.69	8.71	9.73	6°	60.3
21′	0.37	1.44	2.50	3.56	4.61	5.66	6.71	7.74	8.76	9.78	7°	60.1
24′	0.43	1.49	2.55	3.61	4.67	5.72	6.76	7.79	8.82	9.83	8°	59.8
27′	0.48	1.54	2.61	3.66	4.72	5.77	6.81	7.84	8.87	9.88	9°	59.5
30′	0.53	1.60	2.66	3.72	4.77	5.82	6.86	7.89	8.92	9.93	10°	59.2
33′	0.59	1.65	2.71	3.77	4.82	5.87	6.91	7.95	8.97	9.98	10° 30′	59.0
36′	0.64	1.70	2.76	3.82	4.88	5.92	6.96	8.00	9.02	10.03	11°	58.8
39′	0.69	1.76	2.82	3.88	4.93	5.98	7.02	8.05	9.07	10.08	11° 30′	58.6
42′	0.75	1.81	2.87	3.93	4.98	6.03	7.07	8.10	9.12	10.13	12°	58.4
45′	0.80	1.86	2.92	3.98	5.03	6.08	7.12	8.15	8.17	10.18	12° 30′	58.1
48′	0.85	1.92	2.98	4.03	5.09	6.13	7.17	8.20	9.22	10.23	13°	57.9
51′	0.90	1.97	3.03	4.09	5.14	6.19	7.22	8.25	9.27	10.28	13° 30′	57.7
54′	0.96	2.02	3.08	4.14	5.19	6.24	7.28	8.30	9.32	10.33	14°	57.4
57′	1.01	2.07	3.14	4.19	5.24	6.29	7.33	8.36	9.37	10.38	14° 30′	57.2

α	10°	11°	12°	13°	14°	15°	16°	17°	18°	19°		
0′	10.43	11.48	12.41	13.37	14.32	15.25	16.16	17.06	17.98	18.78	15°	56.9
3′	10.48	11.47	12.45	13.42	14.37	15.30	16.21	17.10	17.97	18.82	15° 30′	56.6
6′	10.53	11.52	12.50	13.47	14.41	15.34	16.25	17.14	18.01	18.86	16°	56.4
9′	10.58	11.57	12.55	13.51	14.46	15.39	16.30	17.19	18.06	18.91	16° 30′	56.1
12′	10.63	11.62	12.60	13.56	14.51	15.43	16.34	17.23	18.10	18.95	17°	55.8
15′	10.68	11.67	12.65	13.61	14.55	15.48	16.39	17.28	18.14	18.99	17° 30′	55.5
18′	10.73	11.72	12.70	13.66	14.60	15.53	16.43	17.32	18.18	19.03	18°	55.2
21′	10.78	11.77	12.74	13.70	14.65	15.57	16.48	17.36	18.23	19.07	18° 30′	54.9
24′	10.83	11.82	12.79	13.75	14.69	15.62	16.52	17.41	18.27	19.11	19°	54.5
27′	10.88	11.87	12.84	13.80	14.74	15.66	16.57	17.45	18.31	19.15	19° 30′	54.2
30′	10.93	11.92	12.89	13.85	14.79	15.71	16.61	17.49	18.36	19.19	20°	53.9
33′	10.98	11.97	12.94	13.89	14.83	15.75	16.66	17.54	18.40	19.24	20° 20′	53.6
36′	11.03	12.02	12.99	13.94	14.88	15.80	16.70	17.58	18.44	19.28	20° 40′	53.4
39′	11.08	12.06	13.03	13.99	14.93	15.85	16.75	17.62	18.48	19.32	21°	53.2
42′	11.13	12.11	13.08	14.04	14.97	15.89	16.79	17.67	18.52	19.36	21° 20′	52.9
45′	11.18	12.16	13.13	14.08	15.02	15.94	16.83	17.71	18.57	19.40	21° 40′	52.7
48′	11.23	12.21	13.18	14.13	15.07	15.98	16.88	17.75	18.61	19.44	22°	52.4
51′	11.28	12.26	13.23	14.18	15.11	16.03	16.92	17.80	18.65	19.48	22° 20′	52.2
54′	11.33	12.31	13.27	14.22	15.16	16.07	16.97	17.84	18.69	19.52	22° 40′	51.9
57′	11.38	12.36	13.32	14.27	15.20	16.12	17.01	17.88	18.74	19.56	23°	51.7

α	20°	21°	22°	23°	24°	25°	26°	27°	28°	29°		
0′	19.61	20.41	21.19	21.94	22.66	23.36	24.03	24.67	25.29	25.87	23° 20′	51.4
											23° 40′	51.2
3′	19.65	20.45	21.23	21.98	22.70	23.40	24.07	24.71	25.32	25.89	24°	50.9
6′	19.69	20.49	21.26	22.01	22.74	23.43	24.10	24.74	25.35	25.92	24° 20′	50.6
9′	19.73	20.53	21.30	22.05	22.77	23.47	24.13	24.77	25.37	25.95	24° 40′	50.4
12′	19.77	20.57	21.34	22.09	22.81	23.50	24.16	24.80	25.40	25.98		
15′	19.81	20.61	21.38	22.12	22.84	23.53	24.20	24.88	25.43	26.01	25°	50.1
											25° 20′	49.8
18′	19.85	20.64	21.42	22.16	22.88	23.57	24.23	24.86	25.46	26.03	25° 40′	49.6
21′	19.89	20.68	21.45	22.20	22.91	23.60	24.26	24.89	25.49	26.06	26°	49.3
24′	19.93	20.72	21.49	22.23	22.95	23.64	24.29	24.92	25.52	26.09	26° 20′	49.0
27′	19.97	20.76	21.53	22.27	22.98	23.67	24.33	24.95	25.55	26.12		
30′	20.01	20.80	21.57	22.31	23.02	23.70	24.36	24.98	25.58	26.14	26° 40′	48.7
33′	20.05	20.84	21.60	22.34	23.05	23.74	24.39	25.01	25.61	26.17	27°	48.4
36′	20.09	20.88	21.64	22.38	23.09	23.77	24.42	25.05	25.64	26.20	27° 20′	48.1
39′	20.13	20.92	21.68	22.41	23.12	23.80	24.45	25.08	25.67	26.23	27° 40′	47.8
42′	20.17	20.96	21.72	22.45	23.16	23.84	24.49	25.11	25.69	26.25	28°	47.6
45′	20.21	20.99	21.75	22.49	23.19	23.87	24.52	25.14	25.72	26.28	28° 20′	47.3
											28° 40′	47.0
48′	20.25	21.03	21.79	22.52	23.23	23.90	24.55	25.17	25.75	26.31	29°	46.7
51′	20.29	21.07	21.83	22.56	23.26	23.94	24.58	25.20	25.78	26.33	29° 20′	46.4
54′	20.33	21.11	21.87	22.59	23.30	23.97	24.61	25.23	25.81	26.36	29° 40′	46.1
57′	20.37	21.15	21.90	22.63	23.33	24.00	24.64	25.26	25.84	26.39	30°	45.8

62 ($\frac{1}{2}$ sin 2 α)

α	0°	1°	2°	3°	4°	5°	6°	7°	8°	9°	62 $\cos^2 α$	
0'	0.00	1.08	2.16	3.24	4.31	5.38	6.45	7.50	8.54	9.58	0°	62.0
3'	0.05	1.14	2.22	3.29	4.37	5.44	6.50	7.55	8.60	9.63	1°	62.0
6'	0.11	1.19	2.27	3.35	4.42	5.49	6.55	7.60	8.65	9.68	2°	61.9
9'	0.16	1.24	2.32	3.40	4.48	5.54	6.60	7.66	8.70	9.73	3°	61.8
12'	0.22	1.30	2.38	3.46	4.53	5.60	6.66	7.71	8.75	9.79	4°	61.7
15'	0.27	1.35	2.43	3.51	4.58	5.65	6.71	7.76	8.80	9.84	5°	61.5
18'	0.32	1.41	2.49	3.56	4.64	5.70	6.76	7.81	8.86	9.89	6°	61.3
21'	0.38	1.46	2.54	3.62	4.69	5.76	6.82	7.87	8.91	9.94	7°	61.1
24'	0.43	1.51	2.59	3.67	4.74	5.81	6.87	7.92	8.96	9.99	8°	60.8
27'	0.49	1.57	2.65	3.72	4.80	5.89	6.92	7.97	9.01	10.04	9°	60.5
30'	0.54	1.62	2.70	3.78	4.85	5.92	6.97	8.02	9.06	10.09	10°	60.1
33'	0.60	1.68	2.76	3.83	4.90	5.97	7.03	8.08	9.12	10.14	10° 30'	59.9
36'	0.65	1.73	2.81	3.89	4.96	6.02	7.08	8.13	9.17	10.19	11°	59.7
39'	0.70	1.78	2.86	3.94	5.01	6.07	7.13	8.18	9.22	10.25	11° 30'	59.5
42'	0.76	1.84	2.92	3.99	5.06	6.13	7.18	8.23	9.27	10.30	12°	59.3
45'	0.81	1.89	2.97	4.05	5.12	6.18	7.24	8.28	9.32	10.35	12° 30'	59.1
48'	0.87	1.95	3.03	4.10	5.17	6.23	7.29	8.34	9.37	10.40	13°	58.9
51'	0.92	2.00	3.08	4.15	5.22	6.29	7.34	8.39	9.43	10.45	13° 30'	58.6
54'	0.97	2.05	3.13	4.21	5.28	6.34	7.39	8.44	9.48	10.50	14°	58.4
57'	1.03	2.11	3.19	4.26	5.33	6.39	7.45	8.49	9.53	10.55	14° 30'	58.1

α	10°	11°	12°	13°	14°	15°	16°	17°	18°	19°	62 $\cos^2 α$	
0'	10.60	11.61	12.61	13.59	14.55	15.50	16.43	17.33	18.22	19.09	15°	57.8
3'	10.65	11.66	12.66	13.64	14.60	15.55	16.47	17.38	18.27	19.13	15° 30'	57.6
6'	10.70	11.71	12.71	13.69	14.65	15.59	16.52	17.42	18.31	19.17	16°	57.3
9'	10.76	11.76	12.76	13.74	14.70	15.64	16.56	17.47	18.35	19.21	16° 30'	57.0
12'	10.81	11.81	12.81	13.78	14.74	15.69	16.61	17.51	18.40	19.26	17°	56.7
15'	10.86	11.86	12.86	13.83	14.79	15.73	16.66	17.56	18.44	19.30	17° 30'	56.4
18'	10.91	11.91	12.90	13.88	14.84	15.78	16.70	17.60	18.48	19.34	18°	56.1
21'	10.96	11.96	12.95	13.93	14.89	15.83	16.75	17.65	18.53	19.38	18° 30'	55.8
24'	11.01	12.01	13.00	13.98	14.93	15.87	16.79	17.69	18.57	19.42	19°	55.4
27'	11.06	12.06	13.05	14.03	14.98	15.92	16.84	17.74	18.61	19.47	19° 30'	55.1
30'	11.11	12.11	13.13	14.07	15.03	15.97	16.88	17.78	18.66	19.51	20°	54.7
33'	11.16	12.16	13.15	14.12	15.08	16.01	16.93	17.83	18.70	19.55	20° 20'	54.5
36'	11.21	12.21	13.20	14.17	15.12	16.06	16.97	17.87	18.74	19.59	20° 40'	54.3
39'	11.26	12.26	13.25	14.22	15.17	16.11	17.02	17.91	18.79	19.63	21°	54.0
42'	11.31	12.31	13.30	14.27	15.22	16.15	17.06	17.96	18.83	19.68	21° 20'	53.8
45'	11.36	12.36	13.35	14.31	15.27	16.20	17.11	18.00	18.87	19.72	21° 40'	53.5
48'	11.41	12.41	13.39	14.36	15.31	16.24	17.16	18.05	18.91	19.76	22°	53.3
51'	11.46	12.46	13.44	14.41	15.36	16.29	17.20	18.09	18.96	19.80	22° 20'	53.0
54'	11.51	12.51	13.49	14.46	15.41	16.34	17.25	18.13	19.00	19.84	22° 40'	52.8
57'	11.56	12.56	13.54	14.51	15.45	16.38	17.29	18.18	19.04	19.88	23°	52.5

α	20°	21°	22°	23°	24°	25°	26°	27°	28°	29°	62 $\cos^2 α$	
0'	19.93	20.74	21.53	22.30	23.04	23.75	24.43	25.08	25.70	26.29	23° 20'	52.3
3'	19.97	20.78	21.57	22.34	23.07	23.78	24.46	25.11	25.73	26.32	23° 40'	52.0
6'	20.01	20.82	21.61	22.37	23.11	23.82	24.49	25.14	25.76	26.35	24°	51.7
9'	20.05	20.86	21.65	22.41	23.15	23.85	24.53	25.17	25.79	26.38	24° 20'	51.5
12'	20.09	20.90	21.69	22.45	23.18	23.89	24.56	25.21	25.82	26.40	24° 40'	51.2
15'	20.13	20.94	21.73	22.49	23.22	23.93	24.59	25.24	25.85	26.43	25°	50.9
18'	20.17	20.98	21.77	22.52	23.25	23.95	24.63	25.27	25.88	26.46	25° 20'	50.6
21'	20.22	21.02	21.81	22.56	23.29	23.99	24.66	25.30	25.91	26.49	25° 40'	50.3
24'	20.26	21.06	21.84	22.60	23.32	24.02	24.69	25.33	25.94	26.52	26°	50.1
27'	20.30	21.10	21.88	22.64	23.36	24.06	24.73	25.36	25.97	26.54	26° 20'	49.8
30'	20.34	21.14	21.92	22.67	23.40	24.09	24.76	25.39	26.00	26.57	26° 40'	49.5
33'	20.38	21.18	21.96	22.71	23.43	24.13	24.79	25.42	26.03	26.60	27°	49.2
36'	20.42	21.22	22.00	22.75	23.47	24.16	24.82	25.46	26.06	26.63	27° 20'	48.9
39'	20.46	21.26	22.03	22.78	23.50	24.19	24.86	25.49	26.09	26.66	27° 40'	48.6
42'	20.50	21.30	22.07	22.82	23.54	24.23	24.89	25.52	26.12	26.68	28°	48.3
45'	20.54	21.34	22.11	22.86	23.57	24.26	24.92	25.55	26.15	26.71	28° 20'	48.0
48'	20.58	21.38	22.15	22.89	23.61	24.29	24.95	25.58	26.17	26.74	28° 40'	47.7
51'	20.62	21.42	22.19	22.93	23.64	24.33	24.98	25.61	26.20	26.77	29°	47.4
54'	20.66	21.46	22.22	22.96	23.68	24.36	25.02	25.64	26.23	26.79	29° 20'	47.1
57'	20.70	21.50	22.26	23.00	23.71	24.39	25.05	25.67	26.26	26.82	29° 40'	46.8
											30°	46.5

63 ($\frac{1}{2} \sin 2\alpha$)

α	0°	1°	2°	3°	4°	5°	6°	7°	8°	9°
0'	0.00	1.10	2.20	3.29	4.38	5.47	6.55	7.62	8.68	9.73
3'	0.05	1.15	2.25	3.35	4.44	5.52	6.60	7.67	8.74	9.79
6'	0.11	1.21	2.31	3.40	4.49	5.58	6.66	7.73	8.79	9.84
9'	0.16	1.26	2.36	3.46	4.55	5.63	6.71	7.78	8.84	9.89
12'	0.22	1.32	2.42	3.51	4.60	5.69	6.76	7.83	8.89	9.94
15'	0.27	1.37	2.47	3.57	4.66	5.74	6.82	7.89	8.95	10.00
18'	0.33	1.43	2.53	3.62	4.71	5.79	6.87	7.94	9.00	10.05
21'	0.38	1.48	2.58	3.68	4.76	5.85	6.93	7.99	9.05	10.10
24'	0.44	1.54	2.64	3.73	4.82	5.90	6.98	8.05	9.10	10.15
27'	0.49	1.59	2.69	3.78	4.87	5.96	7.03	8.10	9.16	10.20
30'	0.55	1.65	2.75	3.84	4.93	6.01	7.09	8.15	9.21	10.26
33'	0.60	1.70	2.80	3.89	4.98	6.06	7.14	8.21	9.26	10.31
36'	0.66	1.76	2.85	3.95	5.04	6.12	7.19	8.26	9.31	10.36
39'	0.71	1.81	2.91	4.00	5.09	6.17	7.25	8.31	9.37	10.41
42'	0.77	1.87	2.96	4.06	5.14	6.23	7.30	8.37	9.42	10.46
45'	0.82	1.92	3.02	4.11	5.20	6.28	7.35	8.42	9.47	10.51
48'	0.88	1.98	3.07	4.17	5.25	6.33	7.41	8.47	9.52	10.57
51'	0.93	2.03	3.13	4.22	5.31	6.39	7.46	8.52	9.58	10.62
54'	0.99	2.09	3.18	4.28	5.36	6.44	7.51	8.58	9.63	10.67
57'	1.04	2.14	3.24	4.33	5.42	6.50	7.57	8.63	9.68	10.72

α	10°	11°	12°	13°	14°	15°	16°	17°	18°	19°
0'	10.77	11.80	12.81	13.81	14.79	15.75	16.69	17.61	18.52	19.39
3'	10.83	11.85	12.86	13.86	14.84	15.80	16.74	17.66	18.56	19.44
6'	10.88	11.90	12.91	13.91	14.89	15.85	16.79	17.71	18.60	19.48
9'	10.93	11.95	12.96	13.96	14.93	15.89	16.83	17.75	18.65	19.52
12'	10.98	12.00	13.01	14.01	14.98	15.94	16.88	17.80	18.69	19.57
15'	11.03	12.05	13.06	14.06	15.03	15.99	16.92	17.84	18.74	19.61
18'	11.08	12.11	13.11	14.10	15.08	16.03	16.97	17.89	18.78	19.65
21'	11.13	12.16	13.16	14.15	15.12	16.08	17.02	17.93	18.83	19.70
24'	11.19	12.21	13.21	14.20	15.17	16.13	17.06	17.98	18.87	19.74
27'	11.24	12.26	13.26	14.25	15.22	16.18	17.11	18.02	18.91	19.78
30'	11.29	12.31	13.31	14.30	15.27	16.22	17.16	18.07	18.96	19.82
33'	11.34	12.36	13.36	14.35	15.32	16.27	17.20	18.11	19.00	19.87
36'	11.39	12.41	13.41	14.40	15.37	16.32	17.25	18.16	19.04	19.91
39'	11.44	12.46	13.46	14.45	15.42	16.36	17.29	18.20	19.09	19.95
42'	11.49	12.51	13.51	14.50	15.46	16.41	17.34	18.25	19.13	19.99
45'	11.54	12.56	13.56	14.55	15.51	16.46	17.39	18.29	19.18	20.04
48'	11.60	12.61	13.61	14.59	15.56	16.51	17.43	18.34	19.22	20.08
51'	11.65	12.66	13.66	14.64	15.61	16.55	17.48	18.38	19.26	20.12
54'	11.70	12.71	13.71	14.69	15.65	16.60	17.52	18.43	19.31	20.16
57'	11.75	12.76	13.76	14.74	15.70	16.65	17.57	18.47	19.35	20.21

α	20°	21°	22°	23°	24°	25°	26°	27°	28°	29°
0'	20.25	21.08	21.88	22.66	23.41	24.13	24.82	25.48	26.11	26.71
3'	20.29	21.12	21.92	22.70	23.45	24.17	24.86	25.52	26.15	26.74
6'	20.33	21.16	21.96	22.74	23.48	24.20	24.89	25.55	26.18	26.77
9'	20.37	21.20	22.00	22.77	23.52	24.24	24.92	25.58	26.21	26.80
12'	20.42	21.24	22.04	22.81	23.56	24.27	24.96	25.61	26.24	26.83
15'	20.46	21.28	22.09	22.85	23.59	24.31	24.99	25.64	26.27	26.86
18'	20.50	21.32	22.12	22.89	23.63	24.34	25.02	25.68	26.30	26.89
21'	20.54	21.36	22.16	22.92	23.66	24.38	25.06	25.71	26.33	26.92
24'	20.58	21.40	22.20	22.96	23.70	24.41	25.09	25.74	26.36	26.94
27'	20.62	21.44	22.23	23.00	23.74	24.45	25.12	25.77	26.39	26.97
30'	20.67	21.48	22.27	23.04	23.77	24.48	25.16	25.80	26.42	27.00
33'	20.71	21.52	22.31	23.08	23.81	24.51	25.19	25.83	26.45	27.03
36'	20.75	21.56	22.35	23.11	23.85	24.55	25.22	25.87	26.48	27.06
39'	20.79	21.60	22.39	23.15	23.88	24.58	25.26	25.90	26.51	27.09
42'	20.83	21.64	22.43	23.19	23.92	24.62	25.29	25.93	26.54	27.11
45'	20.87	21.68	22.47	23.22	23.95	24.65	25.32	25.96	26.57	27.14
48'	20.91	21.72	22.51	23.26	23.99	24.69	25.35	25.99	26.60	27.17
51'	20.95	21.76	22.54	23.30	24.02	24.72	25.39	26.02	26.63	27.20
54'	21.00	21.80	22.58	23.34	24.06	24.75	25.42	26.05	26.66	27.22
57'	21.04	21.84	22.62	23.39	24.10	24.79	25.45	26.08	26.68	27.25

63 $\cos^2\alpha$

α	value
0°	63.0
1°	63.0
2°	62.9
3°	62.8
4°	62.7
5°	62.5
6°	62.3
7°	62.1
8°	61.8
9°	61.5
10°	61.1
10° 30'	60.9
11°	60.7
11° 30'	60.5
12°	60.3
12° 30'	60.0
13°	59.8
13° 30'	59.6
14°	59.3
14° 30'	59.1
15°	58.8
15° 30'	58.5
16°	58.2
16° 30'	57.9
17°	57.6
17° 30'	57.3
18°	57.0
18° 30'	56.7
19°	56.3
19° 30'	56.0
20°	55.6
20° 20'	55.4
20° 40'	55.2
21°	54.9
21° 20'	54.7
21° 40'	54.4
22°	54.2
22° 20'	53.9
22° 40'	53.6
23°	53.4
23° 20'	53.1
23° 40'	52.8
24°	52.6
24° 20'	52.3
24° 40'	52.0
25°	51.7
25° 20'	51.5
25° 40'	51.2
26°	50.9
26° 20'	50.6
26° 40'	50.3
27°	50.0
27° 20'	49.7
27° 40'	49.4
28°	49.1
28° 20'	48.8
28° 40'	48.5
29°	48.2
29° 20'	47.9
29° 40'	47.6
30°	47.3

α	0°	1°	2°	3°	4°	5°	6°	7°	8°	9°	**64 cos²α**	
0'	0.00	1.12	2.23	3.34	4.45	5.56	6.65	7.74	8.82	9.89	0°	64.0
3'	0.06	1.17	2.29	3.40	4.51	5.61	6.71	7.80	8.87	9.94	1°	64.0
6'	0.11	1.23	2.34	3.46	4.56	5.67	6.76	7.85	8.93	9.99	2°	63.9
9'	0.17	1.28	2.40	3.51	4.62	5.72	6.82	7.90	8.98	10.05	3°	63.8
12'	0.22	1.34	2.46	3.57	4.67	5.78	6.87	7.96	9.03	10.10	4°	63.7
15'	0.28	1.40	2.51	3.62	4.73	5.88	6.93	8.01	9.09	10.15	5°	63.5
18'	0.34	1.45	2.57	3.68	4.79	5.89	6.98	8.07	9.14	10.21	6°	63.3
21'	0.39	1.51	2.62	3.73	4.84	5.94	7.04	8.12	9.20	10.26	7°	63.0
24'	0.45	1.56	2.68	3.79	4.90	6.00	7.09	8.17	9.25	10.31	8°	62.8
27'	0.50	1.62	2.73	3.84	4.95	6.05	7.14	8.23	9.30	10.37	9°	62.4
30'	0.56	1.67	2.79	3.90	5.01	6.11	7.20	8.28	9.36	10.42		
33'	0.61	1.73	2.84	3.96	5.06	6.16	7.25	8.34	9.41	10.47	10°	62.1
36'	0.67	1.79	2.90	4.01	5.12	6.22	7.31	8.39	9.46	10.52	10° 30'	61.9
39'	0.73	1.84	2.96	4.07	5.17	6.27	7.36	8.44	9.52	10.58	11°	61.7
42'	0.78	1.90	3.01	4.12	5.23	6.33	7.42	8.50	9.57	10.63	11° 30'	61.5
											12°	61.2
45'	0.84	1.95	3.07	4.18	5.28	6.38	7.47	8.55	9.62	10.68		
48'	0.89	2.01	3.12	4.23	5.34	6.43	7.52	8.61	9.68	10.73	12° 30'	61.0
51'	0.95	2.07	3.18	4.29	5.39	6.49	7.58	8.66	9.73	10.79	13°	60.8
54'	1.01	2.12	3.23	4.34	5.45	6.54	7.63	8.71	9.78	10.84	13° 30'	60.5
57'	1.06	2.18	3.29	4.40	5.50	6.60	7.69	8.77	9.84	10.89	14°	60.3
											14° 30'	60.0

α	10°	11°	12°	13°	14°	15°	16°	17°	18°	19°	**64 cos²α**	
											15°	59.7
0'	10.94	11.99	13.02	14.03	15.02	16.00	16.96	17.89	18.81	19.70	15° 30'	59.4
3'	11.00	12.04	13.07	14.08	15.07	16.05	17.00	17.94	18.85	19.75	16°	59.1
6'	11.05	12.09	13.12	14.13	15.12	16.10	17.05	17.99	18.90	19.79	16° 30'	58.8
9'	11.10	12.14	13.17	14.18	15.17	16.14	17.10	18.03	18.94	19.83	17°	58.5
12'	11.15	12.19	13.22	14.23	15.22	16.19	17.15	18.08	18.99	19.88		
											17° 30'	58.2
15'	11.21	12.25	13.27	14.28	15.27	16.24	17.19	18.12	19.03	19.92	18°	57.9
18'	11.26	12.30	13.32	14.33	15.32	16.29	17.24	18.17	19.08	19.96	18° 30'	57.6
21'	11.31	12.35	13.37	14.38	15.37	16.34	17.29	18.22	19.12	20.01	19°	57.2
24'	11.36	12.40	13.42	14.43	15.42	16.39	17.33	18.26	19.17	20.05	19° 30'	56.9
27'	11.42	12.45	13.47	14.48	15.47	16.43	17.38	18.31	19.21	20.09		
30'	11.47	12.50	13.52	14.53	15.51	16.48	17.43	18.35	19.26	20.14	20°	56.5
33'	11.52	12.55	13.57	14.58	15.56	16.53	17.48	18.40	19.30	20.18	20° 20'	56.3
36'	11.57	12.61	13.62	14.63	15.61	16.58	17.52	18.45	19.35	20.22	20° 40'	56.0
39'	11.62	12.66	13.68	14.68	15.66	16.62	17.57	18.49	19.39	20.27	21°	55.8
42'	11.68	12.71	13.73	14.73	15.71	16.67	17.62	18.54	19.44	20.31	21° 20'	55.5
45'	11.73	12.76	13.78	14.78	15.76	16.72	17.66	18.58	19.48	20.35	21° 40'	55.3
48'	11.78	12.81	13.83	14.83	15.81	16.77	17.71	18.63	19.52	20.40	22°	55.0
51'	11.83	12.86	13.88	14.87	15.85	16.82	17.76	18.67	19.57	20.44	22° 20'	54.8
54'	11.88	12.91	13.93	14.92	15.90	16.86	17.80	18.72	19.61	20.48	22° 40'	54.5
57'	11.94	12.96	13.98	14.97	15.95	16.91	17.85	18.76	19.66	20.53	23°	54.2

α	20°	21°	22°	23°	24°	25°	26°	27°	28°	29°	**64 cos²α**	
											23° 20'	54.0
											23° 40'	53.7
0'	20.57	21.41	22.23	23.02	23.78	24.51	25.22	25.89	26.53	27.14	24°	53.4
3'	20.61	21.45	22.27	23.06	23.82	24.55	25.25	25.92	26.56	27.17	24° 20'	53.1
6'	20.65	21.50	22.31	23.10	23.86	24.59	25.28	25.95	26.59	27.20	24° 40'	52.9
9'	20.70	21.54	22.35	23.13	23.89	24.62	25.32	25.99	26.62	27.23		
12'	20.74	21.58	22.39	23.17	23.93	24.66	25.35	26.02	26.65	27.26	25°	52.6
											25° 20'	52.3
15'	20.78	21.62	22.43	23.21	23.97	24.69	25.39	26.05	26.68	27.28	25° 40'	52.0
18'	20.82	21.66	22.47	23.25	24.00	24.73	25.42	26.08	26.72	27.31	26°	51.7
21'	20.87	21.70	22.51	23.29	24.04	24.76	25.46	26.12	26.75	27.34	26° 20'	51.4
24'	20.91	21.74	22.55	23.33	24.08	24.80	25.49	26.15	26.78	27.37		
27'	20.95	21.78	22.59	23.37	24.11	24.83	25.52	26.18	26.81	27.40	26° 40'	51.1
30'	20.99	21.82	22.63	23.40	24.15	24.87	25.56	26.21	26.84	27.43	27°	50.8
33'	21.04	21.86	22.67	23.44	24.19	24.90	25.59	26.24	26.87	27.46	27° 20'	50.5
36'	21.08	21.91	22.71	23.48	24.22	24.94	25.62	26.28	26.90	27.49	27° 40'	50.2
39'	21.12	21.95	22.75	23.52	24.26	24.97	25.66	26.31	26.93	27.52	28°	49.9
42'	21.16	21.99	22.78	23.56	24.30	25.01	25.69	26.34	26.96	27.54		
45'	21.20	22.03	22.82	23.59	24.33	25.04	25.72	26.37	26.99	27.57	28° 20'	49.6
48'	21.25	22.07	22.86	23.63	24.37	25.08	25.76	26.40	27.02	27.60	28° 40'	49.3
51'	21.29	22.11	22.90	23.67	24.41	25.11	25.79	26.44	27.05	27.63	29°	49.0
54'	21.33	22.15	22.94	23.71	24.44	25.15	25.82	26.47	27.08	27.66	29° 20'	48.6
57'	21.37	22.19	22.98	23.74	24.48	25.18	25.86	26.50	27.11	27.68	29° 40'	48.3
											30°	48.0

65 ($\frac{1}{2} \sin 2\alpha$)

α	0°	1°	2°	3°	4°	5°	6°	7°	8°	9°
0'	0.00	1.13	2.27	3.40	4.52	5.64	6.76	7.86	8.96	10.04
3'	0.06	1.19	2.32	3.45	4.58	5.70	6.81	7.92	9.01	10.10
6'	0.11	1.25	2.38	3.51	4.64	5.76	6.87	7.97	9.07	10.15
9'	0.17	1.30	2.44	3.57	4.69	5.81	6.92	8.03	9.12	10.20
12'	0.23	1.36	2.49	3.62	4.75	5.87	6.98	8.08	9.18	10.26
15'	0.28	1.42	2.55	3.68	4.80	5.92	7.03	8.14	9.23	10.31
18'	0.34	1.47	2.61	3.74	4.86	5.98	7.09	8.19	9.28	10.37
21'	0.40	1.53	2.66	3.79	4.92	6.03	7.14	8.25	9.34	10.42
24'	0.45	1.59	2.72	3.85	4.97	6.09	7.20	8.30	9.39	10.47
27'	0.51	1.64	2.78	3.90	5.03	6.15	7.26	8.36	9.49	10.53
30'	0.57	1.70	2.83	3.96	5.08	6.20	7.31	8.41	9.50	10.58
33'	0.62	1.76	2.89	4.02	5.14	6.26	7.37	8.47	9.56	10.63
36'	0.68	1.81	2.95	4.07	5.20	6.31	7.42	8.52	9.61	10.69
39'	0.74	1.87	3.00	4.13	5.25	6.37	7.48	8.58	9.66	10.74
42'	0.79	1.93	3.06	4.19	5.31	6.42	7.53	8.63	9.72	10.80
45'	0.85	1.98	3.11	4.24	5.36	6.48	7.59	8.69	9.77	10.85
48'	0.91	2.04	3.17	4.30	5.42	6.54	7.64	8.74	9.83	10.90
51'	0.96	2.10	3.23	4.35	5.48	6.59	7.70	8.79	9.88	10.96
54'	1.02	2.15	3.28	4.41	5.53	6.65	7.75	8.85	9.94	11.01
57'	1.08	2.21	3.34	4.47	5.59	6.70	7.81	8.90	9.99	11.06

α	10°	11°	12°	13°	14°	15°	16°	17°	18°	19°
0'	11.12	12.17	13.22	14.25	15.26	16.25	17.22	18.17	19.10	20.01
3'	11.17	12.23	13.27	14.30	15.31	16.30	17.27	18.22	19.15	20.05
6'	11.22	12.28	13.32	14.35	15.36	16.35	17.32	18.27	19.19	20.10
9'	11.28	12.33	13.37	14.40	15.41	16.40	17.37	18.31	19.24	20.14
12'	11.33	12.38	13.43	14.45	15.46	16.45	17.41	18.36	19.29	20.19
15'	11.38	12.44	13.48	14.50	15.51	16.49	17.46	18.41	19.33	20.23
18'	11.43	12.49	13.53	14.55	15.56	16.54	17.51	18.45	19.38	20.28
21'	11.49	12.54	13.59	14.60	15.61	16.59	17.56	18.50	19.42	20.32
24'	11.54	12.59	13.63	14.65	15.66	16.64	17.61	18.55	19.47	20.36
27'	11.59	12.65	13.68	14.70	15.71	16.69	17.65	18.59	19.51	20.41
30'	11.65	12.70	13.74	14.75	15.76	16.74	17.70	18.64	19.56	20.45
33'	11.70	12.75	13.79	14.81	15.81	16.79	17.75	18.69	19.60	20.50
36'	11.75	12.80	13.84	14.86	15.86	16.84	17.80	18.73	19.65	20.54
39'	11.81	12.86	13.89	14.91	15.90	16.88	17.84	18.78	19.69	20.58
42'	11.86	12.91	13.94	14.96	15.95	16.93	17.89	18.83	19.74	20.63
45'	11.91	12.96	13.99	15.01	16.00	16.98	17.94	18.87	19.78	20.67
48'	11.96	13.01	14.04	15.06	16.05	17.03	17.99	18.92	19.83	20.72
51'	12.02	13.06	14.09	15.11	16.10	17.08	18.03	18.97	19.87	20.76
54'	12.07	13.12	14.15	15.16	16.15	17.13	18.08	19.01	19.92	20.80
57'	12.12	13.17	14.20	15.21	16.20	17.17	18.13	19.06	19.96	20.85

α	20°	21°	22°	23°	24°	25°	26°	27°	28°	29°
0'	20.89	21.75	22.58	23.38	24.15	24.90	25.61	26.29	26.94	27.56
3'	20.93	21.79	22.62	23.42	24.19	24.93	25.65	26.33	26.98	27.59
6'	20.98	21.83	22.66	23.46	24.23	24.97	25.68	26.36	27.01	27.62
9'	21.02	21.87	22.70	23.50	24.27	25.01	25.71	26.39	27.04	27.65
12'	21.06	21.91	22.74	23.54	24.30	25.04	25.75	26.43	27.07	27.68
15'	21.11	21.96	22.78	23.57	24.34	25.08	25.78	26.46	27.10	27.71
18'	21.15	22.00	22.82	23.61	24.38	25.11	25.82	26.49	27.13	27.74
21'	21.19	22.04	22.86	23.65	24.42	25.15	25.85	26.52	27.16	27.77
24'	21.24	22.08	22.90	23.69	24.45	25.19	25.89	26.56	27.19	27.80
27'	21.28	22.12	22.94	23.73	24.49	25.22	25.92	26.59	27.23	27.83
30'	21.32	22.17	22.98	23.77	24.53	25.26	25.96	26.62	27.26	27.86
33'	21.36	22.21	23.02	23.81	24.57	25.29	25.99	26.65	27.29	27.89
36'	21.41	22.25	23.06	23.85	24.60	25.33	26.02	26.69	27.32	27.92
39'	21.45	22.29	23.10	23.88	24.64	25.36	26.06	26.72	27.35	27.95
42'	21.49	22.33	23.14	23.92	24.68	25.40	26.09	26.75	27.38	27.97
45'	21.54	22.37	23.18	23.96	24.71	25.43	26.13	26.78	27.41	28.00
48'	21.58	22.41	23.22	24.00	24.75	25.47	26.16	26.82	27.44	28.03
51'	21.62	22.45	23.26	24.04	24.79	25.51	26.19	26.85	27.47	28.06
54'	21.66	22.49	23.30	24.08	24.82	25.54	26.23	26.88	27.50	28.09
57'	21.70	22.54	23.34	24.11	24.86	25.58	26.26	26.91	27.53	28.12

65 $\cos^2\alpha$

α	65 $\cos^2\alpha$
0°	65.0
1°	65.0
2°	64.9
3°	64.8
4°	64.7
5°	64.5
6°	64.3
7°	64.0
8°	63.7
9°	63.4
10°	63.0
10° 30'	62.8
11°	62.6
11° 30'	62.4
12°	62.2
12° 30'	62.0
13°	61.7
13° 30'	61.5
14°	61.2
14° 30'	60.9
15°	60.6
15° 30'	60.4
16°	60.1
16° 30'	59.8
17°	59.4
17° 30'	59.1
18°	58.8
18° 30'	58.5
19°	58.1
19° 30'	57.8
20°	57.4
20° 20'	57.2
20° 40'	56.9
21°	56.7
21° 20'	56.4
21° 40'	56.1
22°	55.9
22° 20'	55.6
22° 40'	55.3
23°	55.1
23° 20'	54.8
23° 40'	54.5
24°	54.2
24° 20'	54.0
24° 40'	53.7
25°	53.4
25° 20'	53.1
25° 40'	52.8
26°	52.5
26° 20'	52.2
26° 40'	51.9
27°	51.6
27° 20'	51.3
27° 40'	51.0
28°	50.7
28° 20'	50.4
28° 40'	50.0
29°	49.7
29° 20'	49.4
29° 40'	49.1
30°	48.8

66 ($\frac{1}{2} \sin 2\alpha$)

α	0°	1°	2°	3°	4°	5°	6°	7°	8°	9°
0'	0.00	1.15	2.30	3.45	4.59	5.73	6.86	7.98	9.10	10.20
3'	0.06	1.21	2.36	3.51	4.65	5.79	6.92	8.04	9.15	10.25
6'	0.12	1.27	2.42	3.56	4.71	5.84	6.97	8.10	9.21	10.31
9'	0.17	1.32	2.47	3.62	4.76	5.90	7.03	8.15	9.26	10.36
12'	0.23	1.38	2.53	3.68	4.82	5.96	7.09	8.21	9.32	10.42
15'	0.29	1.44	2.59	3.74	4.88	6.01	7.14	8.26	9.37	10.47
18'	0.35	1.50	2.65	3.79	4.93	6.07	7.20	8.32	9.43	10.53
21'	0.40	1.55	2.70	3.85	4.99	6.13	7.25	8.37	9.48	10.58
24'	0.46	1.61	2.76	3.91	5.05	6.18	7.31	8.43	9.54	10.63
27'	0.52	1.67	2.82	3.96	5.11	6.24	7.37	8.49	9.59	10.69
30'	0.58	1.73	2.88	4.02	5.16	6.30	7.42	8.54	9.65	10.74
33'	0.63	1.78	2.93	4.08	5.22	6.35	7.48	8.60	9.70	10.80
36'	0.69	1.84	2.99	4.14	5.28	6.41	7.54	8.65	9.76	10.85
39'	0.75	1.90	3.05	4.19	5.33	6.47	7.59	8.71	9.81	10.91
42'	0.81	1.96	3.11	4.25	5.39	6.52	7.65	8.76	9.87	10.96
45'	0.86	2.01	3.16	4.31	5.45	6.58	7.70	8.82	9.92	11.02
48'	0.92	2.07	3.22	4.36	5.50	6.64	7.76	8.87	9.98	11.07
51'	0.98	2.13	3.28	4.42	5.56	6.69	7.82	8.93	10.03	11.12
54'	1.04	2.19	3.33	4.48	5.62	6.75	7.87	8.99	10.09	11.18
57'	1.09	2.24	3.39	4.54	5.67	6.80	7.93	9.04	10.14	11.23

α	10°	11°	12°	13°	14°	15°	16°	17°	18°	19°
0'	11.29	12.36	13.42	14.47	15.49	16.50	17.49	18.45	19.40	20.32
3'	11.34	12.42	13.47	14.52	15.54	16.55	17.54	18.50	19.44	20.36
6'	11.39	12.47	13.53	14.57	15.59	16.60	17.58	18.55	19.49	20.41
9'	11.45	12.52	13.58	14.62	15.64	16.65	17.63	18.60	19.54	20.45
12'	11.50	12.58	13.63	14.67	15.70	16.70	17.68	18.64	19.58	20.50
15'	11.56	12.63	13.68	14.72	15.75	16.75	17.73	18.69	19.63	20.54
18'	11.61	12.68	13.74	14.78	15.80	16.80	17.78	18.74	19.68	20.59
21'	11.66	12.73	13.79	14.83	15.85	16.85	17.83	18.79	19.72	20.63
24'	11.72	12.79	13.84	14.88	15.90	16.90	17.88	18.83	19.77	20.68
27'	11.77	12.84	13.89	14.93	15.95	16.95	17.92	18.88	19.81	20.72
30'	11.83	12.89	13.95	14.98	16.00	17.00	17.97	18.93	19.86	20.77
33'	11.88	12.95	14.00	15.03	16.05	17.05	18.02	18.98	19.91	20.81
36'	11.93	13.00	14.05	15.08	16.10	17.09	18.07	19.02	19.95	20.86
39'	11.99	13.05	14.10	15.14	16.15	17.14	18.12	19.07	20.00	20.90
42'	12.04	13.11	14.15	15.19	16.20	17.19	18.17	19.12	20.04	20.95
45'	12.09	13.16	14.21	15.24	16.25	17.24	18.21	19.16	20.09	20.99
48'	12.15	13.21	14.26	15.29	16.30	17.29	18.26	19.21	20.13	21.03
51'	12.20	13.26	14.31	15.34	16.35	17.34	18.31	19.26	20.18	21.08
54'	12.26	13.32	14.36	15.39	16.40	17.39	18.36	19.30	20.23	21.12
57'	12.31	13.37	14.41	15.44	16.45	17.44	18.41	19.35	20.27	21.17

α	20°	21°	22°	23°	24°	25°	26°	27°	28°	29°
0'	21.21	22.08	22.92	23.74	24.52	25.28	26.00	26.70	27.36	27.99
3'	21.26	22.12	22.97	23.78	24.56	25.32	26.04	26.73	27.39	28.02
6'	21.30	22.17	23.01	23.82	24.60	25.35	26.08	26.77	27.42	28.05
9'	21.34	22.21	23.05	23.86	24.64	25.39	26.11	26.80	27.45	28.08
12'	21.39	22.25	23.09	23.90	24.68	25.43	26.15	26.83	27.49	28.11
15'	21.43	22.29	23.13	23.94	24.72	25.46	26.18	26.87	27.52	28.14
18'	21.48	22.34	23.17	23.98	24.75	25.50	26.22	26.90	27.55	28.17
21'	21.52	22.38	23.21	24.02	24.79	25.54	26.25	26.93	27.58	28.20
24'	21.56	22.42	23.25	24.06	24.83	25.57	26.29	26.97	27.61	28.23
27'	21.61	22.46	23.29	24.10	24.87	25.61	26.32	27.00	27.64	28.26
30'	21.65	22.51	23.33	24.13	24.91	25.65	26.35	27.03	27.68	28.29
33'	21.69	22.55	23.38	24.17	24.94	25.68	26.39	27.07	27.71	28.32
36'	21.74	22.59	23.42	24.21	24.98	25.72	26.42	27.10	27.74	28.35
39'	21.78	22.63	23.46	24.25	25.02	25.75	26.46	27.13	27.77	28.38
42'	21.82	22.67	23.50	24.29	25.06	25.79	26.49	27.16	27.80	38.40
45'	21.87	22.72	23.54	24.33	25.09	25.83	26.53	27.20	27.83	28.43
48'	21.91	22.76	23.58	24.37	25.13	25.86	26.56	27.23	27.86	28.46
51'	21.95	22.80	23.62	24.41	25.17	25.90	26.60	27.26	27.89	28.49
54'	22.00	22.84	23.66	24.45	25.21	25.93	26.63	27.29	27.92	28.52
57'	22.04	22.88	23.70	24.49	25.24	25.97	26.66	27.33	27.96	28.55

$66\cos^2\alpha$

α	$66\cos^2\alpha$
0°	66.0
1°	66.0
2°	65.9
3°	65.8
4°	65.7
5°	65.5
6°	65.3
7°	65.0
8°	64.7
9°	64.4
10°	64.0
10° 30'	63.8
11°	63.6
11° 30'	63.4
12°	63.1
12° 30'	62.9
13°	62.7
13° 30'	62.4
14°	62.1
14° 30'	61.9
15°	61.6
15° 30'	61.3
16°	61.0
16° 30'	60.7
17°	60.4
17° 30'	60.0
18°	59.7
18° 30'	59.4
19°	59.0
19° 30'	58.6
20°	58.3
20° 20'	58.0
20° 40'	57.8
21°	57.5
21° 20'	57.3
21° 40'	57.0
22°	56.7
22° 20'	56.5
22° 40'	56.2
23°	55.9
23° 20'	55.6
23° 40'	55.4
24°	55.1
24° 20'	54.8
24° 40'	54.5
25°	54.2
25° 20'	53.9
25° 40'	53.6
26°	53.3
26° 20'	53.0
26° 40'	52.7
27°	52.4
27° 20'	52.1
27° 40'	51.8
28°	51.5
28° 20'	51.1
28° 40'	50.8
29°	50.5
29° 20'	50.2
29° 40'	49.8
30°	49.5

67 (½ sin 2α)

α	0°	1°	2°	3°	4°	5°	6°	7°	8°	9°
0′	0.00	1.17	2.34	3.50	4.66	5.82	6.97	8.10	9.23	10.35
3′	0.06	1.23	2.40	3.56	4.72	5.87	7.02	8.16	9.29	10.41
6′	0.12	1.29	2.45	3.62	4.78	5.93	7.08	8.22	9.35	10.46
9′	0.18	1.34	2.51	3.68	4.84	5.99	7.14	8.27	9.40	10.52
12′	0.23	1.40	2.57	3.73	4.89	6.05	7.19	8.33	9.46	10.57
15′	0.29	1.46	2.63	3.79	4.95	6.10	7.25	8.39	9.51	10.63
18′	0.35	1.52	2.69	3.85	5.01	6.16	7.31	8.44	9.57	10.69
21′	0.41	1.58	2.74	3.91	5.07	6.22	7.36	8.50	9.63	10.74
24′	0.47	1.64	2.80	3.97	5.13	6.28	7.42	8.56	9.68	10.80
27′	0.53	1.69	2.86	4.02	5.18	6.33	7.48	8.61	9.74	10.85
30′	0.58	1.75	2.92	4.08	5.24	6.39	7.54	8.67	9.79	10.91
33′	0.64	1.81	2.98	4.14	5.30	6.45	7.59	8.73	9.85	10.96
36′	0.70	1.87	3.04	4.20	5.36	6.51	7.65	8.78	9.91	11.02
39′	0.76	1.93	3.09	4.26	5.41	6.56	7.71	8.84	9.96	11.07
42′	0.82	1.99	3.15	4.31	5.47	6.62	7.76	8.90	10.02	11.13
45′	0.88	2.05	3.21	4.37	5.53	6.68	7.82	8.95	10.07	11.18
48′	0.94	2.10	3.27	4.43	5.59	6.74	7.88	9.01	10.13	11.24
51′	0.99	2.16	3.33	4.49	5.64	6.79	7.93	9.07	10.19	11.29
54′	1.05	2.22	3.39	4.55	5.70	6.85	7.99	9.12	10.24	11.35
57′	1.11	2.28	3.44	4.60	5.76	6.91	8.05	9.18	10.30	11.40

α	10°	11°	12°	13°	14°	15°	16°	17°	18°	19°
0′	11.46	12.55	13.63	14.69	15.73	16.75	17.75	18.73	19.69	20.62
3′	11.51	12.60	13.68	14.74	15.78	16.80	17.80	18.78	19.74	20.67
6′	11.57	12.66	13.73	14.79	15.83	16.85	17.85	18.83	19.79	20.72
9′	11.62	12.71	13.79	14.84	15.88	16.90	17.90	18.88	19.83	20.76
12′	11.68	12.77	13.84	14.90	15.93	16.95	17.95	18.93	19.88	20.81
15′	11.73	12.82	13.89	14.95	15.98	17.00	18.00	18.97	19.93	20.85
18′	11.79	12.87	13.95	15.00	16.04	17.05	18.05	19.02	19.97	20.90
21′	11.84	12.93	14.00	15.05	16.09	17.10	18.10	19.07	20.02	20.95
24′	11.90	12.98	14.05	15.10	16.14	17.15	18.15	19.12	20.07	20.99
27′	11.95	13.04	14.10	15.16	16.19	17.20	18.20	19.17	20.11	21.04
30′	12.01	13.09	14.16	15.21	16.24	17.25	18.25	19.21	20.16	21.08
33′	12.06	13.14	14.21	15.26	16.29	17.30	18.29	19.26	20.21	21.13
36′	12.11	13.20	14.26	15.31	16.34	17.35	18.34	19.31	20.25	21.17
39′	12.17	13.25	14.32	15.36	16.39	17.40	18.39	19.36	20.30	21.22
42′	12.22	13.30	14.37	15.42	16.45	17.45	18.44	19.41	20.35	21.26
45′	12.28	13.36	14.42	15.47	16.50	17.50	18.49	19.45	20.39	21.31
48′	12.33	13.41	14.47	15.52	16.55	17.55	18.54	19.50	20.44	21.35
51′	12.39	13.47	14.53	15.57	16.60	17.60	18.59	19.55	20.49	21.40
54′	12.44	13.52	14.58	15.62	16.65	17.65	18.64	19.60	20.53	21.44
57′	12.50	13.57	14.63	15.68	16.70	17.70	18.68	19.64	20.58	21.49

α	20°	21°	22°	23°	24°	25°	26°	27°	28°	29°
0′	21.58	22.42	23.27	24.10	24.90	25.66	26.40	27.10	27.77	28.41
3′	21.58	22.46	23.31	24.14	24.93	25.70	26.43	27.14	27.81	28.44
6′	21.62	22.50	23.36	24.18	24.97	25.74	26.47	27.17	27.84	28.47
9′	21.67	22.55	23.40	24.22	25.01	25.77	26.51	27.20	27.87	28.50
12′	21.71	22.59	23.44	24.26	25.05	25.81	26.54	27.24	27.90	28.53
15′	21.76	22.63	23.48	24.30	25.09	25.85	26.58	27.27	27.94	28.56
18′	21.80	22.68	23.52	24.34	25.13	25.89	26.61	27.31	27.97	28.59
21′	21.85	22.72	23.56	24.38	25.17	25.92	26.65	27.34	28.00	28.62
24′	21.89	22.76	23.61	24.42	25.21	25.96	26.68	27.37	28.03	28.65
27′	21.93	22.80	23.65	24.46	25.24	26.00	26.72	27.41	28.06	28.68
30′	21.98	22.85	23.69	24.50	25.28	26.03	26.75	27.44	28.10	28.72
33′	22.02	22.89	23.73	24.54	25.32	26.07	26.79	27.48	28.13	28.75
36′	22.07	22.93	23.77	24.58	25.36	26.11	26.82	27.51	28.16	28.78
39′	22.11	22.97	23.81	24.62	25.40	26.14	26.86	27.54	28.19	28.81
42′	22.15	23.02	23.85	24.66	25.44	26.18	26.89	27.58	28.22	28.83
45′	22.20	23.06	23.89	24.70	25.47	26.22	26.93	27.61	28.25	28.86
48′	22.24	23.10	23.93	24.74	25.51	26.25	26.96	27.64	28.28	28.89
51′	22.29	23.14	23.98	24.78	25.55	26.29	27.00	27.67	28.32	28.92
54′	22.33	23.19	24.02	24.82	25.59	26.33	27.03	27.71	28.35	28.95
57′	22.37	23.23	24.06	24.86	25.62	26.36	27.07	27.74	28.38	28.98

67 cos²α

α	67cos²α	α	67cos²α	α	67cos²α
0°	67.0	14°	63.1	24°20′	55.6
1°	67.0	14°30′	62.8	24°40′	55.3
2°	66.9	15°	62.5	25°	55.0
3°	66.8	15°30′	62.2	25°20′	54.7
4°	66.7	16°	61.9	25°40′	54.4
5°	66.5	16°30′	61.6	26°	54.1
6°	66.3	17°	61.3	26°20′	53.8
7°	66.0	17°30′	60.9	26°40′	53.5
8°	65.7	18°	60.6	27°	53.2
9°	65.4	18°30′	60.8	27°20′	52.9
10°	65.0	19°	59.9	27°40′	52.6
10°30′	64.8	19°30′	59.5	28°	52.2
11°	64.6	20°	59.2	28°20′	51.9
11°30′	64.3	20°20′	58.9	28°40′	51.6
12°	64.1	20°40′	58.7	29°	51.3
12°30′	63.9	21°	58.4	29°20′	50.9
13°	63.6	21°20′	58.1	29°40′	50.6
13°30′	63.3	21°40′	57.9	30°	50.3
		22°	57.6		
		22°20′	57.3		
		22°40′	57.0		
		23°	56.8		
		23°20′	56.5		
		23°40′	56.2		
		24°	55.9		

68 ($\frac{1}{2} sin\ 2\alpha$)

α	0°	1°	2°	3°	4°	5°	6°	7°	8°	9°
0'	0.00	1.19	2.37	3.55	4.78	5.90	7.07	8.23	9.37	10.51
3'	0.06	1.25	2.43	3.61	4.79	5.96	7.13	8.28	9.43	10.56
6'	0.12	1.31	2.49	3.67	4.85	6.02	7.19	8.34	9.49	10.62
9'	0.18	1.36	2.55	3.73	4.91	6.08	7.24	8.40	9.54	10.68
12'	0.24	1.42	2.61	3.79	4.97	6.14	7.30	8.46	9.60	10.73
15'	0.30	1.48	2.67	3.85	5.03	6.20	7.36	8.51	9.66	10.79
18'	0.36	1.54	2.73	3.91	5.08	6.25	7.42	8.57	9.71	10.84
21'	0.42	1.60	2.79	3.97	5.14	6.31	7.47	8.63	9.77	10.90
24'	0.47	1.66	2.85	4.03	5.20	6.37	7.53	8.69	9.83	10.96
27'	0.53	1.72	2.90	4.08	5.26	6.43	7.59	8.74	9.88	11.01
30'	0.59	1.78	2.96	4.14	5.32	6.49	7.65	8.80	9.94	11.07
33'	0.65	1.84	3.02	4.20	5.38	6.55	7.71	8.86	10.00	11.13
36'	0.71	1.90	3.08	4.26	5.44	6.60	7.76	8.91	10.05	11.18
39'	0.77	1.96	3.14	4.32	5.49	6.66	7.82	8.97	10.11	11.24
42'	0.83	2.02	3.20	4.38	5.55	6.72	7.88	9.03	10.17	11.29
45'	0.89	2.08	3.26	4.44	5.61	6.78	7.94	9.09	10.22	11.35
48'	0.95	2.13	3.32	4.50	5.67	6.84	7.99	9.14	10.28	11.41
51'	1.01	2.19	3.38	4.56	5.73	6.89	8.05	9.20	10.34	11.46
54'	1.07	2.25	3.44	4.61	5.79	6.95	8.11	9.26	10.39	11.52
57'	1.13	2.31	3.49	4.67	5.85	7.01	8.17	9.31	10.45	11.57

α	10°	11°	12°	13°	14°	15°	16°	17°	18°	19°
0'	11.63	12.74	13.88	14.90	15.96	17.00	18.02	19.01	19.98	20.93
3'	11.68	12.79	13.88	14.96	16.01	17.05	18.07	19.06	20.03	20.98
6'	11.74	12.85	13.94	15.01	16.07	17.10	18.12	19.11	20.08	21.03
9'	11.80	12.90	13.99	15.06	16.12	17.15	18.17	19.16	20.13	21.07
12'	11.85	12.96	14.05	15.12	16.17	17.20	18.22	19.21	20.18	21.12
15'	11.91	13.01	14.10	15.17	16.22	17.26	18.27	19.26	20.22	21.17
18'	11.96	13.07	14.15	15.22	16.28	17.31	18.32	19.31	20.27	21.21
21'	12.02	13.12	14.21	15.28	16.33	17.36	18.37	19.36	20.32	21.26
24'	12.07	13.18	14.26	15.33	16.38	17.41	18.42	19.40	20.37	21.30
27'	12.13	13.23	14.32	15.38	16.43	17.46	18.47	19.45	20.41	21.35
30'	12.18	13.28	14.37	15.44	16.48	17.51	18.52	19.50	20.46	21.40
33'	12.24	13.34	14.42	15.49	16.54	17.56	18.57	19.55	20.51	21.44
36'	12.30	13.39	14.48	15.54	16.59	17.61	18.62	19.60	20.56	21.49
39'	12.35	13.45	14.53	15.59	16.64	17.66	18.67	19.65	20.60	21.53
42'	12.41	13.50	14.58	15.65	16.69	17.71	18.72	19.70	20.65	21.58
45'	12.46	13.56	14.64	15.70	16.74	17.76	18.78	19.74	20.70	21.63
48'	12.52	13.61	14.69	15.75	16.79	17.82	18.82	19.79	20.74	21.67
51'	12.57	13.67	14.74	15.80	16.85	17.87	18.86	19.84	20.79	21.72
54'	12.63	13.72	14.80	15.86	16.90	17.92	18.91	19.89	20.84	21.76
57'	12.68	13.77	14.85	15.91	16.95	17.97	18.96	19.94	20.89	21.81

α	20°	21°	22°	23°	24°	25°	26°	27°	28°	29°
0'	21.85	22.75	23.62	24.46	25.27	26.05	26.79	27.51	28.19	28.83
3'	21.90	22.79	23.66	24.50	25.31	26.08	26.83	27.54	28.22	28.87
6'	21.95	22.84	23.70	24.54	25.35	26.12	26.87	27.58	28.25	28.90
9'	21.99	22.88	23.75	24.58	25.39	26.16	26.90	27.61	28.29	28.93
12'	22.04	22.93	23.79	24.62	25.43	26.20	26.94	27.65	28.32	28.96
15'	22.08	22.97	23.83	24.66	25.46	26.24	26.97	27.68	28.35	28.99
18'	22.13	23.01	23.87	24.70	25.50	26.27	27.01	27.71	28.38	29.02
21'	22.17	23.06	23.92	24.74	25.54	26.31	27.05	27.75	28.42	29.05
24'	22.22	23.10	23.96	24.78	25.58	26.35	27.08	27.78	28.45	29.08
27'	22.26	23.14	24.00	24.83	25.62	26.39	27.12	27.82	28.48	29.11
30'	22.31	23.19	24.04	24.87	25.66	26.42	27.15	27.85	28.51	29.14
33'	22.35	23.23	24.08	24.91	25.70	26.46	27.19	27.89	28.55	29.17
36'	22.40	23.27	24.13	24.95	25.74	26.50	27.22	27.92	28.58	29.20
39'	22.44	23.32	24.17	24.99	25.78	26.53	27.26	27.95	28.61	29.23
42'	22.48	23.36	24.21	25.03	25.82	26.57	27.30	27.99	28.64	29.27
45'	22.53	23.40	24.25	25.07	25.85	26.61	27.33	28.02	28.68	29.30
48'	22.57	23.45	24.29	25.11	25.89	26.65	27.37	28.05	28.71	29.33
51'	22.62	23.49	24.33	25.15	25.93	26.68	27.40	28.09	28.74	29.36
54'	22.66	23.53	24.37	25.19	25.97	26.72	27.44	28.12	28.77	29.39
57'	22.71	23.58	24.42	25.23	26.01	26.76	27.47	28.15	28.80	29.42

68 $cos^2\alpha$

α	value
0°	68.0
1°	68.0
2°	67.9
3°	67.8
4°	67.7
5°	67.5
6°	67.3
7°	67.0
8°	66.7
9°	66.3
10°	65.9
10° 30'	65.7
11°	65.5
11° 30'	65.3
12°	65.1
12° 30'	64.8
13°	64.6
13° 30'	64.3
14°	64.0
14° 30'	63.7
15°	63.5
15° 30'	63.1
16°	62.8
16° 30'	62.5
17°	62.2
17° 30'	61.9
18°	61.5
18° 30'	61.2
19°	60.8
19° 30'	60.4
20°	60.0
20° 20'	59.8
20° 40'	59.5
21°	59.3
21° 20'	59.0
21° 40'	58.7
22°	58.5
22° 20'	58.2
22° 40'	57.9
23°	57.6
23° 20'	57.3
23° 40'	57.0
24°	56.8
24° 20'	56.5
24° 40'	56.2
25°	55.9
25° 20'	55.6
25° 40'	55.2
26°	54.9
26° 20'	54.6
26° 40'	54.3
27°	54.0
27° 20'	53.7
27° 40'	53.3
28°	53.0
28° 20'	52.7
28° 40'	52.4
29°	52.0
29° 20'	51.7
29° 40'	51.3
30°	51.0

69 ($\frac{1}{2} \sin 2\alpha$)

α	0°	1°	2°	3°	4°	5°	6°	7°	8°	9°
0'	0.00	1.20	2.41	3.61	4.80	5.99	7.17	8.35	9.51	10.66
3'	0.06	1.26	2.47	3.67	4.86	6.05	7.23	8.40	9.57	10.72
6'	0.12	1.32	2.53	3.73	4.92	6.11	7.29	8.46	9.63	10.78
9'	0.18	1.38	2.59	3.79	4.98	6.17	7.35	8.52	9.68	10.83
12'	0.24	1.44	2.65	3.85	5.04	6.23	7.41	8.58	9.74	10.89
15'	0.30	1.50	2.71	3.91	5.10	6.29	7.47	8.64	9.80	10.95
18'	0.36	1.57	2.77	3.97	5.16	6.35	7.53	8.70	9.86	11.00
21'	0.42	1.63	2.88	4.03	5.22	6.41	7.58	8.75	9.91	11.06
24'	0.48	1.69	2.89	4.08	5.28	6.46	7.64	8.81	9.97	11.12
27'	0.54	1.75	2.95	4.14	5.34	6.52	7.70	8.87	10.03	11.18
30'	0.60	1.81	3.01	4.20	5.40	6.58	7.76	8.93	10.09	11.23
33'	0.66	1.87	3.07	4.26	5.46	6.64	7.82	8.99	10.14	11.29
36'	0.72	1.93	3.13	4.32	5.52	6.70	7.88	9.05	10.20	11.35
39'	0.78	1.99	3.19	4.38	5.58	6.76	7.94	9.10	10.26	11.40
42'	0.84	2.05	3.25	4.44	5.63	6.82	8.00	9.16	10.32	11.46
45'	0.90	2.11	3.31	4.50	5.69	6.88	8.05	9.22	10.37	11.52
48'	0.96	2.17	3.37	4.56	5.75	6.94	8.11	9.28	10.43	11.57
51'	1.02	2.23	3.43	4.62	5.81	7.00	8.17	9.34	10.49	11.63
54'	1.08	2.29	3.49	4.68	5.87	7.06	8.23	9.39	10.55	11.69
57'	1.14	2.35	3.55	4.74	5.93	7.11	8.29	9.45	10.60	11.74

α	10°	11°	12°	13°	14°	15°	16°	17°	18°	19°
0'	11.80	12.92	14.03	15.12	16.20	17.25	18.28	19.29	20.28	21.24
3'	11.86	12.98	14.09	15.18	16.25	17.30	18.33	19.34	20.33	21.29
6'	11.91	13.04	14.14	15.23	16.30	17.35	18.38	19.39	20.38	21.34
9'	11.97	13.09	14.20	15.29	16.36	17.40	18.44	19.44	20.42	21.38
12'	12.03	13.15	14.25	15.34	16.41	17.46	18.49	19.49	20.47	21.43
15'	12.08	13.20	14.31	15.39	16.46	17.51	18.54	19.54	20.52	21.48
18'	12.14	13.26	14.36	15.45	16.51	17.56	18.59	19.59	20.57	21.52
21'	12.19	13.31	14.42	15.50	16.57	17.61	18.64	19.64	20.62	21.57
24'	12.25	13.37	14.47	15.56	16.62	17.67	18.69	19.69	20.67	21.62
27'	12.31	13.42	14.53	15.61	16.67	17.72	18.74	19.74	20.71	21.66
30'	12.36	13.48	14.58	15.66	16.73	17.77	18.79	19.79	20.76	21.71
33'	12.42	13.54	14.63	15.72	16.78	17.82	18.84	19.84	20.81	21.76
36'	12.48	13.59	14.69	15.77	16.83	17.87	18.89	19.89	20.86	21.81
39'	12.53	13.65	14.74	15.82	16.88	17.92	18.94	19.94	20.91	21.85
42'	12.59	13.70	14.80	15.88	16.94	17.97	18.99	19.99	20.95	21.90
45'	12.64	13.76	14.85	15.93	16.99	18.03	19.04	20.03	21.00	21.94
48'	12.70	13.81	14.91	15.98	17.04	18.08	19.08	20.08	21.05	21.99
51'	12.76	13.87	14.96	16.04	17.09	18.13	19.14	20.13	21.10	22.04
54'	12.81	13.92	15.02	16.09	17.15	18.18	19.19	20.18	21.15	22.08
57'	12.87	13.98	15.07	16.14	17.20	18.23	19.24	20.23	21.19	22.13

α	20°	21°	22°	23°	24°	25°	26°	27°	28°	29°
0'	22.18	23.08	23.97	24.82	25.64	26.43	27.19	27.91	28.60	29.26
3'	22.22	23.13	24.01	24.86	25.68	26.47	27.22	27.95	28.64	29.29
6'	22.27	23.17	24.05	24.90	25.72	26.51	27.26	27.98	28.67	29.32
9'	22.31	23.22	24.10	24.94	25.76	26.54	27.30	28.02	28.70	29.35
12'	22.36	23.26	24.14	24.98	25.80	26.58	27.33	28.05	28.74	29.38
15'	22.41	23.31	24.18	25.03	25.84	26.62	27.37	28.09	28.77	29.42
18'	22.45	23.35	24.22	25.07	25.88	26.66	27.41	28.12	28.80	29.45
21'	22.50	23.40	24.27	25.11	25.92	26.70	27.44	28.16	28.84	29.48
24'	22.54	23.44	24.31	25.15	25.96	26.74	27.48	28.19	28.87	29.51
27'	22.59	23.48	24.35	25.19	26.00	26.77	27.52	28.23	28.90	29.54
30'	22.63	23.53	24.40	25.23	26.04	26.81	27.55	28.26	28.93	29.57
33'	22.68	23.57	24.44	25.27	26.08	26.85	27.59	28.30	28.97	29.60
36'	22.72	23.62	24.48	25.31	26.12	26.89	27.63	28.33	29.00	29.63
39'	22.77	23.66	24.52	25.35	26.16	26.92	27.66	28.36	29.03	29.66
42'	22.82	23.70	24.56	25.40	26.19	26.96	27.70	28.40	29.06	29.70
45'	22.86	23.75	24.61	25.44	26.23	27.00	27.73	28.43	29.10	29.73
48'	22.91	23.79	24.65	25.48	26.27	27.04	27.77	28.47	29.13	29.76
51'	22.95	23.84	24.69	25.52	26.31	27.07	27.80	28.50	29.16	29.79
54'	23.00	23.88	24.73	25.56	26.35	27.11	27.84	28.53	29.19	29.82
57'	23.04	23.92	24.78	25.60	26.39	27.15	27.88	28.57	29.23	29.85

$69 \cos^2 \alpha$

α	value
0°	69.0
1°	69.0
2°	68.9
3°	68.8
4°	68.7
5°	68.5
6°	68.2
7°	68.0
8°	67.7
9°	67.3
10°	66.9
10° 30'	66.7
11°	66.5
11° 30'	66.3
12°	66.0
12° 30'	65.8
13°	65.5
13° 30'	65.2
14°	65.0
14° 30'	64.7
15°	64.4
15° 30'	64.1
16°	63.8
16° 30'	63.4
17°	63.1
17° 30'	62.8
18°	62.4
18° 30'	62.1
19°	61.7
19° 30'	61.3
20°	60.9
20° 20'	60.7
20° 40'	60.4
21°	60.1
21° 20'	59.9
21° 40'	59.6
22°	59.3
22° 20'	59.0
22° 40'	58.8
23°	58.5
23° 20'	58.2
23° 40'	57.9
24°	57.6
24° 20'	57.3
24° 40'	57.0
25°	56.7
25° 20'	56.4
25° 40'	56.1
26°	55.7
26° 20'	55.4
26° 40'	55.1
27°	54.8
27° 20'	54.5
27° 40'	54.1
28°	53.8
28° 20'	53.5
28° 40'	53.1
29°	52.8
29° 20'	52.4
29° 40'	52.1
30°	51.8

α	0°	1°	2°	3°	4°	5°	6°	7°	8°	9°
0'	0.00	1.22	2.44	3.66	4.87	6.08	7.28	8.47	9.65	10.82
3'	0.06	1.28	2.50	3.72	4.93	6.14	7.34	8.53	9.71	10.87
6'	0.12	1.34	2.56	3.78	4.99	6.20	7.40	8.59	9.76	10.93
9'	0.18	1.40	2.62	3.84	5.05	6 26	7.46	8.65	9.82	10.99
12'	0.24	1.47	2.69	3.90	5.11	6.32	7.52	8.70	9.88	11.05
15'	0.31	1.53	2.75	3.96	5.17	6.38	7.58	8.76	9.94	11.11
18'	0.37	1.59	2.81	4.02	5.23	6.44	7.64	8.82	10.00	11.16
21'	0.43	1.65	2.87	4.08	5.29	6.50	7.69	8.88	10.06	11.22
24'	0.49	1.71	2.93	4.14	5.35	6.56	7.75	8.94	10.12	11.28
27'	0.55	1.77	2.99	4.20	5.41	6.62	7.81	9.00	10.17	11.34
30'	0.61	1.83	3.05	4.27	5.48	6.68	7.87	9.06	10.23	11.39
33'	0.67	1.89	3.11	4.33	5.54	6.74	7.93	9.12	10.29	11.45
36'	0.73	1.95	3.17	4.39	5.60	6.80	7.99	9.18	10.35	11.51
39'	0.79	2.01	3.23	4.45	5.66	6.86	8.05	9.24	10.41	11.57
42'	0.86	2.08	3.29	4.51	5.72	6.92	8.11	9.29	10.47	11.63
45'	0.92	2.14	3.35	4.57	5.78	6.98	8.17	9.35	10.52	11.68
48'	0.98	2.20	3.42	4.63	5.84	7.04	8.23	9.41	10.58	11.74
51'	1.04	2.26	3.58	4.69	5.90	7.10	8.29	9.47	10.64	11.80
54'	1.10	2.32	3.54	4.75	5.96	7.16	8.35	9.53	10.70	11.86
57'	1.16	2.38	3.60	4.81	6.02	7.22	8.41	9.59	10.76	11.91

α	10°	11°	12°	13°	14°	15°	16°	17°	18°	19°
0'	11.97	13.11	14.24	15.34	16.43	17.50	18.55	19.57	20.57	21.55
3'	12.03	13.17	14.29	15.40	16.49	17.55	18.60	19.62	20.62	21.60
6'	12.09	13.22	14.35	15.45	16.54	17.61	18.65	19.67	20.67	21.64
9'	12.14	13 28	14.40	15.51	16.59	17.66	18.70	19.72	20.72	21.69
12'	12.20	·13.34	14.46	15.56	16.65	17.71	18.75	19.77	20.77	21.74
15'	12.26	13.39	14.51	15.62	16.70	17.76	18.81	19.82	20.82	21.79
18'	12.31	13.45	14.57	15.67	16.75	17.82	18.86	19.87	20.87	21.84
21'	12.37	13.51	14.63	15.73	16.81	17.87	18.91	19.92	20.92	21.88
24'	12.43	13.56	14.68	15.78	16.86	17.92	18.96	19.97	20.97	21.93
27'	12.49	13.62	14.74	15.84	16.91	17.97	19.01	20.03	21.01	21.98
30'	12.54	13.68	14.79	15.89	16.97	18.03	19.06	20.08	21.06	22.03
33'	12.60	13.73	14.85	15.94	17.02	18.08	19.11	20.13	21.11	22.07
36'	12.66	13.79	14.90	16.00	17.08	18.13	19.16	20.18	21.16	22.12
39'	12.71	13.84	14.96	16.05	17.13	18.18	19.22	20.23	21.21	22.17
42'	12.77	13.90	15.01	16.11	17.18	18.24	19.27	20.27	21.26	22.22
45'	12.83	13.96	15.07	16.16	17.23	18.29	19.32	20.32	21.31	22.26
48'	12.88	14.01	15.12	16.22	17.29	18.34	19.37	20.37	21.36	22.31
51'	12.94	14.07	15.18	16.27	17.34	18.39	19.42	20.42	21.40	22.36
54'	13.00	14.12	15.23	16.32	17.39	18.44	19.47	20.47	21.45	22.40
57'	13.05	14.18	15.29	16.37	17.45	18.50	19.52	20.52	21.50	22.46

α	20°	21°	22°	23°	24°	25°	26°	27°	28°	29°
0'	22.50	23.42	24.31	25.18	26.01	26.81	27.58	28.32	29.02	29.68
3'	22.54	23.46	24.36	25.22	26.05	26.85	27.62	28.35	29.05	29.71
6'	22.59	23.51	24.40	25.26	26.09	26.89	27.66	28.39	29.08	29.75
9'	22.64	23.56	24.44	25.30	26.13	26.93	27.69	28.42	29.12	29.78
12'	22.68	23.60	24.49	25.35	26.17	26.97	27.73	28.46	29.15	29.81
15'	22.73	23.65	24.53	25.39	26.21	27.01	27.77	28.49	29.19	29.84
18'	22.78	23.69	24.58	25.43	26.25	27.05	27.80	28.53	29.22	29.87
21'	22.82	23.74	24.62	25.47	26.29	27.08	27.84	28.56	29.25	29.91
24'	22.87	23.78	24.66	25.51	26.33	27.12	27.88	28.60	29.29	29.94
27'	22.92	23.83	24.71	25.56	26.37	27.16	27.92	28.64	29.32	29.97
30'	22.96	23.87	24.75	25.60	26.41	27.20	27.95	28.67	29.35	30.00
33'	23.01	23.91	24.79	25.64	26.45	27.24	27.99	28.71	29.39	30.03
36'	23.05	23.96	24.83	25.68	26.49	27.28	28.03	28.74	29.42	30.06
39'	23.10	24.00	24.88	25.72	26.53	27.32	28.06	28.78	29.45	30.09
42'	23.15	24.05	24.92	25.76	26.57	27.35	28.10	28.81	29.49	30.13
45'	23.19	24.09	24.96	25.80	26.61	27.39	28.13	28.84	29.52	30.16
48'	23.24	24.14	25.01	25.85	26.65	27.43	28.17	28.88	29.55	30.19
51'	23.28	24.18	25.05	25.89	26.69	27.47	28.21	28.91	29.58	30.22
54'	23.33	24.23	25.09	25.93	26.73	27.50	28.24	28.95	29.62	30.25
57'	23.37	24.27	25.13	25.97	26.77	27.54	28.28	28.98	29.65	30.28

70 $cos^2\alpha$

α	$70\,cos^2\alpha$
0°	70.0
1°	70.0
2°	69.9
3°	69.8
4°	69.7
5°	69.5
6°	69.2
7°	69.0
8°	68.6
9°	68.8
10°	67.9
10° 30'	67.7
11°	67.5
11° 30'	67.2
12°	67.0
12° 30'	66.7
13°	66.5
13° 30'	66.2
14°	65.9
14° 30'	65.6
15°	65.3
15° 30'	65.0
16°	64.7
16° 30'	64.4
17°	64.0
17° 30'	63.7
18°	63.3
18° 30'	63.0
19°	62.6
19° 30'	62.2
20°	61.8
20° 20'	61.5
20° 40'	61.3
21°	61.0
21° 20'	60.7
21° 40'	60.5
22°	60.2
22° 20'	59.9
22° 40'	59.6
23°	59.3
23° 20'	59.0
23° 40'	58.7
24°	58.4
24° 20'	58.1
24° 40'	57.8
25°	57.5
25° 20'	57.2
25° 40'	56.9
26°	56.5
26° 20'	56.2
26° 40'	55.9
27°	55.6
27° 20'	55.2
27° 40'	54.9
28°	54.6
28° 20'	54.2
28° 40'	53.9
29°	53.5
29° 20'	53.2
29° 40'	52.9
30°	52.5

$71\ (\tfrac{1}{2}\sin 2\alpha)$

α	0°	1°	2°	3°	4°	5°	6°	7°	8°	9°
0'	0.00	1.24	2.48	3.71	4.94	6.16	7.38	8.59	9.79	10.97
3'	0.06	1.30	2.54	3.77	5.00	6.23	7.44	8.65	9.84	11.03
6'	0.12	1.36	2.60	3.83	5.06	6.29	7.50	8.71	9.90	11.09
9'	0.19	1.42	2.66	3.90	5.12	6.35	7.56	8.77	9.96	11.15
12'	0.25	1.49	2.72	3.96	5.19	6.41	7.62	8.83	10.02	11.21
15'	0.31	1.55	2.79	4.02	5.25	6.47	7.68	8.89	10.08	11.26
18'	0.37	1.61	2.85	4.08	5.31	6.53	7.74	8.95	10.14	11.32
21'	0.43	1.67	2.91	4.14	5.37	6.59	7.80	9.01	10.20	11.38
24'	0.50	1.73	2.97	4.20	5.43	6.65	7.86	9.07	10.26	11.44
27'	0.56	1.80	3.03	4.26	5.49	6.71	7.93	9.13	10.32	11.50
30'	0.62	1.86	3.09	4.33	5.55	6.77	7.99	9.19	10.38	11.56
33'	0.68	1.92	3.16	4.39	5.61	6.83	8.05	9.25	10.44	11.62
36'	0.74	1.98	3.22	4.45	5.68	6.90	8.11	9.31	10.50	11.67
39'	0.81	2.04	3.28	4.51	5.74	6.96	8.17	9.37	10.56	11.73
42'	0.87	2.11	3.34	4.57	5.80	7.02	8.23	9.43	10.62	11.79
45'	0.93	2.17	3.40	4.63	5.86	7.08	8.29	9.49	10.68	11.85
48'	0.99	2.23	3.46	4.70	5.92	7.14	8.35	9.55	10.73	11.91
51'	1.05	2.29	3.53	4.76	5.98	7.20	8.41	9.61	10.79	11.97
54'	1.12	2.35	3.59	4.82	6.04	7.26	8.47	9.67	10.85	12.03
57'	1.18	2.41	3.65	4.88	6.10	7.32	8.53	9.73	10.91	12.08

α	10°	11°	12°	13°	14°	15°	16°	17°	18°	19°
0'	12.14	13.30	14.44	15.56	16.67	17.75	18.81	19.85	20.87	21.86
3'	12.20	13.36	14.50	15.62	16.72	17.80	18.86	19.90	20.92	21.90
6'	12.26	13.41	14.55	15.67	16.78	17.86	18.92	19.95	20.97	21.95
9'	12.32	13.47	14.61	15.73	16.83	17.91	18.97	20.01	21.02	22.00
12'	12.37	13.53	14.67	15.78	16.88	17.96	19.02	20.06	21.07	22.05
15'	12.43	13.59	14.72	15.84	16.94	18.02	19.07	20.11	21.12	22.10
18'	12.49	13.64	14.78	15.90	16.99	18.07	19.13	20.16	21.17	22.15
21'	12.55	13.70	14.83	15.95	17.05	18.12	19.18	20.21	21.22	22.20
24'	12.61	13.76	14.89	16.01	17.10	18.18	19.23	20.26	21.27	22.24
27'	12.66	13.81	14.95	16.06	17.16	18.23	19.28	20.31	21.31	22.29
30'	12.72	13.87	15.00	16.12	17.21	18.28	19.33	20.36	21.36	22.34
33'	12.78	13.93	15.06	16.17	17.26	18.34	19.39	20.41	21.41	22.39
36'	12.84	13.98	15.12	16.23	17.32	18.39	19.44	20.46	21.46	22.44
39'	12.90	14.04	15.17	16.28	17.37	18.44	19.49	20.51	21.51	22.48
42'	12.95	14.10	15.23	16.34	17.43	18.50	19.54	20.56	21.56	22.53
45'	13.01	14.16	15.28	16.39	17.48	18.55	19.59	20.61	21.61	22.58
48'	13.07	14.21	15.34	16.45	17.53	18.60	19.65	20.67	21.66	22.63
51'	13.13	14.27	15.39	16.50	17.59	18.65	19.70	20.72	21.71	22.68
54'	13.18	14.33	15.45	16.56	17.64	18.71	19.75	20.77	21.76	22.72
57'	13.24	14.38	15.51	16.61	17.70	18.76	19.80	20.82	21.81	22.77

α	20°	21°	22°	23°	24°	25°	26°	27°	28°	29°
0'	22.82	23.75	24.66	25.54	26.38	27.19	27.97	28.72	29.43	30.11
3'	22.87	23.80	24.70	25.58	26.42	27.23	28.01	28.76	29.47	30.14
6'	22.91	23.85	24.75	25.62	26.46	27.27	28.05	28.79	29.50	30.17
9'	22.96	23.89	24.79	25.67	26.51	27.31	28.09	28.83	29.53	30.20
12'	23.01	23.94	24.84	25.71	26.55	27.35	28.13	28.87	29.57	30.24
15'	23.06	23.98	24.88	25.75	26.59	27.39	28.16	28.90	29.60	30.27
18'	23.10	24.03	24.93	25.79	26.63	27.43	28.20	28.94	29.64	30.30
21'	23.15	24.07	24.97	25.84	26.67	27.47	28.24	28.97	29.67	30.33
24'	23.20	24.12	25.01	25.88	26.71	27.51	28.28	29.01	29.71	30.37
27'	23.24	24.17	25.06	25.92	26.75	27.55	28.31	29.04	29.74	30.40
30'	23.29	24.21	25.10	25.96	26.79	27.59	28.35	29.08	29.77	30.43
33'	23.34	24.26	25.15	26.01	26.83	27.63	28.39	29.12	29.81	30.46
36'	23.38	24.30	25.19	26.05	26.87	27.67	28.43	29.15	29.84	30.49
39'	23.43	24.35	25.23	26.09	26.91	27.71	28.46	29.19	29.87	30.52
42'	23.48	24.39	25.28	26.13	26.95	27.74	28.50	29.22	29.91	30.56
45'	23.52	24.44	25.32	26.17	26.99	27.78	28.54	29.26	29.94	30.59
48'	23.57	24.48	25.36	26.22	27.03	27.82	28.57	29.29	29.97	30.62
51'	23.62	24.53	25.41	26.26	27.07	27.86	28.61	29.33	30.01	30.65
54'	23.66	24.57	25.45	26.30	27.11	27.90	28.65	29.36	30.04	30.68
57'	23.71	24.62	25.49	26.34	27.15	27.94	28.68	29.40	30.07	30.71

$71\cos^2\alpha$

α	$71\cos^2\alpha$
0°	71.0
1°	71.0
2°	70.9
3°	70.8
4°	70.7
5°	70.5
6°	70.2
7°	69.9
8°	69.6
9°	69.3
10°	68.9
10° 30'	68.6
11°	68.4
11° 30'	68.2
12°	67.9
12° 30'	67.7
13°	67.4
13° 30'	67.1
14°	66.8
14° 30'	66.5
15°	66.2
15° 30'	65.9
16°	65.6
16° 30'	65.3
17°	64.9
17° 30'	64.6
18°	64.2
18° 30'	63.9
19°	63.5
19° 30'	63.1
20°	62.7
20° 20'	62.4
20° 40'	62.2
21°	61.9
21° 20'	61.6
21° 40'	61.3
22°	61.0
22° 20'	60.7
22° 40'	60.5
23°	60.2
23° 20'	59.9
23° 40'	59.6
24°	59.3
24° 20'	58.9
24° 40'	58.6
25°	58.3
25° 20'	58.0
25° 40'	57.7
26°	57.4
26° 20'	57.0
26° 40'	56.7
27°	56.4
27° 20'	56.0
27° 40'	55.7
28°	55.4
28° 20'	55.0
28° 40'	54.7
29°	54.3
29° 20'	54.0
29° 40'	53.6
30°	53.3

α	0°	1°	2°	3°	4°	5°	6°	7°	8°	9°
0'	0.00	1.26	2.51	3.76	5.01	6.25	7.48	8.71	9.92	11.12
3'	0.06	1.32	2.57	3.83	5.07	6.31	7.55	8.77	9.98	11.18
6'	0.13	1.38	2.64	3.89	5.12	6.38	7.61	8.83	10.04	11.24
9'	0.19	1.44	2.70	3.95	5.20	6.44	7.67	8.89	10.10	11.30
12'	0.25	1.51	2.76	4.01	5.26	6.50	7.73	8.95	10.16	11.36
15'	0.31	1.57	2.82	4.08	5.32	6.56	7.79	9.01	10.22	11.42
18'	0.38	1.63	2.89	4.14	5.38	6.62	7.85	9.07	10.28	11.48
21'	0.44	1.70	2.95	4.20	5.45	6.68	7.91	9.13	10.34	11.54
24'	0.50	1.76	3.01	4.26	5.51	6.75	7.98	9.20	10.41	11.60
27'	0.57	1.82	3.08	4.32	5.57	6.81	8.04	9.26	10.47	11.66
30'	0.63	1.88	3.14	4.39	5.63	6.87	8.10	9.32	10.53	11.72
33'	0.69	1.95	3.20	4.45	5.69	6.94	8.16	9.38	10.59	11.78
36'	0.75	2.01	3.26	4.51	5.76	6.99	8.22	9.44	10.65	11.84
39'	0.82	2.07	3.33	4.57	5.82	7.05	8.28	9.50	10.71	11.90
42'	0.88	2.14	3.39	4.64	5.88	7.12	8.34	9.56	10.77	11.96
45'	0.94	2.20	3.45	4.70	5.94	7.18	8.40	9.62	10.83	12.02
48'	1.01	2.26	3.51	4.76	6.00	7.24	8.47	9.68	10.89	12.08
51'	1.07	2.32	3.58	4.82	6.07	7.30	8.53	9.74	10.95	12.14
54'	1.13	2.39	3.64	4.89	6.13	7.36	8.59	9.80	11.01	12.19
57'	1.19	2.45	3.70	4.95	6.19	7.42	8.65	9.86	11.06	12.25

α	10°	11°	12°	13°	14°	15°	16°	17°	18°	19°
0'	12.31	13.49	14.64	15.78	16.90	18.00	19.08	20.13	21.16	22.16
3'	12.37	13.54	14.70	15.84	16.96	18.05	19.13	20.18	21.21	22.21
6'	12.43	13.60	14.76	15.89	17.01	18.11	19.18	20.24	21.26	22.26
9'	12.49	13.66	14.81	15.95	17.07	18.16	19.24	20.29	21.31	22.31
12'	12.55	13.72	14.87	16.01	17.12	18.22	19.29	20.34	21.36	22.36
15'	12.61	13.78	14.93	16.06	17.18	18.27	19.34	20.39	21.41	22.41
18'	12.67	13.83	14.99	16.12	17.23	18.33	19.40	20.44	21.46	22.46
21'	12.73	13.89	15.04	16.18	17.29	18.38	19.45	20.49	21.51	22.51
24'	12.78	13.95	15.10	16.23	17.34	18.43	19.50	20.55	21.56	22.56
27'	12.84	14.01	15.16	16.29	17.40	18.49	19.55	20.60	21.62	22.61
30'	12.90	14.07	15.21	16.34	17.45	18.54	19.61	20.65	21.67	22.66
33'	12.96	14.12	15.27	16.40	17.51	18.60	19.66	20.70	21.72	22.70
36'	13.02	14.18	15.33	16.46	17.56	18.65	19.71	20.75	21.77	22.75
39'	13.08	14.24	15.38	16.51	17.62	18.70	19.76	20.80	21.82	22.80
42'	13.14	14.30	15.44	16.57	17.67	18.76	19.82	20.85	21.87	22.85
45'	13.19	14.36	15.50	16.62	17.73	18.81	19.87	20.91	21.92	22.90
48'	13.25	14.41	15.56	16.68	17.78	18.86	19.92	20.96	21.97	22.95
51'	13.31	14.47	15.61	16.73	17.84	18.92	19.97	21.01	22.01	23.00
54'	13.37	14.53	15.67	16.79	17.89	18.97	20.03	21.06	22.06	23.04
57'	13.43	14.59	15.72	16.85	17.95	19.02	20.08	21.11	22.11	23.09

α	20°	21°	22°	23°	24°	25°	26°	27°	28°	29°
0'	23.14	24.09	25.01	25.90	26.75	27.58	28.87	29.12	29.85	30.53
3'	23.19	24.14	25.05	25.94	26.80	27.62	28.41	29.16	29.88	30.56
6'	23.24	24.18	25.10	25.98	26.84	27.66	28.45	29.20	29.92	30.60
9'	23.28	24.23	25.14	26.03	26.88	27.70	28.48	29.24	29.95	30.63
12'	23.33	24.27	25.19	26.07	26.92	27.74	28.52	29.27	29.99	30.66
15'	23.38	24.32	25.23	26.11	26.96	27.78	28.56	29.31	30.02	30.70
18'	23.43	24.37	25.28	26.16	27.00	27.82	28.60	29.34	30.05	30.73
21'	23.48	24.41	25.32	26.20	27.05	27.86	28.64	29.38	30.09	30.76
24'	23.52	24.46	25.37	26.24	27.09	27.90	28.68	29.42	30.12	30.79
27'	23.57	24.51	25.41	26.29	27.13	27.94	28.71	29.45	30.16	30.83
30'	23.62	24.55	25.46	26.33	27.17	27.98	28.75	29.49	30.19	30.86
33'	23.67	24.60	25.50	26.37	27.21	28.02	28.79	29.53	30.23	30.89
36'	23.71	24.64	25.54	26.41	27.25	28.06	28.83	29.56	30.26	30.92
39'	23.76	24.69	25.59	26.46	27.29	28.10	28.86	29.60	30.29	30.95
42'	23.81	24.74	25.63	26.50	27.33	28.18	28.90	29.63	30.33	30.99
45'	23.85	24.78	25.68	26.54	27.37	28.17	28.94	29.67	30.36	31.02
48'	23.90	24.83	25.72	26.58	27.42	28.21	28.98	29.70	30.40	31.05
51'	23.95	24.87	25.76	26.63	27.46	28.25	29.01	29.74	30.43	31.08
54'	24.00	24.92	25.81	26.67	27.50	28.29	29.05	29.77	30.46	31.11
57'	24.04	24.96	25.85	26.71	27.54	28.33	29.09	29.81	30.50	31.15

72 $cos^2\alpha$

α	72 cos²α	α	72 cos²α	α	72 cos²α
0°	72.0	15°	67.2	23°20'	60.7
1°	72.0	15°30'	66.9	23°40'	60.4
2°	71.9	16°	66.5	24°	60.1
3°	71.8	16°30'	66.2	24°20'	59.8
4°	71.6	17°	65.8	24°40'	59.5
5°	71.5	17°30'	65.5	25°	59.1
6°	71.2	18°	65.1	25°20'	58.8
7°	70.9	18°30'	64.8	25°40'	58.5
8°	70.6	19°	64.4	26°	58.2
9°	70.2	19°30'	64.0	26°20'	57.8
10°	69.9	20°	63.6	26°40'	57.5
10°30'	69.6	20°20'	63.3	27°	57.2
11°	69.4	20°40'	63.0	27°20'	56.8
11°30'	69.1	21°	62.8	27°40'	56.5
12°	68.9	21°20'	62.5	28°	56.1
12°30'	68.6	21°40'	62.2	28°20'	55.8
13°	68.4	22°	61.9	28°40'	55.4
13°30'	68.1	22°20'	61.6	29°	55.1
14°	67.8	22°40'	61.3	29°20'	54.7
14°30'	67.5	23°	61.0	29°40'	54.4
				30°	54.0

64

73 ($\frac{1}{2}\sin 2\alpha$)

α	0°	1°	2°	3°	4°	5°	6°	7°	8°	9°
0'	0.00	1.27	2.55	3.82	5.08	6 34	7.59	8.88	10.06	11.28
3'	0.06	1.34	2.61	3.88	5.14	6.40	7.65	8.89	10.12	11.34
6'	0.13	1.40	2.67	3.94	5.21	6.46	7.71	8.95	10.18	11.40
9'	0.19	1.46	2.74	4.01	5.27	6.52	7.78	9.02	10.24	11.46
12'	0.25	1.53	2.80	4.07	5.33	6.59	7.84	9.08	10.31	11.52
15'	0.32	1.59	2.86	4.13	5.40	6.65	7.90	9.14	10.37	11.58
18'	0.38	1.66	2.93	4.20	5.46	6.71	7.96	9.20	10.43	11.64
21'	0.45	1.72	2.99	4.26	5.52	6.78	8.02	9.26	10.49	11.70
24'	0.51	1.78	3.05	4.32	5.58	6.84	8.09	9.32	10.55	11.76
27'	0.57	1.95	3.12	4.38	5.65	6.90	8.15	9.39	10.61	11.82
30'	0.64	1.91	3.18	4.45	5.71	6.96	8.21	9.45	10.67	11.88
33'	0.70	1.98	3.24	4.51	5.77	7.03	8.27	9.51	10.73	11.94
36'	0.76	2.04	3.31	4.57	5.84	7.09	8.33	9.57	10.79	12.00
39'	0.83	2.10	3.37	4.64	5.90	7.15	8.40	9.63	10.85	12.06
42'	0.89	2.16	3.43	4.70	5.96	7.21	8.46	9.69	10.91	12.12
45'	0.96	2.23	3.50	4.76	6.02	7.28	8.52	9.75	10.98	12.18
48'	1.02	2.29	3.56	4.83	6.09	7.34	8.58	9.82	11.04	12.24
51'	1.08	2.36	3.63	4.89	6.15	7.40	8.64	9.88	11.10	12.30
54'	1.15	2.42	3.69	4.95	6.21	7.46	8.71	9.94	11.16	12.36
57'	1.21	2.48	3.75	5.02	6.28	7.53	8.77	10.00	11.22	12.42

α	10°	11°	12°	13°	14°	15°	16°	17°	18°	19°
0'	12.48	13.67	14.85	16.00	17.14	18.25	19.34	20.41	21.45	22.47
3'	12.54	13.73	14.90	16.06	17.19	18.31	19.40	20.46	21.51	22.52
6'	12.60	13.79	14.96	16.11	17.25	18.36	19.45	20.52	21.56	22.57
9'	12.66	13.85	15.02	16.17	17.30	18.42	19.50	20.57	21.61	22.62
12'	12.72	13.91	15.08	16.23	17.36	18.47	19.56	20.62	21.66	22.67
15'	12.78	13.97	15.14	16.29	17.42	18.53	19.61	20.67	21.71	22.72
18'	12.84	14.03	15.19	16.34	17.47	18.58	19.67	20.73	21.76	22.77
21'	12.90	14.09	15.25	16.40	17.53	18.63	19.72	20.78	21.81	22.82
24'	12.96	14.14	15.31	16.46	17.58	18.69	19.77	20.83	21.86	22.87
27'	13.02	14.20	15.37	16.51	17.64	18.74	19.83	20.88	21.92	22.92
30'	13.08	14.26	15.43	16.57	17.70	18.80	19.88	20.94	21.97	22.97
33'	13.14	14.32	15.48	16.63	17.75	18.85	19.93	20.99	22.02	23.02
36'	13.20	14.38	15.54	16.68	17.81	18.91	19.99	21.04	22.07	23.07
39'	13.26	14.44	15.60	16.74	17.86	18.96	20.04	21.09	22.12	23.12
42'	13.32	14.50	15.66	16.80	17.92	19.02	20.09	21.14	22.17	23.17
45'	13.38	14.55	15.71	16.85	17.97	19.07	20.15	21.20	22.22	23.22
48'	13.44	14.61	15.77	16.91	18.03	19.13	20.20	21.25	22.27	23.27
51'	13.50	14.67	15.83	16.97	18.08	19.18	20.25	21.30	22.32	23.32
54'	13.55	14.73	15.89	17.02	18.14	19.23	20.30	21.35	22.37	23.36
57'	13.61	14.79	15.94	17.08	18.19	19.29	20.36	21.40	22.42	23.41

α	20°	21°	22°	23°	24°	25°	26°	27°	28°	29°
0'	23.46	24.42	25.36	26.26	27.12	27.96	28.76	29.53	30.26	30.95
3'	23.51	24.47	25.40	26.30	27.17	28.00	28.80	29.57	30.30	30.99
6'	23.56	24.52	25.45	26.34	27.21	28.04	28.84	29.60	30.33	31.02
9'	23.61	24.56	25.49	26.39	27.25	28.08	28.88	29.64	30.37	31.05
12'	23.66	24.61	25.54	26.43	27.29	28.12	28.92	29.68	30.40	31.09
15'	23.70	24.66	25.58	26.48	27.34	28.16	28.96	29.72	30.44	31.12
18'	23.75	24.71	25.63	26.52	27.38	28.20	29.00	29.75	30.47	31.15
21'	23.80	24.75	25.67	26.56	27.42	28.25	29.03	29.79	30.51	31.19
24'	23.85	24.80	25.72	26.61	27.46	28.29	29.07	29.83	30.54	31.22
27'	23.90	24.85	25.76	26.65	27.51	28.33	29.11	29.86	30.58	31.25
30'	23.95	24.89	25.81	26.69	27.55	28.37	29.15	29.90	30.61	31.29
33'	23.99	24.94	25.85	26.74	27.59	28.41	29.19	29.94	30.65	31.32
36'	24.04	24.99	25.90	26.78	27.63	28.45	29.23	29.97	30.68	31.35
39'	24.09	25.03	25.94	26.82	27.67	28.49	29.26	30.01	30.72	31.38
42'	24.14	25.08	25.99	26.87	27.71	28.53	29.30	30.04	30.75	31.42
45'	24.19	25.12	26.03	26.91	27.75	28.57	29.34	30.08	30.78	31.45
48'	24.23	25.17	26.08	26.95	27.80	28.60	29.38	30.12	30.82	31.48
51'	24.28	25.22	26.12	27.00	27.84	28.64	29.42	30.15	30.85	31.51
54'	24.33	25.26	26.17	27.04	27.88	28.68	29.45	30.19	30.89	31.55
57'	24.38	25.31	26.21	27.08	27.92	28.72	29.49	30.22	30.92	31.58

73 $\cos^2\alpha$

α	value	α	value	α	value
0°	73.0	15°	68.1	23°20'	61.5
1°	73.0	15°30'	67.8	23°40'	61.2
2°	72.9	16°	67.5	24°	60.9
3°	72.8	16°30'	67.1	24°20'	60.6
4°	72.6	17°	66.8	24°40'	60.3
5°	72.4	17°30'	66.4	25°	60.0
6°	72.2	18°	66.0	25°20'	59.6
7°	71.9	18°30'	65.7	25°40'	59.3
8°	71.6	19°	65.3	26°	59.0
9°	71.2	19°30'	64.9	26°20'	58.6
10°	70.8	20°	64.5	26°40'	58.3
10°30'	70.6	20°20'	64.2	27°	58.0
11°	70.3	20°40'	63.9	27°20'	57.6
11°30'	70.1	21°	63.6	27°40'	57.3
12°	69.8	21°20'	63.3	28°	56.9
12°30'	69.6	21°40'	63.0	28°20'	56.6
13°	69.3	22°	62.8	28°40'	56.2
13°30'	69.0	22°20'	62.5	29°	55.8
14°	68.7	22°40'	62.2	29°20'	55.5
14°30'	68.4	23°	61.9	29°40'	55.1
				30°	54.8

α	0°	1°	2°	3°	4°	5°	6°	7°	8°	9°
0'	0.00	1.29	2.58	3.87	5.15	6.42	7.69	8.95	10.20	11.43
3'	0.06	1.36	2.65	3.93	5.21	6.49	7.76	9.01	10.26	11.50
6'	0.13	1.42	2.71	4.00	5.28	6.55	7.82	9.08	10.32	11.56
9'	0.19	1.48	2.77	4.06	5.34	6.62	7.88	9.14	10.38	11.62
12'	0.26	1.55	2.84	4.12	5.41	6.68	7.95	9.20	10.45	11.68
15'	0.32	1.61	2.90	4.19	5.47	6.74	8.01	9.26	10.51	11.74
18'	0.39	1.68	2.97	4.25	5.53	6.81	8.07	9.33	10.57	11.80
21'	0.45	1.74	3.03	4.32	5.60	6.87	8.13	9.39	10.63	11.86
24'	0.52	1.81	3.10	4.38	5.66	6.93	8.20	9.45	10.69	11.92
27'	0.58	1.87	3.16	4.45	5.73	7.00	8.26	9.51	10.76	11.98
30'	0.65	1.94	3.22	4.51	5.79	7.06	8.32	9.58	10.82	12.05
33'	0.71	2.00	3.29	4.57	5.85	7.12	8.39	9.64	10.88	12.11
36'	0.77	2.07	3.35	4.64	5.92	7.19	8.45	9.70	10.94	12.17
39'	0.84	2.13	3.42	4.70	5.98	7.25	8.51	9.76	11.00	12.23
42'	0.90	2.19	3.48	4.77	6.04	7.31	8.57	9.83	11.06	12.29
45'	0.97	2.26	3.55	4.83	6.11	7.38	8.64	9.89	11.13	12.35
48'	1.03	2.32	3.61	4.89	6.17	7.44	8.70	9.95	11.19	12.41
51'	1.10	2.39	3.67	4.96	6.23	7.50	8.76	10.01	11.25	12.47
54'	1.16	2.45	3.74	5.02	6.30	7.57	8.83	10.07	11.31	12.53
57'	1.23	2.52	3.80	5.09	6.36	7.63	8.89	10.14	11.37	12.59

α	10°	11°	12°	13°	14°	15°	16°	17°	18°	19°
0'	12.65	13.86	15.05	16.22	17.37	18.50	19.61	20.69	21.75	22.78
3'	12.72	13.92	15.11	16.28	17.43	18.56	19.66	20.74	21.80	22.83
6'	12.78	13.98	15.17	16.34	17.48	18.61	19.72	20.80	21.85	22.88
9'	12.84	14.04	15.23	16.39	17.54	18.67	19.77	20.85	21.90	22.93
12'	12.90	14.10	15.28	16.45	17.60	18.72	19.83	20.90	21.96	22.98
15'	12.96	14.16	15.34	16.51	17.65	18.78	19.88	20.96	22.01	23.03
18'	13.02	14.22	15.40	16.57	17.71	18.83	19.93	21.01	22.06	23.08
21'	13.08	14.28	15.46	16.62	17.77	18.89	19.99	21.05	22.11	23.13
24'	13.14	14.34	15.52	16.68	17.82	18.95	20.04	21.12	22.16	23.18
27'	13.20	14.40	15.58	16.74	17.88	19.00	20.10	21.17	22.22	23.23
30'	13.26	14.46	15.64	16.80	17.94	19.06	20.15	21.22	22.27	23.28
33'	13.32	14.52	15.70	16.86	17.99	19.11	20.21	21.28	22.32	23.34
36'	13.38	14.58	15.75	16.91	18.05	19.17	20.26	21.33	22.37	23.39
39'	13.44	14.64	15.81	16.97	18.11	19.22	20.31	21.38	22.42	23.44
42'	13.50	14.69	15.87	17.03	18.16	19.28	20.37	21.43	22.47	23.49
45'	13.56	14.75	15.93	17.08	18.22	19.33	20.42	21.49	22.52	23.53
48'	13.62	14.81	15.99	17.14	18.28	19.39	20.48	21.54	22.58	23.58
51'	13.68	14.87	16.05	17.20	18.33	19.44	20.53	21.59	22.63	23.63
54'	13.74	14.93	16.10	17.26	18.39	19.50	20.58	21.64	22.68	23.68
57'	13.80	14.99	16.16	17.31	18.44	19.55	20.64	21.70	22.73	23.73

α	20°	21°	22°	23°	24°	25°	26°	27°	28°	29°
0'	23.78	24.76	25.70	26.62	27.50	28.34	29.16	29.93	30.67	31.38
3'	23.83	24.81	25.75	26.66	27.54	28.39	29.20	29.97	30.71	31.41
6'	23.88	24.85	25.80	26.71	27.58	28.43	29.24	30.01	30.75	31.45
9'	23.93	24.90	25.84	26.75	27.63	28.47	29.28	30.05	30.78	31.48
12'	23.98	24.95	25.89	26.79	27.67	28.51	29.31	30.08	30.82	31.51
15'	24.03	25.00	25.93	26.84	27.71	28.55	29.35	30.12	30.85	31.55
18'	24.08	25.04	25.98	26.88	27.75	28.59	29.39	30.16	30.89	31.58
21'	24.13	25.09	26.03	26.93	27.80	28.63	29.43	30.20	30.92	31.61
24'	24.18	25.14	26.07	26.97	27.84	28.67	29.47	30.23	30.96	31.65
27'	24.23	25.19	26.12	27.02	27.88	28.71	29.51	30.27	31.00	31.68
30'	24.27	25.23	26.16	27.06	27.92	28.75	29.55	30.31	31.03	31.72
33'	24.32	25.28	26.21	27.10	27.97	28.80	29.59	30.35	31.07	31.75
36'	24.37	25.33	26.25	27.15	28.01	28.84	29.63	30.38	31.10	31.78
39'	24.42	25.38	26.30	27.19	28.05	28.88	29.67	30.42	31.14	31.81
42'	24.47	25.42	26.34	27.24	28.09	28.92	29.70	30.46	31.17	31.85
45'	24.52	25.47	26.39	27.28	28.14	28.96	29.74	30.49	31.21	31.88
48'	24.57	25.52	26.44	27.32	28.18	29.00	29.78	30.53	31.24	31.91
51'	24.61	25.56	26.48	27.37	28.22	29.04	29.82	30.57	31.27	31.95
54'	24.66	25.61	26.53	27.41	28.26	29.08	29.86	30.60	31.31	31.98
57'	24.71	25.66	26.57	27.45	28.30	29.12	29.90	30.64	31.34	32.01

74 cos²α

α	74 cos²α
0°	74.0
1°	74.0
2°	73.9
3°	73.8
4°	73.6
5°	73.4
6°	73.2
7°	72.9
8°	72.6
9°	72.2
10°	71.8
10° 30'	71.5
11°	71.3
11° 30'	71.1
12°	70.8
12° 30'	70.5
13°	70.3
13° 30'	70.0
14°	69.7
14° 30'	69.4
15°	69.0
15° 30'	68.7
16°	68.4
16° 30'	68.0
17°	67.7
17° 30'	67.3
18°	66.9
18° 30'	66.5
19°	66.2
19° 30'	65.8
20°	65.3
20° 20'	65.1
20° 40'	64.8
21°	64.5
21° 20'	64.2
21° 40'	63.9
22°	63.6
22° 20'	63.3
22° 40'	63.0
23°	62.7
23° 20'	62.4
23° 40'	62.1
24°	61.8
24° 20'	61.4
24° 40'	61.1
25°	60.8
25° 20'	60.5
25° 40'	60.1
26°	59.8
26° 20'	59.4
26° 40'	59.1
27°	58.7
27° 20'	58.4
27° 40'	58.0
28°	57.7
28° 20'	57.3
28° 40'	57.0
29°	56.6
29° 20'	56.2
29° 40'	55.9
30°	55.5

75 ($\frac{1}{2}\sin 2\alpha$)

α	0°	1°	2°	3°	4°	5°	6°	7°	8°	9°
0'	0.00	1.31	2.62	3.92	5.22	6.51	7.80	9.07	10.34	11.59
3'	0.07	1.37	2.68	3.98	5.28	6.58	7.86	9.14	10.40	11.65
6'	0.13	1.44	2.75	4.05	5.35	6.64	7.92	9.20	10.46	11.71
9'	0.20	1.50	2.81	4.12	5.41	6.71	7.99	9.26	10.52	11.77
12'	0.26	1.57	2.88	4.18	5.48	6.77	8.05	9.33	10.59	11.84
15'	0.33	1.64	2.94	4.25	5.54	6.83	8.12	9.39	10.65	11.90
18'	0.39	1.70	3.01	4.31	5.61	6.90	8.18	9.45	10.71	11.96
21'	0.46	1.77	3.07	4.38	5.67	6.96	8.24	9.52	10.78	12.02
24'	0.52	1.83	3.14	4.44	5.74	7.03	8.31	9.58	10.84	12.08
27'	0.59	1.90	3.20	4.51	5.80	7.09	8.37	9.64	10.90	12.15
30'	0.65	1.96	3.27	4.58	5.87	7.16	8.44	9.71	10.96	12.21
33'	0.72	2.03	3.33	4.64	5.93	7.22	8.50	9.77	11.03	12.27
36'	0.79	2.09	3.40	4.70	6.00	7.28	8.56	9.83	11.09	12.33
39'	0.85	2.16	3.46	4.76	6.06	7.35	8.62	9.90	11.15	12.39
42'	0.92	2.22	3.53	4.83	6.12	7.41	8.69	9.96	11.21	12.46
45'	0.98	2.29	3.59	4.89	6.19	7.48	8.75	10.02	11.28	12.52
48'	1.05	2.35	3.66	4.96	6.25	7.54	8.82	10.08	11.34	12.58
51'	1.11	2.42	3.72	5.02	6.32	7.60	8.88	10.15	11.40	12.64
54'	1.18	2.49	3.79	5.09	6.38	7.67	8.95	10.21	11.46	12.70
57'	1.24	2.55	3.85	5.15	6.45	7.73	9.01	10.27	11.53	12.76

α	10°	11°	12°	13°	14°	15°	16°	17°	18°	19°
0'	12.83	14.05	15.25	16.44	17.61	18.75	19.87	20.97	22.04	23.09
3'	12.89	14.11	15.31	16.50	17.66	18.81	19.93	21.02	22.09	23.14
6'	12.95	14.17	15.37	16.56	17.72	18.86	19.98	21.08	22.15	23.19
9'	13.01	14.23	15.43	16.62	17.78	18.92	20.04	21.13	22.20	23.24
12'	13.07	14.29	15.49	16.67	17.84	18.98	20.09	21.19	22.25	23.29
15'	13.13	14.35	15.55	16.73	17.89	19.03	20.15	21.24	22.31	23.34
18'	13.19	14.41	15.61	16.79	17.95	19.09	20.20	21.29	22.36	23.40
21'	13.26	14.47	15.67	16.85	18.01	19.15	20.26	21.35	22.41	23.45
24'	13.32	14.53	15.73	16.91	18.07	19.20	20.31	21.40	22.46	23.50
27'	13.38	14.59	15.79	16.97	18.12	19.26	20.37	21.46	22.52	23.55
30'	13.44	14.65	15.85	17.02	18.18	19.31	20.42	21.51	22.57	23.60
33'	13.50	14.71	15.91	17.08	18.24	19.37	20.46	21.56	22.62	23.65
36'	13.56	14.77	15.97	17.14	18.29	19.43	20.53	21.62	22.67	23.70
39'	13.62	14.83	16.03	17.20	18.35	19.48	20.59	21.67	22.72	23.75
42'	13.68	14.89	16.09	17.26	18.41	19.54	20.64	21.72	22.78	23.80
45'	13.74	14.95	16.14	17.32	18.47	19.59	20.70	21.78	22.83	23.85
48'	13.80	15.01	16.20	17.37	18.52	19.65	20.75	21.83	22.88	23.90
51'	13.87	15.07	16.26	17.43	18.58	19.71	20.81	21.88	22.93	23.95
54'	13.93	15.13	16.32	17.49	18.64	19.76	20.86	21.94	22.98	24.00
57'	13.99	15.19	16.38	17.55	18.69	19.82	20.92	21.99	23.04	24.05

α	20°	21°	22°	23°	24°	25°	26°	27°	28°	29°
0'	24.10	25.09	26.05	26.98	27.87	28.73	29.55	30.34	31.09	31.80
3'	24.15	25.14	26.10	27.02	27.91	28.77	29.59	30.38	31.13	31.84
6'	24.20	25.19	26.14	27.07	27.96	28.81	29.63	30.41	31.16	31.87
9'	24.25	25.24	26.19	27.11	28.00	28.85	29.67	30.45	31.20	31.91
12'	24.30	25.29	26.24	27.16	28.04	28.89	29.71	30.49	31.23	31.94
15'	24.35	25.33	26.28	27.20	28.09	28.94	29.75	30.53	31.27	31.97
18'	24.40	25.38	26.33	27.25	28.13	28.98	29.79	30.57	31.31	32.01
21'	24.45	25.43	26.38	27.29	28.17	29.02	29.83	30.61	31.34	32.04
24'	24.50	25.48	26.42	27.34	28.22	29.06	29.87	30.64	31.38	32.08
27'	24.55	25.53	26.47	27.38	28.26	29.10	29.91	30.68	31.41	32.11
30'	24.60	25.58	26.52	27.43	28.30	29.14	29.95	30.72	31.45	32.14
33'	24.65	25.62	26.56	27.47	28.34	29.18	29.99	30.76	31.49	32.18
36'	24.70	25.67	26.61	27.51	28.39	29.23	30.03	30.79	31.52	32.21
39'	24.75	25.72	26.66	27.56	28.43	29.27	30.07	30.83	31.56	32.24
42'	24.80	25.77	26.70	27.60	28.47	29.31	30.11	30.87	31.59	32.28
45'	24.85	25.81	26.75	27.65	28.52	29.35	30.14	30.90	31.63	32.31
48'	24.90	25.86	26.79	27.69	28.56	29.39	30.18	30.94	31.66	32.34
51'	24.95	25.91	26.84	27.74	28.60	29.43	30.22	30.98	31.70	32.38
54'	24.99	25.96	26.88	27.78	28.64	29.47	30.26	31.02	31.73	32.41
57'	25.04	26.00	26.93	27.82	28.68	29.51	30.30	31.05	31.77	32.44

75 $\cos^2\alpha$

α	75 cos²α
0°	75.0
1°	75.0
2°	74.9
3°	74.8
4°	74.6
5°	74.4
6°	74.2
7°	73.9
8°	73.5
9°	73.2
10°	72.7
10° 30'	72.5
11°	72.3
11° 30'	72.0
12°	71.8
12° 30'	71.5
13°	71.2
13° 30'	70.9
14°	70.6
14° 30'	70.3
15°	70.0
15° 30'	69.6
16°	69.3
16° 30'	69.0
17°	68.6
17° 30'	68.2
18°	67.8
18° 30'	67.4
19°	67.1
19° 30'	66.6
20°	66.2
20° 20'	65.9
20° 40'	65.7
21°	65.4
21° 20'	65.1
21° 40'	64.8
22°	64.5
22° 20'	64.2
22° 40'	63.9
23°	63.5
23° 20'	63.2
23° 40'	62.9
24°	62.6
24° 20'	62.3
24° 40'	61.9
25°	61.6
25° 20'	61.3
25° 40'	60.9
26°	60.6
26° 20'	60.2
26° 40'	59.9
27°	59.5
27° 20'	59.2
27° 40'	58.8
28°	58.5
28° 20'	58.1
28° 40'	57.7
29°	57.4
29° 20'	57.0
29° 40'	56.6
30°	56.3

α	0°	1°	2°	3°	4°	5°	6°	7°	8°	9°
0'	0.00	1.33	2.65	3.97	5.29	6.60	7.90	9.19	10.47	11.74
3'	0.07	1.39	2.72	4.04	5.35	6.66	7.97	9.26	10.54	11.81
6'	0.13	1.46	2.78	4.10	5.42	6.73	8.03	9.32	10.60	11.87
9'	0.20	1.53	2.85	4.17	5.49	6.79	8.10	9.39	10.67	11.93
12'	0.27	1.59	2.92	4.24	5.55	6.86	8.16	9.45	10.73	11.99
15'	0.33	1.66	2.98	4.30	5.62	6.92	8.22	9.51	10.79	12.06
18'	0.40	1.72	3.05	4.37	5.68	6.99	8.29	9.58	10.86	12.12
21'	0.46	1.79	3.11	4.43	5.75	7.06	8.35	9.64	10.92	12.18
24'	0.53	1.86	3.18	4.50	5.81	7.12	8.42	9.71	10.98	12.25
27'	0.60	1.92	3.25	4.57	5.88	7.19	8.48	9.77	11.05	12.31
30'	0.66	1.99	3.31	4.63	5.94	7.25	8.55	9.84	11.11	12.37
33'	0.73	2.05	3.38	4.70	6.01	7.32	8.61	9.90	11.17	12.43
36'	0.80	2.12	3.44	4.76	6.08	7.38	8.68	9.96	11.24	12.50
39'	0.86	2.19	3.51	4.83	6.14	7.45	8.74	10.03	11.30	12.56
42'	0.93	2.25	3.58	4.89	6.21	7.51	8.81	10.09	11.36	12.62
45'	0.99	2.32	3.64	4.96	6.27	7.58	8.87	10.16	11.43	12.68
48'	1.06	2.39	3.71	5.03	6.34	7.64	8.94	10.22	11.49	12.75
51'	1.13	2.45	3.77	5.09	6.40	7.71	9.00	10.28	11.55	12.81
54'	1.19	2.52	3.84	5.16	6.47	7.77	9.06	10.35	11.62	12.87
57'	1.26	2.58	3.91	5.22	6.53	7.84	9.13	10.41	11.68	12.93

α	10°	11°	12°	13°	14°	15°	16°	17°	18°	19°
0'	13.00	14.24	15.46	16.66	17.84	19.00	20.14	21.25	22.34	23.40
3'	13.06	14.30	15.52	16.72	17.90	19.06	20.19	21.30	22.39	23.45
6'	13.12	14.36	15.58	16.78	17.96	19.11	20.25	21.36	22.44	23.50
9'	13.18	14.42	15.64	16.84	18.02	19.17	20.31	21.41	22.50	23.55
12'	13.25	14.48	15.70	16.90	18.07	19.23	20.36	21.47	22.55	23.60
15'	13.31	14.54	15.76	16.96	18.13	19.29	20.42	21.52	22.60	23.66
18'	13.37	14.60	15.82	17.01	18.19	19.34	20.47	21.58	22.66	23.71
21'	13.43	14.66	15.88	17.07	18.25	19.40	20.53	21.63	22.71	23.76
24'	13.49	14.73	15.94	17.13	18.31	19.46	20.58	21.69	22.76	23.81
27'	13.56	14.79	16.00	17.19	18.36	19.51	20.64	21.74	22.82	23.86
30'	13.62	14.85	16.06	17.25	18.42	19.57	20.70	21.80	22.87	23.91
33'	13.68	14.91	16.12	17.31	18.48	19.63	20.75	21.85	22.92	23.97
36'	13.74	14.97	16.18	17.37	18.54	19.68	20.81	21.90	22.97	24.02
39'	13.80	15.03	16.24	17.43	18.60	19.74	20.86	21.96	23.03	24.07
42'	13.87	15.09	16.30	17.49	18.65	19.80	20.92	22.01	23.08	24.12
45'	13.93	15.15	16.36	17.55	18.71	19.85	20.97	22.07	23.13	24.17
48'	13.99	15.21	16.42	17.61	18.77	19.91	21.03	22.12	23.19	24.22
51'	14.05	15.27	16.48	17.66	18.83	19.97	21.08	22.17	23.24	24.27
54'	14.11	15.33	16.54	17.72	18.89	20.02	21.14	22.23	23.29	24.32
57'	14.17	15.40	16.60	17.78	18.94	20.08	21.19	22.28	23.34	24.38

α	20°	21°	22°	23°	24°	25°	26°	27°	28°	29°
0'	24.43	25.43	26.40	27.33	28.24	29.11	29.94	30.74	31.50	32.23
3'	24.48	25.48	26.44	27.38	28.28	29.15	29.99	30.78	31.54	32.26
6'	24.53	25.53	26.49	27.43	28.33	29.19	30.03	30.82	31.58	32.30
9'	24.58	25.57	26.54	27.47	28.37	29.24	30.07	30.86	31.61	32.33
12'	24.63	25.62	26.59	27.52	28.42	29.28	30.11	30.90	31.65	32.37
15'	24.68	25.67	26.63	27.56	28.46	29.32	30.15	30.94	31.69	32.40
18'	24.73	25.72	26.68	27.61	28.50	29.36	30.19	30.97	31.72	32.43
21'	24.78	25.77	26.73	27.66	28.55	29.41	30.23	31.01	31.76	32.47
24'	24.83	25.82	26.78	27.70	28.59	29.45	30.27	31.05	31.80	32.50
27'	24.88	25.87	26.82	27.75	28.64	29.49	30.31	31.09	31.83	32.54
30'	24.93	25.92	26.87	27.79	28.68	29.53	30.35	31.13	31.87	32.57
33'	24.98	25.96	26.92	27.84	28.72	29.57	30.39	31.17	31.91	32.61
36'	25.03	26.01	26.96	27.88	28.77	29.61	30.43	31.20	31.94	32.64
39'	25.08	26.06	27.01	27.93	28.81	29.66	30.47	31.24	31.98	32.67
42'	25.13	26.11	27.06	27.97	28.85	29.70	30.51	31.28	32.01	32.71
45'	25.18	26.16	27.10	28.02	28.90	29.74	30.55	31.32	32.05	32.74
48'	25.23	26.21	27.15	28.06	28.94	29.78	30.59	31.35	32.08	32.78
51'	25.28	26.25	27.20	28.11	28.98	29.82	30.63	31.39	32.12	32.81
54'	25.33	26.30	27.24	28.15	29.02	29.86	30.66	31.43	32.16	32.84
57'	25.38	26.35	27.29	28.20	29.07	29.90	30.70	31.47	32.19	32.88

76 cos²α

α	76 cos²α	α	76 cos²α	α	76 cos²α
0°	76.0	15°	70.9	23° 20'	64.1
1°	76.0	15° 30'	70.6	23° 40'	63.8
2°	75.9	16°	70.2	24°	63.4
3°	75.8	16° 30'	69.9	24° 20'	63.1
4°	75.6	17°	69.5	24° 40'	62.8
5°	75.4	17° 30'	69.1	25°	62.4
6°	75.2	18°	68.7	25° 20'	62.1
7°	74.9	18° 30'	68.3	25° 40'	61.7
8°	74.5	19°	67.9	26°	61.4
9°	74.1	19° 30'	67.5	26° 20'	61.0
10°	73.7	20°	67.1	26° 40'	60.7
10° 30'	73.5	20° 20'	66.8	27°	60.3
11°	73.2	20° 40'	66.5	27° 20'	60.0
11° 30'	73.0	21°	66.2	27° 40'	59.6
12°	72.7	21° 20'	65.9	28°	59.2
12° 30'	72.4	21° 40'	65.6	28° 20'	58.9
13°	72.2	22°	65.3	28° 40'	58.5
13° 30'	71.9	22° 20'	65.0	29°	58.1
14°	71.6	22° 40'	64.7	29° 20'	57.8
14° 30'	71.2	23°	64.4	29° 40'	57.4
				30°	57.0

α	0°	1°	2°	3°	4°	5°	6°	7°	8°	9°
0'	0.00	1.34	2.69	4.02	5.36	6.69	8.00	9.31	10.61	11.90
3'	0.07	1.41	2.75	4.09	5.42	6.75	8.07	9.38	10.68	11.96
6'	0.13	1.48	2.82	4.16	5.49	6.82	8.14	9.44	10.74	12.02
9'	0.20	1.55	2.89	4.22	5.56	6.88	8.20	9.51	10.81	12.09
12'	0.27	1.61	2.95	4.29	5.62	6.95	8.27	9.57	10.87	12.15
15'	0.34	1.68	3.02	4.36	5.69	7.02	8.33	9.64	10.93	12.22
18'	0.40	1.75	3.09	4.43	5.76	7.08	8.40	9.70	11.00	12.28
21'	0.47	1.81	3.15	4.49	5.82	7.15	8.46	9.77	11.06	12.34
24'	0.54	1.88	3.22	4.56	5.89	7.21	8.53	9.83	11.13	12.41
27'	0.60	1.95	3.29	4.63	5.96	7.28	8.60	9.90	11.19	12.47
30'	0.67	2.01	3.36	4.69	6.02	7.35	8.66	9.96	11.26	12.53
33'	0.74	2.08	3.42	4.76	6.09	7.41	8.73	10.03	11.32	12.60
36'	0.81	2.13	3.49	4.83	6.16	7.48	8.79	10.09	11.38	12.66
39'	0.87	2.22	3.56	4.89	6.22	7.54	8.86	10.16	11.45	12.72
42'	0.94	2.28	3.62	4.96	6.29	7.61	8.92	10.22	11.51	12.79
45'	1.01	2.35	3.69	5.03	6.35	7.68	8.99	10.29	11.58	12.85
48'	1.07	2.42	3.76	5.09	6.42	7.74	9.05	10.35	11.64	12.91
51'	1.14	2.48	3.82	5.16	6.49	7.81	9.12	10.42	11.71	12.98
54'	1.21	2.55	3.89	5.23	6.55	7.87	9.18	10.48	11.77	13.04
57'	1.28	2.62	3.96	5.29	6.62	7.94	9.25	10.55	11.83	13.10

77 $cos^2\alpha$

α	value
0°	77.0
1°	77.0
2°	76.9
3°	76.8
4°	76.6
5°	76.4
6°	76.2
7°	75.9
8°	75.5
9°	75.1
10°	74.7
10° 30'	74.4
11°	74.2
11° 30'	73.9
12°	73.7
12° 30'	73.4
13°	73.1
13° 30'	72.8
14°	72.5
14° 30'	72.2

α	10°	11°	12°	13°	14°	15°	16°	17°	18°	19°
0'	13.17	14.42	15.66	16.88	18.07	19.25	20.40	21.53	22.68	23.70
3'	13.23	14.48	15.72	16.94	18.13	19.31	20.46	21.58	22.68	23.76
6'	13.29	14.55	15.78	17.00	18.19	19.37	20.52	21.64	22.74	23.81
9'	13.36	14.61	15.84	17.06	18.25	19.42	20.57	21.70	22.79	23.86
12'	13.42	14.67	15.90	17.12	18.31	19.48	20.63	21.75	22.85	23.91
15'	13.48	14.73	15.97	17.18	18.37	19.54	20.69	21.81	22.90	23.97
18'	13.55	14.80	16.03	17.24	18.43	19.60	20.74	21.86	22.95	24.02
21'	13.61	14.86	16.09	17.30	18.49	19.66	20.80	21.92	23.01	24.07
24'	13.67	14.92	16.15	17.36	18.55	19.71	20.86	21.97	23.06	24.12
27'	13.73	14.98	16.21	17.42	18.61	19.77	20.91	22.03	23.12	24.18
30'	13.80	15.04	16.27	17.48	18.67	19.83	20.97	22.08	23.17	24.23
33'	13.86	15.11	16.33	17.54	18.72	19.89	21.02	22.14	23.22	24.28
36'	13.92	15.17	16.39	17.60	18.78	19.94	21.08	22.19	23.28	24.33
39'	13.99	15.23	16.45	17.66	18.84	20.00	21.14	22.25	23.33	24.39
42'	14.05	15.29	16.51	17.72	18.90	20.06	21.19	22.30	23.38	24.44
45'	14.11	15.35	16.57	17.78	18.96	20.12	21.25	22.36	23.44	24.49
48'	14.17	15.41	16.64	17.84	19.02	20.17	21.31	22.41	23.49	24.54
51'	14.24	15.47	16.70	17.90	19.08	20.23	21.36	22.47	23.54	24.59
54'	14.30	15.54	16.76	17.96	19.13	20.29	21.42	22.52	23.60	24.64
57'	14.36	15.60	16.82	18.02	19.19	20.34	21.47	22.58	23.65	24.70

77 $cos^2\alpha$

α	value
15°	71.8
15° 30'	71.5
16°	71.1
16° 30'	70.8
17°	70.4
17° 30'	70.0
18°	69.6
18° 30'	69.2
19°	68.8
19° 30'	68.4
20°	68.0
20° 20'	67.7
20° 40'	67.4
21°	67.1
21° 20'	66.8
21° 40'	66.5
22°	66.2
22° 20'	65.9
22° 40'	65.6
23°	65.2

α	20°	21°	22°	23°	24°	25°	26°	27°	28°	29°
0'	24.75	25.76	26.74	27.69	28.61	29.49	30.34	31.15	31.92	32.65
3'	24.80	25.81	26.79	27.74	28.66	29.54	30.38	31.19	31.96	32.69
6'	24.85	25.86	26.84	27.79	28.70	29.58	30.42	31.23	31.99	32.72
9'	24.90	25.91	26.89	27.83	28.75	29.62	30.46	31.27	32.03	32.76
12'	24.95	25.96	26.94	27.88	28.79	29.66	30.50	31.30	32.07	32.79
15'	25.00	26.01	26.99	27.93	28.83	29.71	30.54	31.34	32.10	32.83
18'	25.05	26.06	27.03	27.97	28.88	29.75	30.58	31.38	32.14	32.86
21'	25.10	26.11	27.08	28.02	28.92	29.79	30.63	31.42	32.18	32.90
24'	25.16	26.16	27.13	28.07	28.97	29.84	30.67	31.46	32.22	32.93
27'	25.21	26.21	27.18	28.11	29.01	29.88	30.71	31.50	32.25	32.97
30'	25.26	26.26	27.22	28.16	29.06	29.92	30.75	31.54	32.29	33.00
33'	25.31	26.31	27.27	28.20	29.10	29.96	30.79	31.58	32.33	33.04
36'	25.36	26.36	27.32	28.25	29.14	30.00	30.83	31.61	32.36	33.07
39'	25.41	26.40	27.37	28.29	29.19	30.05	30.87	31.65	32.40	33.10
42'	25.46	26.45	27.41	28.34	29.23	30.09	30.91	31.69	32.43	33.14
45'	25.51	26.50	27.46	28.39	29.28	30.13	30.95	31.73	32.47	33.17
48'	25.56	26.55	27.51	28.43	29.32	30.17	30.99	31.77	32.51	33.21
51'	25.61	26.60	27.55	28.48	29.36	30.21	31.03	31.80	32.54	33.24
54'	25.66	26.65	27.60	28.52	29.41	30.26	31.07	31.84	32.58	33.27
57'	25.71	26.70	27.65	28.57	29.45	30.30	31.11	31.88	32.61	33.31

77 $cos^2\alpha$

α	value
23° 20'	64.9
23° 40'	64.6
24°	64.3
24° 20'	63.9
24° 40'	63.6
25°	63.2
25° 20'	62.9
25° 40'	62.6
26°	62.2
26° 20'	61.8
26° 40'	61.5
27°	61.1
27° 20'	60.8
27° 40'	60.4
28°	60.0
28° 20'	59.7
28° 40'	59.3
29°	58.9
29° 20'	58.5
29° 40'	58.1
30°	57.8

α	0°	1°	2°	3°	4°	5°	6°	7°	8°	9°
0'	0.00	1.36	2.72	4.08	5.43	6.77	8.11	9.43	10.75	12.05
3'	0.07	1.43	2.79	4.14	5.50	6.84	8.18	9.50	10.82	12.12
6'	0.14	1.50	2.86	4.21	5.56	6.91	8.24	9.57	10.88	12.18
9'	0.20	1.57	2.92	4.28	5.63	6.97	8.31	9.63	10.95	12.25
12'	0.27	1.63	2.99	4.35	5.70	7.04	8.37	9.70	11.01	12.31
15'	0.34	1.70	3.06	4.41	5.76	7.11	8.44	9.76	11.08	12.37
18'	0.41	1.77	3.13	4.48	5.83	7.17	8.51	9.83	11.14	12.44
21'	0.48	1.84	3.20	4.55	5.90	7.24	8.57	9.90	11.21	12.50
24'	0.54	1.91	3.26	4.62	5.97	7.31	8.64	9.96	11.27	12.57
27'	0.61	1.97	3.33	4.69	6.03	7.37	8.71	10.03	11.34	12.63
30'	0.68	2.04	3.40	4.75	6.10	7.44	8.77	10.09	11.40	12.70
33'	0.75	2.11	3.47	4.82	6.17	7.51	8.84	10.16	11.47	12.76
36'	0.82	2.18	3.53	4.89	6.24	7.58	8.91	10.23	11.53	12.83
39'	0.88	2.24	3.60	4.96	6.30	7.64	8.97	10.29	11.60	12.89
42'	0.95	2.31	3.67	5.02	6.37	7.71	9.04	10.36	11.66	12.95
45'	1.02	2.38	3.74	5.09	6.44	7.78	9.10	10.42	11.73	13.02
48'	1.09	2.45	3.81	5.16	6.50	7.84	9.17	10.49	11.79	13.08
51'	1.16	2.52	3.87	5.23	6.57	7.91	9.24	10.55	11.86	13.15
54'	1.22	2.58	3.94	5.29	6.64	7.98	9.30	10.62	11.92	13.21
57'	1.29	2.65	4.01	5.36	6.71	8.04	9.37	10.68	11.99	13.27

78 $cos^2\alpha$

α		α		α		α	
0°	78.0	5°	77.4	10°	75.6	12° 30'	74.3
1°	78.0	6°	77.1	10° 30'	75.4	13°	74.1
2°	77.9	7°	76.8	11°	75.2	13° 30'	73.7
3°	77.8	8°	76.5	11° 30'	74.9	14°	73.4
4°	77.6	9°	76.1	12°	74.6	14° 30'	73.1

α	10°	11°	12°	13°	14°	15°	16°	17°	18°	19°
0'	13.34	14.61	15.86	17.10	18.31	19.50	20.67	21.81	22.92	24.01
3'	13.40	14.67	15.92	17.16	18.37	19.56	20.72	21.86	22.98	24.06
6'	13.47	14.74	15.99	17.22	18.43	19.62	20.78	21.92	23.03	24.12
9'	13.53	14.80	16.05	17.28	18.49	19.67	20.84	21.98	23.09	24.17
12'	13.59	14.86	16.11	17.34	18.55	19.73	20.90	22.03	23.14	24.22
15'	13.66	14.92	16.17	17.40	18.61	19.79	20.95	22.09	23.20	24.28
18'	13.72	14.99	16.23	17.46	18.67	19.85	21.01	22.15	23.25	24.33
21'	13.79	15.05	16.30	17.52	18.73	19.91	21.07	22.20	23.31	24.38
24'	13.85	15.11	16.36	17.58	18.79	19.97	21.13	22.26	23.36	24.44
27'	13.91	15.18	16.42	17.64	18.85	20.03	21.18	22.31	23.42	24.49
30'	13.98	15.24	16.48	17.71	18.91	20.09	21.24	22.37	23.47	24.54
33'	14.04	15.30	16.54	17.77	18.97	20.14	21.30	22.43	23.53	24.60
36'	14.10	15.36	16.61	17.82	19.03	20.20	21.35	22.48	23.58	24.65
39'	14.17	15.43	16.67	17.89	19.09	20.26	21.41	22.54	23.63	24.70
42'	14.23	15.49	16.73	17.95	19.15	20.32	21.47	22.59	23.69	24.75
45'	14.29	15.55	16.79	18.01	19.20	20.38	21.53	22.65	23.74	24.81
48'	14.36	15.61	16.85	18.07	19.26	20.44	21.58	22.70	23.80	24.86
51'	14.42	15.68	16.91	18.13	19.32	20.49	21.64	22.76	23.85	24.91
54'	14.48	15.74	16.97	18.19	19.38	20.55	21.70	22.81	23.90	24.96
57'	14.55	15.80	17.04	18.25	19.44	20.61	21.75	22.87	23.96	25.02

78 $cos^2\alpha$

α		α		α	
15°	72.8	17° 30'	70.9	20°	68.9
15° 30'	72.4	18°	70.6	20° 20'	68.6
16°	72.1	18° 30'	70.1	20° 40'	68.3
16° 30'	71.7	19°	69.7	21°	68.0
17°	71.3	19° 30'	69.3	21° 20'	67.7
				21° 40'	67.4
				22°	67.1
				22° 20'	66.7
				22° 40'	66.4
				23°	66.1

α	20°	21°	22°	23°	24°	25°	26°	27°	28°	29°
0'	25.07	26.10	27.09	28.05	28.98	29.88	30.78	31.55	32.33	33.07
3'	25.12	26.15	27.14	28.10	29.03	29.92	30.77	31.59	32.37	33.11
6'	25.17	26.20	27.19	28.15	29.07	29.96	30.82	31.63	32.41	33.15
9'	25.22	26.25	27.24	28.20	29.12	30.01	30.86	31.67	32.45	33.18
12'	25.28	26.30	27.29	28.24	29.16	30.05	30.90	31.71	32.48	33.22
15'	25.33	26.35	27.34	28.29	29.21	30.09	30.94	31.75	32.52	33.25
18'	25.38	26.40	27.38	28.34	29.25	30.14	30.98	31.79	32.56	33.29
21'	25.43	26.45	27.43	28.38	29.30	30.18	31.02	31.83	32.60	33.32
24'	25.48	26.50	27.48	28.43	29.34	30.22	31.06	31.87	32.63	33.36
27'	25.53	26.55	27.53	28.48	29.39	30.27	31.11	31.91	32.67	33.39
30'	25.59	26.60	27.58	28.52	29.43	30.31	31.15	31.95	32.71	33.43
33'	25.64	26.65	27.63	28.57	29.48	30.35	31.19	31.99	32.75	33.46
36'	25.69	26.70	27.67	28.62	29.52	30.39	31.23	32.02	32.78	33.50
39'	25.74	26.75	27.72	28.66	29.57	30.44	31.27	32.06	32.82	33.53
42'	25.79	26.80	27.77	28.71	29.61	30.48	31.31	32.10	32.86	33.57
45'	25.84	26.85	27.82	28.75	29.66	30.52	31.35	32.14	32.89	33.60
48'	25.89	26.90	27.86	28.80	29.70	30.56	31.39	32.18	32.93	33.64
51'	25.94	26.94	27.91	28.85	29.74	30.61	31.43	32.22	32.97	33.67
54'	25.99	26.99	27.96	28.89	29.79	30.65	31.47	32.26	33.00	33.71
57'	26.05	27.04	28.01	28.94	29.83	30.69	31.51	32.29	33.04	33.74

78 $cos^2\alpha$

α		α		α	
23° 20'	65.8	25°	64.1	26° 40'	62.3
23° 40'	65.4	25° 20'	63.7	27°	61.9
24°	65.1	25° 40'	63.4	27° 20'	61.6
24° 20'	64.8	26°	63.0	27° 40'	61.2
24° 40'	64.4	26° 20'	62.7	28°	60.8
				28° 20'	60.4
				28° 40'	60.1
				29°	59.7
				29° 20'	59.3
				29° 40'	58.9
				30°	58.5

79 ($\frac{1}{2}\sin 2\alpha$)

α	0°	1°	2°	3°	4°	5°	6°	7°	8°	9°
0'	0.00	1.38	2.76	4.13	5.50	6.86	8.21	9.56	10.89	12.21
3'	0.07	1.45	2.82	4.20	5.57	6.93	8.28	9.63	10.95	12.27
6'	0.14	1.52	2.89	4.27	5.63	6.99	8.35	9.69	11.02	12.34
9'	0.21	1.59	2.96	4.33	5.70	7.06	8.41	9.76	11.09	12.40
12'	0.28	1.65	3.03	4.40	5.77	7.13	8.48	9.82	11.15	12.47
15'	0.34	1.72	3.10	4.47	5.84	7.20	8.55	9.89	11.22	12.53
18'	0.41	1.79	3.17	4.54	5.91	7.27	8.62	9.96	11.28	12.60
21'	0.48	1.86	3.24	4.61	5.97	7.33	8.68	10.02	11.35	12.66
24'	0.55	1.93	3.31	4.68	6.04	7.40	8.75	10.09	11.42	12.73
27'	0.62	2.00	3.37	4.75	6.11	7.47	8.82	10.16	11.48	12.79
30'	0.69	2.07	3.44	4.81	6.18	7.54	8.89	10.22	11.55	12.86
33'	0.76	2.14	3.51	4.88	6.25	7.60	8.95	10.29	11.61	12.93
36'	0.83	2.20	3.58	4.95	6.32	7.67	9.02	10.36	11.68	12.99
39'	0.90	2.27	3.65	5.02	6.38	7.74	9.09	10.42	11.75	13.06
42'	0.96	2.34	3.72	5.09	6.45	7.81	9.15	10.49	11.81	13.12
45'	1.03	2.41	3.79	5.16	6.52	7.88	9.22	10.56	11.88	13.19
48'	1.10	2.48	3.85	5.22	6.59	7.94	9.29	10.62	11.94	13.25
51'	1.17	2.55	3.92	5.29	6.66	8.01	9.36	10.69	12.01	13.32
54'	1.24	2.62	3.99	5.36	6.72	8.08	9.42	10.76	12.07	13.38
57'	1.31	2.69	4.06	5.43	6.79	8.15	9.49	10.82	12.14	13.45

79 $\cos^2\alpha$

α	value	α	value
0°	79.0	15°	73.7
1°	79.0	15° 30'	73.4
2°	78.9	16°	73.0
3°	78.8	16° 30'	72.6
4°	78.6	17°	72.2
5°	78.4	17° 30'	71.9
6°	78.1	18°	71.5
7°	77.8	18° 30'	71.0
8°	77.5	19°	70.6
9°	77.1	19° 30'	70.2
10°	76.6	20°	69.8
10° 30'	76.4	20° 20'	69.5
11°	76.1	20° 40'	69.2
11° 30'	75.9	21°	68.9
12°	75.6	21° 20'	68.5
12° 30'	75.3	21° 40'	68.2
13°	75.0	22°	67.9
13° 30'	74.7	22° 20'	67.6
14°	74.4	22° 40'	67.3
14° 30'	74.0	23°	66.9
		23° 20'	66.6
		23° 40'	66.3
		24°	65.9
		24° 20'	65.6
		24° 40'	65.2
		25°	64.9
		25° 20'	64.5
		25° 40'	64.2
		26°	63.8
		26° 20'	63.5
		26° 40'	63.1
		27°	62.7
		27° 20'	62.3
		27° 40'	62.0
		28°	61.6
		28° 20'	61.2
		28° 40'	60.8
		29°	60.4
		29° 20'	60.0
		29° 40'	59.6
		30°	59.3

α	10°	11°	12°	13°	14°	15°	16°	17°	18°	19°
0'	13.51	14.80	16.07	17.32	18.54	19.75	20.93	22.09	23.22	24.32
3'	13.57	14.86	16.13	17.38	18.60	19.81	20.99	22.15	23.27	24.37
6'	13.64	14.92	16.19	17.44	18.67	19.87	21.05	22.20	23.33	24.43
9'	13.70	14.99	16.25	17.50	18.73	19.93	21.11	22.26	23.38	24.48
12'	13.77	15.05	16.32	17.56	18.79	19.99	21.17	22.32	23.44	24.54
15'	13.83	15.12	16.38	17.62	18.85	20.05	21.22	22.37	23.50	24.59
18'	13.90	15.18	16.44	17.69	18.91	20.11	21.28	22.43	23.55	24.64
21'	13.96	15.24	16.51	17.75	18.97	20.17	21.34	22.49	23.61	24.70
24'	14.03	15.31	16.57	17.81	19.03	20.23	21.40	22.54	23.66	24.75
27'	14.09	15.37	16.63	17.87	19.09	20.28	21.46	22.60	23.72	24.80
30'	14.16	15.43	16.69	17.93	19.15	20.34	21.51	22.66	23.77	24.86
33'	14.22	15.50	16.76	17.99	19.21	20.40	21.57	22.71	23.83	24.91
36'	14.28	15.56	16.82	18.06	19.27	20.46	21.63	22.77	23.88	24.97
39'	14.35	15.62	16.88	18.12	19.33	20.52	21.69	22.83	23.94	25.02
42'	14.41	15.69	16.94	18.18	19.39	20.58	21.74	22.88	23.99	25.07
45'	14.48	15.75	17.01	18.24	19.45	20.64	21.80	22.94	24.05	25.13
48'	14.54	15.81	17.07	18.30	19.51	20.70	21.86	22.99	24.10	25.18
51'	14.60	15.88	17.13	18.36	19.57	20.76	21.92	23.05	24.16	25.23
54'	14.67	15.94	17.19	18.42	19.63	20.81	21.97	23.11	24.21	25.28
57'	14.73	16.00	17.25	18.48	19.69	20.87	22.03	23.16	24.26	25.34

α	20°	21°	22°	23°	24°	25°	26°	27°	28°	29°
0'	25.39	26.43	27.44	28.41	29.35	30.26	31.13	31.96	32.75	33.50
3'	25.44	26.48	27.49	28.46	29.40	30.30	31.17	32.00	32.79	33.53
6'	25.50	26.53	27.54	28.51	29.45	30.35	31.21	32.04	32.82	33.57
9'	25.55	26.58	27.59	28.56	29.49	30.39	31.25	32.08	32.86	33.61
12'	25.60	26.63	27.64	28.60	29.54	30.44	31.30	32.12	32.90	33.64
15'	25.65	26.69	27.69	28.65	29.58	30.48	31.34	32.16	32.94	33.68
18'	25.71	26.74	27.74	28.70	29.63	30.52	31.38	32.20	32.98	33.72
21'	25.76	26.79	27.78	28.75	29.67	30.57	31.42	32.24	33.01	33.75
24'	25.81	26.84	27.83	28.79	29.72	30.61	31.46	32.28	33.05	33.79
27'	25.86	26.89	27.88	28.84	29.77	30.65	31.50	32.32	33.09	33.82
30'	25.91	26.94	27.93	28.89	29.81	30.70	31.55	32.36	33.13	33.86
33'	25.97	26.99	27.98	28.94	29.86	30.74	31.59	32.40	33.16	33.89
36'	26.02	27.04	28.03	28.98	29.90	30.78	31.63	32.44	33.20	33.93
39'	26.07	27.09	28.08	29.03	29.95	30.83	31.67	32.47	33.24	33.96
42'	26.12	27.14	28.13	29.08	29.99	30.87	31.71	32.51	33.28	34.00
45'	26.17	27.19	28.17	29.13	30.04	30.91	31.75	32.55	33.31	34.03
48'	26.23	27.24	28.22	29.17	30.08	30.96	31.79	32.59	33.35	34.07
51'	26.28	27.29	28.27	29.22	30.13	31.00	31.83	32.63	33.39	34.10
54'	26.33	27.34	28.32	29.26	30.17	31.04	31.87	32.67	33.42	34.14
57'	26.38	27.39	28.37	29.31	30.21	31.08	31.92	32.71	33.46	34.17

α	0°	1°	2°	3°	4°	5°	6°	7°	8°	9°
0'	0.00	1.40	2.79	4.18	5.57	6.95	8.32	9.68	11.03	12.36
3'	0.07	1.47	2.86	4.25	5.64	7.01	8.38	9.74	11.09	12.43
6'	0.14	1.54	2.93	4.32	5.71	7.08	8.45	9.81	11.16	12.49
9'	0.21	1.61	3.00	4.39	5.77	7.15	8.52	9.88	11.23	12.56
12'	0.28	1.68	3.07	4.46	5.84	7.22	8.59	9.95	11.29	12.63
15'	0.35	1.74	3.14	4.53	5.91	7.29	8.66	10.02	11.36	12.69
18'	0.42	1.81	3.21	4.60	5.98	7.36	8.73	10.08	11.43	12.76
21'	0.49	1.88	3.28	4.67	6.05	7.43	8.79	10.15	11.49	12.82
24'	0.56	1.95	3.35	4.74	6.12	7.50	8.86	10.22	11.56	12.89
27'	0.63	2.02	3.42	4.81	6.19	7.56	8.93	10.28	11.63	12.96
30'	0.70	2.09	3.49	4.87	6.26	7.63	9.00	10.35	11.69	13.02
33'	0.77	2.16	3.56	4.94	6.33	7.70	9.07	10.42	11.76	13.09
36'	0.84	2.23	3.63	5.01	6.40	7.77	9.13	10.49	11.83	13.15
39'	0.91	2.30	3.69	5.08	6.46	7.84	9.20	10.55	11.89	13.22
42'	0.98	2.37	3.76	5.15	6.53	7.91	9.27	10.62	11.96	13.29
45'	1.05	2.44	3.83	5.22	6.60	7.97	9.34	10.69	12.03	13.35
48'	1.12	2.51	3.90	5.29	6.67	8.04	9.41	10.76	12.09	13.42
51'	1.19	2.58	3.97	5.36	6.74	8.11	9.47	10.82	12.16	13.48
54'	1.26	2.65	4.04	5.43	6.81	8.18	9.54	10.89	12.23	13.55
57'	1.33	2.72	4.11	5.50	6.88	8.25	9.61	10.96	12.29	13.62

α	10°	11°	12°	13°	14°	15°	16°	17°	18°	19°
0'	13.68	14.98	16.27	17.53	18.78	20.00	21.20	22.37	23.51	24.63
3'	13.75	15.05	16.33	17.60	18.84	20.06	21.26	22.43	23.57	24.68
6'	13.81	15.11	16.40	17.66	18.90	20.12	21.32	22.48	23.62	24.74
9'	13.88	15.18	16.46	17.72	18.96	20.18	21.37	22.54	23.68	24.79
12'	13.94	15.24	16.52	17.79	19.02	20.24	21.43	22.60	23.74	24.85
15'	14.01	15.31	16.59	17.85	19.09	20.30	21.49	22.66	23.79	24.90
18'	14.07	15.37	16.65	17.91	19.15	20.36	21.55	22.71	23.85	24.96
21'	14.14	15.44	16.71	17.97	19.21	20.42	21.61	22.77	23.91	25.01
24'	14.20	15.50	16.78	18.04	19.27	20.48	21.67	22.83	23.96	25.06
27'	14.27	15.56	16.84	18.10	19.33	20.54	21.73	22.89	24.02	25.12
30'	14.33	15.63	16.90	18.16	19.39	20.60	21.79	22.94	24.07	25.17
33'	14.40	15.69	16.97	18.22	19.45	20.66	21.84	23.00	24.13	25.23
36'	14.46	15.76	17.03	18.28	19.51	20.72	21.90	23.06	24.18	25.28
39'	14.53	15.82	17.09	18.35	19.58	20.78	21.96	23.11	24.24	25.34
42'	14.60	15.89	17.16	18.41	19.64	20.84	22.02	23.17	24.30	25.39
45'	14.66	15.95	17.22	18.47	19.70	20.90	22.08	23.23	24.35	25.44
48'	14.72	16.01	17.28	18.53	19.76	20.96	22.14	23.28	24.41	25.50
51'	14.79	16.08	17.35	18.59	19.82	21.02	22.19	23.34	24.46	25.55
54'	14.85	16.14	17.41	18.66	19.88	21.08	22.25	23.40	24.52	25.60
57'	14.92	16.21	17.47	18.72	19.94	21.14	22.31	23.45	24.57	25.66

α	20°	21°	22°	23°	24°	25°	26°	27°	28°	29°
0'	25.71	26.77	27.79	28.77	29.73	30.64	31.52	32.36	33.16	33.92
3'	25.76	26.82	27.84	28.82	29.77	30.69	31.56	32.40	33.20	33.96
6'	25.82	26.87	27.89	28.87	29.82	30.73	31.61	32.44	33.24	34.00
9'	25.87	26.92	27.94	28.92	29.87	30.78	31.65	32.48	33.28	34.03
12'	25.92	26.97	27.99	28.97	29.91	30.82	31.69	32.52	33.32	34.07
15'	25.98	27.02	28.04	29.01	29.96	30.86	31.73	32.56	33.36	34.11
18'	26.03	27.08	28.09	29.06	30.00	30.91	31.78	32.61	33.39	34.14
21'	26.08	27.13	28.14	29.11	30.05	30.95	31.82	32.65	33.43	34.18
24'	26.14	27.18	28.19	29.16	30.10	31.00	31.86	32.69	33.47	34.21
27'	26.19	27.23	28.23	29.21	30.14	31.04	31.90	32.73	33.51	34.25
30'	26.24	27.28	28.28	29.25	30.19	31.09	31.95	32.77	33.55	34.29
33'	26.30	27.33	28.33	29.30	30.23	31.13	31.99	32.81	33.58	34.32
36'	26.35	27.38	28.38	29.35	30.28	31.17	32.03	32.85	33.62	34.36
39'	26.40	27.43	28.43	29.40	30.33	31.22	32.07	32.89	33.66	34.39
42'	26.45	27.48	28.48	29.44	30.37	31.26	32.11	32.93	33.70	34.43
45'	26.50	27.53	28.53	29.49	30.42	31.30	32.15	32.97	33.74	34.47
48'	26.56	27.58	28.58	29.54	30.46	31.35	32.20	33.00	33.77	34.50
51'	26.61	27.64	28.63	29.59	30.51	31.39	32.24	33.04	33.81	34.54
54'	26.66	27.69	28.68	29.63	30.55	31.43	32.28	33.08	33.85	34.57
57'	26.71	27.74	28.73	29.68	30.60	31.48	32.32	33.12	33.88	34.61

80 $\cos^2\alpha$

α	80 cos²α	α	80 cos²α	α	80 cos²α
0°	80.0	15°	74.6	23° 20'	67.4
1°	80.0	15° 30'	74.3	23° 40'	67.1
2°	79.9	16°	73.9	24°	66.8
3°	79.8	16° 30'	73.5	24° 20'	66.4
4°	79.6	17°	73.2	24° 40'	66.1
5°	79.4	17° 30'	72.8	25°	65.7
6°	79.1	18°	72.4	25° 20'	65.4
7°	78.8	18° 30'	71.9	25° 40'	65.0
8°	78.5	19°	71.5	26°	64.6
9°	78.0	19° 30'	71.1	26° 20'	64.3
10°	77.6	20°	70.6	27°	63.9
10° 30'	77.3	20° 20'	70.3	27° 20'	63.5
11°	77.1	20° 40'	70.0	27° 40'	62.8
11° 30'	76.8	21°	69.7	28°	62.4
12°	76.5	21° 20'	69.4	28° 20'	62.0
12° 30'	76.3	21° 40'	69.1	28° 40'	61.6
13°	76.0	22°	68.8	29°	61.2
13° 30'	75.6	22° 20'	68.4	29° 20'	60.8
14°	75.3	22° 40'	68.1	29° 40'	60.4
14° 30'	75.0	23°	67.8	30°	60.0

81 (½ sin 2α)

α	0°	1°	2°	3°	4°	5°	6°	7°	8°	9°
0'	0.00	1.41	2.83	4.23	5.64	7.03	8.42	9.80	11.16	12.52
3'	0.07	1.48	2.90	4.30	5.71	7.10	8.49	9.87	11.23	12.58
6'	0.14	1.55	2.97	4.37	5.78	7.17	8.56	9.93	11.30	12.65
9'	0.21	1.63	3.04	4.44	5.85	7.24	8.63	10.00	11.37	12.72
12'	0.28	1.70	3.11	4.51	5.92	7.31	8.70	10.07	11.43	12.78
15'	0.35	1.77	3.18	4.58	5.99	7.38	8.77	10.14	11.50	12.85
18'	0.42	1.84	3.25	4.65	6.06	7.45	8.83	10.21	11.57	12.92
21'	0.49	1.91	3.32	4.73	6.13	7.52	8.90	10.28	11.64	12.98
24'	0.57	1.98	3.39	4.80	6.20	7.59	8.97	10.35	11.71	13.05
27'	0.64	2.05	3.46	4.87	6.27	7.66	9.04	10.41	11.77	13.12
30'	0.71	2.12	3.53	4.94	6.34	7.73	9.11	10.48	11.84	13.19
33'	0.78	2.19	3.60	5.01	6.41	7.80	9.18	10.55	11.91	13.25
36'	0.85	2.26	3.67	5.08	6.48	7.87	9.25	10.62	11.98	13.32
39'	0.92	2.33	3.74	5.15	6.54	7.94	9.32	10.69	12.04	13.39
42'	0.99	2.40	3.81	5.22	6.61	8.01	9.39	10.76	12.11	13.45
45'	1.06	2.47	3.88	5.29	6.68	8.07	9.45	10.82	12.18	13.52
48'	1.13	2.54	3.95	5.36	6.75	8.14	9.52	10.89	12.25	13.59
51'	1.20	2.61	4.02	5.43	6.82	8.21	9.59	10.96	12.31	13.65
54'	1.27	2.68	4.09	5.50	6.89	8.28	9.66	11.03	12.38	13.72
57'	1.34	2.75	4.16	5.57	6.96	8.35	9.73	11.10	12.45	13.79

α	10°	11°	12°	13°	14°	15°	16°	17°	18°	19°
0'	13.85	15.17	16.47	17.75	19.01	20.25	21.46	22.65	23.81	24.93
3'	13.92	15.24	16.54	17.82	19.08	20.31	21.52	22.71	23.86	24.99
6'	13.98	15.30	16.60	17.88	19.14	20.37	21.58	22.76	23.92	25.05
9'	14.05	15.37	16.67	17.94	19.20	20.43	21.64	22.82	23.98	25.10
12'	14.12	15.43	16.73	18.01	19.26	20.49	21.70	22.88	24.03	25.16
15'	14.18	15.50	16.80	18.07	19.32	20.56	21.76	22.94	24.09	25.21
18'	14.25	15.56	16.86	18.13	19.39	20.62	21.82	23.00	24.15	25.27
21'	14.32	15.63	16.92	18.20	19.45	20.68	21.88	23.06	24.20	25.32
24'	14.38	15.69	16.99	18.26	19.51	20.74	21.94	23.11	24.26	25.38
27'	14.45	15.76	17.05	18.32	19.57	20.80	22.00	23.17	24.32	25.43
30'	14.51	15.82	17.12	18.39	19.63	20.86	22.06	23.23	24.37	25.49
33'	14.58	15.89	17.18	18.45	19.70	20.92	22.12	23.29	24.43	25.54
36'	14.65	15.95	17.24	18.51	19.76	20.98	22.18	23.35	24.49	25.60
39'	14.71	16.02	17.31	18.58	19.82	21.04	22.24	23.40	24.54	25.65
42'	14.78	16.08	17.37	18.64	19.88	21.10	22.29	23.46	24.60	25.71
45'	14.84	16.15	17.44	18.70	19.94	21.16	22.35	23.52	24.65	25.76
48'	14.91	16.21	17.50	18.76	20.00	21.22	22.41	23.58	24.71	25.82
51'	14.97	16.28	17.56	18.83	20.07	21.28	22.47	23.63	24.77	25.87
54'	15.04	16.34	17.63	18.89	20.13	21.34	22.53	23.69	24.82	25.92
57'	15.11	16.41	17.69	18.95	20.19	21.40	22.59	23.75	24.88	25.98

α	20°	21°	22°	23°	24°	25°	26°	27°	28°	29°
0'	26.03	27.10	28.13	29.13	30.10	31.02	31.91	32.77	33.58	34.35
3'	26.09	27.15	28.18	29.18	30.14	31.07	31.96	32.81	33.62	34.38
6'	26.14	27.20	28.24	29.23	30.19	31.12	32.00	32.85	33.65	34.42
9'	26.19	27.26	28.29	29.28	30.24	31.16	32.04	32.89	33.69	34.46
12'	26.25	27.31	28.34	29.33	30.29	31.21	32.09	32.93	33.73	34.49
15'	26.30	27.36	28.39	29.38	30.33	31.25	32.13	32.97	33.77	34.53
18'	26.36	27.41	28.44	29.43	30.38	31.30	32.17	33.01	33.81	34.57
21'	26.41	27.47	28.49	29.47	30.43	31.34	32.22	33.05	33.85	34.61
24'	26.46	27.52	28.54	29.52	30.47	31.39	32.26	33.09	33.89	34.64
27'	26.52	27.57	28.59	29.57	30.52	31.43	32.30	33.14	33.93	34.68
30'	26.57	27.62	28.64	29.62	30.57	31.47	32.34	33.18	33.97	34.72
33'	26.62	27.67	28.69	29.67	30.61	31.52	32.39	33.22	34.00	34.75
36'	26.68	27.72	28.74	29.72	30.66	31.56	32.43	33.26	34.04	34.79
39'	26.73	27.78	28.79	29.76	30.70	31.61	32.47	33.30	34.08	34.82
42'	26.78	27.83	28.84	29.81	30.75	31.65	32.51	33.34	34.12	34.86
45'	26.84	27.88	28.89	29.86	30.80	31.70	32.56	33.38	34.16	34.90
48'	26.89	27.93	28.94	29.91	30.84	31.74	32.60	33.42	34.20	34.93
51'	26.94	27.98	28.99	29.96	30.89	31.78	32.64	33.46	34.23	34.97
54'	26.99	28.03	29.03	30.00	30.93	31.83	32.68	33.50	34.27	35.00
57'	27.05	28.08	29.08	30.05	30.98	31.87	32.72	33.54	34.31	35.04

81 cos²α

0°	81.0	15°	75.6
1°	81.0	15°30'	75.2
2°	80.9	16°	74.8
3°	80.8	16°30'	74.5
4°	80.6	17°	74.1
5°	80.4	17°30'	73.7
6°	80.1	18°	73.3
7°	79.8	18°30'	72.8
8°	79.4	19°	72.4
9°	79.0	19°30'	72.0
10°	78.6	20°	71.5
10°30'	78.3	20°20'	71.2
11°	78.1	20°40'	70.9
11°30'	77.8	21°	70.6
12°	77.5	21°20'	70.3
12°30'	77.2	21°40'	70.0
13°	76.9	22°	69.6
13°30'	76.6	22°20'	69.3
14°	76.3	22°40'	69.0
14°30'	75.9	23°	68.6
23°20'	68.3	27°	64.3
23°40'	67.9	27°20'	63.9
24°	67.6	27°40'	63.5
24°20'	67.2	28°	63.1
24°40'	66.9	28°20'	62.8
25°	66.5	28°40'	62.4
25°20'	66.2	29°	62.0
25°40'	65.8	29°20'	61.6
26°	65.4	29°40'	61.2
26°20'	65.1	30°	60.8
26°40'	64.7		

α	0°	1°	2°	3°	4°	5°	6°	7°	8°	9°
0'	0.00	1.43	2.86	4.29	5.71	7.12	8.52	9.92	11.30	12.67
3'	0.07	1.50	2.93	4.36	5.78	7.19	8.59	9.99	11.37	12.74
6'	0.14	1.57	3.00	4.43	5.85	7.26	8.66	10.06	11.44	12.81
9'	0.21	1.65	3.07	4.50	5.92	7.33	8.73	10.13	11.51	12.87
12'	0.29	1.72	3.15	4.57	5.99	7.40	8.80	10.20	11.58	12.94
15'	0.36	1.79	3.22	4.64	6.06	7.47	8.87	10.27	11.64	13.01
18'	0.43	1.86	3.29	4.71	6.13	7.54	8.94	10.33	11.71	13.08
21'	0.50	1.93	3.36	4.78	6.20	7.61	9.01	10.40	11.78	13.15
24'	0.57	2.00	3.43	4.85	6.27	7.68	9.08	10.47	11.85	13.21
27'	0.64	2.07	3.50	4.93	6.34	7.75	9.15	10.54	11.92	13.28
30'	0.72	2.15	3.57	5.00	6.41	7.82	9.22	10.61	11.99	13.35
33'	0.79	2.22	3.64	5.07	6.48	7.89	9.29	10.68	12.06	13.42
36'	0.86	2.29	3.72	5.14	6.56	7.96	9.36	10.75	12.12	13.48
39'	0.93	2.36	3.79	5.21	6.63	8.03	9.43	10.82	12.19	13.55
42'	1.00	2.43	3.86	5.28	6.70	8.10	9.50	10.89	12.26	13.62
45'	1.07	2.50	3.93	5.35	6.77	8.17	9.57	10.96	12.33	13.69
48'	1.14	2.57	4.00	5.42	6.84	8.24	9.64	11.03	12.40	13.75
51'	1.22	2.65	4.07	5.49	6.91	8.31	9.71	11.09	12.47	13.82
54'	1.29	2.72	4.14	5.56	6.98	8.38	9.78	11.16	12.53	13.89
57'	1.36	2.79	4.21	5.64	7.05	8.45	9.85	11.23	12.60	13.96

82 cos²α

0°	82.0
1°	82.0
2°	81.9
3°	81.8
4°	81.6
5°	81.4
6°	81.1
7°	80.8
8°	80.4
9°	80.0
10°	79.5
10° 30'	79.3
11°	79.0
11° 30'	78.7
12°	78.5
12° 30'	78.2
13°	77.9
13° 30'	77.5
14°	77.2
14° 30'	76.9

α	10°	11°	12°	13°	14°	15°	16°	17°	18°	19°
0'	14.02	15.36	16.68	17.97	19.25	20.50	21.73	22.93	24.10	25.24
3'	14.09	15.43	16.74	18.04	19.31	20.56	21.79	22.99	24.16	25.30
6'	14.16	15.49	16.81	18.10	19.37	20.62	21.85	23.05	24.21	25.35
9'	14.22	15.56	16.87	18.17	19.44	20.69	21.91	23.10	24.27	25.41
12'	14.29	15.62	16.94	18.23	19.50	20.75	21.97	23.16	24.33	25.47
15'	14.36	15.69	17.00	18.29	19.56	20.81	22.03	23.22	24.39	25.52
18'	14.43	15.76	17.07	18.36	19.63	20.87	22.09	23.28	24.45	25.58
21'	14.49	15.82	17.13	18.42	19.69	20.93	22.15	23.34	24.50	25.63
24'	14.56	15.89	17.20	18.49	19.75	20.99	22.21	23.40	24.56	25.69
27'	14.63	15.95	17.26	18.55	19.81	21.06	22.27	23.46	24.62	25.75
30'	14.69	16.02	17.33	18.61	19.88	21.12	22.33	23.52	24.67	25.80
33'	14.76	16.09	17.39	18.68	19.94	21.18	22.39	23.58	24.73	25.86
36'	14.83	16.15	17.46	18.74	20.00	21.24	22.45	23.63	24.79	25.91
39'	14.89	16.22	17.52	18.80	20.06	21.30	22.51	23.69	24.85	25.97
42'	14.96	16.28	17.59	18.87	20.13	21.36	22.57	23.75	24.90	26.02
45'	15.03	16.35	17.65	18.93	20.19	21.42	22.63	23.81	24.96	26.08
48'	15.09	16.41	17.72	19.00	20.25	21.48	22.69	23.87	25.02	26.13
51'	15.16	16.48	17.78	19.06	20.31	21.54	22.75	23.93	25.07	26.19
54'	15.23	16.55	17.84	19.12	20.38	21.61	22.81	23.98	25.13	26.24
57'	15.29	16.61	17.91	19.19	20.44	21.67	22.87	24.04	25.19	26.30

15°	76.5
15° 30'	76.1
16°	75.8
16° 30'	75.4
17°	75.0
17° 30'	74.6
18°	74.2
18° 30'	73.7
19°	73.3
19° 30'	72.9
20°	72.4
20° 20'	72.1
20° 40'	71.8
21°	71.5
21° 20'	71.1
21° 40'	70.8
22°	70.5
22° 20'	70.2
22° 40'	69.8
23°	69.5

α	20°	21°	22°	23°	24°	25°	26°	27°	28°	29°
0'	26.35	27.43	28.48	29.49	30.47	31.41	32.31	33.17	33.99	34.77
3'	26.41	27.49	28.53	29.54	30.52	31.45	32.35	33.21	34.03	34.81
6'	26.46	27.54	28.58	29.59	30.56	31.50	32.40	33.25	34.07	34.85
9'	26.52	27.59	28.64	29.64	30.61	31.55	32.44	33.30	34.11	34.88
12'	26.57	27.65	28.69	29.69	30.66	31.59	32.48	33.34	34.15	34.92
15'	26.63	27.70	28.74	29.74	30.71	31.64	32.53	33.38	34.19	34.96
18'	26.68	27.75	28.79	29.79	30.75	31.68	32.57	33.42	34.23	35.00
21'	26.74	27.80	28.84	29.84	30.80	31.73	32.61	33.46	34.27	35.03
24'	26.79	27.86	28.89	29.89	30.85	31.77	32.66	33.50	34.31	35.07
27'	26.84	27.91	28.94	29.94	30.90	31.82	32.70	33.54	34.35	35.11
30'	26.90	27.96	28.99	29.99	30.94	31.86	32.74	33.59	34.39	35.14
33'	26.95	28.01	29.04	30.03	30.99	31.91	32.79	33.63	34.42	35.18
36'	27.01	28.07	29.09	30.08	31.04	31.95	32.83	33.67	34.46	35.22
39'	27.06	28.12	29.14	30.13	31.08	32.00	32.87	33.71	34.50	35.25
42'	27.11	28.17	29.19	30.18	31.13	32.04	32.92	33.75	34.54	35.29
45'	27.17	28.22	29.24	30.23	31.18	32.09	32.96	33.79	34.58	35.33
48'	27.22	28.27	29.29	30.28	31.22	32.13	33.00	33.83	34.62	35.36
51'	27.27	28.33	29.34	30.32	31.27	32.18	33.04	33.87	34.66	35.40
54'	27.33	28.38	29.39	30.37	31.32	32.22	33.09	33.91	34.69	35.44
57'	27.38	28.43	29.44	30.42	31.36	32.26	33.13	33.95	34.73	35.47

23° 20'	69.1
23° 40'	68.8
24°	68.4
24° 20'	68.1
24° 40'	67.7
25°	67.4
25° 20'	67.0
25° 40'	66.6
26°	66.2
26° 20'	65.9
26° 40'	65.5
27°	65.1
27° 20'	64.7
27° 40'	64.3
28°	63.9
28° 20'	63.5
28° 40'	63.1
29°	62.7
29° 20'	62.3
29° 40'	61.9
30°	61.5

83 ($^1/_2$ sin 2α)

α	0°	1°	2°	3°	4°	5°	6°	7°	8°	9°
0'	0.00	1.45	2.89	4.34	5.78	7.21	8.68	10.04	11.44	12.82
3'	0.07	1.52	2.97	4.41	5.85	7.28	8.70	10.11	11.51	12.89
6'	0.14	1.59	3.04	4.48	5.92	7.35	8.77	10.18	11.58	12.96
9'	0.22	1.67	3.11	4.55	5.99	7.42	8.84	10.25	11.65	13.03
12'	0.29	1.74	3.18	4.63	6.06	7.49	8.91	10.32	11.72	13.10
15'	0.36	1.81	3.26	4.70	6.13	7.56	8.98	10.39	11.79	13.17
18'	0.43	1.88	3.30	4.77	6.21	7.63	9.05	10.46	11.86	13.24
21'	0.51	1.95	3.40	4.84	6.28	7.71	9.12	10.53	11.93	13.31
24'	0.58	2.03	3.47	4.91	6.35	7.78	9.19	10.60	11.99	13.37
27'	0.65	2.10	3.54	4.99	6.42	7.85	9.26	10.67	12.06	13.44
30'	0.72	2.17	3.62	5.06	6.49	7.92	9.34	10.74	12.13	13.51
33'	0.80	2.24	3.69	5.13	6.56	7.99	9.41	10.81	12.20	13.58
36'	0.87	2.32	3.78	5.20	6.64	8.06	9.48	10.88	12.27	13.65
39'	0.94	2.39	3.83	5.27	6.71	8.13	9.55	10.95	12.34	13.72
42'	1.01	2.46	3.91	5.35	6.78	8.20	9.62	11.02	12.41	13.78
45'	1.09	2.53	3.98	5.42	6.85	8.27	9.69	11.09	12.48	13.85
48'	1.16	2.61	4.05	5.49	6.92	8.34	9.76	11.16	12.55	13.92
51'	1.25	2.68	4.12	5.56	6.99	8.42	9.83	11.23	12.62	13.90
54'	1.30	2.75	4.19	5.63	7.06	8.49	9.90	11.30	12.69	14.06
57'	1.38	2.82	4.27	5.70	7.14	8.56	9.97	11.37	12.76	14.13

α	10°	11°	12°	13°	14°	15°	16°	17°	18°	19°
0'	14.19	15.55	16.88	18.19	19.48	20.75	21.99	23.21	24.39	25.55
3'	14.26	15.61	16.95	18.26	19.55	20.81	22.05	23.27	24.45	25.61
6'	14.33	15.68	17.01	18.32	19.61	20.88	22.11	23.33	24.51	25.66
9'	14.40	15.75	17.08	18.39	19.67	20.94	22.18	23.39	24.57	25.72
12'	14.47	15.81	17.14	18.45	19.74	21.00	22.24	23.45	24.63	25.78
15'	14.53	15.88	17.21	18.52	19.80	21.06	22.30	23.51	24.69	25.83
18'	14.60	15.95	17.28	18.58	19.87	21.13	22.36	23.57	24.74	25.89
21'	14.67	16.02	17.34	18.65	19.93	21.19	22.42	23.63	24.80	25.95
24'	14.74	16.08	17.41	18.71	19.99	21.25	22.48	23.68	24.86	26.00
27'	14.80	16.15	17.47	18.78	20.06	21.31	22.54	23.74	24.92	26.06
30'	14.87	16.22	17.54	18.84	20.12	21.37	22.60	23.80	24.98	26.12
33'	14.94	16.28	17.60	18.91	20.18	21.44	22.66	23.86	25.03	26.17
36'	15.01	16.35	17.67	18.97	20.25	21.50	22.72	23.92	25.09	26.23
39'	15.07	16.42	17.74	19.03	20.31	21.56	22.78	23.98	25.15	26.29
42'	15.14	16.48	17.80	19.10	20.37	21.62	22.84	24.04	25.21	26.34
45'	15.21	16.55	17.87	19.16	20.44	21.68	22.91	24.10	25.26	26.40
48'	15.28	16.61	17.93	19.23	20.50	21.75	22.97	24.16	25.32	26.45
51'	15.34	16.68	18.00	19.29	20.56	21.81	23.03	24.22	25.38	26.51
54'	15.41	16.75	18.06	19.36	20.62	21.87	23.09	24.28	25.44	26.56
57'	15.48	16.81	18.13	19.42	20.69	21.93	23.15	24.33	25.49	26.62

α	20°	21°	22°	23°	24°	25°	26°	27°	28°	29°
0'	26.68	27.77	28.83	29.85	30.84	31.79	32.70	33.57	34.41	35.19
3'	26.73	27.82	28.88	29.90	30.89	31.84	32.75	33.62	34.45	35.23
6'	26.79	27.88	28.93	29.95	30.94	31.88	32.79	33.66	34.49	35.27
9'	26.84	27.93	28.98	30.00	30.99	31.93	32.84	33.70	34.53	35.31
12'	26.90	27.98	29.04	30.05	31.03	31.98	32.88	33.74	34.57	35.35
15'	26.95	28.04	29.09	30.10	31.08	32.02	32.92	33.79	34.61	35.38
18'	27.01	28.09	29.14	30.15	31.13	32.07	32.97	33.83	34.65	35.42
21'	27.06	28.14	29.19	30.20	31.18	32.11	33.01	33.87	34.69	35.46
24'	27.12	28.20	29.24	30.25	31.23	32.16	33.06	33.91	34.73	35.50
27'	27.17	28.25	29.29	30.30	31.27	32.21	33.10	33.95	34.77	35.54
30'	27.23	28.30	29.34	30.35	31.32	32.25	33.14	33.99	34.80	35.57
33'	27.28	28.36	29.40	30.40	31.37	32.30	33.19	34.04	34.84	35.61
36'	27.34	28.41	29.45	30.45	31.42	32.34	33.23	34.08	34.88	35.65
39'	27.39	28.46	29.50	30.50	31.46	32.39	33.27	34.12	34.92	35.68
42'	27.44	28.51	29.55	30.55	31.51	32.43	33.32	34.16	34.96	35.72
45'	27.50	28.57	29.60	30.60	31.56	32.48	33.36	34.20	35.00	35.76
48'	27.55	28.62	29.65	30.65	31.60	32.52	33.40	34.24	35.04	35.79
51'	27.61	28.67	29.70	30.69	31.65	32.57	33.45	34.28	35.08	35.83
54'	27.66	28.72	29.75	30.74	31.70	32.61	33.49	34.32	35.12	35.87
57'	27.72	28.78	29.80	30.79	31.74	32.66	33.53	34.36	35.16	35.90

83 cos²α

α	83 cos²α
0°	83.0
1°	83.0
2°	82.9
3°	82.8
4°	82.6
5°	82.4
6°	82.1
7°	81.8
8°	81.4
9°	81.0
10°	80.5
10° 30'	80.2
11°	80.0
11° 30'	79.7
12°	79.4
12° 30'	79.1
13°	78.8
13° 30'	78.5
14°	78.1
14° 30'	77.8
15°	77.4
15° 30'	77.1
16°	76.7
16° 30'	76.3
17°	75.9
17° 30'	75.5
18°	75.1
18° 30'	74.6
19°	74.2
19° 30'	73.8
20°	73.3
20° 20'	73.0
20° 40'	72.7
21°	72.3
21° 20'	72.0
21° 40'	71.7
22°	71.4
22° 20'	71.0
22° 40'	70.7
23°	70.3
23° 20'	70.0
23° 40'	69.6
24°	69.3
24° 20'	68.9
24° 40'	68.5
25°	68.2
25° 20'	67.8
25° 40'	67.4
26°	67.0
26° 20'	66.7
26° 40'	66.3
27°	65.9
27° 20'	65.5
27° 40'	65.1
28°	64.7
28° 20'	64.3
28° 40'	63.9
29°	63.5
29° 20'	63.1
29° 40'	62.7
30°	62.3

84 ($\frac{1}{2}\sin 2\alpha$)

α	0°	1°	2°	3°	4°	5°	6°	7°	8°	9°
0'	0.00	1.47	2.93	4.39	5.85	7.29	8.73	10.16	11.58	12.98
3'	0.07	1.54	3.00	4.46	5.92	7.37	8.80	10.23	11.65	13.05
6'	0.15	1.61	3.08	4.54	5.99	7.44	8.88	10.30	11.72	13.12
9'	0.22	1.69	3.15	4.61	6.06	7.51	8.95	10.37	11.79	13.19
12'	0.29	1.76	3.22	4.68	6.14	7.58	9.02	10.44	11.86	13.26
15'	0.37	1.83	3.30	4.75	6.21	7.65	9.09	10.52	11.93	13.33
18'	0.44	1.91	3.37	4.83	6.28	7.73	9.16	10.59	12.00	13.40
21'	0.51	1.98	3.44	4.90	6.35	7.80	9.23	10.66	12.07	13.47
24'	0.59	2.05	3.51	4.97	6.43	7.87	9.31	10.73	12.14	13.54
27'	0.66	2.12	3.59	5.05	6.50	7.94	9.38	10.80	12.21	13.60
30'	0.73	2.20	3.66	5.12	6.57	8.01	9.45	10.87	12.28	13.67
33'	0.81	2.27	3.73	5.19	6.64	8.09	9.52	10.94	12.35	13.74
36'	0.88	2.34	3.81	5.26	6.72	8.16	9.59	11.01	12.42	13.81
39'	0.95	2.42	3.88	5.34	6.79	8.23	9.66	11.08	12.49	13.88
42'	1.03	2.49	3.95	5.41	6.86	8.30	9.73	11.15	12.56	13.95
45'	1.10	2.56	4.03	5.48	6.93	8.37	9.80	11.22	12.63	14.02
48'	1.17	2.64	4.10	5.55	7.00	8.45	9.88	11.29	12.70	14.09
51'	1.25	2.71	4.17	5.63	7.08	8.52	9.95	11.37	12.77	14.16
54'	1.32	2.78	4.24	5.70	7.15	8.59	10.02	11.44	12.84	14.23
57'	1.39	2.86	4.32	5.77	7.22	8.66	10.09	11.51	12.91	14.30

α	10°	11°	12°	13°	14°	15°	16°	17°	18°	19°
0'	14.36	15.73	17.08	18.41	19.72	21.00	22.26	23.49	24.69	25.86
3'	14.43	15.80	17.15	18.48	19.78	21.06	22.32	23.55	24.75	25.92
6'	14.50	15.87	17.22	18.54	19.85	21.13	22.38	23.61	24.81	25.97
9'	14.57	15.94	17.28	18.61	19.91	21.19	22.44	23.67	24.86	26.03
12'	14.64	16.00	17.35	18.67	19.98	21.25	22.50	23.73	24.92	26.09
15'	14.71	16.07	17.42	18.74	20.04	21.32	22.57	23.79	24.98	26.15
18'	14.78	16.14	17.48	18.81	20.11	21.38	22.63	23.85	25.04	26.20
21'	14.85	16.21	17.55	18.87	20.17	21.44	22.69	23.91	25.10	26.26
24'	14.91	16.28	17.62	18.94	20.23	21.51	22.75	23.97	25.16	26.32
27'	14.98	16.34	17.68	19.00	20.30	21.57	22.81	24.03	25.22	26.37
30'	15.05	16.41	17.75	19.07	20.36	21.63	22.87	24.09	25.28	26.43
33'	15.12	16.48	17.82	19.13	20.43	21.69	22.94	24.15	25.33	26.49
36'	15.19	16.55	17.88	19.20	20.49	21.76	23.00	24.21	25.39	26.55
39'	15.26	16.61	17.95	19.26	20.55	21.82	23.06	24.27	25.45	26.60
42'	15.32	16.68	18.02	19.33	20.62	21.88	23.12	24.33	25.51	26.66
45'	15.39	16.75	18.08	19.39	20.68	21.94	23.18	24.39	25 57	26.72
48'	15.46	16.81	18.15	19.46	20.75	22.01	23.24	24.45	25.63	26.77
51'	15.53	16.88	18.21	19.52	20.81	22.07	23.30	24.51	25.68	26.83
54'	15.60	16.95	18.28	19.59	20.87	22.13	23.36	24.57	25.74	26.88
57'	15.67	17.02	18.35	19.65	20.94	22.19	23.43	24.63	25.80	26.94

α	20°	21°	22°	23°	24°	25°	26°	27°	28°	29°
0'	27.00	28.10	29.18	30.21	31.21	32.17	33.10	33.98	34.82	35.62
3'	27.05	28.16	29.23	30.26	31.26	32.22	33.14	34.02	34.86	35.66
6'	27.11	28.21	29.28	30.31	31.31	32.27	33.19	34.06	34.95	35.70
9'	27.17	28.27	29.33	30.36	31.36	32.31	33.23	34.11	34.94	35.73
12'	27.22	28.32	29.39	30.42	31.41	32.36	33.28	34.15	34.98	35.77
15'	27.28	28.37	29.44	30.47	31.46	32.41	33.32	34.19	35.02	35.81
18'	27.33	28.43	29.49	30.52	31.50	32.45	33.37	34.24	35.06	35.85
21'	27.39	28.48	29.54	30.57	31.55	32.50	33.41	34.28	35.10	35.89
24'	27.44	28.54	29.59	30.62	31.60	32.55	33.45	34.32	35.14	35.93
27'	27.50	28.59	29.65	30.67	31.65	32.60	33.50	34.36	35.18	35.96
30'	27.55	28.64	29.70	30.72	31.70	32.64	33.54	34.40	35.22	36.00
33'	27.61	28.70	29.75	30.77	31.75	32.69	33.59	34.45	35.26	36.04
36'	27.66	28.75	29.80	30.82	31.79	32.73	33.63	34.49	35.30	36.08
39'	27.72	28.80	29.85	30.87	31.84	32.78	33.67	34.53	35.34	36.11
42'	27.78	28.86	29.91	30.92	31.89	32.82	33.72	34.57	35.38	36.15
45'	27.83	28.91	29.96	30.97	31.94	32.76	33.76	34.61	35.42	36.19
48'	27.88	28.96	30.01	31.02	31.98	32.92	33.81	34.65	35.46	36.23
51'	27.94	29.02	30.06	31.06	32.03	32.96	33.85	34.70	35.50	36.26
54'	27.99	29.07	30.11	31.11	32.08	33.01	33.89	34.74	35.54	36.30
57'	28.05	29.12	30.16	31.16	32.13	33.05	33.94	34.78	35.58	36.34

84 $\cos^2\alpha$

α	84 cos²α
0°	84.0
1°	84.0
2°	83.9
3°	83.8
4°	83.6
5°	83.4
6°	83.1
7°	82.8
8°	82.4
9°	81.9
10°	81.5
10° 30'	81.2
11°	80.9
11° 30'	80.7
12°	80.4
12° 30'	80.1
13°	79.7
13° 30'	79.4
14°	79.1
14° 30'	78.7
15°	78.4
15° 30'	78.0
16°	77.6
16° 30'	77.2
17°	76.8
17° 30'	76.4
18°	76.0
18° 30'	75.5
19°	75.1
19° 30'	74.6
20°	74.2
20° 20'	73.9
20° 40'	73.6
21°	73.2
21° 20'	72.9
21° 40'	72.5
22°	72.2
22° 20'	71.9
22° 40'	71.5
23°	71.2
23° 20'	70.8
23° 40'	70.5
24°	70.1
24° 20'	69.7
24° 40'	69.4
25°	69.0
25° 20'	68.6
25° 40'	68.2
26°	67.9
26° 20'	67.5
26° 40'	67.1
27°	66.7
27° 20'	66.3
27° 40'	65.9
28°	65.5
28° 20'	65.1
28° 40'	64.7
29°	64.3
29° 20'	63.8
29° 40'	63.4
30°	63.0

85 (½ sin 2 α)

α	0°	1°	2°	3°	4°	5°	6°	7°	8°	9°
0'	0.00	1.48	2.96	4.44	5.91	7.38	8.84	10.28	11.71	13.13
3'	0.07	1.56	3.04	4.52	5.99	7.45	8.91	10.35	11.79	13.20
6'	0.15	1.63	3.11	4.59	6.06	7.53	8.98	10.43	11.86	13.27
9'	0.22	1.71	3.19	4.66	6.14	7.60	9.05	10.50	11.93	13.34
12'	0.30	1.78	3.26	4.74	6.21	7.67	9.13	10.57	12.00	13.42
15'	0.37	1.85	3.33	4.81	6.28	7.75	9.20	10.64	12.07	13.49
18'	0.44	1.93	3.41	4.88	6.36	7.82	9.27	10.71	12.14	13.56
21'	0.52	2.00	3.48	4.96	6.43	7.89	9.34	10.78	12.21	13.63
24'	0.59	2.08	3.56	5.03	6.50	7.96	9.42	10.86	12.28	13.70
27'	0.67	2.15	3.63	5.11	6.58	8.04	9.49	10.93	12.35	13.77
30'	0.74	2.22	3.70	5.18	6.65	8.11	9.56	11.00	12.43	13.84
33'	0.82	2.30	3.78	5.25	6.72	8.18	9.63	11.07	12.50	13.91
36'	0.89	2.37	3.85	5.33	6.79	8.25	9.70	11.14	12.57	13.98
39'	0.96	2.45	3.93	5.40	6.87	8.33	9.78	11.21	12.64	14.05
42'	1.04	2.52	4.00	5.47	6.94	8.40	9.85	11.29	12.71	14.12
45'	1.11	2.59	4.07	5.55	7.01	8.47	9.92	11.36	12.78	14.19
48'	1.19	2.67	4.15	5.62	7.09	8.55	9.99	11.43	12.85	14.26
51'	1.26	2.74	4.22	5.69	7.16	8.62	10.07	11.50	12.92	14.33
54'	1.33	2.81	4.29	5.77	7.23	8.69	10.14	11.57	12.99	14.40
57'	1.41	2.89	4.37	5.84	7.31	8.76	10.21	11.64	13.06	14.47

α	10°	11°	12°	13°	14°	15°	16°	17°	18°	19°
0'	14.54	15.92	17.29	18.63	19.95	21.25	22.52	23.77	24.98	26.17
3'	14.61	15.99	17.35	18.70	20.02	21.31	22.58	23.83	25.04	26.22
6'	14.68	16.06	17.42	18.76	20.08	21.38	22.65	23.89	25.10	26.28
9'	14.74	16.13	17.49	18.83	20.15	21.44	22.71	23.95	25.16	26.34
12'	14.81	16.20	17.56	18.90	20.21	21.51	22.77	24.01	25.22	26.40
15'	14.88	16.26	17.62	18.96	20.28	21.57	22.84	24.07	25.28	26.46
18'	14.95	16.33	17.69	19.03	20.34	21.63	22.90	24.13	25.34	26.51
21'	15.02	16.40	17.76	19.10	20.41	21.70	22.96	24.19	25.40	26.57
24'	15.09	16.47	17.83	19.16	20.47	21.76	23.02	24.26	25.46	26.63
27'	15.16	16.54	17.89	19.23	20.54	21.83	23.08	24.32	25.52	26.69
30'	15.23	16.61	17.96	19.29	20.60	21.89	23.15	24.38	25.58	26.75
33'	15.30	16.67	18.03	19.36	20.67	21.95	23.21	24.44	25.64	26.80
36'	15.37	16.74	18.10	19.43	20.73	22.02	23.27	24.50	25.70	26.86
39'	15.44	16.81	18.16	19.49	20.80	22.08	23.33	24.56	25.75	26.92
42'	15.51	16.88	18.23	19.56	20.86	22.14	23.40	24.62	25.81	26.98
45'	15.58	16.95	18.30	19.62	20.93	22.21	23.46	24.68	25.87	27.03
48'	15.65	17.01	18.36	19.69	20.99	22.27	23.52	24.74	25.93	27.09
51'	15.71	17.08	18.43	19.76	21.06	22.33	23.58	24.80	25.99	27.15
54'	15.78	17.15	18.50	19.82	21.12	22.40	23.64	24.86	26.05	27.20
57'	15.85	17.22	18.56	19.89	21.19	22.46	23.70	24.92	26.11	27.26

α	20°	21°	22°	23°	24°	25°	26°	27°	28°	29°
0'	27.32	28.44	29.52	30.57	31.58	32.56	33.49	34.38	35.23	36.04
3'	27.38	28.49	29.58	30.62	31.63	32.60	33.54	34.43	35.28	36.08
6'	27.43	28.55	29.63	30.67	31.68	32.65	33.58	34.47	35.32	36.12
9'	27.49	28.60	29.68	30.73	31.73	32.70	33.63	34.51	35.36	36.16
12'	27.55	28.66	29.74	30.78	31.78	32.75	33.67	34.56	35.40	36.20
15'	27.60	28.71	29.79	30.83	31.83	32.79	33.72	34.60	35.44	36.24
18'	27.66	28.77	29.84	30.88	31.88	32.84	33.76	34.64	35.48	36.28
21'	27.71	28.82	29.89	30.93	31.93	32.89	33.81	34.69	35.52	36.31
24'	27.77	28.88	29.95	30.98	31.98	32.94	33.85	34.73	35.56	36.35
27'	27.83	28.93	30.00	31.03	32.03	32.98	33.90	34.77	35.60	36.39
30'	27.88	28.99	30.05	31.08	32.08	33.03	33.94	34.81	35.64	36.43
33'	27.94	29.04	30.10	31.13	32.12	33.08	33.99	34.86	35.68	36.47
36'	27.99	29.09	30.16	31.18	32.17	33.12	34.03	34.90	35.72	36.51
39'	28.05	29.15	30.21	31.23	32.22	33.17	34.08	34.94	35.76	36.54
42'	28.11	29.20	30.26	31.28	32.27	33.21	34.11	34.98	35.80	36.58
45'	28.16	29.25	30.31	31.33	32.32	33.26	34.16	35.03	35.84	36.62
48'	28.22	29.31	30.37	31.38	32.37	33.31	34.21	35.07	35.88	36.66
51'	28.27	29.36	30.42	31.43	32.41	33.35	34.25	35.11	35.92	36.69
54'	28.33	29.42	30.47	31.48	32.46	33.40	34.30	35.15	35.96	36.73
57'	28.38	29.47	30.52	31.53	32.51	33.44	34.34	35.19	36.00	36.77

85 cos² α

α	85 cos²α
0°	85.0
1°	85.0
2°	84.9
3°	84.8
4°	84.6
5°	84.4
6°	84.1
7°	83.7
8°	83.4
9°	82.9
10°	82.4
10° 30'	82.2
11°	81.9
11° 30'	81.6
12°	81.3
12° 30'	81.0
13°	80.7
13° 30'	80.4
14°	80.0
14° 30'	79.7
15°	79.3
15° 30'	78.9
16°	78.5
16° 30'	78.1
17°	77.7
17° 30'	77.3
18°	76.9
18° 30'	76.4
19°	76.0
19° 30'	75.5
20°	75.1
20° 20'	74.7
20° 40'	74.4
21°	74.1
21° 20'	73.8
21° 40'	73.4
22°	73.1
22° 20'	72.7
22° 40'	72.4
23°	72.0
23° 20'	71.7
23° 40'	71.3
24°	70.9
24° 20'	70.6
24° 40'	70.2
25°	69.8
25° 20'	69.4
25° 40'	69.1
26°	68.7
26° 20'	68.3
26° 40'	67.9
27°	67.5
27° 20'	67.1
27° 40'	66.7
28°	66.3
28° 20'	65.9
28° 40'	65.4
29°	65.0
29° 20'	64.6
29° 40'	64.2
30°	63.8

86 ($\frac{1}{2} \sin 2\alpha$)

α	0°	1°	2°	3°	4°	5°	6°	7°	8°	9°
0'	0.00	1.50	3.00	4.49	5.98	7.47	8.94	10.40	11.85	13.29
3'	0.08	1.58	3.07	4.57	6.06	7.54	9.01	10.48	11.92	13.36
6'	0.15	1.65	3.15	4.64	6.13	7.61	9.09	10.55	12.00	13.43
9'	0.23	1.73	3.22	4.72	6.21	7.69	9.16	10.62	12.07	13.50
12'	0.30	1.80	3.30	4.79	6.28	7.76	9.23	10.69	12.14	13.57
15'	0.38	1.88	3.37	4.87	6.36	7.84	9.31	10.77	12.21	13.64
18'	0.45	1.95	3.45	4.94	6.43	7.91	9.38	10.84	12.28	13.72
21'	0.53	2.03	3.52	5.02	6.50	7.98	9.45	10.91	12.36	13.79
24'	0.60	2.10	3.60	5.09	6.58	8.06	9.53	10.98	12.43	13.86
27'	0.68	2.18	3.67	5.17	6.65	8.13	9.60	11.06	12.50	13.93
30'	0.75	2.25	3.75	5.24	6.73	8.20	9.67	11.13	12.57	14.00
33'	0.83	2.33	3.82	5.31	6.80	8.28	9.75	11.20	12.64	14.07
36'	0.90	2.40	3.90	5.39	6.87	8.35	9.82	11.27	12.72	14.14
39'	0.98	2.48	3.97	5.46	6.95	8.43	9.89	11.35	12.79	14.21
42'	1.05	2.55	4.05	5.54	7.02	8.50	9.97	11.42	12.86	14.28
45'	1.13	2.63	4.12	5.61	7.10	8.57	10.04	11.49	12.93	14.35
48'	1.20	2.70	4.20	5.69	7.17	8.65	10.11	11.56	13.00	14.42
51'	1.28	2.77	4.27	5.76	7.25	8.72	10.18	11.64	13.07	14.50
54'	1.35	2.85	4.35	5.84	7.32	8.79	10.26	11.71	13.14	14.57
57'	1.43	2.92	4.42	5.91	7.39	8.87	10.33	11.78	13.22	14.64

α	10°	11°	12°	13°	14°	15°	16°	17°	18°	19°
0'	14.71	16.11	17.49	18.85	20.19	21.50	22.79	24.05	25.27	26.47
3'	14.78	16.18	17.56	18.92	20.25	21.56	22.85	24.11	25.34	26.53
6'	14.85	16.25	17.63	18.98	20.32	21.63	22.91	24.17	25.40	26.59
9'	14.92	16.32	17.70	19.05	20.39	21.69	22.98	24.23	25.46	26.65
12'	14.99	16.39	17.76	19.12	20.45	21.76	23.04	24.29	25.52	26.71
15'	15.06	16.46	17.83	19.19	20.52	21.82	23.10	24.36	25.58	26.77
18'	15.13	16.52	17.90	19.25	20.58	21.89	23.17	24.42	25.64	26.83
21'	15.20	16.59	17.97	19.32	20.65	21.95	23.23	24.48	25.70	26.89
24'	15.27	16.66	18.04	19.39	20.71	22.02	23.29	24.54	25.76	26.94
27'	15.34	16.73	18.10	19.45	20.78	22.08	23.36	24.60	25.82	27.00
30'	15.41	16.80	18.17	19.52	20.85	22.15	23.42	24.66	25.88	27.06
33'	15.48	16.87	18.24	19.59	20.91	22.21	23.48	24.73	25.94	27.12
36'	15.55	16.94	18.31	19.66	20.98	22.28	23.55	24.79	26.00	27.18
39'	15.62	17.01	18.37	19.72	21.04	22.34	23.61	24.85	26.06	27.24
42'	15.69	17.08	18.44	19.79	21.11	22.40	23.67	24.91	26.12	27.29
45'	15.76	17.15	18.51	19.86	21.17	22.47	23.73	24.97	26.18	27.35
48'	15.83	17.21	18.58	19.92	21.24	22.53	23.80	25.03	26.24	27.41
51'	15.90	17.28	18.65	19.99	21.30	22.60	23.86	25.09	26.30	27.47
54'	15.97	17.35	18.71	20.05	21.37	22.66	23.92	25.15	26.36	27.52
57'	16.04	17.42	18.78	20.12	21.48	22.72	23.98	25.21	26.41	27.58

α	20°	21°	22°	23°	24°	25°	26°	27°	28°	29°
0'	27.64	28.77	29.87	30.93	31.96	32.94	33.88	34.79	35.65	36.47
3'	27.70	28.83	29.92	30.98	32.01	32.99	33.93	34.83	35.69	36.51
6'	27.75	28.88	29.98	31.04	32.06	33.04	33.98	34.88	35.73	36.55
9'	27.81	28.94	30.03	31.09	32.11	33.08	34.02	34.92	35.77	36.58
12'	27.87	28.99	30.09	31.14	32.16	33.13	34.07	34.96	35.82	36.62
15'	27.93	29.05	30.14	31.19	32.21	33.18	34.11	35.01	35.86	36.66
18'	27.98	29.11	30.19	31.24	32.25	33.23	34.16	35.05	35.90	36.70
21'	28.04	29.16	30.25	31.29	32.30	33.28	34.21	35.09	35.94	36.74
24'	28.10	29.22	30.30	31.35	32.35	33.32	34.25	35.14	35.98	36.78
27'	28.15	29.27	30.35	31.40	32.40	33.37	34.30	35.18	36.02	36.82
30'	28.21	29.33	30.41	31.45	32.45	33.42	34.34	35.22	36.06	36.86
33'	28.27	29.38	30.46	31.50	32.50	33.46	34.39	35.27	36.10	36.90
36'	28.32	29.44	30.51	31.55	32.55	33.51	34.43	35.31	36.14	36.94
39'	28.38	29.49	30.56	31.60	32.60	33.56	34.48	35.35	36.18	36.97
42'	28.44	29.54	30.62	31.65	32.65	33.61	34.52	35.39	36.23	37.01
45'	28.49	29.60	30.67	31.70	32.70	33.65	34.57	35.44	36.27	37.05
48'	28.55	29.65	30.72	31.75	32.75	33.70	34.61	35.48	36.31	37.09
51'	28.60	29.71	30.77	31.80	32.79	33.75	34.65	35.52	36.35	37.12
54'	28.66	29.76	30.83	31.85	32.84	33.79	34.70	35.56	36.39	37.16
57'	28.72	29.82	30.88	31.90	32.89	33.84	34.74	35.61	36.43	37.20

86 $\cos^2\alpha$

α	value
0°	86.0
1°	86.0
2°	85.9
3°	85.8
4°	85.6
5°	85.3
6°	85.1
7°	84.7
8°	84.3
9°	83.9
10°	83.4
10° 30'	83.1
11°	82.9
11° 30'	82.6
12°	82.3
12° 30'	82.0
13°	81.6
13° 30'	81.3
14°	81.0
14° 30'	80.6
15°	80.2
15° 30'	79.9
16°	79.5
16° 30'	79.1
17°	78.6
17° 30'	78.2
18°	77.8
18° 30'	77.3
19°	76.9
19° 30'	76.4
20°	75.9
20° 20'	75.6
20° 40'	75.3
21°	75.0
21° 20'	74.6
21° 40'	74.3
22°	73.9
22° 20'	73.6
22° 40'	73.2
23°	72.9
23° 20'	72.5
23° 40'	72.1
24°	71.8
24° 20'	71.4
24° 40'	71.0
25°	70.6
25° 20'	70.3
25° 40'	69.9
26°	69.5
26° 20'	69.1
26° 40'	68.7
27°	68.3
27° 20'	67.9
27° 40'	67.5
28°	67.0
28° 20'	66.6
28° 40'	66.2
29°	65.8
29° 20'	65.4
29° 40'	64.9
30°	64.5

87 ($\frac{1}{2} \sin 2\alpha$)

α	0°	1°	2°	3°	4°	5°	6°	7°	8°	9°
0'	0.00	1.52	3.03	4.55	6.03	7.55	9.04	10.52	11.99	13.44
3'	0.08	1.59	3.11	4.62	6.13	7.63	9.12	10.60	12.06	13.51
6'	0.15	1.67	3.19	4.70	6.20	7.70	9.19	10.67	12.14	13.59
9'	0.23	1.75	3.26	4.77	6.28	7.78	9.27	10.74	12.21	13.66
12'	0.30	1.82	3.34	4.85	6.35	7.85	9.34	10.82	12.28	13.78
15'	0.38	1.90	3.41	4.92	6.43	7.93	9.42	10.89	12.35	13.80
18'	0.46	1.97	3.49	5.00	6.50	8.00	9.49	10.97	12.43	13.87
21'	0.53	2.05	3.56	5.08	6.58	8.08	9.56	11.04	12.50	13.95
24'	0.61	2.12	3.64	5.15	6.65	8.15	9.64	11.11	12.57	14.02
27'	0.68	2.20	3.72	5.23	6.73	8.23	9.71	11.19	12.65	14.09
30'	0.76	2.28	3.79	5.30	6.80	8.30	9.79	11.26	12.72	14.16
33'	0.83	2.35	3.87	5.38	6.88	8.37	9.86	11.33	12.79	14.23
36'	0.91	2.43	3.94	5.45	6.95	8.45	9.93	11.41	12.86	14.31
39'	0.99	2.50	4.02	5.53	7.03	8.52	10.01	11.48	12.94	14.38
42'	1.06	2.58	4.09	5.60	7.10	8.60	10.08	11.55	13.01	14.45
45'	1.14	2.66	4.17	5.68	7.18	8.67	10.16	11.62	13.08	14.52
48'	1.21	2.73	4.24	5.75	7.25	8.75	10.23	11.70	13.15	14.59
51'	1.29	2.81	4.32	5.83	7.33	8.82	10.30	11.77	13.23	14.66
54'	1.37	2.88	4.40	5.90	7.40	8.90	10.38	11.84	13.30	14.74
57'	1.44	2.96	4.47	5.98	7.48	8.97	10.45	11.92	13.37	14.81

α	10°	11°	12°	13°	14°	15°	16°	17°	18°	19°
0'	14.88	16.30	17.69	19.07	20.42	21.75	23.05	24.32	25.57	26.78
3'	14.95	16.37	17.76	19.14	20.49	21.82	23.12	24.39	25.63	26.84
6'	15.02	16.44	17.83	19.21	20.56	21.88	23.18	24.45	25.69	26.90
9'	15.09	16.51	17.90	19.27	20.62	21.95	23.24	24.51	25.75	26.96
12'	15.16	16.58	17.97	19.34	20.69	22.01	23.31	24.58	25.81	27.02
15'	15.23	16.65	18.04	19.41	20.76	22.08	23.37	24.64	25.87	27.08
18'	15.31	16.72	18.11	19.48	20.67	22.14	23.44	24.70	25.94	27.14
21'	15.38	16.79	18.18	19.55	20.89	22.21	23.50	24.76	26.00	27.20
24'	15.45	16.86	18.25	19.61	20.96	22.27	23.56	24.83	26.06	27.26
27'	15.52	16.93	18.32	19.68	21.02	22.34	23.63	24.89	26.12	27.32
30'	15.59	17.00	18.38	19.75	21.09	22.40	23.69	24.95	26.18	27.38
33'	15.66	17.07	18.45	19.82	21.16	22.47	23.76	25.01	26.24	27.43
36'	15.73	17.14	18.52	19.88	21.22	22.53	23.82	25.07	26.30	27.49
39'	15.80	17.21	18.59	19.95	21.29	22.60	23.88	25.14	26.36	27.55
42'	15.87	17.28	18.66	20.02	21.35	22.66	23.95	25.20	26.42	27.61
45'	15.94	17.35	18.73	20.09	21.42	22.73	24.01	25.26	26.48	27.67
48'	16.01	17.42	18.80	20.15	21.49	22.79	24.07	25.32	26.54	27.73
51'	16.08	17.48	18.86	20.22	21.55	22.86	24.14	25.38	26.60	27.79
54'	16.15	17.55	18.93	20.29	21.62	22.92	24.20	25.45	26.66	27.84
57'	16.22	17.62	19.00	20.35	21.68	22.99	24.26	25.51	26.72	27.90

α	20°	21°	22°	23°	24°	25°	26°	27°	28°	29°
0'	27.96	29.11	30.22	31.29	32.33	33.32	34.28	35.19	36.06	36.89
3'	28.02	29.16	30.27	31.34	32.38	33.37	34.32	35.24	36.11	36.93
6'	28.08	29.22	30.33	31.40	32.43	33.42	34.37	35.28	36.15	36.97
9'	28.14	29.28	30.38	31.45	32.48	33.47	34.42	35.33	36.19	37.01
12'	28.19	29.33	30.44	31.50	32.53	33.52	34.46	35.37	36.23	37.05
15'	28.25	29.39	30.49	31.55	32.58	33.57	34.51	35.41	36.27	37.09
18'	28.31	29.44	30.54	31.61	32.63	33.61	34.56	35.46	36.32	37.13
21'	28.37	29.50	30.60	31.66	32.68	33.66	34.60	35.50	36.36	37.17
24'	28.42	29.56	30.65	31.71	32.73	33.71	34.65	35.55	36.40	37.21
27'	28.48	29.61	30.71	31.76	32.78	33.76	34.69	35.59	36.44	37.25
30'	28.54	29.67	30.76	31.81	32.83	33.81	34.74	35.63	36.48	37.29
33'	28.60	29.72	30.81	31.87	32.88	33.85	34.79	35.68	36.52	37.33
36'	28.65	29.78	30.87	31.92	32.93	33.90	34.83	35.72	36.56	37.36
39'	28.71	29.83	30.92	31.97	32.98	33.95	34.88	35.76	36.61	37.40
42'	28.79	29.89	30.97	32.02	33.03	34.00	34.92	35.81	36.65	37.44
45'	28.82	29.94	31.03	32.07	33.08	34.04	34.97	35.85	36.69	37.48
48'	28.88	30.00	31.08	32.12	33.13	34.09	35.01	35.89	36.73	37.52
51'	28.94	30.05	31.13	32.17	33.18	34.14	35.06	35.94	36.77	37.56
54'	28.99	30.11	31.19	32.22	33.23	34.18	35.10	35.98	36.81	37.60
57'	29.05	30.16	31.24	32.28	33.27	34.23	35.15	36.02	36.85	37.63

87 $\cos^2\alpha$

α	$87\cos^2\alpha$
0°	87.0
1°	87.0
2°	86.9
3°	86.8
4°	86.6
5°	86.3
6°	86.0
7°	85.7
8°	85.3
9°	84.9
10°	84.4
10° 30'	84.1
11°	83.8
11° 30'	83.5
12°	83.2
12° 30'	82.9
13°	82.6
13° 30'	82.3
14°	81.9
14° 30'	81.5
15°	81.2
15° 30'	80.8
16°	80.4
16° 30'	80.0
17°	79.6
17° 30'	79.1
18°	78.7
18° 30'	78.2
19°	77.8
19° 30'	77.3
20°	76.8
20° 30'	76.5
20° 40'	76.2
21°	75.8
21° 20'	75.5
21° 40'	75.1
22°	74.8
22° 20'	74.4
22° 40'	74.1
23°	73.7
23° 20'	73.4
23° 40'	73.0
24°	72.6
24° 20'	72.2
24° 40'	71.8
25°	71.5
25° 20'	71.1
25° 40'	70.7
26°	70.3
26° 20'	69.9
26° 40'	69.5
27°	69.1
27° 20'	68.7
27° 40'	68.2
28°	67.8
28° 20'	67.4
28° 40'	67.0
29°	66.6
29° 20'	66.1
29° 40'	65.7
30°	65.3

α	0°	1°	2°	3°	4°	5°	6°	7°	8°	9°	88 cos²α	
0'	0.00	1.54	3.07	4.60	6.12	7.64	9.15	10.64	12.13	13.60	0°	88.0
3'	0.08	1.61	3.15	4.68	6.20	7.72	9.22	10.72	12.20	13.67	1°	88.0
6'	0.15	1.69	3.22	4.75	6.28	7.79	9.30	10.79	12.28	13.74	2°	87.9
9'	0.23	1.77	3.30	4.83	6.35	7.87	9.37	10.87	12.35	13.82	3°	87.8
12'	0.31	1.84	3.38	4.90	6.43	7.94	9.45	10 94	12.42	13.89	4°	87.6
15'	0.38	1.92	3.45	4.98	6.50	8.02	9.52	11.02	12.50	13.96	5°	87.3
18'	0.46	2.00	3.53	5.06	6.58	8.09	9.60	11.09	12.57	14.03	6°	87.0
21'	0.54	2.07	3.61	5.13	6.66	8.17	9.67	11.16	12.64	14.11	7°	86.7
24'	0.61	2.15	3.68	5.21	6.73	8.24	9.75	11.24	12.72	14.18	8°	86.3
27'	0.69	2.23	3.76	5.29	6.81	8.32	9.82	11.31	12.79	14.25	9°	85.8
30'	0.77	2.30	3.83	5.36	6.88	8.40	9.90	11.39	12.86	14.32		
33'	0.84	2.38	3.91	5.44	6.96	8.47	9.97	11.46	12.94	14.40	10°	85.3
36'	0.92	2.46	3.99	5.51	7.03	8.55	10.05	11.54	13.01	14.47	10° 30'	85.1
39'	1.00	2.53	4.06	5.59	7.11	8.62	10.12	11.61	13.08	14.54	11°	84.8
42'	1.07	2.61	4.14	5.67	7.19	8.70	10.20	11.68	13.16	14.62	11° 30'	84.5
											12°	84.2
45'	1.15	2.69	4.22	5.74	7.26	8.77	10.27	11.76	13.23	14.69		
48'	1.23	2.76	4.29	5.82	7.34	8.85	10.35	11.83	13.30	14.76	12° 30'	83.9
51'	1.31	2.84	4.37	5.90	7.41	8.92	10.42	11.91	13.38	14.83	13°	83.5
54'	1.38	2.92	4.45	5.97	7.49	9.00	10.50	11.98	13.45	14.90	13° 30'	83.2
57'	1.46	2.99	4.52	6.05	7.56	9.07	10.57	12.05	13.52	14.98	14°	82.8
											14° 30'	82.5

α	10°	11°	12°	13°	14°	15°	16°	17°	18°	19°	88 cos²α	
											15°	82.1
0'	15.05	16.48	17.90	19.29	20.66	22.00	23.32	24.60	25.86	27.09	15° 30'	81.7
3'	15.12	16.55	17.97	19.36	20.72	22.07	23.38	24.67	25.92	27.15	16°	81.3
6'	15.19	16.62	18.04	19.43	20.79	22.13	23.45	24.73	25.99	27.21	16° 30'	80.9
9'	15.27	16.70	18.11	19.50	20.86	22.20	23.51	24.80	26.05	27.27	17°	80.5
12'	15.34	16.77	18.18	19.56	20.93	22.26	23.58	24.86	26.11	27.33		
											17° 30'	80.0
15'	15.41	16.84	18.25	19.63	20.99	22.33	23.64	24.92	26.17	27.39	18°	79.6
18'	15.48	16.91	18.32	19.70	21.06	22.40	23.71	24.99	26.23	27.45	18° 30'	79.1
21'	15.55	16.98	18.39	19.77	21.13	22.46	23.77	25.05	26.30	27.51	19°	78.7
24'	15.62	17.05	18.46	19.84	21.20	22.53	23.84	25.11	26.36	27.57	19° 30'	78.2
27'	15.70	17.12	18.53	19.91	21.26	22.60	23.90	25.17	26.42	27.63		
30'	15.77	17.19	18.60	19.98	21.33	22.66	23.96	25.24	26.48	27.69	20°	77.7
33'	15.84	17.26	18.66	20.04	21.40	22.73	24.03	25.30	26.54	27.75	20° 20'	77.4
36'	15.91	17.33	18.73	20.11	21.47	22.79	24.09	25.36	26.60	27.81	20° 40'	77.0
39'	15.98	17.40	18.80	20.18	21.53	22.86	24.16	25.43	26.66	27.87	21°	76.7
42'	16.05	17.47	18.87	20.25	21.60	22.92	24.22	25.49	26.72	27.93	21° 20'	76.4
45'	16.13	17.55	18.94	20.32	21.67	22.99	24.29	25.55	26.79	27.99	21° 40'	76.0
48'	16.20	17.62	19.01	20.39	21.73	23.06	24.35	25.61	26.85	28.05	22°	75.7
51'	16.27	17.69	19.08	20.45	21.80	23.12	24.41	25.68	26.91	28.11	22° 20'	75.3
54'	16.34	17.76	19.15	20.52	21.87	23.19	24.48	25.74	26.97	28.16	22° 40'	74.9
57'	16.41	17.83	19.22	20.59	21.93	23.25	24.54	25.80	27.03	28.22	23°	74.6

α	20°	21°	22°	23°	24°	25°	26°	27°	28°	29°	88 cos²α	
											23° 20'	74.2
											23° 40'	73.8
0'	28.28	29.44	30.56	31.65	32.70	33.71	34.67	35.60	36.48	37.31	24°	73.4
3'	28.34	29.50	30.62	31.70	32.75	33.76	34.72	35.64	36.52	37.35	24° 20'	73.1
6'	28.40	29.56	30.68	31.76	32.80	33.80	34.77	35.69	36.56	37.40	24° 40'	72.7
9'	28.46	29.61	30.73	31.81	32.85	33.85	34.81	35.73	36.61	37.44		
12'	28.52	29.67	30.79	31.86	32.90	33.90	34.86	35.78	36.65	37.48	25°	72.3
15'	28.58	29.73	30.84	31.92	32.95	33.95	34.91	35.82	36.69	37.52	25° 20'	71.9
18'	28.63	29.78	30.89	31.97	33.00	34.00	34.95	35.87	36.73	37.56	25° 40'	71.5
21'	28.69	29.84	30.95	32.02	33.06	34.05	35.00	35.91	36.78	37.60	26°	71.1
24'	28.75	29.90	31.00	32.07	33.11	34.10	35.05	35.95	36.82	37.64	26° 20'	70.7
27'	28.81	29.95	31.06	32.13	33.16	34.15	35.09	36.00	36.86	37.68		
30'	28.87	30.01	31.11	32.18	33.21	34.19	35.14	36.04	36.90	37.72	26° 40'	70.3
33'	28.92	30.06	31.17	32.23	33.26	34.24	35.19	36.09	36.94	37.75	27°	69.9
36'	28.98	30.12	31.22	32.28	33.31	34.29	35.23	36.13	36.98	37.79	27° 20'	69.4
39'	29.04	30.18	31.28	32.34	33.36	34.34	35.28	36.17	37.03	37.83	27° 40'	69.0
42'	29.10	30.23	31.33	32.39	33.41	34.39	35.32	36.22	37.07	37.87	28°	68.6
											28° 20'	68.2
45'	29.16	30.29	31.38	32.44	33.46	34.48	35.37	36.26	37.11	37.91	28° 40'	67.7
48'	29.21	30.34	31.44	32.49	33.50	34.48	35.42	36.31	37.15	37.95	29°	67.3
51'	29.27	30.40	31.49	32.54	33.56	34.53	35.46	36.35	37.19	37.99	29° 20'	66.9
54'	29.33	30.45	31.54	32.60	33.61	34.58	35.51	36.39	37.23	38.03	29° 40'	66.4
57'	29.38	30.51	31.60	32.65	33.66	34.63	35.55	36.43	37.27	38.07	30°	66.0

89 (½ sin 2α)

α	0°	1°	2°	3°	4°	5°	6°	7°	8°	9°
0'	0.00	1.55	3.10	4.65	6.19	7.73	9.25	10.77	12.27	13.75
3'	0.08	1.63	3.18	4.73	6.27	7.80	9.33	10.84	12.34	13.83
6'	0.16	1.71	3.26	4.81	6.35	7.88	9.40	10.92	12.42	13.90
9'	0.23	1.79	3.34	4.88	6.42	7.96	9.48	10.99	12.49	13.97
12'	0.31	1.86	3.41	4.96	6.50	8.03	9.56	11.07	12.56	14.05
15'	0.39	1.94	3.49	5.04	6.58	8.11	9.63	11.14	12.64	14.12
18'	0.47	2.02	3.57	5.11	6.65	8.19	9.71	11.22	12.71	14.19
21'	0.54	2.10	3.65	5.19	6.73	8.26	9.78	11.29	12.79	14.27
24'	0.62	2.17	3.72	5.27	6.81	8.34	9.86	11.37	12.86	14.34
27'	0.70	2.25	3.80	5.35	6.88	8.41	9.93	11.44	12.94	14.41
30'	0.78	2.33	3.88	5.42	6.96	8.46	10.01	11.52	13.01	14.49
33'	0.85	2.41	3.96	5.50	7.04	8.51	10.09	11.59	13.08	14.56
36'	0.93	2.48	4.03	5.58	7.11	8.64	10.16	11.67	13.16	14.63
39'	1.01	2.56	4.11	5.65	7.19	8.72	10.24	11.74	13.23	14.71
42'	1.09	2.64	4.19	5.73	7.27	8.80	10.31	11.82	13.31	14.78
45'	1.16	2.72	4.27	5.81	7.34	8.87	10.39	11.89	13.38	14.85
48'	1.24	2.79	4.34	5.89	7.42	8.95	10.46	11.97	13.46	14.93
51'	1.32	2.87	4.42	5.96	7.50	9.02	10.54	12.04	13.53	15.00
54'	1.40	2.95	4.50	6.04	7.57	9.10	10.61	12.12	13.60	15.07
57'	1.48	3.03	4.57	6.12	7.65	9.18	10.69	12.19	13.68	15.15

α	10°	11°	12°	13°	14°	15°	16°	17°	18°	19°
0'	15.22	16.67	18.10	19.51	20.89	22.25	23.58	24.88	26.16	27.40
3'	15.29	16.74	18.17	19.58	20.96	22.32	23.65	24.95	26.22	27.46
6'	15.37	16.81	18.24	19.65	21.03	22.38	23.71	25.01	26.28	27.52
9'	15.44	16.89	18.31	19.72	21.10	22.45	23.78	25.08	26.34	27.58
12'	15.51	16.96	18.38	19.79	21.17	22.52	23.84	25.14	26.41	27.64
15'	15.58	17.03	18.45	19.86	21.23	22.59	23.91	25.21	26.47	27.70
18'	15.66	17.10	18.52	19.93	21.30	22.65	23.98	25.27	26.53	27.76
21'	15.73	17.17	18.60	19.99	21.37	22.72	24.04	25.33	26.59	27.82
24'	15.80	17.24	18.67	20.06	21.44	22.79	24.11	25.40	26.66	27.88
27'	15.87	17.32	18.74	20.13	21.51	22.85	24.17	25.46	26.72	27.94
30'	15.95	17.39	18.81	20.20	21.57	22.92	24.24	25.52	26.78	28.00
33'	16.02	17.46	18.88	20.27	21.64	22.99	24.30	25.59	26.84	28.07
36'	16.09	17.53	18.95	20.34	21.71	23.05	24.37	25.65	26.90	28.13
39'	16.16	17.60	19.02	20.41	21.78	23.12	24.43	25.71	26.97	28.19
42'	16.24	17.67	19.09	20.48	21.85	23.18	24.50	25.78	27.03	28.25
45'	16.31	17.74	19.16	20.55	21.91	23.25	24.56	25.84	27.09	28.31
48'	16.38	17.82	19.23	20.62	21.98	23.32	24.63	25.90	27.15	28.37
51'	16.45	17.89	19.30	20.69	22.05	23.38	24.69	25.97	27.21	28.43
54'	16.53	17.96	19.37	20.75	22.12	23.45	24.76	26.03	27.27	28.48
57'	16.60	18.03	19.44	20.82	22.18	23.52	24.82	26.09	27.34	28.54

α	20°	21°	22°	23°	24°	25°	26°	27°	28°	29°
0'	28.60	29.78	30.91	32.01	33.07	34.09	35.07	36.00	36.89	37.74
3'	28.66	29.83	30.97	32.06	33.12	34.14	35.11	36.05	36.94	37.78
6'	28.72	29.89	31.02	32.12	33.17	34.19	35.16	36.09	36.98	37.82
9'	28.78	29.95	31.08	32.17	33.23	34.24	35.21	36.14	37.02	37.86
12'	28.84	30.01	31.14	32.23	33.28	34.29	35.26	36.18	37.07	37.90
15'	28.90	30.06	31.19	32.28	33.33	34.34	35.30	36.23	37.11	37.94
18'	28.96	30.12	31.25	32.33	33.38	34.39	35.35	36.27	37.15	37.98
21'	29.02	30.18	31.30	32.39	33.43	34.44	35.40	36.32	37.19	38.02
24'	29.08	30.24	31.36	32.44	33.48	34.49	35.45	36.36	37.24	38.06
27'	29.14	30.29	31.41	32.49	33.53	34.53	35.49	36.41	37.28	38.10
30'	29.19	30.35	31.47	32.55	33.58	34.58	35.54	36.45	37.32	38.14
33'	29.25	30.41	31.52	32.60	33.64	34.63	35.59	36.50	37.36	38.18
36'	29.31	30.47	31.58	32.65	33.69	34.68	35.63	36.54	37.41	38.22
39'	29.37	30.52	31.63	32.70	33.74	34.73	35.68	36.59	37.45	38.26
42'	29.43	30.58	31.69	32.76	33.79	34.78	35.73	36.63	37.49	38.30
45'	29.49	30.63	31.74	32.81	33.84	34.83	35.77	36.67	37.53	38.34
48'	29.54	30.69	31.79	32.86	33.89	34.87	35.82	36.72	37.57	38.38
51'	29.60	30.74	31.85	32.91	33.94	34.92	35.86	36.76	37.61	38.42
54'	29.66	30.80	31.90	32.97	33.99	34.97	35.91	36.81	37.66	38.46
57'	29.72	30.86	31.96	33.02	34.04	35.02	35.96	36.85	37.70	38.50

89 cos²α

α	89 cos²α
0°	89.0
1°	89.0
2°	88.9
3°	88.8
4°	88.6
5°	88.3
6°	88.0
7°	87.7
8°	87.3
9°	86.8
10°	86.3
10° 30'	86.0
11°	85.8
11° 30'	85.5
12°	85.2
12° 30'	84.8
13°	84.5
13° 30'	84.1
14°	83.8
14° 30'	83.4
15°	83.0
15° 30'	82.6
16°	82.2
16° 30'	81.8
17°	81.4
17° 30'	81.0
18°	80.5
18° 30'	80.0
19°	79.6
19° 30'	79.1
20°	78.6
20° 20'	78.3
20° 40'	77.9
21°	77.6
21° 20'	77.2
21° 40'	76.9
22°	76.5
22° 20'	76.1
22° 40'	75.8
23°	75.4
23° 20'	75.0
23° 40'	74.7
24°	74.3
24° 20'	73.9
24° 40'	73.5
25°	73.1
25° 20'	72.7
25° 40'	72.3
26°	71.9
26° 20'	71.5
26° 40'	71.1
27°	70.7
27° 20'	70.2
27° 40'	69.8
28°	69.4
28° 20'	69.0
28° 40'	68.5
29°	68.1
29° 20'	67.6
29° 40'	67.2
30°	66.8

α	0°	1°	2°	3°	4°	5°	6°	7°	8°	9°
0'	0.00	1.57	3.14	4.70	6.26	7.81	9.36	10.89	12.40	13.91
3'	0.08	1.65	3.22	4.78	6.34	7.89	9.43	10.96	12.48	13.98
6'	0.16	1.73	3.30	4.86	6.42	7.97	9.51	11.04	12.55	14.56
9'	0.24	1.81	3.37	4.94	6.50	8.05	9.59	11.12	12.63	14.18
12'	0.31	1.88	3.45	5.02	6.57	8.12	9.66	11.19	12.71	14.20
15'	0.39	1.96	3.53	5.09	6.65	8.20	9.74	11.27	12.78	14.28
18'	0.47	2.04	3.61	5.17	6.73	8.28	9.82	11.34	12.86	14.35
21'	0.55	2.12	3.69	5.25	6.81	8.35	9.89	11.42	12.93	14.43
24'	0.63	2.20	3.77	5.33	6.88	8.43	9.97	11.50	13.01	14.50
27'	0.71	2.28	3.84	5.41	6.96	8.51	10.05	11.57	13.08	14.58
30'	0.79	2.36	3.92	5.48	7.04	8.59	10.12	11.65	13.16	14.65
33'	0.86	2.43	4.00	5.56	7.12	8.66	10.20	11.72	13.23	14.72
36'	0.94	2.51	4.08	5.64	7.19	8.74	10.28	11.80	13.31	14.80
39'	1.02	2.59	4.16	5.72	7.27	8.82	10.35	11.87	13.38	14.87
42'	1.10	2.67	4.23	5.80	7.35	8.89	10.43	11.95	13.46	14.95
45'	1.18	2.75	4.31	5.87	7.43	8.97	10.51	12.03	13.53	15.02
48'	1.26	2.83	4.39	5.95	7.50	9.05	10.58	12.10	13.61	15.10
51'	1.33	2.90	4.47	6.03	7.58	9.13	10.66	12.18	13.68	15.17
54'	1.41	2.98	4.55	6.11	7.66	9.20	10.73	12.25	13.76	15.24
57'	1.49	3.06	4.63	6.18	7.74	9.28	10.81	12.33	13.83	15.32

90 $\cos^2α$

α	90 cos²α
0°	90.0
1°	90.0
2°	89.9
3°	89.8
4°	89.6
5°	89.3
6°	89.0
7°	88.7
8°	88.3
9°	87.8
10°	87.3
10° 30'	87.0
11°	86.7
11° 30'	86.4
12°	86.1
12° 30'	85.8
13°	85.5
13° 30'	85.1
14°	84.7
14° 30'	84.4

α	10°	11°	12°	13°	14°	15°	16°	17°	18°	19°
0'	15.89	16.86	18.30	19.73	21.13	22.50	23.85	25.16	26.45	27.70
3'	15.46	16.93	18.37	19.80	21.20	22.57	23.91	25.23	26.51	27.77
6'	15.54	17.00	18.45	19.87	21.26	22.64	23.98	25.29	26.58	27.83
9'	15.61	17.08	18.52	19.94	21.33	22.70	24.05	25.36	26.64	27.89
12'	15.69	17.15	18.59	20.01	21.40	22.77	24.11	25.42	26.70	27.95
15'	15.76	17.22	18.66	20.08	21.47	22.84	24.18	25.49	26.77	28.01
18'	15.83	17.29	18.73	20.15	21.54	22.91	24.24	25.55	26.83	28.07
21'	15.91	17.37	18.80	20.22	21.61	22.97	24.31	25.62	26.89	28.14
24'	15.98	17.44	18.88	20.29	21.68	23.04	24.38	25.68	26.96	28.20
27'	16.05	17.51	18.95	20.36	21.74	23.11	24.44	25.75	27.02	28.26
30'	16.13	17.58	19.02	20.43	21.82	23.18	24.51	25.81	27.08	28.32
33'	16.20	17.66	19.09	20.50	21.89	23.24	24.57	25.88	27.14	28.38
36'	16.27	17.73	19.16	20.57	21.95	23.31	24.64	25.94	27.21	28.44
39'	16.35	17.80	19.23	20.64	22.02	23.38	24.71	26.00	27.27	28.50
42'	16.42	17.87	19.30	20.71	22.09	23.45	24.77	26.07	27.33	28.56
45'	16.49	17.94	19.37	20.78	22.16	23.51	24.84	26.13	27.39	28.62
48'	16.57	18.02	19.44	20.85	22.23	23.58	24.90	26.20	27.46	28.68
51'	16.64	18.09	19.51	20.92	22.30	23.65	24.97	26.26	27.52	28.74
54'	16.71	18.16	19.59	20.99	22.36	23.71	25.03	26.32	27.58	28.80
57'	16.78	18.23	19.66	21.06	22.43	23.78	25.10	26.39	27.64	28.87

α	90 cos²α
15°	84.0
15° 30'	83.6
16°	83.2
16° 30'	82.7
17°	82.3
17° 30'	81.9
18°	81.4
18° 30'	80.9
19°	80.5
19° 30'	80.0
20°	79.5
20° 20'	79.1
20° 40'	78.8
21°	78.4
21° 20'	78.1
21° 40'	77.7
22°	77.4
22° 20'	77.0
22° 40'	76.6
23°	76.3

α	20°	21°	22°	23°	24°	25°	26°	27°	28°	29°
0'	28.98	30.11	31.26	32.37	33.44	34.47	35.46	36.41	37.31	38.16
3'	28.99	30.17	31.32	32.42	33.49	34.52	35.51	36.45	37.35	38.20
6'	29.05	30.23	31.37	32.48	33.55	34.57	35.56	36.50	37.39	38.25
9'	29.11	30.29	31.43	32.53	33.60	34.61	35.61	36.54	37.44	38.29
12'	29.17	30.34	31.48	32.59	33.65	34.67	35.65	36.59	37.48	38.33
15'	29.23	30.40	31.54	32.64	33.70	34.72	35.70	36.64	37.52	38.37
18'	29.28	30.46	31.60	32.70	33.76	34.77	35.75	36.68	37.57	38.41
21'	29.34	30.52	31.65	32.75	33.81	34.82	35.80	36.73	37.61	38.45
24'	29.40	30.57	31.71	32.80	33.86	34.87	35.84	36.77	37.65	38.49
27'	29.46	30.63	31.76	32.86	33.91	34.92	35.89	36.82	37.70	38.53
30'	29.52	30.69	31.82	32.91	33.96	34.97	35.94	36.86	37.74	38.57
33'	29.58	30.75	31.88	32.96	34.01	35.02	35.99	36.91	37.78	38.61
36'	29.64	30.80	31.93	33.02	34.06	35.07	36.03	36.95	37.83	38.65
39'	29.70	30.86	31.99	33.07	34.12	35.12	36.08	37.00	37.87	38.69
42'	29.76	30.92	32.04	33.12	34.17	35.17	36.13	37.04	37.91	38.73
45'	29.82	30.98	32.10	33.18	34.22	35.22	36.17	37.09	37.95	38.77
48'	29.88	31.03	32.15	33.23	34.27	35.27	36.22	37.13	37.99	38.81
51'	29.94	31.09	32.21	33.28	34.32	35.31	36.27	37.17	38.04	38.85
54'	29.99	31.15	32.26	33.34	34.37	35.36	36.31	37.22	38.08	38.89
57'	30.05	31.20	32.32	33.39	34.42	35.41	36.36	37.26	38.12	38.93

α	90 cos²α
23° 20'	75.9
23° 40'	75.5
24°	75.1
24° 20'	74.7
24° 40'	74.3
25°	73.9
25° 20'	73.5
25° 40'	73.1
26°	72.7
26° 20'	72.3
26° 40'	71.9
27°	71.5
27° 20'	71.0
27° 40'	70.6
28°	70.2
28° 20'	69.7
28° 40'	69.3
29°	68.8
29° 20'	68.4
29° 40'	68.0
30°	67.5

91 ($\frac{1}{2} \sin 2\alpha$)

α	0°	1°	2°	3°	4°	5°	6°	7°	8°	9°
0'	0.00	1.59	3.17	4.76	6.33	7.90	9.46	11.01	12.54	14.06
3'	0.08	1.67	3.25	4.84	6.41	7.98	9.54	11.08	12.62	14.14
6'	0.16	1.75	3.33	4.91	6.49	8.06	9.62	11.16	12.69	14.21
9'	0.24	1.83	3.41	4.99	6.57	8.14	9.69	11.24	12.77	14.29
12'	0.32	1.91	3.49	5.07	6.65	8.21	9.77	11.32	12.85	14.36
15'	0.40	1.98	3.57	5.15	6.73	8.29	9.85	11.39	12.92	14.44
18'	0.48	2.06	3.65	5.23	6.80	8.37	9.93	11.47	13.00	14.51
21'	0.56	2.14	3.73	5.31	6.88	8.45	10.00	11.55	13.07	14.59
24'	0.64	2.22	3.81	5.39	6.96	8.53	10.08	11.62	13.15	14.66
27'	0.71	2.30	3.89	5.47	7.04	8.60	10.16	11.70	13.23	14.74
30'	0.79	2.38	3.97	5.55	7.12	8.68	10.24	11.78	13.30	14.81
33'	0.87	2.46	4.04	5.62	7.20	8.76	10.31	11.85	13.38	14.89
36'	0.95	2.54	4.12	5.70	7.27	8.84	10.39	11.93	13.45	14.96
39'	1.03	2.62	4.20	5.78	7.35	8.92	10.47	12.01	13.53	15.04
42'	1.11	2.70	4.28	5.86	7.43	8.99	10.54	12.08	13.61	15.11
45'	1.19	2.78	4.36	5.94	7.51	9.07	10.62	12.16	13.68	15.19
48'	1.27	2.86	4.44	6.02	7.59	9.15	10.70	12.24	13.76	15.26
51'	1.35	2.94	4.52	6.10	7.67	9.23	10.78	12.31	13.83	15.34
54'	1.43	3.02	4.60	6.18	7.74	9.30	10.85	12.39	13.91	15.41
57'	1.51	3.09	4.68	6.25	7.82	9.38	10.93	12.47	13.98	15.49

α	10°	11°	12°	13°	14°	15°	16°	17°	18°	19°
0'	15.56	17.04	18.51	19.95	21.36	22.75	24.11	25.44	26.74	28.01
3'	15.64	17.12	18.58	20.02	21.43	22.82	24.18	25.51	26.81	28.08
6'	15.71	17.19	18.65	20.09	21.50	22.89	24.25	25.57	26.87	28.14
9'	15.79	17.27	18.72	20.16	21.57	22.96	24.31	25.64	26.94	28.20
12'	15.86	17.34	18.80	20.23	21.64	23.02	24.38	25.71	27.00	28.26
15'	15.93	17.41	18.87	20.30	21.71	23.09	24.45	25.77	27.06	28.32
18'	16.01	17.49	18.94	20.37	21.78	23.16	24.51	25.84	27.13	28.39
21'	16.08	17.56	19.01	20.44	21.85	23.23	24.58	25.90	27.19	28.45
24'	16.16	17.63	19.09	20.51	21.92	23.30	24.65	25.97	27.26	28.51
27'	16.23	17.71	19.16	20.59	21.99	23.37	24.71	26.03	27.32	28.57
30'	16.31	17.78	19.23	20.66	22.06	23.43	24.78	26.10	27.38	28.63
33'	16.38	17.85	19.30	20.73	22.13	23.50	24.85	26.16	27.45	28.70
36'	16.45	17.92	19.37	20.80	22.20	23.57	24.91	26.23	27.51	28.76
39'	16.53	18.00	19.44	20.87	22.27	23.64	24.98	26.29	27.57	28.82
42'	16.60	18.07	19.52	20.94	22.34	23.71	25.05	26.36	27.64	28.88
45'	16.68	18.14	19.59	21.01	22.41	23.77	25.11	26.42	27.70	28.94
48'	16.75	18.22	19.66	21.08	22.47	23.84	25.18	26.49	27.76	29.00
51'	16.82	18.29	19.73	21.15	22.54	23.91	25.25	26.55	27.82	29.06
54'	16.90	18.36	19.80	21.22	22.61	23.98	25.31	26.62	27.89	29.13
57'	16.97	18.43	19.87	21.29	22.68	24.04	25.38	26.68	27.95	29.19

α	20°	21°	22°	23°	24°	25°	26°	27°	28°	29°
0'	29.25	30.45	31.61	32.73	33.81	34.86	35.85	36.81	37.72	38.59
3'	29.31	30.50	31.66	32.79	33.87	34.91	35.90	36.86	37.77	38.63
6'	29.37	30.56	31.72	32.84	33.92	34.96	35.95	36.90	37.81	38.67
9'	29.43	30.62	31.78	32.90	33.97	35.01	36.00	36.95	37.85	38.71
12'	29.49	30.68	31.83	32.95	34.02	35.06	36.05	37.00	37.90	38.75
15'	29.55	30.74	31.89	33.00	34.08	35.11	36.10	37.04	37.94	38.80
18'	29.61	30.80	31.95	33.06	34.13	35.16	36.15	37.09	37.99	38.84
21'	29.67	30.86	32.00	33.11	34.18	35.21	36.19	37.13	38.03	38.88
24'	29.73	30.91	32.06	33.17	34.23	35.26	36.24	37.18	38.07	38.92
27'	29.79	30.97	32.12	33.22	34.29	35.31	36.29	37.23	38.12	38.96
30'	29.85	31.03	32.17	33.28	34.34	35.36	36.34	37.27	38.16	39.00
33'	29.91	31.09	32.23	33.33	34.39	35.41	36.39	37.32	38.20	39.04
36'	29.97	31.15	32.29	33.38	34.44	35.46	36.43	37.36	38.25	39.08
39'	30.03	31.20	32.34	33.44	34.50	35.51	36.48	37.41	38.29	39.12
42'	30.09	31.26	32.40	33.49	34.55	35.56	36.53	37.45	38.33	39.16
45'	30.15	31.32	32.45	33.55	34.60	35.61	36.58	37.50	38.37	39.20
48'	30.21	31.38	32.51	33.60	34.65	35.66	36.62	37.54	38.42	39.24
51'	30.27	31.44	32.56	33.65	34.70	35.71	36.67	37.59	38.46	39.28
54'	30.33	31.49	32.62	33.71	34.75	35.76	36.72	37.63	38.50	39.32
57'	30.39	31.55	32.67	33.76	34.80	35.81	36.76	37.68	38.54	39.36

91 $\cos^2\alpha$

α	$\cos^2\alpha$
0°	91.0
1°	91.0
2°	90.9
3°	90.8
4°	90.6
5°	90.3
6°	90.0
7°	89.6
8°	89.2
9°	89.8
10°	88.3
10° 30'	88.0
11°	87.7
11° 30'	87.4
12°	87.1
12° 30'	86.7
13°	86.4
13° 30'	86.0
14°	85.7
14° 30'	85.3
15°	84.9
15° 30'	84.5
16°	84.1
16° 30'	83.7
17°	83.2
17° 30'	82.8
18°	82.3
18° 30'	81.8
19°	81.4
19° 30'	80.8
20°	80.4
20° 20'	80.0
20° 40'	79.7
21°	79.3
21° 20'	79.0
21° 40'	78.6
22°	78.2
22° 20'	77.9
22° 40'	77.5
23°	77.1
23° 20'	76.7
23° 40'	76.3
24°	75.9
24° 20'	75.6
24° 40'	75.2
25°	74.7
25° 20'	74.3
25° 30'	73.9
26°	73.5
26° 20'	73.1
26° 40'	72.7
27°	72.2
27° 20'	71.8
27° 40'	71.4
28°	70.9
28° 20'	70.5
28° 40'	70.1
29°	69.6
29° 20'	69.2
29° 40'	68.7
30°	68.3

92 ($\frac{1}{2}\sin 2\alpha$)

α	0°	1°	2°	3°	4°	5°	6°	7°	8°	9°
0'	0.00	1.61	3.21	4.81	6.40	7.99	9.56	11.13	12.68	14.21
3'	0.08	1.69	3.29	4.89	6.48	8.07	9.64	11.21	12.76	14.29
6'	0.16	1.77	3.37	4.97	6.56	8.15	9.72	11.28	12.83	14.37
9'	0.24	1.85	3.45	5.05	6.64	8.22	9.80	11.36	12.91	14.44
12'	0.32	1.93	3.53	5.13	6.72	8.30	9.88	11.44	12.99	14.52
15'	0.40	2.01	3.61	5.21	6.80	8.38	9.96	11.52	13.06	14.60
18'	0.48	2.09	3.69	5.29	6.88	8.46	10.04	11.60	13.14	14.67
21'	0.56	2.17	3.77	5.37	6.96	8.54	10.11	11.67	13.22	14.75
24'	0.64	2.25	3.85	5.45	7.04	8.62	10.19	11.75	13.30	14.82
27'	0.72	2.33	3.93	5.53	7.12	8.70	10.27	11.83	13.37	14.90
30'	0.80	2.41	4.01	5.61	7.20	8.78	10.35	11.91	13.45	14.98
33'	0.88	2.49	4.09	5.69	7.28	8.86	10.43	11.98	13.53	15.05
36'	0.96	2.57	4.17	5.77	7.35	8.93	10.50	12.06	13.60	15.13
39'	1.04	2.65	4.25	5.84	7.43	9.01	10.58	12.14	13.68	15.20
42'	1.12	2.73	4.33	5.92	7.51	9.09	10.66	12.22	13.76	15.28
45'	1.20	2.81	4.41	6.00	7.59	9.17	10.74	12.29	13.83	15.36
48'	1.28	2.89	4.49	6.08	7.67	9.25	10.82	12.37	13.91	15.43
51'	1.36	2.97	4.57	6.16	7.75	9.33	10.89	12.45	13.99	15.51
54'	1.44	3.05	4.65	6.24	7.83	9.41	10.97	12.52	14.06	15.58
57'	1.53	3.13	4.73	6.32	7.91	9.49	11.05	12.60	14.14	15.66

α	10°	11°	12°	13°	14°	15°	16°	17°	18°	19°
0'	15.78	17.23	18.71	20.17	21.60	23.00	24.38	25.72	27.04	28.32
3'	15.81	17.31	18.78	20.24	21.67	23.07	24.44	25.79	27.10	28.38
6'	15.88	17.38	18.86	20.31	21.71	23.14	24.51	25.86	27.17	28.45
9'	15.96	17.45	18.93	20.38	21.81	23.21	24.58	25.92	27.23	28.51
12'	16.03	17.53	19.00	20.45	21.88	23.28	24.65	25.99	27.30	28.57
15'	16.11	17.60	19.08	20.53	21.95	23.35	24.72	26.05	27.36	28.64
18'	16.18	17.68	19.15	20.60	22.02	23.42	24.78	26.12	27.43	28.70
21'	16.26	17.75	19.22	20.67	22.09	23.48	24.85	26.19	27.49	28.76
24'	16.33	17.83	19.29	20.74	22.16	23.55	24.92	26.25	27.56	28.82
27'	16.41	17.90	19.37	20.81	22.23	23.62	24.99	26.32	27.62	28.89
30'	16.48	17.97	19.44	20.88	22.30	23.69	25.05	26.38	27.68	28.95
33'	16.56	18.05	19.51	20.96	22.37	23.76	25.12	26.45	27.75	29.01
36'	16.63	18.12	19.59	21.03	22.44	23.83	25.19	26.52	27.81	29.07
39'	16.71	18.20	19.66	21.10	22.51	23.90	25.26	26.58	27.88	29.14
42'	16.78	18.27	19.73	21.17	22.58	23.97	25.32	26.65	27.94	29.20
45'	16.86	18.34	19.80	21.24	22.65	24.03	25.39	26.71	28.00	29.26
48'	16.93	18.42	19.88	21.31	22.72	24.10	25.46	26.78	28.07	29.32
51'	17.01	18.49	19.95	21.38	22.79	24.17	25.52	26.84	28.13	29.38
54'	17.08	18.56	20.02	21.45	22.86	24.24	25.59	26.91	28.19	29.45
57'	17.16	18.64	20.09	21.52	22.93	24.31	25.66	26.97	28.26	29.51

α	20°	21°	22°	23°	24°	25°	26°	27°	28°	29°
0'	29.57	30.78	31.95	33.09	34.18	35.24	36.25	37.21	38.14	39.01
3'	29.63	30.84	32.01	33.15	34.24	35.29	36.30	37.26	38.18	39.05
6'	29.69	30.90	32.07	33.20	34.29	35.34	36.35	37.30	38.23	39.10
9'	29.75	30.96	32.13	33.26	34.35	35.39	36.40	37.35	38.27	39.14
12'	29.81	31.02	32.18	33.31	34.40	35.44	36.45	37.40	38.31	39.18
15'	29.87	31.08	32.24	33.37	34.45	35.49	36.49	37.45	38.36	39.22
18'	29.94	31.14	32.30	33.42	34.51	35.55	36.54	37.50	38.40	39.26
21'	30.00	31.20	32.36	33.48	34.56	35.60	36.59	37.54	38.45	39.31
24'	30.06	31.25	32.41	33.53	34.61	35.65	36.64	37.59	38.49	39.35
27'	30.12	31.31	32.47	33.59	34.66	35.70	36.69	37.63	38.54	39.39
30'	30.18	31.37	32.53	33.64	34.72	35.75	36.74	37.68	38.58	39.43
33'	30.24	31.43	32.58	33.70	34.77	35.80	36.79	37.73	38.62	39.47
36'	30.30	31.49	32.64	33.75	34.82	35.85	36.83	37.77	38.67	39.51
39'	30.36	31.55	32.70	33.81	34.87	35.90	36.88	37.82	38.71	39.55
42'	30.42	31.61	32.75	33.86	34.93	35.95	36.93	37.86	38.75	39.59
45'	30.48	31.66	32.81	33.91	34.98	36.00	36.98	37.91	38.80	39.63
48'	30.54	31.72	32.87	33.97	35.03	36.05	37.03	37.96	38.84	39.68
51'	30.60	31.78	32.92	34.02	35.08	36.10	37.07	38.00	38.88	39.72
54'	30.66	31.84	32.98	34.08	35.13	36.15	37.12	38.05	38.92	39.76
57'	30.72	31.90	33.03	34.13	35.19	36.20	37.17	38.09	38.97	39.80

92 $\cos^2\alpha$

α	92 $\cos^2\alpha$
0°	92.0
1°	92.0
2°	91.9
3°	91.7
4°	91.6
5°	91.3
6°	91.0
7°	90.6
8°	90.2
9°	89.7
10°	89.2
10° 30'	88.9
11°	88.7
11° 30'	88.3
12°	88.0
12° 30'	87.7
13°	87.3
13° 30'	87.0
14°	86.6
14° 30'	86.2
15°	85.8
15° 30'	85.4
16°	85.0
16° 30'	84.6
17°	84.1
17° 30'	83.7
18°	83.2
18° 30'	82.7
19°	82.2
19° 30'	81.7
20°	81.2
20° 20'	80.9
20° 40'	80.5
21°	80.2
21° 20'	79.8
21° 40'	79.5
22°	79.1
22° 20'	78.7
22° 40'	78.3
23°	78.0
23° 20'	77.6
23° 40'	77.2
24°	76.8
24° 20'	76.4
24° 40'	76.0
25°	75.6
25° 20'	75.2
25° 40'	74.7
26°	74.3
26° 20'	73.9
26° 40'	73.5
27°	73.0
27° 20'	72.6
27° 40'	72.2
28°	71.7
28° 20'	71.3
28° 40'	70.8
29°	70.4
29° 20'	69.9
29° 40'	69.5
30°	69.0

α	0°	1°	2°	3°	4°	5°	6°	7°	8°	9°
0'	0.00	1.62	3.24	4.86	6.47	8.07	9.67	11.25	12.82	14.37
3'	0.08	1.70	3.32	4.94	6.55	8.15	9.75	11.33	12.90	14.45
6'	0.16	1.79	3.41	5.02	6.63	8.23	9.83	11.41	12.97	14.52
9'	0.24	1.87	3.49	5.10	6.71	8.31	9.91	11.49	13.05	14.60
12'	0.32	1.95	3.57	5.18	6.79	8.39	9.99	11.56	13.13	14.68
15'	0.41	2.03	3.65	5.26	6.87	8.47	10.06	11.64	13.21	14.75
18'	0.49	2.11	3.73	5.34	6.95	8.55	10.14	11.72	13.28	14.83
21'	0.57	2.19	3.81	5.43	7.03	8.63	10.22	11.80	13.36	14.91
24'	0.65	2.27	3.89	5.51	7.11	8.71	10.30	11.88	13.44	14.99
27'	0.73	2.35	3.97	5.59	7.19	8.79	10.38	11.96	13.52	15.06
30'	0.81	2.43	4.05	5.67	7.27	8.87	10.46	12.04	13.60	15.14
33'	0.89	2.51	4.13	5.75	7.35	8.95	10.54	12.11	13.67	15.22
36'	0.97	2.60	4.21	5.83	7.43	9.03	10.62	12.19	13.75	15.29
39'	1.05	2.68	4.30	5.91	7.51	9.11	10.70	12.27	13.83	15.37
42'	1.14	2.76	4.38	5.99	7.59	9.19	10.78	12.35	13.91	15.45
45'	1.22	2.84	4.46	6.07	7.67	9.27	10.86	12.43	13.98	15.52
48'	1.30	2.92	4.54	6.15	7.75	9.35	10.93	12.50	14.07	15.60
51'	1.38	3.00	4.62	6.23	7.83	9.43	11.01	12.58	14.14	15.67
54'	1.46	3.08	4.70	6.31	7.91	9.51	11.09	12.66	14.21	15.75
57'	1.54	3.16	4.78	6.39	7.99	9.59	11.17	12.74	14.29	15.83

α	10°	11°	12°	13°	14°	15°	16°	17°	18°	19°
0'	15.90	17.42	18.91	20.38	21.83	23.25	24.64	26.00	27.33	28.68
3'	15.98	17.49	18.99	20.46	21.90	23.32	24.71	26.07	27.40	28.69
6'	16.06	17.56	19.06	20.53	21.97	23.39	24.78	26.14	27.46	28.76
9'	16.13	17.64	19.14	20.60	22.05	23.46	24.85	26.20	27.53	28.82
12'	16.21	17.72	19.21	20.68	22.12	23.53	24.92	26.27	27.59	28.88
15'	16.28	17.79	19.28	20.75	22.19	23.60	24.98	26.34	27.66	28.95
18'	16.36	17.87	19.36	20.82	22.26	23.67	25.05	26.40	27.72	29.01
21'	16.44	17.94	19.43	20.89	22.33	23.74	25.12	26.47	27.79	29.07
24'	16.51	18.02	19.50	20.97	22.40	23.81	25.19	26.54	27.85	29.14
27'	16.59	18.09	19.58	21.04	22.47	23.88	25.26	26.60	27.92	29.20
30'	16.66	18.17	19.65	21.11	22.54	23.95	25.33	26.67	27.98	29.26
33'	16.74	18.24	19.73	21.18	22.61	24.02	25.39	26.74	28.05	29.33
36'	16.82	18.32	19.80	21.26	22.69	24.09	25.46	26.80	28.11	29.39
39'	16.89	18.39	19.87	21.33	22.76	24.16	25.53	26.87	28.18	29.45
42'	16.97	18.47	19.95	21.40	22.83	24.23	25.60	26.94	28.24	29.52
45'	17.04	18.54	20.02	21.47	22.90	24.30	25.67	27.00	28.31	29.58
48'	17.12	18.62	20.09	21.54	22.97	24.37	25.73	27.07	28.37	29.64
51'	17.19	18.69	20.17	21.62	23.04	24.43	25.80	27.13	28.44	29.70
54'	17.27	18.76	20.24	21.69	23.11	24.50	25.87	27.20	28.50	29.77
57'	17.34	18.84	20.31	21.76	23.18	24.57	25.94	27.27	28.56	29.83

α	20°	21°	22°	23°	24°	25°	26°	27°	28°	29°
0'	29.89	31.11	32.30	33.45	34.56	35.62	36.64	37.62	38.55	39.43
3'	29.95	31.17	32.36	33.51	34.61	35.67	36.69	37.67	38.60	39.48
6'	30.01	31.23	32.42	33.56	34.66	35.73	36.74	37.71	38.64	39.52
9'	30.08	31.30	32.48	33.62	34.72	35.78	36.79	37.76	38.69	39.56
12'	30.14	31.36	32.53	33.67	34.77	35.83	36.84	37.81	38.73	39.61
15'	30.20	31.41	32.59	33.73	34.83	35.88	36.89	37.86	38.78	39.65
18'	30.26	31.47	32.65	33.79	34.88	35.93	36.94	37.91	38.82	39.69
21'	30.32	31.53	32.71	33.84	34.93	35.98	36.99	37.95	38.87	39.73
24'	30.38	31.59	32.77	33.90	34.99	36.03	37.04	38.00	38.91	39.77
27'	30.45	31.65	32.82	33.95	35.04	36.09	37.09	38.04	38.95	39.82
30'	30.51	31.71	32.88	34.01	35.09	36.14	37.14	38.09	39.00	39.86
33'	30.57	31.77	32.94	34.06	35.15	36.19	37.19	38.14	39.04	39.90
36'	30.63	31.83	33.00	34.12	35.20	36.24	37.23	38.18	39.09	39.94
39'	30.69	31.89	33.05	34.17	35.25	36.29	37.28	38.23	39.13	39.98
42'	30.75	31.95	33.11	34.23	35.31	36.34	37.33	38.28	39.17	40.02
45'	30.81	32.01	33.17	34.28	35.36	36.39	37.38	38.32	39.22	40.07
48'	30.87	32.07	33.22	34.34	35.41	36.44	37.43	38.37	39.26	40.11
51'	30.93	32.13	33.28	34.39	35.46	36.49	37.48	38.41	39.30	40.15
54'	30.99	32.18	33.34	34.45	35.52	36.54	37.52	38.46	39.35	40.19
57'	31.05	32.24	33.39	34.50	35.57	36.59	37.57	38.50	39.39	40.23

93 $\cos^2\alpha$

α	93 cos²α
0°	93.0
1°	93.0
2°	92.9
3°	92.7
4°	92.5
5°	92.3
6°	92.0
7°	91.6
8°	91.2
9°	90.7
10°	90.2
10° 30'	89.9
11°	89.6
11° 30'	89.3
12°	89.0
12° 30'	88.6
13°	88.3
13° 30'	87.9
14°	87.6
14° 30'	87.2
15°	86.8
15° 30'	86.4
16°	85.9
16° 30'	85.5
17°	85.1
17° 30'	84.6
18°	84.1
18° 30'	83.6
19°	83.1
19° 30'	82.6
20°	82.1
20° 20'	81.8
20° 40'	81.4
21°	81.1
21° 20'	80.7
21° 40'	80.3
22°	79.9
22° 20'	79.6
22° 40'	79.2
23°	78.8
23° 20'	78.4
23° 40'	78.0
24°	77.6
24° 20'	77.2
24° 40'	76.8
25°	76.4
25° 20'	76.0
25° 40'	75.6
26°	75.1
26° 20'	74.7
26° 40'	74.3
27°	73.8
27° 20'	73.4
27° 40'	72.9
28°	72.5
28° 20'	72.1
28° 40'	71.6
29°	71.1
29° 20'	70.7
29° 40'	70.2
30°	69.8

94 ($\frac{1}{2}\sin 2\alpha$)

α	0°	1°	2°	3°	4°	5°	6°	7°	8°	9°
0'	0.00	1.64	3.28	4.91	6.54	8.16	9.77	11.37	12.95	14.52
3'	0.08	1.72	3.36	4.99	6.62	8.24	9.85	11.45	13.03	14.60
6'	0.16	1.80	3.44	5.08	6.70	8.32	9.93	11.53	13.11	14.68
9'	0.25	1.89	3.52	5.16	6.78	8.40	10.01	11.61	13.19	14.76
12'	0.33	1.97	3.61	5.24	6.87	8.48	10.09	11.69	13.27	14.84
15'	0.41	2.05	3.69	5.32	6.95	8.57	10.17	11.77	13.35	14.91
18'	0.49	2.13	3.77	5.40	7.03	8.65	10.25	11.85	13.43	14.99
21'	0.57	2.21	3.85	5.49	7.11	8.73	10.33	11.93	13.51	15.07
24'	0.66	2.30	3.93	5.56	7.19	8.81	10.41	12.01	13.58	15.15
27'	0.74	2.38	4.01	5.65	7.27	8.89	10.49	12.09	13.66	15.22
30'	0.82	2.46	4.10	5.73	7.35	8.97	10.56	12.16	13.74	15.30
33'	0.90	2.54	4.18	5.81	7.43	9.05	10.65	12.24	13.82	15.38
36'	0.98	2.62	4.26	5.89	7.51	9.13	10.73	12.32	13.90	15.46
39'	1.07	2.71	4.34	5.97	7.60	9.21	10.81	12.40	13.98	15.53
42'	1.15	2.79	4.42	6.05	7.68	9.29	10.89	12.48	14.05	15.61
45'	1.23	2.87	4.50	6.13	7.76	9.37	10.97	12.56	14.13	15.69
48'	1.31	2.95	4.59	6.22	7.84	9.45	11.05	12.64	14.21	15.77
51'	1.39	3.03	4.67	6.30	7.92	9.53	11.13	12.72	14.29	15.84
54'	1.48	3.11	4.75	6.38	8.00	9.61	11.21	12.80	14.37	15.92
57'	1.56	3.20	4.83	6.46	8.08	9.69	11.29	12.88	14.45	16.00

α	10°	11°	12°	13°	14°	15°	16°	17°	18°	19°
0'	16.07	17.61	19.12	20.60	22.07	23.50	24.91	26.28	27.63	28.94
3'	16.15	17.68	19.19	20.68	22.14	23.57	24.98	26.35	27.69	29.00
6'	16.23	17.76	19.27	20.75	22.21	23.64	25.05	26.42	27.76	29.07
9'	16.31	17.83	19.34	20.82	22.28	23.71	25.11	26.49	27.82	29.13
12'	16.38	17.91	19.42	20.90	22.35	23.78	25.18	26.55	27.89	29.19
15'	16.46	17.99	19.49	20.97	22.43	23.85	25.25	26.62	27.96	29.26
18'	16.54	18.06	19.57	21.04	22.50	23.92	25.32	26.69	28.02	29.32
21'	16.61	18.14	19.64	21.12	22.57	24.00	25.39	26.76	28.09	29.39
24'	16.69	18.21	19.71	21.19	22.64	24.07	25.46	26.82	28.15	29.45
27'	16.77	18.29	19.79	21.26	22.71	24.14	25.53	26.89	28.22	29.51
30'	16.84	18.36	19.86	21.34	22.79	24.21	25.60	26.96	28.29	29.58
33'	16.92	18.44	19.94	21.41	22.86	24.28	25.67	27.03	28.35	29.64
36'	17.00	18.52	20.01	21.48	22.93	24.35	25.74	27.09	28.42	29.71
39'	17.07	18.59	20.09	21.56	23.00	24.42	25.80	27.16	28.48	29.77
42'	17.15	18.67	20.16	21.63	23.07	24.49	25.87	27.23	28.55	29.83
45'	17.23	18.74	20.23	21.70	23.14	24.56	25.94	27.29	28.61	29.90
48'	17.30	18.82	20.31	21.77	23.22	24.63	26.01	27.36	28.68	29.96
51'	17.38	18.89	20.38	21.85	23.29	24.70	26.08	27.43	28.74	30.02
54'	17.45	18.97	20.46	21.92	23.36	24.77	26.15	27.49	28.81	30.09
57'	17.53	19.04	20.53	21.99	23.43	24.84	26.21	27.56	28.87	30.15

α	20°	21°	22°	23°	24°	25°	26°	27°	28°	29°
0'	30.21	31.45	32.65	33.81	34.93	36.00	37.04	38.02	38.96	39.86
3'	30.27	31.51	32.71	33.87	34.98	36.06	37.09	38.07	39.01	39.90
6'	30.34	31.57	32.77	33.92	35.04	36.11	37.14	38.12	39.06	39.94
9'	30.40	31.63	32.83	33.98	35.09	36.16	37.19	38.17	39.10	39.99
12'	30.46	31.69	32.88	34.04	35.15	36.21	37.24	38.22	39.15	40.03
15'	30.52	31.75	32.94	34.09	35.20	36.27	37.29	38.26	39.19	40.07
18'	30.59	31.81	33.00	34.15	35.26	36.32	37.34	38.31	39.24	40.12
21'	30.65	31.87	33.06	34.21	35.31	36.37	37.39	38.36	39.29	40.16
24'	30.71	31.93	33.12	34.26	35.36	36.42	37.44	38.41	39.33	40.20
27'	30.77	31.99	33.18	34.32	35.42	36.47	37.49	38.45	39.37	40.24
30'	30.83	32.05	33.23	34.37	35.47	36.53	37.54	38.50	39.42	40.29
33'	30.90	32.11	33.29	34.43	35.53	36.58	37.59	38.55	39.46	40.33
36'	30.96	32.17	33.35	34.49	35.58	36.63	37.63	38.59	39.51	40.37
39'	31.02	32.23	33.41	34.54	35.63	36.68	37.68	38.64	39.55	40.41
42'	31.08	32.29	33.47	34.60	35.69	36.73	37.73	38.69	39.60	40.45
45'	31.14	32.35	33.52	34.65	35.74	36.78	37.78	38.73	39.64	40.50
48'	31.20	32.41	33.58	34.71	35.79	36.83	37.83	38.78	39.68	40.54
51'	31.27	32.47	33.64	34.76	35.85	36.88	37.88	38.83	39.73	40.58
54'	31.33	32.53	33.69	34.82	35.90	36.94	37.93	38.87	39.77	40.62
57'	31.39	32.59	33.75	34.87	35.95	36.99	37.98	38.92	39.81	40.66

94 $\cos^2\alpha$

α	value
0°	94.0
1°	94.0
2°	93.9
3°	93.7
4°	93.5
5°	93.3
6°	93.0
7°	92.6
8°	92.2
9°	91.7
10°	91.2
10° 30'	90.9
11°	90.6
11° 30'	90.3
12°	89.9
12° 30'	89.6
13°	89.2
13° 30'	88.9
14°	88.5
14° 30'	88.1
15°	87.7
15° 30'	87.3
16°	86.9
16° 30'	86.4
17°	86.0
17° 30'	85.5
18°	85.0
18° 30'	84.5
19°	84.0
19° 30'	83.5
20°	83.0
20° 30'	82.7
20° 40'	82.3
21°	81.9
21° 30'	81.6
21° 40'	81.2
22°	80.8
22° 20'	80.4
22° 40'	80.0
23°	79.6
23° 20'	79.3
23° 40'	78.9
24°	78.4
24° 20'	78.0
24° 40'	77.6
25°	77.2
25° 20'	76.8
25° 40'	76.4
26°	75.9
26° 20'	75.5
26° 40'	75.1
27°	74.6
27° 20'	74.2
27° 40'	73.7
28°	73.3
28° 20'	72.8
28° 40'	72.4
29°	71.9
29° 20'	71.4
29° 40'	71.0
30°	70.5

86

95 (½ sin 2α)

α	0°	1°	2°	3°	4°	5°	6°	7°	8°	9°
0'	0.00	1.66	3.31	4.97	6.61	8.25	9.88	11.49	13.09	14.68
3'	0.08	1.74	3.40	5.05	6.69	8.33	9.96	11.57	13.17	14.76
6'	0.17	1.82	3.48	5.13	6.77	8.41	10.04	11.65	13.25	14.84
9'	0.25	1.91	3.56	5.21	6.86	8.49	10.12	11.73	13.33	14.91
12'	0.33	1.99	3.64	5.29	6.94	8.57	10.19	11.81	13.41	14.99
15'	0.41	2.07	3.73	5.38	7.02	8.66	10.28	11.89	13.49	15.07
18'	0.50	2.15	3.81	5.46	7.10	8.74	10.36	11.97	13.57	15.15
21'	0.58	2.24	3.89	5.54	7.18	8.82	10.44	12.05	13.65	15.23
24'	0.66	2.32	3.97	5.62	7.27	8.90	10.52	12.13	13.73	15.31
27'	0.75	2.40	4.06	5.71	7.35	8.98	10.60	12.21	13.81	15.39
30'	0.83	2.49	4.14	5.79	7.43	9.06	10.69	12.29	13.89	15.46
33'	0.91	2.57	4.22	5.87	7.51	9.14	10.77	12.37	13.97	15.54
36'	0.99	2.65	4.31	5.95	7.59	9.23	10.85	12.45	14.05	15.62
39'	1.08	2.78	4.39	6.04	7.68	9.31	10.93	12.53	14.13	15.70
42'	1.16	2.82	4.47	6.12	7.76	9.39	11.01	12.61	14.20	15.78
45'	1.24	2.90	4.55	6.20	7.84	9.47	11.09	12.69	14.28	15.86
48'	1.33	2.98	4.64	6.28	7.92	9.55	11.17	12.77	14.36	15.93
51'	1.41	3.07	4.72	6.36	8.00	9.63	11.25	12.85	14.44	16.01
54'	1.49	3.15	4.80	6.45	8.08	9.71	11.33	12.93	14.52	16.09
57'	1.57	3.23	4.88	6.53	8.17	9.79	11.41	13.01	14.60	16.17

α	10°	11°	12°	13°	14°	15°	16°	17°	18°	19°
0'	16.25	17.79	19.32	20.82	22.30	23.75	25.17	26.56	27.92	29.24
3'	16.32	17.87	19.40	20.90	22.37	23.82	25.24	26.63	27.99	29.31
6'	16.40	17.95	19.47	20.97	22.45	23.89	25.31	26.70	28.05	29.37
9'	16.48	18.02	19.55	21.05	22.52	23.97	25.38	26.77	28.12	29.44
12'	16.56	18.10	19.62	21.12	22.59	24.04	25.45	26.84	28.19	29.50
15'	16.63	18.18	19.70	21.19	22.67	24.11	25.52	26.90	28.25	29.57
18'	16.71	18.25	19.77	21.27	22.74	24.18	25.59	26.97	28.32	29.63
21'	16.79	18.33	19.85	21.34	22.81	24.25	25.66	27.04	28.39	29.70
24'	16.87	18.41	19.92	21.42	22.88	24.32	25.73	27.11	28.45	29.76
27'	16.95	18.48	20.00	21.49	22.96	24.40	25.80	27.18	28.52	29.83
30'	17.02	18.56	20.07	21.56	23.03	24.46	25.87	27.24	28.59	29.89
33'	17.10	18.64	20.15	21.64	23.10	24.54	25.94	27.31	28.65	29.96
36'	17.18	18.71	20.22	21.71	23.17	24.61	26.01	27.38	28.72	30.02
39'	17.25	18.79	20.30	21.79	23.25	24.68	26.08	27.45	28.78	30.09
42'	17.33	18.86	20.37	21.86	23.32	24.75	26.15	27.52	28.85	30.15
45'	17.41	18.94	20.45	21.93	23.39	24.82	26.22	27.58	28.92	30.21
48'	17.49	19.02	20.52	22.01	23.46	24.89	26.29	27.65	28.98	30.28
51'	17.56	19.09	20.60	22.08	23.53	24.96	26.36	27.72	29.05	30.34
54'	17.64	19.17	20.67	22.15	23.61	25.03	26.42	27.79	29.11	30.41
57'	17.72	19.24	20.75	22.23	23.68	25.10	26.49	27.85	29.18	30.47

α	20°	21°	22°	23°	24°	25°	26°	27°	28°	29°
0'	30.53	31.78	33.00	34.17	35.30	36.39	37.43	38.43	39.38	40.28
3'	30.60	31.85	33.06	34.23	35.35	36.44	37.48	38.48	39.43	40.33
6'	30.66	31.91	33.12	34.28	35.41	36.49	37.53	38.53	39.47	40.37
9'	30.72	31.97	33.17	34.34	35.47	36.55	37.58	38.57	39.52	40.41
12'	30.79	32.03	33.23	34.40	35.52	36.60	37.63	38.62	39.56	40.46
15'	30.85	32.09	33.29	34.46	35.58	36.65	37.68	38.67	39.61	40.50
18'	30.91	32.15	33.35	34.51	35.63	36.70	37.73	38.72	39.66	40.54
21'	30.97	32.21	33.41	34.57	35.69	36.76	37.79	38.77	39.70	40.59
24'	31.04	32.27	33.47	34.63	35.74	36.81	37.84	38.81	39.75	40.63
27'	31.10	32.33	33.53	34.68	35.79	36.86	37.89	38.86	39.79	40.67
30'	31.16	32.40	33.59	34.74	35.85	36.91	37.94	38.91	39.84	40.72
33'	31.23	32.46	33.65	34.80	35.90	36.97	37.98	38.96	39.88	40.76
36'	31.29	32.52	33.70	34.85	35.96	37.02	38.03	39.00	39.93	40.80
39'	31.35	32.58	33.76	34.91	36.01	37.07	38.08	39.05	39.97	40.84
42'	31.41	32.64	33.82	34.96	36.07	37.12	38.13	39.10	40.02	40.89
45'	31.47	32.70	33.88	35.02	36.12	37.17	38.18	39.15	40.06	40.93
48'	31.54	32.76	33.94	35.08	36.17	37.23	38.23	39.19	40.11	40.97
51'	31.60	32.82	34.00	35.13	36.23	37.28	38.28	39.24	40.15	41.01
54'	31.66	32.88	34.05	35.19	36.28	37.33	38.33	39.29	40.19	41.05
57'	31.72	32.94	34.11	35.24	36.33	37.38	38.38	39.33	40.24	41.09

95 cos²α

α	95 cos²α
0°	95.0
1°	95.0
2°	94.9
3°	94.8
4°	94.5
5°	94.3
6°	94.0
7°	93.6
8°	93.2
9°	92.7
10°	92.1
10° 30'	91.8
11°	91.5
11° 30'	91.2
12°	90.9
12° 30'	90.5
13°	90.2
13° 30'	89.8
14°	89.4
14° 30'	89.0
15°	88.6
15° 30'	88.2
16°	87.8
16° 30'	87.3
17°	86.9
17° 30'	86.4
18°	85.9
18° 30'	85.4
19°	84.9
19° 30'	84.4
20°	83.9
20° 20'	83.5
20° 40'	83.2
21°	82.8
21° 20'	82.4
21° 40'	82.1
22°	81.7
22° 20'	81.3
22° 40'	80.9
23°	80.5
23° 20'	80.1
23° 40'	79.7
24°	79.3
24° 20'	78.9
24° 40'	78.5
25°	78.0
25° 20'	77.6
25° 40'	77.2
26°	76.7
26° 20'	76.3
26° 40'	75.9
27°	75.4
27° 20'	75.0
27° 40'	74.5
28°	74.1
28° 20'	73.6
28° 40'	73.1
29°	72.7
29° 20'	72.2
29° 40'	71.7
30°	71.3

96 ($\frac{1}{2} \sin 2\alpha$)

α	0°	1°	2°	3°	4°	5°	6°	7°	8°	9°
0'	0.00	1.68	3.35	5.02	6.68	8.34	9.98	11.61	13.23	14.83
3'	0.08	1.76	3.43	5.10	6.76	8.42	10.06	11.69	13.31	14.91
6'	0.17	1.84	3.52	5.18	6.85	8.50	10.14	11.77	13.39	14.99
9'	0.25	1.93	3.60	5.27	6.93	8.58	10.23	11.86	13.47	15.07
12'	0.34	2.01	3.68	5.35	7.01	8.66	10.31	11.94	13.55	15.15
15'	0.42	2.09	3.77	5.43	7.09	8.75	10.89	12.02	13.63	15.23
18'	0.50	2.18	3.85	5.52	7.18	8.83	10.47	12.10	13.71	15.31
21'	0.59	2.26	3.93	5.60	7.26	8.91	10.55	12.18	13.79	15.39
24'	0.67	2.34	4.02	5.68	7.34	8.99	10 63	12.26	13.87	15.47
27'	0.75	2.43	4.10	5.77	7.43	9.08	10.72	12.34	13.95	15.55
30'	0.84	2.51	4.18	5.85	7.51	9.16	10.80	12.42	14.03	15.63
33'	0.92	2.60	4.27	5.93	7.59	9.24	10.88	12.50	14.11	15.71
36'	1.01	2.68	4.35	6.02	7.67	9.32	10.96	12.59	14.19	15.79
39'	1.09	2.76	4.43	6.10	7.76	9.41	11.04	12.67	14.27	15.86
42'	1.17	2.85	4.52	6.18	7.84	9.49	11.12	12.75	14.35	15.94
45'	1.26	2.93	4.60	6.27	7.92	9.57	11.21	12.83	14.43	16.02
48'	1.34	3.01	4.68	6.35	8.00	9.65	11.29	12.91	14.51	16.10
51'	1.42	3.10	4.77	6.43	8.09	9.73	11.37	12.99	14.59	16.18
54'	1.51	3.18	4.85	6.51	8.17	9.82	11.45	13.07	14.67	16.26
57'	1.59	3.26	4.93	6.60	8.25	9.90	11.53	13.15	14.75	16.34

α	10°	11°	12°	13°	14°	15°	16°	17°	18°	19°
0'	16.42	17.98	19.52	21.04	22.53	24.00	25.44	26.84	28.21	29.55
3'	16.50	18.06	19.60	21.12	22.61	24.07	25.51	26.91	28.28	29.62
6'	16.57	18.14	19.68	21.19	22.68	24.14	25.58	26.98	28.35	29.68
9'	16.65	18.21	19.75	21.27	22.76	24.22	25.65	27.05	28.42	29.75
12'	16.73	18.29	19.83	21.34	22.83	24.29	25.72	27.12	28.48	29.82
15'	16.81	18.37	19.91	21.42	22.90	24.36	25.79	27.19	28.55	29.88
18'	16.89	18.45	19.98	21.49	22.98	24.48	25.86	27.26	28.62	29.95
21'	16.97	18.52	20.06	21.57	23.05	24.51	25.93	27.33	28.69	30.01
24'	17.05	18.60	20.13	21.64	23.12	24.58	26.00	27.39	28.75	30.08
27'	17.12	18.68	20.21	21.72	23.20	24.65	26.07	27.46	28.82	30.14
30'	17.20	18.76	20.29	21.79	23.27	24.72	26.14	27.53	28.89	30.21
33'	17.28	18.83	20.36	21.87	23.34	24.79	26.21	27.60	28.95	30.27
36'	17.36	18.91	20.44	21.94	23.42	24.87	26.28	27.67	29.02	30.34
39'	17.44	18.99	20.51	22.02	23.49	24.94	26.35	27.74	29.09	30.40
42'	17.51	19.06	20.59	22.09	23.56	25.01	26.42	27.81	29.15	30.47
45'	17.59	19.14	20.66	22.16	23.64	25.08	26.49	27.87	29.22	30.53
48'	17.67	19.22	20.74	22.24	23.71	25.15	26.56	27.94	29.29	30.60
51'	17.75	19.29	20.82	22.31	23.78	25.22	26.63	28.01	29.35	30.66
54'	17.83	19.37	20.89	22.39	23.85	25.29	26.70	28.08	29.42	30.73
57'	17.90	19.45	20.97	22.46	23.93	25.37	26.77	28.15	29.49	30.79

α	20°	21°	22°	23°	24°	25°	26°	27°	28°	29°
0'	30.85	32.12	33.34	34.53	35.67	36.77	37.82	38.83	39.79	40.71
3'	30.92	32.18	33.40	34.59	35.73	36.82	37.88	38.88	39.84	40.75
6'	30.98	32.24	33.46	34.64	35.78	36.88	37.93	38.93	39.89	40.79
9'	31.05	32.30	33.52	34.70	35.84	36.93	37.98	38.98	39.93	40.84
12'	31.11	32.37	33.58	34.76	35.89	36.98	38.03	39.03	39.98	40.88
15'	31.17	32.43	33.64	34.82	35.95	37.04	38.08	39.08	40.03	40.93
18'	31.24	32.49	33.70	34.88	36.01	37.09	38.13	39.13	40.07	40.97
21'	31.30	32.55	33.76	34.93	36.06	37.14	38.18	39.17	40.12	41.01
24'	31.36	32.61	33.82	34.99	36.12	37.20	38.23	39.22	40.16	41.06
27'	31.43	32.67	33.88	35.05	36.17	37.25	38.28	39.27	40.21	41.10
30'	31.49	32.74	33.94	35.10	36.23	37.30	38.33	39.32	40.26	41.14
33'	31.55	32.80	34.00	35.16	36.28	37.36	38.36	39.37	40.30	41.19
36'	31.62	32.86	34.06	35.22	36.34	37.41	38.44	39.42	40.35	41.23
39'	31.68	32.92	34.12	35.28	36.39	37.46	38.49	39.46	40.39	41.27
42'	31.74	32.98	34.18	35.33	36.45	37.51	38.54	39.51	40.44	41.32
45'	31.81	33.04	34.24	35.39	36.50	37.57	38.59	39.56	40.48	41.36
48'	31.87	33.10	34.29	35.45	36.55	37.62	38.63	39.61	40.53	41.40
51'	31.93	33.16	34.35	35.50	36.61	37.67	38.68	39.65	40.57	41.44
54'	31.99	33.22	34.41	35.56	36.66	37.72	38.73	39.70	40.62	41.49
57'	32.06	33.28	34.47	35.61	36.72	37.77	38.78	39.75	40.66	41.53

96 $\cos^2\alpha$

α	96 cos²α	α	96 cos²α
0°	96.0	21° 40'	82.9
1°	96.0	22°	82.5
2°	95.9	22° 20'	82.1
3°	95.7	22° 40'	81.7
4°	95.5	23°	81.3
5°	95.3	23° 20'	80.9
6°	94.0	23° 40'	80.5
7°	94.6	24°	80.1
8°	94.1	24° 20'	79.7
9°	93.7	24° 40'	79.3
10°	93.1	25°	78.9
10° 30'	92.8	25° 20'	78.4
11°	92.5	25° 40'	78.0
11° 30'	92.2	26°	77.6
12°	91.9	26° 20'	77.1
12° 30'	91.5	26° 40'	76.7
13°	91.1	27°	76.2
13° 30'	90.8	27° 20'	75.8
14°	90.4	27° 40'	75.3
14° 30'	90.0	28°	74.8
15°	89.6	28° 20'	74.4
15° 30'	89.1	28° 40'	73.9
16°	88.7	29°	73.4
16° 30'	88.3	29° 20'	73.0
17°	87.8	29° 40'	72.5
17° 30'	87.3	30°	72.0
18°	86.8		
18° 30'	86.3		
19°	85.8		
19° 30'	85.3		
20°	84.8		
20° 20'	84.4		
20° 40'	84.0		
21°	83.7		
21° 20'	83.3		

α	0°	1°	2°	3°	4°	5°	6°	7°	8°	9°
0'	0.00	1.69	3.38	5.07	6.75	8.42	10.08	11.73	13.37	14.99
3'	0.08	1.78	3.47	5.15	6.83	8.51	10.17	11.82	13.45	15.07
6'	0.17	1.86	3.55	5.24	6.92	8.59	10.25	11.90	13.53	15.15
9'	0.25	1.95	3.64	5.32	7.00	8.67	10.33	11.98	13.61	15.23
12'	0.34	2.03	3.72	5.41	7.09	8.76	10.41	12.06	13.69	15.31
15'	0.42	2.12	3.81	5.49	7.17	8.84	10.50	12.14	13.77	15.39
18'	0.51	2.20	3.89	5.57	7.25	8.92	10.58	12.23	13.86	15.47
21'	0.59	2.28	3.97	5.66	7.34	9.00	10.66	12.31	13.94	15.55
24'	0.68	2.37	4.06	5.74	7.42	9.09	10.75	12.39	14.02	15.63
27'	0.76	2.45	4.14	5.83	7.50	9.17	10.83	12.47	14.10	15.71
30'	0.85	2.54	4.23	5.91	7.59	9.25	10.91	12.55	14.18	15.79
33'	0.93	2.62	4.31	5.99	7.67	9.37	10.99	12.63	14.26	15.87
36'	1.02	2.71	4.40	6.08	7.75	9.42	11.07	12.72	14.34	15.95
39'	1.10	2.79	4.48	6.16	7.84	9.50	11.16	12.80	14.42	16.03
42'	1.18	2.88	4.56	6.25	7.92	9.59	11.24	12.88	14.50	16.11
45'	1.27	2.96	4.65	6.33	8.00	9.67	11.32	12.96	14.58	16.19
48'	1.35	3.05	4.73	6.41	8.09	9.75	11.40	13.04	14.66	16.27
51'	1.44	3.13	4.82	6.50	8.17	9.84	11.49	13.12	14.75	16.35
54'	1.52	3.21	4.90	6.58	8.26	9.92	11.57	13.21	14.83	16.43
57'	1.61	3.30	4.99	6.67	8.34	10.00	11.65	13.29	14.91	16.51

α	10°	11°	12°	13°	14°	15°	16°	17°	18°	19°
0'	16.59	18.17	19.73	21.26	22.77	24.25	25.70	27.12	28.51	29.86
3'	16.67	18.25	19.80	21.34	22.84	24.33	25.77	27.19	28.58	29.93
6'	16.75	18.33	19.88	21.41	22.92	24.40	25.84	27.26	28.64	29.99
9'	16.83	18.40	19.96	21.49	22.99	24.47	25.92	27.33	28.71	30.06
12'	16.91	18.48	20.04	21.56	23.07	24.54	25.99	27.40	28.78	30.13
15'	16.99	18.56	20.11	21.64	23.14	24.62	26.06	27.47	28.85	30.19
18'	17.06	18.64	20.19	21.72	23.22	24.69	26.13	27.54	28.92	30.26
21'	17.14	18.72	20.27	21.79	23.29	24.76	26.20	27.61	28.98	30.32
24'	17.22	18.79	20.34	21.87	23.36	24.83	26.27	27.68	29.05	30.39
27'	17.30	18.87	20.42	21.94	23.44	24.91	26.34	27.75	29.12	30.46
30'	17.38	18.95	20.50	22.02	23.51	24.98	26.42	27.82	29.19	30.52
33'	17.46	19.03	20.57	22.09	23.59	25.05	26.49	27.89	29.26	30.59
36'	17.54	19.11	20.65	22.17	23.66	25.12	26.56	27.96	29.32	30.65
39'	17.62	19.18	20.73	22.24	23.74	25.20	26.63	28.03	29.39	30.72
42'	17.70	19.26	20.80	22.32	23.81	25.27	26.70	28.10	29.46	30.78
45'	17.78	19.34	20.88	22.39	23.88	25.34	26.77	28.16	29.52	30.85
48'	17.85	19.42	20.96	22.47	23.96	25.41	26.84	28.23	29.59	30.92
51'	17.93	19.49	21.03	22.54	24.03	25.49	26.91	28.30	29.66	30.98
54'	18.01	19.57	21.11	22.62	24.10	25.56	26.98	28.37	29.73	31.05
57'	18.09	19.65	21.18	22.69	24.18	25.63	27.05	28.44	29.79	31.11

α	20°	21°	22°	23°	24°	25°	26°	27°	28°	29°
0'	31.18	32.45	33.69	34.89	36.04	37.15	38.22	39.24	40.21	41.13
3'	31.24	32.52	33.75	34.95	36.10	37.21	38.27	39.29	40.26	41.18
6'	31.30	32.58	33.81	35.01	36.16	37.26	38.32	39.34	40.30	41.22
9'	31.37	32.64	33.87	35.06	36.21	37.32	38.37	39.39	40.35	41.26
12'	31.43	32.70	33.93	35.12	36.27	37.37	38.43	39.44	40.40	41.31
15'	31.50	32.77	33.99	35.18	36.32	37.42	38.48	39.48	40.44	41.35
18'	31.56	32.83	34.05	35.24	36.38	37.48	38.53	39.53	40.49	41.40
21'	31.63	32.89	34.11	35.30	36.44	37.53	38.58	39.58	40.54	41.44
24'	31.69	32.95	34.17	35.35	36.49	37.58	38.63	39.63	40.58	41.49
27'	31.75	33.01	34.23	35.41	36.55	37.64	38.68	39.68	40.63	41.53
30'	31.82	33.08	34.29	35.47	36.60	37.69	38.73	39.73	40.68	41.57
33'	31.88	33.14	34.35	35.53	36.66	37.74	38.78	39.78	40.72	41.62
36'	31.95	33.20	34.41	35.59	36.71	37.80	38.84	39.83	40.77	41.66
39'	32.01	33.26	34.47	35.64	36.77	37.85	38.89	39.87	40.81	41.70
42'	32.07	33.32	34.53	35.70	36.82	37.90	38.94	39.92	40.86	41.75
45'	32.14	33.39	34.59	35.76	36.88	37.96	38.99	39.97	40.90	41.79
48'	32.20	33.45	34.65	35.82	36.93	38.01	39.04	40.02	40.95	41.83
51'	32.26	33.51	34.71	35.87	36.99	38.06	39.09	40.07	41.00	41.87
54'	32.33	33.57	34.77	35.93	37.04	38.11	39.14	40.11	41.04	41.92
57'	32.39	33.63	34.83	35.99	37.10	38.17	39.19	40.16	41.09	41.96

97 $\cos^2\alpha$

α	97 $\cos^2\alpha$
0°	97.0
1°	97.0
2°	96.9
3°	96.8
4°	96.5
5°	96.3
6°	95.9
7°	95.6
8°	95.1
9°	94.6
10°	94.1
10° 30'	93.8
11°	93.5
11° 30'	93.1
12°	92.8
12° 30'	92.5
13°	92.1
13° 30'	91.7
14°	91.3
14° 30'	90.9
15°	90.5
15° 30'	90.1
16°	89.6
16° 30'	89.2
17°	88.7
17° 30'	88.2
18°	87.7
18° 30'	87.2
19°	86.7
19° 30'	86.2
20°	85.7
20° 20'	85.3
20° 40	84.9
21°	84.5
21° 20'	84.2
21° 40'	83.8
22°	83.4
22° 20'	83.0
22° 40'	82.6
23°	82.2
23° 20'	81.8
23° 40'	81.4
24°	81.0
24° 20'	80.5
24° 40'	80.1
25°	89.7
25° 20'	89.2
25° 40'	88.8
26°	88.4
26° 20'	77.9
26° 40'	77.5
27°	77.0
27° 20'	76.5
27° 40'	76.1
28°	75.6
28° 20'	75.2
28° 40'	74.7
29°	74.2
29° 20'	73.7
29° 40'	73.2
30°	72.8

98 ($\frac{1}{2}\sin 2\alpha$)

α	0°	1°	2°	3°	4°	5°	6°	7°	8°	9°
0'	0.00	1.71	3.42	5.12	6.82	8.51	10.19	11.85	13.51	15.14
3'	0.09	1.80	3.50	5.21	6.90	8.59	10.27	11.94	13.59	15.22
6'	0.17	1.88	3.59	5.29	6.99	8.68	10.35	12.02	13.67	15.30
9'	0.26	1.97	3.67	5.38	7.07	8.76	10.44	12.10	13.75	15.39
12'	0.34	2.05	3.76	5.46	7.16	8.85	10.52	12.19	13.83	15.47
15'	0.43	2.14	3.84	5.55	7.24	8.93	10.61	12.27	13.92	15.55
18'	0.51	2.22	3.93	5.63	7.33	9.01	10.69	12.35	14.00	15.63
21'	0.60	2.31	4.01	5.72	7.41	9.10	10.77	12.43	14.08	15.71
24'	0.68	2.39	4.10	5.80	7.50	9.18	10.86	12.52	14.16	15.79
27'	0.77	2.48	4.19	5.89	7.58	9.27	10.94	12.60	14.24	15.87
30'	0.86	2.56	4.27	5.97	7.67	9.35	11.02	12.68	14.33	15.95
33'	0.94	2.65	4.36	6.06	7.75	9.43	11.11	12.76	14.41	16.03
36'	1.03	2.74	4.44	6.14	7.83	9.52	11.19	12.85	14.49	16.11
39'	1.11	2.82	4.53	6.23	7.92	9.60	11.27	12.93	14.57	16.20
42'	1.20	2.91	4.61	6.31	8.00	9.69	11.36	13.01	14.65	16.28
45'	1.28	2.99	4.70	6.40	8.09	9.77	11.44	13.09	14.78	16.36
48'	1.37	3.08	4.78	6.48	8.17	9.85	11.52	13.18	14.82	16.44
51'	1.45	3.16	4.87	6.57	8.26	9.94	11.61	13.26	14.90	16.52
54'	1.54	3.25	4.95	6.65	8.34	10.02	11.69	13.34	14.98	16.60
57'	1.62	3.33	5.04	6.73	8.42	10.10	11.77	13.42	15.06	16.68

α	10°	11°	12°	13°	14°	15°	16°	17°	18°	19°
0'	16.76	18.86	19.93	21.48	23.00	24.50	25.97	27.40	28.80	30.17
3'	16.84	18.48	20.01	21.56	23.08	24.57	26.04	27.47	28.87	30.23
6'	16.92	18.51	20.09	21.63	23.15	24.65	26.11	27.54	28.94	30.30
9'	17.00	18.59	20.16	21.71	23.23	24.72	26.18	27.61	29.01	30.37
12'	17.08	18.67	20.24	21.79	23.31	24.80	26.25	27.68	29.08	30.44
15'	17.16	18.75	20.32	21.86	23.38	24.87	26.33	27.75	29.15	30.50
18'	17.24	18.83	20.40	21.94	23.46	24.94	26.40	27.82	29.21	30.57
21'	17.32	18.91	20.48	22.02	23.53	25.02	26.47	27.89	29.28	30.64
24'	17.40	18.99	20.55	22.09	23.61	25.09	26.54	27.96	29.35	30.70
27'	17.48	19.07	20.63	22.17	23.68	25.16	26.62	28.04	29.42	30.77
30'	17.56	19.15	20.71	22.25	23.76	25.24	26.69	28.11	29.49	30.84
33'	17.64	19.22	20.79	22.32	23.83	25.31	26.76	28.18	29.56	30.90
36'	17.72	19.30	20.86	22.40	23.91	25.38	26.83	28.25	29.63	30.97
39'	17.80	19.38	20.94	22.47	23.98	25.46	26.90	28.32	29.69	31.04
42'	17.88	19.46	21.02	22.55	24.05	25.53	26.97	28.38	29.76	31.10
45'	17.96	19.54	21.10	22.63	24.13	25.60	27.04	28.45	29.83	31.17
48'	18.04	19.62	21.17	22.70	24.20	25.68	27.12	28.52	29.90	31.23
51'	18.12	19.70	21.25	22.78	24.28	25.75	27.19	28.59	29.96	31.30
54'	18.20	19.77	21.33	22.85	24.35	25.82	27.26	28.66	30.03	31.37
57'	18.28	19.85	21.40	22.93	24.43	25.89	27.33	28.73	30.10	31.43

α	20°	21°	22°	23°	24°	25°	26°	27°	28°	29°
0'	31.50	32.79	34.04	35.25	36.41	37.54	38.61	39.64	40.67	41.55
3'	31.56	32.85	34.10	35.31	36.47	37.59	38.67	39.69	40.67	41.60
6'	31.63	32.91	34.16	35.37	36.53	37.65	38.72	39.74	40.72	41.64
9'	31.69	32.98	34.22	35.43	36.59	37.70	38.77	39.79	40.77	41.69
12'	31.76	33.04	34.28	35.48	36.64	37.76	38.82	39.84	40.81	41.73
15'	31.82	33.10	34.34	35.54	36.70	37.81	38.87	39.89	40.86	41.78
18'	31.89	33.17	34.41	35.60	36.76	37.86	38.93	39.94	40.91	41.82
21'	31.95	33.23	34.47	35.66	36.81	37.92	38.98	39.99	40.95	41.87
24'	32.02	33.29	34.53	35.72	36.87	37.97	39.03	40.04	41.00	41.91
27'	32.08	33.36	34.59	35.78	36.92	38.03	39.08	40.09	41.05	41.96
30'	32.15	33.42	34.65	35.84	36.98	38.08	39.13	40.14	41.09	42.00
33'	32.21	33.48	34.71	35.89	37.04	38.13	39.18	40.19	41.14	42.05
36'	32.28	33.54	34.77	35.95	37.09	38.19	39.24	40.24	41.19	42.09
39'	32.34	33.61	34.83	36.01	37.15	38.24	39.29	40.29	41.23	42.13
42'	32.40	33.67	34.89	36.07	37.20	38.29	39.34	40.34	41.28	42.18
45'	32.47	33.73	34.95	36.13	37.26	38.35	39.39	40.38	41.33	42.22
48'	32.53	33.79	35.01	36.18	37.32	38.40	39.44	40.43	41.37	42.26
51'	32.60	33.85	35.07	36.24	37.37	38.45	39.49	40.48	41.42	42.31
54'	32.66	33.92	35.13	36.30	37.43	38.51	39.54	40.53	41.46	42.35
57'	32.72	33.98	35.19	36.36	37.48	38.56	39.59	40.57	41.51	42.39

98 $\cos^2\alpha$

α	value
0°	98.0
1°	98.0
2°	97.9
3°	97.7
4°	97.5
5°	97.3
6°	96.9
7°	96.5
8°	96.1
9°	95.6
10°	95.0
10° 30'	94.7
11°	94.4
11° 30'	94.1
12°	93.8
12° 30'	93.4
13°	93.0
13° 30'	92.7
14°	92.3
14° 30'	91.9
15°	91.4
15° 30'	91.0
16°	90.6
16° 30'	90.1
17°	89.6
17° 30'	89.1
18°	88.6
18° 30'	88.1
19°	87.6
19° 30'	87.1
20°	86.5
20° 20'	86.2
20° 40'	85.8
21°	85.4
21° 20'	85.0
21° 40'	84.6
22°	84.2
22° 20'	83.8
22° 40'	83.4
23°	83.0
23° 20'	82.6
23° 40'	82.2
24°	81.8
24° 20'	81.4
24° 40'	80.9
25°	80.5
25° 20'	80.1
25° 40'	79.6
26°	79.2
26° 20'	78.7
26° 40'	78.3
27°	77.8
27° 20'	77.3
27° 40'	76.9
28°	76.4
28° 20'	75.9
28° 40'	75.4
29°	75.0
29° 20'	74.5
29° 40'	74.0
30°	73.5

99 ($\frac{1}{2} \sin 2\alpha$)

α	0°	1°	2°	3°	4°	5°	6°	7°	8°	9°
0'	0.00	1.73	3.45	5.17	6.89	8.60	10.29	11.98	13.64	15.30
3'	0.09	1.81	3.54	5.26	6.97	8.68	10.38	12.06	13.73	15.38
6'	0.17	1.90	3.63	5.35	7.06	8.77	10.46	12.14	13.81	15.46
9'	0.26	1.99	3.71	5.43	7.15	8.85	10.54	12.23	13.89	15.54
12'	0.35	2.07	3.80	5.52	7.23	8.94	10.63	12.31	13.98	15.62
15'	0.43	2.16	3.88	5.60	7.32	9.02	10.71	12.39	14.06	15.71
18'	0.52	2.25	3.97	5.69	7.40	9.11	10.80	12.48	14.14	15.79
21'	0.60	2.33	4.06	5.78	7.49	9.19	10.88	12.56	14.22	15.87
24'	0.69	2.42	4.14	5.86	7.57	9.28	10.97	12.64	14.31	15.95
27'	0.78	2.50	4.23	5.95	7.66	9.36	11.05	12.73	14.39	16.03
30'	0.86	2.59	4.31	6.03	7.74	9.45	11.14	12.81	14.47	16.12
33'	0.95	2.68	4.40	6.12	7.83	9.53	11.21	12.89	14.55	16.20
36'	1.04	2.76	4.49	6.20	7.91	9.61	11.30	12.98	14.64	16.28
39'	1.12	2.85	4.57	6.29	8.00	9.70	11.39	13.06	14.72	16.36
42'	1.21	2.94	4.66	6.38	8.08	9.78	11.47	13.15	14.80	16.44
45'	1.30	3.02	4.74	6.46	8.17	9.87	11.56	13.23	14.88	16.52
48'	1.38	3.11	4.83	6.55	8.26	9.95	11.64	13.31	14.97	16.60
51'	1.47	3.19	4.92	6.63	8.34	10.04	11.72	13.39	15.05	16.69
54'	1.55	3.28	5.00	6.72	8.43	10.12	11.81	13.48	15.13	16.77
57'	1.64	3.37	5.09	6.80	8.51	10.21	11.89	13.56	15.21	16.85

α	10°	11°	12°	13°	14°	15°	16°	17°	18°	19°
0'	16.93	18.54	20.13	21.70	23.24	24.75	26.28	27.68	29.10	30.48
3'	17.01	18.62	20.21	21.78	23.32	24.82	26.30	27.75	29.17	30.54
6'	17.09	18.70	20.29	21.85	23.39	24.90	26.38	27.82	29.23	30.61
9'	17.17	18.78	20.37	21.93	23.47	24.97	26.45	27.89	29.30	30.68
12'	17.25	18.86	20.45	22.01	23.54	25.05	26.52	27.97	29.37	30.75
15'	17.34	18.94	20.53	22.09	23.62	25.12	26.60	28.04	29.44	30.81
18'	17.42	19.02	20.61	22.16	23.70	25.20	26.67	28.11	29.51	30.88
21'	17.50	19.10	20.68	22.24	23.77	25.27	26.74	28.18	29.58	30.95
24'	17.58	19.18	20.76	22.32	23.85	25.35	26.81	28.25	29.65	31.02
27'	17.66	19.26	20.84	22.40	23.92	25.42	26.89	28.32	29.72	31.08
30'	17.74	19.34	20.92	22.47	24.00	25.49	26.96	28.39	29.79	31.15
33'	17.82	19.42	21.00	22.55	24.07	25.57	27.03	28.46	29.86	31.22
36'	17.90	19.50	21.08	22.63	24.15	25.64	27.10	28.53	29.93	31.29
39'	17.98	19.58	21.15	22.70	24.22	25.72	27.18	28.60	30.00	31.35
42'	18.06	19.66	21.23	22.78	24.30	25.79	27.25	28.67	30.07	31.42
45'	18.14	19.74	21.31	22.86	24.37	25.86	27.32	28.74	30.13	31.49
48'	18.22	19.82	21.39	22.93	24.45	25.94	27.39	28.82	30.20	31.55
51'	18.30	19.90	21.47	23.01	24.53	26.01	27.46	28.89	30.27	31.62
54'	18.38	19.98	21.54	23.09	24.60	26.08	27.54	28.96	30.34	31.69
57'	18.46	20.05	21.62	23.16	24.68	26.16	27.61	29.03	30.41	31.75

α	20°	21°	22°	23°	24°	25°	26°	27°	28°	29°
0'	31.82	33.12	34.39	35.61	36.79	37.92	39.01	40.05	41.04	41.98
3'	31.88	33.19	34.45	35.67	36.84	37.97	39.06	40.10	41.09	42.02
6'	31.95	33.25	34.51	35.73	36.90	38.03	39.11	40.15	41.13	42.07
9'	32.02	33.31	34.57	35.79	36.96	38.08	39.17	40.20	41.18	42.12
12'	32.08	33.38	34.63	35.85	37.02	38.14	39.22	40.25	41.23	42.16
15'	32.15	33.44	34.70	35.91	37.07	38.20	39.27	40.30	41.28	42.21
18'	32.21	33.51	34.76	35.97	37.13	38.25	39.32	40.35	41.32	42.25
21'	32.28	33.57	34.82	36.02	37.19	38.31	39.38	40.40	41.37	42.30
24'	32.34	33.63	34.88	36.08	37.24	38.36	39.43	40.45	41.42	42.34
27'	32.41	33.70	34.94	36.14	37.30	38.41	39.48	40.50	41.47	42.39
30'	32.47	33.76	35.00	36.20	37.36	38.47	39.53	40.55	41.51	42.43
33'	32.54	33.82	35.06	36.26	37.41	38.52	39.58	40.60	41.56	42.47
36'	32.61	33.89	35.12	36.32	37.47	38.58	39.64	40.65	41.61	42.52
39'	32.67	33.95	35.18	36.38	37.53	38.63	39.69	40.70	41.65	42.56
42'	32.73	34.01	35.25	36.44	37.58	38.69	39.74	40.75	41.70	42.61
45'	32.80	34.07	35.31	36.50	37.64	38.74	39.79	40.79	41.75	42.65
48'	32.86	34.14	35.37	36.55	37.70	38.79	39.84	40.84	41.79	42.69
51'	32.93	34.20	35.43	36.61	37.75	38.85	39.89	40.89	41.84	42.74
54'	32.99	34.26	35.49	36.67	37.81	38.90	39.94	40.94	41.89	42.78
57'	33.06	34.32	35.55	36.73	37.86	38.95	40.00	40.99	41.93	42.83

99 $\cos^2\alpha$

α	99 cos²α	α	99 cos²α	α	99 cos²α
0°	99.0	10°	96.0	20°	87.4
1°	99.0	10° 30'	95.7	20° 20'	87.0
2°	98.9	11°	95.4	20° 40'	86.7
3°	98.8	11° 30'	95.1	21°	86.3
4°	98.5	12°	94.7	21° 20'	85.9
5°	98.2	12° 30'	94.4	21° 40'	85.5
6°	97.9	13°	94.0	22°	85.1
7°	97.5	13° 30'	93.6	22° 20'	84.7
8°	97.1	14°	93.2	22° 40'	84.3
9°	96.6	14° 30'	92.8	23°	83.9
		15°	92.4	23° 20'	83.5
		15° 30'	91.9	23° 40'	83.0
		16°	91.5	24°	82.6
		16° 30'	91.0	24° 20'	82.2
		17°	90.5	24° 40'	81.8
		17° 30'	90.0	25°	81.3
		18°	89.5	25° 20'	80.9
		18° 30'	89.0	25° 40'	80.4
		19°	88.5	26°	80.0
		19° 30'	88.0	26° 20'	79.5
				26° 40'	79.1
				27°	78.6
				27° 20'	78.1
				27° 40'	77.7
				28°	77.2
				28° 20'	76.7
				28° 40'	76.2
				29°	75.7
				29° 20'	75.2
				29° 40'	74.7
				30°	74.3

100 (½ sin 2α)

u	0°	1°	2°	3°	4°	5°	6°	7°	8°	9°
0'	0.00	1.74	3.49	5.23	6.96	8.68	10.40	12.10	13.78	15.45
3'	0.09	1.83	3.57	5.31	7.05	8.77	10.48	12.18	13.87	15.53
6'	0.17	1.92	3.66	5.40	7.13	8.85	10.57	12.27	13.95	15.62
9'	0.26	2.01	3.75	5.49	7.22	8.94	10.65	12.35	14.03	15.70
12'	0.35	2.09	3.84	5.57	7.30	9.03	10.74	12.43	14.12	15.78
15'	0.44	2.18	3.92	5.66	7.39	9.11	10.82	12.52	14.20	15.87
18'	0.52	2.27	4.01	5.75	7.48	9.20	10.91	12.60	14.28	15.95
21'	0.61	2.36	4.10	5.83	7.56	9.28	10.99	12.69	14.37	16.03
24'	0.70	2.44	4.18	5.92	7.65	9.37	11.08	12.77	14.45	16.11
27'	0.79	2.53	4.27	6.01	7.74	9.45	11.16	12.86	14.54	16.20
30'	0.87	2.62	4.36	6.09	7.82	9.54	11.25	12.94	14.62	16.28
33'	0.96	2.70	4.44	6.18	7.91	9.63	11.33	13.03	14.70	16.36
36'	1.05	2.79	4.53	6.27	7.99	9.71	11.42	13.11	14.79	16.44
39'	1.13	2.88	4.62	6.35	8.08	9.80	11.50	13.19	14.87	16.53
42'	1.22	2.97	4.71	6.44	8.17	9.88	11.59	13.28	14.95	16.61
45'	1.31	3.05	4.79	6.53	8.25	9.97	11.67	13.36	15.04	16.69
48'	1.40	3.14	4.88	6.61	8.34	10.05	11.76	13.45	15.12	16.77
51'	1.48	3.23	4.97	6.70	8.42	10.14	11.84	13.53	15.20	16.85
54'	1.57	3.31	5.05	6.79	8.51	10.22	11.93	13.61	15.28	16.94
57'	1.66	3.40	5.14	6.87	8.60	10.31	12.01	13.70	15.37	17.02

α	10°	11°	12°	13°	14°	15°	16°	17°	18°	19°
0'	17.10	18.73	20.34	21.92	23.47	25.00	26.50	27.96	29.39	30.78
3'	17.18	18.81	20.42	22.00	23.55	25.08	26.57	28.03	29.46	30.85
6'	17.26	18.89	20.50	22.08	23.63	25.15	26.64	28.10	29.53	30.92
9'	17.35	18.97	20.58	22.15	23.70	25.23	26.72	28.18	29.60	30.99
12'	17.43	19.05	20.66	22.23	23.78	25.30	26.79	28.25	29.67	31.06
15'	17.51	19.13	20.73	22.31	23.86	25.38	26.86	28.32	29.74	31.13
18'	17.59	19.21	20.81	22.39	23.93	25.45	26.94	28.39	29.81	31.19
21'	17.67	19.30	20.89	22.47	24.01	25.53	27.01	28.46	29.88	31.26
24'	17.76	19.38	20.97	22.54	24.09	25.60	27.09	28.54	29.95	31.33
27'	17.84	19.46	21.05	22.62	24.16	25.68	27.16	28.61	30.02	31.40
30'	17.92	19.54	21.13	22.70	24.23	25.75	27.23	28.68	30.09	31.47
33'	18.00	19.62	21.21	22.78	24.32	25.83	27.31	28.75	30.16	31.53
36'	18.08	19.70	21.29	22.85	24.39	25.90	27.38	28.82	30.23	31.60
39'	18.16	19.78	21.37	22.93	24.47	25.98	27.45	28.89	30.30	31.67
42'	18.24	19.86	21.45	23.01	24.55	26.05	27.52	28.96	30.37	31.74
45'	18.33	19.94	21.53	23.09	24.62	26.12	27.60	29.04	30.44	31.80
48'	18.41	20.02	21.60	23.16	24.70	26.20	27.67	29.11	30.51	31.87
51'	18.49	20.10	21.68	23.24	24.77	26.27	27.74	29.18	30.58	31.94
54'	18.57	20.18	21.76	23.32	24.85	26.35	27.81	29.25	30.65	32.01
57'	18.65	20.26	21.84	23.40	24.92	26.42	27.89	29.32	30.71	32.07

α	20°	21°	22°	23°	24°	25°	26°	27°	28°	29°
0'	32.14	33.46	34.73	35.97	37.16	38.30	39.40	40.45	41.45	42.40
3'	32.21	33.52	34.80	36.03	37.22	38.36	39.45	40.50	41.50	42.45
6'	32.27	33.59	34.86	36.09	37.27	38.41	39.51	40.55	41.55	42.49
9'	32.34	33.65	34.92	36.15	37.33	38.47	39.56	40.60	41.60	42.54
12'	32.41	33.72	34.98	36.21	37.39	38.53	39.61	40.66	41.65	42.59
15'	32.47	33.78	35.05	36.27	37.45	38.58	39.67	40.71	41.69	42.63
18'	32.54	33.84	35.11	36.33	37.51	38.64	39.72	40.76	41.74	42.68
21'	32.60	33.91	35.17	36.39	37.56	38.69	39.77	40.81	41.79	42.72
24'	32.67	33.97	35.23	36.45	37.62	38.75	39.83	40.86	41.84	42.77
27'	32.74	34.04	35.29	36.51	37.68	38.80	39.88	40.91	41.89	42.81
30'	32.80	34.10	35.36	36.57	37.74	38.86	39.93	40.96	41.93	42.86
33'	32.87	34.16	35.42	36.63	37.79	38.91	39.98	41.01	41.98	42.90
36'	32.93	34.23	35.48	36.69	37.85	38.97	40.04	41.06	42.03	42.95
39'	33.00	34.29	35.54	36.75	37.91	39.02	40.09	41.11	42.08	42.99
42'	33.07	34.35	35.60	36.80	37.96	39.08	40.14	41.16	42.12	43.04
45'	33.13	34.42	35.66	36.86	38.02	39.13	40.19	41.21	42.17	43.08
48'	33.20	34.48	35.72	36.92	38.08	39.18	40.24	41.26	42.22	43.13
51'	33.26	34.54	35.78	36.98	38.13	39.24	40.30	41.30	42.26	43.17
54'	33.33	34.61	35.85	37.04	38.19	39.29	40.35	41.35	42.31	43.21
57'	33.39	34.67	35.91	37.10	38.25	39.35	40.40	41.40	42.36	43.26

100 cos²α

	100 cos²α		100 cos²α
0°	100.0	20°	88.3
1°	100.0	20° 20'	87.9
2°	99.9	20° 40'	87.5
3°	99.7	21°	87.2
4°	99.5	21° 20'	86.8
5°	99.2	21° 40'	86.4
6°	98.9	22°	86.0
7°	98.5	22° 20'	85.6
8°	98.1	22° 40'	85.1
9°	97.6	23°	84.7
10°	97.0	23° 20'	84.3
10° 30'	96.7	23° 40'	83.9
11°	96.4	24°	83.5
11° 30'	96.0	24° 20'	83.0
12°	95.7	24° 40'	82.6
12° 30'	95.3	25°	82.1
13°	94.9	25° 20'	81.7
13° 30'	94.6	25° 40'	81.2
14°	94.1	26°	80.8
14° 30'	93.7	26° 20'	80.3
15°	93.3	26° 40'	79.9
15° 30'	92.9	27°	79.4
16°	92.4	27° 20'	78.9
16° 30'	91.9	27° 40'	78.4
17°	91.5	28°	78.0
17° 30'	91.0	28° 20'	77.5
18°	90.5	28° 40'	77.0
18° 30'	89.9	29°	76.5
19°	89.4	29° 20'	76.0
19° 30'	88.9	29° 40'	75.5
		30°	75.0

100 ($\frac{1}{2} \sin 2\alpha$)

α	0°	1°	2°	3°	4°	5°	6°	7°	8°	9°	100 $\cos^2\alpha$	
0'	0.00	1.74	3.49	5.23	6.96	8.68	10.40	12.10	13.78	15.45	0°	100.0
2'	0.06	1.80	3.55	5.28	7.02	8.74	10.45	12.15	13.84	15.51	0° 30'	100.0
4'	0.12	1.86	3.60	5.34	7.07	8.80	10.51	12.21	13.89	15.56	1°	100.0
6'	0.17	1.92	3.66	5.40	7.13	8.85	10.57	12.27	13.95	15.62	1° 30'	99.9
8'	0.23	1.98	3.72	5.46	7.19	8.91	10.62	12.32	14.01	15.67		
10'	0.29	2.04	3.78	5.52	7.25	8.97	10.68	12.38	14.06	15.73	2°	99.9
12'	0.35	2.09	3.84	5.57	7.30	9.03	10.74	12.43	14.12	15.78	2° 30'	99.8
14'	0.41	2.15	3.89	5.63	7.36	9.08	10.79	12.49	14.17	15.84	3°	99.7
16'	0.47	2.21	3.95	5.69	7.42	9.14	10.85	12.55	14.23	15.89	3° 30'	99.6
18'	0.52	2.27	4.01	5.75	7.48	9.20	10.91	12.60	14.28	15.95		
20'	0.58	2.33	4.07	5.80	7.53	9.25	10.96	12.66	14.34	16.00	4°	99.5
22'	0.64	2.38	4.13	5.86	7.59	9.31	11.02	12.72	14.40	16.06	4° 30'	99.4
24'	0.70	2.44	4.18	5.92	7.65	9.37	11.08	12.77	14.45	16.11	5°	99.2
26'	0.76	2.50	4.24	5.98	7.71	9.43	11.13	12.83	14.51	16.17	5° 30'	99.1
28'	0.81	2.56	4.30	6.04	7.76	9.48	11.19	12.88	14.56	16.22		
30'	0.87	2.62	4.36	6.09	7.82	9.54	11.25	12.94	14.62	16.28	6°	98.9
32'	0.93	2.67	4.42	6.15	7.88	9.60	11.30	13.00	14.67	16.33	6° 30'	98.7
34'	0.99	2.73	4.47	6.21	7.94	9.65	11.36	13.05	14.73	16.39	7°	98.5
36'	1.05	2.79	4.53	6.27	7.99	9.71	11.42	13.11	14.79	16.44	7° 30'	98.3
38'	1.11	2.85	4.59	6.32	8.05	9.77	11.47	13.17	14.84	16.50		
40'	1.16	2.91	4.65	6.38	8.11	9.83	11.53	13.22	14.90	16.55	8°	98.1
42'	1.22	2.97	4.71	6.44	8.17	9.88	11.59	13.28	14.95	16.61	8° 30'	97.8
44'	1.28	3.02	4.76	6.50	8.22	9.94	11.64	13.33	15.01	16.66	9°	97.6
46'	1.34	3.08	4.82	6.56	8.28	10.00	11.70	13.39	15.06	16.72	9° 30'	97.3
48'	1.40	3.14	4.88	6.61	8.34	10.05	11.76	13.45	15.12	16.77		
50'	1.45	3.20	4.94	6.67	8.40	10.11	11.81	13.50	15.17	16.83	10°	97.0
52'	1.51	3.26	4.99	6.73	8.45	10.17	11.87	13.56	15.23	16.88	10° 20'	96.8
54'	1.57	3.31	5.05	6.79	8.51	10.22	11.93	13.61	15.28	16.94	10° 40'	96.6
56'	1.63	3.37	5.11	6.84	8.57	10.28	11.98	13.67	15.34	16.99		
58'	1.69	3.43	5.17	6.90	8.63	10.34	12.04	13.73	15.40	17.05	11°	96.4
											11° 20'	96.1
											11° 40'	95.9

α	10°	11°	12°	13°	14°	15°	16°	17°	18°	19°		
0'	17.10	18.78	20.34	21.92	23.47	25.00	26.50	27.96	29.39	30.78	12°	95.7
2'	17.16	18.78	20.39	21.97	23.52	25.05	26.55	28.01	29.44	30.83	12° 20'	95.4
4'	17.21	18.84	20.44	22.02	23.58	25.10	26.59	28.06	29.48	30.87	12° 40'	95.2
6'	17.26	18.89	20.50	22.08	23.63	25.15	26.64	28.10	29.53	30.92		
8'	17.32	18.95	20.55	22.13	23.68	25.20	26.69	28.15	29.58	30.97	13°	94.9
											13° 20'	94.7
											13° 40'	94.4
10'	17.37	19.00	20.60	22.18	23.73	25.25	26.74	28.20	29.62	31.01		
12'	17.43	19.05	20.66	22.23	23.78	25.30	26.79	28.25	29.67	31.06	14°	94.1
14'	17.48	19.11	20.71	22.28	23.83	25.35	26.84	28.30	29.72	31.10	14° 20'	93.9
16'	17.54	19.16	20.76	22.34	23.88	25.40	26.89	28.34	29.76	31.15	14° 40'	93.6
18'	17.59	19.21	20.81	22.39	23.93	25.45	26.94	28.39	29.81	31.19		
20'	17.65	19.27	20.87	22.44	23.99	25.50	26.99	28.44	29.86	31.24	15°	93.3
22'	17.70	19.32	20.92	22.49	24.04	25.55	27.04	28.49	29.90	31.28	15° 20'	93.0
24'	17.76	19.38	20.97	22.54	24.09	25.60	27.09	28.54	29.95	31.33	15° 40'	92.7
26'	17.81	19.43	21.03	22.60	24.14	25.65	27.13	28.58	30.00	31.38		
28'	17.86	19.48	21.08	22.65	24.19	25.70	27.18	28.63	30.04	31.42	16°	92.4
											16° 20'	92.1
											16° 40'	91.8
30'	17.92	19.54	21.13	22.70	24.24	25.75	27.23	28.68	30.09	31.47		
32'	17.97	19.59	21.18	22.75	24.29	25.80	27.28	28.73	30.14	31.51		
34'	18.03	19.64	21.24	22.80	24.34	25.85	27.33	28.77	30.18	31.56	17°	91.5
36'	18.08	19.70	21.29	22.85	24.39	25.90	27.38	28.82	30.23	31.60	17° 20'	91.1
38'	18.14	19.75	21.34	22.91	24.44	25.95	27.43	28.87	30.28	31.65	17° 40'	90.8
40'	18.19	19.80	21.39	22.96	24.49	26.00	27.48	28.91	30.32	31.69		
42'	18.24	19.86	21.45	23.01	24.55	26.05	27.52	28.96	30.37	31.74	18°	90.5
44'	18.30	19.91	21.50	23.06	24.60	26.10	27.57	29.01	30.41	31.78	18° 20'	90.1
46'	18.35	19.96	21.55	23.11	24.65	26.15	27.62	29.06	30.46	31.83	18° 40'	89.8
48'	18.41	20.02	21.60	23.16	24.70	26.20	27.67	29.11	30.51	31.87		
50'	18.46	20.07	21.66	23.22	24.75	26.25	27.72	29.15	30.55	31.92	19°	89.4
52'	18.51	20.12	21.71	23.27	24.80	26.30	27.77	29.20	30.60	31.96	19° 20'	89.0
54'	18.57	20.18	21.76	23.32	24.85	26.35	27.81	29.25	30.65	32.01	19° 40'	88.7
56'	18.62	20.23	21.81	23.37	24.90	26.40	27.86	29.30	30.69	32.05		
58'	18.68	20.28	21.87	23.42	24.95	26.45	27.91	29.34	30.74	32.09	20°	88.3

α	0°	1°	2°	3°	4°	5°	6°	7°	8°	9°
0'	0.00	1.76	3.52	5.28	7.03	8.77	10.50	12.22	13.92	15.61
2'	0.06	1.82	3.58	5.34	7.09	8.83	10.56	12.27	13.98	15.66
4'	0.12	1.88	3.64	5.40	7.14	8.88	10.61	12.33	14.03	15.72
6'	0.18	1.94	3.70	5.45	7.20	8.94	10.67	12.39	14.09	15.77
8'	0.23	2.00	3.76	5.51	7.26	9.00	10.73	12.45	14.15	15.83
10'	0.29	2.06	3.82	5.57	7.32	9.06	10.79	12.50	14.20	15.88
12'	0.35	2.11	3.87	5.63	7.38	9.12	10.84	12.56	14.26	15.94
14'	0.41	2.17	3.93	5.69	7.44	9.17	10.90	12.62	14.31	16.00
16'	0.47	2.23	3.99	5.75	7.49	9.23	10.96	12.67	14.37	16.05
18'	0.53	2.29	4.05	5.80	7.55	9.29	11.02	12.73	14.43	16.11
20'	0.59	2.35	4.11	5.86	7.61	9.35	11.07	12.79	14.48	16.16
22'	0.65	2.41	4.17	5.92	7.67	9.41	11.13	12.84	14.54	16.22
24'	0.70	2.47	4.23	5.98	7.73	9.46	11.19	12.90	14.60	16.27
26'	0.76	2.53	4.28	6.04	7.78	9.52	11.24	12.96	14.65	16.33
28'	0.82	2.58	4.34	6.10	7.84	9.58	11.30	13.01	14.71	16.39
30'	0.88	2.64	4.40	6.15	7.90	9.64	11.36	13.07	14.76	16.44
32'	0.94	2.70	4.46	6.21	7.96	9.69	11.42	13.13	14.82	16.50
34'	1.00	2.76	4.52	6.27	8.02	9.75	11.47	13.18	14.88	16.55
36'	1.06	2.82	4.58	6.33	8.07	9.81	11.53	13.24	14.93	16.61
38'	1.12	2.88	4.64	6.39	8.13	9.87	11.59	13.30	14.99	16.66
40'	1.17	2.94	4.69	6.45	8.19	9.92	11.65	13.35	15.05	16.72
42'	1.23	2.99	4.75	6.50	8.25	9.98	11.70	13.41	15.10	16.77
44'	1.29	3.05	4.81	6.56	8.31	10.04	11.76	13.47	15.16	16.83
46'	1.35	3.11	4.87	6.62	8.36	10.10	11.82	13.52	15.21	16.88
48'	1.41	3.17	4.93	6.68	8.42	10.15	11.87	13.58	15.27	16.94
50'	1.47	3.23	4.99	6.74	8.48	10.21	11.93	13.64	15.33	17.00
52'	1.53	3.29	5.04	6.80	8.54	10.27	11.99	13.69	15.38	17.05
54'	1.59	3.35	5.10	6.85	8.60	10.33	12.05	13.75	15.44	17.11
56'	1.64	3.41	5.16	6.91	8.65	10.38	12.10	13.81	15.49	17.16
58'	1.70	3.46	5.22	6.97	8.71	10.44	12.16	13.86	15.55	17.22

α	10°	11°	12°	13°	14°	15°	16°	17°	18°	19°
0'	17.26	18.92	20.54	22.14	23.71	25.25	26.76	28.24	29.68	31.09
2'	17.33	18.97	20.59	22.19	23.76	25.31	26.81	28.29	29.73	31.14
4'	17.38	19.03	20.65	22.24	23.81	25.35	26.86	28.34	29.78	31.18
6'	17.44	19.08	20.70	22.30	23.86	25.40	26.91	28.39	29.83	31.23
8'	17.49	19.14	20.75	22.35	23.92	25.45	26.96	28.43	29.87	31.28
10'	17.55	19.19	20.81	22.40	23.97	25.50	27.01	28.48	29.92	31.32
12'	17.60	19.24	20.86	22.45	24.02	25.55	27.06	28.53	29.97	31.37
14'	17.66	19.30	20.92	22.51	24.07	25.61	27.11	28.58	30.01	31.41
16'	17.71	19.35	20.97	22.56	24.12	25.66	27.16	28.63	30.06	31.46
18'	17.77	19.41	21.02	22.61	24.17	25.71	27.21	28.68	30.11	31.51
20'	17.82	19.46	21.08	22.66	24.23	25.76	27.26	28.72	30.16	31.55
22'	17.88	19.52	21.13	22.72	24.28	25.81	27.31	28.77	30.20	31.60
24'	17.93	19.57	21.18	22.77	24.33	25.86	27.36	28.82	30.25	31.64
26'	17.99	19.62	21.24	22.82	24.38	25.91	27.41	28.87	30.30	31.69
28'	18.04	19.68	21.29	22.87	24.43	25.96	27.45	28.92	30.34	31.73
30'	18.10	19.73	21.34	22.93	24.48	26.01	27.50	28.97	30.39	31.78
32'	18.15	19.79	21.40	22.98	24.53	26.06	27.55	29.01	30.44	31.83
34'	18.21	19.84	21.45	23.03	24.59	26.11	27.60	29.06	30.49	31.87
36'	18.26	19.89	21.50	23.08	24.64	26.16	27.65	29.11	30.53	31.92
38'	18.32	19.95	21.56	23.14	24.69	26.21	27.70	29.16	30.58	31.96
40'	18.37	20.00	21.61	23.19	24.74	26.26	27.75	29.20	30.63	32.01
42'	18.43	20.06	21.66	23.24	24.79	26.31	27.80	29.25	30.67	32.05
44'	18.48	20.11	21.71	23.29	24.84	26.36	27.85	29.30	30.72	32.10
46'	18.54	20.16	21.77	23.34	24.89	26.41	27.90	29.35	30.77	32.14
48'	18.59	20.22	21.82	23.40	24.94	26.46	27.95	29.40	30.81	32.19
50'	18.64	20.27	21.87	23.45	25.00	26.51	28.00	29.44	30.86	32.24
52'	18.70	20.33	21.93	23.50	25.05	26.56	28.04	29.49	30.91	32.28
54'	18.75	20.38	21.98	23.55	25.10	26.61	28.09	29.54	30.95	32.33
56'	18.81	20.43	22.03	23.61	25.15	26.66	28.14	29.59	31.00	32.37
58'	18.86	20.49	22.08	23.66	25.20	26.71	28.19	29.64	31.04	32.42

101 $cos^2\alpha$	
0°	101.0
0° 30'	101.0
1°	101.0
1° 30'	100.9
2°	100.9
2° 30'	100.8
3°	100.8
3° 30'	100.6
4°	100.5
4° 30'	100.4
5°	100.2
5° 30'	100.1
6°	99.9
6° 30'	99.7
7°	99.5
7° 30'	99.3
8°	99.0
8° 30'	98.8
9°	98.5
9° 30'	98.2
10°	98.0
10° 20'	97.8
10° 40'	97.5
11°	97.3
11° 20'	97.1
11° 40'	96.9
12°	96.6
12° 20'	96.4
12° 40'	96.1
13°	95.9
13° 20'	95.6
13° 40'	95.4
14°	95.1
14° 20'	94.8
14° 40'	94.5
15°	94.2
15° 20'	93.9
15° 40'	93.6
16°	93.3
16° 20'	93.0
16° 40'	92.7
17°	92.4
17° 20'	92.0
17° 40'	91.7
18°	91.4
18° 20'	91.0
18° 40'	90.7
19°	90.3
19° 20'	89.9
19° 40'	89.6
20°	89.2

$102\,(^{1}/_{2}\sin 2\alpha)$

α	0°	1°	2°	3°	4°	5°	6°	7°	8°	9°
0'	0.00	1.78	3.56	5.33	7.10	8.86	10.60	12.34	14.06	15.76
2'	0.06	1.84	3.62	5.39	7.16	8.91	10.66	12.40	14.11	15.82
4'	0.12	1.90	3.68	5.45	7.22	8.97	10.72	12.45	14.17	15.87
6'	0.18	1.96	3.74	5.51	7.27	9.03	10.78	12.51	14.23	15.93
8'	0.24	2.02	3.79	5.57	7.33	9.09	10.84	12.57	14.29	15.99
10'	0.30	2.08	3.85	5.63	7.39	9.15	10.89	12.63	14.34	16.04
12'	0.36	2.14	3.91	5.68	7.45	9.21	10.95	12.68	14.40	16.10
14'	0.42	2.19	3.97	5.74	7.51	9.26	11.01	12.74	14.46	16.15
16'	0.47	2.25	4.03	5.80	7.57	9.32	11.07	12.80	14.51	16.21
18'	0.53	2.31	4.09	5.86	7.63	9.38	11.13	12.86	14.57	16.27
20'	0.59	2.37	4.15	5.92	7.68	9.44	11.18	12.91	14.63	16.32
22'	0.65	2.43	4.21	5.98	7.74	9.50	11.24	12.97	14.68	16.38
24'	0.71	2.49	4.27	6.04	7.80	9.56	11.30	13.03	14.74	16.44
26'	0.77	2.55	4.33	6.10	7.86	9.61	11.36	13.09	14.80	16.49
28'	0.83	2.61	4.39	6.16	7.92	9.67	11.41	13.14	14.85	16.55
30'	0.89	2.67	4.44	6.22	7.98	9.73	11.47	13.20	14.91	16.60
32'	0.95	2.73	4.50	6.27	8.04	9.79	11.53	13.26	14.97	16.66
34'	1.01	2.79	4.56	6.33	8.09	9.85	11.59	13.31	15.02	16.72
36'	1.07	2.85	4.62	6.39	8.15	9.91	11.65	13.37	15.08	16.77
38'	1.13	2.91	4.68	6.45	8.21	9.96	11.70	13.43	15.14	16.83
40'	1.19	2.97	4.74	6.51	8.27	10.02	11.76	13.49	15.19	16.88
42'	1.25	3.02	4.80	6.57	8.33	10.08	11.82	13.54	15.25	16.94
44'	1.31	3.08	4.86	6.63	8.39	10.14	11.88	13.60	15.31	17.00
46'	1.36	3.14	4.92	6.69	8.45	10.20	11.93	13.66	15.36	17.05
48'	1.42	3.20	4.98	6.75	8.51	10.25	11.99	13.71	15.42	17.11
50'	1.48	3.26	5.04	6.80	8.56	10.31	12.05	13.77	15.48	17.16
52'	1.54	3.32	5.09	6.86	8.62	10.37	12.11	13.83	15.53	17.22
54'	1.60	3.38	5.15	6.92	8.68	10.43	12.17	13.89	15.59	17.28
56'	1.66	3.44	5.21	6.98	8.74	10.49	12.22	13.94	15.65	17.33
58'	1.72	3.50	5.27	7.04	8.80	10.55	12.28	14.00	15.70	17.39

α	10°	11°	12°	13°	14°	15°	16°	17°	18°	19°
0'	17.44	19.10	20.74	22.36	23.94	25.50	27.03	28.52	29.96	31.40
2'	17.50	19.16	20.80	22.41	24.00	25.55	27.08	28.57	30.03	31.45
4'	17.55	19.21	20.85	22.46	24.05	25.60	27.13	28.62	30.07	31.49
6'	17.61	19.27	20.91	22.52	24.10	25.65	27.18	28.67	30.12	31.54
8'	17.67	19.32	20.96	22.57	24.15	25.71	27.23	28.72	30.17	31.59
10'	17.72	19.38	21.01	22.62	24.20	25.76	27.28	28.76	30.22	31.63
12'	17.78	19.43	21.07	22.68	24.26	25.81	27.33	28.81	30.26	31.68
14'	17.83	19.49	21.12	22.73	24.31	25.86	27.38	28.86	30.31	31.73
16'	17.89	19.54	21.18	22.78	24.36	25.91	27.43	28.91	30.36	31.77
18'	17.94	19.60	21.23	22.84	24.41	25.96	27.48	28.96	30.41	31.82
20'	18.00	19.65	21.28	22.89	24.47	26.01	27.53	29.01	30.46	31.86
22'	18.06	19.71	21.34	22.94	24.52	26.06	27.58	29.06	30.50	31.91
24'	18.11	19.76	21.39	22.99	24.57	26.11	27.63	29.11	30.55	31.96
26'	18.17	19.82	21.45	23.05	24.62	26.17	27.68	29.16	30.60	32.00
28'	18.22	19.87	21.50	23.10	24.67	26.22	27.73	29.20	30.65	32.05
30'	18.28	19.93	21.55	23.15	24.73	26.27	27.78	29.25	30.69	32.10
32'	18.33	19.98	21.61	23.21	24.78	26.32	27.83	29.30	30.74	32.14
34'	18.39	20.04	21.66	23.26	24.83	26.37	27.88	29.35	30.79	32.19
36'	18.44	20.09	21.71	23.31	24.88	26.42	27.93	29.40	30.83	32.23
38'	18.50	20.15	21.77	23.36	24.93	26.47	27.98	29.45	30.88	32.28
40'	18.55	20.20	21.82	23.42	24.98	26.52	28.02	29.49	30.93	32.33
42'	18.61	20.25	21.88	23.47	25.04	26.57	28.07	29.54	30.98	32.37
44'	18.66	20.31	21.93	23.52	25.09	26.62	28.12	29.59	31.03	32.42
46'	18.72	20.36	21.98	23.58	25.14	26.67	28.17	29.64	31.07	32.46
48'	18.77	20.42	22.04	23.63	25.19	26.72	28.22	29.69	31.12	32.51
50'	18.83	20.47	22.09	23.68	25.24	26.77	28.27	29.74	31.16	32.55
52'	18.88	20.53	22.14	23.73	25.29	26.82	28.32	29.78	31.21	32.60
54'	18.94	20.58	22.20	23.79	25.35	26.87	28.37	29.83	31.26	32.65
56'	18.99	20.64	22.25	23.84	25.40	26.93	28.42	29.88	31.31	32.69
58'	19.05	20.69	22.30	23.89	25.45	26.98	28.47	29.93	31.35	32.74

$102\cos^2\alpha$

α	$102\cos^2\alpha$
0°	102.0
0° 30'	102.0
1°	102.0
1° 30'	101.9
2°	101.9
2° 30'	101.8
3°	101.7
3° 30'	101.6
4°	101.5
4° 30'	101.4
5°	101.2
5° 30'	101.1
6°	100.9
6° 30'	100.7
7°	100.5
7° 30'	100.3
8°	100.0
8° 30'	99.8
9°	99.5
9° 30'	99.2
10°	98.9
10° 20'	98.7
10° 40'	98.5
11°	98.3
11° 20'	98.1
11° 40'	97.8
12°	97.6
12° 20'	97.3
12° 40'	97.1
13°	96.8
13° 20'	96.6
13° 40'	96.3
14°	96.0
14° 20'	95.7
14° 40'	95.5
15°	95.2
15° 20'	94.9
15° 40'	94.6
16°	94.3
16° 20'	93.9
16° 40'	93.6
17°	93.3
17° 20'	92.9
17° 40'	92.6
18°	92.3
18° 20'	91.9
18° 40'	91.6
19°	91.2
19° 20'	90.8
19° 40'	90.4
20°	90.1

α	0°	1°	2°	3°	4°	5°	6°	7°	8°	9°
0'	0.00	1.80	3.59	5.38	7.17	8.94	10.71	12.46	14.20	15.91
2'	0.06	1.86	3.65	5.44	7.23	9.00	10.77	12.52	14.25	15.97
4'	0.12	1.92	3.71	5.50	7.29	9.06	10.82	12.58	14.31	16.03
6'	0.18	1.98	3.77	5.56	7.35	9.12	10.88	12.63	14.37	16.09
8'	0.24	2.04	3.83	5.62	7.40	9.18	10.94	12.69	14.43	16.14
10'	0.30	2.10	3.89	5.68	7.46	9.24	11.00	12.75	14.48	16.22
12'	9.36	2.16	3.95	5.74	7.52	9.30	11.06	12.81	14.54	16.26
14'	0.42	2.22	4.01	5.80	7.58	9.36	11.12	12.87	14.60	16.31
16'	0.48	2.28	4.07	5.86	7.64	9.41	11.18	12.92	14.66	16.37
18'	0.54	2.34	4.13	5.92	7.70	9.47	11.23	12.98	14.71	16.43
20'	0.60	2.40	4.19	5.98	7.76	9.53	11.29	13.04	14.77	16.48
22'	0.66	2.46	4.25	6.04	7.82	9.59	11.35	13.10	14.83	16.54
24'	0.72	2.52	4.31	6.10	7.88	9.65	11.41	13.16	14.89	16.60
26'	0.78	2.58	4.37	6.16	7.94	9.71	11.47	13.21	14.94	16.65
28'	0.84	2.64	4.43	6.22	8.00	9.77	11.53	13.27	15.00	16.71
30'	0.90	2.70	4.49	6.28	8.06	9.83	11.59	13.33	15.06	16.77
32'	0.96	2.76	4.55	6.34	8.12	9.88	11.64	13.39	15.11	16.82
34'	1.02	2.81	4.61	6.40	8.17	9.94	11.70	13.44	15.17	16.88
36'	1.08	2.87	4.67	6.45	8.23	10.00	11.76	13.50	15.23	16.94
38'	1.14	2.93	4.78	6.51	8.29	10.06	11.82	13.56	15.29	16.99
40'	1.20	2.99	4.79	6.57	8.35	10.12	11.88	13.62	15.34	17.05
42'	1.26	3.05	4.85	6.63	8.41	10.18	11.94	13.68	15.40	17.11
44'	1.32	3.11	4.91	6.69	8.47	10.24	11.99	13.73	15.46	17.16
46'	1.38	3.17	4.97	6.75	8.53	10.30	12.05	13.79	15.51	17.22
48'	1.44	3.23	5.03	6.81	8.59	10.36	12.11	13.85	15.57	17.28
50'	1.50	3.29	5.09	6.87	8.65	10.41	12.17	13.91	15.63	17.33
52'	1.56	3.35	5.14	6.93	8.71	10.47	12.23	13.96	15.69	17.39
54'	1.62	3.41	5.20	6.99	8.77	10.53	12.28	14.02	15.74	17.45
56'	1.68	3.47	5.26	7.05	8.82	10.59	12.34	14.08	15.80	17.50
58'	1.74	3.53	5.32	7.11	8.88	10.65	12.40	14.14	15.86	17.56

103 $\cos^2\alpha$

α	103 $\cos^2\alpha$
0°	103.0
0° 30'	103.0
1°	103.0
1° 30'	102.9
2°	102.9
2° 30'	102.8
3°	102.7
3° 30'	102.6
4°	102.5
4° 30'	102.4
5°	102.2
5° 30'	102.1
6°	101.9
6° 30'	101.7
7°	101.5
7° 30'	101.2
8°	101.0
8° 30'	100.7
9°	100.5
9° 30'	100.2
10°	99.9
10° 20'	99.7
10° 40'	99.5
11°	99.2
11° 20'	99.0
11° 40'	98.8

α	10°	11°	12°	13°	14°	15°	16°	17°	18°	19°
0'	17.61	19.29	20.95	22.58	24.18	25.75	27.29	28.80	30.27	31.71
2'	17.67	19.35	21.00	22.63	24.23	25.80	27.34	28.85	30.32	31.75
4'	17.73	19.40	21.06	22.68	24.28	25.85	27.39	28.90	30.37	31.80
6'	17.78	19.46	21.11	22.74	24.34	25.91	27.44	28.95	30.42	31.85
8'	17.84	19.51	21.17	22.79	24.39	25.96	27.49	29.00	30.46	31.90
10'	17.90	19.57	21.22	22.84	24.44	26.01	27.54	29.05	30.51	31.94
12'	17.95	19.63	21.27	22.90	24.49	26.06	27.60	29.10	30.56	31.99
14'	18.01	19.68	21.33	22.95	24.55	26.11	27.65	29.15	30.61	32.04
16'	18.06	19.74	21.38	23.01	24.60	26.16	27.70	29.19	30.66	32.08
18'	18.12	19.79	21.44	23.06	24.65	26.22	27.75	29.24	30.71	32.13
20'	18.18	19.85	21.49	23.11	24.71	26.27	27.80	29.29	30.75	32.18
22'	18.23	19.90	21.55	23.17	24.76	26.32	27.85	29.34	30.80	32.22
24'	18.29	19.96	21.60	23.22	24.81	26.37	27.90	29.39	30.85	32.27
26'	18.34	20.01	21.66	23.27	24.86	26.42	27.95	29.44	30.90	32.32
28'	18.40	20.07	21.71	23.33	24.92	26.47	28.00	29.49	30.95	32.36
30'	18.46	20.12	21.76	23.38	24.97	26.52	28.05	29.54	30.99	32.41
32'	18.51	20.18	21.82	23.43	25.02	26.58	28.10	29.59	31.04	32.46
34'	18.57	20.23	21.87	23.49	25.08	26.63	28.15	29.64	31.09	32.50
36'	18.62	20.29	21.93	23.54	25.12	26.68	28.20	29.69	31.14	32.55
38'	18.68	20.34	21.98	23.59	25.18	26.73	28.25	29.74	31.18	32.60
40'	18.74	20.40	22.04	23.65	25.23	26.78	28.30	29.78	31.23	32.64
42'	18.79	20.45	22.09	23.70	25.28	26.83	28.35	29.83	31.28	32.69
44'	18.85	20.51	22.14	23.75	25.33	26.88	28.40	29.88	31.33	32.73
46'	18.90	20.56	22.20	23.81	25.39	26.93	28.45	29.93	31.37	32.78
48'	18.96	20.62	22.25	23.86	25.44	26.99	28.50	29.98	31.42	32.83
50'	19.01	20.67	22.31	23.91	25.48	27.04	28.55	30.03	31.47	32.87
52'	19.07	20.78	22.36	23.97	25.54	27.09	28.60	30.08	31.52	32.92
54'	19.13	20.78	22.41	24.02	25.59	27.14	28.65	30.13	31.56	32.97
56'	19.18	20.84	22.47	24.07	25.65	27.19	28.70	30.17	31.61	33.01
58	19.24	20.89	22.52	24.12	25.70	27.24	28.75	30.22	31.66	33.06

α	103 $\cos^2\alpha$
12°	98.5
12° 20'	98.3
12° 40'	98.0
13°	97.8
13° 20'	97.6
13° 40'	97.3
14°	97.0
14° 20'	96.7
14° 40'	96.4
15°	96.1
15° 20'	95.8
15° 40'	95.5
16°	95.2
16° 20'	94.9
16° 40'	94.5
17°	94.2
17° 20'	93.9
17° 40'	93.5
18°	93.2
18° 20'	92.8
18° 40'	92.4
19°	92.1
19° 20'	91.7
19° 40'	91.3
20°	91.0

104 ($\frac{1}{2}\sin 2\alpha$)

α	0°	1°	2°	3°	4°	5°	6°	7°	8°	9°
0'	0.00	1.81	3.63	5.44	7.24	9.03	10.81	12.58	14.33	16.07
2'	0.06	1.88	3.69	5.50	7.30	9.09	10.87	12.64	14.39	16.13
4'	0.12	1.94	3.75	5.56	7.36	9.15	10.93	12.70	14.45	16.18
6'	0.18	2.00	3.81	5.62	7.42	9.21	10.99	12.76	14.51	16.24
8'	0.24	2.06	3.87	5.68	7.48	9.27	11.05	12.81	14.57	16.30
10'	0.30	2.12	3.93	5.74	7.54	9.33	11.11	12.87	14.62	16.36
12'	0.36	2.18	3.99	5.80	7.60	9.39	11.17	12.93	14.68	16.41
14'	0.42	2.24	4.05	5.86	7.66	9.45	11.23	12.99	14.74	16.47
16'	0.48	2.30	4.11	5.92	7.72	9.51	11.28	13.05	14.80	16.53
18'	0.54	2.36	4.17	5.98	7.78	9.57	11.34	13.11	14.86	16.59
20'	0.60	2.42	4.23	6.04	7.84	9.62	11.40	13.17	14.91	16.64
22'	0.67	2.48	4.29	6.10	7.90	9.68	11.46	13.22	14.97	16.70
24'	0.73	2.54	4.35	6.16	7.96	9.74	11.52	13.28	15.03	16.76
26'	0.79	2.60	4.41	6.22	8.02	9.80	11.58	13.34	15.09	16.82
28'	0.85	2.66	4.47	6.28	8.07	9.86	11.64	13.40	15.15	16.87
30'	0.91	2.72	4.53	6.34	8.13	9.92	11.70	13.46	15.20	16.93
32'	0.97	2.78	4.59	6.40	8.19	9.98	11.76	13.52	15.26	16.99
34'	1.03	2.84	4.65	6.46	8.25	10.04	11.82	13.58	15.32	17.04
36'	1.09	2.90	4.71	6.52	8.31	10.10	11.87	13.63	15.38	17.10
38'	1.15	2.96	4.77	6.58	8.37	10.16	11.93	13.69	15.43	17.16
40'	1.21	3.02	4.83	6.64	8.43	10.22	11.99	13.75	15.49	17.22
42'	1.27	3.08	4.89	6.70	8.49	10.28	12.05	13.81	15.55	17.27
44'	1.33	3.14	4.95	6.76	8.55	10.34	12.11	13.87	15.61	17.33
46'	1.39	3.20	5.01	6.82	8.61	10.40	12.17	13.93	15.67	17.39
48'	1.45	3.27	5.07	6.88	8.67	10.46	12.23	13.98	15.72	17.44
50'	1.51	3.33	5.13	6.94	8.73	10.52	12.29	14.04	15.78	17.50
52'	1.57	3.39	5.19	7.00	8.79	10.57	12.35	14.10	15.84	17.56
54'	1.63	3.45	5.25	7.06	8.85	10.63	12.40	14.16	15.90	17.61
56'	1.69	3.51	5.32	7.12	8.91	10.69	12.46	14.22	15.95	17.67
58'	1.75	3.57	5.38	7.18	8.97	10.75	12.52	14.27	16.01	17.73

104 $\cos^2\alpha$

α	104 cos²α
0°	104.0
0° 30'	104.0
1°	104.0
1° 30'	103.9
2°	103.9
2° 30'	103.8
3°	103.7
3° 30'	103.6
4°	103.5
4° 30'	103.4
5°	103.2
5° 30'	103.0
6°	102.9
6° 30'	102.7
7°	102.5
7° 30'	102.2
8°	102.0
8° 30'	101.7
9°	101.5
9° 30'	101.2
10°	100.9
10° 20'	100.7
10° 40'	100.4
11°	100.2
11° 20'	100.0
11° 40'	99.7

α	10°	11°	12°	13°	14°	15°	16°	17°	18°	19°
0'	17.79	19.48	21.15	22.80	24.41	26.00	27.56	29.08	30.56	32.01
2'	17.84	19.54	21.21	22.85	24.47	26.05	27.61	29.13	30.61	32.06
4'	17.90	19.59	21.26	22.90	24.52	26.10	27.66	29.18	30.66	32.11
6'	17.96	19.65	21.32	22.96	24.57	26.16	27.71	29.23	30.71	32.16
8'	18.01	19.70	21.37	23.01	24.63	26.21	27.76	29.28	30.76	32.20
10'	18.07	19.76	21.43	23.07	24.68	26.26	27.81	29.33	30.81	32.25
12'	18.13	19.82	21.48	23.12	24.73	26.31	27.86	29.38	30.86	32.30
14'	18.18	19.87	21.54	23.18	24.79	26.37	27.91	29.43	30.91	32.35
16'	18.24	19.93	21.59	23.23	24.84	26.42	27.97	29.48	30.96	32.39
18'	18.30	19.98	21.65	23.28	24.89	26.47	28.02	29.53	31.00	32.44
20'	18.35	20.04	21.70	23.34	24.95	26.52	28.07	29.58	31.05	32.49
22'	18.41	20.09	21.76	23.39	25.00	26.57	28.12	29.63	31.10	32.54
24'	18.47	20.15	21.81	23.45	25.05	26.63	28.17	29.68	31.15	32.58
26'	18.52	20.21	21.87	23.50	25.10	26.68	28.22	29.73	31.20	32.63
28'	18.58	20.26	21.92	23.55	25.16	26.73	28.27	29.78	31.25	32.68
30'	18.64	20.32	21.98	23.61	25.21	26.78	28.32	29.83	31.29	32.72
32'	18.69	20.37	22.03	23.66	25.26	26.83	28.37	29.88	31.34	32.77
34'	18.75	20.43	22.09	23.72	25.33	26.89	28.42	29.93	31.39	32.82
36'	18.80	20.48	22.14	23.77	25.37	26.94	28.47	29.97	31.44	32.87
38'	18.86	20.54	22.20	23.82	25.42	26.99	28.52	30.02	31.49	32.91
40'	18.92	20.60	22.25	23.88	25.47	27.04	28.57	30.07	31.54	32.96
42'	18.97	20.65	22.30	23.93	25.53	27.09	28.62	30.12	31.58	33.01
44'	19.03	20.71	22.36	23.98	25.58	27.14	28.68	30.17	31.63	33.05
46'	19.09	20.76	22.41	24.04	25.63	27.20	28.73	30.22	31.68	33.10
48'	19.14	20.82	22.47	24.09	25.68	27.25	28.78	30.27	31.73	33.15
50'	19.20	20.87	22.52	24.14	25.74	27.30	28.83	30.32	31.78	33.19
52'	19.25	20.93	22.58	24.20	25.79	27.35	28.88	30.37	31.82	33.24
54'	19.31	20.98	22.63	24.25	25.84	27.40	28.93	30.42	31.87	33.29
56'	19.37	21.04	22.69	24.31	25.90	27.45	28.98	30.47	31.92	33.33
58'	19.42	21.10	22.74	24.36	25.95	27.50	29.03	30.52	31.97	33.38

α	104 cos²α
12°	99.5
12° 20'	99.3
12° 40'	99.0
13°	98.7
13° 20'	98.5
13° 40'	98.2
14°	97.9
14° 20'	97.6
14° 40'	97.3
15°	97.0
15° 20'	96.7
15° 40'	96.4
16°	96.1
16° 20'	95.8
16° 40'	95.4
17°	95.1
17° 20'	94.8
17° 40'	94.4
18°	94.1
18° 20'	93.7
18° 40'	93.3
19°	93.0
19° 20'	92.6
19° 40'	92.2
20°	91.8

105 (½ sin 2 α)

α	0°	1°	2°	3°	4°	5°	6°	7°	8°	9°	105 cos²α	
0'	0.00	1.88	3.66	5.49	7.31	9.12	10.92	12.70	14.47	16.22	0°	105.0
2'	0.06	1.89	3.72	5.55	7.37	9.18	10.98	12.76	14.53	16.28	0° 30'	105.0
4'	0.12	1.95	3.78	5.61	7.43	9.24	11.03	12.82	14.59	16.34	1°	105.0
6'	0.18	2.02	3.85	5.67	7.49	9.30	11.09	12.88	14.65	16.40	1° 30'	104.9
8'	0.24	2.08	3.91	5.73	7.55	9.36	11.15	12.94	14.71	16.46		
10'	0.31	2.14	3.97	5.79	7.61	9.42	11.21	13.00	14.76	16.51	2°	104.9
12'	0.37	2.20	4.03	5.85	7.67	9.48	11.27	13.06	14.82	16.57	2° 30'	104.8
14'	0.43	2.26	4.09	5.91	7.73	9.54	11.33	13.12	14.88	16.63	3°	104.7
16'	0.49	2.32	4.15	5.97	7.79	9.60	11.39	13.17	14.94	16.69	3° 30'	104.6
18'	0.55	2.38	4.21	6.03	7.85	9.66	11.45	13.23	15.00	16.75		
20'	0.61	2.44	4.27	6.09	7.91	9.72	11.51	13.29	15.06	16.80	4°	104.5
22'	0.67	2.50	4.33	6.16	7.97	9.78	11.57	13.35	15.12	16.86	4° 30'	104.4
24'	0.73	2.56	4.39	6.22	8.03	9.84	11.63	13.41	15.17	16.92	5°	104.2
26'	0.79	2.63	4.45	6.28	8.09	9.90	11.69	13.47	15.23	16.98	5° 30'	104.0
28'	0.86	2.69	4.51	6.34	8.15	9.96	11.75	13.53	15.29	17.03		
30'	0.92	2.75	4.58	6.40	8.21	10.02	11.81	13.59	15.35	17.09	6°	103.9
32'	0.98	2.81	4.64	6.46	8.27	10.08	11.87	13.65	15.41	17.15	6° 30'	103.7
34'	1.04	2.87	4.70	6.52	8.33	10.14	11.93	13.71	15.47	17.21	7°	103.4
36'	1.10	2.93	4.76	6.58	8.39	10.20	11.99	13.76	15.52	17.27	7° 30'	103.2
38'	1.16	2.99	4.82	6.64	8.45	10.26	12.05	13.82	15.58	17.32		
40'	1.22	3.05	4.88	6.70	8.51	10.32	12.11	13.88	15.64	17.38	8°	103.0
42'	1.28	3.11	4.94	6.76	8.57	10.38	12.17	13.94	15.70	17.44	8° 30'	102.7
44'	1.34	3.17	5.00	6.82	8.63	10.44	12.23	14.00	15.76	17.50	9°	102.4
46'	1.40	3.24	5.06	6.88	8.70	10.50	12.29	14.06	15.82	17.55	9° 30'	102.1
48'	1.47	3.30	5.12	6.94	8.76	10.56	12.34	14.12	15.87	17.61		
50'	1.53	3.36	5.18	7.00	8.82	10.62	12.40	14.18	15.93	17.67	10°	101.8
52'	1.59	3.42	5.24	7.06	8.88	10.68	12.46	14.24	15.99	17.73	10° 20'	101.6
54'	1.65	3.48	5.31	7.13	8.94	10.74	12.52	14.29	16.05	17.78	10° 40'	101.4
56'	1.71	3.54	5.37	7.19	9.00	10.80	12.58	14.35	16.11	17.84	11°	101.2
58'	1.77	3.60	5.43	7.25	9.06	10.86	12.64	14.41	16.17	17.90	11° 20'	100.9
											11° 40'	100.7

α	10°	11°	12°	13°	14°	15°	16°	17°	18°	19°	105 cos²α	
0'	17.96	19.67	21.35	23.01	24.65	26.25	27.82	29.36	30.86	32.32	12°	100.5
2'	18.01	19.72	21.41	23.07	24.70	26.30	27.87	29.41	30.91	32.37	12° 20'	100.2
4'	18.07	19.78	21.47	23.12	24.76	26.36	27.92	29.46	30.96	32.42	12° 40'	100.0
6'	18.13	19.84	21.52	23.18	24.81	26.41	27.98	29.51	31.01	32.47		
8'	18.19	19.89	21.58	23.23	24.86	26.46	28.03	29.56	31.06	32.51	13°	99.7
10'	18.24	19.95	21.63	23.29	24.92	26.51	28.08	29.61	31.11	32.56	13° 20'	99.4
12'	18.30	20.01	21.69	23.34	24.97	26.57	28.13	29.66	31.15	32.61	13° 40'	99.1
14'	18.36	20.06	21.74	23.40	25.02	26.62	28.18	29.71	31.20	32.66		
16'	18.41	20.12	21.80	23.45	25.08	26.67	28.23	29.76	31.25	32.71	14°	98.9
18'	18.47	20.18	21.85	23.51	25.13	26.72	28.29	29.81	31.30	32.75	14° 20'	98.6
20'	18.53	20.23	21.91	23.56	25.18	26.78	28.34	29.86	31.35	32.80	14° 40'	98.3
22'	18.59	20.29	21.97	23.62	25.24	26.83	28.39	29.91	31.40	32.85		
24'	18.64	20.34	22.02	23.67	25.29	26.88	28.44	29.96	31.45	32.90	15°	98.0
26'	18.70	20.40	22.08	23.73	25.35	26.93	28.49	30.01	31.50	32.94	15° 20'	97.7
28'	18.76	20.46	22.13	23.78	25.40	26.99	28.54	30.06	31.55	32.99	15° 40'	97.3
30'	18.81	20.51	22.19	23.83	25.45	27.04	28.59	30.11	31.60	33.04		
32'	18.87	20.57	22.24	23.89	25.51	27.09	28.64	30.16	31.64	33.09	16°	97.0
34'	18.93	20.63	22.30	23.94	25.56	27.14	28.70	30.21	31.69	33.13	16° 20'	96.7
36'	18.99	20.68	22.35	24.00	25.61	27.20	28.75	30.26	31.74	33.18	16° 40'	96.4
38'	19.04	20.74	22.41	24.05	25.67	27.25	28.80	30.31	31.79	33.23		
40'	19.10	20.79	22.46	24.11	25.72	27.30	28.85	30.36	31.84	33.28	17°	96.0
42'	19.16	20.85	22.52	24.16	25.77	27.35	28.90	30.41	31.89	33.32	17° 20'	95.7
44'	19.21	20.91	22.57	24.21	25.83	27.41	28.95	30.46	31.94	33.37	17° 40'	95.3
46'	19.27	20.96	22.63	24.27	25.88	27.46	29.00	30.51	31.98	33.42		
48'	19.33	21.02	22.68	24.32	25.93	27.51	29.05	30.56	32.03	33.46	18°	95.0
50'	19.38	21.07	22.74	24.38	25.99	27.56	29.10	30.61	32.08	33.51	18° 20'	94.6
52'	19.44	21.13	22.79	24.43	26.04	27.61	29.15	30.66	32.13	33.56	18° 40'	94.2
54'	19.50	21.19	22.85	24.49	26.09	27.67	29.21	30.71	32.18	33.61		
56'	19.55	21.24	22.90	24.54	26.14	27.72	29.26	30.76	32.23	33.65	19°	93.9
58'	19.61	21.30	22.96	24.59	26.20	27.77	29.31	30.81	32.27	33.70	19° 20'	93.5
											19° 40'	93.1
											20°	92.7

106 ($\frac{1}{2} \sin 2\alpha$)

α	0°	1°	2°	3°	4°	5°	6°	7°	8°	9°
0'	0.00	1.85	3.70	5.54	7.88	9.20	11.02	12.82	14.61	16.38
2'	0.06	1.91	3.76	5.60	7.44	9.26	11.08	12.88	14.67	16.44
4'	0.12	1.97	3.82	5.66	7.50	9.32	11.14	12.94	14.73	16.50
6'	0.18	2.03	3.88	5.72	7.56	9.39	11.20	13.00	14.79	16.55
8'	0.25	2.10	3.94	5.79	7.62	9.45	11.26	13.06	14.85	16.61
10'	0.31	2.16	4.00	5.85	7.68	9.51	11.32	13.12	14.90	16.67
12'	0.37	2.22	4.07	5.91	7.74	9.57	11.38	13.18	14.96	16.73
14'	0.43	2.28	4.13	5.97	7.80	9.63	11.44	13.24	15.02	16.79
16'	0.49	2.34	4.19	6.03	7.86	9.69	11.50	13.30	15.08	16.85
18'	0.55	2.40	4.25	6.09	7.93	9.75	11.56	13.36	15.14	16.90
20'	0.62	2.47	4.31	6.15	7.99	9.81	11.62	13.42	15.20	16.96
22'	0.68	2.53	4.37	6.21	8.05	9.87	11.68	13.48	15.26	17.02
24'	0.74	2.59	4.43	6.28	8.11	9.93	11.74	13.54	15.32	17.08
26'	0.80	2.65	4.50	6.34	8.17	9.99	11.80	13.60	15.38	17.14
28'	0.86	2.71	4.56	6.40	8.23	10.05	11.86	13.66	15.44	17.20
30'	0.92	2.77	4.62	6.46	8.29	10.11	11.92	13.72	15.50	17.26
32'	0.99	2.84	4.68	6.52	8.35	10.17	11.98	13.78	15.55	17.31
34'	1.05	2.90	4.74	6.58	8.41	10.23	12.04	13.84	15.61	17.37
36'	1.11	2.96	4.80	6.64	8.47	10.29	12.10	13.90	15.67	17.43
38'	1.17	3.02	4.86	6.70	8.53	10.35	12.16	13.96	15.73	17.49
40'	1.23	3.08	4.93	6.77	8.60	10.42	12.22	14.02	15.79	17.55
42'	1.29	3.14	4.99	6.83	8.66	10.48	12.28	14.07	15.85	17.60
44'	1.36	3.20	5.05	6.89	8.72	10.54	12.34	14.13	15.91	17.66
46'	1.42	3.27	5.11	6.95	8.78	10.60	12.40	14.19	15.97	17.72
48'	1.48	3.33	5.17	7.01	8.84	10.66	12.46	14.25	16.03	17.78
50'	1.54	3.39	5.23	7.07	8.90	10.72	12.52	14.31	16.08	17.84
52'	1.60	3.45	5.29	7.13	8.96	10.78	12.58	14.37	16.14	17.90
54'	1.66	3.51	5.36	7.19	9.02	10.84	12.64	14.43	16.20	17.95
56'	1.73	3.57	5.42	7.25	9.08	10.90	12.70	14.49	16.26	18.01
58'	1.79	3.64	5.48	7.32	9.14	10.96	12.76	14.55	16.32	18.07

α	10°	11°	12°	13°	14°	15°	16°	17°	18°	19°
0'	18.18	19.85	21.56	23.23	24.88	26.50	28.09	29.64	31.15	32.63
2'	18.19	19.91	21.61	23.29	24.94	26.55	28.14	29.69	31.20	32.68
4'	18.24	19.97	21.67	23.34	24.99	26.61	28.19	29.74	31.25	32.73
6'	18.30	20.03	21.73	23.40	25.05	26.66	28.24	29.79	31.30	32.78
8'	18.36	20.08	21.78	23.46	25.10	26.71	28.29	29.84	31.35	32.82
10'	18.42	20.14	21.84	23.51	25.15	26.77	28.35	29.89	31.40	32.87
12'	18.47	20.20	21.89	23.57	25.21	26.82	28.40	29.94	31.45	32.92
14'	18.53	20.25	21.95	23.62	25.26	26.87	28.45	29.99	31.50	32.97
16'	18.59	20.31	22.01	23.68	25.32	26.93	28.50	30.04	31.55	33.02
18'	18.65	20.37	22.06	23.73	25.37	26.98	28.55	30.10	31.60	33.07
20'	18.71	20.42	22.12	23.79	25.42	27.03	28.61	30.15	31.65	33.11
22'	18.76	20.48	22.18	23.84	25.48	27.09	28.66	30.20	31.70	33.16
24'	18.82	20.54	22.23	23.90	25.53	27.14	28.71	30.25	31.75	33.21
26'	18.88	20.60	22.29	23.95	25.59	27.19	28.76	30.30	31.80	33.26
28'	18.94	20.65	22.34	24.01	25.64	27.24	28.81	30.35	31.85	33.31
30'	18.99	20.71	22.40	24.06	25.69	27.30	28.87	30.40	31.90	33.35
32'	19.05	20.77	22.45	24.12	25.75	27.35	28.92	30.45	31.95	33.40
34'	19.11	20.82	22.51	24.17	25.80	27.40	28.97	30.50	31.99	33.45
36'	19.17	20.88	22.57	24.23	25.86	27.46	29.02	30.55	32.04	33.50
38'	19.22	20.94	22.62	24.28	25.91	27.51	29.07	30.60	32.09	33.55
40'	19.28	20.99	22.68	24.34	25.96	27.56	29.12	30.65	32.14	33.59
42'	19.34	21.05	22.73	24.39	26.02	27.61	29.18	30.70	32.19	33.64
44'	19.40	21.11	22.79	24.45	26.07	27.67	29.23	30.75	32.24	33.69
46'	19.45	21.16	22.84	24.50	26.13	27.72	29.28	30.80	32.29	33.74
48'	19.51	21.22	22.90	24.55	26.18	27.77	29.33	30.85	32.34	33.78
50'	19.57	21.27	22.96	24.61	26.23	27.82	29.38	30.90	32.39	33.83
52'	19.63	21.33	23.01	24.66	26.29	27.88	29.43	30.95	32.44	33.88
54'	19.68	21.39	23.07	24.72	26.34	27.93	29.48	31.00	32.48	33.93
56	19.74	21.44	23.12	24.77	26.39	27.98	29.54	31.05	32.53	33.97
58	19.80	21.50	23.18	24.83	26.45	28.03	29.59	31.10	32.58	34.02

106 $\cos^2\alpha$

α	106 cos²α
0°	106.0
0° 30'	106.0
1°	106.0
1° 30'	105.9
2°	105.9
2° 30'	105.8
3°	105.7
3° 30'	105.6
4°	105.5
4° 30'	105.3
5°	105.2
5° 30'	105.0
6°	104.8
6° 30'	104.6
7°	104.4
7° 30'	104.2
8°	103.9
8° 30'	103.7
9°	103.4
9° 30'	103.1
10°	102.8
10° 20'	102.6
10° 40'	102.4
11°	102.1
11° 20'	101.9
11° 40'	101.7
12°	101.4
12° 20'	101.2
12° 40'	100.9
13°	100.6
13° 20'	100.4
13° 40'	100.1
14°	99.8
14° 20'	99.5
14° 40'	99.2
15°	98.9
15° 20'	98.6
15° 40'	98.3
16°	97.9
16° 20'	97.6
16° 40'	97.3
17°	96.9
17° 20'	96.6
17° 40'	96.2
18°	95.9
18° 20'	95.5
18° 40'	95.1
19°	94.8
19° 20'	94.4
19° 40'	94.0
20°	93.6

107 (½ sin 2 α)

α	0°	1°	2°	3°	4°	5°	6°	7°	8°	9°
0'	0.00	1.87	3.73	5.59	7.45	9.29	11.12	12.94	14.75	16.53
2'	0.06	1.93	3.79	5.65	7.51	9.35	11.18	13.00	14.81	16.59
4'	0.12	1.99	3.86	5.72	7.57	9.41	11.25	13.06	14.87	16.65
6'	0.19	2.05	3.92	5.78	7.63	9.47	11.31	13.12	14.93	16.71
8'	0.25	2.12	3.98	5.84	7.69	9.54	11.37	13.18	14.99	16.77
10'	0.31	2.18	4.04	5.90	7.75	9.60	11.43	13.24	15.05	16.83
12'	0.37	2.24	4.10	5.96	7.82	9.66	11.49	13.30	15.11	16.89
14'	0.44	2.30	4.17	6.03	7.88	9.72	11.55	13.37	15.17	16.95
16'	0.50	2.36	4.23	6.09	7.94	9.78	11.61	13.43	15.22	17.01
18'	0.56	2.43	4.29	6.15	8.00	9.84	11.67	13.49	15.28	17.06
20'	0.62	2.49	4.35	6.21	8.06	9.90	11.73	13.55	15.34	17.12
22'	0.68	2.55	4.41	6.27	8.12	9.96	11.79	13.61	15.40	17.18
24'	0.75	2.61	4.48	6.33	8.18	10.02	11.85	13.67	15.46	17.24
26'	0.81	2.68	4.54	6.40	8.25	10.09	11.91	13.73	15.52	17.30
28'	0.87	2.74	4.60	6.46	8.31	10.15	11.97	13.79	15.58	17.36
30'	0.93	2.80	4.66	6.52	8.37	10.21	12.03	13.85	15.64	17.42
32'	1.00	2.86	4.72	6.58	8.43	10.27	12.10	13.91	15.70	17.48
34'	1.06	2.92	4.79	6.64	8.49	10.33	12.16	13.97	15.76	17.54
36'	1.12	2.99	4.85	6.71	8.55	10.39	12.22	14.03	15.82	17.59
38'	1.18	3.05	4.91	6.77	8.62	10.45	12.28	14.09	15.88	17.65
40'	1.24	3.11	4.97	6.83	8.68	10.51	12.34	14.15	15.94	17.71
42'	1.31	3.17	5.03	6.89	8.74	10.57	12.40	14.21	16.00	17.77
44'	1.37	3.24	5.10	6.95	8.80	10.64	12.46	14.27	16.06	17.83
46'	1.43	3.30	5.16	7.01	8.86	10.70	12.52	14.33	16.12	17.89
48'	1.49	3.36	5.22	7.08	8.92	10.76	12.58	14.39	16.18	17.95
50'	1.56	3.42	5.28	7.14	8.98	10.82	12.64	14.45	16.24	18.01
52'	1.62	3.48	5.34	7.20	9.04	10.88	12.70	14.51	16.30	18.06
54'	1.68	3.55	5.41	7.26	9.11	10.94	12.76	14.57	16.35	18.12
56'	1.74	3.61	5.47	7.32	9.17	11.00	12.82	14.63	16.41	18.18
58'	1.80	3.67	5.53	7.38	9.23	11.06	12.88	14.69	16.47	18.24

α	10°	11°	12°	13°	14°	15°	16°	17°	18°	19°
0'	18.30	20.04	21.76	23.45	25.12	26.75	28.35	29.92	31.45	32.94
2'	18.36	20.10	21.82	23.51	25.17	26.80	28.40	29.97	31.50	32.99
4'	18.42	20.16	21.87	23.56	25.23	26.86	28.46	30.02	31.55	33.04
6'	18.47	20.21	21.93	23.62	25.28	26.91	28.51	30.07	31.60	33.08
8'	18.53	20.27	21.99	23.68	25.34	26.97	28.56	30.12	31.65	33.13
10'	18.59	20.33	22.04	23.73	25.39	27.02	28.61	30.17	31.70	33.18
12'	18.65	20.39	22.10	23.79	25.45	27.07	28.67	30.23	31.75	33.23
14'	18.71	20.44	22.16	23.85	25.50	27.13	28.72	30.28	31.80	33.28
16'	18.77	20.50	22.21	23.90	25.56	27.18	28.77	30.33	31.85	33.33
18'	18.82	20.56	22.27	23.96	25.61	27.23	28.82	30.38	31.90	33.38
20'	18.88	20.62	22.33	24.01	25.66	27.29	28.88	30.43	31.95	33.43
22'	18.94	20.67	22.38	24.07	25.72	27.34	28.93	30.48	32.00	33.47
24'	19.00	20.73	22.44	24.12	25.77	27.39	28.98	30.53	32.05	33.52
26'	19.06	20.79	22.50	24.18	25.83	27.45	29.03	30.58	32.10	33.57
28'	19.11	20.85	22.55	24.23	25.88	27.50	29.09	30.64	32.15	33.62
30'	19.17	20.90	22.61	24.29	25.94	27.55	29.14	30.69	32.20	33.67
32'	19.23	20.96	22.67	24.34	25.99	27.61	29.19	30.74	32.25	33.72
34'	19.29	21.02	22.72	24.40	26.05	27.66	29.24	30.79	32.30	33.77
36'	19.35	21.08	22.78	24.45	26.10	27.71	29.29	30.84	32.35	33.81
38'	19.40	21.13	22.84	24.51	26.15	27.77	29.35	30.89	32.40	33.86
40'	19.46	21.19	22.89	24.57	26.21	27.82	29.40	30.94	32.45	33.91
42'	19.52	21.25	22.95	24.62	26.26	27.87	29.45	30.99	32.49	33.96
44'	19.58	21.30	23.00	24.68	26.32	27.93	29.50	31.04	32.54	34.01
46'	19.64	21.36	23.06	24.73	26.37	27.98	29.55	31.09	32.59	34.05
48'	19.69	21.42	23.12	24.79	26.43	28.03	29.61	31.14	32.64	34.10
50'	19.75	21.48	23.17	24.84	26.48	28.09	29.66	31.19	32.69	34.15
52'	19.81	21.53	23.23	24.90	26.53	28.14	29.71	31.24	32.74	34.20
54'	19.87	21.59	23.28	24.95	26.59	28.19	29.76	31.30	32.79	34.25
56	19.93	21.65	23.34	25.01	26.64	28.25	29.81	31.35	32.84	34.29
58	19.98	21.70	23.40	25.06	26.70	28.30	29.87	31.40	32.89	34.34

107 cos²α

α		α	
0°	107.0	12°	102.4
0° 30'	107.0	12° 20'	102.1
1°	107.0	12° 40'	101.9
1° 30'	106.9	13°	101.6
2°	106.9	13° 20'	101.3
2° 30'	106.8	13° 40'	101.0
3°	106.7	14°	100.7
3° 30'	106.6	14° 20'	100.4
4°	106.5	14° 40'	100.1
4° 30'	106.3	15°	99.8
5°	106.2	15° 20'	99.5
5° 30'	106.0	15° 40'	99.2
6°	105.8	16°	98.9
6° 30'	105.6	16° 20'	98.5
7°	105.4	16° 40'	98.2
7° 30'	105.2	17°	97.9
8°	104.9	17° 20'	97.5
8° 30'	104.7	17° 40'	97.1
9°	104.4	18°	96.8
9° 30'	104.1	18° 20'	96.4
10°	103.8	18° 40'	96.0
10° 20'	103.6	19°	95.7
10° 40'	103.3	19° 20'	95.3
11°	103.1	19° 40'	94.9
11° 20'	102.9	20°	94.5
11° 40'	102.6		

$108\ (\tfrac{1}{2}\sin 2\alpha)$

α	0°	1°	2°	3°	4°	5°	6°	7°	8°	9°
0'	0.00	1.88	3.77	5.64	7.52	9.38	11.23	13.06	14.88	16.69
2'	0.06	1.95	3.83	5.71	7.58	9.44	11.29	13.12	14.94	16.75
4'	0.13	2.01	3.89	5.77	7.64	9.50	11.35	13.19	15.01	16.81
6'	0.19	2.07	3.95	5.83	7.70	9.56	11.41	13.25	15.07	16.87
8'	0.25	2.14	4.02	5.89	7.76	9.62	11.47	13.31	15.13	16.93
10'	0.31	2.20	4.08	5.96	7.83	9.69	11.53	13.37	15.19	16.99
12'	0.38	2.26	4.14	6.02	7.89	9.75	11.60	13.43	15.25	17.05
14'	0.44	2.32	4.21	6.08	7.95	9.81	11.66	13.49	15.31	17.10
16'	0.50	2.39	4.27	6.14	8.01	9.87	11.72	13.55	15.37	17.16
18'	0.57	2.45	4.33	6.21	8.07	9.93	11.78	13.61	15.43	17.22
20'	0.63	2.51	4.39	6.27	8.14	10.00	11.84	13.67	15.49	17.28
22'	0.69	2.58	4.46	6.33	8.20	10.06	11.90	13.73	15.55	17.34
24'	0.75	2.64	4.52	6.39	8.26	10.12	11.96	13.79	15.61	17.40
26'	0.82	2.70	4.58	6.46	8.32	10.18	12.02	13.85	15.67	17.46
28'	0.88	2.76	4.64	6.52	8.39	10.24	12.09	13.92	15.73	17.52
30'	0.94	2.83	4.71	6.58	8.45	10.30	12.15	13.98	15.79	17.58
32'	1.01	2.89	4.77	6.64	8.51	10.37	12.21	14.04	15.85	17.64
34'	1.07	2.95	4.83	6.71	8.57	10.43	12.27	14.10	15.91	17.70
36'	1.13	3.01	4.89	6.77	8.63	10.49	12.33	14.16	15.97	17.76
38'	1.19	3.08	4.96	6.83	8.70	10.55	12.39	14.22	16.03	17.82
40'	1.26	3.14	5.02	6.89	8.76	10.61	12.45	14.28	16.09	17.88
42'	1.32	3.20	5.08	6.95	8.82	10.67	12.51	14.34	16.15	17.94
44'	1.38	3.27	5.14	7.02	8.88	10.74	12.58	14.40	16.21	18.00
46'	1.44	3.33	5.21	7.08	8.94	10.80	12.64	14.46	16.27	18.06
48'	1.51	3.39	5.27	7.14	9.01	10.86	12.70	14.52	16.33	18.11
50'	1.57	3.45	5.33	7.20	9.07	10.92	12.76	14.58	16.39	18.17
52'	1.63	3.52	5.39	7.27	9.13	10.98	12.82	14.64	16.45	18.23
54'	1.70	3.58	5.46	7.33	9.19	11.04	12.88	14.70	16.51	18.29
56'	1.76	3.64	5.52	7.39	9.25	11.10	12.94	14.76	16.57	18.35
58'	1.82	3.70	5.58	7.45	9.32	11.17	13.00	14.82	16.63	18.41

$108\cos^2\alpha$

α		α		α	
0°	108.0	4°	107.5	8°	105.9
0° 30'	108.0	4° 30'	107.3	8° 30'	105.6
1°	108.0	5°	107.2	9°	105.4
1° 30'	107.9	5° 30'	107.0	9° 30'	105.1
2°	107.9	6°	106.8	10°	104.7
2° 30'	107.8	6° 30'	106.6	10° 20'	104.5
3°	107.7	7°	106.4	10° 40'	104.3
3° 30'	107.6	7° 30'	106.2	11°	104.1
				11° 20'	103.8
				11° 40'	103.6

α	10°	11°	12°	13°	14°	15°	16°	17°	18°	19°
0'	18.47	20.23	21.96	23.67	25.35	27.00	28.62	30.20	31.74	33.25
2'	18.53	20.29	22.02	23.73	25.41	27.05	28.67	30.25	31.79	33.30
4'	18.59	20.35	22.08	23.78	25.46	27.11	28.72	30.30	31.84	33.34
6'	18.65	20.40	22.14	23.84	25.52	27.16	28.78	30.35	31.89	33.39
8'	18.71	20.46	22.19	23.90	25.57	27.22	28.83	30.40	31.94	33.44
10'	18.76	20.52	22.25	23.95	25.63	27.27	28.88	30.46	31.99	33.49
12'	18.82	20.58	22.31	24.01	25.68	27.33	28.93	30.51	32.04	33.54
14'	18.88	20.64	22.36	24.06	25.74	27.38	28.99	30.56	32.10	33.59
16'	18.94	20.69	22.42	24.12	25.79	27.43	29.04	30.61	32.15	33.64
18'	19.00	20.75	22.48	24.18	25.85	27.49	29.09	30.66	32.20	33.69
20'	19.06	20.81	22.54	24.24	25.90	27.54	29.15	30.72	32.25	33.74
22'	19.12	20.87	22.59	24.29	25.96	27.60	29.20	30.77	32.30	33.79
24'	19.18	20.93	22.65	24.35	26.01	27.65	29.25	30.82	32.35	33.84
26'	19.23	20.99	22.71	24.40	26.07	27.70	29.30	30.87	32.40	33.89
28'	19.29	21.04	22.76	24.46	26.12	27.76	29.36	30.92	32.45	33.93
30'	19.35	21.10	22.82	24.52	26.18	27.81	29.41	30.97	32.50	33.98
32'	19.41	21.16	22.88	24.57	26.23	27.87	29.46	31.02	32.55	34.03
34'	19.47	21.22	22.94	24.63	26.29	27.92	29.52	31.08	32.60	34.08
36'	19.53	21.27	22.99	24.68	26.34	27.97	29.57	31.13	32.65	34.13
38'	19.59	21.33	23.05	24.74	26.40	28.03	29.62	31.18	32.70	34.18
40'	19.64	21.39	23.11	24.79	26.45	28.08	29.67	31.22	32.75	34.23
42'	19.70	21.45	23.16	24.85	26.51	28.13	29.73	31.28	32.80	34.28
44'	19.76	21.50	23.22	24.91	26.56	28.19	29.78	31.33	32.85	34.32
46'	19.82	21.56	23.28	24.96	26.62	28.24	29.83	31.38	32.90	34.37
48'	19.88	21.62	23.33	25.02	26.67	28.30	29.88	31.43	32.95	34.42
50'	19.94	21.68	23.39	25.07	26.73	28.35	29.94	31.49	33.00	34.47
52'	20.00	21.73	23.45	25.13	26.78	28.40	29.99	31.54	33.05	34.52
54'	20.05	21.79	23.50	25.18	26.84	28.46	30.04	31.59	33.10	34.57
56	20.11	21.85	23.56	25.24	26.89	28.51	30.09	31.64	33.15	34.61
58	20.17	21.91	23.62	25.30	26.95	28.56	30.14	31.69	33.20	34.66

$108\cos^2\alpha$

α		α		α	
12°	103.3	15°	100.8	18°	97.7
12° 20'	103.1	15° 20'	100.4	18° 20'	97.3
12° 40'	102.8	15° 40'	100.1	18° 40'	96.9
13°	102.5	16°	99.8	19°	96.6
13° 20'	102.3	16° 20'	99.5	19° 20'	96.2
13° 40'	102.0	16° 40'	99.1	19° 40'	95.8
14°	101.7	17°	98.8	20°	95.4
14° 20'	101.4	17° 20'	98.4		
14° 40'	101.1	17° 40'	98.1		

α	0°	1°	2°	3°	4°	5°	6°	7°	8°	9°
0'	0.00	1.90	3.80	5.70	7.58	9.46	11.33	13.18	15.02	16.84
2'	0.06	1.97	3.86	5.76	7.65	9.53	11.39	13.25	15.08	16.90
4'	0.13	2.03	3.93	5.82	7.71	9.59	11.46	13.31	15.14	16.96
6'	0.19	2.09	3.99	5.89	7.77	9.65	11.52	13.37	15.21	17.02
8'	0.25	2.16	4.05	5.95	7.84	9.71	11.58	13.43	15.27	17.08
10'	0.32	2.22	4.12	6.01	7.90	9.78	11.64	13.49	15.33	17.14
12'	0.38	2.28	4.18	6.08	7.96	9.84	11.70	13.55	15.39	17.20
14'	0.44	2.35	4.24	6.14	8.02	9.90	11.77	13.62	15.45	17.26
16'	0.51	2.41	4.31	6.20	8.09	9.96	11.83	13.68	15.51	17.32
18'	0.57	2.47	4.37	6.26	8.15	10.03	11.89	13.74	15.57	17.38
20'	0.63	2.54	4.43	6.33	8.21	10.09	11.95	13.80	15.63	17.44
22'	0.70	2.60	4.50	6.39	8.28	10.15	12.01	13.86	15.69	17.50
24'	0.76	2.66	4.56	6.45	8.34	10.21	12.07	13.92	15.75	17.56
26'	0.82	2.73	4.62	6.52	8.40	10.27	12.14	13.98	15.81	17.62
28'	0.89	2.79	4.69	6.58	8.46	10.34	12.20	14.04	15.87	17.68
30'	0.95	2.85	4.75	6.64	8.53	10.40	12.26	14.11	15.93	17.74
32'	1.01	2.92	4.81	6.70	8.59	10.46	12.32	14.17	15.99	17.80
34'	1.08	2.98	4.88	6.77	8.65	10.52	12.38	14.23	16.06	17.86
36'	1.14	3.04	4.94	6.83	8.71	10.59	12.45	14.29	16.12	17.92
38'	1.20	3.11	5.00	6.89	8.78	10.65	12.51	14.35	16.18	17.98
40'	1.27	3.17	5.07	6.96	8.84	10.71	12.57	14.41	16.24	18.04
42'	1.33	3.23	5.13	7.02	8.90	10.77	12.63	14.47	16.30	18.10
44'	1.39	3.30	5.19	7.08	8.96	10.83	12.69	14.53	16.36	18.16
46'	1.46	3.36	5.26	7.15	9.03	10.90	12.75	14.59	16.42	18.22
48'	1.52	3.42	5.32	7.21	9.09	10.96	12.82	14.66	16.48	18.28
50'	1.59	3.49	5.38	7.27	9.15	11.02	12.88	14.72	16.54	18.34
52'	1.65	3.55	5.44	7.33	9.21	11.08	12.94	14.78	16.60	18.40
54'	1.71	3.61	5.51	7.40	9.28	11.15	13.00	14.84	16.66	18.46
56'	1.78	3.68	5.57	7.46	9.34	11.21	13.06	14.90	16.72	18.52
58'	1.84	3.74	5.63	7.52	9.40	11.27	13.12	14.96	16.78	18.58

α	10°	11°	12°	13°	14°	15°	16°	17°	18°	19°
0'	18.64	20.42	22.17	23.89	25.59	27.25	28.88	30.48	32.08	33.55
2'	18.70	20.47	22.23	23.95	25.64	27.30	28.93	30.53	32.09	33.60
4'	18.76	20.53	22.28	24.01	25.70	27.36	28.99	30.58	32.14	33.65
6'	18.82	20.59	22.34	24.06	25.75	27.41	29.04	30.63	32.19	33.70
8'	18.88	20.65	22.40	24.12	25.81	27.47	29.10	30.69	32.24	33.75
10'	18.94	20.71	22.46	24.18	25.87	27.52	29.15	30.74	32.29	33.80
12'	19.00	20.77	22.51	24.23	25.92	27.58	29.20	30.79	32.34	33.85
14'	19.06	20.83	22.57	24.28	25.98	27.63	29.26	30.84	32.39	33.90
16'	19.12	20.89	22.63	24.35	26.03	27.68	29.31	30.90	32.44	33.95
18'	19.18	20.94	22.69	24.40	26.09	27.74	29.36	30.95	32.49	34.00
20'	19.23	21.00	22.74	24.46	26.14	27.80	29.42	31.00	32.55	34.05
22'	19.29	21.06	22.80	24.52	26.20	27.85	29.47	31.05	32.60	34.10
24'	19.35	21.12	22.86	24.57	26.26	27.91	29.52	31.10	32.65	34.15
26'	19.41	21.18	22.92	24.63	26.31	27.96	29.58	31.16	32.70	34.20
28'	19.47	21.24	22.98	24.69	26.37	28.02	29.63	31.21	32.75	34.25
30'	19.53	21.29	23.03	24.74	26.42	28.07	29.68	31.26	32.80	34.30
32'	19.59	21.35	23.09	24.80	26.48	28.12	29.74	31.31	32.85	34.35
34'	19.65	21.41	23.15	24.86	26.53	28.18	29.79	31.36	32.90	34.40
36'	19.71	21.47	23.21	24.91	26.59	28.23	29.84	31.42	32.95	34.45
38'	19.77	21.53	23.26	24.97	26.64	28.29	29.90	31.47	33.00	34.49
40'	19.83	21.59	23.32	25.02	26.70	28.34	29.95	31.51	33.05	34.54
42'	19.89	21.64	23.38	25.08	26.75	28.40	30.00	31.57	33.10	34.59
44'	19.94	21.70	23.43	25.14	26.81	28.45	30.06	31.62	33.15	34.64
46'	20.00	21.76	23.49	25.19	26.86	28.50	30.11	31.67	33.20	34.69
48'	20.06	21.82	23.55	25.25	26.92	28.56	30.16	31.73	33.25	34.74
50'	20.12	21.88	23.61	25.31	26.97	28.61	30.21	31.78	33.30	34.79
52'	20.18	21.94	23.66	25.36	27.03	28.67	30.27	31.83	33.35	34.84
54'	20.24	21.99	23.72	25.42	27.09	28.72	30.32	31.88	33.40	34.89
56'	20.30	22.05	23.78	25.48	27.14	28.77	30.37	31.93	33.45	34.93
58'	20.36	22.11	23.83	25.53	27.20	28.83	30.42	31.98	33.50	34.98

109 $\cos^2\alpha$

α	value	α	value
0°	109.0	11°	105.0
0°30'	109.0	11°20'	104.8
1°	109.0	11°40'	104.5
1°30'	108.9	12°	104.3
2°	108.9	12°20'	104.0
2°30'	108.8	12°40'	103.8
3°	108.7	13°	103.5
3°30'	108.6	13°20'	103.2
4°	108.5	13°40'	102.9
4°30'	108.3	14°	102.6
5°	108.2	14°20'	102.3
5°30'	108.0	14°40'	102.0
6°	107.8	15°	101.7
6°30'	107.6	15°20'	101.4
7°	107.4	15°40'	101.1
7°30'	107.1	16°	100.7
8°	106.9	16°20'	100.4
8°30'	106.6	16°40'	100.0
9°	106.3	17°	99.7
9°30'	106.0	17°20'	99.3
10°	105.7	17°40'	99.0
10°20'	105.5	18°	98.6
10°40'	105.3	18°20'	98.2
		18°40'	97.8
		19°	97.4
		19°20'	97.1
		19°40'	96.7
		20°	96.2

110 (½ sin 2α)

α	0°	1°	2°	3°	4°	5°	6°	7°	8°	9°
0'	0.00	1.92	3.84	5.75	7.65	9.55	11.44	13.31	15.16	17.00
2'	0.06	1.98	3.90	5.81	7.72	9.61	11.50	13.37	15.22	17.06
4'	0.13	2.05	3.96	5.88	7.78	9.68	11.56	13.43	15.28	17.12
6'	0.19	2.11	4.03	5.94	7.84	9.74	11.62	13.49	15.34	17.18
8'	0.26	2.18	4.09	6.00	7.91	9.80	11.69	13.55	15.41	17.24
10'	0.32	2.24	4.16	6.07	7.97	9.87	11.75	13.62	15.47	17.30
12'	0.38	2.30	4.22	6.13	8.03	9.93	11.81	13.68	15.53	17.36
14'	0.45	2.37	4.28	6.19	8.10	9.99	11.87	13.74	15.59	17.42
16'	0.51	2.43	4.35	6.26	8.16	10.05	11.94	13.80	15.65	17.48
18'	0.58	2.49	4.41	6.32	8.22	10.12	12.00	13.86	15.71	17.54
20'	0.64	2.56	4.47	6.39	8.29	10.18	12.06	13.93	15.77	17.60
22'	0.70	2.62	4.54	6.45	8.35	10.24	12.12	13.99	15.84	17.66
24'	0.77	2.69	4.60	6.51	8.41	10.31	12.19	14.05	15.90	17.72
26'	0.83	2.75	4.67	6.58	8.48	10.37	12.25	14.11	15.96	17.79
28'	0.90	2.81	4.73	6.64	8.54	10.43	12.31	14.17	16.02	17.85
30'	0.96	2.88	4.79	6.70	8.60	10.49	12.37	14.24	16.08	17.91
32'	1.02	2.94	4.86	6.77	8.67	10.56	12.43	14.30	16.14	17.97
34'	1.09	3.01	4.92	6.83	8.73	10.62	12.50	14.36	16.20	18.03
36'	1.15	3.07	4.98	6.89	8.79	10.68	12.56	14.42	16.26	18.09
38'	1.22	3.13	5.05	6.96	8.86	10.75	12.62	14.48	16.33	18.15
40'	1.28	3.20	5.11	7.02	8.92	10.81	12.68	14.54	16.39	18.21
42'	1.34	3.26	5.18	7.08	8.98	10.87	12.75	14.61	16.45	18.27
44'	1.41	3.33	5.24	7.15	9.05	10.93	12.81	14.67	16.51	18.33
46'	1.47	3.39	5.30	7.21	9.11	11.00	12.87	14.73	16.57	18.39
48'	1.54	3.45	5.37	7.27	9.17	11.06	12.93	14.79	16.63	18.45
50'	1.60	3.52	5.43	7.34	9.24	11.12	12.99	14.85	16.69	18.51
52'	1.66	3.58	5.49	7.40	9.30	11.18	13.06	14.91	16.75	18.57
54'	1.78	3.65	5.56	7.46	9.36	11.25	13.12	14.98	16.81	18.63
56'	1.79	3.71	5.62	7.53	9.42	11.31	13.18	15.04	16.87	18.69
58'	1.86	3.77	5.69	7.59	9.49	11.37	13.24	15.10	16.94	18.75

α	10°	11°	12°	13°	14°	15°	16°	17°	18°	19°
0'	18.81	20.60	22.37	24.11	25.82	27.50	29.15	30.76	33.33	33.86
2'	18.87	20.66	22.43	24.17	25.88	27.56	29.20	30.81	32.38	33.91
4'	18.93	20.72	22.49	24.23	25.93	27.61	29.25	30.86	32.43	33.96
6'	18.99	20.78	22.55	24.28	25.99	27.67	29.31	30.91	32.48	34.01
8'	19.05	20.84	22.60	24.34	26.05	27.72	29.36	30.97	32.53	34.06
10'	19.11	20.90	22.66	24.40	26.10	27.78	29.42	31.02	32.59	34.11
12'	19.17	20.96	22.72	24.45	26.16	27.83	29.47	31.07	32.64	34.16
14'	19.23	21.02	22.78	24.51	26.22	27.89	29.52	31.13	32.69	34.21
16'	19.29	21.08	22.84	24.57	26.27	27.94	29.58	31.18	32.74	34.26
18'	19.35	21.14	22.90	24.63	26.33	28.00	29.63	31.23	32.79	34.31
20'	19.41	21.20	22.95	24.68	26.38	28.05	29.69	31.28	32.84	34.36
22'	19.47	21.25	23.01	24.74	26.44	28.11	29.74	31.34	32.90	34.41
24'	19.53	21.31	23.07	24.80	26.50	28.16	29.79	31.39	32.95	34.46
26'	19.59	21.37	23.13	24.86	26.55	28.22	29.85	31.44	33.00	34.51
28'	19.65	21.43	23.19	24.91	26.61	28.27	29.90	31.49	33.05	34.56
30'	19.71	21.49	23.24	24.97	26.66	28.33	29.96	31.55	33.10	34.61
32'	19.77	21.55	23.30	25.03	26.72	28.38	30.01	31.60	33.15	34.66
34'	19.83	21.61	23.36	25.08	26.78	28.44	30.06	31.65	33.20	34.71
36'	19.89	21.67	23.42	25.14	26.83	28.49	30.12	31.70	33.25	34.76
38'	19.95	21.73	23.48	25.20	26.89	28.55	30.17	31.76	33.30	34.81
40'	20.01	21.78	23.53	25.25	26.94	28.60	30.22	31.81	33.35	34.86
42'	20.07	21.84	23.59	25.31	27.00	28.66	30.28	31.86	33.41	34.91
44'	20.13	21.90	23.65	25.37	27.06	28.71	30.33	31.91	33.46	34.96
46'	20.19	21.96	23.71	25.42	27.11	28.76	30.38	31.96	33.51	35.01
48'	20.25	22.02	23.76	25.48	27.17	28.82	30.44	32.02	33.56	35.06
50'	20.31	22.08	23.82	25.54	27.22	28.87	30.49	32.07	33.61	35.11
52'	20.37	22.14	23.88	25.59	27.28	28.93	30.54	32.12	33.66	35.16
54'	20.43	22.20	23.94	25.65	27.33	28.98	30.60	32.17	33.71	35.21
56'	20.48	22.25	24.00	25.71	27.39	29.04	30.65	32.22	33.76	35.26
58'	20.54	22.31	24.05	25.76	27.44	29.09	30.70	32.28	33.81	35.30

110 cos²α

α	110 cos²α	α	110 cos²α
0°	110.0	10°	106.7
0° 30'	110.0	10° 20'	106.5
1°	110.0	10° 40'	106.2
1° 30'	109.9	11°	106.0
2°	109.9	11° 20'	105.8
2° 30'	109.8	11° 40'	105.5
3°	109.7	12°	105.2
3° 30'	109.6	12° 20'	105.0
4°	109.5	12° 40'	104.7
4° 30'	109.3	13°	104.4
5°	109.2	13° 20'	104.1
5° 30'	109.0	13° 40'	103.9
6°	108.8	14°	103.6
6° 30'	108.6	14° 20'	103.3
7°	108.4	14° 40'	102.9
7° 30'	108.1	15°	102.6
8°	107.9	15° 20'	102.3
8° 30'	107.6	15° 40'	102.0
9°	107.3	16°	101.6
9° 30'	107.0	16° 20'	101.3
		16° 40'	101.0
		17°	100.6
		17° 20'	100.2
		17° 40'	99.9
		18°	99.5
		18° 20'	99.1
		18° 40'	98.7
		19°	98.3
		19° 20'	97.9
		19° 40'	97.5
		20°	97.1

α	0°	1°	2°	3°	4°	5°	6°	7°	8°	9°	111 $\cos^2\alpha$	
0'	0.00	1.94	3.87	5.80	7.72	9.64	11.54	13.48	15.30	17.15	0°	111.0
2'	0.06	2.00	3.94	5.87	7.79	9.70	11.60	13.49	15.36	17.21	0° 30'	111.0
4'	0.13	2.07	4.00	5.93	7.85	9.76	11.67	13.55	15.42	17.27	1°	111.0
6'	0.19	2.13	4.06	5.99	7.92	9.83	11.73	13.61	15.48	17.33	1° 30'	110.9
8'	0.26	2.20	4.13	6.06	7.98	9.89	11.79	13.68	15.55	17.40		
10'	0.32	2.26	4.19	6.12	8.04	9.96	11.85	13.74	15.61	17.46	2°	110.9
12'	0.39	2.32	4.26	6.19	8.11	10.02	11.92	13.80	15.67	17.52	2° 30'	110.8
14'	0.45	2.39	4.32	6.25	8.17	10.08	11.98	13.87	15.73	17.58	3°	110.7
16'	0.52	2.45	4.39	6.31	8.24	10.15	12.04	13.93	15.79	17.64	3° 30'	110.6
18'	0.58	2.52	4.45	6.38	8.30	10.21	12.11	13.99	15.86	17.70		
20'	0.65	2.58	4.52	6.44	8.36	10.27	12.17	14.05	15.92	17.76	4°	110.5
22'	0.71	2.65	4.58	6.51	8.43	10.34	12.23	14.11	15.98	17.82	4° 30'	110.3
24'	0.77	2.71	4.64	6.57	8.49	10.40	12.30	14.18	16.04	17.89	5°	110.2
26'	0.84	2.78	4.71	6.64	8.55	10.46	12.36	14.24	16.10	17.95	5° 30'	110.0
28'	0.90	2.84	4.77	6.70	8.62	10.53	12.42	14.30	16.16	18.01		
30'	0.97	2.90	4.84	6.76	8.68	10.59	12.48	14.36	16.23	18.07	6°	109.8
32'	1.03	2.97	4.90	6.83	8.75	10.65	12.55	14.48	16.29	18.13	6° 30'	109.6
34'	1.10	3.03	4.97	6.89	8.81	10.72	12.61	14.49	16.35	18.19	7°	109.4
36'	1.16	3.10	5.03	6.96	8.87	10.78	12.67	14.55	16.41	18.25	7° 30'	109.1
38'	1.22	3.16	5.09	7.02	8.94	10.84	12.74	14.61	16.47	18.31		
40'	1.29	3.23	5.16	7.08	9.00	10.91	12.80	14.68	16.54	18.37	8°	108.9
42'	1.36	3.29	5.22	7.15	9.06	10.97	12.86	14.74	16.60	18.43	8° 30'	108.6
44'	1.42	3.36	5.29	7.21	9.13	11.03	12.92	14.80	16.66	18.50	9°	108.3
46'	1.48	3.42	5.35	7.28	9.19	11.10	12.99	14.86	16.72	18.56	9° 30'	108.0
48'	1.55	3.48	5.42	7.34	9.26	11.16	13.05	14.93	16.78	18.62		
50'	1.61	3.55	5.48	7.40	9.32	11.22	13.11	14.99	16.84	18.68	10°	107.7
52'	1.68	3.61	5.54	7.47	9.38	11.29	13.18	15.05	16.90	18.74	10° 20'	107.4
54'	1.74	3.68	5.61	7.53	9.45	11.35	13.24	15.11	16.97	18.80	10° 40'	107.2
56'	1.81	3.74	5.67	7.60	9.51	11.41	13.30	15.17	17.03	18.86	11°	107.0
58'	1.87	3.81	5.74	7.66	9.57	11.48	13.36	15.24	17.09	18.92	11° 20'	106.7
											11° 40'	106.5

α	10°	11°	12°	13°	14°	15°	16°	17°	18°	19°		
0'	18.98	20.79	22.57	24.33	26.06	27.75	29.41	31.04	32.62	34.17	12°	106.2
2'	19.04	20.85	22.63	24.39	26.11	27.81	29.47	31.09	32.67	34.22	12° 20'	105.9
4'	19.10	20.91	22.69	24.45	26.17	27.86	29.52	31.14	32.73	34.27	12° 40'	105.7
6'	19.16	20.97	22.75	24.50	26.23	27.92	29.57	31.20	32.78	34.32		
8'	19.22	21.03	22.81	24.56	26.28	27.97	29.63	31.25	32.83	34.37	13°	105.4
10'	19.29	21.09	22.87	24.62	26.34	28.03	29.68	31.30	32.88	34.42	13° 20'	105.1
12'	19.35	21.15	22.93	24.68	26.40	28.08	29.74	31.36	32.93	34.47	13° 40'	104.8
14'	19.41	21.21	22.99	24.73	26.45	28.14	29.79	31.41	32.99	34.52	14°	104.5
16'	19.47	21.27	23.04	24.79	26.51	28.20	29.85	31.46	33.04	34.57	14° 20'	104.2
18'	19.53	21.33	23.10	24.85	26.57	28.25	29.90	31.52	33.09	34.63	14° 40'	103.9
20'	19.59	21.39	23.16	24.91	26.62	28.31	29.96	31.57	33.14	34.68	15°	103.6
22'	19.65	21.45	23.22	24.97	26.68	28.36	30.01	31.62	33.19	34.73	15° 20'	103.2
24'	19.71	21.51	23.28	25.02	26.74	28.42	30.06	31.67	33.25	34.78	15° 40'	102.9
26'	19.77	21.57	23.34	25.08	26.79	28.47	30.12	31.73	33.30	34.83		
28'	19.83	21.63	23.40	25.14	26.85	28.53	30.17	31.78	33.35	34.88	16°	102.6
30'	19.89	21.69	23.46	25.20	26.91	28.58	30.23	31.83	33.40	34.93	16° 20'	102.2
32'	19.95	21.75	23.51	25.25	26.96	28.64	30.28	31.89	33.45	34.98	16° 40'	101.9
34'	20.01	21.80	23.57	25.31	27.02	28.70	30.34	31.94	33.50	35.03	17°	101.5
36'	20.07	21.86	23.63	25.37	27.08	28.75	30.39	31.99	33.56	35.08	17° 20'	101.1
38'	20.13	21.92	23.69	25.43	27.13	28.81	30.44	32.04	33.61	35.13	17° 40'	100.8
40'	20.19	21.98	23.75	25.48	27.19	28.86	30.50	32.09	33.66	35.18		
42'	20.25	22.04	23.81	25.54	27.25	28.92	30.55	32.15	33.71	35.23	18°	100.4
44'	20.31	22.10	23.86	25.60	27.30	28.97	30.61	32.20	33.76	35.28	18° 20'	100.0
46'	20.37	22.16	23.92	25.66	27.36	29.03	30.66	32.26	33.81	35.33	18° 40'	99.6
48'	20.43	22.22	23.98	25.71	27.41	29.08	30.71	32.31	33.86	35.38		
50'	20.49	22.28	24.04	25.77	27.47	29.14	30.77	32.36	33.91	35.43	19°	99.2
52'	20.55	22.34	24.10	25.83	27.53	29.19	30.82	32.41	33.97	35.48	19° 20'	98.8
54'	20.61	22.40	24.16	25.88	27.58	29.25	30.87	32.47	34.02	35.53	19° 40'	98.4
56'	20.67	22.46	24.21	25.94	27.64	29.30	30.93	32.52	34.07	35.58		
58'	20.73	22.52	24.27	26.00	27.69	29.36	30.98	32.57	34.12	35.63	20°	98.0

112 ($\frac{1}{2}$ sin 2 α)

α	0°	1°	2°	3°	4°	5°	6°	7°	8°	9°	α	112 cos²α
0'	0.00	1.95	3.91	5.85	7.79	9.72	11.64	13.55	15.44	17.30	0°	112.0
2'	0.07	2.02	3.97	5.92	7.86	9.79	11.71	13.61	15.50	17.37	0° 30'	112.0
4'	0.13	2.08	4.04	5.98	7.92	9.85	11.77	13.67	15.56	17.43	1°	112.0
6'	0.20	2.15	4.10	6.05	7.99	9.92	11.83	13.74	15.62	17.49	1° 30'	111.9
8'	0.26	2.21	4.17	6.11	8.05	9.98	11.90	13.80	15.69	17.55		
10'	0.33	2.28	4.23	6.18	8.12	10.04	11.96	13.86	15.75	17.61	2°	111.9
12'	0.39	2.35	4.30	6.24	8.18	10.11	12.03	13.93	15.81	17.68	2° 30'	111.8
14'	0.46	2.41	4.36	6.31	8.25	10.17	12.09	13.99	15.87	17.74	3°	111.7
16'	0.52	2.48	4.43	6.37	8.31	10.24	12.15	14.05	15.94	17.80	3° 30'	111.6
18'	0.59	2.54	4.49	6.44	8.37	10.30	12.22	14.12	16.00	17.86		
20'	0.65	2.61	4.56	6.50	8.44	10.37	12.28	14.18	16.06	17.92	4°	111.5
22'	0.72	2.67	4.62	6.57	8.50	10.43	12.34	14.24	16.12	17.99	4° 30'	111.3
24'	0.78	2.74	4.69	6.63	8.57	10.49	12.41	14.30	16.19	18.05	5°	111.1
26'	0.85	2.80	4.75	6.70	8.63	10.56	12.47	14.37	16.25	18.11	5° 30'	111.0
28'	0.91	2.87	4.82	6.76	8.70	10.62	12.53	14.43	16.31	18.17		
30'	0.98	2.93	4.88	6.82	8.76	10.69	12.60	14.49	16.37	18.23	6°	110.8
32'	1.04	3.00	4.95	6.89	8.82	10.75	12.66	14.56	16.44	18.29	6° 30'	110.6
34'	1.11	3.06	5.01	6.95	8.89	10.81	12.72	14.62	16.50	18.36	7°	110.3
36'	1.17	3.13	5.08	7.02	8.95	10.88	12.79	14.68	16.56	18.42	7° 30'	110.1
38'	1.24	3.19	5.14	7.08	9.02	10.94	12.85	14.75	16.62	18.48		
40'	1.30	3.26	5.21	7.15	9.08	11.00	12.91	14.81	16.68	18.54	8°	109.8
42'	1.37	3.32	5.27	7.21	9.15	11.07	12.98	14.87	16.75	18.60	8° 30'	109.6
44'	1.42	3.39	5.33	7.28	9.21	11.13	13.04	14.93	16.81	18.66	9°	109.3
46'	1.50	3.45	5.40	7.34	9.27	11.20	13.10	15.00	16.87	18.72	9° 30'	108.9
48'	1.56	3.52	5.46	7.41	9.34	11.26	13.17	15.06	16.93	18.79		
50'	1.63	3.58	5.53	7.47	9.40	11.32	13.23	15.12	16.99	18.85	10°	108.6
52'	1.69	3.65	5.59	7.54	9.47	11.39	13.29	15.18	17.06	18.91	10° 20'	108.4
54'	1.76	3.71	5.66	7.60	9.53	11.45	13.36	15.25	17.12	18.97	10° 40'	108.2
56'	1.82	3.78	5.72	7.66	9.60	11.52	13.42	15.31	17.18	19.03		
58'	1.89	3.84	5.79	7.73	9.66	11.58	13.48	15.37	17.24	19.09	11°	107.9
											11° 20'	107.7
											11° 40'	107.4

α	10°	11°	12°	13°	14°	15°	16°	17°	18°	19°	α	112 cos²α
0'	19.15	20.98	22.78	24.55	26.29	28.00	29.68	31.31	32.92	34.48	12°	107.2
2'	19.21	21.04	22.84	24.61	26.35	28.06	29.73	31.37	32.97	34.53	12° 20'	106.9
4'	19.28	21.10	22.90	24.67	26.41	28.11	29.79	31.42	33.02	34.58	12° 40'	106.6
6'	19.34	21.16	22.96	24.72	26.46	28.17	29.84	31.48	33.07	34.63		
8'	19.40	21.22	23.02	24.78	26.52	28.23	29.90	31.53	33.13	34.68	13°	106.4
											13° 20'	106.0
											13° 40'	105.7
10'	19.46	21.28	23.07	24.84	26.58	28.28	29.95	31.58	33.18	34.73		
12'	19.52	21.34	23.13	24.90	26.63	28.34	30.01	31.64	33.23	34.78	14°	105.4
14'	19.58	21.40	23.19	24.95	26.69	28.39	30.06	31.69	33.28	34.84	14° 20'	105.1
16'	19.64	21.46	23.25	25.02	26.75	28.45	30.12	31.75	33.34	34.89	14° 40'	104.8
18'	19.70	21.52	23.31	25.07	26.81	28.51	30.17	31.80	33.39	34.94		
20'	19.76	21.58	23.37	25.13	26.86	28.56	30.23	31.85	33.44	34.99	15°	104.5
22'	19.83	21.64	23.43	25.19	26.92	28.62	30.28	31.91	33.49	35.04	15° 20'	104.2
24'	19.89	21.70	23.49	25.25	26.98	28.67	30.34	31.96	33.55	35.09	15° 40'	103.8
26'	19.95	21.76	23.55	25.31	27.04	28.73	30.39	32.01	33.60	35.14		
28'	20.01	21.82	23.61	25.37	27.09	28.79	30.45	32.07	33.65	35.19	16°	103.5
											16° 20'	103.1
											16° 40'	102.8
30'	20.07	21.88	23.67	25.42	27.15	28.84	30.50	32.12	33.70	35.24		
32'	20.13	21.94	23.73	25.48	27.21	28.90	30.55	32.17	33.75	35.29		
34'	20.19	22.00	23.78	25.54	27.26	28.95	30.61	32.23	33.81	35.34	17°	102.4
36'	20.25	22.06	23.84	25.60	27.32	29.01	30.66	32.28	33.86	35.39	17° 20'	102.1
38'	20.31	22.12	23.90	25.66	27.38	29.07	30.72	32.33	33.91	35.44	17° 40'	101.7
40'	20.37	22.18	23.96	25.71	27.43	29.12	30.77	32.38	33.96	35.49		
42'	20.43	22.24	24.02	25.77	27.49	29.18	30.83	32.44	34.01	35.54	18°	101.3
44'	20.49	22.30	24.08	25.83	27.55	29.23	30.88	32.49	34.06	35.60	18° 20'	100.9
46'	20.55	22.36	24.14	25.89	27.60	29.29	30.94	32.55	34.12	35.65	18° 40'	100.5
48'	20.61	22.42	24.20	25.94	27.66	29.34	30.99	32.60	34.17	35.70		
50'	20.68	22.48	24.26	26.00	27.72	29.40	31.04	32.65	34.22	35.75	19°	100.1
52'	20.74	22.54	24.31	26.06	27.77	29.45	31.10	32.70	34.27	35.80	19° 20'	99.7
54'	20.80	22.60	24.37	26.12	27.83	29.51	31.15	32.76	34.32	35.85	19° 40'	99.3
56'	20.86	22.66	24.43	26.18	27.89	29.56	31.21	32.81	34.37	35.90		
58'	20.92	22.72	24.49	26.23	27.94	29.62	31.26	32.86	34.43	35.95	20°	98.9

α	0°	1°	2°	3°	4°	5°	6°	7°	8°	9°	**113** $\cos^2\alpha$	
0′	0.00	1.97	3.94	5.91	7.86	9.81	11.75	13.67	15.57	17.46	0°	113.0
2′	0.07	2.04	4.01	5.97	7.93	9.88	11.81	13.73	15.64	17.52	0° 30′	113.0
4′	0.13	2.10	4.07	6.04	7.99	9.94	11.88	13.80	15.70	17.58	1°	113.0
6′	0.20	2.17	4.14	6.10	8.06	10.01	11.94	13.86	15.76	17.65	1° 30′	112.9
8′	0.26	2.23	4.20	6.17	8.12	10.07	12.00	13.92	15.83	17.71		
10′	0.33	2.30	4.27	6.23	8.19	10.13	12.07	13.99	15.89	17.77	2°	112.9
12′	0.39	2.37	4.33	6.30	8.25	10.20	12.13	14.05	15.95	17.83	2° 30′	112.8
14′	0.46	2.43	4.40	6.36	8.32	10.26	12.20	14.12	16.02	17.90	3°	112.7
16′	0.53	2.50	4.47	6.43	8.38	10.33	12.26	14.18	16.08	17.96	3° 30′	112.6
18′	0.59	2.56	4.53	6.49	8.45	10.39	12.33	14.24	16.14	18.02		
20′	0.66	2.63	4.60	6.56	8.51	10.46	12.39	14.31	16.20	18.08	4°	112.4
22′	0.72	2.69	4.66	6.62	8.58	10.52	12.45	14.37	16.27	18.15	4° 30′	112.3
24′	0.79	2.76	4.73	6.69	8.64	10.59	12.52	14.43	16.33	18.21	5°	112.1
26′	0.85	2.83	4.79	6.76	8.71	10.65	12.58	14.50	16.39	18.27	5° 30′	112.0
28′	0.92	2.89	4.86	6.82	8.77	10.72	12.65	14.56	16.46	18.33		
30′	0.99	2.96	4.92	6.89	8.84	10.78	12.71	14.62	16.52	18.39	6°	111.8
32′	1.05	3.02	4.99	6.95	8.90	10.85	12.77	14.69	16.58	18.46	6° 30′	111.6
34′	1.12	3.09	5.06	7.02	8.97	10.91	12.84	14.75	16.64	18.52	7°	111.3
36′	1.18	3.15	5.12	7.08	9.03	10.97	12.90	14.81	16.71	18.58	7° 30′	111.1
38′	1.25	3.22	5.19	7.15	9.10	11.04	12.97	14.88	16.77	18.64		
40′	1.31	3.29	5.25	7.21	9.16	11.10	13.03	14.94	16.83	18.71	8°	110.8
42′	1.38	3.35	5.32	7.28	9.23	11.17	13.09	15.00	16.90	18.77	8° 30′	110.5
44′	1.45	3.42	5.38	7.34	9.29	11.23	13.16	15.07	16.96	18.83	9°	110.2
46′	1.51	3.48	5.45	7.41	9.36	11.30	13.22	15.13	17.02	18.89	9° 30′	109.9
48′	1.58	3.55	5.51	7.47	9.42	11.36	13.29	15.19	17.08	18.95		
50′	1.64	3.61	5.58	7.54	9.49	11.43	13.35	15.26	17.15	19.01	10°	109.6
52′	1.71	3.68	5.64	7.60	9.55	11.49	13.41	15.32	17.21	19.08	10° 20′	109.4
54′	1.77	3.74	5.71	7.67	9.62	11.55	13.48	15.38	17.27	19.14	10° 40′	109.1
56′	1.84	3.81	5.78	7.73	9.68	11.62	13.54	15.45	17.33	19.20	11°	108.9
58′	1.91	3.88	5.84	7.80	9.75	11.68	13.60	15.51	17.40	19.26	11° 20′	108.6
											11° 40′	108.4

α	10°	11°	12°	13°	14°	15°	16°	17°	18°	19°		
0′	19.32	21.17	22.98	24.77	26.53	28.25	29.94	31.59	33.21	34.78	12°	108.1
2′	19.39	21.23	23.04	24.83	26.58	28.31	30.00	31.65	33.26	34.84	12° 20′	107.8
4′	19.45	21.29	23.10	24.89	26.64	28.36	30.05	31.70	33.32	34.89	12° 40′	107.6
6′	19.51	21.35	23.16	24.95	26.70	28.42	30.11	31.76	33.37	34.94		
8′	19.57	21.41	23.22	25.00	26.76	28.48	30.16	31.81	33.42	34.99	13°	107.3
											13° 20′	107.0
											13° 40′	106.7
10′	19.63	21.47	23.28	25.06	26.81	28.53	30.22	31.87	33.48	35.04		
12′	19.69	21.53	23.34	25.12	26.87	28.59	30.27	31.92	33.53	35.10	14°	106.4
14′	19.76	21.59	23.40	25.17	26.93	28.65	30.33	31.97	33.58	35.15	14° 20′	106.1
16′	19.82	21.65	23.46	25.24	26.99	28.70	30.39	32.03	33.63	35.20	14° 40′	105.8
18′	19.88	21.71	23.52	25.30	27.05	28.76	30.44	32.08	33.69	35.25		
20′	19.94	21.77	23.58	25.36	27.10	28.82	30.50	32.14	33.74	35.30	15°	105.4
22′	20.00	21.83	23.64	25.42	27.16	28.87	30.55	32.19	33.79	35.35	15° 20′	105.1
24′	20.06	21.89	23.70	25.47	27.22	28.93	30.61	32.25	33.84	35.40	15° 40′	104.8
26′	20.12	21.96	23.76	25.53	27.28	28.99	30.66	32.30	33.90	35.45		
28′	20.19	22.02	23.82	25.59	27.33	29.04	30.72	32.35	33.95	35.51	16°	104.4
											16° 20′	104.1
											16° 40′	103.7
30′	20.25	22.08	23.88	25.65	27.39	29.10	30.77	32.41	34.00	35.56		
32′	20.31	22.14	23.94	25.71	27.45	29.16	30.83	32.46	34.06	35.61		
34′	20.37	22.20	24.00	25.77	27.51	29.21	30.88	32.51	34.11	35.66	17°	103.3
36′	20.43	22.26	24.06	25.83	27.56	29.27	30.94	32.57	34.16	35.71	17° 20′	103.0
38′	20.49	22.32	24.12	25.88	27.62	29.32	30.99	32.62	34.21	35.76	17° 40′	102.6
40′	20.55	22.38	24.18	25.94	27.68	29.38	31.05	32.67	34.26	35.81		
42′	20.62	22.44	24.23	26.00	27.74	29.44	31.10	32.73	34.32	35.86	18°	102.2
44′	20.68	22.50	24.29	26.06	27.79	29.49	31.16	32.78	34.37	35.91	18° 20′	101.8
46′	20.74	22.56	24.35	26.12	27.85	29.55	31.21	32.84	34.42	35.96	18° 40′	101.4
48′	20.80	22.62	24.41	26.18	27.91	29.61	31.27	32.89	34.47	36.01		
50′	20.86	22.68	24.47	26.23	27.96	29.66	31.32	32.94	34.53	36.07	19°	101.0
52′	20.92	22.74	24.53	26.29	28.02	29.72	31.38	33.00	34.58	36.12	19° 20′	100.6
54′	20.98	22.80	24.59	26.35	28.08	29.77	31.43	33.05	34.63	36.17	19° 40′	100.2
56′	21.04	22.86	24.65	26.41	28.14	29.83	31.49	33.10	34.68	36.22		
58′	21.10	22.92	24.71	26.47	28.19	29.88	31.54	33.16	34.73	36.27	20°	99.8

114 ($\frac{1}{2}\sin 2\alpha$)

α	0°	1°	2°	3°	4°	5°	6°	7°	8°	9°
0'	0.00	1.99	3.98	5.96	7.93	9.90	11.85	13.79	15.71	17.61
2'	0.07	2.06	4.04	6.02	8.00	9.96	11.92	13.85	15.78	17.68
4'	0.13	2.12	4.11	6.09	8.06	10.03	11.98	13.92	15.84	17.74
6'	0.20	2.19	4.17	6.16	8.13	10.09	12.05	13.98	15.90	17.80
8'	0.27	2.25	4.24	6.22	8.20	10.16	12.11	14.05	15.97	17.87
10'	0.33	2.32	4.31	6.29	8.26	10.22	12.18	14.11	16.03	17.93
12'	0.40	2.39	4.37	6.35	8.33	10.29	12.24	14.18	16.09	17.99
14'	0.46	2.45	4.44	6.42	8.39	10.35	12.30	14.24	16.16	18.05
16'	0.53	2.52	4.51	6.49	8.46	10.42	12.37	14.30	16.22	18.12
18'	0.60	2.59	4.57	6.55	8.52	10.49	12.43	14.37	16.28	18.18
20'	0.66	2.65	4.64	6.62	8.59	10.55	12.50	14.43	16.35	18.24
22'	0.73	2.72	4.70	6.68	8.65	10.62	12.56	14.50	16.41	18.31
24'	0.80	2.78	4.77	6.75	8.72	10.68	12.63	14.56	16.47	18.37
26'	0.86	2.85	4.84	6.81	8.79	10.75	12.69	14.62	16.54	18.43
28'	0.93	2.92	4.90	6.88	8.85	10.81	12.76	14.69	16.60	18.49
30'	0.99	2.98	4.97	6.95	8.92	10.88	12.82	14.75	16.67	18.56
32'	1.06	3.05	5.03	7.01	8.98	10.94	12.89	14.82	16.73	18.62
34'	1.13	3.12	5.10	7.08	9.05	11.01	12.95	14.88	16.79	18.68
36'	1.19	3.18	5.17	7.14	9.11	11.07	13.02	14.94	16.86	18.75
38'	1.26	3.25	5.23	7.21	9.18	11.14	13.08	15.01	16.92	18.81
40'	1.33	3.31	5.30	7.28	9.24	11.20	13.15	15.07	16.98	18.87
42'	1.39	3.38	5.36	7.34	9.31	11.27	13.21	15.14	17.05	18.93
44'	1.46	3.45	5.43	7.41	9.38	11.33	13.27	15.20	17.11	19.00
46'	1.53	3.51	5.50	7.47	9.44	11.40	13.34	15.26	17.17	19.06
48'	1.59	3.58	5.56	7.54	9.51	11.46	13.40	15.33	17.24	19.12
50'	1.66	3.65	5.63	7.60	9.57	11.53	13.47	15.39	17.30	19.18
52'	1.72	3.71	5.69	7.67	9.64	11.59	13.53	15.46	17.36	19.25
54'	1.79	3.78	5.76	7.74	9.70	11.66	13.60	15.52	17.42	19.31
56'	1.86	3.84	5.83	7.80	9.77	11.72	13.66	15.58	17.49	19.37
58'	1.92	3.91	5.89	7.87	9.83	11.79	13.73	15.65	17.55	19.43

α	10°	11°	12°	13°	14°	15°	16°	17°	18°	19°
0'	19.50	21.35	23.18	24.99	26.76	28.50	30.21	31.87	33.50	35.09
2'	19.56	21.41	23.24	25.05	26.82	28.56	30.26	31.93	33.56	35.14
4'	19.62	21.48	23.31	25.11	26.88	28.61	30.32	31.98	33.61	35.20
6'	19.68	21.54	23.37	25.17	26.94	28.67	30.37	32.04	33.66	35.25
8'	19.74	21.60	23.43	25.23	26.99	28.73	30.43	32.09	33.72	35.30
10'	19.81	21.66	23.49	25.28	27.05	28.79	30.49	32.15	33.77	35.35
12'	19.87	21.72	23.55	25.34	27.11	28.84	30.54	32.20	33.82	35.41
14'	19.93	21.78	23.61	25.39	27.17	28.90	30.60	32.26	33.88	35.46
16'	19.99	21.84	23.67	25.46	27.23	28.96	30.65	32.31	33.93	35.51
18'	20.05	21.90	23.73	25.52	27.29	29.02	30.71	32.37	33.98	35.56
20'	20.12	21.97	23.79	25.58	27.34	29.07	30.77	32.42	34.04	35.61
22'	20.18	22.03	23.85	25.64	27.40	29.13	30.82	32.48	34.09	35.66
24'	20.24	22.09	23.91	25.70	27.46	29.19	30.88	32.53	34.14	35.72
26'	20.30	22.15	23.97	25.76	27.52	29.24	30.93	32.59	34.20	35.77
28'	20.37	22.21	24.03	25.82	27.58	29.30	30.99	32.64	34.25	35.82
30'	20.43	22.27	24.09	25.88	27.63	29.36	31.04	32.69	34.30	35.87
32'	20.49	22.33	24.15	25.94	27.69	29.41	31.10	32.75	34.36	35.92
34'	20.55	22.39	24.21	26.00	27.75	29.47	31.16	32.80	34.41	35.97
36'	20.61	22.45	24.27	26.05	27.81	29.53	31.21	32.86	34.46	36.03
38'	20.67	22.52	24.33	26.11	27.87	29.58	31.27	32.91	34.51	36.08
40'	20.74	22.58	24.39	26.17	27.92	29.64	31.32	32.96	34.57	36.13
42'	20.80	22.64	24.45	26.23	27.98	29.70	31.38	33.02	34.62	36.18
44'	20.86	22.70	24.51	26.29	28.04	29.75	31.43	33.07	34.67	36.23
46'	20.92	22.76	24.57	26.35	28.10	29.81	31.49	33.13	34.73	36.28
48'	20.98	22.82	24.63	26.41	28.15	29.87	31.54	33.18	34.78	36.33
50'	21.04	22.88	24.69	26.47	28.21	29.92	31.60	33.23	34.83	36.38
52'	21.11	22.94	24.75	26.53	28.27	29.98	31.65	33.29	34.88	36.44
54'	21.17	23.00	24.81	26.58	28.33	30.04	31.71	33.34	34.94	36.49
56'	21.23	23.06	24.87	26.64	28.39	30.09	31.76	33.40	34.99	36.54
58'	21.29	23.12	24.93	26.70	28.44	30.15	31.82	33.45	35.04	36.59

114 $\cos^2\alpha$

0°	114.0
0° 30'	114.0
1°	114.0
1° 30'	113.9
2°	113.9
2° 30'	113.8
3°	113.7
3° 30'	113.6
4°	113.4
4° 30'	113.3
5°	113.1
5° 30'	113.0
6°	112.8
6° 30'	112.5
7°	112.3
7° 30'	112.1
8°	111.8
8° 30'	111.5
9°	111.2
9° 30'	110.9
10°	110.6
10° 20'	110.3
10° 40'	110.1
11°	109.8
11° 20'	109.6
11° 40'	109.3
12°	109.1
12° 20'	108.8
12° 40'	108.5
13°	108.2
13° 20'	107.9
13° 40'	107.6
14°	107.3
14° 20'	107.0
14° 40'	106.7
15°	106.4
15° 20'	106.0
15° 40'	105.7
16°	105.3
16° 20'	105.0
16° 40'	104.6
17°	104.3
17° 20'	103.9
17° 40'	103.5
18°	103.1
18° 20'	102.7
18° 40'	102.3
19°	101.9
19° 20'	101.5
19° 40'	101.1
20°	100.7

115 ($^1/_2$ sin 2 α)

α	0°	1°	2°	3°	4°	5°	6°	7°	8°	9°
0'	0.00	2.01	4.01	6.01	8.00	9.98	11.95	13.91	15.85	17.77
2'	0.07	2.07	4.08	6.08	8.07	10.05	12.02	13.98	15.91	17.83
4'	0.13	2.14	4.14	6.14	8.13	10.12	12.09	14.04	15.98	17.90
6'	0.20	2.21	4.21	6.21	8.20	10.18	12.15	14.11	16.04	17.96
8'	0.27	2.27	4.28	6.28	8.27	10.25	12.22	14.17	16.11	18.02
10'	0.33	2.24	4.34	6.34	8.33	10.31	12.28	14.23	16.17	18.09
12'	9.40	2.41	4.41	6.41	8.40	10.38	12.35	14.30	16.23	18.15
14'	0.47	2.47	4.48	6.48	8.47	10.45	12.41	14.37	16.30	18.21
16'	0.54	2.54	4.54	6.54	8.53	10.51	12.48	14.43	16.36	18.28
18'	0.60	2.61	4.61	6.61	8.60	10.58	12.54	14.49	16.43	18.34
20'	0.67	2.68	4.68	6.68	8.66	10.64	12.61	14.56	16.49	18.40
22'	0.74	2.74	4.74	6.74	8.73	10.71	12.67	14.62	16.56	18.47
24'	0.80	2.81	4.81	6.81	8.80	10.77	12.74	14.69	16.62	18.53
26'	0.87	2.88	4.88	6.87	8.86	10.84	12.80	14.75	16.68	18.59
28'	0.94	2.94	4.94	6.94	8.93	10.91	12.87	14.82	16.75	18.66
30'	1.00	3.01	5.01	7.01	8.99	10.97	12.93	14.88	16.81	18.72
32'	1.07	3.08	5.08	7.07	9.06	11.04	13.00	14.95	16.88	18.78
34'	1.14	3.14	5.14	7.14	9.13	11.10	13.07	15.01	16.94	18.85
36'	1.20	3.21	5.21	7.21	9.19	11.17	13.13	15.08	17.00	18.91
38'	1.27	3.28	5.28	7.27	9.26	11.23	13.20	15.14	17.07	18.97
40'	1.34	3.34	5.34	7.34	9.33	11.30	13.26	15.20	17.13	19.04
42'	1.40	3.41	5.41	7.41	9.39	11.37	13.33	15.27	17.19	19.10
44'	1.47	3.48	5.48	7.47	9.46	11.43	13.39	15.33	17.26	19.16
46'	1.54	3.54	5.54	7.54	9.52	11.50	13.46	15.40	17.32	19.23
48'	1.61	3.61	5.61	7.60	9.59	11.56	13.52	15.46	17.39	19.29
50'	1.67	3.68	5.68	7.67	9.66	11.63	13.59	15.53	17.45	19.35
52'	1.74	3.74	5.74	7.74	9.72	11.69	13.65	15.59	17.51	19.41
54'	1.81	3.81	5.81	7.80	9.79	11.76	13.72	15.66	17.58	19.48
56'	1.87	3.88	5.88	7.87	9.85	11.82	13.78	15.72	17.64	19.54
58'	1.94	3.94	5.94	7.94	9.92	11.89	13.85	15.78	17.70	19.60

α	10°	11°	12°	13°	14°	15°	16°	17°	18°	19°
0'	19.67	21.54	23.39	25.21	26.99	28.75	30.47	32.15	33.80	35.40
2'	19.73	21.60	23.45	25.27	27.05	28.81	30.53	32.21	33.85	35.45
4'	19.79	21.66	23.51	25.33	27.11	28.87	30.58	32.26	33.91	35.51
6'	19.85	21.73	23.57	25.39	27.17	28.92	30.64	32.32	33.96	35.56
8'	19.92	21.79	23.63	25.45	27.23	28.98	30.70	32.38	34.01	35.61
10'	19.98	21.85	23.69	25.51	27.29	29.04	30.75	32.43	34.07	35.66
12'	20.04	21.91	23.75	25.57	27.35	29.10	30.81	32.49	34.12	35.72
14'	20.11	21.97	23.81	25.62	27.41	29.15	30.87	32.54	34.18	35.77
16'	20.17	22.04	23.88	25.69	27.47	29.21	30.92	32.60	34.23	35.82
18'	20.23	22.10	23.94	25.75	27.52	29.27	30.98	32.65	34.28	35.87
20'	20.29	22.16	24.00	25.81	27.58	29.33	31.04	32.71	34.34	35.93
22'	20.36	22.22	24.06	25.87	27.64	29.39	31.09	32.76	34.39	35.98
24'	20.42	22.28	24.12	25.93	27.70	29.44	31.15	32.82	34.44	36.03
26'	20.48	22.34	24.18	25.99	27.76	29.50	31.20	32.87	34.50	36.08
28'	20.54	22.41	24.24	26.04	27.82	29.56	31.26	32.93	34.55	36.13
30'	20.61	22.47	24.30	26.10	27.88	29.61	31.32	32.98	34.60	36.19
32'	20.67	22.53	24.36	26.16	27.94	29.67	31.37	33.04	34.66	36.24
34'	20.73	22.59	24.42	26.22	27.99	29.78	31.43	33.09	34.71	36.29
36'	20.79	22.65	24.48	26.28	28.05	29.79	31.48	33.14	34.76	36.34
38'	20.86	22.71	24.54	26.34	28.11	29.84	31.54	33.20	34.82	36.39
40'	20.92	22.77	24.60	26.40	28.17	29.90	31.60	33.25	34.87	36.45
42'	20.98	22.84	24.66	26.46	28.23	29.96	31.65	33.31	34.92	36.50
44'	21.04	22.90	24.72	26.52	28.29	30.02	31.71	33.36	34.98	36.55
46'	21.10	22.96	24.78	26.58	28.34	30.07	31.76	33.42	35.03	36.60
48'	21.17	23.02	24.84	26.64	28.40	30.13	31.82	33.47	35.08	36.65
50'	21.23	23.08	24.91	26.70	28.46	30.19	31.88	33.53	35.14	36.70
52'	21.29	23.14	24.97	26.76	28.52	30.24	31.93	33.58	35.19	36.75
54'	21.35	23.20	25.03	26.82	28.58	30.30	31.99	33.64	35.24	36.81
56'	21.42	23.27	25.09	26.88	28.63	30.36	32.04	33.69	35.29	36.86
58'	21.48	23.33	25.15	26.94	28.69	30.41	32.10	33.74	35.35	36.91

115 cos²α

0°	115.0
0° 30'	115.0
1°	115.0
1° 30'	114.9
2°	114.9
2° 30'	114.8
3°	114.7
3° 30'	114.6
4°	114.4
4° 30'	114.3
5°	114.1
5° 30'	113.9
6°	113.7
6° 30'	113.5
7°	113.3
7° 30'	113.0
8°	112.8
8° 30'	112.5
9°	112.2
9° 30'	111.9
10°	111.5
10° 20'	111.3
10° 40'	111.1
11°	110.8
11° 20'	110.6
11° 40'	110.3
12°	110.0
12° 20'	109.8
12° 40'	109.5
13°	109.2
13° 20'	108.9
13° 40'	108.6
14°	108.3
14° 20'	108.0
14° 40'	107.6
15°	107.3
15° 20'	107.0
15° 40'	106.6
16°	106.3
16° 20'	105.9
16° 40'	105.5
17°	105.2
17° 20'	104.8
17° 40'	104.4
18°	104.0
18° 20'	103.6
18° 40'	103.2
19°	102.8
19° 20'	102.4
19° 40'	102.0
20°	101.5

116 ($\frac{1}{2}\sin 2\alpha$)

α	0°	1°	2°	3°	4°	5°	6°	7°	8°	9°
0'	0.00	2.02	4.05	6.06	8.07	10.07	12.06	14.03	15.99	17.92
2'	0.07	2.09	4.11	6.13	8.14	10.14	12.12	14.10	16.05	17.99
4'	0.13	2.16	4.18	6.20	8.21	10.20	12.19	14.16	16.12	18.05
6'	0.20	2.23	4.25	6.26	8.27	10.27	12.26	14.23	16.18	18.12
8'	0.27	2.29	4.32	6.33	8.34	10.34	12.32	14.29	16.25	18.18
10'	0.34	2.36	4.38	6.40	8.41	10.40	12.39	14.36	16.31	18.24
12'	0.40	2.43	4.45	6.47	8.47	10.47	12.45	14.42	16.38	18.31
14'	0.47	2.50	4.52	6.53	8.54	10.54	12.52	14.49	16.44	18.37
16'	0.54	2.56	4.58	6.60	8.61	10.60	12.59	14.55	16.51	18.44
18'	0.61	2.63	4.65	6.67	8.67	10.67	12.65	14.62	16.57	18.50
20'	0.67	2.70	4.72	6.73	8.74	10.74	12.72	14.69	16.63	18.56
22'	0.74	2.77	4.79	6.80	8.81	10.80	12.79	14.75	16.70	18.63
24'	0.81	2.83	4.85	6.87	8.87	10.87	12.85	14.82	16.76	18.69
26'	0.88	2.90	4.92	6.93	8.94	10.93	12.92	14.88	16.83	18.76
28'	0.94	2.97	4.99	7.00	9.01	11.00	12.98	14.95	16.89	18.82
30'	1.01	3.04	5.06	7.07	9.07	11.07	13.05	15.01	16.96	18.88
32'	1.08	3.10	5.12	7.14	9.14	11.13	13.11	15.08	17.02	18.95
34'	1.15	3.17	5.19	7.20	9.21	11.20	13.18	15.14	17.09	19.01
36'	1.21	3.24	5.26	7.27	9.27	11.27	13.24	15.21	17.15	19.07
38'	1.28	3.31	5.32	7.34	9.34	11.33	13.31	15.27	17.22	19.14
40'	1.35	3.37	5.39	7.40	9.41	11.40	13.38	15.34	17.28	19.20
42'	1.42	3.44	5.46	7.47	9.47	11.46	13.44	15.40	17.34	19.27
44'	1.48	3.51	5.53	7.54	9.54	11.53	13.51	15.47	17.41	19.33
46'	1.55	3.57	5.59	7.60	9.61	11.60	13.57	15.53	17.47	19.39
48'	1.62	3.64	5.66	7.67	9.67	11.66	13.64	15.60	17.54	19.46
50'	1.69	3.71	5.73	7.74	9.74	11.73	13.70	15.66	17.60	19.52
52'	1.75	3.78	5.79	7.80	9.81	11.79	13.77	15.73	17.67	19.58
54'	1.82	3.84	5.86	7.87	9.87	11.86	13.83	15.79	17.73	19.65
56'	1.89	3.91	5.93	7.94	9.94	11.93	13.90	15.86	17.79	19.71
58'	1.96	3.98	6.00	8.01	10.01	11.99	13.97	15.92	17.86	19.77

α	10°	11°	12°	13°	14°	15°	16°	17°	18°	19°
0'	19.84	21.73	23.59	25.43	27.23	29.00	30.74	32.43	34.09	35.71
2'	19.90	21.79	23.65	25.49	27.29	29.06	30.79	32.49	34.15	35.76
4'	19.96	21.85	23.71	25.55	27.35	29.12	30.85	32.54	34.20	35.81
6'	20.03	21.91	23.78	25.61	27.41	29.18	30.91	32.60	34.26	35.87
8'	20.09	21.98	23.84	25.67	27.47	29.23	30.96	32.66	34.31	35.92
10'	20.15	22.04	23.90	25.73	27.53	29.29	31.02	32.71	34.36	35.97
12'	20.22	22.10	23.96	25.79	27.59	29.35	31.08	32.77	34.42	36.03
14'	20.28	22.16	24.02	25.84	27.65	29.41	31.13	32.82	34.53	36.08
16'	20.34	22.23	24.09	25.91	27.70	29.47	31.19	32.88	34.53	36.13
18'	20.41	22.29	24.14	25.97	27.76	29.52	31.25	32.93	34.58	36.19
20'	20.47	22.35	24.21	26.03	27.82	29.58	31.31	32.99	34.64	36.24
22'	20.53	22.41	24.27	26.09	27.88	29.64	31.36	33.05	34.69	36.29
24'	20.60	22.48	24.33	26.15	27.94	29.70	31.42	33.10	34.74	36.34
26'	20.66	22.54	24.39	26.21	28.00	29.76	31.48	33.16	34.80	36.40
28'	20.72	22.60	24.45	26.27	28.06	29.81	31.53	33.21	34.85	36.45
30'	20.79	22.66	24.51	26.33	28.12	29.87	31.59	33.27	34.91	36.50
32'	20.85	22.72	24.57	26.39	28.18	29.93	31.65	33.32	34.96	36.55
34'	20.91	22.79	24.63	26.45	28.24	29.99	31.70	33.38	35.01	36.61
36'	20.97	22.85	24.70	26.51	28.30	30.05	31.76	33.43	35.07	36.66
38'	21.04	22.91	24.76	26.57	28.35	30.10	31.82	33.49	35.12	36.71
40'	21.10	22.97	24.82	26.63	28.41	30.16	31.87	33.54	35.17	36.76
42'	21.16	23.03	24.88	26.69	28.47	30.22	31.93	33.60	35.23	36.81
44'	21.23	23.10	24.94	26.75	28.53	30.28	31.98	33.65	35.28	36.87
46'	21.29	23.16	25.00	26.81	28.59	30.33	32.04	33.71	35.33	36.92
48'	21.35	23.22	25.06	26.87	28.65	30.39	32.10	33.76	35.39	36.97
50'	21.41	23.28	25.12	26.93	28.71	30.45	32.15	33.82	35.44	37.02
52'	21.48	23.34	25.18	26.99	28.77	30.51	32.21	33.87	35.50	37.07
54'	21.54	23.41	25.24	27.05	28.82	30.56	32.27	33.93	35.55	37.13
56'	21.60	23.47	25.30	27.11	28.88	30.62	32.32	33.98	35.60	37.18
58'	21.66	23.53	25.36	27.17	28.94	30.68	32.38	34.04	35.66	37.23

116 $\cos^2\alpha$

0°	116.0
0° 30'	116.0
1°	116.0
1° 30'	115.9
2°	115.9
2° 30'	115.8
3°	115.7
3° 30'	115.6
4°	115.4
4° 30'	115.3
5°	115.1
5° 30'	114.9
6°	114.7
6° 30'	114.5
7°	114.3
7° 30'	114.0
8°	113.8
8° 30'	113.5
9°	113.2
9° 30'	112.8
10°	112.5
10° 20'	112.3
10° 40'	112.0
11°	111.8
11° 20'	111.5
11° 40'	111.3
12°	111.0
12° 20'	110.7
12° 40'	110.4
13°	110.1
13° 20'	109.8
13° 40'	109.5
14°	109.2
14° 20'	108.9
14° 40'	108.6
15°	108.2
15° 20'	107.9
15° 40'	107.5
16°	107.2
16° 20'	106.8
16° 40'	106.5
17°	106.1
17° 20'	105.7
17° 40'	105.3
18°	104.9
18° 20'	104.5
18° 40'	104.1
19°	103.7
19° 20'	103.3
19° 40'	102.9
20°	102.4

α	0°	1°	2°	3°	4°	5°	6°	7°	8°	9°
0'	0.00	2.04	4.08	6.11	8.14	10.16	12.16	14.15	16.12	18.08
2'	0.07	2.11	4.15	6.18	8.20	10.23	12.23	14.22	16.19	18.14
4'	0.14	2.18	4.22	6.25	8.28	10.29	12.30	14.29	16.26	18.21
6'	0.20	2.25	4.28	6.32	8.34	10.36	12.36	14.35	16.32	18.27
8'	0.27	2.31	4.35	6.39	8.41	10.43	12.43	14.42	16.39	18.34
10'	0.34	2.38	4.42	6.45	8.48	10.49	12.50	14.48	16.45	18.40
12'	0.41	2.45	4.49	6.52	8.55	10.56	12.56	14.55	16.52	18.47
14'	0.48	2.52	4.56	6.59	8.61	10.63	12.63	14.62	16.58	18.53
16'	0.54	2.59	4.62	6.66	8.68	10.69	12.69	14.68	16.65	18.59
18'	0.61	2.65	4.69	6.72	8.75	10.76	12.76	14.75	16.71	18.66
20'	0.68	2.72	4.76	6.79	8.82	10.83	12.83	14.81	16.78	18.72
22'	0.75	2.79	4.83	6.86	8.88	10.89	12.89	14.88	16.84	18.79
24'	0.82	2.86	4.90	6.93	8.95	10.96	12.96	14.94	16.91	18.85
26'	0.88	2.93	4.96	6.99	9.02	11.03	13.03	15.01	16.97	18.92
28'	0.95	2.99	5.03	7.06	9.08	11.10	13.09	15.08	17.04	18.98
30'	1.02	3.06	5.10	7.13	9.15	11.16	13.16	15.14	17.10	19.05
32'	1.09	3.13	5.17	7.20	9.22	11.23	13.23	15.21	17.17	19.11
34'	1.16	3.20	5.23	7.26	9.29	11.30	13.29	15.27	17.23	19.17
36'	1.22	3.27	5.30	7.33	9.35	11.36	13.36	15.34	17.30	19.24
38'	1.29	3.33	5.37	7.40	9.42	11.43	13.42	15.40	17.36	19.30
40'	1.36	3.40	5.44	7.47	9.49	11.50	13.49	15.47	17.43	19.37
42'	1.43	3.47	5.51	7.53	9.55	11.56	13.56	15.54	17.49	19.43
44'	1.50	3.53	5.57	7.60	9.62	11.63	13.62	15.60	17.56	19.50
46'	1.57	3.61	5.64	7.67	9.69	11.70	13.69	15.67	17.62	19.56
48'	1.63	3.67	5.71	7.74	9.76	11.76	13.76	15.73	17.69	19.62
50'	1.70	3.74	5.78	7.80	9.82	11.83	13.82	15.80	17.75	19.69
52'	1.77	3.81	5.84	7.87	9.89	11.90	13.89	15.86	17.82	19.75
54'	1.84	3.88	5.91	7.94	9.96	11.96	13.95	15.93	17.88	19.82
56'	1.91	3.94	5.98	8.01	10.02	12.03	14.02	15.99	17.95	19.88
58'	1.97	4.01	6.05	8.07	10.09	12.10	14.09	16.06	18.01	19.94

α	10°	11°	12°	13°	14°	15°	16°	17°	18°	19°
0'	20.01	21.91	23.79	25.64	27.46	29.25	31.00	32.71	34.39	36.02
2'	20.07	21.98	23.86	25.71	27.52	29.31	31.06	32.77	34.44	36.07
4'	20.14	22.04	23.92	25.77	27.58	29.37	31.12	32.83	34.50	36.12
6'	20.20	22.10	23.98	25.83	27.64	29.43	31.17	32.88	34.55	36.18
8'	20.26	22.17	24.04	25.89	27.70	29.49	31.23	32.94	34.61	36.23
10'	20.33	22.23	24.10	25.95	27.76	29.54	31.29	32.99	34.66	36.28
12'	20.39	22.29	24.17	26.01	27.82	29.60	31.35	33.05	34.71	36.34
14'	20.46	22.36	24.23	26.06	27.88	29.66	31.40	33.11	34.77	36.39
16'	20.52	22.42	24.29	26.13	27.94	29.72	31.46	33.16	34.82	36.44
18'	20.58	22.48	24.35	26.19	28.00	29.78	31.52	33.22	34.88	36.50
20'	20.65	22.54	24.41	26.25	28.06	29.84	31.58	33.27	34.93	36.55
22'	20.71	22.61	24.48	26.32	28.12	29.90	31.63	33.33	34.99	36.60
24'	20.77	22.67	24.54	26.38	28.18	29.95	31.69	33.39	35.04	36.66
26'	20.84	22.73	24.60	26.44	28.24	30.01	31.75	33.44	35.10	36.71
28'	20.90	22.80	24.66	26.50	28.30	30.07	31.80	33.50	35.15	36.76
30'	20.96	22.86	24.72	26.56	28.36	30.13	31.86	33.55	35.21	36.82
32'	21.03	22.92	24.78	26.62	28.42	30.19	31.92	33.61	35.26	36.87
34'	21.09	22.98	24.85	26.68	28.48	30.25	31.98	33.67	35.31	36.92
36'	21.16	23.05	24.91	26.74	28.54	30.30	32.03	33.72	35.37	36.97
38'	21.22	23.11	24.97	26.80	28.60	30.36	32.09	33.78	35.42	37.02
40'	21.28	23.17	25.03	26.86	28.66	30.42	32.15	33.83	35.48	37.08
42'	21.35	23.23	25.09	26.92	28.72	30.48	32.20	33.89	35.53	37.13
44'	21.41	23.30	25.15	26.98	28.78	30.54	32.26	33.94	35.59	37.18
46'	21.47	23.36	25.22	27.04	28.84	30.60	32.32	34.00	35.64	37.24
48'	21.54	23.42	25.28	27.10	28.90	30.65	32.37	34.05	35.69	37.29
50'	21.60	23.48	25.34	27.16	28.95	30.71	32.43	34.11	35.75	37.34
52'	21.66	23.55	25.40	27.22	29.01	30.77	32.49	34.16	35.80	37.39
54'	21.73	23.61	25.46	27.28	29.07	30.83	32.54	34.22	35.86	37.45
56'	21.79	23.67	25.52	27.35	29.13	30.88	32.60	34.28	35.91	37.50
58'	21.85	23.73	25.58	27.40	29.19	30.94	32.66	34.33	35.96	37.55

117 $\cos^2\alpha$

0°	117.0
0° 30'	117.0
1°	117.0
1° 30'	116.9
2°	116.9
2° 30'	116.8
3°	116.7
3° 30'	116.6
4°	116.4
4° 30'	116.3
5°	116.1
5° 30'	115.9
6°	115.7
6° 30'	115.5
7°	115.3
7° 30'	115.0
8°	114.7
8° 30'	114.4
9°	114.1
9° 30'	113.8
10°	113.5
10° 20'	113.2
10° 40'	113.0
11°	112.7
11° 20'	112.5
11° 40'	112.2
12°	111.9
12° 20'	111.7
12° 40'	111.4
13°	111.1
13° 20'	110.8
13° 40'	110.5
14°	110.2
14° 20'	109.8
14° 40'	109.5
15°	109.2
15° 20'	108.8
15° 40'	108.5
16°	108.1
16° 20'	107.7
16° 40'	107.4
17°	107.0
17° 20'	106 6
17° 40'	106.2
18°	105.8
18° 20'	105.4
18° 40'	105.0
19°	104.6
19° 20'	104.2
19° 40'	103.7
20°	103.0

118 ($\frac{1}{2}\sin 2\alpha$)

α	0°	1°	2°	3°	4°	5°	6°	7°	8°	9°
0'	0.00	2.06	4.12	6.17	8.21	10.25	12.27	14.27	16.26	18.23
2'	0.07	2.13	4.18	6.24	8.28	10.31	12.33	14.34	16.33	18.30
4'	0.14	2.20	4.25	6.30	8.35	10.38	12.40	14.41	16.39	18.36
6'	0.21	2.26	4.32	6.37	8.42	10.45	12.47	14.47	16.46	18.43
8'	0.27	2.33	4.39	6.44	8.48	10.52	12.54	14.54	16.53	18.49
10'	0.34	2.40	4.46	6.51	8.55	10.58	12.60	14.61	16.59	18.56
12'	0.41	2.47	4.53	6.58	8.62	10.65	12.67	14.67	16.66	18.62
14'	0.48	2.54	4.59	6.64	8.69	10.72	12.74	14.74	16.72	18.69
16'	0.55	2.61	4.66	6.71	8.75	10.79	12.80	14.81	16.79	18.75
18'	0.62	2.68	4.73	6.78	8.82	10.85	12.87	14.87	16.86	18.82
20'	0.69	2.74	4.80	6.85	8.89	10.92	12.94	14.94	16.92	18.88
22'	0.75	2.81	4.87	6.92	8.96	10.99	13.00	15.00	16.99	18.95
24'	0.82	2.88	4.94	6.99	9.03	11.06	13.07	15.07	17.05	19.01
26'	0.89	2.95	5.01	7.05	9.09	11.12	13.14	15.14	17.12	19.08
28'	0.96	3.02	5.07	7.12	9.16	11.19	13.21	15.20	17.18	19.14
30'	1.03	3.09	5.14	7.19	9.23	11.26	13.27	15.27	17.25	19.21
32'	1.10	3.16	5.21	7.26	9.30	11.33	13.34	15.34	17.32	19.27
34'	1.17	3.22	5.28	7.33	9.36	11.39	13.41	15.40	17.38	19.34
36'	1.24	3.29	5.35	7.39	9.43	11.46	13.47	15.47	17.45	19.40
38'	1.30	3.36	5.42	7.46	9.50	11.53	13.54	15.54	17.51	19.47
40'	1.37	3.43	5.48	7.53	9.57	11.59	13.61	15.60	17.58	19.53
42'	1.44	3.50	5.55	7.60	9.64	11.66	13.67	15.67	17.64	19.60
44'	1.51	3.57	5.62	7.67	9.70	11.73	13.74	15.73	17.71	19.66
46'	1.58	3.64	5.69	7.74	9.77	11.80	13.81	15.80	17.77	19.73
48'	1.65	3.70	5.76	7.80	9.84	11.86	13.87	15.87	17.84	19.79
50'	1.72	3.77	5.83	7.87	9.91	11.93	13.94	15.93	17.91	19.86
52'	1.78	3.84	5.89	7.94	9.97	12.00	14.01	16.00	17.97	19.92
54'	1.85	3.91	5.96	8.01	10.04	12.07	14.07	16.06	18.04	19.99
56'	1.92	3.98	6.03	8.08	10.11	12.13	14.14	16.13	18.10	20.05
58'	1.99	4.05	6.10	8.14	10.18	12.20	14.21	16.20	18.17	20.11

α	10°	11°	12°	13°	14°	15°	16°	17°	18°	19°
0'	20.18	22.10	24.00	25.86	27.70	29.50	31.27	32.99	34.68	36.32
2'	20.24	22.17	24.06	25.93	27.76	29.56	31.32	33.05	34.73	36.38
4'	20.31	22.23	24.12	25.99	27.82	29.62	31.38	33.11	34.79	36.43
6'	20.37	22.29	24.19	26.05	27.88	29.68	31.44	33.16	34.85	36.49
8'	20.44	22.36	24.25	26.11	27.94	29.74	31.50	33.22	34.90	36.54
10'	20.50	22.42	24.31	26.17	28.00	29.80	31.56	33.28	34.96	36.59
12'	20.57	22.48	24.38	26.23	28.06	29.86	31.61	33.33	35.01	36.65
14'	20.63	22.55	24.44	26.29	28.12	29.92	31.67	33.39	35.07	36.70
16'	20.69	22.61	24.50	26.36	28.18	29.97	31.73	33.45	35.12	36.76
18'	20.76	22.67	24.56	26.42	28.24	30.03	31.79	33.50	35.18	36.81
20'	20.82	22.74	24.62	26.48	28.30	30.09	31.85	33.56	35.23	36.86
22'	20.89	22.80	24.69	26.54	28.36	30.15	31.90	33.62	35.29	36.92
24'	20.95	22.86	24.75	26.60	28.42	30.21	31.96	33.67	35.34	36.97
26'	21.02	22.93	24.81	26.66	28.48	30.27	32.02	33.73	35.40	37.02
28'	21.08	22.99	24.87	26.72	28.54	30.33	32.08	33.78	35.45	37.08
30'	21.14	23.05	24.93	26.79	28.60	30.39	32.13	33.84	35.51	37.13
32'	21.21	23.12	25.00	26.85	28.66	30.45	32.19	33.90	35.56	37.18
34'	21.27	23.18	25.06	26.91	28.72	30.50	32.25	33.95	35.62	37.24
36'	21.34	23.24	25.12	26.97	28.78	30.56	32.31	34.01	35.67	37.29
38'	21.40	23.31	25.18	27.03	28.84	30.62	32.36	34.07	35.73	37.34
40'	21.46	23.37	25.25	27.09	28.90	30.68	32.42	34.12	35.78	37.40
42'	21.53	23.43	25.31	27.15	28.96	30.74	32.48	34.18	35.84	37.45
44'	21.59	23.49	25.37	27.21	29.02	30.80	32.54	34.23	35.89	37.50
46'	21.66	23.56	25.43	27.27	29.08	30.86	32.59	34.29	35.94	37.56
48'	21.72	23.62	25.49	27.33	29.14	30.92	32.65	34.35	36.00	37.61
50'	21.78	23.68	25.55	27.40	29.20	30.97	32.71	34.40	36.05	37.66
52'	21.85	23.75	25.62	27.46	29.26	31.03	32.76	34.46	36.11	37.71
54'	21.91	23.81	25.68	27.52	29.32	31.09	32.82	34.51	36.16	37.77
56'	21.97	23.87	25.74	27.58	29.38	31.15	32.88	34.57	36.22	37.82
58'	22.04	23.93	25.80	27.64	29.44	31.21	32.94	34.62	36.27	37.87

118 $\cos^2\alpha$

α	118 cos²α
0°	118.0
0°30'	118.0
1°	118.0
1°30'	117.9
2°	117.9
2°30'	117.8
3°	117.7
3°30'	117.6
4°	117.4
4°30'	117.3
5°	117.1
5°30'	116.9
6°	116.7
6°30'	116.5
7°	116.2
7°30'	116.0
8°	115.7
8°30'	115.4
9°	115.1
9°30'	114.8
10°	114.4
10°20'	114.2
10°40'	114.0
11°	113.7
11°20'	113.4
11°40'	113.2
12°	112.9
12°20'	112.6
12°40'	112.0
13°	112.0
13°20'	111.7
13°40'	111.4
14°	111.1
14°20'	110.8
14°40'	110.4
15°	110.1
15°20'	109.7
15°40'	109.4
16°	109.0
16°20'	108.7
16°40'	108.3
17°	107.9
17°20'	107.5
17°40'	107.1
18°	106.7
18°20'	106.3
18°40'	105.9
19°	105.5
19°20'	105.1
19°40'	104.6
20°	104.2

119 ($\frac{1}{2} \sin 2\alpha$)

α	0°	1°	2°	3°	4°	5°	6°	7°	8°	9°
0'	0.00	2.08	4.15	6.22	8.28	10.33	12.37	14.39	16.40	18.39
2'	0.07	2.15	4.22	6.29	8.35	10.40	12.44	14.46	16.47	18.45
4'	0.14	2.21	4.29	6.36	8.42	10.47	12.51	14.53	16.53	18.52
6'	0.21	2.28	4.36	6.43	8.49	10.54	12.57	14.60	16.60	18.58
8'	0.28	2.35	4.43	6.49	8.55	10.60	12.64	14.66	16.67	18.65
10'	0.35	2.42	4.50	6.56	8.62	10.67	12.71	14.73	16.73	18.72
12'	0.42	2.49	4.56	6.63	8.69	10.74	12.78	14.80	16.80	18.78
14'	0.48	2.56	4.63	6.70	8.76	10.81	12.84	14.87	16.87	18.85
16'	0.55	2.63	4.70	6.77	8.83	10.88	12.91	14.93	16.93	18.91
18'	0.62	2.70	4.77	6.84	8.90	10.95	12.98	15.00	17.00	18.98
20'	0.69	2.77	4.84	6.91	8.97	11.01	13.05	15.07	17.06	19.04
22'	0.76	2.84	4.91	6.98	9.03	11.08	13.11	15.13	17.13	19.11
24'	0.83	2.91	4.98	7.05	9.10	11.15	13.18	15.20	17.20	19.17
26'	0.90	2.98	5.05	7.11	9.17	11.22	13.25	15.27	17.26	19.24
28'	0.97	3.04	5.12	7.18	9.24	11.29	13.32	15.33	17.33	19.31
30'	1.04	3.11	5.19	7.25	9.31	11.35	13.38	15.40	17.40	19.37
32'	1.11	3.18	5.25	7.32	9.38	11.42	13.45	15.47	17.46	19.44
34'	1.18	3.25	5.32	7.39	9.44	11.49	13.52	15.53	17.53	19.50
36'	1.25	3.32	5.39	7.46	9.51	11.56	13.59	15.60	17.59	19.57
38'	1.32	3.39	5.46	7.53	9.58	11.62	13.65	15.67	17.66	19.63
40'	1.38	3.46	5.53	7.59	9.65	11.69	13.72	15.73	17.73	19.70
42'	1.45	3.53	5.60	7.66	9.72	11.76	13.79	15.80	17.79	19.76
44'	1.52	3.60	5.67	7.73	9.79	11.83	13.86	15.87	17.86	19.83
46'	1.59	3.67	5.74	7.80	9.85	11.90	13.92	15.93	17.92	19.89
48'	1.66	3.74	5.81	7.87	9.92	11.96	13.99	16.00	17.99	19.96
50'	1.73	3.81	5.88	7.94	9.99	12.03	14.06	16.07	18.06	20.02
52'	1.80	3.87	5.94	8.01	10.06	12.10	14.13	16.13	18.12	20.09
54'	1.87	3.94	6.01	8.08	10.13	12.17	14.19	16.20	18.19	20.15
56'	1.94	4.01	6.08	8.14	10.20	12.24	14.26	16.27	18.25	20.22
58'	2.01	4.08	6.15	8.21	10.26	12.30	14.33	16.33	18.32	20.29

α	10°	11°	12°	13°	14°	15°	16°	17°	18°	19°
0'	20.35	22.29	24.20	26.08	27.93	29.75	31.53	33.27	34.97	36.63
2'	20.42	22.35	24.26	26.15	27.99	29.81	31.59	33.33	35.03	36.69
4'	20.48	22.42	24.33	26.21	28.06	29.87	31.65	33.39	35.09	36.74
6'	20.55	22.48	24.39	26.27	28.12	29.93	31.71	33.44	35.14	36.80
8'	20.61	22.55	24.45	26.33	28.18	29.99	31.76	33.50	35.20	36.85
10'	20.68	22.61	24.52	26.39	28.24	30.05	31.82	33.55	35.25	36.90
12'	20.74	22.67	24.58	26.46	28.30	30.11	31.88	33.62	35.31	36.96
14'	20.80	22.74	24.64	26.51	28.36	30.17	31.94	33.67	35.36	37.01
16'	20.87	22.80	24.71	26.58	28.42	30.23	32.00	33.73	35.42	37.07
18'	20.93	22.87	24.77	26.64	28.48	30.29	32.06	33.79	35.48	37.12
20'	21.00	22.93	24.83	26.70	28.54	30.35	32.12	33.84	35.53	37.17
22'	21.06	22.99	24.89	26.77	28.60	30.41	32.17	33.90	35.59	37.23
24'	21.13	23.06	24.96	26.83	28.66	30.47	32.23	33.96	35.64	37.28
26'	21.19	23.12	25.02	26.89	28.72	30.53	32.29	34.01	35.70	37.34
28'	21.26	23.18	25.08	26.95	28.79	30.59	32.35	34.07	35.75	37.39
30'	21.32	23.25	25.15	27.01	28.85	30.64	32.41	34.13	35.81	37.44
32'	21.39	23.31	25.21	27.07	28.91	30.70	32.46	34.18	35.86	37.50
34'	21.45	23.38	25.27	27.14	28.97	30.76	32.52	34.24	35.92	37.55
36'	21.52	23.44	25.33	27.20	29.03	30.82	32.58	34.30	35.97	37.61
38'	21.58	23.50	25.40	27.26	29.09	30.88	32.64	34.35	36.03	37.66
40'	21.65	23.57	25.46	27.32	29.15	30.94	32.70	34.40	36.08	37.71
42'	21.71	23.63	25.52	27.38	29.21	31.00	32.75	34.47	36.14	37.77
44'	21.77	23.69	25.58	27.44	29.27	31.06	32.81	34.52	36.19	37.82
46'	21.84	23.76	25.65	27.50	29.33	31.12	32.87	34.58	36.25	37.87
48'	21.90	23.82	25.71	27.57	29.39	31.18	32.93	34.64	36.30	37.93
50'	21.97	23.88	25.77	27.63	29.45	31.24	32.98	34.69	36.36	37.98
52'	22.03	23.95	25.84	27.69	29.51	31.29	33.04	34.75	36.41	38.03
54'	22.10	24.01	25.90	27.75	29.57	31.35	33.10	34.81	36.47	38.09
56'	22.16	24.07	25.96	27.81	29.63	31.41	33.16	34.86	36.52	38.14
58'	22.22	24.14	26.02	27.87	29.69	31.47	33.21	34.92	36.58	38.19

119 $\cos^2\alpha$

α	119 $\cos^2\alpha$
0°	119.0
0°30'	119.0
1°	119.0
1°30'	118.9
2°	118.9
2°30'	118.8
3°	118.7
3°30'	118.6
4°	118.4
4°30'	118.3
5°	118.1
5°30'	117.9
6°	117.7
6°30'	117.5
7°	117.2
7°30'	117.0
8°	116.7
8°30'	116.4
9°	116.1
9°30'	115.8
10°	115.4
10°20'	115.2
10°40'	114.9
11°	114.7
11°20'	114.4
11°40'	114.1
12°	113.9
12°20'	113.6
12°40'	113.3
13°	113.0
13°20'	112.7
13°40'	112.4
14°	112.0
14°20'	111.7
14°40'	111.4
15°	111.0
15°20'	110.7
15°40'	110.3
16°	110.0
16°20'	109.6
16°40'	109.2
17°	108.8
17°20'	108.4
17°40'	108.0
18°	107.6
18°20'	107.2
18°40'	106.8
19°	106.4
19°20'	106.0
19°40'	105.5
20°	105.1

120 ($^1/_2$ sin 2 α)

α	0°	1°	2°	3°	4°	5°	6°	7°	8°	9°	120 $\cos^2\alpha$	
0'	0.00	2.09	4.19	6.27	8.35	10.42	12.47	14.52	16.54	18.54	0°	120.0
2'	0.07	2.16	4.26	6.34	8.42	10.49	12.54	14.58	16.61	18.61	0° 80'	120.0
4'	0.14	2.23	4.32	6.41	8.49	10.56	12.61	14.65	16.67	18.67	1°	120.0
6'	0.21	2.30	4.39	6.48	8.56	10.63	12.68	14.72	16.74	18.74	1° 80'	119.9
8'	0.28	2.37	4.46	6.55	8.63	10.69	12.75	14.79	16.81	18.81		
10'	0.85	2.44	4.53	6.62	8.70	10.76	12.82	14.85	16.87	18.87	2°	119.9
12'	0.42	2.51	4.60	6.69	8.76	10.83	12.88	14.92	16.94	18.94	2° 30'	119.8
14'	0.49	2.58	4.67	6.76	8.88	10.90	12.95	14.99	17.01	19.01	3°	119.7
16'	0.56	2.65	4.74	6.88	8.90	10.97	13.02	15.06	17.07	19.07	3° 30'	119.6
18'	0.63	2.72	4.81	6.90	8.97	11.04	13.09	15.12	17.14	19.14		
20'	0.70	2.79	4.88	6.97	9.04	11.11	13.16	15.19	17.21	19.20	4°	119.4
22'	0.77	2.86	4.95	7.03	9.11	11.17	13.22	15.26	17.28	19.27	4° 30'	119.3
24'	0.84	2.93	5.02	7.10	9.18	11.24	13.29	15.33	17.34	19.34	5°	119.1
26'	0.91	3.00	5.09	7.17	9.25	11.31	13.36	15.39	17.41	19.40	5° 30'	118.9
28'	0.98	3.07	5.16	7.24	9.32	11.38	13.43	15.46	17.48	19.47		
30'	1.05	3.14	5.23	7.31	9.39	11.45	13.50	15.53	17.54	19.53	6°	118.7
32'	1.12	3.21	5.30	7.88	9.46	11.52	13.57	15.60	17.61	19.60	6° 80'	118.5
34'	1.19	3.28	5.37	7.45	9.52	11.59	13.63	15.66	17.68	19.67	7°	118.2
36'	1.26	3.35	5.44	7.52	9.59	11.65	13.70	15.73	17.74	19.73	7° 80'	118.0
38'	1.33	3.42	5.51	7.59	9.66	11.72	13.77	15.80	17.81	19.80		
40'	1.40	3.49	5.58	7.66	9.73	11.79	13.84	15.87	17.88	19.86	8°	117.7
42'	1.47	3.56	5.65	7.73	9.80	11.86	13.90	15.93	17.94	19.93	8° 80'	117.4
44'	1.54	3.63	5.72	7.80	9.87	11.93	13.97	16.00	18.01	20.00	9°	117.1
46'	1.61	3.70	5.79	7.87	9.94	12.00	14.04	16.07	18.08	20.06	9° 30'	116.7
48'	1.68	3.77	5.85	7.94	10.01	12.06	14.11	16.14	18.14	20.13		
50'	1.74	3.84	5.92	8.00	10.07	12.13	14.18	16.20	18.21	20.19	10°	116.4
52'	1.81	3.91	5.99	8.07	10.14	12.20	14.24	16.27	18.28	20.26	10° 20'	116.1
54'	1.88	3.98	6.06	8.14	10.21	12.27	14.31	16.34	18.34	20.32	10° 40'	115.9
56'	1.95	4.05	6.13	8.21	10.28	12.34	14.38	16.40	18.41	20.39	11°	115.6
58'	2.02	4.12	6.20	8.28	10.35	12.41	14.45	16.47	18.47	20.46	11° 20'	115.4
											11° 40'	115.1

α	10°	11°	12°	13°	14°	15°	16°	17°	18°	19°		
											12°	114.8
											12° 20'	114.5
0'	20.52	22.48	24.40	26.30	28.17	30.00	31.80	83.55	35.27	86.94	12° 40'	114.2
2'	20.59	22.54	24.47	26.36	28.23	30.06	31.85	83.61	35.32	86.99		
4'	20.65	22.61	24.58	26.43	28.29	30.12	31.91	33.67	35.38	37.05	13°	118.9
6'	20.72	22.67	24.60	26.49	28.35	30.18	31.97	33.73	35.44	37.10	13° 20'	118.6
8'	20.78	22.74	24.66	26.55	28.41	30.24	32.03	33.78	35.49	37.16	13° 40'	118.3
10'	20.85	22.80	24.72	26.62	28.48	80.30	32.09	33.84	35.55	37.21		
12'	20.91	22.86	24.79	26.68	28.54	80.86	32.15	33.90	35.61	37.27	14°	118.0
14'	20.98	22.93	24.85	26.73	28.60	30.42	32.21	33.96	35.66	37.32	14° 20'	112.6
16'	21.05	22.99	24.91	26.80	28.66	30.48	32.27	34.01	35.72	37.38	14° 40'	112.3
18'	21.11	23.06	24.98	26.87	28.72	30.54	32.33	34.07	35.77	37.43		
20'	21.18	23.12	25.04	26.93	28.78	30.60	32.39	34.13	35.83	37.49	15°	112.0
22'	21.24	23.19	25.10	26.99	28.84	30.66	32.44	34.19	35.89	37.54	15° 20'	111.6
24'	21.31	23.25	25.17	27.05	28.90	30.72	32.50	34.24	36.00	37.60	15° 40'	111.2
26'	21.37	23.32	25.23	27.11	28.97	80.78	82.56	34.30	36.00	37.65		
28'	21.44	23.88	25.29	27.18	29.08	30.84	32.62	34.36	36.05	37.70	16°	110.9
											16° 20'	110.5
30'	21.50	23.44	25.36	27.24	29.09	80.90	32.68	34.41	36.11	37.76	16° 40'	110.1
32'	21.57	23.51	25.42	27.30	29.15	30.96	32.74	34.47	36.16	37.81		
34'	21.63	23.57	25.48	27.36	29.21	31.02	32.80	34.53	36.22	37.87	17°	109.7
36'	21.70	23.64	25.55	27.43	29.27	31.08	32.85	34.59	36.28	37.92	17° 20'	109.3
38'	21.76	23.70	25.61	27.49	29.33	31.14	32.91	34.64	36.33	37.98	17° 40'	109.0
40'	21.83	23.76	25.67	27.55	29.39	31.20	32.97	34.69	36.39	38.03		
42'	21.89	23.83	25.74	27.61	29.45	31.26	33.03	34.76	36.44	38.08	18°	108.5
44'	21.96	23.89	25.80	27.67	29.51	31.32	33.09	34.81	36.50	38.14	18° 20'	108.1
46'	22.02	23.96	25.86	27.74	29.58	31.38	33.15	34.87	36.55	38.19	18° 40'	107.7
48'	22.09	24.02	25.93	27.80	29.64	31.44	33.20	34.93	36.61	38.25		
50'	22.15	24.08	25.99	27.86	29.70	31.50	33.26	34.98	36.66	38.30	19°	107.3
52'	22.22	24.15	26.05	27.91	29.76	31.56	33.32	35.04	36.72	38.35	19° 20'	106.8
54'	22.28	24.21	26.11	27.98	29.82	31.62	33.38	35.10	36.77	38.41	19° 40'	106.4
56'	22.35	24.28	26.18	28.05	29.88	31.68	33.44	35.15	36.83	38.46		
58'	22.41	24.34	26.24	28.11	29.94	31.74	33.49	35.21	36.88	38.51	20°	106.0

121 ($\frac{1}{2} \sin 2\alpha$)

α	0°	1°	2°	3°	4°	5°	6°	7°	8°	9°	121 $\cos^2\alpha$	
0′	0.00	2.11	4.22	6.32	8.42	10.51	12.58	14.64	16.68	18.70	0°	121.0
2′	0.07	2.18	4.29	6.39	8.49	10.58	12.65	14.70	16.74	18.76	0° 30′	121.0
4′	0.14	2.25	4.36	6.46	8.56	10.64	12.72	14.77	16.81	18.83	1°	120.0
6′	0.21	2.32	4.43	6.53	8.63	10.71	12.79	14.84	16.88	18.90	1° 30′	120.9
8′	0.28	2.39	4.50	6.60	8.70	10.78	12.85	14.91	16.95	18.96		
											2°	120.9
10′	0.35	2.46	4.57	6.67	8.77	10.85	12.92	14.98	17.01	19.03	2° 30′	120.8
12′	0.42	2.53	4.64	6.74	8.84	10.92	12.99	15.05	17.08	19.10	3°	120.7
14′	0.49	2.60	4.71	6.81	8.91	10.99	13.06	15.12	17.15	19.16	3° 30′	120.5
16′	0.56	2.67	4.78	6.88	8.98	11.06	13.13	15.18	17.22	19.23		
18′	0.63	2.74	4.85	6.95	9.05	11.13	13.20	15.25	17.28	19.30	4°	120.4
20′	0.70	2.81	4.92	7.02	9.12	11.20	13.27	15.32	17.35	19.36	4° 30′	120.8
22′	0.77	2.89	4.99	7.09	9.19	11.27	13.34	15.39	17.42	19.43	5°	120.1
24′	0.84	2.96	5.06	7.16	9.26	11.34	13.40	15.45	17.49	19.50	5° 30′	119.9
26′	0.91	3.03	5.13	7.23	9.33	11.41	13.47	15.52	17.55	19.56		
28′	0.99	3.10	5.20	7.30	9.39	11.47	13.54	15.59	17.62	19.63	6°	119.7
30′	1.06	3.17	5.27	7.37	9.46	11.54	13.61	15.66	17.69	19.70	6° 30′	119.4
32′	1.13	3.24	5.34	7.44	9.53	11.61	13.68	15.73	17.76	19.76	7°	119.2
34′	1.20	3.31	5.41	7.51	9.60	11.68	13.75	15.79	17.82	19.83	7° 30′	118.9
36′	1.27	3.38	5.48	7.58	9.67	11.75	13.82	15.86	17.89	19.90		
38′	1.34	3.45	5.55	7.65	9.74	11.82	13.88	15.93	17.96	19.96	8°	118.7
											8° 30′	118.4
40′	1.41	3.52	5.62	7.72	9.81	11.89	13.95	16.00	18.02	20.03	9°	118.0
42′	1.48	3.59	5.69	7.79	9.88	11.96	14.02	16.07	18.09	20.10	9° 30′	117.7
44′	1.55	3.66	5.76	7.86	9.95	12.03	14.09	16.13	18.16	20.16		
46′	1.62	3.73	5.83	7.93	10.02	12.10	14.16	16.20	18.23	20.23		
48′	1.69	3.80	5.90	8.00	10.09	12.17	14.23	16.27	18.29	20.29	10°	117.4
											10° 20′	117.1
50′	1.76	3.87	5.97	8.07	10.16	12.23	14.29	16.34	18.36	20.36	10° 40′	116.9
52′	1.83	3.94	6.04	8.14	10.23	12.30	14.36	16.41	18.43	20.43		
54′	1.90	4.01	6.11	8.21	10.30	12.37	14.43	16.47	18.49	20.49	11°	116.6
56′	1.97	4.08	6.18	8.28	10.37	12.44	14.50	16.54	18.56	20.56	11° 20′	116.3
58′	2.04	4.15	6.25	8.35	10.44	12.51	14.57	16.61	18.63	20.63	11° 40′	116.1

α	10°	11°	12°	13°	14°	15°	16°	17°	18°	19°		
											12°	115.8
											12° 20′	115.5
0′	20.69	22.66	24.61	26.52	28.40	30.25	32.06	33.83	35.56	37.25	12° 40′	115.2
2′	20.76	22.73	24.67	26.58	28.47	30.31	32.12	33.89	35.62	37.30		
4′	20.82	22.79	24.74	26.65	28.53	30.37	32.18	33.95	35.67	37.36	13°	114.9
6′	20.89	22.86	24.80	26.71	28.59	30.43	32.24	34.01	35.73	37.41	13° 20′	114.6
8′	20.96	22.92	24.86	26.77	28.65	30.49	32.30	34.06	35.79	37.47	13° 40′	114.2
10′	21.02	22.99	24.93	26.84	28.71	30.55	32.36	34.12	35.85	37.52		
12′	21.09	23.05	24.99	26.90	28.78	30.61	32.42	34.18	35.90	37.58	14°	113.9
14′	21.15	23.12	25.06	26.95	28.84	30.68	32.48	34.24	35.96	37.63	14° 20′	113.6
16′	21.22	23.18	25.12	27.03	28.90	30.74	32.54	34.30	36.02	37.69	14° 40′	113.2
18′	21.29	23.25	25.18	27.09	28.96	30.80	32.60	34.35	36.07	37.74		
											15°	112.9
20′	21.35	23.31	25.25	27.15	29.02	30.86	32.65	34.41	36.13	37.80	15° 20′	112.5
22′	21.42	23.38	25.31	27.22	29.08	30.92	32.71	34.47	36.18	37.85	15° 40′	112.2
24′	21.48	23.44	25.38	27.28	29.15	30.98	32.77	34.53	36.24	37.91		
26′	21.55	23.51	25.44	27.34	29.21	31.04	32.83	34.59	36.30	37.96	16°	111.8
28′	21.62	23.57	25.50	27.40	29.27	31.10	32.89	34.64	36.35	38.02	16° 20′	111.4
30′	21.68	23.64	25.57	27.47	29.33	31.16	32.95	34.70	36.41	38.07	16° 40′	111.0
32′	21.75	23.70	25.63	27.53	29.39	31.22	33.01	34.76	36.47	38.13		
34′	21.81	23.77	25.70	27.59	29.45	31.28	33.07	34.82	36.52	38.18	17°	110.7
36′	21.88	23.83	25.76	27.65	29.52	31.34	33.13	34.87	36.58	38.24	17° 20′	110.3
38′	21.94	23.90	25.82	27.72	29.58	31.40	33.19	34.93	36.63	38.29	17° 40′	109.9
40′	22.01	23.96	25.89	27.78	29.64	31.46	33.25	34.98	36.69	38.35		
42′	22.07	24.03	25.95	27.84	29.70	31.52	33.30	35.05	36.75	38.40	18°	109.4
44′	22.14	24.09	26.01	27.90	29.76	31.58	33.36	35.10	36.80	38.46	18° 20′	109.0
46′	22.21	24.16	26.08	27.97	29.82	31.64	33.42	35.16	36.86	38.51	18° 40′	108.6
48′	22.27	24.22	26.14	28.03	29.88	31.70	33.48	35.22	36.91	38.56		
											19°	108.2
50′	22.34	24.29	26.20	28.09	29.94	31.76	33.54	35.28	36.97	38.62	19° 20′	107.7
52′	22.40	24.35	26.27	28.14	30.01	31.82	33.60	35.33	37.03	38.67	19° 40′	107.3
54′	22.47	24.41	26.33	28.22	30.07	31.88	33.66	35.39	37.08	38.73		
56′	22.53	24.48	26.39	28.28	30.13	31.94	33.72	35.45	37.14	38.78		
58′	22.60	24.54	26.46	28.34	30.19	32.00	33.77	35.50	37.19	38.83	20°	106.8

122 ($^1/_2\ sin\ 2\ \alpha$)

α	0°	1°	2°	3°	4°	5°	6°	7°	8°	9°
0'	0.00	2.13	4.26	6.38	8.49	10.59	12.68	14.76	16.81	18.85
2'	0.07	2.20	4.33	6.45	8.56	10.66	12.75	14.83	16.88	18.92
4'	0.14	2.27	4.40	6.52	8.63	10.73	12.82	14.89	16.95	18.99
6'	0.21	2.34	4.47	6.59	8.70	10.80	12.89	14.96	17.02	19.05
8'	0.28	2.41	4.54	6.66	8.77	10.87	12.96	15.03	17.09	19.12
10'	0.35	2.48	4.61	6.73	8.84	10.94	13.03	15.10	17.15	19.19
12'	0.43	2.55	4.68	6.80	8.91	11.01	13.10	15.17	17.22	19.25
14'	0.50	2.63	4.75	6.87	8.98	11.08	13.17	15.24	17.29	19.32
16'	0.57	2.70	4.82	6.94	9.05	11.15	13.24	15.31	17.36	19.39
18'	0.64	2.77	4.89	7.01	9.12	11.22	13.31	15.38	17.43	19.46
20'	0.71	2.84	4.96	7.08	9.19	11.29	13.38	15.44	17.50	19.52
22'	0.78	2.91	5.03	7.15	9.26	11.36	13.45	15.51	17.56	19.59
24'	0.85	2.98	5.10	7.22	9.33	11.43	13.51	15.58	17.63	19.66
26'	0.92	3.05	5.18	7.29	9.40	11.50	13.58	15.65	17.70	19.73
28'	0.99	3.12	5.25	7.36	9.47	11.57	13.65	15.72	17.77	19.79
30'	1.06	3.19	5.32	7.43	9.54	11.64	13.72	15.79	17.83	19.86
32'	1.14	3.26	5.39	7.50	9.61	11.71	13.79	15.86	17.90	19.93
34'	1.21	3.33	5.46	7.57	9.68	11.78	13.86	15.93	17.97	19.99
36'	1.28	3.41	5.53	7.65	9.75	11.85	13.93	15.99	18.04	20.09
38'	1.35	3.48	5.60	7.72	9.82	11.92	14.00	16.06	18.11	20.13
40'	1.42	3.55	5.67	7.79	9.89	11.99	14.07	16.13	18.17	20.19
42'	1.49	3.62	5.74	7.86	9.96	12.06	14.14	16.20	18.24	20.26
44'	1.56	3.69	5.81	7.93	10.03	12.13	14.21	16.27	18.31	20.33
46'	1.63	3.76	5.88	8.00	10.10	12.20	14.27	16.34	18.38	20.40
48'	1.70	3.83	5.95	8.07	10.17	12.27	14.34	16.40	18.44	20.46
50'	1.77	3.90	6.02	8.14	10.24	12.34	14.41	16.47	18.51	20.53
52'	1.85	3.97	6.09	8.21	10.31	12.40	14.48	16.54	18.58	20.60
54'	1.92	4.04	6.16	8.28	10.38	12.47	14.55	16.61	18.65	20.66
56'	1.98	4.11	6.24	8.35	10.45	12.54	14.62	16.68	18.71	20.73
58'	2.06	4.18	6.31	8.42	10.52	12.61	14.69	16.75	18.78	20.80

α	10°	11°	12°	13°	14°	15°	16°	17°	18°	19°
0'	20.86	22.85	24.81	26.74	28.64	30.50	32.38	34.11	35.85	37.56
2'	20.93	22.92	24.88	26.80	28.70	30.56	32.39	34.17	35.91	37.61
4'	21.00	22.98	24.94	26.87	28.76	30.62	32.45	34.23	35.97	37.67
6'	21.06	23.05	25.01	26.93	28.83	30.68	32.51	34.29	36.03	37.72
8'	21.13	23.11	25.07	27.00	28.89	30.75	32.57	34.35	36.08	37.78
10'	21.20	23.18	25.13	27.06	28.95	30.81	32.63	34.40	36.14	37.83
12'	21.26	23.25	25.20	27.12	29.01	30.87	32.69	34.46	36.20	37.89
14'	21.33	23.31	25.26	27.18	29.08	30.93	32.75	34.52	36.26	37.95
16'	21.40	23.38	25.33	27.25	29.14	30.99	32.81	34.58	36.31	38.00
18'	21.46	23.44	25.39	27.31	29.20	31.05	32.86	34.64	36.37	38.06
20'	21.53	23.51	25.46	27.38	29.26	31.11	32.92	34.70	36.43	38.11
22'	21.60	23.57	25.52	27.44	29.32	31.17	32.98	34.76	36.48	38.17
24'	21.66	23.64	25.59	27.50	29.39	31.23	33.04	34.81	36.54	38.22
26'	21.73	23.70	25.65	27.57	29.45	31.30	33.10	34.87	36.60	38.28
28'	21.79	23.77	25.72	27.63	29.51	31.36	33.16	34.93	36.65	38.33
30'	21.86	23.83	25.78	27.69	29.57	31.42	33.22	34.99	36.71	38.39
32'	21.93	23.90	25.84	27.76	29.64	31.48	33.28	35.05	36.77	38.44
34'	21.99	23.97	25.91	27.82	29.70	31.54	33.34	35.10	36.82	38.50
36'	22.06	24.03	25.97	27.88	29.76	31.60	33.40	35.16	36.88	38.55
38'	22.13	24.10	26.04	27.95	29.82	31.66	33.46	35.22	36.94	38.61
40'	22.19	24.16	26.10	28.01	29.88	31.72	33.52	35.27	36.99	38.66
42'	22.26	24.23	26.17	28.07	29.95	31.78	33.58	35.34	37.05	38.72
44'	22.32	24.29	26.23	28.14	30.01	31.84	33.64	35.39	37.11	38.77
46'	22.39	24.36	26.29	28.20	30.07	31.90	33.70	35.45	37.16	38.83
48'	22.46	24.42	26.36	28.26	30.13	31.96	33.76	35.51	37.22	38.88
50'	22.52	24.49	26.42	28.32	30.19	32.02	33.82	35.57	37.28	38.94
52'	22.59	24.55	26.49	28.38	30.25	32.08	33.88	35.62	37.33	38.99
54'	22.65	24.62	26.55	28.45	30.32	32.14	33.93	35.68	37.39	39.05
56'	22.72	24.68	26.61	28.51	30.38	32.20	33.99	35.74	37.44	39.10
58'	22.79	24.75	26.68	28.58	30.44	32.26	34.05	35.80	37.50	39.16

122 $cos^2\alpha$

α	value
0°	122.0
0° 30'	122.0
1°	122.0
1° 30'	121.9
2°	121.9
2° 30'	121.8
3°	121.7
3° 30'	121.5
4°	121.4
4° 30'	121.2
5°	121.1
5° 30'	120.9
6°	120.7
6° 30'	120.4
7°	120.2
7° 30'	119.9
8°	119.6
8° 30'	119.3
9°	119.0
9° 30'	118.7
10°	118.3
10° 20'	118.1
10° 40'	117.8
11°	117.6
11° 20'	117.3
11° 40'	117.0
12°	116.7
12° 20'	116.4
12° 40'	116.1
13°	115.8
13° 20'	115.5
13° 40'	115.2
14°	114.9
14° 20'	114.5
14° 40'	114.2
15°	113.8
15° 20'	113.5
15° 40'	113.1
16°	112.7
16° 20'	112.4
16° 40'	112.0
17°	111.6
17° 20'	111.2
17° 40'	110.8
18°	110.3
18° 20'	109.9
18° 40'	109.5
19°	109.1
19° 20'	108.6
19° 40'	108.2
20°	107.7

123 ($\frac{1}{2} \sin 2\alpha$)

α	0°	1°	2°	3°	4°	5°	6°	7°	8°	9°
0'	0.00	2.15	4.29	6.43	8.56	10.68	12.79	14.88	16.95	19.00
2'	0.07	2.22	4.36	6.50	8.63	10.75	12.86	14.95	17.02	19.07
4'	0.14	2.29	4.43	6.57	8.70	10.82	12.93	15.02	17.09	19.14
6'	0.21	2.36	4.50	6.64	8.77	10.89	13.00	15.09	17.16	19.21
8'	0.29	2.43	4.58	6.71	8.84	10.96	13.07	15.16	17.23	19.28
10'	0.36	2.50	4.65	6.78	8.91	11.03	13.14	15.23	17.30	19.34
12'	0.43	2.58	4.72	6.86	8.98	11.10	13.21	15.29	17.36	19.41
14'	0.50	2.65	4.79	6.93	9.05	11.17	13.28	15.36	17.43	19.48
16'	0.57	2.72	4.86	7.00	9.13	11.24	13.35	15.43	17.50	19.55
18'	0.64	2.79	4.93	7.07	9.20	11.31	13.42	15.50	17.57	19.62
20'	0.72	2.86	5.00	7.14	9.27	11.38	13.49	15.57	17.64	19.68
22'	0.79	2.93	5.07	7.21	9.34	11.45	13.56	15.64	17.71	19.75
24'	0.86	3.00	5.15	7.28	9.41	11.52	13.63	15.71	17.78	19.82
26'	0.93	3.08	5.22	7.35	9.48	11.59	13.69	15.78	17.84	19.89
28'	1.00	3.15	5.29	7.42	9.55	11.66	13.76	15.85	17.91	19.95
30'	1.07	3.22	5.36	7.49	9.62	11.73	13.83	15.92	17.98	20.02
32'	1.14	3.29	5.43	7.57	9.69	11.80	13.90	15.99	18.05	20.09
34'	1.22	3.36	5.50	7.64	9.76	11.88	13.97	16.06	18.12	20.16
36'	1.29	3.43	5.57	7.71	9.83	11.95	14.04	16.12	18.19	20.23
38'	1.36	3.50	5.65	7.78	9.90	12.02	14.11	16.19	18.25	20.29
40'	1.45	3.58	5.72	7.85	9.97	12.09	14.18	16.26	18.32	20.36
42'	1.50	3.65	5.79	7.92	10.04	12.16	14.25	16.33	18.39	20.43
44'	1.57	3.72	5.86	7.99	10.12	12.23	14.32	16.40	18.46	20.50
46'	1 65	3.79	5.93	8.06	10.19	12.30	14.39	16.47	18.53	20.56
48'	1.72	3.86	6.00	8.13	10.26	12.37	14.46	16.54	18.60	20.63
50'	1.79	3.93	6.07	8.20	10.33	12.44	14.53	16.61	18.66	20.70
52'	1.86	4.00	6.14	8.28	10.40	12.51	14.60	16.68	18.73	20.76
54'	1.93	4.08	6.21	8.35	10.47	12.58	14.67	16.75	18.80	20.83
56'	2.00	4.15	6.29	8.42	10.54	12.65	14.74	16.81	18.87	20.90
58'	2.07	4.22	6.36	8.49	10.61	12.72	14.81	16.88	18.94	20.97

α	10°	11°	12°	13°	14°	15°	16°	17°	18°	19°
0'	21.03	23.04	25.01	26.96	28.87	30.75	32.59	34.39	36.15	37.86
2'	21.10	23.10	25.08	27.02	28.94	30.81	32.65	34.45	36.21	37.92
4'	21.17	23.17	25.15	27.09	29.00	30.87	32.71	34.51	36.26	37.98
6'	21.24	23.24	25.21	27.15	29.06	30.94	32.77	34.57	36.32	38.03
8'	21.30	23.30	25.28	27.22	29.12	31.00	32.83	34.63	36.38	38.09
10'	21.37	23.37	25.34	27.28	29.19	31.06	32.89	34.69	36.44	38.14
12'	21.44	23.44	25.41	27.35	29.25	31.12	32.95	34.75	36.50	38.20
14'	21.50	23.50	25.47	27.40	29.31	31.18	33.01	34.80	36.55	38.26
16'	21.57	23.57	25.54	27.47	29.38	31.24	33.07	34.86	36.61	38.31
18'	21.64	23.63	25.60	27.54	29.44	31.31	33.13	34.92	36.67	38.37
20'	21.71	23.70	25.67	27.60	29.50	31.37	33.19	34.98	36.73	38.42
22'	21.77	23.77	25.73	27.67	29.57	31.43	33.25	35.04	36.78	38.48
24'	21.84	23.83	25.80	27.73	29.63	31.49	33.32	35.10	36.84	38.54
26'	21.91	23.90	25.86	27.79	29.69	31.55	33.38	35.16	36.90	38.59
28'	21.97	23.96	25.93	27.86	29.75	31.61	33.44	35.22	36.95	38.65
30'	22.04	24.03	25.99	27.92	29.82	31.67	33.50	35.27	37.01	38.70
32'	22.11	24.10	26.06	27.98	29.88	31.74	33.56	35.33	37.07	38.76
34'	22.17	24.16	26.12	28.05	29.94	31.80	33.62	35.39	37.13	38.81
36'	22.24	24.23	26.19	28.11	30.00	31.86	33.68	35.45	37.18	38.87
38'	22.31	24.29	26.25	28.18	30.07	31.92	33.73	35.51	37.24	38.93
40'	22.37	24.36	26.31	28.24	30.13	31.98	33.79	35.56	37.30	38.98
42'	22.44	24.42	26.38	28.30	30.19	32.04	33.85	35.63	37.35	39.04
44'	22.51	24.49	26.44	28.37	30.25	32.10	33.91	35.68	37.41	39.09
46'	22.57	24.56	26.51	28.43	30.32	32.16	33.97	35.74	37.47	39.15
48'	22.64	24.62	26.57	28.49	30.38	32.23	34.03	35.80	37.52	39.20
50'	22.71	24.69	26.64	28.56	30.44	32.29	34.09	35.86	37.58	39.26
52'	22.77	24.75	26.70	28.61	30.50	32.35	34.15	35.92	37.64	39.31
54'	22.84	24.82	26.77	28.68	30.56	32.41	34.21	35.97	37.69	39.37
56'	22.91	24.88	26.83	28.75	30.63	32.47	34.27	36.03	37.75	39.42
58'	22.97	24.95	26.90	28.81	30.69	32.53	34.33	36.09	37.81	39.48

123 $\cos^2\alpha$

α	123 $\cos^2\alpha$
0°	123.0
0° 30'	123.0
1°	123.0
1° 30'	122.9
2°	122.9
2° 30'	122.8
3°	122.7
3° 30'	122.5
4°	122.4
4° 30'	122.2
5°	122.1
5° 30'	121.9
6°	121.7
6° 30'	121.4
7°	121.2
7° 30'	120.9
8°	120.6
8° 30'	120.3
9°	120.0
9° 30'	119.6
10°	119.3
10° 20'	119.0
10° 40'	118.6
11°	118.5
11° 20'	118.2
11° 40'	118.0
12°	117.7
12° 20'	117.4
12° 40'	117.1
13°	116.8
13° 20'	116.5
13° 40'	116.1
14°	115.8
14° 20'	115.5
14° 40'	115.1
15°	114.8
15° 20'	114.4
15° 40'	114.0
16°	113.7
16° 20'	113.3
16° 40'	112.9
17°	112.5
17° 20'	112.1
17° 40'	111.7
18°	111.3
18° 20'	110.8
18° 40'	110.4
19°	110.0
19° 20'	109.5
19° 40'	109.1
20°	108.6

124 ($^1/_2 \sin 2\alpha$)

α	0°	1°	2°	3°	4°	5°	6°	7°	8°	9°		124 $\cos^2\alpha$
0'	0.00	2.16	4.32	6.48	8.63	10.77	12.89	15.00	17.09	19.16	0°	124.0
2'	0.07	2.24	4.40	6.55	8.70	10.84	12.96	15.07	17.16	19.23	0° 30'	124.0
4'	0.14	2.31	4.47	6.62	8.77	10.91	13.03	15.14	17.23	19.30	1°	124.0
6'	0.22	2.38	4.54	6.70	8.84	10.98	13.10	15.21	17.30	19.36	1° 30'	123.9
8'	0.29	2.45	4.61	6.77	8.91	11.05	13.17	15.28	17.37	19.43		
10'	0.36	2.52	4.68	6.84	8.99	11.12	13.24	15.35	17.44	19.50	2°	123.8
12'	0.43	2.60	4.76	6.91	9.06	11.19	13.31	15.42	17.51	19.57	2° 30'	123.8
14'	0.50	2.67	4.83	6.98	9.13	11.26	13.38	15.49	17.57	19.64	3°	123.7
16'	0.58	2.74	4.90	7.05	9.20	11.33	13.45	15.56	17.64	19.71	3° 30'	123.5
18'	0.65	2.81	4.97	7.13	9.27	11.40	13.52	15.63	17.71	19.78		
20'	0.72	2.88	5.04	7.20	9.34	11.48	13.60	15.70	17.78	19.84	4°	123.4
22'	0.79	2.96	5.12	7.27	9.41	11.55	13.67	15.77	17.85	19.91	4° 30'	123.2
24'	0.87	3.03	5.19	7.34	9.49	11.62	13.74	15.84	17.92	19.98	5°	123.1
26'	0.94	3.10	5.26	7.41	9.56	11.69	13.81	15.91	17.99	20.05	5° 30'	122.9
28'	1.01	3.17	5.33	7.48	9.63	11.76	13.88	15.98	18.06	20.12		
30'	1.08	3.24	5.40	7.56	9.70	11.83	13.95	16.05	18.13	20.19	6°	122.6
32'	1.15	3.32	5.48	7.63	9.77	11.90	14.02	16.12	18.20	20.25	6° 30'	122.4
34'	1.23	3.39	5.55	7.70	9.84	11.97	14.09	16.19	18.26	20.32	7°	122.2
36'	1.30	3.46	5.62	7.77	9.91	12.04	14.16	16.26	18.33	20.39	7° 30'	121.9
38'	1.37	3.53	5.69	7.84	9.98	12.11	14.23	16.33	18.40	20.46		
40'	1.44	3.60	5.76	7.91	10.06	12.18	14.30	16.39	18.47	20.53	8°	121.6
42'	1.51	3.68	5.83	7.99	10.18	12.25	14.37	16.46	18.54	20.59	8° 30'	121.3
44'	1.59	3.75	5.91	8.06	10.20	12.33	14.44	16.53	18.61	20.66	9°	121.0
46'	1.66	3.82	5.98	8.13	10.27	12.40	14.51	16.60	18.68	20.73	9° 30'	120.6
48'	1.78	3.89	6.05	8.20	10.34	12.47	14.58	16.67	18.75	20.80		
50'	1.80	3.96	6.12	8.27	10.41	12.54	14.65	16.74	18.82	20.87	10°	120.3
52'	1.88	4.04	6.19	8.34	10.48	12.61	14.72	16.81	18.88	20.93	10° 20'	120.0
54'	1.95	4.11	6.27	8.41	10.55	12.68	14.79	16.88	18.95	21.00	10° 40'	119.8
56'	2.02	4.18	6.34	8.49	10.62	12.75	14.86	16.95	19.02	21.07	11°	119.5
58'	2.09	4.25	6.41	8.56	10.70	12.82	14.93	17.02	19.09	21.14	11° 20'	119.2
											11° 40'	118.9

α	10°	11°	12°	13°	14°	15°	16°	17°	18°	19°		
											12°	118.6
											12° 20'	118.3
0'	21.21	23.23	25.22	27.18	29.11	31.00	32.86	34.67	36.44	38.17	12° 40'	118.0
2'	21.27	23.29	25.28	27.24	29.17	31.06	32.92	34.73	36.50	38.23		
4'	21.34	23.36	25.35	27.31	29.23	31.12	32.98	34.79	36.56	38.28	13°	117.7
6'	21.41	23.43	25.42	27.37	29.30	31.19	33.04	34.85	36.62	38.34	13° 20'	117.4
8'	21.48	23.49	25.48	27.44	29.36	31.25	33.10	34.91	36.68	38.40	13° 40'	117.1
10'	21.54	23.56	25.55	27.50	29.43	31.31	33.16	34.97	36.73	38.45	14°	116.7
12'	21.61	23.63	25.61	27.57	29.49	31.37	33.22	35.03	36.79	38.51	14° 20'	116.4
14'	21.68	23.69	25.68	27.63	29.55	31.44	33.28	35.09	36.85	38.57	14° 40'	116.1
16'	21.75	23.76	25.74	27.70	29.62	31.50	33.34	35.15	36.91	38.62		
18'	21.81	23.83	25.81	27.76	29.68	31.56	33.40	35.21	36.97	38.68	15°	115.7
20'	21.88	23.89	25.87	27.83	29.74	31.62	33.46	35.27	37.02	38.74	15° 20'	115.3
22'	21.95	23.96	25.94	27.89	29.81	31.68	33.53	35.32	37.08	38.79	15° 40'	115.0
24'	22.02	24.03	26.01	27.95	29.87	31.75	33.58	35.38	37.14	38.85		
26'	22.08	24.09	26.07	28.02	29.93	31.81	33.65	35.44	37.20	38.91	16°	114.6
28'	22.15	24.16	26.14	28.08	29.99	31.87	33.71	35.50	37.25	38.96	16° 20'	114.2
30'	22.22	24.23	26.20	28.15	30.06	31.93	33.77	35.56	37.31	39.02	16° 40'	113.8
32'	22.29	24.29	26.27	28.21	30.12	31.99	33.83	35.62	37.37	39.07		
34'	22.35	24.36	26.33	28.28	30.18	32.06	33.89	35.68	37.43	39.13	17°	113.4
36'	22.42	24.42	26.40	28.34	30.25	32.12	33.95	35.74	37.49	39.19	17° 20'	113.0
38'	22.49	24.49	26.46	28.40	30.31	32.18	34.01	35.80	37.54	39.24	17° 40'	112.6
40'	22.56	24.56	26.53	28.47	30.37	32.24	34.07	35.85	37.60	39.30	18°	112.2
42'	22.62	24.62	26.59	28.53	30.44	32.30	34.13	35.92	37.66	39.35	18° 20'	111.7
44'	22.69	24.69	26.66	28.60	30.50	32.36	34.19	35.97	37.71	39.41	18° 40'	111.3
46'	22.76	24.76	26.72	28.66	30.56	32.43	34.25	36.03	37.77	39.46		
48'	22.82	24.82	26.79	28.72	30.62	32.49	34.31	36.09	37.83	39.52		
50'	22.89	24.89	26.85	28.79	30.69	32.55	34.37	36.15	37.89	39.58	19°	110.9
52'	22.96	24.95	26.92	28.84	30.75	32.61	34.43	36.21	37.94	39.63	19° 20'	110.4
54'	23.02	25.02	26.98	28.92	30.81	32.67	34.49	36.27	38.00	39.69	19° 40'	110.0
56'	23.09	25.09	27.05	28.98	30.88	32.73	34.55	36.33	38.06	39.74		
58'	23.16	25.15	27.11	29.04	30.94	32.79	34.61	36.38	38.11	39.80	20°	109.5

125 ($^1/_2$ sin 2 α)

α	0°	1°	2°	3°	4°	5°	6°	7°	8°	9°
0'	0.00	2.18	4.36	6.53	8.70	10.85	12.99	15.12	17.23	19.31
2'	0.07	2.25	4.43	6.61	8.77	10.92	13.07	15.19	17.30	19.38
4'	0.15	2.33	4.50	6.68	8.84	11.00	13.14	15.26	17.37	19.45
6'	0.22	2.40	4.58	6.75	8.91	11.07	13.21	15.33	17.44	19.52
8'	0.29	2.47	4.65	6.82	8.99	11.14	13.28	15.40	17.51	19.59
10'	0.36	2.54	4.72	6.89	9.06	11.21	13.35	15.47	17.58	19.66
12'	0.44	2.62	4.79	6.97	9.13	11.28	13.42	15.54	17.65	19.73
14'	0.51	2.69	4.87	7.04	9.20	11.35	13.49	15.61	17.72	19.80
16'	0.58	2.76	4.94	7.11	9.27	11.43	13.56	15.68	17.79	19.87
18'	0.65	2.84	5.01	7.18	9.35	11.50	13.63	15.75	17.86	19.94
20'	0.73	2.91	5.08	7.26	9.42	11.57	13.70	15.82	17.93	20.00
22'	0.80	2.98	5.16	7.33	9.49	11.64	13.78	15.90	17.99	20.07
24'	0.87	3.05	5.23	7.40	9.56	11.71	13.85	15.97	18.06	20.14
26'	0.95	3.13	5.30	7.47	9.63	11.78	13.92	16.04	18.13	20.21
28'	1.02	3.20	5.37	7.54	9.71	11.85	13.99	16.11	18.20	20.28
30'	1.09	3.27	5.45	7.62	9.78	11.93	14.06	16.18	18.27	20.35
32'	1.16	3.34	5.52	7.69	9.85	12.00	14.13	16.25	18.34	20.42
34'	1.24	3.42	5.59	7.76	9.92	12.07	14.20	16.32	18.41	20.49
36'	1.31	3.49	5.66	7.83	9.99	12.14	14.27	16.39	18.48	20.55
38'	1.38	3.56	5.74	7.91	10.06	12.21	14.34	16.46	18.55	20.62
40'	1.45	3.63	5.81	7.98	10.14	12.28	14.41	16.53	18.62	20.69
42'	1.53	3.71	5.88	8.05	10.21	12.35	14.48	16.60	18.69	20.76
44'	1.60	3.78	5.95	8.12	10.28	12.42	14.56	16.67	18.76	20.83
46'	1.67	3.85	6.03	8.19	10.35	12.50	14.63	16.74	18.83	20.90
48'	1.74	3.92	6.10	8.27	10.42	12.57	14.70	16.81	18.90	20.97
50'	1.82	4.00	6.17	8.34	10.49	12.64	14.77	16.88	18.97	21.03
52'	1.89	4.07	6.24	8.41	10.57	12.71	14.84	16.95	19.04	21.10
54'	1.96	4.14	6.32	8.48	10.64	12.78	14.91	17.02	19.11	21.17
56'	2.04	4.21	6.39	8.55	10.71	12.85	14.98	17.09	19.18	21.24
58'	2.11	4.29	6.46	8.63	10.78	12.92	15.05	17.16	19.24	21.31

125 cos²α

α	125 $\cos^2\alpha$
0°	125.0
0° 30'	125.0
1°	125.0
1° 30'	124.9
2°	124.8
2° 30'	124.8
3°	124.7
3° 30'	124.5
4°	124.4
4° 30'	124.2
5°	124.0
5° 30'	123.9
6°	123.6
6° 30'	123.4
7°	123.1
7° 30'	122.9
8°	122.6
8° 30'	122.3
9°	121.9
9° 30'	121.6
10°	121.2
10° 20'	121.0
10° 40'	120.7
11°	120.4
11° 20'	120.2
11° 40'	119.9

α	10°	11°	12°	13°	14°	15°	16°	17°	18°	19°
0'	21.38	23.41	25.42	27.40	29.34	31.25	33.12	34.95	36.74	38.48
2'	21.44	23.48	25.49	27.46	29.41	31.31	33.18	35.01	36.80	38.54
4'	21.51	23.55	25.55	27.53	29.47	31.38	33.24	35.07	36.85	38.59
6'	21.58	23.62	25.62	27.59	29.53	31.44	33.30	35.13	36.91	38.65
8'	21.65	23.68	25.69	27.66	29.60	31.50	33.37	35.19	36.97	38.71
10'	21.72	23.75	25.75	27.72	29.66	31.56	33.43	35.25	37.03	38.76
12'	21.79	23.82	25.82	27.79	29.73	31.63	33.49	35.31	37.09	38.82
14'	21.85	23.88	25.89	27.85	29.79	31.69	33.55	35.37	37.15	38.88
16'	21.92	23.95	25.95	27.92	29.85	31.75	33.61	35.43	37.21	38.94
18'	21.99	24.02	26.02	27.99	29.92	31.82	33.67	35.49	37.26	38.99
20'	22.06	24.09	26.08	28.05	29.98	31.88	33.73	35.55	37.32	39.05
22'	22.13	24.15	26.15	28.11	30.05	31.94	33.80	35.61	37.38	39.11
24'	22.19	24.22	26.22	28.18	30.11	32.00	33.86	35.67	37.44	39.16
26'	22.26	24.29	26.28	28.24	30.17	32.07	33.92	35.73	37.50	39.22
28'	22.33	24.35	26.35	28.31	30.24	32.13	33.98	35.79	37.56	39.28
30'	22.40	24.42	26.41	28.37	30.30	32.19	34.04	35.85	37.61	39.33
32'	22.47	24.49	26.48	28.44	30.36	32.25	34.10	35.91	37.67	39.39
34'	22.53	24.55	26.55	28.50	30.43	32.31	34.16	35.97	37.73	39.45
36'	22.60	24.62	26.61	28.57	30.49	32.38	34.22	36.03	37.79	39.50
38'	22.67	24.69	26.68	28.63	30.55	32.44	34.28	36.09	37.85	39.56
40'	22.74	24.76	26.74	28.70	30.62	32.50	34.34	36.15	37.90	39.61
42'	22.80	24.82	26.81	28.76	30.68	32.56	34.41	36.21	37.96	39.67
44'	22.87	24.89	26.87	28.83	30.74	32.63	34.47	36.26	38.02	39.73
46'	22.94	24.96	26.94	28.89	30.81	32.69	34.53	36.32	38.08	39.78
48'	23.01	25.02	27.01	28.96	30.87	32.75	34.59	36.38	38.13	39.84
50'	23.08	25.09	27.07	29.02	30.93	32.81	34.65	36.44	38.19	39.90
52'	23.14	25.16	27.14	29.07	31.00	32.87	34.71	36.50	38.25	39.95
54'	23.21	25.22	27.20	29.15	31.06	32.93	34.77	36.56	38.31	40.01
56'	23.28	25.29	27.27	29.21	31.12	33.00	34.83	36.62	38.36	40.06
58'	23.35	25.35	27.33	29.28	31.19	33.06	34.89	36.68	38.42	40.12

α	125 $\cos^2\alpha$
12°	119.6
12° 20'	119.3
12° 40'	119.0
13°	118.7
13° 20'	118.4
13° 40'	118.0
14°	117.7
14° 20'	117.3
14° 40'	117.0
15°	116.6
15° 20'	116.3
15° 40'	115.9
16°	115.5
16° 40'	114.7
17°	114.3
17° 20'	113.9
17° 40'	113.5
18°	113.1
18° 20'	112.6
18° 40'	112.2
19°	111.8
19° 20'	111.3
19° 40'	110.8
20°	110.4

126 ($\frac{1}{2} \sin 2\alpha$)

α	0°	1°	2°	3°	4°	5°	6°	7°	8°	9°
0'	0.00	2.20	4.39	6.59	8.77	10.94	13.10	15.24	17.37	19.47
2'	0.07	2.27	4.47	6.66	8.84	11.01	13.17	15.31	17.44	19.54
4'	0.15	2.35	4.54	6.73	8.91	11.08	13.24	15.38	17.51	19.61
6'	0.22	2.42	4.61	6.80	8.99	11.16	13.31	15.45	17.58	19.68
8'	0.29	2.49	4.69	6.88	9.06	11.23	13.39	15.53	17.65	19.75
10'	0.37	2.56	4.76	6.95	9.13	11.30	13.46	15.60	17.72	19.82
12'	0.44	2.64	4.83	7.02	9.20	11.37	13.53	15.67	17.79	19.89
14'	0.51	2.71	4.91	7.10	9.28	11.44	13.60	15.74	17.86	19.96
16'	0.59	2.78	4.98	7.17	9.35	11.52	13.67	15.81	17.93	20.02
18'	0.66	2.86	5.05	7.24	9.42	11.59	13.74	15.88	18.00	20.09
20'	0.73	2.93	5.18	7.31	9.49	11.66	13.81	15.95	18.07	20.16
22'	0.81	3.00	5.20	7.39	9.57	11.73	13.89	16.02	18.14	20.23
24'	0.88	3.08	5.27	7.46	9.64	11.81	13.96	16.09	18.21	20.30
26'	0.95	3.15	5.34	7.53	9.71	11.88	14.03	16.16	18.28	20.37
28'	1.03	3.22	5.42	7.61	9.78	11.95	14.10	16.23	18.35	20.44
30'	1.10	3.30	5.49	7.68	9.86	12.02	14.17	16.31	18.42	20.51
32'	1.17	3.37	5.56	7.75	9.93	12.09	14.24	16.38	18.49	20.58
34'	1.25	3.44	5.64	7.82	10.00	12.16	14.31	16.45	18.56	20.65
36'	1.32	3.52	5.71	7.90	10.07	12.24	14.39	16.52	18.63	20.72
38'	1.39	3.59	5.78	7.97	10.14	12.31	14.46	16.59	18.70	20.79
40'	1.47	3.66	5.86	8.04	10.22	12.38	14.53	16.66	18.77	20.86
42'	1.54	3.74	5.92	8.11	10.29	12.45	14.60	16.73	18.84	20.93
44'	1.61	3.81	6.00	8.19	10.36	12.52	14.67	16.80	18.91	21.00
46'	1.69	3.88	6.07	8.26	10.43	12.60	14.74	16.87	18.98	21.06
48'	1.76	3.96	6.15	8.33	10.51	12.67	14.81	16.94	19.05	21.13
50'	1.83	4.03	6.22	8.40	10.58	12.74	14.89	17.01	19.12	21.20
52'	1.91	4.10	6.29	8.48	10.65	12.81	14.96	17.08	19.19	21.27
54'	1.98	4.18	6.37	8.55	10.72	12.88	15.03	17.15	19.26	21.34
56'	2.05	4.25	6.44	8.62	10.80	12.95	15.10	17.22	19.33	21.41
58'	2.13	4.32	6.51	8.70	10.87	13.03	15.17	17.29	19.40	21.48

α	10°	11°	12°	13°	14°	15°	16°	17°	18°	19°
0'	21.55	23.60	25.62	27.62	29.58	31.50	33.38	35.23	37.08	38.79
2'	21.62	23.67	25.69	27.68	29.64	31.56	33.45	35.29	37.09	38.84
4'	21.68	23.74	25.76	27.75	29.71	31.63	33.51	35.35	37.15	38.90
6'	21.75	23.80	25.83	27.81	29.77	31.69	33.57	35.41	37.21	38.96
8'	21.82	23.87	25.89	27.88	29.84	31.75	33.63	35.47	37.27	39.02
10'	21.89	23.94	25.96	27.95	29.90	31.82	33.70	35.53	37.33	39.07
12'	21.96	24.01	26.03	28.01	29.96	31.88	33.76	35.59	37.39	39.13
14'	22.03	24.08	26.09	28.07	30.03	31.94	33.82	35.65	37.44	39.19
16'	22.10	24.14	26.16	28.14	30.09	32.01	33.88	35.71	37.50	39.25
18'	22.17	24.21	26.23	28.21	30.16	32.07	33.94	35.77	37.56	39.30
20'	22.23	24.28	26.29	28.27	30.22	32.13	34.00	35.83	37.62	39.36
22'	22.30	24.35	26.36	28.34	30.29	32.20	34.07	35.89	37.68	39.42
24'	22.37	24.41	26.43	28.41	30.35	32.26	34.13	35.95	37.74	39.48
26'	22.44	24.48	26.49	28.47	30.41	32.32	34.19	36.02	37.80	39.53
28'	22.51	24.55	26.56	28.54	30.48	32.38	34.25	36.08	37.86	39.59
30'	22.58	24.62	26.62	28.60	30.54	32.45	34.31	36.14	37.91	39.65
32'	22.65	24.68	26.69	28.67	30.61	32.51	34.37	36.20	37.97	39.70
34'	22.71	24.75	26.76	28.73	30.67	32.57	34.44	36.26	38.03	39.76
36'	22.78	24.82	26.82	28.80	30.74	32.64	34.50	36.32	38.09	39.82
38'	22.85	24.89	26.89	28.86	30.80	32.70	34.56	36.38	38.15	39.87
40'	22.92	24.95	26.96	28.93	30.86	32.76	34.62	36.43	38.21	39.93
42'	22.99	25.02	27.02	28.99	30.93	32.82	34.68	36.49	38.26	39.99
44'	23.06	25.09	27.09	29.06	30.99	32.89	34.74	36.55	38.32	40.04
46'	23.12	25.15	27.16	29.12	31.05	32.95	34.80	36.61	38.38	40.10
48'	23.19	25.22	27.22	29.19	31.12	33.01	34.86	36.67	38.44	40.16
50'	23.26	25.29	27.29	29.25	31.18	33.07	34.92	36.73	38.50	40.21
52'	23.33	25.36	27.35	29.31	31.25	33.14	34.99	36.79	38.56	40.27
54'	23.40	25.42	27.42	29.38	31.31	33.20	35.05	36.85	38.61	40.33
56'	23.46	25.49	27.49	29.45	31.37	33.26	35.11	36.91	38.67	40.38
58'	23.53	25.56	27.55	29.51	31.44	33.32	35.17	36.97	38.78	40.44

126 $\cos^2\alpha$

α	126
0°	126.0
0° 30'	126.0
1°	126.0
1° 30'	125.9
2°	125.8
2° 30'	125.8
3°	125.7
3° 30'	125.5
4°	125.4
4° 30'	125.2
5°	125.0
5° 30'	124.8
6°	124.6
6° 30'	124.4
7°	124.1
7° 30'	123.9
8°	123.6
8° 30'	123.2
9°	122.9
9° 30'	122.6
10°	122.2
10° 20'	121.9
10° 40'	121.7
11°	121.4
11° 20'	121.1
11° 40'	120.8
12°	120.6
12° 20'	120.3
12° 40'	119.9
13°	119.6
13° 20'	119.3
13° 40'	119.0
14°	118.6
14° 20'	118.3
14° 40'	117.9
15°	117.6
15° 20'	117.2
15° 40'	116.8
16°	116.4
16° 20'	116.0
16° 40'	115.6
17°	115.2
17° 20'	114.8
17° 40'	114.4
18°	114.0
18° 20'	113.5
18° 40'	113.1
19°	112.6
19° 20'	112.2
19° 40'	111.7
20°	111.3

α	0°	1°	2°	3°	4°	5°	6°	7°	8°	9°
0′	0.00	2.22	4.43	6.64	8.84	11.08	13.20	15.36	17.50	19.62
2′	0.07	2.29	4.50	6.71	8.91	11.10	13.27	15.43	17.57	19.69
4′	0.15	2.36	4.58	6.78	8.98	11.17	13.35	15.51	17.64	19.76
6′	0.22	2.44	4.65	6.86	9.06	11.24	13.42	15.58	17.72	19.83
8′	0.30	2.51	4.72	6.93	9.13	11.32	13.49	15.65	17.79	19.90
10′	0.37	2.59	4.80	7.00	9.20	11.39	13.56	15.72	17.86	19.97
12′	0.44	2.66	4.87	7.08	9.28	11.46	13.64	15.79	17.93	20.04
14′	0.52	2.73	4.95	7.15	9.35	11.54	13.71	15.86	18.00	20.11
16′	0.59	2.81	5.02	7.23	9.42	11.61	13.78	15.93	18.07	20.18
18′	0.66	2.88	5.09	7.30	9.50	11.68	13.85	16.01	18.14	20.25
20′	0.74	2.95	5.17	7.37	9.57	11.75	13.92	16.08	18.21	20.32
22′	0.81	3.03	5.24	7.45	9.64	11.83	14.00	16.15	18.28	20.39
24′	0.89	3.10	5.31	7.52	9.71	11.90	14.07	16.22	18.35	20.46
26′	0.96	3.18	5.39	7.59	9.79	11.97	14.14	16.29	18.42	20.53
28′	1.03	3.25	5.46	7.67	9.86	12.04	14.21	16.36	18.49	20.60
30′	1.11	3.32	5.53	7.74	9.92	12.12	14.28	16.44	18.57	20.67
32′	1.18	3.40	5.61	7.81	10.01	12.19	14.36	16.51	18.64	20.74
34′	1.26	3.47	5.68	7.89	10.08	12.26	14.43	16.58	18.71	20.81
36′	1.33	3.54	5.76	7.96	10.15	12.33	14.50	16.65	18.78	20.88
38′	1.40	3.62	5.83	8.03	10.23	12.41	14.57	16.72	18.85	20.95
40′	1.48	3.69	5.90	8.11	10.80	12.48	14.64	16.79	18.92	21.02
42′	1.55	3.77	5.98	8.18	10.37	12.55	14.72	16.86	18.99	21.09
44′	1.62	3.84	6.05	8.25	10.44	12.62	14.79	16.93	19.06	21.16
46′	1.70	3.91	6.12	8.33	10.52	12.70	14.86	17.01	19.13	21.23
48′	1.77	3.99	6.20	8.40	10.59	12.77	14.93	17.08	19.20	21.30
50′	1.85	4.06	6.27	8.47	10.66	12.84	15.00	17.15	19.27	21.37
52′	1.92	4.13	6.34	8.54	10.74	12.91	15.08	17.22	19.34	21.44
54′	1.99	4.21	6.42	8.62	10.81	12.99	15.15	17.29	19.41	21.51
56′	2.07	4.28	6.49	8.69	10.88	13.06	15.22	17.36	19.48	21.58
58′	2.14	4.36	6.56	8.76	10.95	13.13	15.29	17.43	19.55	21.65

127 $\cos^2\alpha$

0°	127.0	6°	125.6
0° 30′	127.0	6° 30′	125.4
1°	127.0	7°	125.1
1° 30′	126.9	7° 30′	124.8
2°	126.8	8°	124.5
2° 30′	126.8	8° 30′	124.2
3°	126.7	9°	123.9
3° 30′	126.5	9° 30′	123.5
4°	126.4	10°	123.2
4° 30′	126.2	10° 20′	122.9
5°	126.0	10° 40′	122.6
5° 30′	125.8	11°	122.4
		11° 20′	122.1
		11° 40′	121.8

α	10°	11°	12°	13°	14°	15°	16°	17°	18°	19°
0′	21.72	23.79	25.83	27.84	29.81	31.75	33.65	35.51	37.32	39.09
2′	21.79	23.86	25.90	27.90	29.88	31.81	33.71	35.57	37.38	39.15
4′	21.86	23.92	25.96	27.97	29.94	31.88	33.78	35.63	37.44	39.21
6′	21.93	23.99	26.03	28.04	30.01	31.94	33.84	35.69	37.50	39.27
8′	22.00	24.06	26.10	28.10	30.07	32.01	33.90	35.75	37.56	39.33
10′	22.07	24.13	26.16	28.17	30.14	32.07	33.96	35.81	37.62	39.38
12′	22.13	24.20	26.23	28.23	30.20	32.13	34.02	35.88	37.68	39.44
14′	22.20	24.27	26.30	28.30	30.27	32.20	34.09	35.94	37.74	39.50
16′	22.27	24.33	26.37	28.37	30.33	32.26	34.15	36.00	37.80	39.56
18′	22.34	24.40	26.43	28.43	30.40	32.32	34.21	36.06	37.86	39.62
20′	22.41	24.47	26.50	28.50	30.46	32.39	34.27	36.12	37.92	39.67
22′	22.48	24.54	26.57	28.56	30.53	32.45	34.34	36.18	37.98	39.73
24′	22.55	24.61	26.64	28.63	30.59	32.51	34.40	36.24	38.04	39.79
26′	22.62	24.68	26.70	28.70	30.66	32.58	34.46	36.30	38.10	39.85
28′	22.69	24.74	26.77	28.76	30.72	32.64	34.52	36.36	38.16	39.90
30′	22.76	24.81	26.84	28.83	30.79	32.70	34.58	36.42	38.22	39.96
32′	22.83	24.88	26.90	28.89	30.85	32.77	34.65	36.48	38.27	40.02
34′	22.89	24.95	26.97	28.96	30.91	32.83	34.71	36.54	38.33	40.08
36′	22.96	25.02	27.04	29.03	30.98	32.89	34.77	36.60	38.38	40.13
38′	23.03	25.08	27.10	29.09	31.04	32.96	34.83	36.66	38.45	40.19
40′	23.10	25.15	27.17	29.16	31.11	33.02	34.89	36.72	38.51	40.25
42′	23.17	25.22	27.24	29.22	31.17	33.08	34.96	36.78	38.57	40.31
44′	23.24	25.29	27.30	29.29	31.24	33.15	35.02	36.84	38.63	40.36
46′	23.31	25.35	27.37	29.35	31.30	33.21	35.08	36.90	38.69	40.42
48′	23.38	25.42	27.44	29.42	31.37	33.27	35.14	36.96	38.74	40.48
50′	23.44	25.49	27.50	29.48	31.43	33.34	35.20	37.02	38.80	40.53
52′	23.51	25.56	27.57	29.54	31.49	33.40	35.26	37.08	38.86	40.59
54′	23.58	25.63	27.64	29.62	31.56	33.46	35.32	37.14	38.92	40.65
56′	23.65	25.69	27.70	29.68	31.62	33.52	35.39	37.20	38.98	40.70
58′	23.72	25.76	27.77	29.75	31.69	33.59	35.45	37.26	39.04	40.76

12°	121.5
12° 20′	121.2
12° 40′	120.9
13°	120.6
13° 20′	120.2
13° 40′	119.9
14°	119.6
14° 20′	119.2
14° 40′	118.9
15°	118.5
15° 20′	118.1
15° 40′	117.7
16°	117.4
16°	117.0
16° 40′	116.6
17°	116.1
17° 20′	115.7
17° 40′	115.3
18°	114.9
18° 20′	114.4
18° 40′	114.0
19°	113.5
19° 20′	113.1
19° 40′	112.6
20°	112.1

128 ($\frac{1}{2}\sin 2\alpha$)

α	0°	1°	2°	3°	4°	5°	6°	7°	8°	9°
0′	0.00	2.23	4.46	6.69	8.91	11.11	13.31	15.48	17.64	19.78
2′	0.07	2.31	4.54	6.76	8.98	11.19	13.38	15.56	17.71	19.85
4′	0.15	2.38	4.61	6.84	9.05	11.26	13.45	15.63	17.78	19.92
6′	0.22	2.46	4.69	6.91	9.13	11.33	13.52	15.70	17.86	19.99
8′	0.30	2.53	4.76	6.99	9.20	11.41	13.60	15.77	17.93	20.06
10′	0.37	2.61	4.84	7.06	9.28	11.48	13.67	15.84	18.00	20.18
12′	0.45	2.68	4.91	7.13	9.35	11.55	13.74	15.92	18.07	20.20
14′	0.52	2.75	4.98	7.21	9.42	11.63	13.82	15.99	18.14	20.27
16′	0.60	2.83	5.06	7.28	9.50	11.70	13.89	16.06	18.21	20.34
18′	0.67	2.90	5.13	7.36	9.57	11.77	13.96	16.13	18.28	20.41
20′	0.74	2.98	5.21	7.43	9.64	11.85	14.03	16.20	18.36	20.48
22′	0.82	3.05	5.28	7.50	9.72	11.92	14.11	16.28	18.43	20.55
24′	0.89	3.13	5.36	7.58	9.79	11.99	14.18	16.34	18.50	20.63
26′	0.97	3.20	5.43	7.65	9.86	12.07	14.25	16.42	18.57	20.70
28′	1.04	3.28	5.50	7.73	9.94	12.14	14.32	16.49	18.64	20.77
30′	1.12	3.35	5.58	7.80	10.01	12.21	14.40	16.56	18.71	20.84
32′	1.19	3.42	5.65	7.87	10.09	12.28	14.47	16.64	18.78	20.91
34′	1.27	3.50	5.73	7.95	10.16	12.36	14.54	16.71	18.85	20.98
36′	1.34	3.57	5.80	8.02	10.23	12.43	14.61	16.78	18.93	21.05
38′	1.41	3.65	5.87	8.10	10.31	12.50	14.69	16.85	19.00	21.12
40′	1.49	3.72	5.95	8.17	10.38	12.58	14.76	16.92	19.07	21.19
42′	1.56	3.80	6.02	8.24	10.45	12.65	14.83	17.00	19.14	21.26
44′	1.64	3.87	6.10	8.32	10.53	12.72	14.90	17.07	19.21	21.33
46′	1.71	3.94	6.17	8.39	10.60	12.80	14.98	17.14	19.28	21.40
48′	1.79	4.02	6.25	8.46	10.67	12.87	15.05	17.21	19.35	21.47
50′	1.86	4.09	6.32	8.54	10.75	12.94	15.12	17.28	19.42	21.54
52′	1.94	4.17	6.39	8.61	10.82	13.01	15.19	17.35	19.49	21.61
54′	2.01	4.24	6.47	8.69	10.89	13.09	15.27	17.43	19.56	21.68
56′	2.08	4.32	6.54	8.76	10.97	13.16	15.34	17.50	19.64	21.75
58′	2.16	4.39	6.62	8.83	11.04	13.23	15.41	17.57	19.71	21.82

128 $\cos^2\alpha$

α	128 $\cos^2\alpha$
0°	128.0
0°30′	128.0
1°	128.0
1°30′	127.9
2°	127.8
2°30′	127.8
3°	127.6
3°30′	127.5
4°	127.4
4°30′	127.2
5°	127.0
5°30′	126.8
6°	126.6
6°30′	126.4
7°	126.1
7°30′	125.8
8°	125.5
8°30′	125.2
9°	124.9
9°30′	124.5
10°	124.1
10°20′	123.9
10°40′	123.6
11°	123.3
11°20′	123.1
11°40′	122.8

α	10°	11°	12°	13°	14°	15°	16°	17°	18°	19°
0′	21.89	23.97	26.03	28.06	30.05	32.00	33.91	35.79	37.62	39.40
2′	21.96	24.04	26.10	28.12	30.11	32.06	33.98	35.85	37.68	39.46
4′	22.03	24.11	26.17	28.19	30.18	32.13	34.04	35.91	37.74	39.52
6′	22.10	24.18	26.24	28.26	30.24	32.19	34.10	35.97	37.80	39.58
8′	22.17	24.25	26.30	28.32	30.31	32.26	34.17	36.03	37.86	39.64
10′	22.24	24.32	26.37	28.39	30.37	32.32	34.23	36.10	37.92	39.70
12′	22.31	24.39	26.44	28.46	30.44	32.39	34.29	36.16	37.98	39.75
14′	22.38	24.46	26.51	28.51	30.51	32.45	34.36	36.22	38.04	39.81
16′	22.45	24.53	26.57	28.59	30.57	32.51	34.42	36.28	38.10	39.87
18′	22.52	24.59	26.64	28.66	30.64	32.58	34.48	36.34	38.16	39.93
20′	22.59	24.66	26.71	28.72	30.70	32.64	34.54	36.40	38.22	39.99
22′	22.66	24.73	26.78	28.79	30.77	32.71	34.61	36.46	38.28	40.04
24′	22.73	24.80	26.84	28.86	30.83	32.77	34.67	36.53	38.34	40.10
26′	22.80	24.87	26.91	28.92	30.90	32.83	34.73	36.59	38.40	40.16
28′	22.87	24.94	26.98	28.99	30.96	32.90	34.79	36.65	38.46	40.22
30′	22.94	25.01	27.05	29.06	31.03	32.96	34.86	36.71	38.52	40.28
32′	23.01	25.08	27.12	29.12	31.09	33.03	34.92	36.77	38.58	40.33
34′	23.07	25.14	27.18	29.19	31.16	33.09	34.98	36.83	38.64	40.39
36′	23.14	25.21	27.25	29.25	31.22	33.15	35.04	36.89	38.69	40.45
38′	23.21	25.28	27.32	29.32	31.29	33.22	35.11	36.95	38.75	40.51
40′	23.28	25.35	27.38	29.39	31.35	33.28	35.17	37.01	38.81	40.57
42′	23.35	25.42	27.45	29.45	31.42	33.34	35.23	37.07	38.87	40.62
44′	23.42	25.49	27.52	29.52	31.48	33.41	35.29	37.13	38.93	40.68
46′	23.49	25.55	27.59	29.58	31.55	33.47	35.36	37.20	38.99	40.74
48′	23.56	25.62	27.65	29.65	31.61	33.54	35.42	37.26	39.05	40.80
50′	23.63	25.69	27.72	29.72	31.68	33.60	35.48	37.32	39.11	40.85
52′	23.70	25.76	27.79	29.77	31.74	33.66	35.54	37.38	39.17	40.91
54′	23.77	25.83	27.85	29.85	31.81	33.73	35.60	37.44	39.23	40.97
56′	23.84	25.90	27.92	29.92	31.87	33.79	35.67	37.50	39.28	41.02
58′	23.91	25.96	27.99	29.98	31.94	33.85	35.73	37.56	39.34	41.08

α	128 $\cos^2\alpha$
12°	122.5
12°20′	122.2
12°40′	121.8
13°	121.5
13°20′	121.2
13°40′	120.9
14°	120.5
14°20′	120.2
14°40′	119.8
15°	119.4
15°20′	119.0
15°40′	118.7
16°	118.3
16°20′	117.9
16°40′	117.5
17°	117.1
17°20′	116.6
17°40′	116.2
18°	115.8
18°20′	115.3
18°40′	114.9
19°	114.4
19°20′	114.0
19°40′	113.5
20°	113.0

α	0°	1°	2°	3°	4°	5°	6°	7°	8°	9°
0'	0.00	2.25	4.50	6.74	8.98	11.20	13.41	15.60	17.78	19.98
2'	0.08	2.33	4.57	6.82	9.05	11.27	13.48	15.68	17.85	20.00
4'	0.15	2.40	4.65	6.89	9.13	11.35	13.56	15.75	17.92	20.07
6'	0.23	2.48	4.72	6.97	9.20	11.42	13.63	15.82	17.99	20.15
8'	0.30	2.55	4.80	7.04	9.27	11.50	13.70	15.90	18.07	20.22
10'	0.38	2.63	4.87	7.12	9.35	11.57	13.78	15.97	18.14	20.29
12'	0.45	2.70	4.95	7.19	9.42	11.64	13.85	16.04	18.21	20.36
14'	0.53	2.78	5.02	7.26	9.50	11.72	13.92	16.11	18.28	20.43
16'	0.60	2.85	5.10	7.34	9.57	11.79	14.00	16.19	18.36	20.50
18'	0.68	2.93	5.17	7.41	9.65	11.86	14.07	16.26	18.43	20.57
20'	0.75	3.00	5.25	7.49	9.72	11.94	14.14	16.33	18.50	20.64
22'	0.83	3.08	5.32	7.56	9.79	12.01	14.22	16.40	18.57	20.72
24'	0.90	3.15	5.40	7.64	9.87	12.09	14.29	16.48	18.64	20.79
26'	0.98	3.23	5.47	7.71	9.94	12.16	14.36	16.55	18.71	20.86
28'	1.05	3.30	5.55	7.79	10.02	12.23	14.44	16.62	18.79	20.93
30'	1.13	3.38	5.62	7.86	10.09	12.31	14.51	16.69	18.86	21.00
32'	1.20	3.45	5.70	7.94	10.16	12.38	14.58	16.77	18.93	21.07
34'	1.28	3.53	5.77	8.01	10.24	12.45	14.66	16.84	19.00	21.14
36'	1.35	3.60	5.85	8.08	10.31	12.53	14.73	16.91	19.07	21.21
38'	1.43	3.68	5.92	8.16	10.39	12.60	14.80	16.98	19.14	21.28
40'	1.50	3.75	6.00	8.23	10.46	12.68	14.87	17.06	19.22	21.35
42'	1.58	3.83	6.07	8.31	10.53	12.75	14.95	17.13	19.29	21.42
44'	1.65	3.90	6.14	8.38	10.61	12.82	15.02	17.20	19.36	21.50
46'	1.73	3.98	6.22	8.46	10.68	12.90	15.09	17.27	19.43	21.57
48'	1.80	4.05	6.29	8.53	10.76	12.97	15.17	17.35	19.50	21.64
50'	1.88	4.12	6.37	8.60	10.83	13.04	15.24	17.42	19.57	21.71
52'	1.95	4.20	6.44	8.68	10.90	13.12	15.31	17.49	19.65	21.78
54'	2.03	4.27	6.52	8.75	10.98	13.19	15.39	17.56	19.72	21.85
56'	2.10	4.35	6.59	8.83	11.05	13.26	15.46	17.63	19.79	21.92
58'	2.18	4.42	6.67	8.90	11.13	13.34	15.53	17.71	19.86	21.99

α	10°	11°	12°	13°	14°	15°	16°	17°	18°	19°
0'	22.06	24.16	26.23	28.27	30.28	32.25	34.18	36.07	37.91	39.71
2'	22.13	24.23	26.30	28.34	30.35	32.32	34.24	36.13	37.97	39.77
4'	22.20	24.30	26.37	28.41	30.41	32.38	34.31	36.19	38.03	39.83
6'	22.27	24.38	26.44	28.48	30.48	32.44	34.37	36.25	38.09	39.89
8'	22.34	24.44	26.51	28.54	30.55	32.51	34.43	36.32	38.15	39.95
10'	22.41	24.51	26.58	28.61	30.61	32.57	34.50	36.38	38.22	40.01
12'	22.48	24.58	26.65	28.68	30.68	32.64	34.56	36.44	38.28	40.06
14'	22.55	24.65	26.71	28.74	30.74	32.70	34.62	36.50	38.34	40.12
16'	22.62	24.72	26.78	28.81	30.81	32.77	34.69	36.56	38.40	40.18
18'	22.69	24.79	26.85	28.88	30.88	32.83	34.75	36.63	38.46	40.24
20'	22.76	24.86	26.92	28.95	30.94	32.90	34.81	36.69	38.52	40.30
22'	22.83	24.93	26.99	29.01	31.01	32.96	34.88	36.75	38.58	40.36
24'	22.90	24.99	27.05	29.08	31.07	33.03	34.94	36.81	38.64	40.42
26'	22.97	25.06	27.12	29.15	31.14	33.09	35.00	36.87	38.70	40.47
28'	23.04	25.13	27.19	29.22	31.20	33.16	35.07	36.93	38.76	40.53
30'	23.11	25.20	27.26	29.28	31.27	33.22	35.13	37.00	38.82	40.59
32'	23.18	25.27	27.33	29.35	31.34	33.28	35.19	37.06	38.88	40.65
34'	23.25	25.34	27.39	29.42	31.40	33.35	35.26	37.12	38.94	40.71
36'	23.32	25.41	27.46	29.48	31.47	33.41	35.32	37.18	39.00	40.77
38'	23.39	25.48	27.53	29.55	31.53	33.48	35.38	37.24	39.06	40.82
40'	23.46	25.55	27.60	29.62	31.60	33.54	35.44	37.30	39.12	40.88
42'	23.53	25.62	27.67	29.68	31.66	33.61	35.51	37.36	39.18	40.94
44'	23.60	25.68	27.73	29.75	31.73	33.67	35.57	37.42	39.24	41.00
46'	23.67	25.75	27.80	29.82	31.79	33.73	35.63	37.49	39.29	41.06
48'	23.74	25.82	27.87	29.88	31.86	33.80	35.69	37.55	39.35	41.11
50'	23.81	25.89	27.94	29.95	31.92	33.86	35.76	37.61	39.41	41.17
52'	23.88	25.96	28.00	30.01	31.99	33.92	35.82	37.67	39.47	41.23
54'	23.95	26.03	28.07	30.08	32.05	33.99	35.88	37.73	39.53	41.29
56'	24.02	26.10	28.14	30.15	32.12	34.05	35.94	37.79	39.59	41.34
58'	24.09	26.17	28.21	30.21	32.19	34.12	36.01	37.85	39.65	41.40

129 $\cos^2\alpha$

α	129 cos²α	α	129 cos²α
0°	129.0	11°	124.3
0°30'	129.0	11°20'	124.0
1°	129.0	11°40'	123.7
1°30'	128.9	12°	123.4
2°	128.8	12°20'	123.1
2°30'	128.8	12°40'	122.8
3°	128.6	13°	122.5
3°30'	128.5	13°20'	122.1
4°	128.4	13°40'	121.8
4°30'	128.2	14°	121.5
5°	128.0	14°20'	121.1
5°30'	127.8	14°40'	120.7
6°	127.6	15°	120.4
6°30'	127.3	15°20'	120.0
7°	127.1	15°40'	119.6
7°30'	126.8	16°	119.2
8°	126.5	16°20'	118.8
8°30'	126.2	16°40'	118.4
9°	125.8	17°	118.0
9°30'	125.5	17°20'	117.5
10°	125.1	17°40'	117.1
10°20'	124.8	18°	116.7
10°40'	124.6	18°20'	116.2
		18°40'	115.8
		19°	115.3
		19°20'	114.9
		19°40'	114.4
		20°	113.9

130 ($\frac{1}{2}\sin 2\alpha$)

α	0°	1°	2°	3°	4°	5°	6°	7°	8°	9°
0′	0.00	2.27	4.53	6.79	9.05	11.29	13.51	15.72	17.92	20.09
2′	0.08	2.34	4.61	6.87	9.12	11.36	13.59	15.80	17.99	20.16
4′	0.15	2.42	4.69	6.94	9.20	11.44	13.66	15.87	18.06	20.23
6′	0.23	2.50	4.76	7.02	9.27	11.51	13.74	15.95	18.13	20.30
8′	0.30	2.57	4.84	7.10	9.35	11.58	13.81	16.02	18.21	20.37
10′	0.38	2.65	4.91	7.17	9.42	11.66	13.88	16.09	18.28	20.45
12′	0.45	2.72	4.99	7.25	9.50	11.73	13.96	16.16	18.35	20.52
14′	0.53	2.80	5.06	7.32	9.57	11.81	14.03	16.24	18.42	20.59
16′	0.60	2.87	5.14	7.40	9.65	11.88	14.11	16.31	18.50	20.66
18′	0.68	2.95	5.21	7.47	9.72	11.96	14.18	16.38	18.57	20.73
20′	0.76	3.02	5.29	7.55	9.79	12.03	14.25	16.46	18.64	20.80
22′	0.83	3.10	5.36	7.62	9.87	12.11	14.33	16.53	18.71	20.88
24′	0.91	3.18	5.44	7.70	9.94	12.18	14.40	16.60	18.79	20.95
26′	0.98	3.25	5.51	7.77	10.02	12.25	14.47	16.68	18.86	21.02
28′	1.06	3.33	5.59	7.85	10.09	12.33	14.55	16.75	18.93	21.09
30′	1.13	3.40	5.67	7.92	10.17	12.40	14.62	16.82	19.00	21.16
32′	1.21	3.48	5.74	8.00	10.24	12.48	14.70	16.90	19.08	21.23
34′	1.29	3.55	5.82	8.07	10.32	12.55	14.77	16.97	19.15	21.30
36′	1.36	3.63	5.89	8.15	10.39	12.63	14.84	17.04	19.22	21.38
38′	1.44	3.70	5.97	8.22	10.47	12.70	14.92	17.12	19.29	21.45
40′	1.51	3.78	6.04	8.30	10.54	12.77	14.99	17.19	19.37	21.52
42′	1.59	3.85	6.12	8.37	10.62	12.85	15.06	17.26	19.44	21.59
44′	1.66	3.93	6.19	8.45	10.69	12.92	15.14	17.33	19.51	21.66
46′	1.74	4.01	6.27	8.52	10.77	13.00	15.21	17.41	19.58	21.73
48′	1.81	4.08	6.34	8.60	10.84	13.07	15.28	17.48	19.65	21.80
50′	1.89	4.16	6.42	8.67	10.91	13.14	15.36	17.55	19.73	21.88
52′	1.97	4.23	6.49	8.75	10.99	13.22	15.43	17.63	19.80	21.95
54′	2.04	4.31	6.57	8.82	11.06	13.29	15.50	17.70	19.87	22.02
56′	2.12	4.38	6.64	8.90	11.14	13.37	15.58	17.77	19.94	22.09
58′	2.19	4.46	6.72	8.97	11.21	13.44	15.65	17.84	20.01	22.16

α	10°	11°	12°	13°	14°	15°	16°	17°	18°	19°
0′	22.23	24.35	26.44	28.49	30.52	32.50	34.44	36.35	38.21	40.02
2′	22.30	24.42	26.51	28.56	30.58	32.57	34.51	36.41	38.27	40.08
4′	22.37	24.49	26.58	28.63	30.65	32.64	34.57	36.47	38.33	40.14
6′	22.44	24.56	26.64	28.70	30.72	32.70	34.64	36.54	38.39	40.20
8′	22.52	24.63	26.71	28.77	30.78	32.76	34.70	36.60	38.45	40.26
10′	22.59	24.70	26.78	28.83	30.85	32.83	34.76	36.66	38.51	40.32
12′	22.66	24.77	26.85	28.90	30.92	32.89	34.83	36.72	38.57	40.37
14′	22.73	24.84	26.92	28.96	30.98	32.96	34.89	36.79	38.63	40.43
16′	22.80	24.91	26.99	29.04	31.05	33.02	34.96	36.85	38.69	40.49
18′	22.87	24.98	27.06	29.10	31.11	33.09	35.02	36.91	38.75	40.55
20′	22.94	25.05	27.13	29.17	31.18	33.15	35.08	36.97	38.82	40.61
22′	23.01	25.12	27.20	29.24	31.25	33.22	35.15	37.03	38.88	40.67
24′	23.08	25.19	27.26	29.31	31.31	33.28	35.21	37.10	38.94	40.73
26′	23.15	25.26	27.33	29.37	31.38	33.35	35.27	37.16	39.00	40.79
28′	23.22	25.33	27.40	29.44	31.45	33.41	35.34	37.22	39.06	40.85
30′	23.29	25.40	27.47	29.51	31.51	33.48	35.40	37.28	39.12	40.91
32′	23.36	25.47	27.54	29.58	31.58	33.54	35.46	37.34	39.18	40.96
34′	23.44	25.54	27.61	29.64	31.64	33.61	35.53	37.41	39.24	41.02
36′	23.51	25.61	27.68	29.71	31.71	33.67	35.59	37.47	39.30	41.08
38′	23.58	25.68	27.74	29.78	31.78	33.74	35.65	37.53	39.36	41.14
40′	23.65	25.75	27.81	29.85	31.84	33.80	35.72	37.59	39.42	41.20
42′	23.72	25.81	27.88	29.91	31.91	33.87	35.78	37.65	39.48	41.26
44′	23.79	25.88	27.95	29.98	31.97	33.93	35.84	37.71	39.54	41.32
46′	23.86	25.95	28.02	30.05	32.04	33.99	35.91	37.78	39.60	41.37
48′	23.93	26.02	28.09	30.11	32.11	34.06	35.97	37.84	39.66	41.43
50′	24.00	26.09	28.15	30.18	32.17	34.12	36.03	37.90	39.72	41.49
52′	24.07	26.16	28.22	30.24	32.24	34.19	36.10	37.96	39.78	41.55
54′	24.14	26.23	28.29	30.32	32.30	34.25	36.16	38.02	39.84	41.61
56′	24.21	26.30	28.36	30.38	32.37	34.32	36.22	38.08	39.90	41.67
58′	24.28	26.37	28.43	30.45	32.43	34.38	36.28	38.14	39.96	41.72

130 $\cos^2\alpha$

α	$130\cos^2\alpha$	α	$130\cos^2\alpha$
0°	130.0	12°	124.4
0°30′	130.0	12°20′	124.1
1°	130.0	12°40′	123.7
1°30′	129.9	13°	123.4
2°	129.8	13°20′	123.1
2°30′	129.8	13°40′	122.7
3°	129.6	14°	122.4
3°30′	129.5	14°20′	122.0
4°	129.4	14°40′	121.7
4°30′	129.2	15°	121.3
5°	129.0	15°20′	120.9
5°30′	128.8	15°40′	120.5
6°	128.6	16°	120.1
6°30′	128.3	16°20′	119.7
7°	128.1	16°40′	119.3
7°30′	127.8	17°	118.9
8°	127.5	17°20′	118.5
8°30′	127.2	17°40′	118.0
9°	126.8	18°	117.6
9°30′	126.5	18°20′	117.1
10°	126.1	18°40′	116.7
10°20′	125.8	19°	116.2
10°40′	125.5	19°20′	115.8
11°	125.3	19°40′	115.3
11°20′	125.0	20°	114.8
11°40′	124.7		

α	0°	1°	2°	3°	4°	5°	6°	7°	8°	9°
0'	0.00	2.29	4.57	6.85	9.12	11.37	13.62	15.85	18.05	20.24
2'	0.08	2.36	4.65	6.92	9.19	11.45	13.69	15.92	18.13	20.32
4'	0.15	2.44	4.72	7.00	9.27	11.52	13.77	15.99	18.20	20.39
6'	0.23	2.51	4.80	7.07	9.34	11.60	13.84	16.07	18.27	20.48
8'	0.30	2.59	4.87	7.15	9.42	11.67	13.92	16.14	18.35	20.53
10'	0.38	2.67	4.95	7.23	9.49	11.75	13.99	16.22	18.42	20.60
12'	0.46	2.74	5.03	7.30	9.57	11.82	14.07	16.29	18.49	20.68
14'	0.53	2.82	5.10	7.38	9.64	11.90	14.14	16.36	18.57	20.75
16'	0.61	2.90	5.18	7.45	9.72	11.97	14.21	16.44	18.64	20.82
18'	0.69	2.97	5.25	7.53	9.79	12.05	14.29	16.51	18.71	20.89
20'	0.76	3.05	5.33	7.60	9.87	12.12	14.36	16.58	18.79	20.96
22'	0.84	3.12	5.40	7.68	9.95	12.20	14.44	16.66	18.86	21.04
24'	0.91	3.20	5.48	7.76	10.02	12.27	14.51	16.73	18.93	21.11
26'	0.99	3.28	5.56	7.83	10.10	12.35	14.59	16.81	19.00	21.18
28'	1.07	3.35	5.63	7.91	10.17	12.42	14.66	16.88	19.08	21.25
30'	1.14	3.43	5.71	7.98	10.25	12.50	14.73	16.95	19.15	21.32
32'	1.22	3.50	5.78	8.06	10.32	12.57	14.81	17.03	19.22	21.40
34'	1.30	3.58	5.86	8.13	10.40	12.65	14.88	17.10	19.30	21.47
36'	1.37	3.66	5.94	8.21	10.47	12.72	14.96	17.17	19.37	21.54
38'	1.45	3.73	6.01	8.28	10.55	12.80	15.03	17.25	19.44	21.61
40'	1.52	3.81	6.09	8.36	10.62	12.87	15.11	17.32	19.51	21.68
42'	1.60	3.88	6.16	8.44	10.70	12.95	15.18	17.39	19.59	21.76
44'	1.68	3.96	6.24	8.51	10.77	13.02	15.25	17.47	19.66	21.83
46'	1.75	4.04	6.32	8.59	10.85	13.10	15.33	17.54	19.73	21.90
48'	1.83	4.11	6.39	8.66	10.92	13.17	15.40	17.61	19.81	21.97
50'	1.90	4.19	6.47	8.74	11.00	13.25	15.48	17.69	19.88	22.04
52'	1.98	4.26	6.54	8.81	11.07	13.32	15.55	17.76	19.95	22.12
54'	2.06	4.34	6.62	8.89	11.15	13.39	15.62	17.83	20.02	22.19
56'	2.13	4.42	6.70	8.96	11.22	13.47	15.70	17.91	20.10	22.26
58'	2.21	4.49	6.77	9.04	11.30	13.54	15.77	17.98	20.17	22.33

131 $\cos^2\alpha$

0°	131.0
0° 30'	131.0
1°	131.0
1° 30'	130.9
2°	130.8
2° 30'	130.8
3°	130.6
3° 30'	130.5
4°	130.4
4° 30'	130.2
5°	130.0
5° 30'	129.8
6°	129.6
6° 30'	129.3
7°	129.1
7° 30'	128.8
8°	128.5
8° 30'	128.1
9°	127.8
9° 30'	127.4
10°	127.0
10° 20'	126.8
10° 40'	126.5
11°	126.2
11° 20'	125.9
11° 40'	125.6
12°	125.2
12° 20'	125.0
12° 40'	124.7
13°	124.4
13° 20'	124.0
13° 40'	123.7
14°	123.3
14° 20'	123.0
14° 40'	122.6
15°	122.2
15° 20'	121.8
15° 40'	121.4
16°	121.0
16° 20'	120.6
16° 40'	120.2
17°	119.8
17° 30'	119.4
17° 40'	118.9
18°	118.5
18° 20'	118.0
18° 40'	117.6
19°	117.1
19° 20'	116.6
19° 40'	116.2
20°	115.7

α	10°	11°	12°	13°	14°	15°	16°	17°	18°	19°
0'	22.40	24.54	26.64	28.71	30.75	32.75	34.71	36.63	38.50	40.33
2'	22.47	24.61	26.71	28.78	30.82	32.82	34.77	36.69	38.56	40.39
4'	22.55	24.68	26.78	28.85	30.88	32.88	34.84	36.75	38.62	40.45
6'	22.62	24.75	26.85	28.92	30.95	32.95	34.90	36.82	38.68	40.51
8'	22.69	24.82	26.92	28.99	31.02	33.01	34.97	36.88	38.75	40.57
10'	22.76	24.89	26.99	29.06	31.09	33.08	35.03	36.94	38.81	40.63
12'	22.83	24.96	27.06	29.12	31.15	33.14	35.10	37.01	38.87	40.69
14'	22.90	25.03	27.13	29.18	31.22	33.21	35.16	37.07	38.93	40.74
16'	22.97	25.10	27.20	29.26	31.29	33.28	35.23	37.13	38.99	40.80
18'	23.05	25.17	27.27	29.33	31.35	33.34	35.29	37.19	39.05	40.86
20'	23.12	25.24	27.34	29.40	31.42	33.41	35.35	37.26	39.11	40.92
22'	23.19	25.31	27.40	29.46	31.49	33.47	35.42	37.32	39.18	40.98
24'	23.26	25.38	27.47	29.53	31.55	33.54	35.48	37.38	39.24	41.04
26'	23.33	25.45	27.54	29.60	31.62	33.60	35.55	37.44	39.30	41.10
28'	23.40	25.52	27.61	29.67	31.69	33.67	35.61	37.51	39.36	41.16
30'	23.47	25.59	27.68	29.74	31.76	33.73	35.67	37.57	39.42	41.22
32'	23.54	25.66	27.75	29.80	31.82	33.80	35.74	37.63	39.48	41.28
34'	23.62	25.73	27.82	29.87	31.89	33.87	35.80	37.69	39.54	41.34
36'	23.69	25.80	27.89	29.94	31.95	33.93	35.87	37.76	39.60	41.40
38'	23.76	25.87	27.96	30.01	32.02	34.00	35.93	37.82	39.66	41.46
40'	23.83	25.94	28.03	30.08	32.09	34.06	35.99	37.87	39.72	41.52
42'	23.90	26.01	28.10	30.14	32.15	34.13	36.06	37.94	39.78	41.57
44'	23.97	26.08	28.16	30.21	32.22	34.19	36.12	38.01	39.84	41.63
46'	24.04	26.15	28.23	30.28	32.29	34.26	36.18	38.07	39.90	41.69
48'	24.11	26.22	28.30	30.35	32.35	34.32	36.25	38.13	39.96	41.75
50'	24.18	26.29	28.37	30.41	32.42	34.39	36.31	38.19	40.02	41.81
52'	24.25	26.36	28.44	30.47	32.49	34.45	36.37	38.25	40.09	41.87
54'	24.32	26.43	28.51	30.55	32.55	34.52	36.44	38.31	40.15	41.93
56'	24.40	26.50	28.58	30.62	32.62	34.58	36.50	38.38	40.21	41.99
58'	24.47	26.57	28.64	30.68	32.68	34.65	36.56	38.44	40.27	42.04

132 ($\frac{1}{2} \sin 2\alpha$)

α	0°	1°	2°	3°	4°	5°	6°	7°	8°	9°
0'	0.00	2.30	4.60	6.90	9.19	11.46	13.72	15.97	18.19	20.40
2'	0.08	2.38	4.68	6.98	9.26	11.54	13.80	16.04	18.27	20.47
4'	0.15	2.46	4.76	7.05	9.34	11.61	13.87	16.12	18.34	20.54
6'	0.23	2.53	4.83	7.13	9.41	11.69	13.95	16.19	18.41	20.61
8'	0.31	2.61	4.91	7.20	9.49	11.76	14.02	16.26	18.49	20.69
10'	0.38	2.69	4.99	7.28	9.57	11.84	14.10	16.34	18.56	20.76
12'	0.46	2.76	5.06	7.36	9.64	11.91	14.17	16.41	18.63	20.83
14'	0.54	2.84	5.14	7.43	9.72	11.99	14.25	16.49	18.71	20.91
16'	0.61	2.92	5.22	7.51	9.79	12.07	14.32	16.56	18.78	20.98
18'	0.69	2.99	5.29	7.59	9.87	12.14	14.40	16.64	18.86	21.05
20'	0.77	3.07	5.37	7.66	9.95	12.22	14.47	16.71	18.93	21.12
22'	0.84	3.15	5.45	7.74	10.02	12.29	14.55	16.79	19.00	21.20
24'	0.92	3.22	5.52	7.81	10.10	12.37	14.62	16.86	19.08	21.27
26'	1.00	3.30	5.60	7.89	10.17	12.44	14.70	16.93	19.15	21.34
28'	1.07	3.38	5.68	7.97	10.25	12.52	14.77	17.01	19.22	21.41
30'	1.15	3.45	5.75	8.04	10.32	12.59	14.85	17.08	19.30	21.49
32'	1.23	3.53	5.83	8.12	10.40	12.67	14.92	17.16	19.37	21.56
34'	1.31	3.61	5.91	8.20	10.48	12.74	15.00	17.23	19.44	21.63
36'	1.38	3.68	5.98	8.27	10.55	12.82	15.07	17.30	19.52	21.71
38'	1.46	3.76	6.06	8.35	10.63	12.89	15.15	17.38	19.59	21.78
40'	1.54	3.84	6.13	8.42	10.70	12.97	15.22	17.45	19.66	21.85
42'	1.61	3.91	6.21	8.50	10.78	13.05	15.30	17.53	19.74	21.92
44'	1.69	3.99	6.29	8.58	10.86	13.12	15.37	17.60	19.81	22.00
46'	1.77	4.07	6.36	8.65	10.93	13.20	15.44	17.67	19.88	22.07
48'	1.84	4.14	6.44	8.73	11.01	13.27	15.52	17.75	19.96	22.14
50'	1.92	4.22	6.52	8.81	11.08	13.35	15.59	17.82	20.03	22.21
52'	2.00	4.30	6.59	8.88	11.16	13.42	15.67	17.90	20.10	22.28
54'	2.07	4.37	6.67	8.96	11.23	13.50	15.74	17.97	20.18	22.36
56'	2.15	4.45	6.75	9.03	11.31	13.57	15.82	18.04	20.25	22.43
58'	2.23	4.53	6.82	9.11	11.39	13.65	15.89	18.12	20.32	22.50

α	10°	11°	12°	13°	14°	15°	16°	17°	18°	19°
0'	22.57	24.72	26.84	28.93	30.99	33.00	34.97	36.91	38.79	40.63
2'	22.65	24.80	26.91	29.00	31.05	33.07	35.04	36.97	38.86	40.69
4'	22.72	24.87	26.98	29.07	31.12	33.13	35.10	37.03	38.92	40.75
6'	22.79	24.94	27.05	29.14	31.19	33.20	35.17	37.10	38.98	40.81
8'	22.86	25.01	27.12	29.21	31.26	33.27	35.23	37.16	39.04	40.88
10'	22.93	25.08	27.19	29.28	31.32	33.33	35.30	37.22	39.10	40.94
12'	23.01	25.15	27.26	29.35	31.39	33.40	35.36	37.29	39.17	41.00
14'	23.08	25.22	27.33	29.40	31.46	33.46	35.43	37.35	39.23	41.06
16'	23.15	25.29	27.40	29.48	31.53	33.53	35.49	37.41	39.29	41.12
18'	23.22	25.36	27.47	29.55	31.59	33.60	35.56	37.48	39.35	41.18
20'	23.29	25.43	27.54	29.62	31.66	33.66	35.62	37.54	39.41	41.24
22'	23.37	25.51	27.61	29.69	31.73	33.73	35.69	37.60	39.47	41.30
24'	23.44	25.58	27.68	29.76	31.80	33.79	35.75	37.67	39.54	41.36
26'	23.51	25.65	27.75	29.83	31.86	33.86	35.82	37.73	39.60	41.42
28'	23.58	25.72	27.82	29.89	31.93	33.93	35.88	37.79	39.66	41.48
30'	23.65	25.79	27.89	29.96	32.00	33.99	35.95	37.86	39.72	41.54
32'	23.72	25.86	27.96	30.03	32.06	34.06	36.01	37.92	39.76	41.59
34'	23.80	25.93	28.03	30.10	32.13	34.12	36.07	37.98	39.84	41.65
36'	23.87	26.00	28.10	30.17	32.20	34.19	36.14	38.04	39.90	41.71
38'	23.94	26.07	28.17	30.24	32.27	34.26	36.20	38.11	39.96	41.77
40'	24.01	26.14	28.24	30.30	32.33	34.32	36.27	38.16	40.03	41.83
42'	24.08	26.21	28.31	30.37	32.40	34.39	36.33	38.23	40.09	41.89
44'	24.15	26.28	28.38	30.44	32.47	34.45	36.40	38.30	40.15	41.95
46'	24.22	26.35	28.45	30.51	32.53	34.52	36.46	38.36	40.21	42.01
48'	24.30	26.42	28.52	30.58	32.60	34.58	36.52	38.42	40.27	42.07
50'	24.37	26.49	28.59	30.65	32.67	34.65	36.59	38.48	40.33	42.13
52'	24.44	26.56	28.66	30.70	32.73	34.71	36.65	38.54	40.39	42.19
54'	24.51	26.63	28.73	30.78	32.80	34.78	36.72	38.61	40.45	42.25
56'	24.58	26.70	28.79	30.85	32.87	34.84	36.78	38.67	40.51	42.31
58'	24.65	26.77	28.86	30.92	32.93	34.91	36.84	38.73	40.57	42.37

132 $\cos^2\alpha$

α	132 $\cos^2\alpha$
0°	132.0
0°30'	132.0
1°	132.0
1°30'	131.9
2°	131.9
2°30'	131.7
3°	131.6
3°30'	131.5
4°	131.4
4°30'	131.2
5°	131.0
5°30'	130.8
6°	130.6
6°30'	130.3
7°	130.0
7°30'	129.8
8°	129.4
8°30'	129.1
9°	128.8
9°30'	128.4
10°	128.0
10°20'	127.8
10°40'	127.5
11°	127.2
11°20'	126.9
11°40'	126.6
12°	126.3
12°20'	126.0
12°40'	125.7
13°	125.3
13°20'	125.0
13°40'	124.6
14°	124.3
14°20'	123.9
14°40'	123.5
15°	123.2
15°20'	122.8
15°40'	122.4
16°	122.0
16°20'	121.3
16°40'	121.1
17°	120.7
17°20'	120.3
17°40'	119.8
18°	119.4
18°20'	118.9
18°40'	118.5
19°	118.0
19°20'	117.5
19°40'	117.0
20°	116.6

133 ($\frac{1}{2}\sin 2\alpha$)

α	0°	1°	2°	3°	4°	5°	6°	7°	8°	9°
0'	0.00	2.32	4.64	6.95	9.26	11.55	13.83	16.09	18.33	20.55
2'	0.08	2.40	4.72	7.03	9.33	11.62	13.90	16.16	18.40	20.62
4'	0.15	2.48	4.79	7.11	9.41	11.70	13.98	16.24	18.48	20.70
6'	0.23	2.55	4.87	7.18	9.48	11.78	14.05	16.31	18.55	20.77
8'	0.31	2.63	4.95	7.26	9.56	11.85	14.13	16.39	18.63	20.84
10'	0.39	2.71	5.02	7.34	9.64	11.93	14.20	16.46	18.70	20.92
12'	0.46	2.78	5.10	7.41	9.71	12.00	14.28	16.54	18.78	20.99
14'	0.54	2.86	5.18	7.49	9.79	12.08	14.36	16.61	18.85	21.06
16'	0.62	2.94	5.26	7.57	9.87	12.16	14.43	16.69	18.92	21.14
18'	0.70	3.02	5.33	7.64	9.94	12.23	14.51	16.76	19.00	21.21
20'	0.77	3.09	5.41	7.72	10.02	12.31	14.58	16.84	19.07	21.28
22'	0.85	3.17	5.49	7.80	10.10	12.38	14.66	16.91	19.15	21.36
24'	0.93	3.25	5.56	7.87	10.17	12.46	14.73	16.99	19.22	21.43
26'	1.01	3.33	5.64	7.95	10.25	12.54	14.81	17.06	19.29	21.50
28'	1.08	3.40	5.72	8.03	10.33	12.61	14.88	17.14	19.37	21.58
30'	1.16	3.48	5.80	8.10	10.40	12.69	14.96	17.21	19.44	21.65
32'	1.24	3.56	5.87	8.18	10.48	12.76	15.03	17.29	19.52	21.72
34'	1.32	3.63	5.95	8.26	10.56	12.84	15.11	17.36	19.59	21.80
36'	1.39	3.71	6.03	8.33	10.63	12.92	15.19	17.44	19.66	21.87
38'	1.47	3.79	6.10	8.41	10.71	12.99	15.26	17.51	19.74	21.94
40'	1.55	3.87	6.18	8.49	10.78	13.07	15.34	17.58	19.81	22.02
42'	1.62	3.94	6.26	8.56	10.86	13.14	15.41	17.66	19.89	22.09
44'	1.70	4.02	6.34	8.64	10.94	13.22	15.49	17.73	19.96	22.16
46'	1.78	4.10	6.41	8.72	11.01	13.30	15.56	17.81	20.03	22.23
48'	1.86	4.18	6.49	8.80	11.09	13.37	15.64	17.88	20.11	22.31
50'	1.93	4.25	6.57	8.87	11.17	13.45	15.71	17.96	20.18	22.38
52'	2.01	4.33	6.64	8.95	11.24	13.52	15.79	18.03	20.26	22.45
54'	2.09	4.41	6.72	9.03	11.32	13.60	15.86	18.11	20.33	22.53
56'	2.17	4.48	6.80	9.10	11.40	13.67	15.94	18.18	20.40	22.60
58'	2.24	4.56	6.87	9.18	11.47	13.75	16.01	18.26	20.48	22.67

133 $\cos^2\alpha$

α	$\cos^2\alpha$
0°	133.0
0° 30'	133.0
1°	133.0
1° 30'	132.9
2°	132.8
2° 30'	132.7
3°	132.6
3° 30'	132.5
4°	132.4
4° 30'	132.2
5°	132.0
5° 30'	131.8
6°	131.5
6° 30'	131.3
7°	131.0
7° 30'	130.8
8°	130.4
8° 30'	130.1
9°	129.7
9° 30'	129.4
10°	129.0
10° 20'	128.7
10° 40'	128.5
11°	128.2
11° 20'	127.9
11° 40'	127.6

α	10°	11°	12°	13°	14°	15°	16°	17°	18°	19°
0'	22.74	24.91	27.05	29.15	31.22	33.25	35.24	37.19	39.09	40.94
2'	22.82	24.98	27.12	29.22	31.29	33.32	35.31	37.25	39.15	41.00
4'	22.89	25.05	27.19	29.29	31.36	33.38	35.37	37.31	39.21	41.06
6'	22.96	25.13	27.26	29.36	31.42	33.45	35.44	37.38	39.28	41.12
8'	23.03	25.20	27.33	29.43	31.49	33.52	35.50	37.44	39.34	41.18
10'	23.11	25.27	27.40	29.50	31.56	33.58	35.57	37.51	39.40	41.25
12'	23.18	25.34	27.47	29.57	31.63	33.65	35.63	37.57	39.46	41.31
14'	23.25	25.41	27.54	29.63	31.70	33.72	35.70	37.63	39.52	41.37
16'	23.33	25.48	27.61	29.71	31.77	33.78	35.76	37.70	39.59	41.43
18'	23.40	25.56	27.68	29.78	31.83	33.85	35.83	37.76	39.65	41.49
20'	23.47	25.63	27.75	29.85	31.90	33.92	35.89	37.83	39.71	41.55
22'	23.54	25.70	27.82	29.91	31.97	33.98	35.96	37.89	39.77	41.61
24'	23.61	25.77	27.89	29.98	32.04	34.05	36.02	37.95	39.84	41.67
26'	23.69	25.84	27.96	30.05	32.10	34.12	36.09	38.02	39.90	41.73
28'	23.76	25.91	28.03	30.12	32.17	34.18	36.15	38.08	39.96	41.79
30'	23.83	25.98	28.10	30.19	32.24	34.25	36.22	38.14	40.02	41.85
32'	23.90	26.05	28.17	30.26	32.31	34.32	36.28	38.21	40.08	41.91
34'	23.98	26.13	28.24	30.33	32.38	34.38	36.35	38.27	40.14	41.97
36'	24.05	26.20	28.31	30.40	32.44	34.45	36.41	38.33	40.21	42.03
38'	24.12	26.27	28.38	30.47	32.51	34.51	36.48	38.40	40.27	42.09
40'	24.19	26.34	28.45	30.53	32.58	34.58	36.54	38.45	40.33	42.15
42'	24.26	26.41	28.52	30.60	32.65	34.65	36.61	38.52	40.39	42.21
44'	24.34	26.48	28.59	30.67	32.71	34.71	36.67	38.59	40.45	42.27
46'	24.41	26.55	28.66	30.74	32.78	34.78	36.74	38.65	40.51	42.33
48'	24.48	26.62	28.73	30.81	32.85	34.85	36.80	38.71	40.57	42.39
50'	24.55	26.69	28.80	30.88	32.91	34.91	36.86	38.77	40.64	42.45
52'	24.62	26.76	28.87	30.94	32.98	34.98	36.93	38.84	40.70	42.51
54'	24.70	26.84	28.94	31.01	33.05	35.04	36.99	38.90	40.76	42.57
56'	24.77	26.91	29.01	31.08	33.12	35.11	37.06	38.96	40.82	42.63
58'	24.84	26.98	29.08	31.15	33.18	35.17	37.12	39.03	40.88	42.69

α	$\cos^2\alpha$
12°	127.3
12° 20'	126.9
12° 40'	126.6
13°	126.3
13° 20'	125.9
13° 40'	125.6
14°	125.2
14° 20'	124.8
14° 40'	124.5
15°	124.1
15° 20'	123.7
15° 40'	123.3
16°	122.9
16° 20'	122.5
16° 40'	122.1
17°	121.6
17° 20'	121.2
17° 40'	120.8
18°	120.3
18° 20'	119.8
18° 40'	119.4
19°	118.9
19° 20'	118.4
19° 40'	117.9
20°	117.4

134 ($\frac{1}{2} \sin 2\alpha$)

α	0°	1°	2°	3°	4°	5°	6°	7°	8°	9°
0'	0.00	2.34	4.67	7.00	9.32	11.63	13.93	16.21	18.47	20.70
2'	0.08	2.42	4.75	7.08	9.40	11.71	14.01	16.28	18.54	20.78
4'	0.16	2.49	4.83	7.16	9.48	11.79	14.08	16.36	18.62	20.85
6'	0.23	2.57	4.91	7.24	9.56	11.86	14.16	16.44	18.69	20.93
8'	0.31	2.65	4.98	7.31	9.63	11.94	14.23	16.51	18.77	21.00
10'	0.39	2.73	5.06	7.39	9.71	12.02	14.31	16.59	18.84	21.07
12'	0.47	2.81	5.14	7.47	9.79	12.09	14.39	16.66	18.92	21.15
14'	0.55	2.88	5.22	7.55	9.86	12.17	14.47	16.74	18.99	21.22
16'	0.62	2.96	5.30	7.62	9.94	12.25	14.54	16.81	19.07	21.30
18'	0.70	3.04	5.37	7.70	10.02	12.32	14.62	16.89	19.14	21.37
20'	0.78	3.12	5.45	7.78	10.10	12.40	14.69	16.96	19.22	21.44
22'	0.86	3.20	5.53	7.86	10.17	12.48	14.77	17.04	19.29	21.52
24'	0.94	3.27	5.61	7.93	10.25	12.55	14.84	17.11	19.37	21.59
26'	1.01	3.35	5.68	8.01	10.33	12.63	14.92	17.19	19.44	21.67
28'	1.09	3.43	5.76	8.09	10.40	12.71	15.00	17.27	19.51	21.74
30'	1.17	3.51	5.84	8.17	10.48	12.78	15.07	17.34	19.59	21.81
32'	1.25	3.58	5.92	8.24	10.56	12.86	15.15	17.42	19.66	21.89
34'	1.33	3.66	5.99	8.32	10.63	12.94	15.22	17.49	19.74	21.96
36'	1.40	3.74	6.07	8.40	10.71	13.01	15.30	17.57	19.81	22.03
38'	1.48	3.82	6.15	8.47	10.79	13.09	15.38	17.64	19.89	22.11
40'	1.56	3.90	6.23	8.55	10.87	13.17	15.45	17.72	19.96	22.18
42'	1.64	3.97	6.31	8.63	10.94	13.24	15.53	17.79	20.04	22.25
44'	1.71	4.05	6.38	8.71	11.02	13.32	15.60	17.87	20.11	22.33
46'	1.79	4.13	6.46	8.78	11.10	13.40	15.68	17.94	20.18	22.40
48'	1.87	4.21	6.54	8.86	11.17	13.47	15.75	18.02	20.26	22.48
50'	1.95	4.28	6.62	8.94	11.25	13.55	15.83	18.09	20.33	22.55
52'	2.03	4.36	6.69	9.02	11.33	13.62	15.91	18.17	20.41	22.62
54'	2.10	4.44	6.77	9.09	11.40	13.70	15.98	18.24	20.48	22.70
56'	2.18	4.52	6.85	9.17	11.48	13.78	16.06	18.32	20.56	22.77
58'	2.26	4.60	6.93	9.25	11.56	13.85	16.13	18.39	20.63	22.84

α	10°	11°	12°	13°	14°	15°	16°	17°	18°	19°
0'	22.92	25.10	27.25	29.37	31.45	33.50	35.50	37.47	39.38	41.25
2'	22.99	25.17	27.32	29.44	31.52	33.57	35.57	37.53	39.44	41.31
4'	23.06	25.24	27.39	29.51	31.59	33.63	35.64	37.60	39.51	41.37
6'	23.13	25.32	27.46	29.58	31.66	33.70	35.70	37.66	39.57	41.43
8'	23.21	25.39	27.54	29.65	31.73	33.77	35.77	37.72	39.63	41.49
10'	23.28	25.46	27.61	29.72	31.80	33.84	35.83	37.79	39.70	41.56
12'	23.35	25.53	27.68	29.79	31.87	33.90	35.90	37.85	39.76	41.62
14'	23.43	25.60	27.75	29.85	31.94	33.97	35.97	37.92	39.82	41.68
16'	23.50	25.68	27.82	29.93	32.00	34.04	36.03	37.98	39.88	41.74
18'	23.57	25.75	27.89	30.00	32.07	34.11	36.10	38.05	39.95	41.80
20'	23.65	25.82	27.96	30.07	32.14	34.17	36.16	38.11	40.01	41.86
22'	23.72	25.89	28.03	30.14	32.21	34.24	36.23	38.17	40.07	41.92
24'	23.79	25.96	28.10	30.21	32.28	34.31	36.29	38.24	40.13	41.98
26'	23.86	26.04	28.17	30.28	32.35	34.37	36.34	38.30	40.20	42.04
28'	23.94	26.11	28.24	30.35	32.41	34.44	36.43	38.37	40.26	42.10
30'	24.01	26.18	28.32	30.42	32.48	34.51	36.49	38.43	40.32	42.16
32'	24.08	26.25	28.39	30.49	32.55	34.57	36.56	38.49	40.38	42.23
34'	24.16	26.32	28.46	30.56	32.62	34.64	36.62	38.56	40.45	42.29
36'	24.23	26.39	28.53	30.63	32.69	34.71	36.69	38.62	40.51	42.35
38'	24.30	26.47	28.60	30.69	32.75	34.77	36.75	38.68	40.57	42.41
40'	24.37	26.54	28.67	30.76	32.82	34.84	36.82	38.74	40.63	42.47
42'	24.45	26.61	28.74	30.83	32.89	34.91	36.88	38.81	40.69	42.53
44'	24.52	26.68	28.81	30.90	32.96	34.97	36.95	38.87	40.76	42.59
46'	24.59	26.75	28.88	30.97	33.03	35.04	37.01	38.94	40.82	42.65
48'	24.66	26.82	28.95	31.04	33.09	35.11	37.08	39.00	40.88	42.71
50'	24.74	26.89	29.02	31.11	33.16	35.17	37.14	39.07	40.94	42.77
52'	24.81	26.97	29.09	31.17	33.23	35.24	37.21	39.13	41.00	42.83
54'	24.88	27.04	29.16	31.25	33.30	35.31	37.27	39.19	41.06	42.89
56'	24.95	27.11	29.23	31.32	33.36	35.37	37.34	39.26	41.18	42.95
58'	25.03	27.18	29.30	31.39	33.43	35.44	37.40	39.32	41.19	43.01

134 $\cos^2\alpha$

0°	134.0
0° 30'	134.0
1°	134.0
1° 30'	133.9
2°	133.8
2° 30'	133.7
3°	133.6
3° 30'	133.5
4°	133.3
4° 30'	133.2
5°	133.0
5° 30'	132.8
6°	132.5
6° 30'	132.3
7°	132.0
7° 30'	131.7
8°	131.4
8° 30'	131.1
9°	130.7
9° 30'	130.3
10°	130.0
10° 20'	129.7
10° 40'	129.4
11°	129.1
11° 20'	128.8
11° 40'	128.5
12°	128.2
12° 20'	127.9
12° 40'	127.6
13°	127.2
13° 20'	126.9
13° 40'	126.5
14°	126.2
14° 20'	125.8
14° 40'	125.4
15°	125.0
15° 20'	124.6
15° 40'	124.2
16°	123.8
16° 20'	123.4
16° 40'	123.0
17°	122.5
17° 20'	122.1
17° 40'	121.7
18°	121.2
18° 20'	120.7
18° 40'	120.3
19°	119.8
19° 20'	119.3
19° 40'	118.8
20°	118.3

α	0°	1°	2°	3°	4°	5°	6°	7°	8°	9°
0'	0.00	2.36	4.71	7.06	9.39	11.72	14.03	16.33	18.61	20.86
2'	0.08	2.43	4.79	7.13	9.47	11.80	14.11	16.41	18.68	20.93
4'	0.16	2.51	4.87	7.21	9.55	11.88	14.19	16.48	18.76	21.01
6'	0.24	2.59	4.94	7.29	9.63	11.95	14.26	16.56	18.83	21.08
8'	0.31	2.67	5.02	7.37	9.71	12.03	14.34	16.63	18.91	21.16
10'	0.39	2.75	5.10	7.45	9.78	12.11	14.42	16.71	18.98	21.23
12'	0.47	2.83	5.18	7.52	9.86	12.19	14.49	16.79	19.06	21.31
14'	0.55	2.91	5.26	7.60	9.94	12.26	14.57	16.86	19.13	21.38
16'	0.63	2.98	5.34	7.68	10.02	12.33	14.65	16.94	19.21	21.46
18'	0.71	3.06	5.41	7.76	10.09	12.42	14.72	17.01	19.28	21.53
20'	0.79	3.14	5.49	7.84	10.17	12.49	14.80	17.09	19.36	21.60
22'	0.86	3.22	5.57	7.91	10.25	12.57	14.88	17.17	19.43	21.68
24'	0.94	3.30	5.65	7.99	10.33	12.65	14.95	17.24	19.51	21.75
26'	1.02	3.38	5.73	8.07	10.40	12.73	15.03	17.32	19.58	21.83
28'	1.10	3.45	5.80	8.15	10.48	12.80	15.11	17.39	19.66	21.90
30'	1.18	3.53	5.88	8.23	10.56	12.88	15.18	17.47	19.74	21.98
32'	1.26	3.61	5.96	8.30	10.64	12.96	15.26	17.55	19.81	22.05
34'	1.33	3.69	6.04	8.38	10.71	13.03	15.34	17.62	19.89	22.12
36'	1.41	3.77	6.12	8.46	10.79	13.11	15.41	17.70	19.96	22.20
38'	1.49	3.85	6.20	8.54	10.87	13.19	15.49	17.77	20.04	22.27
40'	1.57	3.92	6.27	8.62	10.95	13.26	15.57	17.85	20.11	22.35
42'	1.65	4.00	6.35	8.69	11.02	13.34	15.64	17.93	20.19	22.42
44'	1.73	4.08	6.43	8.77	11.10	13.42	15.72	18.00	20.26	22.49
46'	1.81	4.16	6.51	8.85	11.18	13.50	15.80	18.08	20.34	22.57
48'	1.88	4.24	6.59	8.93	11.26	13.57	15.87	18.15	20.41	22.64
50'	1.96	4.32	6.67	9.01	11.33	13.64	15.95	18.23	20.48	22.72
52'	2.04	4.40	6.74	9.08	11.41	13.73	16.02	18.30	20.56	22.79
54'	2.12	4.47	6.82	9.16	11.49	13.80	16.10	18.38	20.63	22.86
56'	2.20	4.55	6.90	9.24	11.57	13.88	16.18	18.45	20.71	22.94
58'	2.28	4.63	6.98	9.32	11.64	13.96	16.25	18.53	20.78	23.01

α	10°	11°	12°	13°	14°	15°	16°	17°	18°	19°
0'	23.09	25.23	27.45	29.59	31.69	33.75	35.77	37.75	39.68	41.56
2'	23.16	25.36	27.53	29.66	31.76	33.82	35.84	37.81	39.74	41.62
4'	23.23	25.43	27.60	29.73	31.83	33.89	35.90	37.88	39.80	41.68
6'	23.31	25.50	27.67	29.80	31.90	33.95	35.97	37.94	39.87	41.74
8'	23.38	25.58	27.74	29.87	31.97	34.02	36.04	38.01	39.93	41.80
10'	23.46	25.65	27.81	29.94	32.04	34.09	36.10	38.07	39.99	41.87
12'	23.53	25.72	27.88	30.01	32.10	34.16	36.17	38.14	40.06	41.93
14'	23.60	25.79	27.96	30.07	32.17	34.22	36.23	38.20	40.12	41.99
16'	23.68	25.87	28.03	30.15	32.24	34.29	36.30	38.26	40.18	42.05
18'	23.75	25.94	28.10	30.22	32.31	34.36	36.37	38.33	40.25	42.11
20'	23.82	26.01	28.17	30.29	32.38	34.43	36.43	38.39	40.31	42.17
22'	23.90	26.08	28.24	30.36	32.45	34.50	36.50	38.46	40.37	42.23
24'	23.97	26.16	28.31	30.43	32.52	34.56	36.57	38.52	40.43	42.30
26'	24.04	26.23	28.38	30.50	32.59	34.63	36.63	38.59	40.50	42.36
28'	24.12	26.30	28.46	30.57	32.66	34.70	36.70	38.65	40.56	42.42
30'	24.19	26.37	28.53	30.64	32.72	34.77	36.76	38.72	40.62	42.48
32'	24.26	26.45	28.60	30.71	32.79	34.83	36.83	38.78	40.69	42.54
34'	24.34	26.52	28.67	30.78	32.86	34.90	36.89	38.85	40.75	42.60
36'	24.41	26.59	28.74	30.85	32.93	34.97	36.96	38.91	40.81	42.66
38'	24.48	26.66	28.81	30.92	33.00	35.03	37.03	38.97	40.87	42.72
40'	24.56	26.74	28.88	30.99	33.07	35.10	37.09	39.03	40.94	42.78
42'	24.63	26.81	28.95	31.06	33.14	35.17	37.16	39.10	41.00	42.84
44'	24.70	26.88	29.02	31.13	33.20	35.24	37.22	39.17	41.06	42.90
46'	24.78	26.95	29.09	31.20	33.27	35.30	37.29	39.23	41.12	42.97
48'	24.85	27.02	29.17	31.27	33.34	35.37	37.35	39.29	41.18	43.03
50'	24.92	27.10	29.24	31.34	33.41	35.44	37.42	39.36	41.25	43.09
52'	24.99	27.17	29.31	31.40	33.48	35.50	37.48	39.42	41.31	43.15
54'	25.07	27.24	29.38	31.48	33.55	35.57	37.55	39.48	41.37	43.21
56'	25.14	27.31	29.45	31.55	33.61	35.64	37.62	39.55	41.43	43.27
58'	25.21	27.38	29.52	31.62	33.68	35.70	37.68	39.61	41.50	43.33

135 $cos^2 α$

0°	135.0
0° 30'	135.0
1°	135.0
1° 30'	134.9
2°	134.8
2° 30'	134.7
3°	134.6
3° 30'	134.5
4°	134.3
4° 30'	134.2
5°	134.0
5° 30'	133.8
6°	133.5
6° 30'	133.3
7°	133.0
7° 30'	132.7
8°	132.4
8° 30'	132.1
9°	131.7
9° 30'	131.3
10°	130.9
10° 20'	130.7
10° 40'	130.4
11°	130.0
11° 20'	129.8
11° 40'	129.5
12°	129.2
12° 20'	128.8
12° 40'	128.5
13°	128.2
13° 20'	127.8
13° 40'	127.5
14°	127.1
14° 20'	126.7
14° 40'	126.3
15°	126.0
15° 20'	125.6
15° 40'	125.2
16°	124.7
16° 20'	124.3
16° 40'	123.9
17°	123.5
17° 20'	123.0
17° 40'	122.6
18°	122.1
18° 20'	121.6
18° 40'	121.2
19°	120.7
19° 20'	120.2
19° 40'	119.7
20°	119.2

136 ($\frac{1}{2}\sin 2\alpha$)

α	0°	1°	2°	3°	4°	5°	6°	7°	8°	9°
0′	0.00	2.37	4.74	7.11	9.46	11.81	14.14	16.45	18.74	21.01
2′	0.08	2.45	4.82	7.19	9.54	11.89	14.22	16.53	18.82	21.09
4′	0.16	2.53	4.90	7.27	9.62	11.96	14.29	16.60	18.90	21.16
6′	0.24	2.61	4.98	7.34	9.70	12.04	14.37	16.68	18.97	21.24
8′	0.32	2.69	5.06	7.42	9.78	12.12	14.45	16.76	19.05	21.31
10′	0.40	2.77	5.14	7.50	9.86	12.20	14.52	16.83	19.12	21.39
12′	0.47	2.85	5.22	7.58	9.93	12.28	14.60	16.91	19.20	21.46
14′	0.55	2.93	5.30	7.66	10.01	12.35	14.68	16.99	19.28	21.54
16′	0.63	3.01	5.37	7.74	10.09	12.43	14.76	17.06	19.35	21.61
18′	0.71	3.08	5.45	7.82	10.17	12.51	14.83	17.14	19.43	21.69
20′	0.79	3.16	5.53	7.89	10.25	12.59	14.91	17.22	19.50	21.76
22′	0.87	3.24	5.61	7.97	10.32	12.66	14.99	17.29	19.58	21.84
24′	0.95	3.33	5.69	8.05	10.40	12.74	15.07	17.37	19.65	21.91
26′	1.03	3.40	5.77	8.13	10.48	12.82	15.14	17.45	19.73	21.99
28′	1.11	3.48	5.85	8.21	10.56	12.90	15.22	17.52	19.81	22.06
30′	1.19	3.56	5.93	8.29	10.64	12.98	15.30	17.60	19.88	22.14
32′	1.27	3.64	6.01	8.37	10.72	13.05	15.37	17.68	19.96	22.21
34′	1.34	3.72	6.08	8.44	10.79	13.13	15.45	17.75	20.03	22.29
36′	1.42	3.80	6.16	8.52	10.87	13.21	15.53	17.83	20.11	22.36
38′	1.50	3.87	6.24	8.60	10.95	13.29	15.60	17.91	20.18	22.44
40′	1.58	3.95	6.32	8.68	11.03	13.36	15.68	17.98	20.26	22.51
42′	1.66	4.03	6.40	8.76	11.11	13.44	15.76	18.06	20.33	22.59
44′	1.74	4.11	6.48	8.84	11.18	13.52	15.84	18.13	20.41	22.66
46′	1.82	4.19	6.56	8.92	11.26	13.60	15.91	18.21	20.49	22.74
48′	1.90	4.27	6.64	8.99	11.34	13.67	15.99	18.29	20.56	22.81
50′	1.98	4.35	6.71	9.07	11.42	13.75	16.07	18.36	20.64	22.89
52′	2.06	4.43	6.79	9.15	11.50	13.83	16.14	18.44	20.71	22.96
54′	2.14	4.51	6.87	9.23	11.57	13.91	16.22	18.52	20.79	23.03
56′	2.21	4.59	6.95	9.31	11.65	13.98	16.30	18.59	20.86	23.11
58′	2.29	4.66	7.03	9.39	11.73	14.06	16.37	18.67	20.94	23.18

α	10°	11°	12°	13°	14°	15°	16°	17°	18°	19°
0′	23.26	25.47	27.66	29.81	31.92	34.00	36.03	38.03	39.97	41.86
2′	23.33	25.55	27.73	29.88	31.99	34.07	36.10	38.09	40.03	41.93
4′	23.41	25.62	27.80	29.95	32.06	34.14	36.17	38.16	40.10	41.99
6′	23.48	25.69	27.87	30.02	32.13	34.21	36.24	38.22	40.16	42.05
8′	23.55	25.77	27.95	30.09	32.20	34.27	36.30	38.29	40.22	42.11
10′	23.63	25.84	28.02	30.16	32.27	34.34	36.37	38.35	40.29	42.18
12′	23.70	25.91	28.09	30.24	32.34	34.41	36.44	38.42	40.35	42.24
14′	23.78	25.99	28.16	30.30	32.41	34.48	36.50	38.48	40.42	42.30
16′	23.85	26.06	28.24	30.38	32.48	34.55	36.57	38.55	40.48	42.36
18′	23.93	26.13	28.31	30.45	32.55	34.61	36.64	38.61	40.54	42.42
20′	24.00	26.21	28.38	30.52	32.62	34.68	36.70	38.68	40.61	42.49
22′	24.07	26.28	28.45	30.59	32.69	34.75	36.77	38.74	40.67	42.55
24′	24.15	26.35	28.52	30.66	32.76	34.82	36.84	38.81	40.73	42.61
26′	24.22	26.42	28.59	30.73	32.83	34.89	36.90	38.87	40.80	42.67
28′	24.30	26.50	28.67	30.80	32.90	34.95	36.97	38.94	40.86	42.73
30′	24.37	26.57	28.74	30.87	32.97	35.02	37.04	39.00	40.92	42.79
32′	24.44	26.64	28.81	30.94	33.04	35.09	37.10	39.07	40.99	42.85
34′	24.52	26.72	28.88	31.01	33.11	35.16	37.17	39.13	41.05	42.92
36′	24.59	26.79	28.95	31.08	33.17	35.23	37.23	39.20	41.11	42.98
38′	24.66	26.86	29.02	31.15	33.24	35.29	37.30	39.26	41.18	43.04
40′	24.74	26.93	29.10	31.22	33.31	35.36	37.37	39.32	41.24	43.10
42′	24.81	27.01	29.17	31.29	33.38	35.43	37.43	39.39	41.30	43.16
44′	24.89	27.08	29.24	31.36	33.45	35.50	37.50	39.46	41.36	43.22
46′	24.96	27.15	29.31	31.43	33.52	35.56	37.56	39.52	41.43	43.28
48′	25.03	27.22	29.38	31.50	33.59	35.63	37.63	39.58	41.49	43.34
50′	25.11	27.30	29.45	31.57	33.66	35.70	37.70	39.65	41.55	43.41
52′	25.18	27.37	29.52	31.63	33.73	35.77	37.76	39.71	41.62	43.47
54′	25.25	27.44	29.60	31.71	33.79	35.83	37.83	39.78	41.68	43.53
56′	25.33	27.51	29.67	31.79	33.86	35.90	37.89	39.84	41.74	43.59
58′	25.40	27.59	29.74	31.85	33.93	35.97	37.96	39.91	41.80	43.65

136 $\cos^2\alpha$

α	136 cos²α
0°	136.0
0° 30′	136.0
1°	136.0
1° 30′	135.9
2°	135.8
2° 30′	135.7
3°	135.6
3° 30′	135.5
4°	135.3
4° 30′	135.2
5°	135.0
5° 30′	134.8
6°	134.5
6° 30′	134.3
7°	134.0
7° 30′	133.7
8°	133.4
8° 30′	133.0
9°	132.7
9° 30′	132.3
10°	131.9
10° 20′	131.6
10° 40′	131.3
11°	131.0
11° 20′	130.7
11° 40′	130.4
12°	130.1
12° 20′	129.8
12° 40′	129.5
13°	129.1
13° 20′	128.8
13° 40′	128.4
14°	128.0
14° 20′	127.7
14° 40′	127.3
15°	126.9
15° 20′	126.5
15° 40′	126.1
16°	125.7
16° 20′	125.2
16° 40′	124.8
17°	124.4
17° 20′	123.9
17° 40′	123.5
18°	123.0
18° 20′	122.5
18° 40′	122.1
19°	121.6
19° 20′	121.1
19° 40′	120.6
20°	120.1

α	0°	1°	2°	3°	4°	5°	6°	7°	8°	9°
0'	0.00	2.39	4.78	7.16	9.58	11.89	14.24	16.57	18.88	21.17
2'	0.08	2.47	4.86	7.24	9.61	11.97	14.32	16.65	18.96	21.24
4'	0.16	2.55	4.94	7.32	9.69	12.05	14.40	16.73	19.03	21.32
6'	0.24	2.63	5.02	7.40	9.77	12.13	14.48	16.80	19.11	21.39
8'	0.32	2.71	5.10	7.48	9.85	12.21	14.55	16.88	19.19	21.47
10'	0.40	2.79	5.18	7.56	9.93	12.29	14.63	16.96	19.26	21.55
12'	0.48	2.87	5.26	7.64	10.01	12.37	14.71	17.04	19.34	21.62
14'	0.56	2.95	5.33	7.71	10.09	12.44	14.79	17.11	19.42	21.70
16'	0.64	3.03	5.41	7.79	10.16	12.52	14.87	17.19	19.49	21.77
18'	0.72	3.11	5.49	7.87	10.24	12.60	14.94	17.27	19.57	21.85
20'	0.80	3.19	5.57	7.95	10.32	12.68	15.02	17.34	19.65	21.92
22'	0.88	3.27	5.65	8.03	10.40	12.76	15.10	17.42	19.72	22.00
24'	0.96	3.35	5.73	8.11	10.48	12.84	15.18	17.50	19.80	22.08
26'	1.04	3.43	5.81	8.19	10.56	12.91	15.25	17.58	19.88	22.15
28'	1.12	3.51	5.89	8.27	10.64	12.99	15.33	17.65	19.95	22.23
30'	1.20	3.59	5.97	8.35	10.72	13.07	15.41	17.73	20.03	22.30
32'	1.27	3.66	6.04	8.43	10.79	13.15	15.49	17.81	20.10	22.38
34'	1.35	3.74	6.13	8.51	10.87	13.23	15.56	17.88	20.18	22.45
36'	1.43	3.82	6.21	8.59	10.95	13.31	15.64	17.96	20.26	22.53
38'	1.51	3.90	6.29	8.66	11.03	13.38	15.72	18.04	20.33	22.60
40'	1.59	3.98	6.37	8.74	11.11	13.46	15.80	18.11	20.41	22.68
42'	1.67	4.06	6.45	8.82	11.19	13.54	15.87	18.19	20.48	22.75
44'	1.75	4.14	6.53	8.90	11.27	13.62	15.95	18.27	20.56	22.83
46'	1.83	4.22	6.61	3.98	11.35	13.70	16.03	18.34	20.64	22.90
48'	1.91	4.30	6.68	9.06	11.42	13.77	16.11	18.42	20.71	22.98
50'	1.99	4.38	6.76	9.14	11.50	13.85	16.18	18.50	20.79	23.05
52'	2.07	4.46	6.84	9.22	11.58	13.93	16.26	18.57	20.86	23.13
54'	2.15	4.54	6.92	9.30	11.66	14.01	16.34	18.65	20.94	23.20
56'	2.23	4.62	7.00	9.38	11.74	14.09	16.42	18.72	21.02	23.28
58'	2.31	4.70	7.08	9.45	11.82	14.16	16.49	18.80	21.09	23.35

137 $\cos^2\alpha$

α	value
0°	137.0
0° 30'	137.0
1°	137.0
1° 30'	136.9
2°	136.8
2° 30'	136.7
3°	136.6
3° 30'	136.5
4°	136.3
4° 30'	136.2
5°	136.0
5° 30'	135.7
6°	135.5
6° 30'	135.2
7°	135.0
7° 30'	134.7
8°	134.3
8° 30'	134.0
9°	133.6
9° 30'	133.3
10°	132.9
10° 20'	132.6
10° 40'	132.3
11°	132.0
11° 20'	181.7
11° 40'	131.4

α	10°	11°	12°	13°	14°	15°	16°	17°	18°	19°
0'	23.43	25.66	27.86	30.08	32.16	34.25	36.30	38.30	40.26	42.17
2'	23.50	25.73	27.93	30.10	32.23	34.32	36.37	38.37	40.33	42.24
4'	23.58	25.81	28.01	30.17	32.30	34.39	36.44	38.44	40.39	42.30
6'	23.65	25.88	28.08	30.24	32.37	34.46	36.50	38.50	40.46	42.36
8'	23.73	25.96	28.15	30.31	32.44	34.53	36.57	38.57	40.52	42.42
10'	23.80	26.03	28.23	30.39	32.51	34.59	36.64	38.63	40.59	42.49
12'	23.88	26.10	28.30	30.46	32.58	34.66	36.70	38.70	40.65	42.55
14'	23.95	26.18	28.37	30.52	32.65	34.73	36.77	38.77	40.71	42.61
16'	24.03	26.25	28.44	30.60	32.72	34.80	36.83	38.83	40.78	42.67
18'	24.10	26.32	28.52	30.67	32.79	34.87	36.91	38.90	40.84	42.74
20'	24.18	26.40	28.59	30.74	32.86	34.94	36.97	38.96	40.91	42.80
22'	24.25	26.47	28.66	30.81	32.93	35.01	37.04	39.03	40.97	42.86
24'	24.32	26.54	28.73	30.89	33.00	35.07	37.11	39.09	41.03	42.92
26'	24.40	26.62	28.80	30.96	33.07	35.14	37.17	39.16	41.10	42.98
28'	24.47	26.69	28.88	31.03	33.14	35.21	37.24	39.22	41.16	43.05
30'	24.55	26.77	28.95	31.10	33.21	35.28	37.31	39.29	41.22	43.11
32'	24.63	26.84	29.02	31.17	33.28	35.35	37.37	39.36	41.29	43.17
34'	24.70	26.91	29.09	31.24	33.35	35.42	37.44	39.42	41.35	43.23
36'	24.77	26.99	29.17	31.31	33.42	35.48	37.51	39.49	41.42	43.29
38'	24.85	27.06	29.24	31.38	33.49	35.55	37.57	39.55	41.48	43.36
40'	24.92	27.13	29.31	31.45	33.56	35.62	37.64	39.61	41.54	43.42
42'	24.99	27.20	29.38	31.52	33.63	35.69	37.71	39.68	41.61	43.48
44'	25.07	27.28	29.45	31.59	33.70	35.76	37.77	39.75	41.67	43.54
46'	25.14	27.35	29.53	31.67	33.77	35.83	37.84	39.81	41.73	43.60
48'	25.22	27.42	29.60	31.74	33.84	35.89	37.91	39.88	41.80	43.66
50'	25.29	27.50	29.67	31.81	33.90	35.96	37.97	39.94	41.86	43.72
52'	25.36	27.57	29.74	31.87	33.97	36.03	38.04	40.00	41.92	43.79
54'	25.44	27.64	29.81	31.95	34.04	36.10	38.11	40.07	41.98	43.85
56'	25.51	27.72	29.89	32.02	34.11	36.16	38.17	40.13	42.05	43.91
58'	25.59	27.79	29.96	32.09	34.18	36.23	38.24	40.20	42.11	43.97

α	value
12°	131.1
12° 20'	130.7
12° 40'	130.4
13°	130.1
13° 20'	129.7
13° 40'	129.4
14°	129.0
14° 20'	128.6
14° 40'	128.2
15°	127.8
15° 20'	127.4
15° 40'	127.0
16°	126.6
16° 20'	126.2
16° 40'	125.7
17°	125.3
17° 20'	124.8
17° 40'	124.4
18°	123.9
18° 20'	123.4
18° 40'	123.0
19°	122.5
19° 20'	122.0
19° 40'	121.5
20°	121.0

138 $(\tfrac{1}{2}\,sin\,2\alpha)$

α	0°	1°	2°	3°	4°	5°	6°	7°	8°	9°
0'	0.00	2.41	4.81	7.21	9.60	11.98	14.35	16.69	19.02	21.32
2'	0.08	2.49	4.89	7.29	9.68	12.06	14.42	16.77	19.10	21.40
4'	0.16	2.57	4.97	7.37	9.76	12.14	14.50	16.85	19.17	21.47
6'	0.24	2.65	5.05	7.45	9.84	12.22	14.58	16.93	19.25	21.55
8'	0.32	2.73	5.13	7.53	9.92	12.30	14.66	17.00	19.33	21.63
10'	0.40	2.81	5.21	7.61	10.00	12.38	14.74	17.08	19.40	21.70
12'	0.48	2.89	5.29	7.69	10.08	12.46	14.82	17.16	19.48	21.78
14'	0.56	2.97	5.37	7.77	10.16	12.53	14.90	17.24	19.56	21.86
16'	0.64	3.05	5.45	7.85	10.24	12.61	14.97	17.32	19.64	21.93
18'	0.72	3.13	5.53	7.93	10.32	12.69	15.05	17.39	19.71	22.01
20'	0.80	3.21	5.61	8.01	10.40	12.77	15.13	17.47	19.79	22.08
22'	0.88	3.29	5.69	8.09	10.48	12.85	15.21	17.55	19.87	22.16
24'	0.96	3.37	5.77	8.17	10.56	12.93	15.29	17.63	19.94	22.24
26'	1.04	3.45	5.85	8.25	10.64	13.01	15.37	17.70	20.02	22.31
28'	1.12	3.53	5.93	8.33	10.71	13.09	15.44	17.78	20.10	22.39
30'	1.20	3.61	6.01	8.41	10.79	13.17	15.52	17.86	20.17	22.46
32'	1.28	3.69	6.09	8.49	10.87	13.24	15.60	17.94	20.25	22.54
34'	1.36	3.77	6.17	8.57	10.95	13.32	15.68	18.01	20.33	22.62
36'	1.44	3.85	6.25	8.65	11.03	13.40	15.76	18.09	20.40	22.69
38'	1.53	3.93	6.33	8.73	11.11	13.48	15.83	18.17	20.48	22.77
40'	1.61	4.01	6.41	8.81	11.19	13.56	15.91	18.25	20.56	22.84
42'	1.69	4.09	6.49	8.89	11.27	13.64	15.99	18.32	20.63	22.92
44'	1.77	4.17	6.57	8.97	11.35	13.72	16.07	18.40	20.71	22.99
46'	1.85	4.25	6.65	9.05	11.43	13.80	16.15	18.48	20.79	23.08
48'	1.93	4.33	6.73	9.13	11.51	13.87	16.22	18.56	20.86	23.15
50'	2.01	4.41	6.81	9.21	11.59	13.95	16.30	18.63	20.94	23.22
52'	2.09	4.49	6.89	9.28	11.67	14.03	16.38	18.71	21.02	23.30
54'	2.17	4.57	6.97	9.36	11.74	14.11	16.46	18.79	21.09	23.37
56'	2.25	4.65	7.05	9.44	11.82	14.19	16.54	18.86	21.17	23.45
58'	2.33	4.73	7.13	9.52	11.90	14.27	16.61	18.94	21.25	23.52

138 $cos^2\alpha$

α	value	α	value
0°	188.0	6°	186.5
0° 30'	188.0	6° 30'	186.2
1°	188.0	7°	186.0
1° 30'	187.9	7° 30'	185.6
2°	187.8	8°	185.3
2° 30'	187.7	8° 30'	185.0
3°	187.6	9°	184.6
3° 30'	187.5	9° 30'	184.2
4°	187.3	10°	183.8
4° 30'	187.1	10° 20'	183.6
5°	187.0	10° 40'	183.3
5° 30'	186.7	11°	183.0
		11° 20'	182.7
		11° 40'	182.4

α	10°	11°	12°	13°	14°	15°	16°	17°	18°	19°
0'	23.60	25.85	28.06	30.25	32.39	34.50	36.56	38.58	40.56	42.48
2'	23.67	25.92	28.14	30.32	32.46	34.57	36.63	38.65	40.62	42.54
4'	23.75	26.00	28.21	30.39	32.54	34.64	36.70	38.72	40.69	42.61
6'	23.83	26.07	28.28	30.46	32.61	34.71	36.77	38.78	40.75	42.67
8'	23.90	26.15	28.36	30.54	32.68	34.78	36.84	38.85	40.82	42.73
10'	23.98	26.22	28.43	30.61	32.75	34.85	36.90	38.92	40.88	42.80
12'	24.05	26.29	28.50	30.68	32.82	34.92	36.97	38.98	40.95	42.86
14'	24.13	26.37	28.58	30.74	32.89	34.99	37.04	39.05	41.01	42.92
16'	24.20	26.44	28.65	30.82	32.96	35.05	37.11	39.12	41.08	42.98
18'	24.28	26.52	28.72	30.90	33.03	35.12	37.18	39.18	41.14	43.05
20'	24.35	26.59	28.80	30.97	33.10	35.19	37.24	39.25	41.20	43.11
22'	24.43	26.66	28.87	31.04	33.17	35.26	37.31	39.31	41.27	43.17
24'	24.50	26.74	28.94	31.11	33.24	35.33	37.38	39.38	41.33	43.24
26'	24.58	26.81	29.02	31.18	33.31	35.40	37.45	39.45	41.40	43.30
28'	24.65	26.89	29.09	31.25	33.38	35.47	37.51	39.51	41.46	43.36
30'	24.73	26.96	29.16	31.33	33.45	35.54	37.58	39.58	41.53	43.42
32'	24.80	27.03	29.23	31.40	33.52	35.61	37.65	39.64	41.59	43.49
34'	24.88	27.11	29.31	31.47	33.59	35.68	37.72	39.71	41.65	43.55
36'	24.95	27.18	29.38	31.54	33.66	35.74	37.78	39.77	41.72	43.61
38'	25.03	27.26	29.45	31.61	33.73	35.81	37.85	39.84	41.78	43.67
40'	25.10	27.33	29.52	31.68	33.80	35.88	37.92	39.90	41.85	43.73
42'	25.18	27.40	29.60	31.75	33.87	35.95	37.98	39.97	41.91	43.80
44'	25.25	27.48	29.67	31.83	33.94	36.02	38.05	40.04	41.97	43.86
46'	25.33	27.55	29.74	31.90	34.01	36.09	38.12	40.10	42.04	43.92
48'	25.40	27.62	29.81	31.97	34.08	36.16	38.18	40.17	42.10	43.98
50'	25.48	27.70	29.89	32.04	34.15	36.22	38.25	40.23	42.16	44.04
52'	25.55	27.77	29.96	32.10	34.22	36.29	38.32	40.30	42.23	44.11
54'	25.62	27.84	30.03	32.16	34.29	36.36	38.38	40.36	42.29	44.17
56'	25.70	27.92	30.10	32.25	34.36	36.43	38.45	40.43	42.35	44.23
58'	25.77	27.99	30.18	32.32	34.43	36.50	38.52	40.49	42.42	44.29

α	value	α	value
12°	132.0	16°	127.5
12° 20'	131.7	16° 20'	127.1
12° 40'	131.4	16° 40'	126.6
13°	131.0	17°	126.2
13° 20'	130.7	17° 20'	125.8
13° 40'	130.3	17° 40'	125.3
14°	129.9	18°	124.8
14° 20'	129.5	18° 20'	124.3
14° 40'	129.2	18° 40'	123.9
15°	128.8	19°	123.4
15° 20'	128.4	19° 20'	122.9
15° 40'	127.9	19° 40'	122.4
		20°	121.9

α	0°	1°	2°	3°	4°	5°	6°	7°	8°	9°
0'	0.00	2.43	4.85	7.26	9.67	12.07	14.45	16.81	19.16	21.48
2'	0.08	2.51	4.93	7.35	9.75	12.15	14.53	16.89	19.23	21.55
4'	0.16	2.59	5.01	7.43	9.83	12.23	14.61	16.97	19.31	21.63
6'	0.24	2.67	5.09	7.51	9.91	12.31	14.69	17.05	19.39	21.71
8'	0.32	2.75	5.17	7.59	9.99	12.39	14.77	17.13	19.47	21.78
10'	0.40	2.83	5.25	7.67	10.07	12.47	14.85	17.21	19.55	21.86
12'	0.49	2.91	5.33	7.75	10.15	12.55	14.92	17.28	19.62	21.94
14'	0.57	2.99	5.41	7.83	10.23	12.63	15.00	17.36	19.70	22.01
16'	0.65	3.07	5.49	7.91	10.31	12.71	15.08	17.44	19.78	22.09
18'	0.73	3.15	5.57	7.99	10.39	12.78	15.16	17.52	19.86	22.17
20'	0.81	3.23	5.65	8.07	10.47	12.86	15.24	17.60	19.93	22.24
22'	0.89	3.31	5.74	8.15	10.55	12.94	15.32	17.68	20.01	22.32
24'	0.97	3.40	5.82	8.23	10.63	13.02	15.40	17.75	20.09	22.40
26'	1.05	3.48	5.90	8.31	10.71	13.10	15.48	17.83	20.17	22.47
28'	1.13	3.56	5.98	8.39	10.79	13.18	15.56	17.91	20.24	22.55
30'	1.21	3.64	6.06	8.47	10.87	13.26	15.63	17.99	20.32	22.63
32'	1.29	3.72	6.14	8.55	10.95	13.34	15.71	18.07	20.40	22.70
34'	1.37	3.80	6.22	8.63	11.03	13.42	15.79	18.14	20.47	22.78
36'	1.46	3.88	6.30	8.71	11.11	13.50	15.87	18.22	20.55	22.86
38'	1.54	3.96	6.38	8.79	11.19	13.58	15.95	18.30	20.63	22.93
40'	1.62	4.04	6.46	8.87	11.27	13.66	16.03	18.38	20.71	23.01
42'	1.70	4.12	6.54	8.95	11.35	13.74	16.11	18.46	20.78	23.09
44'	1.78	4.20	6.62	9.03	11.43	13.82	16.19	18.53	20.86	23.16
46'	1.86	4.28	6.70	9.11	11.51	13.90	16.26	18.61	20.94	23.24
48'	1.94	4.36	6.78	9.19	11.59	13.97	16.34	18.69	21.01	23.31
50'	2.02	4.44	6.86	9.27	11.67	14.05	16.42	18.77	21.09	23.39
52'	2.10	4.53	6.94	9.35	11.75	14.13	16.50	18.85	21.17	23.47
54'	2.18	4.61	7.02	9.43	11.83	14.21	16.58	18.92	21.25	23.54
56'	2.26	4.69	7.10	9.51	11.91	14.29	16.66	19.00	21.32	23.62
58'	2.34	4.77	7.18	9.59	11.99	14.37	16.74	19.08	21.40	23.69

α	10°	11°	12°	13°	14°	15°	16°	17°	18°	19°
0'	23.77	26.04	28.27	30.47	32.63	34.75	36.83	38.86	40.85	42.79
2'	23.85	26.11	28.34	30.54	32.70	34.82	36.90	38.93	40.92	42.85
4'	23.92	26.19	28.42	30.61	32.77	34.89	36.97	39.00	40.98	42.92
6'	24.00	26.26	28.49	30.68	32.84	34.96	37.03	39.06	41.05	42.98
8'	24.07	26.33	28.56	30.76	32.91	35.03	37.10	39.13	41.11	43.04
10'	24.15	26.41	28.64	30.83	32.98	35.10	37.17	39.20	41.18	43.11
12'	24.23	26.48	28.71	30.90	33.06	35.17	37.24	39.27	41.24	43.17
14'	24.30	26.56	28.78	30.96	33.13	35.24	37.31	39.33	41.31	43.23
16'	24.38	26.63	28.86	31.05	33.20	35.31	37.38	39.40	41.37	43.30
18'	24.45	26.71	28.93	31.12	33.27	35.38	37.44	39.47	41.44	43.36
20'	24.53	26.78	29.00	31.19	33.34	35.45	37.51	39.53	41.50	43.42
22'	24.60	26.86	29.08	31.26	33.41	35.52	37.58	39.60	41.57	43.49
24'	24.68	26.93	29.15	31.34	33.48	35.59	37.65	39.66	41.63	43.55
26'	24.76	27.01	29.23	31.41	33.55	35.66	37.72	39.73	41.70	43.61
28'	24.83	27.08	29.30	31.48	33.62	35.73	37.78	39.80	41.76	43.67
30'	24.91	27.16	29.37	31.55	33.69	35.80	37.85	39.86	41.83	43.74
32'	24.98	27.23	29.45	31.62	33.77	35.86	37.92	39.93	41.89	43.80
34'	25.06	27.30	29.52	31.70	33.84	35.93	37.99	40.00	41.96	43.86
36'	25.13	27.38	29.59	31.77	33.91	36.00	38.06	40.06	42.02	43.93
38'	25.21	27.45	29.66	31.84	33.98	36.07	38.12	40.13	42.08	43.99
40'	25.28	27.53	29.74	31.91	34.05	36.14	38.19	40.19	42.15	44.05
42'	25.36	27.60	29.81	31.98	34.12	36.21	38.26	40.26	42.21	44.11
44'	25.43	27.68	29.88	32.06	34.19	36.28	38.33	40.33	42.28	44.18
46'	25.51	27.75	29.96	32.13	34.26	36.35	38.39	40.39	42.34	44.24
48'	25.58	27.82	30.03	32.20	34.33	36.42	38.46	40.46	42.41	44.30
50'	25.66	27.90	30.10	32.27	34.40	36.49	38.53	40.52	42.47	44.36
52'	25.74	27.97	30.18	32.33	34.47	36.55	38.60	40.59	42.54	44.43
54'	25.81	28.05	30.25	32.41	34.54	36.62	38.66	40.65	42.60	44.49
56'	25.89	28.12	30.32	32.49	34.61	36.69	38.73	40.72	42.66	44.55
58'	25.96	28.19	30.39	32.56	34.68	36.76	38.80	40.79	42.72	44.61

139 $cos^2\alpha$

α	139 $cos^2\alpha$
0°	139.0
0°30'	139.0
1°	139.0
1°30'	138.9
2°	138.8
2°30'	138.7
3°	138.6
3°30'	138.5
4°	138.3
4°30'	138.1
5°	137.9
5°30'	137.7
6°	137.5
6°30'	137.2
7°	136.9
7°30'	136.6
8°	136.3
8°30'	136.0
9°	135.6
9°30'	135.2
10°	134.6
10°20'	134.5
10°40'	134.2
11°	133.9
11°20'	133.6
11°40'	133.3
12°	133.0
12°20'	132.7
12°40'	132.3
13°	132.0
13°20'	131.6
13°40'	131.2
14°	130.9
14°20'	130.5
14°40'	130.1
15°	129.7
15°20'	129.3
15°40'	128.9
16°	128.4
16°20'	128.0
16°40'	127.6
17°	127.1
17°20'	126.7
17°40'	126.2
18°	125.7
18°20'	125.2
18°40'	124.8
19°	124.3
19°20'	123.8
19°40'	123.3
20°	122.7

140 ($\frac{1}{2}\sin 2\alpha$)

α	0°	1°	2°	3°	4°	5°	6°	7°	8°	9°	**140 $\cos^2\alpha$**
0′	0.00	2.44	4.88	7.32	9.74	12.16	14.55	16.93	19.29	21.63	0° 140.0
2′	0.08	2.52	4.96	7.40	9.82	12.24	14.63	17.01	19.37	21.71	0° 30′ 140.0
4′	0.16	2.61	5.05	7.48	9.90	12.32	14.71	17.09	19.45	21.79	1° 140.0
6′	0.24	2.69	5.13	7.56	9.98	12.40	14.79	17.17	19.53	21.86	1° 30′ 139.9
8′	0.33	2.77	5.21	7.64	10.06	12.48	14.87	17.25	19.61	21.94	
10′	0.41	2.85	5.29	7.72	10.15	12.56	14.95	17.33	19.69	22.02	2° 139.8
12′	0.49	2.93	5.37	7.80	10.23	12.64	15.03	17.41	19.76	22.10	2° 30′ 139.7
14′	0.57	3.01	5.45	7.88	10.31	12.72	15.11	17.49	19.84	22.17	3° 139.6
16′	0.65	3.09	5.53	7.96	10.39	12.80	15.19	17.57	19.92	22.25	3° 30′ 139.5
18′	0.73	3.18	5.61	8.05	10.47	12.88	15.27	17.64	20.00	22.33	
20′	0.81	3.26	5.70	8.13	10.55	12.96	15.35	17.72	20.08	22.40	4° 139.3
22′	0.90	3.34	5.78	8.21	10.63	13.04	15.43	17.80	20.15	22.48	4° 30′ 139.1
24′	0.98	3.41	5.86	8.29	10.71	13.12	15.51	17.88	20.23	22.56	5° 138.9
26′	1.06	3.50	5.94	8.37	10.79	13.20	15.59	17.96	20.31	22.64	5° 30′ 138.7
28′	1.14	3.58	6.01	8.45	10.87	13.28	15.67	18.04	20.39	22.71	
30′	1.22	3.66	6.10	8.53	10.95	13.36	15.75	18.12	20.47	22.79	6° 138.5
32′	1.30	3.74	6.18	8.61	11.03	13.44	15.83	18.20	20.54	22.87	6° 30′ 138.2
34′	1.38	3.83	6.26	8.69	11.11	13.52	15.91	18.27	20.62	22.94	7° 137.9
36′	1.47	3.91	6.34	8.77	11.19	13.60	15.98	18.35	20.70	23.02	7° 30′ 137.6
38′	1.55	3.99	6.43	8.85	11.27	13.68	16.06	18.43	20.78	23.10	
40′	1.63	4.07	6.51	8.93	11.35	13.76	16.14	18.51	20.86	23.17	8° 137.3
42′	1.71	4.15	6.59	9.02	11.43	13.84	16.22	18.59	20.93	23.25	8° 30′ 136.9
44′	1.79	4.23	6.67	9.10	11.51	13.92	16.30	18.67	21.01	23.33	9° 136.6
46′	1.87	4.31	6.75	9.18	11.59	14.00	16.38	18.75	21.09	23.40	9° 30′ 136.2
48′	1.95	4.40	6.83	9.26	11.67	14.08	16.46	18.82	21.17	23.48	
50′	2.04	4.48	6.91	9.34	11.75	14.16	16.54	18.90	21.24	23.56	10° 135.8
52′	2.12	4.56	6.99	9.42	11.83	14.23	16.62	18.98	21.32	23.63	10° 20′ 135.5
54′	2.20	4.64	7.07	9.50	11.91	14.31	16.70	19.06	21.40	23.71	10° 40′ 135.2
56′	2.28	4.72	7.15	9.58	11.99	14.39	16.78	19.14	21.48	23.79	
58′	2.36	4.80	7.24	9.66	12.08	14.47	16.86	19.22	21.55	23.86	11° 134.9 / 11° 20′ 134.6 / 11° 40′ 134.3

α	10°	11°	12°	13°	14°	15°	16°	17°	18°	19°	**140 $\cos^2\alpha$**
											12° 133.9
											12° 20′ 133.6
0′	23.94	26.22	28.47	30.69	32.86	35.00	37.09	39.14	41.15	43.10	12° 40′ 133.3
2′	24.02	26.30	28.55	30.76	32.93	35.07	37.16	39.21	41.21	43.16	
4′	24.09	26.37	28.62	30.83	33.01	35.14	37.23	39.28	41.28	43.22	13° 132.9
6′	24.17	26.45	28.69	30.91	33.08	35.21	37.30	39.35	41.34	43.29	13° 20′ 132.6
8′	24.25	26.52	28.77	30.98	33.15	35.28	37.37	39.41	41.41	43.25	13° 40′ 132.2
10′	24.32	26.60	28.84	31.05	33.22	35.35	37.44	39.48	41.47	43.42	
12′	24.40	26.67	28.92	31.12	33.29	35.42	37.51	39.55	41.54	43.48	14° 131.8
14′	24.48	26.75	28.99	31.19	33.37	35.49	37.58	39.61	41.60	43.54	14° 20′ 131.4
16′	24.55	26.83	29.07	31.27	33.44	35.56	37.65	39.68	41.67	43.61	14° 40′ 131.0
18′	24.63	26.90	29.14	31.34	33.51	35.63	37.71	39.75	41.74	43.67	
20′	24.71	26.98	29.21	31.42	33.58	35.70	37.78	39.82	41.80	43.74	15° 130.6
22′	24.78	27.05	29.29	31.49	33.65	35.77	37.85	39.88	41.87	43.80	15° 20′ 130.2
24′	24.86	27.13	29.36	31.56	33.72	35.84	37.92	39.95	41.93	43.86	15° 40′ 129.8
26′	24.93	27.20	29.44	31.63	33.79	35.91	37.99	40.02	42.00	43.93	
28′	25.01	27.28	29.51	31.71	33.86	35.98	38.06	40.08	42.06	43.99	16° 129.4 / 16° 20′ 128.9 / 16° 40′ 128.5
30′	25.09	27.35	29.58	31.78	33.94	36.05	38.12	40.15	42.13	44.05	
32′	25.16	27.43	29.66	31.85	34.01	36.12	38.19	40.22	42.19	44.12	
34′	25.24	27.50	29.73	31.92	34.08	36.19	38.26	40.28	42.26	44.18	17° 128.0
36′	25.31	27.58	29.80	32.00	34.15	36.26	38.33	40.35	42.32	44.24	17° 20′ 127.6
38′	25.39	27.65	29.88	32.07	34.22	36.33	38.40	40.42	42.39	44.31	17° 40′ 127.1
40′	25.47	27.73	29.95	32.14	34.29	36.40	38.47	40.48	42.45	44.37	
42′	25.54	27.80	30.03	32.21	34.36	36.47	38.53	40.55	42.52	44.43	18° 126.6
44′	25.62	27.88	30.10	32.29	34.43	36.54	38.60	40.62	42.58	44.49	18° 20′ 126.1
46′	25.69	27.95	30.17	32.36	34.51	36.61	38.67	40.68	42.65	44.56	18° 40′ 125.7
48′	25.77	28.02	30.25	32.43	34.58	36.68	38.74	40.75	42.71	44.62	
50′	25.84	28.10	30.32	32.50	34.65	36.75	38.81	40.81	42.77	44.68	19° 125.2
52′	25.92	28.17	30.39	32.57	34.72	36.82	38.87	40.88	42.84	44.75	19° 20′ 124.7
54′	26.00	28.25	30.47	32.65	34.79	36.89	38.94	40.95	42.90	44.81	19° 40′ 124.1
56′	26.07	28.32	30.54	32.72	34.86	36.96	39.01	41.01	42.97	44.87	
58′	26.15	28.40	30.61	32.79	34.93	37.03	39.08	41.08	43.03	44.93	20° 123.6

α	0°	1°	2°	3°	4°	5°	6°	7°	8°	9°	**141** $cos^2α$	
0′	0.00	2.46	4.92	7.37	9.81	12.24	14.66	17.06	19.43	21.79	0°	141.0
2′	0.08	2.54	5.00	7.45	9.89	12.32	14.74	17.14	19.51	21.86	0°30′	141.0
4′	0.16	2.62	5.08	7.53	9.97	12.40	14.82	17.21	19.59	21.94	1°	141.0
6′	0.25	2.71	5.16	7.61	10.06	12.48	14.90	17.29	19.67	22.02	1°30′	140.9
8′	0.33	2.79	5.25	7.70	10.14	12.57	14.98	17.37	19.75	22.10		
10′	0.41	2.87	5.33	7.78	10.22	12.65	15.06	17.45	19.83	22.18	2°	140.8
12′	0.49	2.95	5.41	7.86	10.30	12.73	15.14	17.53	19.91	22.25	2°30′	140.7
14′	0.57	3.03	5.49	7.94	10.38	12.81	15.22	17.61	19.98	22.33	3°	140.6
16′	0.66	3.12	5.57	8.02	10.46	12.89	15.30	17.69	20.06	22.41	3°30′	140.5
18′	0.74	3.20	5.65	8.10	10.54	12.97	15.38	17.77	20.14	22.49		
20′	0.82	3.28	5.74	8.18	10.62	13.05	15.46	17.85	20.22	22.56	4°	140.3
22′	0.90	3.36	5.82	8.27	10.70	13.13	15.54	17.93	20.30	22.64	4°30′	140.1
24′	0.98	3.44	5.90	8.35	10.79	13.21	15.62	18.01	20.38	22.72	5°	139.9
26′	1.07	3.53	5.98	8.43	10.87	13.29	15.70	18.09	20.46	22.80	5°30′	139.7
28′	1.15	3.61	6.06	8.51	10.95	13.37	15.78	18.17	20.53	22.87		
30′	1.23	3.69	6.14	8.59	11.03	13.45	15.86	18.25	20.61	22.95	6°	139.5
32′	1.31	3.77	6.23	8.67	11.11	13.53	15.94	18.33	20.69	23.03	6°30′	139.2
34′	1.39	3.85	6.31	8.75	11.19	13.61	16.02	18.41	20.77	23.11	7°	138.9
36′	1.48	3.94	6.39	8.84	11.27	13.69	16.10	18.48	20.85	23.19	7°30′	138.6
38′	1.56	4.01	6.47	8.92	11.35	13.77	16.18	18.56	20.93	23.26		
40′	1.64	4.10	6.55	9.00	11.43	13.85	16.26	18.64	21.00	23.34	8°	138.3
42′	1.72	4.18	6.63	9.08	11.51	13.93	16.34	18.72	21.08	23.42	8°30′	137.9
44′	1.80	4.26	6.72	9.16	11.60	14.02	16.42	18.80	21.16	23.49	9°	137.5
46′	1.89	4.34	6.80	9.24	11.68	14.10	16.50	18.88	21.24	23.57	9°30′	137.2
48′	1.97	4.43	6.88	9.32	11.76	14.18	16.58	18.96	21.32	23.65		
50′	2.05	4.51	6.96	9.41	11.84	14.26	16.66	19.04	21.40	23.73	10°	136.7
52′	2.13	4.59	7.04	9.49	11.92	14.34	16.74	19.12	21.47	23.80	10°20′	136.5
54′	2.21	4.67	7.12	9.57	12.00	14.42	16.82	19.20	21.55	23.88	10°40′	136.2
56′	2.30	4.75	7.21	9.65	12.08	14.50	16.90	19.27	21.63	23.96		
58′	2.38	4.84	7.29	9.73	12.16	14.58	16.98	19.35	21.71	24.04	11°	135.9
											11°20′	135.6
											11°40′	135.2

α	10°	11°	12°	13°	14°	15°	16°	17°	18°	19°		
0′	24.11	26.41	28.69	30.91	33.10	35.25	37.36	39.42	41.44	43.40	12°	134.9
2′	24.19	26.49	28.75	30.98	33.17	35.32	37.43	39.49	41.51	43.47	12°20′	134.6
4′	24.27	26.56	28.82	31.05	33.24	35.39	37.50	39.56	41.57	43.53	12°40′	134.2
6′	24.34	26.64	28.90	31.13	33.31	35.46	37.57	39.62	41.64	43.60		
8′	24.42	26.71	28.97	31.20	33.39	35.53	37.64	39.69	41.70	43.66	13°	133.9
10′	24.50	26.79	29.05	31.27	33.46	35.60	37.71	39.76	41.77	43.73	13°20′	133.5
12′	24.57	26.87	29.12	31.35	33.53	35.67	37.78	39.83	41.84	43.79	13°40′	133.1
14′	24.65	26.94	29.20	31.41	33.60	35.75	37.84	39.90	41.90	43.86		
16′	24.73	27.02	29.27	31.49	33.68	35.82	37.91	39.97	41.97	43.92	14°	132.7
18′	24.80	27.09	29.35	31.57	33.75	35.89	37.98	40.03	42.03	43.98	14°20′	132.4
20′	24.88	27.17	29.42	31.64	33.82	35.96	38.05	40.10	42.10	44.05	14°40′	132.0
22′	24.96	27.24	29.50	31.71	33.89	36.03	38.12	40.17	42.17	44.11		
24′	25.03	27.32	29.57	31.79	33.96	36.10	38.19	40.24	42.23	44.18	15°	131.6
26′	25.11	27.40	29.65	31.86	34.04	36.17	38.26	40.30	42.30	44.24	15°20′	131.1
28′	25.19	27.47	29.72	31.93	34.11	36.24	38.33	40.37	42.36	44.30	15°40′	130.7
30′	25.26	27.55	29.79	32.01	34.18	36.31	38.40	40.44	42.43	44.37		
32′	25.34	27.62	29.87	32.08	34.25	36.38	38.47	40.50	42.49	44.43	16°	130.3
34′	25.42	27.70	29.94	32.15	34.32	36.45	38.53	40.57	42.56	44.49	16°20′	129.8
36′	25.49	27.77	30.02	32.23	34.39	36.52	38.60	40.64	42.62	44.56	16°40′	129.4
38′	25.57	27.85	30.09	32.30	34.47	36.59	38.67	40.71	42.69	44.62		
40′	25.65	27.92	30.17	32.37	34.54	36.66	38.74	40.77	42.75	44.69	17°	128.9
42′	25.72	28.00	30.24	32.44	34.61	36.73	38.81	40.84	42.82	44.75	17°20′	128.5
44′	25.80	28.07	30.31	32.52	34.68	36.80	38.88	40.91	42.89	44.81	17°40′	128.0
46′	25.88	28.15	30.39	32.59	34.75	36.87	38.95	40.97	42.95	44.88		
48′	25.95	28.22	30.46	32.66	34.82	36.94	39.01	41.04	43.02	44.94	18°	127.5
50′	26.03	28.30	30.54	32.73	34.89	37.01	39.08	41.11	43.08	45.00	18°20′	127.0
52′	26.11	28.37	30.61	32.80	34.97	37.08	39.15	41.17	43.15	45.06	18°40′	126.6
54′	26.18	28.45	30.68	32.88	35.04	37.15	39.22	41.24	43.21	45.13		
56′	26.26	28.53	30.76	32.95	35.11	37.22	39.29	41.31	43.27	45.19	19°	126.1
58′	26.33	28.60	30.83	33.03	35.18	37.29	39.36	41.37	43.34	45.25	19°20′	125.5
											19°40′	125.0
											20°	124.5

142 ($\frac{1}{2} \sin 2\alpha$)

α	0°	1°	2°	3°	4°	5°	6°	7°	8°	9°
0'	0.00	2.48	4.95	7.42	9.88	12.33	14.76	17.18	19.57	21.94
2'	0.08	2.56	5.04	7.50	9.96	12.41	14.84	17.26	19.65	22.02
4'	0.17	2.64	5.12	7.59	10.04	12.49	14.92	17.34	19.73	22.10
6'	0.25	2.73	5.20	7.67	10.13	12.57	15.00	17.42	19.81	22.18
8'	0.33	2.81	5.28	7.75	10.21	12.65	15.08	17.50	19.89	22.25
10'	0.41	2.89	5.36	7.83	10.29	12.74	15.17	17.58	19.97	22.33
12'	0.50	2.97	5.45	7.91	10.37	12.82	15.25	17.66	20.05	22.41
14'	0.58	3.06	5.53	8.00	10.45	12.90	15.33	17.74	20.13	22.49
16'	0.66	3.14	5.61	8.08	10.54	12.98	15.41	17.82	20.20	22.57
18'	0.74	3.22	5.69	8.16	10.62	13.06	15.49	17.90	20.28	22.65
20'	0.83	3.30	5.78	8.24	10.70	13.14	15.57	17.98	20.36	22.72
22'	0.91	3.39	5.86	8.32	10.78	13.22	15.65	18.06	20.44	22.80
24'	0.99	3.47	5.94	8.41	10.86	13.30	15.73	18.14	20.52	22.88
26'	1.07	3.55	6.02	8.49	10.94	13.39	15.81	18.22	20.60	22.96
28'	1.16	3.63	6.11	8.57	11.03	13.47	15.89	18.30	20.68	23.04
30'	1.24	3.72	6.19	8.65	11.11	13.55	15.97	18.38	20.76	23.12
32'	1.32	3.80	6.27	8.73	11.19	13.63	16.05	18.46	20.84	23.19
34'	1.40	3.88	6.35	8.82	11.27	13.71	16.13	18.54	20.92	23.27
36'	1.49	3.96	6.43	8.90	11.35	13.79	16.21	18.62	21.00	23.35
38'	1.57	4.05	6.52	8.98	11.43	13.87	16.29	18.70	21.07	23.43
40'	1.65	4.13	6.60	9.06	11.51	13.95	16.37	18.77	21.15	23.51
42'	1.73	4.21	6.68	9.14	11.60	14.03	16.45	18.85	21.23	23.58
44'	1.82	4.29	6.76	9.23	11.68	14.11	16.53	18.93	21.31	23.66
46'	1.90	4.38	6.85	9.31	11.76	14.20	16.61	19.01	21.39	23.74
48'	1.98	4.46	6.93	9.39	11.84	14.28	16.70	19.09	21.47	23.82
50'	2.06	4.54	7.01	9.47	11.92	14.36	16.78	19.17	21.55	23.89
52'	2.15	4.62	7.09	9.55	12.00	14.44	16.86	19.25	21.63	23.97
54'	2.23	4.71	7.17	9.64	12.08	14.52	16.94	19.33	21.70	24.05
56'	2.31	4.79	7.26	9.72	12.17	14.60	17.02	19.41	21.78	24.13
58'	2.40	4.87	7.34	9.80	12.25	14.68	17.10	19.49	21.86	24.21

142 $\cos^2\alpha$

α	142 cos²α
0°	142.0
0° 30'	142.0
1°	142.0
1° 30'	141.9
2°	141.8
2° 30'	141.7
3°	141.6
3° 30'	141.5
4°	141.3
4° 30'	141.1
5°	140.9
5° 30'	140.7
6°	140.4
6° 30'	140.2
7°	139.9
7° 30'	139.6
8°	139.2
8° 30'	138.9
9°	138.5
9° 30'	138.1
10°	137.7
10° 20'	137.4
10° 40'	137.1
11°	136.8
11° 20'	136.5
11° 40'	136.2

α	10°	11°	12°	13°	14°	15°	16°	17°	18°	19°
0'	24.28	26.60	28.88	31.12	33.38	35.50	37.62	39.70	41.73	43.71
2'	24.36	26.67	28.95	31.20	33.41	35.57	37.69	39.77	41.80	43.78
4'	24.44	26.75	29.03	31.27	33.48	35.64	37.76	39.84	41.87	43.84
6'	24.52	26.83	29.10	31.35	33.55	35.71	37.83	39.91	41.93	43.91
8'	24.59	26.90	29.18	31.41	33.62	35.79	37.90	39.98	42.00	43.97
10'	24.67	26.98	29.26	31.50	33.70	35.86	37.97	40.04	42.07	44.04
12'	24.75	27.06	29.33	31.57	33.77	35.93	38.04	40.11	42.13	44.10
14'	24.83	27.13	29.41	31.63	33.84	36.00	38.11	40.18	42.20	44.17
16'	24.90	27.21	29.48	31.72	33.91	36.07	38.18	40.25	42.27	44.23
18'	24.98	27.29	29.56	31.79	33.99	36.14	38.25	40.32	42.33	44.30
20'	25.06	27.36	29.63	31.86	34.06	36.21	38.32	40.38	42.40	44.36
22'	25.14	27.44	29.71	31.94	34.13	36.28	38.39	40.45	42.46	44.42
24'	25.21	27.51	29.78	32.01	34.20	36.35	38.46	40.52	42.53	44.49
26'	25.29	27.59	29.86	32.09	34.28	36.43	38.53	40.59	42.60	44.55
28'	25.37	27.67	29.93	32.16	34.35	36.50	38.60	40.66	42.66	44.62
30'	25.44	27.74	30.00	32.23	34.42	36.57	38.67	40.72	42.73	44.68
32'	25.52	27.82	30.08	32.31	34.49	36.64	38.74	40.79	42.79	44.75
34'	25.60	27.89	30.16	32.38	34.57	36.71	38.81	40.86	42.86	44.81
36'	25.68	27.97	30.23	32.45	34.64	36.78	38.88	40.93	42.93	44.87
38'	25.75	28.05	30.31	32.53	34.71	36.85	38.95	40.99	42.99	44.94
40'	25.83	28.12	30.38	32.60	34.78	36.92	39.02	41.05	43.06	45.00
42'	25.91	28.20	30.45	32.67	34.85	36.99	39.08	41.13	43.12	45.07
44'	25.98	28.27	30.53	32.75	34.93	37.06	39.15	41.20	43.19	45.13
46'	26.06	28.35	30.60	32.81	35.00	37.13	39.22	41.26	43.25	45.19
48'	26.14	28.42	30.68	32.89	35.07	37.20	39.29	41.33	43.32	45.26
50'	26.21	28.50	30.75	32.97	35.14	37.27	39.36	41.40	43.39	45.32
52'	26.29	28.58	30.83	33.03	35.21	37.34	39.43	41.46	43.45	45.38
54'	26.37	28.65	30.90	33.11	35.29	37.41	39.50	41.53	43.52	45.45
56'	26.44	28.73	30.98	33.19	35.36	37.48	39.57	41.60	43.58	45.51
58'	26.52	28.80	31.05	33.26	35.43	37.55	39.63	41.67	43.65	45.57

α	142 cos²α
12°	135.9
12° 20'	135.5
12° 40'	135.2
13°	134.8
13° 20'	134.4
13° 40'	134.1
14°	133.7
14° 20'	133.3
14° 40'	132.9
15°	132.5
15° 20'	132.1
15° 40'	131.6
16°	131.2
16° 20'	130.8
16° 40'	130.3
17°	129.9
17° 20'	129.4
17° 40'	128.9
18°	128.4
18° 20'	128.0
18° 40'	127.5
19°	126.9
19° 20'	126.4
19° 40'	125.9
20°	125.4

α	0°	1°	2°	3°	4°	5°	6°	7°	8°	9°
0'	0.00	2.50	4.99	7.47	9.95	12.42	14.87	17.30	19.71	22.09
2'	0.08	2.58	5.07	7.56	10.03	12.50	14.95	17.38	19.79	22.17
4'	0.17	2.66	5.15	7.64	10.12	12.58	15.03	17.46	19.87	22.25
6'	0.25	2.74	5.24	7.72	10.20	12.66	15.11	17.54	19.95	22.33
8'	0.33	2.83	5.32	7.80	10.28	12.74	15.19	17.62	20.03	22.41
10'	0.42	2.91	5.40	7.89	10.36	12.83	15.27	17.70	20.11	22.49
12'	0.50	2.99	5.49	7.97	10.44	12.91	15.35	17.78	20.19	22.57
14'	0.58	3.08	5.57	8.05	10.53	12.99	15.43	17.86	20.27	22.65
16'	0.67	3.16	5.65	8.14	10.61	13.07	15.52	17.94	20.35	22.73
18'	0.75	3.24	5.73	8.22	10.69	13.15	15.60	18.02	20.43	22.81
20'	0.83	3.33	5.82	8.30	10.77	13.23	15.68	18.10	20.51	22.88
22'	0.91	3.41	5.90	8.38	10.86	13.32	15.76	18.18	20.59	22.96
24'	1.00	3.49	5.98	8.47	10.94	13.40	15.84	18.26	20.67	23.04
26'	1.08	3.58	6.07	8.55	11.02	13.48	15.92	18.34	20.75	23.12
28'	1.16	3.66	6.15	8.63	11.10	13.56	16.00	18.43	20.82	23.20
30'	1.25	3.74	6.23	8.71	11.19	13.64	16.08	18.51	20.90	23.28
32'	1.33	3.83	6.31	8.80	11.27	13.72	16.17	18.59	20.98	23.36
34'	1.41	3.91	6.40	8.88	11.35	13.81	16.25	18.67	21.06	23.44
36'	1.50	3.99	6.48	8.96	11.43	13.89	16.33	18.75	21.14	23.51
38'	1.58	4.07	6.56	9.04	11.51	13.97	16.41	18.83	21.22	23.59
40'	1.66	4.16	6.65	9.13	11.60	14.05	16.49	18.91	21.30	23.67
42'	1.75	4.24	6.73	9.21	11.68	14.13	16.57	18.99	21.38	23.75
44'	1.83	4.32	6.81	9.29	11.76	14.21	16.65	19.07	21.46	23.83
46'	1.91	4.41	6.89	9.37	11.84	14.30	16.73	19.15	21.54	23.91
48'	2.00	4.49	6.98	9.46	11.92	14.38	16.81	19.23	21.62	23.98
50'	2.08	4.57	7.06	9.54	12.01	14.46	16.89	19.31	21.70	24.06
52'	2.16	4.66	7.14	9.62	12.09	14.54	16.97	19.39	21.78	24.14
54'	2.25	4.74	7.23	9.70	12.17	14.62	17.06	19.47	21.86	24.22
56'	2.33	4.82	7.31	9.79	12.25	14.70	17.14	19.55	21.94	24.30
58'	2.41	4.90	7.39	9.87	12.33	14.78	17.22	19.63	22.02	24.38

α	10°	11°	12°	13°	14°	15°	16°	17°	18°	19°
0'	24.45	26.78	29.08	31.34	33.57	35.75	37.89	39.98	42.03	44.02
2'	24.53	26.86	29.16	31.42	33.64	35.82	37.96	40.05	42.09	44.08
4'	24.61	26.94	29.23	31.49	33.71	35.89	38.03	40.12	42.16	44.15
6'	24.69	27.02	29.31	31.57	33.79	35.97	38.10	40.19	42.23	44.22
8'	24.77	27.09	29.39	31.63	33.86	36.04	38.17	40.26	42.30	44.28
10'	24.84	27.17	29.46	31.72	33.93	36.11	38.24	40.33	42.36	44.35
12'	24.92	27.25	29.54	31.79	34.01	36.18	38.31	40.40	42.43	44.41
14'	25.00	27.32	29.61	31.86	34.08	36.25	38.38	40.46	42.50	44.48
16'	25.08	27.40	29.69	31.94	34.15	36.32	38.45	40.53	42.56	44.54
18'	25.16	27.48	29.70	32.01	34.23	36.40	38.52	40.60	42.63	44.61
20'	25.23	27.55	29.84	32.09	34.30	36.47	38.59	40.67	42.70	44.67
22'	25.31	27.63	29.92	32.16	34.37	36.54	38.66	40.74	42.76	44.74
24'	25.39	27.71	29.99	32.24	34.44	36.61	38.73	40.81	42.83	44.80
26'	25.47	27.78	30.07	32.31	34.52	36.68	38.80	40.87	42.90	44.87
28'	25.55	27.86	30.14	32.39	34.59	36.75	38.87	40.94	42.96	44.93
30'	25.62	27.94	30.22	32.46	34.66	36.83	38.94	41.01	43.03	45.00
32'	25.70	28.01	30.29	32.53	34.74	36.90	39.01	41.08	43.10	45.06
34'	25.78	28.09	30.37	32.61	34.81	36.97	39.08	41.15	43.16	45.13
36'	25.86	28.17	30.44	32.68	34.88	37.04	39.15	41.21	43.23	45.19
38'	25.93	28.24	30.52	32.76	34.95	37.11	39.22	41.28	43.30	45.25
40'	26.01	28.32	30.59	32.83	35.03	37.18	39.29	41.34	43.36	45.32
42'	26.09	28.40	30.67	32.90	35.10	37.25	39.36	41.42	43.43	45.38
44'	26.17	28.47	30.74	32.98	35.17	37.32	39.43	41.49	43.49	45.45
46'	26.24	28.55	30.82	33.04	35.24	37.39	39.50	41.55	43.56	45.51
48'	26.32	28.62	30.89	33.13	35.32	37.46	39.57	41.62	43.63	45.58
50'	26.40	28.70	30.97	33.20	35.39	37.54	39.64	41.69	43.69	45.64
52'	26.48	28.78	31.04	33.26	35.46	37.61	39.71	41.76	43.76	45.70
54'	26.55	28.85	31.12	33.35	35.53	37.68	39.78	41.82	43.82	45.77
56'	26.63	28.93	31.19	33.42	35.61	37.75	39.84	41.89	43.89	45.83
58'	26.71	29.01	31.27	33.49	35.68	37.82	39.91	41.96	43.95	45.90

143 $\cos^2\alpha$

0°	143.0
0° 30'	143.0
1°	143.0
1° 30'	142.9
2°	142.8
2° 30'	142.7
3°	142.6
3° 30'	142.5
4°	142.3
4° 30'	142.1
5°	141.9
5° 30'	141.7
6°	141.4
6° 30'	141.2
7°	140.9
7° 30'	140.6
8°	140.2
8° 30'	139.9
9°	139.5
9° 30'	139.1
10°	138.7
10° 20'	138.4
10° 40'	138.1
11°	137.8
11° 20'	137.5
11° 40'	137.2
12°	136.8
12° 20'	136.5
12° 40'	136.1
13°	135.8
13° 20'	135.4
13° 40'	135.0
14°	134.6
14° 20'	134.2
14° 40'	133.8
15°	133.4
15° 20'	133.0
15° 40'	132.6
16°	132.1
16° 20'	131.7
16° 40'	131.2
17°	130.8
17° 20'	130.8
17° 40'	129.8
18°	129.3
18° 20'	128.9
18° 40'	128.4
19°	127.9
19° 20'	127.3
19° 40'	126.8
20°	126.3

144 ($\frac{1}{2} \sin 2\alpha$)

α	0°	1°	2°	3°	4°	5°	6°	7°	8°	9°
0'	0.00	2.51	5.02	7.53	10.02	12.50	14.97	17.42	19.85	22.25
2'	0.08	2.60	5.11	7.61	10.10	12.59	15.05	17.50	19.93	22.33
4'	0.17	2.68	5.19	7.69	10.19	12.67	15.13	17.58	20.01	22.41
6'	0.25	2.76	5.27	7.78	10.27	12.75	15.22	17.66	20.09	22.49
8'	0.34	2.85	5.36	7.86	10.35	12.83	15.30	17.74	20.17	22.57
10'	0.42	2.93	5.44	7.94	10.44	12.91	15.38	17.82	20.25	22.65
12'	0.50	3.02	5.52	8.03	10.52	13.00	15.46	17.91	20.33	22.73
14'	0.59	3.10	5.61	8.11	10.60	13.08	15.54	17.99	20.41	22.81
16'	0.67	3.18	5.69	8.19	10.68	13.16	15.62	18.07	20.49	22.89
18'	0.75	3.27	5.77	8.28	10.77	13.24	15.71	18.15	20.57	22.97
20'	0.84	3.35	5.86	8.36	10.85	13.33	15.79	18.23	20.65	23.04
22'	0.92	3.43	5.94	8.44	10.93	13.41	15.87	18.31	20.73	23.12
24'	1.01	3.52	6.02	8.53	11.01	13.49	15.95	18.39	20.81	23.20
26'	1.09	3.60	6.11	8.61	11.10	13.57	16.03	18.47	20.89	23.28
28'	1.17	3.68	6.19	8.69	11.18	13.66	16.11	18.55	20.97	23.36
30'	1.26	3.77	6.28	8.77	11.26	13.74	16.20	18.64	21.05	23.44
32'	1.34	3.85	6.36	8.86	11.35	13.82	16.28	18.72	21.13	23.52
34'	1.42	3.94	6.44	8.94	11.43	13.90	16.36	18.80	21.21	23.60
36'	1.51	4.02	6.53	9.02	11.51	13.98	16.44	18.88	21.29	23.68
38'	1.59	4.10	6.61	9.11	11.59	14.07	16.52	18.96	21.37	23.76
40'	1.68	4.19	6.69	9.19	11.68	14.15	16.60	19.04	21.45	23.84
42'	1.76	4.27	6.78	9.27	11.76	14.23	16.69	19.12	21.53	23.92
44'	1.84	4.35	6.86	9.36	11.84	14.31	16.77	19.20	21.61	23.99
46'	1.93	4.44	6.94	9.44	11.92	14.40	16.85	19.28	21.69	24.07
48'	2.01	4.52	7.03	9.52	12.01	14.48	16.93	19.36	21.77	24.15
50'	2.09	4.60	7.11	9.61	12.09	14.56	17.01	19.44	21.85	24.23
52'	2.18	4.69	7.19	9.69	12.17	14.64	17.09	19.52	21.93	24.31
54'	2.26	4.77	7.28	9.77	12.26	14.72	17.17	19.60	22.01	24.39
56'	2.35	4.86	7.36	9.85	12.34	14.81	17.26	19.68	22.09	24.47
58'	2.43	4.94	7.44	9.94	12.42	14.89	17.34	19.77	22.17	24.55

α	10°	11°	12°	13°	14°	15°	16°	17°	18°	19°
0'	24.63	26.97	29.29	31.56	33.80	36.00	38.15	40.26	42.32	44.38
2'	24.70	27.05	29.36	31.64	33.88	36.07	38.23	40.33	42.39	44.39
4'	24.78	27.13	29.44	31.71	33.95	36.15	38.30	40.40	42.46	44.46
6'	24.86	27.20	29.51	31.79	34.02	36.22	38.37	40.47	42.52	44.53
8'	24.94	27.28	29.59	31.86	34.10	36.29	38.44	40.54	42.59	44.59
10'	25.02	27.36	29.67	31.94	34.17	36.36	38.51	40.61	42.66	44.66
12'	25.10	27.44	29.74	32.01	34.24	36.43	38.58	40.68	42.73	44.72
14'	25.18	27.51	29.82	32.08	34.32	36.51	38.65	40.75	42.79	44.79
16'	25.25	27.59	29.90	32.16	34.39	36.58	38.72	40.82	42.86	44.85
18'	25.33	27.67	29.97	32.24	34.47	36.65	38.79	40.88	42.93	44.92
20'	25.41	27.75	30.05	32.31	34.54	36.72	38.86	40.95	43.00	44.98
22'	25.49	27.82	30.12	32.39	34.61	36.80	38.93	41.02	43.06	45.05
24'	25.57	27.90	30.20	32.46	34.69	36.87	39.00	41.09	43.13	45.12
26'	25.65	27.98	30.28	32.54	34.76	36.94	39.07	41.16	43.20	45.18
28'	25.72	28.06	30.35	32.61	34.83	37.01	39.14	41.23	43.26	45.25
30'	25.80	28.13	30.43	32.69	34.91	37.08	39.21	41.30	43.33	45.31
32'	25.88	28.21	30.50	32.76	34.98	37.15	39.28	41.37	43.40	45.38
34'	25.96	28.29	30.58	32.84	35.05	37.23	39.35	41.43	43.46	45.44
36'	26.04	28.36	30.66	32.91	35.13	37.30	39.42	41.50	43.53	45.51
38'	26.12	28.44	30.73	32.99	35.20	37.37	39.49	41.57	43.60	45.57
40'	26.19	28.52	30.81	33.06	35.27	37.44	39.56	41.63	43.66	45.64
42'	26.27	28.59	30.88	33.13	35.35	37.51	39.63	41.71	43.73	45.70
44'	26.35	28.67	30.96	33.21	35.42	37.58	39.70	41.78	43.80	45.77
46'	26.43	28.75	31.03	33.28	35.49	37.66	39.77	41.84	43.86	45.83
48'	26.50	28.83	31.11	33.36	35.56	37.73	39.84	41.91	43.93	45.89
50'	26.58	28.90	31.19	33.43	35.64	37.80	39.91	41.98	44.00	45.96
52'	26.66	28.98	31.26	33.50	35.71	37.87	39.98	42.05	44.06	46.02
54'	26.74	29.06	31.34	33.58	35.78	37.94	40.05	42.12	44.13	46.09
56'	26.82	29.13	31.41	33.66	35.85	38.01	40.12	42.18	44.20	46.15
58'	26.89	29.21	31.49	33.73	35.93	38.08	40.19	42.25	44.26	46.22

α	144 $\cos^2\alpha$
0°	144.0
0° 30'	144.0
1°	144.0
1° 30'	143.9
2°	143.8
2° 30'	143.7
3°	143.6
3° 30'	143.5
4°	143.3
4° 30'	143.1
5°	142.9
5° 30'	142.7
6°	142.4
6° 30'	142.2
7°	141.9
7° 30'	141.5
8°	141.2
8° 30'	140.9
9°	140.5
9° 30'	140.1
10°	139.7
10° 20'	139.4
10° 40'	139.1
11°	138.8
11° 20'	138.4
11° 40'	138.1
12°	137.8
12° 20'	137.4
12° 40'	137.1
13°	136.7
13° 20'	136.3
13° 40'	136.0
14°	135.6
14° 20'	135.2
14° 40'	134.8
15°	134.4
15° 20'	133.9
15° 40'	133.5
16°	133.1
16° 20'	132.6
16° 40'	132.2
17°	131.7
17° 20'	131.2
17° 40'	130.7
18°	130.2
18° 20'	129.8
18° 40'	129.2
19°	128.7
19° 20'	128.2
19° 40'	127.7
20°	127.2

α	0°	1°	2°	3°	4°	5°	6°	7°	8°	9°
0'	0.00	2.53	5.06	7.58	10.09	12.59	15.07	17.54	19.98	22.40
2'	0.08	2.61	5.14	7.66	10.17	12.67	15.16	17.62	20.06	22.48
4'	0.17	2.70	5.23	7.75	10.26	12.76	15.24	17.70	20.15	22.56
6'	0.25	2.78	5.31	7.83	10.34	12.84	15.32	17.78	20.23	22.64
8'	0.34	2.87	5.39	7.91	10.42	12.92	15.40	17.87	20.31	22.72
10'	0.42	2.95	5.48	8.00	10.51	13.00	15.49	17.95	20.39	22.80
12'	0.51	3.04	5.56	8.08	10.59	13.09	15.57	18.03	20.47	22.88
14'	0.59	3.12	5.65	8.17	10.67	13.17	15.65	18.11	20.55	22.96
16'	0.67	3.20	5.73	8.25	10.76	13.25	15.73	18.19	20.63	23.04
18'	0.76	3.29	5.81	8.33	10.84	13.34	15.82	18.28	20.71	23.12
20'	0.84	3.37	5.90	8.42	10.92	13.42	15.90	18.36	20.79	23.20
22'	0.93	3.46	5.98	8.50	11.01	13.50	15.98	18.44	20.87	23.28
24'	1.01	3.54	6.07	8.58	11.09	13.59	16.06	18.52	20.95	23.36
26'	1.10	3.63	6.15	8.67	11.17	13.67	16.14	18.60	21.04	23.44
28'	1.18	3.71	6.23	8.75	11.26	13.75	16.22	18.68	21.12	23.52
30'	1.27	3.79	6.32	8.84	11.34	13.83	16.31	18.76	21.20	23.60
32'	1.35	3.88	6.40	8.92	11.42	13.92	16.39	18.85	21.28	23.68
34'	1.43	3.96	6.49	9.00	11.51	14.00	16.47	18.93	21.36	23.76
36'	1.52	4.05	6.57	9.09	11.59	14.08	16.56	19.01	21.44	23.84
38'	1.60	4.13	6.65	9.17	11.67	14.16	16.64	19.09	21.52	23.92
40'	1.69	4.22	6.74	9.25	11.76	14.25	16.72	19.17	21.60	24.00
42'	1.77	4.30	6.82	9.34	11.84	14.33	16.80	19.25	21.68	24.08
44'	1.86	4.38	6.91	9.42	11.92	14.41	16.88	19.33	21.76	24.16
46'	1.94	4.47	6.99	9.50	12.01	14.50	16.97	19.42	21.84	24.24
48'	2.02	4.55	7.07	9.59	12.09	14.58	17.05	19.50	21.92	24.32
50'	2.11	4.64	7.16	9.67	12.17	14.66	17.13	19.58	22.00	24.40
52'	2.19	4.72	7.24	9.76	12.26	14.74	17.21	19.66	22.08	24.48
54'	2.28	4.80	7.33	9.84	12.34	14.83	17.29	19.74	22.16	24.56
56'	2.36	4.89	7.41	9.92	12.42	14.91	17.38	19.82	22.24	24.64
58'	2.45	4.97	7.49	10.01	12.51	14.99	17.46	19.90	22.32	24.72

α	10°	11°	12°	13°	14°	15°	16°	17°	18°	19°
0'	24.80	27.16	29.49	31.78	34.04	36.25	38.42	40.54	42.61	44.64
2'	24.88	27.24	29.57	31.86	34.11	36.32	38.49	40.61	42.68	44.70
4'	24.95	27.32	29.64	31.93	34.19	36.40	38.56	40.68	42.75	44.77
6'	25.03	27.39	29.72	32.01	34.26	36.47	38.63	40.75	42.82	44.83
8'	25.11	27.47	29.80	32.08	34.33	36.54	38.70	40.82	42.89	44.90
10'	25.19	27.55	29.87	32.16	34.41	36.61	38.78	40.89	42.95	44.97
12'	25.27	27.63	29.95	32.24	34.48	36.69	38.85	40.96	43.02	45.03
14'	25.35	27.71	30.03	32.31	34.56	36.76	38.92	41.03	43.09	45.10
16'	25.43	27.78	30.10	32.39	34.64	36.83	38.99	41.10	43.16	45.17
18'	25.51	27.86	30.18	32.46	34.71	36.91	39.06	41.17	43.23	45.23
20'	25.59	27.94	30.26	32.54	34.78	36.98	39.13	41.24	43.29	45.30
22'	25.67	28.02	30.33	32.61	34.85	37.05	39.20	41.31	43.36	45.36
24'	25.75	28.09	30.41	32.69	34.93	37.12	39.27	41.38	43.43	45.43
26'	25.82	28.17	30.49	32.76	35.00	37.20	39.34	41.45	43.50	45.49
28'	25.90	28.25	30.56	32.84	35.07	37.27	39.42	41.52	43.56	45.56
30'	25.98	28.33	30.64	32.91	35.15	37.34	39.49	41.58	43.63	45.68
32'	26.06	28.41	30.72	32.99	35.22	37.41	39.56	41.65	43.70	45.69
34'	26.14	28.48	30.79	33.06	35.30	37.48	39.63	41.72	43.77	45.76
36'	26.22	28.56	30.87	33.14	35.37	37.56	39.70	41.79	43.83	45.82
38'	26.30	28.64	30.95	33.21	35.44	37.63	39.77	41.86	43.90	45.89
40'	26.38	28.72	31.02	33.29	35.52	37.70	39.84	41.93	43.97	45.95
42'	26.45	28.79	31.10	33.36	35.59	37.77	39.91	42.00	44.02	46.02
44'	26.53	28.87	31.17	33.44	35.66	37.85	39.98	42.07	44.10	46.08
46'	26.61	28.95	31.25	33.51	35.74	37.92	40.05	42.14	44.17	46.15
48'	26.69	29.03	31.33	33.59	35.81	37.99	40.12	42.20	44.24	46.21
50'	26.77	29.10	31.40	33.66	35.88	38.06	40.19	42.27	44.30	46.28
52'	26.85	29.18	31.48	33.73	35.96	38.13	40.26	42.34	44.37	46.34
54'	26.92	29.26	31.55	33.81	36.03	38.20	40.33	42.41	44.44	46.41
56'	27.00	29.33	31.63	33.89	36.10	38.28	40.40	42.48	44.50	46.47
58'	27.08	29.41	31.71	33.96	36.18	38.35	40.47	42.55	44.57	46.54

145 $\cos^2\alpha$

α	145 cos²α
0°	145.0
0° 30'	145.0
1°	145.0
1° 30'	144.9
2°	144.8
2° 30'	144.7
3°	144.6
3° 30'	144.5
4°	144.3
4° 30'	144.1
5°	143.9
5° 30'	143.7
6°	143.4
6° 30'	143.1
7°	142.8
7° 30'	142.5
8°	142.2
8° 30'	141.8
9°	141.5
9° 30'	141.1
10°	140.7
10° 20'	140.3
10° 40'	140.0
11°	139.7
11° 20'	139.4
11° 40'	139.1
12°	138.7
12° 20'	138.4
12° 40'	138.0
13°	137.7
13° 20'	137.3
13° 40'	136.9
14°	136.5
14° 20'	136.1
14° 40'	135.7
15°	135.3
15° 20'	134.9
15° 40'	134.4
16°	134.0
16° 20'	133.5
16° 40'	133.1
17°	132.6
17° 20'	132.1
17° 40'	131.6
18°	131.2
18° 20'	130.7
18° 40'	130.1
19°	129.6
19° 20'	129.1
19° 40'	128.6
20°	128.0

146 (½ sin 2 α)

α	0°	1°	2°	3°	4°	5°	6°	7°	8°	9°
0′	0.00	2.55	5.09	7.63	10.16	12.68	15.18	17.66	20.12	22.56
2′	0.08	2.63	5.18	7.72	10.24	12.76	15.26	17.74	20.20	22.64
4′	0.17	2.72	5.26	7.80	10.33	12.84	15.34	17.83	20.28	22.72
6′	0.25	2.80	5.35	7.88	10.41	12.93	15.43	17.91	20.37	22.80
8′	0.34	2.89	5.43	7.97	10.50	13.01	15.51	17.99	20.45	22.88
10′	0.42	2.97	5.52	8.05	10.58	13.09	15.59	18.07	20.53	22.96
12′	0.51	3.06	5.60	8.14	10.66	13.18	15.68	18.15	20.61	23.04
14′	0.59	3.14	5.69	8.22	10.75	13.26	15.76	18.24	20.69	23.12
16′	0.68	3.23	5.77	8.31	10.83	13.34	15.84	18.32	20.77	23.20
18′	0.76	3.31	5.85	8.39	10.92	13.43	15.92	18.40	20.86	23.28
20′	0.85	3.40	5.94	8.47	11.00	13.51	16.01	18.48	20.94	23.36
22′	0.93	3.48	6.02	8.56	11.08	13.60	16.09	18.57	21.02	23.44
24′	1.02	3.57	6.11	8.64	11.17	13.68	16.17	18.65	21.10	23.53
26′	1.10	3.65	6.19	8.73	11.25	13.76	16.26	18.73	21.18	23.61
28′	1.19	3.74	6.28	8.81	11.34	13.85	16.34	18.81	21.26	23.69
30′	1.27	3.82	6.36	8.90	11.42	13.93	16.42	18.89	21.34	23.77
32′	1.36	3.91	6.45	8.98	11.50	14.01	16.50	18.98	21.42	23.85
34′	1.44	3.99	6.53	9.07	11.59	14.10	16.59	19.06	21.51	23.93
36′	1.53	4.07	6.62	9.15	11.67	14.18	16.67	19.14	21.59	24.01
38′	1.61	4.16	6.70	9.23	11.76	14.26	16.75	19.22	21.67	24.09
40′	1.70	4.24	6.79	9.32	11.84	14.35	16.83	19.30	21.75	24.17
42′	1.78	4.33	6.87	9.40	11.92	14.43	16.92	19.39	21.83	24.25
44′	1.87	4.41	6.95	9.49	12.01	14.51	17.00	19.47	21.91	24.33
46′	1.95	4.50	7.04	9.57	12.09	14.60	·17.08	19.55	21.99	24.41
48′	2.04	4.58	7.12	9.65	12.17	14.68	17.17	19.63	22.07	24.49
50′	2.12	4.67	7.21	9.74	12.26	14.76	17.25	19.71	22.15	24.57
52′	2.21	4.75	7.29	9.82	12.34	14.84	17.33	19.79	22.23	24.65
54′	2.29	4.84	7.38	9.91	12.43	14.93	17.41	19.88	22.32	24.73
56′	2.38	4.92	7.46	9.99	12.51	15.01	17.50	19.96	22.40	24.81
58′	2.46	5.01	7.55	10.08	12.59	15.09	17.58	20.04	22.48	24.89

146 cos²α

α	146 cos²α
0°	146.0
0° 30′	146.0
1°	146.0
1° 30′	145.9
2°	145.8
2° 30′	145.7
3°	145.6
3° 30′	145.5
4°	145.3
4° 30′	145.1
5°	144.9
5° 30′	144.7
6°	144.4
6° 30′	144.1
7°	143.8
7° 30′	143.5
8°	143.2
8° 30′	142.8
9°	142.4
9° 30′	142.0
10°	141.6
10° 20′	141.3
10° 40′	141.0
11°	140.7
11° 20′	140.4
11° 40′	140.0

α	10°	11°	12°	13°	14°	15°	16°	17°	18°	19°
0′	24.97	27.35	29.69	32.00	34.27	36.50	38.68	40.82	42.91	44.94
2′	25.05	27.43	29.77	32.08	34.35	36.57	38.76	40.89	42.98	45.01
4′	25.13	27.50	29.85	32.15	34.42	36.65	38.83	40.96	43.05	45.08
6′	25.21	27.58	29.92	32.23	34.50	36.72	38.90	41.03	43.11	45.14
8′	25.29	27.66	30.00	32.30	34.57	36.79	38.97	41.10	43.18	45.21
10′	25.37	27.74	30.08	32.38	34.65	36.87	39.04	41.17	43.25	45.28
12′	25.45	27.82	30.16	32.46	34.72	36.94	39.12	41.24	43.32	45.34
14′	25.53	27.90	30.23	32.53	34.80	37.01	39.19	41.31	43.39	45.41
16′	25.60	27.98	30.31	32.61	34.87	37.09	39.26	41.38	43.46	45.48
18′	25.68	28.05	30.39	32.69	34.94	37.16	39.33	41.45	43.52	45.54
20′	25.76	28.13	30.47	32.76	35.02	37.23	39.40	41.52	43.59	45.61
22′	25.84	28.21	30.54	32.84	35.09	37.31	39.47	41.59	43.66	45.68
24′	25.92	28.29	30.62	32.91	35.17	37.38	39.54	41.66	43.73	45.74
26′	26.00	28.37	30.70	32.99	35.24	37.45	39.62	41.73	43.80	45.81
28′	26.08	28.45	30.77	33.07	35.32	37.52	39.69	41.80	43.86	45.87
30′	26.16	28.52	30.85	33.14	35.39	37.60	39.76	41.87	43.93	45.94
32′	26.24	28.60	30.93	33.22	35.47	37.67	39.83	41.94	44.00	46.01
34′	26.32	28.68	31.00	33.29	35.54	37.74	39.90	42.01	44.07	46.07
36′	26.40	28.76	31.08	33.37	35.61	37.82	39.97	42.08	44.14	46.14
38′	26.48	28.84	31.16	33.44	35.69	37.89	40.04	42.15	44.20	46.20
40′	26.56	28.91	31.24	33.52	35.76	37.96	40.11	42.21	44.27	46.27
42′	26.64	28.99	31.31	33.59	35.84	38.03	40.19	42.29	44.34	46.34
44′	26.72	29.07	31.39	33.67	35.91	38.11	40.26	42.36	44.41	46.40
46′	26.79	29.15	31.47	33.74	35.98	38.18	40.33	42.43	44.47	46.47
48′	26.87	29.23	31.54	33.82	36.06	38.25	40.40	42.49	44.54	46.53
50′	26.95	29.30	31.62	33.90	36.13	38.32	40.47	42.56	44.61	46.60
52′	27.03	29.38	31.70	33.96	36.21	38.40	40.54	42.63	44.68	46.66
54′	27.11	29.46	31.77	34.05	36.28	38.47	40.61	42.70	44.74	46.73
56′	27.19	29.54	31.85	34.12	36.35	38.54	40.68	42.77	44.81	46.79
58′	27.27	29.61	31.92	34.20	36.43	38.61	40.75	42.84	44.88	46.86

α	146 cos²α
12°	139.7
12° 20′	139.3
12° 40′	139.0
13°	138.6
13° 20′	138.2
13° 40′	137.8
14°	137.5
14° 20′	137.1
14° 40′	136.6
15°	136.2
15° 20′	135.8
15° 40′	135.4
16°	134.9
16° 20′	134.5
16° 40′	134.0
17°	133.5
17° 20′	133.0
17° 40′	132.6
18°	132.1
18° 20′	131.6
18° 40′	131.0
19°	130.5
19° 20′	130.0
19° 40′	129.5
20°	128.9

α	0°	1°	2°	3°	4°	5°	6°	7°	8°	9°
0'	0.00	2.57	5.13	7.68	10.23	12.76	15.28	17.78	20.26	22.71
2'	0.09	2.65	5.21	7.77	10.31	12.85	15.37	17.86	20.34	22.79
4'	0.17	2.74	5.30	7.85	10.40	12.93	15.45	17.95	20.42	22.88
6'	0.26	2.82	5.38	7.94	10.48	13.02	15.53	18.03	20.51	22.96
8'	0.34	2.91	5.47	8.02	10.57	13.10	15.62	18.11	20.59	23.04
10'	0.43	2.99	5.55	8.11	10.65	13.18	15.70	18.20	20.67	23.12
12'	0.51	3.08	5.64	8.19	10.74	13.27	15.78	18.28	20.75	23.20
14'	0.60	3.16	5.72	8.28	10.82	13.35	15.87	18.36	20.83	23.28
16'	0.68	3.25	5.81	8.36	10.91	13.44	15.95	18.44	20.92	23.36
18'	0.77	3.33	5.89	8.45	10.99	13.52	16.03	18.53	21.00	23.44
20'	0.86	3.42	5.98	8.53	11.08	13.60	16.12	18.61	21.08	23.52
22'	0.94	3.51	6.07	8.62	11.16	13.69	16.20	18.69	21.16	23.61
24'	1.03	3.59	6.15	8.70	11.24	13.77	16.28	18.78	21.24	23.69
26'	1.11	3.68	6.24	8.79	11.33	13.86	16.37	18.86	21.33	23.77
28'	1.20	3.76	6.32	8.87	11.41	13.94	16.45	18.94	21.41	23.85
30'	1.28	3.85	6.41	8.96	11.50	14.02	16.53	19.02	21.49	23.93
32'	1.37	3.93	6.49	9.04	11.58	14.11	16.62	19.11	21.57	24.01
34'	1.45	4.02	6.58	9.13	11.67	14.19	16.70	19.19	21.65	24.09
36'	1.54	4.10	6.66	9.21	11.75	14.28	16.78	19.27	21.73	24.17
38'	1.62	4.18	6.75	9.30	11.84	14.36	16.87	19.35	21.82	24.25
40'	1.71	4.27	6.83	9.38	11.92	14.44	16.95	19.44	21.90	24.33
42'	1.80	4.36	6.92	9.47	12.00	14.53	17.03	19.52	21.98	24.41
44'	1.88	4.44	7.00	9.55	12.09	14.61	17.12	19.60	22.06	24.49
46'	1.97	4.53	7.09	9.64	12.17	14.70	17.20	19.68	22.14	24.58
48'	2.05	4.62	7.17	9.72	12.26	14.78	17.28	19.77	22.22	24.66
50'	2.14	4.70	7.26	9.81	12.34	14.86	17.37	19.85	22.31	24.74
52'	2.22	4.79	7.34	9.89	12.43	14.95	17.45	19.93	22.39	24.82
54'	2.31	4.87	7.43	9.98	12.51	15.03	17.53	20.01	22.47	24.90
56'	2.39	4.96	7.51	10.06	12.59	15.11	17.62	20.09	22.55	24.98
58'	2.48	5.04	7.60	10.14	12.68	15.20	17.70	20.18	22.63	25.06

α	10°	11°	12°	13°	14°	15°	16°	17°	18°	19°
0'	25.14	27.58	29.90	32.22	34.51	36.75	38.95	41.10	43.20	45.25
2'	25.22	27.61	29.97	32.30	34.58	36.82	39.02	41.17	43.27	45.32
4'	25.30	27.69	30.05	32.37	34.66	36.90	39.09	41.24	43.34	45.39
6'	25.38	27.77	30.13	32.45	34.73	36.97	39.17	41.31	43.41	45.45
8'	25.46	27.85	30.21	32.52	34.81	37.05	39.24	41.38	43.48	45.52
10'	25.54	27.93	30.29	32.60	34.88	37.12	39.31	41.45	43.55	45.59
12'	25.62	28.01	30.36	32.68	34.96	37.19	39.38	41.53	43.62	45.65
14'	25.70	28.09	30.44	32.75	35.03	37.27	39.46	41.60	43.69	45.72
16'	25.78	28.17	30.52	32.83	35.11	37.34	39.53	41.67	43.75	45.79
18'	25.86	28.25	30.60	32.91	35.18	37.41	39.60	41.74	43.82	45.86
20'	25.94	28.32	30.67	32.99	35.26	37.49	39.67	41.81	43.89	45.92
22'	26.02	28.40	30.75	33.06	35.33	37.56	39.74	41.88	43.96	45.99
24'	26.10	28.48	30.83	33.14	35.41	37.64	39.82	41.95	44.03	46.06
26'	26.18	28.56	30.91	33.22	35.48	37.71	39.89	42.02	44.10	46.12
28'	26.26	28.64	30.98	33.29	35.56	37.78	39.96	42.09	44.17	46.19
30'	26.34	28.72	31.06	33.37	35.63	37.86	40.03	42.16	44.23	46.26
32'	26.42	28.80	31.14	33.44	35.71	37.93	40.10	42.23	44.30	46.32
34'	26.50	28.88	31.22	33.52	35.78	38.00	40.17	42.30	44.37	46.39
36'	26.58	28.95	31.29	33.60	35.86	38.07	40.25	42.37	44.44	46.45
38'	26.66	29.03	31.37	33.67	35.93	38.15	40.32	42.44	44.51	46.52
40'	26.74	29.11	31.45	33.75	36.01	38.22	40.39	42.51	44.57	46.59
42'	26.82	29.19	31.53	33.82	36.08	38.29	40.46	42.58	44.64	46.65
44'	26.90	29.27	31.60	33.90	36.16	38.37	40.53	42.65	44.71	46.72
46'	26.98	29.35	31.68	33.97	36.23	38.44	40.60	42.72	44.78	46.78
48'	27.06	29.43	31.76	34.05	36.30	38.51	40.67	42.79	44.85	46.85
50'	27.14	29.50	31.84	34.13	36.38	38.59	40.75	42.86	44.91	46.92
52'	27.22	29.58	31.91	34.20	36.45	38.66	40.82	42.93	44.98	46.98
54'	27.30	29.66	31.99	34.28	36.53	38.73	40.89	42.99	45.05	47.05
56'	27.37	29.74	32.07	34.36	36.60	38.80	40.96	43.06	45.12	47.11
58'	27.45	29.82	32.14	34.43	36.68	38.88	41.03	43.13	45.18	47.18

147 $\cos^2 \alpha$

α	147 $\cos^2\alpha$
0°	147.0
0°30'	147.0
1°	147.0
1°30'	146.9
2°	146.8
2°30'	146.7
3°	146.6
3°30'	146.5
4°	146.3
4°30'	146.1
5°	145.9
5°30'	145.6
6°	145.4
6°30'	145.1
7°	144.8
7°30'	144.5
8°	144.2
8°30'	143.8
9°	143.4
9°30'	143.0
10°	142.6
10°20'	142.3
10°40'	142.0
11°	141.6
11°20'	141.3
11°40'	141.0
12°	140.6
12°20'	140.3
12°40'	139.9
13°	139.6
13°20'	139.2
13°40'	138.8
14°	138.4
14°20'	138.0
14°40'	137.6
15°	137.2
15°20'	136.7
15°40'	136.3
16°	135.8
16°20'	135.4
16°40'	134.9
17°	134.4
17°20'	134.0
17°40'	133.5
18°	133.0
18°20'	132.5
18°40'	131.9
19°	131.4
19°20'	130.9
19°40'	130.4
20°	129.8

148 ($^1/_2 \sin 2\alpha$)

α	0°	1°	2°	3°	4°	5°	6°	7°	8°	9°	148 $\cos^2\alpha$	
0'	0.00	2.58	5.16	7.74	10.30	12.85	15.39	17.90	20.40	22.87	0°	148.0
2'	0.09	2.67	5.25	7.82	10.38	12.93	15.47	17.99	20.48	22.95	0°30'	148.0
4'	0.17	2.75	5.33	7.91	10.47	13.02	15.55	18.07	20.56	23.03	1°	148.0
6'	0.26	2.84	5.42	7.99	10.55	13.10	15.64	18.15	20.65	23.11	1°30'	147.9
8'	0.34	2.93	5.51	8.08	10.64	13.19	15.72	18.24	20.73	23.19		
10'	0.43	3.01	5.59	8.16	10.72	13.27	15.81	18.32	20.81	23.28	2°	147.8
12'	0.52	3.10	5.68	8.25	10.81	13.36	15.89	18.40	20.89	23.36	2°30'	147.7
14'	0.60	3.18	5.76	8.33	10.90	13.44	15.97	18.49	20.98	23.44	3°	147.6
16'	0.69	3.27	5.85	8.42	10.98	13.53	16.06	18.57	21.06	23.52	3°30'	147.4
18'	0.77	3.36	5.93	8.51	11.07	13.61	16.14	18.65	21.14	23.60		
20'	0.86	3.44	6.02	8.59	11.15	13.70	16.23	18.74	21.22	23.68	4°	147.3
22'	0.95	3.53	6.11	8.68	11.24	13.78	16.31	18.82	21.31	23.77	4°30'	147.1
24'	1.03	3.61	6.19	8.76	11.32	13.87	16.39	18.90	21.39	23.85	5°	146.9
26'	1.12	3.70	6.28	8.85	11.41	13.95	16.48	18.99	21.47	23.93	5°30'	146.6
28'	1.21	3.79	6.36	8.93	11.49	14.04	16.56	19.07	21.55	24.01		
30'	1.29	3.87	6.45	9.02	11.58	14.12	16.65	19.15	21.64	24.09	6°	146.4
32'	1.38	3.96	6.54	9.10	11.66	14.20	16.73	19.24	21.72	24.17	6°30'	146.1
34'	1.46	4.04	6.62	9.19	11.75	14.29	16.81	19.32	21.80	24.25	7°	145.8
36'	1.55	4.13	6.71	9.27	11.83	14.37	16.90	19.40	21.88	24.34	7°30'	145.5
38'	1.64	4.22	6.79	9.36	11.92	14.46	16.98	19.49	21.96	24.42		
40'	1.72	4.30	6.88	9.45	12.00	14.54	17.07	19.57	22.05	24.50	8°	145.1
42'	1.81	4.39	6.96	9.53	12.09	14.63	17.15	19.65	22.13	24.58	8°30'	144.8
44'	1.89	4.47	7.05	9.62	12.17	14.71	17.23	19.73	22.21	24.66	9°	144.4
46'	1.98	4.56	7.14	9.70	12.26	14.80	17.32	19.82	22.29	24.74	9°30'	144.0
48'	2.07	4.65	7.22	9.79	12.34	14.88	17.40	19.90	22.38	24.82		
50'	2.15	4.73	7.31	9.87	12.43	14.96	17.48	19.98	22.46	24.90	10°	143.5
52'	2.24	4.82	7.39	9.96	12.51	15.05	17.57	20.07	22.54	24.99	10°20'	143.2
54'	2.32	4.90	7.48	10.04	12.60	15.13	17.65	20.15	22.62	25.07	10°40'	142.9
56'	2.41	4.99	7.56	10.13	12.68	15.22	17.74	20.23	22.70	25.15		
58'	2.50	5.08	7.65	10.21	12.77	15.30	17.82	20.31	22.79	25.23	11°	142.6
											11°20'	142.3
											11°40'	141.9

α	10°	11°	12°	13°	14°	15°	16°	17°	18°	19°		
0'	25.31	27.72	30.10	32.44	34.74	37.00	39.21	41.38	43.57	45.56	12°	141.6
2'	25.39	27.80	30.18	32.52	34.82	37.07	39.29	41.45	43.64	45.63	12°20'	141.2
4'	25.47	27.88	30.26	32.59	34.89	37.15	39.36	41.52	43.64	45.69	12°40'	140.9
6'	25.55	27.96	30.33	32.67	34.97	37.22	39.43	41.59	43.70	45.76		
8'	25.63	28.04	30.41	32.74	35.04	37.30	39.51	41.67	43.77	45.83	13°	140.5
											13°20'	140.1
											13°40'	139.7
10'	25.71	28.12	30.49	32.83	35.12	37.37	39.58	41.74	43.84	45.90		
12'	25.79	28.20	30.57	32.90	35.19	37.45	39.65	41.81	43.91	45.96	14°	139.3
14'	25.87	28.28	30.65	32.97	35.27	37.52	39.72	41.88	43.98	46.03	14°20'	138.9
16'	25.96	28.36	30.73	33.06	35.35	37.59	39.80	41.95	44.05	46.10	14°40'	138.5
18'	26.04	28.44	30.80	33.13	35.42	37.67	39.87	42.02	44.12	46.17		
20'	26.12	28.52	30.88	33.21	35.50	37.74	39.94	42.09	44.19	46.23	15°	138.1
22'	26.20	28.60	30.96	33.29	35.57	37.82	40.01	42.16	44.26	46.30	15°20'	137.7
24'	26.28	28.68	31.04	33.36	35.65	37.89	40.09	42.23	44.33	46.37	15°40'	137.2
26'	26.36	28.76	31.12	33.44	35.73	37.97	40.16	42.30	44.40	46.44		
28'	26.44	28.83	31.20	33.52	35.80	38.04	40.24	42.37	44.47	46.50	16°	136.8
											16°20'	136.3
											16°40'	135.8
30'	26.52	28.91	31.27	33.60	35.88	38.11	40.30	42.44	44.53	46.57		
32'	26.60	28.99	31.35	33.67	35.95	38.19	40.38	42.52	44.60	46.64	17°	135.3
34'	26.68	29.07	31.43	33.75	36.03	38.26	40.45	42.59	44.67	46.70	17°20'	134.9
36'	26.76	29.15	31.51	33.83	36.10	38.33	40.52	42.66	44.74	46.77	17°40'	134.4
38'	26.84	29.23	31.59	33.90	36.18	38.41	40.59	42.73	44.81	46.84		
40'	26.92	29.31	31.66	33.98	36.25	38.48	40.66	42.80	44.88	46.90	18°	133.9
42'	27.00	29.39	31.74	34.05	36.33	38.55	40.74	42.87	44.95	46.97	18°20'	133.4
44'	27.08	29.47	31.82	34.13	36.40	38.63	40.81	42.94	45.01	47.04	18°40'	132.8
46'	27.16	29.55	31.90	34.20	36.48	38.70	40.88	43.01	45.08	47.10		
48'	27.24	29.63	31.97	34.28	36.55	38.77	40.95	43.08	45.15	47.17		
50'	27.32	29.70	32.05	34.36	36.63	38.85	41.02	43.15	45.22	47.24	19°	132.3
52'	27.40	29.78	32.13	34.43	36.70	38.92	41.09	43.22	45.29	47.30	19°20'	131.8
54'	27.48	29.86	32.21	34.51	36.78	38.99	41.17	43.29	45.36	47.37	19°40'	131.2
56'	27.56	29.94	32.28	34.59	36.85	39.07	41.24	43.36	45.42	47.43		
58'	27.64	30.02	32.36	34.66	36.93	39.14	41.31	43.43	45.49	47.50	20°	130.7

α	0°	1°	2°	3°	4°	5°	6°	7°	8°	9°	**149** cos²α	
0'	0.00	2.60	5.20	7.79	10.37	12.94	15.49	18.02	20.54	23.02	0°	149.0
2'	0.09	2.69	5.28	7.87	10.45	13.02	15.57	18.11	20.62	23.10	0° 30'	149.0
4'	0.17	2.77	5.37	7.96	10.54	13.11	15.66	18.19	20.70	23.19	1°	149.0
6'	0.26	2.86	5.46	8.05	10.63	13.19	15.74	18.28	20.78	23.27	1° 30'	148.9
8'	0.35	2.95	5.54	8.13	10.71	13.28	15.83	18.36	20.87	23.35		
10'	0.43	3.03	5.63	8.22	10.80	13.36	15.91	18.44	20.95	23.43	2°	148.8
12'	0.52	3.12	5.72	8.30	10.88	13.45	16.00	18.52	21.03	23.52	2° 30'	148.7
14'	0.61	3.21	5.80	8.39	10.97	13.53	16.08	18.61	21.12	23.60	3°	148.6
16'	0.69	3.29	5.89	8.48	11.05	13.62	16.17	18.70	21.20	23.68	3° 30'	148.4
18'	0.78	3.38	5.97	8.56	11.14	13.70	16.25	18.78	21.28	23.76		
20'	0.87	3.47	6.06	8.65	11.23	13.79	16.34	18.86	21.37	23.84	4°	148.3
22'	0.95	3.55	6.15	8.74	11.31	13.87	16.42	18.95	21.45	23.93	4° 30'	148.1
24'	1.04	3.64	6.23	8.82	11.40	13.96	16.51	19.03	21.53	24.01	5°	147.9
26'	1.13	3.73	6.32	8.91	11.48	14.05	16.59	19.11	21.62	24.09	5° 30'	147.6
28'	1.21	3.81	6.41	8.99	11.57	14.13	16.67	19.20	21.70	24.17		
30'	1.30	3.90	6.49	9.08	11.65	14.22	16.76	19.28	21.78	24.25	6°	147.4
32'	1.39	3.99	6.58	9.17	11.74	14.30	16.84	19.37	21.86	24.34	6° 30'	147.1
34'	1.47	4.07	6.67	9.25	11.82	14.39	16.93	19.45	21.95	24.42	7°	146.8
36'	1.56	4.16	6.75	9.34	11.91	14.47	17.01	19.53	22.03	24.50	7° 30'	146.5
38'	1.65	4.25	6.84	9.42	12.00	14.56	17.10	19.62	22.11	24.58		
40'	1.73	4.33	6.92	9.51	12.08	14.64	17.18	19.70	22.20	24.66	8°	146.1
42'	1.82	4.42	7.01	9.60	12.17	14.73	17.27	19.78	22.28	24.75	8° 30'	145.7
44'	1.91	4.50	7.10	9.68	12.25	14.81	17.35	19.87	22.36	24.83	9°	145.4
46'	1.99	4.59	7.18	9.77	12.34	14.90	17.43	19.95	22.44	24.91	9° 30'	144.9
48'	2.08	4.68	7.27	9.85	12.42	14.98	17.52	20.03	22.53	24.99		
50'	2.17	4.76	7.36	9.94	12.51	15.07	17.60	20.12	22.61	25.07	10°	144.5
52'	2.25	4.85	7.44	10.02	12.60	15.15	17.69	20.20	22.69	25.15	10° 20'	144.2
54'	2.34	4.94	7.53	10.11	12.68	15.23	17.77	20.28	22.77	25.24	10° 40'	143.9
56'	2.43	5.02	7.61	10.20	12.77	15.32	17.85	20.37	22.86	25.32		
58'	2.51	5.11	7.70	10.28	12.85	15.40	17.94	20.45	22.94	25.40	11°	143.6
											11° 20'	143.2
											11° 40'	142.9

α	10°	11°	12°	13°	14°	15°	16°	17°	18°	19°		
											12°	142.6
											12° 20'	142.2
0'	25.48	27.91	30.30	32.66	34.98	37.25	39.48	41.66	43.79	45.87	12° 40'	141.8
2'	25.56	27.99	30.38	32.74	35.05	37.33	39.55	41.73	43.86	45.94		
4'	25.64	28.07	30.46	32.81	35.13	37.40	39.68	41.80	43.93	46.00	13°	141.5
6'	25.72	28.15	30.54	32.89	35.20	37.47	39.70	41.88	44.00	46.07	13° 20'	141.1
8'	25.81	28.23	30.62	32.96	35.28	37.55	39.77	41.95	44.07	46.14	13° 40'	140.7
10'	25.89	28.31	30.70	33.05	35.36	37.62	39.85	42.02	44.14	46.21		
12'	25.97	28.39	30.78	33.13	35.43	37.70	39.92	42.09	44.21	46.28	14°	140.3
14'	26.05	28.47	30.86	33.19	35.51	37.77	39.99	42.16	44.28	46.34	14° 20'	139.9
16'	26.13	28.55	30.93	33.28	35.59	37.85	40.07	42.23	44.35	46.41	14° 40'	139.4
18'	26.21	28.63	31.01	33.36	35.66	37.92	40.14	42.30	44.42	46.48		
20'	26.29	28.71	31.09	33.44	35.74	38.00	40.21	42.38	44.49	46.55	15°	139.0
22'	26.37	28.79	31.17	33.51	35.81	38.07	40.28	42.45	44.56	46.61	15° 20'	138.6
24'	26.46	28.87	31.25	33.59	35.89	38.15	40.36	42.52	44.63	46.68	15° 40'	138.1
26'	26.54	28.95	31.33	33.67	35.97	38.22	40.43	42.59	44.70	46.75		
28'	26.62	29.03	31.41	33.75	36.04	38.30	40.50	42.66	44.77	46.82	16°	137.7
											16° 20'	137.2
30'	26.70	29.11	31.49	33.82	36.12	38.37	40.58	42.73	44.84	46.88	16° 40'	136.7
32'	26.78	29.19	31.56	33.90	36.20	38.44	40.65	42.80	44.90	46.95		
34'	26.86	29.27	31.64	33.98	36.27	38.52	40.72	42.87	44.97	47.02	17°	136.3
36'	26.94	29.35	31.72	34.05	36.35	38.59	40.79	42.94	45.04	47.09	17° 20'	135.8
38'	27.02	29.43	31.80	34.13	36.42	38.67	40.87	43.01	45.11	47.15	17° 40'	135.3
40'	27.10	29.51	31.88	34.21	36.50	38.74	40.94	43.08	45.18	47.22		
42'	27.18	29.59	31.96	34.28	36.57	38.82	41.01	43.16	45.25	47.29	18°	134.8
44'	27.26	29.67	32.03	34.36	36.65	38.89	41.08	43.23	45.32	47.35	18° 20'	134.3
46'	27.34	29.75	32.11	34.43	36.72	38.96	41.16	43.30	45.39	47.42	18° 40'	133.7
48'	27.43	29.83	32.19	34.52	36.80	39.04	41.23	43.37	45.46	47.49		
50'	27.51	29.91	32.27	34.59	36.87	39.11	41.30	43.44	45.52	47.55	19°	133.2
52'	27.59	29.98	32.35	34.66	36.95	39.18	41.37	43.51	45.59	47.62	19° 20'	132.7
54'	27.67	30.06	32.42	34.75	37.02	39.26	41.44	43.58	45.66	47.69	19° 40'	132.1
56'	27.75	30.14	32.50	34.82	37.10	39.33	41.52	43.65	45.73	47.75		
58'	27.83	30.22	32.58	34.90	37.17	39.41	41.59	43.72	45.80	47.82	20°	131.6

150 ($\frac{1}{2}$ sin 2 α)

α	0°	1°	2°	3°	4°	5°	6°	7°	8°	9°
0'	0.00	2.62	5.23	7.84	10.44	13.02	15.59	18.14	20.67	23.18
2'	0.09	2.70	5.32	7.93	10.52	13.11	15.68	18.23	20.76	23.26
4'	0.17	2.79	5.41	8.01	10.61	13.20	15.76	18.31	20.84	23.34
6'	0.26	2.88	5.49	8.10	10.70	13.28	15.85	18.40	20.92	23.43
8'	0.35	2.97	5.58	8.19	10.78	13.37	15.93	18.48	21.01	23.51
10'	0.44	3.05	5.67	8.27	10.87	13.45	16.02	18.57	21.09	23.59
12'	0.52	3.14	5.75	8.36	10.96	13.54	16.11	18.65	21.18	23.67
14'	0.61	3.23	5.84	8.45	11.04	13.62	16.19	18.74	21.26	23.76
16'	0.70	3.32	5.93	8.53	11.13	13.71	16.28	18.82	21.34	23.84
18'	0.79	3.40	6.01	8.62	11.22	13.80	16.36	18.91	21.43	23.92
20'	0.87	3.49	6.10	8.71	11.30	13.88	16.45	18.99	21.51	24.00
22'	0.96	3.58	6.19	8.79	11.39	13.97	16.53	19.07	21.59	24.09
24'	1.05	3.66	6.28	8.88	11.47	14.05	16.62	19.16	21.68	24.17
26'	1.13	3.75	6.36	8.97	11.56	14.14	16.70	19.24	21.76	24.25
28'	1.22	3.84	6.45	9.05	11.65	14.22	16.79	19.33	21.84	24.34
30'	1.31	3.93	6.54	9.14	11.73	14.31	16.87	19.41	21.93	24.42
32'	1.40	4.01	6.62	9.23	11.82	14.40	16.96	19.50	22.01	24.50
34'	1.48	4.10	6.71	9.31	11.90	14.48	17.04	19.58	22.09	24.58
36'	1.57	4.19	6.80	9.40	11.99	14.57	17.13	19.66	22.18	24.66
38'	1.66	4.27	6.88	9.49	12.08	14.65	17.21	19.75	22.26	24.75
40'	1.74	4.36	6.97	9.57	12.16	14.74	17.30	19.83	22.34	24.83
42'	1.83	4.45	7.06	9.66	12.25	14.82	17.38	19.92	22.43	24.91
44'	1.92	4.54	7.14	9.75	12.34	14.91	17.47	20.00	22.51	24.99
46'	2.01	4.62	7.23	9.83	12.42	15.00	17.55	20.08	22.59	25.08
48'	2.09	4.71	7.32	9.92	12.51	15.08	17.64	20.17	22.68	25.16
50'	2.18	4.80	7.41	10.01	12.59	15.17	17.72	20.25	22.76	25.24
52'	2.27	4.88	7.49	10.09	12.68	15.25	17.81	20.34	22.84	25.32
54'	2.36	4.97	7.58	10.18	12.77	15.34	17.89	20.42	22.93	25.41
56'	2.44	5.00	7.67	10.27	12.85	15.42	17.97	20.51	23.01	25.49
58'	2.53	5.14	7.75	10.35	12.94	15.51	18.06	20.59	23.09	25.57

α	10°	11°	12°	13°	14°	15°	16°	17°	18°	19°
0'	25.65	28.10	30.51	32.88	35.21	37.50	39.74	41.94	44.08	46.17
2'	25.73	28.18	30.59	32.96	35.29	37.58	39.82	42.01	44.15	46.24
4'	25.82	28.26	30.66	33.03	35.36	37.65	39.89	42.08	44.22	46.31
6'	25.90	28.34	30.74	33.11	35.44	37.73	39.97	42.16	44.30	46.38
8'	25.98	28.42	30.82	33.18	35.52	37.80	40.04	42.23	44.37	46.45
10'	26.06	28.50	30.90	33.27	35.60	37.88	40.11	42.30	44.44	46.52
12'	26.14	28.58	30.98	33.35	35.67	37.95	40.19	42.37	44.51	46.59
14'	26.22	28.66	31.06	33.42	35.75	38.03	40.26	42.44	44.58	46.65
16'	26.31	28.74	31.14	33.50	35.83	38.10	40.33	42.52	44.65	46.72
18'	26.39	28.82	31.22	33.58	35.90	38.18	40.41	42.59	44.72	46.79
20'	26.47	28.90	31.30	33.66	35.98	38.25	40.48	42.66	44.79	46.86
22'	26.55	28.98	31.38	33.74	36.06	38.33	40.55	42.73	44.86	46.93
24'	26.63	29.06	31.46	33.82	36.13	38.40	40.63	42.80	44.93	47.00
26'	26.71	29.14	31.54	33.89	36.21	38.48	40.70	42.88	45.00	47.06
28'	26.80	29.22	31.62	33.97	36.28	38.55	40.77	42.95	45.07	47.13
30'	26.88	29.30	31.70	34.05	36.36	38.63	40.85	43.02	45.14	47.20
32'	26.96	29.39	31.78	34.13	36.44	38.70	40.92	43.09	45.21	47.27
34'	27.04	29.47	31.85	34.20	36.51	38.78	40.99	43.16	45.28	47.33
36'	27.12	29.55	31.93	34.28	36.59	38.85	41.07	43.23	45.35	47.40
38'	27.20	29.63	32.01	34.36	36.67	38.93	41.14	43.30	45.41	47.47
40'	27.28	29.71	32.09	34.44	36.74	39.00	41.21	43.37	45.48	47.54
42'	27.37	29.79	32.17	34.52	36.82	39.08	41.29	43.45	45.55	47.60
44'	27.45	29.87	32.25	34.59	36.89	39.15	41.36	43.52	45.62	47.67
46'	27.53	29.95	32.33	34.66	36.97	39.22	41.43	43.59	45.69	47.74
48'	27.61	30.03	32.41	34.75	37.05	39.30	41.50	43.66	45.76	47.81
50'	27.69	30.11	32.49	34.82	37.12	39.35	41.58	43.73	45.83	47.87
52'	27.77	30.19	32.57	34.89	37.20	39.45	41.65	43.80	45.90	47.94
54'	27.85	30.27	32.64	34.96	37.27	39.52	41.72	43.87	45.97	48.01
56'	27.93	30.35	32.72	35.06	37.35	39.60	41.80	43.94	46.04	48.08
58'	28.01	30.43	32.80	35.13	37.42	39.67	41.87	44.01	46.11	48.14

150 $\cos^2\alpha$

α	150 $\cos^2\alpha$
0°	150.0
0° 30'	150.0
1°	150.0
1° 30'	149.9
2°	149.8
2° 30'	149.7
3°	149.6
3° 30'	149.4
4°	148.9
4° 30'	148.1
5°	148.9
5° 30'	148.6
6°	148.4
6° 30'	148.1
7°	147.8
7° 30'	147.4
8°	147.1
8° 30'	146.7
9°	146.3
9° 30'	145.9
10°	145.5
10° 20'	145.2
10° 40'	144.9
11°	144.5
11° 20'	144.2
11° 40'	143.9
12°	143.5
12° 20'	143.2
12° 40'	142.8
13°	142.4
13° 20'	142.0
13° 40'	141.6
14°	141.2
14° 20'	140.8
14° 40'	140.4
15°	140.0
15° 20'	139.5
15° 40'	139.1
16°	138.6
16° 20'	138.1
16° 40'	137.7
17°	137.2
17° 20'	136.7
17° 40'	136.2
18°	135.7
18° 20'	135.2
18° 40'	134.6
19°	134.1
19° 20'	133.6
19° 40'	133.0
20°	132.4

α	0°	1°	2°	3°	4°	5°	6°	7°	8°	9°
0'	0.00	2.63	5.27	7.89	10.51	13.11	15.70	18.27	20.81	23.33
2'	0.09	2.72	5.35	7.98	10.59	13.20	15.78	18.35	20.90	23.41
4'	0.18	2.81	5.44	8.07	10.68	13.28	15.87	18.44	20.98	23.50
6'	0.26	2.90	5.53	8.15	10.77	13.37	15.95	18.52	21.06	23.58
8'	0.35	2.99	5.62	8.24	10.86	13.46	16.04	18.61	21.15	23.66
10'	0.44	3.07	5.70	8.33	10.94	13.54	16.13	18.69	21.23	23.75
12'	0.53	3.16	5.79	8.42	11.03	13.63	16.21	18.78	21.32	23.83
14'	0.61	3.25	5.88	8.50	11.12	13.72	16.30	18.86	21.40	23.91
16'	0.70	3.34	5.97	8.59	11.20	13.80	16.38	18.95	21.49	24.00
18'	0.79	3.42	6.06	8.68	11.29	13.89	16.47	19.03	21.57	24.08
20'	0.88	3.51	6.14	8.77	11.38	13.97	16.56	19.12	21.65	24.16
22'	0.97	3.60	6.23	8.85	11.46	14.06	16.64	19.20	21.74	24.25
24'	1.05	3.69	6.32	8.94	11.55	14.15	16.73	19.29	21.82	24.33
26'	1.14	3.78	6.41	9.03	11.64	14.23	16.81	19.37	21.91	24.41
28'	1.23	3.86	6.49	9.11	11.72	14.32	16.90	19.46	21.99	24.50
30'	1.32	3.95	6.58	9.20	11.81	14.41	16.98	19.54	22.07	24.58
32'	1.41	4.04	6.67	9.29	11.90	14.49	17.07	19.63	22.16	24.66
34'	1.49	4.13	6.76	9.38	11.98	14.58	17.15	19.71	22.24	24.75
36'	1.58	4.21	6.84	9.46	12.07	14.66	17.24	19.80	22.33	24.83
38'	1.67	4.30	6.93	9.55	12.16	14.75	17.33	19.88	22.41	24.91
40'	1.76	4.39	7.02	9.64	12.24	14.84	17.41	19.96	22.49	25.00
42'	1.84	4.48	7.11	9.72	12.33	14.92	17.50	20.05	22.58	25.08
44'	1.93	4.57	7.19	9.81	12.42	15.01	17.58	20.13	22.66	25.16
46'	2.02	4.65	7.28	9.90	12.50	15.10	17.67	20.22	22.75	25.24
48'	2.11	4.74	7.37	9.99	12.59	15.18	17.75	20.30	22.83	25.33
50'	2.20	4.83	7.45	10.07	12.68	15.27	17.84	20.39	22.91	25.41
52'	2.28	4.92	7.54	10.16	12.76	15.35	17.92	20.47	23.00	25.49
54'	2.37	5.00	7.63	10.25	12.85	15.44	18.01	20.56	23.08	25.57
56'	2.46	5.09	7.72	10.33	12.94	15.53	18.09	20.64	23.16	25.66
58'	2.55	5.18	7.80	10.42	13.02	15.61	18.18	20.73	23.25	25.74

151 $\cos^2\alpha$

α	$151\cos^2\alpha$
0°	151.0
0°30'	151.0
1°	151.0
1°30'	150.9
2°	150.8
2°30'	150.7
3°	150.6
3°30'	150.4
4°	150.3
4°30'	150.1
5°	149.9
5°30'	149.6
6°	149.3
7°	148.8
7°30'	148.4
8°	148.1
8°30'	147.7
9°	147.3
9°30'	146.9
10°	146.4
10°20'	146.1
10°40'	145.8
11°	145.5
11°20'	145.2
11°40'	144.8

α	10°	11°	12°	13°	14°	15°	16°	17°	18°	19°
0'	25.82	28.28	30.71	33.10	35.45	37.75	40.01	42.22	44.38	46.48
2'	25.90	28.36	30.79	33.18	35.52	37.83	40.08	42.29	44.45	46.55
4'	25.99	28.45	30.87	33.25	35.60	37.90	40.16	42.36	44.52	46.62
6'	26.07	28.53	30.95	33.33	35.68	37.98	40.23	42.44	44.59	46.69
8'	26.15	28.61	31.03	33.40	35.75	38.05	40.31	42.51	44.66	46.76
10'	26.23	28.69	31.11	33.49	35.83	38.13	40.38	42.58	44.73	46.83
12'	26.32	28.77	31.19	33.57	35.91	38.20	40.45	42.65	44.80	46.90
14'	26.40	28.85	31.27	33.64	35.99	38.28	40.53	42.73	44.87	46.97
16'	26.48	28.93	31.35	33.72	36.06	38.36	40.60	42.80	44.94	47.03
18'	26.56	29.01	31.43	33.81	36.14	38.43	40.68	42.87	45.01	47.10
20'	26.65	29.10	31.51	33.88	36.22	38.51	40.75	42.94	45.09	47.17
22'	26.73	29.18	31.59	33.96	36.30	38.58	40.83	43.02	45.16	47.24
24'	26.81	29.26	31.67	34.04	36.37	38.66	40.90	43.09	45.23	47.31
26'	26.89	29.34	31.75	34.12	36.45	38.73	40.98	43.16	45.30	47.38
28'	26.97	29.42	31.83	34.20	36.53	38.81	41.05	43.23	45.37	47.45
30'	27.06	29.50	31.91	34.28	36.60	38.89	41.12	43.30	45.44	47.51
32'	27.14	29.58	31.99	34.35	36.68	38.96	41.19	43.38	45.51	47.58
34'	27.22	29.66	32.07	34.43	36.76	39.04	41.27	43.45	45.58	47.65
36'	27.30	29.74	32.15	34.51	36.83	39.11	41.34	43.52	45.65	47.72
38'	27.38	29.82	32.23	34.59	36.91	39.19	41.41	43.59	45.72	47.79
40'	27.47	29.90	32.31	34.67	36.99	39.26	41.49	43.66	45.79	47.85
42'	27.55	29.98	32.38	34.75	37.06	39.34	41.56	43.74	45.86	47.92
44'	27.63	30.07	32.46	34.82	37.14	39.41	41.63	43.81	45.93	47.99
46'	27.71	30.15	32.54	34.89	37.22	39.49	41.71	43.88	46.00	48.06
48'	27.79	30.23	32.62	34.98	37.29	39.56	41.78	43.95	46.07	48.13
50'	27.88	30.31	32.70	35.06	37.37	39.64	41.85	44.02	46.14	48.19
52'	27.96	30.39	32.78	35.12	37.45	39.71	41.93	44.09	46.21	48.26
54'	28.04	30.47	32.86	35.21	37.52	39.79	42.01	44.16	46.27	48.33
56'	28.12	30.55	32.94	35.29	37.60	39.86	42.07	44.24	46.34	48.40
58'	28.20	30.63	33.02	35.37	37.67	39.93	42.15	44.31	46.41	48.46

α	$151\cos^2\alpha$
12°	144.5
12°20'	144.1
12°40'	143.7
13°	143.4
13°20'	143.0
13°40'	142.6
14°	142.2
14°20'	141.7
14°40'	141.3
15°	140.9
15°20'	140.4
15°40'	140.0
16°	139.5
16°20'	139.1
16°40'	138.6
17°	138.1
17°20'	137.6
17°40'	137.1
18°	136.6
18°20'	136.1
18°40'	135.5
19°	135.0
19°20'	134.4
19°40'	133.9
20°	133.3

152 $(\tfrac{1}{2}\sin 2\alpha)$

α	0°	1°	2°	3°	4°	5°	6°	7°	8°	9°
0′	0.00	2.65	5.30	7.94	10.58	13.20	15.80	18.89	20.95	23.49
2′	0.09	2.74	5.39	8.03	10.66	13.28	15.89	18.47	21.03	23.57
4′	0.18	2.83	5.48	8.12	10.75	13.37	15.97	18.56	21.12	23.65
6′	0.27	2.92	5.57	8.21	10.84	13.46	16.06	18.64	21.20	23.74
8′	0.35	3.01	5.65	8.30	10.93	13.55	16.15	18.73	21.29	23.82
10′	0.44	3.09	5.74	8.38	11.01	13.63	16.23	18.81	21.37	23.91
12′	0.53	3.18	5.83	8.47	11.10	13.72	16.32	18.90	21.46	23.99
14′	0.62	3.27	5.92	8.56	11.19	13.81	16.41	18.99	21.54	24.07
16′	0.71	3.36	6.01	8.65	11.28	13.89	16.49	19.07	21.63	24.16
18′	0.80	3.45	6.10	8.74	11.36	13.98	16.58	19.16	21.71	24.24
20′	0.88	3.54	6.18	8.82	11.45	14.07	16.67	19.24	21.80	24.82
22′	0.97	3.62	6.27	8.91	11.54	14.15	16.75	19.33	21.88	24.41
24′	1.06	3.71	6.36	9.00	11.63	14.24	16.84	19.41	21.97	24.49
26′	1.15	3.80	6.45	9.09	11.71	14.33	16.92	19.50	22.05	24.58
28′	1.24	3.89	6.54	9.17	11.80	14.41	17.01	19.58	22.14	24.66
30′	1.33	3.98	6.62	9.26	11.89	14.50	17.10	19.67	22.22	24.74
32′	1.41	4.07	6.71	9.35	11.98	14.59	17.18	19.76	22.30	24.83
34′	1.50	4.15	6.80	9.44	12.06	14.68	17.27	19.84	22.39	24.91
36′	1.59	4.24	6.89	9.53	12.15	14.76	17.35	19.93	22.47	24.99
38′	1.68	4.33	6.98	9.61	12.24	14.85	17.44	20.01	22.56	25.08
40′	1.77	4.42	7.06	9.70	12.33	14.94	17.53	20.10	22.64	25.16
42′	1.86	4.51	7.15	9.79	12.41	15.02	17.61	20.18	22.73	25.24
44′	1.95	4.60	7.24	9.88	12.50	15.11	17.70	20.27	22.81	25.33
46′	2.03	4.68	7.33	9.96	12.59	15.20	17.78	20.35	22.90	25.41
48′	2.12	4.77	7.42	10.05	12.67	15.28	17.87	20.44	22.98	25.49
50′	2.21	4.86	7.50	10.14	12.76	15.37	17.96	20.52	23.06	25.58
52′	2.30	4.95	7.59	10.23	12.85	15.46	18.04	20.61	23.15	25.66
54′	2.39	5.04	7.68	10.31	12.94	15.54	18.13	20.69	23.23	25.74
56′	2.48	5.13	7.77	10.40	13.02	15.63	18.21	20.78	23.32	25.88
58′	2.56	5.21	7.86	10.49	13.11	15.71	18.30	20.86	23.40	25.91

152 $\cos^2\alpha$

α	152 cos²α
0°	152.0
0° 30′	152.0
1°	152.0
1° 30′	151.9
2°	151.8
2° 30′	151.7
3°	151.6
3° 30′	151.4
4°	151.3
4° 30′	151.1
5°	150.8
5° 30′	150.6
6°	150.3
6° 30′	150.1
7°	149.7
7° 30′	149.4
8°	149.1
8° 30′	148.7
9°	148.3
9° 30′	147.9
10°	147.4
10° 20′	147.1
10° 40′	146.8
11°	146.5
11° 20′	146.1
11° 40′	145.8

α	10°	11°	12°	13°	14°	15°	16°	17°	18°	19°
0′	25.99	28.47	30.91	33.32	35.68	38.00	40.27	42.50	44.67	46.79
2′	26.08	28.55	30.99	33.40	35.76	38.08	40.35	42.57	44.74	46.86
4′	26.16	28.63	31.07	33.48	35.84	38.15	40.42	42.65	44.81	46.93
6′	26.24	28.72	31.15	33.55	35.91	38.23	40.50	42.72	44.89	47.00
8′	26.33	28.80	31.23	33.62	35.99	38.31	40.57	42.79	44.96	47.07
10′	26.41	28.88	31.32	33.71	36.07	38.38	40.65	42.86	45.03	47.14
12′	26.49	28.96	31.40	33.79	36.15	38.46	40.72	42.94	45.10	47.21
14′	26.57	29.04	31.48	33.86	36.23	38.53	40.80	43.01	45.17	47.28
16′	26.66	29.12	31.56	33.95	36.30	38.61	40.87	43.08	45.24	47.35
18′	26.74	29.21	31.64	34.03	36.38	38.69	40.95	43.16	45.31	47.41
20′	26.82	29.29	31.72	34.11	36.46	38.76	41.02	43.23	45.38	47.48
22′	26.91	29.37	31.80	34.19	36.54	38.84	41.10	43.30	45.45	47.55
24′	26.99	29.45	31.88	34.27	36.61	38.92	41.17	43.37	45.53	47.62
26′	27.07	29.53	31.96	34.35	36.69	38.99	41.24	43.45	45.60	47.69
28′	27.15	29.61	32.04	34.42	36.77	39.07	41.32	43.52	45.67	47.76
30′	27.24	29.70	32.12	34.50	36.85	39.14	41.39	43.59	45.74	47.83
32′	27.32	29.78	32.20	34.58	36.92	39.22	41.47	43.66	45.81	47.90
34′	27.40	29.86	32.28	34.66	37.00	39.29	41.54	43.74	45.88	47.97
36′	27.48	29.94	32.36	34.74	37.08	39.37	41.61	43.81	45.95	48.03
38′	27.57	30.02	32.44	34.82	37.15	39.45	41.69	43.88	46.02	48.10
40′	27.65	30.10	32.52	34.90	37.23	39.52	41.76	43.95	46.09	48.17
42′	27.73	30.18	32.60	34.98	37.31	39.60	41.84	44.03	46.16	48.24
44′	27.81	30.26	32.68	35.05	37.39	39.67	41.91	44.10	46.23	48.31
46′	27.90	30.35	32.76	35.12	37.46	39.75	41.98	44.17	46.30	48.38
48′	27.98	30.43	32.84	35.21	37.54	39.82	42.06	44.24	46.37	48.44
50′	28.06	30.51	32.92	35.29	37.62	39.90	42.13	44.31	46.44	48.51
52′	28.14	30.59	33.00	35.36	37.69	39.97	42.20	44.39	46.51	48.58
54′	28.22	30.67	33.08	35.45	37.77	40.05	42.28	44.46	46.58	48.65
56′	28.31	30.75	33.16	35.53	37.85	40.12	42.35	44.53	46.65	48.72
58′	28.39	30.83	33.24	35.60	37.92	40.20	42.43	44.60	46.72	48.78

α	152 cos²α
12°	145.4
12° 20′	145.1
12° 40′	144.7
13°	144.3
13° 20′	143.9
13° 40′	143.5
14°	143.1
14° 20′	142.7
14° 40′	142.3
15°	141.8
15° 20′	141.4
15° 40′	140.9
16°	140.5
16° 20′	140.0
16° 40′	139.5
17°	139.0
17° 20′	138.5
17° 40′	138.0
18°	137.5
18° 20′	137.0
18° 40′	136.4
19°	135.9
19° 20′	135.3
19° 40′	134.8
20°	134.2

α	0°	1°	2°	3°	4°	5°	6°	7°	8°	9°
0'	0.00	2.67	5.84	8.00	10.65	13.28	15.91	18.51	21.09	23.64
2'	0.09	2.76	5.43	8.08	10.73	13.37	15.99	18.59	21.17	23.72
4'	0.18	2.85	5.51	8.17	10.82	13.46	16.08	18.68	21.26	23.81
6'	0.27	2.94	5.60	8.26	10.91	13.55	16.17	18.77	21.34	23.89
8'	0.36	3.03	5.69	8.35	11.00	13.63	16.25	18.85	21.43	23.98
10'	0.44	3.11	5.78	8.44	11.09	13.72	16.84	18.94	21.51	24.06
12'	0.53	3.20	5.87	8.53	11.18	13.81	16.43	19.02	21.60	24.15
14'	0.62	3.29	5.96	8.62	11.26	13.90	16.51	19.11	21.68	24.23
16'	0.71	3.38	6.05	8.70	11.35	13.98	16.60	19.20	21.77	24.32
18'	0.80	3.47	6.14	8.79	11.44	14.07	16.69	19.28	21.86	24.40
20'	0.89	3.56	6.22	8.88	11.53	14.16	16.77	19.37	21.94	24.48
22'	0.98	3.65	6.31	8.97	11.62	14.25	16.86	19.46	22.03	24.57
24'	1.07	3.74	6.40	9.06	11.70	14.33	16.95	19.54	22.11	24.65
26'	1.16	3.83	6.49	9.15	11.79	14.42	17.04	19.63	22.20	24.74
28'	1.25	3.91	6.58	9.23	11.88	14.51	17.12	19.71	22.28	24.82
30'	1.33	4.00	6.67	9.32	11.97	14.60	17.21	19.80	22.37	24.91
32'	1.42	4.09	6.76	9.41	12.06	14.68	17.30	19.89	22.45	24.99
34'	1.51	4.18	6.84	9.50	12.14	14.77	17.38	19.97	22.54	25.07
36'	1.60	4.27	6.93	9.59	12.23	14.86	17.47	20.06	22.62	25.16
38'	1.69	4.36	7.02	9.68	12.32	14.95	17.56	20.14	22.71	25.24
40'	1.78	4.45	7.11	9.76	12.41	15.03	17.64	20.23	22.79	25.33
42'	1.87	4.54	7.20	9.85	12.49	15.12	17.73	20.32	22.88	25.41
44'	1.96	4.63	7.29	9.94	12.58	15.21	17.82	20.40	22.96	25.49
46'	2.05	4.71	7.38	10.03	12.67	15.30	17.90	20.49	23.05	25.58
48'	2.14	4.80	7.47	10.12	12.76	15.38	17.99	20.57	23.13	25.66
50'	2.22	4.89	7.55	10.21	12.85	15.47	18.07	20.66	23.22	25.75
52'	2.31	4.98	7.64	10.29	12.93	15.56	18.16	20.74	23.30	25.83
54'	2.40	5.07	7.73	10.38	13.02	15.64	18.25	20.83	23.39	25.91
56'	2.49	5.16	7.82	10.47	13.11	15.73	18.33	20.92	23.47	26.00
58'	2.58	5.25	7.91	10.56	13.20	15.82	18.42	21.00	23.56	26.08

α	10°	11°	12°	13°	14°	15°	16°	17°	18°	19°
0'	26.16	28.66	31.12	33.54	35.91	38.25	40.54	42.78	44.97	47.10
2'	26.25	28.74	31.20	33.62	35.99	38.33	40.61	42.85	45.04	47.17
4'	26.33	28.82	31.28	33.70	36.07	38.40	40.69	42.93	45.11	47.24
6'	26.42	28.90	31.36	33.78	36.15	38.48	40.77	43.00	45.18	47.31
8'	26.50	28.99	31.44	33.85	36.23	38.56	40.84	43.07	45.25	47.38
10'	26.58	29.07	31.52	33.93	36.31	38.63	40.92	43.15	45.32	47.45
12'	26.67	29.15	31.60	34.01	36.39	38.71	40.99	43.22	45.40	47.52
14'	26.75	29.23	31.68	34.08	36.46	38.79	41.07	43.29	45.47	47.59
16'	26.83	29.32	31.76	34.17	36.54	38.87	41.14	43.37	45.54	47.66
18'	26.92	29.40	31.85	34.25	36.62	38.94	41.22	43.44	45.61	47.73
20'	27.00	29.48	31.93	34.33	36.70	39.02	41.29	43.51	45.68	47.80
22'	27.08	29.56	32.01	34.41	36.78	39.09	41.37	43.59	45.75	47.87
24'	27.17	29.64	32.09	34.49	36.85	39.17	41.44	43.66	45.83	47.94
26'	27.25	29.73	32.17	34.57	36.93	39.25	41.52	43.73	45.90	48.00
28'	27.33	29.81	32.25	34.65	37.01	39.32	41.59	43.81	45.97	48.07
30'	27.42	29.89	32.33	34.73	37.09	39.40	41.66	43.88	46.04	48.14
32'	27.50	29.97	32.41	34.81	37.17	39.48	41.74	43.95	46.11	48.21
34'	27.58	30.05	32.49	34.89	37.24	39.55	41.81	44.02	46.18	48.28
36'	27.66	30.14	32.57	34.97	37.32	39.63	41.89	44.10	46.25	48.35
38'	27.75	30.22	32.65	35.05	37.40	39.71	41.96	44.17	46.32	48.42
40'	27.83	30.30	32.73	35.13	37.48	39.78	42.04	44.23	46.39	48.49
42'	27.91	30.38	32.81	35.21	37.55	39.86	42.11	44.32	46.46	48.56
44'	28.00	30.46	32.89	35.28	37.63	39.93	42.19	44.39	46.53	48.63
46'	28.08	30.55	32.97	35.35	37.71	40.01	42.26	44.46	46.61	48.69
48'	28.16	30.63	33.05	35.44	37.79	40.08	42.33	44.53	46.68	48.76
50'	28.24	30.71	33.13	35.51	37.86	40.16	42.41	44.60	46.75	48.83
52'	28.33	30.79	33.22	35.59	37.94	40.24	42.48	44.68	46.82	48.90
54'	28.41	30.87	33.30	35.68	38.02	40.31	42.56	44.75	46.89	48.97
56'	28.49	30.95	33.38	35.76	38.10	40.39	42.63	44.82	46.96	49.04
58'	28.57	31.03	33.46	35.84	38.17	40.46	42.70	44.89	47.03	49.11

153 $\cos^2\alpha$

0°	153.0
0° 30'	153.0
1°	153.0
1° 30'	152.9
2°	152.8
2° 30'	152.7
3°	152.6
3° 30'	152.4
4°	152.3
4° 30'	152.1
5°	151.8
5° 30'	151.6
6°	151.3
6° 30'	151.0
7°	150.7
7° 30'	150.4
8°	150.0
8° 30'	149.7
9°	149.3
9° 30'	148.8
10°	148.4
10° 20'	148.1
10° 40'	147.8
11°	147.4
11° 20'	147.1
11° 40'	146.7
12°	146.4
12° 20'	146.0
12° 40'	145.6
13°	145.3
13° 20'	144.9
13° 40'	144.5
14°	144.0
14° 20'	143.6
14° 40'	143.2
15°	142.8
15° 20'	142.3
15° 40'	141.8
16°	141.4
16° 20'	140.9
16° 40'	140.4
17°	139.9
17° 20'	139.4
17° 40'	138.9
18°	138.4
18° 20'	137.9
18° 40'	137.3
19°	136.8
19° 20'	136.2
19° 40'	135.7
20°	135.1

154 ($\frac{1}{2} \sin 2\alpha$)

α	0°	1°	2°	3°	4°	5°	6°	7°	8°	9°
0'	0.00	2.69	5.37	8.05	10.72	13.37	16.01	18.63	21.22	23.79
2'	0.09	2.78	5.46	8.14	10.81	13.46	16.10	18.71	21.31	23.88
4'	0.18	2.87	5.55	8.23	10.89	13.55	16.18	18.80	21.40	23.96
6'	0.27	2.96	5.64	8.32	10.98	13.64	16.27	18.89	21.48	24.05
8'	0.36	3.05	5.73	8.41	11.07	13.72	16.36	18.98	21.57	24.18
10'	0.45	3.18	5.82	8.49	11.16	13.81	16.45	19.06	21.65	24.22
12'	0.54	3.22	5.91	8.58	11.25	13.90	16.53	19.15	21.74	24.31
14'	0.63	3.31	6.00	8.67	11.34	13.99	16.62	19.24	21.83	24.39
16'	0.72	3.40	6.09	8.76	11.43	14.08	16.71	19.32	21.91	24.47
18'	0.81	3.49	6.18	8.85	11.51	14.16	16.80	19.41	22.00	24.56
20'	0.90	3.58	6.26	8.94	11.60	14.25	16.88	19.50	22.08	24.64
22'	0.99	3.67	6.35	9.03	11.69	14.34	16.97	19.58	22.17	24.73
24'	1.07	3.76	6.44	9.12	11.78	14.43	17.06	19.67	22.26	24.81
26'	1.16	3.85	6.53	9.21	11.87	14.52	17.15	19.76	22.34	24.90
28'	1.25	3.94	6.62	9.30	11.96	14.60	17.23	19.84	22.43	24.98
30'	1.34	4.03	6.71	9.38	12.05	14.69	17.32	19.93	22.51	25.07
32'	1.43	4.12	6.80	9.47	12.13	14.78	17.41	20.02	22.60	25.15
34'	1.52	4.21	6.89	9.56	12.22	14.87	17.50	20.10	22.68	25.24
36'	1.61	4.30	6.98	9.65	12.31	14.96	17.58	20.19	22.77	25.32
38'	1.70	4.39	7.07	9.74	12.40	15.04	17.67	20.28	22.86	25.41
40'	1.79	4.48	7.16	9.83	12.49	15.13	17.76	20.36	22.94	25.49
42'	1.88	4.57	7.25	9.92	12.58	15.22	17.84	20.45	23.03	25.58
44'	1.97	4.66	7.34	10.01	12.66	15.31	17.93	20.53	23.11	25.66
46'	2.06	4.75	7.42	10.09	12.75	15.40	18.02	20.62	23.20	25.75
48'	2.15	4.83	7.51	10.18	12.84	15.48	18.11	20.71	23.28	25.83
50'	2.24	4.92	7.60	10.27	12.93	15.57	18.19	20.79	23.37	25.91
52'	2.33	5.01	7.69	10.36	13.02	15.66	18.28	20.88	23.45	26.00
54'	2.42	5.10	7.78	10.45	13.11	15.75	18.37	20.97	23.54	26.08
56'	2.51	5.19	7.87	10.54	13.19	15.83	18.45	21.05	23.62	26.17
58'	2.60	5.28	7.96	10.63	13.28	15.92	18.54	21.14	23.71	26.25

154 $\cos^2\alpha$

α	154 cos²α
0°	154.0
0°30'	154.0
1°	154.0
1°30'	153.9
2°	153.8
2°30'	153.7
3°	153.6
3°30'	153.4
4°	153.3
4°30'	153.1
5°	152.8
5°30'	152.6
6°	152.3
6°30'	152.0
7°	151.7
7°30'	151.4
8°	151.0
8°30'	150.6
9°	150.2
9°30'	149.8
10°	149.4
10°20'	149.0
10°40'	148.7
11°	148.4
11°20'	148.1
11°40'	147.7

α	10°	11°	12°	13°	14°	15°	16°	17°	18°	19°
0'	26.34	28.84	31.32	33.75	36.15	38.50	40.80	43.06	45.26	47.41
2'	26.42	28.93	31.40	33.84	36.28	38.58	40.88	43.13	45.33	47.48
4'	26.50	29.01	31.48	33.92	36.31	38.66	40.96	43.21	45.40	47.55
6'	26.59	29.09	31.56	34.00	36.39	38.73	41.03	43.28	45.48	47.62
8'	26.67	29.18	31.65	34.07	36.47	38.81	41.11	43.35	45.55	47.69
10'	26.76	29.26	31.73	34.16	36.54	38.89	41.18	43.43	45.62	47.76
12'	26.84	29.34	31.81	34.24	36.62	38.96	41.26	43.50	45.69	47.83
14'	26.92	29.43	31.89	34.31	36.70	39.04	41.33	43.58	45.77	47.90
16'	27.01	29.51	31.97	34.40	36.78	39.12	41.41	43.65	45.84	47.97
18'	27.09	29.59	32.05	34.48	36.86	39.20	41.49	43.72	45.91	48.04
20'	27.17	29.67	32.14	34.56	36.94	39.27	41.56	43.80	45.98	48.11
22'	27.26	29.76	32.22	34.64	37.02	39.35	41.64	43.87	46.05	48.18
24'	27.34	29.84	32.30	34.72	37.09	39.43	41.71	43.94	46.12	48.25
26'	27.43	29.92	32.38	34.80	37.17	39.50	41.79	44.02	46.20	48.32
28'	27.51	30.00	32.46	34.88	37.25	39.58	41.86	44.09	46.27	48.39
30'	27.59	30.09	32.54	34.96	37.33	39.66	41.94	44.17	46.34	48.46
32'	27.68	30.17	32.62	35.04	37.41	39.73	42.01	44.24	46.41	48.53
34'	27.76	30.25	32.70	35.12	37.49	39.81	42.09	44.31	46.48	48.60
36'	27.85	30.33	32.79	35.20	37.57	39.89	42.16	44.39	46.55	48.67
38'	27.93	30.42	32.87	35.28	37.64	39.96	42.24	44.46	46.63	48.74
40'	28.01	30.50	32.95	35.36	37.72	40.04	42.31	44.52	46.70	48.80
42'	28.10	30.58	33.03	35.44	37.80	40.12	42.39	44.60	46.77	48.87
44'	28.18	30.66	33.11	35.51	37.88	40.19	42.46	44.68	46.84	48.94
46'	28.26	30.74	33.19	35.58	37.96	40.27	42.54	44.75	46.91	49.01
48'	28.35	30.83	33.27	35.67	38.03	40.35	42.61	44.82	46.98	49.08
50'	28.43	30.91	33.35	35.74	38.11	40.42	42.69	44.90	47.05	49.15
52'	28.51	30.99	33.43	35.82	38.19	40.50	42.76	44.97	47.12	49.22
54'	28.60	31.07	33.51	35.91	38.27	40.58	42.83	45.04	47.19	49.29
56'	28.68	31.15	33.59	35.99	38.34	40.65	42.91	45.11	47.26	49.36
58'	28.76	31.24	33.67	36.07	38.42	40.73	42.98	45.19	47.34	49.43

α	154 cos²α
12°	147.3
12°20'	147.0
12°40'	146.6
13°	146.2
13°20'	145.8
13°40'	145.4
14°	145.0
14°20'	144.6
14°40'	144.1
15°	143.7
15°20'	143.2
15°40'	142.8
16°	142.3
16°20'	141.8
16°40'	141.3
17°	140.8
17°20'	140.5
17°40'	139.8
18°	139.3
18°20'	138.8
18°40'	138.2
19°	137.7
19°20'	137.1
19°40'	136.6
20°	136.0

α	0°	1°	2°	3°	4°	5°	6°	7°	8°	9°	155 $\cos^2\alpha$	
0′	0.00	2.70	5.41	8.10	10.79	13.46	16.11	18.75	21.36	23.95	0°	155.0
2′	0.09	2.79	5.50	8.19	10.88	13.55	16.20	18.84	21.45	24.03	0° 30′	155.0
4′	0.18	2.88	5.59	8.28	10.96	13.64	16.29	18.92	21.54	24.12	1°	155.0
6′	0.27	2.98	5.68	8.37	11.05	13.72	16.38	19.01	21.62	24.21	1° 30′	154.9
8′	0.36	3.07	5.77	8.46	11.14	13.81	16.47	19.10	21.71	24.29		
10′	0.45	3.16	5.86	8.55	11.23	13.90	16.55	19.19	21.80	24.38	2°	154.8
12′	0.54	3.25	5.95	8.64	11.32	13.99	16.64	19.27	21.88	24.46	2° 30′	154.7
14′	0.63	3.34	6.04	8.73	11.41	14.08	16.73	19.36	21.97	24.55	3°	154.6
16′	0.72	3.43	6.13	8.82	11.50	14.17	16.82	19.45	22.05	24.63	3° 30′	154.4
18′	0.81	3.52	6.22	8.91	11.59	14.26	16.91	19.54	22.14	24.72		
20′	0.90	3.61	6.31	9.00	11.68	14.34	16.99	19.62	22.23	24.80	4°	154.2
22′	0.99	3.70	6.40	9.09	11.77	14.43	17.08	19.71	22.31	24.89	4° 30′	154.0
24′	1.08	3.79	6.49	9.18	11.86	14.52	17.17	19.80	22.40	24.98	5°	153.8
26′	1.17	3.88	6.57	9.27	11.95	14.61	17.26	19.88	22.49	25.06	5° 30′	153.6
28′	1.26	3.97	6.66	9.36	12.03	14.70	17.35	19.97	22.57	25.15		
30′	1.35	4.06	6.75	9.44	12.12	14.79	17.43	20.06	22.66	25.23	6°	153.3
32′	1.44	4.15	6.84	9.53	12.21	14.88	17.52	20.15	22.75	25.32	6° 30′	153.0
34′	1.53	4.24	6.93	9.62	12.30	14.96	17.61	20.23	22.83	25.40	7°	152.7
36′	1.62	4.33	7.02	9.71	12.39	15.05	17.70	20.32	22.92	25.49	7° 30′	152.4
38′	1.71	4.42	7.11	9.80	12.48	15.14	17.79	20.41	23.00	25.57		
40′	1.80	4.51	7.20	9.89	12.57	15.23	17.87	20.49	23.09	25.66	8°	152.0
42′	1.89	4.60	7.29	9.98	12.66	15.32	17.96	20.58	23.18	25.74	8° 30′	151.6
44′	1.98	4.69	7.38	10.07	12.75	15.41	18.05	20.67	23.26	25.83	9°	151.2
46′	2.07	4.78	7.47	10.16	12.84	15.50	18.14	20.75	23.35	25.91	9° 30′	150.8
48′	2.16	4.87	7.56	10.25	12.92	15.58	18.22	20.84	23.43	26.00		
50′	2.25	4.96	7.65	10.34	13.01	15.67	18.31	20.93	23.52	26.08	10°	150.3
52′	2.34	5.05	7.74	10.43	13.10	15.76	18.40	21.01	23.61	26.17	10° 20′	150.0
54′	2.43	5.14	7.83	10.52	13.19	15.85	18.49	21.10	23.69	26.25	10° 40′	149.7
56′	2.52	5.23	7.92	10.61	13.28	15.94	18.57	21.19	23.78	26.34	11°	149.4
58′	2.61	5.32	8.01	10.70	13.37	16.03	18.66	21.28	23.86	26.42	11° 20′	149.0
											11° 40′	148.7

α	10°	11°	12°	13°	14°	15°	16°	17°	18°	19°		
0′	26.51	29.03	31.52	33.97	36.38	38.75	41.07	43.34	45.55	47.71	12°	148.3
2′	26.59	29.12	31.60	34.05	36.46	38.83	41.15	43.41	45.63	47.78	12° 20′	147.9
4′	26.68	29.20	31.69	34.14	36.54	38.91	41.22	43.49	45.70	47.86	12° 40′	147.5
6′	26.76	29.28	31.77	34.22	36.62	38.98	41.30	43.56	45.78	47.93	13°	147.2
8′	26.85	29.37	31.85	34.29	36.70	39.06	41.37	43.64	45.84	48.00	13° 20′	146.8
											13° 40′	146.3
10′	26.93	29.45	31.93	34.38	36.78	39.14	41.45	43.71	45.92	48.07		
12′	27.01	29.53	32.02	34.46	36.86	39.22	41.53	43.78	45.99	48.14	14°	145.9
14′	27.10	29.62	32.10	34.53	36.94	39.30	41.60	43.86	46.06	48.21	14° 20′	145.5
16′	27.18	29.70	32.18	34.62	37.02	39.37	41.68	43.93	46.13	48.28	14° 40′	145.1
18′	27.27	29.78	32.26	34.70	37.10	39.45	41.75	44.01	46.21	48.35		
20′	27.35	29.87	32.34	34.78	37.18	39.53	41.83	44.08	46.28	48.42	15°	144.6
22′	27.44	29.95	32.43	34.86	37.26	39.61	41.91	44.16	46.35	48.49	15° 20′	144.2
24′	27.52	30.03	32.51	34.94	37.34	39.68	41.98	44.23	46.42	48.56	15° 40′	143.7
26′	27.61	30.12	32.59	35.02	37.41	39.76	42.06	44.30	46.50	48.63		
28′	27.69	30.20	32.67	35.10	37.49	39.84	42.13	44.38	46.57	48.70	16°	143.2
											16° 20′	142.7
30′	27.77	30.28	32.75	35.18	37.57	39.92	42.21	44.45	46.64	48.77	16° 40′	142.3
32′	27.86	30.36	32.83	35.26	37.65	39.99	42.29	44.53	46.71	48.84		
34′	27.94	30.45	32.92	35.34	37.73	40.07	42.36	44.60	46.78	48.91	17°	141.6
36′	28.03	30.53	33.00	35.43	37.81	40.15	42.44	44.67	46.86	48.98	17° 20′	141.2
38′	28.11	30.61	33.08	35.51	37.89	40.22	42.51	44.75	46.93	49.05	17° 40′	140.7
40′	28.19	30.70	33.16	35.59	37.97	40.30	42.59	44.81	47.00	49.12		
42′	28.28	30.78	33.24	35.67	38.05	40.38	42.66	44.89	47.07	49.19	18°	140.2
44′	28.36	30.86	33.32	35.75	38.13	40.46	42.74	44.97	47.14	49.26	18° 20′	139.7
46′	28.45	30.94	33.41	35.82	38.20	40.53	42.81	45.04	47.21	49.33	18° 40′	139.1
48′	28.53	31.03	33.49	35.91	38.28	40.61	42.89	45.11	47.29	49.40		
50′	28.61	31.11	33.57	35.98	38.36	40.69	42.96	45.19	47.36	49.47	19°	138.6
52′	28.70	31.19	33.65	36.06	38.44	40.76	43.04	45.26	47.43	49.54	19° 20′	138.0
54′	28.78	31.27	33.73	36.14	38.52	40.84	43.11	45.33	47.50	49.61	19° 40′	137.4
56′	28.86	31.36	33.81	36.23	38.59	40.92	43.19	45.41	47.57	49.68		
58′	28.95	31.44	33.89	36.30	38.67	40.99	43.26	45.48	47.64	49.75	20°	136.9

156 ($\frac{1}{2} \sin 2\alpha$)

α	0°	1°	2°	3°	4°	5°	6°	7°	8°	9°
0'	0.00	2.72	5.44	8.15	10.86	13.54	16.22	18.87	21.50	24.10
2'	0.09	2.81	5.53	8.24	10.95	13.63	16.31	18.96	21.59	24.19
4'	0.18	2.90	5.62	8.33	11.04	13.72	16.39	19.05	21.67	24.28
6'	0.27	2.99	5.71	8.42	11.13	13.81	16.48	19.13	21.76	24.36
8'	0.36	3.08	5.80	8.51	11.21	13.90	16.57	19.22	21.85	24.45
10'	0.45	3.18	5.89	8.60	11.30	13.99	16.66	19.31	21.94	24.53
12'	0.54	3.27	5.98	8.69	11.39	14.08	16.75	19.40	22.02	24.62
14'	0.64	3.36	6.07	8.78	11.48	14.17	16.84	19.49	22.11	24.71
16'	0.73	3.45	6.17	8.87	11.57	14.26	16.93	19.57	22.20	24.79
18'	0.82	3.54	6.26	8.97	11.66	14.35	17.02	19.66	22.28	24.88
20'	0.91	3.63	6.35	9.06	11.75	14.44	17.10	19.75	22.37	24.96
22'	1.00	3.72	6.44	9.15	11.84	14.53	17.19	19.84	22.46	25.05
24'	1.09	3.81	6.53	9.24	11.93	14.62	17.28	19.92	22.54	25.14
26'	1.18	3.90	6.62	9.33	12.02	14.70	17.37	20.01	22.63	25.22
28'	1.27	3.99	6.71	9.42	12.11	14.79	17.46	20.10	22.72	25.31
30'	1.36	4.08	6.80	9.51	12.20	14.88	17.55	20.19	22.81	25.39
32'	1.45	4.17	6.89	9.60	12.29	14.97	17.63	20.28	22.89	25.48
34'	1.54	4.26	6.98	9.69	12.38	15.06	17.72	20.36	22.98	25.57
36'	1.63	4.35	7.07	9.78	12.47	15.15	17.81	20.45	23.07	25.65
38'	1.72	4.44	7.16	9.87	12.56	15.24	17.90	20.54	23.15	25.74
40'	1.81	4.54	7.25	9.96	12.65	15.33	17.99	20.63	23.24	25.82
42'	1.91	4.63	7.34	10.05	12.74	15.42	18.08	20.71	23.33	25.91
44'	2.00	4.72	7.43	10.14	12.83	15.51	18.16	20.80	23.41	25.99
46'	2.09	4.81	7.52	10.23	12.92	15.60	18.25	20.89	23.50	26.08
48'	2.18	4.90	7.61	10.32	13.01	15.68	18.34	20.98	23.58	26.17
50'	2.27	4.99	7.70	10.41	13.10	15.77	18.43	21.06	23.67	26.25
52'	2.36	5.08	7.79	10.50	13.19	15.86	18.52	21.15	23.76	26.34
54'	2.45	5.17	7.88	10.59	13.28	15.95	18.61	21.24	23.84	26.42
56'	2.54	5.26	7.97	10.68	13.37	16.04	18.69	21.33	23.93	26.51
58'	2.63	5.35	8.06	10.77	13.46	16.13	18.78	21.41	24.02	26.59

α	10°	11°	12°	13°	14°	15°	16°	17°	18°	19°
0'	26.68	29.22	31.73	34.19	36.62	39.00	41.33	43.62	45.85	48.02
2'	26.76	29.30	31.81	34.27	36.70	39.08	41.41	43.69	45.92	48.09
4'	26.85	29.39	31.89	34.36	36.78	39.16	41.49	43.77	45.99	48.16
6'	26.93	29.47	31.97	34.44	36.86	39.24	41.56	43.84	46.07	48.24
8'	27.02	29.56	32.06	34.51	36.94	39.31	41.64	43.92	46.14	48.31
10'	27.10	29.64	32.14	34.60	37.02	39.39	41.72	43.99	46.21	48.38
12'	27.19	29.72	32.22	34.68	37.10	39.47	41.79	44.07	46.29	48.45
14'	27.27	29.81	32.30	34.75	37.18	39.55	41.87	44.14	46.36	48.52
16'	27.36	29.89	32.39	34.84	37.26	39.63	41.95	44.22	46.43	48.59
18'	27.44	29.98	32.47	34.93	37.34	39.71	42.02	44.29	46.51	48.66
20'	27.53	30.06	32.55	35.01	37.42	39.78	42.10	44.37	46.58	48.73
22'	27.61	30.14	32.63	35.09	37.50	39.86	42.18	44.44	46.65	48.80
24'	27.70	30.23	32.72	35.17	37.58	39.94	42.25	44.52	46.72	48.88
26'	27.78	30.31	32.80	35.25	37.66	40.02	42.33	44.59	46.80	48.95
28'	27.87	30.39	32.88	35.33	37.73	40.10	42.41	44.66	46.87	49.02
30'	27.95	30.48	32.96	35.41	37.82	40.17	42.48	44.74	46.94	49.09
32'	28.04	30.56	33.05	35.49	37.89	40.25	42.56	44.81	47.01	49.16
34'	28.12	30.64	33.13	35.57	37.97	40.33	42.63	44.89	47.09	49.23
36'	28.21	30.73	33.21	35.65	38.05	40.41	42.71	44.96	47.16	49.30
38'	28.29	30.81	33.29	35.73	38.13	40.48	42.79	45.04	47.23	49.37
40'	28.38	30.89	33.37	35.81	38.21	40.56	42.86	45.10	47.30	49.44
42'	28.46	30.98	33.46	35.90	38.29	40.64	42.94	45.18	47.38	49.51
44'	28.54	31.06	33.54	35.98	38.37	40.72	43.01	45.25	47.45	49.58
46'	28.63	31.14	33.62	36.05	38.45	40.79	43.09	45.33	47.52	49.65
48'	28.71	31.23	33.70	36.14	38.53	40.87	43.16	45.41	47.59	49.72
50'	28.80	31.31	33.87	36.21	38.61	40.95	43.24	45.48	47.66	49.79
52'	28.88	31.39	33.87	36.29	38.69	41.03	43.32	45.55	47.74	49.86
54'	28.97	31.48	33.95	36.38	38.76	41.10	43.39	45.63	47.81	49.93
56'	29.05	31.56	34.03	36.46	38.84	41.18	43.47	45.70	47.88	50.00
58'	29.14	31.64	34.11	36.54	38.92	41.26	43.54	45.77	47.95	50.07

156 $\cos^2\alpha$

α		α	
0°	156.0	10°	151.3
0°30'	156.0	10°20'	151.0
1°	156.0	10°40'	150.7
1°30'	155.9	11°	150.3
2°	155.8	11°20'	150.0
2°30'	155.7	11°40'	149.6
3°	155.6	12°	149.3
3°30'	155.4	12°20'	148.9
4°	155.2	12°40'	148.5
4°30'	155.0	13°	148.1
5°	154.8	13°20'	147.7
5°30'	154.6	13°40'	147.3
6°	154.3	14°	146.9
6°30'	154.0	14°20'	146.4
7°	153.7	14°40'	146.0
7°30'	153.3	15°	145.6
8°	153.0	15°20'	145.1
8°30'	152.6	15°40'	144.6
9°	152.2	16°	144.1
9°30'	151.8	16°20'	143.7
		16°40'	143.2
		17°	142.7
		17°20'	142.2
		17°40'	141.6
		18°	141.1
		18°20'	140.6
		18°40'	140.0
		19°	139.5
		19°20'	138.9
		19°40'	138.3
		20°	137.8

α	0°	1°	2°	3°	4°	5°	6°	7°	8°	9°
0'	0.00	2.74	5.48	8.21	10.93	13.63	16.32	18.99	21.64	24.26
2'	0.09	2.83	5.57	8.30	11.02	13.72	16.41	19.08	21.73	24.34
4'	0.18	2.92	5.66	8.39	11.11	13.81	16.50	19.17	21.81	24.43
6'	0.27	3.01	5.75	8.48	11.20	13.90	16.59	19.26	21.90	24.52
8'	0.37	3.10	5.84	8.57	11.29	13.99	16.68	19.35	21.99	24.61
10'	0.46	3.20	5.93	8.66	11.38	14.08	16.77	19.43	22.08	24.69
12'	0.55	3.29	6.02	8.75	11.47	14.17	16.86	19.52	22.16	24.78
14'	0.64	3.38	6.11	8.84	11.56	14.26	16.95	19.61	22.25	24.87
16'	0.73	3.47	6.20	8.93	11.65	14.35	17.04	19.70	22.34	24.95
18'	0.82	3.56	6.30	9.02	11.74	14.44	17.12	19.79	22.43	25.04
20'	0.91	3.65	6.39	9.11	11.83	14.53	17.21	19.88	22.51	25.12
22'	1.00	3.75	6.48	9.20	11.92	14.62	17.30	19.96	22.60	25.21
24'	1.10	3.83	6.57	9.29	12.01	14.71	17.39	20.05	22.69	25.30
26'	1.19	3.93	6.66	9.38	12.10	14.80	17.48	20.14	22.78	25.38
28'	1.28	4.02	6.75	9.48	12.19	14.89	17.57	20.23	22.86	25.47
30'	1.37	4.11	6.84	9.57	12.28	14.98	17.66	20.32	22.95	25.56
32'	1.46	4.20	6.93	9.66	12.37	15.07	17.75	20.41	23.04	25.64
34'	1.55	4.29	7.02	9.75	12.46	15.16	17.84	20.49	23.13	25.73
36'	1.64	4.38	7.11	9.84	12.55	15.25	17.93	20.58	23.21	25.82
38'	1.74	4.47	7.21	9.93	12.64	15.34	18.01	20.67	23.30	25.90
40'	1.83	4.56	7.30	10.02	12.73	15.43	18.10	20.76	23.39	25.99
42'	1.92	4.66	7.39	10.11	12.82	15.52	18.19	20.85	23.47	26.07
44'	2.01	4.75	7.48	10.20	12.91	15.61	18.28	20.93	23.56	26.16
46'	2.10	4.84	7.57	10.29	13.00	15.70	18.37	21.02	23.65	26.25
48'	2.19	4.93	7.66	10.38	13.09	15.78	18.46	21.11	23.74	26.33
50'	2.28	5.02	7.75	10.47	13.18	15.87	18.55	21.20	23.82	26.42
52'	2.37	5.11	7.84	10.56	13.27	15.96	18.64	21.29	23.91	26.50
54'	2.47	5.20	7.93	10.65	13.36	16.05	18.72	21.37	24.00	26.59
56'	2.56	5.29	8.02	10.74	13.45	16.14	18.81	21.46	24.08	26.68
58'	2.65	5.38	8.11	10.83	13.54	16.23	18.90	21.55	24.17	26.76

157 $cos^2\alpha$

α	157 $cos^2\alpha$
0°	157.0
0° 30'	157.0
1°	157.0
1° 30'	156.9
2°	156.8
2° 30'	156.7
3°	156.6
3° 30'	156.4
4°	156.2
4° 30'	156.0
5°	155.8
5° 30'	155.6
6°	155.3
6° 30'	155.0
7°	154.7
7° 30'	154.3
8°	154.0
8° 30'	153.6
9°	153.2
9° 30'	152.7
10°	152.3
10° 20'	151.9
10° 40'	151.6
11°	151.3
11° 20'	150.9
11° 40'	150.6

α	10°	11°	12°	13°	14°	15°	16°	17°	18°	19°
0'	26.85	29.41	31.93	34.41	36.85	39.25	41.60	43.90	46.14	48.33
2'	26.93	29.49	32.01	34.49	36.93	39.33	41.68	43.97	46.21	48.40
4'	27.02	29.58	32.10	34.58	37.01	39.41	41.75	44.05	46.29	48.47
6'	27.11	29.66	32.18	34.66	37.10	39.49	41.83	44.12	46.36	48.55
8'	27.19	29.75	32.26	34.73	37.18	39.57	41.91	44.20	46.44	48.62
10'	27.28	29.83	32.35	34.82	37.26	39.64	41.99	44.27	46.51	48.69
12'	27.36	29.91	32.43	34.90	37.34	39.72	42.06	44.35	46.58	48.76
14'	27.45	30.00	32.51	34.98	37.42	39.80	42.14	44.43	46.66	48.83
16'	27.53	30.08	32.59	35.07	37.50	39.88	42.22	44.50	46.73	48.90
18'	27.62	30.17	32.68	35.15	37.58	39.96	42.29	44.58	46.80	48.97
20'	27.71	30.25	32.76	35.23	37.66	40.04	42.37	44.65	46.88	49.05
22'	27.79	30.34	32.84	35.31	37.74	40.12	42.45	44.73	46.95	49.12
24'	27.88	30.42	32.93	35.39	37.82	40.20	42.52	44.80	47.02	49.19
26'	27.96	30.50	33.01	35.48	37.90	40.27	42.60	44.88	47.10	49.26
28'	28.05	30.59	33.09	35.56	37.98	40.35	42.68	44.95	47.17	49.33
30'	28.13	30.67	33.18	35.64	38.06	40.43	42.75	45.03	47.24	49.40
32'	28.22	30.76	33.26	35.72	38.14	40.51	42.83	45.10	47.32	49.47
34'	28.30	30.84	33.34	35.80	38.22	40.59	42.91	45.18	47.39	49.54
36'	28.39	30.92	33.42	35.88	38.30	40.67	42.98	45.25	47.46	49.61
38'	28.47	31.01	33.51	35.96	38.38	40.74	43.06	45.32	47.53	49.69
40'	28.56	31.09	33.59	36.04	38.46	40.82	43.14	45.39	47.61	49.76
42'	28.64	31.18	33.67	36.13	38.54	40.90	43.21	45.47	47.68	49.88
44'	28.73	31.26	33.75	36.21	38.62	40.98	43.29	45.55	47.75	49.90
46'	28.81	31.34	33.84	36.28	38.70	41.06	43.37	45.62	47.82	49.97
48'	28.90	31.43	33.92	36.37	38.77	41.13	43.44	45.70	47.90	50.04
50'	28.98	31.51	34.00	36.44	38.85	41.21	43.52	45.77	47.97	50.11
52'	29.07	31.59	34.08	36.52	38.93	41.29	43.59	45.85	48.04	50.18
54'	29.15	31.68	34.17	36.61	39.01	41.37	43.67	45.92	48.11	50.25
56'	29.24	31.76	34.25	36.69	39.09	41.44	43.75	45.99	48.18	50.32
58'	29.32	31.85	34.33	36.77	39.17	41.52	43.82	46.07	48.26	50.39

α	157 $cos^2\alpha$
12°	150.2
12° 20'	149.8
12° 40'	149.5
13°	149.1
13° 20'	148.7
13° 40'	148.2
14°	147.8
14° 20'	147.4
14° 40'	146.9
15°	146.5
15° 20'	146.0
15° 40'	145.6
16°	145.1
16° 20'	144.6
16° 40'	144.1
17°	143.6
17° 20'	143.1
17° 40'	142.5
18°	142.0
18° 20'	141.5
18° 40'	140.9
19°	140.4
19° 20'	139.8
19° 40'	139.2
20°	138.6

158 ($^{1}/_{2}$ sin 2 α)

α	0°	1°	2°	3°	4°	5°	6°	7°	8°	9°
0'	0.00	2.76	5.51	8.26	10.99	13.72	16.43	19.11	21.78	24.41
2'	0.09	2.85	5.60	8.35	11.09	13.81	16.51	19.20	21.86	24.50
4'	0.18	2.94	5.69	8.44	11.18	13.90	16.60	19.29	21.95	24.59
6'	0.28	3.03	5.79	8.53	11.27	13.99	16.69	19.38	22.04	24.67
8'	0.37	3.12	5.88	8.62	11.36	14.08	16.78	19.47	22.13	24.76
10'	0.46	3.22	5.96	8.71	11.45	14.17	16.87	19.56	22.22	24.85
12'	0.55	3.31	6.06	8.81	11.54	14.26	16.96	19.65	22.31	24.94
14'	0.64	3.40	6.15	8.90	11.63	14.35	17.05	19.74	22.39	25.02
16'	0.74	3.49	6.24	8.99	11.72	14.44	17.14	19.82	22.48	25.11
18'	0.83	3.58	6.34	9.08	11.81	14.53	17.23	19.91	22.57	25.20
20'	0.92	3.68	6.43	9.17	11.90	14.62	17.32	20.00	22.66	25.28
22'	1.01	3.77	6.52	9.26	12.00	14.71	17.41	20.09	22.75	25.37
24'	1.10	3.86	6.61	9.35	12.09	14.80	17.50	20.18	22.83	25.46
26'	1.19	3.95	6.70	9.45	12.18	14.89	17.59	20.27	22.92	25.55
28'	1.29	4.04	6.79	9.54	12.27	14.98	17.68	20.36	23.01	25.63
30'	1.38	4.13	6.89	9.63	12.36	15.07	17.77	20.45	23.10	25.72
32'	1.47	4.23	6.98	9.72	12.45	15.16	17.86	20.54	23.19	25.81
34'	1.56	4.32	7.07	9.81	12.54	15.25	17.95	20.62	23.27	25.89
36'	1.65	4.41	7.16	9.90	12.63	15.34	18.04	20.71	23.36	25.98
38'	1.75	4.50	7.25	9.99	12.72	15.43	18.13	20.80	23.45	26.07
40'	1.84	4.59	7.34	10.08	12.81	15.52	18.22	20.89	23.54	26.15
42'	1.93	4.69	7.43	10.17	12.90	15.61	18.31	20.98	23.62	26.24
44'	2.02	4.78	7.53	10.27	12.99	15.71	18.40	21.07	23.71	26.33
46'	2.11	4.87	7.62	10.36	13.08	15.80	18.49	21.16	23.80	26.41
48'	2.21	4.96	7.71	10.45	13.17	15.89	18.58	21.24	23.89	26.50
50'	2.30	5.05	7.80	10.54	13.27	15.98	18.67	21.33	23.97	26.59
52'	2.39	5.14	7.89	10.63	13.36	16.07	18.75	21.42	24.06	26.67
54'	2.48	5.24	7.98	10.72	13.45	16.16	18.84	21.51	24.15	26.76
56'	2.57	5.33	8.07	10.81	13.54	16.25	18.93	21.60	24.24	26.85
58'	2.67	5.42	8.17	10.90	13.63	16.34	19.02	21.69	24.32	26.93

α	10°	11°	12°	13°	14°	15°	16°	17°	18°	19°
0'	27.02	29.59	32.13	34.63	37.09	39.50	41.86	44.18	46.44	48.64
2'	27.11	29.68	32.22	34.71	37.17	39.58	41.94	44.25	46.51	48.71
4'	27.19	29.76	32.30	34.80	37.25	39.66	42.02	44.33	46.58	48.78
6'	27.28	29.85	32.38	34.88	37.33	39.74	42.10	44.40	46.66	48.85
8'	27.36	29.93	32.47	34.95	37.41	39.82	42.17	44.48	46.73	48.93
10'	27.45	30.02	32.55	35.04	37.49	39.90	42.25	44.56	46.81	49.00
12'	27.54	30.10	32.64	35.13	37.57	39.98	42.33	44.63	46.88	49.07
14'	27.62	30.19	32.72	35.21	37.66	40.06	42.41	44.71	46.95	49.14
16'	27.71	30.27	32.80	35.29	37.74	40.14	42.49	44.78	47.03	49.21
18'	27.80	30.36	32.89	35.37	37.82	40.21	42.56	44.86	47.10	49.29
20'	27.88	30.44	32.97	35.46	37.90	40.29	42.64	44.94	47.18	49.36
22'	27.97	30.53	33.05	35.54	37.98	40.37	42.72	45.01	47.25	49.43
24'	28.05	30.61	33.14	35.62	38.06	40.45	42.79	45.09	47.32	49.50
26'	28.14	30.70	33.22	35.70	38.14	40.53	42.87	45.16	47.40	49.57
28'	28.23	30.78	33.30	35.78	38.22	40.61	42.95	45.24	47.47	49.64
30'	28.31	30.87	33.39	35.87	38.30	40.69	43.03	45.31	47.54	49.72
32'	28.40	30.95	33.47	35.95	38.38	40.77	43.10	45.39	47.62	49.79
34'	28.48	31.04	33.55	36.03	38.46	40.85	43.18	45.46	47.69	49.86
36'	28.57	31.12	33.64	36.11	38.54	40.92	43.26	45.54	47.76	49.93
38'	28.65	31.21	33.72	36.19	38.62	41.00	43.33	45.61	47.84	50.00
40'	28.74	31.29	33.80	36.27	38.70	41.08	43.41	45.68	47.91	50.07
42'	28.83	31.37	33.89	36.36	38.78	41.16	43.49	45.76	47.98	50.14
44'	28.91	31.46	33.97	36.44	38.86	41.24	43.56	45.84	48.06	50.21
46'	29.00	31.54	34.05	36.51	38.94	41.32	43.64	45.91	48.13	50.29
48'	29.08	31.63	34.13	36.60	39.02	41.39	43.72	45.99	48.20	50.36
50'	29.17	31.71	34.22	36.67	39.10	41.47	43.79	46.06	48.27	50.48
52'	29.25	31.80	34.30	36.75	39.18	41.55	43.87	46.14	48.35	50.50
54'	29.34	31.88	34.38	36.84	39.26	41.63	43.95	46.21	48.42	50.57
56'	29.42	31.97	34.47	36.93	39.34	41.71	44.02	46.29	48.49	50.64
58'	29.51	32.05	34.55	37.01	39.42	41.79	44.10	46.36	48.56	50.71

158 cos²α

α	158 cos²α
0°	158.0
0° 30'	158.0
1°	158.0
1° 30'	157.9
2°	157.8
2° 30'	157.7
3°	157.6
3° 30'	157.4
4°	157.2
4° 30'	157.0
5°	156.8
5° 30'	156.5
6°	156.3
6° 30'	156.0
7°	155.7
7° 30'	155.3
8°	154.9
8° 30'	154.5
9°	154.1
9° 30'	153.7
10°	153.2
10° 20'	152.9
10° 40'	152.6
11°	152.2
11° 20'	151.9
11° 40'	151.5
12°	151.2
12° 20'	150.8
12° 40'	150.4
13°	150.0
13° 20'	149.6
13° 40'	149.2
14°	148.8
14° 20'	148.3
14° 40'	147.9
15°	147.4
15° 20'	147.0
15° 40'	146.5
16°	146.0
16° 20'	145.5
16° 40'	145.0
17°	144.5
17° 20'	144.0
17° 40'	143.4
18°	142.9
18° 20'	142.4
18° 40'	141.8
19°	141.3
19° 20'	140.7
19° 40'	140.1
20°	139.5

α	0°	1°	2°	3°	4°	5°	6°	7°	8°	9°
0'	0.00	2.77	5.55	8.31	11.06	13.81	16.53	19.23	21.91	24.57
2'	0.09	2.87	5.64	8.40	11.16	13.90	16.62	19.32	22.00	24.65
4'	0.18	2.96	5.73	8.49	11.25	13.99	16.71	19.41	22.09	24.74
6'	0.28	3.05	5.82	8.59	11.34	14.08	16.80	19.50	22.18	24.83
8'	0.37	3.14	5.91	8.68	11.43	14.17	16.89	19.59	22.27	24.92
10'	0.46	3.24	6.01	8.77	11.52	14.26	16.98	19.68	22.36	25.01
12'	0.55	3.33	6.10	8.86	11.61	14.35	17.07	19.77	22.45	25.09
14'	0.65	3.42	6.19	8.95	11.71	14.44	17.16	19.86	22.53	25.18
16'	0.74	3.51	6.28	9.05	11.80	14.53	17.25	19.95	22.62	25.27
18'	0.83	3.61	6.38	9.14	11.89	14.62	17.34	20.04	22.71	25.36
20'	0.92	3.70	6.47	9.23	11.98	14.72	17.43	20.13	22.80	25.44
22'	1.02	3.79	6.56	9.32	12.07	14.81	17.52	20.22	22.89	25.53
24'	1.11	3.88	6.65	9.41	12.16	14.90	17.61	20.31	22.98	25.62
26'	1.20	3.98	6.74	9.50	12.25	14.99	17.70	20.40	23.07	25.71
28'	1.29	4.07	6.84	9.60	12.35	15.08	17.79	20.49	23.16	25.80
30'	1.39	4.16	6.93	9.69	12.44	15.17	17.88	20.58	23.24	25.88
32'	1.48	4.25	7.02	9.78	12.53	15.26	17.97	20.67	23.33	25.97
34'	1.57	4.35	7.11	9.87	12.62	15.35	18.06	20.75	23.42	26.06
36'	1.66	4.44	7.21	9.96	12.71	15.44	18.15	20.84	23.51	26.14
38'	1.76	4.53	7.30	10.06	12.80	15.53	18.24	20.93	23.60	26.23
40'	1.85	4.62	7.39	10.15	12.89	15.62	18.33	21.02	23.69	26.32
42'	1.94	4.71	7.48	10.24	12.98	15.71	18.42	21.11	23.77	26.41
44'	2.03	4.81	7.57	10.33	13.08	15.80	18.51	21.20	23.86	26.49
46'	2.13	4.90	7.67	10.42	13.17	15.90	18.60	21.29	23.95	26.58
48'	2.22	4.99	7.76	10.51	13.26	15.99	18.69	21.38	24.04	26.67
50'	2.31	5.08	7.85	10.61	13.35	16.08	18.78	21.47	24.13	26.76
52'	2.40	5.18	7.94	10.70	13.44	16.17	18.87	21.56	24.21	26.84
54'	2.50	5.27	8.03	10.79	13.53	16.26	18.96	21.65	24.30	26.93
56'	2.59	5.36	8.13	10.88	13.62	16.35	19.05	21.74	24.39	27.02
58'	2.68	5.45	8.22	10.97	13.71	16.44	19.14	21.82	24.48	27.10

α	10°	11°	12°	13°	14°	15°	16°	17°	18°	19°
0'	27.19	29.78	32.34	34.85	37.32	39.75	42.13	44.46	46.73	48.95
2'	27.28	29.87	32.42	34.93	37.40	39.83	42.21	44.53	46.80	49.02
4'	27.36	29.95	32.50	35.02	37.49	39.91	42.29	44.61	46.88	49.09
6'	27.45	30.04	32.59	35.10	37.57	39.99	42.36	44.69	46.95	49.16
8'	27.54	30.12	32.67	35.17	37.65	40.07	42.44	44.76	47.03	49.24
10'	27.62	30.21	32.76	35.27	37.73	40.15	42.52	44.84	47.10	49.31
12'	27.71	30.30	32.84	35.35	37.81	40.23	42.60	44.91	47.18	49.38
14'	27.80	30.38	32.93	35.42	37.89	40.31	42.68	44.99	47.25	49.45
16'	27.88	30.47	33.01	35.51	37.97	40.39	42.75	45.06	47.33	49.53
18'	27.97	30.55	33.09	35.60	38.06	40.47	42.83	45.14	47.40	49.60
20'	28.06	30.64	33.18	35.68	38.14	40.55	42.91	45.22	47.47	49.67
22'	28.14	30.72	33.26	35.76	38.22	40.63	42.99	45.29	47.55	49.74
24'	28.23	30.81	33.35	35.84	38.30	40.71	43.07	45.37	47.62	49.82
26'	28.32	30.89	33.43	35.93	38.38	40.79	43.14	45.45	47.70	49.89
28'	28.40	30.98	33.51	36.01	38.46	40.87	43.22	45.52	47.77	49.96
30'	28.49	31.06	33.60	36.09	38.54	40.95	43.30	45.60	47.84	50.03
32'	28.58	31.15	33.68	36.17	38.62	41.02	43.38	45.68	47.92	50.10
34'	28.66	31.23	33.77	36.26	38.70	41.10	43.45	45.75	47.99	50.17
36'	28.75	31.32	33.85	36.34	38.78	41.18	43.53	45.83	48.07	50.25
38'	28.84	31.40	33.93	36.42	38.87	41.26	43.61	45.90	48.14	50.32
40'	28.92	31.49	34.02	36.50	38.95	41.34	43.69	45.97	48.21	50.39
42'	29.01	31.57	34.10	36.59	39.03	41.42	43.76	46.05	48.29	50.46
44'	29.09	31.66	34.18	36.67	39.11	41.50	43.84	46.13	48.36	50.53
46'	29.18	31.74	34.27	36.74	39.19	41.58	43.92	46.20	48.43	50.60
48'	29.27	31.83	34.35	36.83	39.27	41.66	43.99	46.28	48.51	50.68
50'	29.35	31.91	34.43	36.90	39.35	41.74	44.07	46.35	48.58	50.75
52'	29.44	32.00	34.52	36.99	39.43	41.81	44.15	46.43	48.65	50.82
54'	29.52	32.08	34.60	37.08	39.51	41.89	44.23	46.50	48.73	50.89
56'	29.61	32.17	34.68	37.16	39.59	41.97	44.30	46.58	48.80	50.96
58'	29.70	32.25	34.77	37.24	39.67	42.05	44.38	46.65	48.87	51.03

159 $\cos^2\alpha$

0°	159.0
0° 30'	159.0
1°	159.0
1° 30'	158.9
2°	158.8
2° 30'	158.7
3°	158.6
3° 30'	158.4
4°	158.2
4° 30'	158.0
5°	157.8
5° 30'	157.5
6°	157.3
6° 30'	157.0
7°	156.6
7° 30'	156.3
8°	155.9
8° 30'	155.5
9°	155.1
9° 30'	154.7
10°	154.2
10° 20'	153.9
10° 40'	153.6
11°	153.2
11° 20'	152.9
11° 40'	152.5
12°	152.1
12° 20'	151.7
12° 40'	151.4
13°	151.0
13° 20'	150.5
13° 40'	150.1
14°	149.7
14° 20'	149.3
14° 40'	148.8
15°	148.8
15° 20'	147.9
15° 40'	147.4
16°	146.9
16° 20'	146.4
16° 40'	145.9
17°	145.4
17° 20'	144.9
17° 40'	144.4
18°	143.8
18° 20'	143.3
18° 40'	142.7
19°	142.1
19° 20'	141.6
19° 40'	141.0
20°	140.4

160 ($\frac{1}{2}\,sin\,2\alpha$)

α	0°	1°	2°	3°	4°	5°	6°	7°	8°	9°
0′	0.00	2.79	5.58	8.36	11.13	13.89	16.63	19.35	22.05	24.72
2′	0.09	2.88	5.67	8.45	11.23	13.98	16.72	19.44	22.14	24.81
4′	0.19	2.98	5.77	8.55	11.32	14.08	16.82	19.53	22.23	24.90
6′	0.28	3.07	5.86	8.64	11.41	14.17	16.91	19.62	22.32	24.99
8′	0.37	3.16	5.95	8.73	11.50	14.26	17.00	19.71	22.41	25.08
10′	0.47	3.26	6.04	8.83	11.59	14.35	17.09	19.80	22.50	25.16
12′	0.56	3.35	6.14	8.92	11.69	14.44	17.18	19.90	22.59	25.25
14′	0.65	3.44	6.23	9.01	11.78	14.53	17.27	19.99	22.68	25.34
16′	0.74	3.54	6.32	9.10	11.87	14.62	17.36	20.08	22.77	25.43
18′	0.84	3.63	6.42	9.19	11.96	14.72	17.45	20.17	22.86	25.52
20′	0.93	3.72	6.51	9.29	12.05	14.81	17.54	20.26	22.94	25.60
22′	1.02	3.82	6.60	9.38	12.15	14.90	17.63	20.35	23.03	25.69
24′	1.12	3.91	6.69	9.47	12.24	14.99	17.72	20.44	23.12	25.78
26′	1.21	4.00	6.79	9.56	12.33	15.08	17.81	20.53	23.21	25.87
28′	1.30	4.09	6.88	9.66	12.42	15.17	17.91	20.62	23.30	25.96
30′	1.40	4.19	6.97	9.75	12.51	15.26	18.00	20.71	23.39	26.05
32′	1.49	4.28	7.07	9.84	12.61	15.36	18.09	20.80	23.48	26.13
34′	1.58	4.37	7.16	9.93	12.70	15.45	18.18	20.89	23.57	26.22
36′	1.68	4.47	7.25	10.03	12.79	15.54	18.27	20.98	23.66	26.31
38′	1.77	4.56	7.34	10.12	12.88	15.63	18.36	21.06	23.75	26.40
40′	1.86	4.65	7.44	10.21	12.97	15.72	18.45	21.15	23.83	26.49
42′	1.95	4.74	7.53	10.30	13.07	15.81	18.54	21.24	23.92	26.57
44′	2.05	4.84	7.62	10.40	13.16	15.90	18.63	21.33	24.01	26.66
46′	2.14	4.93	7.71	10.49	13.25	16.00	18.72	21.42	24.10	26.75
48′	2.23	5.02	7.81	10.58	13.34	16.09	18.81	21.51	24.19	26.84
50′	2.33	5.12	7.90	10.67	13.43	16.18	18.90	21.60	24.28	26.92
52′	2.42	5.21	7.99	10.77	13.53	16.27	18.99	21.69	24.37	27.01
54′	2.51	5.30	8.08	10.86	13.62	16.36	19.08	21.78	24.46	27.10
56′	2.61	5.39	8.18	10.95	13.71	16.45	19.17	21.87	24.54	27.19
58′	2.70	5.49	8.27	11.04	13.80	16.54	19.26	21.96	24.63	27.27

160 $cos^2\alpha$

α	value	α	value
0°	160.0	10°	155.2
0° 30′	160.0	10° 20′	154.9
1°	160.0	10° 40′	154.5
1° 30′	159.9	11°	154.2
2°	159.8	11° 20′	153.8
2° 30′	159.7	11° 40′	153.5
3°	159.6	12°	153.1
3° 30′	159.4	12° 20′	152.7
4°	159.2	12° 40′	152.3
4° 30′	159.0	13°	151.9
5°	158.8	13° 20′	151.5
5° 30′	158.5	13° 40′	151.1
6°	158.3	14°	150.6
6° 30′	157.9	14° 20′	150.2
7°	157.6	14° 40′	149.7
7° 30′	157.3	15°	149.3
8°	156.9	15° 20′	148.8
8° 30′	156.5	15° 40′	148.3
9°	156.1	16°	147.8
9° 30′	155.6	16° 20′	147.3
		16° 40′	146.8
		17°	146.3
		17° 20′	145.8
		17° 40′	145.3
		18°	144.7
		18° 20′	144.2
		18° 40′	143.6
		19°	143.0
		19° 20′	142.5
		19° 40′	141.9
		20°	141.3

α	10°	11°	12°	13°	14°	15°	16°	17°	18°	19°
0′	27.36	29.97	32.54	35.07	37.56	40.00	42.39	44.74	47.02	49.25
2′	27.45	30.05	32.62	35.15	37.64	40.08	42.47	44.81	47.10	49.33
4′	27.54	30.14	32.71	35.24	37.72	40.16	42.55	44.89	47.17	49.40
6′	27.62	30.23	32.79	35.32	37.80	40.24	42.63	44.97	47.25	49.47
8′	27.71	30.31	32.88	35.39	37.89	40.32	42.71	45.04	47.32	49.55
10′	27.80	30.40	32.96	35.49	37.97	40.40	42.79	45.12	47.40	49.62
12′	27.89	30.49	33.05	35.57	38.05	40.48	42.87	45.20	47.47	49.69
14′	27.97	30.57	33.13	35.64	38.13	40.56	42.94	45.27	47.55	49.76
16′	28.06	30.66	33.22	35.74	38.21	40.64	43.02	45.35	47.62	49.84
18′	28.15	30.74	33.30	35.82	38.30	40.72	43.10	45.43	47.70	49.91
20′	28.23	30.83	33.39	35.90	38.38	40.80	43.18	45.50	47.77	49.98
22′	28.32	30.92	33.47	35.99	38.46	40.88	43.26	45.58	47.85	50.06
24′	28.41	31.00	33.56	36.07	38.54	40.96	43.34	45.66	47.92	50.13
26′	28.50	31.09	33.64	36.15	38.62	41.04	43.41	45.73	48.00	50.20
28′	28.58	31.17	33.73	36.24	38.70	41.12	43.49	45.81	48.07	50.27
30′	28.67	31.26	33.81	36.32	38.78	41.20	43.57	45.89	48.15	50.35
32′	28.76	31.34	33.89	36.40	38.87	41.28	43.65	45.96	48.22	50.42
34′	28.84	31.43	33.98	36.48	38.95	41.36	43.73	46.04	48.29	50.49
36′	28.93	31.52	34.06	36.57	39.03	41.44	43.81	46.11	48.37	50.56
38′	29.02	31.60	34.15	36.65	39.11	41.52	43.88	46.19	48.44	50.63
40′	29.10	31.69	34.23	36.73	39.19	41.60	43.96	46.26	48.52	50.71
42′	29.19	31.77	34.31	36.82	39.27	41.68	44.04	46.34	48.59	50.78
44′	29.28	31.86	34.40	36.90	39.35	41.76	44.12	46.42	48.66	50.85
46′	29.36	31.94	34.48	36.97	39.43	41.84	44.19	46.49	48.74	50.92
48′	29.45	32.03	34.57	37.06	39.52	41.92	44.27	46.57	48.81	50.99
50′	29.54	32.11	34.65	37.14	39.60	42.00	44.35	46.65	48.89	51.07
52′	29.62	32.20	34.73	37.22	39.68	42.08	44.43	46.72	48.96	51.14
54′	29.71	32.28	34.82	37.31	39.76	42.16	44.50	46.80	49.03	51.21
56′	29.80	32.37	34.90	37.39	39.84	42.24	44.58	46.87	49.11	51.28
58′	29.88	32.45	34.99	37.48	39.92	42.31	44.66	46.95	49.18	51.35

α	0°	1°	2°	3°	4°	5°	6°	7°	8°	9°
0'	0.00	2.81	5.62	8.41	11.20	13.98	16.74	19.47	22.19	24.88
2'	0.09	2.90	5.71	8.51	11.30	14.07	16.83	19.57	22.28	24.96
4'	0.19	3.00	5.80	8.60	11.39	14.16	16.92	19.66	22.37	25.05
6'	0.28	3.09	5.90	8.69	11.48	14.26	17.01	19.75	22.46	25.14
8'	0.37	3.18	5.99	8.79	11.57	14.35	17.10	19.84	22.55	25.23
10'	0.47	3.28	6.08	8.88	11.67	14.44	17.19	19.93	22.64	25.32
12'	0.56	3.37	6.18	8.97	11.76	14.53	17.29	20.02	22.73	25.41
14'	0.66	3.46	6.27	9.07	11.85	14.62	17.38	20.11	22.82	25.50
16'	0.75	3.56	6.36	9.16	11.94	14.72	17.47	20.20	22.91	25.59
18'	0.84	3.65	6.46	9.25	12.04	14.81	17.56	20.29	23.00	25.68
20'	0.94	3.75	6.55	9.35	12.13	14.90	17.65	20.38	23.09	25.76
22'	1.03	3.84	6.64	9.44	12.22	14.99	17.74	20.47	23.18	25.85
24'	1.12	3.93	6.74	9.53	12.32	15.08	17.83	20.56	23.27	25.94
26'	1.22	4.03	6.83	9.62	12.41	15.18	17.93	20.65	23.36	26.03
28'	1.31	4.12	6.92	9.72	12.50	15.27	18.02	20.74	23.45	26.12
30'	1.40	4.21	7.02	9.81	12.59	15.36	18.11	20.84	23.54	26.21
32'	1.50	4.31	7.11	9.90	12.69	15.45	18.20	20.93	23.63	26.30
34'	1.59	4.40	7.20	10.00	12.78	15.54	18.29	21.02	23.71	26.39
36'	1.69	4.49	7.30	10.09	12.87	15.64	18.38	21.11	23.80	26.47
38'	1.78	4.59	7.39	10.18	12.96	15.73	18.47	21.20	23.89	26.56
40'	1.87	4.68	7.48	10.28	13.06	15.82	18.56	21.29	23.98	26.65
42'	1.97	4.77	7.58	10.37	13.15	15.91	18.66	21.38	24.07	26.74
44'	2.06	4.87	7.67	10.46	13.24	16.00	18.75	21.47	24.16	26.83
46'	2.15	4.96	7.76	10.55	13.33	16.10	18.84	21.56	24.25	26.92
48'	2.25	5.05	7.86	10.65	13.42	16.19	18.93	21.65	24.34	27.00
50'	2.34	5.15	7.95	10.74	13.52	16.28	19.02	21.74	24.43	27.09
52'	2.43	5.24	8.04	10.83	13.61	16.37	19.11	21.83	24.52	27.18
54'	2.53	5.34	8.14	10.93	13.70	16.46	19.20	21.92	24.61	27.27
56'	2.62	5.43	8.23	11.02	13.79	16.55	19.29	22.01	24.70	27.36
58'	2.72	5.52	8.32	11.11	13.89	16.65	19.38	22.10	24.79	27.44

α	10°	11°	12°	13°	14°	15°	16°	17°	18°	19°
0'	27.53	30.16	32.74	35.29	37.79	40.25	42.66	45.01	47.32	49.56
2'	27.62	30.24	32.83	35.37	37.88	40.33	42.74	45.09	47.39	49.63
4'	27.71	30.33	32.91	35.46	37.96	40.41	42.82	45.17	47.47	49.71
6'	27.80	30.42	33.00	35.54	38.04	40.49	42.90	45.25	47.54	49.78
8'	27.88	30.50	33.08	35.62	38.12	40.57	42.98	45.33	47.62	49.86
10'	27.97	30.59	33.17	35.71	38.21	40.65	43.05	45.40	47.69	49.93
12'	28.06	30.68	33.25	35.79	38.29	40.73	43.13	45.48	47.77	50.00
14'	28.15	30.76	33.34	35.87	38.37	40.82	43.21	45.56	47.85	50.08
16'	28.24	30.85	33.43	35.96	38.45	40.90	43.29	45.63	47.92	50.15
18'	28.32	30.94	33.51	36.04	38.53	40.98	43.37	45.71	48.00	50.22
20'	28.41	31.02	33.60	36.13	38.62	41.06	43.45	45.79	48.07	50.30
22'	28.50	31.11	33.68	36.21	38.70	41.14	43.53	45.87	48.15	50.37
24'	28.59	31.20	33.77	36.30	38.78	41.22	43.61	45.94	48.22	50.44
26'	28.67	31.28	33.85	36.38	38.86	41.30	43.69	46.02	48.30	50.51
28'	28.76	31.37	33.94	36.46	38.94	41.38	43.76	46.10	48.37	50.59
30'	28.85	31.45	34.02	36.55	39.03	41.46	43.84	46.17	48.45	50.66
32'	28.94	31.54	34.11	36.63	39.11	41.54	43.92	46.25	48.52	50.73
34'	29.02	31.63	34.19	36.71	39.19	41.62	44.00	46.33	48.60	50.81
36'	29.11	31.71	34.28	36.80	39.27	41.70	44.08	46.40	48.67	50.88
38'	29.20	31.80	34.36	36.88	39.35	41.78	44.16	46.48	48.74	50.95
40'	29.29	31.88	34.44	36.96	39.44	41.86	44.24	46.55	48.82	51.02
42'	29.37	31.97	34.53	37.05	39.52	41.94	44.31	46.63	48.89	51.10
44'	29.46	32.06	34.61	37.13	39.60	42.02	44.39	46.71	48.97	51.17
46'	29.55	32.14	34.70	37.20	39.68	42.10	44.47	46.78	49.04	51.24
48'	29.63	32.23	34.78	37.30	39.76	42.18	44.55	46.86	49.12	51.31
50'	29.72	32.31	34.87	37.37	39.84	42.26	44.63	46.94	49.19	51.38
52'	29.81	32.40	34.95	37.45	39.93	42.34	44.70	47.01	49.27	51.46
54'	29.90	32.49	35.04	37.54	40.01	42.42	44.78	47.09	49.34	51.53
56'	29.98	32.57	35.12	37.63	40.09	42.50	44.86	47.16	49.41	51.60
58'	30.07	32.66	35.20	37.71	40.17	42.58	44.94	47.24	49.49	51.67

161 $\cos^2\alpha$

α	161 cos²α
0°	161.0
0° 30'	161.0
1°	161.0
1° 30'	160.9
2°	160.8
2° 30'	160.7
3°	160.6
3° 30'	160.4
4°	160.2
4° 30'	160.0
5°	159.8
5° 30'	159.5
6°	159.2
6° 30'	158.9
7°	158.6
7° 30'	158.3
8°	157.9
8° 30'	157.5
9°	157.1
9° 30'	156.6
10°	156.1
10° 20'	155.8
10° 40'	155.5
11°	155.1
11° 20'	154.8
11° 40'	154.4
12°	154.0
12° 20'	153.7
12° 40'	153.3
13°	152.9
13° 20'	152.4
13° 40'	152.0
14°	151.6
14° 20'	151.1
14° 40'	150.7
15°	150.2
15° 20'	149.7
15° 40'	149.3
16°	148.8
16° 20'	148.3
16° 40'	147.8
17°	147.2
17° 20'	146.7
17° 40'	146.2
18°	145.6
18° 20'	145.1
18° 40'	144.5
19°	143.9
19° 20'	143.4
19° 40'	142.8
20°	142.2

162 ($\frac{1}{2} \sin 2\alpha$)

α	0°	1°	2°	3°	4°	5°	6°	7°	8°	9°
0′	0.00	2.83	5.65	8.47	11.27	14.07	16.84	19.60	22.38	25.03
2′	0.09	2.92	5.74	8.56	11.37	14.16	16.93	19.69	22.42	25.12
4′	0.19	3.02	5.84	8.65	11.46	14.25	17.03	19.78	22.51	25.21
6′	0.28	3.11	5.92	8.75	11.55	14.34	17.12	19.87	22.60	25.30
8′	0.38	3.20	6.03	8.84	11.65	14.44	17.21	19.96	22.69	25.39
10′	0.47	3.30	6.12	8.94	11.74	14.53	17.30	20.05	22.78	25.48
12′	0.57	3.39	6.21	9.03	11.83	14.62	17.39	20.14	22.87	25.57
14′	0.66	3.49	6.31	9.12	11.93	14.71	17.49	20.24	22.96	25.66
16′	0.75	3.58	6.40	9.22	12.02	14.81	17.58	20.38	23.05	25.75
18′	0.85	3.67	6.50	9.31	12.11	14.90	17.67	20.42	23.14	25.84
20′	0.94	3.77	6.59	9.40	12.21	14.99	17.76	20.51	23.23	25.93
22′	1.04	3.86	6.68	9.50	12.30	15.09	17.85	20.60	23.32	26.01
24′	1.13	3.96	6.78	9.59	12.39	15.18	17.95	20.69	23.41	26.10
26′	1.22	4.05	6.87	9.68	12.48	15.27	18.04	20.78	23.50	26.19
28′	1.32	4.15	6.97	9.78	12.58	15.36	18.13	20.87	23.59	26.28
30′	1.41	4.24	7.06	9.87	12.67	15.46	18.22	20.96	23.68	26.37
32′	1.51	4.33	7.15	9.96	12.76	15.55	18.31	21.06	23.77	26.46
34′	1.60	4.43	7.25	10.06	12.86	15.64	18.40	21.15	23.86	26.55
36′	1.70	4.52	7.34	10.15	12.95	15.73	18.50	21.24	23.95	26.64
38′	1.79	4.62	7.44	10.25	13.04	15.83	18.59	21.33	24.04	26.73
40′	1.88	4.71	7.53	10.34	13.14	15.92	18.68	21.42	24.13	26.82
42′	1.98	4.80	7.62	10.43	13.23	16.01	18.77	21.51	24.22	26.91
44′	2.07	4.90	7.72	10.53	13.32	16.10	18.86	21.60	24.31	26.99
46′	2.17	4.99	7.81	10.62	13.42	16.20	18.95	21.69	24.40	27.08
48′	2.26	5.09	7.90	10.71	13.51	16.29	19.05	21.78	24.49	27.17
50′	2.36	5.18	8.00	10.81	13.60	16.38	19.14	21.87	24.58	27.26
52′	2.45	5.27	8.09	10.90	13.69	16.47	19.23	21.96	24.67	27.35
54′	2.54	5.37	8.19	10.99	13.79	16.56	19.32	22.05	24.76	27.44
56′	2.64	5.46	8.28	11.09	13.88	16.66	19.41	22.15	24.85	27.53
58′	2.73	5.56	8.37	11.18	13.97	16.75	19.50	22.24	24.94	27.62

α	10°	11°	12°	13°	14°	15°	16°	17°	18°	19°
0′	27.70	30.34	32.95	35.51	38.03	40.50	42.92	45.29	47.61	49.87
2′	27.79	30.43	33.03	35.59	38.11	40.58	43.00	45.37	47.69	49.94
4′	27.88	30.52	33.12	35.68	38.19	40.66	43.08	45.45	47.76	50.02
6′	27.97	30.61	33.20	35.76	38.28	40.74	43.16	45.53	47.84	50.09
8′	28.06	30.69	33.29	35.84	38.36	40.83	43.24	45.61	47.92	50.17
10′	28.15	30.78	33.38	35.93	38.44	40.91	43.32	45.68	47.99	50.24
12′	28.23	30.87	33.46	36.02	38.53	40.99	43.40	45.76	48.07	50.31
14′	28.32	30.95	33.55	36.09	38.61	41.07	43.48	45.84	48.14	50.39
16′	28.41	31.04	33.63	36.18	38.69	41.15	43.56	45.92	48.22	50.46
18′	28.50	31.13	33.72	36.27	38.77	41.23	43.64	46.00	48.29	50.53
20′	28.59	31.21	33.80	36.35	38.86	41.31	43.72	46.07	48.37	50.61
22′	28.68	31.30	33.89	36.44	38.94	41.39	43.80	46.15	48.45	50.68
24′	28.76	31.39	33.98	36.52	39.02	41.48	43.88	46.23	48.52	50.75
26′	28.85	31.48	34.06	36.61	39.10	41.56	43.96	46.31	48.60	50.83
28′	28.94	31.56	34.15	36.69	39.19	41.64	44.04	46.38	48.67	50.90
30′	29.03	31.65	34.23	36.77	39.27	41.72	44.12	46.46	48.75	50.97
32′	29.12	31.74	34.32	36.86	39.35	41.80	44.19	46.54	48.82	51.05
34′	29.20	31.82	34.40	36.94	39.43	41.88	44.27	46.61	48.90	51.12
36′	29.29	31.91	34.49	37.02	39.52	41.96	44.35	46.69	48.97	51.19
38′	29.38	32.00	34.57	37.11	39.60	42.04	44.43	46.77	49.05	51.27
40′	29.47	32.08	34.66	37.19	39.68	42.12	44.51	46.84	49.12	51.34
42′	29.55	32.17	34.74	37.28	39.76	42.20	44.59	46.92	49.20	51.41
44′	29.64	32.26	34.83	37.36	39.85	42.28	44.67	47.00	49.27	51.49
46′	29.73	32.34	34.91	37.43	39.93	42.36	44.75	47.08	49.35	51.56
48′	29.82	32.43	35.00	37.53	40.01	42.44	44.82	47.15	49.42	51.63
50′	29.91	32.51	35.08	37.60	40.09	42.52	44.90	47.23	49.50	51.70
52′	29.99	32.60	35.17	37.68	40.17	42.60	44.98	47.31	49.57	51.78
54′	30.08	32.69	35.25	37.78	40.25	42.68	45.06	47.38	49.65	51.85
56′	30.17	32.77	35.34	37.86	40.34	42.76	45.14	47.46	49.72	51.92
58′	30.26	32.86	35.42	37.94	40.42	42.84	45.22	47.53	49.79	51.99

162 $\cos^2\alpha$

0°	162.0
0° 30′	162.0
1°	162.0
1° 30′	161.9
2°	161.8
2° 30′	161.7
3°	161.6
3° 30′	161.4
4°	161.2
4° 30′	161.0
5°	160.8
5° 30′	160.5
6°	160.2
6° 30′	159.9
7°	159.6
7° 30′	159.2
8°	158.9
8° 30′	158.5
9°	158.0
9° 30′	157.6
10°	157.1
10° 40′	156.4
11°	156.1
11° 20′	155.7
11° 40′	155.4
12°	155.0
12° 20′	154.6
12° 40′	154.2
13°	153.8
13° 20′	153.4
13° 40′	153.0
14°	152.5
14° 20′	152.1
14° 40′	151.6
15°	151.1
15° 20′	150.7
15° 40′	150.2
16°	149.7
16° 20′	149.2
16° 40′	148.7
17°	148.2
17° 20′	147.6
17° 40′	147.1
18°	146.5
18° 20′	146.0
18° 40′	145.4
19°	144.8
19° 20′	144.2
19° 40′	143.7
20°	143.0

163 ($\frac{1}{2} \sin 2\alpha$)

155

α	0°	1°	2°	3°	4°	5°	6°	7°	8°	9°
0'	0.00	2.84	5.69	8.52	11.34	14.15	16.94	19.72	22.46	25.18
2'	0.09	2.94	5.78	8.61	11.44	14.25	17.04	19.81	22.56	25.28
4'	0.19	3.03	5.87	8.71	11.53	14.34	17.13	19.90	22.65	25.37
6'	0.28	3.13	5.97	8.80	11.62	14.43	17.22	19.99	22.74	25.46
8'	0.38	3.22	6.06	8.90	11.72	14.53	17.32	20.08	22.83	25.55
10'	0.47	3.32	6.16	8.99	11.81	14.62	17.41	20.18	22.92	25.64
12'	0.57	3.41	6.25	9.08	11.91	14.71	17.50	20.27	23.01	25.73
14'	0.66	3.51	6.35	9.18	12.00	14.81	17.59	20.36	23.10	25.82
16'	0.76	3.60	6.44	9.27	12.09	14.90	17.69	20.45	23.19	25.91
18'	0.85	3.70	6.54	9.37	12.19	14.99	17.78	20.54	23.28	26.00
20'	0.95	3.79	6.63	9.46	12.28	15.09	17.87	20.64	23.37	26.09
22'	1.04	3.89	6.73	9.56	12.37	15.18	17.96	20.73	23.47	26.17
24'	1.14	3.98	6.82	9.65	12.47	15.27	18.06	20.82	23.56	26.26
26'	1.23	4.08	6.91	9.74	12.56	15.36	18.15	20.91	23.65	26.35
28'	1.33	4.17	7.01	9.84	12.66	15.46	18.24	21.00	23.74	26.44
30'	1.42	4.27	7.10	9.93	12.75	15.55	18.33	21.09	23.83	26.53
32'	1.52	4.36	7.20	10.03	12.84	15.64	18.43	21.19	23.92	26.62
34'	1.61	4.45	7.29	10.12	12.94	15.74	18.52	21.28	24.01	26.71
36'	1.71	4.55	7.39	10.21	13.03	15.83	18.61	21.37	24.10	26.80
38'	1.80	4.64	7.48	10.31	13.12	15.92	18.70	21.46	24.19	26.89
40'	1.90	4.74	7.58	10.40	13.22	16.02	18.80	21.55	24.28	26.98
42'	1.99	4.83	7.67	10.50	13.31	16.11	18.89	21.64	24.37	27.07
44'	2.09	4.93	7.76	10.59	13.40	16.20	18.98	21.73	24.46	27.16
46'	2.18	5.02	7.86	10.68	13.50	16.29	19.07	21.83	24.55	27.25
48'	2.28	5.12	7.95	10.78	13.59	16.39	19.16	21.92	24.64	27.34
50'	2.37	.5.21	8.05	10.87	13.69	16.48	19.26	22.01	24.73	27.43
52'	2.47	5.31	8.14	10.97	13.78	16.57	19.35	22.10	24.82	27.52
54'	2.56	5.40	8.24	11.06	13.87	16.67	19.44	22.19	24.91	27.61
56'	2.65	5.50	8.33	11.15	13.97	16.76	19.53	22.28	25.00	27.70
58'	2.75	5.59	8.42	11.25	14.06	16.85	19.62	22.37	25.09	27.79

163 $\cos^2\alpha$

α	163 $\cos^2\alpha$
0°	163.0
0° 30'	163.0
1°	163.0
1° 30'	162.9
2°	162.8
2° 30'	162.7
3°	162.6
3° 30'	162.4
4°	162.2
4° 30'	162.0
5°	161.8
5° 30'	161.5
6°	161.2
6° 30'	160.9
7°	160.6
7° 30'	160.2
8°	159.8
8° 30'	159.4
9°	159.0
9° 30'	158.6
10°	158.1
10° 20'	157.8
10° 40'	157.4
11°	157.1
11° 20'	156.7
11° 40'	156.3
12°	156.0
12° 20'	155.6
12° 40'	155.2
13°	154.8
13° 20'	154.3
13° 40'	153.9
14°	153.5
14° 20'	153.0
14° 40'	152.6
15°	152.1
15° 20'	151.6
15° 40'	151.1
16°	150.6
16° 20'	150.1
16° 40'	149.6
17°	149.1
17° 20'	148.5
17° 40'	148.0
18°	147.4
18° 20'	146.9
18° 40'	146.3
19°	145.7
19° 20'	145.1
19° 40'	144.5
20°	143.9

α	10°	11°	12°	13°	14°	15°	16°	17°	18°	19°
0'	27.87	30.58	33.15	35.73	38.26	40.75	43.19	45.57	47.90	50.18
2'	27.96	30.62	33.24	35.81	38.35	40.83	43.27	45.65	47.98	50.25
4'	28.05	30.71	33.32	35.90	38.43	40.91	43.35	45.73	48.06	50.33
6'	28.14	30.79	33.41	35.98	38.51	41.00	43.43	45.81	48.13	50.40
8'	28.23	30.88	33.50	36.06	38.60	41.08	43.51	45.89	48.21	50.47
10'	28.32	30.97	33.58	36.15	38.68	41.16	43.59	45.97	48.29	50.55
12'	28.41	31.06	33.67	36.24	38.76	41.24	43.67	46.04	48.36	50.62
14'	28.50	31.14	33.75	36.31	38.85	41.32	43.75	46.12	48.44	50.70
16'	28.59	31.23	33.84	36.41	38.93	41.41	43.83	46.20	48.52	50.77
18'	28.68	31.32	33.93	36.49	39.01	41.49	43.91	46.28	48.59	50.85
20'	28.76	31.41	34.01	36.58	39.10	41.57	43.99	46.36	48.67	50.92
22'	28.85	31.50	34.10	36.66	39.18	41.65	44.07	46.44	48.74	50.99
24'	28.94	31.58	34.19	36.75	39.26	41.73	44.14	46.51	48.82	51.07
26'	29.03	31.67	34.27	36.83	39.35	41.81	44.23	46.59	48.90	51.14
28'	29.12	31.76	34.36	36.92	39.43	41.89	44.31	46.67	48.97	51.22
30'	29.21	31.84	34.44	37.00	39.51	41.98	44.39	46.75	49.05	51.29
32'	29.30	31.93	34.53	37.08	39.59	42.06	44.47	46.82	49.12	51.36
34'	29.38	32.02	34.62	37.17	39.68	42.14	44.55	46.90	49.20	51.44
36'	29.47	32.11	34.70	37.25	39.76	42.22	44.63	46.98	49.27	51.51
38'	29.56	32.19	34.79	37.34	39.84	42.30	44.71	47.06	49.35	51.58
40'	29.65	32.28	34.87	37.42	39.93	42.38	44.78	47.13	49.43	51.66
42'	29.74	32.37	34.96	37.51	40.01	42.46	44.86	47.21	49.50	51.73
44'	29.83	32.45	35.04	37.59	40.09	42.54	44.94	47.29	49.58	51.80
46'	29.91	32.54	35.13	37.66	40.17	42.62	45.02	47.37	49.65	51.88
48'	30.00	32.63	35.22	37.76	40.26	42.70	45.10	47.44	49.73	51.95
50'	30.09	32.72	35.30	37.83	40.34	42.79	45.18	47.52	49.80	52.02
52'	30.18	32.80	35.39	37.92	40.42	42.87	45.26	47.60	49.88	52.10
54'	30.27	32.89	35.47	38.01	40.50	42.95	45.34	47.67	49.95	52.17
56'	30.35	32.98	35.56	38.10	40.59	43.03	45.42	47.75	50.03	52.24
58'	30.44	33.06	35.64	38.18	40.67	43.11	45.50	47.83	50.10	52.31

164 $(\tfrac{1}{2} \sin 2\alpha)$

α	0°	1°	2°	3°	4°	5°	6°	7°	8°	9°
0'	0.00	2.86	5.72	8.57	11.41	14.24	17.05	19.84	22.60	25.34
2'	0.10	2.96	5.82	8.67	11.51	14.33	17.14	19.93	22.69	25.43
4'	0.19	3.05	5.91	8.76	11.60	14.43	17.24	20.02	22.79	25.52
6'	0.29	3.15	6.01	8.86	11.70	14.52	17.33	20.12	22.88	25.61
8'	0.38	3.24	6.10	8.95	11.79	14.61	17.42	20.21	22.97	25.70
10'	0.48	3.34	6.20	9.05	11.88	14.71	17.52	20.30	23.06	25.79
12'	0.57	3.43	6.29	9.14	11.98	14.80	17.61	20.39	23.15	25.88
14'	0.67	3.53	6.39	9.24	12.07	14.90	17.70	20.49	23.24	25.97
16'	0.76	3.62	6.48	9.33	12.17	14.99	17.79	20.58	23.34	26.06
18'	0.86	3.72	6.58	9.42	12.26	15.08	17.89	20.67	23.43	26.15
20'	0.95	3.82	6.67	9.52	12.36	15.18	17.98	20.76	23.52	26.25
22'	1.05	3.91	6.77	9.61	12.45	15.27	18.07	20.85	23.61	26.34
24'	1.14	4.01	6.86	9.71	12.54	15.37	18.17	20.95	23.70	26.43
26'	1.24	4.10	6.96	9.80	12.64	15.46	18.26	21.04	23.79	26.52
28'	1.34	4.20	7.05	9.90	12.73	15.55	18.35	21.18	23.88	26.61
30'	1.43	4.29	7.15	9.99	12.83	15.65	18.45	21.22	23.97	26.70
32'	1.53	4.39	7.24	10.09	12.92	15.74	18.54	21.32	24.07	26.79
34'	1.62	4.48	7.34	10.18	13.02	15.83	18.63	21.41	24.16	26.88
36'	1.72	4.58	7.43	10.28	13.11	15.93	18.72	21.50	24.25	26.97
38'	1.81	4.67	7.53	10.37	13.20	16.02	18.82	21.59	24.34	27.06
40'	1.91	4.77	7.62	10.47	13.30	16.11	18.91	21.68	24.43	27.15
42'	2.00	4.86	7.72	10.56	13.39	16.21	19.00	21.78	24.52	27.24
44'	2.10	4.96	7.81	10.66	13.49	16.30	19.10	21.87	24.61	27.33
46'	2.19	5.05	7.91	10.75	13.58	16.39	19.19	21.96	24.70	27.42
48'	2.29	5.15	8.00	10.85	13.68	16.49	19.28	22.05	24.79	27.51
50'	2.38	5.24	8.10	10.94	13.77	16.58	19.37	22.14	24.89	27.60
52'	2.48	5.34	8.19	11.03	13.86	16.68	19.47	22.24	24.98	27.69
54'	2.58	5.43	8.29	11.13	13.96	16.77	19.56	22.33	25.07	27.78
56'	2.67	5.53	8.38	11.22	14.05	16.86	19.65	22.42	25.16	27.87
58'	2.77	5.62	8.48	11.32	14.15	16.96	19.74	22.51	25.25	27.96

α	10°	11°	12°	13°	14°	15°	16°	17°	18°	19°
0'	28.05	30.72	33.35	35.95	38.50	41.00	43.45	45.85	48.20	50.48
2'	28.14	30.81	33.44	36.03	38.58	41.08	43.53	45.93	48.28	50.56
4'	28.22	30.89	33.53	36.12	38.66	41.17	43.62	46.01	48.35	50.63
6'	28.31	30.98	33.61	36.20	38.75	41.25	43.70	46.09	48.43	50.71
8'	28.40	31.07	33.70	36.28	38.83	41.33	43.78	46.17	48.51	50.78
10'	28.49	31.16	33.79	36.37	38.92	41.41	43.86	46.25	48.58	50.86
12'	28.58	31.25	33.87	36.46	39.00	41.49	43.94	46.33	48.66	50.93
14'	28.67	31.34	33.96	36.54	39.09	41.58	44.02	46.41	48.74	51.01
16'	28.76	31.42	34.05	36.63	39.17	41.66	44.10	46.48	48.81	51.08
18'	28.85	31.51	34.13	36.72	39.25	41.74	44.18	46.56	48.89	51.16
20'	28.94	31.60	34.22	36.80	39.34	41.82	44.26	46.64	48.97	51.23
22'	29.03	31.69	34.31	36.89	39.42	41.91	44.34	46.72	49.04	51.31
24'	29.12	31.78	34.40	36.97	39.50	41.99	44.42	46.80	49.12	51.38
26'	29.21	31.86	34.48	37.06	39.59	42.07	44.50	46.88	49.20	51.46
28'	29.30	31.95	34.57	37.14	39.67	42.15	44.58	46.96	49.27	51.53
30'	29.39	32.04	34.65	37.23	39.75	42.23	44.66	47.03	49.35	51.60
32'	29.48	32.13	34.74	37.31	39.84	42.31	44.74	47.11	49.43	51.68
34'	29.56	32.22	34.83	37.40	39.92	42.39	44.82	47.19	49.50	51.75
36'	29.65	32.30	34.91	37.48	40.00	42.48	44.90	47.27	49.58	51.83
38'	29.74	32.39	35.00	37.57	40.09	42.56	44.98	47.35	49.65	51.90
40'	29.83	32.48	35.09	37.65	40.18	42.64	45.06	47.42	49.73	51.97
42'	29.92	32.57	35.17	37.74	40.26	42.72	45.14	47.50	49.80	52.05
44'	30.01	32.65	35.26	37.82	40.34	42.80	45.22	47.58	49.88	52.12
46'	30.10	32.74	35.34	37.90	40.42	42.89	45.30	47.66	49.96	52.20
48'	30.19	32.83	35.43	37.99	40.50	42.97	45.38	47.73	50.03	52.27
50'	30.27	32.92	35.52	38.06	40.59	43.05	45.46	47.81	50.11	52.34
52'	30.36	33.00	35.60	38.15	40.67	43.13	45.54	47.89	50.18	52.42
54'	30.45	33.09	35.69	38.24	40.75	43.21	45.62	47.97	50.26	52.49
56'	30.54	33.18	35.77	38.33	40.83	43.29	45.70	48.04	50.33	52.56
58'	30.63	33.27	35.86	38.41	40.92	43.37	45.77	48.12	50.41	52.64

164 $\cos^2\alpha$

0°	164.0	12°	156.9
0° 30'	164.0	12° 20'	156.5
1°	164.0	12° 40'	156.1
1° 30'	163.9	13°	155.7
2°	163.8	13° 20'	155.3
2° 30'	163.7	13° 40'	154.8
3°	163.6	14°	154.4
3° 30'	163.4	14° 20'	153.9
4°	163.2	14° 40'	153.5
4° 30'	163.0	15°	153.0
5°	162.8	15° 20'	152.5
5° 30'	162.5	15° 40'	152.0
6°	162.2	16°	151.5
6° 30'	161.9	16° 20'	151.0
7°	161.6	16° 40'	150.5
7° 30'	161.2	17°	150.0
8°	160.8	17° 20'	149.4
8° 30'	160.4	17° 40'	148.9
9°	160.0	18°	148.3
9° 30'	159.5	18° 20'	147.8
10°	159.1	18° 40'	147.2
10° 20'	158.7	19°	146.6
10° 40'	158.4	19° 20'	146.0
11°	158.0	19° 40'	145.4
11° 20'	157.7	20°	144.8
11° 40'	157.3		

α	0°	1°	2°	3°	4°	5°	6°	7°	8°	9°	165 $\cos^2\alpha$	
0'	0.00	2.88	5.75	8.62	11.48	14.33	17.15	19.96	22.74	25.49	0°	165.0
2'	0.10	2.98	5.85	8.72	11.58	14.42	17.25	20.05	22.83	25.59	0°30'	165.0
4'	0.19	3.07	5.95	8.81	11.67	14.52	17.34	20.14	22.92	25.68	1°	165.0
6'	0.29	3.17	6.04	8.91	11.77	14.61	17.48	20.24	23.02	25.77	1°30'	164.9
8'	0.38	3.26	6.14	9.01	11.86	14.70	17.58	20.33	23.11	25.86		
10'	0.48	3.36	6.23	9.10	11.96	14.80	17.62	20.42	23.20	25.95	2°	164.8
12'	0.58	3.45	6.33	9.20	12.05	14.89	17.72	20.52	23.29	26.04	2°30'	164.7
14'	0.67	3.55	6.43	9.29	12.15	14.99	17.81	20.61	23.38	26.13	3°	164.5
16'	0.77	3.65	6.52	9.39	12.24	15.08	17.90	20.70	23.48	26.22	3°30'	164.4
18'	0.86	3.74	6.62	9.48	12.34	15.18	18.00	20.80	23.57	26.31		
20'	0.96	3.84	6.71	9.58	12.43	15.27	18.09	20.89	23.66	26.41	4°	164.2
22'	1.06	3.93	6.81	9.67	12.53	15.36	18.18	20.98	23.75	26.50	4°30'	164.0
24'	1.15	4.03	6.90	9.77	12.62	15.46	18.28	21.07	23.85	26.59	5°	163.7
26'	1.25	4.13	7.00	9.86	12.72	15.55	18.37	21.17	23.94	26.68	5°30'	163.5
28'	1.34	4.22	7.09	9.96	12.81	15.65	18.46	21.26	24.03	26.77		
30'	1.44	4.32	7.19	10.05	12.91	15.74	18.56	21.35	24.12	26.86	6°	163.2
32'	1.54	4.41	7.29	10.15	13.00	15.84	18.65	21.45	24.21	26.95	6°30'	162.9
34'	1.63	4.51	7.38	10.24	13.09	15.93	18.75	21.54	24.30	27.04	7°	162.5
36'	1.73	4.61	7.48	10.34	13.19	16.02	18.84	21.63	24.40	27.13	7°30'	162.2
38'	1.82	4.70	7.57	10.44	13.28	16.12	18.93	21.72	24.48	27.22		
40'	1.92	4.80	7.67	10.53	13.38	16.21	19.03	21.82	24.58	27.31	8°	161.8
42'	2.02	4.89	7.76	10.63	13.47	16.31	19.12	21.91	24.67	27.40	8°30'	161.4
44'	2.11	4.99	7.86	10.72	13.57	16.40	19.21	22.00	24.76	27.49	9°	161.0
46'	2.21	5.08	7.96	10.82	13.66	16.49	19.31	22.09	24.85	27.58	9°30'	160.5
48'	2.30	5.18	8.05	10.91	13.76	16.59	19.40	22.19	24.95	27.67		
50'	2.40	5.28	8.15	11.01	13.85	16.68	19.49	22.28	25.04	27.77	10°	160.1
52'	2.50	5.37	8.24	11.10	13.95	16.78	19.59	22.37	25.13	27.86	10°20'	159.7
54'	2.59	5.47	8.34	11.20	14.04	16.87	19.68	22.46	25.22	27.95	10°40'	159.3
56'	2.69	5.56	8.43	11.29	14.14	16.96	19.77	22.56	25.31	28.04	11°	159.0
58'	2.78	5.66	8.53	11.39	14.23	17.06	19.87	22.65	25.40	28.13	11°20'	158.6
											11°40'	158.3

α	10°	11°	12°	13°	14°	15°	16°	17°	18°	19°	165 $\cos^2\alpha$	
0'	28.22	30.91	33.56	36.17	38.73	41.25	43.72	46.13	48.49	50.79	12°	157.9
2'	26.31	30.99	33.64	36.25	38.82	41.33	43.80	46.21	48.57	50.87	12°20'	157.5
4'	26.40	31.08	33.73	36.34	38.90	41.42	43.88	46.29	48.65	50.94	12°40'	157.1
6'	28.49	31.17	33.82	36.42	38.99	41.50	43.96	46.37	48.72	51.02	13°	156.7
8'	28.58	31.26	33.91	36.51	39.07	41.58	44.04	46.45	48.80	51.09	13°20'	156.2
											13°40'	155.8
10'	28.67	31.35	33.99	36.60	39.15	41.66	44.12	46.53	48.88	51.17		
12'	28.76	31.44	34.08	36.68	39.24	41.75	44.21	46.61	48.96	51.24	14°	155.3
14'	28.85	31.53	34.17	36.76	39.32	41.83	44.29	46.69	49.03	51.32	14°20'	154.9
16'	28.94	31.62	34.26	36.85	39.41	41.91	44.37	46.77	49.11	51.40	14°40'	154.4
18'	29.03	31.70	34.34	36.94	39.49	42.00	44.45	46.85	49.19	51.47		
20'	29.12	31.79	34.43	37.03	39.58	42.08	44.53	46.93	49.27	51.55	15°	153.9
22'	29.21	31.88	34.52	37.11	39.66	42.16	44.61	47.01	49.34	51.62	15°20'	153.5
24'	29.30	31.97	34.60	37.20	39.74	42.24	44.69	47.08	49.42	51.69	15°40'	153.0
26'	29.39	32.06	34.69	37.28	39.83	42.33	44.77	47.16	49.50	51.77		
28'	29.48	32.15	34.78	37.37	39.91	42.41	44.85	47.24	49.57	51.84	16°	152.5
											16°20'	152.0
30'	29.57	32.24	34.87	37.45	40.00	42.49	44.93	47.32	49.65	51.92	16°40'	151.4
32'	29.65	32.32	34.95	37.54	40.08	42.57	45.01	47.40	49.73	51.99		
34'	29.74	32.41	35.04	37.63	40.16	42.66	45.09	47.48	49.80	52.07	17°	150.9
36'	29.83	32.50	35.13	37.71	40.25	42.74	45.17	47.56	49.88	52.14	17°20'	150.4
38'	29.92	32.59	35.21	37.80	40.33	42.82	45.25	47.63	49.96	52.22	17°40'	149.8
40'	30.01	32.68	35.30	37.88	40.42	42.90	45.33	47.71	50.03	52.29		
42'	30.10	32.76	35.39	37.97	40.50	42.98	45.41	47.79	50.11	52.37	18°	149.2
44'	30.19	32.85	35.47	38.05	40.58	43.07	45.49	47.87	50.18	52.44	18°20'	148.7
46'	30.28	32.94	35.56	38.13	40.67	43.15	45.57	47.95	50.26	52.51	18°40'	148.1
48'	30.37	33.03	35.65	38.22	40.75	43.23	45.65	48.03	50.34	52.59		
50'	30.46	33.12	35.73	38.30	40.83	43.31	45.73	48.10	50.41	52.66	19°	147.5
52'	30.55	33.20	35.82	38.39	40.92	43.39	45.81	48.18	50.49	52.74	19°20'	146.9
54'	30.64	33.29	35.91	38.48	41.00	43.47	45.89	48.26	50.56	52.81	19°40'	146.3
56'	30.73	33.38	35.99	38.56	41.08	43.56	45.97	48.34	50.64	52.88		
58'	30.82	33.47	36.08	38.65	41.17	43.64	46.05	48.41	50.72	52.96	20°	145.7

α	0°	1°	2°	3°	4°	5°	6°	7°	8°	9°	**166** $\cos^2\alpha$	
0'	0.00	2.90	5.79	8.68	11.55	14.41	17.26	20.08	22.88	25.65	0°	166.0
2'	0.10	2.99	5.89	8.77	11.65	14.51	17.35	20.17	22.97	25.74	0° 30'	166.0
4'	0.19	3.09	5.98	8.87	11.74	14.60	17.45	20.27	23.06	25.83	1°	166.0
6'	0.29	3.19	6.08	8.96	11.84	14.70	17.54	20.36	23.16	25.92	1° 30'	165.9
8'	0.39	3.28	6.18	9.06	11.93	14.79	17.63	20.45	23.25	26.02		
10'	0.48	3.38	6.27	9.16	12.03	14.89	17.78	20.55	23.34	26.11	2°	165.8
12'	0.58	3.48	6.37	9.25	12.12	14.98	17.82	20.64	23.43	26.20	2° 30'	165.7
14'	0.68	3.57	6.46	9.35	12.22	15.08	17.92	20.74	23.53	26.29	3°	165.5
16'	0.77	3.67	6.56	9.44	12.32	15.17	18.01	20.83	23.62	26.38	3° 30'	165.4
18'	0.87	3.77	6.66	9.54	12.41	15.27	18.11	20.92	23.71	26.47		
20'	0.97	3.86	6.75	9.64	12.51	15.36	18.20	21.02	23.80	26.57	4°	165.2
22'	1.06	3.96	6.85	9.73	12.60	15.46	18.29	21.11	23.90	26.66	4° 30'	165.0
24'	1.16	4.05	6.95	9.83	12.70	15.55	18.39	21.20	23.99	26.75	5°	164.7
26'	1.26	4.15	7.04	9.92	12.79	15.65	18.48	21.30	24.08	26.84	5° 30'	164.5
28'	1.35	4.25	7.14	10.02	12.89	15.74	18.58	21.39	24.17	26.93		
30'	1.45	4.34	7.23	10.12	12.98	15.84	18.67	21.48	24.27	27.02	6°	164.2
32'	1.54	4.44	7.33	10.21	13.08	15.93	18.76	21.58	24.36	27.11	6° 30'	163.9
34'	1.64	4.54	7.43	10.31	13.17	16.03	18.86	21.67	24.45	27.20	7°	163.5
36'	1.74	4.63	7.52	10.40	13.27	16.12	18.95	21.76	24.54	27.30	7° 30'	163.2
38'	1.83	4.73	7.62	10.50	13.37	16.22	19.05	21.85	24.64	27.39		
40'	1.93	4.83	7.71	10.59	13.46	16.31	19.14	21.95	24.73	27.48	8°	162.8
42'	2.03	4.92	7.81	10.69	13.56	16.41	19.24	22.04	24.82	27.57	8° 30'	162.4
44'	2.12	5.02	7.91	10.79	13.65	16.50	19.33	22.13	24.91	27.66	9°	161.9
46'	2.22	5.12	8.00	10.88	13.75	16.59	19.42	22.23	25.00	27.75	9° 30'	161.5
48'	2.32	5.21	8.10	10.98	13.84	16.69	19.52	22.32	25.10	27.84		
50'	2.41	5.31	8.20	11.07	13.94	16.78	19.61	22.41	25.19	27.93	10°	161.0
											10° 20'	160.7
52'	2.51	5.40	8.29	11.17	14.03	16.88	19.70	22.51	25.28	28.02	10° 40'	160.3
54'	2.61	5.50	8.39	11.26	14.13	16.97	19.80	22.60	25.37	28.12		
56'	2.70	5.60	8.48	11.36	14.22	17.07	19.89	22.69	25.46	28.21	11°	160.0
											11° 20'	159.6
58'	2.80	5.69	8.58	11.46	14.32	17.16	19.99	22.78	25.56	28.30	11° 40'	159.2

α	10°	11°	12°	13°	14°	15°	16°	17°	18°	19°	**166** $\cos^2\alpha$	
0'	28.38	31.09	33.76	36.38	38.97	41.50	43.98	46.41	48.79	51.10	12°	158.8
											12° 20'	158.4
2'	28.48	31.18	33.85	36.47	39.05	41.58	44.07	46.49	48.86	51.18	12° 40'	158.0
4'	28.57	31.27	33.94	36.56	39.14	41.67	44.15	46.57	48.94	51.25		
6'	28.66	31.36	34.02	36.64	39.22	41.75	44.23	46.65	49.02	51.33	13°	157.6
8'	28.75	31.45	34.11	36.73	39.31	41.83	44.31	46.73	49.10	51.40	13° 20'	157.2
10'	28.84	31.54	34.20	36.82	39.39	41.92	44.39	46.81	49.18	51.48	13° 40'	156.7
12'	28.93	31.68	34.29	36.90	39.48	42.00	44.47	46.89	49.25	51.56	14°	156.3
14'	29.02	31.72	34.38	36.98	39.56	42.08	44.56	46.97	49.33	51.63	14° 20'	155.8
16'	29.11	31.81	34.46	37.08	39.65	42.17	44.64	47.05	49.41	51.71	14° 40'	155.4
18'	29.20	31.90	34.55	37.16	39.73	42.25	44.72	47.13	49.49	51.78		
20'	29.29	31.99	34.64	37.25	39.82	42.33	44.80	47.21	49.56	51.86	15°	154.9
22'	29.38	32.07	34.73	37.34	39.90	42.42	44.88	47.29	49.64	51.93	15° 20'	154.4
24'	29.47	32.16	34.81	37.42	39.98	42.50	44.96	47.37	49.72	52.01	15° 40'	153.9
26'	29.56	32.25	34.90	37.51	40.07	42.58	45.04	47.45	49.80	52.08		
28'	29.65	32.34	34.99	37.60	40.15	42.67	45.12	47.53	49.87	52.16	16°	153.4
											16° 20'	152.9
30'	29.74	32.43	35.08	37.68	40.24	42.75	45.21	47.61	49.95	52.23	16° 40'	152.3
32'	29.83	32.52	35.16	37.77	40.32	42.83	45.29	47.69	50.03	52.31		
34'	29.92	32.61	35.25	37.85	40.41	42.91	45.37	47.77	50.10	52.38	17°	151.8
36'	30.01	32.70	35.34	37.94	40.49	43.00	45.45	47.84	50.18	52.46	17° 20'	151.3
38'	30.10	32.79	35.43	38.02	40.58	43.08	45.53	47.92	50.26	52.53	17° 40'	150.7
40'	30.19	32.87	35.51	38.11	40.66	43.16	45.61	47.99	50.34	52.61		
42'	30.28	32.96	35.60	38.20	40.75	43.24	45.69	48.08	50.41	52.68	18°	150.1
44'	30.37	33.05	35.69	38.28	40.83	43.33	45.77	48.16	50.49	52.76	18° 20'	149.6
46'	30.46	33.14	35.78	38.36	40.91	43.41	45.85	48.24	50.57	52.83	18° 40'	149.0
48'	30.55	33.23	35.86	38.45	41.00	43.49	45.93	48.32	50.64	52.91		
50'	30.64	33.32	35.95	38.53	41.08	43.57	46.01	48.39	50.72	52.98	19°	148.4
52'	30.73	33.41	36.04	38.61	41.17	43.66	46.09	48.47	50.80	53.05	19° 20'	147.8
54'	30.82	33.49	36.12	38.71	41.25	43.74	46.17	48.55	50.87	53.13	19° 40'	147.2
56'	30.91	33.58	36.21	38.80	41.33	43.82	46.25	48.63	50.94	53.20		
58'	31.00	33.67	36.30	38.88	41.42	43.90	46.33	48.71	51.02	53.28	20°	146.6

α	0°	1°	2°	3°	4°	5°	6°	7°	8°	9°
0'	0.00	2.91	5.82	8.73	11.62	14.50	17.36	20.20	23.02	25.80
2'	0.10	3.01	5.92	8.82	11.72	14.60	17.46	20.29	23.11	25.90
4'	0.19	3.11	6.02	8.92	11.81	14.69	17.55	20.39	23.20	25.99
6'	0.29	3.21	6.12	9.02	11.91	14.79	17.65	20.48	23.30	26.08
8'	0.39	3.30	6.21	9.11	12.01	14.88	17.74	20.58	23.39	26.17
10'	0.49	3.40	6.31	9.21	12.10	14.98	17.84	20.67	23.48	26.26
12'	0.58	3.50	6.41	9.31	12.20	15.07	17.93	20.77	23.58	26.36
14'	0.68	3.59	6.50	9.40	12.29	15.17	18.03	20.86	23.67	26.45
16'	0.78	3.69	6.60	9.50	12.39	15.26	18.12	20.95	23.76	26.54
18'	0.87	3.79	6.70	9.60	12.49	15.36	18.22	21.05	23.85	26.63
20'	0.97	3.88	6.79	9.69	12.58	15.46	18.31	21.14	23.95	26.73
22'	1.07	3.98	6.89	9.79	12.68	15.55	18.40	21.24	24.04	26.82
24'	1.17	4.08	6.99	9.89	12.77	15.65	18.50	21.33	24.13	26.91
26'	1.26	4.18	7.08	9.98	12.87	15.74	18.59	21.42	24.23	27.00
28'	1.36	4.27	7.18	10.08	12.97	15.84	18.69	21.52	24.32	27.09
30'	1.46	4.37	7.28	10.18	13.06	15.93	18.78	21.61	24.41	27.18
32'	1.55	4.47	7.37	10.27	13.16	16.03	18.88	21.71	24.51	27.28
34'	1.65	4.56	7.47	10.37	13.25	16.12	18.97	21.80	24.60	27.37
36'	1.75	4.66	7.57	10.47	13.35	16.22	19.07	21.89	24.69	27.46
38'	1.85	4.76	7.66	10.56	13.45	16.31	19.16	21.99	24.78	27.55
40'	1.94	4.86	7.76	10.66	13.54	16.41	19.26	22.08	24.88	27.64
42'	2.04	4.95	7.86	10.75	13.64	16.50	19.35	22.17	24.97	27.74
44'	2.14	5.05	7.95	10.85	13.73	16.60	19.45	22.27	25.06	27.83
46'	2.23	5.15	8.05	10.95	13.83	16.69	19.54	22.36	25.16	27.92
48'	2.33	5.24	8.15	11.04	13.93	16.79	19.63	22.45	25.25	28.01
50'	2.43	5.34	8.24	11.14	14.02	16.89	19.73	22.55	25.34	28.10
52'	2.53	5.44	8.34	11.24	14.12	16.98	19.82	22.64	25.43	28.19
54'	2.62	5.53	8.44	11.33	14.21	17.08	19.92	22.74	25.53	28.28
56'	2.72	5.63	8.53	11.43	14.31	17.17	20.01	22.83	25.62	28.38
58'	2.82	5.73	8.62	11.52	14.40	17.27	20.11	22.92	25.71	28.47

167 cos²α

α	cos²α
0°	167.0
0° 30'	167.0
1°	166.9
1° 30'	166.9
2°	166.8
2° 30'	166.7
3°	166.5
3° 30'	166.4
4°	166.2
4° 30'	166.0
5°	165.7
5° 30'	165.5
6°	165.2
6° 30'	164.9
7°	164.5
7° 30'	164.2
8°	163.8
8° 30'	163.4
9°	162.9
9° 30'	162.5
10°	162.0
10° 20'	161.6
10° 40'	161.3
11°	160.9
11° 20'	160.6
11° 40'	160.2

α	10°	11°	12°	13°	14°	15°	16°	17°	18°	19°
0'	28.56	31.28	33.96	36.60	39.20	41.75	44.25	46.69	49.08	51.41
2'	28.65	31.37	34.05	36.69	39.29	41.83	44.33	46.77	49.16	51.48
4'	28.74	31.46	34.14	36.78	39.37	41.92	44.41	46.85	49.24	51.56
6'	28.83	31.55	34.23	36.87	39.46	42.00	44.50	46.93	49.32	51.64
8'	28.92	31.64	34.32	36.95	39.54	42.09	44.58	47.01	49.39	51.71
10'	29.01	31.73	34.41	37.04	39.63	42.17	44.66	47.09	49.47	51.79
12'	29.11	31.82	34.49	37.13	39.71	42.25	44.74	47.17	49.55	51.87
14'	29.20	31.91	34.58	37.21	39.80	42.34	44.82	47.25	49.63	51.94
16'	29.29	32.00	34.67	37.30	39.89	42.42	44.91	47.33	49.71	52.02
18'	29.38	32.09	34.76	37.39	39.97	42.51	44.99	47.41	49.78	52.09
20'	29.47	32.18	34.85	37.47	40.06	42.59	45.07	47.49	49.86	52.17
22'	29.56	32.27	34.94	37.56	40.14	42.67	45.15	47.57	49.94	52.25
24'	29.65	32.36	35.02	37.65	40.23	42.76	45.23	47.65	50.02	52.32
26'	29.74	32.45	35.11	37.73	40.31	42.84	45.31	47.73	50.10	52.40
28'	29.83	32.54	35.20	37.82	40.40	42.92	45.40	47.81	50.17	52.47
30'	29.92	32.63	35.29	37.91	40.48	43.01	45.48	47.89	50.25	52.55
32'	30.01	32.72	35.38	37.99	40.57	43.09	45.56	47.97	50.33	52.62
34'	30.11	32.80	35.46	38.08	40.65	43.17	45.64	48.05	50.41	52.70
36'	30.20	32.89	35.55	38.17	40.74	43.26	45.72	48.13	50.48	52.77
38'	30.29	32.98	35.64	38.25	40.82	43.34	45.80	48.21	50.56	52.85
40'	30.38	33.07	35.73	38.34	40.91	43.42	45.88	48.29	50.64	52.92
42'	30.47	33.16	35.82	38.43	40.99	43.50	45.97	48.37	50.72	53.00
44'	30.56	33.25	35.90	38.51	41.07	43.59	46.05	48.45	50.79	53.08
46'	30.65	33.34	35.99	38.59	41.16	43.67	46.13	48.53	50.87	53.15
48'	30.74	33.43	36.08	38.69	41.24	43.75	46.21	48.61	50.95	53.22
50'	30.83	33.52	36.17	38.76	41.33	43.84	46.29	48.69	51.02	53.30
52'	30.92	33.61	36.25	38.85	41.41	43.92	46.37	48.77	51.10	53.37
54'	31.01	33.70	36.34	38.94	41.50	44.00	46.45	48.84	51.18	53.45
56'	31.10	33.78	36.43	39.03	41.58	44.08	46.53	48.92	51.25	53.52
58'	31.19	33.87	36.52	39.12	41.67	44.17	46.61	49.00	51.33	53.60

α	cos²α
12°	159.8
12° 20'	159.4
12° 40'	159.0
13°	158.5
13° 20'	158.1
13° 40'	157.7
14°	157.2
14° 20'	156.8
14° 40'	156.3
15°	155.8
15° 20'	155.3
15° 40'	154.8
16°	154.3
16° 20'	153.8
16° 40'	153.3
17°	152.7
17° 20'	152.2
17° 40'	151.6
18°	151.1
18° 20'	150.5
18° 40'	149.9
19°	149.3
19° 20'	148.7
19° 40'	148.1
20°	147.5

168 ($\frac{1}{2}\sin 2\alpha$)

α	0°	1°	2°	3°	4°	5°	6°	7°	8°	9°
0′	0.00	2.98	5.86	8.78	11.69	14.59	17.46	20.32	23.15	25.96
2′	0.10	3.08	5.96	8.88	11.79	14.68	17.56	20.42	23.25	26.05
4′	0.20	3.13	6.05	8.97	11.88	14.78	17.66	20.51	23.34	26.14
6′	0.29	3.22	6.15	9.07	11.98	14.88	17.75	20.61	23.44	26.24
8′	0.39	3.32	6.25	9.17	12.08	14.97	17.85	20.70	23.53	26.38
10′	0.49	3.42	6.35	9.27	12.17	15.07	17.94	20.80	23.62	26.42
12′	0.59	3.52	6.44	9.36	12.27	15.16	18.04	20.89	23.72	26.51
14′	0.68	3.62	6.54	9.46	12.37	15.26	18.13	20.99	23.81	26.61
16′	0.78	3.71	6.64	9.56	12.46	15.36	18.23	21.08	23.90	26.70
18′	0.88	3.81	6.74	9.65	12.56	15.45	18.32	21.17	24.00	26.79
20′	0.98	3.91	6.83	9.75	12.66	15.55	18.42	21.27	24.09	26.89
22′	1.07	4.01	6.93	9.85	12.75	15.64	18.51	21.36	24.19	26.98
24′	1.17	4.10	7.03	9.95	12.85	15.74	18.61	21.46	24.28	27.07
26′	1.27	4.20	7.13	10.04	12.95	15.84	18.71	21.55	24.37	27.16
28′	1.37	4.30	7.22	10.14	13.04	15.93	18.80	21.65	24.47	27.26
30′	1.47	4.40	7.32	10.24	13.14	16.03	18.90	21.74	24.56	27.35
32′	1.56	4.49	7.42	10.33	13.24	16.12	18.99	21.84	24.65	27.44
34′	1.66	4.59	7.52	10.43	13.33	16.22	19.09	21.93	24.75	27.53
36′	1.76	4.69	7.61	10.53	13.43	16.32	19.18	22.02	24.84	27.62
38′	1.86	4.79	7.71	10.62	13.53	16.41	19.28	22.12	24.93	27.72
40′	1.95	4.88	7.81	10.72	13.62	16.51	19.37	22.21	25.03	27.81
42′	2.05	4.98	7.91	10.82	13.72	16.60	19.47	22.31	25.12	27.90
44′	2.15	5.08	8.00	10.92	13.82	16.70	19.56	22.40	25.21	27.99
46′	2.25	5.18	8.10	11.01	13.91	16.79	19.66	22.50	25.31	28.09
48′	2.35	5.27	8.20	11.11	14.01	16.89	19.75	22.59	25.40	28.18
50′	2.44	5.37	8.29	11.21	14.10	16.99	19.85	22.68	25.49	28.27
52′	2.54	5.47	8.39	11.30	14.20	17.08	19.94	22.78	25.59	28.36
54′	2.64	5.57	8.49	11.40	14.30	17.18	20.04	22.87	25.68	28.45
56′	2.74	5.66	8.59	11.50	14.39	17.27	20.13	22.97	25.77	28.55
58′	2.83	5.76	8.68	11.59	14.49	17.37	20.23	23.06	25.86	28.64

α	10°	11°	12°	13°	14°	15°	16°	17°	18°	19°
0′	28.73	31.47	34.17	36.82	39.44	42.00	44.51	46.97	49.37	51.72
2′	28.82	31.56	34.26	36.91	39.52	42.08	44.60	47.05	49.45	51.79
4′	28.91	31.65	34.34	37.00	39.61	42.17	44.68	47.13	49.53	51.87
6′	29.01	31.74	34.43	37.09	39.69	42.25	44.76	47.22	49.61	51.95
8′	29.10	31.83	34.52	37.17	39.78	42.34	44.84	47.30	49.69	52.02
10′	29.19	31.92	34.61	37.26	39.87	42.42	44.93	47.38	49.77	52.10
12′	29.28	32.01	34.70	37.35	39.95	42.51	45.01	47.46	49.85	52.18
14′	29.37	32.10	34.79	37.43	40.04	42.59	45.09	47.54	49.93	52.25
16′	29.46	32.19	34.88	37.52	40.12	42.68	45.17	47.62	50.00	52.33
18′	29.55	32.28	34.97	37.61	40.21	42.76	45.26	47.70	50.08	52.41
20′	29.65	32.37	35.06	37.70	40.30	42.84	45.34	47.78	50.16	52.48
22′	29.74	32.46	35.15	37.79	40.38	42.93	45.42	47.86	50.24	52.56
24′	29.83	32.55	35.23	37.87	40.47	43.01	45.50	47.94	50.32	52.63
26′	29.92	32.64	35.32	37.96	40.55	43.10	45.59	48.02	50.40	52.71
28′	30.01	32.73	35.41	38.05	40.64	43.18	45.67	48.10	50.47	52.79
30′	30.10	32.82	35.50	38.14	40.72	43.26	45.75	48.18	50.55	52.86
32′	30.19	32.91	35.59	38.22	40.81	43.35	45.83	48.26	50.63	52.94
34′	30.29	33.00	35.68	38.31	40.89	43.43	45.91	48.34	50.71	53.01
36′	30.38	33.09	35.77	38.40	40.98	43.51	46.00	48.42	50.79	53.09
38′	30.47	33.18	35.85	38.48	41.07	43.60	46.08	48.50	50.86	53.17
40′	30.56	33.27	35.94	38.57	41.15	43.68	46.16	48.58	50.94	53.24
42′	30.65	33.36	36.03	38.66	41.24	43.76	46.24	48.66	51.02	53.32
44′	30.74	33.45	36.12	38.74	41.32	43.85	46.32	48.74	51.10	53.39
46′	30.83	33.54	36.21	38.83	41.41	43.93	46.40	48.82	51.17	53.47
48′	30.92	33.63	36.30	38.92	41.49	44.01	46.48	48.90	51.25	53.54
50′	31.01	33.72	36.38	38.99	41.58	44.10	46.57	48.98	51.33	53.62
52′	31.10	33.81	36.47	39.09	41.66	44.18	46.65	49.06	51.41	53.69
54′	31.19	33.90	36.56	39.18	41.75	44.26	46.73	49.14	51.48	53.77
56′	31.29	33.99	36.65	39.26	41.83	44.35	46.81	49.22	51.56	53.84
58′	31.38	34.08	36.74	39.35	41.92	44.43	46.89	49.29	51.64	53.92

168 $\cos^2\alpha$

α	168 $\cos^2\alpha$	α	168 $\cos^2\alpha$
0°	168.0	12°	160.7
0° 30′	168.0	12° 20′	160.3
1°	167.9	12° 40′	159.9
1° 30′	167.9	13°	159.5
2°	167.8	13° 20′	159.1
2° 30′	167.7	13° 40′	158.6
3°	167.5	14°	158.2
3° 30′	167.4	14° 20′	157.7
4°	167.2	14° 40′	157.2
4° 30′	167.0	15°	156.7
5°	166.7	15° 20′	156.3
5° 30′	166.5	15° 40′	155.7
6°	166.2	16°	155.2
6° 30′	165.8	16° 20′	154.7
7°	165.5	16° 40′	154.2
7° 30′	165.1	17°	153.6
8°	164.7	17° 20′	153.1
8° 30′	164.3	17° 40′	152.5
9°	163.9	18°	152.0
9° 30′	163.4	18° 20′	151.4
10°	162.9	18° 40′	150.8
10° 20′	162.6	19°	150.2
10° 40′	162.2	19° 20′	149.6
11°	161.9	19° 40′	149.0
11° 20′	161.5	20°	148.3
11° 40′	161.1		

169 ($\frac{1}{2}\sin 2\alpha$)

α	0°	1°	2°	3°	4°	5°	6°	7°	8°	9°
0'	0.00	2.95	5.89	8.83	11.76	14.67	17.57	20.44	23.29	26.11
2'	0.10	3.05	5.99	8.93	11.86	14.77	17.66	20.54	23.39	26.21
4'	0.20	3.15	6.09	9.03	11.95	14.87	17.76	20.63	23.48	26.30
6'	0.29	3.24	6.19	9.13	12.05	14.96	17.86	20.73	23.57	26.39
8'	0.39	3.34	6.29	9.22	12.15	15.06	17.95	20.82	23.67	26.49
10'	0.49	3.44	6.38	9.32	12.25	15.16	18.05	20.92	23.76	26.58
12'	0.59	3.54	6.48	9.42	12.34	15.25	18.15	21.01	23.86	26.67
14'	0.69	3.64	6.58	9.52	12.44	15.35	18.24	21.11	23.95	26.77
16'	0.79	3.73	6.68	9.61	12.54	15.45	18.34	21.20	24.05	26.86
18'	0.88	3.83	6.78	9.71	12.64	15.54	18.43	21.30	24.14	26.95
20'	0.98	3.93	6.87	9.81	12.78	15.64	18.53	21.40	24.23	27.05
22'	1.08	4.03	6.97	9.91	12.88	15.74	18.62	21.49	24.33	27.14
24'	1.18	4.13	7.07	10.01	12.93	15.83	18.72	21.59	24.42	27.23
26'	1.28	4.23	7.17	10.10	13.02	15.93	18.82	21.68	24.52	27.32
28'	1.38	4.32	7.27	10.20	13.12	16.03	18.91	21.78	24.61	27.42
30'	1.47	4.42	7.36	10.30	13.22	16.12	19.01	21.87	24.71	27.51
32'	1.57	4.52	7.46	10.40	13.32	16.22	19.10	21.97	24.80	27.60
34'	1.67	4.62	7.56	10.49	13.41	16.32	19.20	22.06	24.89	27.70
36'	1.77	4.72	7.66	10.59	13.51	16.41	19.30	22.16	24.99	27.79
38'	1.87	4.82	7.76	10.69	13.61	16.51	19.39	22.25	25.03	27.88
40'	1.97	4.91	7.85	10.79	13.70	16.61	19.49	22.34	25.18	27.97
42'	2.06	5.01	7.95	10.88	13.80	16.70	19.58	22.44	25.27	28.07
44'	2.16	5.11	8.05	10.98	13.90	16.80	19.68	22.53	25.36	28.16
46'	2.26	5.21	8.15	11.08	14.00	16.89	19.77	22.63	25.46	28.25
48'	2.36	5.31	8.25	11.18	14.09	16.99	19.87	22.72	25.55	28.35
50'	2.46	5.40	8.34	11.27	14.19	17.09	19.96	22.82	25.64	28.44
52'	2.56	5.50	8.44	11.37	14.29	17.18	20.06	22.91	25.74	28.53
54'	2.65	5.60	8.54	11.47	14.38	17.28	20.16	23.01	25.83	28.62
56'	2.75	5.70	8.64	11.57	14.48	17.38	20.25	23.10	25.92	28.72
58'	2.85	5.80	8.73	11.66	14.58	17.47	20.35	23.20	26.02	28.81

α	10°	11°	12°	13°	14°	15°	16°	17°	18°	19°
0'	28.90	31.65	34.37	37.04	39.67	42.25	44.78	47.25	49.67	52.02
2'	28.99	31.75	34.46	37.13	39.76	42.34	44.86	47.33	49.75	52.10
4'	29.09	31.84	34.55	37.22	39.84	42.42	44.94	47.41	49.83	52.18
6'	29.18	31.93	34.64	37.31	39.93	42.51	45.03	47.50	49.91	52.26
8'	29.27	32.02	34.73	37.39	40.02	42.59	45.11	47.58	49.99	52.33
10'	29.36	32.11	34.82	37.48	40.10	42.68	45.19	47.66	50.06	52.41
12'	29.45	32.20	34.91	37.57	40.19	42.76	45.27	47.74	50.14	52.49
14'	29.55	32.29	35.00	37.65	40.28	42.84	45.36	47.82	50.22	52.56
16'	29.64	32.38	35.09	37.75	40.36	42.93	45.44	47.90	50.30	52.64
18'	29.73	32.47	35.18	37.84	40.45	43.01	45.53	47.98	50.38	52.72
20'	29.82	32.56	35.27	37.92	40.54	43.10	45.61	48.06	50.46	52.79
22'	29.91	32.65	35.35	38.01	40.62	43.18	45.69	48.14	50.54	52.87
24'	30.01	32.75	35.44	38.10	40.71	43.27	45.77	48.23	50.62	52.95
26'	30.10	32.84	35.53	38.19	40.79	43.35	45.86	48.31	50.70	53.02
28'	30.19	32.93	35.62	38.27	40.88	43.44	45.94	48.39	50.77	53.10
30'	30.28	33.02	35.71	38.36	40.97	43.52	46.02	48.47	50.85	53.18
32'	30.37	33.11	35.80	38.45	41.05	43.61	46.10	48.55	50.93	53.25
34'	30.47	33.20	35.89	38.54	41.14	43.69	46.19	48.63	51.01	53.33
36'	30.56	33.29	35.98	38.62	41.22	43.77	46.27	48.71	51.09	53.41
38'	30.65	33.38	36.07	38.71	41.31	43.86	46.35	48.79	51.17	53.48
40'	30.74	33.47	36.16	38.80	41.40	43.94	46.43	48.86	51.25	53.56
42'	30.83	33.56	36.25	38.89	41.48	44.03	46.52	48.95	51.32	53.63
44'	30.92	33.65	36.33	38.97	41.57	44.11	46.60	49.03	51.40	53.71
46'	31.02	33.74	36.42	39.05	41.65	44.19	46.68	49.11	51.48	53.79
48'	31.11	33.83	36.51	39.15	41.74	44.28	46.76	49.19	51.56	53.86
50'	31.20	33.92	36.60	39.23	41.82	44.36	46.84	49.27	51.64	53.94
52'	31.29	34.01	36.69	39.31	41.91	44.44	46.93	49.35	51.71	54.01
54'	31.38	34.10	36.78	39.41	41.99	44.53	47.01	49.43	51.79	54.09
56'	31.47	34.19	36.87	39.50	42.08	44.61	47.09	49.51	51.87	54.16
58'	31.56	34.28	36.95	39.58	42.16	44.69	47.17	49.59	51.95	54.24

169 $\cos^2\alpha$

α	169 cos²α	α	169 cos²α
0°	169.0	11° 40'	162.1
0° 30'	169.0	12°	161.7
1°	168.9	12° 20'	161.3
1° 30'	168.9	12° 40'	160.9
2°	168.8	13°	160.4
2° 30'	168.7	13° 20'	160.0
3°	168.5	13° 40'	159.6
3° 30'	168.4	14°	159.1
4°	168.2	14° 20'	158.6
4° 30'	168.0	14° 40'	158.2
5°	167.7	15°	157.7
5° 30'	167.4	15° 20'	157.2
6°	167.2	15° 40'	156.7
6° 30'	166.8	16°	156.2
7°	166.5	16° 20'	155.6
7° 30'	166.1	16° 40'	155.1
8°	165.7	17°	154.6
8° 30'	165.3	17° 20'	154.0
9°	164.9	17° 40'	153.4
9° 30'	164.4	18°	152.9
10°	163.9	18° 20'	152.3
10° 20'	163.6	18° 40'	151.7
10° 40'	163.2	19°	151.1
11°	162.8	19° 20'	150.5
11° 20'	162.5	19° 40'	149.9
		20°	149.2

170 (¹⁄₂ sin 2α)

α	0°	1°	2°	3°	4°	5°	6°	7°	8°	9°
0'	0.00	2.97	5.93	8.88	11.83	14.76	17.67	20.56	23.43	26.27
2'	0.10	3.07	6.03	8.98	11.93	14.86	17.77	20.66	23.52	26.36
4'	0.20	3.16	6.13	9.08	12.03	14.95	17.87	20.76	23.62	26.45
6'	0.30	3.26	6.23	9.18	12.12	15.05	17.96	20.85	23.71	26.55
8'	0.40	3.36	6.32	9.28	12.22	15.15	18.06	20.95	23.81	26.64
10'	0.49	3.46	6.42	9.38	12.32	15.25	18.16	21.04	23.90	26.74
12'	0.59	3.56	6.52	9.47	12.42	15.34	18.25	21.14	24.00	26.83
14'	0.69	3.66	6.62	9.57	12.51	15.44	18.35	21.24	24.09	26.92
16'	0.79	3.76	6.72	9.67	12.61	15.54	18.45	21.33	24.19	27.02
18'	0.89	3.86	6.82	9.77	12.71	15.64	18.54	21.43	24.28	27.11
20'	0.99	3.95	6.92	9.87	12.81	15.73	18.64	21.52	24.38	27.21
22'	1.09	4.05	7.01	9.97	12.91	15.83	18.74	21.62	24.47	27.30
24'	1.19	4.15	7.11	10.06	13.00	15.93	18.83	21.71	24.57	27.39
26'	1.29	4.25	7.21	10.16	13.10	16.02	18.93	21.81	24.66	27.49
28'	1.38	4.35	7.31	10.26	13.20	16.12	19.02	21.90	24.76	27.58
30'	1.48	4.45	7.41	10.36	13.30	16.22	19.12	22.00	24.85	27.67
32'	1.58	4.55	7.51	10.46	13.39	16.32	19.22	22.10	24.95	27.77
34'	1.68	4.65	7.61	10.56	13.49	16.41	19.31	22.19	25.04	27.86
36'	1.78	4.74	7.70	10.65	13.59	16.51	19.41	22.29	25.14	27.95
38'	1.88	4.84	7.80	10.75	13.69	16.61	19.51	22.38	25.23	28.05
40'	1.98	4.94	7.90	10.85	13.79	16.70	19.60	22.48	25.32	28.14
42'	2.08	5.04	8.00	10.95	13.88	16.80	19.70	22.57	25.42	28.23
44'	2.18	5.14	8.10	11.05	13.98	16.90	19.79	22.67	25.51	28.33
46'	2.27	5.24	8.20	11.14	14.08	16.99	19.89	22.76	25.61	28.42
48'	2.37	5.34	8.29	11.24	14.18	17.09	19.99	22.86	25.70	28.51
50'	2.47	5.44	8.39	11.34	14.27	17.19	20.08	22.95	25.80	28.61
52'	2.57	5.53	8.49	11.44	14.37	17.29	20.18	23.05	25.89	28.70
54'	2.67	5.63	8.59	11.54	14.47	17.38	20.28	23.14	25.98	28.79
56'	2.77	5.73	8.69	11.63	14.57	17.48	20.37	23.24	26.08	28.89
58'	2.87	5.83	8.79	11.73	14.66	17.58	20.47	23.33	26.17	28.98

α	10°	11°	12°	13°	14°	15°	16°	17°	18°	19°
0'	29.07	31.84	34.57	37.26	39.91	42.50	45.04	47.53	49.96	52.33
2'	29.16	31.93	34.66	37.35	39.99	42.59	45.13	47.61	50.04	52.41
4'	29.26	32.02	34.75	37.44	40.08	42.67	45.21	47.70	50.12	52.49
6'	29.35	32.12	34.84	37.53	40.17	42.76	45.29	47.78	50.20	52.56
8'	29.44	32.21	34.93	37.61	40.25	42.84	45.38	47.86	50.28	52.64
10'	29.54	32.30	35.02	37.71	40.34	42.93	45.46	47.94	50.36	52.72
12'	29.63	32.39	35.11	37.79	40.43	43.01	45.55	48.02	50.44	52.80
14'	29.72	32.48	35.20	37.87	40.52	43.10	45.63	48.10	50.52	52.88
16'	29.81	32.57	35.29	37.97	40.60	43.18	45.71	48.19	50.60	52.95
18'	29.91	32.67	35.38	38.06	40.69	43.27	45.80	48.27	50.68	53.03
20'	30.00	32.76	35.47	38.15	40.78	43.35	45.88	48.35	50.76	53.11
22'	30.09	32.85	35.56	38.24	40.86	43.44	45.96	48.43	50.84	53.18
24'	30.18	32.94	35.65	38.32	40.95	43.52	46.05	48.51	50.92	53.26
26'	30.28	33.03	35.74	38.41	41.04	43.61	46.13	48.59	51.00	53.34
28'	30.37	33.12	35.83	38.50	41.12	43.69	46.21	48.67	51.08	53.42
30'	30.46	33.21	35.92	38.59	41.21	43.78	46.29	48.75	51.15	53.49
32'	30.55	33.30	36.01	38.68	41.30	43.86	46.38	48.84	51.23	53.57
34'	30.65	33.39	36.10	38.77	41.38	43.95	46.46	48.92	51.31	53.65
36'	30.74	33.49	36.19	38.85	41.47	44.03	46.54	49.00	51.39	53.72
38'	30.83	33.58	36.28	38.94	41.55	44.12	46.63	49.08	51.47	53.80
40'	30.92	33.67	36.37	39.03	41.64	44.20	46.71	49.15	51.55	53.88
42'	31.01	33.76	36.46	39.12	41.72	44.29	46.78	49.24	51.63	53.95
44'	31.11	33.85	36.55	39.20	41.81	44.37	46.87	49.32	51.71	54.03
46'	31.20	33.94	36.64	39.28	41.90	44.45	46.95	49.40	51.78	54.10
48'	31.29	34.03	36.73	39.38	41.99	44.54	47.04	49.48	51.86	54.18
50'	31.38	34.12	36.82	39.46	42.07	44.62	47.12	49.56	51.94	54.26
52'	31.47	34.21	36.91	39.55	42.16	44.70	47.20	49.64	52.02	54.33
54'	31.57	34.30	36.99	39.64	42.24	44.79	47.29	49.72	52.10	54.41
56'	31.66	34.39	37.08	39.73	42.33	44.88	47.37	49.80	52.18	54.49
58'	31.75	34.48	37.17	39.82	42.41	44.96	47.45	49.88	52.25	54.56

170 cos²α

0°	170.0
0° 30'	170.0
1°	169.9
1° 30'	169.9
2°	169.8
2° 30'	169.7
3°	169.5
3° 30'	169.4
4°	169.2
4° 30'	169.0
5°	168.7
5° 30'	168.4
6°	168.1
6° 30'	167.8
7°	167.5
7° 30'	167.1
8°	166.7
8° 30'	166.3
9°	165.8
9° 30'	165.4
10°	164.9
10° 20'	164.5
10° 40'	164.2
11°	163.8
11° 20'	163.4
11° 40'	163.0
12°	162.7
12° 20'	162.2
12° 40'	161.8
13°	161.4
13° 20'	161.0
13° 40'	160.5
14°	160.1
14° 20'	159.6
14° 40'	159.1
15°	158.6
15° 20'	158.1
15° 40'	157.6
16°	157.1
16° 20'	156.6
16° 40'	156.0
17°	155.5
17° 20'	154.9
17° 40'	154.3
18°	153.8
18° 20'	153.2
18° 40'	152.6
19°	152.0
19° 20'	151.4
19° 40'	150.7
20°	150.1

171 ($\frac{1}{2}\sin 2\alpha$)

α	0°	1°	2°	3°	4°	5°	6°	7°	8°	9°
0'	0.00	2.98	5.96	8.94	11.90	14.85	17.78	20.68	23.57	26.42
2'	0.10	3.08	6.06	9.04	12.00	14.94	17.87	20.78	23.66	26.52
4'	0.20	3.18	6.16	9.14	12.10	15.04	17.97	20.88	23.76	26.61
6'	0.30	3.28	6.26	9.23	12.19	15.14	18.07	20.97	23.85	26.70
8'	0.40	3.38	6.36	9.33	12.29	15.24	18.17	21.07	23.95	26.80
10'	0.50	3.48	6.46	9.43	12.39	15.34	18.26	21.17	24.04	26.89
12'	0.60	3.58	6.56	9.53	12.49	15.43	18.36	21.26	24.14	26.99
14'	0.70	3.68	6.66	9.63	12.59	15.53	18.46	21.36	24.24	27.08
16'	0.80	3.78	6.76	9.73	12.69	15.63	18.55	21.46	24.33	27.18
18'	0.90	3.88	6.86	9.83	12.79	15.73	18.65	21.55	24.43	27.27
20'	0.99	3.98	6.96	9.93	12.88	15.83	18.75	21.65	24.52	27.37
22'	1.09	4.08	7.06	10.02	12.98	15.92	18.85	21.74	24.62	27.46
24'	1.19	4.18	7.15	10.12	13.08	16.02	18.94	21.84	24.71	27.55
26'	1.29	4.28	7.25	10.22	13.18	16.12	19.04	21.94	24.81	27.65
28'	1.39	4.38	7.35	10.32	13.28	16.22	19.14	22.03	24.90	27.74
30'	1.49	4.47	7.45	10.42	13.38	16.31	19.23	22.13	25.00	27.84
32'	1.59	4.57	7.55	10.52	13.47	16.41	19.33	22.23	25.09	27.93
34'	1.69	4.67	7.65	10.62	13.57	16.51	19.43	22.32	25.19	28.02
36'	1.79	4.77	7.75	10.72	13.67	16.61	19.52	22.42	25.28	28.12
38'	1.89	4.87	7.85	10.81	13.77	16.70	19.62	22.51	25.38	28.21
40'	1.99	4.97	7.95	10.91	13.87	16.80	19.72	22.61	25.47	28.31
42'	2.09	5.07	8.05	11.01	13.96	16.90	19.81	22.71	25.57	28.40
44'	2.19	5.17	8.15	11.11	14.06	17.00	19.91	22.80	25.66	28.49
46'	2.29	5.27	8.24	11.21	14.16	17.09	20.01	22.90	25.76	28.59
48'	2.39	5.37	8.34	11.31	14.26	17.19	20.10	22.99	25.85	28.68
50'	2.49	5.47	8.44	11.41	14.36	17.29	20.20	23.09	25.95	28.77
52'	2.59	5.57	8.54	11.51	14.45	17.39	20.30	23.18	26.04	28.87
54'	2.69	5.67	8.64	11.60	14.55	17.48	20.39	23.28	26.14	28.96
56'	2.78	5.77	8.74	11.70	14.65	17.58	20.49	23.38	26.23	29.06
58'	2.88	5.86	8.84	11.80	14.75	17.68	20.59	23.47	26.33	29.15

171 $\cos^2\alpha$

0°	171.0
0° 30'	171.0
1°	170.9
1° 30'	170.9
2°	170.8
2° 30'	170.7
3°	170.5
3° 30'	170.4
4°	170.2
4° 30'	169.9
5°	169.7
5° 30'	169.4
6°	169.1
6° 30'	168.8
7°	168.5
7° 30'	168.1
8°	167.7
8° 30'	167.3
9°	166.8
9° 30'	166.3
10°	165.8
10° 20'	165.5
10° 40'	165.1
11°	164.8
11° 20'	164.4
11° 40'	164.0

α	10°	11°	12°	13°	14°	15°	16°	17°	18°	19°
0'	29.24	32.03	34.78	37.48	40.14	42.75	45.31	47.81	50.26	52.64
2'	29.34	32.12	34.87	37.57	40.23	42.84	45.39	47.89	50.34	52.72
4'	29.43	32.21	34.96	37.66	40.32	42.92	45.48	47.98	50.42	52.80
6'	29.52	32.31	35.05	37.75	40.40	43.01	45.56	48.06	50.50	52.87
8'	29.62	32.40	35.14	37.83	40.49	43.09	45.65	48.14	50.58	52.95
10'	29.71	32.49	35.23	37.93	40.58	43.18	45.73	48.22	50.66	53.03
12'	29.80	32.58	35.32	38.02	40.67	43.27	45.81	48.30	50.74	53.11
14'	29.90	32.67	35.41	38.10	40.75	43.35	45.90	48.39	50.82	53.19
16'	29.99	32.77	35.50	38.19	40.84	43.44	45.98	48.47	50.90	53.26
18'	30.08	32.86	35.59	38.28	40.93	43.52	46.06	48.55	50.98	53.34
20'	30.18	32.95	35.68	38.37	41.02	43.61	46.15	48.63	51.06	53.42
22'	30.27	33.04	35.77	38.46	41.10	43.69	46.23	48.71	51.14	53.50
24'	30.36	33.13	35.86	38.55	41.19	43.78	46.32	48.80	51.22	53.57
26'	30.45	33.22	35.95	38.64	41.28	43.87	46.40	48.88	51.30	53.65
28'	30.55	33.32	36.04	38.73	41.36	43.95	46.48	48.96	51.38	53.73
30'	30.64	33.41	36.13	38.82	41.45	44.04	46.57	49.04	51.46	53.81
32'	30.73	33.50	36.22	38.90	41.54	44.12	46.65	49.12	51.53	53.88
34'	30.83	33.59	36.31	38.99	41.63	44.21	46.73	49.20	51.61	53.96
36'	30.92	33.68	36.40	39.08	41.71	44.29	46.82	49.28	51.69	54.04
38'	31.01	33.77	36.49	39.17	41.80	44.38	46.90	49.37	51.77	54.12
40'	31.10	33.86	36.58	39.26	41.89	44.46	46.98	49.44	51.85	54.19
42'	31.20	33.96	36.67	39.35	41.97	44.55	47.07	49.58	51.93	54.27
44'	31.29	34.05	36.76	39.44	42.06	44.63	47.15	49.61	52.01	54.35
46'	31.38	34.14	36.85	39.51	42.15	44.72	47.23	49.69	52.09	54.42
48'	31.47	34.23	36.94	39.61	42.23	44.80	47.32	49.77	52.17	54.50
50'	31.57	34.32	37.03	39.69	42.32	44.89	47.40	49.85	52.25	54.58
52'	31.66	34.41	37.12	39.78	42.40	44.97	47.48	49.93	52.32	54.65
54'	31.75	34.50	37.21	39.88	42.49	45.05	47.56	50.01	52.40	54.73
56'	31.84	34.59	37.30	39.97	42.58	45.14	47.65	50.09	52.48	54.81
58'	31.94	34.69	37.39	40.05	42.66	45.22	47.73	50.18	52.56	54.88

12°	163.6
12° 20'	163.2
12° 40'	162.8
13°	162.3
13° 20'	161.9
13° 40'	161.5
14°	161.0
14° 20'	160.5
14° 40'	160.0
15°	159.5
15° 20'	159.0
15° 40'	158.5
16°	158.0
16° 20'	157.5
16° 40'	156.9
17°	156.4
17° 20'	155.8
17° 40'	155.3
18°	154.7
18° 20'	154.1
18° 40'	153.5
19°	152.9
19° 20'	152.3
19° 40'	151.6
20°	151.0

172 ($\frac{1}{2} \sin 2\alpha$)

α	0°	1°	2°	3°	4°	5°	6°	7°	8°	9°
0'	0.00	8.00	6.00	8.99	11.97	14.93	17.88	20.81	23.70	26.58
2'	0.10	8.10	6.10	9.09	12.07	15.03	17.98	20.90	23.80	26.67
4'	0.20	8.20	6.20	9.19	12.17	15.13	18.08	21.00	23.90	26.77
6'	0.30	8.30	6.30	9.29	12.27	15.23	18.17	21.10	23.99	26.86
8'	0.40	8.40	6.40	9.39	12.37	15.33	18.27	21.19	24.09	26.96
10'	0.50	8.50	6.50	9.49	12.46	15.43	18.37	21.29	24.19	27.05
12'	0.60	8.60	6.60	9.59	12.56	15.52	18.47	21.39	24.28	27.15
14'	0.70	8.70	6.70	9.69	12.66	15.62	18.56	21.49	24.38	27.24
16'	0.80	8.80	6.80	9.79	12.76	15.72	18.66	21.58	24.47	27.34
18'	0.90	8.90	6.90	9.88	12.86	15.82	18.76	21.68	24.57	27.43
20'	1.00	4.00	7.00	9.98	12.96	15.92	18.86	21.77	24.67	27.53
22'	1.10	4.10	7.10	10.08	13.06	16.02	18.96	21.87	24.76	27.62
24'	1.20	4.20	7.20	10.18	13.16	16.11	19.05	21.97	24.86	27.71
26'	1.30	4.30	7.30	10.28	13.26	16.21	19.15	22.07	24.95	27.81
28'	1.40	4.40	7.40	10.38	13.35	16.31	19.25	22.16	25.05	27.90
30'	1.50	4.50	7.50	10.48	13.45	16.41	19.35	22.26	25.14	28.00
32'	1.60	4.60	7.60	10.58	13.55	16.51	19.44	22.36	25.24	28.09
34'	1.70	4.70	7.69	10.68	13.65	16.61	19.54	22.45	25.34	28.19
36'	1.80	4.80	7.79	10.78	13.75	16.70	19.64	22.55	25.43	28.28
38'	1.90	4.90	7.89	10.88	13.85	16.80	19.74	22.64	25.53	28.38
40'	2.00	5.00	7.99	10.98	13.95	16.90	19.83	22.74	25.62	28.47
42'	2.10	5.10	8.09	11.08	14.05	17.00	19.93	22.84	25.72	28.57
44'	2.20	5.20	8.19	11.18	14.14	17.10	20.03	22.93	25.81	28.66
46'	2.30	5.30	8.29	11.27	14.24	17.19	20.12	23.03	25.91	28.75
48'	2.40	5.40	8.39	11.37	14.34	17.29	20.22	23.13	26.00	28.85
50'	2.50	5.50	8.49	11.47	14.44	17.39	20.32	23.22	26.10	28.94
52'	2.60	5.60	8.59	11.57	14.54	17.49	20.42	23.32	26.19	29.04
54'	2.70	5.70	8.69	11.67	14.64	17.59	20.51	23.42	26.29	29.13
56'	2.80	5.80	8.79	11.77	14.74	17.68	20.61	23.51	26.38	29.23
58'	2.90	5.90	8.89	11.87	14.84	17.78	20.71	23.61	26.48	29.32

α	10°	11°	12°	13°	14°	15°	16°	17°	18°	19°
0'	29.41	32.22	34.98	37.70	40.87	43.00	45.57	48.09	50.55	52.95
2'	29.51	32.31	35.07	37.79	40.46	43.09	45.66	48.17	50.63	53.02
4'	29.60	32.40	35.16	37.88	40.55	43.17	45.74	48.26	50.71	53.10
6'	29.70	32.49	35.25	37.97	40.64	43.26	45.83	48.34	50.79	53.18
8'	29.79	32.59	35.34	38.05	40.73	43.35	45.91	48.42	50.87	53.26
10'	29.88	32.68	35.44	38.15	40.82	43.43	46.00	48.50	50.95	53.34
12'	29.98	32.77	35.53	38.24	40.90	43.52	46.08	48.59	51.03	53.42
14'	30.07	32.86	35.62	38.32	40.99	43.61	46.17	48.67	51.11	53.50
16'	30.16	32.96	35.71	38.42	41.08	43.69	46.24	48.75	51.19	53.58
18'	30.26	33.05	35.80	38.51	41.17	43.78	46.33	48.83	51.28	53.65
20'	30.35	33.14	35.89	38.60	41.26	43.86	46.42	48.92	51.36	53.73
22'	30.45	33.23	35.98	38.69	41.34	43.95	46.50	49.00	51.44	53.81
24'	30.54	33.33	36.07	38.78	41.43	44.04	46.59	49.08	51.52	53.89
26'	30.63	33.42	36.16	38.86	41.52	44.12	46.67	49.16	51.60	53.97
28'	30.73	33.51	36.25	38.95	41.61	44.21	46.75	49.25	51.68	54.04
30'	30.82	33.60	36.35	39.04	41.69	44.29	46.84	49.33	51.76	54.12
32'	30.91	33.69	36.44	39.13	41.78	44.38	46.92	49.41	51.84	54.20
34'	31.01	33.79	36.53	39.22	41.87	44.46	47.01	49.49	51.92	54.28
36'	31.10	33.88	36.62	39.31	41.96	44.55	47.09	49.57	52.00	54.35
38'	31.19	33.97	36.71	39.40	42.04	44.64	47.17	49.65	52.08	54.43
40'	31.29	34.06	36.80	39.49	42.13	44.72	47.26	49.73	52.15	54.51
42'	31.38	34.15	36.89	39.58	42.22	44.81	47.34	49.82	52.23	54.59
44'	31.47	34.25	36.98	39.67	42.30	44.89	47.42	49.90	52.31	54.66
46'	31.57	34.34	37.07	39.74	42.39	44.98	47.51	49.98	52.39	54.74
48'	31.66	34.43	37.16	39.84	42.46	45.06	47.59	50.06	52.47	54.82
50'	31.75	34.52	37.25	39.92	42.57	45.15	47.67	50.14	52.55	54.90
52'	31.84	34.61	37.34	40.01	42.65	45.23	47.76	50.23	52.63	54.97
54'	31.94	34.70	37.43	40.11	42.74	45.32	47.84	50.31	52.71	55.05
56'	32.03	34.80	37.52	40.20	42.83	45.40	47.93	50.39	52.79	55.13
58'	32.12	34.89	37.61	40.29	42.91	45.49	48.01	50.47	52.87	55.20

172 $\cos^2\alpha$

α	172 cos²α
0°	172.0
0° 30'	172.0
1°	171.9
1° 30'	171.9
2°	171.8
2° 30'	171.7
3°	171.5
3° 30'	171.4
4°	171.2
4° 30'	170.9
5°	170.7
5° 30'	170.4
6°	170.1
6° 30'	169.8
7°	169.4
7° 30'	169.1
8°	168.7
8° 30'	168.3
9°	167.8
9° 30'	167.3
10°	166.8
10° 20'	166.5
10° 40'	166.1
11°	165.7
11° 20'	165.4
11° 40'	165.0
12°	164.6
12° 20'	164.2
12° 40'	163.7
13°	163.3
13° 20'	162.9
13° 40'	162.4
14°	161.9
14° 20'	161.5
14° 40'	161.0
15°	160.5
15° 20'	160.0
15° 40'	159.5
16°	158.9
16° 20'	158.4
16° 40'	157.9
17°	157.3
17° 20'	156.7
17° 40'	156.2
18°	155.6
18° 20'	155.0
18° 40'	154.4
19°	153.8
19° 20'	153.1
19° 40'	152.5
20°	151.9

173 ($\frac{1}{2} \sin 2\alpha$)

α	0°	1°	2°	3°	4°	5°	6°	7°	8°	9°
0'	0.00	3.02	6.03	9.04	12.04	15.02	17.98	20.93	23.84	26.73
2'	0.10	3.12	6.13	9.14	12.14	15.12	18.08	21.02	23.94	26.83
4'	0.20	3.22	6.23	9.24	12.24	15.22	18.18	21.12	24.04	26.92
6'	0.30	3.32	6.34	9.34	12.34	15.32	18.28	21.22	24.13	27.02
8'	0.40	3.42	6.44	9.44	12.44	15.42	18.38	21.32	24.23	27.11
10'	0.50	3.52	6.54	9.54	12.54	15.52	18.48	21.41	24.33	27.21
12'	0.60	3.62	6.64	9.64	12.64	15.61	18.57	21.51	24.42	27.30
14'	0.70	3.72	6.74	9.74	12.74	15.71	18.67	21.61	24.52	27.40
16'	0.81	3.82	6.84	9.84	12.84	15.81	18.77	21.71	24.62	27.49
18'	0.91	3.92	6.94	9.94	12.94	15.91	18.87	21.80	24.71	27.59
20'	1.01	4.02	7.04	10.04	13.03	16.01	18.97	21.90	24.81	27.69
22'	1.11	4.12	7.14	10.14	13.13	16.11	19.07	22.00	24.90	27.78
24'	1.21	4.23	7.24	10.24	13.23	16.21	19.16	22.10	25.00	27.88
26'	1.31	4.33	7.34	10.34	13.33	16.31	19.26	22.19	25.10	27.97
28'	1.41	4.43	7.44	10.44	13.43	16.41	19.36	22.29	25.19	28.07
30'	1.51	4.53	7.54	10.54	13.53	16.50	19.46	22.39	25.29	28.16
32'	1.61	4.63	7.64	10.64	13.63	16.60	19.56	22.48	25.39	28.26
34'	1.71	4.73	7.74	10.74	13.73	16.70	19.65	22.58	25.48	28.35
36'	1.81	4.83	7.84	10.84	13.83	16.80	19.75	22.68	25.58	28.45
38'	1.91	4.93	7.94	10.94	13.93	16.90	19.85	22.78	25.67	28.54
40'	2.01	5.03	8.04	11.04	14.03	17.00	19.95	22.87	25.77	28.64
42'	2.11	5.13	8.14	11.14	14.13	17.10	20.05	22.97	25.87	28.73
44'	2.21	5.23	8.24	11.24	14.23	17.20	20.14	23.07	25.96	28.83
46'	2.31	5.33	8.34	11.34	14.33	17.29	20.24	23.16	26.06	28.92
48'	2.42	5.43	8.44	11.44	14.43	17.39	20.34	23.26	26.16	29.02
50'	2.52	5.53	8.54	11.54	14.52	17.49	20.44	23.36	26.25	29.11
52'	2.62	5.63	8.64	11.64	14.62	17.59	20.54	23.46	26.35	29.21
54'	2.72	5.73	8.74	11.74	14.72	17.69	20.63	23.55	26.44	29.30
56'	2.82	5.83	8.84	11.84	14.82	17.79	20.73	23.65	26.54	29.40
58'	2.92	5.93	8.94	11.94	14.92	17.89	20.83	23.75	26.63	29.49

α	10°	11°	12°	13°	14°	15°	16°	17°	18°	19°
0'	29.58	32.40	35.18	37.92	40.61	43.25	45.84	48.37	50.84	53.25
2'	29.68	32.50	35.27	38.01	40.70	43.34	45.92	48.45	50.92	53.33
4'	29.77	32.59	35.37	38.10	40.79	43.42	46.01	48.54	51.01	53.41
6'	29.87	32.68	35.46	38.19	40.88	43.51	46.09	48.62	51.09	53.49
8'	29.96	32.78	35.55	38.27	40.96	43.60	46.18	48.70	51.17	53.57
10'	30.06	32.87	35.64	38.37	41.05	43.69	46.26	48.79	51.25	53.65
12'	30.15	32.96	35.73	38.46	41.14	43.77	46.35	48.87	51.33	53.73
14'	30.25	33.06	35.83	38.54	41.23	43.86	46.43	48.95	51.41	53.81
16'	30.34	33.15	35.92	38.64	41.32	43.95	46.52	49.04	51.49	53.89
18'	30.43	33.24	36.01	38.73	41.41	44.03	46.60	49.12	51.57	53.97
20'	30.53	33.33	36.10	38.82	41.50	44.12	46.69	49.20	51.65	54.04
22'	30.62	33.43	36.19	38.91	41.58	44.21	46.77	49.28	51.73	54.12
24'	30.72	33.52	36.28	39.00	41.67	44.29	46.86	49.37	51.82	54.20
26'	30.81	33.61	36.37	39.09	41.76	44.38	46.94	49.45	51.90	54.28
28'	30.90	33.71	36.47	39.18	41.85	44.46	47.03	49.53	51.98	54.36
30'	31.00	33.80	36.56	39.27	41.94	44.55	47.11	49.61	52.06	54.44
32'	31.09	33.89	36.65	39.36	42.02	44.64	47.20	49.70	52.14	54.51
34'	31.19	33.98	36.74	39.45	42.11	44.72	47.28	49.78	52.22	54.59
36'	31.28	34.08	36.83	39.54	42.20	44.81	47.36	49.86	52.30	54.67
38'	31.37	34.17	36.92	39.63	42.29	44.90	47.45	49.94	52.38	54.75
40'	31.47	34.26	37.01	39.72	42.38	44.98	47.53	50.02	52.46	54.83
42'	31.56	34.35	37.10	39.81	42.46	45.07	47.62	50.11	52.54	54.90
44'	31.66	34.45	37.19	39.90	42.55	45.15	47.70	50.19	52.62	54.98
46'	31.75	34.54	37.28	39.98	42.64	45.24	47.78	50.27	52.70	55.06
48'	31.84	34.63	37.38	40.08	42.73	45.32	47.87	50.35	52.78	55.14
50'	31.94	34.72	37.47	40.15	42.81	45.41	47.95	50.44	52.86	55.21
52'	32.03	34.81	37.56	40.24	42.90	45.50	48.04	50.52	52.94	55.29
54'	32.12	34.91	37.65	40.34	42.99	45.58	48.12	50.60	53.02	55.37
56'	32.22	35.00	37.74	40.43	43.08	45.67	48.20	50.68	53.10	55.45
58'	32.31	35.09	37.83	40.51	43.16	45.75	48.29	50.76	53.18	55.52

173 $\cos^2\alpha$

angle	value
0°	173.0
0° 30'	173.0
1°	172.9
1° 30'	172.9
2°	172.8
2° 30'	172.7
3°	172.5
3° 30'	172.4
4°	172.2
4° 30'	171.9
5°	171.7
5° 30'	171.4
6°	171.1
6° 30'	170.8
7°	170.4
7° 30'	170.1
8°	169.6
8° 30'	169.2
9°	168.8
9° 30'	168.3
10°	167.8
10° 20'	167.4
10° 40'	167.1
11°	166.7
11° 20'	166.3
11° 40'	165.9
12°	165.5
12° 20'	165.1
12° 40'	164.7
13°	164.2
13° 20'	163.8
13° 40'	163.8
14°	162.9
14° 20'	162.4
14° 40'	161.9
15°	161.4
15° 20'	160.9
15° 40'	160.4
16°	159.9
16° 20'	159.3
16° 40'	158.8
17°	158.2
17° 20'	157.6
17° 40'	157.1
18°	156.5
18° 20'	155.9
18° 40'	155.3
19°	154.7
19° 20'	154.0
19° 40'	153.4
20°	152.8

166   174 ($\frac{1}{2} \sin 2\alpha$)

α	0°	1°	2°	3°	4°	5°	6°	7°	8°	9°
0'	0.00	3.04	6.07	9.09	12.11	15.11	18.09	21.05	23.98	26.88
2'	0.10	3.14	6.17	9.19	12.21	15.21	18.19	21.15	24.08	26.98
4'	0.20	3.24	6.27	9.30	12.31	15.31	18.29	21.24	24.18	27.08
6'	0.30	3.34	6.37	9.40	12.41	15.41	18.39	21.34	24.27	27.17
8'	0.40	3.44	6.47	9.50	12.51	15.51	18.48	21.44	24.37	27.27
10'	0.51	3.54	6.57	9.60	12.61	15.61	18.58	21.54	24.47	27.37
12'	0.61	3.64	6.67	9.70	12.71	15.71	18.68	21.64	24.56	27.46
14'	0.71	3.74	6.78	9.80	12.81	15.80	18.78	21.74	24.66	27.56
16'	0.81	3.85	6.88	9.90	12.91	15.90	18.88	21.83	24.76	27.65
18'	0.91	3.95	6.98	10.00	13.01	16.00	18.98	21.93	24.85	27.75
20'	1.01	4.05	7.08	10.10	13.11	16.10	19.08	22.03	24.95	27.85
22'	1.11	4.15	7.18	10.20	13.21	16.20	19.18	22.13	25.05	27.94
24'	1.21	4.24	7.28	10.30	13.31	16.30	19.27	22.22	25.15	28.04
26'	1.32	4.35	7.38	10.40	13.41	16.40	19.37	22.32	25.24	28.13
28'	1.42	4.45	7.48	10.50	13.51	16.50	19.47	22.42	25.34	28.23
30'	1.52	4.55	7.58	10.60	13.61	16.60	19.57	22.52	25.44	28.32
32'	1.62	4.65	7.68	10.70	13.71	16.70	19.67	22.61	25.53	28.42
34'	1.72	4.76	7.78	10.80	13.81	16.80	19.77	22.71	25.63	28.52
36'	1.82	4.86	7.88	10.90	13.91	16.90	19.87	22.81	25.73	28.61
38'	1.92	4.96	7.99	11.00	14.01	17.00	19.97	22.91	25.82	28.71
40'	2.02	5.06	8.09	11.10	14.11	17.10	20.06	23.01	25.92	28.80
42'	2.13	5.16	8.19	11.21	14.21	17.20	20.16	23.10	26.02	28.90
44'	2.23	5.26	8.29	11.31	14.31	17.30	20.26	23.20	26.11	28.99
46'	2.33	5.36	8.39	11.41	14.41	17.39	20.36	23.30	26.21	29.09
48'	2.43	5.46	8.49	11.51	14.51	17.49	20.46	23.40	26.31	29.18
50'	2.53	5.56	8.59	11.61	14.61	17.59	20.56	23.49	26.40	29.28
52'	2.63	5.66	8.69	11.71	14.71	17.69	20.65	23.59	26.50	29.37
54'	2.73	5.77	8.79	11.81	14.81	17.79	20.75	23.69	26.60	29.47
56'	2.83	5.87	8.89	11.91	14.91	17.89	20.85	23.79	26.69	29.57
58'	2.94	5.97	8.99	12.01	15.01	17.99	20.95	23.88	26.79	29.66

α	10°	11°	12°	13°	14°	15°	16°	17°	18°	19°
0'	29.76	32.59	35.39	38.14	40.84	43.50	46.10	48.65	51.14	53.56
2'	29.85	32.68	35.48	38.23	40.93	43.59	46.19	48.73	51.22	53.64
4'	29.95	32.78	35.57	38.32	41.02	43.68	46.27	48.82	51.30	53.72
6'	30.04	32.87	35.66	38.41	41.11	43.76	46.36	48.90	51.38	53.80
8'	30.14	32.97	35.76	38.49	41.20	43.85	46.45	48.99	51.46	53.88
10'	30.23	33.06	35.85	38.59	41.29	43.94	46.53	49.07	51.55	53.96
12'	30.33	33.15	35.94	38.68	41.38	44.02	46.62	49.15	51.63	54.04
14'	30.42	33.25	36.03	38.76	41.47	44.11	46.70	49.24	51.71	54.12
16'	30.52	33.34	36.12	38.86	41.56	44.20	46.79	49.32	51.79	54.20
18'	30.61	33.43	36.22	38.96	41.65	44.29	46.87	49.40	51.87	54.28
20'	30.70	33.53	36.31	39.05	41.74	44.37	46.96	49.49	51.95	54.36
22'	30.80	33.62	36.40	39.14	41.82	44.46	47.04	49.57	52.03	54.44
24'	30.89	33.71	36.49	39.23	41.91	44.55	47.13	49.65	52.12	54.51
26'	30.99	33.81	36.58	39.32	42.00	44.63	47.21	49.74	52.20	54.59
28'	31.08	33.90	36.68	39.41	42.09	44.72	47.30	49.82	52.28	54.67
30'	31.18	33.99	36.77	39.50	42.18	44.81	47.38	49.90	52.36	54.75
32'	31.27	34.09	36.86	39.59	42.27	44.90	47.47	49.98	52.44	54.83
34'	31.37	34.18	36.95	39.68	42.36	44.98	47.55	50.07	52.52	54.91
36'	31.46	34.27	37.04	39.77	42.44	45.07	47.64	50.15	52.60	54.99
38'	31.56	34.37	37.13	39.86	42.53	45.15	47.72	50.23	52.68	55.06
40'	31.65	34.46	37.23	39.95	42.62	45.24	47.81	50.31	52.76	55.14
42'	31.74	34.55	37.32	40.04	42.71	45.33	47.89	50.40	52.84	55.22
44'	31.84	34.64	37.41	40.13	42.80	45.41	47.98	50.48	52.92	55.30
46'	31.93	34.74	37.50	40.21	42.88	45.50	48.06	50.56	53.00	55.38
48'	32.03	34.83	37.59	40.31	42.97	45.59	48.15	50.64	53.08	55.46
50'	32.12	34.92	37.68	40.39	43.06	45.67	48.23	50.73	53.16	55.53
52'	32.22	35.02	37.77	40.48	43.15	45.76	48.31	50.81	53.24	55.61
54'	32.31	35.11	37.87	40.58	43.24	45.85	48.40	50.89	53.32	55.69
56'	32.40	35.20	37.96	40.67	43.32	45.93	48.48	50.97	53.40	55.77
58'	32.50	35.29	38.05	40.74	43.41	46.02	48.57	51.06	53.48	55.84

174 $\cos^2\alpha$

α	174 cos²α
0°	174.0
0° 30'	174.0
1°	173.9
1° 30'	173.9
2°	173.8
2° 30'	173.7
3°	173.5
3° 30'	173.4
4°	173.2
4° 30'	172.9
5°	172.7
5° 30'	172.4
6°	172.1
6° 30'	171.8
7°	171.4
7° 30'	171.0
8°	170.6
8° 30'	170.2
9°	169.7
9° 30'	169.3
10°	168.8
10° 20'	168.4
10° 40'	168.0
11°	167.7
11° 20'	167.3
11° 40'	166.9
12°	166.5
12° 20'	166.1
12° 40'	165.6
13°	165.2
13° 20'	164.7
13° 40'	164.3
14°	163.8
14° 20'	163.3
14° 40'	162.8
15°	162.3
15° 20'	161.8
15° 40'	161.3
16°	160.8
16° 20'	160.2
16° 40'	159.7
17°	159.1
17° 20'	158.6
17° 40'	158.0
18°	157.4
18° 20'	156.8
18° 40'	156.2
19°	155.6
19° 20'	154.9
19° 40'	154.3
20°	153.6

α	0°	1°	2°	3°	4°	5°	6°	7°	8°	9°	**175** $\cos^2\alpha$	
0′	0.00	3.05	6.10	9.15	12.18	15.19	18.19	21.17	24.12	27.04	0°	175.0
2′	0.10	3.16	6.21	9.25	12.28	15.29	18.29	21.27	24.22	27.14	0°30′	175.0
4′	0.20	3.26	6.31	9.35	12.38	15.39	18.39	21.37	24.31	27.23	1°	174.9
6′	0.31	3.36	6.41	9.45	12.48	15.49	18.49	21.46	24.41	27.33	1°30′	174.9
8′	0.41	3.46	6.51	9.55	12.58	15.60	18.59	21.56	24.51	27.43		
10′	0.51	3.56	6.61	9.65	12.68	15.70	18.69	21.66	24.61	27.52	2°	174.8
12′	0.61	3.66	6.71	9.75	12.78	15.80	18.79	21.76	24.70	27.62	2°30′	174.7
14′	0.71	3.77	6.81	9.85	12.88	15.90	18.89	21.86	24.80	27.72	3°	174.5
16′	0.81	3.87	6.92	9.96	12.98	16.00	18.99	21.96	24.90	27.81	3°30′	174.3
18′	0.92	3.97	7.02	10.06	13.08	16.10	19.09	22.06	25.00	27.91		
20′	1.02	4.07	7.12	10.16	13.18	16.20	19.19	22.15	25.10	28.01	4°	174.1
22′	1.12	4.17	7.22	10.26	13.29	16.30	19.29	22.25	25.19	28.10	4°30′	173.9
24′	1.22	4.27	7.32	10.36	13.39	16.40	19.39	22.35	25.29	28.20	5°	173.7
26′	1.32	4.38	7.42	10.46	13.49	16.50	19.48	22.45	25.39	28.29	5°30′	173.4
28′	1.43	4.48	7.52	10.56	13.59	16.60	19.58	22.55	25.49	28.39		
30′	1.53	4.58	7.63	10.66	13.69	16.70	19.68	22.65	25.58	28.49	6°	173.1
32′	1.63	4.68	7.73	10.76	13.79	16.80	19.78	22.74	25.68	28.58	6°30′	172.8
34′	1.73	4.78	7.83	10.87	13.89	16.90	19.88	22.84	25.78	28.68	7°	172.4
36′	1.83	4.88	7.93	10.97	13.99	17.00	19.98	22.94	25.87	28.78	7°30′	172.0
38′	1.93	4.99	8.03	11.07	14.09	17.10	20.08	23.04	25.97	28.87		
40′	2.04	5.09	8.13	11.17	14.19	17.20	20.18	23.14	26.07	28.97	8°	171.6
42′	2.14	5.19	8.23	11.27	14.29	17.30	20.28	23.24	26.17	29.06	8°30′	171.2
44′	2.24	5.29	8.34	11.37	14.39	17.39	20.38	23.33	26.26	29.16	9°	170.7
46′	2.34	5.39	8.44	11.47	14.49	17.49	20.48	23.43	26.36	29.26	9°30′	170.2
48′	2.44	5.49	8.54	11.57	14.59	17.59	20.57	23.53	26.46	29.35		
50′	2.54	5.60	8.64	11.67	14.69	17.69	20.67	23.63	26.55	29.45	10°	169.7
52′	2.65	5.70	8.74	11.77	14.79	17.79	20.77	23.73	26.65	29.54	10°20′	169.4
54′	2.75	5.80	8.84	11.88	14.89	17.89	20.87	23.82	26.75	29.64	10°40′	169.0
56′	2.85	5.90	8.94	11.98	14.99	17.99	20.97	23.92	26.85	29.74	11°	168.6
58′	2.95	6.00	9.04	12.08	15.09	18.09	21.07	24.02	26.94	29.83	11°20′	168.2
											11°40′	167.8

α	10°	11°	12°	13°	14°	15°	16°	17°	18°	19°		
0′	29.93	32.78	35.59	38.36	41.08	43.75	46.37	48.93	51.43	53.87	12°	167.4
2′	30.02	32.87	35.68	38.45	41.17	43.84	46.45	49.01	51.51	53.95	12°20′	167.0
4′	30.12	32.97	35.78	38.54	41.26	43.93	46.54	49.10	51.60	54.03	12°40′	166.6
6′	30.21	33.06	35.87	38.63	41.35	44.01	46.63	49.18	51.68	54.11		
8′	30.31	33.16	35.96	38.71	41.44	44.10	46.71	49.27	51.76	54.19	13°	166.1
											13°20′	165.7
											13°40′	165.2
10′	30.40	33.25	36.05	38.81	41.53	44.19	46.80	49.35	51.84	54.27		
12′	30.50	33.34	36.15	38.91	41.62	44.28	46.88	49.43	51.92	54.35	14°	164.8
14′	30.60	33.44	36.24	38.99	41.71	44.37	46.97	49.52	52.01	54.43	14°20′	164.3
16′	30.69	33.53	36.33	39.09	41.80	44.45	47.06	49.60	52.09	54.51	14°40′	163.8
18′	30.79	33.63	36.42	39.18	41.89	44.54	47.14	49.69	52.17	54.59		
20′	30.88	33.72	36.52	39.27	41.97	44.63	47.23	49.77	52.25	54.67	15°	163.3
22′	30.98	33.81	36.61	39.36	42.06	44.72	47.31	49.85	52.33	54.75	15°20′	162.8
24′	31.07	33.91	36.70	39.45	42.15	44.80	47.40	49.94	52.41	54.83	15°40′	162.2
26′	31.17	34.00	36.79	39.54	42.24	44.89	47.49	50.02	52.50	54.91		
28′	31.26	34.10	36.89	39.63	42.33	44.98	47.57	50.10	52.58	54.99	16°	161.7
											16°20′	161.2
											16°40′	160.6
30′	31.36	34.19	36.98	39.72	42.42	45.07	47.66	50.19	52.66	55.07		
32′	31.45	34.28	37.07	39.81	42.51	45.15	47.74	50.27	52.74	55.14	17°	160.0
34′	31.55	34.38	37.16	39.91	42.60	45.24	47.83	50.35	52.82	55.22	17°20′	159.5
36′	31.64	34.47	37.26	40.00	42.69	45.33	47.91	50.44	52.90	55.30	17°40′	158.9
38′	31.74	34.56	37.35	40.09	42.78	45.41	48.00	50.52	52.98	55.38		
40′	31.83	34.66	37.44	40.18	42.87	45.50	48.08	50.60	53.06	55.46	18°	158.3
42′	31.93	34.75	37.53	40.27	42.95	45.59	48.18	50.69	53.15	55.54	18°20′	157.7
44′	32.02	34.84	37.62	40.36	43.04	45.68	48.24	50.71	53.23	55.62	18°40′	157.1
46′	32.12	34.94	37.72	40.44	43.13	45.76	48.34	50.85	53.31	55.70		
48′	32.21	35.03	37.81	40.54	43.22	45.85	48.42	50.94	53.39	55.77		
50′	32.31	35.12	37.90	40.62	43.31	45.94	48.51	51.02	53.47	55.85	19°	156.5
52′	32.40	35.22	37.99	40.71	43.40	46.02	48.59	51.10	53.55	55.93	19°20′	155.8
54′	32.49	35.31	38.08	40.81	43.49	46.11	48.68	51.18	53.63	56.01	19°40′	155.2
56′	32.59	35.40	38.17	40.90	43.57	46.20	48.76	51.27	53.71	56.09		
58′	32.68	35.50	38.27	40.98	43.66	46.28	48.84	51.35	53.79	56.17	20°	154.5

175 ($\frac{1}{2}\sin 2\alpha$)

α	0°	1°	2°	3°	4°	5°	6°	7°	8°	9°
0'	0.00	3.05	6.10	9.15	12.18	15.19	18.19	21.17	24.12	27.04
1'	0.05	3.10	6.15	9.20	12.23	15.24	18.24	21.22	24.17	27.09
2'	0.10	3.16	6.21	9.25	12.28	15.29	18.29	21.27	24.22	27.14
3'	0.15	3.21	6.26	9.30	12.33	15.34	18.34	21.32	24.26	27.18
4'	0.20	3.26	6.31	9.35	12.38	15.39	18.39	21.37	24.31	27.23
5'	0.25	3.31	6.36	9.40	12.43	15.44	18.44	21.42	24.36	27.28
6'	0.31	3.36	6.41	9.45	12.48	15.49	18.49	21.46	24.41	27.33
7'	0.36	3.41	6.46	9.50	12.53	15.55	18.54	21.51	24.46	27.38
8'	0.41	3.46	6.51	9.55	12.58	15.60	18.59	21.56	24.51	27.43
9'	0.46	3.51	6.56	9.60	12.63	15.64	18.64	21.61	24.56	27.47
10'	0.51	3.56	6.61	9.65	12.68	15.70	18.69	21.66	24.61	27.52
11'	0.56	3.61	6.66	9.70	12.73	15.75	18.74	21.71	24.66	27.57
12'	0.61	3.66	6.71	9.75	12.78	15.80	18.79	21.76	24.70	27.62
13'	0.66	3.71	6.76	9.80	12.83	15.85	18.84	21.81	24.75	27.67
14'	0.71	3.77	6.81	9.85	12.88	15.90	18.89	21.86	24.80	27.72
15'	0.76	3.82	6.87	9.91	12.93	15.95	18.94	21.91	24.85	27.76
16'	0.81	3.87	6.92	9.96	12.98	16.00	18.99	21.96	24.90	27.81
17'	0.87	3.92	6.97	10.01	13.03	16.05	19.04	22.01	24.95	27.86
18'	0.92	3.97	7.02	10.06	13.08	16.10	19.09	22.06	25.00	27.91
19'	0.97	4.02	7.07	10.11	13.13	16.15	19.14	22.11	25.05	27.96
20'	1.02	4.07	7.12	10.16	13.18	16.20	19.19	22.15	25.10	28.01
21'	1.07	4.12	7.17	10.21	13.24	16.25	19.24	22.20	25.14	28.05
22'	1.12	4.17	7.22	10.26	13.29	16.30	19.29	22.25	25.19	28.10
23'	1.17	4.22	7.27	10.31	13.34	16.35	19.34	22.30	25.24	28.15
24'	1.22	4.27	7.32	10.36	13.39	16.40	19.39	22.35	25.29	28.20
25'	1.27	4.33	7.37	10.41	13.44	16.45	19.44	22.40	25.34	28.25
26'	1.32	4.38	7.42	10.46	13.49	16.50	19.48	22.45	25.39	28.29
27'	1.37	4.43	7.47	10.51	13.54	16.55	19.53	22.50	25.44	28.34
28'	1.43	4.48	7.52	10.56	13.59	16.60	19.58	22.55	25.49	28.39
29'	1.48	4.53	7.58	10.61	13.64	16.65	19.63	22.60	25.55	28.44
30'	1.53	4.58	7.63	10.66	13.69	16.70	19.68	22.65	25.58	28.49
31'	1.58	4.63	7.68	10.71	13.74	16.75	19.73	22.70	25.63	28.54
32'	1.63	4.68	7.73	10.76	13.79	16.80	19.78	22.74	25.68	28.58
33'	1.68	4.73	7.78	10.82	13.84	16.85	19.83	22.79	25.73	28.63
34'	1.73	4.78	7.83	10.87	13.89	16.90	19.88	22.84	25.78	28.68
35'	1.78	4.83	7.88	10.92	13.94	16.95	19.93	22.89	25.83	28.73
36'	1.83	4.88	7.93	10.97	13.99	17.00	19.98	22.94	25.87	28.78
37'	1.88	4.94	7.98	11.02	14.04	17.05	20.03	22.99	25.92	28.82
38'	1.93	4.99	8.03	11.07	14.09	17.10	20.08	23.04	25.97	28.87
39'	1.98	5.04	8.08	11.12	14.14	17.15	20.13	23.09	26.02	28.92
40'	2.04	5.09	8.13	11.17	14.19	17.20	20.18	23.14	26.07	28.97
41'	2.09	5.14	8.18	11.22	14.24	17.25	20.23	23.19	26.12	29.02
42'	2.14	5.19	8.23	11.27	14.29	17.30	20.28	23.24	26.17	29.06
43'	2.19	5.24	8.29	11.32	14.34	17.34	20.33	23.29	26.21	29.11
44'	2.24	5.29	8.34	11.37	14.39	17.39	20.38	23.33	26.26	29.16
45'	2.29	5.34	8.39	11.42	14.44	17.44	20.43	23.38	26.31	29.21
46'	2.34	5.39	8.44	11.47	14.49	17.49	20.48	23.43	26.36	29.26
47'	2.39	5.44	8.49	11.52	14.54	17.54	20.53	23.48	26.41	29.30
48'	2.44	5.49	8.54	11.57	14.59	17.59	20.57	23.53	26.46	29.35
49'	2.49	5.55	8.59	11.62	14.64	17.64	20.62	23.58	26.51	29.40
50'	2.54	5.60	8.64	11.67	14.69	17.69	20.67	23.63	26.55	29.45
51'	2.60	5.65	8.69	11.72	14.74	17.74	20.72	23.68	26.60	29.50
52'	2.65	5.70	8.74	11.77	14.79	17.79	20.77	23.73	26.65	29.54
53'	2.70	5.75	8.79	11.82	14.84	17.84	20.82	23.78	26.70	29.59
54'	2.75	5.80	8.84	11.88	14.89	17.89	20.87	23.82	26.75	29.64
55'	2.80	5.85	8.89	11.93	14.94	17.94	20.92	23.87	26.80	29.69
56'	2.85	5.90	8.94	11.98	14.99	17.99	20.97	23.92	26.85	29.74
57'	2.90	5.95	8.99	12.03	15.04	18.04	21.02	23.97	26.89	29.78
58'	2.95	6.00	9.04	12.08	15.09	18.09	21.07	24.02	26.94	29.83
59'	3.00	6.05	9.10	12.13	15.14	18.14	21.12	24.07	26.99	29.88

175 $\cos^2\alpha$

0°	175.0
0° 30'	175.0
1°	174.9
1° 30'	174.9
2°	174.8
2° 30'	174.7
3°	174.5
3° 30'	174.3
4°	174.1
4° 30'	173.9
5°	173.7
5° 20'	173.5
5° 40'	173.3
6°	173.1
6° 20'	172.9
6° 40'	172.6
7°	172.4
7° 20'	172.1
7° 40'	171.9
8°	171.6
8° 20'	171.3
8° 40'	171.0
9°	170.7
9° 20'	170.4
9° 40'	170.1
10°	169.7

176 ($\frac{1}{2} \sin 2\alpha$)

α	0°	1°	2°	3°	4°	5°	6°	7°	8°	9°
0'	0.00	8.07	6.14	9.20	12.25	15.28	18.30	21.29	24.26	27.19
1'	0.05	8.12	6.19	9.25	12.30	15.33	18.35	21.34	24.31	27.24
2'	0.10	8.17	6.24	9.30	12.35	15.38	18.40	21.39	24.35	27.29
3'	0.15	8.22	6.29	9.35	12.40	15.43	18.45	21.44	24.40	27.34
4'	0.20	8.28	6.34	9.40	12.45	15.48	18.50	21.49	24.45	27.39
5'	0.26	8.33	6.39	9.45	12.50	15.53	18.55	21.54	24.50	27.44
6'	0.31	8.38	6.44	9.50	12.55	15.58	18.60	21.59	24.55	27.49
7'	0.36	8.43	6.50	9.55	12.61	15.63	18.65	21.64	24.60	27.53
8'	0.41	8.48	6.55	9.61	12.65	15.68	18.70	21.69	24.65	27.58
9'	0.46	8.53	6.60	9.66	12.70	15.73	18.75	21.74	24.70	27.63
10'	0.51	8.58	6.65	9.71	12.75	15.78	18.80	21.79	24.75	27.68
11'	0.56	8.63	6.70	9.76	12.80	15.84	18.85	21.84	24.80	27.73
12'	0.61	8.69	6.75	9.81	12.86	15.89	18.90	21.88	24.85	27.78
13'	0.67	8.74	6.80	9.86	12.91	15.94	18.95	21.93	24.90	27.83
14'	0.72	8.79	6.85	9.91	12.96	15.99	19.00	21.98	24.94	27.87
15'	0.77	8.84	6.90	9.96	13.01	16.04	19.05	22.03	24.99	27.92
16'	0.82	8.89	6.96	10.01	13.06	16.09	19.10	22.08	25.04	27.97
17'	0.87	8.94	7.01	10.06	13.11	16.14	19.15	22.13	25.09	28.02
18'	0.92	8.99	7.06	10.11	13.16	16.19	19.20	22.18	25.14	28.07
19'	0.97	4.04	7.11	10.17	13.21	16.24	19.25	22.23	25.19	28.12
20'	1.02	4.09	7.16	10.22	13.26	16.29	19.30	22.28	25.24	28.17
21'	1.07	4.15	7.21	10.27	13.31	16.34	19.35	22.33	25.29	28.21
22'	1.18	4.20	7.26	10.32	13.36	16.39	19.40	22.38	25.34	28.26
23'	1.18	4.25	7.31	10.37	13.41	16.44	19.45	22.43	25.39	28.31
24'	1.23	4.30	7.36	10.42	13.46	16.49	19.50	22.48	25.43	28.36
25'	1.28	4.35	7.41	10.47	13.51	16.54	19.55	22.53	25.48	28.41
26'	1.33	4.40	7.47	10.52	13.56	16.59	19.60	22.58	25.53	28.46
27'	1.38	4.45	7.52	10.57	13.61	16.64	19.65	22.63	25.58	28.50
28'	1.43	4.50	7.57	10.62	13.67	16.69	19.70	22.68	25.63	28.55
29'	1.48	4.55	7.62	10.67	13.72	16.74	19.75	22.73	25.68	28.60
30'	1.54	4.61	7.67	10.72	13.77	16.79	19.80	22.78	25.73	28.65
31'	1.59	4.66	7.72	10.78	13.82	16.84	19.85	22.83	25.78	28.70
32'	1.64	4.71	7.77	10.83	13.87	16.89	19.90	22.87	25.83	28.75
33'	1.69	4.76	7.82	10.88	13.92	16.94	19.95	22.92	25.88	28.80
34'	1.74	4.81	7.87	10.93	13.97	16.99	20.00	22.97	25.92	28.84
35'	1.79	4.86	7.92	10.98	14.02	17.04	20.04	23.02	25.97	28.89
36'	1.84	4.91	7.98	11.03	14.07	17.09	20.09	23.07	26.02	28.94
37'	1.89	4.96	8.03	11.08	14.12	17.14	20.14	23.12	26.07	28.99
38'	1.95	5.01	8.08	11.13	14.17	17.19	20.19	23.17	26.12	29.04
39'	2.00	5.07	8.13	11.18	14.22	17.24	20.25	23.22	26.17	29.09
40'	2.05	5.12	8.18	11.23	14.27	17.29	20.29	23.27	26.22	29.13
41'	2.19	5.17	8.23	11.28	14.32	17.34	20.34	23.32	26.27	29.18
42'	2.15	5.22	8.28	11.33	14.37	17.39	20.39	23.37	26.32	29.23
43'	2.20	5.27	8.33	11.38	14.42	17.44	20.44	23.42	26.36	29.28
44'	2.25	5.32	8.38	11.44	14.47	17.49	20.49	23.47	26.41	29.33
45'	2.30	5.37	8.43	11.49	14.52	17.54	20.54	23.52	26.46	29.37
46'	2.35	5.42	8.49	11.54	14.57	17.59	20.59	23.57	26.51	29.42
47'	2.41	5.47	8.54	11.59	14.63	17.64	20.64	23.62	26.56	29.47
48'	2.46	5.53	8.59	11.64	14.68	17.69	20.69	23.66	26.61	29.52
49'	2.51	5.58	8.64	11.69	14.73	17.75	20.74	23.71	26.66	29.57
50'	2.56	5.63	8.69	11.74	14.78	17.80	20.79	23.76	26.71	29.62
51'	2.61	5.68	8.74	11.79	14.83	17.85	20.84	23.81	26.75	29.66
52'	2.66	5.73	8.79	11.84	14.88	17.90	20.89	23.86	26.80	29.71
53'	2.71	5.78	8.84	11.89	14.93	17.95	20.94	23.91	26.85	29.76
54'	2.76	5.83	8.89	11.94	14.98	18.00	20.99	23.96	26.90	29.81
55'	2.82	5.88	8.94	11.99	15.03	18.05	21.04	24.01	26.95	29.86
56'	2.87	5.93	8.99	12.04	15.08	18.10	21.09	24.06	27.00	29.91
57'	2.92	5.99	9.05	12.10	15.13	18.15	21.14	24.10	27.05	29.95
58'	2.97	6.04	9.10	12.15	15.18	18.20	21.19	24.16	27.10	30.00
59'	3.02	6.09	9.15	12.20	15.23	18.25	21.24	24.21	27.14	30.05

176 $\cos^2\alpha$

α	176 $\cos^2\alpha$
0°	176.0
0° 30'	176.0
1°	175.9
1° 30'	175.9
2°	175.8
2° 30'	175.7
3°	175.5
3° 30'	175.3
4°	175.1
4° 30'	174.9
5°	174.7
5° 20'	174.5
5° 40'	174.3
6°	174.1
6° 20'	173.9
6° 40'	173.6
7°	173.4
7° 20'	173.1
7° 40'	172.9
8°	172.6
8° 20'	172.3
8° 40'	172.0
9°	171.7
9° 20'	171.4
9° 40'	171.0
10°	170.7

177 ($\frac{1}{2} \sin 2\alpha$)

α	0°	1°	2°	3°	4°	5°	6°	7°	8°	9°
0'	0.00	3.09	6.17	9.25	12.32	15.37	18.40	21.41	24.39	27.35
1'	0.05	3.14	6.22	9.30	12.37	15.42	18.45	21.46	24.44	27.40
2'	0.10	3.19	6.28	9.35	12.42	15.47	18.50	21.51	24.49	27.45
3'	0.15	3.24	6.33	9.40	12.47	15.52	18.55	21.56	24.54	27.49
4'	0.21	3.29	6.38	9.46	12.52	15.57	18.60	21.61	24.59	27.54
5'	0.26	3.35	6.43	9.51	12.57	15.62	18.65	21.66	24.64	27.59
6'	0.31	3.40	6.48	9.56	12.62	15.67	18.70	21.71	24.69	27.64
7'	0.36	3.45	6.53	9.61	12.68	15.72	18.75	21.76	24.74	27.69
8'	0.41	3.50	6.58	9.66	12.72	15.77	18.80	21.81	24.79	27.74
9'	0.46	3.55	6.64	9.71	12.78	15.82	18.86	21.86	24.84	27.79
10'	0.51	3.60	6.69	9.76	12.83	15.87	18.90	21.91	24.89	27.84
11'	0.57	3.65	6.74	9.81	12.86	15.93	18.95	21.96	24.94	27.89
12'	0.62	3.71	6.79	9.86	12.93	15.98	19.00	22.01	24.99	27.93
13'	0.67	3.76	6.84	9.92	12.98	16.03	19.05	22.06	25.04	27.98
14'	0.72	3.81	6.89	9.97	13.03	16.08	19.10	22.11	25.09	28.03
15'	0.77	3.86	6.94	10.02	13.08	16.13	19.15	22.16	25.14	28.08
16'	0.82	3.91	6.99	10.07	13.13	16.18	19.21	22.21	25.18	28.16
17'	0.88	3.96	7.05	10.12	13.18	16.23	19.26	22.26	25.23	28.18
18'	0.93	4.01	7.10	10.17	13.23	16.28	19.31	22.31	25.28	28.23
19'	0.98	4.07	7.15	10.22	13.28	16.33	19.36	22.36	25.33	28.28
20'	1.03	4.12	7.20	10 27	13.34	16.38	19.41	22.41	25.38	28.33
21'	1.08	4.17	7.25	10.33	13.39	16.43	19.46	22.46	25.43	28.37
22'	1.13	4.22	7.30	10.38	13.44	16.48	19.51	22.51	25.48	28.42
23'	1.18	4.27	7.35	10.43	13.49	16.53	19.56	22.56	25.53	28.47
24'	1.24	4.32	7.41	10.48	13.54	16.58	19.61	22.61	25.58	28.52
25'	1.29	4.37	7.46	10.53	13.59	16.63	19.66	22.66	25.63	28.57
26'	1.34	4.43	7.51	10.58	13.64	16.68	19.71	22.71	25.68	28.62
27'	1.39	4.48	7.56	10.63	13.69	16.73	19.76	22.76	25.73	28.67
28'	1.44	4.53	7.61	10.68	13.74	16.79	19.81	22.81	25.78	28.72
29'	1.49	4.58	7.66	10.73	13.79	16.84	19.86	22.86	25.83	28.76
30'	1.54	4.63	7.71	10.79	13.84	16.89	19.91	22.91	25.87	28.81
31'	1.60	4.68	7.76	10.84	13.90	16.94	19.96	22.96	25.92	28.86
32'	1.65	4.73	7.82	10.89	13.95	16.99	20.01	23.00	25.97	28.91
33'	1.70	4.79	7.87	10.94	14.00	17.04	20.06	23.05	26.02	28.96
34'	1.75	4.84	7.92	10.99	14.05	17.09	20.11	23.10	26.07	29.01
35'	1.80	4.89	7.97	11.04	14.10	17.14	20.16	23.15	26.12	29.06
36'	1.85	4.94	8.02	11.09	14.15	17.19	20.21	23.20	26.17	29.10
37'	1.90	4.99	8.07	11.14	14.20	17.24	20.26	23.25	26.22	29.15
38'	1.96	5.04	8.12	11.19	14.25	17.29	20.31	23.30	26.27	29.20
39'	2.01	5.09	8.17	11.25	14.30	17.34	20.36	23.35	26.32	29.25
40'	2.06	5.15	8.23	11.30	14.35	17.39	20.41	23.40	26.37	29.30
41'	2.11	5.20	8.28	11.35	14.40	17.44	20.46	23.45	26.42	29.35
42'	2.16	5.25	8.33	11.40	14.45	17.49	20.51	23.50	26.47	29.40
43'	2.21	5.30	8.38	11.45	14.51	17.54	20.56	23.55	26.51	29.44
44'	2.26	5.35	8.43	11.50	14.56	17.59	20.61	23.60	26.56	29.49
45'	2.32	5.40	8.48	11.55	14.61	17.64	20.66	23.65	26.61	29.54
46'	2.37	5.45	8.53	11.60	14.66	17.69	20.71	23.70	26.66	29.59
47'	2.42	5.51	8.58	11.65	14.71	17.74	20.76	23.75	26.71	29.64
48'	2.47	5.56	8.64	11.70	14.76	17.80	20.81	23.80	26.76	29.69
49'	2.52	5.61	8.69	11.76	14.81	17.85	20.86	23.85	26.81	29.74
50'	2.57	5.66	8.74	11.81	14.86	17.90	20.91	23.90	26.86	29.78
51'	2.63	5.71	8.79	11.86	14.91	17.95	20.96	23.95	26.91	29.83
52'	2.68	5.76	8.84	11.91	14.96	18.00	21.01	24.00	26.96	29.88
53'	2.73	5.81	8.89	11.96	15.01	18.05	21.06	24.05	27.01	29.93
54'	2.78	5.87	8.94	12.01	15.06	18.10	21.11	24.10	27.05	29.98
55'	2.83	5.92	8.99	12.06	15.11	18.15	21.16	24.15	27.10	30.03
56'	2.88	5.97	9.05	12.11	15.17	18.20	21.21	24.20	27.15	30.08
57'	2.93	6.02	9.10	12.16	15.22	18.25	21.26	24.25	27.20	30.12
58'	2.99	6.07	9.15	12.21	15.27	18.30	21.31	24.29	27.25	30.17
59'	3.04	6.12	9.20	12.27	15.32	18.35	21.36	24.34	27.30	30.22

177 $\cos^2\alpha$

α	
0°	177.0
0° 30'	177.0
1°	176.9
1° 30'	176.9
2°	176.8
2° 30'	176.7
3°	176.5
3° 30'	176.3
4°	176.1
4° 30'	175.9
5°	175.7
5° 20'	175.5
5° 40'	175.3
6°	175.1
6° 20'	174.8
6° 40'	174.6
7°	174.4
7° 20'	174.1
7° 40'	173.8
8°	173.6
8° 20'	173.3
8° 40'	173.0
9°	172.7
9° 20'	172.3
9° 40'	172.0
10°	171.7

α	0°	1°	2°	3°	4°	5°	6°	7°	8°	9°	**178** $\cos^2\alpha$	
0'	0.00	3.11	6.21	9.30	12.39	15.45	18.50	21.53	24.53	27.50		
1'	0.05	3.16	6.26	9.35	12.44	15.51	18.55	21.58	24.58	27.55		
2'	0.10	3.21	6.31	9.41	12.49	15.56	18.61	21.63	24.63	27.60		
3'	0.16	3.26	6.36	9.46	12.54	15.61	18.66	21.68	24.68	27.65		
4'	0.21	3.31	6.41	9.51	12.59	15.66	18.71	21.73	24.73	27.70	0°	178.0
											0° 30'	178.0
5'	0.26	3.36	6.47	9.56	12.64	15.71	18.76	21.78	24.78	27.75		
6'	0.31	3.42	6.52	9.61	12.69	15.76	18.81	21.83	24.83	27.80		
7'	0.36	3.47	6.57	9.66	12.75	15.81	18.86	21.88	24.88	27.85	1°	177.9
8'	0.41	3.52	6.62	9.71	12.80	15.86	18.91	21.93	24.93	27.90	1° 30'	177.9
9'	0.47	3.57	6.67	9.77	12.85	15.91	18.96	21.98	24.98	27.95		
10'	0.52	3.62	6.72	9.82	12.90	15.96	19.01	22.03	25.03	27.99	2°	177.8
11'	0.57	3.68	6.78	9.87	12.95	16.02	19.06	22.08	25.08	28.04	2° 30'	177.7
12'	0.62	3.73	6.83	9.92	13.00	16.07	19.11	22.13	25.13	28.09		
13'	0.67	3.78	6.88	9.97	13.05	16.12	19.16	22.18	25.18	28.14		
14'	0.72	3.83	6.93	10.02	13.10	16.17	19.21	22.23	25.23	28.19	3°	177.5
											3° 30'	177.3
15'	0.78	3.88	6.98	10.08	13.16	16.22	19.26	22.28	25.28	28.24		
16'	0.83	3.93	7.03	10.13	13.21	16.27	19.31	22.33	25.33	28.29		
17'	0.88	3.99	7.09	10.18	13.26	16.32	19.36	22.38	25.38	28.34	4°	177.1
18'	0.93	4.04	7.14	10.23	13.31	16.37	19.41	22.43	25.43	28.39	4° 30'	176.9
19'	0.98	4.09	7.19	10.28	13.36	16.42	19.47	22.48	25.48	28.44		
20'	1.04	4.14	7.24	10.33	13.41	16.47	19.52	22.53	25.53	28.49	5°	176.6
21'	1.09	4.19	7.29	10.38	13.46	16.52	19.57	22.58	25.58	28.53	5° 20'	176.5
22'	1.14	4.24	7.35	10.44	13.51	16.58	19.62	22.63	25.62	28.58	5° 40'	176.3
23'	1.19	4.30	7.40	10.49	13.56	16.63	19.67	22.68	25.67	28.63		
24'	1.24	4.35	7.45	10.54	13.62	16.68	19.72	22.73	25.72	28.68	6°	176.1
25'	1.29	4.40	7.50	10.59	13.67	16.73	19.77	22.78	25.77	28.73	6° 20'	175.8
26'	1.35	4.45	7.55	10.64	13.72	16.78	19.82	22.83	25.82	28.78	6° 40'	175.6
27'	1.40	4.50	7.60	10.69	13.77	16.83	19.87	22.88	25.87	28.83		
28'	1.45	4.55	7.65	10.74	13.82	16.88	19.92	22.93	25.92	28.88	7°	175.4
29'	1.50	4.61	7.71	10.79	13.87	16.93	19.97	22.98	25.97	28.93	7° 20'	175.1
											7° 40'	174.8
30'	1.55	4.66	7.76	10.85	13.92	16.98	20.02	23.03	26.02	28.98		
31'	1.60	4.71	7.81	10.90	13.97	17.03	20.07	23.08	26.07	29.02		
32'	1.66	4.76	7.86	10.95	14.02	17.08	20.12	23.13	26.12	29.07	8°	174.6
33'	1.71	4.81	7.91	11.00	14.08	17.13	20.17	23.18	26.17	29.12	8° 20'	174.3
34'	1.76	4.86	7.96	11.05	14.13	17.19	20.22	23.23	26.22	29.17	8° 40'	174.0
35'	1.81	4.92	8.01	11.10	14.18	17.24	20.27	23.28	26.27	29.22		
36'	1.86	4.97	8.07	11.15	14.23	17.29	20.32	23.33	26.32	29.27	9°	173.6
37'	1.92	5.02	8.12	11.21	14.28	17.34	20.37	23.38	26.37	29.32	9° 20'	173.3
38'	1.97	5.07	8.17	11.26	14.33	17.39	20.42	23.43	26.42	29.37	9° 40'	173.0
39'	2.02	5.12	8.22	11.31	14.38	17.44	20.48	23.48	26.47	29.42		
40'	2.07	5.17	8.27	11.36	14.43	17.49	20.52	23.53	26.52	29.46	10°	172.6
41'	2.12	5.23	8.32	11.41	14.48	17.54	20.58	23.58	26.57	29.51		
42'	2.17	5.28	8.38	11.46	14.54	17.59	20.63	23.63	26.61	29.56		
43'	2.23	5.33	8.43	11.51	14.59	17.64	20.68	23.68	26.66	29.61		
44'	2.28	5.38	8.48	11.57	14.64	17.69	20.73	23.73	26.71	29.66		
45'	2.33	5.43	8.53	11.62	14.69	17.74	20.78	23.78	26.76	29.71		
46'	2.38	5.48	8.58	11.67	14.74	17.79	20.83	23.83	26.81	29.76		
47'	2.43	5.54	8.63	11.72	14.79	17.85	20.88	23.88	26.86	29.81		
48'	2.48	5.59	8.68	11.77	14.84	17.90	20.93	23.93	26.91	29.86		
49'	2.54	5.64	8.74	11.82	14.89	17.95	20.98	23.98	26.96	29.90		
50'	2.59	5.69	8.79	11.87	14.94	18.00	21.03	24.03	27.01	29.95		
51'	2.64	5.74	8.84	11.92	15.00	18.05	21.08	24.08	27.06	30.00		
52'	2.69	5.80	8.89	11.98	15.05	18.10	21.13	24.13	27.11	30.05		
53'	2.74	5.85	8.94	12.03	15.10	18.15	21.18	24.18	27.16	30.10		
54'	2.80	5.90	8.99	12.08	15.15	18.20	21.23	24.23	27.21	30.15		
55'	2.85	5.95	9.05	12.13	15.20	18.25	21.28	24.28	27.26	30.20		
56'	2.90	6.00	9.10	12.18	15.25	18.30	21.33	24.33	27.31	30.25		
57'	2.95	6.05	9.15	12.23	15.30	18.35	21.38	24.38	27.35	30.29		
58'	3.00	6.11	9.20	12.28	15.35	18.40	21.43	24.43	27.40	30.34		
59'	3.05	6.16	9.25	12.34	15.40	18.45	21.48	24.48	27.45	30.39		

179 ($\frac{1}{2} \sin 2\alpha$)

α	0°	1°	2°	3°	4°	5°	6°	7°	8°	9°
0'	0.00	3.12	6.24	9.36	12.46	15.54	18.61	21.65	24.67	27.66
1'	0.05	3.18	6.30	9.41	12.51	15.59	18.66	21.70	24.72	27.71
2'	0.10	3.23	6.35	9.46	12.56	15.64	18.71	21.75	24.77	27.76
3'	0.16	3.28	6.40	9.51	12.61	15.70	18.76	21.80	24.82	27.81
4'	0.21	3.33	6.45	9.56	12.66	15.75	18.81	21.85	24.87	27.86
5'	0.26	3.38	6.50	9.61	12.71	15.80	18.86	21.90	24.92	27.90
6'	0.31	3.44	6.55	9.67	12.77	15.85	18.91	21.96	24.97	27.95
7'	0.36	3.49	6.61	9.72	12.82	15.90	18.96	22.01	25.02	28.00
8'	0.42	3.54	6.66	9.77	12.87	15.95	19.02	22.06	25.07	28.05
9'	0.47	3.59	6.71	9.82	12.92	16.00	19.07	22.11	25.12	28.10
10'	0.52	3.64	6.76	9.87	12.97	16.05	19.12	22.16	25.17	28.15
11'	0.57	3.70	6.81	9.92	13.02	16.11	19.17	22.21	25.22	28.20
12'	0.62	3.75	6.87	9.98	13.07	16.16	19.22	22.26	25.27	28.25
13'	0.68	3.80	6.92	10.03	13.13	16.21	19.27	22.31	25.32	28.30
14'	0.73	3.85	6.97	10.08	13.18	16.26	19.32	22.36	25.37	28.35
15'	0.78	3.90	7.02	10.13	13.23	16.31	19.37	22.41	25.42	28.40
16'	0.83	3.96	7.07	10.18	13.28	16.36	19.42	22.46	25.47	28.45
17'	0.88	4.01	7.13	10.24	13.33	16.41	19.47	22.51	25.52	28.50
18'	0.94	4.06	7.18	10.29	13.38	16.46	19.52	22.56	25.57	28.55
19'	0.99	4.11	7.23	10.34	13.43	16.51	19.57	22.61	25.62	28.60
20'	1.04	4.16	7.28	10.39	13.49	16.57	19.63	22.66	25.67	28.65
21'	1.09	4.22	7.33	10.44	13.54	16.62	19.68	22.71	25.72	28.69
22'	1.14	4.27	7.39	10.49	13.59	16.67	19.73	22.76	25.77	28.74
23'	1.20	4.32	7.44	10.55	13.64	16.72	19.78	22.81	25.82	28.79
24'	1.25	4.37	7.49	10.60	13.69	16.77	19.83	22.86	25.87	28.84
25'	1.30	4.42	7.54	10.65	13.74	16.82	19.88	22.91	25.92	28.89
26'	1.35	4.48	7.59	10.70	13.80	16.87	19.93	22.96	25.97	28.94
27'	1.40	4.53	7.64	10.75	13.85	16.92	19.98	23.01	26.02	28.99
28'	1.46	4.58	7.70	10.80	13.90	16.98	20.03	23.06	26.07	29.04
29'	1.51	4.63	7.75	10.86	13.95	17.03	20.08	23.11	26.12	29.09
30'	1.56	4.68	7.80	10.91	14.00	17.08	20.13	23.16	26.17	29.14
31'	1.61	4.74	7.85	10.96	14.05	17.13	20.18	23.21	26.22	29.19
32'	1.67	4.79	7.90	11.01	14.10	17.18	20.23	23.26	26.27	29.24
33'	1.72	4.84	7.96	11.06	14.16	17.23	20.29	23.32	26.32	29.29
34'	1.77	4.89	8.01	11.11	14.21	17.28	20.34	23.37	26.37	29.34
35'	1.82	4.94	8.06	11.17	14.26	17.33	20.39	23.42	26.42	29.38
36'	1.87	5.00	8.11	11.22	14.31	17.38	20.44	23.47	26.47	29.43
37'	1.93	5.05	8.16	11.27	14.36	17.44	20.49	23.52	26.52	29.48
38'	1.98	5.10	8.22	11.32	14.41	17.49	20.54	23.57	26.57	29.53
39'	2.03	5.15	8.27	11.37	14.46	17.54	20.59	23.62	26.61	29.58
40'	2.08	5.20	8.32	11.42	14.51	17.59	20.64	23.67	26.66	29.63
41'	2.13	5.26	8.37	11.48	14.57	17.64	20.69	23.72	26.71	29.68
42'	2.18	5.31	8.42	11.53	14.62	17.69	20.74	23.77	26.76	29.73
43'	2.24	5.36	8.47	11.58	14.67	17.74	20.79	23.82	26.81	29.78
44'	2.29	5.41	8.53	11.63	14.72	17.79	20.84	23.87	26.86	29.83
45'	2.34	5.46	8.58	11.68	14.77	17.84	20.89	23.92	26.91	29.88
46'	2.39	5.52	8.63	11.73	14.82	17.89	20.94	23.97	26.96	29.92
47'	2.45	5.57	8.68	11.79	14.87	17.95	20.99	24.02	27.01	29.97
48'	2.50	5.62	8.73	11.84	14.93	18.00	21.05	24.07	27.06	30.02
49'	2.55	5.67	8.79	11.89	14.98	18.05	21.10	24.12	27.11	30.07
50'	2.60	5.72	8.84	11.94	15.03	18.10	21.15	24.17	27.16	30.12
51'	2.65	5.78	8.89	11.99	15.08	18.15	21.20	24.22	27.21	30.17
52'	2.71	5.83	8.94	12.04	15.13	18.20	21.25	24.27	27.26	30.22
53'	2.76	5.88	8.99	12.09	15.18	18.25	21.30	24.32	27.31	30.27
54'	2.81	5.93	9.04	12.15	15.23	18.30	21.35	24.37	27.36	30.32
55'	2.86	5.98	9.10	12.20	15.29	18.35	21.40	24.42	27.41	30.37
56'	2.92	6.04	9.15	12.25	15.34	18.40	21.45	24.47	27.46	30.41
57'	2.97	6.09	9.20	12.30	15.39	18.46	21.50	24.52	27.51	30.46
58'	3.02	6.14	9.25	12.35	15.44	18.51	21.55	24.57	27.56	30.51
59'	3.07	6.19	9.30	12.40	15.49	18.56	21.60	24.62	27.61	30.56

179 $\cos^2\alpha$

0°	179.0
0° 30'	179.0
1°	178.9
1° 30'	178.9
2°	178.8
2° 30'	178.7
3°	178.5
3° 30'	178.3
4°	178.1
4° 30'	177.9
5°	177.6
5° 20'	177.5
5° 40'	177.3
6°	177.0
6° 20'	176.8
6° 40'	176.6
7°	176.3
7° 20'	176.1
7° 40'	175.8
8°	175.5
8° 20'	175.2
8° 40'	174.9
9°	174.6
9° 20'	174.3
9° 40'	174.0
10°	173.6

α	0°	1°	2°	3°	4°	5°	6°	7°	8°	9°
0'	0.00	3.14	6.28	9.41	12.53	15.68	18.71	21.77	24.81	27.81
1'	0.05	3.19	6.33	9.46	12.58	15.68	18.76	21.82	24.86	27.86
2'	0.10	3.25	6.38	9.51	12.63	15.73	18.81	21.87	24.91	27.91
3'	0.16	3.30	6.43	9.56	12.68	15.78	18.87	21.93	24.96	27.96
4'	0.21	3.35	6.49	9.62	12.73	15.83	18.92	21.98	25.01	28.01
5'	0.26	3.40	6.54	9.67	12.78	15.89	18.97	22.03	25.06	28.06
6'	0.31	3.45	6.59	9.72	12.84	15.94	19.02	22.08	25.11	28.11
7'	0.37	3.51	6.64	9.77	12.89	15.99	19.07	22.13	25.16	28.16
8'	0.42	3.56	6.70	9.82	12.94	16.04	19.12	22.18	25.21	28.21
9'	0.47	3.61	6.75	9.88	12.99	16.09	19.17	22.23	25.26	28.26
10'	0.52	3.66	6.80	9.98	13.04	16.14	19.22	22.28	25.31	28.31
11'	0.58	3.72	6.85	9.98	13.10	16.20	19.28	22.33	25.36	28.36
12'	0.63	3.77	6.90	10.03	13.15	16.25	19.33	22.38	25.41	28.41
13'	0.68	3.82	6.96	10.08	13.20	16.30	19.38	22.43	25.46	28.46
14'	0.73	3.87	7.01	10.14	13.25	16.35	19.43	22.48	25.51	28.51
15'	0.79	3.93	7.06	10.19	13.30	16.40	19.48	22.53	25.56	28.56
16'	0.84	3.98	7.11	10.24	13.35	16.45	19.53	22.58	25.61	28.61
17'	0.89	4.03	7.17	10.29	13.41	16.50	19.58	22.64	25.66	28.66
18'	0.94	4.08	7.22	10.34	13.46	16.56	19.63	22.69	25.71	28.71
19'	0.99	4.13	7.27	10.40	13.51	16.61	19.68	22.74	25.76	28.76
20'	1.05	4.19	7.32	10.45	13.56	16.66	19.74	22.79	25.81	28.81
21'	1.10	4.24	7.37	10.50	13.61	16.71	19.79	22.84	25.86	28.86
22'	1.15	4.29	7.43	10.55	13.67	16.76	19.84	22.89	25.91	28.90
23'	1.20	4.34	7.48	10.60	13.72	16.81	19.89	22.94	25.96	28.95
24'	1.26	4.40	7.53	10.66	13.77	16.86	19.94	22.99	26.01	29.00
25'	1.31	4.45	7.58	10.71	13.82	16.92	19.99	23.04	26.06	29.05
26'	1.36	4.50	7.64	10.76	13.87	16.97	20.04	23.09	26.11	29.10
27'	1.41	4.55	7.69	10.81	13.92	17.02	20.09	23.14	26.16	29.15
28'	1.47	4.61	7.74	10.86	13.98	17.07	20.14	23.19	26.21	29.20
29'	1.52	4.66	7.79	10.92	14.03	17.12	20.19	23.24	26.26	29.25
30'	1.57	4.71	7.84	10.97	14.08	17.17	20.25	23.29	26.31	29.30
31'	1.62	4.76	7.90	11.02	14.13	17.22	20.30	23.34	26.36	29.35
32'	1.68	4.81	7.95	11.07	14.18	17.28	20.35	23.39	26.41	29.40
33'	1.73	4.87	8.00	11.12	14.23	17.33	20.40	23.45	26.46	29.45
34'	1.78	4.92	8.05	11.18	14.29	17.38	20.45	23.50	26.51	29.50
35'	1.83	4.97	8.10	11.23	14.34	17.43	20.50	23.55	26.56	29.55
36'	1.88	5.02	8.16	11.28	14.39	17.48	20.55	23.60	26.61	29.60
37'	1.94	5.08	8.21	11.33	14.44	17.53	20.60	23.65	26.66	29.65
38'	1.99	5.13	8.26	11.38	14.49	17.58	20.65	23.70	26.71	29.70
39'	2.04	5.18	8.31	11.44	14.54	17.64	20.71	23.75	26.76	29.75
40'	2.09	5.23	8.37	11.49	14.60	17.69	20.76	23.80	26.81	29.80
41'	2.15	5.29	8.42	11.54	14.65	17.74	20.81	23.85	26.86	29.85
42'	2.20	5.34	8.47	11.59	14.70	17.79	20.86	23.90	26.91	29.89
43'	2.25	5.39	8.52	11.64	14.75	17.84	20.91	23.95	26.96	29.94
44'	2.30	5.44	8.57	11.70	14.80	17.89	20.96	24.00	27.01	29.99
45'	2.36	5.49	8.63	11.75	14.85	17.94	21.01	24.05	27.06	30.04
46'	2.41	5.55	8.68	11.80	14.91	17.99	21.06	24.10	27.11	30.09
47'	2.46	5.60	8.73	11.85	14.96	18.05	21.11	24.15	27.16	30.14
48'	2.51	5.65	8.78	11.90	15.01	18.10	21.16	24.20	27.21	30.19
49'	2.57	5.70	8.83	11.95	15.06	18.15	21.21	24.25	27.26	30.24
50'	2.62	5.76	8.89	12.01	15.11	18.20	21.26	24.30	27.31	30.29
51'	2.67	5.81	8.94	12.06	15.16	18.25	21.32	24.35	27.36	30.34
52'	2.72	5.86	8.99	12.11	15.22	18.30	21.37	24.40	27.41	30.39
53'	2.77	5.91	9.04	12.16	15.27	18.35	21.42	24.45	27.46	30.44
54'	2.83	5.96	9.10	12.21	15.32	18.40	21.47	24.51	27.51	30.49
55'	2.88	6.02	9.15	12.27	15.37	18.46	21.52	24.56	27.56	30.54
56'	2.93	6.07	9.20	12.32	15.42	18.51	21.57	24.61	27.61	30.58
57'	2.98	6.12	9.25	12.37	15.47	18.56	21.62	24.66	27.66	30.63
58'	3.04	6.17	9.30	12.42	15.53	18.61	21.67	24.71	27.71	30.68
59'	3.09	6.23	9.36	12.47	15.58	18.66	21.72	24.76	27.76	30.73

180 $\cos^2 \alpha$

0°	180.0
0° 30'	180.0
1°	179.9
1° 30'	179.9
2°	179.8
2° 30'	179.7
3°	179.5
3° 30'	179.3
4°	179.1
4° 30'	178.9
5°	178.6
5° 20'	178.4
5° 40'	178.2
6°	178.0
6° 20'	177.8
6° 40'	177.6
7°	177.3
7° 20'	177.1
7° 40'	176.8
8°	176.5
8° 20'	176.2
8° 40'	175.9
9°	175.6
9° 20'	175.3
9° 40'	174.9
10°	174.6

181 ($\frac{1}{2} \sin 2\alpha$)

α	0°	1°	2°	3°	4°	5°	6°	7°	8°	9°
0'	0.00	3.16	6.31	9.46	12.60	15.72	18.82	21.89	24.95	27.97
1'	0.05	3.21	6.37	9.51	12.65	15.77	18.87	21.95	25.00	28.02
2'	0.11	3.26	6.42	9.56	12.70	15.82	18.92	22.00	25.05	28.07
3'	0.16	3.32	6.47	9.62	12.75	15.87	18.97	22.05	25.10	28.12
4'	0.21	3.37	6.52	9.67	12.80	15.92	19.02	22.10	25.15	28.17
5'	0.26	3.42	6.58	9.72	12.86	15.97	19.07	22.15	25.20	28.22
6'	0.32	3.47	6.63	9.77	12.91	16.03	19.12	22.20	25.25	28.27
7'	0.37	3.53	6.68	9.83	12.96	16.08	19.18	22.25	25.30	28.32
8'	0.42	3.58	6.73	9.88	13.01	16.13	19.23	22.30	25.35	28.37
9'	0.47	3.63	6.79	9.93	13.06	16.18	19.28	22.35	25.40	28.42
10'	0.53	3.68	6.84	9.98	13.12	16.23	19.33	22.40	25.45	28.47
11'	0.58	3.74	6.89	10.04	13.17	16.29	19.38	22.46	25.50	28.52
12'	0.63	3.79	6.94	10.09	13.22	16.34	19.43	22.51	25.55	28.57
13'	0.68	3.84	7.00	10.14	13.27	16.39	19.49	22.56	25.60	28.62
14'	0.74	3.89	7.05	10.19	13.32	16.44	19.54	22.61	25.65	28.67
15'	0.79	3.95	7.10	10.24	13.38	16.49	19.59	22.66	25.70	28.72
16'	0.84	4.00	7.15	10.30	13.43	16.54	19.64	22.71	25.75	28.77
17'	0.89	4.05	7.21	10.35	13.48	16.60	19.69	22.76	25.80	28.82
18'	0.95	4.11	7.26	10.40	13.53	16.65	19.74	22.81	25.85	28.87
19'	1.00	4.16	7.31	10.45	13.59	16.70	19.79	22.86	25.91	28.92
20'	1.05	4.21	7.36	10.51	13.64	16.75	19.84	22.91	25.96	28.97
21'	1.11	4.26	7.42	10.56	13.69	16.80	19.90	22.97	26.01	29.02
22'	1.16	4.32	7.47	10.61	13.74	16.85	19.95	23.02	26.06	29.07
23'	1.21	4.37	7.52	10.66	13.79	16.91	20.00	23.07	26.11	29.12
24'	1.26	4.42	7.57	10.72	13.85	16.96	20.05	23.12	26.16	29.17
25'	1.32	4.47	7.63	10.77	13.90	17.01	20.10	23.17	26.21	29.21
26'	1.37	4.53	7.68	10.82	13.95	17.06	20.15	23.22	26.26	29.26
27'	1.42	4.58	7.73	10.87	14.00	17.11	20.20	23.27	26.31	29.31
28'	1.47	4.63	7.78	10.92	14.05	17.16	20.26	23.32	26.36	29.36
29'	1.53	4.68	7.84	10.98	14.11	17.22	20.31	23.37	26.41	29.41
30'	1.58	4.74	7.89	11.03	14.16	17.27	20.36	23.42	26.46	29.46
31'	1.63	4.79	7.94	11.08	14.21	17.32	20.41	23.47	26.51	29.51
32'	1.68	4.84	7.99	11.13	14.26	17.37	20.46	23.52	26.56	29.56
33'	1.74	4.89	8.04	11.19	14.31	17.42	20.51	23.58	26.61	29.61
34'	1.79	4.95	8.10	11.24	14.36	17.47	20.56	23.63	26.66	29.66
35'	1.84	5.00	8.15	11.29	14.42	17.53	20.61	23.68	26.71	29.71
36'	1.90	5.05	8.20	11.34	14.47	17.58	20.67	23.73	26.76	29.76
37'	1.95	5.10	8.25	11.39	14.52	17.63	20.72	23.78	26.81	29.81
38'	2.00	5.16	8.31	11.45	14.57	17.68	20.77	23.83	26.86	29.86
39'	2.05	5.21	8.36	11.50	14.63	17.73	20.82	23.88	26.91	29.91
40'	2.11	5.26	8.41	11.55	14.68	17.78	20.87	23.93	26.96	29.96
41'	2.16	5.31	8.46	11.60	14.73	17.84	20.92	23.98	27.01	30.01
42'	2.21	5.37	8.52	11.66	14.78	17.89	20.97	24.03	27.06	30.06
43'	2.26	5.42	8.57	11.71	14.83	17.94	21.02	24.08	27.11	30.11
44'	2.32	5.47	8.62	11.76	14.88	17.99	21.08	24.13	27.16	30.16
45'	2.37	5.52	8.67	11.81	14.94	18.04	21.13	24.19	27.21	30.21
46'	2.42	5.58	8.73	11.86	14.99	18.09	21.18	24.24	27.26	30.26
47'	2.47	5.63	8.78	11.92	15.04	18.15	21.23	24.29	27.31	30.31
48'	2.53	5.68	8.83	11.97	15.09	18.20	21.28	24.34	27.36	30.36
49'	2.58	5.74	8.88	12.02	15.14	18.25	21.33	24.39	27.41	30.41
50'	2.63	5.79	8.94	12.07	15.20	18.30	21.38	24.44	27.46	30.46
51'	2.68	5.84	8.99	12.13	15.25	18.35	21.43	24.49	27.52	30.51
52'	2.74	5.89	9.04	12.18	15.30	18.40	21.49	24.54	27.57	30.56
53'	2.79	5.95	9.09	12.23	15.35	18.46	21.54	24.59	27.62	30.61
54'	2.84	6.00	9.15	12.28	15.40	18.51	21.59	24.64	27.67	30.66
55'	2.90	6.05	9.20	12.33	15.46	18.56	21.64	24.69	27.72	30.71
56'	2.95	6.10	9.25	12.39	15.51	18.61	21.69	24.74	27.77	30.75
57'	3.00	6.16	9.30	12.44	15.56	18.66	21.74	24.79	27.82	30.80
58'	3.05	6.21	9.36	12.49	15.61	18.71	21.79	24.84	27.87	30.85
59'	3.11	6.26	9.41	12.54	15.66	18.76	21.84	24.89	27.92	30.90

181 $\cos^2\alpha$

0°	181.0
0° 30'	181.0
1°	180.9
1° 30'	180.9
2°	180.8
2° 30'	180.7
3°	180.5
3° 30'	180.3
4°	180.1
4° 30'	179.9
5°	179.6
5° 20'	179.4
5° 40'	179.2
6°	179.0
6° 20'	178.8
6° 40'	178.6
7°	178.3
7° 20'	178.1
7° 40'	177.8
8°	177.5
8° 20'	177.2
8° 40'	176.9
9°	176.6
9° 20'	176.2
9° 40'	175.9
10°	175.5

182 ($\frac{1}{2} \sin 2\alpha$)

α	0°	1°	2°	3°	4°	5°	6°	7°	8°	9°
0'	0.00	3.18	6.35	9.51	12.66	15.80	18.92	22.01	25.08	28.12
1'	0.05	3.23	6.40	9.56	12.72	15.85	18.97	22.07	25.13	28.17
2'	0.11	3.28	6.45	9.62	12.77	15.91	19.02	22.12	25.18	28.22
3'	0.16	3.33	6.51	9.67	12.82	15.96	19.08	22.17	25.24	28.27
4'	0.21	3.39	6.56	9.72	12.87	16.01	19.13	22.22	25.29	28.32
5'	0.26	3.44	6.61	9.78	12.93	16.06	19.18	22.27	25.34	28.37
6'	0.32	3.49	6.66	9.83	12.98	16.11	19.23	22.32	25.39	28.42
7'	0.37	3.55	6.72	9.88	13.03	16.17	19.28	22.37	25.44	28.47
8'	0.42	3.60	6.77	9.93	13.08	16.22	19.33	22.43	25.49	28.52
9'	0.48	3.65	6.82	9.99	13.14	16.27	19.39	22.48	25.54	28.57
10'	0.53	3.70	6.88	10.04	13.19	16.32	19.44	22.53	25.59	28.62
11'	0.58	3.76	6.93	10.09	13.24	16.38	19.49	22.58	25.64	28.67
12'	0.64	3.81	6.98	10.14	13.29	16.43	19.54	22.63	25.69	28.72
13'	0.69	3.86	7.03	10.20	13.35	16.48	19.59	22.68	25.74	28.77
14'	0.74	3.92	7.09	10.25	13.40	16.53	19.64	22.73	25.79	28.82
15'	0.79	3.97	7.14	10.30	13.45	16.58	19.70	22.78	25.85	28.87
16'	0.85	4.02	7.19	10.35	13.50	16.64	19.75	22.84	25.90	28.92
17'	0.90	4.08	7.25	10.41	13.56	16.69	19.80	22.89	25.95	28.98
18'	0.95	4.13	7.30	10.46	13.61	16.74	19.85	22.94	26.00	29.03
19'	1.01	4.18	7.35	10.51	13.66	16.79	19.90	22.99	26.05	29.08
20'	1.06	4.23	7.40	10.56	13.71	16.84	19.95	23.04	26.10	29.13
21'	1.11	4.29	7.46	10.62	13.76	16.90	20.01	23.09	26.15	29.18
22'	1.16	4.34	7.51	10.67	13.82	16.95	20.06	23.14	26.20	29.23
23'	1.22	4.39	7.56	10.72	13.87	17.00	20.11	23.19	26.25	29.28
24'	1.27	4.45	7.61	10.77	13.92	17.05	20.16	23.25	26.30	29.33
25'	1.32	4.50	7.67	10.83	13.97	17.10	20.21	23.30	26.35	29.38
26'	1.38	4.55	7.72	10.88	14.03	17.16	20.26	23.35	26.40	29.43
27'	1.43	4.60	7.77	10.93	14.08	17.21	20.32	23.40	26.45	29.48
28'	1.48	4.66	7.83	10.99	14.13	17.26	20.37	23.45	26.50	29.53
29'	1.53	4.71	7.88	11.04	14.18	17.31	20.42	23.50	26.56	29.58
30'	1.59	4.76	7.93	11.09	14.24	17.36	20.47	23.55	26.61	29.63
31'	1.64	4.82	7.98	11.14	14.29	17.42	20.52	23.60	26.66	29.68
32'	1.69	4.87	8.04	11.20	14.34	17.47	20.57	23.65	26.71	29.73
33'	1.75	4.92	8.09	11.25	14.39	17.51	20.63	23.71	26.76	29.78
34'	1.80	4.97	8.14	11.30	14.44	17.57	20.68	23.76	26.81	29.83
35'	1.85	5.03	8.19	11.35	14.50	17.62	20.73	23.81	26.86	29.88
36'	1.91	5.08	8.25	11.41	14.55	17.68	20.78	23.86	26.91	29.93
37'	1.96	5.13	8.30	11.46	14.60	17.73	20.83	23.91	26.96	29.98
38'	2.01	5.19	8.35	11.51	14.65	17.78	20.88	23.96	27.01	30.03
39'	2.06	5.24	8.41	11.56	14.71	17.83	20.94	24.01	27.06	30.08
40'	2.12	5.29	8.46	11.62	14.76	17.88	20.99	24.06	27.11	30.13
41'	2.17	5.34	8.51	11.67	14.81	17.93	21.04	24.11	27.16	30.18
42'	2.22	5.40	8.56	11.72	14.86	17.99	21.09	24.17	27.21	30.23
43'	2.28	5.45	8.62	11.77	14.91	18.04	21.14	24.22	27.26	30.28
44'	2.33	5.50	8.67	11.83	14.97	18.09	21.19	24.27	27.31	30.33
45'	2.38	5.56	8.72	11.88	15.02	18.14	21.24	24.32	27.36	30.38
46'	2.43	5.61	8.77	11.93	15.07	18.19	21.30	24.37	27.41	30.43
47'	2.49	5.66	8.83	11.98	15.12	18.25	21.35	24.42	27.47	30.48
48'	2.54	5.71	8.88	12.04	15.18	18.30	21.40	24.47	27.52	30.53
49'	2.59	5.77	8.93	12.09	15.23	18.35	21.45	24.52	27.57	30.58
50'	2.65	5.82	8.99	12.14	15.28	18.40	21.50	24.57	27.62	30.63
51'	2.70	5.87	9.04	12.19	15.33	18.45	21.55	24.62	27.67	30.68
52'	2.75	5.93	9.09	12.25	15.38	18.50	21.60	24.68	27.72	30.73
53'	2.81	5.98	9.14	12.30	15.44	18.56	21.66	24.73	27.77	30.78
54'	2.86	6.03	9.20	12.35	15.49	18.61	21.71	24.78	27.82	30.83
55'	2.91	6.08	9.25	12.40	15.54	18.66	21.76	24.83	27.87	30.88
56'	2.96	6.14	9.30	12.46	15.59	18.71	21.81	24.88	27.92	30.92
57'	3.02	6.19	9.35	12.51	15.65	18.76	21.86	24.93	27.97	30.97
58'	3.07	6.24	9.41	12.56	15.70	18.82	21.91	24.98	28.02	31.02
59'	3.12	6.30	9.46	12.61	15.75	18.87	21.96	25.03	28.07	31.07

182 $\cos^2\alpha$

α	182 cos²α
0°	182.0
0° 30'	182.0
1°	181.9
1° 30'	181.9
2°	181.8
2° 30'	181.7
3°	181.5
3° 30'	181.3
4°	181.1
4° 30'	180.9
5°	180.6
5° 20'	180.4
5° 40'	180.2
6°	180.0
6° 20'	179.8
6° 40'	179.5
7°	179.3
7° 20'	179.0
7° 40'	178.8
8°	178.5
8° 20'	178.2
8° 40'	177.9
9°	177.5
9° 20'	177.2
9° 40'	176.9
10°	176.5

183 ($\frac{1}{2} \sin 2\alpha$)

α	0°	1°	2°	3°	4°	5°	6°	7°	8°	9°	**183** $\cos^2\alpha$	
0′	0.00	3.19	6.38	9.56	12.73	15.89	19.02	22.14	25.22	28.26		
1′	0.05	3.25	6.44	9.62	12.79	15.94	19.08	22.19	25.27	28.33		
2′	0.11	3.30	6.49	9.67	12.84	15.99	19.13	22.24	25.32	28.38		
3′	0.16	3.35	6.54	9.72	12.89	16.05	19.18	22.29	25.37	28.43		
4′	0.21	3.41	6.60	9.78	12.95	16.10	19.23	22.34	25.43	28.48	0°	183.0
5′	0.27	3.46	6.65	9.83	13.00	16.15	19.28	22.39	25.48	28.53	0° 30′	183.0
6′	0.32	3.51	6.70	9.88	13.05	16.20	19.34	22.45	25.53	28.58		
7′	0.37	3.57	6.75	9.93	13.11	16.26	19.39	22.50	25.58	28.63	1°	182.9
8′	0.43	3.62	6.81	9.99	13.16	16.31	19.44	22.55	25.63	28.68	1° 30′	182.9
9′	0.48	3.67	6.86	10.04	13.21	16.36	19.49	22.60	25.68	28.73		
10′	0.53	3.73	6.91	10.09	13.26	16.41	19.54	22.65	25.73	28.78	2°	182.8
11′	0.59	3.78	6.97	10.15	13.31	16.47	19.60	22.70	25.78	28.83	2° 30′	182.7
12′	0.64	3.83	7.02	10.20	13.37	16.52	19.65	22.76	25.83	28.88		
13′	0.69	3.88	7.07	10.25	13.42	16.57	19.70	22.81	25.89	28.93		
14′	0.75	3.94	7.13	10.31	13.47	16.62	19.75	22.86	25.94	28.98	3°	182.5
											3° 30′	182.3
15′	0.80	3.99	7.18	10.36	13.52	16.67	19.80	22.91	25.99	29.03		
16′	0.85	4.04	7.23	10.41	13.58	16.73	19.86	22.96	26.04	29.08		
17′	0.90	4.10	7.29	10.46	13.63	16.78	19.91	23.01	26.09	29.13	4°	182.1
18′	0.96	4.15	7.34	10.52	13.68	16.83	19.96	23.06	26.14	29.18	4° 30′	181.9
19′	1.01	4.20	7.39	10.57	13.74	16.88	20.01	23.12	26.19	29.24		
20′	1.06	4.26	7.44	10.62	13.79	16.94	20.06	23.17	26.24	29.29	5°	181.6
21′	1.12	4.31	7.50	10.68	13.84	16.99	20.12	23.22	26.29	29.34	5° 20′	181.4
22′	1.17	4.36	7.56	10.73	13.89	17.04	20.17	23.27	26.34	29.39	5° 40′	181.2
23′	1.22	4.42	7.60	10.78	13.95	17.09	20.22	23.32	26.40	29.44		
24′	1.28	4.47	7.66	10.83	14.00	17.15	20.27	23.37	26.45	29.49	6°	181.0
											6° 20′	180.8
25′	1.33	4.52	7.71	10.89	14.05	17.20	20.32	23.42	26.50	29.54	6° 40′	180.5
26′	1.38	4.58	7.77	10.94	14.10	17.25	20.38	23.48	26.55	29.59		
27′	1.44	4.63	7.82	10.99	14.16	17.30	20.43	23.53	26.60	29.64		
28′	1.49	4.68	7.87	11.05	14.21	17.35	20.48	23.58	26.65	29.69	7°	180.3
29′	1.54	4.74	7.92	11.10	14.26	17.41	20.53	23.63	26.70	29.74	7° 20′	180.0
											7° 40′	179.7
30′	1.60	4.79	7.97	11.15	14.31	17.46	20.58	23.68	26.75	29.79		
31′	1.65	4.84	8.03	11.20	14.37	17.51	20.63	23.73	26.80	29.84		
32′	1.70	4.90	8.08	11.26	14.42	17.56	20.69	23.78	26.85	29.89	8°	179.5
33′	1.76	4.95	8.13	11.31	14.47	17.62	20.74	23.84	26.90	29.94	8° 20′	179.2
34′	1.81	5.00	8.19	11.36	14.52	17.67	20.79	23.89	26.96	29.99	8° 40′	178.8
35′	1.86	5.05	8.24	11.42	14.58	17.72	20.84	23.94	27.01	30.04		
36′	1.92	5.11	8.29	11.47	14.63	17.77	20.89	23.99	27.06	30.09	9°	178.5
37′	1.97	5.16	8.35	11.52	14.68	17.82	20.95	24.04	27.11	30.14	9° 20′	178.2
38′	2.02	5.21	8.40	11.57	14.73	17.88	21.00	24.09	27.16	30.19	9° 40′	177.8
39′	2.08	5.27	8.45	11.63	14.79	17.93	21.05	24.14	27.21	30.24		
40′	2.13	5.32	8.50	11.68	14.84	17.98	21.10	24.20	27.26	30.29	10°	177.5
41′	2.18	5.37	8.56	11.73	14.89	18.03	21.15	24.25	27.31	30.34		
42′	2.24	5.43	8.61	11.78	14.94	18.09	21.20	24.30	27.36	30.39		
43′	2.29	5.48	8.66	11.84	15.00	18.14	21.26	24.35	27.41	30.44		
44′	2.34	5.53	8.72	11.89	15.05	18.19	21.31	24.40	27.46	30.49		
45′	2.39	5.59	8.77	11.94	15.10	18.24	21.36	24.45	27.51	30.54		
46′	2.45	5.64	8.82	12.00	15.15	18.29	21.41	24.50	27.57	30.59		
47′	2.50	5.69	8.88	12.05	15.21	18.35	21.46	24.55	27.62	30.64		
48′	2.55	5.75	8.93	12.10	15.26	18.40	21.52	24.61	27.67	30.69		
49′	2.61	5.80	8.98	12.15	15.31	18.45	21.57	24.66	27.72	30.74		
50′	2.66	5.85	9.03	12.21	15.36	18.50	21.62	24.71	27.77	30.79		
51′	2.71	5.90	9.09	12.26	15.42	18.56	21.67	24.76	27.82	30.84		
52′	2.77	5.96	9.14	12.31	15.47	18.61	21.72	24.81	27.87	30.89		
53′	2.82	6.01	9.19	12.37	15.52	18.66	21.77	24.86	27.92	30.94		
54′	2.87	6.06	9.25	12.42	15.57	18.71	21.83	24.91	27.97	30.99		
55′	2.93	6.12	9.30	12.47	15.63	18.76	21.88	24.96	28.02	31.04		
56′	2.98	6.17	9.35	12.52	15.68	18.82	21.93	25.02	28.07	31.09		
57′	3.03	6.22	9.41	12.58	15.73	18.87	21.98	25.07	28.12	31.14		
58′	3.09	6.28	9.46	12.63	15.78	18.92	22.03	25.12	28.17	31.19		
59′	3.14	6.33	9.51	12.68	15.84	18.97	22.08	25.17	28.22	31.24		

α	0°	1°	2°	3°	4°	5°	6°	7°	8°	9°
0'	0.00	3.21	6.42	9.62	12.80	15.98	19.13	22.26	25.36	28.43
1'	0.05	3.26	6.47	9.67	12.86	16.03	19.18	22.31	25.41	28.43
2'	0.11	3.32	6.52	9.72	12.90	16.08	19.23	22.36	25.46	28.53
3'	0.16	3.37	6.58	9.78	12.96	16.13	19.28	22.41	25.51	28.53
4'	0.21	3.42	6.63	9.83	13.02	16.19	19.34	22.46	25.56	28.63
5'	0.27	3.48	6.68	9.88	13.07	16.24	19.39	22.52	25.62	28.68
6'	0.32	3.53	6.74	9.94	13.12	16.29	19.44	22.57	25.67	28.73
7'	0.37	3.59	6.79	9.99	13.18	16.34	19.49	22.62	25.72	28.79
8'	0.43	3.64	6.84	10.04	13.23	16.40	19.55	22.67	25.77	28.84
9'	0.48	3.69	6.90	10.10	13.28	16.45	19.60	22.72	25.82	28.89
10'	0.54	3.75	6.95	10.15	13.33	16.50	19.65	22.78	25.87	28.94
11'	0.59	3.80	7.00	10.20	13.39	16.56	19.70	22.83	25.92	28.99
12'	0.64	3.85	7.06	10.26	13.44	16.61	19.76	22.88	25.98	29.04
13'	0.70	3.91	7.11	10.31	13.49	16.66	19.81	22.93	26.03	29.09
14'	0.75	3.96	7.16	10.36	13.55	16.71	19.86	22.98	26.08	28.14
15'	0.80	4.02	7.22	10.41	13.60	16.77	19.91	23.03	26.13	29.19
16'	0.86	4.07	7.27	10.47	13.65	16.82	19.96	23.09	26.18	29.24
17'	0.91	4.12	7.32	10.52	13.70	16.87	20.02	23.14	26.23	29.29
18'	0.96	4.17	7.38	10.57	13.76	16.92	20.07	23.19	26.28	29.34
19'	1.02	4.23	7.43	10.63	13.81	16.98	20.12	23.24	26.33	29.39
20'	1.07	4.28	7.48	10.68	13.86	17.03	20.17	23.29	26.39	29.45
21'	1.12	4.33	7.54	10.73	13.92	17.08	20.23	23.35	26.44	29.50
22'	1.18	4.39	7.59	10.79	13.97	17.13	20.28	23.40	26.49	29.55
23'	1.23	4.44	7.65	10.84	14.02	17.19	20.33	23.45	26.54	29.60
24'	1.28	4.49	7.70	10.89	14.07	17.24	20.38	23.50	26.59	29.65
25'	1.34	4.55	7.75	10.95	14.13	17.29	20.43	23.55	26.64	29.70
26'	1.39	4.60	7.81	11.00	14.18	17.34	20.49	23.60	26.69	29.75
27'	1.44	4.65	7.86	11.05	14.23	17.40	20.54	23.66	26.74	29.80
28'	1.50	4.71	7.91	11.11	14.29	17.45	20.59	23.71	26.80	29.85
29'	1.55	4.76	7.97	11.16	14.34	17.50	20.64	23.76	26.85	29.90
30'	1.61	4.81	8.02	11.21	14.39	17.55	20.70	23.81	26.90	29.95
31'	1.66	4.87	8.07	11.27	14.44	17.61	20.75	23.86	26.95	30.00
32'	1.71	4.92	8.12	11.32	14.50	17.66	20.80	23.91	27.00	30.05
33'	1.77	4.98	8.18	11.37	14.55	17.71	20.85	23.97	27.05	30.10
34'	1.82	5.03	8.23	11.42	14.60	17.76	20.90	24.02	27.10	30.15
35'	1.87	5.08	8.28	11.48	14.66	17.82	20.96	24.07	27.15	30.21
36'	1.93	5.14	8.34	11.53	14.71	17.87	21.01	24.12	27.21	30.26
37'	1.98	5.19	8.39	11.58	14.76	17.92	21.06	24.17	27.26	30.31
38'	2.03	5.24	8.44	11.64	14.81	17.97	21.11	24.22	27.31	30.36
39'	2.09	5.30	8.50	11.69	14.87	18.03	21.17	24.28	27.36	30.41
40'	2.14	5.35	8.55	11.74	14.92	18.08	21.22	24.33	27.41	30.46
41'	2.19	5.40	8.60	11.80	14.97	18.13	21.27	24.38	27.46	30.51
42'	2.25	5.46	8.66	11.85	15.03	18.18	21.32	24.43	27.51	30.56
43'	2.30	5.51	8.71	11.90	15.08	18.24	21.37	24.48	27.56	30.61
44'	2.35	5.56	8.76	11.96	15.13	18.29	21.42	24.53	27.61	30.66
45'	2.41	5.62	8.82	12.01	15.18	18.34	21.48	24.59	27.66	30.71
46'	2.46	5.67	8.87	12.06	15.24	18.39	21.53	24.64	27.72	30.76
47'	2.52	5.72	8.92	12.11	15.29	18.45	21.58	24.69	27.77	30.81
48'	2.57	5.78	8.98	12.17	15.34	18.50	21.63	24.74	27.82	30.86
49'	2.62	5.83	9.03	12.22	15.40	18.55	21.69	24.79	27.87	30.91
50'	2.68	5.88	9.08	12.27	15.45	18.60	21.74	24.84	27.92	30.96
51'	2.73	5.94	9.14	12.33	15.50	18.66	21.79	24.90	27.97	31.01
52'	2.78	5.99	9.19	12.38	15.55	18.71	21.84	24.95	28.02	31.06
53'	2.84	6.04	9.24	12.43	15.61	18.76	21.89	25.00	28.07	31.11
54'	2.89	6.10	9.30	12.49	15.66	18.81	21.95	25.05	28.12	31.16
55'	2.94	6.15	9.35	12.54	15.71	18.87	22.00	25.10	28.18	31.21
56'	3.00	6.20	9.40	12.59	15.76	18.92	22.05	25.15	28.23	31.26
57'	3.05	6.26	9.46	12.64	15.82	18.97	22.10	25.20	28.28	31.31
58'	3.10	6.31	9.51	12.70	15.87	19.02	22.15	25.26	28.33	31.37
59'	3.16	6.36	9.56	12.75	15.92	19.08	22.20	25.31	28.38	31.42

184 cos²α

0°	184.0
0° 30'	184.0
1°	183.9
1° 30'	183.9
2°	183.8
2° 30'	183.7
3°	183.5
3° 30'	183.3
4°	183.1
4° 30'	182.9
5°	182.6
5° 20'	182.4
5° 40'	182.2
6°	182.0
6° 20'	181.8
6° 40'	181.5
7°	181.3
7° 20'	181.0
7° 40'	180.7
8°	180.4
8° 20'	180.1
8° 40'	179.8
9°	179.5
9° 20'	179.2
9° 40'	178.8
10°	178.5

12

185 ($^1/_2 \sin 2\alpha$)

α	0°	1°	2°	3°	4°	5°	6°	7°	8°	9°
0'	0.00	3.23	6.45	9.67	12.87	16.06	19.28	22.38	25.50	28.58
1'	0.05	3.28	6.51	9.72	12.93	16.12	19.28	22.43	25.55	28.64
2'	0.11	3.34	6.56	9.78	12.98	16.17	19.34	22.48	25.60	28.69
3'	0.16	3.39	6.61	9.83	13.03	16.22	19.39	22.53	25.65	28.74
4'	0.22	3.44	6.67	9.88	13.09	16.27	19.44	22.59	25.70	28.79
5'	0.27	3.50	6.72	9.94	13.14	16.33	19.49	22.64	25.75	28.84
6'	0.32	3.55	6.77	9.99	13.19	16.38	19.55	22.69	25.81	28.89
7'	0.38	3.60	6.83	10.04	13.25	16.48	19.60	22.74	25.86	28.95
8'	0.43	3.66	6.88	10.10	13.30	16.49	19.65	22.80	25.91	28.99
9'	0.48	3.71	6.94	10.15	13.35	16.54	19.71	22.85	25.96	29.04
10'	0.54	3.77	6.99	10.20	13.41	16.59	19.76	22.90	26.01	29.10
11'	0.59	3.82	7.04	10.26	13.46	16.65	19.81	22.95	26.07	29.15
12'	0.65	3.87	7.10	10.31	13.51	16.70	19.86	23.00	26.12	29.20
13'	0.70	3.93	7.15	10.36	13.57	16.75	19.92	23.06	26.17	29.25
14'	0.75	3.98	7.20	10.42	13.62	16.80	19.97	23.11	26.22	29.30
15'	0.81	4.03	7.26	10.47	13.67	16.86	20.02	23.16	26.27	29.35
16'	0.86	4.09	7.31	10.52	13.73	16.91	20.07	23.21	26.32	29.40
17'	0.91	4.14	7.36	10.58	13.78	16.96	20.13	23.26	26.37	29.45
18'	0.97	4.20	7.42	10.63	13.83	17.02	20.18	23.32	26.43	29.50
19'	1.02	4.25	7.47	10.69	13.89	17.07	20.23	23.37	26.48	29.55
20'	1.08	4.30	7.53	10.74	13.94	17.12	20.28	23.42	26.53	29.61
21'	1.13	4.36	7.58	10.79	13.99	17.17	20.34	23.47	26.58	29.66
22'	1.18	4.41	7.63	10.85	14.04	17.23	20.39	23.52	26.63	29.71
23'	1.24	4.46	7.69	10.90	14.10	17.28	20.44	23.58	26.68	29.76
24'	1.29	4.52	7.74	10.95	14.15	17.33	20.49	23.63	26.74	29.81
25'	1.35	4.57	7.79	11.01	14.20	17.39	20.55	23.68	26.79	29.86
26'	1.40	4.63	7.85	11.06	14.26	17.44	20.60	23.73	26.84	29.91
27'	1.45	4.68	7.90	11.11	14.31	17.49	20.65	23.78	26.89	29.96
28'	1.51	4.73	7.95	11.17	14.36	17.54	20.70	23.84	26.94	30.01
29'	1.56	4.79	8.01	11.22	14.42	17.60	20.76	23.89	26.99	30.06
30'	1.61	4.84	8.06	11.27	14.47	17.65	20.81	23.94	27.04	30.12
31'	1.67	4.89	8.12	11.33	14.52	17.70	20.86	23.99	27.10	30.17
32'	1.72	4.95	8.17	11.38	14.58	17.76	20.91	24.04	27.15	30.22
33'	1.78	5.00	8.22	11.43	14.63	17.81	20.97	24.10	27.20	30.27
34'	1.83	5.06	8.28	11.49	14.68	17.86	21.02	24.15	27.25	30.32
35'	1.88	5.11	8.33	11.54	14.74	17.91	21.07	24.20	27.30	30.37
36'	1.94	5.16	8.38	11.59	14.79	17.97	21.12	24.25	27.35	30.42
37'	1.99	5.22	8.44	11.65	14.84	18.02	21.17	24.30	27.40	30.47
38'	2.04	5.27	8.49	11.70	14.90	18.07	21.23	24.36	27.46	30.52
39'	2.10	5.32	8.54	11.75	14.95	18.13	21.28	24.41	27.51	30.57
40'	2.15	5.38	8.60	11.81	15.00	18.18	21.33	24.46	27.56	30.62
41'	2.21	5.43	8.65	11.86	15.05	18.23	21.38	24.51	27.61	30.67
42'	2.26	5.49	8.71	11.91	15.11	18.28	21.44	24.56	27.66	30.72
43'	2.31	5.54	8.76	11.97	15.16	18.34	21.49	24.62	27.71	30.78
44'	2.37	5.59	8.81	12.02	15.21	18.39	21.54	24.67	27.76	30.83
45'	2.42	5.65	8.87	12.07	15.27	18.44	21.59	24.72	27.82	30.88
46'	2.47	5.70	8.92	12.13	15.32	18.49	21.65	24.77	27.87	30.93
47'	2.53	5.75	8.97	12.18	15.37	18.55	21.70	24.82	27.92	30.98
48'	2.58	5.81	9.03	12.23	15.43	18.60	21.75	24.88	27.97	31.03
49'	2.64	5.86	9.08	12.29	15.48	18.65	21.80	24.93	28.02	31.08
50'	2.69	5.92	9.13	12.34	15.53	18.71	21.86	24.98	28.07	31.13
51'	2.74	5.97	9.19	12.39	15.59	18.76	21.91	25.03	28.12	31.18
52'	2.80	6.02	9.24	12.45	15.64	18.81	21.96	25.08	28.17	31.23
53'	2.85	6.08	9.29	12.50	15.69	18.86	22.01	25.13	28.23	31.28
54'	2.91	6.13	9.35	12.55	15.74	18.92	22.06	25.19	28.28	31.33
55'	2.96	6.18	9.40	12.61	15.80	18.97	22.12	25.24	28.33	31.38
56'	3.01	6.24	9.45	12.66	15.85	19.02	22.17	25.29	28.38	31.43
57'	3.07	6.29	9.51	12.71	15.90	19.07	22.22	25.34	28.43	31.49
58'	3.12	6.35	9.56	12.77	15.96	19.13	22.27	25.39	28.48	31.54
59'	3.17	6.40	9.61	12.82	16.01	19.18	22.33	25.44	28.53	31.59

185 $\cos^2\alpha$

α	value
0°	185.0
0° 30'	185.0
1°	184.9
1° 30'	184.9
2°	184.8
2° 30'	184.6
3°	184.5
3° 30'	184.3
4°	184.1
4° 30'	183.9
5°	183.6
5° 20'	183.4
5° 40'	183.2
6°	183.0
6° 20'	182.7
6° 40'	182.5
7°	182.3
7° 20'	182.0
7° 40'	181.7
8°	181.4
8° 20'	181.1
8° 40'	180.8
9°	180.5
9° 20'	180.1
9° 40'	179.8
10°	179.4

186 ($\frac{1}{2} \sin 2\alpha$)

α	0°	1°	2°	3°	4°	5°	6°	7°	8°	9°
0′	0.00	3.25	6.49	9.72	12.94	16.15	19.34	22.50	25.68	28.74
1′	0.05	3.30	6.54	9.77	13.00	16.20	19.39	22.55	25.69	28.79
2′	0.11	3.35	6.60	9.83	13.05	16.26	19.44	22.60	25.74	28.84
3′	0.16	3.41	6.65	9.88	13.10	16.31	19.49	22.66	25.79	28.89
4′	0.22	3.46	6.70	9.94	13.16	16.36	19.55	22.71	25.84	28.94
5′	0.27	3.52	6.76	9.99	13.21	16.42	19.60	22.76	25.89	29.00
6′	0.32	3.57	6.81	10.04	13.26	16.47	19.65	22.81	25.95	29.05
7′	0.38	3.62	6.87	10.10	13.32	16.52	19.71	22.87	26.00	29.10
8′	0.43	3.68	6.92	10.15	13.37	16.58	19.76	22.92	26.05	29.15
9′	0.49	3.73	6.97	10.21	13.43	16.63	19.81	22.97	26.10	29.20
10′	0.54	3.79	7.03	10.26	13.48	16.68	19.86	23.02	26.15	29.25
11′	0.60	3.84	7.08	10.31	13.53	16.74	19.92	23.08	26.21	29.30
12′	0.65	3.89	7.13	10.37	13.59	16.79	19.97	23.13	26.26	29.36
13′	0.70	3.95	7.19	10.42	13.64	16.84	20.02	23.18	26.31	29.41
14′	0.76	4.00	7.24	10.47	13.69	16.89	20.08	23.23	26.36	29.46
15′	0.81	4.06	7.30	10.53	13.75	16.95	20.13	23.29	26.41	29.51
16′	0.87	4.11	7.35	10.58	13.80	17.00	20.18	23.34	26.47	29.56
17′	0.92	4.16	7.40	10.64	13.85	17.05	20.23	23.39	26.52	29.61
18′	0.97	4.22	7.46	10.69	13.91	17.11	20.29	23.44	26.57	29.66
19′	1.03	4.27	7.51	10.74	13.96	17.16	20.34	23.49	26.62	29.71
20′	1.08	4.33	7.57	10.80	14.01	17.21	20.39	23.55	26.67	29.77
21′	1.14	4.38	7.62	10.85	14.07	17.27	20.45	23.60	26.72	29.82
22′	1.19	4.43	7.67	10.90	14.12	17.32	20.50	23.65	26.78	29.87
23′	1.24	4.49	7.73	10.96	14.17	17.37	20.55	23.70	26.83	29.92
24′	1.30	4.54	7.78	11.01	14.23	17.43	20.60	23.76	26.88	29.97
25′	1.35	4.60	7.84	11.07	14.28	17.48	20.66	23.81	26.93	30.02
26′	1.41	4.65	7.89	11.12	14.33	17.53	20.71	23.86	26.98	30.07
27′	1.46	4.71	7.94	11.17	14.39	17.59	20.76	23.91	27.04	30.12
28′	1.51	4.76	8.00	11.23	14.44	17.64	20.82	23.97	27.09	30.18
29′	1.57	4.81	8.05	11.28	14.49	17.69	20.87	24.02	27.14	30.23
30′	1.62	4.87	8.11	11.33	14.55	17.75	20.92	24.07	27.19	30.28
31′	1.68	4.92	8.16	11.39	14.60	17.80	20.97	24.12	27.24	30.33
32′	1.73	4.98	8.21	11.44	14.66	17.85	21.03	24.17	27.29	30.38
33′	1.79	5.05	8.27	11.49	14.71	17.90	21.08	24.23	27.35	30.43
34′	1.84	5.08	8.32	11.55	14.76	17.96	21.13	24.28	27.40	30.48
35′	1.89	5.14	8.37	11.60	14.82	18.01	21.18	24.33	27.45	30.53
36′	1.95	5.19	8.43	11.66	14.87	18.06	21.24	24.38	27.50	30.58
37′	2.00	5.25	8.48	11.71	14.92	18.12	21.29	24.44	27.55	30.64
38′	2.06	5.30	8.54	11.76	14.98	18.17	21.34	24.49	27.60	30.69
39′	2.11	5.35	8.59	11.82	15.03	18.22	21.40	24.54	27.66	30.74
40′	2.16	5.41	8.64	11.87	15.08	18.28	21.45	24.59	27.71	30.79
41′	2.22	5.46	8.70	11.92	15.14	18.33	21.50	24.64	27.76	30.84
42′	2.27	5.52	8.75	11.98	15.19	18.38	21.55	24.70	27.81	30.89
43′	2.33	5.57	8.81	12.03	15.24	18.44	21.61	24.75	27.86	30.94
44′	2.38	5.62	8.86	12.09	15.30	18.49	21.66	24.80	27.91	30.99
45′	2.43	5.68	8.91	12.14	15.35	18.54	21.71	24.85	27.97	31.04
46′	2.49	5.73	8.97	12.19	15.40	18.59	21.76	24.91	28.02	31.10
47′	2.54	5.79	9.02	12.25	15.46	18.65	21.82	24.96	28.07	31.15
48′	2.60	5.84	9.08	12.30	15.51	18.70	21.87	25.01	28.12	31.20
49′	2.65	5.89	9.13	12.35	15.56	18.75	21.92	25.06	28.17	31.25
50′	2.70	5.95	9.18	12.41	15.62	18.81	21.97	25.11	28.22	31.30
51′	2.76	6.00	9.24	12.46	15.67	18.86	22.03	25.17	28.28	31.35
52′	2.81	6.06	9.29	12.51	15.72	18.91	22.08	25.22	28.33	31.40
53′	2.87	6.11	9.34	12.57	15.78	18.97	22.13	25.27	28.38	31.45
54′	2.92	6.16	9.40	12.62	15.83	19.02	22.18	25.32	28.43	31.50
55′	2.98	6.22	9.45	12.68	15.88	19.07	22.24	25.37	28.48	31.55
56′	3.03	6.27	9.51	12.73	15.94	19.12	22.29	25.43	28.53	31.60
57′	3.08	6.33	9.56	12.78	15.99	19.18	22.34	25.48	28.58	31.66
58′	3.14	6.38	9.61	12.84	16.04	19.23	22.39	25.53	28.64	31.71
59′	3.19	6.43	9.67	12.89	16.10	19.28	22.45	25.58	28.69	31.76

186 $\cos^2\alpha$

α	value
0°	186.0
0° 30′	186.0
1°	185.9
1° 30′	185.9
2°	185.8
2° 30′	185.6
3°	185.5
3° 30′	185.3
4°	185.1
4° 30′	184.9
5°	184.6
5° 20′	184.4
5° 40′	184.2
6°	184.0
6° 20′	183.7
6° 40′	183.5
7°	183.2
7° 20′	183.0
7° 40′	182.7
8°	182.4
8° 20′	182.1
8° 40′	181.8
9°	181.4
9° 20′	181.1
9° 40′	180.8
10°	180.4

187 ($\frac{1}{2} \sin 2\alpha$)

α	0°	1°	2°	3°	4°	5°	6°	7°	8°	9°	**187** $\cos^2\alpha$	
0′	0.00	3.26	6.52	9.77	13.01	16.24	19.44	22.62	25.77	28.89		
1′	0.05	3.32	6.58	9.83	13.07	16.29	19.49	22.67	25.82	28.94		
2′	0.11	3.37	6.63	9.88	13.12	16.34	19.55	22.73	25.88	29.00		
3′	0.16	3.43	6.69	9.94	13.17	16.40	19.60	22.78	25.93	29.05		
4′	0.22	3.48	6.74	9.99	13.23	16.45	19.65	22.83	25.98	29.10	0°	187.0
5′	0.27	3.53	6.79	10.04	13.28	16.50	19.71	22.88	26.03	29.15	0° 30′	187.0
6′	0.33	3.59	6.85	10.10	13.34	16.56	19.76	22.94	26.09	29.20		
7′	0.38	3.64	6.90	10.15	13.39	16.61	19.81	22.99	26.14	29.26	1°	186.9
8′	0.44	3.70	6.96	10.21	13.44	16.66	19.87	23.04	26.19	29.31	1° 30′	186.9
9′	0.49	3.75	7.01	10.26	13.50	16.72	19.92	23.19	26.24	29.36		
10′	0.54	3.81	7.06	10.31	13.55	16.77	19.97	23.15	26.29	29.41	2°	186.8
11′	0.60	3.86	7.12	10.37	13.60	16.88	20.02	23.20	26.35	29.46	2° 30′	186.6
12′	0.65	3.92	7.17	10.42	13.66	16.88	20.08	23.25	26.40	29.51		
13′	0.71	3.97	7.23	10.48	13.71	16.93	20.13	23.31	26.45	29.56		
14′	0.76	4.02	7.28	10.53	13.77	16.99	20.18	23.36	26.50	29.62	3°	186.5
											3° 30′	186.3
15′	0.82	4.08	7.34	10.58	13.82	17.04	20.24	23.41	26.56	29.67		
16′	0.87	4.13	7.39	10.64	13.87	17.09	20.29	23.46	26.61	29.72		
17′	0.92	4.19	7.44	10.69	13.93	17.15	20.34	23.52	26.66	29.77	4°	186.1
18′	0.98	4.24	7.50	10.75	13.98	17.20	20.40	23.57	26.71	29.82	4° 30′	185.8
19′	1.03	4.30	7.55	10.80	14.04	17.25	20.45	23.62	26.76	29.87		
20′	1.09	4.35	7.61	10.85	14.09	17.31	20.50	23.67	26.82	29.93	5°	185.6
21′	1.14	4.40	7.66	10.91	14.14	17.36	20.56	23.73	26.87	29.98	5° 20′	185.4
22′	1.20	4.46	7.72	10.96	14.20	17.41	20.61	23.78	26.92	30.03	5° 40′	185.2
23′	1.25	4.51	7.77	11.02	14.25	17.47	20.66	23.83	26.97	30.08		
24′	1.31	4.57	7.82	11.07	14.30	17.52	20.71	23.88	27.02	30.13	6°	185.0
25′	1.36	4.62	7.88	11.12	14.36	17.57	20.77	23.94	27.08	30.18	6° 20′	184.7
26′	1.41	4.68	7.93	11.18	14.41	17.63	20.82	23.99	27.13	30.23	6° 40′	184.5
27′	1.47	4.73	7.99	11.23	14.47	17.68	20.87	24.04	27.18	30.29		
28′	1.52	4.78	8.04	11.29	14.52	17.73	20.93	24.09	27.23	30.34	7°	184.2
29′	1.58	4.84	8.09	11.34	14.57	17.79	20.98	24.15	27.28	30.39	7° 20′	184.0
											7° 40′	183.7
30′	1.63	4.89	8.15	11.39	14.63	17.84	21.08	24.20	27.34	30.44		
31′	1.69	4.95	8.20	11.45	14.68	17.89	21.09	24.25	27.39	30.49		
32′	1.74	5.00	8.26	11.50	14.73	17.95	21.14	24.30	27.44	30.54	8°	183.4
33′	1.79	5.06	8.31	11.56	14.79	18.00	21.19	24.36	27.49	30.59	8° 20′	183.1
34′	1.85	5.11	8.37	11.61	14.84	18.05	21.24	24.41	27.54	30.65	8° 40′	182.8
35′	1.90	5.16	8.42	11.66	14.90	18.11	21.30	24.46	27.60	30.70		
36′	1.96	5.22	8.47	11.72	14.95	18.16	21.35	24.51	27.65	30.75	9°	182.4
37′	2.01	5.27	8.53	11.77	15.00	18.21	21.40	24.57	27.70	30.80	9° 20′	182.1
38′	2.07	5.33	8.58	11.83	15.06	18.27	21.46	24.62	27.75	30.85	9° 40′	181.7
39′	2.12	5.38	8.64	11.88	15.11	18.32	21.51	24.67	27.80	30.90		
40′	2.18	5.44	8.69	11.93	15.16	18.37	21.56	24.72	27.86	30.95	10°	181.4
41′	2.23	5.49	8.74	11.99	15.22	18.43	21.62	24.78	27.91	31.01		
42′	2.28	5.55	8.80	12.04	15.27	18.48	21.67	24.83	27.96	31.06		
43′	2.34	5.60	8.85	12.10	15.32	18.53	21.72	24.88	28.01	31.11		
44′	2.39	5.65	8.91	12.15	15.38	18.59	21.77	24.93	28.06	31.16		
45′	2.45	5.71	8.96	12.20	15.43	18.64	21.83	24.99	28.12	31.21		
46′	2.50	5.76	9.02	12.26	15.49	18.69	21.88	25.04	28.17	31.26		
47′	2.56	5.82	9.07	12.31	15.54	18.75	21.93	25.09	28.22	31.31		
48′	2.61	5.87	9.12	12.37	15.59	18.80	21.99	25.14	28.27	31.36		
49′	2.66	5.93	9.18	12.42	15.65	18.85	22.04	25.20	28.32	31.42		
50′	2.72	5.98	9.23	12.47	15.70	18.91	22.09	25.25	28.38	31.47		
51′	2.77	6.03	9.29	12.53	15.75	18.96	22.14	25.30	28.43	31.52		
52′	2.83	6.09	9.34	12.58	15.81	19.01	22.20	25.35	28.48	31.57		
53′	2.88	6.14	9.39	12.64	15.86	19.07	22.25	25.41	28.53	31.62		
54′	2.94	6.20	9.45	12.69	15.91	19.12	22.30	25.46	28.58	31.67		
55′	2.99	6.25	9.50	12.74	15.97	19.17	22.36	25.51	28.63	31.72		
56′	3.05	6.31	9.56	12.80	16.02	19.23	22.41	25.56	28.69	31.77		
57′	3.10	6.36	9.61	12.85	16.08	19.28	22.46	25.62	28.74	31.83		
58′	3.15	6.41	9.67	12.90	16.13	19.33	22.51	25.67	28.79	31.88		
59′	3.21	6.47	9.72	12.96	16.18	19.39	22.57	25.72	28.84	31.93		

α	0°	1°	2°	3°	4°	5°	6°	7°	8°	9°
0'	0.00	3.28	6.56	9.83	13.08	16.32	19.54	22.74	25.91	29.05
1'	0.05	3.34	6.61	9.88	13.14	16.38	19.60	22.79	25.96	29.10
2'	0.11	3.39	6.67	9.93	13.19	16.43	19.65	22.85	26.02	29.15
3'	0.16	3.44	6.72	9.99	13.24	16.48	19.70	22.90	26.07	29.20
4'	0.22	3.50	6.78	10.04	13.30	16.54	19.76	22.95	26.12	29.26
5'	0.27	3.55	6.83	10.10	13.35	16.59	19.81	23.01	26.17	29.31
6'	0.33	3.61	6.88	10.15	13.41	16.65	19.86	23.06	26.23	29.36
7'	0.38	3.66	6.94	10.21	13.46	16.70	19.92	23.11	26.28	29.41
8'	0.44	3.72	6.99	10.26	13.52	16.75	19.97	23.16	26.33	29.46
9'	0.49	3.77	7.05	10.32	13.57	16.81	20.02	23.22	26.38	29.52
10'	0.55	3.83	7.10	10.37	13.62	16.86	20.08	23.27	26.44	29.57
11'	0.60	3.88	7.16	10.42	13.68	16.91	20.13	23.32	26.49	29.62
12'	0.66	3.94	7.21	10.48	13.73	16.97	20.19	23.38	26.54	29.67
13'	0.71	3.99	7.27	10.53	13.79	17.02	20.24	23.43	26.59	29.72
14'	0.77	4.05	7.32	10.59	13.84	17.08	20.29	23.48	26.65	29.77
15'	0.82	4.10	7.38	10.64	13.89	17.13	20.35	23.54	26.70	29.83
16'	0.87	4.15	7.43	10.70	13.95	17.18	20.40	23.59	26.75	29.88
17'	0.93	4.21	7.48	10.75	14.00	17.24	20.45	23.64	26.80	29.93
18'	0.98	4.26	7.54	10.80	14.06	17.29	20.51	23.69	26.85	29.98
19'	1.04	4.32	7.59	10.86	14.11	17.35	20.56	23.75	26.91	30.03
20'	1.09	4.37	7.65	10.91	14.16	17.40	20.61	23.80	26.96	30.09
21'	1.15	4.43	7.70	10.97	14.22	17.45	20.67	23.85	27.01	30.14
22'	1.20	4.48	7.76	11.02	14.27	17.51	20.72	23.91	27.06	30.19
23'	1.26	4.54	7.81	11.08	14.33	17.56	20.77	23.96	27.12	30.24
24'	1.31	4.59	7.87	11.13	14.38	17.61	20.83	24.01	27.17	30.29
25'	1.37	4.65	7.92	11.18	14.43	17.67	20.88	24.06	27.22	30.34
26'	1.42	4.70	7.97	11.24	14.49	17.72	20.93	24.12	27.27	30.40
27'	1.48	4.76	8.03	11.29	14.54	17.77	20.99	24.17	27.33	30.45
28'	1.53	4.81	8.08	11.35	14.60	17.83	21.04	24.22	27.38	30.50
29'	1.59	4.86	8.14	11.40	14.65	17.88	21.09	24.28	27.43	30.55
30'	1.64	4.92	8.19	11.46	14.70	17.94	21.15	24.33	27.48	30.60
31'	1.69	4.97	8.25	11.51	14.76	17.99	21.20	24.38	27.54	30.66
32'	1.75	5.03	8.30	11.56	14.81	18.04	21.25	24.43	27.59	30.71
33'	1.80	5.08	8.36	11.62	14.87	18.10	21.31	24.49	27.64	30.76
34'	1.86	5.14	8.41	11.67	14.92	18.15	21.36	24.54	27.69	30.81
35'	1.91	5.19	8.47	11.73	14.97	18.20	21.41	24.59	27.74	30.86
36'	1.97	5.25	8.52	11.78	15.03	18.26	21.46	24.65	27.80	30.91
37'	2.02	5.30	8.57	11.84	15.08	18.31	21.52	24.70	27.85	30.97
38'	2.08	5.36	8.63	11.89	15.14	18.37	21.57	24.75	27.90	31.02
39'	2.13	5.41	8.68	11.94	15.19	18.42	21.63	24.80	27.95	31.07
40'	2.19	5.47	8.74	12.00	15.24	18.47	21.68	24.86	28.01	31.12
41'	2.24	5.52	8.79	12.05	15.30	18.53	21.73	24.91	28.06	31.17
42'	2.30	5.57	8.85	12.11	15.35	18.58	21.78	24.96	28.11	31.22
43'	2.35	5.63	8.90	12.16	15.41	18.63	21.84	25.01	28.16	31.27
44'	2.41	5.68	8.96	12.22	15.46	18.69	21.89	25.07	28.21	31.33
45'	2.46	5.74	9.01	12.27	15.51	18.74	21.94	25.12	28.27	31.38
46'	2.52	5.79	9.06	12.32	15.57	18.79	22.00	25.17	28.32	31.43
47'	2.57	5.85	9.12	12.38	15.62	18.85	22.05	25.23	28.37	31.48
48'	2.62	5.90	9.17	12.43	15.68	18.90	22.10	25.28	28.42	31.53
49'	2.68	5.96	9.23	12.49	15.73	18.95	22.16	25.33	28.47	31.58
50'	2.73	6.01	9.28	12.54	15.78	19.01	22.21	25.38	28.53	31.64
51'	2.79	6.07	9.34	12.59	15.84	19.06	22.26	25.44	28.58	31.69
52'	2.84	6.12	9.39	12.65	15.89	19.12	22.32	25.49	28.63	31.74
53'	2.90	6.18	9.44	12.70	15.95	19.17	22.37	25.54	28.68	31.79
54'	2.95	6.23	9.50	12.76	16.00	19.22	22.42	25.59	28.74	31.84
55'	3.01	6.28	9.55	12.81	16.05	19.28	22.48	25.65	28.79	31.89
56'	3.06	6.34	9.61	12.87	16.11	19.33	22.53	25.70	28.84	31.94
57'	3.12	6.39	9.66	12.92	16.16	19.38	22.58	25.75	28.89	32.00
58'	3.17	6.45	9.72	12.97	16.22	19.44	22.63	25.80	28.94	32.05
59'	3.23	6.50	9.77	13.03	16.27	19.49	22.69	25.86	29.00	32.10

188 $\cos^2\alpha$

0°	188.0
0° 30'	188.0
1°	187.9
1° 30'	187.9
2°	187.8
2° 30'	187.6
3°	187.5
3° 30'	187.3
4°	187.1
4° 30'	186.8
5°	186.6
5° 20'	186.4
5° 40'	186.2
6°	185.9
6° 20'	185.7
6° 40'	185.5
7°	185.2
7° 20'	184.9
7° 40'	184.7
8°	184.4
8° 20'	184.1
8° 40'	183.7
9°	183.4
9° 20'	183.1
9° 40'	182.7
10°	182.3

189 ($\frac{1}{2} \sin 2\alpha$)

α	0°	1°	2°	3°	4°	5°	6°	7°	8°	9°
0′	0.00	3.30	6.59	9.88	13.15	16.41	19.65	22.86	26.05	29.20
1′	0.05	3.35	6.65	9.93	13.21	16.46	19.70	22.92	26.10	29.25
2′	0.11	3.41	6.70	9.99	13.26	16.52	19.76	22.97	26.15	29.31
3′	0.16	3.46	6.76	10.04	13.32	16.57	19.81	23.02	26.21	29.36
4′	0.22	3.52	6.81	10.10	13.37	16.63	19.86	23.08	26.26	29.41
5′	0.27	3.57	6.87	10.15	13.42	16.68	19.92	23.13	26.31	29.46
6′	0.33	3.63	6.92	10.21	13.48	16.73	19.97	23.18	26.36	29.52
7′	0.38	3.68	6.98	10.26	13.54	16.79	20.02	23.23	26.42	29.57
8′	0.44	3.74	7.03	10.32	13.59	16.84	20.08	23.29	26.47	29.62
9′	0.49	3.79	7.09	10.37	13.64	16.90	20.13	23.34	26.52	29.67
10′	0.55	3.85	7.14	10.42	13.70	16.95	20.19	23.39	26.58	29.72
11′	0.60	3.90	7.20	10.48	13.75	17.00	20.24	23.45	26.63	29.78
12′	0.66	3.96	7.25	10.53	13.80	17.06	20.29	23.50	26.68	29.83
13′	0.71	4.01	7.30	10.59	13.86	17.11	20.35	23.55	26.73	29.88
14′	0.77	4.07	7.36	10.64	13.91	17.17	20.40	23.61	26.79	29.93
15′	0.82	4.12	7.41	10.70	13.97	17.22	20.45	23.66	26.84	29.99
16′	0.88	4.18	7.47	10.75	14.02	17.28	20.51	23.71	26.89	30.04
17′	0.93	4.23	7.52	10.81	14.08	17.33	20.56	23.77	26.94	30.09
18′	0.99	4.29	7.58	10.86	14.13	17.38	20.61	23.82	27.00	30.14
19′	1.04	4.34	7.63	10.92	14.19	17.44	20.67	23.87	27.05	30.19
20′	1.10	4.40	7.69	10.97	14.24	17.49	20.72	23.93	27.10	30.25
21′	1.15	4.45	7.74	11.03	14.29	17.55	20.78	23.98	27.16	30.30
22′	1.21	4.51	7.80	11.08	14.35	17.60	20.83	24.03	27.21	30.35
23′	1.26	4.56	7.85	11.13	14.40	17.65	20.88	24.09	27.26	30.40
24′	1.32	4.62	7.91	11.19	14.46	17.71	20.94	24.14	27.31	30.45
25′	1.37	4.67	7.96	11.24	14.51	17.76	20.99	24.19	27.37	30.51
26′	1.43	4.73	8.02	11.30	14.57	17.82	21.04	24.25	27.42	30.56
27′	1.48	4.78	8.07	11.35	14.62	17.87	21.10	24.30	27.47	30.61
28′	1.54	4.84	8.13	11.41	14.67	17.92	21.15	24.35	27.52	30.66
29′	1.59	4.89	8.18	11.46	14.73	17.98	21.20	24.41	27.58	30.71
30′	1.65	4.95	8.24	11.52	14.78	18.03	21.26	24.46	27.63	30.77
31′	1.70	5.00	8.29	11.57	14.84	18.09	21.31	24.51	27.68	30.82
32′	1.76	5.06	8.35	11.63	14.89	18.14	21.36	24.56	27.73	30.87
33′	1.81	5.11	8.40	11.68	14.95	18.19	21.42	24.62	27.79	30.92
34′	1.87	5.17	8.46	11.73	15.00	18.25	21.47	24.67	27.84	30.97
35′	1.92	5.22	8.51	11.79	15.05	18.30	21.53	24.72	27.89	31.03
36′	1.98	5.28	8.56	11.84	15.11	18.36	21.58	24.78	27.94	31.08
37′	2.03	5.33	8.62	11.90	15.16	18.41	21.63	24.83	28.00	31.13
38′	2.09	5.38	8.67	11.95	15.22	18.46	21.69	24.88	28.05	31.18
39′	2.14	5.44	8.73	12.01	15.27	18.52	21.74	24.94	28.10	31.23
40′	2.20	5.49	8.78	12.06	15.33	18.57	21.79	24.99	28.15	31.29
41′	2.25	5.55	8.84	12.12	15.38	18.62	21.85	25.04	28.21	31.34
42′	2.31	5.60	8.89	12.17	15.43	18.68	21.90	25.10	28.26	31.39
43′	2.36	5.66	8.95	12.23	15.49	18.73	21.95	25.15	28.31	31.44
44′	2.42	5.71	9.00	12.28	15.54	18.79	22.01	25.20	28.36	31.49
45′	2.47	5.77	9.06	12.33	15.60	18.84	22.06	25.25	28.42	31.54
46′	2.53	5.82	9.11	12.39	15.65	18.89	22.11	25.31	28.47	31.60
47′	2.58	5.88	9.17	12.44	15.71	18.95	22.16	25.36	28.52	31.65
48′	2.64	5.93	9.22	12.50	15.76	19.00	22.22	25.41	28.57	31.70
49′	2.69	5.99	9.28	12.55	15.81	19.06	22.27	25.47	28.63	31.75
50′	2.75	6.04	9.33	12.61	15.87	19.11	22.33	25.52	28.68	31.80
51′	2.80	6.10	9.39	12.66	15.92	19.16	22.38	25.57	28.73	31.86
52′	2.86	6.15	9.44	12.72	15.98	19.22	22.43	25.62	28.78	31.91
53′	2.91	6.21	9.50	12.77	16.03	19.27	22.49	25.68	28.84	31.96
54′	2.97	6.26	9.55	12.83	16.08	19.32	22.54	25.73	28.89	32.01
55′	3.02	6.32	9.60	12.88	16.14	19.38	22.59	25.78	28.94	32.06
56′	3.08	6.37	9.66	12.93	16.19	19.43	22.65	25.84	28.99	32.11
57′	3.13	6.43	9.71	12.99	16.25	19.49	22.70	25.89	29.05	32.17
58′	3.19	6.48	9.77	13.04	16.30	19.54	22.75	25.94	29.10	32.22
59′	3.24	6.54	9.82	13.10	16.36	19.59	22.81	25.99	29.15	32.27

189 $\cos^2\alpha$

0°	189.0
0° 30′	189.0
1°	188.9
1° 30′	188.9
2°	188.8
2° 30′	188.6
3°	188.5
3° 30′	188.3
4°	188.1
4° 30′	187.8
5°	187.6
5° 20′	187.4
5° 40′	187.2
6°	186.9
6° 20′	186.7
6° 40′	186.5
7°	186.2
7° 20′	185.9
7° 40′	185.6
8°	185.3
8° 20′	185.0
8° 40′	184.7
9°	184.4
9° 20′	184.0
9° 40′	183.7
10°	183.3

α	0°	1°	2°	3°	4°	5°	6°	7°	8°	9°
0′	0.00	3.32	6.63	9.93	13.22	16.50	19.75	22.98	26.19	29.36
1′	0.06	3.37	6.68	9.99	13.28	16.55	19.81	23.04	26.24	29.41
2′	0.11	3.43	6.74	10.04	13.33	16.61	19.86	23.09	26.29	29.46
3′	0.17	3.48	6.79	10.10	13.39	16.66	19.91	23.14	26.34	29.51
4′	0.22	3.54	6.85	10.15	13.44	16.71	19.97	23.20	26.40	29.57
5′	0.28	3.59	6.90	10.20	13.50	16.77	20.02	23.25	26.45	29.62
6′	0.33	3.65	6.96	10.26	13.55	16.82	20.08	23.30	26.50	29.67
7′	0.39	3.70	7.01	10.31	13.61	16.88	20.13	23.36	26.56	29.72
8′	0.44	3.76	7.07	10.37	13.66	16.93	20.18	23.41	26.61	29.78
9′	0.50	3.81	7.12	10.42	13.71	16.99	20.24	23.47	26.66	29.83
10′	0.55	3.87	7.18	10.48	13.77	17.04	20.29	23.52	26.72	29.88
11′	0.61	3.92	7.23	10.53	13.82	17.09	20.35	23.57	26.77	29.93
12′	0.66	3.98	7.29	10.59	13.88	17.15	20.40	23.63	26.82	29.99
13′	0.72	4.03	7.34	10.64	13.93	17.20	20.45	23.68	26.88	30.04
14′	0.77	4.09	7.40	10.70	13.99	17.26	20.51	23.73	26.93	30.09
15′	0.83	4.14	7.45	10.75	14.04	17.31	20.56	23.79	26.98	30.14
16′	0.88	4.20	7.51	10.81	14.10	17.37	20.62	23.84	27.03	30.20
17′	0.94	4.25	7.56	10.86	14.15	17.42	20.67	23.89	27.09	30.25
18′	0.99	4.31	7.62	10.92	14.21	17.48	20.72	23.95	27.14	30.30
19′	1.05	4.36	7.67	10.97	14.26	17.53	20.78	24.00	27.19	30.35
20′	1.11	4.42	7.73	11.03	14.32	17.58	20.83	24.05	27.25	30.41
21′	1.16	4.48	7.78	11.08	14.37	17.64	20.89	24.11	27.30	30.46
22′	1.22	4.53	7.84	11.14	14.42	17.69	20.94	24.16	27.35	30.51
23′	1.27	4.59	7.89	11.19	14.48	17.75	20.99	24.21	27.41	30.56
24′	1.33	4.64	7.95	11.25	14.53	17.80	21.05	24.27	27.46	30.62
25′	1.38	4.70	8.00	11.30	14.59	17.86	21.10	24.32	27.51	30.67
26′	1.44	4.75	8.06	11.36	14.64	17.91	21.15	24.37	27.56	30.72
27′	1.49	4.81	8.11	11.41	14.70	17.96	21.21	24.43	27.62	30.77
28′	1.55	4.86	8.17	11.47	14.75	18.02	21.26	24.48	27.67	30.82
29′	1.60	4.92	8.22	11.52	14.81	18.07	21.32	24.53	27.72	30.88
30′	1.66	4.97	8.28	11.58	14.86	18.13	21.37	24.59	27.78	30.93
31′	1.71	5.03	8.33	11.63	14.92	18.18	21.42	24.64	27.83	30.98
32′	1.77	5.08	8.39	11.69	14.97	18.24	21.48	24.69	27.88	31.03
33′	1.82	5.14	8.44	11.74	15.03	18.28	21.53	24.75	27.93	31.09
34′	1.88	5.19	8.50	11.80	15.08	18.34	21.59	24.80	27.99	31.14
35′	1.98	5.25	8.56	11.85	15.18	18.40	21.64	24.85	28 04	31.19
36′	1.99	5.30	8.61	11.91	15.19	18.45	21.69	24.91	28.09	31.24
37′	2.04	5.36	8.67	11.96	15.24	18.51	21.75	24.96	28.15	31.29
38′	2.10	5.41	8.72	12.02	15.30	18.56	21.80	25.01	28.20	31.35
39′	2.16	5.47	8.78	12.07	15.35	18.61	21.86	25.07	28.25	31.40
40′	2.21	5.52	8.83	12.13	15.41	18.67	21.91	25.12	28.30	31.45
41′	2.27	5.58	8.89	12.18	15.46	18.72	21.96	25.17	28.36	31.50
42′	2.32	5.63	8.94	12.24	15.52	18.78	22.02	25.23	28.41	31.56
43′	2.38	5.69	9.00	12.29	15.57	18.83	22.07	25.28	28.46	31.61
44′	2.43	5.74	9.05	12.35	15.63	18.89	22.12	25.33	28.51	31.66
45′	2.49	5.80	9.11	12.40	15.68	18.94	22.18	25.39	28.57	31.71
46′	2.54	5.85	9.16	12.45	15.73	18.99	22.23	25.44	28.62	31.76
47′	2.60	5.91	9.22	12.51	15.79	19.05	22.28	25.49	28.67	31.82
48′	2.65	5.97	9.27	12.56	15.84	19.10	22.34	25.55	28.73	31.87
49′	2.71	6.02	9.33	12.62	15.90	19.16	22.39	25.60	28.78	31.92
50′	2.76	6.08	9.38	12.67	15.95	19.21	22.45	25.65	28.83	31.97
51′	2.82	6.13	9.44	12.73	16.01	19.26	22.50	25.71	28.88	32.02
52′	2.87	6.19	9.49	12.78	16.06	19.32	22.55	25.76	28.94	32.08
53′	2.93	6.24	9.55	12.84	16.12	19.37	22.61	25.81	28.99	32.13
54′	2.98	6.30	9.60	12.89	16.17	19.43	22.66	25.87	29.04	32.18
55′	3.04	6.35	9.66	12.95	16.22	19.48	22.71	25.92	29.09	32.23
56′	3.09	6.41	9.71	13.00	16.28	19.54	22.77	25.97	29.15	32.28
57′	3.15	6.46	9.77	13.06	16.33	19.59	22.82	26.03	29.20	32.34
58′	3.20	6.52	9.82	13.11	16.39	19.64	22.88	26.08	29.25	32.39
59′	3.26	6.57	9.87	13.17	16.44	19.70	22.93	26.13	29.30	32.44

$190 \cos^2\alpha$

0°	190.0
0° 30′	190.0
1°	189.9
1° 30′	189.9
2°	189.8
2° 30′	189.6
3°	189.5
3° 30′	189.3
4°	189.1
4° 30′	188.8
5°	188.6
5° 20′	188.4
5° 40′	188.1
6°	187.9
6° 20′	187.7
6° 40′	187.4
7°	187.2
7° 20′	186.9
7° 40′	186.6
8°	186.3
8° 20′	186.0
8° 40′	185.7
9°	185.4
9° 20′	185.0
9° 40′	184.6
10°	184.3

191 ($\frac{1}{2} \sin 2\alpha$)

α	0°	1°	2°	3°	4°	5°	6°	7°	8°	9°
0'	0.00	3.33	6.66	9.98	13.29	16.58	19.86	23.10	26.32	29.51
1'	0.06	3.39	6.72	10.04	13.35	16.64	19.91	23.16	26.38	29.56
2'	0.11	3.44	6.77	10.09	13.40	16.69	19.96	23.21	26.43	29.62
3'	0.17	3.50	6.83	10.15	13.46	16.75	20.02	23.27	26.48	29.67
4'	0.22	3.55	6.88	10.20	13.51	16.80	20.07	23.32	26.54	29.72
5'	0.28	3.61	6.94	10.26	13.57	16.86	20.13	23.37	26.59	29.78
6'	0.33	3.67	6.99	10.31	13.62	16.91	20.18	23.43	26.64	29.83
7'	0.39	3.72	7.05	10.37	13.68	16.97	20.24	23.48	26.70	29.88
8'	0.44	3.78	7.11	10.42	13.73	17.02	20.29	23.53	26.75	29.93
9'	0.50	3.83	7.16	10.48	13.79	17.08	20.34	23.59	26.80	29.99
10'	0.56	3.89	7.22	10.53	13.84	17.13	20.40	23.64	26.86	30.04
11'	0.61	3.94	7.27	10.59	13.90	17.18	20.45	23.70	26.91	30.09
12'	0.67	4.00	7.33	10.65	13.95	17.24	20.51	23.75	26.96	30.14
13'	0.72	4.05	7.38	10.70	14.01	17.29	20.56	23.80	27.02	30.20
14'	0.78	4.11	7.44	10.76	14.06	17.35	20.62	23.86	27.07	30.25
15'	0.83	4.17	7.49	10.81	14.12	17.40	20.67	23.91	27.12	30.30
16'	0.89	4.22	7.55	10.87	14.17	17.46	20.72	23.97	27.18	30.36
17'	0.94	4.28	7.60	10.92	14.23	17.51	20.78	24.02	27.23	30.41
18'	1.00	4.33	7.66	10.98	14.28	17.57	20.83	24.07	27.28	30.46
19'	1.06	4.39	7.71	11.03	14.34	17.62	20.89	24.13	27.34	30.51
20'	1.11	4.44	7.77	11.09	14.39	17.68	20.94	24.18	27.39	30.57
21'	1.17	4.50	7.83	11.14	14.45	17.73	21.00	24.23	27.44	30.62
22'	1.22	4.55	7.88	11.20	14.50	17.79	21.05	24.29	27.50	30.67
23'	1.28	4.61	7.94	11.25	14.56	17.84	21.10	24.34	27.55	30.72
24'	1.33	4.67	7.99	11.31	14.61	17.89	21.16	24.40	27.60	30.78
25'	1.39	4.72	8.05	11.36	14.67	17.95	21.21	24.45	27.66	30.83
26'	1.44	4.78	8.10	11.42	14.72	18.00	21.27	24.50	27.71	30.88
27'	1.50	4.83	8.16	11.47	14.77	18.06	21.32	24.56	27.76	30.93
28'	1.56	4.89	8.21	11.53	14.83	18.11	21.37	24.61	27.82	30.99
29'	1.61	4.94	8.27	11.58	14.88	18.17	21.43	24.66	27.87	31.04
30'	1.67	5.00	8.32	11.64	14.94	18.22	21.48	24.72	27.92	31.09
31'	1.72	5.05	8.38	11.69	14.99	18.28	21.54	24.77	27.97	31.14
32'	1.78	5.11	8.43	11.75	15.05	18.33	21.59	24.82	28.03	31.20
33'	1.83	5.16	8.49	11.80	15.10	18.39	21.65	24.88	28.08	31.25
34'	1.89	5.22	8.54	11.86	15.16	18.44	21.70	24.93	28.13	31.30
35'	1.94	5.28	8.60	11.91	15.21	18.49	21.75	24.99	28.19	31.35
36'	2.00	5.33	8.66	11.97	15.27	18.55	21.81	25.04	28.24	31.41
37'	2.06	5.39	8.71	12.02	15.32	18.60	21.86	25.09	28.29	31.46
38'	2.11	5.44	8.77	12.08	15.38	18.66	21.92	25.15	28.35	31.51
39'	2.17	5.50	8.82	12.13	15.43	18.71	21.97	25.20	28.40	31.56
40'	2.22	5.55	8.88	12.19	15.49	18.77	22.02	25.25	28.45	31.62
41'	2.28	5.61	8.93	12.24	15.54	18.82	22.08	25.31	28.51	31.67
42'	2.33	5.66	8.99	12.30	15.60	18.88	22.13	25.36	28.56	31.72
43'	2.39	5.72	9.04	12.36	15.65	18.93	22.19	25.41	28.61	31.77
44'	2.44	5.77	9.10	12.41	15.71	18.99	22.24	25.47	28.66	31.83
45'	2.50	5.83	9.15	12.47	15.76	19.04	22.29	25.52	28.72	31.88
46'	2.56	5.89	9.21	12.52	15.82	19.09	22.35	25.57	28.77	31.93
47'	2.61	5.94	9.26	12.58	15.87	19.15	22.40	25.63	28.82	31.98
48'	2.67	6.00	9.32	12.63	15.93	19.20	22.46	25.68	28.88	32.04
49'	2.72	6.05	9.37	12.69	15.98	19.26	22.51	25.74	28.93	32.09
50'	2.78	6.11	9.43	12.74	16.04	19.31	22.56	25.79	28.98	32.14
51'	2.83	6.16	9.49	12.80	16.09	19.37	22.62	25.84	29.04	32.19
52'	2.89	6.22	9.54	12.85	16.15	19.42	22.67	25.90	29.09	32.24
53'	2.94	6.27	9.60	12.91	16.20	19.47	22.73	25.95	29.14	32.30
54'	3.00	6.33	9.65	12.96	16.25	19.53	22.78	26.00	29.19	32.35
55'	3.06	6.38	9.71	13.02	16.31	19.58	22.83	26.06	29.25	32.40
56'	3.11	6.44	9.76	13.07	16.36	19.64	22.89	26.11	29.30	32.45
57'	3.17	6.50	9.82	13.13	16.42	19.69	22.94	26.16	29.35	32.51
58'	3.22	6.55	9.87	13.18	16.47	19.75	23.00	26.22	29.41	32.56
59'	3.28	6.61	9.93	13.24	16.53	19.80	23.05	26.27	29.46	32.61

191 $\cos^2\alpha$

0°	191.0
0° 30'	191.0
1°	190.9
1° 30'	190.9
2°	190.3
2° 30'	190.6
3°	190.5
3° 30'	190.3
4°	190.1
4° 30'	189.8
5°	189.5
5° 20'	189.3
5° 40'	189.1
6°	188.9
6° 20'	188.7
6° 40'	188.4
7°	188.2
7° 20'	187.9
7° 40'	187.6
8°	187.3
8° 20'	187.0
8° 40'	186.7
9°	186.3
9° 20'	186.0
9° 40'	185.6
10°	185.2

192 ($\frac{1}{2}\sin 2\alpha$)

α	0°	1°	2°	3°	4°	5°	6°	7°	8°	9°
0'	0.00	8.35	6.70	10.03	13.36	16.67	19.96	23.22	26.46	29.67
1'	0.06	8.41	6.75	10.09	13.42	16.73	20.01	23.28	26.51	29.72
2'	0.11	3.46	6.81	10.15	13.47	16.78	20.07	23.33	26.57	29.77
3'	0.17	3.52	6.86	10.20	13.53	16.84	20.12	23.39	26.62	29.82
4'	0.22	3.57	6.92	10.26	13.58	16.89	20.18	23.44	26.68	29.88
5'	0.28	3.63	6.98	10.31	13.64	16.95	20.23	23.50	26.73	29.93
6'	0.34	3.69	7.03	10.37	13.69	17.00	20.29	23.55	26.78	29.98
7'	0.39	3.74	7.09	10.42	13.75	17.06	20.34	23.60	26.84	30.04
8'	0.45	3.80	7.14	10.48	13.80	17.11	20.40	23.66	26.89	30.09
9'	0.50	3.85	7.20	10.53	13.86	17.17	20.45	23.71	26.94	30.14
10'	0.56	3.91	7.25	10.59	13.91	17.22	20.51	23.77	27.00	30.20
11'	0.61	3.96	7.31	10.65	13.97	17.27	20.56	23.82	27.05	30.25
12'	0.67	4.02	7.37	10.70	14.02	17.33	20.61	23.87	27.10	30.30
13'	0.73	4.08	7.42	10.76	14.08	17.38	20.67	23.93	27.16	30.36
14'	0.78	4.13	7.48	10.81	14.13	17.44	20.72	23.98	27.21	30.41
15'	0.84	4.19	7.53	10.87	14.19	17.49	20.78	24.04	27.27	30.46
16'	0.89	4.24	7.59	10.92	14.24	17.55	20.83	24.09	27.32	30.51
17'	0.95	4.30	7.64	10.98	14.30	17.60	20.89	24.14	27.37	30.57
18'	1.01	4.35	7.70	11.03	14.36	17.66	20.94	24.20	27.43	30.62
19'	1.06	4.41	7.75	11.09	14.41	17.71	21.00	24.25	27.48	30.67
20'	1.12	4.47	7.81	11.14	14.47	17.77	21.05	24.31	27.53	30.73
21'	1.17	4.52	7.87	11.20	14.52	17.82	21.11	24.36	27.59	30.78
22'	1.23	4.58	7.92	11.26	14.58	17.88	21.16	24.41	27.64	30.83
23'	1.28	4.63	7.98	11.31	14.63	17.93	21.21	24.47	27.69	30.88
24'	1.34	4.69	8.03	11.37	14.69	17.99	21.27	24.52	27.75	30.94
25'	1.40	4.75	8.09	11.42	14.74	18.04	21.32	24.58	27.80	30.99
26'	1.45	4.80	8.14	11.48	14.80	18.10	21.38	24.63	27.85	31.04
27'	1.51	4.86	8.20	11.53	14.85	18.15	21.43	24.68	27.91	31.10
28'	1.56	4.91	8.26	11.59	14.91	18.21	21.49	24.74	27.96	31.15
29'	1.62	4.97	8.31	11.64	14.96	18.26	21.54	24.79	28.01	31.20
30'	1.68	5.02	8.37	11.70	15.02	18.32	21.60	24.85	28.07	31.25
31'	1.73	5.08	8.42	11.75	15.07	18.37	21.65	24.90	28.12	31.31
32'	1.79	5.14	8.48	11.81	15.13	18.43	21.70	24.95	28.17	31.36
33'	1.84	5.19	8.53	11.87	15.18	18.48	21.76	25.01	28.23	31.41
34'	1.90	5.25	8.59	11.92	15.24	18.54	21.81	25.06	28.28	31.47
35'	1.95	5.30	8.65	11.98	15.29	18.59	21.87	25.12	28.33	31.52
36'	2.01	5.36	8.70	12.03	15.35	18.65	21.92	25.17	28.39	31.57
37'	2.07	5.41	8.76	12.09	15.40	18.70	21.98	25.22	28.44	31.62
38'	2.12	5.47	8.81	12.14	15.46	18.76	22.03	25.28	28.49	31.68
39'	2.18	5.53	8.87	12.20	15.51	18.81	22.09	25.33	28.55	31.73
40'	2.23	5.58	8.92	12.25	15.57	18.87	22.14	25.39	28.60	31.78
41'	2.29	5.64	8.98	12.31	15.62	18.92	22.19	25.44	28.65	31.83
42'	2.35	5.69	9.03	12.36	15.68	18.98	22.25	25.49	28.71	31.89
43'	2.40	5.75	9.09	12.42	15.73	19.03	22.30	25.55	28.76	31.94
44'	2.46	5.80	9.15	12.48	15.79	19.08	22.36	25.60	28.81	31.99
45'	2.51	5.86	9.20	12.53	15.84	19.14	22.41	25.65	28.87	32.05
46'	2.57	5.92	9.26	12.59	15.90	19.19	22.47	25.71	28.92	32.10
47'	2.62	5.97	9.31	12.64	15.95	19.25	22.52	25.76	28.97	32.15
48'	2.68	6.03	9.37	12.70	16.01	19.30	22.57	25.82	29.03	32.20
49'	2.74	6.09	9.42	12.75	16.06	19.36	22.63	25.87	29.08	32.26
50'	2.79	6.14	9.48	12.81	16.12	19.41	22.68	25.92	29.13	32.31
51'	2.85	6.20	9.53	12.86	16.17	19.47	22.74	25.98	29.19	32.36
52'	2.90	6.25	9.59	12.92	16.23	19.52	22.79	26.03	29.24	32.41
53'	2.96	6.31	9.65	12.97	16.29	19.58	22.84	26.09	29.29	32.47
54'	3.02	6.36	9.70	13.03	16.34	19.63	22.90	26.14	29.35	32.52
55'	3.07	6.42	9.76	13.08	16.40	19.69	22.95	26.19	29.40	32.57
56'	3.13	6.47	9.81	13.14	16.45	19.74	23.01	26.25	29.45	32.62
57'	3.18	6.53	9.87	13.19	16.51	19.80	23.06	26.30	29.51	32.68
58'	3.24	6.58	9.92	13.25	16.56	19.85	23.12	26.35	29.56	32.73
59'	3.29	6.64	9.98	13.31	16.62	19.90	23.17	26.41	29.61	32.78

192 $\cos^2\alpha$

α	value
0°	192.0
0° 30'	192.0
1°	191.9
1° 30'	191.9
2°	191.8
2° 30'	191.6
3°	191.5
3° 30'	191.3
4°	191.1
4° 30'	190.8
5°	190.5
5° 20'	190.3
5° 40'	190.1
6°	189.9
6° 20'	189.7
6° 40'	189.4
7°	189.1
7° 20'	188.9
7° 40'	188.6
8°	188.3
8° 20'	188.0
8° 40'	187.6
9°	187.8
9° 20'	187.0
9° 40'	186.6
10°	186.2

193 ($\frac{1}{2} \sin 2\alpha$)

α	0°	1°	2°	3°	4°	5°	6°	7°	8°	9°
0'	0.00	3.37	6.78	10.09	13.43	16.76	20.06	23.35	26.60	29.82
1'	0.06	3.42	6.79	10.14	13.49	16.81	20.12	23.40	26.65	29.87
2'	0.11	3.48	6.84	10.20	13.54	16.87	20.17	23.45	26.71	29.93
3'	0.17	3.54	6.90	10.25	13.60	16.92	20.23	23.51	26.76	29.98
4'	0.22	3.59	6.96	10.31	13.65	16.98	20.28	23.56	26.81	30.03
5'	0.28	3.65	7.01	10.87	13.71	17.03	20.34	23.62	26.87	30.09
6'	0.34	3.70	7.07	10.42	13.76	17.09	20.39	23.67	26.92	30.14
7'	0.39	3.76	7.12	10.48	13.82	17.14	20.45	23.73	26.98	30.19
8'	0.45	3.82	7.18	10.53	13.87	17.20	20.50	23.78	27.03	30.25
9'	0.51	3.87	7.24	10.59	13.93	17.25	20.56	23.84	27.08	30.30
10'	0.56	3.93	7.29	10.65	13.99	17.31	20.61	23.89	27.14	30.35
11'	0.62	3.98	7.35	10.70	14.04	17.36	20.67	23.94	27.19	30.41
12'	0.67	4.04	7.40	10.76	14.10	17.42	20.72	24.00	27.25	30.46
13'	0.73	4.10	7.46	10.81	14.15	17.48	20.78	24.05	27.30	30.51
14'	0.79	4.15	7.52	10.87	14.21	17.53	20.83	24.11	27.35	30.57
15'	0.84	4.21	7.57	10.92	14.26	17.59	20.89	24.16	27.41	30.62
16'	0.90	4.27	7.63	10.98	14.32	17.64	20.94	24.22	27.46	30.67
17'	0.95	4.32	7.68	11.04	14.37	17.70	21.00	24.27	27.52	30.73
18'	1.01	4.38	7.74	11.09	14.43	17.75	21.05	24.32	27.57	30.78
19'	1.07	4.43	7.80	11.15	14.49	17.81	21.11	24.38	27.62	30.88
20'	1.12	4.49	7.85	11.20	14.54	17.86	21.16	24.43	27.68	30.89
21'	1.18	4.55	7.91	11.26	14.60	17.92	21.22	24.49	27.73	30.94
22'	1.23	4.60	7.96	11.31	14.65	17.97	21.27	24.54	27.78	30.99
23'	1.29	4.66	8.02	11.37	14.71	18.03	21.32	24.60	27.84	31.05
24'	1.35	4.71	8.07	11.43	14.76	18.08	21.38	24.65	27.89	31.10
25'	1.40	4.77	8.13	11.48	14.82	18.14	21.43	24.70	27.95	31.15
26'	1.46	4.83	8.19	11.54	14.87	18.19	21.49	24.76	28.00	31.20
27'	1.52	4.88	8.24	11.59	14.93	18.25	21.54	24.81	28.05	31.26
28'	1.57	4.94	8.30	11.65	14.99	18.30	21.60	24.87	28.11	31.31
29'	1.63	4.99	8.35	11.70	15.04	18.36	21.65	24.92	28.16	31.36
30'	1.68	5.05	8.41	11.76	15.10	18.41	21.71	24.98	28.21	31.42
31'	1.74	5.11	8.47	11.82	15.15	18.47	21.76	25.03	28.27	31.47
32'	1.80	5.16	8.52	11.87	15.21	18.52	21.82	25.08	28.32	31.52
33'	1.85	5.22	8.58	11.93	15.26	18.58	21.87	25.14	28.37	31.58
34'	1.91	5.27	8.63	11.98	15.32	18.63	21.93	25.19	28.43	31.63
35'	1.96	5.33	8.69	12.04	15.37	18.69	21.98	25.25	28.48	31.68
36'	2.02	5.39	8.75	12.09	15.43	18.75	22.04	25.30	28.54	31.74
37'	2.08	5.44	8.80	12.15	15.48	18.80	22.09	25.36	28.59	31.79
38'	2.13	5.50	8.86	12.21	15.54	18.85	22.15	25.41	28.64	31.84
39'	2.19	5.55	8.91	12.26	15.59	18.91	22.20	25.46	28.70	31.89
40'	2.25	5.61	8.97	12.32	15.65	18.96	22.25	25.52	28.75	31.95
41'	2.30	5.67	9.03	12.37	15.71	19.02	22.31	25.57	28.80	32.00
42'	2.36	5.72	9.08	12.43	15.76	19.07	22.36	25.63	28.86	32.05
43'	2.41	5.78	9.14	12.48	15.82	19.13	22.42	25.68	28.91	32.11
44'	2.47	5.84	9.19	12.54	15.87	19.18	22.47	25.78	28.96	32.16
45'	2.53	5.89	9.25	12.60	15.93	19.24	22.53	25.79	29.02	32.21
46'	2.58	5.95	9.30	12.65	15.98	19.29	22.58	25.84	29.07	32.27
47'	2.64	6.00	9.36	12.71	16.04	19.35	22.64	25.90	29.13	32.32
48'	2.69	6.06	9.42	12.76	16.09	19.40	22.69	25.95	29.18	32.37
49'	2.75	6.12	9.47	12.82	16.15	19.46	22.75	26.00	29.23	32.42
50'	2.81	6.17	9.53	12.87	16.20	19.51	22.80	26.06	29.29	32.48
51'	2.86	6.23	9.58	12.93	16.26	19.57	22.85	26.11	29.34	32.53
52'	2.92	6.28	9.64	12.99	16.31	19.62	22.91	26.17	29.39	32.58
53'	2.97	6.34	9.70	13.04	16.37	19.68	22.96	26.22	29.45	32.64
54'	3.03	6.40	9.75	13.10	16.43	19.73	23.02	26.28	29.50	32.69
55'	3.09	6.45	9.81	13.15	16.48	19.79	23.07	26.33	29.55	32.74
56'	3.14	6.51	9.86	13.21	16.54	19.84	23.13	26.38	29.61	32.79
57'	3.20	6.56	9.92	13.26	16.59	19.90	23.18	26.44	29.66	32.85
58'	3.26	6.62	9.98	13.32	16.65	19.95	23.24	26.49	29.71	32.90
59'	3.31	6.68	10.03	13.37	16.70	20.01	23.29	26.55	29.77	32.95

193 $\cos^2\alpha$

α	193 cos²α
0°	198.0
0° 30'	198.0
1°	192.9
1° 30'	192.9
2°	192.8
2° 30'	192.6
3°	192.5
3° 30'	192.3
4°	192.1
4° 30'	191.8
5°	191.5
5° 20'	191.3
5° 40'	191.1
6°	190.9
6° 20'	190.7
6° 40'	190.4
7°	190.1
7° 20'	189.9
7° 40'	189.6
8°	189.3
8° 20'	188.9
8° 40'	188.6
9°	188.3
9° 20'	187.9
9° 40'	187.6
10°	187.2

194 ($\frac{1}{2} \sin 2\alpha$)

α	0°	1°	2°	3°	4°	5°	6°	7°	8°	9°
0'	0.00	3.39	6.77	10.14	13.50	16.84	20.17	23.47	26.74	29.97
1'	0.06	3.44	6.82	10.20	13.56	16.90	20.22	23.52	26.79	30.03
2'	0.11	3.50	6.88	10.25	13.61	16.96	20.28	23.58	26.85	30.08
3'	0.17	3.55	6.94	10.31	13.67	17.01	20.33	23.63	26.90	30.14
4'	0.23	3.61	6.99	10.36	13.72	17.07	20.39	23.69	26.95	30.19
5'	0.28	3.67	7.05	10.42	13.78	17.12	20.44	23.74	27.01	30.24
6'	0.34	3.72	7.10	10.48	13.83	17.18	20.50	23.79	27.06	30.30
7'	0.39	3.78	7.16	10.53	13.89	17.23	20.55	23.85	27.12	30.35
8'	0.45	3.84	7.22	10.59	13.95	17.29	20.61	23.90	27.17	30.40
9'	0.51	3.89	7.27	10.64	14.00	17.34	20.66	23.96	27.22	30.46
10'	0.56	3.95	7.33	10.70	14.06	17.40	20.72	24.01	27.28	30.51
11'	0.62	4.01	7.39	10.76	14.11	17.45	20.77	24.07	27.33	30.56
12'	0.68	4.06	7.44	10.81	14.17	17.51	20.83	24.12	27.39	30.62
13'	0.73	4.12	7.50	10.87	14.23	17.57	20.88	24.18	27.44	30.67
14'	0.79	4.17	7.55	10.92	14.28	17.62	20.94	24.23	27.50	30.72
15'	0.85	4.23	7.61	10.98	14.34	17.68	20.99	24.29	27.55	30.78
16'	0.90	4.29	7.67	11.04	14.39	17.73	21.05	24.34	27.60	30.83
17'	0.96	4.34	7.72	11.09	14.45	17.79	21.10	24.40	27.66	30.89
18'	1.02	4.40	7.78	11.15	14.50	17.84	21.16	24.45	27.71	30.94
19'	1.07	4.46	7.84	11.20	14.56	17.90	21.21	24.51	27.77	30.99
20'	1.13	4.51	7.89	11.26	14.62	17.95	21.27	24.56	27.82	31.05
21'	1.18	4.57	7.95	11.32	14.67	18.01	21.33	24.61	27.87	31.10
22'	1.24	4.63	8.00	11.37	14.73	18.07	21.38	24.67	27.93	31.15
23'	1.30	4.68	8.06	11.43	14.78	18.12	21.44	24.72	27.98	31.21
24'	1.35	4.74	8.12	11.49	14.84	18.18	21.49	24.78	28.04	31.26
25'	1.41	4.79	8.17	11.54	14.90	18.23	21.55	24.83	28.09	31.31
26'	1.47	4.85	8.23	11.60	14.95	18.29	21.60	24.89	28.14	31.37
27'	1.52	4.91	8.29	11.65	15.01	18.34	21.66	24.94	28.20	31.42
28'	1.58	4.96	8.34	11.71	15.06	18.40	21.71	25.00	28.25	31.47
29'	1.64	5.02	8.40	11.77	15.12	18.45	21.77	25.05	28.31	31.53
30'	1.69	5.08	8.45	11.82	15.17	18.51	21.82	25.11	28.36	31.58
31'	1.75	5.13	8.51	11.88	15.23	18.56	21.88	25.16	28.41	31.63
32'	1.81	5.19	8.57	11.93	15.29	18.62	21.93	25.21	28.47	31.69
33'	1.86	5.25	8.62	11.99	15.34	18.67	21.99	25.27	28.52	31.74
34'	1.92	5.30	8.68	12.05	15.40	18.73	22.04	25.32	28.58	31.79
35'	1.97	5.36	8.74	12.10	15.45	18.79	22.10	25.38	28.63	31.85
36'	2.03	5.41	8.79	12.16	15.51	18.84	22.15	25.43	28.68	31.90
37'	2.09	5.47	8.85	12.21	15.56	18.90	22.21	25.49	28.74	31.95
38'	2.14	5.53	8.90	12.27	15.62	18.95	22.26	25.54	28.79	32.01
39'	2.20	5.58	8.96	12.33	15.68	19.01	22.32	25.60	28.85	32.06
40'	2.26	5.64	9.02	12.38	15.73	19.06	22.37	25.65	28.90	32.11
41'	2.31	5.70	9.07	12.44	15.79	19.12	22.42	25.70	28.95	32.17
42'	2.37	5.75	9.13	12.49	15.84	19.17	22.48	25.76	29.01	32.22
43'	2.43	5.81	9.18	12.55	15.90	19.23	22.53	25.81	29.06	32.27
44'	2.48	5.87	9.24	12.61	15.95	19.28	22.59	25.87	29.11	32.33
45'	2.54	5.92	9.30	12.66	16.01	19.34	22.64	25.92	29.17	32.38
46'	2.60	5.98	9.35	12.72	16.07	19.39	22.70	25.98	29.22	32.43
47'	2.65	6.03	9.41	12.77	16.12	19.45	22.75	26.03	29.28	32.49
48'	2.71	6.09	9.47	12.83	16.18	19.50	22.81	26.09	29.30	32.54
49'	2.76	6.15	9.52	12.88	16.23	19.56	22.86	26.14	29.38	32.59
50'	2.82	6.20	9.58	12.94	16.29	19.62	22.92	26.19	29.44	32.65
51'	2.88	6.26	9.63	13.00	16.34	19.67	22.97	26.25	29.49	32.70
52'	2.93	6.32	9.69	13.05	16.40	19.73	23.03	26.30	29.55	32.75
53'	2.99	6.37	9.75	13.11	16.45	19.78	23.08	26.36	29.60	32.80
54'	3.05	6.43	9.80	13.16	16.51	19.84	23.14	26.41	29.65	32.86
55'	3.10	6.48	9.86	13.22	16.57	19.89	23.19	26.47	29.71	32.91
56'	3.16	6.54	9.91	13.28	16.62	19.95	23.25	26.52	29.76	32.96
57'	3.22	6.60	9.97	13.33	16.68	20.00	23.30	26.57	29.81	33.02
58'	3.27	6.65	10.03	13.39	16.73	20.06	23.36	26.63	29.87	33.07
59'	3.33	6.71	10.08	13.44	16.79	20.11	23.41	26.68	29.92	33.12

194 $\cos^2 \alpha$

0°	194.0
0° 30'	194.0
1°	193.9
1° 30'	193.9
2°	193.8
2° 30'	193.6
3°	193.5
3° 30'	193.3
4°	193.1
4° 30'	192.8
5°	192.5
5° 20'	192.3
5° 40'	192.1
6°	191.9
6° 20'	191.6
6° 40'	191.4
7°	191.1
7° 20'	190.8
7° 40'	190.5
8°	190.2
8° 20'	189.9
8° 40'	189.6
9°	189.3
9° 20'	188.9
9° 40'	188.5
10°	188.2

195 (½ sin 2α)

α	0°	1°	2°	3°	4°	5°	6°	7°	8°	9°
0′	0.00	3.40	6.80	10.19	13.57	16.93	20.27	23.59	26.87	30.13
1′	0.06	3.46	6.86	10.25	13.63	16.99	20.33	23.64	26.93	30.18
2′	0.11	3.52	6.91	10.30	13.68	17.04	20.38	23.70	26.98	30.24
3′	0.17	3.57	6.97	10.36	13.74	17.10	20.44	23.75	27.04	30.29
4′	0.23	3.63	7.03	10.42	13.79	17.15	20.49	23.81	27.09	30.34
5′	0.28	3.69	7.08	10.47	13.85	17.21	20.55	23.86	27.15	30.40
6′	0.34	3.74	7.14	10.53	13.91	17.27	20.60	23.92	27.20	30.45
7′	0.40	3.80	7.20	10.59	13.97	17.32	20.66	23.97	27.26	30.51
8′	0.45	3.86	7.25	10.64	14.02	17.38	20.72	24.03	27.31	30.56
9′	0.51	3.91	7.31	10.70	14.07	17.43	20.77	24.08	27.36	30.61
10′	0.57	3.97	7.37	10.76	14.13	17.49	20.83	24.14	27.42	30.67
11′	0.62	4.03	7.42	10.81	14.19	17.54	20.88	24.19	27.47	30.72
12′	0.68	4.08	7.48	10.87	14.24	17.60	20.94	24.25	27.53	30.78
13′	0.74	4.14	7.54	10.92	14.30	17.66	20.99	24.30	27.58	30.83
14′	0.79	4.20	7.59	10.98	14.36	17.71	21.05	24.36	27.64	30.88
15′	0.85	4.25	7.65	11.04	14.41	17.77	21.10	24.41	27.69	30.94
16′	0.91	4.31	7.71	11.09	14.47	17.82	21.16	24.47	27.75	30.99
17′	0.96	4.37	7.76	11.15	14.52	17.88	21.21	24.52	27.80	31.04
18′	1.02	4.42	7.82	11.21	14.58	17.94	21.27	24.58	27.85	31.10
19′	1.08	4.48	7.88	11.26	14.64	17.99	21.32	24.63	27.91	31.15
20′	1.13	4.54	7.93	11.32	14.69	18.05	21.38	24.69	27.96	31.21
21′	1.19	4.59	7.99	11.38	14.75	18.10	21.43	24.74	28.02	31.26
22′	1.25	4.65	8.05	11.43	14.80	18.16	21.49	24.80	28.07	31.31
23′	1.30	4.71	8.10	11.49	14.86	18.21	21.55	24.85	28.13	31.37
24′	1.36	4.76	8.16	11.54	14.92	18.27	21.60	24.91	28.18	31.42
25′	1.42	4.82	8.22	11.60	14.97	18.33	21.66	24.96	28.23	31.47
26′	1.47	4.88	8.27	11.66	15.03	18.38	21.71	25.02	28.29	31.53
27′	1.53	4.93	8.33	11.71	15.08	18.44	21.77	25.07	28.34	31.58
28′	1.59	4.99	8.38	11.77	15.14	18.49	21.82	25.13	28.40	31.64
29′	1.64	5.05	8.44	11.83	15.20	18.55	21.88	25.18	28.45	31.69
30′	1.70	5.10	8.50	11.88	15.25	18.60	21.93	25.23	28.51	31.74
31′	1.76	5.16	8.55	11.94	15.31	18.66	21.99	25.29	28.56	31.80
32′	1.81	5.22	8.61	11.99	15.36	18.72	22.04	25.34	28.61	31.85
33′	1.87	5.27	8.67	12.05	15.42	18.77	22.10	25.40	28.67	31.90
34′	1.93	5.33	8.72	12.11	15.48	18.83	22.15	25.45	28.72	31.96
35′	1.98	5.39	8.78	12.16	15.53	18.88	22.21	25.51	28.78	32.01
36′	2.04	5.44	8.84	12.22	15.59	18.94	22.26	25.56	28.83	32.06
37′	2.10	5.50	8.89	12.28	15.64	18.99	22.32	25.62	28.89	32.12
38′	2.16	5.56	8.95	12.33	15.70	19.05	22.37	25.67	28.94	32.17
39′	2.21	5.61	9.01	12.39	15.76	19.10	22.43	25.73	28.99	32.23
40′	2.27	5.67	9.06	12.45	15.81	19.16	22.49	25.78	29.05	32.28
41′	2.33	5.73	9.12	12.50	15.87	19.22	22.54	25.84	29.10	32.33
42′	2.38	5.78	9.18	12.56	15.92	19.27	22.60	25.89	29.16	32.39
43′	2.44	5.84	9.23	12.61	15.98	19.33	22.65	25.95	29.21	32.44
44′	2.50	5.90	9.29	12.67	16.04	19.38	22.71	26.00	29.26	32.49
45′	2.55	5.95	9.34	12.73	16.09	19.44	22.76	26.06	29.32	32.55
46′	2.61	6.01	9.40	12.78	16.15	19.49	22.82	26.11	29.37	32.60
47′	2.67	6.07	9.46	12.84	16.20	19.55	22.87	26.17	29.43	32.65
48′	2.72	6.12	9.51	12.89	16.26	19.61	22.93	26.22	29.48	32.71
49′	2.78	6.18	9.57	12.95	16.32	19.66	22.98	26.27	29.54	32.76
50′	2.84	6.24	9.63	13.01	16.37	19.72	23.04	26.33	29.59	32.81
51′	2.89	6.29	9.68	13.06	16.43	19.77	23.09	26.38	29.64	32.87
52′	2.95	6.35	9.74	13.12	16.48	19.83	23.15	26.44	29.70	32.92
53′	3.01	6.41	9.80	13.18	16.54	19.89	23.20	26.49	29.75	32.97
54′	3.06	6.46	9.85	13.23	16.60	19.94*	23.26	26.55	29.81	33.03
55′	3.12	6.52	9.91	13.29	16.65	19.99	23.31	26.60	29.86	33.08
56′	3.18	6.57	9.97	13.34	16.71	20.05	23.37	26.66	29.91	33.13
57′	3.23	6.63	10.02	13.40	16.76	20.10	23.42	26.71	29.97	33.19
58′	3.29	6.69	10.08	13.46	16.82	20.16	23.48	26.77	30.02	33.24
59′	3.35	6.74	10.13	13.51	16.87	20.22	23.53	26.82	30.08	33.29

195 cos²α

α	195 cos²α
0°	195.0
0° 30′	195.0
1°	194.9
1° 30′	194.9
2°	194.8
2° 30′	194.6
3°	194.5
3° 30′	194.3
4°	194.1
4° 30′	193.8
5°	193.5
5° 20′	193.3
5° 40′	193.1
6°	192.9
6° 20′	192.6
6° 40′	192.4
7°	192.1
7° 20′	191.8
7° 40′	191.5
8°	191.2
8° 20′	190.9
8° 40′	190.6
9°	190.2
9° 20′	189.9
9° 40′	189.5
10°	189.1

α	0°	1°	2°	3°	4°	5°	6°	7°	8°	9°
0′	0.00	3.42	6.84	10.24	13.64	17.02	20.38	23.71	27.01	30.28
1′	0.06	3.48	6.89	10.30	13.70	17.07	20.43	23.76	27.07	30.34
2′	0.11	3.53	6.95	10.36	13.75	17.13	20.49	23.82	27.12	30.39
3′	0.17	3.59	7.01	10.41	13.81	17.19	20.54	23.87	27.18	30.45
4′	0.23	3.65	7.06	10.47	13.86	17.24	20.60	23.93	27.23	30.50
5′	0.29	3.71	7.12	10.53	13.92	17.30	20.65	23.98	27.29	30.55
6′	0.34	3.76	7.18	10.58	13.98	17.35	20.71	24.04	27.34	30.61
7′	0.40	3.82	7.23	10.64	14.04	17.41	20.77	24.10	27.40	30.66
8′	0.46	3.88	7.29	10.70	14.09	17.47	20.82	24.15	27.45	30.72
9′	0.51	3.93	7.35	10.75	14.15	17.52	20.88	24.21	27.51	30.77
10′	0.57	3.99	7.40	10.81	14.20	17.58	20.93	24.26	27.56	30.83
11′	0.63	4.05	7.46	10.87	14.26	17.63	20.99	24.32	27.61	30.88
12′	0.68	4.10	7.52	10.92	14.32	17.69	21.04	24.37	27.67	30.93
13′	0.74	4.16	7.58	10.98	14.37	17.75	21.10	24.43	27.72	30.99
14′	0.80	4.22	7.63	11.04	14.43	17.80	21.16	24.48	27.78	31.04
15′	0.86	4.27	7.69	11.09	14.49	17.86	21.21	24.54	27.83	31.10
16′	0.91	4.33	7.75	11.15	14.54	17.92	21.27	24.59	27.89	31.15
17′	0.97	4.39	7.80	11.21	14.60	17.97	21.32	24.65	27.94	31.20
18′	1.03	4.45	7.86	11.26	14.65	18.03	21.38	24.70	28.00	31.26
19′	1.08	4.50	7.92	11.32	14.71	18.08	21.43	24.76	28.05	31.31
20′	1.14	4.56	7.97	11.38	14.77	18.14	21.49	24.81	28.11	31.37
21′	1.20	4.62	8.03	11.43	14.82	18.20	21.54	24.87	28.16	31.42
22′	1.25	4.67	8.09	11.49	14.88	18.25	21.60	24.92	28.21	31.47
23′	1.31	4.73	8.14	11.55	14.94	18.31	21.66	24.98	28.27	31.53
24′	1.37	4.79	8.20	11.60	14.99	18.36	21.71	25.03	28.33	31.58
25′	1.43	4.84	8.26	11.66	15.05	18.42	21.77	25.09	28.38	31.64
26′	1.48	4.90	8.31	11.72	15.11	18.48	21.82	25.14	28.43	31.69
27′	1.54	4.96	8.37	11.77	15.16	18.53	21.88	25.20	28.49	31.74
28′	1.60	5.02	8.43	11.83	15.22	18.59	21.93	25.25	28.54	31.80
29′	1.65	5.07	8.48	11.89	15.27	18.64	21.99	25.31	28.60	31.85
30′	1.71	5.13	8.54	11.94	15.33	18.70	22.05	25.36	28.65	31.91
31′	1.77	5.19	8.60	12.00	15.39	18.76	22.10	25.42	28.71	31.96
32′	1.82	5.24	8.65	12.06	15.44	18.81	22.16	25.47	28.76	32.01
33′	1.88	5.30	8.71	12.11	15.50	18.87	22.21	25.53	28.82	32.07
34′	1.94	5.36	8.77	12.17	15.55	18.92	22.27	25.58	28.87	32.12
35′	2.00	5.41	8.83	12.23	15.61	18.98	22.32	25.64	28.92	32.18
36′	2.05	5.47	8.88	12.28	15.67	19.03	22.38	25.69	28.98	32.23
37′	2.11	5.53	8.94	12.34	15.72	19.09	22.43	25.75	29.03	32.28
38′	2.17	5.58	9.00	12.40	15.78	19.15	22.49	25.80	29.09	32.34
39′	2.22	5.64	9.05	12.45	15.84	19.20	22.55	25.86	29.14	32.39
40′	2.28	5.70	9.11	12.51	15.89	19.26	22.60	25.91	29.20	32.44
41′	2.34	5.76	9.17	12.57	15.95	19.31	22.66	25.97	29.25	32.50
42′	2.39	5.81	9.22	12.62	16.01	19.37	22.71	26.02	29.31	32.55
43′	2.45	5.87	9.28	12.68	16.06	19.43	22.77	26.08	29.36	32.61
44′	2.51	5.93	9.34	12.74	16.12	19.48	22.82	26.13	29.41	32.66
45′	2.57	5.98	9.39	12.79	16.17	19.54	22.88	26.19	29.47	32.71
46′	2.62	6.04	9.45	12.85	16.23	19.59	22.93	26.24	29.52	32.77
47′	2.68	6.10	9.51	12.90	16.29	19.65	22.99	26.30	29.58	32.82
48′	2.74	6.15	9.56	12.96	16.34	19.71	23.04	26.35	29.63	32.87
49′	2.79	6.21	9.62	13.02	16.40	19.76	23.10	26.41	29.69	32.93
50′	2.85	6.27	9.68	13.07	16.46	19.82	23.15	26.46	29.74	32.98
51′	2.91	6.32	9.73	13.13	16.51	19.87	23.21	26.52	29.80	33.04
52′	2.96	6.38	9.79	13.19	16.57	19.93	23.27	26.57	29.85	33.09
53′	3.02	6.44	9.85	13.24	16.62	19.98	23.32	26.63	29.90	33.14
54′	3.08	6.49	9.90	13.30	16.68	20.04	23.38	26.68	29.96	33.20
55′	3.14	6.55	9.96	13.36	16.74	20.10	23.43	26.74	30.01	33.25
56′	3.19	6.61	10.02	13.41	16.79	20.15	23.49	26.79	30.07	33.30
57′	3.25	6.67	10.07	13.47	16.85	20.21	23.54	26.85	30.12	33.36
58′	3.31	6.72	10.13	13.53	16.91	20.26	23.60	26.90	30.18	33.41
59′	3.36	6.78	10.19	13.58	16.96	20.32	23.65	26.96	30.23	33.46

196 $\cos^2\alpha$

0°	196.0
0° 30	196.0
1°	195.9
1° 30′	195.9
2°	195.8
2° 30′	195.6
3°	195.5
3° 30′	195.3
4°	195.0
4° 30′	194.8
5°	194.5
5° 20′	194.3
5° 40′	194.1
6°	193.9
6° 20′	193.6
6° 40′	193.4
7°	193.1
7° 20′	192.8
7° 40′	192.5
8°	192.2
8° 20′	191.9
8° 40′	191.5
9°	191.1
9° 20′	190.8
9° 40′	190.5
10°	190.1

197 ($\frac{1}{2} \sin 2\alpha$)

α	0°	1°	2°	3°	4°	5°	6°	7°	8°	9°
0′	0.00	3.44	6.87	10.30	13.71	17.10	20.48	23.83	27.15	30.44
1′	0.06	3.49	6.93	10.35	13.77	17.16	20.54	23.89	27.21	30.49
2′	0.11	3.55	6.99	10.41	13.82	17.22	20.59	23.94	27.26	30.55
3′	0.17	3.61	7.04	10.47	13.88	17.27	20.65	24.00	27.32	30.60
4′	0.23	3.67	7.10	10.52	13.94	17.33	20.70	24.05	27.37	30.66
5′	0.29	3.72	7.16	10.58	13.99	17.39	20.76	24.11	27.43	30.71
6′	0.34	3.78	7.21	10.64	14.05	17.44	20.82	24.16	27.48	30.76
7′	0.40	3.84	7.27	10.69	14.11	17.50	20.87	24.22	27.54	30.82
8′	0.46	3.90	7.33	10.75	14.16	17.56	20.93	24.27	27.59	30.87
9′	0.52	3.95	7.39	10.81	14.21	17.61	20.98	24.33	27.65	30.93
10′	0.57	4.01	7.44	10.87	14.28	17.67	21.04	24.38	27.70	30.98
11′	0.63	4.07	7.50	10.92	14.33	17.72	21.10	24.44	27.76	31.04
12′	0.69	4.12	7.56	10.98	14.39	17.78	21.15	24.50	27.81	31.09
13′	0.74	4.18	7.61	11.04	14.45	17.84	21.21	24.55	27.87	31.15
14′	0.80	4.24	7.67	11.09	14.50	17.89	21.26	24.61	27.92	31.20
15′	0.86	4.30	7.73	11.15	14.56	17.95	21.32	24.66	27.98	31.25
16′	0.92	4.35	7.79	11.21	14.62	18.01	21.38	24.72	28.03	31.31
17′	0.97	4.41	7.84	11.26	14.67	18.06	21.43	24.77	28.09	31.36
18′	1.03	4.47	7.90	11.32	14.73	18.12	21.49	24.83	28.14	31.42
19′	1.09	4.53	7.96	11.38	14.79	18.18	21.54	24.88	28.20	31.47
20′	1.15	4.58	8.01	11.44	14.84	18.23	21.60	24.94	28.25	31.53
21′	1.20	4.64	8.07	11.49	14.90	18.29	21.65	25.00	28.30	31.58
22′	1.26	4.70	8.13	11.55	14.96	18.34	21.71	25.05	28.36	31.63
23′	1.32	4.75	8.19	11.61	15.01	18.40	21.77	25.11	28.41	31.69
24′	1.38	4.81	8.24	11.66	15.07	18.46	21.82	25.16	28.47	31.74
25′	1.43	4.87	8.30	11.72	15.13	18.51	21.88	25.22	28.52	31.80
26′	1.49	4.93	8.36	11.78	15.18	18.57	21.93	25.27	28.58	31.85
27′	1.55	4.98	8.41	11.83	15.24	18.63	21.99	25.33	28.63	31.91
28′	1.60	5.04	8.47	11.89	15.30	18.68	22.05	25.38	28.69	31.96
29′	1.66	5.10	8.53	11.95	15.35	18.74	22.10	25.44	28.74	32.01
30′	1.72	5.16	8.58	12.00	15.41	18.79	22.16	25.49	28.80	32.07
31′	1.78	5.21	8.64	12.06	15.47	18.85	22.21	25.55	28.85	32.12
32′	1.83	5.27	8.70	12.12	15.52	18.91	22.27	25.60	28.91	32.18
33′	1.89	5.33	8.76	12.17	15.58	18.96	22.33	25.66	28.96	32.23
34′	1.94	5.38	8.81	12.23	15.63	19.02	22.38	25.72	29.02	32.29
35′	2.01	5.44	8.87	12.29	15.69	19.08	22.44	25.77	29.07	32.34
36′	2.06	5.50	8.93	12.35	15.75	19.13	22.49	25.83	29.13	32.39
37′	2.12	5.56	8.98	12.40	15.80	19.19	22.55	25.88	29.18	32.45
38′	2.18	5.61	9.04	12.46	15.86	19.24	22.60	25.94	29.24	32.50
39′	2.23	5.67	9.10	12.52	15.92	19.30	22.66	25.99	29.29	32.56
40′	2.29	5.73	9.16	12.57	15.97	19.36	22.72	26.05	29.35	32.61
41′	2.35	5.78	9.21	12.63	16.03	19.41	22.77	26.10	29.40	32.66
42′	2.41	5.84	9.27	12.69	16.09	19.47	22.83	26.16	29.46	32.72
43′	2.46	5.90	9.33	12.74	16.14	19.53	22.88	26.21	29.51	32.77
44′	2.52	5.96	9.38	12.80	16.20	19.58	22.94	26.27	29.56	32.83
45′	2.58	6.01	9.44	12.86	16.26	19.64	22.99	26.32	29.62	32.88
46′	2.64	6.07	9.50	12.91	16.31	19.69	23.05	26.38	29.67	32.93
47′	2.69	6.13	9.55	12.97	16.37	19.75	23.11	26.43	29.73	32.99
48′	2.75	6.18	9.61	13.03	16.43	19.81	23.16	26.49	29.78	33.04
49′	2.81	6.24	9.67	13.08	16.48	19.86	23.22	26.54	29.84	33.10
50′	2.86	6.30	9.73	13.14	16.54	19.92	23.27	26.60	29.89	33.15
51′	2.92	6.36	9.78	13.20	16.60	19.97	23.33	26.65	29.95	33.20
52′	2.98	6.41	9.84	13.25	16.65	20.03	23.38	26.71	30.00	33.26
53′	3.04	6.47	9.90	13.31	16.71	20.09	23.44	26.76	30.06	33.31
54′	3.09	6.53	9.95	13.37	16.77	20.14	23.50	26.82	30.11	33.37
55′	3.15	6.59	10.01	13.42	16.82	20.20	23.55	26.87	30.17	33.42
56′	3.21	6.64	10.07	13.48	16.88	20.25	23.61	26.93	30.22	33.47
57′	3.27	6.70	10.13	13.54	16.94	20.31	23.66	26.99	30.27	33.53
58′	3.32	6.76	10.18	13.60	16.99	20.37	23.72	27.04	30.33	33.58
59′	3.38	6.81	10.24	13.65	17.05	20.42	23.77	27.10	30.38	33.64

197 $\cos^2\alpha$

α	197 $\cos^2\alpha$
0°	197.0
0° 80	197.0
1°	196.9
1° 30′	196.9
2°	196.8
2° 30′	196.6
3°	196.5
3° 30′	196.3
4°	196.0
4° 30′	195.8
5°	195.5
5° 20′	195.3
5° 40′	195.1
6°	194.8
6° 20′	194.6
6° 40′	194.3
7°	194.1
7° 20′	193.8
7° 40′	193.5
8°	193.2
8° 20′	192.9
8° 40′	192.5
9°	192.2
9° 20′	191.8
9° 40′	191.4
10°	191.1

α	0°	1°	2°	3°	4°	5°	6°	7°	8°	9°
0'	0.00	3.46	6.91	10.35	13.78	17.19	20.58	23.95	27.29	30.59
1'	0.06	3.51	6.96	10.41	13.84	17.25	20.64	24.01	27.34	30.65
2'	0.12	3.57	7.02	10.46	13.89	17.30	20.70	24.06	27.40	30.70
3'	0.17	3.63	7.08	10.52	13.95	17.36	20.75	24.12	27.45	30.76
4'	0.23	3.69	7.14	10.58	14.01	17.42	20.81	24.17	27.51	30.81
5'	0.29	3.74	7.19	10.63	14.06	17.47	20.86	24.23	27.56	30.87
6'	0.35	3.80	7.25	10.69	14.12	17.53	20.92	24.29	27.62	30.92
7'	0.40	3.86	7.31	10.75	14.18	17.59	20.98	24.34	27.68	30.98
8'	0.46	3.92	7.37	10.81	14.23	17.64	21.03	24.40	27.73	31.03
9'	0.52	3.97	7.42	10.86	14.29	17.70	21.09	24.45	27.79	31.09
10'	0.58	4.03	7.48	10.92	14.35	17.76	21.15	24.51	27.84	31.14
11'	0.63	4.09	7.54	10.98	14.41	17.81	21.20	24.56	27.90	31.19
12'	0.69	4.15	7.60	11.04	14.46	17.87	21.26	24.62	27.95	31.25
13'	0.75	4.20	7.65	11.09	14.52	17.93	21.32	24.68	28.01	31.30
14'	0.81	4.26	7.71	11.15	14.58	17.98	21.37	24.78	28.06	31.36
15'	0.86	4.32	7.77	11.21	14.63	18.04	21.43	24.79	28.12	31.41
16'	0.92	4.38	7.82	11.26	14.69	18.10	21.48	24.84	28.17	31.47
17'	0.98	4.43	7.88	11.32	14.75	18.15	21.54	24.90	28.23	31.52
18'	1.04	4.49	7.94	11.38	14.80	18.21	21.60	24.95	28.28	31.58
19'	1.09	4.55	8.00	11.44	14.86	18.27	21.65	25.01	28.34	31.63
20'	1.15	4.61	8.05	11.49	14.92	18.32	21.71	25.07	28.39	31.69
21'	1.21	4.66	8.11	11.55	14.97	18.38	21.76	25.12	28.45	31.74
22'	1.27	4.72	8.17	11.61	15.03	18.44	21.82	25.18	28.50	31.80
23'	1.32	4.78	8.23	11.66	15.09	18.49	21.88	25.23	28.56	31.85
24'	1.38	4.84	8.28	11.72	15.15	18.55	21.93	25.29	28.61	31.90
25'	1.44	4.89	8.34	11.78	15.20	18.61	21.99	25.34	28.67	31.96
26'	1.50	4.95	8.40	11.84	15.26	18.66	22.05	25.40	28.72	32.01
27'	1.55	5.01	8.46	11.89	15.32	18.72	22.10	25.46	28.78	32.07
28'	1.61	5.07	8.51	11.95	15.37	18.78	22.16	25.51	28.83	32.12
29'	1.67	5.12	8.57	12.01	15.43	18.83	22.21	25.57	28.89	32.18
30'	1.73	5.18	8.63	12.07	15.49	18.89	22.27	25.62	28.94	32.23
31'	1.79	5.24	8.69	12.12	15.54	18.95	22.33	25.68	29.00	32.29
32'	1.84	5.30	8.74	12.18	15.60	19.00	22.38	25.73	29.05	32.34
33'	1.90	5.35	8.80	12.24	15.66	19.06	22.44	25.79	29.11	32.39
34'	1.96	5.41	8.86	12.29	15.71	19.12	22.49	25.85	29.17	32.45
35'	2.02	5.47	8.92	12.35	15.77	19.17	22.55	25.90	29.22	32.50
36'	2.07	5.53	8.97	12.41	15.83	19.23	22.61	25.96	29.28	32.56
37'	2.13	5.58	9.03	12.47	15.89	19.29	22.66	26.01	29.33	32.61
38'	2.19	5.64	9.09	12.52	15.94	19.34	22.72	26.07	29.39	32.67
39'	2.25	5.70	9.14	12.58	16.00	19.40	22.78	26.12	29.44	32.72
40'	2.30	5.76	9.20	12.64	16.06	19.46	22.83	26.18	29.50	32.78
41'	2.36	5.81	9.26	12.69	16.11	19.51	22.89	26.23	29.55	32.83
42'	2.42	5.87	9.32	12.75	16.17	19.57	22.94	26.29	29.60	32.88
43'	2.48	5.93	9.37	12.81	16.23	19.62	23.00	26.35	29.66	32.94
44'	2.53	5.99	9.43	12.86	16.28	19.68	23.06	26.40	29.71	32.99
45'	2.59	6.04	9.49	12.92	16.34	19.74	23.11	26.46	29.77	33.05
46'	2.65	6.10	9.55	12.98	16.40	19.79	23.17	26.51	29.82	33.10
47'	2.71	6.16	9.60	13.04	16.45	19.85	23.22	26.57	29.88	33.16
48'	2.76	6.22	9.66	13.09	16.51	19.91	23.28	26.62	29.93	33.21
49'	2.82	6.27	9.72	13.15	16.57	19.96	23.34	26.68	29.99	33.26
50'	2.88	6.33	9.78	13.21	16.62	20.02	23.39	26.73	30.04	33.32
51'	2.94	6.39	9.83	13.26	16.68	20.08	23.45	26.79	30.10	33.37
52'	2.99	6.45	9.89	13.32	16.74	20.13	23.50	26.84	30.15	33.43
53'	3.05	6.50	9.95	13.38	16.79	20.19	23.56	26.90	30.21	33.48
54'	3.11	6.56	10.00	13.44	16.85	20.25	23.61	26.96	30.26	33.54
55'	3.17	6.62	10.06	13.49	16.91	20.30	23.67	27.01	30.32	33.59
56'	3.22	6.68	10.12	13.55	16.96	20.36	23.73	27.07	30.37	33.64
57'	3.28	6.73	10.18	13.61	17.02	20.41	23.78	27.12	30.43	33.70
58'	3.34	6.79	10.23	13.66	17.08	20.47	23.84	27.18	30.48	33.75
59'	3.40	6.85	10.29	13.72	17.13	20.53	23.89	27.23	30.54	33.81

198 $\cos^2\alpha$

0°	198.0
0° 30'	198.0
1°	197.9
1° 30'	197.9
2°	197.8
2° 30'	197.6
3°	197.5
3° 30'	197.3
4°	197.0
4° 30'	196.8
5°	196.5
5° 20'	196.3
5° 40'	196.1
6°	195.8
6° 20'	195.6
6° 40'	195.3
7°	195.1
7° 20'	194.8
7° 40'	194.5
8°	194.2
8° 20'	193.8
8° 40'	193.5
9°	193.2
9° 20'	192.8
9° 40'	192.4
10°	192.0

199 ($\frac{1}{2}\sin 2\alpha$)

α	0°	1°	2°	3°	4°	5°	6°	7°	8°	9°
0′	0.00	3.47	6.94	10.40	13.85	17.28	20.69	24.07	27.43	30.75
1′	0.06	3.53	7.00	10.46	13.91	17.34	20.74	24.13	27.48	30.80
2′	0.12	3.59	7.06	10.52	13.96	17.39	20.80	24.18	27.54	30.86
3′	0.17	3.65	7.11	10.57	14.02	17.45	20.86	24.24	27.59	30.91
4′	0.23	3.70	7.17	10.63	14.08	17.51	20.91	24.30	27.65	30.97
5′	0.29	3.76	7.23	10.69	14.13	17.56	20.97	24.35	27.70	31.02
6′	0.35	3.82	7.29	10.75	14.19	17.62	21.03	24.41	27.76	31.08
7′	0.41	3.88	7.34	10.80	14.25	17.68	21.08	24.46	27.82	31.13
8′	0.46	3.94	7.40	10.86	14.31	17.73	21.14	24.52	27.87	31.19
9′	0.52	3.99	7.46	10.92	14.36	17.79	21.20	24.58	27.93	31.24
10′	0.58	4.05	7.52	10.98	14.42	17.85	21.25	24.63	27.98	31.30
11′	0.64	4.11	7.58	11.03	14.48	17.90	21.31	24.69	28.04	31.35
12′	0.69	4.17	7.63	11.09	14.54	17.96	21.37	24.74	28.09	31.41
13′	0.75	4.22	7.69	11.15	14.59	18.02	21.42	24.80	28.15	31.46
14′	0.81	4.28	7.75	11.21	14.65	18.08	21.48	24.86	28.20	31.52
15′	0.87	4.34	7.81	11.26	14.71	18.13	21.54	24.91	28.26	31.57
16′	0.93	4.40	7.86	11.32	14.76	18.19	21.59	24.97	28.32	31.63
17′	0.98	4.46	7.92	11.38	14.82	18.25	21.65	25.02	28.37	31.68
18′	1.04	4.51	7.98	11.44	14.88	18.30	21.71	25.08	28.43	31.74
19′	1.10	4.57	8.04	11.49	14.94	18.36	21.76	25.14	28.48	31.79
20′	1.16	4.63	8.10	11.55	14.99	18.42	21.82	25.19	28.54	31.85
21′	1.22	4.69	8.15	11.61	15.05	18.47	21.87	25.25	28.59	31.90
22′	1.27	4.74	8.21	11.67	15.11	18.53	21.93	25.30	28.65	31.96
23′	1.33	4.80	8.27	11.72	15.16	18.59	21.99	25.36	28.70	32.01
24′	1.39	4.86	8.33	11.78	15.22	18.64	22.04	25.42	28.76	32.07
25′	1.45	4.92	8.38	11.84	15.28	18.70	22.10	25.47	28.81	32.12
26′	1.50	4.98	8.44	11.90	15.34	18.76	22.16	25.53	28.87	32.17
27′	1.56	5.03	8.50	11.95	15.39	18.81	22.21	25.58	28.92	32.23
28′	1.62	5.09	8.56	12.01	15.45	18.87	22.27	25.64	28.98	32.28
29′	1.68	5.15	8.61	12.07	15.51	18.93	22.33	25.70	29.04	32.34
30′	1.74	5.21	8.67	12.12	15.57	18.99	22.38	25.75	29.09	32.39
31′	1.79	5.27	8.73	12.18	15.62	19.04	22.44	25.81	29.15	32.45
32′	1.85	5.32	8.79	12.24	15.68	19.10	22.50	25.86	29.20	32.50
33′	1.91	5.38	8.84	12.30	15.74	19.16	22.55	25.92	29.26	32.56
34′	1.97	5.44	8.90	12.36	15.79	19.21	22.61	25.98	29.31	32.61
35′	2.03	5.50	8.96	12.41	15.85	19.27	22.66	26.03	29.37	32.67
36′	2.08	5.55	9.02	12.47	15.91	19.33	22.72	26.09	29.42	32.72
37′	2.14	5.61	9.08	12.53	15.97	19.38	22.78	26.14	29.48	32.78
38′	2.20	5.67	9.13	12.59	16.02	19.44	22.83	26.20	29.53	32.83
39′	2.26	5.73	9.19	12.64	16.08	19.50	22.89	26.26	29.59	32.89
40′	2.32	5.79	9.25	12.70	16.14	19.55	22.95	26.31	29.64	32.94
41′	2.37	5.84	9.31	12.76	16.19	19.61	23.00	26.37	29.70	33.00
42′	2.43	5.90	9.36	12.82	16.25	19.67	23.06	26.42	29.75	33.05
43′	2.49	5.96	9.42	12.87	16.31	19.72	23.12	26.48	29.81	33.10
44′	2.55	6.02	9.48	12.93	16.37	19.78	23.17	26.53	29.86	33.16
45′	2.60	6.07	9.54	12.99	16.42	19.84	23.23	26.59	29.92	33.21
46′	2.66	6.13	9.59	13.04	16.48	19.89	23.28	26.65	29.98	33.27
47′	2.72	6.19	9.65	13.10	16.54	19.95	23.34	26.70	30.03	33.32
48′	2.78	6.25	9.71	13.16	16.59	20.01	23.40	26.76	30.09	33.38
49′	2.84	6.31	9.77	13.22	16.65	20.06	23.45	26.81	30.14	33.43
50′	2.89	6.36	9.82	13.27	16.71	20.12	23.51	26.87	30.20	33.49
51′	2.95	6.42	9.88	13.33	16.76	20.18	23.57	26.92	30.25	33.54
52′	3.01	6.48	9.94	13.39	16.82	20.23	23.62	26.98	30.31	33.60
53′	3.07	6.54	10.00	13.45	16.88	20.29	23.68	27.04	30.36	33.65
54′	3.13	6.59	10.06	13.50	16.94	20.35	23.73	27.09	30.42	33.70
55′	3.18	6.65	10.11	13.56	16.99	20.40	23.79	27.15	30.47	33.76
56′	3.24	6.71	10.17	13.62	17.05	20.46	23.85	27.20	30.53	33.81
57′	3.30	6.77	10.23	13.68	17.11	20.52	23.90	27.26	30.58	33.87
58′	3.36	6.83	10.29	13.73	17.16	20.57	23.96	27.31	30.64	33.92
59′	3.41	6.88	10.34	13.79	17.22	20.63	24.02	27.37	30.69	33.98

199 $\cos^2\alpha$

α	$199\cos^2\alpha$
0°	199.0
0° 30	199.0
1°	198.9
1° 30′	198.9
2°	198.8
2° 30′	198.6
3°	198.5
3° 30′	198.3
4°	198.0
4° 30′	197.8
5°	197.5
5° 20′	197.3
5° 40′	197.1
6°	196.8
6° 20′	196.6
6° 40′	196.3
7°	196.0
7° 20′	195.8
7° 40′	195.5
8°	195.1
8° 20′	194.8
8° 40′	194.5
9°	194.1
9° 20′	193.8
9° 40′	193.4
10°	193.0

α	0°	1°	2°	3°	4°	5°	6°	7°	8°	9°
0′	0.00	3.49	6.98	10.45	13.92	17.36	20.79	24.19	27.56	30.90
1′	0.06	3.55	7.03	10.51	13.97	17.42	20.85	24.25	27.62	30.96
2′	0.12	3.61	7.09	10.57	14.03	17.48	20.90	24.31	27.68	31.01
3′	0.17	3.66	7.15	10.63	14.09	17.54	20.96	24.36	27.73	31.07
4′	0.23	3.72	7.21	10.68	14.15	17.59	21.02	24.42	27.79	31.12
5′	0.29	3.78	7.27	10.74	14.21	17.65	21.08	24.47	27.84	31.18
6′	0.35	3.84	7.32	10.80	14.26	17.71	21.13	24.53	27.90	31.23
7′	0.41	3.90	7.38	10.86	14.32	17.77	21.19	24.59	27.95	31.29
8′	0.47	3.96	7.44	10.92	14.38	17.82	21.25	24.64	28.01	31.34
9′	0.52	4.01	7.50	10.97	14.44	17.88	21.30	24.70	28.07	31.40
10′	0.58	4.07	7.56	11.03	14.49	17.94	21.36	24.76	28.12	31.45
11′	0.64	4.13	7.61	11.09	14.55	17.99	21.42	24.81	28.18	31.51
12′	0.70	4.19	7.67	11.15	14.61	18.05	21.47	24.87	28.23	31.56
13′	0.76	4.25	7.73	11.20	14.67	18.11	21.53	24.93	28.29	31.62
14′	0.81	4.30	7.79	11.26	14.72	18.17	21.59	24.98	28.35	31.68
15′	0.87	4.36	7.85	11.32	14.78	18.22	21.64	25.04	28.40	31.73
16′	0.93	4.42	7.90	11.38	14.84	18.28	21.70	25.09	28.46	31.79
17′	0.99	4.48	7.96	11.44	14.90	18.34	21.76	25.15	28.51	31.84
18′	1.05	4.54	8.02	11.49	14.95	18.40	21.81	25.21	28.57	31.90
19′	1.11	4.59	8.08	11.55	15.01	18.45	21.87	25.26	28.62	31.95
20′	1.16	4.65	8.14	11.61	15.07	18.51	21.93	25.32	28.68	32.01
21′	1.22	4.71	8.19	11.67	15.13	18.57	21.98	25.38	28.74	32.06
22′	1.28	4.77	8.25	11.72	15.18	18.62	22.04	25.43	28.79	32.12
23′	1.34	4.83	8.31	11.78	15.24	18.68	22.10	25.49	28.85	32.17
24′	1.40	4.88	8.37	11.84	15.30	18.74	22.15	25.54	28.90	32.23
25′	1.45	4.94	8.43	11.90	15.36	18.80	22.21	25.60	28.96	32.28
26′	1.51	5.00	8.48	11.96	15.41	18.85	22.27	25.66	29.01	32.34
27′	1.57	5.06	8.54	12.01	15.47	18.91	22.33	25.71	29.07	32.39
28′	1.63	5.12	8.60	12.07	15.53	18.97	22.38	25.77	29.13	32.45
29′	1.69	5.18	8.66	12.13	15.59	19.02	22.44	25.83	29.18	32.50
30′	1.75	5.23	8.72	12.19	15.64	19.08	22.50	25.88	29.24	32.56
31′	1.80	5.29	8.77	12.24	15.70	19.14	22.55	25.94	29.29	32.61
32′	1.86	5.35	8.83	12.30	15.76	19.20	22.61	25.99	29.35	32.67
33′	1.92	5.41	8.89	12.36	15.82	19.25	22.67	26.05	29.40	32.72
34′	1.98	5.47	8.95	12.42	15.87	19.31	22.72	26.11	29.46	32.78
35′	2.04	5.52	9.01	12.48	15.93	19.37	22.78	26.16	29.52	32.83
36′	2.09	5.58	9.06	12.53	15.99	19.42	22.84	26.22	29.57	32.89
37′	2.15	5.64	9.12	12.59	16.05	19.48	22.89	26.28	29.63	32.94
38′	2.21	5.70	9.18	12.65	16.10	19.54	22.95	26.33	29.68	33.00
39′	2.27	5.76	9.24	12.71	16.16	19.59	23.00	26.39	29.74	33.05
40′	2.33	5.81	9.29	12.76	16.22	19.65	23.06	26.44	29.79	33.11
41′	2.39	5.87	9.35	12.82	16.28	19.71	23.12	26.50	29.85	33.16
42′	2.44	5.93	9.41	12.88	16.33	19.77	23.17	26.56	29.90	33.22
43′	2.50	5.99	9.47	12.94	16.39	19.82	23.23	26.61	29.96	33.27
44′	2.56	6.05	9.53	12.99	16.45	19.88	23.29	26.67	30.02	33.33
45′	2.62	6.10	9.58	13.05	16.50	19.94	23.34	26.72	30.07	33.38
46′	2.68	6.16	9.64	13.11	16.56	19.99	23.40	26.78	30.13	33.44
47′	2.73	6.22	9.70	13.17	16.62	20.05	23.46	26.84	30.18	33.49
48′	2.79	6.28	9.76	13.23	16.68	20.11	23.51	26.89	30.24	33.55
49′	2.85	6.34	9.82	13.28	16.73	20.16	23.57	26.95	30.29	33.60
50′	2.91	6.40	9.87	13.34	16.79	20.22	23.62	27.00	30.35	33.65
51′	2.97	6.45	9.93	13.40	16.85	20.28	23.68	27.06	30.40	33.71
52′	3.02	6.51	9.99	13.46	16.91	20.34	23.74	27.12	30.46	33.76
53′	3.08	6.57	10.05	13.51	16.96	20.39	23.80	27.17	30.51	33.82
54′	3.14	6.63	10.11	13.57	17.02	20.45	23.85	27.23	30.57	33.87
55′	3.20	6.69	10.16	13.63	17.08	20.51	23.91	27.28	30.62	33.93
56′	3.26	6.74	10.22	13.69	17.14	20.56	23.97	27.34	30.68	33.98
57′	3.32	6.80	10.28	13.74	17.19	20.62	24.02	27.40	30.74	34.04
58′	3.37	6.86	10.34	13.80	17.25	20.68	24.08	27.45	30.79	34.09
59′	3.43	6.92	10.39	13.86	17.31	20.73	24.14	27.51	30.85	34.15

200 $\cos^2\alpha$

0°	200.0
0° 30′	200.0
1°	199.9
1° 30′	199.9
2°	199.8
2° 30′	199.6
3°	199.5
3° 30′	199.3
4°	199.0
4° 30′	198.8
5°	198.5
5° 20′	198.3
5° 40′	198.1
6°	197.8
6° 20′	197.6
6° 40′	197.3
7°	197.0
7° 20′	196.7
7° 40′	196.4
8°	196.1
8° 20′	195.8
8° 40′	195.5
9°	195.1
9° 20′	194.7
9° 40′	194.4
10°	194.0

$201\,(\tfrac{1}{2}\sin 2\alpha)$

α	0°	1°	2°	3°	4°	5°	6°	7°	8°	9°
0′	0.00	3.51	7.01	10.51	13.99	17.45	20.90	24.31	27.70	31.06
1′	0.06	3.57	7.07	10.56	14.04	17.51	20.96	24.37	27.76	31.11
2′	0.12	3.62	7.13	10.62	14.10	17.57	21.01	24.43	27.81	31.17
3′	0.18	3.68	7.19	10.68	14.16	17.62	21.07	24.48	27.87	31.22
4′	0.23	3.74	7.24	10.74	14.22	17.68	21.12	24.54	27.93	31.28
5′	0.29	3.80	7.30	10.80	14.28	17.74	21.18	24.60	27.98	31.33
6′	0.35	3.85	7.36	10.85	14.33	17.80	21.24	24.65	28.04	31.39
7′	0.41	3.92	7.42	10.91	14.39	17.85	21.30	24.71	28.09	31.45
8′	0.47	3.97	7.48	10.97	14.45	17.91	21.35	24.77	28.15	31.50
9′	0.53	4.03	7.54	11.03	14.51	17.97	21.41	24.82	28.21	31.56
10′	0.58	4.09	7.59	11.09	14.57	18.03	21.47	24.88	28.26	31.61
11′	0.64	4.15	7.65	11.14	14.62	18.08	21.52	24.94	28.32	31.67
12′	0.70	4.21	7.71	11.20	14.68	18.14	21.58	24.99	28.38	31.72
13′	0.76	4.27	7.77	11.26	14.74	18.20	21.64	25.05	28.43	31.78
14′	0.82	4.33	7.83	11.32	14.80	18.26	21.70	25.11	28.49	31.83
15′	0.88	4.38	7.89	11.38	14.86	18.31	21.75	25.16	28.54	31.89
16′	0.94	4.44	7.94	11.44	14.91	18.37	21.81	25.22	28.60	31.94
17′	0.99	4.50	8.00	11.49	14.97	18.43	21.87	25.28	28.66	32.00
18′	1.05	4.56	8.06	11.55	15.03	18.49	21.92	25.33	28.71	32.06
19′	1.11	4.62	8.12	11.61	15.09	18.54	21.98	25.39	28.77	32.11
20′	1.17	4.68	8.18	11.67	15.14	18.60	22.04	25.45	28.82	32.17
21′	1.23	4.73	8.23	11.73	15.20	18.66	22.09	25.50	28.88	32.22
22′	1.29	4.79	8.29	11.78	15.26	18.72	22.15	25.56	28.94	32.28
23′	1.34	4.85	8.35	11.84	15.32	18.77	22.21	25.62	28.99	32.33
24′	1.40	4.91	8.41	11.90	15.38	18.83	22.27	25.67	29.05	32.39
25′	1.46	4.97	8.47	11.96	15.43	18.89	22.32	25.73	29.10	32.44
26′	1.52	5.03	8.53	12.02	15.49	18.95	22.38	25.79	29.16	32.50
27′	1.58	5.08	8.58	12.07	15.55	19.00	22.44	25.84	29.22	32.55
28′	1.64	5.14	8.64	12.13	15.61	19.06	22.49	25.90	29.27	32.61
29′	1.70	5.20	8.70	12.19	15.66	19.12	22.55	25.95	29.33	32.66
30′	1.75	5.26	8.76	12.25	15.72	19.18	22.61	26.01	29.38	32.72
31′	1.81	5.32	8.82	12.31	15.78	19.23	22.66	26.07	29.44	32.77
32′	1.87	5.38	8.88	12.36	15.84	19.29	22.72	26.12	29.50	32.83
33′	1.93	5.43	8.93	12.42	15.89	19.35	22.78	26.18	29.55	32.89
34′	1.99	5.49	8.99	12.48	15.95	19.41	22.84	26.24	29.61	32.94
35′	2.05	5.55	9.05	12.54	16.01	19.46	22.89	26.29	29.66	33.00
36′	2.10	5.61	9.11	12.60	16.07	19.52	22.95	26.35	29.72	33.05
37′	2.16	5.67	9.17	12.65	16.13	19.58	23.01	26.41	29.77	33.11
38′	2.22	5.73	9.23	12.71	16.18	19.64	23.06	26.46	29.83	33.16
39′	2.28	5.79	9.28	12.77	16.24	19.69	23.12	26.52	29.89	33.22
40′	2.34	5.84	9.34	12.83	16.30	19.75	23.18	26.58	29.94	33.27
41′	2.40	5.90	9.40	12.89	16.36	19.81	23.23	26.63	30.00	33.33
42′	2.46	5.96	9.46	12.94	16.41	19.76	23.29	26.69	30.05	33.38
43′	2.51	6.02	9.52	13.00	16.47	19.92	23.35	26.74	30.11	33.44
44′	2.57	6.08	9.57	13.06	16.53	19.98	23.40	26.80	30.17	33.49
45′	2.63	6.14	9.63	13.12	16.59	20.04	23.46	26.86	30.22	33.55
46′	2.69	6.19	9.69	13.18	16.64	20.09	23.52	26.91	30.28	33.60
47′	2.75	6.25	9.75	13.23	16.70	20.15	23.57	26.97	30.33	33.66
48′	2.81	6.31	9.81	13.29	16.76	20.21	23.63	27.03	30.39	33.71
49′	2.86	6.37	9.87	13.35	16.82	20.27	23.69	27.08	30.44	33.77
50′	2.92	6.43	9.92	13.41	16.88	20.32	23.75	27.14	30.50	33.82
51′	2.98	6.49	9.98	13.47	16.93	20.38	23.80	27.20	30.56	33.88
52′	3.04	6.54	10.04	13.52	16.99	20.44	23.86	27.25	30.61	33.93
53′	3.10	6.60	10.10	13.58	17.05	20.49	23.92	27.31	30.67	33.99
54′	3.16	6.66	10.16	13.64	17.11	20.55	23.97	27.36	30.72	34.04
55′	3.22	6.72	10.21	13.70	17.16	20.61	24.03	27.42	30.78	34.10
56′	3.27	6.78	10.27	13.76	17.22	20.67	24.09	27.48	30.83	34.15
57′	3.33	6.84	10.33	13.81	17.28	20.72	24.14	27.53	30.89	34.21
58′	3.39	6.89	10.39	13.87	17.34	20.78	24.20	27.59	30.94	34.26
59′	3.45	6.95	10.45	13.93	17.39	20.84	24.26	27.65	31.00	34.32

$201\,\cos^2\alpha$

α	value
0°	201.0
0° 30	201.0
1°	200.9
1° 30′	200.9
2°	200.8
2° 30′	200.6
3°	200.4
3° 30′	200.3
4°	200.0
4° 30′	199.8
5°	199.5
5° 20′	199.3
5° 40′	199.0
6°	198.8
6° 20′	198.6
6° 40′	198.3
7°	198.0
7° 20′	197.7
7° 40′	197.4
8°	197.1
8° 20′	196.8
8° 40′	196.4
9°	196.1
9° 20′	195.7
9° 40′	195.3
10°	194.9

α	0°	1°	2°	3°	4°	5°	6°	7°	8°	9°
0'	0.00	3.52	7.05	10.56	14.06	17.54	21.00	24.48	27.84	31.21
1'	0.06	3.58	7.10	10.62	14.11	17.60	21.06	24.49	27.90	31.27
2'	0.12	3.64	7.16	10.67	14.17	17.65	21.11	24.55	27.95	31.32
3'	0.18	3.70	7.22	10.73	14.23	17.71	21.17	24.61	28.01	31.38
4'	0.23	3.76	7.28	10.79	14.29	17.77	21.23	24.66	28.07	31.43
5'	0.29	3.82	7.34	10.85	14.35	17.83	21.29	24.72	28.12	31.49
6'	0.35	3.88	7.40	10.91	14.41	17.89	21.35	24.78	28.18	31.55
7'	0.41	3.94	7.46	10.97	14.47	17.94	21.40	24.83	28.23	31.60
8'	0.47	3.99	7.51	11.02	14.52	18.00	21.46	24.89	28.29	31.66
9'	0.53	4.05	7.57	11.08	14.58	18.06	21.52	24.95	28.35	31.71
10'	0.59	4.11	7.63	11.14	14.64	18.12	21.57	25.00	28.40	31.77
11'	0.65	4.17	7.69	11.20	14.70	18.17	21.63	25.06	28.46	31.82
12'	0.70	4.23	7.75	11.26	14.75	18.23	21.69	25.12	28.52	31.88
13'	0.76	4.29	7.81	11.32	14.81	18.29	21.75	25.17	28.57	31.94
14'	0.82	4.35	7.87	11.38	14.87	18.35	21.80	25.23	28.63	31.99
15'	0.88	4.41	7.92	11.43	14.93	18.41	21.86	25.29	28.69	32.05
16'	0.94	4.46	7.98	11.49	14.99	18.46	21.92	25.35	28.74	32.10
17'	1.00	4.52	8.04	11.55	15.04	18.52	21.98	25.40	28.80	32.16
18'	1.06	4.58	8.10	11.61	15.10	18.58	22.03	25.46	28.85	32.21
19'	1.12	4.64	8.16	11.67	15.16	18.64	22.09	25.52	28.91	32.27
20'	1.17	4.70	8.22	11.73	15.22	18.69	22.15	25.57	28.97	32.33
21'	1.23	4.76	8.28	11.78	15.28	18.75	22.20	25.63	29.02	32.38
22'	1.29	4.82	8.33	11.84	15.34	18.81	22.26	25.69	29.08	32.44
23'	1.35	4.88	8.39	11.90	15.39	18.87	22.32	25.74	29.14	32.49
24'	1.41	4.93	8.45	11.96	15.45	18.93	22.38	25.80	29.19	32.55
25'	1.47	4.99	8.51	12.02	15.51	18.98	22.43	25.86	29.25	32.60
26'	1.53	5.05	8.57	12.08	15.57	19.04	22.49	25.91	29.30	32.66
27'	1.59	5.11	8.63	12.13	15.63	19.10	22.55	25.97	29.36	32.72
28'	1.64	5.17	8.69	12.19	15.68	19.16	22.61	26.03	29.42	32.77
29'	1.70	5.23	8.74	12.25	15.74	19.21	22.66	26.08	29.47	32.83
30'	1.76	5.29	8.80	12.31	15.80	19.27	22.72	26.14	29.53	32.88
31'	1.82	5.34	8.86	12.37	15.86	19.33	22.78	26.20	29.59	32.94
32'	1.88	5.40	8.92	12.43	15.92	19.39	22.83	26.25	29.64	32.99
33'	1.94	5.46	8.98	12.48	15.97	19.44	22.89	26.31	29.70	33.05
34'	2.00	5.52	9.04	12.54	16.03	19.50	22.95	26.37	29.75	33.10
35'	2.06	5.58	9.10	12.60	16.09	19.56	23.01	26.42	29.81	33.16
36'	2.11	5.64	9.15	12.66	16.15	19.62	23.06	26.48	29.87	33.22
37'	2.17	5.70	9.21	12.72	16.21	19.68	23.12	26.54	29.92	33.27
38'	2.23	5.76	9.27	12.78	16.26	19.73	23.18	26.59	29.98	33.33
39'	2.29	5.81	9.33	12.83	16.32	19.79	23.24	26.65	30.03	33.38
40'	2.35	5.87	9.39	12.89	16.38	19.85	23.29	26.71	30.09	33.44
41'	2.41	5.93	9.45	12.95	16.44	19.91	23.35	26.76	30.15	33.49
42'	2.47	5.99	9.50	13.01	16.50	19.96	23.41	26.82	30.20	33.55
43'	2.53	6.05	9.56	13.07	16.55	20.02	23.46	26.88	30.26	33.60
44'	2.58	6.11	9.62	13.12	16.61	20.08	23.52	26.93	30.32	33.66
45'	2.64	6.17	9.68	13.18	16.67	20.14	23.58	26.99	30.37	33.71
46'	2.70	6.22	9.74	13.24	16.73	20.19	23.64	27.05	30.43	33.77
47'	2.76	6.28	9.80	13.30	16.79	20.25	23.69	27.10	30.48	33.83
48'	2.82	6.34	9.86	13.36	16.84	20.31	23.75	27.16	30.54	33.88
49'	2.88	6.40	9.91	13.42	16.90	20.37	23.81	27.22	30.60	33.94
50'	2.94	6.46	9.97	13.47	16.96	20.42	23.86	27.27	30.65	33.99
51'	3.00	6.52	10.03	13.53	17.02	20.48	23.92	27.33	30.71	34.05
52'	3.05	6.58	10.09	13.59	17.08	20.54	23.98	27.39	30.76	34.10
53'	3.11	6.64	10.15	13.65	17.13	20.60	24.03	27.44	30.82	34.16
54'	3.17	6.69	10.21	13.71	17.19	20.65	24.09	27.50	30.88	34.21
55'	3.23	6.75	10.27	13.77	17.25	20.71	24.15	27.56	30.93	34.27
56'	3.29	6.81	10.32	13.82	17.31	20.77	24.21	27.61	30.99	34.32
57'	3.35	6.87	10.38	13.88	17.36	20.83	24.26	27.67	31.04	34.38
58'	3.41	6.93	10.44	13.94	17.42	20.88	24.32	27.73	31.10	34.43
59'	3.47	6.99	10.50	14.00	17.48	20.94	24.38	27.78	31.15	34.49

$202\cos^2\alpha$

α	value
0°	202.0
0° 30'	202.0
1°	201.9
1° 30'	201.9
2°	201.8
2° 30'	201.6
3°	201.4
3° 30'	201.2
4°	201.0
4° 30'	200.8
5°	200.5
5° 20'	200.3
5° 40'	200.0
6°	199.8
6° 20'	199.5
6° 40'	199.3
7°	199.0
7° 20'	198.7
7° 40'	198.4
8°	198.1
8° 20'	197.8
8° 40'	197.4
9°	197.1
9° 20'	196.7
9° 40'	196.3
10°	195.9

196

203 ($^1/_8 \sin 2\alpha$)

α	0°	1°	2°	3°	4°	5°	6°	7°	8°	9°	$203\cos^2\alpha$	
0′	0.00	3.54	7.08	10.61	14.13	17.63	21.10	24.56	27.98	31.37		
1′	0.06	3.60	7.14	10.67	14.18	17.68	21.16	24.61	28.03	31.42		
2′	0.12	3.66	7.20	10.73	14.24	17.74	21.22	24.67	28.09	31.48		
3′	0.18	3.72	7.26	10.79	14.30	17.80	21.28	24.73	28.15	31.53		
4′	0.24	3.78	7.32	10.84	14.36	17.86	21.33	24.78	28.20	31.59	0°	203.0
5′	0.30	3.84	7.37	10.90	14.42	17.92	21.39	24.84	28.26	31.65	0° 30	203.0
6′	0.35	3.90	7.43	10.96	14.48	17.97	21.45	24.90	28.32	31.70		
7′	0.41	3.96	7.49	11.02	14.54	18.03	21.51	24.96	28.37	31.76	1°	202.9
8′	0.47	4.01	7.55	11.08	14.59	18.09	21.56	25.01	28.43	31.81	1° 30′	202.9
9′	0.53	4.07	7.61	11.14	14.65	18.15	21.62	25.07	28.49	31.87		
10′	0.59	4.13	7.67	11.20	14.71	18.21	21.68	25.13	28.54	31.93	2°	202.8
11′	0.65	4.19	7.73	11.26	14.77	18.26	21.74	25.18	28.60	31.98	2° 30′	202.6
12′	0.71	4.25	7.79	11.31	14.83	18.32	21.80	25.24	28.66	32.04		
13′	0.77	4.31	7.85	11.37	14.89	18.38	21.85	25.30	28.71	32.09		
14′	0.83	4.37	7.90	11.43	14.94	18.44	21.91	25.36	28.77	32.15	3°	202.4
15′	0.89	4.43	7.96	11.49	15.00	18.50	21.97	25.41	28.83	32.21	3° 30′	202.2
16′	0.94	4.49	8.02	11.55	15.06	18.55	22.03	25.47	28.88	32.26		
17′	1.00	4.55	8.08	11.61	15.12	18.61	22.08	25.53	28.94	32.32		
18′	1.06	4.60	8.14	11.67	15.18	18.67	22.14	25.59	29.00	32.37	4°	202.0
19′	1.12	4.66	8.20	11.72	15.24	18.73	22.20	25.64	29.05	32.43	4° 30′	201.8
20′	1.18	4.72	8.26	11.78	15.29	18.79	22.26	25.70	29.11	32.49	5°	201.5
21′	1.24	4.78	8.32	11.84	15.35	18.85	22.31	25.76	29.17	32.54	5° 20′	201.2
22′	1.30	4.84	8.38	11.90	15.41	18.90	22.43	25.81	29.22	32.60	5° 40′	201.0
23′	1.36	4.90	8.43	11.96	15.47	18.96	22.43	25.87	29.28	32.65		
24′	1.42	4.96	8.49	12.02	15.53	19.02	22.49	25.93	29.34	32.71	6°	200.8
25′	1.48	5.02	8.55	12.08	15.59	19.08	22.54	25.98	29.39	32.77	6° 20′	200.5
26′	1.53	5.08	8.61	12.14	15.64	19.14	22.60	26.04	29.45	32.82	6° 40′	200.3
27′	1.59	5.14	8.67	12.19	15.70	19.19	22.66	26.10	29.51	32.88		
28′	1.65	5.19	8.73	12.25	15.76	19.25	22.72	26.16	29.56	32.93	7°	200.0
29′	1.71	5.25	8.79	12.31	15.82	19.31	22.77	26.21	29.62	32.99	7° 20′	199.7
30′	1.77	5.31	8.85	12.37	15.88	19.37	22.83	26.27	29.68	33.05	7° 40′	199.4
31′	1.83	5.37	8.91	12.43	15.94	19.43	22.89	26.33	29.73	33.10		
32′	1.89	5.43	8.96	12.49	15.99	19.48	22.95	26.38	29.79	33.16	8°	199.1
33′	1.95	5.49	9.02	12.55	16.05	19.54	23.01	26.44	29.85	33.21	8° 20′	198.7
34′	2.01	5.55	9.08	12.60	16.11	19.60	23.06	26.50	29.90	33.27	8° 40′	198.4
35′	2.07	5.61	9.14	12.66	16.17	19.66	23.12	26.56	29.96	33.32		
36′	2.13	5.67	9.20	12.72	16.23	19.71	23.18	26.61	30.01	33.38	9°	198.0
37′	2.18	5.72	9.26	12.78	16.29	19.77	23.24	26.67	30.07	33.44	9° 20′	197.7
38′	2.24	5.78	9.32	12.84	16.34	19.83	23.29	26.73	30.13	33.49	9° 40′	197.3
39′	2.30	5.84	9.38	12.90	16.40	19.89	23.35	26.78	30.18	33.55		
40′	2.36	5.90	9.43	12.96	16.46	19.95	23.41	26.84	30.24	33.60	10°	196.9
41′	2.42	5.96	9.49	13.01	16.52	20.00	23.46	26.90	30.30	33.66		
42′	2.48	6.02	9.55	13.07	16.58	20.06	23.52	26.95	30.35	33.71		
43′	2.54	6.08	9.61	13.13	16.64	20.12	23.58	27.01	30.41	33.77		
44′	2.60	6.14	9.67	13.19	16.69	20.18	23.64	27.07	30.47	33.83		
45′	2.66	6.20	9.73	13.25	16.75	20.24	23.70	27.12	30.52	33.88		
46′	2.72	6.26	9.79	13.31	16.81	20.29	23.75	27.18	30.58	33.94		
47′	2.77	6.32	9.85	13.37	16.87	20.35	23.81	27.24	30.63	33.99		
48′	2.83	6.37	9.90	13.42	16.93	20.41	23.87	27.30	30.69	34.05		
49′	2.89	6.43	9.96	13.48	16.99	20.47	23.92	27.35	30.75	34.10		
50′	2.95	6.49	10.02	13.54	17.04	20.53	23.98	27.41	30.80	34.16		
51′	3.01	6.55	10.08	13.60	17.10	20.58	24.04	27.47	30.86	34.22		
52′	3.07	6.61	10.14	13.66	17.16	20.64	24.10	27.52	30.92	34.27		
53′	3.13	6.67	10.20	13.72	17.22	20.70	24.15	27.58	30.97	34.33		
54′	3.19	6.73	10.26	13.78	17.28	20.76	24.21	27.64	31.03	34.38		
55′	3.25	6.79	10.32	13.83	17.33	20.81	24.27	27.69	31.08	34.44		
56′	3.31	6.84	10.37	13.89	17.39	20.87	24.33	27.75	31.14	34.49		
57′	3.37	6.90	10.43	13.95	17.45	20.93	24.38	27.81	31.20	34.55		
58′	3.42	6.96	10.49	14.01	17.51	20.99	24.44	27.86	31.25	34.60		
59′	3.48	7.02	10.55	14.07	17.57	21.05	24.50	27.92	31.31	34.66		

α	0°	1°	2°	3°	4°	5°	6°	7°	8°	9°
0'	0.00	8.56	7.12	10.66	14.20	17.71	21.21	24.68	28.12	31.52
1'	0.06	8.62	7.17	10.72	14.25	17.77	21.26	24.73	28.17	31.58
2'	0.12	8.68	7.23	10.78	14.31	17.83	21.32	24.79	28.23	31.63
3'	0.18	8.74	7.29	10.84	14.37	17.89	21.38	24.85	28.29	31.69
4'	0.24	8.80	7.35	10.90	14.43	17.95	21.44	24.91	28.34	31.75
5'	0.30	8.86	7.41	10.96	14.49	18.00	21.50	24.96	28.40	31.80
6'	0.36	8.92	7.47	11.02	14.55	18.06	21.56	25.02	28.46	31.86
7'	0.42	3.97	7.53	11.07	14.61	18.12	21.61	25.08	28.51	31.91
8'	0.47	4.03	7.59	11.13	14.67	18.18	21.67	25.14	28.57	31.97
9'	0.53	4.09	7.65	11.19	14.72	18.24	21.73	25.19	28.63	32.03
10'	0.59	4.15	7.71	11.25	14.78	18.30	21.79	25.25	28.69	32.08
11'	0.65	4.21	7.77	11.31	14.84	18.35	21.85	25.31	28.74	32.14
12'	0.71	4.27	7.83	11.37	14.90	18.41	21.90	25.37	28.80	32.20
13'	0.77	4.33	7.88	11.43	14.96	18.47	21.96	25.43	28.86	32.25
14'	0.83	4.39	7.94	11.49	15.02	18.53	22.02	25.48	28.91	32.31
15'	0.89	4.45	8.00	11.55	15.08	18.59	22.08	25.54	28.97	32.37
16'	0.95	4.51	8.06	11.61	15.14	18.65	22.13	25.60	29.03	32.42
17'	1.01	4.57	8.12	11.66	15.19	18.70	22.19	25.65	29.08	32.48
18'	1.07	4.63	8.18	11.72	15.25	18.76	22.25	25.71	29.14	32.53
19'	1.13	4.69	8.24	11.78	15.31	18.82	22.31	25.77	29.20	32.59
20'	1.19	4.75	8.30	11.84	15.37	18.88	22.39	25.83	29.25	32.65
21'	1.25	4.80	8.36	11.90	15.43	18.94	22.42	25.88	29.31	32.70
22'	1.31	4.86	8.42	11.96	15.49	19.00	22.48	25.94	29.37	32.76
23'	1.36	4.92	8.48	12.02	15.55	19.05	22.54	26.00	29.42	32.81
24'	1.42	4.98	8.54	12.08	15.60	19.11	22.60	26.06	29.48	32.87
25'	1.48	5.04	8.59	12.14	15.66	19.17	22.66	26.11	29.54	32.93
26'	1.54	5.10	8.65	12.20	15.72	19.23	22.71	26.17	29.59	32.98
27'	1.60	5.16	8.71	12.25	15.78	19.29	22.77	26.23	29.65	33.04
28'	1.66	5.22	8.77	12.31	15.84	19.35	22.83	26.28	29.71	33.10
29'	1.72	5.28	8.83	12.37	15.90	19.40	22.89	26.34	29.77	33.15
30'	1.78	5.34	8.89	12.43	15.96	19.46	22.95	26.40	29.82	33.21
31'	1.84	5.40	8.95	12.49	16.01	19.52	23.00	26.46	29.88	33.26
32'	1.90	5.46	9.01	12.55	16.07	19.58	23.06	26.51	29.94	33.32
33'	1.96	5.52	9.07	12.61	16.13	19.64	23.12	26.57	29.99	33.38
34'	2.02	5.58	9.13	12.67	16.19	19.70	23.18	26.63	30.05	33.43
35'	2.08	5.63	9.19	12.73	16.25	19.75	23.23	26.69	30.11	33.49
36'	2.14	5.69	9.24	12.78	16.31	19.81	23.29	26.74	30.16	33.54
37'	2.20	5.75	9.30	12.84	16.37	19.87	23.35	26.80	30.22	33.60
38'	2.25	5.81	9.36	12.90	16.43	19.93	23.41	26.86	30.28	33.65
39'	2.31	5.87	9.42	12.96	16.48	19.99	23.47	26.91	30.33	33.71
40'	2.37	5.93	9.48	13.02	16.54	20.04	23.52	26.97	30.39	33.77
41'	2.43	5.99	9.54	13.08	16.60	20.10	23.58	27.03	30.45	33.82
42'	2.49	6.05	9.60	13.14	16.66	20.16	23.64	27.09	30.50	33.88
43'	2.55	6.11	9.66	13.20	16.72	20.22	23.70	27.14	30.56	33.94
44'	2.61	6.17	9.72	13.25	16.78	20.28	23.75	27.20	30.62	33.99
45'	2.67	6.23	9.78	13.31	16.83	20.34	23.81	27.26	30.67	34.05
46'	2.73	6.29	9.84	13.37	16.89	20.39	23.87	27.32	30.73	34.10
47'	2.79	6.35	9.89	13.43	16.95	20.45	23.93	27.37	30.79	34.16
48'	2.85	6.40	9.95	13.49	17.01	20.51	23.98	27.43	30.84	34.22
49'	2.91	6.46	10.01	13.55	17.07	20.57	24.04	27.49	30.90	34.27
50'	2.97	6.52	10.07	13.61	17.13	20.63	24.10	27.54	30.95	34.30
51'	3.03	6.58	10.13	13.67	17.19	20.68	24.16	27.60	31.01	34.38
52'	3.09	6.64	10.19	13.73	17.24	20.74	24.22	27.66	31.07	34.44
53'	3.14	6.70	10.25	13.78	17.30	20.80	24.27	27.72	31.12	34.50
54'	3.20	6.76	10.31	13.84	17.36	20.86	24.33	27.77	31.18	34.55
55'	3.26	6.82	10.37	13.90	17.42	20.92	24.39	27.83	31.24	34.61
56'	3.32	6.88	10.43	13.96	17.48	20.97	24.45	27.89	31.29	34.66
57'	3.38	6.94	10.48	14.02	17.54	21.03	24.50	27.94	31.35	34.72
58'	3.44	7.00	10.54	14.08	17.60	21.09	24.56	28.00	31.41	34.77
59'	3.50	7.06	10.60	14.14	17.65	21.15	24.62	28.06	31.46	34.88

$204 \cos^2\alpha$

0°	204.0
0° 30'	204.0
1°	203.9
1° 30'	203.9
2°	203.8
2° 30'	203.6
3°	203.4
3° 30'	203.2
4°	203.0
4° 30'	202.7
5°	202.5
5° 20'	202.2
5° 40'	202.0
6°	201.8
6° 20'	201.5
6° 40'	201.3
7°	201.0
7° 20'	200.7
7° 40'	200.4
8°	200.0
8° 20'	199.7
8° 40'	199.4
9°	199.0
9° 20'	198.6
9° 40'	198.2
10°	197.8

205 $(\tfrac{1}{2}\sin 2\alpha)$

α	0°	1°	2°	3°	4°	5°	6°	7°	8°	9°
0′	0.00	3.58	7.15	10.71	14.27	17.80	21.31	24.80	28.25	31.67
1′	0.06	3.64	7.21	10.77	14.32	17.86	21.37	24.86	28.31	31.73
2′	0.12	3.70	7.27	10.83	14.38	17.92	21.43	24.91	28.37	31.79
3′	0.18	3.76	7.33	10.89	14.44	17.98	21.49	24.97	28.42	31.84
4′	0.24	3.82	7.39	10.95	14.50	18.03	21.54	25.03	28.48	31.90
5′	0.30	3.88	7.45	11.01	14.56	18.09	21.60	25.09	28.54	31.96
6′	0.36	3.93	7.51	11.07	14.62	18.15	21.66	25.14	28.60	32.01
7′	0.42	3.99	7.57	11.13	14.68	18.21	21.72	25.20	28.65	32.07
8′	0.48	4.05	7.63	11.19	14.74	18.27	21.78	25.26	28.71	32.13
9′	0.54	4.11	7.69	11.25	14.80	18.33	21.84	25.32	28.77	32.18
10′	0.60	4.17	7.74	11.31	14.86	18.39	21.89	25.38	28.83	32.24
11′	0.66	4.23	7.80	11.37	14.91	18.44	21.95	25.43	28.88	32.30
12′	0.72	4.29	7.86	11.43	14.97	18.50	22.01	25.49	28.94	32.35
13′	0.78	4.35	7.92	11.48	15.03	18.56	22.07	25.55	29.00	32.41
14′	0.83	4.41	7.98	11.54	15.09	18.62	22.13	25.61	29.05	32.47
15′	0.89	4.47	8.04	11.60	15.15	18.68	22.19	25.66	29.11	32.52
16′	0.95	4.53	8.10	11.66	15.21	18.74	22.24	25.72	29.17	32.58
17′	1.01	4.59	8.16	11.72	15.27	18.80	22.30	25.78	29.23	32.64
18′	1.07	4.65	8.22	11.78	15.33	18.86	22.36	25.84	29.28	32.69
19′	1.13	4.71	8.28	11.84	15.39	18.91	22.42	25.89	29.34	32.75
20′	1.19	4.77	8.34	11.90	15.45	18.97	22.48	25.95	29.40	32.81
21′	1.25	4.83	8.40	11.96	15.50	19.03	22.53	26.01	29.45	32.86
22′	1.31	4.89	8.46	12.02	15.56	19.09	22.59	26.07	29.51	32.92
23′	1.37	4.95	8.52	12.08	15.62	19.15	22.65	26.13	29.57	32.98
24′	1.43	5.01	8.58	12.14	15.68	19.21	22.71	26.18	29.63	33.03
25′	1.49	5.07	8.64	12.20	15.74	19.27	22.77	26.24	29.68	33.09
26′	1.55	5.13	8.70	12.25	15.80	19.32	22.82	26.30	29.74	33.15
27′	1.61	5.19	8.76	12.31	15.86	19.38	22.88	26.36	29.80	33.20
28′	1.67	5.25	8.81	12.37	15.92	19.44	22.94	26.41	29.85	33.26
29′	1.73	5.30	8.87	12.43	15.98	19.50	23.00	26.47	29.91	33.31
30′	1.79	5.36	8.93	12.49	16.03	19.56	23.06	26.53	29.97	33.37
31′	1.85	5.42	8.99	12.55	16.09	19.62	23.12	26.59	30.03	33.43
32′	1.91	5.48	9.05	12.61	16.15	19.67	23.18	26.64	30.08	33.48
33′	1.97	5.54	9.11	12.67	16.21	19.73	23.23	26.70	30.14	33.54
34′	2.03	5.60	9.17	12.73	16.27	19.79	23.29	26.76	30.20	33.60
35′	2.09	5.66	9.23	12.79	16.33	19.85	23.35	26.82	30.25	33.65
36′	2.15	5.72	9.29	12.85	16.39	19.91	23.41	26.87	30.31	33.71
37′	2.21	5.78	9.35	12.91	16.45	19.97	23.46	26.93	30.37	33.77
38′	2.27	5.84	9.41	12.96	16.51	20.03	23.52	26.99	30.42	33.82
39′	2.33	5.90	9.47	13.02	16.56	20.08	23.58	27.05	30.48	33.88
40′	2.38	5.96	9.53	13.08	16.62	20.14	23.64	27.10	30.54	33.93
41′	2.44	6.02	9.59	13.14	16.68	20.20	23.70	27.16	30.59	33.99
42′	2.50	6.08	9.65	13.20	16.74	20.26	23.75	27.22	30.65	34.05
43′	2.56	6.14	9.71	13.26	16.80	20.32	23.81	27.28	30.71	34.10
44′	2.62	6.20	9.76	13.32	16.86	20.38	23.87	27.33	30.77	34.16
45′	2.68	6.26	9.82	13.38	16.92	20.44	23.93	27.39	30.82	34.22
46′	2.74	6.32	9.88	13.44	16.98	20.49	23.99	27.45	30.88	34.27
47′	2.80	6.38	9.94	13.50	17.04	20.55	24.04	27.51	30.94	34.33
48′	2.86	6.44	10.00	13.56	17.09	20.61	24.10	27.56	30.99	34.38
49′	2.92	6.50	10.06	13.62	17.15	20.67	24.16	27.62	31.05	34.44
50′	2.98	6.56	10.12	13.67	17.21	20.73	24.22	27.68	31.11	34.50
51′	3.04	6.61	10.18	13.73	17.27	20.79	24.28	27.74	31.16	34.55
52′	3.10	6.67	10.24	13.79	17.33	20.84	24.33	27.79	31.22	34.61
53′	3.16	6.73	10.30	13.85	17.39	20.90	24.39	27.85	31.28	34.66
54′	3.22	6.79	10.36	13.91	17.45	20.96	24.45	27.91	31.33	34.72
55′	3.28	6.85	10.43	13.97	17.51	21.02	24.51	27.97	31.39	34.78
56′	3.34	6.91	10.48	14.03	17.56	21.08	24.57	28.02	31.45	34.83
57′	3.40	6.97	10.54	14.09	17.62	21.14	24.62	28.08	31.50	34.89
58′	3.46	7.03	10.60	14.15	17.68	21.19	24.68	28.14	31.56	34.94
59′	3.52	7.09	10.65	14.21	17.74	21.25	24.74	28.20	31.62	35.00

205 $\cos^2\alpha$

0°	205.0
0° 30′	205.0
1°	204.9
1° 30′	204.9
2°	204.8
2° 30′	204.6
3°	204.4
3° 30′	204.2
4°	204.0
4° 30′	203.7
5°	203.4
5° 20′	203.2
5° 40′	203.0
6°	202.8
6° 20′	202.5
6° 40′	202.2
7°	201.9
7° 20′	201.7
7° 40′	201.4
8°	201.0
8° 20′	200.7
8° 40′	200.3
9°	200.0
9° 20′	199.6
9° 40′	199.2
10°	198.8

α	0°	1°	2°	3°	4°	5°	6°	7°	8°	9°
0	0.00	3.59	7.18	10.77	14.33	17.99	21.41	24.92	28.39	31.83
1'	0.06	3.65	7.24	10.83	14.39	17.94	21.47	24.98	28.45	31.89
2'	0.12	3.71	7.30	10.89	14.45	18.00	21.53	25.03	28.51	31.94
3'	0.18	3.77	7.36	10.95	14.51	18.06	21.59	25.09	28.56	32.00
4'	0.24	3.83	7.42	11.00	14.57	18.12	21.65	25.15	28.62	32.06
5'	0.30	3.89	7.48	11.06	14.63	18.18	21.71	25.21	28.68	32.11
6'	0.36	3.95	7.54	11.12	14.69	18.24	21.77	25.27	28.74	32.17
7'	0.42	4.01	7.60	11.18	14.75	18.30	21.83	25.32	28.79	32.23
8'	0.48	4.07	7.66	11.24	14.81	18.36	21.88	25.38	28.85	32.28
9'	0.54	4.13	7.72	11.30	14.87	18.42	21.94	25.44	28.91	32.34
10'	0.60	4.19	7.78	11.36	14.93	18.48	22.00	25.50	28.97	32.40
11'	0.66	4.25	7.84	11.42	14.99	18.53	22.06	25.56	29.02	32.45
12'	0.72	4.31	7.90	11.48	15.05	18.59	22.12	25.62	29.08	32.51
13'	0.78	4.37	7.96	11.54	15.11	18.65	22.18	25.67	29.14	32.57
14'	0.84	4.43	8.02	11.60	15.17	18.71	22.23	25.73	29.20	32.63
15'	0.90	4.49	8.08	11.66	15.22	18.77	22.29	25.79	29.25	32.68
16'	0.96	4.55	8.14	11.72	15.28	18.83	22.35	25.85	29.31	32.74
17'	1.02	4.61	8.20	11.78	15.34	18.89	22.41	25.91	29.37	32.80
18'	1.08	4.67	8.26	11.84	15.40	18.95	22.46	25.96	29.43	32.85
19'	1.14	4.73	8.32	11.90	15.46	19.01	22.53	26.02	29.48	32.91
20'	1.20	4.79	8.38	11.96	15.52	19.06	22.59	26.08	29.54	32.97
21'	1.26	4.85	8.44	12.02	15.58	19.12	22.64	26.14	29.60	33.02
22'	1.32	4.91	8.50	12.08	15.64	19.18	22.70	26.19	29.66	33.08
23'	1.38	4.97	8.56	12.14	15.70	19.24	22.76	26.25	29.71	33.14
24'	1.44	5.03	8.62	12.20	15.76	19.30	22.82	26.31	29.77	33.19
25'	1.50	5.09	8.68	12.26	15.82	19.36	22.88	26.37	29.83	33.25
26'	1.56	5.15	8.74	12.31	15.88	19.42	22.94	26.43	29.89	33.31
27'	1.62	5.21	8.80	12.37	15.94	19.48	22.99	26.48	29.94	33.36
28'	1.68	5.27	8.86	12.43	15.99	19.54	23.05	26.54	30.00	33.42
29'	1.74	5.33	8.92	12.49	16.05	19.59	23.11	26.60	30.06	33.48
30'	1.80	5.39	8.98	12.55	16.11	19.65	23.17	26.66	30.11	33.53
31'	1.86	5.45	9.04	12.61	16.17	19.71	23.23	26.72	30.17	33.59
32'	1.92	5.51	9.10	12.67	16.23	19.77	23.29	26.77	30.23	33.65
33'	1.98	5.57	9.16	12.73	16.29	19.83	23.35	26.83	30.29	33.70
34'	2.04	5.63	9.22	12.79	16.35	19.89	23.40	26.89	30.34	33.76
35'	2.10	5.69	9.28	12.85	16.41	19.95	23.46	26.95	30.40	33.82
36'	2.16	5.75	9.34	12.91	16.47	20.01	23.52	27.01	30.46	33.87
37'	2.22	5.81	9.39	12.97	16.53	20.06	23.58	27.06	30.51	33.93
38'	2.28	5.87	9.45	13.03	16.59	20.12	23.64	27.12	30.57	33.99
39'	2.34	5.93	9.51	13.09	16.65	20.18	23.70	27.18	30.63	34.04
40'	2.40	5.99	9.57	13.15	16.70	20.24	23.75	27.24	30.69	34.10
41'	2.46	6.05	9.63	13.21	16.76	20.30	23.81	27.29	30.74	34.16
42'	2.52	6.11	9.69	13.27	16.82	20.36	23.87	27.35	30.80	34.21
43'	2.58	6.17	9.75	13.33	16.88	20.42	23.93	27.41	30.86	34.27
44'	2.64	6.23	9.81	13.38	16.94	20.48	23.99	27.47	30.92	34.33
45'	2.70	6.29	9.87	13.44	17.00	20.53	24.05	27.53	30.97	34.38
46'	2.76	6.35	9.93	13.50	17.06	20.59	24.10	27.58	31.03	34.44
47'	2.82	6.41	9.99	13.56	17.12	20.65	24.16	27.64	31.09	34.50
48'	2.88	6.47	10.05	13.62	17.18	20.71	24.22	27.70	31.14	34.55
49'	2.94	6.53	10.11	13.68	17.24	20.77	24.28	27.76	31.20	34.61
50'	3.00	6.59	10.17	13.74	17.30	20.83	24.34	27.81	31.26	34.66
51'	3.06	6.65	10.23	13.80	17.35	20.89	24.39	27.87	31.32	34.72
52'	3.12	6.71	10.29	13.86	17.41	20.95	24.45	27.93	31.37	34.78
53'	3.18	6.77	10.35	13.92	17.47	21.00	24.51	27.99	31.43	34.83
54'	3.24	6.83	10.41	13.98	17.53	21.06	24.57	28.04	31.49	34.89
55'	3.30	6.89	10.47	14.04	17.59	21.12	24.63	28.10	31.54	34.95
56'	3.36	6.95	10.53	14.10	17.65	21.18	24.69	28.16	31.60	35.00
57'	3.41	7.01	10.59	14.16	17.71	21.24	24.74	28.22	31.66	35.06
58'	3.47	7.07	10.65	14.22	17.77	21.30	24.80	28.28	31.71	35.12
59'	3.53	7.13	10.71	14.28	17.83	21.36	24.86	28.33	31.77	35.17

206 $cos^2\alpha$

α	206 cos²α
0°	206.0
0° 30	206.0
1°	205.9
1° 30'	205.9
2°	205.7
2° 30'	205.6
3°	205.4
3° 30'	205.2
4°	205.0
4° 30'	204.7
5°	204.4
5° 20'	204.2
5° 40'	204.0
6°	203.7
6° 20'	203.5
6° 40'	203.2
7°	202.9
7° 20'	202.6
7° 40'	202.3
8°	202.0
8° 20'	201.7
8° 40'	201.3
9°	201.0
9° 20'	200.6
9° 40'	200.2
10°	199.8

207 ($\frac{1}{2}\sin 2\alpha$)

α	0°	1°	2°	3°	4°	5°	6°	7°	8°	9°
0′	0.00	3.61	7.22	10.82	14.40	17.97	21.52	25.04	28.53	31.98
1′	0.06	3.67	7.28	10.88	14.46	18.03	21.58	25.10	28.59	32.04
2′	0.12	3.73	7.34	10.94	14.52	18.09	21.64	25.16	28.64	32.10
3′	0.18	3.79	7.40	11.00	14.58	18.15	21.70	25.21	28.70	32.15
4′	0.24	3.85	7.46	11.06	14.64	18.21	21.75	25.27	28.76	32.21
5′	0.30	3.91	7.52	11.12	14.70	18.27	21.81	25.33	28.82	32.27
6′	0.36	3.97	7.58	11.18	14.76	18.33	21.87	25.39	28.88	32.33
7′	0.42	4.03	7.64	11.24	14.83	18.39	21.93	25.45	28.93	32.38
8′	0.48	4.09	7.70	11.30	14.88	18.45	21.99	25.51	28.99	32.44
9′	0.54	4.15	7.76	11.36	14.94	18.51	22.05	25.56	29.05	32.50
10′	0.60	4.21	7.82	11.42	15.00	18.57	22.11	25.62	29.11	32.56
11′	0.66	4.27	7.88	11.48	15.06	18.62	22.17	25.68	29.16	32.61
12′	0.72	4.33	7.94	11.54	15.12	18.68	22.23	25.74	29.22	32.67
13′	0.78	4.39	8.00	11.60	15.18	18.74	22.28	25.80	29.28	32.73
14′	0.84	4.45	8.06	11.66	15.24	18.80	22.34	25.86	29.34	32.78
15′	0.90	4.51	8.12	11.72	15.30	18.86	22.40	25.91	29.40	32.84
16′	0.96	4.57	8.18	11.78	15.36	18.92	22.46	25.97	29.45	32.90
17′	1.02	4.63	8.24	11.84	15.42	18.98	22.52	26.03	29.51	32.96
18′	1.08	4.70	8.30	11.90	15.48	19.04	22.58	26.09	29.57	33.01
19′	1.14	4.76	8.36	11.96	15.54	19.10	22.64	26.15	29.63	33.07
20′	1.20	4.82	8.42	12.02	15.60	19.16	22.70	26.21	29.68	33.13
21′	1.26	4.88	8.48	12.08	15.66	19.22	22.75	26.26	29.74	33.18
22′	1.32	4.94	8.54	12.14	15.72	19.28	22.81	26.32	29.80	33.24
23′	1.38	5.00	8.60	12.20	15.77	19.33	22.87	26.38	29.86	33.30
24′	1.44	5.06	8.66	12.25	15.83	19.39	22.93	26.44	29.91	33.35
25′	1.51	5.12	8.72	12.31	15.89	19.45	22.99	26.50	29.97	33.41
26′	1.57	5.18	8.78	12.37	15.95	19.51	23.05	26.55	30.03	33.47
27′	1.63	5.24	8.84	12.43	16.01	19.57	23.11	26.61	30.09	33.53
28′	1.69	5.30	8.90	12.49	16.07	19.63	23.17	26.67	30.15	33.58
29′	1.75	5.36	8.96	12.55	16.13	19.69	23.22	26.73	30.20	33.64
30′	1.81	5.42	9.02	12.61	16.19	19.75	23.28	26.79	30.26	33.70
31′	1.87	5.48	9.08	12.67	16.25	19.81	23.34	26.85	30.32	33.75
32′	1.93	5.54	9.14	12.73	16.31	19.87	23.40	26.90	30.38	33.81
33′	1.99	5.60	9.20	12.79	16.37	19.93	23.46	26.96	30.43	33.87
34′	2.05	5.66	9.26	12.85	16.43	19.99	23.52	27.02	30.49	33.92
35′	2.11	5.72	9.32	12.91	16.49	20.04	23.58	27.08	30.55	33.98
36′	2.17	5.78	9.38	12.97	16.55	20.10	23.63	27.14	30.61	34.04
37′	2.23	5.84	9.44	13.03	16.61	20.16	23.69	27.19	30.66	34.09
38′	2.29	5.90	9.50	13.09	16.67	20.22	23.75	27.25	30.72	34.15
39′	2.35	5.96	9.56	13.15	16.73	20.28	23.81	27.31	30.78	34.21
40′	2.41	6.02	9.62	13.21	16.79	20.34	23.87	27.37	30.84	34.27
41′	2.47	6.08	9.68	13.27	16.84	20.40	23.93	27.43	30.89	34.32
42′	2.53	6.14	9.74	13.33	16.90	20.46	23.99	27.49	30.95	34.38
43′	2.59	6.20	9.80	13.39	16.96	20.52	24.04	27.54	31.01	34.44
44′	2.65	6.26	9.86	13.45	17.02	20.58	24.10	27.60	31.07	34.49
45′	2.71	6.32	9.92	13.51	17.08	20.63	24.16	27.66	31.12	34.55
46′	2.77	6.38	9.98	13.57	17.14	20.69	24.22	27.72	31.18	34.61
47′	2.83	6.44	10.04	13.63	17.20	20.75	24.28	27.78	31.24	34.66
48′	2.89	6.50	10.10	13.69	17.26	20.81	24.34	27.83	31.30	34.72
49′	2.95	6.56	10.16	13.75	17.32	20.87	24.40	27.89	31.35	34.78
50′	3.01	6.62	10.22	13.81	17.38	20.93	24.45	27.95	31.41	34.83
51′	3.07	6.68	10.28	13.87	17.44	20.99	24.51	28.01	31.47	34.89
52′	3.13	6.74	10.34	13.93	17.50	21.05	24.57	28.07	31.52	34.95
53′	3.19	6.80	10.40	13.99	17.56	21.11	24.63	28.12	31.58	35.00
54′	3.25	6.86	10.46	14.05	17.62	21.17	24.69	28.18	31.64	35.06
55′	3.31	6.92	10.52	14.11	17.68	21.22	24.75	28.24	31.70	35.12
56′	3.37	6.98	10.58	14.17	17.74	21.28	24.81	28.30	31.75	35.17
57′	3.43	7.04	10.64	14.23	17.79	21.34	24.86	28.35	31.81	35.23
58′	3.49	7.10	10.70	14.29	17.85	21.40	24.92	28.41	31.87	35.29
59′	3.55	7.16	10.76	14.34	17.91	21.46	24.98	28.47	31.93	35.34

207 $\cos^2\alpha$

0°	207.0
0° 30′	207.0
1°	206.9
1° 30′	206.9
2°	206.7
2° 30′	206.6
3°	206.4
3° 30′	206.2
4°	206.0
4° 30′	205.7
5°	205.4
5° 20′	205.2
5° 40′	205.0
6°	204.7
6° 20′	204.5
6° 40′	204.2
7°	203.9
7° 20′	203.6
7° 40′	203.3
8°	203.0
8° 20′	202.7
8° 40′	202.3
9°	201.9
9° 20′	201.6
9° 40′	201.2
10°	200.8

α	0°	1°	2°	3°	4°	5°	6°	7°	8°	9°
0'	0.00	3.63	7.25	10.87	14.47	18.06	21.62	25.16	28.67	32.14
1'	0.06	3.69	7.32	10.93	14.53	18.12	21.68	25.22	28.72	32.20
2'	0.12	3.75	7.38	10.99	14.59	18.18	21.74	25.28	28.78	32.25
3'	0.18	3.81	7.44	11.05	14.65	18.24	21.80	25.34	28.84	32.31
4'	0.24	3.87	7.50	11.11	14.71	18.30	21.86	25.39	28.90	32.37
5'	0.30	3.93	7.56	11.17	14.77	18.36	21.92	25.45	28.96	32.43
6'	0.36	3.99	7.62	11.23	14.84	18.42	21.98	25.51	29.02	32.48
7'	0.42	4.05	7.68	11.29	14.90	18.48	22.04	25.57	29.07	32.54
8'	0.48	4.11	7.74	11.35	14.95	18.54	22.10	25.63	29.13	32.60
9'	0.54	4.17	7.80	11.41	15.01	18.60	22.16	25.69	29.19	32.66
10'	0.60	4.23	7.86	11.47	15.07	18.65	22.21	25.75	29.25	32.71
11'	0.67	4.29	7.92	11.53	15.13	18.71	22.27	25.81	29.31	32.77
12'	0.73	4.36	7.98	11.59	15.19	18.77	22.33	25.86	29.36	32.83
13'	0.79	4.42	8.04	11.65	15.25	18.83	22.39	25.92	29.42	32.88
14'	0.85	4.48	8.10	11.71	15.31	18.89	22.45	25.98	29.48	32.94
15'	0.91	4.54	8.16	11.77	15.37	18.95	22.51	26.04	29.54	33.00
16'	0.97	4.60	8.22	11.83	15.43	19.01	22.57	26.10	29.60	33.06
17'	1.03	4.66	8.28	11.89	15.49	19.07	22.63	26.16	29.65	33.11
18'	1.09	4.72	8.34	11.95	15.55	19.13	22.69	26.22	29.71	33.17
19'	1.15	4.78	8.40	12.01	15.61	19.19	22.75	26.27	29.77	33.23
20'	1.21	4.84	8.46	12.07	15.67	19.25	22.80	26.35	29.83	33.29
21'	1.27	4.90	8.52	12.13	15.73	19.31	22.86	26.39	29.89	33.34
22'	1.33	4.96	8.58	12.19	15.79	19.37	22.92	26.45	29.94	33.40
23'	1.39	5.02	8.64	12.25	15.85	19.43	22.98	26.51	30.00	33.46
24'	1.45	5.08	8.70	12.31	15.91	19.49	23.04	26.57	30.06	33.52
25'	1.51	5.14	8.76	12.37	15.97	19.55	23.10	26.62	30.12	33.57
26'	1.57	5.20	8.82	12.43	16.03	19.61	23.16	26.68	30.18	33.63
27'	1.63	5.26	8.88	12.49	16.09	19.67	23.22	26.74	30.23	33.69
28'	1.69	5.32	8.94	12.55	16.15	19.73	23.28	26.80	30.29	33.74
29'	1.75	5.38	9.00	12.61	16.21	19.78	23.34	26.86	30.35	33.80
30'	1.82	5.44	9.06	12.67	16.27	19.84	23.40	26.92	30.41	33.86
31'	1.88	5.50	9.12	12.73	16.33	19.90	23.45	26.98	30.46	33.92
32'	1.94	5.56	9.18	12.79	16.39	19.96	23.51	27.03	30.52	33.97
33'	2.00	5.62	9.24	12.85	16.45	20.02	23.57	27.09	30.58	34.03
34'	2.06	5.68	9.31	12.91	16.51	20.08	23.63	27.15	30.64	34.09
35'	2.12	5.75	9.37	12.97	16.57	20.14	23.69	27.21	30.70	34.15
36'	2.18	5.81	9.43	13.03	16.63	20.20	23.75	27.27	30.75	34.20
37'	2.24	5.87	9.49	13.09	16.69	20.26	23.81	27.33	30.81	34.26
38'	2.30	5.93	9.55	13.15	16.75	20.32	23.87	27.38	30.87	34.32
39'	2.36	5.99	9.61	13.21	16.81	20.38	23.93	27.44	30.93	34.37
40'	2.42	6.05	9.67	13.27	16.87	20.44	23.98	27.50	30.98	34.43
41'	2.48	6.11	9.73	13.33	16.93	20.50	24.04	27.56	31.04	34.49
42'	2.54	6.17	9.79	13.39	16.99	20.56	24.10	27.62	31.10	34.54
43'	2.60	6.23	9.85	13.45	17.05	20.62	24.16	27.68	31.16	34.60
44'	2.66	6.29	9.91	13.51	17.11	20.67	24.22	27.73	31.22	34.66
45'	2.72	6.35	9.97	13.57	17.16	20.73	24.28	27.79	31.27	34.72
46'	2.78	6.41	10.03	13.63	17.22	20.79	24.34	27.85	31.33	34.77
47'	2.84	6.47	10.09	13.69	17.28	20.85	24.40	27.91	31.39	34.83
48'	2.90	6.53	10.15	13.75	17.34	20.91	24.45	27.97	31.45	34.89
49'	2.96	6.59	10.21	13.81	17.40	20.97	24.51	28.03	31.50	34.94
50'	3.02	6.65	10.27	13.87	17.46	21.03	24.57	28.08	31.56	35.00
51'	3.09	6.71	10.33	13.93	17.52	21.09	24.63	28.14	31.62	35.06
52'	3.15	6.77	10.39	13.99	17.58	21.15	24.69	28.20	31.68	35.11
53'	3.21	6.83	10.45	14.05	17.64	21.21	24.75	28.26	31.73	35.17
54'	3.27	6.89	10.51	14.11	17.70	21.27	24.81	28.32	31.79	35.23
55'	3.33	6.95	10.57	14.17	17.76	21.33	24.87	28.38	31.85	35.29
56'	3.39	7.01	10.63	14.23	17.82	21.39	24.93	28.43	31.91	35.34
57'	3.45	7.07	10.69	14.29	17.88	21.45	24.98	28.49	31.97	35.40
58'	3.51	7.13	10.75	14.35	17.94	21.50	25.04	28.55	32.02	35.46
59'	3.57	7.19	10.81	14.41	18.00	21.56	25.10	28.61	32.08	35.51

208 $\cos^2\alpha$

0°	208.0
0° 30'	208.0
1°	207.9
1° 30'	207.9
2°	207.7
2° 30'	207.6
3°	207.4
3° 30'	207.2
4°	207.0
4° 30'	206.7
5°	206.4
5° 20'	206.2
5° 40'	206.0
6°	205.7
6° 20'	205.5
6° 40'	205.2
7°	204.9
7° 20'	204.6
7° 40'	204.3
8°	204.0
8° 20'	203.6
8° 40'	203.3
9°	202.9
9° 20'	202.5
9° 40'	202.1
10°	201.7

209 ($\frac{1}{2}\sin 2\alpha$)

α	0°	1°	2°	3°	4°	5°	6°	7°	8°	9°
0′	0.00	3.65	7.29	10.92	14.54	18.15	21.73	25.28	28.80	32.29
1′	0.06	3.71	7.35	10.98	14.60	18.21	21.79	25.34	28.86	32.35
2′	0.12	3.77	7.41	11.04	14.66	18.27	21.85	25.40	28.92	32.41
3′	0.18	3.83	7.47	11.10	14.72	18.33	21.91	25.46	28.98	32.47
4′	0.24	3.89	7.53	11.17	14.78	18.39	21.96	25.52	29.04	32.52
5′	0.30	3.95	7.59	11.23	14.84	18.45	22.02	25.58	29.10	32.58
6′	0.36	4.01	7.65	11.29	14.90	18.51	22.08	25.63	29.15	32.64
7′	0.43	4.07	7.71	11.35	14.97	18.57	22.14	25.69	29.21	32.70
8′	0.49	4.13	7.77	11.41	15.03	18.63	22.20	25.75	29.27	32.75
9′	0.55	4.19	7.84	11.47	15.09	18.68	22.26	25.81	29.33	32.81
10′	0.61	4.25	7.90	11.53	15.15	18.74	22.32	25.87	29.39	32.87
11′	0.67	4.32	7.96	11.59	15.21	18.80	22.38	25.93	29.45	32.93
12′	0.73	4.38	8.02	11.65	15.27	18.86	22.44	25.99	29.50	32.99
13′	0.79	4.44	8.08	11.71	15.33	18.92	22.50	26.05	29.56	33.04
14′	0.85	4.50	8.14	11.77	15.39	18.98	22.56	26.11	29.62	33.10
15′	0.91	4.56	8.20	11.83	15.45	19.04	22.62	26.16	29.68	33.16
16′	0.97	4.62	8.26	11.89	15.51	19.10	22.68	26.22	29.74	33.22
17′	1.03	4.68	8.32	11.95	15.57	19.16	22.74	26.28	29.80	33.27
18′	1.09	4.74	8.38	12.01	15.63	19.22	22.80	26.34	29.85	33.33
19′	1.15	4.80	8.44	12.07	15.69	19.28	22.86	26.40	29.91	33.39
20′	1.22	4.86	8.50	12.13	15.75	19.34	22.94	26.46	29.97	33.45
21′	1.28	4.92	8.56	12.19	15.81	19.40	22.97	26.52	30.03	33.50
22′	1.34	4.98	8.62	12.25	15.87	19.46	23.03	26.58	30.09	33.56
23′	1.40	5.04	8.68	12.31	15.93	19.52	23.09	26.64	30.15	33.62
24′	1.46	5.10	8.74	12.37	15.99	19.58	23.15	26.69	30.20	33.68
25′	1.52	5.17	8.80	12.43	16.05	19.64	23.21	26.75	30.26	33.73
26′	1.58	5.23	8.87	12.49	16.11	19.70	23.27	26.81	30.32	33.79
27′	1.64	5.29	8.93	12.55	16.17	19.76	23.33	26.87	30.38	33.85
28′	1.70	5.35	8.99	12.61	16.23	19.82	23.39	26.93	30.44	33.91
29′	1.76	5.41	9.05	12.68	16.29	19.88	23.45	26.99	30.49	33.96
30′	1.82	5.47	9.11	12.74	16.35	19.94	23.51	27.05	30.55	34.02
31′	1.88	5.53	9.17	12.80	16.41	20.00	23.57	27.11	30.61	34.08
32′	1.95	5.59	9.23	12.86	16.47	20.06	23.63	27.16	30.67	34.14
33′	2.01	5.65	9.29	12.92	16.53	20.12	23.69	27.22	30.73	34.19
34′	2.07	5.71	9.35	12.98	16.59	20.18	23.74	27.28	30.79	34.25
35′	2.13	5.77	9.41	13.04	16.65	20.24	23.80	27.34	30.84	34.31
36′	2.19	5.83	9.47	13.10	16.71	20.30	23.86	27.40	30.90	34.37
37′	2.25	5.89	9.53	13.16	16.77	20.36	23.92	27.46	30.96	34.42
38′	2.31	5.95	9.59	13.22	16.83	20.42	23.98	27.52	31.02	34.48
39′	2.37	6.02	9.65	13.28	16.89	20.48	24.04	27.57	31.08	34.54
40′	2.43	6.08	9.71	13.34	16.95	20.54	24.10	27.63	31.13	34.60
41′	2.49	6.14	9.77	13.40	17.01	20.60	24.16	27.69	31.19	34.65
42′	2.55	6.20	9.83	13.46	17.07	20.66	24.22	27.75	31.25	34.71
43′	2.61	6.26	9.89	13.52	17.13	20.71	24.28	27.81	31.31	34.77
44′	2.67	6.32	9.96	13.58	17.19	20.77	24.34	27.87	31.37	34.83
45′	2.74	6.38	10.02	13.64	17.25	20.83	24.40	27.93	31.42	34.88
46′	2.80	6.44	10.08	13.70	17.31	20.89	24.45	27.98	31.48	34.94
47′	2.86	6.50	10.14	13.76	17.37	20.95	24.51	28.04	31.54	35.00
48′	2.92	6.56	10.20	13.82	17.43	21.01	24.57	28.10	31.60	35.05
49′	2.98	6.62	10.26	13.88	17.49	21.07	24.63	28.16	31.66	35.11
50′	3.04	6.68	10.32	13.94	17.55	21.13	24.69	28.22	31.71	35.17
51′	3.10	6.74	10.38	14.00	17.61	21.19	24.75	28.28	31.77	35.23
52′	3.16	6.80	10.44	14.06	17.67	21.25	24.81	28.34	31.83	35.28
53′	3.22	6.86	10.50	14.12	17.73	21.31	24.87	28.39	31.89	35.34
54′	3.28	6.93	10.56	14.19	17.79	21.37	24.93	28.45	31.95	35.40
55′	3.34	6.99	10.62	14.24	17.85	21.43	24.99	28.51	32.00	35.46
56′	3.40	7.05	10.68	14.30	17.91	21.49	25.04	28.57	32.06	35.51
57′	3.46	7.11	10.74	14.36	17.97	21.55	25.10	28.63	32.12	35.57
58′	3.53	7.17	10.80	14.42	18.03	21.61	25.16	28.69	32.18	35.63
59′	3.59	7.23	10.86	14.48	18.09	21.67	25.22	28.75	32.23	35.68

209 $\cos^2\alpha$

α	209 $\cos^2\alpha$
0°	209.0
0° 30	209.0
1°	208.9
1° 30′	208.9
2°	208.7
2° 30′	208.6
3°	208.4
3° 30′	208.2
4°	208.0
4° 30′	207.7
5°	207.4
5° 20′	207.2
5° 40′	207.0
6°	206.7
6° 20′	206.5
6° 40′	206.2
7°	205.9
7° 20′	205.6
7° 40′	205.3
8°	205.0
8° 20′	204.6
8° 40′	204.3
9°	203.9
9° 20′	203.5
9° 40′	203.1
10°	202.7

α	0°	1°	2°	3°	4°	5°	6°	7°	8°	9°
0'	0.00	3.66	7.32	10.98	14.61	18.23	21.83	25.40	28.94	32.45
1'	0.06	3.73	7.39	11.04	14.67	18.29	21.89	25.46	29.00	32.50
2'	0.12	3.79	7.45	11.10	14.73	18.35	21.95	25.52	29.06	32.56
3'	0.18	3.85	7.51	11.16	14.79	18.41	22.01	25.58	29.12	32.62
4'	0.24	3.91	7.57	11.22	14.86	18.47	22.07	25.64	29.18	32.68
5'	0.31	3.97	7.63	11.28	14.92	18.53	22.13	25.70	29.24	32.74
6'	0.37	4.03	7.69	11.34	14.98	18.59	22.19	25.76	29.29	32.80
7'	0.43	4.09	7.75	11.40	15.04	18.65	22.25	25.82	29.35	32.85
8'	0.49	4.15	7.81	11.46	15.10	18.71	22.31	25.88	29.41	32.91
9'	0.55	4.21	7.87	11.52	15.16	18.77	22.37	25.94	29.47	32.97
10'	0.61	4.27	7.93	11.58	15.22	18.83	22.43	25.99	29.53	33.03
11'	0.67	4.34	7.99	11.64	15.28	18.89	22.49	26.05	29.59	33.09
12'	0.73	4.40	8.06	11.70	15.34	18.95	22.55	26.11	29.65	33.14
13'	0.79	4.46	8.12	11.76	15.40	19.01	22.61	26.17	29.70	33.20
14'	0.86	4.52	8.18	11.83	15.46	19.07	22.67	26.23	29.76	33.26
15'	0.92	4.58	8.24	11.89	15.52	19.13	22.73	26.29	29.82	33.32
16'	0.98	4.64	8.30	11.95	15.58	19.19	22.79	26.35	29.88	33.37
17'	1.04	4.70	8.36	12.01	15.64	19.25	22.85	26.41	29.94	33.43
18'	1.10	4.76	8.42	12.07	15.70	19.31	22.91	26.47	30.00	33.49
19'	1.16	4.82	8.48	12.13	15.76	19.37	22.96	26.53	30.06	33.55
20'	1.22	4.89	8.54	12.19	15.82	19.43	23.02	26.59	30.11	33.61
21'	1.28	4.95	8.60	12.25	15.88	19.49	23.08	26.64	30.17	33.66
22'	1.34	5.01	8.66	12.31	15.94	19.56	23.14	26.70	30.23	33.72
23'	1.40	5.07	8.73	12.37	16.00	19.62	23.20	26.76	30.29	33.78
24'	1.47	5.13	8.79	12.43	16.06	19.68	23.26	26.82	30.35	33.84
25'	1.53	5.19	8.85	12.49	16.12	19.74	23.32	26.88	30.41	33.90
26'	1.59	5.25	8.91	12.55	16.18	19.80	23.38	26.94	30.47	33.95
27'	1.65	5.31	8.97	12.61	16.24	19.86	23.44	27.00	30.52	34.01
28'	1.71	5.37	9.03	12.68	16.30	19.91	23.50	27.06	30.58	34.07
29'	1.77	5.43	9.09	12.74	16.37	19.97	23.56	27.12	30.64	34.13
30'	1.83	5.50	9.15	12.80	16.43	20.03	23.62	27.18	30.70	34.18
31'	1.89	5.56	9.21	12.86	16.49	20.09	23.68	27.24	30.76	34.24
32'	1.95	5.62	9.27	12.92	16.55	20.15	23.74	27.29	30.82	34.30
33'	2.02	5.68	9.33	12.98	16.61	20.21	23.80	27.35	30.87	34.36
34'	2.08	5.74	9.39	13.04	16.67	20.27	23.86	27.41	30.93	34.42
35'	2.14	5.80	9.46	13.10	16.73	20.33	23.92	27.47	30.99	34.47
36'	2.20	5.86	9.52	13.16	16.79	20.39	23.98	27.53	31.05	34.53
37'	2.26	5.92	9.58	13.22	16.85	20.45	24.04	27.59	31.11	34.59
38'	2.32	5.98	9.64	13.28	16.91	20.51	24.10	27.65	31.17	34.65
39'	2.38	6.04	9.70	13.34	16.97	20.57	24.16	27.71	31.22	34.70
40'	2.44	6.11	9.76	13.40	17.03	20.63	24.21	27.77	31.28	34.76
41'	2.50	6.17	9.82	13.46	17.09	20.69	24.27	27.82	31.34	34.82
42'	2.57	6.23	9.88	13.52	17.15	20.75	24.33	27.88	31.40	34.88
43'	2.63	6.29	9.94	13.58	17.21	20.81	24.39	27.94	31.46	34.93
44'	2.69	6.35	10.00	13.64	17.27	20.87	24.45	28.00	31.52	34.99
45'	2.75	6.41	10.06	13.71	17.33	20.93	24.51	28.06	31.57	35.05
46'	2.81	6.47	10.12	13.77	17.39	20.99	24.57	28.12	31.63	35.11
47'	2.87	6.53	10.19	13.83	17.45	21.05	24.63	28.18	31.69	35.16
48'	2.93	6.59	10.25	13.89	17.51	21.11	24.69	28.24	31.75	35.22
49'	2.99	6.65	10.31	13.95	17.57	21.17	24.75	28.30	31.81	35.28
50'	3.05	6.71	10.37	14.01	17.63	21.23	24.81	28.35	31.87	35.34
51'	3.11	6.78	10.43	14.07	17.69	21.29	24.87	28.41	31.92	35.40
52'	3.18	6.84	10.49	14.13	17.75	21.35	24.93	28.47	31.98	35.45
53'	3.24	6.90	10.55	14.19	17.81	21.41	24.99	28.53	32.04	35.51
54'	3.30	6.96	10.61	14.25	17.87	21.47	25.05	28.59	32.10	35.57
55'	3.36	7.02	10.67	14.31	17.93	21.53	25.11	28.65	32.16	35.63
56'	3.42	7.08	10.73	14.37	17.99	21.59	25.16	28.71	32.21	35.68
57'	3.48	7.14	10.79	14.43	18.05	21.65	25.22	28.77	32.27	35.74
58'	3.54	7.20	10.85	14.49	18.11	21.71	25.28	28.82	32.33	35.80
59'	3.60	7.26	10.91	14.55	18.17	21.77	25.34	28.88	32.39	35.85

210 $\cos^2\alpha$

0°	210.0
0° 30	210.0
1°	209.9
1° 30	209.9
2°	209.7
2° 30	209.6
3°	209.4
3° 30	209.2
4°	209.0
4° 30	208.7
5°	208.4
5° 20	208.2
5° 40	208.0
6°	207.7
6° 20	207.4
6° 40	207.2
7°	206.9
7° 20	206.6
7° 40	206.3
8°	205.9
8° 20	205.6
8° 40	205.2
9°	204.9
9° 20	204.5
9° 40	204.1
10°	203.7

211 ($\frac{1}{2}\sin 2\alpha$)

α	0°	1°	2°	3°	4°	5°	6°	7°	8°	9°
0′	0.00	3.68	7.36	11.03	14.68	18.32	21.93	25.52	29.08	32.60
1′	0.06	3.74	7.42	11.09	14.74	18.38	21.99	25.58	29.14	32.66
2′	0.12	3.80	7.48	11.15	14.80	18.44	22.05	25.64	29.20	32.72
3′	0.18	3.87	7.54	11.21	14.87	18.50	22.11	25.70	29.26	32.78
4′	0.25	3.93	7.60	11.27	14.93	18.56	22.17	25.76	29.32	32.83
5′	0.31	3.99	7.67	11.33	14.99	18.62	22.23	25.82	29.37	32.89
6′	0.37	4.05	7.73	11.39	15.05	18.68	22.29	25.88	29.43	32.95
7′	0.43	4.11	7.79	11.45	15.11	18.74	22.35	25.94	29.49	33.01
8′	0.49	4.17	7.85	11.52	15.17	18.80	22.41	26.00	29.55	33.07
9′	0.55	4.23	7.91	11.58	15.23	18.86	22.47	26.06	29.61	33.13
10′	0.61	4.30	7.97	11.64	15.29	18.92	22.53	26.12	29.67	33.18
11′	0.68	4.36	8.03	11.70	15.35	18.98	22.59	26.18	29.73	33.24
12′	0.74	4.42	8.09	11.76	15.41	19.04	22.65	26.24	29.79	33.30
13′	0.80	4.48	8.16	11.82	15.47	19.11	22.71	26.30	29.85	33.36
14′	0.86	4.54	8.22	11.88	15.53	19.17	22.77	26.36	29.90	33.42
15′	0.92	4.60	8.28	11.94	15.59	19.23	22.83	26.42	29.96	33.48
16′	0.98	4.66	8.34	12.00	15.65	19.29	22.89	26.47	30.02	33.53
17′	1.04	4.72	8.40	12.06	15.72	19.35	22.95	26.53	30.08	33.59
18′	1.10	4.79	8.46	12.13	15.78	19.41	23.01	26.59	30.14	33.65
19′	1.17	4.85	8.52	12.19	15.84	19.47	23.07	26.65	30.20	33.71
20′	1.23	4.91	8.58	12.25	15.90	19.53	23.13	26.71	30.26	33.77
21′	1.29	4.97	8.64	12.31	15.96	19.59	23.19	26.77	30.32	33.82
22′	1.35	5.03	8.71	12.37	16.02	19.65	23.25	26.83	30.38	33.88
23′	1.41	5.09	8.77	12.43	16.08	19.71	23.31	26.89	30.43	33.94
24′	1.47	5.15	8.83	12.49	16.14	19.77	23.37	26.95	30.49	34.00
25′	1.53	5.21	8.89	12.55	16.20	19.83	23.43	27.01	30.55	34.06
26′	1.60	5.28	8.95	12.61	16.26	19.89	23.49	27.07	30.61	34.12
27′	1.66	5.34	9.01	12.67	16.32	19.95	23.55	27.13	30.67	34.17
28′	1.72	5.40	9.07	12.74	16.38	20.01	23.61	27.19	30.73	34.23
29′	1.78	5.46	9.13	12.80	16.44	20.07	23.67	27.25	30.79	34.29
30′	1.84	5.52	9.19	12.86	16.50	20.13	23.73	27.31	30.85	34.35
31′	1.90	5.58	9.26	12.92	16.56	20.19	23.79	27.36	30.90	34.41
32′	1.96	5.64	9.32	12.98	16.63	20.25	23.85	27.42	30.96	34.46
33′	2.03	5.71	9.38	13.04	16.69	20.31	23.91	27.48	31.02	34.52
34′	2.09	5.77	9.44	13.10	16.75	20.37	23.97	27.54	31.08	34.58
35′	2.15	5.83	9.50	13.16	16.81	20.43	24.08	27.60	31.14	34.64
36′	2.21	5.89	9.56	13.22	16.87	20.49	24.09	27.66	31.20	34.70
37′	2.27	5.95	9.62	13.28	16.93	20.55	24.15	27.72	31.26	34.75
38′	2.33	6.01	9.68	13.34	16.99	20.61	24.21	27.78	31.31	34.81
39′	2.39	6.07	9.75	13.41	17.05	20.67	24.27	27.84	31.37	34.87
40′	2.45	6.13	9.81	13.47	17.11	20.73	24.33	27.90	31.43	34.93
41′	2.52	6.20	9.87	13.53	17.17	20.79	24.39	27.96	31.49	34.99
42′	2.58	6.26	9.93	13.59	17.23	20.85	24.45	28.02	31.55	35.04
43′	2.64	6.32	9.99	13.65	17.29	20.91	24.51	28.08	31.61	35.10
44′	2.70	6.38	10.05	13.71	17.35	20.97	24.57	28.13	31.67	35.16
45′	2.76	6.44	10.11	13.77	17.41	21.03	24.63	28.19	31.72	35.22
46′	2.82	6.50	10.17	13.83	17.47	21.09	24.69	28.25	31.78	35.27
47′	2.88	6.56	10.23	13.89	17.53	21.15	24.75	28.31	31.84	35.33
48′	2.95	6.62	10.29	13.95	17.59	21.21	24.81	28.37	31.90	35.39
49′	3.01	6.69	10.36	14.01	17.65	21.27	24.87	28.43	31.96	35.45
50′	3.07	6.75	10.42	14.07	17.72	21.33	24.93	28.49	32.02	35.51
51′	3.13	6.81	10.48	14.14	17.78	21.39	24.99	28.55	32.08	35.56
52′	3.19	6.87	10.54	14.20	17.84	21.45	25.05	28.61	32.13	35.62
53′	3.25	6.93	10.60	14.26	17.90	21.51	25.11	28.67	32.19	35.68
54′	3.31	6.99	10.66	14.32	17.96	21.57	25.17	28.73	32.25	35.74
55′	3.38	7.05	10.72	14.38	18.02	21.63	25.22	28.78	32.31	35.79
56′	3.44	7.11	10.78	14.44	18.08	21.69	25.28	28.84	32.37	35.85
57′	3.50	7.18	10.84	14.50	18.14	21.75	25.34	28.90	32.43	35.91
58′	3.56	7.24	10.91	14.56	18.20	21.81	25.40	28.96	32.48	35.97
59′	3.62	7.30	10.97	14.62	18.26	21.87	25.47	29.02	32.54	36.03

211 $\cos^2\alpha$

α	211 cos²α
0°	211.0
0° 30′	211.0
1°	210.9
1° 30′	210.9
2°	210.7
2° 30′	210.6
3°	210.4
3° 30′	210.2
4°	210.0
4° 30′	209.7
5°	209.4
5° 20′	209.2
5° 40′	208.9
6°	208.7
6° 20′	208.4
6° 40′	208.2
7°	207.9
7° 20′	207.6
7° 40′	207.2
8°	206.9
8° 20′	206.6
8° 40′	206.2
9°	205.8
9° 20′	205.5
9° 40′	205.1
10°	204.6

212 ($\frac{1}{2}$ sin 2α)

α	0°	1°	2°	3°	4°	5°	6°	7°	8°	9°
0'	0.00	3.70	7.39	11.08	14.75	18.41	22.04	25.64	29.22	32.76
1'	0.06	3.76	7.46	11.14	14.81	18.47	22.10	25.70	29.28	32.81
2'	0.12	3.82	7.52	11.20	14.87	18.53	22.16	25.76	29.34	32.87
3'	0.18	3.88	7.58	11.26	14.94	18.59	22.22	25.82	29.40	32.93
4'	0.25	3.95	7.64	11.33	15.00	18.65	22.28	25.88	29.45	32.99
5'	0.31	4.01	7.70	11.39	15.06	18.71	22.34	25.94	29.51	33.05
6'	0.37	4.07	7.76	11.45	15.12	18.77	22.40	26.00	29.57	33.11
7'	0.43	4.13	7.82	11.51	15.18	18.83	22.46	26.06	29.63	33.17
8'	0.49	4.19	7.89	11.57	15.24	18.89	22.52	26.12	29.69	33.22
9'	0.55	4.25	7.95	11.63	15.30	18.95	22.58	26.18	29.75	33.28
10'	0.62	4.32	8.01	11.69	15.36	19.01	22.64	25.24	29.81	33.34
11'	0.68	4.38	8.07	11.75	15.42	19.07	22.70	26.30	29.87	33.40
12'	0.74	4.44	8.13	11.82	15.48	19.14	22.76	26.36	29.93	33.46
13'	0.80	4.50	8.19	11.88	15.55	19.20	22.82	26.42	29.99	33.52
14'	0.86	4.56	8.26	11.94	15.61	19.26	22.88	26.48	30.05	33.58
15'	0.92	4.62	8.32	12.00	15.67	19.32	22.94	26.54	30.11	33.63
16'	0.99	4.69	8.38	12.06	15.73	19.38	23.00	26.60	30.16	33.69
17'	1.05	4.75	8.44	12.12	15.79	19.44	23.06	26.66	30.22	33.75
18'	1.11	4.81	8.50	12.18	15.85	19.50	23.12	26.72	30.28	33.81
19'	1.17	4.87	8.56	12.24	15.91	19.56	23.18	26.78	30.34	33.87
20'	1.23	4.93	8.62	12.31	15.97	19.62	23.24	26.84	30.40	33.93
21'	1.29	4.99	8.69	12.37	16.03	19.68	23.30	26.90	30.46	33.98
22'	1.36	5.05	8.75	12.43	16.09	19.74	23.36	26.96	30.52	34.04
23'	1.42	5.12	8.81	12.49	16.16	19.80	23.42	27.02	30.58	34.10
24'	1.48	5.18	8.87	12.55	16.22	19.86	23.48	27.08	30.64	34.16
25'	1.54	5.24	8.93	12.61	16.28	19.92	23.54	27.14	30.70	34.22
26'	1.60	5.30	8.99	12.67	16.34	19.98	23.60	27.20	30.76	34.28
27'	1.66	5.36	9.05	12.73	16.40	20.04	23.66	27.26	30.81	34.34
28'	1.73	5.42	9.12	12.80	16.46	20.10	23.72	27.32	30.87	34.39
29'	1.79	5.49	9.18	12.86	16.52	20.17	23.78	27.38	30.93	34.45
30'	1.85	5.55	9.24	12.92	16.58	20.23	23.84	27.43	30.99	34.51
31'	1.91	5.61	9.30	12.98	16.64	20.29	23.90	27.49	31.05	34.57
32'	1.97	5.67	9.36	13.04	16.70	20.35	23.96	27.55	31.11	34.63
33'	2.03	5.73	9.42	13.10	16.76	20.41	24.03	27.61	31.17	34.69
34'	2.10	5.79	9.48	13.16	16.82	20.47	24.09	27.67	31.23	34.74
35'	2.16	5.86	9.55	13.22	16.89	20.53	24.15	27.73	31.29	34.80
36'	2.22	5.92	9.61	13.29	16.95	20.59	24.21	27.79	31.35	34.86
37'	2.28	5.98	9.67	13.35	17.01	20.65	24.27	27.85	31.40	34.92
38'	2.34	6.04	9.73	13.41	17.07	20.71	24.33	27.91	31.46	34.98
39'	2.40	6.10	9.79	13.47	17.13	20.77	24.39	27.97	31.52	35.03
40'	2.47	6.16	9.85	13.53	17.19	20.83	24.45	28.03	31.58	35.09
41'	2.53	6.22	9.91	13.59	17.25	20.89	24.51	28.09	31.64	35.15
42'	2.59	6.29	9.98	13.65	17.31	20.95	24.57	28.15	31.70	35.21
43'	2.65	6.35	10.04	13.71	17.37	21.01	24.63	28.21	31.76	35.27
44'	2.71	6.41	10.10	13.77	17.43	21.07	24.69	28.27	31.82	35.33
45'	2.77	6.47	10.16	13.84	17.50	21.13	24.75	28.33	31.87	35.38
46'	2.84	6.53	10.22	13.90	17.56	21.19	24.81	28.39	31.93	35.44
47'	2.90	6.59	10.28	13.96	17.62	21.25	24.87	28.45	31.99	35.50
48'	2.96	6.66	10.34	14.02	17.68	21.31	24.93	28.51	32.05	35.56
49'	3.02	6.72	10.41	14.08	17.74	21.37	24.99	28.56	32.11	35.62
50'	3.08	6.78	10.47	14.14	17.80	21.44	25.04	28.62	32.17	35.67
51'	3.14	6.84	10.53	14.20	17.86	21.50	25.10	28.68	32.23	35.73
52'	3.21	6.90	10.59	14.26	17.92	21.56	25.16	28.74	32.29	35.79
53'	3.27	6.96	10.65	14.32	17.98	21.62	25.22	28.80	32.35	35.85
54'	3.33	7.03	10.71	14.39	18.04	21.68	25.28	28.86	32.40	35.91
55'	3.39	7.09	10.77	14.45	18.10	21.74	25.34	28.92	32.46	35.96
56'	3.45	7.15	10.83	14.51	18.16	21.80	25.40	28.98	32.52	36.02
57'	3.51	7.21	10.90	14.57	18.22	21.86	25.46	29.04	32.58	36.08
58'	3.58	7.27	10.96	14.63	18.29	21.92	25.52	29.10	32.64	36.14
59'	3.64	7.33	11.02	14.69	18.35	21.98	25.58	29.16	32.70	36.20

212 cos²α

α	212 cos²α
0°	212.0
0° 30'	212.0
1°	211.9
1° 30'	211.9
2°	211.7
2° 30'	211.6
3°	211.4
3° 30'	211.2
4°	211.0
4° 30'	210.7
5°	210.4
5° 20'	210.2
5° 40'	209.9
6°	209.7
6° 20'	209.4
6° 40'	209.1
7°	208.9
7° 20'	208.5
7° 40'	208.2
8°	207.9
8° 20'	207.5
8° 40'	207.2
9°	206.8
9° 20'	206.4
9° 40'	206.0
10°	205.6

213 ($\frac{1}{2}\sin 2\alpha$)

α	0°	1°	2°	3°	4°	5°	6°	7°	8°	9°	213 $\cos^2\alpha$	
0′	0.00	3.72	7.43	11.13	14.82	18.49	22.14	25.76	29.36	32.91		
1′	0.06	3.78	7.49	11.19	14.88	18.55	22.20	25.82	29.41	32.97		
2′	0.12	3.84	7.55	11.26	14.94	18.62	22.26	25.88	29.47	33.03		
3′	0.19	3.90	7.61	11.32	15.01	18.68	22.32	25.94	29.53	33.09		
4′	0.25	3.96	7.68	11.38	15.07	18.74	22.39	26.01	29.59	33.15		
5′	0.31	4.03	7.74	11.44	15.13	18.80	22.45	26.07	29.65	33.20	0°	213.0
6′	0.37	4.09	7.80	11.50	15.19	18.86	22.51	26.13	29.71	33.26	0° 30	213.0
7′	0.43	4.15	7.86	11.56	15.26	18.92	22.57	26.19	29.77	33.32		
8′	0.50	4.21	7.92	11.63	15.31	18.98	22.63	26.25	29.83	33.38	1°	212.9
9′	0.56	4.27	7.99	11.69	15.37	19.04	22.69	26.31	29.89	33.44	1° 30′	212.9
10′	0.62	4.34	8.05	11.75	15.44	19.10	22.75	26.37	29.95	33.50		
11′	0.68	4.40	8.11	11.81	15.50	19.16	22.81	26.43	30.01	33.56	2°	212.7
12′	0.74	4.46	8.17	11.87	15.56	19.23	22.87	26.49	30.07	33.62	2° 30′	212.6
13′	0.81	4.52	8.23	11.93	15.62	19.29	22.93	26.55	30.13	33.68		
14′	0.87	4.58	8.29	11.99	15.68	19.35	22.99	26.61	30.19	33.73	3°	212.4
											3° 30′	212.2
15′	0.93	4.65	8.36	12.06	15.74	19.41	23.05	26.67	30.25	33.79		
16′	0.99	4.71	8.42	12.12	15.80	19.47	23.11	26.73	30.31	33.85		
17′	1.05	4.77	8.48	12.18	15.86	19.53	23.17	26.79	30.37	33.91	4°	212.0
18′	1.12	4.83	8.54	12.24	15.93	19.59	23.23	26.85	30.43	33.97	4° 30′	211.7
19′	1.18	4.89	8.60	12.30	15.99	19.65	23.29	26.91	30.48	34.03		
20′	1.24	4.95	8.66	12.36	16.05	19.71	23.35	26.97	30.54	34.09	5°	211.4
21′	1.30	5.02	8.73	12.43	16.11	19.77	23.41	27.03	30.60	34.15	5° 20′	211.2
22′	1.36	5.08	8.79	12.49	16.17	19.83	23.47	27.09	30.66	34.20	5° 40′	210.9
23′	1.42	5.14	8.85	12.55	16.23	19.90	23.53	27.15	30.72	34.26		
24′	1.49	5.20	8.91	12.61	16.29	19.96	23.59	27.20	30.78	34.32	6°	210.7
25′	1.55	5.26	8.97	12.67	16.35	20.02	23.66	27.26	30.84	34.38	6° 20′	210.4
26′	1.61	5.33	9.04	12.73	16.42	20.08	23.72	27.32	30.90	34.44	6° 40′	210.1
27′	1.67	5.39	9.10	12.79	16.48	20.14	23.78	27.38	30.96	34.50		
28′	1.73	5.45	9.16	12.86	16.54	20.20	23.84	27.44	31.02	34.56	7°	209.8
29′	1.80	5.51	9.22	12.92	16.60	20.26	23.90	27.50	31.08	34.61	7° 20′	209.5
											7° 40′	209.2
30′	1.86	5.57	9.28	12.98	16.66	20.32	23.96	27.56	31.14	34.67		
31′	1.92	5.64	9.34	13.04	16.72	20.38	24.02	27.62	31.20	34.73		
32′	1.98	5.70	9.41	13.10	16.78	20.44	24.08	27.68	31.26	34.79	8°	208.9
33′	2.04	5.76	9.47	13.16	16.84	20.50	24.14	27.74	31.32	34.85	8° 20′	208.5
34′	2.11	5.82	9.53	13.22	16.90	20.56	24.20	27.80	31.37	34.91	8° 40′	208.2
35′	2.17	5.88	9.59	13.29	16.97	20.63	24.26	27.86	31.43	34.97		
36′	2.23	5.94	9.65	13.35	17.03	20.69	24.32	27.92	31.49	35.02	9°	207.8
37′	2.29	6.01	9.71	13.41	17.09	20.75	24.38	27.98	31.55	35.08	9° 20′	207.4
38′	2.35	6.07	9.78	13.47	17.15	20.81	24.44	28.04	31.61	35.14	9° 40′	207.0
39′	2.42	6.13	9.84	13.53	17.21	20.87	24.50	28.10	31.67	35.20		
40′	2.48	6.19	9.90	13.59	17.27	20.93	24.56	28.16	31.73	35.26	10°	206.6
41′	2.54	6.25	9.96	13.66	17.33	20.99	24.62	28.22	31.79	35.32		
42′	2.60	6.32	10.02	13.72	17.39	21.05	24.68	28.28	31.85	35.38		
43′	2.66	6.38	10.08	13.78	17.46	21.11	24.74	28.34	31.91	35.43		
44′	2.73	6.44	10.15	13.84	17.52	21.17	24.80	28.40	31.97	35.49		
45′	2.79	6.50	10.21	13.90	17.58	21.23	24.86	28.46	32.03	35.55		
46′	2.85	6.56	10.27	13.96	17.64	21.29	24.92	28.52	32.08	35.61		
47′	2.91	6.63	10.33	14.02	17.70	21.35	24.98	28.58	32.14	35.67		
48′	2.97	6.69	10.39	14.09	17.76	21.41	25.04	28.64	32.20	35.73		
49′	3.04	6.75	10.45	14.15	17.82	21.48	25.10	28.70	32.26	35.78		
50′	3.10	6.81	10.52	14.21	17.88	21.54	25.16	28.76	32.32	35.84		
51′	3.16	6.87	10.58	14.27	17.94	21.60	25.22	28.82	32.38	35.90		
52′	3.22	6.93	10.64	14.33	18.01	21.66	25.28	28.88	32.44	35.96		
53′	3.28	7.00	10.70	14.39	18.07	21.72	25.34	28.94	32.50	36.02		
54′	3.35	7.06	10.76	14.45	18.13	21.78	25.40	29.00	32.56	36.08		
55′	3.41	7.12	10.82	14.52	18.19	21.84	25.46	29.06	32.62	36.13		
56′	3.47	7.18	10.89	14.58	18.24	21.90	25.52	29.12	32.67	36.19		
57′	3.53	7.24	10.95	14.64	18.31	21.96	25.58	29.18	32.73	36.25		
58′	3.59	7.31	11.01	14.70	18.37	22.02	25.64	29.24	32.79	36.31		
59′	3.65	7.37	11.07	14.76	18.43	22.08	25.70	29.30	32.85	36.37		

α	0°	1°	2°	3°	4°	5°	6°	7°	8°	9°
0'	0.00	3.73	7.46	11.18	14.89	18.58	22.25	25.84	29.49	33.06
1'	0.06	3.80	7.53	11.25	14.95	18.64	22.31	25.95	29.55	33.12
2'	0.12	3.86	7.59	11.31	15.01	18.70	22.37	26.01	29.61	33.18
3'	0.19	3.92	7.65	11.37	15.08	18.76	22.43	26.07	29.67	33.24
4'	0.25	3.98	7.71	11.43	15.14	18.83	22.49	26.13	29.73	33.30
5'	0.31	4.05	7.77	11.49	15.20	18.89	22.55	26.19	29.79	33.36
6'	0.37	4.11	7.84	11.56	15.26	18.95	22.61	26.25	29.85	33.42
7'	0.44	4.17	7.90	11.62	15.33	19.01	22.67	26.31	29.91	33.48
8'	0.50	4.23	7.96	11.68	15.38	19.07	22.73	26.37	29.97	33.54
9'	0.56	4.29	8.02	11.74	15.45	19.13	22.79	26.43	30.03	33.60
10'	0.62	4.36	8.08	11.80	15.51	19.19	22.85	26.49	30.09	33.66
11	0.68	4.42	8.15	11.87	15.57	19.25	22.92	26.55	30.15	33.72
12'	0.75	4.48	8.21	11.93	15.63	19.32	22.98	26.61	30.21	33.77
13'	0.81	4.54	8.26	11.99	15.69	19.38	23.04	26.67	30.27	33.83
14'	0.87	4.61	8.33	12.05	15.75	19.44	23.10	26.73	30.33	33.89
15'	0.93	4.67	8.40	12.11	15.82	19.50	23.16	26.79	30.39	33.95
16'	1.00	4.73	8.46	12.17	15.88	19.56	23.22	26.85	30.45	34.01
17'	1.06	4.79	8.52	12.24	15.94	19.62	23.28	26.91	30.51	34.07
18'	1.12	4.85	8.58	12.30	16.00	19.68	23.34	26.97	30.57	34.13
19'	1.18	4.92	8.64	12.36	16.06	19.74	23.40	27.03	30.63	34.19
20'	1.24	4.98	8.71	12.42	16.12	19.81	23.46	27.09	30.69	34.25
21'	1.31	5.04	8.77	12.48	16.18	19.87	23.52	27.15	30.75	34.31
22'	1.37	5.10	8.83	12.55	16.25	19.93	23.58	27.21	30.81	34.36
23'	1.43	5.16	8.89	12.61	16.31	19.99	23.65	27.27	30.87	34.42
24'	1.49	5.23	8.95	12.67	16.37	20.05	23.71	27.33	30.93	34.48
25'	1.56	5.29	9.02	12.73	16.43	20.11	23.77	27.39	30.99	34.54
26'	1.62	5.35	9.08	12.79	16.49	20.17	23.83	27.45	31.05	34.60
27'	1.68	5.41	9.14	12.85	16.55	20.23	23.89	27.51	31.11	34.66
28'	1.74	5.48	9.20	12.92	16.62	20.29	23.95	27.57	31.16	34.72
29'	1.80	5.54	9.26	12.98	16.68	20.36	24.01	27.63	31.22	34.78
30'	1.87	5.60	9.33	13.04	16.74	20.42	24.07	27.69	31.28	34.84
31'	1.93	5.66	9.39	13.10	16.80	20.48	24.13	27.75	31.34	34.89
32'	1.99	5.72	9.45	13.16	16.86	20.54	24.19	27.81	31.40	34.95
33'	2.05	5.79	9.51	13.23	16.92	20.60	24.25	27.87	31.46	35.01
34'	2.12	5.85	9.57	13.29	16.98	20.66	24.31	27.93	31.52	35.07
35'	2.18	5.91	9.64	13.35	17.05	20.72	24.37	27.99	31.58	35.13
36'	2.24	5.97	9.70	13.41	17.11	20.78	24.43	28.05	31.64	35.19
37'	2.30	6.04	9.76	13.47	17.17	20.84	24.49	28.11	31.70	35.25
38'	2.37	6.10	9.82	13.53	17.23	20.91	24.55	28.17	31.76	35.31
39'	2.43	6.16	9.88	13.60	17.29	20.97	24.62	28.23	31.82	35.36
40'	2.49	6.22	9.95	13.66	17.35	21.03	24.68	28.29	31.88	35.42
41'	2.55	6.28	10.01	13.72	17.41	21.09	24.74	28.35	31.94	35.48
42'	2.61	6.35	10.07	13.78	17.48	21.15	24.80	28.41	32.00	35.54
43'	2.68	6.41	10.13	13.84	17.54	21.21	24.86	28.47	32.06	35.60
44'	2.74	6.47	10.19	13.90	17.60	21.27	24.92	28.53	32.12	35.66
45'	2.80	6.53	10.26	13.97	17.66	21.33	24.98	28.59	32.18	35.72
46'	2.86	6.59	10.32	14.03	17.72	21.39	25.04	28.65	32.23	35.78
47'	2.93	6.66	10.38	14.09	17.78	21.45	25.10	28.71	32.29	35.83
48'	2.99	6.72	10.44	14.15	17.84	21.52	25.16	28.77	32.35	35.89
49'	3.05	6.78	10.50	14.21	17.91	21.58	25.22	28.83	32.41	35.95
50'	3.11	6.84	10.57	14.27	17.97	21.64	25.28	28.89	32.47	36.01
51'	3.17	6.90	10.63	14.34	18.03	21.70	25.34	28.95	32.53	36.07
52'	3.24	6.97	10.69	14.40	18.09	21.76	25.40	29.01	32.59	36.13
53'	3.30	7.03	10.75	14.46	18.15	21.82	25.46	29.07	32.65	36.19
54'	3.36	7.09	10.81	14.52	18.21	21.88	25.52	29.13	32.71	36.24
55'	3.42	7.15	10.87	14.58	18.27	21.94	25.58	29.19	32.77	36.30
56'	3.49	7.22	10.94	14.64	18.34	22.00	25.64	29.25	32.83	36.36
57'	3.55	7.28	11.00	14.71	18.40	22.06	25.70	29.31	32.89	36.42
58'	3.61	7.34	11.06	14.77	18.46	22.12	25.76	29.37	32.95	36.48
59'	3.67	7.40	11.12	14.83	18.52	22.19	25.82	29.43	33.01	36.54

214 $\cos^2\alpha$

α	value
0°	214.0
0° 30'	214.0
1°	213.9
1° 30'	213.9
2°	213.7
2° 30'	213.6
3°	213.4
3° 30'	213.2
4°	213.0
4° 30'	212.7
5°	212.4
5° 20'	212.2
5° 40'	211.9
6°	211.7
6° 20'	211.4
6° 40'	211.1
7°	210.8
7° 20'	210.5
7° 40'	210.2
8°	209.9
8° 20'	209.5
8° 40'	209.1
9°	208.8
9° 20'	208.4
9° 40'	208.0
10°	207.5

215 ($\frac{1}{2} \sin 2\alpha$)

α	0°	1°	2°	3°	4°	5°	6°	7°	8°	9°
0'	0.00	3.75	7.50	11.24	14.96	18.67	22.35	26.01	29.63	33.22
1'	0.06	3.81	7.56	11.30	15.02	18.73	22.41	26.07	29.69	33.28
2'	0.13	3.88	7.62	11.36	15.08	18.79	22.47	26.13	29.75	33.34
3'	0.19	3.94	7.69	11.42	15.15	18.85	22.53	26.19	29.81	33.40
4'	0.25	4.00	7.75	11.49	15.21	18.91	22.60	26.25	29.87	33.46
5'	0.31	4.06	7.81	11.55	15.27	18.98	22.66	26.31	29.93	33.52
6'	0.38	4.13	7.87	11.61	15.33	19.04	22.72	26.37	29.99	33.58
7'	0.44	4.19	7.94	11.67	15.40	19.10	22.78	26.43	30.05	33.64
8'	0.50	4.25	8.00	11.73	15.46	19.16	22.84	26.49	30.11	33.69
9'	0.56	4.31	8.06	11.80	15.52	19.22	22.90	26.55	30.17	33.75
10'	0.63	4.38	8.12	11.86	15.58	19.28	22.96	26.61	30.23	33.81
11'	0.69	4.44	8.18	11.92	15.64	19.34	23.02	26.67	30.29	33.87
12'	0.75	4.50	8.25	11.98	15.70	19.41	23.08	26.73	30.35	33.93
13'	0.81	4.56	8.31	12.05	15.77	19.47	23.15	26.79	30.41	33.99
14'	0.88	4.63	8.37	12.11	15.83	19.53	23.21	26.86	30.47	34.05
15'	0.94	4.69	8.43	12.17	15.89	19.59	23.27	26.92	30.53	34.11
16'	1.00	4.75	8.50	12.23	15.95	19.65	23.33	26.98	30.59	34.17
17'	1.06	4.81	8.56	12.29	16.01	19.71	23.39	27.04	30.65	34.23
18'	1.13	4.88	8.62	12.36	16.08	19.77	23.45	27.10	30.71	34.29
19'	1.19	4.94	8.68	12.42	16.14	19.84	23.51	27.16	30.77	34.35
20'	1.25	5.00	8.75	12.48	16.20	19.90	23.57	27.22	30.83	34.41
21'	1.31	5.06	8.81	12.54	16.26	19.96	23.63	27.28	30.89	34.47
22'	1.38	5.13	8.87	12.60	16.32	20.02	23.69	27.34	30.95	34.53
23'	1.44	5.19	8.93	12.67	16.38	20.08	23.76	27.40	31.01	34.58
24'	1.50	5.25	9.00	12.73	16.45	20.14	23.82	27.46	31.07	34.64
25'	1.56	5.31	9.06	12.79	16.51	20.20	23.88	27.52	31.13	34.70
26'	1.63	5.38	9.12	12.85	16.57	20.27	23.94	27.58	31.19	34.76
27'	1.69	5.44	9.18	12.91	16.63	20.33	24.00	27.64	31.25	34.82
28'	1.75	5.50	9.24	12.98	16.69	20.39	24.06	27.70	31.31	34.88
29'	1.81	5.56	9.31	13.04	16.75	20.45	24.12	27.76	31.37	34.94
30'	1.88	5.63	9.37	13.10	16.82	20.51	24.18	27.82	31.43	35.00
31'	1.94	5.69	9.43	13.16	16.88	20.57	24.24	27.88	31.49	35.06
32'	2.00	5.75	9.49	13.23	16.94	20.63	24.30	27.94	31.55	35.12
33'	2.06	5.81	9.56	13.29	17.00	20.70	24.37	28.00	31.61	35.18
34'	2.13	5.88	9.62	13.35	17.06	20.76	24.43	28.06	31.67	35.24
35'	2.19	5.94	9.68	13.41	17.13	20.82	24.49	28.13	31.73	35.29
36'	2.25	6.00	9.74	13.47	17.19	20.88	24.55	28.19	31.79	35.35
37'	2.31	6.06	9.81	13.54	17.25	20.94	24.61	28.25	31.85	35.41
38'	2.38	6.13	9.87	13.60	17.31	21.00	24.67	28.31	31.91	35.47
39'	2.44	6.19	9.93	13.66	17.37	21.06	24.73	28.37	31.97	35.53
40'	2.50	6.25	9.99	13.72	17.43	21.13	24.79	28.43	32.03	35.59
41'	2.56	6.31	10.05	13.78	17.50	21.19	24.85	28.49	32.09	35.65
42'	2.63	6.38	10.12	13.85	17.56	21.25	24.91	28.55	32.15	35.71
43'	2.69	6.44	10.18	13.91	17.62	21.31	24.97	28.61	32.21	35.77
44'	2.75	6.50	10.24	13.97	17.68	21.37	25.03	28.67	32.27	35.83
45'	2.81	6.56	10.30	14.03	17.74	21.43	25.10	28.73	32.33	35.88
46'	2.88	6.63	10.37	14.09	17.80	21.49	25.16	28.79	32.39	35.94
47'	2.94	6.69	10.43	14.16	17.87	21.55	25.22	28.85	32.45	36.00
48'	3.00	6.75	10.49	14.22	17.93	21.62	25.28	28.91	32.50	36.06
49'	3.06	6.81	10.55	14.28	17.99	21.68	25.34	28.97	32.56	36.12
50'	3.13	6.87	10.61	14.34	18.05	21.74	25.40	29.03	32.62	36.18
51'	3.19	6.94	10.68	14.40	18.11	21.80	25.46	29.09	32.68	36.24
52'	3.25	7.00	10.74	14.47	18.17	21.86	25.52	29.15	32.74	36.30
53'	3.31	7.06	10.80	14.53	18.24	21.92	25.58	29.21	32.80	36.36
54'	3.38	7.12	10.86	14.59	18.30	21.98	25.64	29.27	32.86	36.41
55'	3.44	7.19	10.93	14.65	18.36	22.04	25.70	29.33	32.92	36.47
56'	3.50	7.25	10.99	14.71	18.42	22.11	25.76	29.39	32.98	36.53
57'	3.56	7.31	11.05	14.78	18.48	22.17	25.82	29.45	33.04	36.59
58'	3.63	7.37	11.11	14.84	18.54	22.23	25.89	29.51	33.10	36.65
59'	3.69	7.44	11.17	14.90	18.61	22.29	25.95	29.57	33.16	36.71

215 $\cos^2\alpha$

α	215 $\cos^2\alpha$
0°	215.0
0° 30'	215.0
1°	214.9
1° 30'	214.9
2°	214.7
2° 30'	214.6
3°	214.4
3° 30'	214.2
4°	214.0
4° 30'	213.7
5°	213.4
5° 20'	213.1
5° 40'	212.9
6°	212.7
6° 20'	212.4
6° 40'	212.1
7°	211.8
7° 20'	211.5
7° 40'	211.2
8°	210.8
8° 20'	210.5
8° 40'	210.1
9°	209.7
9° 20'	209.3
9° 40	208.9
10°	208.5

216 ($\frac{1}{2} \sin 2\alpha$)

α	0°	1°	2°	3°	4°	5°	6°	7°	8°	9°
0'	0.00	3.77	7.53	11.29	15.03	18.75	22.45	26.13	29.77	33.37
1'	0.06	3.83	7.60	11.35	15.09	18.82	22.52	26.19	29.83	33.43
2'	0.13	3.89	7.66	11.41	15.16	18.88	22.58	26.25	29.89	33.49
3'	0.19	3.96	7.72	11.48	15.22	18.94	22.64	26.31	29.95	33.55
4'	0.25	4.02	7.78	11.54	15.28	19.00	22.70	26.37	30.01	33.61
5'	0.31	4.08	7.85	11.60	15.34	19.06	22.76	26.48	30.07	33.67
6'	0.38	4.15	7.91	11.66	15.40	19.13	22.82	26.49	30.13	33.73
7'	0.44	4.21	7.97	11.73	15.47	19.19	22.88	26.55	30.19	33.79
8'	0.50	4.27	8.04	11.79	15.53	19.25	22.95	26.62	30.25	33.85
9'	0.57	4.33	8.10	11.85	15.59	19.31	23.01	26.68	30.31	33.91
10'	0.63	4.40	8.16	11.91	15.65	19.37	23.07	26.74	30.37	33.97
11'	0.69	4.46	8.22	11.98	15.71	19.43	23.13	26.80	30.43	34.03
12'	0.75	4.52	8.29	12.04	15.78	19.50	23.19	26.86	30.49	34.09
13'	0.82	4.59	8.35	12.10	15.84	19.56	23.25	26.92	30.55	34.15
14'	0.88	4.65	8.41	12.16	15.90	19.62	23.31	26.98	30.61	34.21
15'	0.94	4.71	8.47	12.23	15.96	19.68	23.38	27.04	30.67	34.27
16'	1.01	4.77	8.54	12.29	16.03	19.74	23.44	27.10	30.73	34.33
17'	1.07	4.84	8.60	12.35	16.09	19.80	23.50	27.16	30.79	34.39
18'	1.13	4.90	8.66	12.41	16.15	19.87	23.56	27.22	30.85	34.45
19'	1.19	4.96	8.72	12.48	16.21	19.93	23.62	27.28	30.91	34.51
20'	1.26	5.02	8.79	12.54	16.27	19.99	23.68	27.35	30.97	34.57
21'	1.32	5.09	8.85	12.60	16.34	20.05	23.74	27.41	31.03	34.63
22'	1.38	5.15	8.91	12.66	16.40	20.11	23.80	27.47	31.10	34.69
23'	1.44	5.21	8.97	12.73	16.46	20.18	23.87	27.53	31.16	34.75
24'	1.51	5.28	9.04	12.79	16.52	20.24	23.93	27.59	31.22	34.80
25'	1.57	5.34	9.10	12.85	16.58	20.30	23.99	27.65	31.28	34.86
26'	1.63	5.40	9.16	12.91	16.65	20.36	24.05	27.71	31.34	34.92
27'	1.70	5.46	9.23	12.97	16.71	20.42	24.11	27.77	31.40	34.98
28'	1.76	5.53	9.29	13.04	16.77	20.48	24.17	27.83	31.46	35.04
29'	1.82	5.59	9.35	13.10	16.83	20.55	24.28	27.89	31.52	35.10
30'	1.88	5.65	9.41	13.16	16.89	20.61	24.29	27.95	31.58	35.16
31'	1.95	5.72	9.48	13.22	16.96	20.67	24.36	28.01	31.64	35.22
32'	2.01	5.78	9.54	13.29	17.02	20.73	24.42	28.07	31.70	35.28
33'	2.07	5.84	9.60	13.35	17.08	20.79	24.48	28.13	31.76	35.34
34'	2.14	5.90	9.66	13.41	17.14	20.85	24.54	28.20	31.82	35.40
35'	2.20	5.97	9.73	13.47	17.21	20.92	24.60	28.26	31.88	35.46
36'	2.26	6.03	9.79	13.54	17.27	20.98	24.66	28.32	31.94	35.52
37'	2.32	6.09	9.85	13.60	17.33	21.04	24.72	28.38	32.00	35.58
38'	2.39	6.15	9.91	13.66	17.39	21.10	24.78	28.44	32.06	35.64
39'	2.45	6.22	9.98	13.72	17.45	21.16	24.85	28.50	32.12	35.70
40'	2.51	6.28	10.04	13.79	17.52	21.22	24.91	28.56	32.18	35.75
41'	2.58	6.34	10.10	13.85	17.58	21.29	24.97	28.62	32.24	35.81
42'	2.64	6.41	10.16	13.91	17.64	21.35	25.03	28.68	32.30	35.87
43'	2.70	6.47	10.23	13.97	17.70	21.41	25.09	28.74	32.36	35.93
44'	2.76	6.53	10.29	14.03	17.76	21.47	25.15	28.80	32.42	35.99
45'	2.83	6.59	10.35	14.10	17.83	21.53	25.21	28.86	32.48	36.05
46'	2.89	6.66	10.41	14.16	17.89	21.59	25.27	28.92	32.54	36.11
47'	2.95	6.72	10.48	14.22	17.95	21.65	25.33	28.98	32.60	36.17
48'	3.02	6.78	10.54	14.28	18.01	21.72	25.40	29.04	32.66	36.23
49'	3.08	6.84	10.60	14.35	18.07	21.78	25.46	29.10	32.72	36.29
50'	3.14	6.91	10.66	14.41	18.13	21.84	25.52	29.16	32.78	36.35
51'	3.20	6.97	10.73	14.47	18.20	21.90	25.58	29.22	32.84	36.41
52'	3.27	7.03	10.79	14.53	18.26	21.96	25.64	29.29	32.90	36.47
53'	3.33	7.09	10.85	14.60	18.32	22.02	25.70	29.35	32.96	36.52
54'	3.39	7.16	10.91	14.66	18.38	22.09	25.76	29.41	33.02	36.58
55'	3.46	7.22	10.98	14.72	18.44	22.15	25.82	29.47	33.08	36.64
56'	3.52	7.28	11.04	14.78	18.51	22.21	25.88	29.53	33.13	36.70
57'	3.58	7.35	11.10	14.84	18.57	22.27	25.94	29.59	33.19	36.76
58'	3.64	7.41	11.16	14.91	18.63	22.33	26.01	29.65	33.25	36.82
59'	3.71	7.47	11.23	14.97	18.69	22.39	26.07	29.71	33.31	36.88

216 cos²α

α	216 cos²α
0°	216.0
0° 30'	216.0
1°	215.9
1° 30'	215.9
2°	215.7
2° 30'	215.6
3°	215.4
3° 30'	215.2
4°	214.9
4° 30'	214.7
5°	214.4
5° 20'	214.1
5° 40'	213.9
6°	213.6
6° 20'	213.4
6° 40'	213.1
7°	212.8
7° 20'	212.5
7° 40'	212.2
8°	211.8
8° 20'	211.5
8° 40'	211.1
9°	210.7
9° 20'	210.3
9° 40'	209.9
10°	209.5

217 ($\frac{1}{2} \sin 2\alpha$)

α	0°	1°	2°	3°	4°	5°	6°	7°	8°	9°
0'	0.00	3.79	7.57	11.34	15.10	18.84	22.56	26.25	29.91	33.53
1'	0.06	3.85	7.63	11.40	15.16	18.90	22.62	26.31	29.97	33.59
2'	0.13	3.91	7.69	11.47	15.23	18.97	22.68	26.37	30.03	33.65
3'	0.19	3.98	7.76	11.53	15.29	19.03	22.74	26.43	30.09	33.71
4'	0.25	4.04	7.82	11.59	15.35	19.09	22.81	26.49	30.15	33.77
5'	0.32	4.10	7.88	11.66	15.41	19.15	22.87	26.55	30.21	33.83
6'	0.38	4.17	7.95	11.72	15.48	19.21	22.93	26.62	30.27	33.89
7'	0.44	4.23	8.01	11.78	15.54	19.28	22.99	26.68	30.33	33.95
8'	0.50	4.29	8.07	11.84	15.60	19.34	23.05	26.74	30.39	34.01
9'	0.57	4.35	8.14	11.91	15.66	19.40	23.11	26.80	30.45	34.07
10'	0.63	4.42	8.20	11.97	15.73	19.46	23.18	26.86	30.51	34.13
11'	0.69	4.48	8.26	12.03	15.79	19.52	23.24	26.92	30.57	34.19
12'	0.76	4.54	8.32	12.09	15.85	19.59	23.30	26.98	30.63	34.25
13'	0.82	4.61	8.39	12.16	15.91	19.65	23.36	27.04	30.69	34.31
14'	0.88	4.67	8.45	12.22	15.97	19.71	23.42	27.11	30.76	34.37
15'	0.95	4.73	8.51	12.28	16.04	19.77	23.48	27.17	30.82	34.43
16'	1.01	4.80	8.58	12.35	16.10	19.83	23.55	27.23	30.88	34.49
17'	1.07	4.86	8.64	12.41	16.16	19.90	23.61	27.29	30.94	34.55
18'	1.14	4.92	8.70	12.47	16.23	19.96	23.67	27.35	31.00	34.61
19'	1.20	4.98	8.76	12.53	16.29	20.02	23.73	27.41	31.06	34.67
20'	1.26	5.05	8.83	12.60	16.35	20.08	23.79	27.47	31.12	34.73
21'	1.33	5.11	8.89	12.66	16.41	20.14	23.85	27.53	31.18	34.79
22'	1.39	5.17	8.95	12.72	16.47	20.21	23.91	27.59	31.24	34.85
23'	1.45	5.24	9.02	12.78	16.54	20.27	23.98	27.65	31.30	34.91
24'	1.51	5.30	9.08	12.85	16.60	20.33	24.04	27.72	31.36	34.97
25'	1.58	5.36	9.14	12.91	16.66	20.39	24.10	27.78	31.42	35.03
26'	1.64	5.43	9.20	12.97	16.72	20.45	24.16	27.84	31.48	35.09
27'	1.70	5.49	9.27	13.03	16.79	20.52	24.22	27.90	31.54	35.15
28'	1.77	5.55	9.33	13.10	16.85	20.58	24.28	27.96	31.60	35.20
29'	1.83	5.62	9.39	13.16	16.91	20.64	24.35	28.02	31.66	35.26
30'	1.89	5.68	9.46	13.22	16.97	20.70	24.41	28.08	31.72	35.32
31'	1.96	5.74	9.52	13.29	17.04	20.76	24.47	28.14	31.78	35.38
32'	2.02	5.80	9.58	13.35	17.10	20.83	24.53	28.20	31.84	35.44
33'	2.08	5.87	9.65	13.41	17.16	20.89	24.59	28.26	31.90	35.50
34'	2.15	5.93	9.71	13.47	17.22	20.95	24.65	28.33	31.96	35.56
35'	2.21	5.99	9.77	13.54	17.28	21.01	24.71	28.39	32.02	35.62
36'	2.27	6.06	9.83	13.60	17.35	21.07	24.78	28.45	32.08	35.68
37'	2.34	6.12	9.90	13.66	17.41	21.14	24.84	28.50	32.14	35.74
38'	2.40	6.18	9.96	13.72	17.47	21.20	24.90	28.57	32.20	35.80
39'	2.46	6.25	10.02	13.79	17.53	21.26	24.96	28.63	32.27	35.86
40'	2.52	6.31	10.09	13.85	17.60	21.32	25.02	28.69	32.33	35.92
41'	2.59	6.37	10.15	13.91	17.66	21.38	25.08	28.75	32.39	35.98
42'	2.65	6.43	10.21	13.97	17.72	21.45	25.14	28.81	32.45	36.04
43'	2.71	6.50	10.27	14.04	17.78	21.51	25.21	28.87	32.51	36.10
44'	2.78	6.56	10.34	14.10	17.85	21.57	25.27	28.93	32.57	36.16
45'	2.84	6.62	10.40	14.16	17.91	21.63	25.33	29.00	32.63	36.22
46'	2.90	6.69	10.46	14.22	17.97	21.69	25.39	29.06	32.69	36.28
47'	2.97	6.75	10.52	14.29	18.03	21.76	25.45	29.12	32.75	36.34
48'	3.03	6.81	10.59	14.35	18.09	21.82	25.51	29.18	32.81	36.40
49'	3.09	6.88	10.65	14.41	18.16	21.88	25.57	29.24	32.87	36.46
50'	3.16	6.94	10.71	14.47	18.22	21.94	25.64	29.30	32.93	36.52
51'	3.22	7.00	10.78	14.54	18.28	22.00	25.70	29.36	32.99	36.57
52'	3.28	7.06	10.84	14.60	18.34	22.06	25.76	29.42	33.05	36.63
53'	3.34	7.13	10.90	14.66	18.41	22.13	25.82	29.48	33.11	36.69
54'	3.41	7.19	10.96	14.73	18.47	22.19	25.88	29.54	33.17	36.75
55'	3.47	7.25	11.03	14.79	18.53	22.25	25.94	29.60	33.23	36.81
56'	3.53	7.32	11.09	14.85	18.59	22.31	26.00	29.66	33.29	36.87
57'	3.60	7.38	11.15	14.91	18.65	22.37	26.06	29.72	33.35	36.93
58'	3.66	7.44	11.22	14.98	18.72	22.43	26.13	29.79	33.41	36.99
59'	3.72	7.51	11.28	15.04	18.78	22.50	26.19	29.85	33.47	37.05

217 $\cos^2\alpha$

0°	217.0
0° 30'	217.0
1°	216.9
1° 30'	216.9
2°	216.7
2° 30'	216.6
3°	216.4
3° 30'	216.2
4°	215.9
4° 30'	215.7
5°	215.4
5° 20'	215.1
5° 40'	214.9
6°	214.6
6° 20'	214.4
6° 40'	214.1
7°	213.8
7° 20'	213.5
7° 40'	213.1
8°	212.8
8° 20'	212.4
8° 40'	212.1
9°	211.7
9° 20'	211.3
9° 40	210.9
10°	210.5

218 ($\frac{1}{2}\sin 2\alpha$)

α	0°	1°	2°	3°	4°	5°	6°	7°	8°	9°
0'	0.00	3.80	7.60	11.39	15.17	18.93	22.66	26.37	30.04	33.68
1'	0.06	3.87	7.67	11.46	15.23	18.99	22.72	26.43	30.11	33.74
2'	0.13	3.93	7.73	11.52	15.30	19.05	22.79	26.49	30.17	33.80
3'	0.19	3.99	7.79	11.58	15.36	19.11	22.85	26.55	30.23	33.86
4'	0.25	4.06	7.86	11.65	15.42	19.18	22.91	26.62	30.29	33.92
5'	0.32	4.12	7.92	11.71	15.48	19.24	22.97	26.68	30.35	33.98
6'	0.38	4.18	7.98	11.77	15.55	19.30	23.03	26.74	30.41	34.04
7'	0.44	4.25	8.05	11.83	15.61	19.36	23.10	26.80	30.47	34.10
8'	0.51	4.31	8.11	11.90	15.67	19.43	23.16	26.86	30.53	34.16
9'	0.57	4.37	8.17	11.96	15.73	19.49	23.22	26.92	30.59	34.23
10'	0.63	4.44	8.24	12.02	15.80	19.55	23.28	26.98	30.65	34.29
11	0.70	4.50	8.30	12.09	15.86	19.61	23.34	27.05	30.71	34.35
12'	0.76	4.56	8.36	12.15	15.92	19.68	23.41	27.11	30.78	34.41
13'	0.82	4.63	8.43	12.21	15.99	19.74	23.47	27.17	30.84	34.47
14'	0.89	4.69	8.49	12.28	16.05	19.80	23.53	27.22	30.90	34.53
15'	0.95	4.75	8.55	12.34	16.11	19.86	23.59	27.29	30.96	34.59
16'	1.01	4.82	8.62	12.40	16.17	19.93	23.65	27.35	31.02	34.65
17'	1.08	4.88	8.68	12.47	16.24	19.99	23.72	27.41	31.08	34.71
18'	1.14	4.94	8.74	12.53	16.30	20.05	23.78	27.48	31.14	34.77
19'	1.20	5.01	8.80	12.59	16.36	20.11	23.84	27.54	31.20	34.83
20'	1.27	5.07	8.87	12.65	16.42	20.18	23.90	27.60	31.26	34.89
21'	1.33	5.13	8.93	12.72	16.49	20.24	23.96	27.66	31.32	34.95
22'	1.39	5.20	8.99	12.78	16.55	20.30	24.03	27.72	31.38	35.01
23'	1.46	5.26	9.06	12.84	16.61	20.36	24.09	27.78	31.44	35.07
24'	1.52	5.32	9.12	12.91	16.68	20.42	24.15	27.84	31.50	35.13
25'	1.59	5.39	9.18	12.97	16.74	20.49	24.21	27.90	31.57	35.19
26'	1.65	5.45	9.25	13.03	16.80	20.55	24.27	27.97	31.63	35.25
27'	1.71	5.51	9.31	13.09	16.86	20.61	24.33	28.03	31.69	35.31
28'	1.78	5.58	9.37	13.16	16.93	20.67	24.40	28.09	31.75	35.37
29'	1.84	5.64	9.43	13.22	16.99	20.74	24.46	28.15	31.81	35.43
30'	1.90	5.70	9.50	13.28	17.05	20.80	24.52	28.21	31.87	35.49
31'	1.97	5.77	9.56	13.35	17.11	20.86	24.58	28.27	31.93	35.55
32'	2.03	5.83	9.63	13.41	17.18	20.92	24.64	28.33	31.99	35.61
33'	2.09	5.89	9.69	13.47	17.24	20.98	24.71	28.39	32.05	35.67
34'	2.16	5.96	9.75	13.54	17.30	21.05	24.77	28.46	32.11	35.73
35'	2.22	6.02	9.82	13.60	17.36	21.11	24.83	28.52	32.17	35.79
36'	2.28	6.08	9.88	13.66	17.43	21.17	24.89	28.58	32.23	35.85
37'	2.35	6.15	9.94	13.72	17.49	21.23	24.95	28.64	32.29	35.91
38'	2.41	6.21	10.01	13.79	17.55	21.30	25.01	28.70	32.35	35.97
39'	2.47	6.27	10.07	13.85	17.61	21.36	25.08	28.76	32.41	36.03
40'	2.54	6.34	10.13	13.91	17.68	21.42	25.14	28.82	32.47	36.09
41'	2.60	6.40	10.19	13.98	17.74	21.48	25.20	28.88	32.53	36.15
42'	2.66	6.46	10.26	14.04	17.80	21.54	25.26	28.95	32.60	36.21
43'	2.73	6.53	10.32	14.10	17.87	21.61	25.32	29.01	32.66	36.27
44'	2.79	6.59	10.38	14.16	17.93	21.67	25.38	29.07	32.72	36.33
45'	2.85	6.65	10.45	14.23	17.99	21.73	25.45	29.13	32.78	36.38
46'	2.92	6.72	10.51	14.29	18.05	21.79	25.51	29.19	32.84	36.44
47'	2.98	6.78	10.57	14.35	18.12	21.86	25.57	29.25	32.90	36.50
48'	3.04	6.84	10.64	14.42	18.18	21.92	25.63	29.31	32.96	36.56
49'	3.11	6.91	10.70	14.48	18.24	21.98	25.69	29.37	33.02	36.62
50'	3.17	6.97	10.76	14.54	18.30	22.04	25.75	29.43	33.08	36.68
51'	3.23	7.03	10.83	14.60	18.37	22.10	25.82	29.50	33.14	36.74
52'	3.30	7.10	10.89	14.66	18.43	22.17	25.88	29.56	33.20	36.80
53'	3.36	7.16	10.95	14.73	18.49	22.23	25.94	29.62	33.26	36.86
54'	3.42	7.22	11.02	14.79	18.55	22.29	26.00	29.68	33.32	36.92
55'	3.49	7.29	11.08	14.86	18.62	22.35	26.06	29.74	33.38	36.98
56'	3.55	7.35	11.14	14.92	18.68	22.41	26.12	29.80	33.44	37.04
57'	3.61	7.41	11.20	14.98	18.74	22.48	26.18	29.86	33.50	37.10
58'	3.68	7.48	11.27	15.04	18.80	22.54	26.25	29.92	33.56	37.16
59'	3.74	7.54	11.33	15.11	18.87	22.60	26.31	29.98	33.62	37.22

218 $\cos^2\alpha$

α	218 $\cos^2\alpha$
0°	218.0
0° 30'	218.0
1°	217.9
1° 30'	217.9
2°	217.7
2° 30'	217.6
3°	217.4
3° 30'	217.2
4°	216.9
4° 30'	216.7
5°	216.3
5° 20'	216.1
5° 40'	215.9
6°	215.6
6° 20'	215.3
6° 40'	215.1
7°	214.8
7° 20'	214.4
7° 40'	214.1
8°	213.8
8° 20'	213.4
8° 40'	213.1
9°	212.7
9° 20'	212.3
9° 40'	211.9
10°	211.4

$219 \left(\tfrac{1}{2} \sin 2\alpha\right)$

α	0°	1°	2°	3°	4°	5°	6°	7°	8°	9°
0'	0.00	3.82	7.64	11.45	15.24	19.01	22.77	26.49	30.18	33.84
1'	0.06	3.89	7.70	11.51	15.30	19.08	22.83	26.55	30.24	33.90
2'	0.13	3.95	7.77	11.57	15.37	19.14	22.89	26.61	30.30	33.96
3'	0.19	4.01	7.83	11.64	15.43	19.20	22.95	26.68	30.37	34.02
4'	0.25	4.08	7.89	11.70	15.49	19.27	23.02	26.74	30.43	34.08
5'	0.32	4.14	7.96	11.76	15.55	19.33	23.08	26.80	30.49	34.14
6'	0.38	4.20	8.02	11.83	15.62	19.39	23.14	26.86	30.55	34.20
7'	0.45	4.27	8.08	11.89	15.68	19.45	23.20	26.92	30.61	34.26
8'	0.51	4.33	8.15	11.95	15.74	19.52	23.26	26.98	30.67	34.32
9'	0.57	4.39	8.21	12.02	15.81	19.58	23.33	27.05	30.73	34.38
10'	0.64	4.46	8.27	12.08	15.87	19.64	23.39	27.11	30.79	34.44
11'	0.70	4.52	8.34	12.14	15.93	19.70	23.45	27.17	30.86	34.50
12'	0.76	4.59	8.40	12.21	16.00	19.77	23.52	27.23	30.92	34.56
13'	0.83	4.65	8.46	12.27	16.06	19.83	23.58	27.29	30.98	34.62
14'	0.89	4.71	8.53	12.33	16.12	19.89	23.64	27.35	31.03	34.68
15'	0.96	4.78	8.59	12.40	16.19	19.95	23.70	27.42	31.10	34.74
16'	1.02	4.84	8.65	12.46	16.25	20.02	23.76	27.48	31.16	34.81
17'	1.08	4.90	8.72	12.52	16.31	20.08	23.82	27.54	31.22	34.87
18'	1.15	4.97	8.78	12.59	16.37	20.14	23.89	27.60	31.28	34.93
19'	1.21	5.03	8.85	12.65	16.44	20.21	23.95	27.66	31.34	34.99
20'	1.27	5.09	8.91	12.71	16.50	20.27	24.01	27.72	31.41	35.05
21'	1.34	5.16	8.97	12.78	16.56	20.33	24.07	27.79	31.47	35.11
22'	1.40	5.22	9.04	12.84	16.63	20.39	24.14	27.85	31.53	35.17
23'	1.46	5.29	9.10	12.90	16.69	20.46	24.20	27.91	31.59	35.23
24'	1.53	5.35	9.16	12.97	16.75	20.52	24.26	27.97	31.65	35.29
25'	1.59	5.41	9.23	13.03	16.81	20.58	24.32	28.03	31.71	35.35
26'	1.66	5.48	9.29	13.09	16.88	20.64	24.38	28.09	31.77	35.41
27'	1.72	5.54	9.35	13.15	16.94	20.71	24.45	28.16	31.83	35.47
28'	1.78	5.60	9.42	13.22	17.00	20.77	24.51	28.22	31.89	35.53
29'	1.85	5.67	9.48	13.28	17.07	20.83	24.57	28.28	31.95	35.59
30'	1.91	5.73	9.54	13.34	17.13	20.89	24.63	28.34	32.01	35.65
31'	1.97	5.79	9.61	13.41	17.19	20.96	24.69	28.40	32.08	35.71
32'	2.04	5.86	9.67	13.47	17.26	21.02	24.76	28.46	32.14	35.77
33'	2.10	5.92	9.73	13.53	17.32	21.08	24.82	28.53	32.20	35.83
34'	2.17	5.99	9.80	13.60	17.38	21.14	24.88	28.59	32.26	35.89
35'	2.23	6.05	9.86	13.66	17.44	21.21	24.94	28.65	32.32	35.95
36'	2.29	6.11	9.92	13.72	17.51	21.27	25.00	28.71	32.38	36.01
37'	2.36	6.18	9.99	13.79	17.57	21.33	25.07	28.77	32.44	36.07
38'	2.42	6.24	10.05	13.85	17.63	21.39	25.13	28.83	32.50	36.13
39'	2.48	6.30	10.11	13.91	17.70	21.46	25.19	28.89	32.56	36.19
40'	2.55	6.37	10.18	13.98	17.76	21.52	25.25	28.96	32.62	36.25
41'	2.61	6.43	10.24	14.04	17.82	21.58	25.31	29.02	32.68	36.31
42'	2.68	6.49	10.30	14.10	17.88	21.64	25.38	29.08	32.74	36.37
43'	2.74	6.56	10.37	14.17	17.95	21.71	25.44	29.14	32.81	36.43
44'	2.80	6.62	10.43	14.23	18.01	21.77	25.50	29.20	32.87	36.49
45'	2.87	6.68	10.50	14.29	18.07	21.83	25.56	29.26	32.93	36.55
46'	2.93	6.75	10.56	14.36	18.14	21.89	25.62	29.32	32.99	36.61
47'	2.99	6.81	10.62	14.42	18.20	21.96	25.69	29.39	33.05	36.67
48'	3.06	6.88	10.69	14.48	18.26	22.02	25.75	29.45	33.11	36.73
49'	3.12	6.94	10.75	14.55	18.32	22.08	25.81	29.51	33.17	36.79
50'	3.18	7.00	10.81	14.61	18.39	22.14	25.87	29.57	33.23	36.85
51'	3.25	7.07	10.88	14.67	18.45	22.21	25.93	29.63	33.29	36.91
52'	3.31	7.13	10.94	14.73	18.51	22.27	26.00	29.69	33.35	36.97
53'	3.38	7.19	11.00	14.80	18.58	22.33	26.06	29.75	33.41	37.03
54'	3.44	7.26	11.07	14.86	18.64	22.39	26.12	29.81	33.47	37.09
55'	3.50	7.32	11.13	14.92	18.70	22.45	26.18	29.88	33.53	37.15
56'	3.57	7.38	11.19	14.99	18.76	22.52	26.24	29.94	33.59	37.21
57'	3.63	7.45	11.26	15.05	18.83	22.58	26.30	30.00	33.66	37.27
58'	3.69	7.51	11.32	15.12	18.89	22.64	26.37	30.06	33.72	37.33
59'	3.76	7.57	11.38	15.18	18.95	22.70	26.43	30.12	33.78	37.39

$219 \cos^2\alpha$

α	
0°	219.0
0° 30'	219.0
1°	218.9
1° 30'	218.8
2°	218.7
2° 30'	218.6
3°	218.4
3° 30'	218.2
4°	217.9
4° 30'	217.6
5°	217.3
5° 20'	217.1
5° 40'	216.9
6°	216.6
6° 20'	216.3
6° 40'	216.0
7°	215.7
7° 20'	215.4
7° 40'	215.1
8°	214.8
8° 20'	214.4
8° 40'	214.0
9°	213.6
9° 20'	213.2
9° 40	212.8
10°	212.4

α	0°	1°	2°	3°	4°	5°	6°	7°	8°	9°
0'	0.00	3.84	7.67	11.50	15.31	19.10	22.87	26.61	30.32	33.99
1'	0.06	3.90	7.74	11.56	15.37	19.16	22.93	26.67	30.38	34.05
2'	0.13	3.97	7.80	11.63	15.44	19.23	23.00	26.74	30.44	34.11
3'	0.19	4.03	7.86	11.69	15.50	19.29	23.06	26.80	30.50	34.17
4'	0.26	4.09	7.93	11.75	15.56	19.35	23.12	26.86	30.57	34.24
5'	0.32	4.16	7.99	11.82	15.63	19.42	23.18	26.92	30.63	34.30
6'	0.38	4.22	8.06	11.88	15.69	19.48	23.25	26.98	30.69	34.36
7'	0.45	4.29	8.12	11.94	15.76	19.54	23.31	27.05	30.75	34.42
8'	0.51	4.35	8.18	12.01	15.82	19.61	23.37	27.11	30.81	34.48
9'	0.58	4.41	8.25	12.07	15.88	19.67	23.43	27.17	30.87	34.54
10'	0.64	4.48	8.31	12.13	15.94	19.73	23.50	27.23	30.93	34.60
11	0.70	4.54	8.38	12.20	16.01	19.79	23.56	27.29	31.00	34.66
12'	0.77	4.61	8.44	12.26	16.07	19.86	23.62	27.36	31.06	34.72
13'	0.83	4.67	8.50	12.33	16.13	19.92	23.68	27.42	31.12	34.78
14'	0.90	4.78	8.57	12.39	16.20	19.98	23.75	27.48	31.18	34.84
15'	0.96	4.80	8.63	12.45	16.26	20.05	23.81	27.54	31.24	34.90
16'	1.02	4.86	8.69	12.52	16.32	20.11	23.87	27.60	31.30	34.96
17'	1.09	4.93	8.76	12.58	16.39	20.17	23.93	27.67	31.36	35.02
18'	1.15	4.99	8.82	12.64	16.45	20.23	24.00	27.73	31.43	35.09
19'	1.22	5.05	8.89	12.71	16.51	20.30	24.06	27.79	31.49	35.15
20'	1.28	5.12	8.95	12.77	16.58	20.36	24.12	27.85	31.55	35.21
21'	1.34	5.18	9.01	12.83	16.64	20.42	24.18	27.91	31.61	35.27
22'	1.41	5.25	9.08	12.90	16.70	20.49	24.25	27.98	31.67	35.33
23'	1.47	5.31	9.14	12.96	16.77	20.55	24.31	28.04	31.73	35.39
24'	1.54	5.37	9.20	13.02	16.83	20.61	24.37	28.10	31.79	35.45
25'	1.60	5.44	9.27	13.09	16.89	20.67	24.43	28.16	31.85	35.51
26'	1.66	5.50	9.33	13.15	16.95	20.74	24.50	28.22	31.92	35.57
27'	1.73	5.57	9.40	13.22	17.02	20.80	24.56	28.28	31.98	35.63
28'	1.79	5.63	9.46	13.28	17.08	20.86	24.62	28.35	32.04	35.69
29'	1.86	5.69	9.52	13.34	17.14	20.93	24.68	28.41	32.10	35.75
30'	1.92	5.76	9.59	13.41	17.21	20.99	24.74	28.47	32.16	35.81
31'	1.98	5.82	9.65	13.47	17.27	21.05	24.81	28.53	32.22	35.87
32'	2.05	5.88	9.71	13.53	17.33	21.11	24.87	28.59	32.28	35.93
33'	2.11	5.95	9.78	13.60	17.40	21.18	24.93	28.66	32.34	35.99
34'	2.18	6.01	9.84	13.66	17.46	21.24	24.99	28.72	32.41	36.05
35'	2.24	6.08	9.91	13.72	17.52	21.30	25.06	28.78	32.47	36.11
36'	2.30	6.14	9.97	13.79	17.59	21.37	25.12	28.84	32.53	36.18
37'	2.37	6.20	10.03	13.85	17.65	21.43	25.18	28.90	32.59	36.24
38'	2.43	6.27	10.10	13.91	17.71	21.49	25.24	28.96	32.65	36.30
39'	2.50	6.33	10.16	13.98	17.78	21.55	25.31	29.03	32.71	36.36
40'	2.56	6.40	10.22	14.04	17.84	21.62	25.37	29.09	32.77	36.42
41'	2.62	6.46	10.29	14.10	17.90	21.68	25.43	29.15	32.83	36.48
42'	2.69	6.52	10.35	14.17	17.97	21.74	25.49	29.21	32.89	36.54
43'	2.75	6.59	10.42	14.23	18.03	21.81	25.55	29.27	32.96	36.60
44'	2.82	6.65	10.48	14.29	18.09	21.87	25.62	29.33	33.02	36.66
45'	2.88	6.72	10.54	14.36	18.16	21.93	25.68	29.40	33.08	36.72
46'	2.94	6.78	10.61	14.42	18.22	21.99	25.74	29.46	33.14	36.78
47'	3.01	6.84	10.67	14.48	18.28	22.06	25.80	29.52	33.20	36.84
48'	3.07	6.91	10.73	14.55	18.34	22.12	25.87	29.58	33.26	36.90
49'	3.14	6.97	10.80	14.61	18.41	22.18	25.93	29.64	33.32	36.96
50'	3.20	7.03	10.86	14.68	18.47	22.24	25.99	29.70	33.38	37.02
51'	3.26	7.10	10.93	14.74	18.53	22.31	26.05	29.77	33.44	37.08
52'	3.33	7.16	10.99	14.80	18.60	22.37	26.11	29.83	33.50	37.14
53'	3.39	7.23	11.05	14.87	18.66	22.43	26.18	29.89	33.57	37.20
54'	3.46	7.29	11.12	14.93	18.72	22.49	26.24	29.95	33.63	37.26
55'	3.52	7.35	11.18	14.99	18.79	22.56	26.30	30.01	33.69	37.32
56'	3.58	7.42	11.24	15.06	18.85	22.62	26.36	30.07	33.75	37.38
57'	3.65	7.48	11.31	15.12	18.91	22.68	26.43	30.14	33.81	37.44
58'	3.71	7.55	11.37	15.18	18.98	22.75	26.49	30.20	33.87	37.50
59'	3.77	7.61	11.43	15.25	19.04	22.81	26.55	30.26	33.93	37.56

220 $\cos^2\alpha$

0°	220.0
0° 30'	220.0
1°	219.9
1° 30'	219.8
2°	219.7
2° 30'	219.6
3°	219.4
3° 30'	219.2
4°	218.9
4° 30'	218.6
5°	218.3
5° 20'	218.1
5° 40'	217.9
6°	217.6
6° 20'	217.3
6° 40'	217.0
7°	216.7
7° 20'	216.4
7° 40'	216.1
8°	215.7
8° 20'	215.4
8° 40'	215.0
9°	214.6
9° 20'	214.2
9° 40	213.8
10°	213.4

221 (½ sin 2 α)

α	0°	1°	2°	3°	4°	5°	6°	7°	8°	9°
0′	0.00	3.86	7.71	11.55	15.38	19.19	22.97	26.78	30.46	34.15
1′	0.06	3.92	7.77	11.61	15.44	19.25	23.04	26.79	30.52	34.21
2′	0.13	3.98	7.84	11.68	15.51	19.31	23.10	26.86	30.58	34.27
3′	0.19	4.05	7.90	11.74	15.57	19.38	23.16	26.92	30.64	34.33
4′	0.26	4.11	7.96	11.81	15.63	19.44	23.23	26.98	30.71	34.39
5′	0.32	4.18	8.03	11.87	15.70	19.50	23.29	27.04	30.77	34.45
6′	0.39	4.24	8.09	11.93	15.76	19.57	23.35	27.11	30.83	34.51
7′	0.45	4.31	8.16	12.00	15.83	19.63	23.41	27.17	30.89	34.57
8′	0.51	4.37	8.22	12.06	15.89	19.69	23.48	27.23	30.95	34.64
9′	0.58	4.43	8.29	12.13	15.95	19.76	23.54	27.29	31.01	34.70
10′	0.64	4.50	8.35	12.19	16.01	19.82	23.60	27.36	31.08	34.76
11′	0.71	4.56	8.41	12.25	16.08	19.88	23.67	27.42	31.14	34.82
12′	0.77	4.63	8.48	12.32	16.14	19.95	23.73	27.48	31.20	34.88
13′	0.84	4.69	8.54	12.38	16.21	20.01	23.79	27.54	31.26	34.94
14′	0.90	4.76	8.61	12.45	16.27	20.07	23.85	27.60	31.32	35.00
15′	0.96	4.82	8.67	12.51	16.33	20.14	23.92	27.67	31.38	35.06
16′	1.03	4.88	8.73	12.57	16.40	20.20	23.98	27.73	31.45	35.12
17′	1.09	4.95	8.80	12.64	16.46	20.26	24.04	27.79	31.51	35.18
18′	1.16	5.01	8.86	12.70	16.52	20.33	24.10	27.85	31.57	35.25
19′	1.22	5.08	8.93	12.76	16.59	20.39	24.17	27.92	31.63	35.31
20′	1.29	5.14	8.99	12.83	16.65	20.45	24.23	27.98	31.69	35.37
21′	1.35	5.21	9.05	12.89	16.71	20.52	24.29	28.04	31.75	35.43
22′	1.41	5.27	9.12	12.96	16.78	20.58	24.36	28.10	31.81	35.49
23′	1.48	5.33	9.18	13.02	16.84	20.64	24.42	28.16	31.88	35.55
24′	1.54	5.40	9.25	13.08	16.90	20.71	24.48	28.23	31.94	35.61
25′	1.61	5.46	9.31	13.15	16.97	20.77	24.54	28.29	32.00	35.67
26′	1.67	5.53	9.37	13.21	17.03	20.83	24.61	28.35	32.06	35.73
27′	1.74	5.59	9.44	13.28	17.10	20.90	24.67	28.41	32.12	35.79
28′	1.80	5.65	9.50	13.34	17.16	20.96	24.73	28.48	32.18	35.85
29′	1.86	5.72	9.57	13.40	17.22	21.02	24.79	28.54	32.25	35.91
30′	1.93	5.78	9.63	13.47	17.29	21.08	24.86	28.60	32.31	35.98
31′	1.99	5.85	9.69	13.53	17.35	21.15	24.92	28.66	32.37	36.04
32′	2.06	5.91	9.76	13.59	17.41	21.21	24.98	28.72	32.43	36.10
33′	2.12	5.98	9.82	13.66	17.48	21.27	25.05	28.79	32.49	36.16
34′	2.19	6.04	9.89	13.72	17.54	21.34	25.11	28.85	32.55	36.22
35′	2.25	6.10	9.95	13.79	17.60	21.40	25.17	28.91	32.61	36.28
36′	2.31	6.17	10.01	13.85	17.67	21.46	25.23	28.97	32.68	36.34
37′	2.38	6.23	10.08	13.91	17.73	21.53	25.30	29.03	32.74	36.40
38′	2.44	6.30	10.14	13.98	17.79	21.59	25.36	29.10	32.80	36.46
39′	2.51	6.36	10.21	14.04	17.86	21.65	25.42	29.16	32.86	36.52
40′	2.57	6.43	10.27	14.10	17.92	21.72	25.48	29.22	32.92	36.58
41′	2.64	6.49	10.33	14.17	17.98	21.78	25.55	29.28	32.98	36.64
42′	2.70	6.55	10.40	14.23	18.05	21.84	25.61	29.34	33.04	36.70
43′	2.76	6.62	10.46	14.30	18.11	21.90	25.67	29.41	33.11	36.76
44′	2.83	6.68	10.53	14.36	18.17	21.97	25.73	29.47	33.17	36.83
45′	2.89	6.75	10.59	14.42	18.24	22.03	25.80	29.53	33.23	36.89
46′	2.96	6.81	10.65	14.49	18.30	22.09	25.86	29.59	33.29	36.95
47′	3.02	6.87	10.72	14.55	18.36	22.16	25.92	29.65	33.35	37.01
48′	3.09	6.94	10.78	14.61	18.43	22.22	25.98	29.72	33.41	37.07
49′	3.15	7.00	10.85	14.68	18.49	22.28	26.05	29.78	33.47	37.13
50′	3.21	7.07	10.91	14.74	18.55	22.35	26.11	29.84	33.53	37.19
51′	3.28	7.13	10.97	14.81	18.62	22.41	26.17	29.90	33.60	37.25
52′	3.34	7.19	11.04	14.87	18.68	22.47	26.23	29.96	33.66	37.31
53′	3.41	7.26	11.10	14.93	18.74	22.53	26.30	30.03	33.72	37.37
54′	3.47	7.32	11.17	15.00	18.81	22.60	26.36	30.09	33.78	37.43
55′	3.54	7.39	11.23	15.06	18.87	22.66	26.42	30.15	33.84	37.49
56′	3.60	7.45	11.29	15.12	18.93	22.72	26.48	30.21	33.90	37.55
57′	3.66	7.52	11.36	15.19	19.00	22.79	26.55	30.27	33.96	37.61
58′	3.73	7.58	11.42	15.25	19.06	22.85	26.61	30.33	34.02	37.67
59′	3.79	7.64	11.49	15.31	19.12	22.91	26.67	30.40	34.09	37.73

221 $\cos^2\alpha$

α	
0°	221.0
0° 30′	221.0
1°	220.9
1° 30′	220.8
2°	220.7
2° 30′	220.6
3°	220.4
3° 30′	220.2
4°	219.9
4° 30′	219.6
5°	219.3
5° 20′	219.1
5° 40′	218.8
6°	218.6
6° 20′	218.3
6° 40′	218.0
7°	217.7
7° 20′	217.4
7° 40′	217.1
8°	216.7
8° 20′	216.4
8° 40′	216.0
9°	215.6
9° 20′	215.2
9° 40	214.8
10°	214.3

222 ($\frac{1}{2} \sin 2\alpha$)

α	0°	1°	2°	3°	4°	5°	6°	7°	8°	9°
0'	0.00	3.87	7.74	11.60	15.45	19.27	23.08	26.85	30.60	34.30
1'	0.06	3.94	7.81	11.67	15.51	19.34	23.14	26.92	30.66	34.36
2'	0.13	4.00	7.87	11.73	15.58	19.40	23.20	26.98	30.72	34.42
3'	0.19	4.07	7.94	11.80	15.64	19.47	23.27	27.04	30.78	34.49
4'	0.26	4.13	8.00	11.86	15.70	19.53	23.33	27.10	30.84	34.55
5'	0.32	4.20	8.07	11.92	15.77	19.59	23.39	27.17	30.91	34.61
6'	0.39	4.26	8.13	11.99	15.83	19.66	23.46	27.23	30.97	34.67
7'	0.45	4.33	8.19	12.05	15.90	19.72	23.52	27.29	31.03	34.73
8'	0.52	4.39	8.26	12.12	15.96	19.78	23.58	27.35	31.09	34.79
9'	0.58	4.45	8.32	12.18	16.02	19.85	23.65	27.42	31.15	34.85
10'	0.65	4.52	8.39	12.24	16.09	19.91	23.71	27.48	31.22	34.91
11'	0.71	4.58	8.45	12.31	16.15	19.97	23.77	27.54	31.28	34.98
12'	0.77	4.65	8.52	12.37	16.22	20.04	23.84	27.60	31.34	35.04
13'	0.84	4.71	8.58	12.44	16.28	20.10	23.90	27.67	31.40	35.10
14'	0.90	4.78	8.64	12.50	16.34	20.16	23.96	27.73	31.46	35.16
15'	0.97	4.84	8.71	12.57	16.41	20.23	24.02	27.79	31.53	35.22
16'	1.03	4.91	8.77	12.63	16.47	20.29	24.09	27.85	31.59	35.28
17'	1.10	4.97	8.84	12.69	16.53	20.36	24.15	27.92	31.65	35.34
18'	1.16	5.04	8.90	12.76	16.60	20.42	24.21	27.98	31.71	35.40
19'	1.23	5.10	8.97	12.82	16.66	20.48	24.28	28.04	31.77	35.47
20'	1.29	5.16	9.03	12.89	16.73	20.55	24.34	28.10	31.84	35.53
21'	1.36	5.23	9.10	12.95	16.79	20.61	24.40	28.17	31.90	35.59
22'	1.42	5.29	9.16	13.01	16.85	20.67	24.47	28.23	31.96	35.65
23'	1.48	5.36	9.22	13.08	16.92	20.74	24.53	28.29	32.02	35.71
24'	1.55	5.42	9.29	13.14	16.98	20.80	24.59	28.35	32.08	35.77
25'	1.61	5.49	9.35	13.21	17.05	20.86	24.65	28.42	32.14	35.83
26'	1.68	5.55	9.42	13.27	17.11	20.93	24.72	28.48	32.21	35.89
27'	1.74	5.62	9.48	13.34	17.17	20.99	24.78	28.54	32.27	35.95
28'	1.81	5.68	9.55	13.40	17.24	21.05	24.84	28.60	32.33	36.02
29'	1.87	5.74	9.61	13.46	17.30	21.12	24.91	28.67	32.39	36.08
30'	1.94	5.81	9.67	13.53	17.36	21.18	24.97	28.73	32.45	36.14
31'	2.00	5.87	9.74	13.59	17.43	21.24	25.03	28.79	32.51	36.20
32'	2.07	5.94	9.80	13.66	17.49	21.31	25.10	28.85	32.58	36.26
33'	2.13	6.00	9.87	13.72	17.56	21.37	25.16	28.92	32.64	36.32
34'	2.20	6.07	9.93	13.78	17.62	21.43	25.22	28.98	32.70	36.38
35'	2.26	6.13	10.00	13.85	17.68	21.50	25.28	29.04	32.76	36.44
36'	2.32	6.20	10.06	13.91	17.75	21.56	25.35	29.10	32.82	36.50
37'	2.39	6.26	10.12	13.98	17.81	21.62	25.41	29.17	32.89	36.57
38'	2.45	6.33	10.19	14.04	17.87	21.69	25.47	29.23	32.95	36.63
39'	2.52	6.39	10.25	14.10	17.94	21.75	25.54	29.29	33.01	36.69
40'	2.58	6.45	10.32	14.17	18.00	21.81	25.60	29.35	33.07	36.75
41'	2.65	6.52	10.38	14.23	18.07	21.88	25.66	29.41	33.13	36.81
42'	2.71	6.58	10.45	14.30	18.13	21.94	25.72	29.48	33.19	36.87
43'	2.78	6.65	10.51	14.36	18.19	22.00	25.79	29.54	33.26	36.93
44'	2.84	6.71	10.57	14.42	18.26	22.07	25.85	29.60	33.32	36.99
45'	2.91	6.78	10.64	14.49	18.32	22.13	25.91	29.66	33.38	37.05
46'	2.97	6.84	10.70	14.55	18.38	22.19	25.98	29.73	33.44	37.11
47'	3.03	6.91	10.77	14.62	18.45	22.26	26.04	29.79	33.50	37.17
48'	3.10	6.97	10.83	14.68	18.51	22.32	26.10	29.85	33.56	37.24
49'	3.16	7.03	10.90	14.74	18.58	22.38	26.16	29.91	33.62	37.30
50'	3.23	7.10	10.96	14.81	18.64	22.45	26.23	29.97	33.69	37.36
51'	3.29	7.16	11.02	14.87	18.70	22.51	26.29	30.04	33.75	37.42
52'	3.36	7.23	11.09	14.94	18.77	22.57	26.35	30.10	33.81	37.48
53'	3.42	7.29	11.15	15.00	18.83	22.64	26.41	30.16	33.87	37.54
54'	3.49	7.36	11.22	15.06	18.89	22.70	26.48	30.22	33.93	37.60
55'	3.55	7.42	11.28	15.13	18.96	22.76	26.54	30.29	33.99	37.66
56'	3.62	7.49	11.35	15.19	19.02	22.83	26.60	30.35	34.06	37.72
57'	3.68	7.55	11.41	15.26	19.08	22.89	26.67	30.41	34.12	37.78
58'	3.74	7.61	11.47	15.32	19.15	22.95	26.73	30.47	34.18	37.84
59'	3.81	7.68	11.54	15.38	19.21	23.01	26.79	30.53	34.24	37.90

222 $\cos^2 \alpha$

α	222 cos²α
0°	222.0
0° 30'	222.0
1°	221.9
1° 30'	221.8
2°	221.7
2° 30'	221.6
3°	221.4
3° 30'	221.2
4°	220.9
4° 30'	220.6
5°	220.3
5° 20'	220.1
5° 40'	219.8
6°	219.6
6° 20'	219.3
6° 40'	219.0
7°	218.7
7° 20'	218.4
7° 40'	218.0
8°	217.7
8° 20'	217.3
8° 40'	217.0
9°	216.6
9° 20'	216.2
9° 40	215.7
10°	215.3

223 ($^1/_2 \sin 2\alpha$)

α	0°	1°	2°	3°	4°	5°	6°	7°	8°	9°	**223** $\cos^2\alpha$	
0′	0.00	3.89	7.78	11.65	15.52	19.36	23.18	26.97	30.73	34.46		
1′	0.06	3.96	7.84	11.72	15.58	19.43	23.25	27.04	30.80	34.52		
2′	0.13	4.02	7.91	11.78	15.65	19.49	23.31	27.10	30.86	34.58		
3′	0.19	4.09	7.97	11.85	15.71	19.55	23.37	27.16	30.92	34.64		
4′	0.26	4.15	8.04	11.91	15.77	19.62	23.44	27.23	30.98	34.70	0°	223.0
											0° 30′	223.0
5′	0.32	4.22	8.10	11.98	15.84	19.68	23.50	27.29	31.05	34.76		
6′	0.39	4.28	8.17	12.04	15.90	19.74	23.56	27.35	31.11	34.83		
7′	0.45	4.35	8.23	12.11	15.97	19.81	23.63	27.41	31.17	34.89	1°	222.9
8′	0.52	4.41	8.30	12.17	16.03	19.87	23.69	27.48	31.23	34.95	1° 30′	222.8
9′	0.58	4.47	8.36	12.24	16.10	19.94	23.75	27.54	31.29	35.01		
10′	0.65	4.54	8.42	12.30	16.16	20.00	23.82	27.60	31.36	35.07	2°	222.7
11	0.71	4.60	8.49	12.36	16.22	20.06	23.88	27.67	31.42	35.13	2° 30′	222.6
12′	0.78	4.67	8.55	12.43	16.29	20.13	23.94	27.73	31.48	35.19		
13′	0.84	4.73	8.62	12.49	16.35	20.19	24.01	27.79	31.54	35.26	3°	222.4
14′	0.91	4.80	8.68	12.56	16.42	20.26	24.07	27.85	31.60	35.32	3° 30′	222.2
15′	0.97	4.86	8.75	12.62	16.48	20.32	24.13	27.92	31.67	35.38		
16′	1.04	4.93	8.81	12.69	16.54	20.38	24.20	27.98	31.73	35.44		
17′	1.10	4.99	8.88	12.75	16.61	20.45	24.26	28.04	31.79	35.50	4°	221.9
18′	1.17	5.06	8.94	12.82	16.67	20.51	24.32	28.11	31.85	35.56	4° 30′	221.6
19′	1.23	5.12	9.01	12.88	16.74	20.57	24.39	28.17	31.92	35.63		
20′	1.30	5.19	9.07	12.94	16.80	20.64	24.45	28.23	31.98	35.69	5°	221.3
21′	1.36	5.25	9.14	13.01	16.87	20.70	24.51	28.29	32.04	35.75	5° 20′	221.1
22′	1.43	5.32	9.20	13.07	16.93	20.77	24.58	28.36	32.10	35.81	5° 40′	220.8
23′	1.49	5.38	9.27	13.14	16.99	20.83	24.64	28.42	32.16	35.87		
24′	1.56	5.45	9.33	13.20	17.06	20.89	24.70	28.48	32.23	35.93	6°	220.6
											6° 20′	220.3
25′	1.62	5.51	9.39	13.27	17.12	20.96	24.77	28.54	32.29	35.99	6° 40′	220.0
26′	1.69	5.58	9.46	13.33	17.19	21.02	24.83	28.61	32.35	36.06		
27′	1.75	5.64	9.52	13.40	17.25	21.08	24.89	28.67	32.41	36.12		
28′	1.82	5.71	9.59	13.46	17.31	21.15	24.96	28.73	32.48	36.18	7°	219.7
29′	1.88	5.77	9.65	13.52	17.38	21.21	25.02	28.80	32.54	36.24	7° 20′	219.4
											7° 40′	219.0
30′	1.95	5.84	9.72	13.59	17.44	21.28	25.08	28.86	32.60	36.30		
31′	2.01	5.90	9.78	13.65	17.51	21.34	25.15	28.92	32.66	36.36		
32′	2.08	5.97	9.85	13.72	17.57	21.40	25.21	28.98	32.72	36.42	8°	218.7
33′	2.14	6.03	9.91	13.78	17.63	21.47	25.27	29.05	32.79	36.48	8° 20′	218.3
34′	2.21	6.09	9.98	13.85	17.70	21.53	25.33	29.11	32.85	36.55	8° 40′	217.9
35′	2.27	6.16	10.04	13.91	17.76	21.59	25.40	29.17	32.91	36.61		
"6′	2.33	6.22	10.11	13.97	17.83	21.66	25.46	29.23	32.97	36.67	9°	217.5
37′	2.40	6.29	10.17	14.04	17.89	21.72	25.52	29.30	33.03	36.73	9° 20′	217.1
38′	2.46	6.35	10.23	14.10	17.95	21.78	25.59	29.36	33.10	36.79	9° 40	216.7
39′	2.53	6.42	10.30	14.17	18.02	21.85	25.65	29.42	33.16	36.85		
40′	2.59	6.48	10.36	14.23	18.08	21.91	25.71	29.48	33.22	36.91	10°	216.3
41′	2.66	6.55	10.43	14.30	18.15	21.98	25.78	29.55	33.28	36.97		
42′	2.72	6.61	10.49	14.36	18.21	22.04	25.84	29.61	33.34	37.04		
43′	2.79	6.68	10.56	14.43	18.27	22.10	25.90	29.67	33.40	37.10		
44′	2.85	6.74	10.62	14.49	18.34	22.17	25.97	29.73	33.47	37.16		
45′	2.92	6.81	10.69	14.55	18.40	22.23	26.03	29.80	33.53	37.22		
46′	2.98	6.87	10.75	14.62	18.47	22.29	26.09	29.86	33.59	37.28		
47′	3.05	6.94	10.82	14.68	18.53	22.36	26.16	29.92	33.65	37.34		
48′	3.11	7.00	10.88	14.75	18.59	22.42	26.22	29.98	33.71	37.40		
49′	3.18	7.07	10.95	14.81	18.66	22.48	26.28	30.05	33.78	37.46		
50′	3.24	7.13	11.01	14.88	18.72	22.55	26.34	30.11	33.84	37.52		
51′	3.31	7.20	11.07	14.94	18.79	22.61	26.41	30.17	33.90	37.59		
52′	3.37	7.26	11.14	15.00	18.85	22.67	26.47	30.23	33.96	37.65		
53′	3.44	7.32	11.20	15.07	18.91	22.74	26.53	30.30	34.02	37.71		
54′	3.50	7.39	11.27	15.13	18.98	22.80	26.60	30.36	34.09	37.77		
55′	3.57	7.45	11.33	15.20	19.04	22.86	26.66	30.42	34.15	37.83		
56′	3.63	7.52	11.40	15.26	19.11	22.93	26.72	30.48	34.21	37.89		
57′	3.70	7.58	11.46	15.33	19.17	22.99	26.79	30.55	34.27	37.95		
58′	3.76	7.65	11.53	15.39	19.23	23.06	26.85	30.61	34.33	38.01		
59′	3.83	7.71	11.59	15.45	19.30	23.12	26.91	30.67	34.39	38.07		

α	0°	1°	2°	3°	4°	5°	6°	7°	8°	9°
0'	0.00	3.91	7.81	11.71	15.59	19.45	23.29	27.10	30.87	34.61
1'	0.07	3.97	7.88	11.77	15.65	19.51	23.35	27.16	30.93	34.67
2'	0.13	4.04	7.94	11.84	15.72	19.58	23.41	27.22	31.00	34.73
3'	0.20	4.10	8.01	11.90	15.78	19.64	23.48	27.28	31.06	34.80
4'	0.26	4.17	8.07	11.97	15.85	19.71	23.54	27.35	31.12	34.86
5'	0.33	4.23	8.14	12.03	15.91	19.77	23.60	27.41	31.18	34.92
6'	0.39	4.30	8.20	12.10	15.97	19.83	23.67	27.47	31.25	34.98
7'	0.46	4.36	8.27	12.16	16.04	19.90	23.73	27.54	31.31	35.04
8'	0.52	4.43	8.33	12.23	16.10	19.96	23.80	27.60	31.37	35.11
9'	0.59	4.49	8.40	12.29	16.17	20.03	23.86	27.66	31.43	35.17
10'	0.65	4.56	8.46	12.36	16.23	20.09	23.92	27.73	31.50	35.23
11'	0.72	4.62	8.53	12.42	16.30	20.15	23.99	27.79	31.56	35.29
12'	0.78	4.69	8.59	12.48	16.36	20.22	24.05	27.85	31.62	35.35
13'	0.85	4.76	8.66	12.55	16.43	20.28	24.11	27.92	31.68	35.41
14'	0.91	4.82	8.72	12.61	16.49	20.35	24.18	27.98	31.75	35.48
15'	0.98	4.89	8.79	12.68	16.56	20.41	24.24	28.04	31.81	35.54
16'	1.04	4.95	8.85	12.74	16.62	20.47	24.30	28.11	31.87	35.60
17'	1.11	5.02	8.92	12.81	16.68	20.54	24.37	28.17	31.93	35.66
18'	1.17	5.08	8.98	12.87	16.75	20.60	24.43	28.23	32.00	35.72
19'	1.24	5.15	9.05	12.94	16.81	20.67	24.50	28.29	32.06	35.79
20'	1.30	5.21	9.11	13.00	16.88	20.73	24.56	28.36	32.12	35.85
21'	1.37	5.28	9.18	13.07	16.94	20.79	24.62	28.42	32.18	35.91
22'	1.43	5.34	9.24	13.13	17.01	20.86	24.69	28.48	32.25	35.97
23'	1.50	5.41	9.31	13.20	17.07	20.92	24.75	28.55	32.31	36.03
24'	1.56	5.47	9.37	13.26	17.13	20.99	24.81	28.61	32.37	36.09
25'	1.63	5.54	9.44	13.33	17.20	21.05	24.88	28.67	32.43	36.16
26'	1.69	5.60	9.50	13.39	17.26	21.11	24.94	28.74	32.50	36.22
27'	1.76	5.67	9.57	13.46	17.33	21.18	25.00	28.80	32.56	36.28
28'	1.82	5.73	9.63	13.52	17.39	21.24	25.07	28.86	32.62	36.34
29'	1.89	5.80	9.70	13.58	17.46	21.31	25.13	28.92	32.68	36.40
30'	1.95	5.86	9.76	13.65	17.52	21.37	25.19	28.99	32.75	36.46
31'	2.02	5.93	9.83	13.71	17.59	21.43	25.26	29.05	32.81	36.53
32'	2.08	5.99	9.89	13.78	17.65	21.50	25.32	29.11	32.87	36.59
33'	2.15	6.06	9.96	13.84	17.71	21.56	25.39	29.18	32.93	36.65
34'	2.21	6.12	10.02	13.91	17.78	21.63	25.45	29.24	32.99	36.71
35'	2.28	6.19	10.09	13.97	17.84	21.69	25.51	29.30	33.06	36.77
36'	2.35	6.25	10.15	14.04	17.91	21.75	25.58	29.37	33.12	36.83
37'	2.41	6.32	10.22	14.10	17.97	21.82	25.64	29.43	33.18	36.89
38'	2.48	6.38	10.28	14.17	18.04	21.88	25.70	29.49	33.24	36.96
39'	2.54	6.45	10.35	14.23	18.10	21.95	25.77	29.55	33.31	37.02
40'	2.61	6.51	10.41	14.30	18.16	22.01	25.83	29.62	33.37	37.08
41'	2.67	6.58	10.48	14.36	18.23	22.07	25.89	29.68	33.43	37.14
42'	2.74	6.64	10.54	14.43	18.29	22.14	25.96	29.74	33.49	37.20
43'	2.80	6.71	10.60	14.49	18.36	22.20	26.02	29.80	33.55	37.26
44'	2.87	6.77	10.67	14.55	18.42	22.27	26.08	29.87	33.62	37.32
45'	2.93	6.84	10.73	14.62	18.49	22.33	26.15	29.93	33.68	37.39
46'	3.00	6.90	10.80	14.68	18.55	22.39	26.21	29.99	33.74	37.45
47'	3.06	6.97	10.86	14.75	18.61	22.46	26.27	30.06	33.80	37.51
48'	3.13	7.03	10.93	14.81	18.68	22.52	26.34	30.12	33.87	37.57
49'	3.19	7.10	10.99	14.88	18.74	22.58	26.40	30.18	33.93	37.63
50'	3.26	7.16	11.06	14.94	18.81	22.65	26.46	30.24	33.99	37.69
51'	3.32	7.23	11.12	15.01	18.87	22.71	26.53	30.31	34.05	37.75
52'	3.39	7.29	11.19	15.07	18.94	22.78	26.59	30.37	34.11	37.82
53'	3.45	7.36	11.25	15.14	19.00	22.84	26.65	30.43	34.18	37.88
54'	3.52	7.42	11.32	15.20	19.06	22.90	26.72	30.50	34.24	37.94
55'	3.58	7.49	11.38	15.26	19.13	22.97	26.78	30.56	34.30	38.00
56'	3.65	7.55	11.45	15.33	19.19	23.03	26.84	30.62	34.36	38.06
57'	3.71	7.62	11.51	15.39	19.26	23.09	26.91	30.68	34.42	38.12
58'	3.78	7.68	11.58	15.46	19.32	23.16	26.97	30.75	34.49	38.18
59'	3.84	7.75	11.64	15.52	19.38	23.22	27.03	30.81	34.55	38.25

224 $\cos^2\alpha$

0°	224.0
0° 30'	224.0
1°	223.9
1° 30'	223.8
2°	223.7
2° 30'	223.6
3°	223.4
3° 30'	223.2
4°	222.9
4° 30'	222.6
5°	222.3
5° 20'	222.1
5° 40'	221.8
6°	221.6
6° 20'	221.3
6° 40'	221.0
7°	220.7
7° 20'	220.4
7° 40'	220.0
8°	219.7
8° 20'	219.3
8° 40'	218.9
9°	218.5
9° 20'	218.1
9° 40'	217.7
10°	217.2

218

225 (½ sin 2 α)

α	0°	1°	2°	3°	4°	5°	6°	7°	8°	9°	225 cos²α	
0′	0.00	3.93	7.85	11.76	15.66	19.54	23.39	27.22	31.01	34.76		
1′	0.07	3.99	7.91	11.82	15.72	19.60	23.45	27.28	31.07	34.83		
2′	0.13	4.06	7.98	11.89	15.79	19.66	23.52	27.34	31.14	34.89		
3′	0.20	4.12	8.04	11.95	15.85	19.73	23.58	27.41	31.20	34.95		
4′	0.26	4.19	8.11	12.02	15.92	19.79	23.65	27.47	31.26	35.01	0°	225.0
5′	0.33	4.25	8.17	12.08	15.98	19.86	23.71	27.53	31.32	35.08	0° 30′	225.0
6′	0.39	4.32	8.24	12.15	16.05	19.92	23.77	27.60	31.39	35.14		
7′	0.46	4.38	8.30	12.21	16.11	19.99	23.84	27.66	31.45	35.20	1°	224.9
8′	0.52	4.45	8.37	12.28	16.18	20.05	23.90	27.72	31.51	35.26	1° 30′	224.8
9′	0.59	4.51	8.44	12.35	16.24	20.12	23.97	27.79	31.57	35.32		
10′	0.65	4.58	8.50	12.41	16.30	20.18	24.03	27.85	31.64	35.39	2°	224.7
11	0.72	4.65	8.57	12.48	16.37	20.24	24.09	27.91	31.70	35.45	2° 30′	224.6
12′	0.79	4.71	8.63	12.54	16.43	20.31	24.16	27.98	31.76	35.51		
13′	0.85	4.78	8.70	12.61	16.50	20.37	24.22	28.04	31.83	35.58		
14′	0.92	4.84	8.76	12.67	16.56	20.44	24.29	28.10	31.89	35.63	3°	224.4
											3° 30′	224.2
15′	0.98	4.91	8.83	12.74	16.63	20.50	24.35	28.17	31.95	35.70		
16′	1.05	4.97	8.89	12.80	16.69	20.57	24.41	28.23	32.01	35.76		
17′	1.11	5.04	8.96	12.87	16.76	20.63	24.48	28.29	32.08	35.82	4°	223.9
18′	1.18	5.10	9.02	12.93	16.82	20.69	24.54	28.36	32.14	35.88	4° 30′	223.6
19′	1.24	5.17	9.09	13.00	16.89	20.76	24.60	28.42	32.20	35.94		
20′	1.31	5.23	9.15	13.06	16.95	20.82	24.67	28.48	32.27	36.01	5°	223.3
21′	1.37	5.30	9.22	13.13	17.02	20.89	24.73	28.55	32.33	36.07	5° 20′	223.1
22′	1.44	5.36	9.28	13.19	17.08	20.95	24.80	28.61	32.39	36.13	5° 40′	222.8
23′	1.51	5.43	9.35	13.26	17.15	21.02	24.86	28.67	32.45	36.19		
24′	1.57	5.50	9.41	13.32	17.21	21.08	24.92	28.74	32.52	36.25	6°	222.5
											6° 20′	222.3
25′	1.64	5.56	9.48	13.39	17.28	21.14	24.99	28.80	32.58	36.32	6° 40′	222.0
26′	1.70	5.63	9.54	13.45	17.34	21.21	25.05	28.86	32.64	36.38		
27′	1.77	5.69	9.61	13.52	17.40	21.27	25.12	28.93	32.70	36.44		
28′	1.83	5.76	9.67	13.58	17.47	21.34	25.18	28.99	32.77	36.50	7°	221.7
29′	1.90	5.82	9.74	13.65	17.53	21.40	25.24	29.05	32.83	36.56	7° 20′	221.3
											7° 40′	221.0
30′	1.96	5.89	9.81	13.71	17.60	21.47	25.31	29.12	32.89	36.63		
31′	2.03	5.95	9.87	13.78	17.66	21.53	25.37	29.18	32.95	36.69		
32′	2.09	6.02	9.84	13.84	17.73	21.59	25.43	29.24	33.02	36.75	8°	220.6
33′	2.16	6.08	10.00	13.91	17.79	21.66	25.50	29.31	33.08	36.81	8° 20′	220.3
34′	2.22	6.15	10.07	13.97	17.86	21.72	25.56	29.37	33.14	36.87	8° 40′	219.9
35′	2.29	6.21	10.13	14.04	17.92	21.79	25.63	29.43	33.20	36.94		
36′	2.36	6.28	10.20	14.10	17.99	21.85	25.69	29.50	33.27	37.00	9°	219.5
37′	2.42	6.35	10.26	14.16	18.05	21.92	25.75	29.56	33.33	37.06	9° 20′	219.1
38′	2.49	6.41	10.33	14.23	18.12	21.98	25.82	29.62	33.39	37.12	9° 40′	218.7
39′	2.55	6.48	10.39	14.29	18.18	22.04	25.88	29.69	33.45	37.18		
40′	2.62	6.54	10.46	14.36	18.25	22.11	25.94	29.75	33.52	37.24	10°	218.2
41′	2.68	6.61	10.52	14.42	18.31	22.17	26.01	29.81	33.58	37.31		
42′	2.75	6.67	10.59	14.49	18.37	22.24	26.07	29.88	33.64	37.37		
43′	2.81	6.74	10.65	14.55	18.44	22.30	26.14	29.94	33.70	37.43		
44′	2.88	6.80	10.72	14.62	18.51	22.36	26.20	30.00	33.77	37.49		
45′	2.94	6.87	10.78	14.68	18.57	22.43	26.26	30.06	33.83	37.55		
46′	3.01	6.93	10.85	14.75	18.63	22.49	26.33	30.13	33.89	37.62		
47′	3.08	7.00	10.91	14.81	18.70	22.56	26.39	30.19	33.95	37.68		
48′	3.14	7.06	10.98	14.88	18.76	22.62	26.45	30.25	34.02	37.74		
49′	3.21	7.13	11.04	14.94	18.83	22.69	26.52	30.32	34.08	37.80		
50′	3.27	7.19	11.11	15.01	18.89	22.75	26.58	30.38	34.14	37.86		
51′	3.34	7.26	11.17	15.07	18.96	22.81	26.64	30.44	34.20	37.92		
52′	3.40	7.33	11.24	15.14	19.02	22.88	26.71	30.51	34.27	37.98		
53′	3.47	7.39	11.30	15.20	19.08	22.94	26.77	30.57	34.33	38.04		
54′	3.53	7.46	11.37	15.27	19.15	23.01	26.84	30.63	34.39	38.11		
55′	3.60	7.52	11.43	15.33	19.21	23.07	26.90	30.69	34.45	38.17		
56′	3.66	7.59	11.50	15.40	19.28	23.13	26.96	30.76	34.52	38.23		
57′	3.73	7.65	11.56	15.46	19.34	23.20	27.03	30.82	34.58	38.29		
58′	3.80	7.72	11.63	15.53	19.41	23.26	27.09	30.88	34.64	38.35		
59′	3.86	7.78	11.69	15.59	19.47	23.33	27.15	30.95	34.70	38.42		

α	0°	1°	2°	3°	4°	5°	6°	7°	8°	9°
0′	0.00	3.94	7.88	11.81	15.73	19.62	23.49	27.34	31.15	34.92
1′	0.07	4.01	7.95	11.88	15.79	19.69	23.56	27.40	31.21	34.98
2′	0.13	4.08	8.01	11.94	15.86	19.75	23.62	27.46	31.27	35.04
3′	0.20	4.14	8.08	12.01	15.92	19.82	23.69	27.53	31.34	35.11
4′	0.26	4.21	8.14	12.07	15.99	19.88	23.75	27.59	31.40	35.17
5′	0.33	4.27	8.21	12.14	16.05	19.95	23.82	27.66	31.46	35.23
6′	0.39	4.34	8.28	12.20	16.12	20.01	23.88	27.72	31.53	35.29
7′	0.46	4.40	8.34	12.27	16.19	20.08	23.94	27.78	31.59	35.36
8′	0.53	4.47	8.41	12.33	16.25	20.14	24.01	27.85	31.65	35.42
9′	0.59	4.53	8.47	12.40	16.31	20.20	24.07	27.91	31.72	35.48
10′	0.66	4.60	8.54	12.47	16.38	20.27	24.14	27.97	31.78	35.54
11′	0.72	4.67	8.60	12.53	16.44	20.33	24.20	28.04	31.84	35.61
12′	0.79	4.73	8.67	12.60	16.51	20.40	24.27	28.10	31.90	35.67
13′	0.85	4.80	8.73	12.66	16.57	20.46	24.33	28.17	31.97	35.73
14′	0.92	4.86	8.80	12.73	16.64	20.53	24.39	28.23	32.03	35.79
15′	0.99	4.92	8.87	12.79	16.70	20.59	24.46	28.29	32.09	35.86
16′	1.05	4.99	8.93	12.86	16.77	20.66	24.52	28.36	32.16	35.92
17′	1.12	5.06	9.00	12.92	16.83	20.72	24.59	28.42	32.22	35.98
18′	1.18	5.13	9.06	12.99	16.90	20.79	24.65	28.48	32.28	36.04
19′	1.25	5.19	9.13	13.05	16.96	20.85	24.71	28.55	32.35	36.10
20′	1.31	5.26	9.19	13.12	17.03	20.92	24.78	28.61	32.41	36.17
21′	1.38	5.32	9.26	13.18	17.09	20.98	24.84	28.67	32.47	36.23
22′	1.45	5.39	9.32	13.25	17.16	21.04	24.91	28.74	32.53	36.29
23′	1.51	5.45	9.39	13.31	17.22	21.11	24.97	28.80	32.60	36.35
24′	1.58	5.52	9.46	13.38	17.29	21.17	25.03	28.87	32.66	36.42
25′	1.64	5.59	9.52	13.44	17.35	21.24	25.10	28.93	32.72	36.48
26′	1.71	5.65	9.59	13.51	17.42	21.30	25.16	28.99	32.79	36.54
27′	1.77	5.72	9.65	13.58	17.48	21.37	25.23	29.06	32.85	36.60
28′	1.84	5.78	9.72	13.64	17.55	21.43	25.29	29.12	32.91	36.66
29′	1.91	5.85	9.78	13.71	17.61	21.50	25.36	29.18	32.98	36.73
30′	1.97	5.91	9.85	13.77	17.68	21.56	25.42	29.25	33.04	36.79
31′	2.04	5.98	9.91	13.84	17.74	21.63	25.48	29.31	33.10	36.85
32′	2.10	6.05	9.98	13.90	17.81	21.69	25.55	29.37	33.16	36.91
33′	2.17	6.11	10.05	13.97	17.87	21.75	25.61	29.44	33.23	36.98
34′	2.23	6.18	10.11	14.03	17.94	21.82	25.68	29.50	33.29	37.04
35′	2.30	6.24	10.18	14.10	18.00	21.88	25.74	29.56	33.35	37.10
36′	2.37	6.31	10.24	14.16	18.07	21.95	25.80	29.63	33.42	37.16
37′	2.43	6.37	10.31	14.23	18.13	22.01	25.87	29.69	33.48	37.22
38′	2.50	6.44	10.37	14.29	18.20	22.08	25.93	29.75	33.54	37.29
39′	2.56	6.50	10.44	14.36	18.26	22.14	26.00	29.82	33.60	37.35
40′	2.63	6.57	10.50	14.42	18.33	22.21	26.06	29.88	33.67	37.41
41′	2.69	6.64	10.57	14.49	18.39	22.27	26.12	29.94	33.73	37.47
42′	2.76	6.70	10.63	14.55	18.46	22.34	26.19	30.01	33.79	37.53
43′	2.83	6.77	10.70	14.62	18.52	22.40	26.25	30.07	33.85	37.60
44′	2.89	6.83	10.77	14.68	18.59	22.46	26.32	30.13	33.92	37.66
45′	2.96	6.90	10.83	14.75	18.65	22.53	26.38	30.20	33.98	37.72
46′	3.02	6.96	10.90	14.81	18.72	22.59	26.44	30.26	34.04	37.78
47′	3.09	7.03	10.96	14.88	18.78	22.66	26.51	30.32	34.11	37.84
48′	3.15	7.10	11.03	14.94	18.84	22.72	26.57	30.39	34.17	37.91
49′	3.22	7.16	11.09	15.01	18.91	22.79	26.64	30.45	34.23	37.97
50′	3.29	7.23	11.16	15.08	18.97	22.85	26.70	30.51	34.29	38.03
51′	3.35	7.29	11.22	15.14	19.04	22.92	26.76	30.58	34.36	38.09
52′	3.42	7.36	11.29	15.21	19.10	22.98	26.83	30.64	34.42	38.15
53′	3.48	7.42	11.35	15.27	19.17	23.04	26.89	30.70	34.48	38.22
54′	3.55	7.49	11.42	15.34	19.23	23.11	26.95	30.77	34.54	38.28
55′	3.62	7.55	11.48	15.40	19.30	23.17	27.02	30.83	34.61	38.34
56′	3.68	7.62	11.55	15.47	19.36	23.24	27.08	30.89	34.67	38.40
57′	3.75	7.69	11.62	15.53	19.43	23.30	27.15	30.96	34.73	38.46
58′	3.81	7.75	11.68	15.60	19.49	23.37	27.21	31.02	34.79	38.52
59′	3.88	7.82	11.75	15.66	19.56	23.43	27.27	31.08	34.86	38.59

226 $\cos^2\alpha$

α	$226\cos^2\alpha$
0°	226.0
0° 30′	226.0
1°	225.9
1° 30′	225.8
2°	225.7
2° 30′	225.6
3°	225.4
3° 30′	225.2
4°	224.9
4° 30′	224.6
5°	224.3
5° 20′	224.0
5° 40′	223.8
6°	223.5
6° 20′	223.2
6° 40′	223.0
7°	222.6
7° 20′	222.3
7° 40′	222.0
8°	221.6
8° 20′	221.3
8° 40′	220.9
9°	220.5
9° 20′	220.1
9° 40	219.6
10°	219.2

227 ($\frac{1}{2} \sin 2\alpha$)

α	0°	1°	2°	3°	4°	5°	6°	7°	8°	9°
0′	0.00	3.96	7.92	11.86	15.80	19.71	23.60	27.46	31.28	35.07
1′	0.07	4.03	7.98	11.93	15.86	19.77	23.66	27.52	31.35	35.14
2′	0.13	4.09	8.05	12.00	15.93	19.84	23.73	27.59	31.41	35.20
3′	0.20	4.16	8.11	12.06	15.99	19.90	23.79	27.65	31.48	35.26
4′	0.26	4.23	8.18	12.13	16.06	19.97	23.86	27.71	31.54	35.32
5′	0.33	4.29	8.25	12.19	16.12	20.03	23.92	27.78	31.60	35.39
6′	0.40	4.36	8.31	12.26	16.19	20.10	23.99	27.84	31.67	35.45
7′	0.46	4.42	8.38	12.32	16.26	20.16	24.05	27.91	31.73	35.51
8′	0.53	4.49	8.44	12.39	16.32	20.23	24.11	27.97	31.79	35.58
9′	0.59	4.55	8.51	12.45	16.38	20.29	24.18	28.03	31.86	35.64
10′	0.66	4.62	8.58	12.52	16.45	20.36	24.24	28.10	31.92	35.70
11′	0.73	4.69	8.64	12.59	16.52	20.42	24.31	28.16	31.98	35.76
12′	0.79	4.75	8.71	12.65	16.58	20.49	24.37	28.23	32.05	35.83
13′	0.86	4.82	8.77	12.72	16.65	20.55	24.44	28.29	32.11	35.89
14′	0.92	4.88	8.84	12.78	16.71	20.62	24.50	28.35	32.17	35.95
15′	0.99	4.95	8.91	12.85	16.78	20.68	24.57	28.42	32.24	36.01
16′	1.06	5.02	8.97	12.91	16.84	20.75	24.63	28.48	32.30	36.08
17′	1.12	5.08	9.04	12.98	16.91	20.81	24.69	28.55	32.36	36.14
18′	1.19	5.15	9.10	13.05	16.97	20.88	24.76	28.61	32.43	36.20
19′	1.25	5.21	9.17	13.11	17.04	20.94	24.82	28.67	32.49	36.26
20′	1.32	5.28	9.23	13.18	17.10	21.01	24.89	28.74	32.55	36.33
21′	1.39	5.35	9.30	13.24	17.17	21.07	24.95	28.80	32.62	36.39
22′	1.45	5.41	9.37	13.31	17.23	21.14	25.02	28.87	32.68	36.45
23′	1.52	5.48	9.43	13.37	17.30	21.20	25.08	28.93	32.74	36.51
24′	1.58	5.54	9.50	13.44	17.36	21.27	25.15	28.99	32.81	36.58
25′	1.65	5.61	9.56	13.50	17.43	21.33	25.21	29.06	32.87	36.64
26′	1.72	5.68	9.63	13.57	17.49	21.40	25.27	29.12	32.93	36.70
27′	1.78	5.74	9.69	13.64	17.56	21.46	25.34	29.18	32.99	36.76
28′	1.85	5.81	9.76	13.70	17.62	21.53	25.40	29.25	33.06	36.83
29′	1.91	5.87	9.83	13.77	17.69	21.59	25.47	29.31	33.12	36.89
30′	1.98	5.94	9.89	13.83	17.76	21.66	25.53	29.38	33.18	36.95
31′	2.05	6.01	9.96	13.90	17.82	21.72	25.60	29.44	33.25	37.01
32′	2.11	6.07	10.02	13.96	17.89	21.79	25.66	29.50	33.31	37.08
33′	2.18	6.14	10.09	14.03	17.95	21.85	25.73	29.57	33.37	37.14
34′	2.24	6.20	10.16	14.09	18.01	21.92	25.79	29.63	33.44	37.20
35′	2.31	6.27	10.22	14.16	18.08	21.98	25.85	29.69	33.50	37.26
36′	2.38	6.34	10.29	14.23	18.15	22.05	25.92	29.76	33.56	37.33
37′	2.44	6.40	10.35	14.29	18.21	22.11	25.98	29.82	33.63	37.39
38′	2.51	6.47	10.42	14.36	18.28	22.18	26.05	29.89	33.69	37.45
39′	2.57	6.53	10.48	14.42	18.34	22.24	26.11	29.95	33.75	37.51
40′	2.64	6.60	10.55	14.49	18.41	22.30	26.17	30.01	33.82	37.58
41′	2.71	6.67	10.62	14.55	18.47	22.37	26.24	30.08	33.88	37.64
42′	2.77	6.73	10.68	14.62	18.54	22.43	26.30	30.14	33.94	37.70
43′	2.84	6.80	10.75	14.68	18.60	22.50	26.37	30.20	34.00	37.76
44′	2.90	6.86	10.81	14.75	18.67	22.56	26.43	30.27	34.07	37.82
45′	2.97	6.93	10.88	14.81	18.73	22.63	26.50	30.33	34.13	37.89
46′	3.04	6.99	10.94	14.88	18.80	22.69	26.56	30.40	34.19	37.95
47′	3.10	7.06	11.01	14.95	18.86	22.76	26.62	30.46	34.26	38.01
48′	3.17	7.13	11.08	15.01	18.93	22.82	26.69	30.52	34.32	38.07
49′	3.23	7.19	11.14	15.08	18.99	22.89	26.75	30.59	34.38	38.14
50′	3.30	7.26	11.21	15.14	19.06	22.95	26.82	30.65	34.44	38.20
51′	3.37	7.32	11.27	15.21	19.12	23.02	26.88	30.71	34.51	38.26
52′	3.43	7.39	11.34	15.27	19.19	23.08	26.95	30.78	34.57	38.32
53′	3.50	7.46	11.40	15.34	19.25	23.15	27.01	30.84	34.63	38.38
54′	3.56	7.52	11.47	15.40	19.32	23.21	27.07	30.90	34.70	38.45
55′	3.63	7.59	11.54	15.47	19.38	23.27	27.14	30.97	34.76	38.51
56′	3.70	7.65	11.60	15.53	19.45	23.35	27.20	31.03	34.82	38.57
57′	3.76	7.72	11.67	15.60	19.51	23.40	27.27	31.09	34.88	38.63
58′	3.83	7.79	11.73	15.67	19.58	23.47	27.33	31.16	34.95	38.70
59′	3.90	7.85	11.80	15.73	19.64	23.53	27.39	31.22	35.01	38.76

227 $\cos^2\alpha$

0°	227.0
0° 30′	227.0
1°	226.9
1° 30′	226.8
2°	226.7
2° 30′	226.6
3°	226.4
3° 30′	226.2
4°	225.9
4° 30′	225.6
5°	225.3
5° 20′	225.0
5° 40′	224.8
6°	224.5
6° 20′	224.2
6° 40′	223.9
7°	223.6
7° 20′	223.3
7° 40′	223.0
8°	222.6
8° 20′	222.2
8° 40′	221.8
9°	221.4
9° 20′	221.0
9° 40′	220.6
10°	220.2

α	0°	1°	2°	3°	4°	5°	6°	7°	8°	9°
0'	0.00	3.98	7.95	11.92	15.87	19.80	23.70	27.58	31.42	35.28
1'	0.07	4.04	8.02	11.98	15.93	19.86	23.77	27.64	31.49	35.29
2'	0.13	4.11	8.08	12.05	16.00	19.93	23.83	27.71	31.55	35.35
3'	0.20	4.18	8.15	12.11	16.06	19.99	23.90	27.77	31.61	35.42
4'	0.27	4.24	8.22	12.18	16.13	20.06	23.96	27.84	31.68	35.48
5'	0.33	4.31	8.28	12.25	16.19	20.12	24.03	27.90	31.74	35.54
6'	0.40	4.38	8.35	12.31	16.26	20.19	24.09	27.97	31.81	35.61
7'	0.46	4.44	8.42	12.38	16.33	20.25	24.16	28.03	31.87	35.67
8'	0.53	4.51	8.48	12.44	16.39	20.32	24.22	28.09	31.93	35.73
9'	0.60	4.58	8.55	12.51	16.46	20.38	24.29	28.16	32.00	35.80
10'	0.66	4.64	8.61	12.58	16.52	20.45	24.35	28.22	32.06	35.86
11	0.73	4.71	8.68	12.64	16.59	20.51	24.42	28.29	32.12	35.92
12'	0.80	4.77	8.75	12.71	16.65	20.58	24.48	28.35	32.19	35.98
13'	0.86	4.84	8.81	12.77	16.72	20.64	24.54	28.41	32.25	36.05
14'	0.93	4.91	8.88	12.84	16.78	20.71	24.61	28.48	32.31	36.11
15'	0.99	4.97	8.94	12.91	16.85	20.77	24.67	28.54	32.36	36.17
16'	1.06	5.04	9.01	12.97	16.92	20.84	24.74	28.61	32.44	36.24
17'	1.13	5.11	9.08	13.04	16.98	20.91	24.80	28.67	32.50	36.30
18'	1.19	5.17	9.14	13.10	17.05	20.97	24.87	28.74	32.57	36.36
19'	1.26	5.24	9.21	13.17	17.11	21.04	24.93	28.80	32.63	36.42
20'	1.33	5.30	9.27	13.23	17.18	21.10	25.00	28.86	32.70	36.48
21'	1.39	5.37	9.34	13.30	17.24	21.17	25.06	28.93	32.76	36.55
22'	1.46	5.44	9.41	13.37	17.31	21.23	25.13	28.99	32.82	36.61
23'	1.53	5.50	9.47	13.43	17.37	21.30	25.19	29.06	32.89	36.68
24'	1.59	5.57	9.54	13.50	17.44	21.36	25.26	29.12	32.95	36.74
25'	1.66	5.64	9.61	13.56	17.51	21.43	25.32	29.18	33.01	36.80
26'	1.72	5.70	9.67	13.63	17.57	21.49	25.39	29.25	33.08	36.86
27'	1.79	5.77	9.74	13.70	17.64	21.56	25.45	29.31	33.14	36.93
28'	1.86	5.83	9.80	13.76	17.70	21.62	25.52	29.38	33.20	36.99
29'	1.92	5.90	9.87	13.83	17.77	21.69	25.58	29.44	33.27	37.05
30'	1.99	5.97	9.94	13.89	17.83	21.75	25.64	29.51	33.33	37.11
31'	2.06	6.03	10.00	13.96	17.90	21.82	25.71	29.57	33.39	37.18
32'	2.12	6.10	10.07	14.02	17.96	21.88	25.77	29.63	33.46	37.24
33'	2.19	6.16	10.13	14.09	18.03	21.95	25.84	29.70	33.52	37.30
34'	2.25	6.23	10.20	14.16	18.09	22.01	25.90	29.76	33.58	37.37
35'	2.32	6.30	10.27	14.22	18.16	22.08	25.97	29.83	33.65	37.43
36'	2.39	6.36	10.33	14.29	18.22	22.14	26.03	29.89	33.71	37.49
37'	2.45	6.43	10.40	14.35	18.29	22.21	26.10	29.95	33.77	37.55
38'	2.52	6.50	10.46	14.42	18.36	22.27	26.16	30.02	33.84	37.62
39'	2.59	6.56	10.53	14.49	18.42	22.34	26.23	30.08	33.90	37.68
40'	2.65	6.63	10.60	14.55	18.49	22.40	26.29	30.15	33.96	37.74
41'	2.72	6.69	10.66	14.62	18.55	22.47	26.35	30.21	34.03	37.80
42'	2.78	6.76	10.73	14.68	18.62	22.53	26.42	30.27	34.09	37.87
43'	2.85	6.83	10.79	14.75	18.68	22.60	26.48	30.34	34.15	37.93
44'	2.92	6.89	10.86	14.81	18.75	22.66	26.55	30.40	34.22	37.99
45'	2.98	6.96	10.93	14.88	18.82	22.73	26.61	30.47	34.28	38.05
46'	3.05	7.03	10.99	14.95	18.88	22.79	26.68	30.53	34.34	38.12
47'	3.12	7.09	11.06	15.01	18.95	22.86	26.74	30.59	34.41	38.18
48'	3.18	7.16	11.12	15.08	19.01	22.92	26.81	30.66	34.47	38.24
49'	3.25	7.22	11.19	15.14	19.08	22.99	26.87	30.72	34.53	38.30
50'	3.32	7.29	11.26	15.21	19.14	23.05	26.94	30.78	34.60	38.37
51'	3.38	7.36	11.32	15.27	19.21	23.12	27.00	30.85	34.66	38.43
52'	3.45	7.42	11.39	15.34	19.27	23.18	27.06	30.91	34.72	38.49
53'	3.51	7.49	11.45	15.41	19.34	23.25	27.13	30.98	34.79	38.55
54'	3.58	7.56	11.52	15.47	19.40	23.31	27.19	31.04	34.85	38.62
55'	3.65	7.62	11.59	15.54	19.47	23.38	27.26	31.10	34.91	38.68
56'	3.71	7.69	11.65	15.60	19.53	23.44	27.32	31.17	34.98	38.74
57'	3.78	7.75	11.72	15.67	19.60	23.51	27.39	31.23	35.04	38.80
58'	3.85	7.82	11.78	15.73	19.67	23.57	27.45	31.30	35.10	38.87
59'	3.91	7.89	11.85	15.80	19.73	23.64	27.51	31.36	35.16	38.93

228 $\cos^2\alpha$

0°	228.0
0°30'	228.0
1°	227.9
1°30'	227.8
2°	227.7
2°30'	227.6
3°	227.4
3°30'	227.2
4°	226.9
4°30'	226.6
5°	226.3
5°20'	226.0
5°40'	225.8
6°	225.5
6°20'	225.2
6°40'	224.9
7°	224.6
7°20'	224.3
7°40'	223.9
8°	223.6
8°20'	223.2
8°40'	222.8
9°	222.4
9°20'	222.0
9°40'	221.6
10°	221.1

229 ($\frac{1}{2} \sin 2\alpha$)

α	0°	1°	2°	3°	4°	5°	6°	7°	8°	9°
0′	0.00	4.00	7.99	11.97	15.94	19.88	23.81	27.70	31.56	35.38
1′	0.07	4.06	8.05	12.03	16.00	19.95	23.87	27.76	31.62	35.45
2′	0.13	4.13	8.12	12.10	16.07	20.01	23.94	27.83	31.69	35.51
3′	0.20	4.20	8.19	12.17	16.13	20.08	24.00	27.89	31.75	35.57
4′	0.27	4.26	8.25	12.23	16.20	20.15	24.07	27.96	31.82	35.64
5′	0.33	4.33	8.32	12.30	16.27	20.21	24.13	28.02	31.88	35.70
6′	0.40	4.40	8.39	12.37	16.33	20.28	24.20	28.09	31.94	35.76
7′	0.47	4.46	8.45	12.43	16.40	20.34	24.26	28.15	32.01	35.83
8′	0.53	4.53	8.52	12.50	16.46	20.41	24.33	28.22	32.07	35.89
9′	0.60	4.60	8.59	12.56	16.53	20.47	24.39	28.28	32.14	35.95
10′	0.67	4.66	8.65	12.63	16.59	20.54	24.46	28.35	32.20	36.02
11′	0.73	4.73	8.72	12.70	16.66	20.60	24.52	28.41	32.26	36.08
12′	0.80	4.79	8.78	12.76	16.73	20.67	24.59	28.48	32.33	36.14
13′	0.87	4.86	8.85	12.83	16.79	20.73	24.65	28.54	32.39	36.20
14′	0.93	4.93	8.92	12.90	16.86	20.80	24.72	28.60	32.46	36.27
15′	1.00	4.99	8.98	12.96	16.92	20.87	24.78	28.67	32.52	36.33
16′	1.07	5.06	9.05	13.03	16.99	20.93	24.85	28.73	32.58	36.39
17′	1.13	5.13	9.12	13.09	17.06	21.00	24.91	28.80	32.65	36.46
18′	1.20	5.19	9.18	13.16	17.12	21.06	24.98	28.86	32.71	36.52
19′	1.27	5.26	9.25	13.23	17.19	21.13	25.04	28.93	32.78	36.58
20′	1.33	5.33	9.32	13.29	17.25	21.19	25.11	28.99	32.84	36.65
21′	1.40	5.39	9.38	13.36	17.32	21.26	25.17	29.06	32.90	36.71
22′	1.47	5.46	9.45	13.42	17.39	21.32	25.24	29.12	32.97	36.77
23′	1.53	5.53	9.51	13.49	17.45	21.39	25.30	29.18	33.03	36.84
24′	1.60	5.59	9.58	13.56	17.52	21.46	25.37	29.25	33.09	36.90
25′	1.66	5.66	9.65	13.62	17.58	21.52	25.43	29.31	33.16	36.96
26′	1.73	5.73	9.71	13.69	17.65	21.59	25.50	29.38	33.22	37.03
27′	1.80	5.79	9.78	13.76	17.71	21.65	25.56	29.44	33.29	37.09
28′	1.86	5.86	9.85	13.82	17.78	21.72	25.63	29.51	33.35	37.15
29′	1.93	5.93	9.91	13.89	17.85	21.78	25.69	29.57	33.41	37.21
30′	2.00	5.99	9.98	13.95	17.91	21.85	25.76	29.63	33.48	37.28
31′	2.06	6.06	10.05	14.02	17.98	21.91	25.82	29.70	33.54	37.34
32′	2.13	6.13	10.11	14.09	18.04	21.98	25.89	29.76	33.60	37.40
33′	2.20	6.19	10.18	14.15	18.11	22.04	25.95	29.83	33.67	37.47
34′	2.26	6.26	10.24	14.22	18.17	22.11	26.02	29.89	33.73	37.53
35′	2.33	6.33	10.31	14.28	18.24	22.17	26.08	29.96	33.79	37.59
36′	2.40	6.39	10.38	14.35	18.31	22.24	26.15	30.02	33.86	37.66
37′	2.46	6.46	10.44	14.42	18.37	22.31	26.21	30.08	33.92	37.72
38′	2.53	6.52	10.51	14.48	18.44	22.37	26.28	30.15	33.99	37.78
39′	2.60	6.59	10.58	14.55	18.50	22.44	26.34	30.21	34.05	37.84
40′	2.66	6.66	10.64	14.61	18.57	22.50	26.41	30.28	34.11	37.91
41′	2.73	6.72	10.71	14.68	18.64	22.57	26.47	30.34	34.18	37.97
42′	2.80	6.79	10.78	14.75	18.70	22.63	26.54	30.41	34.24	38.03
43′	2.86	6.86	10.84	14.81	18.77	22.70	26.60	30.47	34.30	38.10
44′	2.93	6.92	10.91	14.88	18.83	22.76	26.66	30.53	34.37	38.16
45′	3.00	6.99	10.97	14.95	18.90	22.83	26.73	30.60	34.43	38.22
46′	3.06	7.06	11.04	15.01	18.96	22.89	26.79	30.66	34.49	38.28
47′	3.13	7.12	11.11	15.08	19.03	22.96	26.86	30.73	34.56	38.35
48′	3.20	7.19	11.17	15.14	19.10	23.02	26.92	30.79	34.62	38.41
49′	3.26	7.26	11.24	15.21	19.16	23.09	26.99	30.86	34.68	38.47
50′	3.33	7.32	11.31	15.28	19.23	23.15	27.05	30.92	34.75	38.58
51′	3.40	7.39	11.37	15.34	19.29	23.22	27.12	30.98	34.81	38.60
52′	3.46	7.46	11.44	15.41	19.36	23.28	27.18	31.05	34.88	38.66
53′	3.53	7.52	11.50	15.47	19.42	23.35	27.25	31.11	34.94	38.72
54′	3.60	7.59	11.57	15.54	19.49	23.41	27.31	31.18	35.00	38.79
55′	3.66	7.65	11.64	15.61	19.55	23.48	27.38	31.24	35.07	38.85
56′	3.73	7.72	11.70	15.67	19.62	23.55	27.44	31.30	35.13	38.91
57′	3.80	7.79	11.77	15.74	19.69	23.61	27.51	31.37	35.19	38.97
58′	3.86	7.85	11.84	15.80	19.75	23.68	27.57	31.43	35.26	39.04
59′	3.93	7.92	11.90	15.87	19.82	23.74	27.64	31.50	35.32	39.10

229 $\cos^2\alpha$

0°	229.0
0° 30′	229.0
1°	228.9
1° 30′	228.8
2°	228.7
2° 30′	228.6
3°	228.4
3° 30′	228.1
4°	227.9
4° 30′	227.6
5°	227.3
5° 20′	227.0
5° 40′	226.8
6°	226.5
6° 20′	226.2
6° 40′	225.9
7°	225.6
7° 20′	225.3
7° 40′	224.9
8°	224.6
8° 20′	224.2
8° 40′	223.8
9°	223.4
9° 20′	223.0
9° 40′	222.5
10°	222.1

α	0°	1°	2°	3°	4°	5°	6°	7°	8°	9°
0'	0.00	4.01	8.02	12.02	16.01	19.97	23.91	27.82	31.70	35.54
1'	0.07	4.08	8.09	12.09	16.07	20.04	23.98	27.89	31.76	35.60
2'	0.13	4.15	8.16	12.15	16.14	20.10	24.04	27.95	31.83	35.66
3'	0.20	4.21	8.22	12.22	16.20	20.17	24.11	28.02	31.89	35.73
4'	0.27	4.28	8.29	12.29	16.27	20.23	24.17	28.08	31.96	35.79
5'	0.33	4.35	8.36	12.35	16.34	20.30	24.24	28.15	32.02	35.85
6'	0.40	4.41	8.42	12.42	16.40	20.36	24.30	28.21	32.08	35.92
7'	0.47	4.48	8.49	12.49	16.47	20.43	24.37	28.28	32.15	35.98
8'	0.54	4.55	8.56	12.55	16.53	20.50	24.43	28.34	32.21	36.05
9'	0.60	4.62	8.62	12.62	16.60	20.56	24.50	28.41	32.28	36.11
10'	0.67	4.68	8.69	12.69	16.67	20.63	24.56	28.47	32.34	36.17
11	0.74	4.75	8.76	12.75	16.73	20.69	24.63	28.53	32.41	36.24
12'	0.80	4.82	8.82	12.82	16.80	20.76	24.69	28.60	32.47	36.30
13'	0.87	4.88	8.89	12.89	16.87	20.83	24.76	28.66	32.53	36.36
14'	0.94	4.95	8.96	12.95	16.93	20.89	24.83	28.73	32.60	36.43
15'	1.00	5.02	9.02	13.02	17.00	20.96	24.89	28.79	32.66	36.49
16'	1.07	5.08	9.09	13.08	17.06	21.02	24.96	28.86	32.73	36.55
17'	1.14	5.15	9.16	13.15	17.13	21.09	25.02	28.92	32.79	36.62
18'	1.20	5.22	9.22	13.22	17.20	21.15	25.09	28.99	32.85	36.68
19'	1.27	5.28	9.29	13.28	17.26	21.22	25.15	29.05	32.92	36.74
20'	1.34	5.35	9.36	13.35	17.33	21.29	25.22	29.12	32.98	36.81
21'	1.40	5.42	9.42	13.42	17.39	21.35	25.28	29.18	33.05	36.87
22'	1.47	5.48	9.49	13.48	17.46	21.42	25.35	29.25	33.11	36.93
23'	1.54	5.55	9.56	13.55	17.53	21.48	25.41	29.31	33.17	37.00
24'	1.61	5.62	9.62	13.62	17.59	21.55	25.48	29.38	33.24	37.06
25'	1.67	5.68	9.69	13.68	17.66	21.61	25.54	29.44	33.30	37.12
26'	1.74	5.75	9.76	13.75	17.73	21.68	25.61	29.51	33.37	37.19
27'	1.81	5.82	9.82	13.82	17.79	21.75	25.67	29.57	33.43	37.25
28'	1.87	5.89	9.89	13.88	17.86	21.81	25.74	29.63	33.49	37.31
29'	1.94	5.95	9.96	13.95	17.92	21.88	25.80	29.70	33.56	37.38
30'	2.01	6.02	10.02	14.01	17.99	21.94	25.87	29.76	33.62	37.44
31'	2.07	6.09	10.09	14.08	18.06	22.01	25.93	29.83	33.69	37.50
32'	2.14	6.15	10.16	14.15	18.12	22.07	26.00	29.89	33.75	37.57
33'	2.21	6.22	10.22	14.21	18.19	22.14	26.06	29.96	33.81	37.63
34'	2.27	6.29	10.29	14.28	18.25	22.21	26.13	30.02	33.88	37.69
35'	2.34	6.35	10.36	14.35	18.32	22.27	26.20	30.09	33.94	37.76
36'	2.41	6.42	10.42	14.41	18.39	22.34	26.26	30.15	34.01	37.82
37'	2.47	6.49	10.49	14.48	18.45	22.40	26.33	30.22	34.07	37.88
38'	2.54	6.55	10.56	14.55	18.52	22.47	26.39	30.28	34.13	37.95
39'	2.61	6.62	10.62	14.61	18.58	22.53	26.46	30.35	34.20	38.01
40'	2.68	6.69	10.69	14.68	18.65	22.60	26.52	30.41	34.26	38.07
41'	2.74	6.75	10.76	14.75	18.72	22.67	26.59	30.47	34.33	38.14
42'	2.81	6.82	10.82	14.81	18.78	22.73	26.65	30.54	34.39	38.20
43'	2.88	6.89	10.89	14.88	18.85	22.80	26.72	30.60	34.45	38.26
44'	2.94	6.95	10.96	14.94	18.91	22.86	26.78	30.67	34.52	38.32
45'	3.01	7.02	11.02	15.01	18.98	22.93	26.85	30.73	34.58	38.39
46'	3.08	7.09	11.09	15.08	19.05	22.99	26.91	30.80	34.64	38.45
47'	3.14	7.15	11.16	15.14	19.11	23.06	26.98	30.86	34.71	38.51
48'	3.21	7.22	11.22	15.21	19.18	23.12	27.04	30.93	34.77	38.58
49'	3.28	7.29	11.29	15.28	19.24	23.19	27.11	30.99	34.84	38.64
50'	3.34	7.35	11.36	15.34	19.31	23.26	27.17	31.05	34.90	38.70
51'	3.41	7.42	11.42	15.41	19.38	23.32	27.24	31.12	34.96	38.77
52'	3.48	7.49	11.49	15.47	19.44	23.39	27.30	31.18	35.03	38.83
53'	3.55	7.55	11.55	15.54	19.51	23.45	27.37	31.25	35.09	38.89
54'	3.61	7.62	11.62	15.61	19.57	23.52	27.43	31.31	35.16	38.95
55'	3.68	7.69	11.69	15.67	19.64	23.58	27.50	31.38	35.22	39.02
56'	3.75	7.76	11.75	15.74	19.71	23.65	27.56	31.44	35.28	39.08
57'	3.81	7.82	11.82	15.81	19.77	23.71	27.63	31.51	35.35	39.14
58'	3.88	7.89	11.89	15.87	19.84	23.78	27.69	31.57	35.41	39.21
59'	3.95	7.96	11.95	15.94	19.90	23.84	27.76	31.63	35.47	39.27

230 cos²α

α	value
0°	230.0
0° 30'	230.0
1°	229.9
1° 30'	229.8
2°	229.7
2° 30'	229.6
3°	229.4
3° 30'	229.1
4°	228.9
4° 30'	228.6
5°	228.3
5° 20'	228.0
5° 40'	227.8
6°	227.5
6° 20'	227.2
6° 40'	226.9
7°	226.6
7° 20'	226.3
7° 40'	225.9
8°	225.5
8° 20'	225.2
8° 40'	224.8
9°	224.4
9° 20'	224.0
9° 40'	223.5
10°	223.1

231 ($\frac{1}{2} \sin 2\,\alpha$)

α	0°	1°	2°	3°	4°	5°	6°	7°	8°	9°
0'	0.00	4.03	8.06	12.07	16.07	20.06	24.01	27.94	31.84	35.69
1'	0.07	4.10	8.12	12.14	16.14	20.12	24.08	28.01	31.90	35.76
2'	0.13	4.17	8.19	12.21	16.21	20.19	24.15	28.07	31.97	35.82
3'	0.20	4.23	8.26	12.27	16.27	20.25	24.21	28.14	32.03	35.88
4'	0.27	4.30	8.32	12.34	16.34	20.32	24.28	28.20	32.09	35.95
5'	0.34	4.37	8.39	12.41	16.41	20.39	24.34	28.27	32.16	36.01
6'	0.40	4.43	8.46	12.47	16.47	20.45	24.41	28.33	32.22	36.07
7'	0.47	4.50	8.53	12.54	16.54	20.52	24.47	28.40	32.29	36.14
8'	0.54	4.57	8.59	12.61	16.61	20.59	24.54	28.46	32.35	36.20
9'	0.60	4.64	8.66	12.67	16.67	20.65	24.60	28.53	32.42	36.27
10'	0.67	4.70	8.73	12.74	16.74	20.72	24.67	28.59	32.48	36.33
11	0.74	4.77	8.79	12.81	16.81	20.78	24.74	28.66	32.55	36.39
12'	0.81	4.84	8.86	12.87	16.87	20.85	24.80	28.72	32.61	36.46
13'	0.87	4.90	8.93	12.94	16.94	20.92	24.87	28.79	32.67	36.52
14'	0.94	4.97	9.00	13.01	17.01	20.98	24.93	28.85	32.74	36.58
15'	1.01	5.04	9.06	13.07	17.07	21.05	25.00	28.92	32.80	36.65
16'	1.07	5.11	9.13	13.14	17.14	21.11	25.06	28.98	32.87	36.71
17'	1.14	5.17	9.20	13.21	17.20	21.18	25.13	29.05	32.93	36.78
18'	1.21	5.24	9.26	13.28	17.27	21.25	25.20	29.11	33.00	36.84
19'	1.28	5.31	9.33	13.34	17.34	21.31	25.26	29.18	33.06	36.90
20'	1.34	5.87	9.40	13.41	17.40	21.38	25.33	29.24	33.13	36.97
21'	1.41	5.44	9.46	13.48	17.47	21.44	25.39	29.31	33.19	37.03
22'	1.48	5.51	9.53	13.54	17.54	21.51	25.46	29.37	33.25	37.09
23'	1.55	5.58	9.60	13.61	17.60	21.58	25.52	29.44	33.32	37.16
24'	1.61	5.64	9.66	13.68	17.67	21.64	25.59	29.50	33.38	37.22
25'	1.68	5.71	9.73	13.74	17.74	21.71	25.65	29.57	33.45	37.29
26'	1.75	5.78	9.80	13.81	17.80	21.77	25.72	29.63	33.51	37.35
27'	1.81	5.84	9.87	13.88	17.87	21.84	25.79	29.70	33.58	37.41
28'	1.88	5.91	9.93	13.94	17.94	21.91	25.85	29.76	33.64	37.48
29'	1.95	5.98	10.00	14.01	18.00	21.97	25.92	29.83	33.70	37.54
30'	2.02	6.04	10.07	14.08	18.07	22.04	25.98	29.89	33.77	37.60
31'	2.08	6.11	10.13	14.14	18.13	22.10	26.05	29.96	33.83	37.67
32'	2.15	6.18	10.20	14.21	18.20	22.17	26.11	30.02	33.90	37.73
33'	2.22	6.25	10.27	14.28	18.27	22.24	26.18	30.09	33.96	37.79
34'	2.28	6.31	10.33	14.34	18.33	22.30	26.24	30.15	34.03	37.86
35'	2.35	6.38	10.40	14.41	18.40	22.37	26.31	30.22	34.09	37.92
36'	2.42	6.45	10.47	14.48	18.47	22.43	26.37	30.28	34.15	37.98
37'	2.49	6.51	10.53	14.54	18.53	22.50	26.44	30.35	34.22	38.05
38'	2.55	6.58	10.60	14.61	18.60	22.57	26.51	30.41	34.28	38.11
39'	2.62	6.65	10.67	14.68	18.67	22.63	26.57	30.48	34.35	38.17
40'	2.69	6.72	10.74	14.74	18.73	22.70	26.64	30.54	34.41	38.24
41'	2.75	6.78	10.80	14.81	18.80	22.76	26.70	30.61	34.48	38.30
42'	2.82	6.85	10.87	14.88	18.86	22.83	26.77	30.67	34.54	38.36
43'	2.89	6.92	10.94	14.94	18.93	22.90	26.83	30.74	34.60	38.43
44'	2.96	6.98	11.00	15.01	19.00	22.96	26.90	30.80	34.67	38.49
45'	3.02	7.05	11.07	15.08	19.06	23.03	26.96	30.87	34.73	38.55
46'	3.09	7.12	11.14	15.14	19.13	23.09	27.03	30.93	34.80	38.62
47'	3.16	7.19	11.20	15.21	19.20	23.16	27.09	31.00	34.86	38.68
48'	3.22	7.25	11.27	15.28	19.26	23.22	27.16	31.06	34.92	38.74
49'	3.29	7.32	11.34	15.34	19.33	23.29	27.22	31.12	34.99	38.81
50'	3.36	7.39	11.40	15.41	19.39	23.36	27.29	31.19	35.05	38.87
51'	3.43	7.45	11.47	15.48	19.46	23.42	27.35	31.25	35.12	38.93
52'	3.49	7.52	11.54	15.54	19.53	23.49	27.42	31.32	35.18	39.00
53'	3.56	7.59	11.61	15.61	19.59	23.55	27.49	31.38	35.24	39.06
54'	3.63	7.65	11.67	15.68	19.66	23.62	27.55	31.45	35.31	39.12
55'	3.70	7.72	11.74	15.74	19.73	23.69	27.62	31.51	35.37	39.19
56'	3.76	7.79	11.81	15.81	19.79	23.75	27.68	31.58	35.44	39.25
57'	3.83	7.86	11.87	15.87	19.86	23.82	27.75	31.64	35.50	39.31
58'	3.90	7.92	11.94	15.94	19.92	23.88	27.81	31.71	35.56	39.38
59'	3.96	7.99	12.01	16.01	19.99	23.95	27.88	31.77	35.63	39.44

231 $\cos^2\alpha$

0°	231.0
0° 30'	231.0
1°	230.9
1° 30'	230.8
2°	230.7
2° 30'	230.6
3°	230.4
3° 30'	230.1
4°	229.9
4° 30'	229.6
5°	229.2
5° 20'	229.0
5° 40'	228.7
6°	228.5
6° 20'	228.2
6° 40'	227.9
7°	227.6
7° 20'	227.2
7° 40'	226.9
8°	226.5
8° 20'	226.1
8° 40'	225.8
9°	225.3
9° 20'	224.9
9° 40	224.5
10°	224.0

232 ($\frac{1}{2}\sin 2\alpha$)

α	0°	1°	2°	3°	4°	5°	6°	7°	8°	9°
0'	0.00	4.05	8.09	12.13	16.14	20.14	24.12	28.06	31.97	35.85
1'	0.07	4.12	8.16	12.19	16.21	20.21	24.18	28.13	32.04	35.91
2'	0.13	4.18	8.23	12.26	16.28	20.28	24.25	28.19	32.10	35.97
3'	0.20	4.25	8.29	12.33	16.34	20.34	24.32	28.26	32.17	36.04
4'	0.27	4.32	8.36	12.39	16.41	20.41	24.38	28.32	32.23	36.10
5'	0.34	4.39	8.43	12.46	16.48	20.48	24.45	28.39	32.30	36.17
6'	0.40	4.45	8.50	12.53	16.54	20.54	24.51	28.46	32.36	36.23
7'	0.47	4.52	8.56	12.60	16.62	20.61	24.58	28.52	32.43	36.30
8'	0.54	4.59	8.63	12.66	16.68	20.67	24.65	28.59	32.49	36.36
9'	0.61	4.66	8.70	12.73	16.75	20.74	24.71	28.65	32.56	36.42
10'	0.67	4.72	8.76	12.80	16.81	20.81	24.78	28.72	32.62	36.49
11'	0.74	4.79	8.83	12.86	16.88	20.87	24.84	28.78	32.69	36.55
12'	0.81	4.86	8.90	12.93	16.95	20.94	24.91	28.83	32.75	36.62
13'	0.88	4.92	8.97	13.00	17.01	21.01	24.98	28.91	32.82	36.66
14'	0.94	4.99	9.03	13.06	17.08	21.07	25.04	28.98	32.88	36.74
15'	1.01	5.06	9.10	13.13	17.15	21.14	25.11	29.04	32.95	36.81
16'	1.08	5.13	9.17	13.20	17.21	21.21	25.17	29.11	33.01	36.87
17'	1.15	5.19	9.24	13.27	17.28	21.27	25.24	29.17	33.08	36.94
18'	1.21	5.26	9.30	13.33	17.35	21.34	25.30	29.24	33.14	37.00
19'	1.28	5.33	9.37	13.40	17.41	21.40	25.37	29.31	33.20	37.06
20'	1.35	5.40	9.44	13.47	17.48	21.47	25.44	29.37	33.27	37.13
21'	1.42	5.46	9.50	13.53	17.55	21.54	25.50	29.44	33.33	37.19
22'	1.48	5.53	9.57	13.60	17.61	21.60	25.57	29.50	33.40	37.26
23'	1.55	5.60	9.64	13.67	17.68	21.67	25.63	29.57	33.46	37.32
24'	1.62	5.67	9.71	13.73	17.75	21.74	25.70	29.63	33.53	37.38
25'	1.69	5.73	9.77	13.80	17.81	21.80	25.77	29.70	33.59	37.45
26'	1.75	5.80	9.84	13.87	17.88	21.87	25.83	29.76	33.66	37.51
27'	1.82	5.87	9.91	13.94	17.95	21.94	25.90	29.83	33.72	37.57
28'	1.89	5.94	9.98	14.00	18.01	22.00	25.96	29.89	33.79	37.64
29'	1.96	6.00	10.04	14.07	18.08	22.07	26.03	29.96	33.85	37.70
30'	2.02	6.07	10.11	14.14	18.15	22.13	26.09	30.02	33.92	37.77
31'	2.09	6.14	10.18	14.20	18.21	22.20	26.16	30.09	33.98	37.83
32'	2.16	6.21	10.24	14.27	18.28	22.27	26.23	30.15	34.04	37.89
33'	2.23	6.27	10.31	14.34	18.35	22.33	26.29	30.22	34.11	37.96
34'	2.29	6.34	10.38	14.40	18.41	22.40	26.36	30.28	34.17	38.02
35'	2.36	6.41	10.45	14.47	18.48	22.46	26.42	30.35	34.24	38.08
36'	2.43	6.48	10.51	14.54	18.55	22.53	26.49	30.41	34.30	38.15
37'	2.50	6.54	10.58	14.61	18.61	22.60	26.55	30.48	34.37	38.21
38'	2.57	6.61	10.65	14.67	18.68	22.66	26.62	30.54	34.43	38.28
39'	2.63	6.68	10.71	14.74	18.75	22.73	26.69	30.61	34.50	38.34
40'	2.70	6.74	10.78	14.81	18.81	22.80	26.75	30.67	34.56	38.40
41'	2.77	6.81	10.85	14.87	18.88	22.86	26.82	30.74	34.62	38.47
42'	2.83	6.88	10.92	14.94	18.95	22.93	26.88	30.80	34.69	38.53
43'	2.90	6.95	10.98	15.01	19.01	22.99	26.95	30.87	34.75	38.59
44'	2.97	7.01	11.05	15.07	19.08	23.06	27.01	30.93	34.82	38.66
45'	3.04	7.08	11.12	15.14	19.15	23.13	27.08	31.00	34.88	38.72
46'	3.10	7.15	11.19	15.21	19.21	23.19	27.15	31.06	34.95	38.79
47'	3.17	7.22	11.25	15.27	19.28	23.26	27.21	31.13	35.01	38.85
48'	3.24	7.28	11.32	15.34	19.35	23.33	27.28	31.19	35.07	38.91
49'	3.31	7.35	11.39	15.41	19.41	23.39	27.34	31.26	35.14	38.98
50'	3.37	7.42	11.45	15.48	19.48	23.46	27.40	31.32	35.20	39.04
51'	3.44	7.49	11.52	15.54	19.54	23.52	27.47	31.39	35.27	39.10
52'	3.51	7.55	11.59	15.61	19.61	23.59	27.54	31.45	35.33	39.17
53'	3.58	7.62	11.66	15.68	19.68	23.66	27.60	31.52	35.40	39.23
54'	3.64	7.69	11.72	15.74	19.74	23.72	27.67	31.58	35.46	39.29
55'	3.71	7.76	11.79	15.81	19.81	23.79	27.74	31.65	35.53	39.36
56'	3.78	7.82	11.86	15.88	19.88	23.85	27.80	31.71	35.59	39.42
57'	3.85	7.89	11.92	15.94	19.94	23.92	27.87	31.76	35.65	39.48
58'	3.91	7.96	11.99	16.01	20.01	23.99	27.93	31.84	35.72	39.55
59'	3.98	8.02	12.06	16.08	20.08	24.05	28.00	31.91	35.78	39.61

232 $\cos^2\alpha$

α	232 cos²α
0°	232.0
0° 30'	232.0
1°	231.9
1° 30'	231.8
2°	231.7
2° 30'	231.6
3°	231.4
3° 30'	231.1
4°	230.9
4° 30'	230.6
5°	230.2
5° 20'	230.0
5° 40'	229.7
6°	229.5
6° 20'	229.2
6° 40'	228.9
7°	228.6
7° 20'	228.2
7° 40'	227.9
8°	227.5
8° 20'	227.1
8° 40'	226.7
9°	226.3
9° 20'	225.9
9° 40'	225.5
10°	225.0

233 ($\frac{1}{2} \sin 2\alpha$)

α	0°	1°	2°	3°	4°	5°	6°	7°	8°	9°
0'	0.00	4.07	8.13	12.18	16.21	20.23	24.22	28.18	32.11	36.00
1'	0.07	4.13	8.19	12.24	16.28	20.30	24.29	28.25	32.18	36.06
2'	0.14	4.20	8.26	12.31	16.35	20.36	24.35	28.32	32.24	36.13
3'	0.20	4.27	8.33	12.38	16.41	20.43	24.42	28.38	32.31	36.19
4'	0.27	4.34	8.40	12.45	16.48	20.50	24.49	28.45	32.37	36.26
5'	0.34	4.40	8.46	12.51	16.55	20.56	24.55	28.52	32.44	36.32
6'	0.41	4.47	8.53	12.58	16.62	20.63	24.62	28.58	32.50	36.39
7'	0.47	4.54	8.60	12.65	16.69	20.70	24.69	28.64	32.57	36.45
8'	0.54	4.61	8.67	12.72	16.75	20.76	24.75	28.71	32.63	36.52
9'	0.61	4.68	8.74	12.78	16.82	20.83	24.82	28.78	32.70	36.58
10'	0.68	4.74	8.80	12.85	16.88	20.90	24.88	28.84	32.76	36.64
11'	0.75	4.81	8.87	12.92	16.95	20.96	24.95	28.91	32.83	36.71
12'	0.81	4.88	8.94	12.99	17.02	21.03	25.02	28.97	32.89	36.77
13'	0.88	4.95	9.01	13.05	17.09	21.10	25.08	29.04	32.96	36.84
14'	0.95	5.01	9.07	13.12	17.15	21.16	25.15	29.10	33.02	36.90
15'	1.02	5.08	9.14	13.19	17.22	21.23	25.22	29.17	33.09	36.97
16'	1.08	5.15	9.21	13.26	17.29	21.30	25.28	29.23	33.15	37.03
17'	1.15	5.22	9.28	13.32	17.35	21.36	25.35	29.30	33.22	37.09
18'	1.22	5.28	9.34	13.39	17.42	21.43	25.41	29.37	33.28	37.16
19'	1.29	5.35	9.41	13.46	17.49	21.50	25.48	29.43	33.35	37.22
20'	1.36	5.42	9.48	13.52	17.55	21.56	25.55	29.50	33.41	37.29
21'	1.42	5.49	9.55	13.59	17.62	21.63	25.61	29.56	33.48	37.35
22'	1.49	5.56	9.61	13.66	17.69	21.70	25.68	29.63	33.54	37.42
23'	1.56	5.62	9.68	13.73	17.76	21.76	25.74	29.69	33.61	37.48
24'	1.63	5.69	9.75	13.79	17.82	21.83	25.81	29.76	33.67	37.54
25'	1.69	5.76	9.82	13.86	17.89	21.90	25.88	29.82	33.74	37.61
26'	1.76	5.83	9.88	13.93	17.96	21.96	25.94	29.89	33.80	37.67
27'	1.83	5.89	9.95	14.00	18.02	22.03	26.01	29.96	33.87	37.74
28'	1.90	5.96	10.02	14.06	18.09	22.10	26.07	30.02	33.93	37.80
29'	1.97	6.03	10.09	14.13	18.16	22.16	26.14	30.09	34.00	37.86
30'	2.03	6.10	10.15	14.20	18.22	22.23	26.21	30.15	34.06	37.93
31'	2.10	6.16	10.22	14.27	18.29	22.30	26.27	30.22	34.13	37.99
32'	2.17	6.23	10.29	14.33	18.36	22.36	26.34	30.28	34.19	38.06
33'	2.24	6.30	10.36	14.40	18.43	22.43	26.40	30.35	34.26	38.12
34'	2.30	6.37	10.42	14.47	18.49	22.50	26.47	30.41	34.32	38.18
35'	2.37	6.44	10.49	14.53	18.56	22.56	26.54	30.48	34.39	38.25
36'	2.44	6.50	10.56	14.60	18.63	22.63	26.60	30.55	34.45	38.31
37'	2.51	6.57	10.63	14.67	18.69	22.69	26.67	30.61	34.51	38.38
38'	2.58	6.64	10.69	14.74	18.76	22.76	26.73	30.68	34.58	38.44
39'	2.64	6.71	10.76	14.80	18.83	22.83	26.80	30.74	34.64	38.50
40'	2.71	6.77	10.83	14.87	18.89	22.89	26.87	30.81	34.71	38.57
41'	2.78	6.84	10.90	14.94	18.96	22.96	26.93	30.87	34.77	38.63
42'	2.85	6.91	10.96	15.00	19.03	23.03	27.00	30.94	34.84	38.70
43'	2.91	6.98	11.03	15.07	19.09	23.09	27.06	31.00	34.90	38.76
44'	2.98	7.04	11.10	15.14	19.16	23.16	27.13	31.07	34.97	38.82
45'	3.05	7.11	11.17	15.21	19.23	23.23	27.20	31.13	35.03	38.89
46'	3.12	7.18	11.23	15.27	19.29	23.29	27.26	31.20	35.10	38.95
47'	3.18	7.25	11.30	15.34	19.36	23.36	27.33	31.26	35.16	39.02
48'	3.25	7.32	11.37	15.41	19.43	23.43	27.39	31.33	35.23	39.08
49'	3.32	7.38	11.44	15.48	19.50	23.49	27.46	31.39	35.29	39.14
50'	3.39	7.45	11.50	15.54	19.56	23.56	27.53	31.46	35.36	39.21
51'	3.46	7.52	11.57	15.61	19.63	23.62	27.59	31.52	35.42	39.27
52'	3.52	7.59	11.64	15.68	19.70	23.69	27.66	31.59	35.48	39.34
53'	3.59	7.65	11.71	15.74	19.76	23.76	27.72	31.66	35.55	39.40
54'	3.66	7.72	11.77	15.81	19.83	23.82	27.79	31.72	35.61	39.46
55'	3.73	7.79	11.84	15.88	19.90	23.89	27.85	31.79	35.68	39.53
56'	3.79	7.86	11.91	15.95	19.96	23.96	27.92	31.85	35.74	39.59
57'	3.86	7.92	11.98	16.01	20.03	24.02	27.99	31.92	35.81	39.65
58'	3.93	7.99	12.04	16.08	20.10	24.09	28.05	31.98	35.87	39.72
59'	4.00	8.06	12.11	16.15	20.16	24.16	28.12	32.05	35.94	39.78

233 $\cos^2\alpha$

α	value
0°	233.0
0° 30'	233.0
1°	232.9
1° 30'	232.8
2°	232.7
2° 30'	232.6
3°	232.4
3° 30'	232.1
4°	231.9
4° 30'	231.6
5°	231.2
5° 20'	231.0
5° 40'	230.7
6°	230.5
6° 20'	230.2
6° 40'	229.9
7°	229.5
7° 20'	229.2
7° 40'	228.9
8°	228.5
8° 20'	228.1
8° 40'	227.7
9°	227.3
9° 20'	226.9
9° 40'	226.4
10°	226.0

234 ($\frac{1}{2} \sin 2\alpha$)

α	0°	1°	2°	3°	4°	5°	6°	7°	8°	9°
0'	0 00	~4.08	8.16	12.23	16.28	20.32	24.33	28.30	32.25	36.15
1'	0.07	4.15	8.23	12.30	16.35	20.38	24.39	28.37	32.31	36.22
2'	0.14	4.22	8.30	12.37	16.42	20.45	24.46	28.44	32.38	36.28
3'	0.20	4.29	8.37	12.43	16.49	20.52	24.53	28.50	32.45	36.35
4'	0.27	4.36	8.43	12.50	16.55	20.58	24.59	28.57	32.51	36.41
5'	0.34	4.42	8.50	12.57	16.62	20.65	24.66	28.64	32.58	36.48
6'	0.41	4.49	8.57	12.64	16.69	20.72	24.72	28.70	32.64	36.54
7'	0.48	4.56	8.64	12.70	16.76	20.79	24.79	28.77	32.71	36.61
8'	0.54	4.63	8.70	12.77	16.82	20.85	24.86	28.83	32.77	36.67
9'	0.61	4.70	8.77	12.84	16.89	20.92	24.92	28.90	32.84	36.74
10'	0.68	4.76	8.84	12.91	16.96	20.99	24.99	28.96	32.90	36.80
11'	0.75	4.83	8.91	12.97	17.02	21.05	25.06	29.03	32.97	36.87
12'	0.82	4.90	8.98	13.04	17.09	21.12	25.12	29.10	33.03	36.93
13'	0.88	4.97	9.04	13.11	17.16	21.19	25.19	29.16	33.10	37.00
14'	0.95	5.04	9.11	13.18	17.23	21.25	25.26	29.23	33.16	37.06
15'	1.02	5.10	9.18	13.24	17.29	21.32	25.32	29.29	33.23	37.12
16'	1.09	5.17	9.25	13.31	17.36	21.39	25.39	29.36	33.30	37.19
17'	1.16	5.24	9.32	13.38	17.43	21.46	25.46	29.43	33.36	37.25
18'	1.22	5.31	9.38	13.45	17.50	21.52	25.52	29.49	33.43	37.32
19'	1.29	5.38	9.45	13.52	17.56	21.59	25.59	29.56	33.49	37.38
20'	1.36	5.44	9.52	13.58	17.63	21.66	25.66	29.62	33.56	37.45
21'	1.43	5.51	9.59	13.65	17.70	21.72	25.72	29.69	33.62	37.51
22'	1.50	5.58	9.65	13.72	17.76	21.79	25.79	29.76	33.69	37.58
23'	1.57	5.65	9.72	13.79	17.83	21.86	25.85	29.82	33.75	37.63
24'	1.63	5.72	9.79	13.85	17.90	21.92	25.92	29.89	33.82	37.71
25'	1.70	5.78	9.86	13.92	17.97	21.99	25.99	29.95	33.88	37.77
26'	1.77	5.85	9.93	13.99	18.03	22.06	26.05	30.02	33.95	37.83
27'	1.84	5.92	9.99	14.06	18.10	22.12	26.12	30.08	34.01	37.90
28'	1.91	5.99	10.06	14.12	18.17	22.19	26.19	30.15	34.08	37.96
29'	1.97	6.06	10.13	14.19	18.24	22.26	26.25	30.22	34.14	38.03
30'	2.04	6.12	10.20	14.26	18.30	22.32	26.32	30.28	34.21	38.09
31'	2.11	6.19	10.27	14.33	18.37	22.39	26.39	30.35	34.27	38.16
32'	2.18	6.26	10.33	14.39	18.44	22.46	26.45	30.41	34.34	38.22
33'	2.25	6.33	10.40	14.46	18.50	22.53	26.52	30.48	34.40	38.28
34'	2.31	6.40	10.47	14.53	18.57	22.59	26.58	30.54	34.47	38.35
35'	2.38	6.46	10.54	14.60	18.64	22.66	26.65	30.61	34.53	38.41
36'	2.45	6.53	10.60	14.66	18.71	22.73	26.72	30.68	34.60	38.48
37'	2.52	6.60	10.67	14.73	18.77	22.79	26.78	30.74	34.66	38.54
38'	2.59	6.67	10.74	14.80	18.84	22.86	26.85	30.81	34.73	38.61
39'	2.65	6.73	10.81	14.87	18.91	22.93	26.92	30.87	34.79	38.67
40'	2.72	6.80	10.88	14.93	18.97	22.99	26.98	30.94	34.86	38.73
41'	2.79	6.87	10.94	15.00	19.04	23.06	27.05	31.00	34.92	38.80
42'	2.86	6.94	11.01	15.07	19.11	23.13	27.11	31.07	34.99	38.86
43'	2.93	7.01	11.08	15.14	19.18	23.19	27.18	31.14	35.05	38.93
44'	2.99	7.07	11.15	15.20	19.24	23.26	27.25	31.20	35.12	38.99
45'	3.06	7.14	11.21	15.27	19.31	23.33	27.31	31.27	35.18	39.06
46'	3.13	7.21	11.28	15.34	19.38	23.39	27.38	31.33	35.25	39.12
47'	3.20	7.28	11.35	15.41	19.44	23.46	27.45	31.40	35.31	39.18
48'	3.27	7.35	11.42	15.47	19.51	23.53	27.51	31.46	35.38	39.25
49'	3.33	7.41	11.48	15.54	19.58	23.59	27.58	31.53	35.44	39.31
50'	3.40	7.48	11.55	15.61	19.65	23.66	27.64	31.59	35.51	39.38
51'	3.47	7.55	11.62	15.68	19.71	23.73	27.71	31.66	35.57	39.44
52'	3.54	7.62	11.69	15.74	19.78	23.79	27.78	31.73	35.64	39.50
53'	3.61	7.69	11.76	15.81	19.85	23.86	27.84	31.79	35.70	39.57
54'	3.67	7.75	11.82	15.88	19.91	23.93	27.91	31.86	35.77	39.63
55'	3.74	7.82	11.89	15.95	19.98	23.99	27.97	31.92	35.83	39.70
56'	3.81	7.89	11.96	16.01	20.05	24.06	28.04	31.99	35.90	39.76
57'	3.88	7.96	12.03	16.08	20.12	24.13	28.11	32.05	35.96	39.82
58'	3.95	8.03	12.09	16.15	20.18	24.19	28.17	32.12	36.03	39.89
59'	4.02	8.09	12.16	16.22	20.25	24.26	28.24	32.18	36.09	39.95

234 $\cos^2\alpha$

0°	234.0
0° 30'	234.0
1°	233.9
1° 30'	233.8
2°	233.7
2° 30'	233.6
3°	233.4
3° 30'	233.1
4°	232.9
4° 30'	232.6
5°	232.2
5° 20'	232.0
5° 40'	231.7
6°	231.4
6° 20'	231.2
6° 40'	230.8
7°	230.5
7° 20'	230.2
7° 40'	229.8
8°	229.5
8° 20'	229.1
8° 40'	228.7
9°	228.3
9° 20'	227.8
9° 40'	227.4
10°	226.9

235 ($\frac{1}{2} \sin 2\alpha$)

α	0°	1°	2°	3°	4°	5°	6°	7°	8°	9°
0′	0.00	4.10	8.20	12.28	16.35	20.40	24.43	28.43	32.89	36.31
1′	0.07	4.17	8.26	12.35	16.42	20.47	24.50	28.49	32.45	36.87
2′	0.14	4.24	8.33	12.42	16.49	20.54	24.56	28.56	32.52	36.44
3′	0.21	4.31	8.40	12.49	16.56	20.61	24.63	28.62	32.58	36.50
4′	0.27	4.37	8.47	12.55	16.62	20.67	24.70	28.69	32.65	36.57
5′	0.34	4.44	8.54	12.62	16.69	20.74	24.76	28.76	32.72	36.63
6′	0.41	4.51	8.61	12.69	16.76	20.81	24.88	28.82	32.78	36.70
7′	0.48	4.58	8.67	12.76	16.83	20.87	24.90	28.89	32.85	36.76
8′	0.55	4.65	8.74	12.83	16.89	20.94	24.96	28.96	32.91	36.83
9′	0.62	4.72	8.81	12.89	16.96	21.01	25.03	29.02	32.98	36.89
10′	0.68	4.78	8.88	12.96	17.03	21.08	25.10	29.09	33.04	36.96
11′	0.75	4.85	8.95	13.03	17.10	21.14	25.16	29.15	33.11	37.02
12′	0.82	4.92	9.01	13.10	17.16	21.21	25.23	29.22	33.18	37.09
13′	0.89	4.99	9.08	13.17	17.23	21.28	25.30	29.29	33.24	37.15
14′	0.96	5.06	9.15	13.23	17.30	21.35	25.36	29.35	33.31	37.22
15′	1.08	5.15	9.22	13.30	17.37	21.41	25.43	29.42	33.37	37.28
16′	1.09	5.19	9.29	13.37	17.44	21.48	25.50	29.49	33.44	37.35
17′	1.16	5.26	9.36	13.44	17.50	21.55	25.57	29.55	33.50	37.41
18′	1.23	5.33	9.42	13.51	17.57	21.61	25.63	29.62	33.57	37.48
19′	1.30	5.40	9.49	13.57	17.64	21.68	25.70	29.68	33.63	37.54
20′	1.37	5.47	9.56	13.64	17.71	21.75	25.77	29.75	33.70	37.61
21′	1.44	5.54	9.63	13.71	17.77	21.82	25.83	29.82	33.76	37.67
22′	1.50	5.60	9.70	13.78	17.84	21.88	25.90	29.88	33.83	37.74
23′	1.57	5.67	9.76	13.84	17.91	21.95	25.97	29.95	33.90	37.80
24′	1.64	5.74	9.83	13.91	17.98	22.02	26.03	30.01	33.96	37.87
25′	1.71	5.81	9.90	13.98	18.04	22.08	26.10	30.08	34.03	37.93
26′	1.78	5.88	9.97	14.05	18.11	22.15	26.17	30.15	34.09	38.00
27′	1.85	5.94	10.04	14.12	18.18	22.22	26.23	30.21	34.16	38.06
28′	1.91	6.01	10.10	14.18	18.25	22.29	26.30	30.28	34.22	38.12
29′	1.98	6.08	10.17	14.25	18.31	22.35	26.37	30.35	34.29	38.19
30′	2.05	6.15	10.24	14.32	18.38	22.42	26.43	30.41	34.35	38.25
31′	2.12	6.22	10.31	14.39	18.45	22.49	26.50	30.48	34.42	38.32
32′	2.19	6.29	10.38	14.46	18.52	22.55	26.56	30.54	34.48	38.38
33′	2.26	6.35	10.45	14.52	18.58	22.62	26.63	30.61	34.55	38.45
34′	2.32	6.42	10.51	14.59	18.65	22.69	26.70	30.68	34.62	38.51
35′	2.39	6.49	10.58	14.66	18.72	22.76	26.76	30.74	34.68	38.58
36′	2.46	6.56	10.65	14.73	18.79	22.82	26.83	30.81	34.75	38.64
37′	2.53	6.63	10.72	14.79	18.85	22.89	26.90	30.87	34.81	38.71
38′	2.60	6.70	10.79	14.86	18.92	22.96	26.96	30.94	34.88	38.77
39′	2.67	6.76	10.85	14.93	18.99	23.02	27.03	31.00	34.94	38.84
40′	2.73	6.88	10.92	15.00	19.06	23.09	27.10	31.07	35.01	38.90
41′	2.80	6.90	10.99	15.07	19.12	23.16	27.16	31.14	35.07	38.96
42′	2.87	6.97	11.06	15.13	19.19	23.22	27.23	31.20	35.14	39.03
43′	2.94	7.04	11.13	15.20	19.26	23.29	27.30	31.27	35.20	39.09
44′	3.01	7.10	11.19	15.27	19.33	23.36	27.36	31.33	35.27	39.16
45′	3.08	7.17	11.26	15.34	19.39	23.43	27.43	31.40	35.33	39.22
46′	3.14	7.24	11.33	15.40	19.46	23.49	27.50	31.47	35.40	39.29
47′	3.21	7.31	11.40	15.47	19.53	23.56	27.56	31.53	35.46	39.35
48′	3.28	7.38	11.47	15.54	19.60	23.63	27.63	31.60	35.53	39.42
49′	3.35	7.45	11.53	15.61	19.66	23.69	27.70	31.66	35.59	39.48
50′	3.42	7.51	11.60	15.68	19.73	23.76	27.76	31.73	35.66	39.54
51′	3.49	7.58	11.67	15.74	19.80	23.83	27.83	31.80	35.72	39.61
52′	3.55	7.66	11.74	15.81	19.86	23.89	27.89	31.86	35.79	39.67
53′	3.62	7.72	11.81	15.88	19.93	23.96	27.96	31.93	35.85	39.74
54′	3.69	7.79	11.87	15.95	20.00	24.03	28.03	31.99	35.92	39.80
55′	3.76	7.86	11.94	16.01	20.07	24.10	28.09	32.06	35.98	39.87
56′	3.83	7.92	12.01	16.08	20.13	24.16	28.16	32.12	36.05	39.93
57′	3.90	7.99	12.08	16.15	20.20	24.23	28.23	32.19	36.11	39.99
58′	3.96	8.06	12.15	16.22	20.26	24.30	28.29	32.26	36.18	40.06
59′	4.03	8.13	12.21	16.29	20.34	24.36	28.36	32.32	36.24	40.12

235 $\cos^2\alpha$

α	value
0°	235.0
0° 30′	235.0
1°	234.9
1° 30′	234.8
2°	234.7
2° 30′	234.6
3°	234.4
3° 30′	234.1
4°	233.9
4° 30′	233.6
5°	233.2
5° 20′	233.0
5° 40′	232.7
6°	232.4
6° 20′	232.1
6° 40′	231.8
7°	231.5
7° 20′	231.2
7° 40′	230.8
8°	230.4
8° 20′	230.1
8° 40′	229.7
9°	229.2
9° 20′	228.8
9° 40′	228.4
10°	227.9

α	0°	1°	2°	3°	4°	5°	6°	7°	8°	9°
0'	0.00	-4.12	8.23	12.33	16.42	20.49	24.53	28.55	32.53	36.46
1'	0.07	4.19	8.30	12.40	16.49	20.56	24.60	28.61	32.59	36.53
2'	0.14	4.26	8.37	12.47	16.56	20.63	24.67	28.68	32.66	36.59
3'	0.21	4.32	8.44	12.54	16.63	20.69	24.73	28.75	32.72	36.66
4'	0.27	4.39	8.51	12.61	16.69	20.76	24.80	28.81	32.79	36.73
5'	0.34	4.46	8.57	12.68	16.76	20.83	24.87	28.88	32.85	36.79
6'	0.41	4.53	8.64	12.74	16.83	20.90	24.94	28.95	32.92	36.86
7'	0.48	4.60	8.71	12.81	16.90	20.96	25.00	29.01	32.99	36.92
8'	0.55	4.67	8.78	12.88	16.97	21.04	25.07	29.08	33.05	36.99
9'	0.62	4.74	8.85	12.95	17.03	21.10	25.14	29.15	33.12	37.05
10'	0.69	4.80	8.92	13.02	17.10	21.17	25.20	29.21	33.18	37.12
11'	0.75	4.87	8.98	13.09	17.17	21.23	25.27	29.28	33.25	37.18
12'	0.82	4.94	9.05	13.15	17.24	21.30	25.34	29.35	33.32	37.25
13'	0.89	5.01	9.12	13.22	17.31	21.37	25.41	29.41	33.38	37.31
14'	0.96	5.08	9.19	13.29	17.37	21.44	25.47	29.48	33.45	37.38
15'	1.03	5.15	9.26	13.36	17.44	21.50	25.54	29.54	33.51	37.44
16'	1.10	5.22	9.33	13.43	17.51	21.57	25.61	29.61	33.58	37.51
17'	1.17	5.28	9.40	13.49	17.58	21.64	25.67	29.68	33.65	37.57
18'	1.24	5.35	9.46	13.56	17.65	21.71	25.74	29.74	33.71	37.64
19'	1.30	5.42	9.53	13.63	17.71	21.77	25.81	29.81	33.78	37.70
20'	1.37	5.49	9.60	13.70	17.78	21.84	25.87	29.88	33.84	37.77
21'	1.44	5.56	9.67	13.77	17.85	21.91	25.94	29.94	33.91	37.83
22'	1.51	5.63	9.74	13.84	17.92	21.98	26.01	30.01	33.97	37.90
23'	1.58	5.70	9.81	13.90	17.98	22.04	26.08	30.08	34.04	37.96
24'	1.65	5.76	9.87	13.97	18.05	22.11	26.14	30.14	34.11	38.03
25'	1.72	5.83	9.94	14.04	18.12	22.18	26.21	30.21	34.17	38.09
26'	1.78	5.90	10.01	14.11	18.19	22.25	26.28	30.28	34.24	38.16
27'	1.85	5.97	10.08	14.18	18.26	22.31	26.34	30.34	34.30	38.22
28'	1.92	6.04	10.15	14.24	18.32	22.38	26.41	30.41	34.37	38.29
29'	1.99	6.11	10.22	14.31	18.39	22.45	26.48	30.47	34.43	38.35
30'	2.06	6.17	10.28	14.38	18.46	22.52	26.54	30.54	34.50	38.42
31'	2.13	6.24	10.35	14.45	18.53	22.58	26.61	30.61	34.57	38.48
32'	2.20	6.31	10.42	14.52	18.59	22.65	26.68	30.67	34.63	38.55
33'	2.26	6.38	10.49	14.58	18.66	22.72	26.74	30.74	34.70	38.61
34'	2.33	6.45	10.56	14.65	18.73	22.78	26.81	30.81	34.76	38.68
35'	2.40	6.52	10.63	14.72	18.80	22.85	26.88	30.87	34.83	38.74
36'	2.47	6.59	10.69	14.79	18.87	22.92	26.95	30.94	34.89	38.81
37'	2.54	6.66	10.76	14.86	18.93	22.99	27.01	31.00	34.96	38.87
38'	2.61	6.72	10.83	14.93	19.00	23.05	27.08	31.07	35.02	38.94
39'	2.68	6.79	10.90	14.99	19.06	23.12	27.15	31.14	35.09	39.00
40'	2.75	6.86	10.97	15.06	19.14	23.19	27.21	31.20	35.16	39.07
41'	2.81	6.93	11.04	15.13	19.20	23.26	27.28	31.27	35.22	39.13
42'	2.88	7.00	11.10	15.20	19.27	23.32	27.35	31.34	35.29	39.20
43'	2.95	7.07	11.17	15.27	19.34	23.39	27.41	31.40	35.35	39.26
44'	3.02	7.14	11.24	15.33	19.41	23.46	27.48	31.47	35.42	39.32
45'	3.09	7.20	11.31	15.40	19.48	23.53	27.55	31.53	35.48	39.39
46'	3.16	7.27	11.38	15.47	19.54	23.59	27.61	31.60	35.55	39.45
47'	3.23	7.34	11.45	15.54	19.61	23.66	27.68	31.67	35.61	39.52
48'	3.29	7.41	11.51	15.61	19.68	23.73	27.75	31.73	35.68	39.58
49'	3.36	7.48	11.58	15.67	19.75	23.79	27.81	31.80	35.75	39.65
50'	3.43	7.55	11.65	15.74	19.81	23.86	27.88	31.86	35.81	39.71
51'	3.50	7.61	11.72	15.81	19.88	23.93	27.95	31.93	35.88	39.78
52'	3.57	7.68	11.79	15.88	19.95	24.00	28.01	32.00	35.94	39.84
53'	3.64	7.75	11.86	15.95	20.02	24.06	28.08	32.06	36.01	39.91
54'	3.71	7.82	11.92	16.01	20.08	24.13	28.15	32.13	36.07	39.97
55'	3.77	7.89	11.99	16.08	20.15	24.20	28.21	32.20	36.14	40.04
56'	3.84	7.96	12.06	16.15	20.22	24.26	28.28	32.26	36.20	40.10
57'	3.91	8.03	12.13	16.22	20.29	24.33	28.35	32.33	36.27	40.16
58'	3.98	8.09	12.20	16.29	20.36	24.40	28.41	32.39	36.33	40.23
59'	4.05	8.16	12.27	16.35	20.42	24.47	28.48	32.46	36.40	40.29

$236 \cos^2 \alpha$

0°	236.0
0° 30'	236.0
1°	235.9
1° 30'	235.8
2°	235.7
2° 30'	235.6
3°	235.4
3° 30'	235.1
4°	234.9
4° 30'	234.5
5°	234.2
5° 20'	234.0
5° 40'	233.7
6°	233.4
6° 20'	233.1
6° 40'	232.8
7°	232.5
7° 20'	232.2
7° 40'	231.8
8°	231.4
8° 20'	231.0
8° 40'	230.6
9°	230.2
9° 20'	229.8
9° 40'	229.3
10°	228.9

237 ($\frac{1}{2} \sin 2\alpha$)

α	0°	1°	2°	3°	4°	5°	6°	7°	8°	9°
0'	0.00	4.14	8.27	12.39	16.49	20.58	24.64	28.67	32.66	36.62
1'	0.07	4.20	8.33	12.46	16.56	20.65	24.70	28.73	32.73	36.68
2'	0.14	4.27	8.40	12.52	16.63	20.71	24.77	28.80	32.80	36.75
3'	0.21	4.34	8.47	12.59	16.70	20.78	24.84	28.87	32.86	36.82
4'	0.28	4.41	8.54	12.66	16.77	20.85	24.91	28.94	32.93	36.88
5'	0.34	4.48	8.61	12.73	16.83	20.92	24.97	29.00	32.99	36.95
6'	0.41	4.55	8.68	12.80	16.90	20.98	25.04	29.07	33.06	37.01
7'	0.48	4.62	8.75	12.87	16.97	21.05	25.11	29.14	33.13	37.08
8'	0.55	4.69	8.82	12.93	17.04	21.12	25.18	29.20	33.19	37.14
9'	0.62	4.76	8.88	13.00	17.11	21.19	25.24	29.27	33.26	37.21
10'	0.69	4.82	8.95	13.07	17.17	21.26	25.31	29.34	33.33	37.27
11'	0.76	4.89	9.02	13.14	17.24	21.32	25.38	29.40	33.39	37.34
12'	0.83	4.96	9.09	13.21	17.31	21.39	25.45	29.47	33.46	37.40
13'	0.90	5.03	9.16	13.28	17.38	21.46	25.51	29.54	33.52	37.47
14'	0.96	5.10	9.23	13.35	17.45	21.53	25.58	29.60	33.59	37.54
15'	1.03	5.17	9.30	13.41	17.52	21.59	25.65	29.67	33.66	37.60
16'	1.10	5.24	9.37	13.48	17.58	21.66	25.72	29.74	33.72	37.67
17'	1.17	5.31	9.43	13.55	17.65	21.73	25.78	29.80	33.79	37.73
18'	1.24	5.38	9.50	13.62	17.72	21.80	25.85	29.87	33.85	37.80
19'	1.31	5.44	9.57	13.69	17.79	21.87	25.92	29.94	33.92	37.86
20'	1.38	5.51	9.64	13.76	17.86	21.93	25.98	30.00	33.99	37.93
21'	1.45	5.58	9.71	13.83	17.92	22.00	26.05	30.07	34.05	37.99
22'	1.52	5.65	9.78	13.89	17.99	22.07	26.12	30.14	34.12	38.06
23'	1.59	5.72	9.85	13.96	18.06	22.14	26.19	30.20	34.18	38.12
24'	1.65	5.79	9.92	14.03	18.13	22.20	26.25	30.27	34.25	38.19
25'	1.72	5.86	9.98	14.10	18.20	22.27	26.32	30.34	34.32	38.25
26'	1.79	5.93	10.05	14.17	18.27	22.34	26.39	30.40	34.38	38.32
27'	1.86	6.00	10.12	14.24	18.33	22.41	26.46	30.47	34.45	38.38
28'	1.93	6.06	10.19	14.30	18.40	22.48	26.52	30.54	34.51	38.45
29'	2.00	6.13	10.26	14.37	18.47	22.54	26.59	30.60	34.58	38.51
30'	2.07	6.20	10.33	14.44	18.54	22.61	26.66	30.67	34.65	38.58
31'	2.14	6.27	10.40	14.51	18.61	22.68	26.72	30.74	34.71	38.64
32'	2.21	6.34	10.47	14.58	18.67	22.75	26.79	30.80	34.78	38.71
33'	2.27	6.41	10.53	14.65	18.74	22.81	26.86	30.87	34.84	38.78
34'	2.34	6.48	10.60	14.72	18.81	22.88	26.93	30.94	34.91	38.84
35'	2.41	6.55	10.67	14.78	18.88	22.95	26.99	31.00	34.98	38.91
36'	2.48	6.61	10.74	14.85	18.95	23.02	27.06	31.07	35.04	38.97
37'	2.55	6.68	10.81	14.92	19.01	23.08	27.13	31.14	35.11	39.04
38'	2.62	6.75	10.88	14.99	19.08	23.15	27.19	31.20	35.17	39.10
39'	2.69	6.82	10.95	15.06	19.15	23.22	27.26	31.27	35.24	39.17
40'	2.76	6.89	11.01	15.13	19.22	23.29	27.33	31.34	35.30	39.23
41'	2.83	6.96	11.08	15.19	19.29	23.35	27.40	31.40	35.37	39.30
42'	2.89	7.03	11.15	15.26	19.35	23.42	27.46	31.47	35.44	39.36
43'	2.96	7.10	11.22	15.33	19.42	23.49	27.53	31.53	35.50	39.43
44'	3.03	7.17	11.29	15.40	19.49	23.56	27.60	31.60	35.57	39.49
45'	3.10	7.23	11.36	15.47	19.56	23.63	27.66	31.67	35.63	39.56
46'	3.17	7.30	11.43	15.54	19.63	23.69	27.73	31.73	35.70	39.62
47'	3.24	7.37	11.49	15.60	19.69	23.76	27.80	31.80	35.77	39.69
48'	3.31	7.44	11.56	15.67	19.76	23.83	27.86	31.87	35.83	39.75
49'	3.38	7.51	11.63	15.74	19.83	23.90	27.93	31.93	35.90	39.82
50'	3.45	7.58	11.70	15.81	19.90	23.96	28.00	32.00	35.96	39.88
51'	3.52	7.65	11.77	15.88	19.97	24.03	28.07	32.07	36.03	39.95
52'	3.58	7.72	11.84	15.95	20.03	24.10	28.13	32.13	36.09	40.01
53'	3.65	7.78	11.91	16.01	20.10	24.17	28.20	32.20	36.16	40.08
54'	3.72	7.85	11.98	16.08	20.17	24.23	28.27	32.27	36.22	40.14
55'	3.79	7.92	12.04	16.15	20.24	24.30	28.33	32.33	36.29	40.21
56'	3.86	7.99	12.11	16.22	20.31	24.37	28.40	32.40	36.36	40.27
57'	3.93	8.06	12.18	16.29	20.37	24.44	28.47	32.46	36.42	40.34
58'	4.00	8.13	12.25	16.36	20.44	24.50	28.53	32.53	36.49	40.40
59'	4.07	8.20	12.32	16.42	20.51	24.57	28.60	32.60	36.55	40.46

237 $\cos^2\alpha$

α	237 $\cos^2\alpha$
0°	237.0
0° 30'	237.0
1°	236.9
1° 30'	236.8
2°	236.7
2° 30'	236.6
3°	236.4
3° 30'	236.1
4°	235.8
4° 30'	235.5
5°	235.2
5° 20'	235.0
5° 40'	234.7
6°	234.4
6° 20'	234.1
6° 40'	233.8
7°	233.5
7° 20'	233.1
7° 40'	232.8
8°	232.4
8° 20'	232.0
8° 40'	231.6
9°	231.2
9° 20'	230.8
9° 40'	230.3
10°	229.9

α	0°	1°	2°	3°	4°	5°	6°	7°	8°	9°
0'	0.00	4.15	8.30	12.44	16.56	20.66	24.74	28.79	32.80	36.77
1'	0.07	4.22	8.37	12.51	16.63	20.73	24.81	28.86	32.87	36.84
2'	0.14	4.29	8.44	12.58	16.70	20.80	24.88	28.92	32.93	36.90
3'	0.21	4.36	8.51	12.65	16.77	20.87	24.94	28.99	33.00	36.97
4'	0.28	4.43	8.58	12.71	16.84	20.94	25.01	29.06	33.07	37.04
5'	0.35	4.50	8.65	12.78	16.90	21.00	25.08	29.12	33.13	37.10
6'	0.42	4.57	8.72	12.85	16.97	21.07	25.15	29.19	33.20	37.17
7'	0.48	4.64	8.78	12.92	17.04	21.14	25.22	29.26	33.27	37.23
8'	0.55	4.71	8.85	12.99	17.11	21.21	25.28	29.33	33.33	37.30
9'	0.62	4.78	8.92	13.06	17.18	21.28	25.35	29.39	33.40	37.37
10'	0.69	4.84	8.99	13.13	17.25	21.35	25.42	29.46	33.47	37.43
11'	0.76	4.91	9.06	13.20	17.32	21.41	25.49	29.53	33.53	37.50
12'	0.83	4.98	9.13	13.26	17.38	21.48	25.55	29.59	33.60	37.56
13'	0.90	5.05	9.20	13.33	17.45	21.55	25.62	29.66	33.67	37.63
14'	0.97	5.12	9.27	13.40	17.52	21.62	25.69	29.73	33.73	37.69
15'	1.04	5.19	9.34	13.47	17.59	21.69	25.76	29.80	33.80	37.76
16'	1.11	5.26	9.41	13.54	17.66	21.75	25.82	29.86	33.86	37.82
17'	1.18	5.33	9.47	13.61	17.73	21.82	25.89	29.93	33.93	37.89
18'	1.25	5.40	9.54	13.68	17.79	21.89	25.96	30.00	34.00	37.96
19'	1.32	5.47	9.61	13.75	17.86	21.96	26.03	30.06	34.06	38.02
20'	1.38	5.54	9.68	13.82	17.93	22.03	26.09	30.13	34.13	38.09
21'	1.45	5.61	9.75	13.88	18.00	22.09	26.16	30.20	34.20	38.15
22'	1.52	5.67	9.82	13.95	18.07	22.16	26.23	30.26	34.26	38.22
23'	1.59	5.74	9.89	14.02	18.14	22.23	26.30	30.33	34.33	38.28
24'	1.66	5.81	9.96	14.09	18.21	22.30	26.36	30.40	34.39	38.35
25'	1.78	5.88	10.03	14.16	18.27	22.37	26.43	30.46	34.46	38.42
26'	1.80	5.95	10.10	14.23	18.34	22.43	26.50	30.53	34.53	38.48
27'	1.87	6.02	10.16	14.30	18.41	22.50	26.57	30.60	34.59	38.55
28'	1.94	6.09	10.23	14.37	18.48	22.57	26.63	30.67	34.66	38.61
29'	2.01	6.16	10.30	14.43	18.55	22.64	26.70	30.73	34.73	38.68
30'	2.08	6.23	10.37	14.50	18.62	22.71	26.77	30.80	34.79	38.74
31'	2.15	6.30	10.44	14.57	18.68	22.77	26.84	30.87	34.86	38.81
32'	2.21	6.37	10.51	14.64	18.75	22.84	26.90	30.93	34.92	38.87
33'	2.28	6.44	10.58	14.71	18.82	22.91	26.97	31.00	34.99	38.94
34'	2.35	6.50	10.65	14.78	18.89	22.98	27.04	31.07	35.06	39.00
35'	2.42	6.57	10.72	14.85	18.96	23.05	27.11	31.13	35.12	39.07
36'	2.49	6.64	10.79	14.91	19.03	23.11	27.17	31.20	35.19	39.14
37'	2.56	6.71	10.85	14.98	19.09	23.18	27.24	31.27	35.26	39.20
38'	2.63	6.78	10.92	15.05	19.16	23.25	27.31	31.33	35.32	39.27
39'	2.70	6.85	10.99	15.12	19.23	23.32	27.38	31.40	35.39	39.35
40'	2.77	6.92	11.06	15.19	19.30	23.39	27.44	31.47	35.45	39.40
41'	2.84	6.99	11.13	15.26	19.37	23.45	27.51	31.53	35.52	39.46
42'	2.91	7.06	11.20	15.33	19.44	23.52	27.58	31.60	35.59	39.53
43'	2.98	7.13	11.27	15.40	19.50	23.59	27.65	31.67	35.65	39.59
44'	3.05	7.20	11.34	15.46	19.57	23.66	27.71	31.73	35.72	39.66
45'	3.11	7.26	11.41	15.53	19.64	23.72	27.78	31.80	35.78	39.72
46'	3.18	7.33	11.47	15.60	19.71	23.79	27.85	31.87	35.85	39.79
47'	3.25	7.40	11.54	15.67	19.78	23.86	27.91	31.93	35.92	39.85
48'	3.32	7.47	11.61	15.74	19.85	23.93	27.98	32.00	35.98	39.92
49'	3.39	7.54	11.68	15.81	19.91	24.00	28.05	32.07	36.05	39.98
50'	3.46	7.61	11.75	15.88	19.98	24.06	28.12	32.13	36.11	40.05
51'	3.53	7.68	11.82	15.94	20.05	24.13	28.18	32.20	36.18	40.11
52'	3.60	7.75	11.89	16.01	20.12	24.20	28.25	32.27	36.25	40.18
53'	3.67	7.82	11.96	16.08	20.19	24.27	28.32	32.33	36.31	40.24
54'	3.74	7.89	12.03	16.15	20.25	24.34	28.39	32.40	36.38	40.31
55'	3.81	7.96	12.09	16.22	20.32	24.40	28.45	32.47	36.44	40.38
56'	3.88	8.02	12.16	16.29	20.39	24.47	28.52	32.53	36.51	40.44
57'	3.95	8.09	12.23	16.36	20.46	24.54	28.59	32.60	36.58	40.51
58'	4.01	8.16	12.30	16.42	20.53	24.61	28.65	32.67	36.64	40.57
59'	4.08	8.23	12.37	16.49	20.60	24.67	28.72	32.73	36.71	40.64

$238 \cos^2 \alpha$

α	value
0°	238.0
0° 30'	238.0
1°	237.9
1° 30'	237.8
2°	237.7
2° 30'	237.5
3°	237.3
3° 30'	237.1
4°	236.8
4° 30'	236.5
5°	236.2
5° 20'	235.9
5° 40'	235.7
6°	235.4
6° 20'	235.1
6° 40'	234.8
7°	234.5
7° 20'	234.1
7° 40'	233.8
8°	233.4
8° 20'	233.0
8° 40'	232.6
9°	232.2
9° 20'	231.7
9° 40'	231.3
10°	230.8

239 ($\frac{1}{2} sin\ 2\alpha$)

α	0°	1°	2°	3°	4°	5°	6°	7°	8°	9°
0'	0.00	4.17	8.34	12.49	16.68	20.75	24.85	28.91	32.94	36.93
1'	0.07	4.24	8.41	12.56	16.70	20.82	24.91	28.98	33.01	36.99
2'	0.14	4.31	8.47	12.63	16.77	20.89	24.98	29.04	33.07	37.06
3'	0.21	4.38	8.54	12.70	16.84	20.96	25.05	29.11	33.14	37.13
4'	0.28	4.45	8.61	12.77	16.91	21.02	25.12	29.18	33.21	37.19
5'	0.35	4.52	8.68	12.84	16.98	21.09	25.19	29.25	33.27	37.26
6'	0.42	4.59	8.75	12.91	17.04	21.16	25.25	29.31	33.34	37.32
7'	0.49	4.66	8.82	12.98	17.12	21.23	25.32	29.38	33.41	37.39
8'	0.56	4.73	8.89	13.04	17.18	21.30	25.39	29.45	33.47	37.46
9'	0.63	4.80	8.96	13.11	17.25	21.37	25.46	29.52	33.54	37.52
10'	0.70	4.87	9.03	13.18	17.32	21.44	25.52	29.58	33.61	37.59
11'	0.76	4.93	9.10	13.25	17.39	21.50	25.59	29.65	33.67	37.65
12'	0.83	5.00	9.17	13.32	17.46	21.57	25.66	29.72	33.74	37.72
13'	0.90	5.07	9.24	13.39	17.53	21.64	25.73	29.79	33.81	37.79
14'	0.97	5.14	9.31	13.46	17.59	21.71	25.80	29.85	33.87	37.85
15'	1.04	5.21	9.38	13.53	17.66	21.78	25.86	29.92	33.94	37.92
16'	1.11	5.28	9.45	13.60	17.73	21.85	25.93	29.99	34.01	37.98
17'	1.18	5.35	9.51	13.67	17.80	21.91	26.00	30.05	34.07	38.05
18'	1.25	5.42	9.58	13.73	17.87	21.98	26.07	30.12	34.14	38.12
19'	1.32	5.49	9.65	13.80	17.94	22.05	26.14	30.19	34.21	38.18
20'	1.39	5.56	9.72	13.87	18.01	22.13	26.20	30.26	34.27	38.25
21'	1.46	5.63	9.79	13.94	18.08	22.19	26.27	30.32	34.34	38.31
22'	1.53	5.70	9.86	14.01	18.14	22.26	26.34	30.39	34.41	38.38
23'	1.60	5.77	9.93	14.08	18.21	22.32	26.41	30.46	34.47	38.44
24'	1.67	5.84	10.00	14.15	18.28	22.39	26.47	30.53	34.54	38.51
25'	1.74	5.91	10.07	14.22	18.35	22.46	26.54	30.59	34.61	38.58
26'	1.81	5.98	10.14	14.29	18.42	22.53	26.61	30.66	34.67	38.64
27'	1.88	6.05	10.21	14.36	18.49	22.60	26.68	30.73	34.74	38.71
28'	1.95	6.12	10.28	14.43	18.56	22.67	26.75	30.79	34.81	38.77
29'	2.02	6.18	10.35	14.49	18.63	22.73	26.81	30.86	34.87	38.84
30'	2.09	6.25	10.42	14.56	18.69	22.80	26.88	30.93	34.94	38.91
31'	2.15	6.32	10.48	14.63	18.76	22.87	26.95	31.00	35.00	38.97
32'	2.22	6.39	10.55	14.70	18.83	22.94	27.02	31.06	35.07	39.04
33'	2.29	6.46	10.62	14.77	18.90	23.01	27.08	31.13	35.14	39.10
34'	2.36	6.53	10.69	14.84	18.97	23.07	27.15	31.20	35.20	39.17
35'	2.43	6.60	10.76	14.91	19.04	23.14	27.22	31.26	35.27	39.23
36'	2.50	6.67	10.83	14.98	19.11	23.21	27.29	31.33	35.34	39.30
37'	2.57	6.74	10.90	15.05	19.17	23.28	27.36	31.40	35.40	39.37
38'	2.64	6.81	10.97	15.12	19.24	23.35	27.43	31.47	35.47	39.43
39'	2.71	6.88	11.04	15.18	19.31	23.42	27.49	31.53	35.54	39.50
40'	2.78	6.95	11.11	15.25	19.38	23.48	27.56	31.60	35.60	39.56
41'	2.85	7.02	11.18	15.32	19.45	23.55	27.63	31.67	35.67	39.63
42'	2.92	7.09	11.25	15.39	19.52	23.62	27.69	31.73	35.74	39.69
43'	2.99	7.16	11.32	15.46	19.59	23.69	27.76	31.80	35.80	39.76
44'	3.06	7.23	11.38	15.53	19.65	23.76	27.83	31.87	35.87	39.82
45'	3.13	7.30	11.45	15.60	19.72	23.82	27.90	31.93	35.93	39.89
46'	3.20	7.36	11.52	15.67	19.79	23.89	27.96	32.00	36.00	39.96
47'	3.27	7.43	11.59	15.74	19.86	23.96	28.03	32.07	36.07	40.02
48'	3.34	7.50	11.66	15.80	19.93	24.03	28.10	32.14	36.13	40.09
49'	3.41	7.57	11.73	15.87	20.00	24.10	28.17	32.20	36.20	40.15
50'	3.48	7.64	11.80	15.94	20.07	24.17	28.23	32.27	36.27	40.22
51'	3.54	7.71	11.87	16.01	20.13	24.23	28.30	32.34	36.33	40.28
52'	3.61	7.78	11.94	16.08	20.20	24.30	28.37	32.40	36.40	40.35
53'	3.68	7.85	12.01	16.15	20.27	24.37	28.44	32.47	36.46	40.41
54'	3.75	7.92	12.08	16.22	20.34	24.44	28.50	32.54	36.53	40.48
55'	3.82	7.99	12.15	16.29	20.41	24.51	28.57	32.60	36.60	40.54
56'	3.89	8.06	12.21	16.36	20.48	24.57	28.64	32.67	36.66	40.61
57'	3.96	8.13	12.28	16.42	20.55	24.64	28.71	32.74	36.73	40.68
58'	4.03	8.20	12.35	16.49	20.61	24.71	28.77	32.80	36.80	40.74
59'	4.10	8.27	12.42	16.56	20.68	24.78	28.84	32.87	36.86	40.81

239 $cos^2\alpha$

α	239 $cos^2\alpha$
0°	239.0
0° 30'	239.0
1°	238.9
1° 30'	238.8
2°	238.7
2° 30'	238.5
3°	238.3
3° 30'	238.1
4°	237.8
4° 30'	237.5
5°	237.2
5° 20'	236.9
5° 40'	236.7
6°	236.4
6° 20'	236.1
6° 40'	235.8
7°	235.5
7° 20'	235.1
7° 40'	234.7
8°	234.4
8° 20'	234.0
8° 40'	233.6
9°	233.2
9° 20'	232.7
9° 40'	232.3
10°	231.8

α	0°	1°	2°	3°	4°	5°	6°	7°	8°	9°
0'	0.00	,4.19	8.37	12.54	16.70	20.84	24.95	29.03	33.08	37.08
1'	0.07	4.26	8.44	12.61	16.77	20.91	25.02	29.10	33.14	37.15
2'	0.14	4.33	8.51	12.68	16.84	20.98	25.09	29.17	33.21	37.21
3'	0.21	4.40	8.58	12.75	16.91	21.04	25.15	29.23	33.28	37.28
4'	0.28	4.47	8.65	12.82	16.98	21.11	25.22	29.30	33.34	37.35
5'	0.35	4.54	8.72	12.89	17.05	21.18	25.29	29.37	33.41	37.41
6'	0.42	4.61	8.79	12.96	17.12	21.25	25.36	29.44	33.48	37.48
7'	0.49	4.68	8.86	13.03	17.19	21.32	25.43	29.50	33.55	37.55
8'	0.56	4.75	8.93	13.10	17.25	21.39	25.50	29.57	33.61	37.61
9'	0.63	4.82	9.00	13.17	17.32	21.46	25.56	29.64	33.68	37.68
10'	0.70	4.89	9.07	13.24	17.39	21.52	25.63	29.71	33.75	37.75
11'	0.77	4.96	9.14	13.31	17.46	21.59	25.70	29.78	33.81	37.81
12'	0.84	5.03	9.21	13.38	17.53	21.66	25.77	29.84	33.88	37.88
13'	0.91	5.09	9.28	13.45	17.60	21.73	25.84	29.91	33.95	37.94
14'	0.98	5.16	9.35	13.52	17.67	21.80	25.90	29.98	34.01	38.01
15'	1.05	5.23	9.42	13.58	17.74	21.87	25.97	30.05	34.08	38.08
16'	1.12	5.30	9.48	13.65	17.81	21.94	26.04	30.11	34.15	38.14
17'	1.19	5.37	9.55	13.72	17.88	22.01	26.11	30.18	34.22	38.21
18'	1.26	5.44	9.62	13.79	17.94	22.07	26.18	30.25	34.28	38.28
19'	1.33	5.51	9.69	13.86	18.01	22.14	26.25	30.32	34.35	38.34
20'	1.40	5.58	9.76	13.93	18.08	22.21	26.31	30.38	34.42	38.41
21'	1.47	5.65	9.83	14.00	18.15	22.28	26.38	30.45	34.48	38.47
22'	1.54	5.72	9.90	14.07	18.22	22.35	26.45	30.52	34.55	38.54
23'	1.61	5.79	9.97	14.14	18.29	22.42	26.52	30.59	34.62	38.61
24'	1.68	5.86	10.04	14.21	18.36	22.49	26.59	30.65	34.68	38.67
25'	1.74	5.93	10.11	14.28	18.43	22.55	26.65	30.72	34.75	38.74
26'	1.81	6.00	10.18	14.35	18.50	22.62	26.72	30.79	34.82	38.80
27'	1.88	6.07	10.25	14.42	18.57	22.69	26.79	30.86	34.88	38.87
28'	1.95	6.14	10.32	14.49	18.68	22.76	26.86	30.92	34.95	38.94
29'	2.02	6.21	10.39	14.56	18.70	22.83	26.93	30.99	35.02	39.00
30'	2.09	6.28	10.46	14.62	18.77	22.90	26.99	31.06	35.08	39.07
31'	2.16	6.35	10.53	14.69	18.84	22.97	27.06	31.13	35.15	39.13
32'	2.23	6.42	10.60	14.76	18.91	23.03	27.13	31.19	35.22	39.20
33'	2.30	6.49	10.67	14.83	18.98	23.10	27.20	31.26	35.28	39.27
34'	2.37	6.56	10.74	14.90	19.05	23.17	27.27	31.33	35.35	39.33
35'	2.44	6.63	10.81	14.97	19.12	23.24	27.33	31.40	35.42	39.40
36'	2.51	6.70	10.88	15.04	19.19	23.31	27.40	31.46	35.48	39.46
37'	2.58	6.77	10.95	15.11	19.25	23.38	27.47	31.53	35.55	39.53
38'	2.65	6.84	11.01	15.18	19.32	23.45	27.54	31.60	35.62	39.60
39'	2.72	6.91	11.08	15.25	19.39	23.51	27.61	31.66	35.68	39.66
40'	2.79	6.98	11.15	15.32	19.46	23.58	27.67	31.73	35.75	39.73
41'	2.86	7.05	11.22	15.39	19.53	23.65	27.74	31.80	35.82	39.79
42'	2.93	7.12	11.29	15.46	19.60	23.72	27.81	31.87	35.88	39.86
43'	3.00	7.19	11.36	15.52	19.67	23.79	27.88	31.93	35.95	39.93
44'	3.07	7.26	11.43	15.59	19.74	23.86	27.95	32.00	36.02	39.99
45'	3.14	7.33	11.50	15.66	19.81	23.92	28.01	32.07	36.08	40.06
46'	3.21	7.40	11.57	15.73	19.87	23.99	28.08	32.14	36.15	40.12
47'	3.28	7.47	11.64	15.80	19.94	24.06	28.15	32.20	36.22	40.19
48'	3.35	7.53	11.71	15.87	20.01	24.13	28.22	32.27	36.28	40.25
49'	3.42	7.60	11.78	15.94	20.08	24.20	28.28	32.34	36.35	40.32
50'	3.49	7.67	11.85	16.01	20.15	24.27	28.35	32.41	36.42	40.39
51'	3.56	7.74	11.92	16.08	20.22	24.33	28.42	32.47	36.48	40.45
52'	3.63	7.81	11.99	16.15	20.29	24.40	28.49	32.54	36.55	40.52
53'	3.70	7.88	12.06	16.22	20.36	24.47	28.56	32.61	36.62	40.58
54'	3.77	7.95	12.13	16.29	20.43	24.54	28.62	32.67	36.68	40.65
55'	3.84	8.02	12.20	16.36	20.49	24.61	28.69	32.74	36.75	40.71
56'	3.91	8.09	12.27	16.42	20.56	24.68	28.76	32.81	36.82	40.78
57'	3.98	8.16	12.34	16.49	20.63	24.74	28.83	32.88	36.88	40.85
58'	4.05	8.23	12.40	16.56	20.70	24.81	28.90	32.94	36.95	40.91
59'	4.12	8.30	12.47	16.63	20.77	24.88	28.96	33.01	37.02	40.98

240 $\cos^2\alpha$

0°	240.0
0° 30'	240.0
1°	239.9
1° 30'	239.8
2°	239.7
2° 30'	239.5
3°	239.3
3° 30'	239.1
4°	238.8
4° 30'	238.5
5°	238.2
5° 20'	237.9
5° 40'	237.7
6°	237.4
6° 20'	237.1
6° 40'	236.8
7°	236.4
7° 20'	236.1
7° 40'	235.7
8°	235.4
8° 20'	235.0
8° 40'	234.6
9°	234.1
9° 20'	233.7
9° 40'	233.2
10°	232.8

241 ($^1/_2 \sin 2\alpha$)

α	0°	1°	2°	3°	4°	5°	6°	7°	8°	9°
0'	0.00	4.21	8.41	12.60	16.77	20.92	25.05	29.15	33.21	37.24
1'	0.07	4.28	8.48	12.67	16.84	20.99	25.12	29.22	33.28	37.30
2'	0.14	4.35	8.55	12.74	16.91	21.06	25.19	29.29	33.35	37.37
3'	0.21	4.42	8.62	12.80	16.98	21.13	25.26	29.36	33.42	37.44
4'	0.28	4.49	8.69	12.87	17.05	21.20	25.33	29.42	33.48	37.50
5'	0.35	4.56	8.76	12.94	17.12	21.27	25.40	29.49	33.55	37.57
6'	0.42	4.63	8.83	13.01	17.19	21.34	25.46	29.56	33.62	37.64
7'	0.49	4.70	8.90	13.08	17.26	21.41	25.53	29.63	33.69	37.70
8'	0.56	4.77	8.97	13.15	17.33	21.48	25.60	29.70	33.75	37.77
9'	0.63	4.84	9.03	13.22	17.39	21.55	25.67	29.76	33.82	37.84
10'	0.70	4.91	9.10	13.29	17.46	21.61	25.74	29.83	33.89	37.90
11'	0.77	4.98	9.17	13.36	17.53	21.68	25.81	29.90	33.95	37.97
12'	0.84	5.05	9.24	13.43	17.60	21.75	25.88	29.97	34.02	38.04
13'	0.91	5.12	9.31	13.50	17.67	21.82	25.94	30.04	34.09	38.10
14'	0.98	5.19	9.38	13.57	17.74	21.89	26.01	30.10	34.16	38.17
15'	1.05	5.26	9.45	13.64	17.81	21.96	26.08	30.17	34.22	38.24
16'	1.12	5.33	9.52	13.71	17.88	22.03	26.15	30.24	34.29	38.30
17'	1.19	5.40	9.59	13.78	17.95	22.10	26.22	30.31	34.36	38.37
18'	1.26	5.47	9.66	13.85	18.02	22.17	26.29	30.37	34.43	38.43
19'	1.33	5.54	9.73	13.92	18.09	22.24	26.35	30.44	34.49	38.50
20'	1.40	5.61	9.80	13.99	18.16	22.30	26.42	30.51	34.56	38.57
21'	1.47	5.68	9.87	14.06	18.23	22.37	26.49	30.58	34.63	38.63
22'	1.54	5.75	9.94	14.13	18.30	22.44	26.56	30.65	34.69	38.70
23'	1.61	5.82	10.01	14.20	18.37	22.51	26.63	30.71	34.76	38.77
24'	1.68	5.89	10.08	14.27	18.43	22.58	26.70	30.78	34.83	38.83
25'	1.75	5.96	10.15	14.34	18.50	22.65	26.76	30.85	34.90	38.90
26'	1.82	6.03	10.22	14.41	18.57	22.72	26.83	30.92	34.96	38.97
27'	1.89	6.10	10.29	14.48	18.64	22.79	26.90	30.98	35.03	39.03
28'	1.96	6.17	10.36	14.55	18.71	22.85	26.97	31.05	35.10	39.10
29'	2.03	6.24	10.43	14.62	18.78	22.92	27.04	31.12	35.16	39.16
30'	2.10	6.31	10.50	14.69	18.85	22.99	27.11	31.19	35.23	39.23
31'	2.17	6.38	10.57	14.75	18.92	23.06	27.17	31.26	35.30	39.30
32'	2.24	6.45	10.64	14.82	18.99	23.13	27.24	31.32	35.36	39.36
33'	2.31	6.52	10.71	14.89	19.06	23.20	27.31	31.39	35.43	39.43
34'	2.38	6.59	10.78	14.96	19.13	23.27	27.38	31.46	35.50	39.50
35'	2.45	6.66	10.85	15.03	19.20	23.34	27.45	31.53	35.57	39.56
36'	2.52	6.73	10.92	15.10	19.27	23.41	27.52	31.59	35.63	39.63
37'	2.59	6.80	10.99	15.17	19.33	23.47	27.58	31.66	35.70	39.69
38'	2.66	6.87	11.06	15.24	19.40	23.54	27.65	31.73	35.77	39.76
39'	2.73	6.94	11.13	15.31	19.47	23.61	27.72	31.80	35.83	39.83
40'	2.80	7.01	11.20	15.38	19.54	23.68	27.79	31.86	35.90	39.89
41'	2.87	7.08	11.27	15.45	19.61	23.75	27.86	31.93	35.97	39.96
42'	2.94	7.15	11.34	15.52	19.68	23.82	27.93	32.00	36.03	40.03
43'	3.01	7.22	11.41	15.59	19.75	23.89	27.99	32.07	36.10	40.09
44'	3.08	7.29	11.48	15.66	19.82	23.96	28.06	32.13	36.17	40.16
45'	3.15	7.36	11.55	15.73	19.89	24.02	28.13	32.20	36.24	40.22
46'	3.22	7.43	11.62	15.80	19.96	24.09	28.20	32.27	36.30	40.29
47'	3.29	7.50	11.69	15.87	20.03	24.16	28.27	32.34	36.37	40.36
48'	3.36	7.57	11.76	15.94	20.10	24.23	28.33	32.40	36.44	40.42
49'	3.43	7.64	11.83	16.01	20.16	24.30	28.40	32.47	36.50	40.49
50'	3.50	7.71	11.90	16.08	20.23	24.37	28.47	32.54	36.57	40.55
51'	3.57	7.78	11.97	16.15	20.30	24.44	28.54	32.61	36.64	40.62
52'	3.64	7.85	12.04	16.21	20.37	24.50	28.61	32.67	36.70	40.69
53'	3.71	7.92	12.11	16.28	20.44	24.57	28.68	32.74	36.77	40.75
54'	3.78	7.99	12.18	16.35	20.51	24.64	28.74	32.81	36.84	40.82
55'	3.85	8.06	12.25	16.42	20.58	24.71	28.81	32.88	36.90	40.88
56'	3.93	8.13	12.32	16.49	20.65	24.78	28.88	32.94	36.97	40.95
57'	4.00	8.20	12.39	16.56	20.72	24.85	28.95	33.01	37.04	41.02
58'	4.07	8.27	12.46	16.63	20.79	24.92	29.02	33.08	37.10	41.08
59'	4.14	8.34	12.53	16.70	20.86	24.98	29.08	33.15	37.17	41.15

241 $\cos^2\alpha$

α	241 $\cos^2\alpha$
0°	241.0
0° 30'	241.0
1°	240.9
1° 30'	240.8
2°	240.7
2° 30'	240.5
3°	240.3
3° 30'	240.1
4°	239.8
4° 30'	239.5
5°	239.2
5° 20'	238.9
5° 40'	238.7
6°	238.4
6° 20'	238.1
6° 40'	237.8
7°	237.4
7° 20'	237.1
7° 40'	236.7
8°	236.3
8° 20'	235.9
8° 40'	235.5
9°	235.1
9° 20'	234.7
9° 40'	234.2
10°	233.7

α	0°	1°	2°	3°	4°	5°	6°	7°	8°	9°
0'	0.00	4.22	8.44	12.65	16.84	21.01	25.16	29.27	33.35	37.39
1'	0.07	4.29	8.51	12.72	16.91	21.08	25.23	29.34	33.42	37.46
2'	0.14	4.36	8.58	12.79	16.98	21.15	25.30	29.41	33.49	37.53
3'	0.21	4.43	8.65	12.86	17.05	21.22	25.36	29.48	33.55	37.59
4'	0.28	4.50	8.72	12.93	17.12	21.29	25.43	29.55	33.62	37.66
5'	0.35	4.57	8.79	13.00	17.19	21.36	25.50	29.61	33.69	37.73
6'	0.42	4.64	8.86	13.07	17.26	21.43	25.57	29.68	33.76	37.79
7'	0.49	4.72	8.93	13.14	17.33	21.50	25.64	29.75	33.83	37.86
8'	0.56	4.79	9.00	13.21	17.40	21.57	25.71	29.82	33.89	37.93
9'	0.63	4.86	9.07	13.28	17.47	21.64	25.78	29.89	33.96	37.99
10'	0.70	4.93	9.14	13.35	17.54	21.70	25.85	29.96	34.03	38.06
11'	0.77	5.00	9.21	13.42	17.61	21.77	25.91	30.02	34.10	38.13
12'	0.84	5.07	9.28	13.49	17.68	21.84	25.98	30.09	34.16	38.19
13'	0.91	5.14	9.35	13.56	17.75	21.91	26.05	30.16	34.23	38.26
14'	0.99	5.21	9.42	13.63	17.82	21.98	26.12	30.23	34.30	38.33
15'	1.06	5.28	9.49	13.70	17.89	22.05	26.19	30.30	34.37	38.39
16'	1.13	5.35	9.57	13.77	17.95	22.12	26.26	30.36	34.43	38.46
17'	1.20	5.42	9.63	13.84	18.02	22.19	26.33	30.43	34.50	38.53
18'	1.27	5.49	9.70	13.91	18.09	22.26	26.40	30.50	34.57	38.59
19'	1.34	5.56	9.77	13.98	18.16	22.33	26.46	30.57	34.64	38.66
20'	1.41	5.63	9.84	14.05	18.23	22.40	26.53	30.64	34.70	38.73
21'	1.48	5.70	9.91	14.12	18.30	22.47	26.60	30.70	34.77	38.79
22'	1.55	5.77	9.98	14.19	18.37	22.53	26.67	30.77	34.84	38.86
23'	1.62	5.84	10.05	14.26	18.44	22.60	26.74	30.84	34.91	38.93
24'	1.69	5.91	10.13	14.33	18.51	22.67	26.81	30.91	34.97	38.99
25'	1.76	5.98	10.20	14.40	18.58	22.74	26.88	30.98	35.04	39.06
26'	1.83	6.05	10.27	14.47	18.65	22.81	26.94	31.04	35.11	39.13
27'	1.90	6.12	10.34	14.54	18.72	22.88	27.01	31.11	35.17	39.19
28'	1.97	6.19	10.41	14.61	18.79	22.95	27.08	31.18	35.24	39.26
29'	2.04	6.26	10.48	14.68	18.86	23.02	27.15	31.25	35.31	39.33
30'	2.11	6.33	10.55	14.75	18.93	23.09	27.22	31.32	35.38	39.39
31'	2.18	6.40	10.62	14.82	19.00	23.16	27.29	31.39	35.44	39.46
32'	2.25	6.47	10.69	14.89	19.07	23.23	27.36	31.45	35.51	39.53
33'	2.32	6.54	10.76	14.96	19.14	23.30	27.42	31.52	35.58	39.59
34'	2.39	6.61	10.83	15.03	19.21	23.36	27.49	31.59	35.65	39.66
35'	2.46	6.68	10.90	15.10	19.28	23.43	27.56	31.66	35.71	39.73
36'	2.53	6.75	10.97	15.17	19.35	23.50	27.63	31.72	35.78	39.79
37'	2.60	6.82	11.04	15.24	19.42	23.57	27.70	31.79	35.85	39.86
38'	2.67	6.89	11.11	15.30	19.48	23.64	27.77	31.86	35.92	39.93
39'	2.74	6.97	11.18	15.37	19.55	23.71	27.84	31.93	35.98	39.99
40'	2.82	7.04	11.25	15.44	19.62	23.78	27.90	32.00	36.05	40.06
41'	2.89	7.11	11.32	15.51	19.69	23.85	27.97	32.06	36.12	40.13
42'	2.96	7.18	11.39	15.58	19.76	23.92	28.04	32.13	36.18	40.19
43'	3.03	7.25	11.46	15.65	19.83	23.99	28.11	32.20	36.25	40.26
44'	3.10	7.32	11.53	15.72	19.90	24.05	28.18	32.27	36.32	40.32
45'	3.17	7.39	11.60	15.79	19.97	24.12	28.25	32.34	36.39	40.39
46'	3.24	7.46	11.67	15.86	20.04	24.19	28.32	32.40	36.46	40.46
47'	3.31	7.53	11.74	15.93	20.11	24.26	28.38	32.47	36.52	40.52
48'	3.38	7.60	11.81	16.00	20.18	24.33	28.45	32.54	36.59	40.59
49'	3.45	7.67	11.88	16.07	20.25	24.40	28.52	32.61	36.65	40.66
50'	3.52	7.74	11.95	16.14	20.32	24.47	28.59	32.68	36.72	40.72
51'	3.59	7.81	12.02	16.21	20.39	24.54	28.66	32.74	36.79	40.79
52'	3.66	7.88	12.09	16.28	20.46	24.61	28.73	32.81	36.86	40.85
53'	3.73	7.95	12.16	16.35	20.53	24.68	28.79	32.88	36.92	40.92
54'	3.80	8.02	12.23	16.42	20.60	24.74	28.86	32.95	36.99	40.99
55'	3.87	8.09	12.30	16.49	20.66	24.81	28.93	33.01	37.06	41.05
56'	3.94	8.16	12.37	16.56	20.73	24.88	29.00	33.08	37.12	41.12
57'	4.01	8.23	12.44	16.63	20.80	24.95	29.07	33.15	37.19	41.19
58'	4.08	8.30	12.51	16.70	20.87	25.02	29.14	33.22	37.26	41.25
59'	4.15	8.37	12.58	16.77	20.94	25.09	29.20	33.28	37.32	41.32

242 cos²α

0°	242.0
0° 30'	242.0
1°	241.9
1° 30'	241.8
2°	241.7
2° 30'	241.5
3°	241.3
3° 30'	241.1
4°	240.8
4° 30'	240.5
5°	240.2
5° 20'	239.9
5° 40'	239.6
6°	239.4
6° 20'	239.1
6° 40'	238.7
7°	238.4
7° 20'	238.1
7° 40'	237.7
8°	237.3
8° 30'	236.9
8° 40'	236.5
9°	236.1
9° 20'	235.6
9° 40'	235.2
10°	234.7

243 ($\frac{1}{2} \sin 2\alpha$)

α	0°	1°	2°	3°	4°	5°	6°	7°	8°	9°	**243** $\cos^2\alpha$	
0′	0.00	4.24	8.48	12.70	16.91	21.10	25.26	29.39	33.49	37.55		
1′	0.07	4.31	8.55	12.77	16.98	21.17	25.33	29.46	33.56	37.61		
2′	0.14	4.38	8.62	12.84	17.05	21.24	25.40	29.53	33.63	37.68		
3′	0.21	4.45	8.69	12.91	17.12	21.31	25.47	29.60	33.69	37.75		
4′	0.28	4.52	8.76	12.98	17.19	21.38	25.54	29.67	33.76	37.81	0°	243.0
5′	0.35	4.59	8.83	13.05	17.26	21.45	25.61	29.74	33.83	37.88	0° 30′	243.0
6′	0.42	4.66	8.90	13.12	17.33	21.52	25.68	29.80	33.90	37.95		
7′	0.49	4.73	8.97	13.19	17.40	21.59	25.75	29.87	33.97	38.02	1°	242.9
8′	0.57	4.81	9.04	13.26	17.46	21.65	25.81	29.94	34.03	38.08	1° 30′	242.8
9′	0.64	4.88	9.11	13.33	17.54	21.72	25.88	30.01	34.10	38.15		
10′	0.71	4.95	9.18	13.40	17.61	21.79	25.95	30.08	34.17	38.22	2°	242.7
11′	0.78	5.02	9.25	13.47	17.68	21.86	26.02	30.15	34.24	38.28	2° 30′	242.5
12′	0.85	5.09	9.32	13.54	17.75	21.93	26.09	30.22	34.30	38.35		
13′	0.92	5.16	9.39	13.61	17.82	22.00	26.16	30.28	34.37	38.42	3°	242.3
14′	0.99	5.23	9.46	13.68	17.89	22.07	26.23	30.35	34.44	38.49	3° 30′	242.1
15′	1.06	5.30	9.53	13.75	17.96	22.14	26.30	30.42	34.51	38.55		
16′	1.13	5.37	9.60	13.82	18.03	22.21	26.37	30.49	34.58	38.62		
17′	1.20	5.44	9.67	13.89	18.10	22.28	26.44	30.56	34.64	38.69	4°	241.8
18′	1.27	5.51	9.74	13.96	18.17	22.35	26.50	30.63	34.71	38.75	4° 30′	241.5
19′	1.34	5.58	9.81	14.04	18.24	22.42	26.57	30.69	34.78	38.82		
20′	1.41	5.65	9.89	14.11	18.31	22.49	26.64	30.76	34.85	38.89	5°	241.2
21′	1.48	5.72	9.96	14.18	18.38	22.56	26.71	30.88	34.91	38.95	5° 20′	240.9
22′	1.55	5.79	10.03	14.25	18.45	22.63	26.78	30.90	34.98	39.02	5° 40′	240.6
23′	1.63	5.86	10.10	14.32	18.52	22.70	26.85	30.97	35.05	39.09		
24′	1.70	5.94	10.17	14.39	18.59	22.77	26.92	31.04	35.12	39.16	6°	240.3
25′	1.77	6.01	10.24	14.46	18.66	22.84	26.99	31.10	35.18	39.22	6° 20′	240.0
26′	1.84	6.08	10.31	14.53	18.73	22.91	27.06	31.17	35.25	39.29	6° 40′	239.7
27′	1.91	6.15	10.38	14.60	18.80	22.98	27.12	31.24	35.32	39.36		
28′	1.98	6.22	10.45	14.67	18.87	23.04	27.19	31.31	35.39	39.42	7°	239.4
29′	2.05	6.29	10.52	14.74	18.94	23.11	27.26	31.38	35.46	39.49	7° 20′	239.0
30′	2.12	6.36	10.59	14.81	19.01	23.18	27.33	31.45	35.52	39.56	7° 40′	238.7
31′	2.19	6.43	10.66	14.88	19.08	23.25	27.40	31.51	35.59	39.62		
32′	2.26	6.50	10.73	14.95	19.15	23.32	27.47	31.58	35.66	39.69	8°	238.3
33′	2.33	6.57	10.80	15.02	19.22	23.39	27.54	31.65	35.73	39.76	8° 20′	237.9
34′	2.40	6.64	10.87	15.09	19.28	23.46	27.61	31.72	35.79	39.82	8° 40′	237.5
35′	2.47	6.71	10.94	15.16	19.36	23.53	27.68	31.79	35.86	39.89		
36′	2.54	6.78	11.01	15.23	19.43	23.60	27.74	31.86	35.93	39.96	9°	237.1
37′	2.61	6.85	11.08	15.30	19.50	23.67	27.81	31.92	36.00	40.02	9° 20′	236.6
38′	2.69	6.92	11.15	15.37	19.57	23.74	27.88	31.99	36.06	40.09	9° 40′	236.1
39′	2.76	6.99	11.22	15.44	19.63	23.81	27.95	32.06	36.13	40.16		
40′	2.83	7.06	11.29	15.51	19.70	23.88	28.02	32.13	36.20	40.22	10°	235.7
41′	2.90	7.14	11.36	15.58	19.77	23.95	28.09	32.20	36.27	40.29		
42′	2.97	7.21	11.43	15.65	19.84	24.02	28.16	32.27	36.33	40.36		
43′	3.04	7.28	11.50	15.72	19.91	24.08	28.23	32.33	36.40	40.42		
44′	3.11	7.35	11.57	15.79	19.98	24.15	28.29	32.40	36.47	40.49		
45′	3.18	7.42	11.65	15.86	20.05	24.22	28.36	32.47	36.54	40.56		
46′	3.25	7.49	11.72	15.93	20.12	24.29	28.43	32.54	36.60	40.62		
47′	3.32	7.56	11.79	16.00	20.19	24.36	28.50	32.61	36.67	40.69		
48′	3.39	7.63	11.86	16.07	20.26	24.43	28.57	32.67	36.74	40.76		
49′	3.46	7.70	11.93	16.14	20.33	24.50	28.64	32.74	36.81	40.82		
50′	3.53	7.77	12.00	16.21	20.40	24.57	28.71	32.81	36.87	40.89		
51′	3.60	7.84	12.07	16.28	20.47	24.64	28.78	32.88	36.94	40.96		
52′	3.67	7.91	12.14	16.35	20.54	24.71	28.84	32.95	37.01	41.02		
53′	3.75	7.98	12.21	16.42	20.61	24.78	28.91	33.01	37.07	41.09		
54′	3.82	8.05	12.28	16.49	20.68	24.85	28.98	33.08	37.14	41.16		
55′	3.89	8.12	12.35	16.56	20.75	24.92	29.05	33.15	37.21	41.22		
56′	3.96	8.19	12.42	16.63	20.82	24.98	29.12	33.22	37.28	41.29		
57′	4.03	8.26	12.49	16.70	20.89	25.05	29.19	33.29	37.34	41.36		
58′	4.10	8.33	12.56	16.77	20.96	25.12	29.26	33.35	37.41	41.42		
59′	4.17	8.40	12.63	16.84	21.03	25.19	29.32	33.42	37.48	41.49		

α	0°	1°	2°	3°	4°	5°	6°	7°	8°	9°
0'	0.00	·4.26	8.51	12.75	16.98	21.19	25.37	29.51	33.63	37.70
1'	0.07	4.33	8.58	12.82	17.05	21.25	25.43	29.58	33.70	37.77
2'	0.14	4.40	8.65	12.89	17.12	21.32	25.50	29.65	33.76	37.84
3'	0.21	4.47	8.72	12.96	17.19	21.39	25.57	29.72	33.83	37.90
4'	0.28	4.54	8.79	13.03	17.26	21.46	25.64	29.79	33.90	37.97
5'	0.35	4.61	8.86	13.11	17.33	21.53	25.71	29.86	33.97	38.04
6'	0.43	4.68	8.94	13.18	17.40	21.60	25.78	29.93	34.04	38.10
7'	0.50	4.75	9.01	13.25	17.48	21.67	25.85	30.00	34.11	38.17
8'	0.57	4.83	9.08	13.32	17.54	21.74	25.92	30.07	34.17	38.24
9'	0.64	4.90	9.15	13.39	17.61	21.81	25.99	30.13	34.24	38.31
10'	0.71	4.97	9.22	13.46	17.68	21.88	26.06	30.20	34.31	38.37
11'	0.78	5.04	9.29	13.53	17.75	21.95	26.13	30.27	34.38	38.44
12'	0.85	5.11	9.36	13.60	17.82	22.02	26.20	30.34	34.45	38.51
13'	0.92	5.18	9.43	13.67	17.89	22.09	26.27	30.41	34.51	38.58
14'	0.99	5.25	9.50	13.74	17.96	22.16	26.34	30.48	34.58	38.64
15'	1.06	5.32	9.57	13.81	18.03	22.23	26.41	30.55	34.65	38.71
16'	1.14	5.39	9.64	13.88	18.10	22.30	26.47	30.62	34.72	38.78
17'	1.21	5.46	9.71	13.95	18.17	22.37	26.54	30.68	34.79	38.85
18'	1.27	5.53	9.78	14.02	18.24	22.44	26.61	30.75	34.85	38.91
19'	1.35	5.61	9.86	14.09	18.31	22.51	26.68	30.82	34.92	38.98
20'	1.42	5.68	9.93	14.16	18.38	22.58	26.75	30.89	34.99	39.05
21'	1.49	5.75	10.00	14.23	18.45	22.65	26.82	30.96	35.06	39.11
22'	1.56	5.82	10.07	14.30	18.52	22.72	26.89	31.03	35.13	39.18
23'	1.63	5.89	10.14	14.37	18.59	22.79	26.96	31.10	35.19	39.25
24'	1.70	5.96	10.21	14.45	18.66	22.86	27.03	31.16	35.26	39.32
25'	1.77	6.03	10.28	14.52	18.73	22.93	27.10	31.23	35.33	39.38
26'	1.85	6.10	10.35	14.59	18.80	23.00	27.17	31.30	35.40	39.45
27'	1.92	6.17	10.42	14.66	18.87	23.07	27.24	31.37	35.47	39.52
28'	1.99	6.24	10.49	14.73	18.94	23.14	27.31	31.44	35.53	39.59
29'	2.06	6.31	10.56	14.80	19.01	23.21	27.37	31.51	35.60	39.65
30'	2.13	6.38	10.63	14.87	19.08	23.28	27.44	31.58	35.67	39.72
31'	2.20	6.46	10.70	14.94	19.16	23.35	27.51	31.64	35.74	39.79
32'	2.27	6.53	10.77	15.01	19.23	23.42	27.58	31.71	35.81	39.85
33'	2.34	6.60	10.85	15.08	19.30	23.49	27.65	31.78	35.87	39.92
34'	2.41	6.67	10.92	15.15	19.36	23.56	27.72	31.85	35.94	39.99
35'	2.48	6.74	10.99	15.22	19.44	23.63	27.79	31.92	36.01	40.05
36'	2.54	6.81	11.06	15.29	19.51	23.70	27.86	31.99	36.08	40.12
37'	2.63	6.88	11.13	15.36	19.58	23.77	27.93	32.06	36.14	40.19
38'	2.70	6.95	11.20	15.43	19.65	23.84	28.00	32.12	36.21	40.26
39'	2.77	7.02	11.27	15.50	19.72	23.91	28.07	32.19	36.28	40.32
40'	2.84	7.09	11.34	15.57	19.79	23.98	28.14	32.26	36.35	40.39
41'	2.91	7.16	11.41	15.64	19.86	24.04	28.20	32.33	36.42	40.46
42'	2.98	7.24	11.48	15.71	19.93	24.11	28.27	32.40	36.48	40.52
43'	3.05	7.31	11.55	15.78	20.00	24.18	28.34	32.47	36.55	40.59
44'	3.12	7.38	11.62	15.85	20.07	24.25	28.41	32.53	36.61	40.66
45'	3.19	7.45	11.69	15.92	20.14	24.32	28.48	32.60	36.69	40.72
46'	3.26	7.52	11.76	15.99	20.21	24.39	28.55	32.67	36.75	40.79
47'	3.34	7.59	11.83	16.06	20.28	24.46	28.62	32.74	36.82	40.86
48'	3.41	7.66	11.91	16.14	20.35	24.53	28.69	32.81	36.89	40.93
49'	3.48	7.73	11.98	16.21	20.42	24.60	28.76	32.88	36.96	40.99
50'	3.55	7.80	12.05	16.28	20.49	24.67	28.83	32.95	37.02	41.06
51'	3.62	7.87	12.12	16.35	20.56	24.74	28.89	33.01	37.09	41.13
52'	3.69	7.94	12.19	16.42	20.63	24.81	28.96	33.08	37.16	41.19
53'	3.76	8.01	12.26	16.49	20.70	24.88	29.03	33.15	37.23	41.26
54'	3.83	8.09	12.33	16.56	20.77	24.95	29.10	33.22	37.29	41.33
55'	3.90	8.16	12.40	16.63	20.84	25.02	29.17	33.29	37.36	41.39
56'	3.97	8.23	12.47	16.70	20.91	25.09	29.24	33.35	37.43	41.46
57'	4.04	8.30	12.54	16.77	20.98	25.16	29.31	33.42	37.50	41.53
58'	4.12	8.37	12.61	16.84	21.05	25.23	29.38	33.49	37.57	41.59
59'	4.19	8.44	12.68	16.91	21.12	25.30	29.45	33.56	37.63	41.66

244 $\cos^2\alpha$

α	244 cos²α
0°	244.0
0° 30'	244.0
1°	243.9
1° 30'	243.8
2°	243.7
2° 30'	243.5
3°	243.3
3° 30'	243.1
4°	242.8
4° 30'	242.5
5°	242.1
5° 20'	241.9
5° 40'	241.6
6°	241.3
6° 20'	241.0
6° 40'	240.7
7°	240.4
7° 20'	240.0
7° 40'	239.7
8°	239.3
8° 20'	238.9
8° 40'	238.5
9°	238.0
9° 20'	237.6
9° 40'	237.1
10°	236.6

245 ($\frac{1}{2} \sin 2\alpha$)

α	0°	1°	2°	3°	4°	5°	6°	7°	8°	9°
0'	0.00	4.28	8.55	12.80	17.05	21.27	25.47	29.64	33.77	37.85
1'	0.07	4.35	8.62	12.88	17.12	21.34	25.54	29.70	33.83	37.92
2'	0.14	4.42	8.69	12.95	17.19	21.41	25.61	29.77	33.90	37.99
3'	0.21	4.49	8.76	13.02	17.26	21.48	25.68	29.84	33.97	38.06
4'	0.29	4.56	8.83	13.09	17.33	21.55	25.75	29.91	34.04	38.13
5'	0.36	4.63	8.90	13.16	17.40	21.62	25.82	29.98	34.11	38.19
6'	0.43	4.70	8.97	13.23	17.47	21.69	25.89	30.05	34.18	38.26
7'	0.50	4.77	9.04	13.30	17.55	21.76	25.96	30.12	34.24	38.33
8'	0.57	4.84	9.11	13.37	17.61	21.83	26.03	30.19	34.31	38.40
9'	0.64	4.92	9.18	13.44	17.68	21.90	26.10	30.26	34.38	38.46
10'	0.71	4.99	9.26	13.51	17.75	21.97	26.17	30.33	34.45	38.53
11'	0.78	5.06	9.33	13.58	17.82	22.04	26.24	30.40	34.52	38.60
12'	0.86	5.13	9.40	13.65	17.90	22.11	26.31	30.46	34.59	38.67
13'	0.93	5.20	9.47	13.73	17.97	22.18	26.37	30.53	34.66	38.73
14'	1.00	5.27	9.54	13.80	18.04	22.25	26.44	30.60	34.72	38.80
15'	1.07	5.34	9.61	13.87	18.11	22.32	26.51	30.67	34.79	38.87
16'	1.14	5.41	9.68	13.94	18.18	22.39	26.58	30.74	34.86	38.94
17'	1.21	5.49	9.75	14.01	18.25	22.46	26.65	30.81	34.93	39.00
18'	1.28	5.56	9.82	14.08	18.32	22.53	26.72	30.88	35.00	39.07
19'	1.35	5.63	9.90	14.15	18.39	22.60	26.79	30.95	35.07	39.14
20'	1.43	5.70	9.97	14.22	18.46	22.67	26.86	31.02	35.13	39.21
21'	1.50	5.77	10.04	14.29	18.53	22.74	26.93	31.09	35.20	39.27
22'	1.57	5.84	10.11	14.36	18.60	22.81	27.00	31.15	35.27	39.34
23'	1.64	5.91	10.18	14.43	18.67	22.88	27.07	31.22	35.34	39.41
24'	1.71	5.98	10.25	14.50	18.74	22.95	27.14	31.29	35.41	39.48
25'	1.78	6.06	10.32	14.58	18.81	23.02	27.21	31.36	35.47	39.54
26'	1.85	6.13	10.39	14.65	18.88	23.09	27.28	31.43	35.54	39.61
27'	1.92	6.20	10.46	14.72	18.95	23.16	27.35	31.50	35.61	39.68
28'	2.00	6.27	10.53	14.79	19.02	23.23	27.42	31.57	35.68	39.75
29'	2.07	6.34	10.61	14.86	19.09	23.30	27.49	31.64	35.75	39.81
30'	2.14	6.41	10.68	14.93	19.16	23.37	27.56	31.71	35.82	39.88
31'	2.21	6.48	10.75	15.00	19.23	23.44	27.63	31.77	35.88	39.95
32'	2.28	6.55	10.82	15.07	19.30	23.51	27.70	31.84	35.95	40.02
33'	2.35	6.62	10.89	15.14	19.37	23.58	27.76	31.91	36.02	40.08
34'	2.42	6.70	10.96	15.21	19.44	23.65	27.83	31.98	36.09	40.15
35'	2.49	6.77	11.03	15.28	19.52	23.72	27.90	32.05	36.16	40.22
36'	2.57	6.84	11.10	15.35	19.59	23.79	27.97	32.12	36.22	40.29
37'	2.64	6.91	11.17	15.42	19.66	23.86	28.04	32.19	36.29	40.36
38'	2.71	6.98	11.24	15.49	19.73	23.93	28.11	32.26	36.36	40.42
39'	2.78	7.05	11.32	15.57	19.80	24.00	28.18	32.32	36.43	40.49
40'	2.85	7.12	11.39	15.64	19.87	24.07	28.25	32.39	36.50	40.56
41'	2.92	7.19	11.46	15.71	19.94	24.14	28.32	32.46	36.56	40.62
42'	2.99	7.27	11.53	15.78	20.01	24.21	28.39	32.53	36.63	40.69
43'	3.06	7.34	11.60	15.85	20.08	24.28	28.46	32.60	36.70	40.76
44'	3.14	7.41	11.67	15.92	20.15	24.35	28.53	32.67	36.77	40.82
45'	3.21	7.48	11.74	15.99	20.22	24.42	28.60	32.74	36.84	40.89
46'	3.28	7.55	11.81	16.06	20.29	24.49	28.67	32.81	36.90	40.96
47'	3.35	7.62	11.88	16.13	20.36	24.56	28.74	32.87	36.97	41.03
48'	3.42	7.69	11.95	16.20	20.43	24.63	28.80	32.94	37.04	41.09
49'	3.49	7.76	12.02	16.27	20.50	24.70	28.87	33.01	37.11	41.16
50'	3.56	7.83	12.10	16.34	20.57	24.77	28.94	33.08	37.18	41.23
51'	3.63	7.91	12.17	16.41	20.64	24.84	29.01	33.15	37.24	41.29
52'	3.71	7.98	12.24	16.48	20.71	24.91	29.08	33.22	37.31	41.36
53'	3.78	8.05	12.31	16.55	20.78	24.98	29.15	33.29	37.38	41.43
54'	3.85	8.12	12.38	16.63	20.85	25.05	29.22	33.35	37.45	41.50
55'	3.92	8.19	12.45	16.70	20.92	25.12	29.29	33.42	37.52	41.56
56'	3.99	8.26	12.52	16.77	20.99	25.19	29.36	33.49	37.58	41.63
57'	4.06	8.33	12.59	16.84	21.06	25.26	29.43	33.56	37.65	41.70
58'	4.13	8.40	12.66	16.91	21.13	25.33	29.50	33.63	37.72	41.76
59'	4.20	8.47	12.73	16.98	21.20	25.40	29.57	33.70	37.79	41.83

245 $\cos^2\alpha$

α	245 $\cos^2\alpha$
0°	245.0
0° 30'	245.0
1°	244.9
1° 30'	244.8
2°	244.7
2° 30'	244.5
3°	244.3
3° 30'	244.1
4°	243.8
4° 30'	243.5
5°	243.1
5° 20'	242.9
5° 40'	242.6
6°	242.3
6° 20'	242.0
6° 40'	241.7
7°	241.4
7° 20'	241.0
7° 40'	240.6
8°	240.3
8° 20'	239.9
8° 40'	289.4
9°	289.0
9° 20'	238.6
9° 40'	238.1
10°	237.6

α	0°	1°	2°	3°	4°	5°	6°	7°	8°	9°	**246** $\cos^2\alpha$	
0′	0.00	4.29	8.58	12.86	17.12	21.36	25.57	29.76	33.90	38.01		
1′	0.07	4.36	8.65	12.93	17.19	21.43	25.64	29.83	33.97	38.08		
2′	0.14	4.44	8.72	13.00	17.26	21.50	25.71	29.90	34.04	38.15		
3′	0.21	4.51	8.79	13.07	17.33	21.57	25.78	29.96	34.11	38.21		
4′	0.29	4.58	8.87	13.14	17.40	21.64	25.85	30.03	34.18	38.28	0°	246.0
5′	0.36	4.65	8.94	13.21	17.47	21.71	25.92	30.10	34.25	38.35	0° 30′	246.0
6′	0.43	4.72	9.01	13.28	17.54	21.78	25.99	30.17	34.32	38.42		
7′	0.50	4.79	9.08	13.36	17.62	21.85	26.06	30.24	34.38	38.49		
8′	0.57	4.86	9.15	13.43	17.68	21.92	26.13	30.31	34.45	38.55	1°	245.9
9′	0.64	4.94	9.22	13.50	17.76	21.99	26.20	30.38	34.52	38.62	1° 30′	245.8
10′	0.72	5.01	9.29	13.57	17.83	22.06	26.27	30.45	34.59	38.69	2°	245.7
11′	0.79	5.08	9.37	13.64	17.90	22.13	26.34	30.52	34.66	38.76	2° 30′	245.5
12′	0.86	5.15	9.44	13.71	17.97	22.20	26.41	30.59	34.73	38.82		
13′	0.93	5.22	9.51	13.78	18.04	22.27	26.48	30.66	34.80	38.89		
14′	1.00	5.29	9.58	13.85	18.11	22.34	26.55	30.73	34.87	38.96	3°	245.3
											3° 30′	245.1
15′	1.07	5.37	9.65	13.92	18.18	22.41	26.62	30.80	34.93	39.03		
16′	1.14	5.44	9.72	14.00	18.25	22.49	26.69	30.87	35.00	39.10		
17′	1.22	5.51	9.79	14.07	18.32	22.56	26.76	30.94	35.07	39.16	4°	244.8
18′	1.29	5.58	9.86	14.14	18.39	22.63	26.83	31.00	35.14	39.23	4° 30′	244.5
19′	1.36	5.65	9.94	14.21	18.46	22.70	26.90	31.08	35.21	39.30		
20′	1.43	5.72	10.01	14.28	18.53	22.77	26.97	31.14	35.28	39.37	5°	244.1
21′	1.50	5.79	10.08	14.35	18.61	22.84	27.04	31.21	35.35	39.44	5° 20′	243.9
22′	1.57	5.87	10.15	14.42	18.68	22.91	27.11	31.28	35.41	39.50	5° 40′	243.6
23′	1.65	5.94	10.22	14.49	18.75	22.98	27.18	31.35	35.48	39.57		
24′	1.72	6.01	10.29	14.56	18.82	23.05	27.25	31.42	35.55	39.64	6°	243.3
25′	1.79	6.08	10.36	14.63	18.89	23.12	27.32	31.49	35.62	39.71	6° 20′	243.0
26′	1.86	6.15	10.43	14.71	18.96	23.19	27.39	31.56	35.69	39.77	6° 40′	242.7
27′	1.93	6.22	10.51	14.78	19.03	23.26	27.46	31.63	35.76	39.84		
28′	2.00	6.29	10.58	14.85	19.10	23.33	27.53	31.70	35.82	39.91	7°	242.3
29′	2.07	6.37	10.65	14.92	19.17	23.40	27.60	31.77	35.89	39.98	7° 20′	242.0
30′	2.15	6.44	10.72	14.99	19.24	23.47	27.67	31.83	35.96	40.04	7° 40′	241.6
31′	2.22	6.51	10.79	15.06	19.31	23.54	27.74	31.90	36.03	40.11		
32′	2.29	6.58	10.86	15.13	19.38	23.61	27.81	31.97	36.10	40.18		
33′	2.36	6.65	10.93	15.20	19.45	23.68	27.88	32.04	36.17	40.25	8°	241.2
34′	2.43	6.72	11.01	15.27	19.52	23.75	27.95	32.11	36.24	40.32	8° 20′	240.8
											8° 40′	240.4
35′	2.50	6.79	11.08	15.34	19.59	23.82	28.02	32.18	36.30	40.38		
36′	2.58	6.87	11.15	15.42	19.67	23.89	28.09	32.25	36.37	40.45		
37′	2.65	6.94	11.22	15.49	19.74	23.96	28.16	32.32	36.44	40.52	9°	240.0
38′	2.72	7.01	11.29	15.56	19.81	24.03	28.23	32.39	36.51	40.59	9° 20′	239.5
39′	2.79	7.08	11.36	15.63	19.88	24.10	28.30	32.46	36.58	40.65	9° 40′	239.1
40′	2.86	7.15	11.43	15.70	19.95	24.17	28.37	32.53	36.65	40.72	10°	238.6
41′	2.93	7.22	11.50	15.77	20.02	24.24	28.44	32.59	36.71	40.79		
42′	3.00	7.29	11.58	15.84	20.08	24.31	28.51	32.66	36.78	40.86		
43′	3.08	7.37	11.65	15.91	20.16	24.38	28.57	32.73	36.85	40.92		
44′	3.15	7.44	11.72	15.98	20.23	24.45	28.64	32.80	36.92	40.99		
45′	3.22	7.51	11.79	16.05	20.30	24.52	28.71	32.87	36.99	41.06		
46′	3.29	7.58	11.86	16.13	20.37	24.59	28.78	32.94	37.05	41.13		
47′	3.36	7.65	11.93	16.20	20.44	24.66	28.85	33.01	37.12	41.19		
48′	3.43	7.72	12.00	16.27	20.51	24.73	28.92	33.08	37.19	41.26		
49′	3.51	7.79	12.07	16.34	20.58	24.80	28.99	33.15	37.26	41.33		
50′	3.58	7.87	12.15	16.41	20.65	24.87	29.06	33.22	37.33	41.40		
51′	3.65	7.94	12.22	16.48	20.72	24.94	29.13	33.28	37.40	41.46		
52′	3.72	8.01	12.29	16.55	20.77	25.01	29.20	33.35	37.46	41.53		
53′	3.79	8.08	12.36	16.62	20.87	25.08	29.27	33.42	37.53	41.60		
54′	3.86	8.15	12.43	16.69	20.94	25.15	29.34	33.49	37.60	41.66		
55′	3.93	8.22	12.50	16.76	21.01	25.22	29.41	33.56	37.67	41.73		
56′	4.01	8.29	12.57	16.83	21.08	25.29	29.48	33.63	37.74	41.80		
57′	4.08	8.37	12.64	16.91	21.15	25.36	29.55	33.70	37.80	41.87		
58′	4.15	8.44	12.71	16.98	21.22	25.43	29.62	33.77	37.87	41.93		
59′	4.22	8.51	12.79	17.05	21.29	25.50	29.69	33.83	37.94	42.00		

247 ($\frac{1}{2} \sin 2\alpha$)   **247** $\cos^2\alpha$

α	0°	1°	2°	3°	4°	5°	6°	7°	8°	9°
0'	0.00	4.31	8.61	12.91	17.19	21.45	25.68	29.88	34.04	38.16
1'	0.07	4.38	8.69	12.98	17.26	21.52	25.75	29.95	34.11	38.23
2'	0.14	4.45	8.76	13.05	17.33	21.59	25.82	30.02	34.18	38.30
3'	0.22	4.53	8.83	13.12	17.40	21.66	25.89	30.09	34.25	38.37
4'	0.29	4.60	8.90	13.20	17.47	21.73	25.96	30.16	34.32	38.44
5'	0.36	4.67	8.97	13.27	17.54	21.80	26.03	30.23	34.39	38.51
6'	0.43	4.74	9.04	13.34	17.61	21.87	26.10	30.30	34.46	38.57
7'	0.50	4.81	9.12	13.41	17.69	21.94	26.17	30.37	34.52	38.64
8'	0.57	4.88	9.19	13.48	17.76	22.01	26.24	30.43	34.59	38.71
9'	0.65	4.96	9.26	13.55	17.83	22.08	26.31	30.50	34.66	38.78
10'	0.72	5.03	9.33	13.62	17.90	22.15	26.38	30.57	34.73	38.85
11'	0.79	5.10	9.40	13.70	17.97	22.22	26.45	30.64	34.80	38.91
12'	0.86	5.17	9.47	13.77	18.04	22.29	26.52	30.71	34.87	38.98
13'	0.93	5.24	9.55	13.84	18.11	22.36	26.59	30.78	34.94	39.05
14'	1.01	5.32	9.62	13.91	18.18	22.44	26.66	30.85	35.01	39.12
15'	1.08	5.39	9.69	13.98	18.26	22.51	26.73	30.92	35.08	39.19
16'	1.15	5.46	9.76	14.05	18.33	22.58	26.80	30.99	35.14	39.26
17'	1.22	5.53	9.83	14.12	18.40	22.65	26.87	31.06	35.21	39.32
18'	1.29	5.60	9.90	14.19	18.47	22.72	26.94	31.13	35.28	39.39
19'	1.36	5.67	9.98	14.27	18.54	22.79	27.01	31.20	35.35	39.46
20'	1.44	5.75	10.05	14.34	18.61	22.86	27.08	31.27	35.42	39.53
21'	1.51	5.82	10.12	14.41	18.68	22.93	27.15	31.34	35.49	39.60
22'	1.58	5.89	10.19	14.48	18.75	23.00	27.22	31.41	35.56	39.66
23'	1.65	5.96	10.26	14.55	18.82	23.07	27.29	31.48	35.63	39.73
24'	1.72	6.03	10.33	14.62	18.89	23.14	27.36	31.55	35.70	39.80
25'	1.80	6.10	10.41	14.69	18.96	23.21	27.43	31.62	35.76	39.87
26'	1.87	6.18	10.48	14.77	19.04	23.28	27.50	31.69	35.83	39.94
27'	1.94	6.25	10.55	14.84	19.11	23.35	27.57	31.76	35.90	40.00
28'	2.01	6.32	10.62	14.91	19.18	23.42	27.64	31.83	35.97	40.07
29'	2.08	6.39	10.69	14.98	19.25	23.49	27.71	31.89	36.04	40.14
30'	2.16	6.46	10.76	15.05	19.32	23.56	27.78	31.96	36.11	40.21
31'	2.23	6.54	10.84	15.12	19.39	23.64	27.85	32.03	36.18	40.28
32'	2.30	6.61	10.91	15.19	19.46	23.71	27.92	32.10	36.25	40.34
33'	2.37	6.68	10.98	15.26	19.53	23.78	27.99	32.17	36.31	40.41
34'	2.44	6.75	11.05	15.34	19.60	23.85	28.06	32.24	36.38	40.48
35'	2.51	6.82	11.12	15.41	19.67	23.92	28.13	32.31	36.45	40.55
36'	2.59	6.89	11.19	15.48	19.75	23.99	28.20	32.38	36.52	40.61
37'	2.66	6.97	11.26	15.55	19.82	24.06	28.27	32.45	36.59	40.68
38'	2.73	7.04	11.34	15.62	19.89	24.13	28.34	32.52	36.66	40.75
39'	2.80	7.11	11.41	15.69	19.96	24.20	28.41	32.59	36.73	40.82
40'	2.87	7.18	11.48	15.76	20.03	24.27	28.48	32.66	36.79	40.89
41'	2.95	7.25	11.55	15.83	20.10	24.34	28.55	32.73	36.86	40.95
42'	3.02	7.32	11.62	15.91	20.17	24.41	28.62	32.80	36.93	41.02
43'	3.09	7.40	11.69	15.98	20.24	24.48	28.69	32.87	37.00	41.09
44'	3.16	7.47	11.77	16.05	20.31	24.55	28.76	32.93	37.07	41.16
45'	3.23	7.54	11.84	16.12	20.38	24.62	28.83	33.00	37.14	41.23
46'	3.30	7.61	11.91	16.19	20.45	24.69	28.90	33.07	37.21	41.29
47'	3.38	7.68	11.98	16.26	20.53	24.76	28.97	33.14	37.27	41.36
48'	3.45	7.75	12.05	16.33	20.60	24.83	29.04	33.21	37.34	41.43
49'	3.52	7.83	12.12	16.40	20.67	24.90	29.11	33.28	37.41	41.50
50'	3.59	7.90	12.19	16.48	20.74	24.97	29.18	33.35	37.48	41.56
51'	3.66	7.97	12.27	16.55	20.81	25.04	29.25	33.42	37.55	41.63
52'	3.74	8.04	12.34	16.62	20.88	25.11	29.32	33.49	37.62	41.70
53'	3.81	8.11	12.41	16.69	20.95	25.18	29.39	33.56	37.69	41.77
54'	3.88	8.18	12.48	16.76	21.02	25.26	29.46	33.63	37.75	41.83
55'	3.95	8.26	12.55	16.83	21.09	25.33	29.53	33.70	37.82	41.90
56'	4.02	8.33	12.62	16.90	21.16	25.40	29.60	33.76	37.89	41.97
57'	4.09	8.40	12.69	16.97	21.23	25.47	29.67	33.83	37.96	42.04
58'	4.17	8.47	12.77	17.05	21.30	25.54	29.74	33.90	38.03	42.10
59'	4.24	8.54	12.84	17.12	21.37	25.61	29.81	33.97	38.10	42.17

247 $\cos^2\alpha$

α	value
0°	247.0
0° 30'	247.0
1°	246.9
1° 30'	246.8
2°	246.7
2° 30'	246.5
3°	246.3
3° 30'	246.1
4°	245.8
4° 30'	245.5
5°	245.1
5° 20'	244.9
5° 40'	244.6
6°	244.3
6° 20'	244.0
6° 40'	243.7
7°	243.3
7° 20'	243.0
7° 40'	242.6
8°	242.2
8° 20'	241.8
8° 40'	241.4
9°	241.0
9° 20'	240.5
9° 40'	240.0
10°	239.6

248 ($\frac{1}{2}\sin 2\alpha$)

α	0°	1°	2°	3°	4°	5°	6°	7°	8°	9°
0'	0.00	4.33	8.65	12.96	17.26	21.53	25.78	30.00	34.18	38.32
1'	0.07	4.40	8.72	13.03	17.33	21.60	25.85	30.07	34.25	38.39
2'	0.14	4.47	8.79	13.11	17.40	21.67	25.92	30.14	34.32	38.46
3'	0.22	4.54	8.87	13.18	17.47	21.75	25.99	30.21	34.39	38.52
4'	0.29	4.62	8.94	13.25	17.54	21.82	26.06	30.28	34.46	38.59
5'	0.36	4.69	9.01	13.32	17.61	21.89	26.13	30.35	34.53	38.66
6'	0.43	4.76	9.08	13.39	17.69	21.96	26.20	30.42	34.60	38.73
7'	0.50	4.83	9.15	13.46	17.76	22.03	26.27	30.49	34.66	38.80
8'	0.58	4.90	9.23	13.54	17.83	22.10	26.35	30.56	34.73	38.87
9'	0.65	4.98	9.30	13.61	17.90	22.17	26.42	30.63	34.80	38.94
10'	0.72	5.05	9.37	13.68	17.97	22.24	26.49	30.70	34.87	39.00
11'	0.79	5.12	9.44	13.75	18.04	22.31	26.56	30.77	34.94	39.07
12'	0.87	5.19	9.51	13.82	18.11	22.38	26.63	30.84	35.01	39.14
13'	0.94	5.26	9.59	13.89	18.19	22.46	26.70	30.91	35.08	39.21
14'	1.01	5.34	9.66	13.97	18.26	22.53	26.77	30.98	35.15	39.28
15'	1.08	5.41	9.78	14.04	18.33	22.60	26.84	31.05	35.22	39.35
16'	1.15	5.48	9.80	14.11	18.40	22.67	26.91	31.12	35.29	39.41
17'	1.23	5.55	9.87	14.18	18.47	22.74	26.98	31.19	35.36	39.48
18'	1.30	5.63	9.94	14.25	18.54	22.81	27.05	31.26	35.43	39.55
19'	1.37	5.70	10.02	14.32	18.61	22.88	27.12	31.33	35.49	39.62
20'	1.44	5.77	10.09	14.40	18.69	22.95	27.19	31.40	35.56	39.69
21'	1.51	5.84	10.16	14.47	18.76	23.02	27.26	31.47	35.63	39.76
22'	1.59	5.91	10.23	14.54	18.83	23.09	27.33	31.54	35.70	39.82
23'	1.66	5.99	10.30	14.61	18.90	23.16	27.40	31.61	35.77	39.89
24'	1.73	6.06	10.38	14.68	18.97	23.24	27.47	31.68	35.84	39.96
25'	1.80	6.18	10.45	14.75	19.04	23.31	27.54	31.74	35.91	40.03
26'	1.88	6.20	10.52	14.83	19.11	23.38	27.61	31.81	35.98	40.10
27'	1.95	6.27	10.59	14.90	19.18	23.45	27.68	31.88	36.05	40.17
28'	2.02	6.35	10.66	14.97	19.26	23.52	27.75	31.95	36.12	40.23
29'	2.09	6.42	10.74	15.04	19.33	23.59	27.82	32.02	36.19	40.30
30'	2.16	6.49	10.81	15.11	19.40	23.66	27.89	32.09	36.25	40.37
31'	2.24	6.56	10.88	15.18	19.47	23.73	27.96	32.16	36.32	40.44
32'	2.31	6.63	10.95	15.25	19.54	23.80	28.03	32.23	36.39	40.51
33'	2.38	6.71	11.02	15.33	19.61	23.87	28.10	32.30	36.46	40.58
34'	2.45	6.78	11.09	15.40	19.68	23.94	28.18	32.37	36.53	40.64
35'	2.52	6.85	11.17	15.47	19.75	24.01	28.25	32.44	36.60	40.71
36'	2.60	6.92	11.24	15.54	19.83	24.09	28.32	32.51	36.67	40.78
37'	2.67	6.99	11.31	15.61	19.90	24.16	28.39	32.58	36.74	40.85
38'	2.74	7.07	11.38	15.68	19.97	24.23	28.46	32.65	36.81	40.92
39'	2.81	7.14	11.45	15.76	20.04	24.30	28.53	32.72	36.87	40.98
40'	2.89	7.21	11.53	15.83	20.11	24.37	28.60	32.79	36.94	41.05
41'	2.96	7.28	11.60	15.90	20.18	24.44	28.67	32.86	37.01	41.12
42'	3.03	7.35	11.67	15.97	20.25	24.51	28.74	32.93	37.08	41.19
43'	3.10	7.43	11.74	16.04	20.32	24.58	28.81	33.00	37.15	41.26
44'	3.17	7.50	11.81	16.11	20.39	24.65	28.88	33.07	37.22	41.32
45'	3.25	7.57	11.88	16.19	20.47	24.72	28.95	33.14	37.29	41.39
46'	3.32	7.64	11.96	16.26	20.54	24.79	29.02	33.21	37.36	41.46
47'	3.39	7.71	12.03	16.33	20.61	24.86	29.09	33.28	37.43	41.53
48'	3.46	7.79	12.10	16.40	20.68	24.93	29.16	33.35	37.49	41.60
49'	3.53	7.86	12.17	16.47	20.75	25.00	29.23	33.42	37.56	41.66
50'	3.61	7.93	12.24	16.54	20.82	25.08	29.30	33.49	37.63	41.73
51'	3.68	8.00	12.32	16.61	20.89	25.15	29.37	33.55	37.70	41.80
52'	3.75	8.07	12.39	16.69	20.96	25.22	29.44	33.62	37.77	41.87
53'	3.82	8.15	12.46	16.76	21.03	25.29	29.51	33.69	37.84	41.94
54'	3.89	8.22	12.53	16.83	21.11	25.36	29.58	33.76	37.91	42.00
55'	3.97	8.29	12.60	16.90	21.18	25.43	29.65	33.83	37.98	42.07
56'	4.04	8.36	12.67	16.97	21.25	25.50	29.72	33.90	38.04	42.14
57'	4.11	8.43	12.75	17.04	21.32	25.57	29.79	33.97	38.11	42.21
58'	4.18	8.51	12.82	17.11	21.39	25.64	29.86	34.04	38.18	42.27
60'	4.26	8.58	12.89	17.19	21.46	25.71	29.93	34.11	38.25	42.34

248 $\cos^2\alpha$

α	248 $\cos^2\alpha$
0°	248.0
0° 30'	248.0
1°	247.9
1° 30'	247.8
2°	247.7
2° 30'	247.5
3°	247.3
3° 30'	247.1
4°	246.8
4° 30'	246.5
5°	246.1
5° 20'	245.9
5° 40'	245.6
6°	245.3
6° 20'	245.0
6° 40'	244.7
7°	244.3
7° 20'	244.0
7° 40'	243.6
8°	243.2
8° 20'	242.8
8° 40'	242.4
9°	241.9
9° 20'	241.5
9° 40'	241.0
10°	240.5

249 ($\frac{1}{2}\sin 2\alpha$)

α	0°	1°	2°	3°	4°	5°	6°	7°	8°	9°
0'	0.00	4.34	8.68	13.01	17.33	21.62	25.89	30.12	34.32	38.47
1'	0.07	4.42	8.76	13.09	17.40	21.69	25.96	30.19	34.39	38.54
2'	0.14	4.49	8.83	13.16	17.47	21.76	26.03	30.26	34.46	38.61
3'	0.22	4.56	8.90	13.23	17.54	21.83	26.10	30.33	34.53	38.68
4'	0.29	4.63	8.97	13.30	17.61	21.90	26.17	30.40	34.60	38.75
5'	0.36	4.71	9.05	13.37	17.69	21.98	26.24	30.47	34.66	38.82
6'	0.43	4.78	9.12	13.45	17.76	22.05	26.31	30.54	34.73	38.89
7'	0.51	4.85	9.19	13.52	17.83	22.12	26.38	30.61	34.80	38.95
8'	0.58	4.92	9.26	13.59	17.90	22.19	26.45	30.68	34.87	39.02
9'	0.65	5.00	9.33	13.66	17.97	22.26	26.52	30.75	34.94	39.09
10'	0.72	5.07	9.41	13.73	18.04	22.33	26.59	30.82	35.01	39.16
11'	0.80	5.14	9.48	13.81	18.12	22.40	26.66	30.89	35.08	39.23
12'	0.87	5.21	9.55	13.88	18.19	22.47	26.73	30.96	35.15	39.30
13'	0.94	5.29	9.62	13.95	18.26	22.55	26.81	31.03	35.22	39.37
14'	1.01	5.36	9.70	14.02	18.33	22.62	26.88	31.10	35.29	39.44
15'	1.09	5.43	9.77	14.09	18.40	22.69	26.95	31.17	35.36	39.50
16'	1.16	5.50	9.84	14.17	18.47	22.76	27.02	31.24	35.43	39.57
17'	1.23	5.58	9.91	14.24	18.55	22.83	27.09	31.31	35.50	39.64
18'	1.30	5.65	9.98	14.31	18.62	22.90	27.16	31.38	35.57	39.71
19'	1.38	5.72	10.06	14.38	18.69	22.97	27.23	31.45	35.64	39.78
20'	1.45	5.79	10.13	14.45	18.76	23.04	27.30	31.52	35.71	39.85
21'	1.52	5.86	10.20	14.53	18.83	23.12	27.37	31.59	35.78	39.92
22'	1.59	5.94	10.27	14.60	18.90	23.19	27.44	31.66	35.85	39.98
23'	1.67	6.01	10.35	14.67	18.98	23.26	27.51	31.73	35.92	40.05
24'	1.74	6.08	10.42	14.74	19.05	23.33	27.58	31.80	35.98	40.12
25'	1.81	6.15	10.49	14.81	19.12	23.40	27.65	31.87	36.05	40.19
26'	1.88	6.23	10.56	14.89	19.19	23.47	27.72	31.94	36.12	40.26
27'	1.96	6.30	10.63	14.96	19.26	23.54	27.79	32.01	36.19	40.33
28'	2.03	6.37	10.71	15.03	19.33	23.61	27.87	32.08	36.26	40.40
29'	2.10	6.44	10.78	15.10	19.40	23.68	27.94	32.15	36.33	40.46
30'	2.17	6.52	10.85	15.17	19.48	23.76	28.01	32.22	36.40	40.53
31'	2.24	6.59	10.92	15.24	19.55	23.83	28.08	32.29	36.47	40.60
32'	2.32	6.66	11.00	15.32	19.62	23.90	28.15	32.36	36.54	40.67
33'	2.39	6.73	11.07	15.39	19.69	23.97	28.22	32.43	36.61	40.74
34'	2.46	6.81	11.14	15.46	19.76	24.04	28.29	32.50	36.68	40.81
35'	2.53	6.88	11.21	15.53	19.83	24.11	28.36	32.57	36.75	40.88
36'	2.61	6.95	11.28	15.60	19.91	24.18	28.43	32.64	36.82	40.94
37'	2.68	7.02	11.36	15.68	19.98	24.25	28.50	32.71	36.88	41.01
38'	2.75	7.09	11.43	15.75	20.05	24.32	28.57	32.78	36.95	41.08
39'	2.82	7.17	11.50	15.82	20.12	24.40	28.64	32.85	37.02	41.15
40'	2.90	7.24	11.57	15.89	20.19	24.47	28.71	32.92	37.09	41.22
41'	2.97	7.31	11.64	15.96	20.26	24.54	28.78	32.99	37.16	41.29
42'	3.04	7.38	11.72	16.04	20.33	24.61	28.85	33.06	37.23	41.35
43'	3.11	7.46	11.79	16.11	20.41	24.68	28.92	33.13	37.30	41.42
44'	3.19	7.53	11.86	16.18	20.48	24.75	28.99	33.20	37.37	41.49
45'	3.26	7.60	11.93	16.25	20.55	24.82	29.06	33.27	37.44	41.56
46'	3.33	7.67	12.00	16.32	20.62	24.89	29.13	33.34	37.51	41.63
47'	3.40	7.75	12.08	16.39	20.69	24.96	29.20	33.41	37.58	41.70
48'	3.48	7.82	12.15	16.47	20.76	25.03	29.28	33.48	37.65	41.76
49'	3.55	7.89	12.22	16.54	20.83	25.11	29.35	33.55	37.71	41.83
50'	3.62	7.96	12.29	16.61	20.91	25.18	29.42	33.62	37.78	41.90
51'	3.69	8.03	12.37	16.68	20.98	25.25	29.49	33.69	37.85	41.97
52'	3.77	8.11	12.44	16.75	21.05	25.32	29.56	33.76	37.92	42.04
53'	3.84	8.18	12.51	16.82	21.12	25.39	29.63	33.83	37.99	42.10
54'	3.91	8.25	12.58	16.90	21.19	25.46	29.70	33.90	38.06	42.17
55'	3.98	8.32	12.65	16.97	21.26	25.53	29.77	33.97	38.13	42.24
56'	4.06	8.40	12.73	17.04	21.33	25.60	29.84	34.04	38.20	42.31
57'	4.13	8.47	12.80	17.11	21.41	25.67	29.91	34.11	38.27	42.38
58'	4.20	8.54	12.87	17.18	21.48	25.74	29.98	34.18	38.33	42.45
59'	4.27	8.61	12.94	17.26	21.55	25.81	30.05	34.25	38.40	42.51

249 $\cos^2\alpha$

0°	249.0
0° 30'	249.0
1°	248.9
1° 30'	248.8
2°	248.7
2° 30'	248.5
3°	248.3
3° 30'	248.1
4°	247.8
4° 30'	247.5
5°	247.1
5° 20'	246.8
5° 40'	246.6
6°	246.3
6° 20'	246.0
6° 40'	245.6
7°	245.3
7° 20'	244.9
7° 40'	244.6
8°	244.2
8° 20'	243.8
8° 40'	243.3
9°	242.9
9° 20'	242.5
9° 40'	242.0
10°	241.5

250 ($\frac{1}{2}\sin 2\alpha$)

α	0°	1°	2°	3°	4°	5°	6°	7°	8°	9°
0′	0.00	4.36	8.72	13.07	17.40	21.71	25.99	30.24	34.45	38.63
1′	0.07	4.44	8.79	13.14	17.47	21.78	26.06	30.31	34.52	38.70
2′	0.15	4.51	8.86	13.21	17.54	21.85	26.13	30.38	34.59	38.77
3′	0.22	4.58	8.94	13.28	17.61	21.92	26.20	30.45	34.66	38.83
4′	0.29	4.65	9.01	13.36	17.68	21.99	26.27	30.52	34.73	38.90
5′	0.36	4.73	9.08	13.43	17.76	22.06	26.34	30.59	34.80	38.97
6′	0.44	4.80	9.16	13.50	17.83	22.14	26.42	30.66	34.87	39.04
7′	0.51	4.87	9.23	13.57	17.91	22.21	26.49	30.73	34.94	39.11
8′	0.58	4.94	9.30	13.64	17.97	22.28	26.56	30.80	35.01	39.18
9′	0.65	5.02	9.37	13.72	18.04	22.35	26.63	30.88	35.08	39.25
10′	0.73	5.09	9.44	13.79	18.12	22.42	26.70	30.95	35.15	39.32
11′	0.80	5.16	9.52	13.86	18.19	22.49	26.77	31.02	35.22	39.39
12′	0.87	5.23	9.59	13.93	18.26	22.56	26.84	31.09	35.29	39.46
13′	0.95	5.31	9.66	14.01	18.33	22.64	26.91	31.16	35.36	39.53
14′	1.02	5.38	9.73	14.08	18.40	22.71	26.98	31.23	35.43	39.59
15′	1.09	5.45	9.81	14.15	18.46	22.78	27.06	31.30	35.50	39.66
16′	1.16	5.53	9.88	14.22	18.55	22.85	27.13	31.37	35.57	39.73
17′	1.24	5.60	9.95	14.29	18.62	22.92	27.20	31.44	35.64	39.80
18′	1.31	5.67	10.02	14.37	18.69	22.99	27.27	31.51	35.71	39.87
19′	1.38	5.74	10.10	14.44	18.76	23.07	27.34	31.58	35.78	39.94
20′	1.45	5.82	10.17	14.51	18.84	23.14	27.41	31.65	35.85	40.01
21′	1.53	5.89	10.24	14.58	18.91	23.21	27.48	31.72	35.92	40.08
22′	1.60	5.96	10.31	14.66	18.98	23.28	27.55	31.79	35.99	40.15
23′	1.67	6.03	10.39	14.73	19.05	23.35	27.62	31.86	36.06	40.21
24′	1.74	6.11	10.46	14.80	19.12	23.42	27.69	31.93	36.13	40.28
25′	1.82	6.18	10.53	14.87	19.20	23.49	27.76	32.00	36.20	40.35
26′	1.89	6.25	10.60	14.94	19.27	23.57	27.84	32.07	36.27	40.42
27′	1.96	6.32	10.68	15.02	19.34	23.64	27.91	32.14	36.34	40.49
28′	2.04	6.40	10.75	15.09	19.41	23.71	27.98	32.21	36.41	40.56
29′	2.11	6.47	10.82	15.16	19.48	23.78	28.05	32.28	36.48	40.63
30′	2.18	6.54	10.89	15.23	19.55	23.85	28.12	32.35	36.55	40.70
31′	2.25	6.61	10.97	15.31	19.63	23.92	28.19	32.42	36.62	40.76
32′	2.33	6.69	11.04	15.38	19.70	23.99	28.26	32.49	36.69	40.83
33′	2.40	6.76	11.11	15.45	19.77	24.07	28.33	32.56	36.76	40.90
34′	2.47	6.83	11.18	15.52	19.84	24.14	28.40	32.63	36.82	40.97
35′	2.54	6.91	11.26	15.59	19.91	24.21	28.47	32.70	36.89	41.04
36′	2.62	6.98	11.33	15.67	19.99	24.28	28.54	32.77	36.96	41.11
37′	2.69	7.05	11.40	15.74	20.06	24.35	28.61	32.84	37.03	41.18
38′	2.76	7.12	11.47	15.81	20.13	24.42	28.69	32.91	37.10	41.25
39′	2.84	7.20	11.55	15.88	20.20	24.49	28.76	32.98	37.17	41.31
40′	2.91	7.27	11.62	15.96	20.27	24.56	28.83	33.05	37.24	41.38
41′	2.98	7.34	11.69	16.03	20.34	24.64	28.90	33.12	37.31	41.45
42′	3.05	7.41	11.76	16.10	20.42	24.71	28.96	33.19	37.38	41.52
43′	3.13	7.49	11.84	16.17	20.49	24.78	29.04	33.26	37.45	41.59
44′	3.20	7.56	11.91	16.24	20.56	24.85	29.11	33.33	37.52	41.66
45′	3.27	7.63	11.98	16.32	20.63	24.92	29.18	33.40	37.59	41.73
46′	3.34	7.70	12.05	16.39	20.70	24.99	29.25	33.47	37.66	41.79
47′	3.42	7.78	12.13	16.46	20.77	25.06	29.32	33.54	37.73	41.86
48′	3.49	7.85	12.20	16.53	20.85	25.13	29.39	33.61	37.80	41.93
49′	3.56	7.92	12.27	16.60	20.92	25.21	29.46	33.69	37.87	42.00
50′	3.64	7.99	12.34	16.68	20.99	25.28	29.53	33.76	37.93	42.07
51′	3.71	8.07	12.41	16.75	21.06	25.35	29.60	33.83	38.00	42.14
52′	3.78	8.14	12.49	16.82	21.13	25.42	29.68	33.90	38.07	42.21
53′	3.85	8.21	12.56	16.89	21.20	25.49	29.75	33.97	38.14	42.27
54′	3.93	8.28	12.63	16.96	21.28	25.56	29.82	34.04	38.21	42.34
55′	4.00	8.36	12.70	17.04	21.35	25.63	29.89	34.11	38.28	42.41
56′	4.07	8.43	12.78	17.11	21.42	25.70	29.96	34.18	38.35	42.48
57′	4.14	8.50	12.85	17.18	21.49	25.76	30.03	34.25	38.42	42.55
58′	4.22	8.57	12.92	17.25	21.56	25.83	30.10	34.31	38.49	42.62
59′	4.29	8.65	12.99	17.32	21.63	25.92	30.17	34.38	38.56	42.68

250 $\cos^2\alpha$

0°	250.0
0° 30′	250.0
1°	249.9
1° 30′	249.8
2°	249.7
2° 30′	249.5
3°	249.3
3° 30′	249.1
4°	248.8
4° 30′	248.5
5°	248.1
5° 20′	247.8
5° 40′	247.6
6°	247.3
6° 20′	247.0
6° 40′	246.6
7°	246.3
7° 20′	245.9
7° 40′	245.6
8°	245.2
8° 20′	244.7
8° 40′	244.3
9°	243.8
9° 20′	243.4
9° 40′	243.0
10°	242.5

Corrections-Tafel.

D	$c=0$											D
	k=99,0	k=99,2	k=99,4	k=99,6	k=99,8	k=100,0	k=100,2	k=100,4	k=100,6	k=100,8	k=101,0	
10	10.1	10.1	10.1	10.0	10.0	10.0	10.0	10.0	9.9	9.9	9.9	10
20	20.2	20.2	20.1	20.1	20.0	20.0	20.0	19.9	19.9	19.8	19.8	20
30	30.3	30.2	30.2	30.1	30.1	30.0	29.9	29.9	29.8	29.8	29.7	30
40	40.4	40.3	40.2	40.2	40.1	40.0	39.9	39.8	39.8	39.7	39.6	40
50	50.5	50.4	50.3	50.2	50.1	50.0	49.9	49.8	49.7	49.7	49.5	50
60	60.6	60.5	60.4	60.2	60.1	60.0	59.9	59.8	59.6	59.5	59.4	60
70	70.7	70.6	70.4	70.3	70.1	70.0	69.9	69.7	69.6	69.4	69.3	70
80	80.8	80.6	80.5	80.3	80.2	80.0	79.8	79.7	79.5	79.4	79.2	80
90	90.9	90.7	90.5	90.4	90.2	90.0	89.8	89.6	89.5	89.3	89.1	90
100	101.0	100.8	100.6	100.4	100.2	100.0	99.8	99.6	99.4	99.2	99.0	100
110	111.1	110.9	110.7	110.4	110.2	110.0	109.8	109.6	109.3	109.1	108.9	110
120	121.2	121.0	120.7	120.5	120.2	120.0	119.8	119.5	119.3	119.0	118.8	120
130	131.3	131.0	130.8	130.5	130.3	130.0	129.7	129.5	129.2	129.0	128.7	130
140	141.4	141.1	140.8	140.6	140.3	140.0	139.7	139.4	139.2	138.9	138.6	140
150	151.5	151.2	150.9	150.6	150.3	150.0	149.7	149.4	149.1	148.8	148.5	150
160	161.6	161.3	161.0	160.6	160.3	160.0	159.7	159.4	159.0	158.7	158.4	160
170	171.7	171.4	171.0	170.7	170.3	170.0	169.7	169.3	169.0	168.7	168.3	170
180	181.8	181.5	181.1	180.7	180.4	180.0	179.6	179.3	178.9	178.6	178.2	180
190	191.9	191.5	191.1	190.8	190.4	190.0	189.6	189.2	188.9	188.5	188.1	190
200	202.0	201.6	201.2	200.8	200.4	200.0	199.6	199.2	198.8	198.4	198.0	200
210	212.1	211.7	211.3	210.8	210.4	210.0	209.6	209.2	208.7	208.3	207.9	210
220	222.2	221.8	221.3	220.9	220.4	220.0	219.6	219.1	218.7	218.3	217.8	220
230	232.3	231.9	231.4	230.9	230.5	230.0	229.5	229.1	228.6	228.2	227.7	230
240	242.4	241.9	241.4	241.0	240.5	240.0	239.5	239.0	238.6	238.1	237.6	240
250	252.5	252.0	251.5	251.0	250.5	250.0	249.5	249.0	248.5	248.0	247.5	250
260	262.6	262.1	261.6	261.0	260.5	260.0	259.5	259.0	258.4	257.9	257.4	260
270	272.7	272.2	271.6	271.1	270.5	270.0	269.5	268.9	268.4	267.9	267.3	270
280	282.8	282.3	281.7	281.1	280.6	280.0	279.4	278.9	278.3	277.8	277.2	280
290	292.9	292.3	291.8	291.2	290.6	290.0	289.4	288.8	288.3	287.7	287.1	290
300	303.0	302.4	301.8	301.2	300.6	300.0	299.4	298.8	298.2	297.6	297.0	300

D	$c=0,5^{m}$											D
	k=99,0	k=99,2	k=99,4	k=99,6	k=99,8	k=100,0	k=100,2	k=100,4	k=100,6	k=100,8	k=101,0	
10	9.6	9.6	9.6	9.5	9.5	9.5	9.5	9.5	9.4	9.4	9.4	10
20	19.7	19.7	19.6	19.6	19.5	19.5	19.5	19.4	19.4	19.3	19.3	20
30	29.8	29.7	29.7	29.6	29.6	29.5	29.4	29.4	29.3	29.3	29.2	30
40	39.9	39.8	39.7	39.7	39.6	39.5	39.4	39.3	39.3	39.2	39.1	40
50	50.0	49.9	49.8	49.7	49.6	49.5	49.4	49.3	49.2	49.1	49.0	50
60	60.1	60.0	59.9	59.7	59.6	59.5	59.4	59.3	59.1	59.0	58.9	60
70	70.2	70.1	69.9	69.8	69.6	69.5	69.4	69.2	69.1	68.9	68.8	70
80	80.3	80.1	80.0	79.8	79.7	79.5	79.3	79.2	79.0	78.9	78.7	80
90	90.4	90.2	90.0	89.9	89.7	89.5	89.3	89.1	89.0	88.8	88.6	90
100	100.5	100.3	100.1	99.9	99.7	99.5	99.3	99.1	98.9	98.7	98.5	100
110	110.6	110.4	110.2	109.9	109.7	109.5	109.3	109.1	108.8	108.6	108.4	110
120	120.7	120.5	120.3	120.0	119.7	119.5	119.3	119.0	118.8	118.6	118.3	120
130	130.8	130.5	130.3	130.0	129.8	129.5	129.2	129.0	128.7	128.5	128.2	130
140	140.9	140.6	140.3	140.1	139.8	139.5	139.2	138.9	138.7	138.4	138.1	140
150	151.0	150.7	150.4	150.1	149.8	149.5	149.2	148.9	148.6	148.3	148.0	150
160	161.1	160.8	160.5	160.1	159.8	159.5	159.2	158.9	158.5	158.2	157.9	160
170	171.2	170.9	170.5	170.2	169.8	169.5	169.2	168.8	168.5	168.2	167.8	170
180	181.3	181.0	180.6	180.2	179.9	179.5	179.1	178.8	178.4	178.1	177.7	180
190	191.4	191.0	190.6	190.3	189.9	189.5	189.1	188.7	188.4	188.0	187.6	190
200	201.5	201.1	200.7	200.3	199.9	199.5	199.1	198.7	198.3	197.9	197.5	200
210	211.6	211.2	210.8	210.3	209.9	209.5	209.1	208.7	208.3	207.8	207.4	210
220	221.7	221.3	220.8	220.4	219.9	219.5	219.1	218.6	218.2	217.8	217.3	220
230	231.8	231.4	230.9	230.4	230.0	229.5	229.0	228.6	228.1	227.7	227.2	230
240	241.9	241.4	240.9	240.5	240.0	239.5	239.0	238.5	238.1	237.6	237.1	240
250	252.0	251.5	251.0	250.5	250.0	249.5	249.0	248.5	248.0	247.5	247.0	250
260	262.1	261.6	261.1	260.5	260.0	259.5	259.0	258.5	258.0	257.4	256.9	260
270	272.2	271.7	271.1	270.6	270.0	269.5	269.0	268.4	267.9	267.4	266.8	270
280	282.3	281.8	281.2	280.6	280.1	279.5	278.9	278.4	277.8	277.3	276.7	280
290	292.4	291.8	291.2	290.7	290.1	289.5	288.9	288.3	287.8	287.2	286.6	290
300	302.5	301.9	301.3	300.7	300.1	299.5	298.9	298.3	297.7	297.1	296.5	300

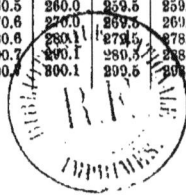

Barometrische Höhenmessung

Stationsausgleichung von Richtungsbeobachtungen

von

W. Jordan

Handbuch der Vermessungskunde

von

W. Jordan

Zwei Bände

I. Band: Methode der kleinsten Quadrate und niedere Geodäsie

II. Band: Höhere Geodäsie

www.ingramcontent.com/pod-product-compliance
Lightning Source LLC
Chambersburg PA
CBHW071633200326
41519CB00012BA/2283